世界景观设计（精装本）
LANDSCAPE DESIGN

文化与建筑的历史
A CULTURAL AND ARCHITECTURAL HISTORY

图书在版编目(CIP)数据

世界景观设计 / 韩炳越，曹娟主编. —北京：中国林业出版社，2013.12
ISBN 978-7-5038-7334-8

Ⅰ.①世… Ⅱ.①韩… ②曹… Ⅲ.①景观设计－建筑史－世界 Ⅳ.①TU986.2-091

中国版本图书馆CIP数据核字(2013)第320072号

Translation from the English language edition:
Landscape Design: A Cultural and Architectural History
Copyright (c) 2001 Elizabeth Barlow Rogers
Published in 2001 by Harry N. Abrams, Incorporated, New York
(All rights reserved in all countries by Harry N. Abrams, Inc.)

Chinese Edition Copyright (c) 中国林业出版社
　　本书中文简体版经Harry N. Abrams, Inc. 授权由中国林业出版社独家出版发行。本书图和文字的任何部分，事先未经出版者书面许可，不得以任何方式或任何手段转载或刊登。
　　著作权合同登记号：图字：01-2003-5588

中国林业出版社 · 建筑与家居出版分社

出版咨询：(010) 83143569

出　　版：中国林业出版社（100009 北京西城区德内大街刘海胡同7号）
网　　站：http://lycb.forestry.gov.cn/
印　　刷：北京卡乐富印刷有限公司
发　　行：中国林业出版社
电　　话：(010) 83143500
版　　次：2015年8月第1版
印　　次：2015年8月第1次
开　　本：889mm×1194mm 1 / 16
印　　张：33
字　　数：200千字
定　　价：368.00元
版权所有·翻印必究

谨以此书献给我爱的人

译审者的话

《世界景观设计（精装本）》—文化与建筑的历史》是〔美〕伊丽莎白·巴洛·罗杰斯用了10多年时间，收集整理了世界上从史前到现在能充分体现人类文化价值的城市公园和景观资料，并实地考察了世界上大量的著名公园和景观后，撰写而成的一部巨著。在这部巨著中，她尊崇神圣的史前景观—石篱和诺索斯"迷宫"；探寻古希腊人仰仗自然建设神庙的原理；解析古罗马和意大利文艺复兴创建离宫—别墅的概念；诠释伊斯兰园林和中世纪园林悠静隐喻天堂的理念；展现皇家园林(故宫、凡尔赛等)和贵族园林(斯陀园、斯托海德园等)的风采；推介景观主题公园、艺术园林和大地艺术品服务大众的动机；分析希腊城市、文艺复兴罗马城市和十七世纪法国城市规划设计的缘由；引领现代园林、城市景观、运动景观、文化自然景观所追求的融合人的文化思想、科学技术与自然、景观、城市于一体的思想时尚；全景奉献世界景观设计的时空旅程。

当中国林业出版社把从美国哈利·N·阿布拉姆斯出版公司引进的《世界景观设计（精装本）》—文化与建筑的历史》英文版摆在我们面前时，我们被这本装帧优美、图文并茂、全景展现人类世界景观设计的巨著而震惊；为它的优雅文字、深邃莫测的意境而茫然，为它能解惑为什么世界会存有雅典卫城、凡尔赛、巴黎城市、迪斯尼乐园等世界性景观的缘由而欣喜。

本书是设想人类在自然界中存在的任何事物均起源于思想、文化的构成来分析景观设计，而不是以人与自然的关系来分析景观的生成。不管反映的是深厚的宗教迷信、经济动机，还是一闪而过的幻想，艺术作为一种意识形态，总是蕴含在特定历史时期盛行的某些人群的文化价值观中。人类的意识形态有力地引导了思想潮流，塑造空间的手通过设计赋予场地以意义。景观设计师尝试给自然赋予秩序和意义，为不同的地点给予不同的表现形式，以提高该地的显著程度。他们追寻这些流过时空的思想，并考察影响景观设计的不同时期、不同地点的文化基址。

从根本上来说，景观设计是处理人与场所之间的关系，一种艺术与自然的关系，而且日益成为艺术、自然与技术之间的关系。艺术与技术有改变自然的能力，景观设计在艺术的浸染下遵循着生命生长消亡的自然法则下发展着。世界景观设计的历史必定是一部人类文化的历史，这也正是贯穿全书的理念所在。

本书不是简单地介绍某位景观设计师、某处景观，而是在详细阐述时代背景、文化、哲学、宗教特点的基础上，发掘相应的景观设计理念，并由此展开一个时代景观设计的特点，而这种理念又会对其他时代、地区产生影响，再衍生出新的变体。

时间范围跨度大、地域范围广阔、涉及众多设计师是近年来相关书籍难以比拟的。本书从人类文明开始，直至20世纪末期，涵盖了人类景观发展的各个阶段；各国可考的景观作品均收录其中；景观历史上可圈可点的人物汇集于此，可读可查。

它是真正意义上的世界景观设计历史，涵盖了包括中国在内的世界上对景观发展有所贡献的各个国家，并论述了中国与西方文化间的交流和互相影响、互相渗透。

作者参考了哲学、文化、考古学、考古天文学、物理等相关知识，引证的资料浩如烟海。作者的语言驾驭能力极强，文字如行云流水，表现出很高的专业造诣。相对于作者渊博的知识和详尽的叙述，则暴露出译审者的知识欠缺。我们在翻译审阅时，一方面觉得缺少相关背景知识，一方面文字表达能力有限，不能完全反映出作者思想的深邃，只求尽量准确表达。但限于水平和时间等因素，错误缺点均在所难免，请广大读者不吝指教。

译审者
2015年1月

前　言

FOREWORD

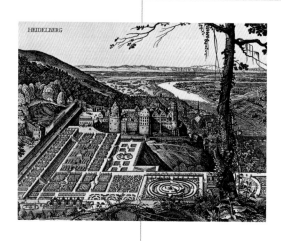

在弗雷德里克·劳·奥姆斯特德(Frederick Law
Olmsted)和卡尔福特·沃克斯(Calvert Vaux)的
创新性思想指引下而建成的中央公园，是美国公众
在政治和文化方面取得的重大成就之一。作为公共
游憩场地的民主性尝试，中央公园可以说是十分成
功的，1979年，市长爱德华·I·考奇(Edward I Koch)
任命我为第一任中央公园园长，高登·J·戴维斯
(Gordon J Davis)专员帮我建立了中央公园资源保护
管理处，此时，前人的成就似乎成了鞭策我管理公
园和重建公园的工作动力。1980年初以来，管理处
工作人员和公园管理与恢复计划的顾问在进行他们
的研究时，我就想更好地理解包含了中央公园在内
的整个景观的传统文化，还有更多的在此之前和之
后的景观设计的历史。

此间，我读了一些有关于园林史方面的书籍和
文章，这些要归功于伊丽莎白·布莱尔·麦克道高
(Elizabeth Blair MacDougall)的工作，她是华盛顿特区
(Washington D.C.)丹巴顿·奥克斯(Dumbarton Oaks)
景观研究项目的负责人，还有她的继任者约翰·迪克
森·亨特(John Dixon Hunt)，他现任宾夕法尼亚大学
(University of Pennsylvania)景观建筑与区域规划系
主任。作为国际季刊《园林与景观设计史研究》(原
名为《园林史杂志》)的编辑，亨特教授通过他自己
的作品与学术活动，积极地推动景观设计历史的研
究，组织研讨会、发表论文以及撰写专著。经过麦克
道高、亨特(Mac Dougall, Hunt)以及其他几位现代景

观建筑史学家的工作，景观设计史的研究已取得了很
大成绩。戴维·考芬(David Coffin)首先在普林斯顿大
学(Princeton University)把景观设计史作为艺术史的一
个分支来研究，他们纠正了随意的假设，重视了以前
被忽略的领域。然后，考古学家与历史学家带来了很
多新的信息，这些信息需要加到一种综合性的、对风
格与时代的比较之中，于是提出了一种对不同时期、
不同地点的景观设计文化价值的理解。

随着景观研究领域中的重大学术成就的出现，
有关城市主义(Urbanism)的新的著作也发表了。斯拜
罗·考斯托夫(Spiro Kostof)是一位杰出的作者，他激
发了人们把城市作为一个巨型规模的、长时期的景
观项目来理解。通过读他的以及其他作者的著作，
我开始看到了城市、公园、花园之间的相互影响，
把它们作为一个设计理念的统一体；景观的三个范
畴几乎都是统治地位时代精神的主体。

不论何时何地，反思对宇宙的理解、使自然变
得更加完美，以及使物理环境更加秩序化几乎都是
人类最强烈的愿望。为了能更好理解景观中反映的
社会文化精神实质，我读了历史、哲学以及某些重
要的文学著作。通过阅读这些领域文献，我更加坚
定了关于我们所见的、存在自然界中的任何事物起
源于人类思维、文化的构成的设想。不管这些事物
反映的是深厚的宗教迷信、经济动机，还是一闪而
过的幻想，艺术总是蕴含在特定社会历史时期的文
化价值观中。意识形态有力地引导了思想潮流，塑

造空间的手通过设计赋予了场地新的含义。这种在环境建设中融入思想的做法有时是有意识的，但大部分时候则是无意识的。所谓乡土景观，比那些艺术家努力想反映日常生活而建造的作品在文化方面更具有代表性。

在开始这次思想之旅的时候，我得到了家人和朋友们的鼓励，他们都听过、读过，以及建设性地批评过我的想法与理念。首先要感谢的是我的丈夫——泰德(Ted)，为了帮助我写作，他调整了自己休假与旅行的时间，而且他一直在倾听我理解上的闪光点与理念上的摸索。然后，我还要特别感谢四位著名的史学家，他们的友情与对我工作价值的信任给予我很大的帮助。他们是弗朗西斯·H·肯尼迪(Frances H. Kennedy)、罗格·G·肯尼迪(Roger G. Kennedy)、海伦·列夫考威茨·霍洛维茨(Helen Lefkowitz Horowitz)以及丹尼尔·霍洛维茨(Daniel Horowitz)。尤其是弗朗西斯·H·肯尼迪，她是一位著名的资源保护论者，是她给了我宝贵的建议并且告诉我谁会有帮助。海伦·霍洛维茨提供了经济资助，在出书收益看起来不是十分明朗的情况下，她一直支持我直到书的出版。在成书之前，她读了书稿，提出了许多有益的建议，改进了书的结构和写作方式。我还要感谢我的朋友，奈德·O·高曼(Ned O Gorman)，他用一个诗人的耳朵和造园家的眼睛听读了本书的几个章节。

另外一位朋友是纽约大学的艺术史教授、多本建筑学方面图书的作者——卡罗尔·科林斯基(Carol Krinsky)，他仔细阅读了本书的最后清样稿。他在慎重地考虑了我想成为他的"学生"的恳求之后，成为本书的另一编者，他在书稿的页边用铅笔写下了大量的评论与疑问，使我不得不再次客观地审视自己的论点。弗吉尼亚大学建筑学院(University of Virginia School of Architecture)教授卢本·林内(Reuben Rainey)也全面地阅读了我的书稿，并对书稿提出了建设性的修改建议。我十分感谢这两位教授的良苦

用心与慷慨相助，而且还要说明的是，他们像其他帮助者一样，对本书中仍然存在的错误完全无关。

声明同样适用于其他数位学者。他们分别阅读了书稿中他们擅长领域里的章节。第一章得益于埃及学者帕特里克·卡尔顿(Patrick Cardon)的见解与思想。在这一章的另外一次审阅当中，我要感谢戴维·赫斯特·托马斯(David Hurst Thomas)，他是美国自然历史博物馆(American Museum of Natural History)的北美考古学馆馆长，还有他的妻子兼助手洛朗·彭德列顿(Lorann Pendleton)—奈尔斯·奈尔逊北美考古实验室(Nels Nelson North American Archaeology Laboratory)主任。我要感谢他们无私的奉献知识和对我书稿提出的建议，以及他们对于美国本土景观的卓越见解。我还要十分感谢我的朋友戴夫·沃伦(Dave Warren)，他是圣塔·克拉拉·普韦布洛(Santa Clara Pueblo)成员，他也阅读了本书稿的第一章，并且拓宽了我对于知觉维度的认识和对于史前、远古及当代美国景观建设的宇宙论基础的理解；还有克里斯坦·维莱拉(Khristaan Villela)，融化艺术史中心(Thaw Art History Center)主任与圣塔·费学院(Santa Fe)的副教授，他对我的书稿提出了创见性的意见并给予评论。普韦布洛(Puebloan)建筑史学家瑞娜·斯温泽尔(Rina Swentzell)，她不仅阅读了这一章书稿，并提出了许多意见，而且还与我分享了她对美国自然风光的神圣理解，而并不局限于几个重要的场景。我要感谢布拉德利·T·莱泼(Bradley T. Lepper)，哥伦布(Columbus)的俄亥俄史学中心(Ohio Historical Center)的考古主任，是他把我介绍给南俄亥俄的"筑堤人"(Mound builder)。圣塔·费的新墨西哥博物馆—印第安艺术与文化分馆(Museum of Indian Arts and Culture)主任杜恩·安德森(Duane Anderson)，他对我关于史前和现今美国文化部分的文字进行了审定；该馆人类学室馆员劳拉·侯德(Laura Hold)在美国考古的相关材料方面给予了指导。作家、艺术家与环境资源保护论者尼克

斯·斯塔夫洛拉季斯(Nikos Stavroulakis)在我考察访问克里特岛的米诺阿遗址(Minoan Sites)时，给予了热情的接待。

我要感谢长滩(Long Beach)加利福尼亚州立大学的艺术史兼古典人类学教授彼得·J·郝利迪(Peter J. Holliday)，他对本书第二章进行了细致的、建设性的审读。在古典学者阿维·沙龙(Avi Sharon)的陪同下，我第一次看到了雅典卫城和广场(Athenian Acropolis and Agora)，他为我提供了许多对这些重要地址的历史与文化内涵深入理解有用的知识。第三章得益于斯蒂文·莫里(Steven Murray)的审读，他是哥伦比亚大学(Columbia University)的艺术史教授和著名的中世纪史学家。还有两位伊斯兰教徒的帮助：康乃尔大学(Cornell University)的景观建筑系访问教授D·费尔彻德·卢格斯(D. Fairchild Ruggles)，以及查扎姆学院(Chatham College)景观研究室主任贝胡拉·沙(Behula Shah)。所有这些专家不惜时间和精力给我耐心的指导，使我受益匪浅。

盖·沃尔顿(Guy Walton)，纽约大学(New York University)美术教授，法国文艺复兴时期至十七世纪花园方面的权威和作家，他审阅了本书的第四、五章，为之改进提出的建设性意见被我视为无价之宝。特雷西·厄里奇(Tracy Ehrlich)，科尔盖特大学(Colgate University)艺术史副教授，她是意大利别墅花园方面的专家，在对这两章的审读中，也提出了许多修改意见。玛格纳斯·奥劳森(Magnus Olausson)，瑞典皇家博物馆(National Museum, Sweden)的馆员，他阅读了第六章卓庭霍姆宫花园(Drottningholm Palace gardens)部分，并且热心地与我见面，扩宽了我对于瑞典花园设计与欧洲其他国家花园设计关系的整体看法。我还要感谢列娜·洛夫格伦·厄普萨尔(Lena L fgren Upps ll)和玛丽·埃德曼·弗朗森(Marie Edman Franzen)，她们在同我一起参观卓庭霍姆宫花园的过程中与我探讨了关于瑞典花园设计的理论与方法。

景观建筑师约瑟夫·迪斯旁齐奥(Joseph Disponzio)，纽约市公园处(New York City Department of Parks)的前工作人员，也是我1991年在哥伦比亚大学任教景观设计史时的助教，现在是哈佛大学设计研究生院(Harvard Graduate School of Design)的景观建筑学副教授。他的关于法国如画式(French Picturesque Style)花园的知识(也是他的论文题目)以及他对第七章批判性的审读给我的帮助很大。彼得·佛格森(Peter Fergu-sson)，维利斯里学院(Wellesly College)的艺术史教授，对于这一章也给了我一些很重要的建设性意见。

我还要感谢肯道·H·布朗(Kendall H. Brown)，长滩(Long Beach)加州大学艺术系副教授、麦克米兰(Macmillan)艺术辞典的前任编辑，他以一个研究东亚方面专家的视角审读了本书的第八章。约翰·梅杰(John Major)，东亚学学者、作家、选集编著者、一本世界文学指导书的作者之一，他也阅读了第八章，同时，他在中国和日本的语言与文化方面的知识对我是一笔巨大的财富。并且，他对某些诗和小说的看法使我更加明确认识到景观与文学的关系，也提升了我阅读这方面文献的乐趣。大阪大学(Osaka University)的环境规划副教授肯基·瓦口(Kenji Wako)，对我的书稿进行了耐心的修改；约希考·尼黑(Yoshiko Nihei)也是这样，她对第八章中的图片进行了负责任的研究，并提出了建议。最后，我还要感谢斯蒂芬尼·瓦达(Stephanie Wada)对本章书稿的最后审阅。她是杰克逊·伯克基金(Jackson Burke Foundation)的副管理员，也是日本艺术方面的专家。

查尔斯·贝弗里支(Charles Beveridge)，《弗雷德里克·劳·奥姆斯特德论文集》(Frederick Law Olmsted Papers)的编委之一、华盛顿特区(Washington D.C.)的美利坚大学(American University)的历史系教授，他审阅了本书的第九章。他为我提供了最有帮助的、关于奥姆斯特德和他的伙伴卡尔福特·沃克斯(Calvert Vaux)的成熟见解，超越了我长时间以来对他们作品的理解程度。戴维·舒伊勒(David Schuyler)弗兰克林和马歇尔学院的美国问题研究教授，也是《弗雷德里克·劳·奥姆斯特德论文集》的编委之一，他对十九世纪美国大都市景观方面有独特的见解，并且他是安德鲁·杰克逊·道宁(Andrew Jackson Downing)、奥姆斯特德和沃克斯研究的专家，他对于第九章及以后章节的审阅给了我一个新鲜的视角，这些领域，以前我虽然熟悉但是理解还不够细致深入。

戴维·斯垂特菲尔德(David Streatfield)，华盛顿大学景观建筑学教授，也是加利福尼亚州花园方面的权威，对于加州在景观设计史中扮演的角色，给了我极其重要的见解。我还要向唐纳德·布拉姆德尔(Donald Brumder)表达我的谢意，感谢他在我参观帕萨丹纳(Pasadena)花园时给予的热情接待，同时安排我参观了圣·巴巴拉(Santa Barbara)的几处私宅。花园设计师威勒姆·沃茨(Willem Wirtz)带我参观了位于佛罗里达州(Florida)的棕榈海滩(Palm Beach)的几处公共和私人花园，很感激他给予的那个社区过去和现在景观历史的知识，这给我留下了深刻的印象。

兰斯·奈卡尔(Lance Neckar)教授，明尼苏达(Minnesota)大学建筑与景观建筑学院(Collage of Architecture and Landscape Architecture)的副院长，他阅读了本书的第十三章，并就我对现代主义园林的总体看法作出了建设性的评论。伊丽莎白·G·米勒(Elizabeth G Miller)同样阅读了本章的一部分，而在我去印第安那州哥伦布市(Columbus)J·厄文米勒花园(J.Irwin Miller garden)以及几个相关的有趣地方的旅行中，威尔·米勒(Will Miller)是一位慷慨而且细心的东道主。《太平洋园艺》(Pacific Horticulture)杂志的编辑乔治·沃特斯(George Waters)，在我去加利福尼亚州索诺玛(Sonoma)的当乃尔花园(Donell Garden)以及相邻的现代景观参观时同样是一位出色的向导。我还要感谢高尔顿(Gordon)和卡罗尔·海雅特(Carole Hyatt)，因为在我参观伯克郡(Burkshire)的瑙姆基格

(Naumkeag)时，他们给了我很大帮助。因为罗纳尔多·麦雅(Ronaldo Maia)的善意帮助，我去参观罗伯托·布雷·马科斯(Roberto Burle Marx)的几处现代主义景观作品时得到了学识渊博的巴西园艺学家辛西娅·赞诺托·萨尔瓦多(Cynthia Zanotto Salvador)的陪同，本书的第十三章对布雷的作品进行了探讨。第十四章得益于我到新落成的沃尔特·迪斯尼世界(Walt Disney World)的动物王国公园的参观，它位于佛罗里达州(Florida)的奥兰多(Orlando)，陪同我的是保罗·科姆斯托克(Paul Comstock)，他是迪斯尼公司幻想部(Imagineering division)景观设计的负责人。

当我写作第十五章的时候，艺术家南希·霍尔特(Nancy Holt)给了我一个采访的机会，这使我在概念上和技术上了解到了许多以景观为主的艺术品的建造过程。从她的身上我也更好地理解了她的丈夫罗伯特·史密森(Robert Smithson)在大地艺术品(Earthworks)运动的起源中所扮演的角色。查尔斯·詹克斯(Charles Jencks)同样热情地欢迎我到苏格兰(Scotland)邓福利郡(Dumfrieshire)的波特拉克花园(Portrack Garden)参观。我还要感谢该花园的首席园艺师阿利斯台尔·克拉克(Alistair Clark)，与他讨论了花园景观。同样，我还感激伊安·汉密尔顿·范德雷(Ian Hamilton Findlay)，因为他让我在他的位于苏格兰兰那克郡(Lanarkshire)的诗意的景观作品"小斯巴达"(Little Sparta)中度过了一个上午。

亨利·J·斯特恩(Henry J Stern)，纽约市公园与休闲局(Department of Parks and Recreation)两期连任局长，为局内职员注入了强烈的历史责任感。乔那森·库恩(Jonathan Kuhn)，该部门的艺术与文物主任。他们解答了我对该局过去档案材料中存在的疑惑问题。同样需要感谢的是绿拇指行动(Operation Green Thumb)的前任负责人简·威森曼(Jane Weissmann)，还有公共土地基金(Trust for Public Land)的纽约市政土地项目(New York City Land Project)主任安德鲁·斯通(Andrew Stone)，他们为我书写第十六

章提供了社区花园运动的材料。

如果没有这些学者、设计师和管理者以及上述种种职业的人的耐心研究和深入探索，这本书的出版几乎是不可能的。他们在景观设计史领域以及景观恢复方面所做的研究、出版和实践活动既是新鲜的，又是必要的。我聆听过耶鲁大学(Yale)的教授文森特·斯加利(Vincent Scully)和克里斯托佛·唐纳德(Christopher Tunnard)的讲座，他们的知识对我追寻建筑、景观、城市规划的热情起了一定的作用，另一方面，这种热情也来源于我与文化地理学家J·B·杰克逊(J.B.Jackson)的友谊培养起来的。查尔斯·麦柯拉弗林(Charles McLaughlin)把他的论文稿《弗雷德里克·劳·奥姆斯特德论文集》借给了我，当时我正在做关于《弗雷德里克·劳·奥姆斯特德的纽约》的研究工作，那个年代还没有复印机、计算机或者多卷的奥姆斯特德著作的系列出版物(这是他与伙伴历史学家查尔斯·贝弗里支一直在运作的事情)。无论是学术上，还是个人友谊上，我将永远感激他们。

另一些特殊的朋友包括：萨拉·采达尔·米勒(Sara Cedar Miller)，中央公园保护区(Central Park Conservancy)的历史学家和摄影师，当这本书初具雏形之时，她就给了我很多的帮助。还有雷因·阿多尼奇奥(Lane Addonizio)，我在城市景观学会(Cityscape Institute)的同事，在这本书的最后的出版工作中，她起了很大的作用。如果没有萨拉的技巧支持，我就不能在这本书初具雏形时进行带幻灯片的演讲；没有雷因在此项目中对办公室的组织工作，我们也不能如期完成工作计划。我还特别感激鲁伊斯特·莫茨托拉斯(LuEster Mertz Trust)以及弗策摩尔(Furthermore)、J·M·卡普兰基金会(J.M. Kaplan Fund的出版项目)；萨缪尔·H·克莱斯基金会(Samuel H. Kress Foundation)；亨利·鲁斯基金会(Henry Luce Foundation)；尤金·R和克莱尔·E·肖慈善基金会(Eugene R. and Clare E. Thaw Charitable Trust)；查尔斯·伊文斯·休斯纪念基金会(Charles Evans Hughes Memorial Foundation)；以及格拉汉姆美术高级研究基金会(Graham Foundation for Advanced Studies in The Fine Arts)，感谢他们为本书的出版提供资金上的援助。

在中央公园的建造中我体会到了合作和团队的精神，在哈利·N·阿布拉姆斯出版公司(Harry N. Abrams Inc. Publisher)的职员们以及总编辑保罗·高特列伯(Paul Gottlieb)看到由我提议的调查的必要性时，这种精神更加彰显。他们允许此书可以根据图片和文字的数量来调整合同中已规定的版式。摄影与授权部主任约翰·克若雷(John Crowley)作为最有才智的图片编辑，在戴安娜·刚格拉(Diana Gongora)的协同帮助下提供了大量我无法找到的图片，并且他们仔细阅读了文稿，确保了图片和文字的配合准确无误。保罗·斯兹基(Paulo Suzuki)把他的艺术技能带到了我们的项目中来，以他从前的文案工作为基础，绘制了大量的平面图和透视图，令读者得以形象化地看到书中涉及到的景观。高级编辑埃兰·班克斯·斯坦顿(Elaine Banks Stainton)指导了全书艰难的出版过程。安娜·罗杰斯(Ana Rogers)是本书的版式设计者，她的精美作品充分展现了她的才华。我们这个团队的领导人是朱丽娅·摩尔(Julia Moore)，她是本书的执行编辑和图书出版主任，也是编辑室中最富聪明才智的一位。她保证了图书出版过程中每一个环节的一致性，她总在强调出版本书最重要的目的是它的意图和内容，而不是方便或廉价。

我想在最后补充几句对我丈夫泰德的衷心感谢，正因为他最初的不断鼓励才令我担负起这次世界范围内的调查研究和坚持将其出版的工作。我特别感谢他与我分享了一份绝妙而有教益的体验：我们共同漫步于本书描述到的那些城市、公园和花园中，一同谈论那些包括了我们自己在内的人类文明。我们得出的意象和获得的场地设计知识都归功于此。

绪　论 INTRODUCTION

世界景观设计的历史必定是一部人类文化的历史。它基于与时空观相关的最广泛的观念来考察景观历史。更确切地说，它是一种艺术的史学探究，试图论证其哲学理念以及美学思想。通过艺术加以表达自然和塑造自然。一部景观设计的历史是书写人类思想历史的另一种方法。因此本书在寻求展示一些特殊场景设计图时，还兼顾大量的文字描述。它试图把景观作为对宇宙、自然、人性的态度来阐释，企图展示景观如何与其他密不可分的艺术门类来共享艺术形式。这些艺术形式包括绘画、雕塑、建筑以及其他装饰艺术，同样还包括文学及其他思想意识的表达手法。因而本书叙述了人类与世界之间的关系，以及他们尝试给自然赋予秩序和意义，为不同的场所给予不同的表现形式以提高该地的显著程度。

在各个时代、各个地区，人类不同的态度表现在神话、传说、礼仪、社会结构以及经济利益的追求上面。这些事物又影响了空间的组织以及其内部设计的形式，然后又使文化习惯合理化和本能化。这样才能在此前提下限定文化而后成为一种盛行的共识的文化。起主要作用的社会精英、规划师、建筑师和景观设计师以及实践中的日常结构的建造者的决策思想和社会环境中的日复一日的使用物品经常被贴上哲学理念以及其在形式上表达的历史标签。相反，一种需要表达的哲学观念又可以用形体的方式预示出来。在这两种情况下，理念与文化表达之间差异的裂隙是显而易见的。然而不论是去理解还是去证实，设计总是能反映

一种文化价值观，包括那些哲学家提供给我们的观察宇宙和人类所在世界的独特的"镜头"。

本书中讨论的很多景观现在已经荡然无存了。人们只能靠考古学家提供的线索在精神上或形体上重塑它们。有的只是它们最初设计的一部分。另有一些景观则显示出一种穿越时间的持久力。还有一些——世界级的盛会地、主题公园、购物中心——是现时代的产物。所有这些都可以理解为文化价值观的不同表达形式。并且，由于景观所具有的暂时性的一维度时间特性，即随时间而改变，所以它们可以作为在自然强大动力和人类强烈的改变自然的欲望中年复一年地刻下历史文稿(Palimpsests)，让后人来解读历史。

文化，作为政治、经济、技术环境以至于宇宙观和哲学思想的因与果，每一个时期、每一个国家都留下了它独特的遗产，还基本上表明了它的政权类型、富有程度以及建筑技术水平，甚至政治特点和宗教信仰。所有这些都能通过业主的爱好和设计者的智慧以某种景观形式表现出来。实际上，在没有哲学思想统一指导的政权、财富和技术的具体组合情况下，很难以同一种形式表现出业主的爱好和业主的智慧，他们的景观效果也不可能以同一种形式和图像内容表达出来。比如：我们可以说，伟大的十七世纪景观设计师安德烈·勒·诺特(André le Nôtre)的作品不仅表达了路易十四(Louis XIV)的皇权权威，还体现了在财政大臣让·巴蒂斯特·科尔伯特(Jean Baptiste Colbert)统治下的法国经济的强盛，并且运用了军事工程师塞巴斯

蒂安·勒·普莱斯特·德·沃班(Sébastien Le Prestre de Vauban)发展的土方工程新技术，在景观设计中还应用了数学家、哲学家雷内·笛卡儿(René Descartes)的数学方法。说这些，并不会减弱我们对勒·诺特天才的看法，反而会使我们更加了解它繁盛的条件与因素。

需要强调的是，要想理解景观设计作品以及人们对于自然景观的态度，一个人的思想必须经过政治、经济、技术、宇宙、宗教、科学、形而上学等领域的洗炼。反映了人类思想就像神话、礼仪、寓言和推理等组成剧院一样，展示着各种各样的思潮。于是同样的，意识中寻求刺激和反应的部分在塑造和布置景观空间的过程中显现出来了，正如这些还显现在对公共活动与个人乐趣的热衷之中那样，本书将追寻这些流过时空的思想，并考察影响景观设计的不同时期、不同地点的文化基址。

在史前和远古时期，景观与宗教有一种非常密切的关系。当时人们认为自然和宇宙中孕育着精神力量，它们被人格化为掌管着狩猎以及以后的土壤肥沃和收获的神灵。史前和古代社会的人们了解了他们的生命受自然力主使的程度，因而发展出了一整套敬神的礼仪，以保证他们能获得每季的产品。譬如充足的猎物、适量的雨水、温暖的阳光，同样他们还祈求人类顺利地繁衍延续。这些仪式举行的空间是宗教表演的剧场，它包含在一处较大的景观里。典型的例子就是关于岩洞艺术和在史前巨石柱(Stonehenge)把巨石阵列和其他巨石圈对应(图1.2, 1.3)。以宇宙中天体运行定向的遗迹诸如埃及、美索不达米亚、印度、克里特、希腊以及美洲的神庙、祭坛、金字塔等都可以得出相同的结论(图1.8, 1.9, 1.10, 1.24, 1.27, 1.28)。在这些废墟中，人们可以发现古人怎样用景观语言表达自己与神灵的一致，以及怎样通过注意了解宇宙中神秘的力量而得到帮助。人类和自然之间有一种相互的作用，这要归于两者固有的神圣。那些神圣的地点——山、湖和泉引起了早期人类的注意。金字塔、齐格拉特·基瓦(Ziggurat, kiva)土丘以及神庙，这些纪念性的地点，作为普韦布洛人的"广场"，仍然存在于那里。

人们对于动物神灵、太阳和大地母亲的崇拜转向了宙斯和阿波罗带领的众神，可以从其选择的神圣景观中看得出来。古代的神庙和它们在景观中的位置向人们揭示了古希腊的数学和逻辑学是如何使人与自然的关系从一种信仰走向另一种信仰的。人们企图通过血祭、仪式舞蹈以及神谕会议等形式使不可见力量在一个不稳定的世界上联合，这种做法一直持续到公元前五世纪的古希腊时期。与此同时，希腊的哲学家们提出了塑造神灵的另一种方法。在人类各种事件中，对于智慧力量的信任逐渐使人们认为智慧至少应该是与命运的力量同等重要。景观此时虽然仍以取悦神灵为本职，但是已经开始被一种相信理性力量的方法建造了。这一点已经被雅典卫城(Athenian Acropolis)所证明。它是早期城市的防御措施，波斯人毁掉它以后，公元前五世纪得以重建。作为一处宗教建筑，它优美的几何比例使它像一顶骄傲的皇冠坐落在那里(图2.1)。

帝国的威力、凯撒(Caesars)的骄傲，使希腊(Hellenistic)和罗马(Roman)的景观具有了空间开阔的特点，同时设计中采用了一种世界性的和宗教的方法。殖民地城市以一种理性的方格网形式进行规划，罗马的那些城市还有用导管供水的浴场和喷泉，王宫、竞技场、剧院，无不显示出帝国的权威和气度。它们和现代城市不同：现代城市是在农村的包围之下计划出一块土地，首先是向外以几个离心轴发散式发展，然后是一系列无定形扩张的居住区；而罗马的城市则代表着一种向心式的发展形式，把外面的力量收进一个向内的空间中，如城市本身、广场以及内向的列柱中庭(图2.29)。这些罗马城市原型组成部分普遍存在着重复——广场、教堂、浴场、剧院、竞技场、图书馆、道路、凯旋门、水系——在遍布于地中海地区的巨大道路系统连接起来的城市里威严地显示着帝国气派。

在罗马时代，神话和仪式被精心编制成寓言。比如，人造的洞穴摹仿自然中的仙洞，这在人们的心理上有房间的作用，在这种场所，人类的灵魂找到了自己与史前的土地女神以及自然界中精灵的联系。在许多别墅花园中可以见到装饰有代表山林水泽的仙女和其他地下神灵雕塑的洞穴，其中最壮观的一个是哈德良(Hadrian)皇帝建造的，通过使用大量的、富有装饰效果的雕塑、壁画和马赛克建造的别墅花园，也就是哈德良的离宫，现在基本上消失了。它是最早的联想式花园的一个范例，即在花园中，"寓言"作为景观的一个主题出现了。

基督徒和穆斯林都借用了文学和艺术里把天堂比作花园的比喻。两种文化的花园都发展了景观与上天恩赐的关系。伊斯兰花园中的四条水渠和基督教花园中通向中心喷泉的四条道路，象征着《古兰经》和《圣经》中提到的天堂的四条河流(图3.10, 3.25)。清凉、闪烁、反着光、淙淙的泉水有益于人们进行一些关于世界的沉思，也适合于人们幻想安静、美丽的天堂。

在文艺复兴和风格主义的花园中，寓言也扮演了一个很重要的角色，在这里，古典神话被人本主义学者复活和重新解释了。比如，在埃斯特别墅(Villa d'Este)，为了表彰主人红衣主教埃斯特(d'Este)的善举，花园中大部分的肖像雕塑都与正义的英雄海格力斯(Hercules)在一起。在埃斯特别墅和朗特别墅(Villa Lante)以及红衣主教甘布拉(Gambara)的猎苑和别墅中，都发现了象征物，用以歌颂每个红衣主教拥有的结合艺术与自然使大地丰收的能力(图4.18, 4.23)。在十七、十八世纪的许多花园中都可以见到用寓言的形式来美化主教们和王子们的形象，正如在凡尔赛宫，那里有大量的太阳神阿波罗(Apollo)的象征物，也有代表路易十四的象征物。

随着这些后来的、稍近些寓言的使用，影响现代世界观和景观建造方法的另一种思想发展起来了——随着系统科学的诞生，人们开始把理性作为处理生活中各种事件的信条。信仰从一种以大地为中心的、自制的、封闭的宇宙观向一种无界的宇宙观转变，人类思想

向新的抽象观转变，这都对哲学产生了深远的影响。这种从古代建筑物中发现的桀傲不驯的智慧，能够在景观设计处理空间时使用相同形体的表现方法中找到。花园仍然被定义为区别于自然空间和经过人类培育的田野风光的空间(自从文艺复兴以来，花园被定义为"第三自然"，以区别于田园风光的"第二自然"和荒野的"第一自然")。但它再也不是一处封闭的空间，经过拉伸的轴线似乎通向了远方的地平线。勒·诺特(Le Nôtre)在凡尔赛以"太阳王"规划的花园就是一种开放的、对新生的"日心说"宇宙观的表现。那时候它被认为与我们所居的银河相邻，是在路易十四统治上半时期的法兰西的信心、乐观与骄傲的象征(图5.9)。

轴线在花园中的延伸转而为城市规划提供了范例。凡尔赛的城镇和花园设计的城市模式，是现代城市设计的国际模式。城市内部有数条宽阔笔直的大道，通向重要的纪念碑、庄严的建筑物或中心公共场所。它们的另一端则通向郊区甚至郊外(图6.44, 6.54)。在十八、十九世纪和二十世纪早期，政府出资建设了轴向的宽阔大道，两侧则是庄严的建筑和雕塑，以作为一种表达他们力量与权威的方式，同时提供了较好的警察保护，使军队更容易镇压叛匪的暴乱。另外，这些纪念性城市中的大道以及轻质的、弹簧减震的四轮马车的发明也为社会精英们提供了一种重要的社会消遣活动，那就是驾车兜风。为了达到这些目的，中世纪的墙壁被推倒了，取而代之的是大型广场。这种现象首先发生在法兰西，在那里，现代的单一民族国家第一次打破了壁垒森严的封闭城市。

当艾萨克·牛顿(Isaac Newton)巩固着启蒙运动的基础、坚定着理性在人类精神中的角色时，约翰·洛克(John Locke)断言，世界上所有的知识都必须依赖于感觉的清醒意识。这种以归纳法和个人经验为依据，而不是依赖于把自己作为被揭示的"真理"和不变的法则的思想，改变了十八世纪景观设计的面貌。通过联想景观能够产生愉悦精神的潜能，对此的尊重使得花园的设计师们毕尽其力地来创造一种如诗如画的自

然景观，尤其是一开始建造的那些，它们通过重复古典田园式的主题(Arcadian Motifs)来唤起人们对古代的回忆。花园不再是展示力量的舞台，也不是社会交往的竞技场，而是一个能够提供幽静处或反映主人乐于交友愿望的地方。十八世纪的英国风景园，洛克哲学为人们思考十八世纪英国园林中的小神庙、假废墟、洞穴、放鹿场存在的意义奠定了基础(图7.5, 7.6, 7.7, 7.9, 7.13)。

东亚的花园起源更早，并且处在有着诗意的联想和友好的地方。如同在英格兰那样，中国和日本花园的景物引起联想的潜力是设计中主要考虑的因素之一。在中国，诗人、画家和花园设计师的职能经常混合起来，往往一个人身兼三种角色。这些艺术家与自然关系密切，他们的作品往往能引发人们对于他们国家中某些险峻山峰的联想(图8.3)。日本的造园起源于中国，虽然说它的石头经过精心的人工排列，但比原型更美丽、更少歪曲原型。尽管石头同样是以自然主义的理念作为花园设计的前提，但是它们反映的内容不同，日本石头用于反映国家岛屿的景观，而不是像中国那样来反映地形。中国和日本花园中的石头充满了象征性的联想(图8.24)。植物也是如此，有着象征性的作用，人们对某些特定种类植物都很欣赏并具有很强烈的情感，比如牡丹、菊花、桃花和竹子。

在十八世纪后期，悲怆和回忆开始在西方花园设计中扮演重要角色，浪漫主义代替了古典秩序而成为西方文明中文化的主要推动力。让·雅克·卢梭(Jean-Jacques Rousseau)重视自然中以个人体验与民主方式组织起来的公民美德的作用，对景观设计有很大的影响。逐渐地，对于洛克式思想的注意力从文学和政治转向了诗意和个人，于是西方的花园变成了一个国家英雄的荣誉之地，也成为他们的安息之所。这就产生了有感染力的、甚至挽歌一般的如画式园林在十九世纪被用做郊区公墓的设计语言的现象(图9.27)。卢梭哲学思想的普及，得益于几次革命运动，更多的普通平民在这个动荡的年代获得了公民权，这也是公园运动

的起源之一。

浪漫主义的诞生和革命力量的发展带来了民族资本主义民主国家和共产国家的出现，工业革命带来了文化上的活力，使得机械和技术持续不断地推动当代生活的快速发展，给人们带来越来越多的好处。在过去的二百年中，民主主义的"生存、自由和幸福的权利"，包括享有私有财产的权利，已经成为景观设计行业提升个人幸福的有力信条，正如在其他领域的生活一样。平均主义的高涨促使乐园(pleasure garden)的不断转变，它曾经是贵族们专有的区域，如今变成了大众的休闲保护区。

工业革命深远地改变了城市的自然生存状态，尤其是交通的便利为城市之间的活动注入了新的活力，时间和空间有了新的含义。十九世纪下半叶法国巴黎市的那次彻底重组反映出机械时代(Machine Age)的转变(图10.7)。同样是十九世纪下半叶，美国的公园运动和郊区住宅区的发展则表达了对农耕时代的怀旧情结，这也是伴随工业主义和现代的城市成长出现的。在此期间直至现在，市场的力量和文化的全球化使西方的景观设计出现了电气化时代的特征。从十九世纪开始，由于在文化上缺少共识，设计越来越多地被看成是商品，起作用的只有业主的品味，表现则是对过去各种风格的随意杂糅(图11.4)。

二十世纪的现代主义试图发明一套全新的建筑设计方法，景观建筑也是如此，一开始还有些犹豫不决，但很快就加入了创造一种新的、表达理性与功能的语言活动之中(图12.19, 13.23)。但是合理的规划和功能主义不能压制人们联想历史，并且人们对于历史的持续到现在着迷的结果体现在手法主义的泛滥和折衷主义的设计中。而现代主义也成为一种风格，只是设计时的另外一种选择罢了。

为了迎合大众的口味，世界博览会、主题公园以及购物中心的创立者们采用了令景观叙述历史和借助媒体技术连同高度市场化的技术创造奇异景观的方法(图14.9)。现代城市以自我主题(self-theming)来吸引游

客也是这种趋势的表现之一。比如在历史保护区中的城市，在尊重过去和有利可图两者之间游走，有些时候落入拙劣模仿的失败之中。尽管如此，一些人试图在当代景观设计之中建立一种严肃的历史意义以及保护自然以期获得人们在心理上的共鸣和隐喻的表达，这些努力还是能够搭起人类构筑物与自然环境间的精神联系。

综合研究跨世纪和跨国之间的交流是十分必要的。在探寻其影响模式时，人们就会发现形式明显追随文化，然而一旦形式发展以后，往往又被新的形式追随。比如在文艺复兴和以后的历史时期，西方世界运用希腊和罗马的艺术及建筑形式表明了人们在形式上模仿古代、模仿异地作为一种形式语言来表达某种特殊的社会志向。形式的传递有时也会更直接地发生，有时是随着军事征讨与贸易而产生：当一个国家引入了或者被传入了新的形式时，另一个国家对它的征服和同化就发生了。

正如公元前四世纪至公元前二世纪亚历山大大帝(Alexander the Great)的远征，把希腊的形式带到了地中海流域的尽端，也越过了波斯(Persia)。同样，在十六世纪初，法国文艺复兴花园的出现也是基于对意大利文艺复兴花园造园理论的摹仿，以及随法王查尔斯八世(Charles Ⅷ)的那不勒斯(Neapolitan)战争而移民到法国的意大利造园家的出现。正如日本六世纪模仿中国禅宗园林的概念之后开始发展出自己本土的造园方法一样，那些模仿法国文艺复兴花园的花园设计师也发展出了异于法国文化的自己形式，这些形式被不断地采用、适应、改造到其他的地方。

传统主义，或者称为历史主义，出于自身的原因，在手法上模仿过去的形式仅仅是为了寻找伦理和特性适合于他们想要展示和表达的历史时期，这可以部分地解释为十九世纪初人们普遍存在的对工业时代的反感情绪。反现代主义试图从对过去的可敬与消失的事物中联想进而获得情感上的满足，这是一种否认加速的变化和由于技术而引起浮士德式(Faustian)变化的世界的策略。

随着古典主义与新古典主义的潮流、浪漫主义的生长与如画式园林风格的传播，各种各样的城市规划模型发展起来：从古希腊的栅格到当代的边缘城市(edge city)，这也是基于更宽广意义上的景观史学研究的任务。对这些景观设计的发展历程的追寻可以使我们从繁纷复杂的历史中明晰某些形势，譬如曾经是欧洲十七世纪独裁君主所喜欢的城市规划形式会被华盛顿特区(Washington D.C.)的规划所使用,而后者则是一个新兴的十八世纪的民主国家。又如被十八世纪的贵族地产商所采用的英国如画式园林的变体，成了十九世纪公园的原型。

从根本上来说，景观设计是处理人与空间之间的关系，一种艺术与自然的关系，而且日益成为艺术、自然与技术之间的关系。艺术与技术有改变自然的能力，但景观设计必须在控制所有生命生长消亡的自然法则之下进行。神秘的自然，作为一种独立的力量，慷慨而且大度，能量巨大又极具破坏力，这使得景观设计的经历和实践具有精神上的有益性与科学上的挑战性。历史地讲，用当代的文化视角，透视文化对自然变化趋势的影响是十分困难的。在此，我们的意图就是尽力去洞察与我们自己相似的精神、情感上与我们迥异的那些人的意识，尽管它们还不够完善。

这样做的过程中，我们必须要强调的是：应该把神话、宗教、哲学和科学分别作为理解、探寻和信仰的独立模式。这种方法是现代意识的产品。把知识分门别类，提倡科学的理性作为探求事实的原初模式，虽然构建了西方的世界观，但低估了切身经验和经验主义知识的价值。尽管哲学尤其是卡尔·荣格(Carl Jung)的哲学，它使我们加深了对集体无意识以及作为意义承载体的神话和原初形式的了解。但是加深了解并不是全身心的信仰，这种信仰(以一种看待史前和古代社会以及后来的基督教、人本主义、理性主义或者其他普通信仰的价值体系的总体论方法)掺杂了各种各样的社会目的：宗教、政治、经济、建筑等。

今天，我们异常兴奋而且烦燥不安。我们激动于技术进步带来的便利以及自身参与其中的信息时代历程，但同时我们也经历了社会的反常状态与生存状态日益加剧的变化，哲学称之为错位(dislocation)的情况。工业化的资本主义经济使得复制品的制造变得异常简单，人们以各种形式仿制其他的时间与空间，包括"历史"村庄、主题公园、购物中心、饭店、度假区以及重建的博物馆，这种在环境上模仿很久以前的或很远的地方的形式，可能仅仅是为了有趣，其往往借助摄影艺术和电影，现在竟以市场化的方法被展示给大众。相似的各种奇异场所好像万花筒一样，在因特网上也很容易得到。由于可以轻易地得到各地各时期的图像，导致了图片原型的商业化，如果它们还存在，社会便把它们变成著名的典故和旅游胜地。

城市蔓延(urban sprawl)这个词得到了流行也得到了非难，因为我们发明了一种新型的城市——混乱、无定形，而且没有历史上那些城市所有的神话、宗教，甚至政治来作为基础。商业链条与特权行为伴随着商业化的掠夺行为一同增殖，把局部地区的特殊情况变得愈加熟悉化。这样或许会使得认同品牌的消费者和乘车的旅行者感到可信，但是不断增加可预见性、单质性以及松散的城市化的环境同样使人产生厌恶——比如在散文和文学中被称之为记忆错觉(déja vu)。

机动性和通信迅捷的加速发展持续地缩短着距离和时间，场所因而增加了暂时性和现时性。我们表达一种越来越无限化的概念："补助社区"(Valorizing Community)。这是因为人类是一种运用基本的方法进行场地建设的动物，关于这点可以从他们个人或集体的梦想被揭示而看出(图16.3, 16.5)。我们创造的景观是技能与自然的结合，在设计的过程中，每一个时代的人们都揭示了他们大量的文化价值观念，同时表达了普遍的对于水、食品和住所的需求。也许，当我们

复活了精神的自我，发展出了新的文化上的持续的神话，把科学和宗教、哲学重新统一起来时，我们就能创造一个地方，在那里生命能够以一种比现在更加纯真的方式存在下去。正如二十世纪的法国哲学家伽斯顿·巴谢拉德(Gaston Bachelard)指出的，当我们以哲学和现象学的方法审视空间时，我们发现我们仍然是被束缚在土地上的生物，在我们的记忆深处留存着个人关于自己生存和想像空间的印象。更深层的是，在我们的基因中和作为人类动物的感觉器官中存有着"空间感"，因为生物特性仍然是我们存在的基础，我们有着一种与自然合为一体的欲望。

浪漫主义运动的起源与自然的浪漫化和史前人类以及土著人作为"贵族的野人"与工业革命同步并不奇怪。机器技术为世界带来了巨大的潜力，自我参考系统同时以一种明显的不可理解的方式影响着我们。"花园中的机器" ——借用雷奥·马科斯(Leo Marx)的隐喻，自然与技术之间艰难的协调，这种观念已经在人们的意识之中根深蒂固，或许人们根本没有意识到这件事的发生，我们或许要见证西方历史中工业技术与艺术和自然紧密结合起来的一场运动。

很不幸的是，另一种选择是严重的环境退化与全球环境的破坏，一种我们最近才认真思考的问题。现在，当世界的人口越来越多，人们的生活越来越依靠机械化的环境时，我们开始了保护自然环境。由于当代人类改善自然环境政策的影响，我们与自然环境的关系已经扭转过来了。与能源推动机器创造的力量和我们创造的新的现实已经密不可分的是，我们之中的大部分人急切地想要协调我们快步奔向未来与思恋过去的关系；在享用新能源的好处和技术成果的同时，人类以自然为荣，向往一个把自然融入自身环境的地方。我们在此方面努力获得成功取决于许多方面，包括人类对历史中创造出的景观与丰富的心理学和神学知识关系的理解。

世界景观设计(I)

目 录 Contents

第四章

第五章

第六章

第七章

世界景观设计(II)

目 录 Contents

第一章

魔力、神话与自然：
史前、远古与现代人的景观

历经岁月，景观一直反映着人类难以回答的众多问题之一的宇宙观问题：我们在哪儿？世界是怎样被创造的？在时空中，人类的位置和命运是什么？

像以后各章一样，在这一基础章节中，我们的任务不是像以表现伊斯兰教或基督教等描述宗教故事的景观，也不是像十七世纪法国花园那样的图解反映宇宙观的景观；更不是那些展现基于物理科学和源于混沌理论最新发现的现代宇宙观的景观。这里，我们必须探究一些更基础的东西：与我们直立姿势、直线行走相联系的基本空间结构的人类灵魂的根源；必须努力探寻我们在充满社会活动的环境中所处的空间位置以及我们对无限和永恒时间的渴望。

神话、宗教、哲学和科学都根植于宇宙起源说——试图解释在混沌之中创造宇宙的过程，把原始的无序和混乱变成系统的、有序的、和谐的、整体的宇宙的过程。通过这些方法，生活于任何地方、任何时代的人们得以在自然的世界里交流思想并相互理解。必须对几个世纪以来人类思想的剧变不断重新审视——这种剧变现象尤其是在西方社会中表现的最为突出——把神话、宗教哲学和科学割裂开来并且形成了不同的信仰和知识的领域。这里，我们必须了解世界不同地区和不同时期广泛流动的非西方社会的人们，是怎样创建令

人惊奇、多种多样的景观形式。这些景观既原始又有广度，并且融合了神话、宗教、哲学和科学思想的宇宙文化。

随着时间的推进，几何学、测量学和结构力学的发展带来了建筑艺术的诞生。这个领域也是如此，我们必须小心，不要把现代西方文化中的技术说明和认识论的条块分割强加给远在我们建立西方工业社会价值观很久以前就存在的社会，或者那些不同意西方文化生活的人们。更进一步，考虑到我们的话题——景观设计史，非常需要理解的一点就是，对定量的与地球空间的认知能力——也是我们实践和理论的基础，是非常易变的，容易随着时代的宇宙观和目的论的不同而改变。

更具体一点说，从文艺复兴开始，西方的理论就存在着一种基于透视和中间灭点学说的空间概念，也就是假想的二维平面栅格上的线都汇聚于一点上。尤其是十七世纪的法国数学家雷内·笛卡儿(René Descartes，1596～1650年)宣布了他的空间延伸学说以后，中性价值取向的这种空间概念就开始走向前台并统治了景观设计的理论和实践，此理论中，所有的物体都按透视法则排列。十八世纪的下半叶开始，西方设计的景观开始清晰如画。它们之中开始有意识地加入风景绘画理论中对风景的审美价值观，在这种花

园中，虽然比十七世纪轴线对称的几何园林的透视效果更少，但仍然是充满信心的，直到同样运用绘画代表的基本理论的二十世纪现代主义的兴起。然而，在中国、拜占庭(Byzantine)、因纽特(Inuit)等社会文化中，人们对表达空间的解释与构建的态度全然不同，即使不全部忽视空间透视，但对其也不感兴趣。[1]

空间崇拜的信仰——认为在一个广大的神圣的自然里面又有些地方尤其神圣——在史前文化和现在的某些文化中相当普遍，这与西方理论中认为空间是个统一体、仅仅有数学上的区别的理论，是完全相反的。史前和古代的人们已经按照自己发明的方式在自然中建造建筑和圣所，这虽然还未被命名，但已是景观设计的艺术了。用三维的规划语言进行轴线的安排、布置形式和测量空间尺度，他们的景观不仅具有地球上纪念碑的尺度而且是与宇宙有关联意义的创造。把场地设计作为人类的活动来理解时，非常需要我们去探究的是，如何尽我们最大的努力，透过当代西方社会十分不同的、世俗的、历史的观点去理解第一批场地的塑造者们的文化价值观，以及持有相似价值观的后继的景观创造者们的文化价值观。

原始社会人们通过举行仪式来试图调合自然的力量，以期获得自己的生存空间。当他们试图理解宇宙和解释非常重要的自然的季节变化时，这些人就成为了地球上的第一批天文学家。但把他们理解成现代涵义的"天文学家"就错了。当时天文学和宗教有一种微妙的联系。史前与远古人们的仪式与就职庆典活动与现代宗教信仰高度独立和个人化的性质以及现代科学绝对世俗的性质相对比，这些活动是发生在自然界中历史的社会实践。虽然他们有可能认为精神力量使自然界万物有生命力，但是作为人类社会的社员，他们也要体验在精神主宰社会中，创建空间以满足心理需求。这就意味着，几乎非常普遍，建立起建筑物与自然特征，以及天体参照物起源点的形式与组合之间的关系——可以预见和按历法确定太阳、月亮、星星的位置。这些以宇宙为参照物建造的构筑物和纪念活动场所被认为对它们服务的社区的延续有重大的意义。同时，在史前和远古人类寻求与宇宙的和谐时，他们给山体、泉水、洞穴、树木和兽类指定一种主宰的神力，并且予之神圣的特征。如今，属于某种信仰系统的人们把自然神化并且把自然中的某些地点赋予宗教意义，这对一个以世俗和功利主义眼光来看待土地的人来说是十分怪异的，他们把土地看作可以交换的商品，而不是精神的目的地。

旧石器时代的岩洞壁画、新石器时代的岩石圈、美索不达米亚的(Mesopotamian)齐格拉特(Ziggurats)、埃及的金字塔和方尖碑、印度的神庙、克里特人(Cretan)的自然祭坛、迈锡尼人(Mycenaean)的城堡、金字塔和大地艺术品以及被西班牙人征服之前的美洲土著人的人像和土方工程，这些都是对于人类和看不见的神力之间的伙伴关系的表达。这些形式的创造者们同时也赋予他们的景观作品以象征意义和设计意图，他们乞求神灵的巨大力量——兽类的神使它们的肉体能足够地供应给人类，掌管宇宙的神和女神们为人类和动物的繁衍负责，保证庄稼生长。在一个极度不确定的世界里，这些富有创造性的人们观察天空，研究天体的运行，预言一年之中降水和天气冷暖变化，甚至预测战争的胜负。在这一过程中，他们创立了最早的复杂的人类社会，建立了重要的纪念性中心，之后由中心还发展成了世界上最早的城市。

这些早期的人类和他们的继承人的文化塑造的环境反映了他们对于宇宙的宗教见解。这些早期社会最能引人注意的是他们把以神话为基础的宗教和科学的观察融合在了一起。在他们有限的、但确切的对于这个星球和宇宙的理解之中，他们把自己坚定地根植于其中，并且赋予地点以宗教的意义。当我们理解了宇宙学曾经怎样深深地埋藏于宗教神话之中时，我们就能够理解宇宙论的景观设计——反映了宇宙图解式的地面的塑造与纪念碑的竖立。当我们意识到他们的宇宙观表达与人类心灵中其最初的形象相似时，那些很久以前的、很远地方的古代中东、史前欧洲、印度，以及哥伦比亚之前的美洲诸文化中广泛应用的轴线、金字塔以及岩洞对我们来说就有了意义。这比某些文化转移理论似乎更能解释为什么如此相距遥远的、而且时期又不同的埃及和玛雅(Mayan)的金字塔在景观效果上有如此的相似性。

洞穴，尤其当它被作为圣所时，就是地球的发源地，是一个神秘的能够恢复元气的地方，在人类的想像力中占有极特殊的地位。它的各种表达形式，比如：埃及人把坟墓凿在悬崖峭壁上或置于金字塔内部；史前希腊的蛇女神的地下圣所；蒂奥提胡阿坎

(Teotihuacán)的太阳金字塔下的洞穴；艾利范塔(Elephanta)和艾洛拉(Ellora)的西瓦(Shiva)洞穴神庙；印度的萨尔塞特(Salsette)，以及美国西南部普韦布洛文化的基瓦(Kivas)会堂。与洞穴相伴的是关于大地女神的规则，这是根植于一种普遍的信仰，认为大地是一种生殖与生产的力量，是人与动物获得生机的充足源泉。由于有着像迷宫一样的通道，洞穴被认为与生命的起源有密切的联系，即：它是生命产生的地方。同时地表上的洞穴与裂隙又往往是泉水的源头，在洞穴和泉水边上建造圣坛，这在干旱的地方都比较盛行。可以理解，地表上神秘温润开口处往往对人的心理有极强的吸引力，数千年来一直是如此；古希腊别墅花园中的人造洞室，后来又在文艺复兴花园中重新使用并且在后续的时代里在不同文化中被翻新和继承，成为史前祖先朝拜的洞穴圣所的复杂化版本。

世界宗教与早期神话信仰、实践方面的学者米尔西亚·伊利亚德(Mircea Eliade)的书中认为，远古与现代诸文化当中存在一种信仰，认为自然世界是充满了神性的。伊利亚德指出，最基本的神圣地点构成了一个小宇宙，"一种石头、水与树的景观。"[2] 这样，人类唤起了石头的耐久、水的滋润以及树木中存在的多产。在各种文化中一种概念的相当普遍，认为地和天之间有一种固有的神性。从这种概念中产生了"场所精神"(genius loci)的概念，也就是一个地方的精神与一个地方的守护神。

对神话和如画的构形的相似性、普遍性以及反映它们的景观构筑物的一种解释方法，就是运用卡尔·荣格(Carl Jung，1875～1961 年)[3]的哲学理论。根据荣格的观点，原型——表达典型意义的象征，并不能由理智的意识直接确认和控制。因而他们开始以神话为表达方式。正如荣格的四种"体"(bodiedness)或曰四种理解方式（想像、感觉、直觉、激情），四位一体的原型表现为四元的圈或者能在许多文化中的景观构筑物中见到的四个基本的点。同样，"伟大的母亲"(Great Mother)，"世界之树"(the Tree of the world)以

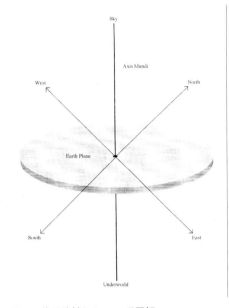

图 1.1 穆恩迪轴(axis mundi)图解。

及天堂(Paradise)都是荣格或原型的例子，而蛇、斯芬克司，以及各种有益动物的化身都是荣格称为"集体无意识"(collective unconscious)的症状。景观设计隐含的性质和盛行的某种处理空间的形式方法以及通过建筑与装饰手段表达某些神秘的概念，都可以用荣格式的人类现象中不断回响的原始观念的原型表达出来。

创世神话讲述了关于宇宙产生于混沌中的理论。这其中暗含的意义就是给予物体和空间以形式与安置。把地球放在宇宙的中心，把人类放在世界的中心是许多早期宇宙论中的基本理论。宇宙中心论认为在垂直方向上有三个层次：上层、下层和中间的地平面层。它还包括了基本的方向性——太阳与各种恒星、行星的运动形成的 360°水平面上的四条轴线的位置。用图解的语言来表示，这个宇宙的基本形象可以由图1.1说明。

人类意识中的这种宇宙模型如此根深蒂固，以至于它不仅出现于迥异的世界各地，而且出现在不同的时代。人们通过不同文化与不同信仰的结合而变得更加适合于各种文化了，这包括佛教、伊斯兰教、印度教和基督教。它的垂直维度是一个"穆恩迪轴"(axis mundi)，它作为中心的一极，统一了天堂、人间与地下。湖泊是低于地平面表层的水湿区域，正如洞穴一样，它们被认为是地下世界的出入口，与雌性的生殖力和黑暗之中存在的精灵有关联。在好几种文化中，地下世界被认为是蛇神的领地。山是大气与神灵之光的领域，是控制宇宙秩序和人类福祉的天神的化身。它们是占领了广阔的中层空间的人类与天神交流的场所。

人类视觉中，太阳自东向西穿越天空的运动现象以及春、秋分时它与地平线的关系为人们提供了最早的方向。将这个轴线由一条南北方向的线平分，天空和大地便被划分成了四个象限，这为天文观察和地面上的行动提供了基本的框架。人类社会在意识中存在着这六个宇宙坐标轴——东、西、北、南、天顶和天

底，他们通过定位正中心的活动在广阔的地球上构建了自己的聚落。

人类在选取居住地点时，实际考虑最多的是居住地水的存在和土壤的可耕性。除了以上的限制条件，当地球上的人口相对还很稀少时，他们选择的范围仍是很广泛的，文化的组群往往定居在他们看来与神有关系的地方，一般地这就意味着与神秘的宇宙坐标对齐，土地的形式则与神秘的力量相伴。许多文化都被喀斯特地貌吸引了——遍布岩洞的石灰岩层与不断渗出的泉水，还有近山的可耕的谷地。这些文化组群常常耗费巨大的人力资源建造模仿山的金字塔、齐格拉特(Ziggurat)或者神庙，以便能够建立一个"穆恩迪轴"，坚实地把它与宇宙中的神力联系起来。

没有人在意曾经存在有多少族群以及"穆恩迪轴"，重要的是一种宇宙原型代表的存在，围绕在宇宙

景观周围的祭祀地成为朝拜神圣化的地点。于是这个中心被象征性地标示出来，许多城市都认为自己和宇宙相连，人们在城市上面加建以神庙为顶的人工山体以使其成为地球的中心。用同样的方式，通过不断重复的、与宇宙起源有关的仪式，永久取代了暂时。

今天再去看那些从前的宇宙论的景观考古遗址，我们缺乏了一个维度，即它们是有宗教显著性的仪式地。现在只有极少数的文化中，人们仍然在自然中寻求与宇宙的统一，我们可以看到他们把人类与宇宙联系起来，比如舞者采用原始的舞姿、手势以及经过编排设计的舞蹈运动形式来纪念那些神圣的时刻。于是我们可以推测，原来所有神圣的景观因为和舞姿以及音乐、唱词等仪式结合而比现在单纯的景观更有生气。通过这些活动，以神话为基础的宇宙被戏剧化了，在他们的世界中保持了一种神圣的秩序感。

I. 洞与圈：持续的生命与可识别的宇宙秩序

当地球还处于漫长的旧石器时代，现在温暖的土地在那时还有一些覆盖于冰层之下，聪明的生灵就制造了工具、挥动着武器，在与比自己无论速度还是体积上大得多的兽类竞争。在旧石器时代，几乎是毫无障碍的寒带及热带的平旷草原以及树林是一些猎手们的家，他们在那里留下了依稀可辨的曾经存在的证据。因为这段历史没有文字的记录，我们对他们的习惯、活动以及和土地关系的了解，只能见于星星点点的考古学家和古人类学家的有限发现之中。

旧世界的洞穴(Old World Caves)

这段来自冰河期的历史可见于1940年法国多尔多纳(Dordogne)区发现的拉斯科(Lascaux)岩洞，同样还有发现于1991年的地中海地区靠近马赛(Marseilles)的科斯科(Cosquer)岩洞、1994年发现的罗恩谷(Rhône Valley)，在这些洞穴中的岩壁上存在着数以百计的用木炭和植物颜料描绘的大型动物(图1.2)。之所以这些图画栩栩如生，可能是因为他们想通过这样一种仪式来使这些动物的持续多产。最近的一种考古理论认为，这些图画是出于一种更实用的目的，是一代人给予下一代人的向导。通过这种办法，猎人的后代可以在野牛(bison，美洲及欧洲一种近似野牛的史前大型动物)

和其他大型兽类不是那么丰富、不可以大肆杀戮的时候，掌握跟踪单只的动物而伺机捕杀的技巧。[4]对于一个猎手，把蹄印和其他关于动物的线索刻画下来有非常重要的意义，比如大鹿角的尺寸，这支持了绘画教学功能的理论。有些图画描绘了动物吼叫或者发出它们特有响声时的姿态，这既提醒了史前猎手声音信号的重要性，同时也反映了他们对于空间中听觉维度的回应与协调。[5]在科斯科和肖维发现的掌印与手指的痕迹中，可以发现象征人类对于这些空间的占有，同样的印迹还发现于亚利桑那(Arizona)的德·谢利峡谷(Canyon de Chelly)以及澳大利亚劳拉地区(Laura area)的一个洞穴中。[6]在以后的时期里，这些非艺术的符号上面的刻绘显然是显示另外一群人的权力。

虽然我们永远也不能了解刻画这些作品的旧石器时代艺术家们的心思，也不能了解解读画这些的猎手的想法，但我们可以断定，无论这些图画有什么样的指示性含义，它们同时也伴随了一些宗教的实践。他们住在洞穴中，这一事实将他们自然地置于人类丰富的下意识的范畴之中，与之伴随的是保留下来的全部原型。古希腊人和古罗马人是爱留仙尼亚(Eleusinian)神话的实践者，他们开始是由作为地下世界(Chthonic)的一部分的地下通道或者是基于得墨忒尔(Demeter，

图1.2 狮子画板(Lion Panel),肖维洞(Chauvet Cave),南阿德切地区(Southern Ardèche, Rhône Valley),法国,公元前30 000年。

商业之神)和普西芬尼(Persephone,冥后)传统的仪式来引导的。创造了洞穴艺术的史前人看起来和他们一样,对于洞穴的空间属性很敏感,并且也考虑了引之入洞的路线。通道与洞室是他们规划中的统一体;对圣所内部艺术的特别关注表明了那里曾经是仪式集中和体验相对紧张感受的地方。[7]

洞穴肯定曾被作为声音厅使用过,而且我们可以推测它的回声的属性曾经被仪式中的唱词甚至鼓声利用过。[8]更深入一层来讲,认为史前洞穴艺术仅仅是描绘艺术家所见之物的假设可能是错的。我们宁肯相信它是一条生命线,是自然内在的生命力量的图形化表示。图画上事物排列的方式利用了洞壁的造型特征,这和他们感知洞壁依靠的是触觉手段而不是直接的光学手段相一致;我们感知的是由某些东西限定的、可量的、陈列的空间,在这一点上创造这些生动形象的人显然是与我们不同的。[9]最后,我们可以想像,所有社会中——尤其是史前的——那些宗教实践的广泛性,使我们有理由相信,绘制在洞壁上的蛋白质大餐中的那些动物形象是通过那些活着的生灵神圣化了的神灵有关的仪式活动表现出来的。

旧世界糙石巨柱(Menhirs)和石与木的圆环

农业与畜牧业在新石器时代的发展给人类社会带来了稳定和自信。人类组成了长久或暂时的部落,在大地上留下了他们的痕迹。当人们开始界定村庄,并把土地划分为农田的时候,边界的概念便产生了。巨石(Megaliths)——最后的冰川时代退却时留下的巨大石块,似从冰川的中心地带排出一样,倒立着,它们是地球上第一批纪念碑(图1.3)。[10]那么,在不列颠、爱尔兰及法国北部发现的这些巨石柱把它们巨大的手指指向天空并不是偶然的,在农业社区中定居下来也带来一系列新的恐惧,得到兽神的好感和使动物的生命

图1.3 糙石柱(Menhirs),卡尔纳克(Carnac)法国。公元前3000年。

图 1.4 萨利斯伯利(Salisbury)附近的石篱，威尔特群(Wiltshire)，英国。公元前 2750～公元前 1500 年。

长存并不能满足人们的需求了。对于日益专业化的社会单元所谋求的庄稼的丰产，宇宙本身给予人们的合作就显得愈加重要。人类深深地意识到自己对于太阳、月亮和星星的依靠。勤勉的天空观察者们，把各种天体在天空中的位置与循环变化的季节图像联系在一起。

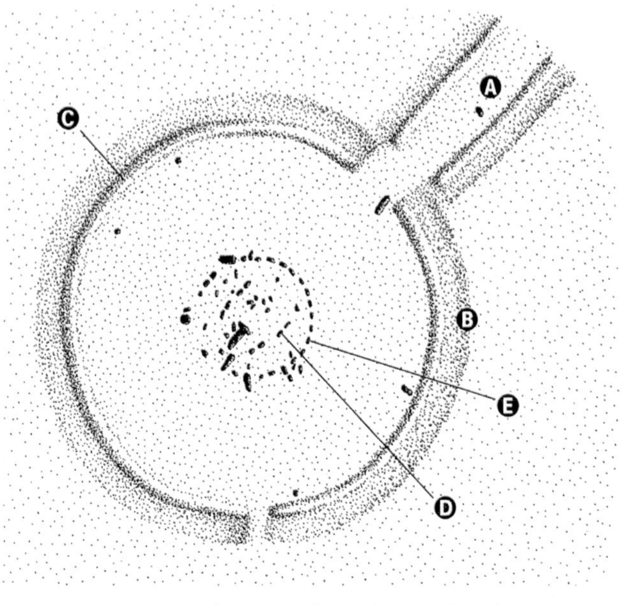

以令人敬畏的巨石柱形式出现的石围墙是在经过公元前 2750 年至公元前 1500 年之间持续的建造运动的产物，它们被竖立在风吹草低的南英格兰萨利斯伯里平原(Salisbury Plain)上。巨石柱组成的围墙划定了一个天文台的中心位置，这是作为一种宗教节日的空间使用的(图 1.4, 1.5)。这个给人强烈印象的建筑作品坐落在几条山脊线的交汇处，它可以说是大地艺术的发源地。石篱的第一批建造者在白垩质的土地上绘出了一个巨大的圆圈，他们堆起两道岸将它标示出来，这岸只有一点断开，他们用两块小的直立的石头作为这个开口的侧面。此外，稍微离开那个缺口的轴线，他们竖立了一块巨石，35 吨重，大致呈圆柱形并有些斜角，石头是萨森(Sarsen)巨石，它是马尔伯勒(Marlborough)附近山上产的一种砂岩。十八世纪的科学家们认为这块石头的圆心位于与夏至那一天太阳升起的地方的连线上，而这块石头被称为修士的脚跟(Friar's Heel)、海利石(Hele Stone, 可能源于盎格鲁萨克逊语, hetein 意思就是"隐瞒")、脚跟石(Heel Stone)、太阳石(Sun Stone)、索引石(Index Stone)，以及帕特

图 1.5 石篱平面图：A.脚跟石；B.沟；C.岸；D.蓝灰砂岩圈；E.石门的圈。

里96号石(Petrie's Stone 96)。不止一位现代的考古学家指出，许多描绘此场景的摄影师都站在中心几步之外，因为这样夏至的太阳不至于被挡住，而是出现在石头左面一英尺半(1英尺 = 0.3048米)的地方。[11]当然这点与考古天文学的理解并不矛盾，在这些理论中，大地艺术品(earthworks)的位置与天体在某些重要时间的位置相联系。这块石头位于最北的月亮升起点与最南的月亮升起点的连线中点到圆心的轴上，当时它可能帮助观察者观察月亮。

许多世纪以来，石篱作为一处仪式的中心而存在，而且事实证明，那里有足够的社会凝聚力，并且那时有相当强的技术力量进行这样的工程项目。当时劳动者们建造了一条35英尺(10.7米)宽的道路，用像原来圆环一样的白垩岸表示出来。它从圆的边缘沿一条直轴线走出来，到了阿翁(Avon)河边的时候略微变弯。石篱的建造者们然后又用每块5吨重的蓝灰砂岩建造了第二个圈，把轴线上的那一点处敞开。尽管很久以来，人们一直倾向于认为这些石头是从很远的威尔士(Wales)的普莱斯利山(Preseli Mountains)通过陆地、海、河，经历了300英里(483千米)运输而来的，但另外还有一种不这样夸张的假说，当时的冰川中夹杂着足够的普莱斯利蓝灰砂岩，冰川缓缓飘移到这里，给了当时的建造者足够的材料，这样，他们才建造了靠近边缘的巨石第二个圈。[12]

由于某种原因，后来的某一代的建造者们又把这些蓝灰砂岩弄到一边去了，因为有了更大的、从附近的马尔伯路采来的萨森(Sarsen)岩，他们把这些石头三三成组——每两个直立为柱，再架起一块作为横梁形成一个马蹄形，令它的开敞一边朝向入口的轴线。在此次建造活动之前，可能是由布列塔尼人(Breton)建立过一个矩形建造物，它的边与一个仔细建造的环形白垩岸的基本点对齐，这一推测是因为这种马蹄形布置的巨石在布列塔尼很普遍，而在不列颠却比较稀有。它的四个角当时也由巨石标出。在这个马蹄形的外面，显示了构造复杂性，展现了建造物的具大，相似的、微微收尖的萨森岩交织起来立在大地上，横梁部分距地面有20英尺高(6.1米)。后来对蓝灰砂岩的重新排列强调了萨森岩马蹄形以及外围的萨森岩马蹄形组成的环，完成了这个有影响力的纪念碑。

世界知名的石器时代神秘遗址，对于英格兰来说在许多方面都是独一无二的，这包括建造者对于横梁的使用，所以石篱无论如何堪称新石器时代景观建筑的范本。在英国和爱尔兰还有几处石圈，它们提供了新石器时代的天文、仪式需要以及社交集会的证据。毫不奇怪，数世纪以来，它们在旷野中的神秘存在产生了无数的传奇：包括巫师的仪式、仙女的舞蹈，以及巫女的安息日。某些石头由于呈阳具的形状，愈发加重了它们作为生殖崇拜对象的地位，现在的一些唯灵论者仍然相信圈子的中心是宇宙力量的中心。

除了巨石组成的圈以外，人们还发现了一些柱孔，暗示了曾经存在着用木制杆柱排列成的圈，这些也可能是作为天文上的标志物，又或者是纪念仪式的中心，往往与葬礼相联系，这一点和石头的圈一样。这样的圈，或者说这样一系列的向心性的圈，是在距石篱不太远的东北方向发现的，考古学的研究几乎可以肯定，它们是作为天文学的观察和葬礼仪式用的。

新世界的圈与大地艺术品

如果不是惊人的巧合，而是按照荣格的"集体无意识"的心理学理论，那么还存在着一个美国的木柱圈，大约是公元1050年，在距今的圣路易斯(St. Louis)很近的卡霍奇亚(Cahokia)，考古学家称为密西西比人(Mississippian)的人群建造(图1.29)。[13]在这里，以历法为基础的宗教仪式加强了精英们在耕种土地和建造土台的人们之中的权威。在最显著的大地艺术品"僧人丘"(Monks Mound)西边，二十世纪60年代的考古学家发现了4个系列的、由木柱构成的圈环(图1.6)。在一些柱孔中，他们发现了涂红了的雪松木柱的残片。这个综合项目的第一个圈，被命名为"美洲木环"(American Woodhenge)，由24个柱孔组成。第二个圈包括36个孔，而第三个大约是公元1000年时的作品，有60个。第四个圈并未完成，当时计划72个柱的圈只完成12或13个孔。第二个圈曾经被重建过，用来模仿原来的那个标示了一年之中太阳方位的48柱的圈。尤其壮观的是，春分、秋分时太阳正好在僧人丘正上方升起。

同包围了石篱的土圈相似的景观也刻画在俄亥俄州的土地上。公元前100～公元400年占据着俄亥俄河谷的豪普威尔(Hopewell)人也曾堆起长长的土堤，画出了巨大的圆形、方形、五边形和十边形。在这些几

图 1.6 木篱，卡霍奇亚，伊利诺斯，公元 1100~1200 年，洛伊德·K·汤森得(Lloyd K. Townsend)绘制。

何形的土台中最具纪念碑性质的一个，是在俄亥俄州的涅瓦克(Newark)被发现的。在那里，人们用篮子搬运了 700 万立方英尺(198 000 立方米)的土，建造成了两个巨大的圆环，一个是八边形的，另一个是近似方形的，它们都由宽阔的"大道"相连，占地约 4 平方英里(10.36 平方千米)(图 1.7)。这些大道由两堵平行的墙体标示出来，正如美国西南部的自查哥峡谷(Chaco Canyon)发散出来的"路"，由土的线形标示边缘一样。

最近几年以来，天文学家雷·希弗利(Ray Hively)和哲学家罗伯特·豪恩(Robert Horn)建立了关于涅瓦克的道路排列和巨型几何图形以及奇里科泽(Chillicothe)附近的土岸工程中的令人信服的理论，他

们的理由是这些地方大地艺术品的方向标示出了以 18.6 年为一个周期的时段中，月亮升起和降落的正东方向的最南和最北点的最大和最小度数。并且他们认为，为了展示他们天文学计算的惊人能力，这些在豪普威尔的建造者们还以一种能够显示其数学复杂性的方法来确定他们的土工作品地点之间的关系。这些由筑土台划定的藩篱有可能是舞蹈、市场活动的场所以及开展其他仪式和社会活动的场所。

在古人创造了一种反映天与地关系的有焦点的空间，另外一种以土地的肥沃、死亡和地下的精灵为主题的建筑也产生了，这种活动贯穿了整个新石器时代。坟墓——洞穴的建筑版本，比如多尔门(dolmens)，由

两个或更多的竖石架起横向石条组成的房间，以及其
他的有稍为复杂的石顶的构筑物，它们都是出于对祖
先的崇敬而为保护死者建造的构造物。有藩篱的神社、
动物牺牲的祭坛以及公共聚会的空间建立的时候，最
简单的神庙也出现了。

新石器时代的城市主义

新石器时代城市社区的产生和发展大约在石篱
建造年代的前一个千年纪。他们繁盛的地点是埃及
的尼罗河，以及世人皆知的"新月沃土"(Fertile
Crescent)——从地中海的东南岸经阿拉伯半岛的叙
利亚沙漠(Syrian Desert)到美索不达米亚(Mesopotamia)
的幼发拉底河平原(Euphrates river plain)的一片肥沃的
半环形土地。在印度河谷(Indus Valley)也有同样的发
展。精英们手中的权力增加了，他们通过宗教的手段
作为行政体系的组织方式，也使劳动的分工成为了可
能。这带来了农业的更高效率、手工业的发展、商业
的开始、纪念碑的建造以及城市的产生。重要的技术
进步和进行大规模公共建设的行政管理能力的提升使
人类控制自然的能力达到了前所未有的水平，也引起
了农业生产的过剩，进而使大面积的城市聚居成为可
能。然而这些繁荣的社会却依附于宗教的宇宙观，使
他们顺从于懂得天体运行，并能祈求上天保护土地肥
沃和人口兴旺的宗教统治者。出现在大地上的两大文
明以这些实例形式被反映出来。

图1.7 涅瓦克(Newark)大地艺术品，涅瓦克，俄亥俄，公元前100年～
公元400年。

II. 建筑山体和地球上的第一批城市：
在古代文明中，景观成为城市强弱的象征

在美索不达米亚的底格里斯河与幼发拉底河之间，
一种持续的城市主义存在于公元前3500年至公元前
3000年之间。稍后，在埃及的尼罗河流域出现了另一
种城市文化。能够规划和控制大规模的庄稼种植而使
庞大的人口持续下来的行政机构，对于这两个地区的
城市发展至关重要。在这两块土地上，统治者都与宗
教领袖分享权力。这些教士们在神化生命以及举行宗
教仪式保护居民的同时，还管理着一个高度组织化的
统治体系。政府官员控制着谷物的收集储运、堤坝运
河的修建、征收税务以及军队的演练和其他的组织劳
动的方法。他们也保卫社区，同时在日益复杂的经济
与社会气氛中保持和平。

没有文字的发明与知识阶层的出现，这种井井有
条的统治就不可能存在。文字使交流与记录成为可能。
数学知识带来了计算与度量。埃及和美索不达米亚艺
术中，许多有含义的画证实了当时社会中这些职位的
重要性。

作为理念与概念的载体，文学在这些必须的实际
用途之外还有更重要的深远的作用。文字，不管是图
画式的还是僧侣书写体式的，都是一种符号象征。而
且是其他符号构建的精神概念的基础，所以可以肯定
地说，由于实际的和理想的原因，齐格拉特、金字塔、

神庙以及方尖碑都不可能在一个没有文字的世界里产生。所以，我们今天必然能够看到古人通过书写与绘画表达他们自己、自然、以及他们的自信，而且还能感受到他们对某种动物或植物的敬畏之情。

齐格拉特(Ziggurats)

把山顶与神联系起来反映了一种对于宇宙意义的普遍探求。这种概念体现在人造的齐格拉特"山"上，那是天神与地神的交接处的象征。对于古中东的一些民族来说，齐格拉特是作为北极星的地面对应物而出现的，而天空则被认为绕着这个轴转动。它还反映了一种盛行于美索不达米亚地区的苏美尔人(Sumerian，公元前3500～公元前2030年)、阿卡迪亚人(Akkadian，公元前2340～公元前2180年)和巴比伦人(Babylonian，断续于公元前1750～公元前1528年)统治下的宇宙观。这种宇宙观首先出现于苏美尔人中，而后表现在巴比伦人的创世诗埃纽玛·爱丽诗(Enuma Elish)之中，大概写成于汉谟拉比(Hammurabi，公元前1792～公元前1750年在位)统治前。在这本宇宙观的记录中，宇宙的最初状态由蒂亚玛特(Tiamat)和阿普苏(Apsu)构成，也就是两种成分的水：盐水和淡水。这种混合为脱离第一批地点产生的发源地提供可能，导致了把天与地分开的原始分离。当巴比伦的民族之神玛杜克(Marduk)彻底征服和摧毁了蒂亚玛特之后，这种分化便更加强了。在他们的斗争中，玛杜克是以一个形体的塑造者、建筑师，以及宇宙的总建造者的身份出现的。他创造了地平线，并且声明了对蒂亚玛特代表的肥沃但不成形的原始物质的统治。从蒂亚玛特被肢解的，但仍旧无限多产的躯体中，可以看出他塑造了天空的弧线，将之人格化为阿努(Anu)，天堂之神与众神之父。他还为支持地面打下了坚实的地下基础，令之化身为伊阿(Ea)，水体与地下世界之神。在这些地方的中间地带，他安排了恩里尔(Enlil)，空气与天堂之神，同时也是风之神。这个穆恩迪轴放置好以后，玛杜克又带来了方向感，沿着蒂亚玛特的肋骨划定了东西方向，并将天顶置于她肚皮最高点的正上方。玛杜克，作为建筑师、雕塑家，塑造了大地上的地形，并让底格里斯河和幼发拉底河两条大河从蒂亚马特的眼睛里流出来。通过竖立起一系列通向天空的台阶，美索不达米亚的祭司们便能够把天界的神阿努(Anu，苏美尔人宇

宙中的"安"An)与贝尔(Bel，苏美尔人的恩里尔)联系起来，后者意味着大地的神圣形体之下的精神，还同伊阿也联系了起来(前巴比伦的神话中称为"恩基"Enki)，她掌管地下水喷涌的超自然力量，并在丰饶的湿地中与生命为伴。

美索不达米亚人的宗教是以泛灵论为基础的，也就是认为如风和水等元素都具有生命，并且精神也注入在树木、鸟、鱼、虫、哺乳类动物中。于是他们认为植物与兽类在它们的形体之外还有独立存在的精神。齐格拉特表明了人类企图把魔力控制下的宇宙中的种种事物联系起来的愿望，这从一些齐格拉特的名字中可以看出来，比如：天堂与风景、山之房屋、风暴之山、天地之结。

苏美尔早期的国王们怀着崇敬的心情建造了齐格拉特及其附属的神庙，用来保存生命和社会赖以生存的人与自然的脆弱平衡。然而即使它们被建造起来了，镌刻在它们上面的献辞仍预见了它们的消失，认为终有一天，它们会变成一堆废墟。它们的核心部分是由踏实的陶土和泥砖建造的，外面建了一层烧制的砖，它们向内倾斜的外壁以及分层的台级是由潮湿的芦苇和沥青造成的，其间还分布了若干条砖带。尽管有潮气的通道和渗水孔存在，齐格拉特内部仍然会渗进水分，后来，这就导致了它泥砖内核的膨胀，使外墙被迫外移，最终裂开而至解体。

《圣经》中的巴别塔(Tower of Babel)倒坍的景象大概就来源于被俘的以色列人看到的齐格拉特。这种十分普遍的损毁现象给了历代以来的讲故事者和艺术家们提供了大量素材。现在，类似的土台依然可见(图1.8)。

金字塔

埃及的金字塔与齐格拉特有着一种截然不同的目的，因为金字塔既是国王的陵墓，又是他死后每天升天与太阳神雷(Re)会面的场所。[14] 对雷的崇拜使金字塔充满了许多重要意义。要想理解金字塔的深层涵义，我们必须试图从古埃及人的角度来看待尼罗河平原上一年一度的洪水泛滥。每年的春天，当洪水升起并最终消退以后，似象山(mound of Elephantine)——尼罗河第一瀑布(First Cataract)下的一个岛——就变得异常富有生机，植物、鸟、鱼、爬虫、昆虫莫不如此。这

图 1.8 南纳(Nanna)齐格拉特，乌尔(Ur.现在的穆开伊尔 Muqaiyir，伊拉克)，公元前 2100～公元前 2050 年。

种原始的景象在这条河流的其他地方重复上演着，淤泥覆盖过后，曾经是砾石和沙丘的地方忽然变得丰饶而鲜活了。在古埃及人看来，这些土丘本身就是这种奇迹的原本，于是人们把它们作为基本的生命力量来崇拜。灌溉和温暖的阳光对大地万物生机和生物持续生长是十分必要的。于是这些创世的土丘化身为一种驱散水上的黑暗并撒播光明的神秘鸟类——凤凰，还有阿特姆神(god Atum)，德米厄支(Demiurge)的埃及模式，以及以柏拉图(Plato)命名的创造物质世界的力量。

他们认为太阳是从水下出现的，它把自己作为神圣的本-本(ben-ben)的光来表现，本-本是一块金字塔形的石头，象征着土丘中固有的生命力，并能使太阳的光线变成石头。通过这种办法，想像中的阿特姆与太阳神雷合并了，而本-本则延伸到纪念碑的体积，成了金字塔，雷在地上埋葬的地方。全能的神王，后来被称之为法老。这样，金字塔便成为皇家权威与力量的象征。当它们还在一层图拉(Tura)石灰石的包装之下时，它们的金顶子便放出太阳一样的光辉，它们向古埃及人传播了一种在坟墓之下重生的奇妙诺言，还有通过一年一度的神圣的王族庆典仪式给地上的所有事

物带来福利的力量。

这种宏伟的建造物很难持久，这一点从旧王国(Old Kingdom)时期的国王胡夫(Khufu)、哈夫利(Khafre)，以及吉萨(Giza)的门卡乌利(Menkaure)的几座金字塔逐渐减小的尺寸就可以得到证实(图 1.9)。尽管这些巨大的金字塔并没有一下子消失殆尽，而后来的国王们依旧将他们葬于其中，但是再没有能够赶上吉萨塔群大小的金字塔了。埋在吉萨塔群里的法老们的后继者们躺在石筑的坟墓里，很不起眼地排列在阿布色尔(Abusir)的脚下，作为献给雷的祭品。尽管这样，极小型的金字塔作为坟墓的现象到了基督教时代依然盛行，并且很显然地，这种建设在欧美的十八世纪花园和十九世纪墓地中又出现了，尤其是在考古学把新埃及人特征推向时尚和无宗教主义色彩之后，人们又将他们死亡后的生活与远在纪元之前的景象相联系，企图改变和加强传统坟墓形式的象征意义。

神圣洞穴和山体的庙宇

在印度和其他印度文化盛行的地方，人们仍旧可以见到那些宇宙论的神圣的场所和构筑物，它们

图1.9 吉萨的金字塔，埃及，第四王朝，公元前2601～公元前2515年。

行的祭拜就等于对于山中圣所的朝圣(图1.11)。在立面上，庙宇一道从洞穴到山顶然后延伸至天顶的宇宙穆恩迪轴(图1.10)。庙宇的幽暗室内是一个焦点，是对生命之源——洞穴般的发源地的摹仿。在那里，朝拜者们觉察了神性的存在。他们相信，他们的能量能够沿着这个中心轴向上散发，穿过一层层同轴的空间，通向一个象征大智慧的圆形盖子，把肉体从轮回之中解脱出来。这个轴又象征着天堂的柱子，称为梅鲁(Meru)，还象征着一棵不朽的大树的树干，这棵树的广阔的树枝支承着宇宙。在平面上，一个庙宇的轮廓勾勒出一个曼荼罗(mandala)，一种描绘出宇宙结构的神圣几何图示(图1.12)。以曼荼罗为平面的庙宇严格地遵守指南针上的基本方向，通常是东西向。在它们选址与建设的过程中，天文学与占星术扮演了重要的角色。

城市、林园与花园

在公元前第三个千纪

是传说中神的居所的化身。印度的宇宙观从一种非常古老的前印度的理论演化而来，他们认为洞穴与山体是某种神圣力量的穆恩迪轴的相对的两极。在印度的神话中，梅鲁山(Mount Meru)被认为是宇宙的中心，是向心排列的陆地、海洋、天体的中心。相应地，庙宇建筑无论是平面还是立面都以宇宙论为基础。这些庙宇采用了神话中山的外形，而在庙宇中进

刚刚开始的下美索不达米亚的苏美尔王国以及后来公元前第二千纪早期的巴比伦北部，游牧民族与农耕民族之间的对抗便把后者赶到了他们的建有双层城垣的城市之中。与之相反，在埃及我们却不知道大规模城市开始出现的确切时间。作为表现他们的神圣王权的办法，每个国王都会进行大规模的建设，在那些地方附近往往聚居了大量的工人和手工艺人。同样，这里

还有贵族的辖区以及抄写员和其他政府工作人员的驻地。埃及的孟斐斯(Memphis)、海利波利斯(Heliopolis)以及底比斯(Thebes)的庙宇是作为节日庆典活动的重要中心出现的。但是人们还不明白，耕种土地的农民在给城市或农村的庙宇管理者和广大人口提供了食品和财富时，他们是住在城市还是住在农村。

上流社会的居住区中存在着同样令人愉快的东西，比如花园，就像现在富裕的郊区一样。因为墓葬艺术代表了人们生活中理想的用品，所以从壁画和挖掘出的被盗墓穴我们可以找到埃及人花园设计和园艺活动的证据。在一座阿门诺菲斯三世(Amenhotep Ⅲ，公元前1390~公元前1352年在位)统治时期墓中的画上可以看到一座房子坐落在有围墙的花园之中(图1.13)。这个花园的平面基于一个垂直的网格，有两个入口可以进入，一个开在围墙上，正对着运河边的三条线的通路，另外一个是门房的小屋。进入园中，参观者就会置于枣椰树和埃及榕的包围之中。一个大的葡萄园、苹果园，连同四个充盈着荷花、鸭子、边上还长满了纸莎草(papyrus)的池塘构成了这个设计的一部分。两

图1.11 印度神庙，加拉甘拿萨(Galaganatha)神庙，帕塔达卡尔 (Pattadakal)卡纳塔卡(Karnataka)，印度，公元八世纪。

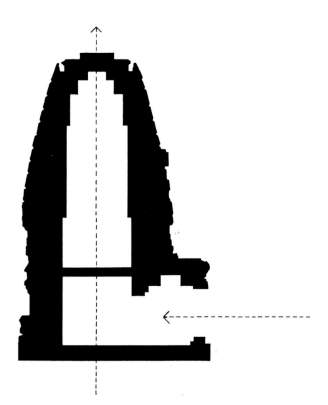

图1.10 一个印度神庙的宇宙论中上升的图解，参考乔治·米歇尔 (George Michell)的"印度神庙"(The Hindu Temple)。

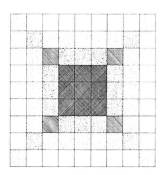

图1.12 印度一座神庙的曼荼罗形式图解，曼荼罗是一种象征宇宙的几何形，用来帮助印度教佛教徒冥思。印度曼荼罗是由一些围绕着中央方形的方形组成的，中央的方形代表婆罗门 (Brahman)——绝对的存在和遍布宇宙的神圣力量。围绕它的方形被一些等级上略次的神灵占据。

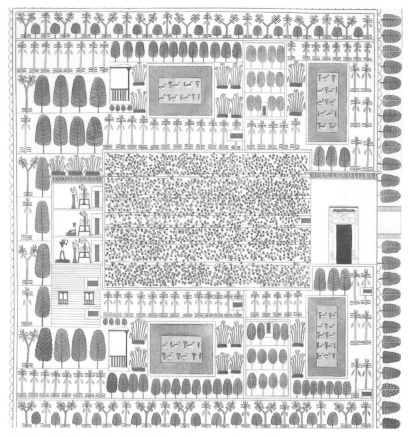

图1.13 底比斯一座坟墓壁画上的花园，埃及，公元前1400年。

铺子包围着宗教与宫廷的辖区。苏美尔以及阿卡德(Akkad)——它们都是萨尔贡一世(Sargon I，公元前2332～公元前2279年在位)在闪族(Semitic)的阿卡德人于公元前2340年左右征服了美索不达米亚之后建立的城市，在那两座城市中，神庙与宫殿位于城市的中心附近。在这些城市和乌尔(Ur)中，主神庙位于大运河与幼发拉底河交汇处，建立在高耸的齐格拉特的顶上，是这个城市的宇宙观的象征(图1.8)。整个城市高高地建立在周围的平原之上，而这个平原是多年以来泥质建筑坍塌以后的遗迹。厚厚的墙装有巨大的门。

后来在幼发拉底-底格里斯两河平原的北面陆续出现的亚述城市在它们的纪念性上同样令人震撼。大约在公元前1500年的一张楔形文字地图描绘了巴比伦中部幼发拉底河上的尼普尔(Nippur)市的情况，那个城市有护城河与河流为边缘的城墙，其上有七个城门(图1.14)。图

个池塘的旁边有凉亭(kiosk)或者称为园亭(garden pavilion)。这些东西都置于一系列围墙的范围之中，把空间划分为7个花园"房间"以及各类不同属、种树木的空间。

花艺是活力的源泉。花被做成花束、花环和项圈。在宗教节日和葬礼时，人们带来插花和成捆成堆的花朵。死者埋葬的时候戴着花项圈，穿着花环做成的衣服。通过种植树木和纸莎草，拉美西斯三世(Ramesses III)把底比斯变成了一座花园城市。据说在他建立的位于尼罗河三角洲到北面一片地区的城市中心，他建起了葡萄园，其间铺设了果树为荫的道路，还有各国的花卉。

古代近东的城市最善于运用空间的等级排列来表达社会阶层的不同。秩序，正如在规则的几何形中反映出来的那样，它存在的证据就是统治者和教职人员的权威。这种神权统治掌握着庆典的举行以及土地的分配，并且分开的区域有着各不相同的功能。出于宇宙论的考虑控制着轴线的组织以及神庙辖区的创立。

在苏美尔人的城市，如蜂巢般的居住区与手工匠

上没画街道，但对主要的神庙都有描绘，而且在城南端由城墙组成的尖角地带还有一座大型的林园。林园，作为苏美尔和巴比伦国王们的骄傲，是后来波斯人的帕里代萨(Pairidaeza)的原型——帕里代萨是有围墙的

图1.14 尼普尔的楔形文字地图(伊拉克)，公元前1500年。

图1.15 阿瑟班尼普和他的皇后在花园中宴饮，尼涅维亚(现在库云吉克 Kuyunjik，伊拉克)的亚述皇宫的浮雕。
公元前668~公元前627年阿拉巴斯特(Alabaster)，不列颠博物馆，伦敦。

猎苑。《吉尔迦麦什的传说》(Epic of Gilgamesh)中，有关于巴比伦南部的埃莱克(Erech，在阿卡迪安时代称为乌鲁克，Uruk)市的一个猎苑情况的描写。同他们的波斯人后继者一样，古代近东的帝王们也在他们的公园中栽植奇异的树木，这些树木是通过贸易或者征服从其他地方运来的。其中尤其珍贵的是没药树(Myrrh)，是从住在现叙利亚的赫梯人(Hittites)地区得到的。那是古亚述(约公元前1000年到公元前612年统治此地区的文明)国王萨尔贡二世(Sargon Ⅱ，公元前721~公元前705年在位)以及其他统治者们的理想风景点。他们喜欢带着"如阿玛努斯山(Amanus Mountains)一样"的微笑来回忆它，在他们的自夸公园技巧的句子中经常可以见到这样的文字。

在那种极炎热的气候中，树荫下的花园是众人都向往追求的地方。从线浮雕和建筑的遗迹中我们可以了解到巴比伦人是成排地种树的，并且他们还建造了复杂的灌溉水渠来浇灌它们。巴比伦人建造了以灯芯草为边缘的池塘来保护野生动物，在山上或者台地上建造房屋，俯瞰整个花园的风景。一幅在尼涅维亚(Nineveh)发现的公元前十七世纪的亚述浮雕描绘了一次皇家花园中盛宴的情景：阿瑟班尼普(Assurbanipal)和他的王后在葡萄树下大摆筵席，庆祝他们刚刚取得的胜利，这场战争的失败者是埃兰(Elamite)的国王，他被割下的头颅挂在一棵树的树枝上(图1.15)。这座花园里规则种植的树木中有枣椰树，它们也常常被种在运河的两岸。在果园人们也种植枣椰树，同时还有各种

果树：苹果、李、桃、樱桃、无花果以及石榴。

后来，世人赞美和传说的巴比伦的悬空园(Hanging Gardens)是古代世界的奇迹之一，寻找它们的过程耗费了大量的猜测以及数位考古学家耐心的发掘。根据古代作者留下来的五份记录中一份的说法，它们是由国王尼布甲尼撒二世(Nebuchadnezzar Ⅱ，公元前604~公元前562年在位)为他的王后建造的，因为她十分怀念自己的家乡弥底亚(Media)的山间草地。其他的描绘中说道，它是建在层层错落的台地上，正位于其下的拱顶画廊的顶上。但是这种说法忽略了一个问题：长在巴比伦的齐格拉特之上种植床和树坑之中的树木和其他植物将面临一个无法解决的困难——从幼发拉底河向这座纪念碑式建筑物上的水渠供给足够的水是十分困难的。有一些考古学家则推测那些抬高的花园有可能位于尼布甲尼撒王宫与幼发拉底河之间的一个台基状构筑物上，称为西部室外工程(Western Outwork)。虽然他们的说法并不十分确定，但却有事实为根据，那就是在这种渗漏很快的地方，必须有充足的灌溉。

列队中的轴线

列队中的轴线或曰纪念性道路，是同宗教仪式结合的，在那里，祭司与民众聚集于齐格拉特金字塔或者庙宇前的属地上。这样一个通过不同等级空间的过程使轴线的存在成为了必要，也为活跃戏剧提供了机会。于是我们就会发现，坐落在沙漠边缘的旧

王国时代(公元前2686~公元前2181年)的吉萨金字塔群被长长的倾斜的坡道连到河边，金字塔和它基础之下的墓室就成了开始于尼罗河谷岸边的这个轴线的建筑的顶点。

在中王国早期(公元前2055~公元前1650年)，位于卡尔纳克(Karnak，现在的卢克瑟，Luxor附近)横跨尼罗河两岸的一个庙宇项目的轴线上，门图霍菲斯二世(Mentuhotep II，公元前2009~公元前1997年在位)在山崖的石壁上建造了一座巨大的陵墓(图1.16)。这组陵墓群有一个巨大的花园，其中种满了柽柳与埃及榕。一座高高的、有柱廊的平台之上建造着一座不完全的金字塔式样的坟茔庙宇。在这座纪念庙宇的后面，崖壁之中立着另外一座稍小的亚风格(hypostyle)的大厅。这个项目含有附近的一座庙宇的词汇，而它附近的这座庙宇就是500年以后新王国——著名女王哈特谢普苏特(Hatshepsut)的，大约公元前1478年至

公元前1458年在位。

在历史上的这段时期里，埃及十分富有，并且建造这些建筑与景观作品根本不需要农业劳动力，而只需要和平时期的军队就足够了。和门图霍菲斯二世一样，哈特谢普苏特也把她的墓室刻在了德尔-埃尔-巴哈利(Deir el-Bahri)的崖壁上。它构成了尼罗河对岸的卡尔纳克庙宇开始的轴线的终点，从河西岸的一座庙宇开始，经过斯芬克司像，在那儿它首先略微升起，然后经过长长的坡道，以长长的柱廊作为两侧，这一轴线在哈特谢普苏特庙宇的高潮结束。在这场自然与建筑形式的完美"婚姻"之中，柱廊中的柱子是其后自然地理中垂直线条的回响，哈特谢普苏特的建筑师森尼阿穆特(Senenmut)为后人留下了宝贵的建筑财富。

在两层平台中第二层的柱廊墙上，神庙雕刻家们留下了国际贸易的记录，以及园艺史的精彩注脚。这里

图1.16 门图霍菲斯二世(公元前2009~公元前1997年在位)，与女王哈特谢普苏特(Hatshepsut 公元前1478~公元前1458年在位)的神庙，德尔-埃尔-巴哈利(Deir-el-Bahri)，埃及。

图 1.17 远征普特(Punt)，哈特谢普苏特女王神庙中的浮雕，德尔 - 埃尔 - 巴哈利，埃及。

的浮雕记载了一次到普特(Punt)——如今的索马里——的远征，旨在取得一些哈特谢普苏特女王想种在她神庙的两侧的珍贵的没药树。这种树的树脂被堆成经过度量的小堆，献给太阳神阿蒙(Amon)。这次早期的植物掠夺的场面显示了树根是怎样被弄成球放在篮子里，吊在杠子上由4~6个人(这取决于树的大小)抬到目的地的(图 1.17)。

和埃及人一样，巴比伦人崇拜他们的神灵或者展示他们的力量与繁荣，也是通过在景观空间中运用轴线序列。尼布甲尼撒二世，作为一个征服而且捣毁了耶路撒冷(Jerusalem)并俘虏了犹太人的统治者而闻名，他通过工程浩大的重建，令巴比伦重新焕发了魅力。他的作品除了悬空园以外还包括宏伟的伊什塔门(Ishtar Gate)以及通向他的镀过金的玛杜克庙(Temple of Marduk)大道。

方尖碑

在中王国，那种赋予生命的、太阳保佑的小丘，由金字塔以巨大尺度象征的神圣的"本-本"，又采用了一种类似金字塔的形式，或曰微型的金字塔。它高踞于微微内收的台基之上，变成了方尖碑的顶部。方尖碑——比我们熟悉的"克里奥佩特拉(Cleopatra)的针"更加巨大粗壮，它们被安置于坐落于阿布色尔(Abusir)的太阳神庙前庭高高的墩座墙(podium)上(图 1.18)。

整个新王国时期(公元前 1550 ~ 公元前 1069 年)，纪念碑式的神庙在尼罗河谷被大量复制。某些甚至是移动或者翻版于早期的神庙。后来的法老们延伸轴线，复制巨大塔门守卫的庭院，建造新的方尖碑，此时的建筑已经采用了一种拉长的形式。于是，纪念碑和建筑物上演了一出戏剧，这些轴线组织成了令人敬畏的仪式的空间序列，比如在卢克瑟(Luxor)由阿门诺菲斯三世(AmenhotepⅢ，公元前1390~公元前1352年在位)、拉美西斯二世(RamessesⅡ，公元前1279~公元前1212年在位)建造的神庙前面，他们立起了巨大的塔门，塔门之前则是他们自己的巨大雕像和两座方尖碑(图1.19)。这些方尖碑中的一个在十九世纪时被运到巴黎，成为协和广场(Place de la Concorde)的视线焦点，作为战利品而成了城市地位的象征。

从采石、竖立、再运输，并在远处重建方尖碑的过程为世界的纪念碑历史和城市规划史提供了一个引人注目的说明。第一批从埃及运走的方尖碑是大约公

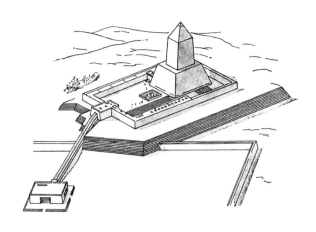

图1.18 方尖碑。阿布色尔，埃及。这个早期的方尖碑的建筑形式是一个石灰岩的118英尺(36米)高的柱身坐落在65.5英尺(20米)高的截去顶部的金字塔上。

元前671年作为战利品由迪比斯的亚述征服者阿瑟班尼普一世(Assurbanipal Ⅰ)运走的那一对。然后，罗马的皇帝在对埃及的战争中也得到了几个。1500年后，巴洛克罗马的教廷规划师们在他们重建城市时重新放置了它们的位置，使它们成为了广场中的焦点。

由于这些先例，其他国家也不惜花费巨资运回埃及的方尖碑，在他们的城市中，方尖碑成为城市景观中极具权威的装饰品，接下来的一些史实能说明这一点。为了庆祝自己在位50年的繁荣统治，图特摩斯三世(TuthmoseⅢ，公元前1479~公元前1425年在位)命令一批石匠到阿斯旺(Aswan)的采石场去采集建造两座方尖碑用的花岗石料。工人们开凿岩石，在当地把方尖碑刻好。另外一些人则把方尖碑用雪橇拖到河边，等到洪水的时候用驳船运到海利波利斯(Heliopolis)竖立在那里的太阳神庙前面。900年以后的前525年，波斯人在征服了埃及之后焚烧并推倒了这些方尖碑。又过了500年，当埃及降为罗马帝国的一个省时，奥古斯都·恺撒(Augustus Caesar)在亚历山大港(Alexandria)的恺撒宫(Caesarium)前重新组装了它们。在公元十九世纪，也就是罗马帝国被推翻之后的1500之时，作为国际外交的纪念品，这些方尖碑又将它们的光辉旅程进行到了伦敦泰晤士大堤上和纽约中央公园里(图1.20)。

这些方尖碑的重复使用说明了文明是怎样运用借用其他文明形式的手法(此例中借用的是实物)来表现自己的富有与力量。对于阿瑟班尼普一世，底比亚的方尖碑象征了对别国的征服。对于奥古斯都·恺撒来说，图特摩斯三世的方尖碑是帝国光辉的徽章。而十九世

图1.19 拉美西斯二世(公元前1279~公元前1212年在位)竖立在阿门诺菲斯三世(公元前1390~公元前1352年在位)神庙门前的方尖碑，卢克瑟，埃及。

纪的巴黎人认为，拉美西斯二世的方尖碑与带到古罗马的另外几个对于教皇西克斯图斯五世(Sixtus V)和他的继任者的作用是相同的，那就是使城市景观更崇高，使空间与轴线的规划对应起来。对于十九世纪的伦敦人来说，图特摩斯三世的方尖碑的第二次重建和它对于奥古斯都·恺撒一样，是帝国强力的象征。对于纽约人来说，那个方尖碑的同胞兄弟则是如画的都市风景的装饰，又是公民地位的象征。原来，埃及人尊拜太阳为宗教象征，后来被变成奇异的珍宝，成为城市的装饰物，同时又成为流行的墓碑形式，关于这一点我们将在第九章谈到(图9.27, 9.28)。不过，我们忽视了一点，那就是方尖碑在它们的原址都是一个综合项目的一部分，是以宇宙论作为基础的景观设计中的一点。我们必须记住，有一点很重要，就是不管在旧世界还是新世界，人类生活神圣意义的自然与文化景观反映了人们企图使宇宙变得可以预见、能够延续生命的强烈愿望。这意味着农业繁荣、精英统治以及他们在战争中战胜敌人。于是人们便认为与宇宙中力量的统一是首要的，现实的和宗教的主体使设计景观空间充满了动力。

图1.20 图特摩斯三世的方尖碑(公元前1479~公元前1425年在位)，中央公园，纽约市。1880年竖立在现在的位置，即大都会博物馆之西，这个不太显眼的方尖碑就是著名的"克里奥佩特拉之针"(Cleopeltra's Needle)。

III. 史前希腊的仪式与景观：大地女神与万能的主

希腊和埃及的地形不同，在古埃及，人类居住地几乎是由崖壁为墙、尼罗河谷边缘的沙漠组成的一条支撑地域，希腊则是由许多广阔的、群山环抱的、富含泉水的山谷组成，周围的山体并不巨大而颇有魅力，它们将这些谷地分开。塑造了山体的地理力量表现在它们的东南方向上，还有塞列斯岛(Cyclades)、罗德岛(Rhodes)以及其他岛屿的连续关系，它们是山脉浸入水中的结果。这些岛屿的方向就像小亚细亚沿岸的一系列的踏步石，给了统治希腊大陆上伯罗奔尼撒(Peloponnese)以及克里特的人们与高度发达的东南爱琴群岛的人们交流的机会。同时，大海又使他们具有强烈的隔离感，这就允许他们按自己独特的图式(Pattern)来发展自己的文化和宗教。

正如我们所见到的那样，埃及人线状的、沿河谷分布的建设形式是因为他们需要大规模的可控制的灌溉，最后给统一的神权王国统治创造了条件。希腊国土的破碎与希腊人住区对地下泉水的依赖性导致了独裁的政体与庞大的官僚集团统治。尽管这样，还是有一系列的部落文明产生了，它们的霸权建立在战争的胜利与海上贸易的成功之上。衡量一个农夫富有程度的标志是他拥有的牲畜数量，古希腊人居住分散，不需要那种从事大规模农业生产所必需的社会组织。

在埃及，尼罗河的景观是肥沃土地与生命延续的惟一动力。神则居住在沙漠边缘的金字塔中和崖壁上神庙里。而在希腊，地形的多样性与极富美感的景观本身就被赋予了宗教的含义。对于古代的居民来说，它们是神与女神们的家。在史前遥远的几个世纪中，最重要的神则是克里特的弥诺斯(Minoan)文化中的女神，波特尼亚(Potnia)。

克里特(Crete)

大地女神和动物神灵的重要性在公元前3000年

到公元前1000年克里特岛上米诺阿文化的雕塑和绘画中很明显地表现出来。[15] 这个文化是和埃及与小亚细亚的赫梯(Hittite)帝国同时代的。虽然有证据表明这些良性发展的文明之间有着联系，比如他们的和平的社会价值观，崇拜女神的宗教，以及复杂但是年轻奔放的艺术表现，但是，他们之间独立发展的特点是很明显的。

经过一个千年的发展，米诺阿文化在公元前2000年左右达到了它的顶点，并且保持了它文化高潮的特征，尽管它遭遇了公元前1700年左右的地震火灾与破坏。然后，另外一次巨大的地质运动改变了这个文化的进程，使之走向了衰退与灭亡。这就是公元前约1470年的泽拉(Thera)火山爆发，这次爆发摧毁了城市，使之燃烧，然后又是洪水和毁灭性的白色火山灰覆盖了全岛，使土地不能够再耕种。而且这次灾难可能还和大陆上的迈锡尼人(Mycenaean)的入侵相伴而至。所以米诺阿文化中的主要建筑废墟与艺术品都介于公元前2000年至公元前1470年之间。

现在，有足够的考古学证据说明当年的米诺阿人

图1.21 献给宙斯的洞穴，位于埃达(Ida)山的东面，克里特。在希腊神话中，此洞扮演着重要角色——盖娅(Gaia 大地)和乌兰诺斯(Uranos 天空)生下了克朗诺斯(Kronos)和里亚(Rhea)，宙斯的父母。艳羡于他的权威，克朗诺斯吞掉了他的后代，里亚成功地把婴儿宙斯藏在埃达的山洞——在那儿由仙女照顾，并使他喝山羊奶和蜂蜜——使他活了下来。宙斯废黜了克朗诺斯，成为至高无上的男性神祇，而且继任成为希腊众神的统治者。在米诺阿时代，这里曾经有一座神庙，这是由许多在此发现的手工艺品证实了的。那些东西包括盾、矛、金与象牙制成的商品、雕像以及陶片，甚至还有牺牲动物的骨灰。

曾经多次朝拜山顶上的圣所以及神圣的洞穴。除崇拜大地女神之外，他们也基于强烈的宗教动机而崇拜天气之神，这一点和美索不达米亚人及哥伦比亚之前的美洲人不无类似。公众的庆典把成群的朝拜者引到这个位置奇特的山峰，在峰顶寸草不生、大风横扫，在那里，他们可以看到石铺的平台以及放在泰门诺斯(temenos)前面的祭坛，泰门诺斯也可以称为圣地，由以兽角为顶的栏杆或者墙围起来，当地的牧羊人经常光顾这些地方，通过还愿、上供以及其他的敬神的仪式求得神灵对他们的牲畜的保护。这些神社本身的各种器具就样样齐全，比如说各种各样的祭坛、宗教的图画、牺牲桌、烛台以及盛酒的容器等。男性和女性的黏土人被放在那里，作为朝拜者的替身，象征着他们自己连续不断地在那些场所中出现。

多山的克里特石灰岩高原，地理学家称其为喀斯特地貌的一种景观。这里有丰富的地下泉水资源延续了米诺阿以及原来的希腊社会。这里还有密布的岩洞，这些岩洞中有一小部分，大概35个左右有神圣的地位，这可能是因为它们与埋葬有关系；而其中有16个估计被用作祭祀活动(图1.21)。在这些神圣洞穴中发现了用以还愿的金质双斧、铜人以及动物牺牲和谷物供品的痕迹。同时还有仪式性舞蹈和洞外筵席的证据。洞内祭祀仪式举行之前，在洞口外面的场地上举行过火葬。

和山峰以及洞穴圣所的作用一样，用墙围起来的院落保护着圣树或者神显灵地点的标志。一些考古学家推断，当时的朝拜者取下神化的树上的大枝小枝，为它们注入毒药，然后把它们放在圣坛上或者堆在神圣号角之间。描绘在封印和其他手工艺品上的场景证明了巫女在这些场所曾经狂热舞蹈过。

伟大女神波特尼亚的象征是双斧、石柱，还有蛇。可能那个身着钟形的裙子，裸露着胸部，挥舞着两条蛇的人物就是她(图1.22)；在封印和壁画的描绘中，她经常被表现为两只跃立的狮子守卫的柱子象征，这很明显与著名的狮子门(Lioness Gate)形式相关，此门是伯罗奔尼撒的弥赛尼亚(Mycenae)城邦城墙的主要入口(图1.25)。

同样，那儿还有其他的神与女神。布立托玛尔蒂斯(Britomartis)是阿蒂米斯(Artemis)的早期形式，是掌管狩猎的贞洁的女神，也是动物的保护神，在山洞的

图1.22 大地女神波特尼亚，有一个儿子和一个配偶——维尔詹诺斯(Velchenos)或名库罗斯(Kouros)，宙斯的前任，他仪式性的死去象征着自然的一年一度的死亡与再生。

弥诺斯人(Minoans)，同他们以后的希腊人一样，具有一种强烈的天生直觉，能够令他们的宗教中心和社区同自然地形之间取得一种联系。根据虽有争议但是仍然可信的建筑史学家文森特·斯加利(Vincent Scully)的说法，诺索斯和菲斯托斯(Phaistos)的建设者把它们的中心放在封闭的山谷中，是一个自然的麦加隆(Megaron)，就像米诺阿宫殿的大厅有中心炉和带柱门廊一样，轴线沿南北方向，面向微微隆起的圆锥形山丘，远处是如尖角般形状的双峰或者峭壁。这些自然的形式定义了景观空间，也使之产生了焦点。更进一步满足仪式需求和他们象征性表达的是迷宫般的通路，长方形的庭院，有柱的亭子，以及洞穴般的列柱大厅。在诺索斯，当人站在神殿的南入口时，他面对的将是乳房形状的丘陵，它们远处是朱克塔斯(Juktas)的顶峰，那里是山峰圣所和举行祭祀礼仪的洞穴神社的所在。同样在菲斯托斯，中心庭院也是沿着南北方向布置，和埃达(Ida)山的两座山峰在一条轴线上，那里是宙斯(Zeus)的洞穴圣所(图1.24)。如美国西南部的普韦布洛人的广场一样，这个庭院和围合它的建筑按照人体的比例尺度复制了似乎包含自然的麦加隆。它与自然神圣形式的一致，与某种上天的导向紧密相关。这说明了它和很多美国土著民族一样，克里特的建设者们选址时的根据是地形上的焦点与参照宇宙的结合。

圣所中，她接受着人们的朝拜。爱琉西亚(Eleuthia)洞穴女神保佑女人分娩，她的圣所在阿门尼索斯(Amnisos)的爱雷西亚洞(Cave of Eileithyia)。蛇女神、鸽女神以及大海女神都是米诺阿文化众神的一部分。在论及她们的属性时，这些神之间的界限往往模糊起来。米诺阿人的最具威力、最令人敬畏的神是波第达斯(Potidas)或者波泰坦(Poteidan)，即希腊的波塞冬(Poseidon)的前身，大海之神。他的地下一面是大地的振摇者，地震与海啸之神，而在地上的形象是一头公牛，天体的形象则是太阳和月亮。

出现在克里特岛的文化享有充分的和平，且技术先进足以造船、航海，他们经商的技巧也高人一筹，可以对其他文明实行非军事的控制。和原来战乱不断的希腊大陆的城邦不同，那些城市由很厚重的城墙、堡垒保护，而诺索斯(Knossos)和其他克里特的城市则没有城墙。迷宫，或者也可以称为诺索斯的仪典中心，是克里特岛上最重要的宗教综合工程，它吸引了岛上的无数朝圣者，或许还有其他岛上的朝圣者(图1.23)。

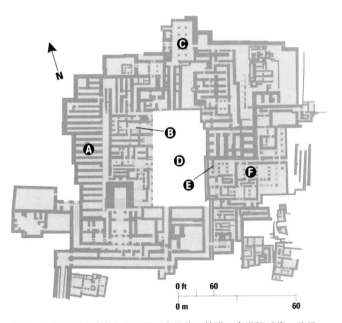

图1.23 诺索斯"迷宫"平面图，克里特，希腊。米诺阿时代，公元前2000~公元前1470年
A.储藏室；B.宝座室；C.柱厅；D.中庭；E.大台阶；F.双轴厅。

图1.24 中庭，菲斯托斯，克里特。米诺阿时期，公元前2000～公元前1470年间，在面向利比亚海(Libyan Sea)的斐斯托斯一边，而在另一边，正如照片所见是埃达山的双峰。

他们的轴线不是刻在自然之上，而是作为方向线把仪式中心自然中的神社连结起来。这样，不同于埃及人的庆典轴线，也不同于某些美洲土著民族建造的宗教队列的轴线，希腊人的轴线是看不见的。在克里特，这些轴线把包括蛇女神和她在诺索斯、菲斯托斯，以及其他的弥诺斯社区的圣所与山洞中的祭祀活动紧紧地连在了一起。舞者们大胆地在大公牛犄角之间挥动围绕在山中祭坛的神圣号角，以唤起公牛的狂奔，这种场景经常发生在祭祀庭院的例行仪式上。

与当地景观的亲密关系以及向景观中注入宗教意义的渴望逐渐淡化了，今天人类已经大部分地在处理人与自然关系时放弃了那种讨好的姿态。所以我们很难理解人们曾经多么深深地感到与大地女神、大地母亲的联系是那么的强烈。对于人类的杰出才能的自信和傲慢导致了价值观的逐渐转移，新的神就这样产生了，体现在阳刚气十足的英雄品质上面。尽管如此，人们与一位原始的女神的强烈感情联系自古至今却从未改变，经由荷马(Homer)的文学，使大家知道了她逐渐分化成了男女诸神。

迈锡尼时代的希腊

考古学家想要在其中寻找荷马的《伊利亚特》(Iliad)中的英雄的青铜时代文化，就是弥赛尼亚时代的希腊，他们在希腊大陆上兴起大约是在公元前1550年至公元前1200年。那里，武士的首领、巴尔干或者南俄罗斯来的印欧语系的入侵者们采用对诸如派罗斯

(Pylos)、奥卓门诺斯(Orchomenos)、迈锡尼、帝林斯(Tiryns)以及雅典那样的堡垒要塞实行强力统治。他们以商业为基础的文化使得他们十分富足，从而支撑起了宫殿般的建筑物、精巧的手工艺品、豪华家具，以及铺张的墓地。与东亚的联系给他们带来了新的纪念性建筑的标准以及新的装饰主题。同时，他们的文化又受到克里特的影响，他们自由地借鉴了许多米诺阿人的形式与实践经验。

同样的崇拜大地女神的仪式又出现在克里特岛上，而地点则在迈锡尼人的区域。显然，他们的武士文化是对于大地女神的至上地位的最初挑战，就像青铜时代的人们通过在战场上的获利和土地肥沃、庄稼保全相平衡，以成就军事力量和保护民族一样。这一点从一种对于土地的更具防御性的占有上可以看出来。由于石灰岩山脊上泉水的存在以及希腊大量分布的喀斯特地貌，迈锡尼人得以将他们的城市建在难于攀登的制高点上，从而得以俯视山谷、平原和大海。迈锡尼时代占领的雅典卫城就是由多股泉水滋养的。弥赛尼

图1.25 进入迈锡尼城的入口，狮子门(Lioness Gate)，希腊，公元前1300～公元前1200年。门上的巨石作为梁托以减轻门楣的荷重。在这个三角型的空间中有两头跃立母狮的大浮雕。狮子中间有一个祭坛，上面立着一根柱子，这个柱子可能是大地女神的象征。

亚本身即位于阿尔果斯(Argos)平原的一座小山之上。人们在发现了泉水的裂隙旁繁衍扩散开来，同时他们又要紧靠着卫城，这样当侵略者到来时他们可以把卫城作为避难之所。通往此处的通道来自西南方向，一直通到两侧是原石墙的狮子门(图1.25，1.26)。

在公元前1200年至公元前1150年那段动荡的时期，弥赛尼亚文化被入侵者打垮了。虽然他们并没有突破堡垒的巨大城墙，但是从北方来的多利安人(Dorian)却推翻了那里武士国王的统治，在其他的城市，他们渗透到乡村，为希腊文化增加新的思想。伴随着传统王权消失的是经商得来的财富，以及纪念性的建筑物和金的、铜的手工艺品。弥赛尼亚人的堡垒变成了一具空壳，其中劫后余生的人们在消失了光辉的废墟中继续生存着。

地缘上的破碎化在导致了政治日益破碎化的同时，

图1.26　诺索斯的一个印章上的图案。这里大地女神——米诺阿文化的纹章，被描绘成大山之母以及动物们的女主人。

也带来了普遍的贫困。当社会解体为更小的部落单元的时候，独裁统治便消失了。共同的利益导致了门族或曰部落的集合，然后融合为"戴摩斯"(demos，平民组织)，其成员逐渐地组成了城邦(Polis)，这是一种为了避难、宗教等种种原因而形成的社区中心。经过了四个世纪的演变以及社会转型，构成了希腊所谓黑暗时代(Dark Age)的广场(Agora)——公众集合和辩论的公共空间；立法会议(boule)——贵族们的会议，成为了一种统治新概念诞生的温床。在这个环境里，人们培育了一种对于个人的新的尊重。这些就是在希腊起作用的因素，并不为北方来的侵略和受东方影响而苏醒的独裁所打断，它们一直延伸到公元八世纪的社会大发展，产生了能够使人类尊严放出光辉的新的机构，关于反映这些精神的景观我们将在第二章予以讨论。

IV. 美洲景观的宇宙论：大地与天空的精神

在考察美洲前哥伦比亚时代农业人口的景观时，我们能够发现不同的文化之间有着足够多的平行线，支持某些神话和宗教实践普遍性的概念。这些跨文化的信仰包括描述给太阳的神性；把真山或者假山作为把人与神接近的平台的重要性(尤其是与雨水、丰收有关的神)；把洞穴作为大地母亲的子宫以及自然中的神社；还愿与牺牲供品的重要性；把众神和精灵以动物为形象的描绘；人作为宇宙力量附属的感觉以及需要——通过击鼓、合唱以及在某些神圣地点的舞蹈来得到满足，且与那种力量交流。

文化平行线与通用模式

对于山体与湖泊的崇拜认为，有一种超自然的力量支配着岩石、树木以及动物。这一想法在阿兹台克(Aztecs)人的那互特(Nahuatl)语中称为透特尔(teotl)，在盖丘亚人(Quechua)的安丁(Andean)语中称为"胡阿卡"(huaca)，或者在特瓦(Tewa)语中称作"波-瓦-哈"(Po-wa-ha)，——在圣塔·克拉拉·普韦布洛(Santa Clara Pueblo)以及靠近新墨西哥州的里奥·格兰代(Rio

grande)的其他普韦布洛的语言。为了使这种"积极"的能量在他们的住区中顺利地流动，美洲前殖民时代的建设者们并不是随意地规划他们的城镇。方向中的几个基本点出现在他们创世的故事之中。[16]比如说，普韦布洛(Pueblo)的村庄是以四座神圣的山来确定方向的，并且更近的范围以内是四个方山(Mesas)以及四个神社。传说这与探索者向北、南、东、西的路线有关，他们是大地形成时从原初的地下湖中走出来的四对神秘的双胞胎。

因而这个自然框架中的中心感就是很重要的。"南西普"(nansipu)——在普韦布洛的广场中间的一个小洞也就是一个穆恩迪轴把上天与地面的世界连起来了，那里是生命的起源与归宿。有着"西帕普"(Sipapu)的圆环形的"基瓦"(kiva)，是另外一种和南西普相近的广场中的小洞，它使得宇宙轴线的支配性得到了加强，从普韦布洛人的信仰中看天之篮代表着男性，笼罩的地之碗代表女性。在这二元世界的大地一方，有四个并存的面。普韦布洛人出现在第四个面上，那是生命与光的世界，也是大地母亲向北开放的空间。

图 1.27　月亮金字塔与塞罗哥尔多山，蒂奥提胡阿坎，墨西哥，公元 150～225 年。

毫不奇怪，湖底、自然洞穴与人类出现在世界上的神话相联系。几千年来，美洲土著人向他们圣山之中的神圣洞穴和神灵居住的山中湖泊朝拜。因为位于蒂奥提胡阿坎(Teotihuacán)的太阳金字塔是公元150～225 年建立在一个自然的洞穴之上的，这可能和那个神话有关系，现在那个城市本身的方位就与这个重要的自然物相关，与塞罗·哥尔多(Cerro Gordo)的关系也是一样——那是地面的一座山，它的轮廓正好与月亮金字塔的轴线对齐(图 1.27)。

模仿建筑(mimetic architecture)——外形模仿某些自然地形的结构——在美洲不同的文化之间是一个很普遍且显而易见的现象。虽然比起蒂奥提胡阿坎来并不见得事先更有规划形式，陶斯·普韦布洛(Taos Pueblo)——现在它们仍旧被使用着——就像月亮金字塔与塞罗·哥尔多山之间一样，它与陶斯山(Taos Mountain)也有一种模仿的关系(图 1.28)。但在此两例中，建造的环境都没有支配自然环境。这些模仿的形式从属于自然形式。前者是人类生活、仪式的地点，而后者是神的居住地。

美洲许多伟大的文明消失了，而其原因人们只能猜测而已。没有荷马史诗一般的文字记录，也没有荷洛多图斯(Herodotus)等历史学家以事实为基础创造的故事，阿兹台克人的命运对于我们来说比他们之前在新墨西哥的蒂奥提胡阿坎的建设者们更加神秘了。虽然他们也创建了自己的象形文字以记录口述的习惯，但是，在西班牙人征服之后，几乎没有几个象形文字存在。前哥伦比亚时代艺术的市场价值使得古老的中心在掠夺者的手下脆弱不堪，考古学也因此受阻。尽管如此，考古学界在破译刻在石头上的象形文字还是取得了重大进展，这就是人们所共知的考古天文学(Archaeoastronomy)领域，科学家们正在试图运用宇宙论的语言来解释景观的建设，考古学家与考古天文学家们则开始认识到通过研究某些纪念碑和构筑物的定位与春分与秋分时刻恒星的位置、月亮的运行和太阳位置的关系，来探讨美洲土著人如何在最大限度地进行着他们的景观设计——一种我们可以称为宇宙论景观建筑的设计。

土丘与广场

前哥伦比亚时代的建筑可以说是有大量的公共开敞空间的建筑。如此浩大的工程可以说是管理与技术的功绩。建造那些地景艺术品的人动土的规模巨大，实在使人敬畏，尤其是当想到他们并没有十二章中提到的现代大地艺术创造者所使用的机械化工具和有轮子的车辆时，这种敬畏的感情就会更加强烈了。正如在墨西哥的石质金字塔的"摩天大楼"(公元250～900年)一样，如今在路易斯安那州的"贫点"(Poverty Point，公元前1800～公元前500年)的地景艺术品、在俄亥俄的豪普威尔丘(Hopewell Mounds，公元前100～公元400年)，及在现圣路易斯州的卡霍奇亚(Cahokia)的密西西比文化的巨大土丘(公元800～1350年)都意味着人可以上、可以下、也可以环绕它走动(图1.29)。和罗马时代以来的西方建筑不同，这些建筑并没有高耸的、带穹顶的、有容积的内部空间。与巴西利卡和天主教堂相反，它们并不是建筑的壳子，在里面可以来回走动。因为这一点是真的：景观空间——由建筑与自然形态限定的空间——在实用和宗教感情两方面都是最基本的。

图 1.28 陶斯·普韦布洛和背后的陶斯山，陶斯，新墨西哥。从公元 1200 年左右陆续有人开始居住，照片摄于 1993 年。

图 1.29 僧侣丘(Monks Mound)以及大广场(the Great Plaza)，卡霍奇亚，伊利诺斯州。公元 800～1350 年。这是由诺伊德·K·汤森德绘制的入口壁画。卡霍奇亚州立历史遗址，科林斯维尔(Collinsville)，伊利诺斯州。他的作品以现存的遗址和左右发现为基础，这位画家绘制出了 1100 年左右从南面观看卡霍奇亚的情景，以两座土丘为前景，大广场和僧侣丘在远处。

图 1.30 瓦森·布雷克，位于门罗(Monroe)附近，路易斯安那，公元前3000年。在往西南方向通向门罗的奥奇塔河(Ouacthita River)边有一道3英尺高(约0.9米)的圆形岸，岸上散布着一些大致呈圆锥形的土丘环绕着一个广场，大小约为920英尺(280米)×650英尺(280米)×650英尺(198米)。

美洲最早的大规模而有计划地建造景观空间的证据，就是路易斯安那州东北部的5000年前建造的一系列巨大土丘。在瓦森·布雷克(Watson Brake)，11个这种土丘由它们的建造者用一条土堤联系了起来，形成了一个蛋形的藩篱(图1.30)。他们的目的可能就是使之容纳葬礼或者其他的仪式活动。这种中央空间，或者用西班牙语称为广场(Plaza)作为景观的一贯性是显而易见的，这从现存的北部新墨西哥和亚利桑那的普韦布洛可以得到证实，它们大约公元1300年左右就存在于那里了。这些壮观而且保存完好的遗址以及遮蔽它们的、面向南科罗拉多的圣·朱安(San Juan)盆地和北亚利桑那的柴利山谷(Canyon de Chelly)、梅萨·福德(Mesa Verde)的峭壁(早在公元十五世纪被众所周知的"编篮人"(Basket Maker)占领，之后在1100年至1300年之间被普韦布洛人的祖先称为阿那萨齐，Anasazi)，它们见证着美洲的土著人取得的自然与建筑的和谐。即便是在这种如裂隙般狭小的空间，他们也把小小的广场建满了"基瓦"，平坦的、突出的岩石既有了神圣的，又有了日常的功能(图1.31)。这样，不管是蒂奥提胡阿坎的"秀达德拉"(Ciudadela)——一个由羽毛装饰了蛇的巨大神庙为一端、另一端是普韦布洛人占领的悬崖下的小平台的38英亩(153 786平方米)

的下沉式广场，还是现代泰瓦人的半英亩的土广场"布品盖赫"(bupingeh，中心地带之意)，广场曾经是，而且现在还是举行仪式的重要之地，是舞蹈和祈祷进行之地，还包括前哥伦比亚时代的中美洲人献祭。

恰哥峡谷周围的古普韦布洛人居住区

在西南部地区，那里的地理条件决定了农业要想获得丰收就需要更多的付出，比起那些大密西西比人，美国中部人和建造了令今人都敬畏的金字塔的阿兹台克(Aztec)人来说，他们的社会更加平均主义一些，更加没有等级制度；西南地区的民族把这种干燥的环境中填满了自己特殊而精巧的构筑物，在他们与景观相得益彰的产品中，经济与美观携手而行。呈洞穴般外观的"基瓦"，连同它的火坑和"西帕普"(Sipapu)——或称为应急洞——是在地上挖出来的，在建筑学上是洞穴房屋的延续。这种几乎看不到的结构被厚厚的土层地面覆盖着，上面是日常生活的广场，而且有时也作为仪式性舞蹈的场地，这些我们上面已经谈到了。

总之，"基瓦"和它上面的广场创造了这样一个空间，以使人类能够了解并且参与碗状的大地与篮状的天空组成的宇宙的连接，确认他们的社区及基本的方向点与圣山圣丘相关，体验宇宙中生命的呼吸。大范围的前哥伦比亚时代的普韦布洛中往往有数个起作用的"基瓦"存在，满足各大氏族的不同需要。虽然现在的"基瓦"建在了地面以上，但是它们仍然没有西

图 1.31 "峭壁宫殿"(Cliff Palace)与公寓，设置在岩面上的基瓦与广场，梅萨佛德国家公园(Mesa Verde National Park)科罗拉多，公元5世纪，编篮人文化(Basket Maker Culture)，公元1100～1300年，即古代的普韦布洛文化。

图 1.32 普韦布洛·博尼托(Pueblo Bonito)，恰哥山谷，亚利桑那州，公元 860~1130 年，为数众多的基瓦，轴线排列的房间，精湛的石匠工艺，巨大的从远处运来的石质屋顶，这个陡峭的 D- 形构筑物称为普韦布洛·博尼托，现在人们还在争论它的功能是否为一个主要的仪式中心服务。

方人理解中的那种纪念物向上的雄心。

以穆恩迪轴为中心建立的社区焦点和宇宙中仪式的场所就像恰哥峡谷中的古普韦布洛中心显示的那样，占有了很大的区域维度(图 1.32)。最近的考古发现，在"四角"地区(Four Corners areas)有一套远远甩出的道路系统把许多古代的普韦布洛——包括梅萨·福德(Mesa Verde)的和柴利山谷(Cangon de Chelly)的那些道路——联系起来，成了一种纪念性的关系。[17]考古学家们称这个重要的城市组合项目为"恰哥现象"。当他们的研究继续进行时，则面临着诸多悬而未决的问题，他们研究普韦布洛·伯尼托(Pueblo Bonito)、柴特罗·凯透(Chetro Ketl)，以及在峡谷的中心或者较远处发现的其他"巨屋"(Great Houses)。具有巨大的基瓦的古普

韦布洛废墟，均附有住房和储藏室，正如在阿兹台克和萨尔蒙(Salmon)发现的也都是这样。他们发现了至少7套道路系统，它们连起来有 1500 英里(2414 千米)长，从恰哥出发，而且至少有一条路，称为"大北路"(Great North Road)，因为它在正北方向的 1.5°的范围里面，直至它转向 2°向一座圆锥形的重要土丘而去，有些人认为这是"恰哥文化的宇宙论的表现。"[18]事实上这条路缺乏一个清晰的实际目的地来支持这一结论。

恰哥人的道路与地形无关，它们借助木梯或是凿在悬崖上的石级以及石砌台级来攀登峡谷，但是它们转向的时候则呈锐角，这种转角经常位于"巨屋"(Great House)或者"赫拉杜拉"(herradura)——一种低矮的马蹄形的藩篱，往往建在有很远视线的高地上。

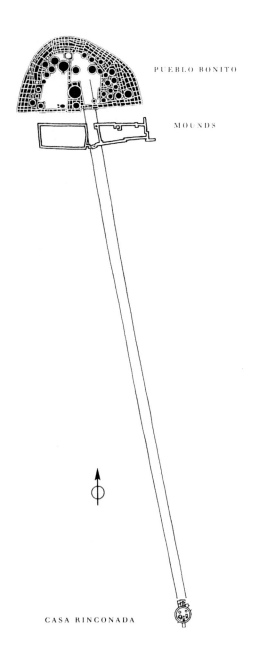

PUEBLO BONITO

MOUNDS

CASA RINCONADA

图 1.33 卡萨·林康纳达，普韦布洛·博尼托与它的丘，以及假想中的把这两处古迹联系起来的轴线。由斯蒂芬·H·莱克逊 (Stephen H. Lekson)绘制于 1992 年，和一个大房子中的基瓦如普韦布洛·博尼托或者一座统一的房子中的基瓦不同，卡萨·林康纳达是分立的。如果算上从卡萨·林康纳达出来通过南山普韦布洛·博尼托的两个巨大方丘，最后与两侧分立的墙对齐的轴线，那么，这种联系就是显而易见的。这些丘，曾经有厚实的石墙及平平的抹灰的屋顶，使它们具有了超越一般房屋的重要性。可能它们是用作仪式活动的平台。不论如何它们都是在垂直方向上下沉的普韦布洛·博尼托建筑的相反形式。它们不仅提高了封闭的感觉，而且使得它与卡萨·林康纳达联系的方法更具有戏剧性。发现在普韦布洛·阿尔托 (Pueblo Alto)以及周围其他遗址相同的丘，并不是那种典型的垃圾堆，但是也含有大量的瓷器碎片，可能也和礼仪相关。

在那里，它们横切过光滑的岩石，有时候它们的轨迹只剩下一条浅浅的沟。没有人确切地知道这些"赫拉杜拉"的功能，可能它们是作为路边的神社而出现的。但是，路边没有瓦砾，没有其他的宿营，比如商人留下的痕迹，也没有公元1140年恰哥文化高潮过后继续使用这些道路的证据。[19] 和玛雅人的堤道、印加人在秘鲁的道路一样，恰哥人的道路可能是用于某种纪念性的目的，路边一堆堆的碎瓷片可能是由于某些仪式的需要，这恰恰说明了这一点。它们往往和山顶上的信号站相伴出现，信号站可能是用来传递信息的，但也可能是观察站，用于某种宇宙观察的需要。

恰哥在古代是西南地区的一个重要庆典的中心，这一点的证据，就是与它正相对的普韦布洛·博尼托的存在，它在华盛顿州恰哥的南面，属于一个直径63英尺(19.2 米)多的基瓦，称为卡萨·林康纳达(Casa Rinconada)，可能是古普韦布洛人曾经建设过的最大的基瓦(图 1.33)。从它的空间和设计上来看，卡萨·林康纳达似乎象征了古普韦布洛人的宇宙观。从北向南穿越大门的轴线与正北方向只有不到1°之差，支撑屋顶的四根木柱的基洞组成了一个完美的正方形，它的四边也是与在相差不到1°的范围内对齐几个基本方向。这个环形的石墙以内刻了28个壁龛，加上另外一个可能也有的，就是29个。这可能和29.5天为一个月的朔望月(lunar month)有关。还有6个空间不规则的壁龛也刻在墙上。东北角上的支柱可能挡住了它的通路，但考古学家发现在夏至那一天，一束穿过今天的基瓦的阳光正好照亮了那个最大的壁龛。在普韦布洛·博尼托，似乎窗孔的安排可以使光滑过墙上的图案，预言和标示了冬至日阳光的轨迹。不管恰哥人的牧师是否运用这些特征来作为他们历法的记录，至少这里有一点是肯定的，其他古普韦布洛人的居住地也是这样，那就是他们研究天体的运行，并在他们的生活中和景观中运用他们的天文知识，确定仪式以及农事的时间，利用天上的太阳、恒星以及行星来为建筑和道路确定方位。

在十二世纪的第二个1/3(译者按：约1134年左右)开始的时候，恰哥人作为本地区的控制性政治力量的地位减弱了。到十二世纪中叶，恰哥人停止了所有建设活动，并且他们也不再在山谷中举行纪念性的仪式活动。在恰哥以及其外围，大约在1300年，许多道路

图 1.34 提提卡卡湖以及周围高地的鸟瞰，秘鲁。

关闭了，"巨屋"中的纪念性房间也被拆毁、烧掉。与此同时，"黑山"(Black Mesa)附近出现了新的居住地，也就是现在的亚利桑那州东北的里奥·格兰代山谷(Rio Grande Valley)，这些就成为了今天的霍皮(Hopi)、祖尼(Zuni)，以及里奥·格兰代(Rio Grande)的普韦布洛古代社区。

印加的神社

　　印加(Inka)文明繁盛于公元十五世纪，提万那库(Tiwanaku)被视为他们的圣地，这个城市是按照宇宙论规划的，大约是 400～1100 年建在提提卡卡湖(Lake Titicaca)周围的一个平坦盆地上。同美国土著人的神话中真正的和想像的湖泊一样，提提卡卡湖在作为人类起源之地时扮演了一个重要角色。对于住在这里的古人来说，碗形的湿润的下沉地段象征着女性的特征以及胚胎的孕育，而周围坚硬、干燥、冰川覆盖的山峰则与男性特征紧密相关(图 1.34)。[20] 换句话说，提提卡卡湖是大地形成的自然中心，象征着大地的发源地，而其参差山峰的天际线则标示出了那些基本的点——

太阳、恒星与行星运行的轨迹以及环绕它们的景观。

　　每一个印加人的统治者一旦登基，都会进行一些大型的建设项目来证明他们的权威。王朝的权威以及帝国与宇宙的连接沿着美国南部的太平洋海岸由北向南延伸了 2700 英里(4345 千米)。从库斯哥中心广场(Cuzco's Central Plaza)放射出的四条大道即是证明。田野被划分成四部分以后，这个帝国得到了自己的名字"塔胡安丁苏于"(Tahuantinsuyu，分成四块土地之意)。一个公路的网络覆盖了大约 19 000 英里(30 000 千米)，其上，各种官差执行着政府的职能，使印加人能够维持自己的统治。自然之中的神社也使得国家在文化上得以统一。提提卡卡湖上的提万那库(Tiwanaku)中心的废墟就是这些圣地中的一个，它使印加人在当地的权威得到增强，并把他们与古代的城市建造者联系了起来。在一个小岛上，托帕·印加(Topa Inka，1471～1493 年在位)扩建了一座供奉太阳的神庙，在那块圣地上，他栽植了树木，中间环绕着一块岩石，并认为那儿是太阳的发源地和生命开始的地方。通向这块神秘的诞生石的纪念性活动要经过一系列的大门。

列成41队，称为"塞克韦斯"(ceques)，从库斯哥像太阳光一样放射出来。在这些神秘的事物笼罩中，旅行者和朝圣者自愿把美丽的手织衣服作为供品，还有石和贵重金属制做的偶像以及碎贝壳。他们也为居住在胡阿卡中的神灵献祭食品和饮料。

纳兹卡线条与肖像地景艺术品

和宽阔的恰哥道路一样，南美洲秘鲁的纳兹卡河(Nazca River)流域的神秘线条(大约建造于公元前200至公元600年)也向人们提出了许多无法回答的问题，但我们可以断言，它们也具有强烈的仪式与宗教的意义。考古天文学家发现纳兹卡线条能与地平线上的太阳的位置和天上的重要星座对齐(图1.36)。这些线条描绘的图形可能是长长的朝圣路线，并且也可能是宇宙的参照点，在两个相距很远的沙漠中能作出这样的构筑也说明了天文学观察的重要性以及古人历法的精确。

但是，我们应该怎样去解释这些并不是直线的纳兹卡线条呢？巨大的鸟、鱼、哺乳动物、昆虫，甚至人形的生物"画"，在坚硬的沙漠表面上形成了4.5英尺(1.37米)至9英尺(2.74米)宽的小路；它们是由去掉地表较黑的氧化过的土壤组成，把它们堆在路两侧，露出浅色的土壤而形成的，是这样吗？或者，他们是氏族的图腾或有其他神圣意义和仪式性目的图

图1.36 仪式行进路线与不规则四边形区域，纳兹卡，秘鲁，公元前200年至公元600年。箭头形的三角形和四边形在纳兹卡地区的空中就可以看到，它们似乎和水的流动有一定关系，而汇聚的线条交点称为放射中心，人们认为它和河流的系统有关系。基奥格利夫(Geoglyphs)——把轻质的土壤从充满砾石的沙漠表面下翻出来而形成图像——可以理解为与水有关的宗教相关。需要注意的是它们是由只能看到作品的一部分的人们建成的。基奥格利夫必须理解为先有模型，然后按比例放大，在它们被画到地面上之前是需要先定点的。

其他的自然神社包括泉水、山峰，还有受崇敬的石头叫做"普鲁鲁阿卡斯"(pururuacas)，被认为能够变成武士。位置显要、形状特殊的岩石经常被挑选出来并赋予它神圣的地位。一块特殊的巨石可能被建筑围合，石床可能被凿成皇家的讲坛。而那些与远方山的轮廓能够呼应起来的石头则可能被赋予标志性的地位(图1.35)。328个"胡阿卡"(huacas)或者说圣位(sacred places)被

图1.35 神圣的印加景观中的巨石神柱，昆可(Quenco)，秘鲁。

图 1.37 巨蛇丘(Serpent Mound)，卢卡斯特·格罗夫(Locust Grove)，俄亥俄，公元 1000~1400 年。设计这个作品的建筑师使它 1/4 英里长的"身体"符合两边小溪和峭壁的形状。从蛇口中伸出的卵形物可以理解为蛇卵。

形，让人在它上面行走以获得护符般的保护？认为库斯哥的美洲轮廓是印加王朝的象征似乎并不难，但是，我们如何才能解释俄亥俄的"巨蛇丘"(Great Serpent Mound)呢？它现在被认为是建造于公元1000~1400年，同样的还有上密西西比山谷(Upper Mississippi)的所谓的象形山(effigy mounds)，断断续续地建造了几个世纪一直到公元1300年左右。这些巨型的地景艺术品——以衣阿华州东部的137英尺长20英尺宽(41.8米长，21.3米宽)的"巨熊丘"(Great Bear Mound)为例，当人们想到它们被建造时并没有畜力可供使用，也没有带轮子的车辆，只有人的体力时，不禁感到十分的惊叹(图 1.37，1.38)。

美国西南部的现代普韦布洛

　　美国土著人的文化记忆和传统是很强烈的，在美

图 1.38 巨熊丘，象形丘国家公园，马魁特(Marquette)，衣阿华州，公元前350~公元1300年。巨熊丘是现在由西威斯康辛、西南明尼苏达、以及东北衣阿华州几个州组成的区域的一部分。现在所剩的几十个象形丘可能是城市化和农业活动清除它们之前数千此类象形丘中的极小一部分。现在在威斯康星州的蜥蜴丘县立公园，和衣阿华州的象形丘国家公园都有分布。位于后者的巨熊丘137英尺(41.8米)长，熊肩部有70英尺(21.3米)宽。

国西南部的一些地区景观中弥漫的地方气息依旧清晰可见。普韦布洛——新墨西哥北部和西部以及亚利桑那州东北的部落住区的由史前人类的本土后代用土坯和石料建筑的房子构成，观者逐渐会意识到它们的定位并不是随意而为的，而是与方向中的基本方位有关，且与或远或近的山体形状有关。在这里，某一个盛筵之日，舞者就会激活一块"心脏"之地，一块由相邻的房屋围合的小广场，熟练的动作意味着要唤醒动物的神灵以及宇宙中的力量，以带给他们肥沃、丰收以及生命的延续。

两种不同的信仰体系的文化相侵与精神相容构成了现在普韦布洛文化的特点，继承了圣塔·克拉拉·普韦布洛的西班牙征服者的天主教美德，正如圣·埃德方索·普韦布洛(San Ildefonso Pueblo)，圣·璜·普韦布洛(San Juan Pueblo)以及圣托·多明戈(Santo Domingo)，这些圣恩主们很荣耀地获得了她或者他的盛筵之日，但是更重要的具有伦理意义的庆祝活动是接下来在普韦布洛的主要与稍次要广场上举行的那些——舞蹈首先在主广场表演，然后转移到另一个，男女老少的舞者们身着做工精细的戏装，头戴高高的头饰，上面饰有兽、鸟、云以及山的象征物。

当美国土著人的舞蹈仪式举行的时候，他们看似难以形容的空间还是值得仔细研究的。回忆了她在圣塔·克拉拉·普韦布洛(Santa Clara Pueblo)度过的童年以后，建筑史学家瑞娜·那朗卓·斯温泽尔(Rina Naranjo Swentzell)写道：

> 普韦布洛，或者称为"人的空间"，是由高高低低的山以及平地围合的，这里中央的点(南西普nansipu)，人类从地下世界出现的地方，也是由普韦布洛中不同的空间围合的。南西普，由不引人注目的石头标示出来，位于场地的中心位置，或者称此地为广场(plaza)。广场是由房屋建筑围合的，而房屋则是由马、猪、鸡的畜栏围绕的。在外围，有时还有重合的则是垃圾山。垃圾山流向田野，从那里，能量流向丘陵和山中，进入远处的神社内，穿过层层的地下世界，最后又重新出现在南西普。

> 老人们的故事告诉我们，我们将要在这个"存在"的第四层生活，且有植物、鸟、兽的相伴

和帮助。一旦我们从地下世界中出现，我们还是需要这些生灵的帮助。为了发现这个中心点，或者称为南西普，我们要询问水蜘蛛和彩虹。水蜘蛛把它的腿指向北、西、南和东，且决定了世界的中心。然后，为了确认水蜘蛛是正确的，彩虹把它多彩的拱指向北、西、南和东，从而确认水蜘蛛的世界中心。在那儿，人们放置一块石头，围绕着石头的地方便被定义为中心点(Middle-heart place)，然后，台状的饮食起居的构筑物在周围建起，形成山的形状且有层级、环绕着广场——或者说"人类的山谷"。

> 因为它们与大地的连接，房屋与"基瓦"也模仿丘陵和山的形象。土坯的构筑物从地面上涌起，到底哪里是地面的终止，哪里是构筑物的开始很难分辨。而且房屋彼此相连，包围了室外空间，我们在那儿很容易看到天空，将目光锁定天上的流云。联接性是首要的。这些象征在南西普流入了物质世界，在那儿，波-瓦-哈(Po-wa-ha 宇宙的呼吸)从地下流入这个世界。

> 基瓦这种构筑物完全是象征性的。它的屋顶和普韦布洛广场空间一样，使我们可以与天空相联系，而屋顶上的开口则使我们进入构筑物，正如在广场上的南西普使我们重回地下一样。在它阴性的内部，广场空间，南西普周围的人类活动得以重复，在象征天空的编织的屋顶下面是象征大地的地板。在中间靠近南西普的地方是由云杉木或松木制做的梯子。所有的东西被组织起来，提示我们天空、地面，以及生命形式、宇宙运动之间的联系。这些原初的联接被不断地重复着……

> 景观化或者说室外空间的美化，是外来的概念。自然环境是原始的，而人类的构筑物则是用来适合于山、石，以及树木的。从这种意义上来看，种植可爱的花需要浇灌的想法是可笑的。[21]

作为旁白，斯温泽尔告诉我们，在根据与人类的联系划分的第一自然(原野)和第二自然(农耕景观与田园)是至高无上的，而由花园代表的第三自然(一种艺术与自然结合的景观空间)则是不中肯的。[22] 同样，在论及"布品盖赫"(bupingeh，泰瓦语中的广场)的形式与

功能时，斯温泽尔说："布品盖赫的重点不是在物质上，而是虚空——结果是不需要塑像、喷泉、凉亭、园凳、草或花儿来提升它的吸引力。"[23] 但也不只是真空，布品盖赫的本性便是生命，它是纪念性舞蹈的空间，"是把普韦布洛世界中的宇宙能量涌出之地——南西普与丘陵、山地、云、地下世界相联系的空间。"[24] 于是，今天的普韦布洛人，把象征主义直接注入一个完美的情感丰富的建筑、自然环境中，并不需要借助充满了花园、林园，或者其他装饰性结构以及园艺关注的空间来持续他们的想像力。

正如我们所见，长时间以来，北美土著人由于气候变化、能源枯竭、战争，或者其他领土争端等问题而经常处于迁徙之中。因为他们以自然为取向进行宗教信仰，所以不论他们在哪里落脚，他们往往把社区以一个或几个神圣化的空间为中心，经常与天地建立轴线的关系，还有自然界的现象，比如太阳春秋分、冬夏至时候的位置，月亮升落的最高最低点，可预言的某些吉祥星座在天空的出现以及山体的形状。一般情况下这些方向线都是暗含的，但有些地方，比如秘鲁的干旱平原上和美国西南部四角地区(Four Corners areas)，美洲土著人把这些轴线直接画在了地上。

祈祷和赎罪是必要的，生活在技术有限的农耕社会的人们愈加强调环境的不确定性与危机感。那些农业神灵的形象，包括天父、太阳与雨之神、大地母亲、种子女神都是寻求肥沃与生命延续的化身。以欧洲为中心的理论家们认为玛雅(Maya)和蒂奥提胡阿坎(Teotihuacános)是受到旧世界的影响才建造金字塔的，与旧世界的接触使这种建筑在新世界生根发芽。另外更为可信的是一种宇宙论的说法，认为模仿山的金字塔是一种普遍的人类现象——一座为使人与住在天上

的神交流的平台，或者统治者的坟墓，他的神圣使得太阳日复一日，年复一年地运行。回应360°地平线的环状形式是宇宙意识的重要元素。荣格认为环形是一种原初的形式，需要保护的神圣地点周围都画有环形。他指出，曼荼罗(mandala)或称为方形中的圆环，和泰门诺斯(Temenos，或称神圣的藩篱Sacred enclosure)一样，保护着魔力或者圣体。

荣格式的理论以及许多早期宗教的宇宙论取向能够帮助我们解释为什么轴线、圈、金字塔以及其他几何形式能够在时空差异巨大的早期景观设计中被广泛使用。我们知道了这种普遍地使自己服从宇宙力量的需求之后，就能解释亚洲和欧洲史前文明为举行仪式而使用的景观形式与现在的美洲土著人为什么会相同。一个需要仔细考虑的问题是，中美洲人建造的金字塔和高度组织化的现在圣路易斯地方的公元750～1500年繁盛的文化建造的密西西比的土台并不是因为与旧世界"原型"的巧合，而是由于人力劳动的限制使然。在埃及和美索不达米亚，对由精英策划出的宗教的信仰是绝对的，这就有效地避免了这些进行土、石工作的大批人口有罢工的可能性。

洞穴圣所，山与假山，地景艺术品，环形护卫的空间，以及与基本方向与天体运行相重合的轴线，从人类认为自己是被放置在自然中的完全决定于宇宙力量的时候，这些景观设计就开始了。然后，在公元第一个千纪，随着城市的发展，其他的理想出现了，宗教和道德系统使人类扮演了更加重要的角色，他们与神灵完全拥有了伙伴的关系。这些价值体系，也决定了空间的塑造和场地的设计，产生了人类历史上第一次具有伟大美感的古典形式语汇。

注 释

1. R·莫雷·夏佛(R. Murray Schafer)，《世界的调谐》(The Tuning of the World)(多伦多：麦克利兰德，McClelland 和斯图尔特，Stewart，1997年)，157页。运用散点透视而非焦点透视是中国人描绘空间的方式，这样人的眼睛可以以一种观察方式从画面上的一点移动到另一点，同时人们知道画面的每点都可以是画面的中心；拜占庭的绘画通过增加远处物体的大小打乱了尺度，扭转了透视关系；而爱斯基摩人绘画中的空间表现可能是因为他们的景观比其他地方更无方向感，所以他们的绘画是无焦点的正如听觉空间是多方向且没有边缘的。因纽特人的空间感除了同样无空间、无光线、听觉空间以外，可以称其为触觉空间——运用自身处于其中感受的空间。吉勒斯·戴留策(Gilles Deleuze，1925～1995年)和菲利克斯·古瓦塔利(Félix Guattari)按照爱德蒙·卡朋特(Edmund Carpenter)的描述画出了因纽特人的空间感："没有中心距、没有透视、没有边缘，除了数

千堆烟云笼罩的雪堆以外、人的眼睛无所依靠……一块没有底也没有边界的大地……一处只有成群的人活动的迷宫,"这种景观被他们称为"平滑"空间,因为其中"既没有地平线和背景,也没有透视或者限制、轮廓、形状或中心;那种空间没有中间形态的距离,或者所有的距离都是中间形态的。"参见吉勒斯·戴留策和菲利克斯·古瓦塔利:《一千个高原:资本主义与精神分裂症》(*A Thousand Plateaus: Capitalism and Schizophrenia*),布莱恩·马苏米(Brian Massumi)译,(明尼阿波利斯:明尼苏达大学出版社,1987年),494页。戴留策和古瓦塔利对平滑空间和"条纹"(striated)空间的区别,前者如开阔的海洋、北极荒原、沙漠、杳无人踪的游牧民族领地,后者是指的利用透视原理的视觉空间,距离也可以感知和测量。但是两位哲学家的观点远远不只是对景观类别的分析,他们认为平滑与条纹空间都是由文化构建的。因为人类的天性中有在混乱中构建有序的强烈爱好,所以人类总是有一种再现宇宙产生的倾向,倾向于给平滑空间指定中心、方向、坐标,使之转化为条纹空间。相反的转化也会发生,比如当我们近距离观察物体或者感受如"海"一样的视觉情景时我们经常失去透视感。

2.参见莫西亚·伊利亚德(Mircea Eliade),《不同宗教信仰之间的模式之比较》(*Patterns in Comparative Religion*)罗斯玛丽·西德(Rosemary Sheed)译,(克里夫兰:莫里迪安出版社,Meridian Books,1963年),第8章,97部分。这本著作提供了极具价值的世界各种文化和早期人类社会的大略介绍,介绍了那些具有强烈象征意义的东西,比如展现巨大具有纪念碑意义的岩石、圣树、大地母亲、天空之神、水体、太阳以及月亮。

3.卓林·雅克比(Jolane Jacobi),《C·G·荣格的哲学》(*The Psychology of C. G. Jung*)(纽里文:耶鲁大学出版社,1973年)。这本书提供了极具价值的关于卡尔·荣格思想的总结,还详细介绍了原型和象征的主题、心理学中的想像力载体,荣格认为这些东西都存在于人类潜意识的积存之中。

4.参见斯蒂文·J·密森(Steven J. Mithen),《充满智慧的征集者:史前决策的研究》(*Thoughtful Foragers: A Study of Prehistoric Decision Making*),(剑桥:剑桥大学出版社,1990),第8章。

5.参见戴维·阿布拉姆(David Abram),《感觉的话语:超人类世界的概念与语言》(*The Spell of the Sensuous: Perception and Language in the More-than-Human World*),(纽约:帕特农出版社,Pantheon Books,1996),140~141页。阿布拉姆说道:"如果没有枪和火药,猎手想要猎物性命的时候就必须离猎物更近。这种近距离不仅指的是物理上,还指精神上,设身处地的体验其他动物的感受和经验方式。自然中的猎手必须成为他所猎杀动物的学生。通过长期的仔细的观察、日复一日的辨认与模仿,猎手逐渐从本能上了解了他的猎物,知道它们的恐惧和欢乐,它们喜欢的食物和猎物。学习这些动物交流的迹象、表情,以及叫声是这种练习的最好办法。"

6.参见简·克劳特斯(Jean Clottes)和简·科庭(Jean Courtin),《海底的洞穴:科斯科尔的古生物图景》(*The Cave Beneath the Sea: Paleolithic Images at Cosquer*)(纽约:哈利·N·阿布拉姆斯公司,Harry N. Abrams Inc.,1996),59~79页,173~175页。另见让-玛丽·肖维(Jean-Marie Chauvet),爱丽特·布鲁奈尔·德尚(Éliette Brunel Deschamps)和克里斯蒂安·希莱尔(Christian Hillaire),《艺术的黎明:肖维洞穴》(*Dawn of Art: The Chauvet Cave*),(纽约:哈利·N·阿布拉姆斯公司,Harry N. Abrams Inc.,1996),110页和插图25、26、28、91。

7.参见约翰·E·佩弗尔(John E. Pfeiffer),《创造性的爆炸:艺术与宗教问源》(*The Creative Explosion: An Inquiry Into the Origins of Art and Religion*),(纽约:哈珀和罗出版社,Harper & Row Publishers,1982),102~118页。

8.据夏佛,在马耳他(Malta)一个名为海波基厄姆(Hypogeum)的新石器时代的洞穴中有一个洞室(公元前2400年),该洞室的作用正好和一个人造腔形的回音室一样,如果声音是由低频的乐器或者低沉的男性嗓音发出的话,它能够加强声音并使声音回响。参见R·莫雷·夏佛,《世界的调谐》,217~218页。

9.对于游牧民族的艺术与空间感觉中的触觉特性的更深入讨论,参见戴留策和古瓦塔利的《一千个高原》492~500页。

10.参见伊利亚德,《不同宗教信仰之间的模式之比较》,第6章,第74部分,其中有关于岩石的象征意义的讨论。他写道:"总之,岩石是……岩石显示给[人类]一些超越了人类自身短暂性的东西……人类总是仅仅因为岩石代表了一些超越其自身的东西而对其十分崇拜。他们喜欢岩石,或者他们把岩石作为某种精神活动的工具,作为用来保护他们自己或者死者的能量中心。我们可以说从一开始岩石就与某些朝拜活动有关,或者被作为朝拜时的工具;它们能够帮助人类取得某些东西,能使人类相信自己已经拥有了那些东西。"

11.关于这个巨石圈与太阳的对位关系的讨论和反驳的几个阶段,参见奥伯雷·波尔(Aubrey Burl),《巨石圈》(*Great Stone Circles*)(纽里文:耶鲁大学出版社,1999),130~134页。

12.参见波尔,同上,110~112页。

13.想要得到详尽的、新近的关于这个城市中心的考古发现,参见蒂莫西·R·鲍凯塔特(Timothy R. Pauketat)和托马斯·E·爱默生(Thomas E. Emerson)编著的《卡霍其亚:密西西比人世界的统治与思想》(*Cahokia: Domination and Ideology in the Mississippian World*),(林肯:尼布拉斯加大学出版社，University of Nebraska Press，1997）。

14. 最终上帝雷（Re）被同化于阿蒙(Amon)主宰的领域，这就是新王国(New Kingdom，公元前1550～公元前1069年)所朝拜的太阳神。

15. "米诺阿人(Minoan)"得名于亚瑟·伊文思爵士(Sir Arthur Evans，1851～1941年)，一位英国的考古学家，他发现了诺索斯(Knossos)的著名"迷宫"。伊文思在他那一代研究古典时代的学者中是相当突出的一位，他受到过亨利希·施里曼（Heinrich Schliemann），后者在其关于弥赛尼雅的著作中也做过相同的假设，他在解释那些惊人发现的时候参考了荷马时代的文学作品、传说以及祖西迪德斯(Thucydides)和海洛多特斯(Herodotus)。所以，他假设这座巨大的迷宫就是传说中米诺斯国王(King Minos)的宫殿，克里特岛史前文明的"米诺阿人(Minoan)"就因此得名。伊文思则准确地辨别出许多大厅和巨大的中庭都是仪式使用的空间。罗德尼·卡斯特登(Rodney Castleden)新近对于诺索斯遗址的解释中提出，整个迷宫都是一座庙宇，它是由服务于大地女神(Earth Goddess)的女祭司掌管的。参见《米诺阿人：青铜时代的克里特岛生活》(Minoan: Life in Bronze Age Crete)(伦敦：鹿特莱支，Routledge，1990)。

16. 参见阿方索·奥提兹(Alfonso Ortiz)《泰瓦人的世界：普韦布洛社会的空间、时间、存在与形成》(The Tewa World: Space, Time, Being, and Becoming in a Pueblo Society)(芝加哥：芝加哥大学出版社，1969)。作为一位研究美国土著人的人类学家，奥提兹揭示了一组里奥·格兰黛(Rio Grande)普韦布洛选址的原因，这些普韦布洛包括了：圣塔·克拉拉(Santa Clara)、圣·伊尔德方索(San Ildefonso)以及圣·朱安(San Juan)，其根据是起源于泰瓦人的神话内容与其他普韦布洛人社会的传说相似。泰瓦神话讲述了六对兄弟从地下之湖中出现的事，那时大地

尚是"半熟"的状态。他们的母亲们：蓝谷妇(Blue Corn Woman，夏季之母)、白谷少女(White Corn Maiden，冬季之母)继续留在地下，同样还有那些渴望被释放到地上世界的人们。每对兄弟都与某种颜色相伴，而颜色又与方向相伴：北(蓝)、南(红)、东(白)、西(黄)、天顶(黑暗)以及天底(各种颜色)。四对兄弟分开以后便去向东南西北四个方向，而第五和第六对则分别去向天顶和天底。在回到地下世界等待大地为人类的出现做好准备之前，前四对兄弟向四个方向抛出了一些尚未经过烘烤的泥土，这些泥土就变成了"tsin"，平顶的方山。这些方山中有贯通的洞穴，其中居住着具有超自然力量的"Tsavejo"——戴面具的鞭策者(whippers)。这些洞穴还是普韦布洛的精神守护神"Towaé"的所在。方山之外是圣山，山上的主峰各位于一个基本方向。天顶有一个巨星，或者是东部天空出现的金星，天底则有彩虹为伴。普韦布洛中的每个社区都有其认同的圣山，每到夏天或者冬天他们都要以舞蹈的形式进行庆祝，这些庆祝活动纪念的对象就是白谷少女和蓝谷妇。

17. 参见史蒂芬·H·莱克逊(Stephen H. Lekson)、约翰·R·斯坦因(John R. Stein)以及西蒙·J·奥提兹(Simon J. Ortiz)，《恰哥峡谷：一个中心及其世界》(Chaco Canyon: A Center and Its World)(圣塔·费：新墨西哥博物馆，Santa Fe: Museum of New Mexico，1994)。另见史蒂芬·H·莱克逊《恰哥的顶点：古代西南部的政治权力中心》(The Chaco Meridian: Centers of Political Power in the Ancient Southwest)(沃尔纳特·克里克，加利福尼亚：阿尔塔米拉出版社，Walnut Creek, California: Altamira Press，1999)。

18. 参见安娜·索菲尔(Anna Sofaer)、米歇尔·P·马歇尔(Michael P. Marshall)以及罗尔夫·M·辛克莱(Rolf M. Sinclair)发表于《世界考古天文学》(World Archaeoastronomy)杂志(剑桥：剑

桥大学出版社，1989)，365页的《大北路：新墨西哥州恰哥文化宇宙图式的表达》(The Great North Road: A cosmographic expression of the Chaco culture of New Mexico)。

19. 同上，366页。

20. 阿兰·科拉塔(Alan Kolata)和卡洛斯·庞斯·桑金斯(Carlos Ponce Sangines)称其为提提卡卡湖(Lake Titicaca)"这个神圣的场所是许多当地神话产生的地方"，这些神话中"由湖泊构成的丰饶的轴线被土著埃亚马拉(Aymara)印第安人称为塔伊皮(Taypi)，是'厄口'(urco，与西方、高地、干燥、畜牧、上天、雄性相关联)与'乌马'(uma，与东方、低地、潮湿、农业、地下、雌性相关联)实体上和概念上的交汇。"参见由理查德·F·汤森德(Richard F. Townsend)编著的《古代的美洲：神圣景观中的艺术》(The Ancient Americas: Art from Sacred Landscapes)(芝加哥：芝加哥艺术学会，The Art Institute of Chicago，1992年)317页的《提万那库：位于中心的城市》(Tiwanaku: The City at the Center)一文。

21. 丽娜·纳朗卓·斯温泽尔(Rina Naranjo Swentzell)《记住泰瓦普韦布洛的房屋与空间》(Remembering Tewa Pueblo Houses and Spaces)，刊载于《土著民族3:2》(Native Peoples 3:2)(1990年冬季版)，6～12页。

22. 人类怎样赋予景观含义，以及文艺复兴时期的人文主义者如何取得花园作为"第三自然"的观念，关于这两个问题的详尽探讨参见约翰·迪克森·亨特(John Dixon Hunt)的《更伟大的完美》(Greater Perfections)(费城：宾夕法尼亚大学出版社，1999)，第3章。

23. 丽娜·纳朗卓·斯温泽尔，《布品盖赫：普韦布洛的广场》(Bupingeh: The Pueblo Plaza)，载于《埃尔·帕拉齐奥2》(El Palacio 2)(1994年)，16页。

24. 同上。

第二章

自然、艺术与理性：
古典世界的景观设计

古典(classical)这个词对于我们理解景观史至关重要。通常在这里，它强调了希腊与罗马的艺术与建筑中蕴含的价值观：简洁的形式、和谐的比例以及使人注意结构的主要部分的装饰。它经常是肯定对称而非古怪，寻求标准而避免浮华。古典主义(classicism)也暗含了人性论的概念，一种看重人类的价值与能力的思想体系。古典主义固有的理想之中还有一种倾向就是把城市看作美好生活的地方，一种由神的天赐、恩惠和保护确定了人与自然和谐相处的关系，把流放视为极刑的地方。[1]

人文主义(Humanism)，事实上这个词是欧洲文艺复兴时期的学者们用于他们对于柏拉图(Plato)、亚里士多德(Aristotle)以及古希腊文化遗产的再发现，它被保存于某些拜占庭(Byzantine)的修道院中以及阿拉伯学者的图书馆里，还有在他们受到古拉丁学者和罗马建筑与艺术的残迹的启发而产生的样式主义(Stylistic)灵感中。他们在古典建筑与规划中创建的理性和规则正好表达了文艺复兴时期社会的人的价值与尊严。同样的想法使得希腊与罗马的古典遗产重复出现，意大利文艺复兴、法国的路易十四风格、十八、十九世纪的新古典主义以及二十世纪的新古典主义的变异，包括后现代主义者所采用的古典词汇都说明了这点。

虽然它们已经成为一个遗产，但我们切不可把罗马的古典主义与它的希腊祖先混为一谈。它们事实上是两种独立文化的反映。罗马的古典主义是一个实际的、实用主义的以及技术进步的社会产物。它是在一个完整的大规模的文化框架内的革新，尽管还有迷信的思想，但是已经有了为人类的目的而改造自然的信心。

在重新建构古典希腊文化时，我们有文字的资料可供查询。历史、文学与哲学提供了一个仅靠考古学记录所不能获得的视角。通过文字记录，我们得知了一个民族基本已知自己是"自然中的存在"的悲惨事实，于是他们深深地沉迷于艺术的力量之中。在他们的文化中，我们发现神话和传说受到了理智的挑战。在景观术语中，这些是通过平衡几何图形与自然的关系表达出来的。这些几何图形的比例与安排可以说成是超古希腊人的数学——理性的最基础模式——了解宇宙和自然世界的工具。

早期的宇宙观是天文观察与神话的混合物。第一批希腊的哲学家,比如泰利斯(Thales)与巴门尼德(Parmonides,约公元前七世纪后期、六世纪、五世纪早期,住在小亚细亚的爱琴海岸),他们寻求一种统治一切事物的潜在规律。抽象的理性逻辑——演绎法——成为了一种可信的获得世界知识的方法。当这些希腊人创建出一套哲学而非神话的时候,他们用它来观察世界与审视自身,但他们并不想把自然中古人和今人赋予其中的神性消除。他们反而寻求自然中神性起作用的规律。同时，他们的理性主义开始把神转化为各种理想的化身——军事威力(雅典娜 Athena)，理性(阿波罗，Apollo)，肥沃(得墨特尔 Demeter)，以及家庭生活(赫拉 Hera)——使他们成为希腊众神中的成员。

公元前六世纪的哲学家毕达哥拉斯(Pythagoras)与他的追随者在意大利南部的克罗通纳(Crotona)创立了一个思想体系，提供了一种从智慧上和精神上理解世界的方法。虽然毕达哥拉斯学派的人宣誓保守秘密，但我们可以相信，他们通过了解数学形式、音乐和谐以及行星运动把神秘的宗教崇拜礼节与追求真理结合起来。这种对宗教意义与理性真理的追求同时也为西方文化的发展打下了基础。这也帮助我们理解为什么希腊人给予建筑中和谐的几何比例那么高的地位。从这种角度出发，我们就可以看出，建于公元前五世纪位于雅典卫城的巴特农神庙(Parthenon)是如何让理性服务于以神话为基础的宗教，把一个土生土长的神雅典娜变成雅典守护神的。

柏拉图(公元前428～公元前347年)的《对话录》(Dialogues)和亚里士多德(公元前384～公元前322年)的《物理学》(Physics)使我们能够进一步理解古代人的场地概念如何形成。他们提供了建造景观空间并把纪念性建筑置于其中的哲学思想。在关于蒂马乌斯(Timaeus)的对话录中，柏拉图描绘了一个宇宙，在其中有种非特殊的力量叫做迪米厄支(Demiurge，造物者)——不可见且万能的上帝——取代了把世界从混沌之中创造出来的拟人的史前希腊神话和古代近中东神话中的神。物质要想存在于柏拉图式的宇宙中，必须有一种可以让其占有的空间——卓拉(chora)，而卓拉存在于一个容器般的、肥沃的原初世界，那儿有一种特殊的地方存在托波依(topoi)。据柏拉图说，迪米厄支的任务就是往形状里面充入物质，而这些形状是抽象的，事先在几何上已经成形的，是理想的形，称为托波斯(topos)——换句话说，是由图形决定的位置，是区域空间，或者称为"卓拉"。

柏拉图的学生亚里士多德摒弃了物质源于事先存在的以几何为基础的形状学说。他转而研究自然中物质的表现，从中获得抽象的、理想的物质概念。然后他更进一步，绕开了"卓拉"的概念以及区域化空间的概念，在他的《物理学》中他说："物与空间的关系

是偶然的，因为边界与被边界界定的东西的关系是偶然的"(第四册，30页)。对于亚里士多德来说，物体可以从一个场所移动到另一个场所，并且场所连续不断地被物质充满；但"托波斯"作为元素形态的容器是不需要区域性的联系的；场所则"是"。对于亚里士多德来说，宇宙是有限的，固定于一个球面之上，以地球为中心；宇宙这样是由于"首动者"(prime mover)的安排，或者被称为"努斯"(Nous)的上帝，纯粹的精神安排。亚里士多德的方法是经验主义的，观察、经验和感觉是它的基础。但亚里士多德主义者们认为，虽然这个理论是后来的哲学家们确立的，可直到十六世纪以前一直是西方知识体系的首要框架，在它假设感觉和观察可以在理解体系中获得知识这一方面，它并不是一个开放的体系。

尽管哲学思想并没有不可避免地决定景观设计的形式，但我们已经看到了后者确实在反映现行的思想体系，或者文化中的共识。形式可能会追随理念，但它们几乎总是反映它所存在的社会的价值体系。于是我们就有可能于一个哲学思想的基础之上判断古代的景观设计甚至后来历史上的景观设计。在希腊的景观设计中，神话仍旧扮演着一个重要角色，到处都充斥着荷马式的旋律，但是如果我们选择了从柏拉图的《蒂马乌斯》(Timaeus)以数学为取向的空间描述性的宇宙观来看待希腊景观的话，哲学作为塑造景观的精神力量，其作用就很明显了。

在排布城市景观空间方面，柏拉图的宇宙观有一个相对应者。这点从公元前八世纪建造的希腊城邦就可以看出来，那时候市中心以及周围环绕的部分被认为是"卓拉"或曰区域化空间的完美组成部分。[2] 另一方面，作为亚历山大大帝(Alexander the Great)的老师，对后世在希腊主义的熔炉中造就的西方知识体系产生了深远的影响。他的宇宙观中不可分割的自然形式"托波斯"反映在合理安排的、封闭的空间上面。从当时一直到十六世纪的古迹中，亚里士多德信奉的统一的形式和"托波斯"——容器式的空间，与他的知识理解、定义系统并存着。要想了解从一种可以被称为编织松散的区域化景观到亚里士多德式的场地设计的转变过程就需要了解希腊与罗马之间不同点的主要方面。[3] 前者，神庙建在自然之中，朝拜者按顺序进入朝拜。而后者，建筑形式与自然之间关系的体现不如象

征帝国统治者复制空间安排的那么重要。

　　正如我们将要看到的,希腊的城市或曰城邦(Polis)是双极的。重要的民用神庙和纪念物都位于一个中心的集会空间"广场"(Agora)或者在其附近,那里,政治、法律、市场的活动在进行着,而宗教的圣所则位于城外的"卓拉"——城邦的领土上。不论希腊人在哪儿建立了殖民地城市,把他们的机构加给原来的人口,城外的圣所总是起到加强不同民族之间政治与社会亲合力的作用。虽然只有一圈很松散的带有堡垒的城墙围绕着希腊的城市,但它仍然与它们的"卓拉"有很强的关系。封闭,但是并不自制,这个城市向几个方向伸出它的触角:有通向大海的,也有通向山谷和平原、丘陵的,迪米斯(demes)坐落在那里——卫城范围以内政治上附属的村庄或城镇。在郊外的农业用地上是受到城市人与农村人在节庆之日朝拜的圣所。信徒们列队走向摆满祭品的祭坛,在那儿,城市来的人们与穷乡僻壤来的人们的关系改变了。在这种潮流之下,卫城表明了它对于整个堡垒控制之下城市的占有,而它的神只是一极,外围的领土以及"卓拉"是另外的一极。把城市与自然景观更进一步联系起来的是自然中的神社——圣林、泉水、山洞——那些"地方精灵"或曰场所精神吸引着朝拜者。

　　与此形成对照的是,亚里士多德哲学概念中的事物与特殊位置(托波斯topos)严格对应、边界明显的概念反映在整个希腊与罗马时期的景观设计中,表现在封闭的与限定的城市空间之上。结果是同样规则的、对称的、内向的空间被大量复制,而且随着殖民的进行,城市空间也被大量复制。希腊从城市里到城市外面的连续性、松散围合的、由朝圣路线引向自然中圣所的城市被渐渐地放弃了,取而代之的是由城墙严密守卫的、有机构的、自制的城市中心,中心通过长长的大道通向不再是自然的神圣之地,而是另外的,一个最最重要的帝国首都——罗马。

　　亚里士多德的物理学概念,以及他的所有的知识都可能组织在一个有限的自制的系统之内的观念适合于强烈爱好秩序和管理的帝国的客观需求。罗马的城市规划、公共空间设计、以及宗教意味的小花园都从希腊化时期的模型发展而来,所谓的希腊化时期也就是大约从亚历山大大帝(公元前336 ~ 公元前323年在位)到公元前27年奥古斯都皇帝即位这段时间。在不同的规模上,罗马的景观设计表达出了一个复杂的文明,它物质丰富、帝国强大、机构系统化管理,而且对于植物、水、新鲜空气有特别的喜爱。

　　新的殖民地城镇,也有铺装过的、两侧有便道的街道,显示了程式化的轴线规划和高级的工程技术。这些城镇都有矩形的城墙,两条主要的道路在城中心交叉,那一点便是论坛。论坛本身被宗教形式的、具有柱子和顶的步行路所环绕。和希腊的广场(Agora)不同,这个论坛并不被交通道路穿过。罗马的房屋,和它们的希腊原型一样,沿街立面毫无特点。它们的房间有组织地开向部分露天的中庭(atrium)或称中央庭院(Central Court)。一些富裕的罗马人也有带宗教意味的花园,而这类花园一般都在后院,由门廊环绕。

　　强调罗马规划的内向性并不是说罗马人对景观特点毫不关心或者对自然美景无动于衷。他们对于自然美景的欣赏可以从他们房屋的选址上看出来,尤其是帝国时代财富增加时出现的那些为数众多的别墅,罗马的墙上的装饰性镶嵌壁画描绘的场景也是明证。对于休闲阶层的人员来说,他们对景观的要求与我们今天十分相似:当地景观的一个令人满意的视角。数世纪以来迷信持续着,因为当时没有多少以服务人为目的的改造自然的技术,但是在一个城市化和安全化了的社会中,早期文化与自然的精神联系被打破了。"尼斐厄姆"(nymphaeum,是仿照山林水泽仙女现身的山沿而设计的洞穴),成为了过去仙女洞的建筑替代品。

　　测量员的线和柱子遍布于整个罗马帝国,人的秩序添加于自然之上。人们只要一想到那些水力工程,那些水渠,就会意识到罗马人把对自然的控制已经达到了前所未有的程度,并且提高了城市生活的质量,使装饰性花园的出现成为可能。

　　世界性的权力与人间的快乐,是罗马城镇规划和景观设计时暗含的信息。但是文明也有它的代价:向往一段人与自然的亲密关系尚未破裂的时代。从公元前八世纪的荷马到公元前一世纪的维吉尔(Virgil),这段时间是神与人之间上演他们相互命运变化、自然与文明在诗意的范围里面对唱的时期。所以并不奇怪,这段时期的富人产生了对乡村生活的一种文雅的爱好。别墅以及它的花园与喷泉一起成为这种品味的表达和后世景观设计的典范。

　　罗马帝国的别墅为景观提供了扮演一种新角色——

主题景观的证据。财富与大都市的城市主义相结合滋养了创造出与之相协调的景观的想法，地点的暗指通过地方的名字、建筑的仿制以及雕塑的戏剧化罗列模仿人们崇尚的神话和文学作品中的景观和地标来体现。于是充满别墅的地方，著名的罗马郊外梯沃里(Tivoli)的哈德良(Hadrian's)离宫，成为发挥想像力作用的剧场。虽然哈德良别墅只是一个皇帝的私人休闲之地而不是商业用途的吸引大众的地方，但它还是可以与当代的主题公园相提并论。在罗马时代，当想像力开始在景观设计项目中起作用时，花园就有了寓言式空间的特点。然后，正如我们将要看到的，它成了基督教与伊斯兰教传说中的天堂的暗喻，而古代世界的哲学与实践被各种不同的关于人类生活的创造与组织的信仰代

替了。

那么，在这一章，我们的任务就是研究从人类把神性指定给自然中的某些地点，然后在这些精神家园建造景观，到在一个快速的城市化的世界里按照人类精神的力量创造景观的一个过程。这样我们就穿越了西方观念发展的重要轨道。这是一段人从自然的从属地位变成支配地位的历史。在这个过程中，自然中的魔力被人类行动的自信所代替。希腊的那些经验以及哲学的、社会的、政治的理念是如此强盛不衰以至在当今社会的文化中和建筑语汇中它一直在回响着。对于我们来说，有一点至关重要，那就是在宇宙对面前宗教的敬畏感与对理性力量的自信与自豪之间的态度上的平衡，这种紧张关系充分体现了景观设计之美。

I. 神与人：与自然的新契约

荷马的巨型史诗《伊利亚特》(Iliad)和《奥德赛》(Odyssey)大约成书于公元前八世纪，揭示给我们一种年轻且自信的文化，一个叙述自己的光辉历史的年代，多样化但是在文化上却是统一的民族。战争中的勇猛，熟练的马术，以及对美感的深刻感觉都是这个世界固有的。对于树木、岩石这些无代表性且无象征性的形式的崇拜已经被对人格化的神的崇拜所取代了。虽然神与女神们的力量和性格还正在形成之中，但还可以看出他们是集中了民众想像力的化身，与其说众神反映的是值得崇拜的爱的体现，不如说他们是人性的各方面的化身。这样，他们就成为理想化的人类社会的守护神，而且作为一种社会化的力量将广阔领土上的不同民族统一到一种相同的信仰上来。

希腊的神话、宗教与文化

在形成他们神话的过程中，希腊人自有他们的继承，弥诺安人和迈锡尼人(Mycenaean)的宗教被认为是以对伟大女神(Great Goddess)和大地母亲(Earth Mother)的崇拜为中心的，而且给她们加入了从小亚细亚得来的神性。这样，雅典娜，艺术的保护神与理性、公正的女神就有可能到米诺阿文化和弥赛尼亚文化中的大地母亲那里去寻找她的根源。然而阿波罗，光、秩序与灵感之神则可能是原来称为安那托利亚(Anatolia)——现在大部分是土耳其领土的半岛——上的人们崇拜的神的

变体。这些神可以被看作是原始的信仰逐渐被更理性的、伦理化的、科学的信仰所取代的那段时间的反映。尽管这样，希腊的宗教还是深深地孕育于自然之中的。在雅典卫城，供奉乡村之神——潘(Pan)的神庙说明了希腊宗教的二元性，既有与人类性冲动有关的野蛮一面，又有雅典娜代表的价值观相对开化的一面。

那时有为数众多的假期，游行、献祭的屠杀，以及盛筵在其中举行，当他们祭祀那些被认为可以保证宇宙秩序的神灵时，这些活动就增强了社区中的集体感，也加强了卫城(poleis)甚至相邻城邦间居民的自豪感。其中，最著名的例外就是雅典，那里，显著相反的就是它的主要节日——泛雅典娜节(Panathenaia)——这天人们从城市游行到有无数宗教圣所的郊外，同时，也证明了卫城对其周围农业领土的控制。这些礼仪性的节日同时也作为年轻人参加市民生活的入会仪式。在古斯巴达(Sparta)，城邦在教育孩子和年轻人中扮演着极其重要的角色，这些节日都与对阿蒂米斯·奥西亚(Artemis Orthia)的崇拜有联系。

贵族力量的增加，引发了艺术品的产生以及运动会的组织。节日以社区游行和圣所前的祭祀表演为特点，同时还有以神的名义进行的舞蹈和表演性质的竞技项目。迪奥尼索斯(Dionysus)成为了剧院艺术的保护神，当有爱斯克勒斯(Aeschylus，译者注：与后两者同为古希腊剧作家)、索福克勒斯(Sophocles)和欧里庇得

图 2.1 前面栽有一棵橄榄树以纪念雅典娜的雅典卫城。那棵树生长在爱瑞克仙翁(Erechtheion)神庙的庭院中,人们传说一棵烧焦的橄榄树发出的新枝给公元前 480 年被波斯人烧毁的雅典城邦带来了重生的希望。爱瑞克仙翁神庙之内有一条克松农(Xoanon)——即雅典娜的神像。由女像柱支承的南门廊俯瞰着仍然保留着火烧痕迹的旧雅典娜神庙。虽然卫城是公元前五世纪由佩利克莱斯(Pericles)重建,而且帕特农成为了被毁神庙的雄伟的代替物,但原来的遗址还是被雅典人认为是圣地。

斯(Euripides)的戏剧上演肯定是在酒神节上(Great Dionysia)——这是雅典四年一度的盛大演艺节日。在奥林匹亚(Olympia),以竞技项目为主的泛希腊节(Panhellenic festival)于公元前776年召开了,它四年一度地持续了后来的一千年。宙斯则主宰着尼米阿运动会(Nemean Games);阿波罗荣耀于特尔斐(Delphi)的田径节;而波塞冬(Poseidon)则是科林斯(Corinth)地峡举办的运动会的保护神。当这些泛希腊运动会召开时,交战的城邦将停战以保证运动员和裁判们能够安全地到达会场。

人们还会到重要的神社——尤其是特尔斐的那座——进行朝拜,以期得到神的指示。不管是城邦的统治还是个人的生命都会渴望顺利,所以在一个认为人的活动是由在上面的神力所安排的剧目的民族看来,获得神谕是一项极重要的活动,所以相当普遍。

希腊的政体是分离的城邦制,但有各种各样的节日在整个大陆和伯罗奔尼撒(Peloponese)——希腊南部科林斯海峡下面的巨大半岛举行。祭坛散布于乡村和城市的景观之中,因为在室外举行的动物牺牲仪式是各种节日的重要活动,包括运动会。仪式化的牺牲只是古希腊的人、神、动物之间关系的一个方面。城市

和农业的范围之间有相当多的重叠之处,自然中的事物大都被赋予了魔力的意义。路边,圣石被过路者捐献的油淋得闪闪发光。洞穴与泉水,经常是接受捐献的神社,也起到了净化人心灵的作用。圣所经常被圣泉环绕着,而且也经常有圣墓在那里。某些树也与特定的神产生了联系:橄榄树是献给雅典娜的,在雅典卫城就生长着一棵;柳树的枝条则拂过赫拉(Hera)的圣所;在德卢斯(Delos),一棵棕榈树纪念着列托(Leto)生下阿蒂米斯(Artemis)和阿波罗(Apollo)时依靠的相同的一棵树;在多冬那(Dodona)通过一棵橡树婆娑的枝条神谕传递着智慧;在迪迪玛(Didyma)、达芙尼(Daphni)以及特尔斐,生长着献给阿波罗的月桂树(图 2.1)。

八世纪以后希腊境内出现的有柱廊的神庙并不是出于祭祀的原因。它们是显要且尊贵的神和女神塑像的“居住地”,而建造这些神庙的地点也获得了神圣的意义。这些偶像有时会在游行时使用,但通常被放在室内的一个大厅或称为“塞拉”(Cella)之内,朝东面向祭坛,祭坛是建在它们之前的神庙辖区之内的。

“泰门诺斯”(temenos)是由石头或围墙环绕的一块圣景,其内有一个或多个神庙。从宗教的角度看,建立一个“泰门诺斯”的动机是因为某地的神的显灵,是神的精神力量——神或者女神在某地表现自己——使一个地方也具有了神性。从社会和政治的角度来看,这些神圣的景观提供了一种用卫城控制领地的方法,这就是为什么在战时拆毁城外的圣所就意味着拆毁城市本身。

某一个特殊地点的神圣化往往出于多种多样的政治考虑。在有一些地方,现有的神的信徒很不情愿接受来自新神灵的竞争。在另一方面,某些主要的神“居住”的社区会因此而获得一些经济收入,因为朝圣者会带来捐赠,而且出售祭品也会有一部分产出。有一些战争就是为了夺得特尔斐的泛希腊圣所的控制权而发动的。

地形和一种想在神灵掌管的大自然中精心选定的区域内选址的倾向,决定了神庙和祭坛的位置。前希腊化时代的希腊神庙以及其辖区并没有被自轴线的规划所控制。对称布置的平台、柱廊、台阶以及祭坛是到希腊化时代才出现的;公元前四世纪的40年代之前,即古风时代和古典时代,还没有什么人研究这些方法,而且现存的轴线关系不过是把神庙与远方的具有神性

的山连结起来而已。结果是我们看来很戏剧性的、如画式的景观"设计"。当然，这些印象是由现代的观点产生的。希腊人并不会像我们一样看待它们及其辖区，我们看到的是随着时间的流逝而褪色的废墟，山和海将画面变得更加完美。在过去的几个世纪里，这些神庙经过了明亮的髹饰，宗教的祈祷者们去这里朝圣，而不是去旅游。自然与神融在一起、不可分开，景观以一种宗教的而不是审美的感情而被人们感知。

先前礼仪和习俗的重复加深了某些圣地的神性和名声。祭坛上的血迹、油迹斑斑的石头、成堆的灰烬、骨头、兽角以及骷髅——这些他人虔诚行为留下的痕迹加重了传统的份量。各种各样的供品(当地手工业的资源)，包括各种牺牲用的设备(水壶、斧子、烤物铁叉，尤其是金属制的三脚铁锅)都被放置在圣所前面。充满感激的参观者则捐献了战争中使用的武器和盾牌。胜利者建立起了纪念碑，并在上面刻下炫耀武功的铭文。许多城邦建造了小型神庙形式的宝库，最著名的是在奥林匹亚和特尔斐，这些宝库用来盛放贵重的献给主要神灵的供品。"斯朵阿"(Stoa)是一种长长的有屋顶和墙的柱廊，其后面往往有一系列的房间，它不仅提供了遮阳的措施，而且也为存放更多的圣物提供了场所。有钱的个人为了建造体育场以及使场地生色的纪念碑捐钱。于是，重要的圣所便挤满了成片的构筑物，数不清的纪念礼品和供品。在这一点上，没有一个地方可以与特尔斐(Delphi)相比。

特尔斐

地点与圣所最富戏剧性的结合莫过于特尔斐，这是全希腊的精神中心，在这里，城邦之间的敌对关系被对泛希腊的认同感所取代(图2.2)。而且这里发现的

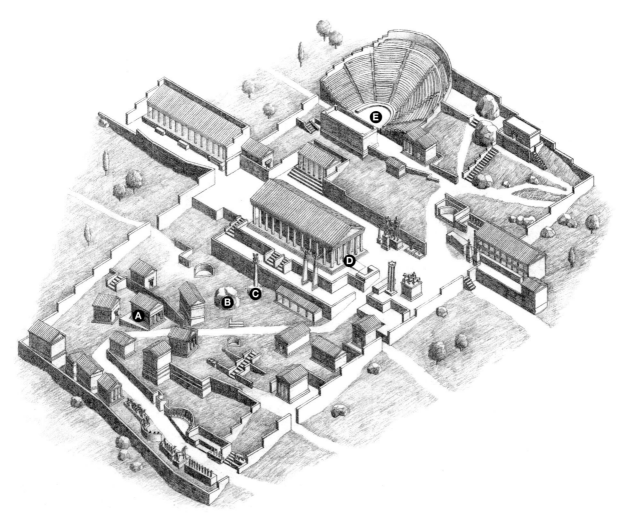

图2.2 阿波罗圣所的复原图，特尔斐。
A. 雅典人的宝库；B. 西比尔(Sibyl)岩石；C. 纳克西安的斯芬克斯；D. 阿波罗神庙；E. 剧场。

图2.3 "索罗斯"，雅典娜·普罗奈亚的圣所，特尔斐，坐落于通向阿波罗神庙的玛马丽亚(Marmaria)的一条山脊上。公元前四世纪。

一些建筑形式成了后来景观设计中不断模仿的原型，位于特尔斐的雅典娜·普罗奈亚(Athena Pronaia)的圣所，圆形的"索罗斯"(tholos)所在的那个位置称为玛马丽亚(Marmaria，大理石之意)，它正好处在去阿波罗圣所朝圣的路线上，是后世无数花园中神庙模仿的模型(图2.3)。阿波罗的泰门诺斯之内各式各样的宝库在后世也有无数的复制品作为陵墓之用(图2.4)。特尔斐与其重要圣所的影响在我们自己的体育场以及夏天的节日剧场中就可以看到。

到特尔斐去朝圣有两个目的，一是获得关于城邦事情的特尔斐神谕，二是参加那些神圣的运动会。朝圣是男人们的旅程，因为妇女没有官职，也不会参加运动项目。过了公元前四、五世纪以后，索罗斯——雅典娜·普罗奈亚的神庙标志着特尔斐有了女神的圣所，然后就是卡斯塔利安泉(Kastalian Spring)，是一串长长的供朝拜的圣所，称为"派索"(Pytho 巨蟒之意)。因为阿波罗在这里"杀死了那个肥硕的惯于将不幸带给人们的母妖怪"，于是便有了荷马史诗中称道的"派西安·阿波罗"(Pythian Apollo)。[4] 人们相信，阿波罗曾在这里栽下过一段从长在神庙之谷的月桂树上取下

的树枝，把它化作海豚的外形，以此来引导从克里特来的船上的人们，使他们成为神庙的守护者；他也喜欢人们称他为"特尔斐的阿波罗"(Apollo Delphinius)。到特尔斐圣坛的朝圣者们和"派西安运动会"(Pythian Games，此运动会得名于在特尔斐为阿波罗召开)的参加者们，在泉水中洗净他们的头发。

当他们进入了阿波罗派西安圣所的泰门诺斯〔这个圣所位于帕纳苏斯山(Parnassus)的空地上，上面是科立西安山洞(Korycian Cave)，旁边就是普雷斯托斯河(Pleistos River)蜿蜒向大海的山谷〕以后，他们就走上了"圣路"(Sacred Way)——一条通向阿波罗神庙的曲折之路(图2.5)。这条迂回的道路使人们不能直线到达神庙，这就增加了参观者与周围戏剧性景观互动关系的趣味。神庙上临斐得里亚德斯(Phaedriades)双峰，称为"光辉之峰"(Brilliant Ones)。虽然未经规划，这条长长的路线却成为两侧众多的宝库以及纪念碑的组织力量。对遗址的某些部分的保留有助于人们重新建构当年纪念碑与构筑物之间的排布的秩序感觉。

圣路转弯向北的地方正好是西比尔岩石(Rock of the Sibyl)所处的位置。这个地方被认为是盖(Ge)或者称该亚(Gaia)，大地女神的雌性的声音传来神谕的地方；她是在阿波罗之前很长一段时间里被崇拜的对象。在这块巨石的后面曾经是纳克西安人(Naxians)的古代斯芬克司：女人面、鹰翼的狮子守在一棵高高的爱奥尼柱上。它安详而又具有莫测的权威，在阿波罗的圣所

图2.4 雅典人的宝库，特尔斐，建于公元前490年以后，马拉松之战结束时。

图2.5 西比尔岩石与阿波罗神庙，特尔斐，公元前四世纪。

中，它具有古代雌性的预言能力。斯芬克司的上面是一座围柱式的神庙，而所有这些之上是斐得里亚德斯山的角状双峰。神庙的平台上面是雕刻的大理石柱(只留存下这些)以及一座四世纪的50英尺高的阿波罗像，好像是在欢迎朝圣者们。神庙的正前方是阿波罗的大祭坛，它是用从齐奥斯岛(Chios)运来的黑色大理石建造的，而基础和顶则用的是白色大理石。

除了一个中央大厅，或者称为奈奥斯(naos)以外，阿波罗神庙还有一间内厅，称为阿迪顿(adyton)，从上面的台阶可以下去。阿迪顿的石制天棚下面是一块圆形的石头，上面盖着用带子编成的网。这就是"中心"(omphalos)，是世界的"肚脐"以及狄俄尼索斯(Dionysus)的"坟墓"，两年一度的特尔斐节就是为他而举行的，他因此也获得了占据阿波罗神庙最神圣区域的殊荣。一个巨大的带有锅状座位的三角祭坛就放在"中心"的旁边。这个三角祭坛的"肚子"里面是朝拜者放置的各种祭品。在它的上面是"派西亚"——阿波罗的女祭司，当需要预言的时候，她就被放在卡斯塔利安泉里洗过。她的旁边生长着圣月桂树。

在赫斯提(hestia，或者称为圣炉)里面焚烧过月桂和大麦。它里面冒出来的烟加重了阿迪顿的神秘气氛，可能也帮助了女预言家进入一种谜一般的状态——这种状态称作恩索西亚摩斯(enthosiamos)，在这种状态时神进入了她的思想与口中。她的发言经常难以理解，但是站在旁边的祭司会把它"翻译"成六韵步的诗。于是在这座对于全希腊来说都神圣的神庙里，古老大地的神秘力量与艺术交织在了一起，阿波罗的光辉与狄俄尼索斯人(Dionysian)的精神交融了。

在特尔斐与此过程同时发生的是剧场的出现——或者说是剧场的变形更合适些——剧场中最晚的一个类型，它可以容纳5000人，时间可以追溯到罗马帝国时代(图2.6)。在一个马蹄形的合唱场地后面是直径60英尺，35排的座位，这些座位在第28排处被一条环形的走道打断，称为"迪亚佐玛"(diazoma)，整个剧场在山的环抱之中。在这里，唱诗班唱着阿波罗的颂歌，音乐家们和剧作家们则在各种各样的节日，包括派西安运动会上为荣誉而竞争。

公元前450年以后，一座体育场赫然占踞了圣所

图2.6 剧场，特尔斐，公元前四世纪。

和剧场之上的位置。然后音乐赛会和运动会也开始在那里举行。到了罗马帝国时代，一位雅典的慈善家为这座体育场加上了它纪念碑式的入口和可以容纳7000人的石质座位。

埃庇道鲁斯(Epidaurus)

在古希腊那些最重要的节日庆典中心之中，埃庇道鲁斯的阿斯克勒庇俄斯(Asclepius,医生之神)圣所是其中之一，它是一座疗养院，病人的梦在病的诊断中扮演着重要的角色，一个特殊的可以露天睡觉的区域被用作治疗的一种手段。据希腊的诗作家和诗人平达(Pindar)的说法，阿斯克勒庇俄斯是阿波罗的儿子，他和他人间的情人克朗尼丝(Coronis)是由半人半马的奇龙(Chiron)抚养的，在那里，他学到了治病的技艺。虽然阿斯克勒庇俄斯致力于阿波罗式的意志、身体、精神之间的和谐，但他也被和远古希腊联系起来，于是他和克里特的女神波特尼亚共同以蛇为象征。因为这个原因，现代医生的纹章还是从希腊传下来的卡杜采俄斯(Caduceus)——一根由蛇缠绕的拐杖。

埃庇道鲁斯十分宁静的自然环境，周围环绕的连绵起伏的群山都增加了建筑几何学与自然环境的和谐。小波利克雷吐司(Polycleitus the younger)在公元前四世纪设计了这座剧院，公元前二世纪经过扩建(图2.7)。唱诗班完美的圆形舞台被认为是由"黑罗斯"(halos)发展而来的，那是一块圆形的打谷场，古代希腊最早的仪式性舞蹈和戏剧就是在这上面表演的。它的低扇形34排与高扇形21排的比例(34：21)正好等于1.618，是黄金分割比。[5] 后来加上的55排和最初的34排的比(55：34)也接近1.618。这里还有波利克雷吐司及其追随者把黄金分割比作为其设计的基本原则的例证：前10个数字的和是55；而前6个的和是21；还有7到10之间的数字的和是34。即便你不知道希腊的数学，你还是能够感觉到场地与几何学相结合所带来的美，山具有的魔力和数学具有的美。

在扩大其形式和意义的过程中,希腊的城邦(Polis)包括并吸收了古代的卫城(acropolis)——坚固的城堡曾经是人和神的居所。虽然有雅典这个重要的例外(它的

图 2.7 剧场，埃庇道鲁斯，公元前 320~公元前 30 年。

居住区、市民中心与郊外自然中的圣所是分离的)，但它们都是由被定义为"卓拉"的区域化空间构成的。城市空间，或曰城市化的景观在我们接下来的故事中至关重要，而且希腊人为景观设计所做的贡献当然也不能仅止于远离了人日常生活的朝圣中心。因为哲学上"卓拉"的概念是：自然中的节日中心是空间统一体的一极，而城市中心是另一极——两者都是城邦的组成部分——所以我们必须更加仔细地察看城市的各个组成部分。不可避免地，卫城作为政府的机构给城市规划新思想和新机构的产生提供了机会，也丰富了城市习俗与(反映着独立而又集中的社会)结构概念的内容。并且，众所周知，希腊政治中自治(self governance)的概念以及规划和建筑的形式在整个西方的历史上影响相当深远。

II. 城邦与卫城：希腊景观中的城市与神庙

雅典的城邦是一个新的社会秩序产生的熔炉。民主，或曰由人民统治的政府这种想法是首先在希腊孕育产生的。虽然"市民"被定义为掌握权力的男性，但是这种政治体系中的平等主义还是带来了在稳定发展的法律之下对于个人和公共理想的尊重。而且民主的定义中还包含了个人权力以及个人对于集体利益负责的概念。于是城邦不再仅仅是一种政治体系的表达，它首次具有了社区的概念。它的实际统治的形式——君主制、寡头制或者民主制——相对于它是为社区的利益负责这一事实来说，似乎反倒不是那么重要了。

在希腊的城邦中，"神圣的王权"这种概念并不能站得住脚，"巴西留斯"(basileus)或称统治者并不是如埃及的法律那样以神的地位进行统治，而是与神共同统治的。据亚里士多德讲，统治者负责宗教仪式的举行，传统意义上的牺牲，对于不敬罪的公诉，私人案件中较重犯罪案比如杀人罪的裁决等等。在雅典，执政官巴西留斯这个头衔并不世袭，他们由平民选出，而任期以年为单位。在古代近东可见的(彰扬神圣王权的)宏伟纪念碑对于希腊文化来说则是完全陌生。这样,希腊的天才们能够通过一种可行的机构将权力分给个人是值得称赞的,而且在一个相对较小的能够达到平民的标准的圈子中将教育民主化,这样就赋予了城邦最高的意义和成熟的形式。为了理解由于这个根本的社会变化所产生的城市形态和机构,我们需要简单地讨论一下以雅典——这个希腊最负盛名的城邦——为代表的希腊哲学与政治学。

雅典卫城是由派利克莱斯(Pericles)于公元前五世纪中叶重建的,因为公元前480年它曾经毁于波斯王久塞斯(Xerxes)军队的战火中,此后一直是废墟。它的重建不仅仅是雅典霸权与希腊古典光辉的标志。卫城中的纪念物,尤其是巴特农神庙,接受了一种对于世界新的哲学的理解。虽然这里建筑是为伟大的女神雅典娜而建,她用她宁静的尊严主宰着城邦的事务,但更抽象的神的理念在这里获得了建筑的表达。对人类理性的自信超越了对于神谕智慧的盲从。而且,现在许多理性的希腊人认为荷马式众神特殊安排操纵的人类义务是天真的。对于相信智慧——理性本身——就是神赋予人类礼物的人来说,必然律(the rule of Necessity)并不能提供足够的哲学或精神思想。

希腊人对于自然中的潜在和谐的合乎理性的理解和哲学探寻,概括为对最高智慧的追求精神,这种精神赋予了巴特农的每一块岩石以永恒的美。而且它也表达了城邦的政治概念——理性的城邦——还有为了世俗的公共活动而创造的公共空间。据亚里士多德讲,自然,城邦应当由一定人口和一块足够生活必需的领土组成,但是这块区域不应该大于一瞥可以尽收眼底的范围。"它必须容易把守——敌人很难进入,但是居民则很容易外出",位于陆地和海之间的一个优良的位置之上,并且"在大小上可以使居民立即过上自由闲适而优雅的生活"。[6] 这个地方应该有丰富的泉水或者喷泉,如果没有这些,那需要一个水库系统来供给足够的、纯净的饮用水。按希波丹姆(Hippodamus,公元前五世纪的希腊城市规划师)的流行式样搞出来的笔直的街道,应该以美为出发点来规划,而且应当与旧式的有弯弯曲曲道路的街区结合起来,因为这样的方式会使攻击者难以进入,并且在他们想出去的时候一样陷入困境。然后,城市应该有城墙防御,而且"要使它们具有装饰性以及用于战争的可能性,且易于改建

以适应时代的发明",每隔适当的间距还应当布置瞭望塔与卫兵房。[7] 和郊野的参与者在欢宴之日进行游行的神庙一样,城市里也应该有神庙和食堂,应该有为祭司和行政长官服务的"自由民广场"以及为下层人服务的"商人广场"。

希腊城邦的基本单元是迪姆(deme,译者注:市区之意)——城邦范围以内的乡村或城镇。几个城邦或者迪姆结合为一个政治单元属于一个城邦统治,这给了某些城市更广范围的权力。雅典(Athens)于是包括了整个阿提卡(Attica)所有的地区,阿提卡所有的拥有财产的男性都被认为是雅典人。是希腊人极端好胜的精神使得城邦之间战事连绵不断,城邦联合(Syncecism)使得迈锡尼时代的(具有高墙与堡垒的)城市的扩张成为了可能。

据历史学家弗朗索瓦·德·波黎哥纳克(François de Polignac)认为城邦联合是由于在城市之外的圣所举行的宗教活动而维系起来的。[8] 这样,在神与女神们的身份并没有被某个城邦里的拥有公民权和财产的男性精英们充分肯定的地方,妇女、外地人、当地人以及参加泛希腊文化的相邻城邦的人一起便构成了大众。虽然附近索尼恩(Sounion)的爱琉西斯(Eleusis)也有一些节日,波塞冬在那里受到朝拜,但是雅典人善于把精神生活主要放在围墙之内则是独一无二的。这一点也解释了为什么雅典人把所有的赌注都押在他们的海上帝国之上,靠收取进贡的谷物而不是依靠控制进行农业生产的内地为生。其他的城邦也有自己的神,包括雅典娜,她保护城市,并把守广场或卫城之上的圣所。但是城市之外的由游行路线联结的城市圣所,比如说埃弗苏斯(Ephesus)的阿梯米斯庙(Artemision)和阿尔果斯(Argos)的赫拉神庙(Heraion),这些地方对于当地的居民至关重要,因为它们包围着城市生存的农业田地(图2.8)。

一种新的城市核心——广场(agora)——在商业扩张、城市在人口和面积上都增长了以后出现的,当时正是黑暗时代(Dark Age,公元前1100～公元前900年)的结束。这个过程是随着迈锡尼文化的衰落而进行的,这一过程还发生于他们在原来卫城的范围内扩张、在相邻低地之上重新寻找他们的中心的同时,城邦中发展的各种机构逐渐开始表现出来,法律、公正以及民众仪式都围绕着广场展开,它继续成为重要的公共空

间。市场和交易活动也拥挤在此处。然后，它又成为公众的集会空间，各种各样的集会发生在这里。于是希腊的城市，尤其是雅典，都形成了两个核心：一个是卫城，宗教和社区传统的区域；另一个是广场，政府、商业以及社会生活的地方。其他的功能，比如说工匠的商店和居住区则填充了这两个重要中心之外的地段。

在雅典，当居住人口放弃了卫城，蔓延到低地上时，神庙便坐落到了广场和其他的与神的荣耀相称的地方之上。这一过程发生以后，卫城几乎成了只有宗教功能的区域。保护神雅典娜的家——她的神庙——巴特农，高高地耸立于山顶之上，成了从很远处就可以看见的地标，卫城意味深长地包纳了这个城市交融的精神价值观和大众的骄傲。把这个神圣空间与城市其他地方截然分开的大门，"普罗比隆"(Propylon 入口之意)，它通向一组入口建筑，就是众所周知的"普罗庇莱亚"(Propylaia)，这一组建筑还包括了一座优美的小神庙——胜利女神雅典娜神庙(Athena Nike)。这些建筑前面是空空的基础，那些绯红色的石头仍然见证着第一座献给女神的神庙如何被波斯人炸毁。与此形成对比的是，当你一旦转身向外，面向萨龙尼克海湾(Saronic Gulf)时，显而易见，普罗比隆是用来框住萨拉米斯岛(Island of Salamis)的视野，公元前480年希腊人曾经在这里坚决地回击了波斯人。

因为希腊的建筑师们并没有发明用拱券建造的基础和上部结构，所以他们的剧院和体育场的选址主要取决于地形。希腊剧场陡峭的倾斜角度使得它必须与台地的地形相吻合，所以，经常见到它们被建于老卫城的斜坡上，或蜷缩于城边的山脚。

体育场虽由私人机构经营，但也反映了城邦的"派得亚"(Paideia)行动——对公民进行身体和理智上的教育。花园与小音乐厅(Odeums)——为音乐演出和朗诵诗歌之用的建筑，往往成为这些体育场的组成部分，比如柏拉图就曾经在雅典研究院(Academy in Athens)中建学校。柱廊(Stoas)，漂亮的有列柱的多功能建筑物，经常作为公众演讲的地方，也是体育场的特点之一。因为体育场具有校园似的外形并且对于空间有特殊的需求，所以它们经常建于城市边缘，城墙之外，常常与体育场(Stadium)为伍，与献给某些活力之神(比如赫尔墨斯或海格力斯)或某些当地英雄的神庙相联系。

图2.8 赫拉神庙，古风时期和古典时期赫拉圣所的遗迹。她是阿尔果立德(Argolid)的守护神。公元前420～公元前410年。

和希腊的历史学家森诺芬(Xenophon，公元前431～公元前352年)描写的希腊士兵见到的波斯猎苑一样，这些长满了树的保护区是远离日常生活喧嚣的地区。角力场(Palaestra)，或者称为摔跤场(Wrestling ground)，是大型的、较好的体育场的特征之一，因为体育被认为是教育不可分割的一部分。同样，公用的角力场也保证希腊生活中的这个重要方面的设施，使希腊所有的男性民众都能够很便捷地使用这些设施。

民众的住区反映了希腊的城市对于公众生活的重视。因为希腊的男人们醒着的时候大部分的活动在室外或者在某些为社会功能而设计的建筑物中进行，所以他们的居住建筑则相对小些，而且完全没有后来上层阶级罗马人家所具有的华丽装饰。水的供应很重要，除了井和蓄水池以外，人们还发明了由沟渠供水的喷泉，后来这些喷泉建在特殊的建筑物之中。因为希腊的妇女与男人们相比去其他公共领域的机会少，所以很自然地，当她们把水装满她们的水壶或双耳瓶时，她们就把这些地方作为非正式的社交中心。

虽然希腊的城市里有相似的机构和建筑类型，但是它们的设计却多种多样。城市规划的最大不同存在于未经规划而成长的城市如雅典与经过设计的城市米立都(Miletus)。这种棋盘格式的规划已经很普遍了以后，雅典还是拒绝这种规整的形式，原因大概可以归结为历史上形成的图式很难被改变。一个脆弱的城市中心的不规则性，比如雅典或罗马，因为上述的原因(那些地方惯常的土地用法和世袭财产根深蒂固)看重一种更加合理化的几何规划图式，虽然这些方式已经在别的地方很普遍了。由于这种原因以及为了能够容纳

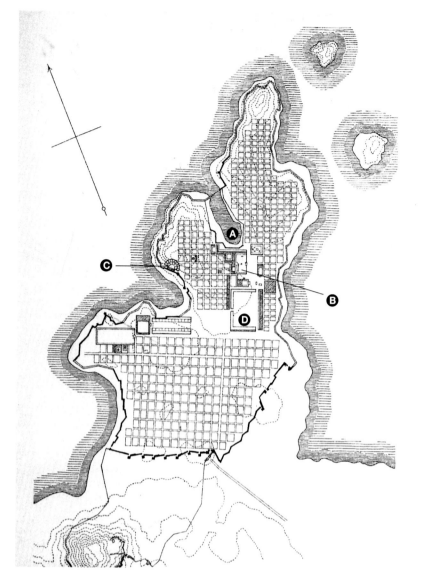

图 2.9 米立都平面。米立都是公元前五世纪规划为两个方格网的，比较细密的有着较小的街区和较窄街道的那个在北面，另外一个比较松散的网格带有两条相交轴线的在南面。一组公共空间包括了各种神庙和一个大的广场横跨了两个网格系统的交点。从狮子港(Lion Harbor)开始，深深地穿越了城市北部的是另外的一组公共空间，而且也包含了一个广场。一座长长的 L 形柱廊生动地立于狮子港之前。它后面则是另外一座 L 形的柱廊向东面对着城市。另外的柱廊使得这个广场成为了列柱中庭的形式。在公元前二世纪中期，米列都的南部大广场也是由相似的独立的柱廊围合的。
A. 狮子港；B. 北广场；C. 剧场；D. 南广场。

爱奥尼亚的其他城市则在更早的公元前七世纪就采用一种更为基本的方格规划。事实上，这种垂直的规划方式的出现——也就是以直角规划街道的方式——把城市本身作为焦点和框架的、坐标式的、以实用主义而不是纪念性为目的来规划城市却是希腊人的进步。后来罗马人也采用了这种规划方式，他们研究了他们的土地，把它分成方形的地块，此过程称为百人分地(centuriation)。后来托马斯·杰弗逊(Thomas Jefferson，美国前总统)将它作为一种给美国的土地进行坐标化规划的方法，这种风格提供了一种将城市和乡村土地划分并分配的简便办法，而且这种办法在历史上的众多城市中流传下来。

虽然方格网的发明被亚里士多德以及其他一些人归功于城市规划理论家希波丹姆(爱奥尼亚城市米立都的市民)，但他并不是首先使用这种模式的。他在公元前五世纪使用的将土地划分为小块的做法，早就被一些早期的文明应用于街道和神庙的工程建设中了，比较出名的有印度河流域的莫亨卓-达罗(Mohenjo-Daro)以及哈拉帕(Harappa)；在美索不达米亚，考古学家发现巴比伦以及其他古代的城市都有方格网式规划的痕迹；亚述、埃及，以及依特拉斯坎(Etruscan)都是这样。希波丹姆肯定是在被希腊人在公元前五世纪 30 年代请去做比雷埃夫斯(Piraeus)规划以前就已经参与过被波斯人毁坏的米立都市的重建工作了。

大量返回的人口，当时迅速重建雅典是十分重要的，雅典(和1666年大火后的伦敦一样)选择了一种沿一条长长的不规则的"有机的"线(公元前五世纪波斯人的破坏的界线)来重建。

与此相反，米立都在被波斯侵略者捣毁以后也同样面临着重建的任务，由于人口的压力没有那么大，所以他们采用了一种棋盘格式的规划，由事先定好了宽度的成直角的街道划分成统一的街区(图2.9)。希腊

早期的殖民地的情况是方格中的土地(除去广场以及其他公共空间)，都属于城市的建立者，而后来迁入的则被指为佃户。与此不同的是，希波丹姆的规划基于一种把人分为三个阶级的政治系统——工匠、士兵、农民；还有三种类型的土地：神圣的、公众的以及私有的——这些土地被作为公众空间或者私人财产。这

种早期的分区法令以及方格网式的布局作为一种创新影响了后来希腊的城市规划。拿希波达米安(Hippodamian)规划本身来说,它就是一个由波·斯特林格(per stringas)组成的城镇,这是一种由几条东西向的大道划分成的带状用地,有一条或多条南北干线穿越其中。狭窄的小路再把这种长方形的单元划分为街区,而街区则又被分为建筑场地。因为这些街区总是近似于正方形,所以规划的结果就是棋盘格式的了。

根据波利格纳克(Polignac)的说法,不管是城市还是自然中的礼拜地,在殖民地城市中都有特别重要的意义。[9]它们的建立必然使得希腊人的神与女神圣所的建设成为必要,当然最多的是创立者阿波罗和保护神雅典娜的,他们在新建立的殖民地成为城邦的守护神和希腊霸权的象征。除了城市中心的神庙和神庙建筑群以外,献给得墨特尔、阿梯米斯以及其他与自然和富饶有关的神灵的圣所和神社经常是建在城市外围的卓拉里面的。这些举动从政治上宣布了领土权,而且也有助于将原居民纳入希腊的文化之中。有一些地方的情况就是原居民将他们原来朝拜的神灵与新引进的希腊神祇结合起来。对谷物女神得墨特尔和她的女儿科尔(Kore,又称普西芬尼,Persephone,冥后)的崇拜则十分普遍,因为她们与自然中一年一度的生机复发是联系在一起的,而定居者往往把她们的神社建在洞穴或泉水处,那些地方原居民可能已经因为某些宗教原因供奉了自己的神灵。新的城市确实是在原来城邦的基础之上建立起来的,所以城市中心的神社往往属于占统治地位的阶级,而卓拉中的圣所则为社区中普遍的其他阶层服务:妇女、土著人口、非希腊人以及农业人口等等。这些圣所提供的宗教信仰是一种征服的手段,对于殖民非常重要,它把脆弱的异族文化融入到一个多样化的社会之中。

英雄的纪念碑在创造社会认同感的时候也扮演了重要角色。以陵墓为基础的崇拜使得土地的所有权合法化;和圣所一样,它象征了群体的尊严。被神化的英雄往往是城市的建立者——他们传说中的国王,虽然王朝统治并不是一个城邦的成熟形态。神化的创始者因为能够增加人们对一个城邦的英雄主义的认同感而出现,比如雅典的例子,他们把传说中的英雄提修斯(Theseus)写进了他们城市的神话中。在公元五世纪,统治者西芒(Cimon)把公认的提修斯的遗骸从他的第一座

"赫伦"(Heroon,即城中的为英雄而建立的纪念碑)里面取出来,原来的赫伦是守卫城市大门的,然后将它放到城市中心的一个新的赫伦中。后世的人们有时在一块新发现的古人墓地之上修建塑像,尤其是那个地方接近于广场——城市的主要政治活动空间。即使和墓葬没有关系,英雄的纪念碑也常放在城市的重要部位,像保护神似地守在城市入口或者高傲地立于城市中心。

但是,如此使城市具有纪念性并不是前希腊化时代希腊城市的特点。虽然希腊人可以通过建筑和雕塑取得纪念性的效果,但他们并没有通过有机的或者方格网式的城市景观来达到这个目的。使城市具有纪念性效果的工具——对称轴线的布局形式直到希腊化和罗马时代才出现。相反,一种混合的形式因为方便和公众意识而被愉快地接受了。"U"形安排的柱廊确实组织起了某种松散的对称关系,但更多的是为了适应方格网式的城市规划,而不是出于创造某种宏伟气氛为目的。神庙、体育场以及其他公共和半公共的空间则很合乎逻辑地排布于网格之内,剧场则根据地形而布置。所以不管是"有机的"还是方格网式的规划,都能从美学角度取得令人愉悦的效果。

不管其形式如何,希腊的城市中最显著的特点就是人们把为公共生活而设的公共空间置于首要的位置。而仪式性的公众活动则发生在城外更大范围内的景观之中,比如神庙和圣所,尤其是献给城邦的保护者阿波罗和雅典娜的那些类型,其他类型的公共集会空间也是如此。作为公众生活的重要载体,广场——最重要的公共空间以及希腊的剧场——社区的自我形象得到最充分表达的地方,这些值得我们的重视。

雅典的广场

想要更进一步地理解表达希腊文化希腊城市景观,我们需要一点儿关于雅典和它的核心——广场的记述。据考古学家约翰·特拉弗罗斯(John Travlos)[10]和约翰·卡姆珀(John Camp)[11]的描述,公元前七世纪末时,在科拉梅科斯(Kerameikos)盆地——卫城西北的陶工区(potters' quarter)和墓地区(cemetery district),在科伦诺斯(Kolonos)山脚的泛雅典路(Panathenaic Way)沿线出现了一系列面向东方的公共建筑物(图2.10)。虽然广场的边界由"赫洛依"(horoi)明确地标出,这些作为边界的石头还标出了进入的道路,也强调了空间的半神

图 2.10a 和 b 广场，雅典，(a)是古风时代，公元前 500 年，(b)是公元前 300 年。

公元前 5 2 0 年左右，市民们建造了恩尼克罗诺斯 (Enneakrounos)，一座大型的公共泉屋，作为新建的从卫城的山坡上运水过来的渡槽终点。由于有地面上东向的排水沟和其余三面的公共建筑，于是形成了一块公共空间，广场成了保持了数世纪未变的大致的面积(10 英亩)以及不规则的正方形状。

在公元前 415 年至公元前 406 年间，一座新的立法会堂建了在旧的旁边。而旧立法会堂则可能继续它作为城市档案馆的功能，然后这座建筑以梅特隆(Metroon)而知名。而且它被认为是里亚(Rhea)——奥林匹亚众神之母的圣所，在她的保护之下，该市的城市纪录和法律得以保存。

斯齐亚斯(Skias)或者称为索罗斯(Tholos)就矗立在新立法会堂和梅特隆之南。它的名字得之于它圆圆的形状，就像斯齐亚斯——或太阳帽，这里，50 位普雷阿坦内斯(Pryataneis)——那些作为立法会常任理事的参议员——在这里用餐。而这些人中余下的大约三分之一作为城市的监护者，夜晚睡在这里。

在广场的西南角，索罗斯下面的一些小建筑前面是公元前四世纪建的无名英雄纪念碑，其上有 10 个青铜人像，旁边还有 10 个青铜三脚锅(图 2.14)。这代表着特尔斐神谕选中的 10 个人，用他们来为雅典的 10 个部族命名。这些部族是由政治家克雷赞尼斯(Cleisthenes)在公元六世纪末制定的宪法中规定的。在纪念碑的前面是用石柱和木围栏形成的障碍物，公民可以在这里阅读贴在象征他所属部族的人像下面的通告。这里还有通用的公告，包括立法的草案。所以无名英雄纪念碑是古代雅典人重要的信息中心，它的功能与现代的讨论公共问题如媒体颇为相似。

广场的西北矗立着皇家柱廊(Royal Stoa, Stoa Basileios)，那儿是文职官员们宣誓就职的地方。过去曾经在柱廊前面有成组的座位证明了这里是作为司法公正的地方。陶瓷的碎片证实了此地也是官员们餐饮的地方。正是在皇家柱廊，苏格拉底于公元前 399 年被宣布起诉。

皇家柱廊的正南面是巨大的多立克式的宙斯柱廊，它有伸展的两翼以及一个潘泰利克大理石(Pentelic Marble)的立面，可能是建于公元前 430 年至公元前 420 年间。这里供奉的是宙斯·艾留瑟里奥斯(Zeus Eleutherios，自由之意)，所以这座建筑还是希腊人公元前 479 年从波斯人统治之下获得自由的纪念碑，正如画柱廊(Painted Stoa)一样——是公共纪念物，且由绘画与战利品装饰。苏格拉底曾经在这儿与他的学生们交谈。

有一些和法律审判有关的设备，比如用作选票的小铜轴，也在柱廊的周围被发现。监狱的具体位置现在还没有得到证实，但考古学家们发现了一个盛放着小瓷药瓶的地窖，好像是刽子手们盛放毒芹用的，同时人们还发现了一尊小的苏格拉底像，可能当时是给他的祭品。

广场的南端立着一座长长的柱廊，建造于公元前430~公元前 420 年间，在希腊化时代这个建筑被另外一座双柱柱廊代替了。这座建筑物里面存放着保证市场行为公平进行的度量衡。柱廊后面16个私人会客厅里面装了餐凳。旁边是铸币厂(Mint)，是一个有铸造设备痕迹的建筑，官方的青铜制品比如陪审员用的档案以及商业上用的度量衡都是从公元前四世纪开始在这里造的，从公元前三世纪开始到公元前二世纪，这里还铸造钱币。铸币厂和南柱廊之间是公元前六世纪建造的泉屋。

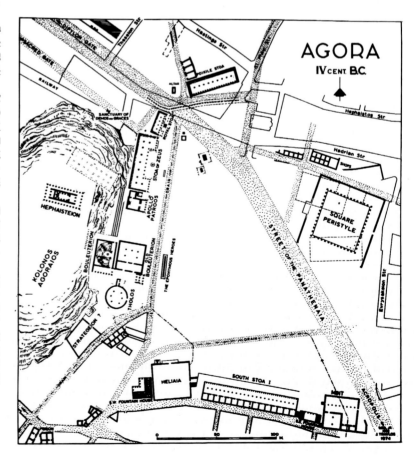

圣性质，但在它周围的构筑物中轴线和对称并没有起什么作用。尽管由零碎的建筑物构成，它却很统一、连贯，这些从和谐的建筑设计语言中来的特点，如几何学中来的比例、建筑材料的相似性也不是出于统一规划的结果。和罗马人的论坛不同，希腊广场的建设者们并不把它作为一个自制的空间来设计，而是单纯地作为城市有机体的一部分。

公元前六世纪末叶之前，当狄俄尼索斯剧院(Theater of Dionysus)建在了卫城的东南坡上，广场开始作为剧院空间，在它上面上演着歌唱、舞蹈以及戏剧，观众则坐在木制的看台上。当竞技项目与演艺项目迁到卫城的坡上以后，广场的开放空间就变成了一个重要的纪念性的空间，这其中最重要的纪念物便是《诛戮暴君者》(Tyrannicides)，是一座公元前五世纪的大理石群像，雕塑家是克里斯提奥斯(Kristios)和奈西奥特斯(Nesiotes)，该群像描绘的是哈摩迪奥斯(Harmodios)和阿里斯托盖顿(Aristogeiton)——公元前六世纪杀死暴君希皮亚斯(Hippias)的兄弟希帕卓斯(Hipparchos)的人。这个作品是安顿诺(Antenor)的一个早期作品的替代品，公元前480年，波斯王久塞斯(Xerxes)劫掠雅典时它被从广场搬出，在那不勒斯国家考古博物馆(National Archeaological Museum)中可以见到它的罗马复制品。它是早期的当代英雄的代表，由此，它开创了公共广场和花园中为英雄树立雕像以纪念的先河(图2.11)。

在广场的北端，面向通向卫城的泛雅典路的是波伊基莱(Poikile)柱廊，或称为画柱廊(Painted stoa)，建于公元前五世纪30年代。它由于作为艺术家画廊而著名，它的墙上装饰着当时的著名画家描绘的战争场面。青铜制的盾牌作为战利品也被摆放在这里。画柱廊是一处重要的集会场所，是一个艺人、乞丐以及哲学家都常去的地方。哲学家齐诺(Zeno, 公元前335～公元前263年)就在这里接见他的学生，给他的追随者们留下了柱廊主义(Stoicism)这个词，指的是热情之下的自由和对于命运的平静接受。

赫尔墨斯柱(Herms)——是我们经常在景观中(比如花园装饰)见到的东西，雅典的私宅、神社以及重要的公共空间如广场的入口处都可以看到它(图2.12)。广场的西北角被泛雅典路切断的地方有一大群类似的雕像竖立在那里。赫尔墨斯柱是神赫尔墨斯(Hermes)的胸

图2.11 诛戮暴君者(Tyrannicides)公元前五世纪克里斯提奥斯和奈西奥特斯(Kritios and Nesiotes)铜像的公元二世纪的罗马复制品，据说发现于哈德良别墅。国家艺术博物馆，那不勒斯。

像坐落在一条矩形的柱子上面，柱子的半截上是男性生殖器的形象。作为男性能力的象征，赫尔墨斯柱是一个常见的形象。它们经常被放在住所门前或者公共场所以及重要的道路上作为辟邪物。

在公元前五世纪30年代左右，广场上种植了树木以提供荫凉。这些树可能是悬铃木，和同时代种植在学院(Academy)中的一样，它们沿着主要的道路排列，这样就界定了室外教室的场地，苏格拉底(Socrates)和其他哲学家们在这里与他们的学生漫步交谈。有一棵悬铃木树下挂着一块记事板，上面写着给不守规矩的妇女们看的条文。后来在另一棵树下，雅典人放上了一尊演说家兼政治家德摩斯梯尼(Demosthenes, 公元前384～公元前322年)的雕像。

在公元前五世纪中叶，佩里克莱斯(Pericles)把德里安集团(Delian League)在雅典进行盟主统治时得到的钱集中用于卫城中帕特农神庙以及其他神庙的建设中。在公元前五世纪70年代，忽然有一大批民众的建设活

图2.12 大理石的赫尔墨斯柱，发现于希腊的西弗诺斯(Siphnos)岛。高26英寸，公元前520～公元前510年，国家考古学博物馆，雅典。

动出现在广场的周围，所以在伯罗奔尼撒战争中斯巴达战胜而雅典人的国库为此亏空之时，雅典的主要建筑都采取了公元前四世纪最重要的机构的建筑的形式。

今天，广场作为一个考古学公园为旅游者和居民所欣赏，二十世纪50年代开始的一项详尽计划重新种植了古代常见的乡土树种，于是这里又大致恢复了曾经拥有的迷人的树荫和绿色。现在，和古时候一样，植物要想在炎热干燥的雅典的气候中生存必需依靠灌溉，而且现在的这些树也是种在当年给广场供水的水渠旁边的。大约在公元三世纪初赫斐斯托斯

(Hephaistos)神庙周围三面的石床上面开凿了洞穴，那时一条水渠把水引到与广场相邻的这个地方，灌溉了这里的林荫散步道。在进行园艺恢复时这里种上了爱神木和石榴。

在文学作品、历史以及考古文献中的呈现了在广场上生活的一幅图景。在东南角的古代泉屋我们看到了城市的带着双耳瓶的妇女。旁边的露天市场上，农民出售家畜和农产品。在各种各样的柱廊下面，一群生动的人混在一起，窃窃私语或者讨论哲学问题，还做各种各样的生意。在命名英雄(Eponymous Heroes)纪念碑下面，成群的人在阅读着最近的新闻(图2.13，2.14)。在立法会(Bouleuterion)里面，立法者们参与着国事的决策。法庭，或者室外的陪审团审议着犯法者。有时这里还会有焚烧祭品的活动以及竞赛项目，观众则坐在临时的看台上。在一年中的节日里，广场上聚集了欢庆的人群，他们或者在庆祝或者走在通向市内或市外圣地的路上，这些节日中最盛大的莫过于每四年一度仲夏的泛雅典节(Great Panathenaia)。

雅典的剧场

比泛雅典节稍微次要的是一年一度的酒神节(Great Dionysia)。开始，庆祝者们将荣耀归于狄俄尼索斯，他是戏剧的保护神，庆典在广场上举行，再后来，雅典人在卫城的东南空地上建了一座剧场献给他。它内部有一个圆形的唱诗班台，直径66英尺，台子是光滑而压实的土地，中心位置是一个祭台，木板装在台地形的山坡上，用来容留观众，还有一座木制的不

图2.13 无名英雄纪念碑现状：背景是赫斐斯托斯神庙(Hephaistos)。

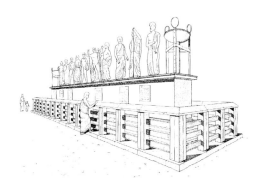

图2.14 无名英雄纪念碑复原图。公元前330年。纪念碑前是石柱和木栏，公民可以在这里从代表他所属部落的人像下面读到一些通知。这里还有通用的公告，包括立法的草案。所以无名英雄纪念碑是古代雅典人重要的信息中心，它的作用和现代讨论公共问题的媒体颇为相似。

起眼的"斯凯恩"(Skene)，或称为场景建筑，提供了必要的戏剧背景。

佩里克莱斯于公元前五世纪进行的建设项目需要一个新的剧场来容纳成熟的希腊戏剧。在公元前470年的酒神节上的唉斯库罗斯(Aeschylus)大放异彩。为了建设一座更大的"斯凯恩"，剧场向北迁到了卫城的墙下。原来这座剧院由雅典人的演说家和金融家莱克格斯(Lycurgus)于公元前四世纪改进，然后罗马时代又经过一次重建后便是今天游人参观时所见的了。剧场的东边，观众席之上，佩里克莱斯建了一座巨大的方形建筑，称为"奥迪昂"(Odeion)，用来容纳音乐赛会，这也是大迪奥尼西亚节的一部分内容。

科拉美科斯公墓
(The Kerameikos Cemetery)

迪皮隆(Dipylon)，或称城市主入口的双层门，它的外面就是科拉美科斯公墓。这片公墓中最早始于公元前十二世纪，而且考古学家们发现了大量公元前八世纪的墓坑以及以几何形式排列的双耳瓶。在公元前六世纪时，剖开的、施彩绘的、带浅浮雕的墓碑以及纪念性的雕塑开始装点于景观之中，也就是这个时候城墙建了起来。雅典的法律严格限制在外科拉美科斯的埋葬行为，而内科拉美科斯便成为陶匠云集的地方，他们制造红黑相间的雅典陶——曾经是该地的重要商品，而且从那时起这种陶就因此而得名了。

大型的、石头雕刻的"莱基托伊"(lekythoi)——本来是一种小型的细长的瓷制骨灰瓮，连同纪念坛、雕花石柱以及狮子雕塑——成为公元前5世纪流行的坟墓标志物，沿学院路排列的小块地皮成为尊贵的政治家以及雅典人和他们在战争中牺牲盟友的最终长眠之所。这样，大墓地(necropolis)成形了，和我们将在第九章见到的那样，这便形成了巴黎、波士顿、纽约以及其他工业时代快速发展的大都市的墓地模式，一种引发美学感想的地方。公元前四世纪以后，有一项法令颁布了，禁止使用昂贵的雕塑，于是人们便使用简单的圆柱来纪念死者。

雅典的乡野

所有的这些活动显示出了雅典人自治的几个世纪里一种文化统一性的精神。而且，虽然雅典人在所有

的希腊城市中宗教生活的内向性是独一无二的，但是它市内与周围景观的联系又是持续且显而易见的。在西北方向，圣路成为了通向艾留西斯——一处十分重要的宗教圣所的途径。而东北方向则是通向10英里之外的潘泰列库斯峰(Mount Pentelicus)的道路，人们在那里曾经开采了数千吨的巨石用来建造帕特农和其他重要公共建筑。在东南方向，加强了女神雅典娜的帕特农神庙血脉的海米托斯峰(Mount Hymettos)，它的山峰上有雨神宙斯·奥姆弗里奥斯的圣所，它的双峰高耸，与神庙正成轴线关系。西南方向是皮雷埃夫斯，和这个城市用平行的长墙连接，用以阻挡斯巴达敌人的人员和物品转移。在通向艾留西斯和底比斯的道路之间的北面是柏拉图从城市去向附近的学院中树荫下游历的道路。于是这个城市就成了三面环山、一面向海的形式——这种形式为其他地方的城邦自然而然地模仿，其中比较有名的有阿尔果利斯(Argolis)——这些坚硬的城墙更加使雅典人有领土感。城邦和卓拉是意识(Mind·Nous)和自然的表达，它们作为一个整体使得人类的存在这一深刻的理念得到了表现。

除了发展出了一套以柱式、三角山墙为代表的建筑词汇至今两个千纪以来一直为人们使用以外，希腊人还扩大了作为社区的城市生活的概念，创造了一些机构比如剧院使得人类自我意识的潜能得以发挥。虽然他们的伟大治国实验被证明很难长存和仿效，但是他们的一些文化和教育机构得以保存下来，而且古典希腊的建筑语言也被希腊化和罗马的建筑师们发扬光大了。

随着希腊化帝国的出现，城邦作为自治和宗教机构不复存在了。在它原来的位置上崛起了一种新的大都市文化环抱了整个地中海盆地而且向东一直延伸到波斯。在这个广大的区域里面形成了许多相互作用的城市中心，设计师们用复杂的方式运用从希腊继承下来的方法，创造了富于戏剧性的空间构成，这给景观设计注入了新的活力，这项变化可与希腊化时代的雕塑家给予自己作品人格化的构成相提并论。到罗马时代，这些建筑全体和自然物之间的关系对比它们限定空间的作用显得不再那么重要了。然后这些罗马城市形象的复制品成为在一块比亚历山大大帝建立的帝国还要庞大的领土上的殖民地城市，宣扬王权以及激起忠心的效果。

III.帝国：希腊化的与罗马的城市主义

公元前四世纪由于与斯巴达的长年战争和受到其他增长中的强权中心的攻击，雅典发现她自己在爱琴海诸城邦中的霸权消失了，甚至连自己的自由也受到了威胁。现在战争在整个希腊化世界已成了一种生存手段，虽然殖民是增长城市人口的一个解决办法，但从令人不安的希腊化实际情况来看，边界上的殖民地只是前途并不确定的支流而已。

马其顿(Macedonia)，一个没有强大海军的小邦成为了推动希腊成为帝国并征服亚洲的力量，这简直是历史的讽刺。马其顿的菲利浦二世(Philip II，公元前382～公元前336年)被谋杀以后，他的勇敢的儿子亚历山大(Alexander，公元前356～公元前323年)在

二十岁时登上了王位。当时他已经是一个经验丰富的战略家，他发现战场就是他自然而然的家，所以他很快就完成了对马其顿的塞萨利(Thessaly)、色雷斯(Thrace)、以及伊利里亚(Illyria)的征服。在清理了远及多瑙河(Danube)流域甚至更远的范围以后，他英勇地平息了叛变的底比斯。余下的希腊城邦顺势倒下，包括雅典——底比斯的同谋者——亚历山大现在也可以宽厚地对待它了。

亚历山大大帝十三年的统治期就是他如旋风般地征服的时期，他的军队横扫了小亚细亚、叙利亚以及埃及的许多城市。当东地中海在他的控制之下以后，他又远征美索不达米亚，然后越过高加索山

图 2.15 科莱特斯街(Curetes street)埃弗苏斯(Ephesus)，土耳其。希腊化城市的主要大道，比如埃弗苏斯的，经常都在两侧有柱廊，使得街景产生了统一感，这也是后来拱廊街和广场的原型(图 4.48，4.49，6.45)。

图 2.16 面向狮子港的柱廊，米立都。公元前二世纪。

(Caucasus)进入印度。在创建一个帝国的过程中，他建立了数座城市，其中有埃及的亚历山大港(Alexandria)。虽然在他于公元前323年去世以后他的帝国很快就土崩瓦解了，但是他的成就依然是巨大的，他使得希腊化的文化和经济从直布罗陀海峡一直延伸到印度河。

在这个巨大的"发源地"中，艺术与商业都繁盛了，地理学、自然历史学以及亚历山大支持的科学的其他方面也得到了持续的发展。从艺术的角度来看，亚历山大对他的导师亚里士多德的欣赏可以说是用的一种全世界的角度，他相信世界应该是一个"奥依库门"(oikumene)，一个电流交换的地方，于是许多文化和风格、形式都贡献给以希腊为基础的世界。因为这些原因，希腊的遗产与极其广泛的文化影响相交融，两者都得到了传播与发展，获得了某些重要的特点以后而成为后世景观设计必不可少的基本元素。包括轴线组织以及一种新的纪念性方式，使城市力量的戏剧性更强有力、使城市更具象征性和表现力的工具。

在希腊化世界，人们有一种很高的视人类行为为戏剧的倾向。古典希腊艺术的宁静的理想主义与喧闹的帝国军队不相容。权力创造了它自己在文化上的责任：圣徒传记在建筑的纪念性中发现了自己的对应者，而残酷与痛苦忍受的悲剧则经常产生一些情节剧。希腊主义对于各大洲的横扫与夸张地对待空间是一致的。建筑被精心组织成综合项目，雕塑也不再是自制的，而是充满了不安的运动。

虽然设计的语言仍旧是古典的，但在新的戏剧性的方法上面它却被加以强调。当台阶与台地具有了新的重要性，而通过对称和轴线对齐使得水平空间的组织也同样时，对于垂直空间的控制成为了景观设计的一个重要方面。精心设计的柱子、壁柱以及其他的立面表现手段使得建筑更加生动而具有戏剧性。商业与人口通过殖民化而产生的持续增长与扩张产生了城市形式试验的新机会。

希腊化的城市主义

希腊化的城市把希波丹姆规划用的网格，运用在建筑上。主要通路上的柱廊以及拱廊使平面上的垂直线变成了三维的，广场也变成了建筑限定的空间，街道成了节奏化的标点(图2.15)。和古典时代一样的是，希腊化的广场作为城市的连结对所有的通过方式开放，而并没有成为自制的与相邻街道分离的空间。相反，它经历了一个向更希腊化的建筑形式的转变：列柱中庭，或称为柱子环绕的庭院，同在米立都可以见到的一样(图2.9, 2.16)。

表现反复无常的和戏剧性的规划原则也是希腊化城市设计的固有特点，在公元前二世纪，帕加马市(Pergamum)的规划因为对于这种垂直构成规划尝试的结果而完全放弃了方格网的规划方式(图2.17, 2.18, 2.20)。这正适合它的位置——狭窄的山边上，旁边是现在土耳其的小城柏加摩(Bergama)。在阿塔利德(Attalid)王朝时，波卡木姆总想与雅典卫城的佩里克林(Periclean)的光辉相媲美。雅典娜是这个城市的保护神，它的国王尤敏斯二世(Eumenes Ⅱ，公元前

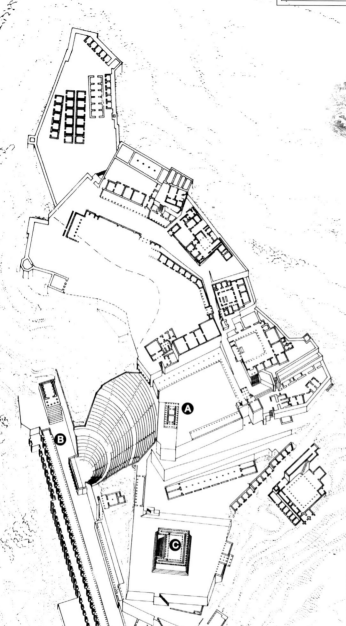

图 2.17 帕加马，公元前二世纪，1888 年由里查德·波恩(Richard Bohn)在图纸上重见。

(左)图 2.18 古代帕加马的平面，城的上部。公元前二世纪。

图 2.19 宙斯祭坛，在尤门尼斯二世(Eumenes Ⅱ，公元前 197～公元前 160 年在位)统治时期建立于波卡木姆，用来纪念该市在阿特劳斯一世(Attalos Ⅰ，公元前 241～公元前 197 年在位)统治下取得的对高卢人的胜利。现存于波卡门博物馆(Pergamon Museum)，柏林

(下)图 2.20 剧场，帕加马，公元前二世纪

作为整个构成城市上部的台地建筑群的轴心，一座大型的剧场建于卫城的西面坡上(图2.20)。一个长长的有两层壁垒的台地使得剧场座落于山边。和台地B一样长的柱廊造成了与上边建筑相呼应的韵律。从剧场那儿人们可以上到组成雅典娜神庙领地 A 的以柱廊为边界的一块台地。这些南面更低的一块台地上是宙斯大祭坛C，柏林的波卡门博物馆因它而得名，现在人们可以见到它被重建起来的样子(图2.19)。它夸张的束腰描写的是神与巨人之间的神话，逼人的对角线与急剧冲向空间的动势是希腊化雕塑的特点。

在雅典娜台地上是图书馆、宫殿、营房以及武器库。图拉真(Trajan)神庙是稍晚的罗马版本，它占据了剧场北面的一块独立的台地，与南面的大祭坛形成了很好的对比关系。在硕大的宙斯祭坛下面是城市的上广场D；就是从这一点开始，蜿蜒于下广场和体育场之上的山南坡上的道路进入了卫城的范围，开始了它层层上升的景观序列。

197～公元前159年在位)和阿塔劳斯二世(Attalos II，公元前159～公元前138年在位)监督了一个建筑项目，既荣耀了女神，也彰显了自己。在这里，因为场地地形的限制，城市规划师们放弃了方格网，而采用了一种扇形的平面，这是经历了数代人持续的建设才形成的。他们的努力产生了一种极其入画的结构，在其中，建筑与景观融合为一种统一的戏剧化的感觉。

从希腊化到罗马的城市主义

为了更全面地理解那些在希腊古典文化的遗产通过希腊化文化(Hellenistic culture)转型成为帝国时代罗马文化遗产的过程中所起的作用，值得对雅典广场(Athenian Agora)进行再参观。尽管雅典并没有提供方格网式规划的基本原则——这些规则可以在诸如米立都(Miletus)的城市公共空间找到，但是希腊化与罗马的广场也表现出了一种规则化与内向空间的倾向(图2.21)。

截至公元前二世纪，雅典已经是罗马帝国的一个省，一个著名的学术中心，由于是希腊文化的源头和当时许多著名哲学家的家乡而受人崇敬。诗人西塞罗(Cicero)、贺拉斯(Horace)以及奥维德(Ovid)都到这里来学习，还有许多罗马皇帝慷慨地为城市学术核心区的建设出资，于是新的建筑就不断地出现了。毫不奇怪，"广场"作为公众空间的性质改变了，它失去了昔日作为民主的聚会场所的性质而成了希腊-罗马文化的"容器"，成了光辉的古典文化的博物馆，正如罗马今天享有盛誉的情形。

原来的广场整体性因为"希腊化中部列柱庭"(Hellenistic Middle Stoa)的建设而被打破了，但这样做是为了获得一个更加有序的空间限定，也是为了容纳这个城市持续有活力的商业活动。这一来不再存在任何禁令以阻止对遗留空间侵占行为了。生动地说明雅典人自治权的失去和广场从市民核心向文化中心转化的是在它中心的"奥迪昂"(Odeion)的建立。这个巨大的音乐厅大约是在奥古斯都(Augustus)在公元前16年～公元前14年间参观这座城市时建造的。

希腊权威进一步萎缩的征兆是对它过去的纪念。在此过程中，广场扮演了重要角色，它成了早期"遗产主题化"建筑重建活动的博物馆。奥古斯都的建设项目还包括阿瑞斯(Ares)神庙的小心拆迁，这是一座多

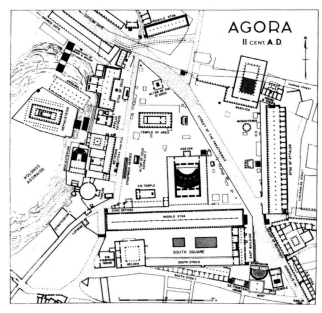

图2.21 雅典广场，公元一世纪，全盛时期。

立克柱式的大理石建筑，可能是坐落于雅典以北几英里的帕恩斯(Parnes)山脚下某地，经过仔细地拆除以后在广场西侧的古典和希腊化建筑前面被重新组装了起来。与此同时他还将阿提卡郊区人口减少地区的废弃的公元前四世纪和公元前五世纪建筑的柱子运到广场上予以保存和重新应用。从苏尼昂(Sounion)、陶里克斯(Thorikos)以及从其他地方运来了雕刻精美的建筑部件，另外从一些地方弄来了小的神庙和祭坛。这些东西上面被刻上铭文，歌颂神圣化的皇帝奥古斯都和他的亲眷们。

在广场作为文化与学术的中心而被不断加以提升的同时，在泛雅典路(Panathenaic Way)的东南角，公民梯图斯·弗拉维厄斯·潘泰努斯(Titus Flavius Pantaenus)于公元二世纪自己出资建造了一座图书馆。和许多罗马建筑一样，它的内部是一个列柱中庭，而外面的三个立面则是希腊式的柱廊(图2.22)。

在泛雅典路的另一端，旧铸币厂(Mint)的原址上，紧邻着重建的古典神庙，尼斐厄姆(Nymphaeum)——一座半圆形的泉屋于公元二世纪建立起来。弧形的墙从一连串的盆地、水池以及泉水中站起来，上面似乎一度凿满了为塑像准备的壁龛。这座精心建造的泉池与大渡槽相连，后者把水从潘泰利库斯山低坡的凯发拉里泉(Kephalari Springs)的水输送到雅典。雅典尼斐厄姆的建立证明了古代罗马人通过象征性的公众陈设来庆祝重要的公共工程的事实。渡槽建于公元二世纪，

图2.22 波卡木姆重建后的阿特劳斯二世(Atlalos Ⅱ，公元前159年~公元前138年在位)柱廊，雅典广场。原来的柱廊是公元267年被捣毁的。1950年重建的这个是用来当作广场博物馆的。

哈德良统治下，这位皇帝兼建筑师比其他任何一位皇帝都更与希腊的文化历史相认同。除了尼斐厄姆以外，他给这座城市留下的遗产还包括宏伟的奥林匹亚宙斯神庙、一座图书馆、一座体育场、一座万神庙以及一座泛希腊的宙斯-赫拉的神庙。

罗马城市主义的元素

秩序(Order)是罗马城市主义的标志。从最出于实用的角度来说，罗马秩序就是"百人分地"(Centuriation)，即对环绕城镇的地区作度量上为2400英尺(731.5米)见方的分块。这些"百人地"(Centuriae)之所以如此得名是因为罗马的土地测量员进一步将它们细分为100块左右矩形的土地，多半是可耕地，它们被作为私有财产分配给城镇居民。罗马秩序里另一个类似的出于功能主义的应用可以在军营地的网格式规划中找到，它们常常被用于将来殖民城市的基址，比如在佛罗伦提亚(Florentia 又即Florence，佛罗伦萨)的例子(图2.23)。罗马的网格是从希腊和伊特拉斯坎(Etruscan)继承下来的，发展成了沿中央十字轴线的形式，南北向的大街称为卡多(Cardo)，东西向与之相交的称为德库曼努斯(decumanus)。"因苏立"(insulae)——由街道划分为棋盘格形状的街区每块都是正方形的，而不是希腊化规划中常见的长方形。在

许多情况下卡多与德库曼努斯相交形成的城市中心正好与森特雷申的测量线交点相重合；有时候一个罗马城镇的网格会按照指南针上的基本方向布置——正如佛罗伦提亚的阿诺(Arno)的位置以及为了某些实际的考量而把周围的地形被考虑在内一样。

除了为建造一个军事基地或一个新城提供了一个"配方"以外，罗马秩序还盛行于预先定好了位置的论坛和城市中心的卡多与德库曼努斯交点的公共建筑中。然后规划师又使所有的私有建筑都服从于分区法则，此法则规定不允许任何建筑超过它所在街道宽度的两倍高，但这项规定当城中人口过多，人们需要更多住房时就常常被违反了。各种尺寸规格的标准化的烧窑砖、屋顶瓦、排水管和金属管、加固件的生产以及因为拱顶、墙、基础和其他建筑部分而出现的木模板混凝土技术使得建筑工业可以以一种军事化的效率被组织和进行。而实际上许多建筑工人也正是罗马帝国的士兵。

但是还有一种更高意义上的秩序在罗马城市主义推崇的实用网格之上，网格作为规划的工具角色在日渐减弱，直到公元二世纪实质上结束。这种秩序也许可以称为帝国秩序，因为它可以通过规划、建筑、空间序列、建筑形式来表达，表达帝国的伟大、善举，以

图2.23 佛罗伦萨城航拍，意大利。佛罗伦提亚的最初的方格网规划，它是罗马军营和殖民地，这一点可以从围绕共和广场(Piazza della Republica)即旧罗马论坛而规则分布的街道可以看出来。

图 2.24 佛图纳·普里米根尼亚的圣所，普雷奈斯特(Palestrina)，公元前一世纪早期。

及无所不在。在小亚细亚、北非、伊比利亚(Iberia)、大不列颠、高卢(Gaul)、意大利，以及地中海上的所有岛屿，一种统一的建筑技术以及规划思想提供了一个主题之上的数百种形式。帝国的宏伟以巴西利卡(basilicas)和公共浴室的形式被赋予一座座城市。高台基的神庙以及凯旋拱门增加了视觉中垂直线的成分，剧院和圆形剧场既提供了娱乐场所又具有地标的特点。作为一种家长式统治的结果，这些罗马的城市均由一个帝国的权威机构把它们作为帝国公民的可居住地来进行设计，它们有自来水、公共厕所、铺装街道以及其他的舒适条件，是第一批连现代城市人都会感觉舒适的城市。总体上来说，这些城市有罗马的道路和罗马的渡槽为其服务，在整个帝国的版图上可以用"罗马帝国下的和平"(Pax Romana)来形容。其他的不说，单就这种秩序一次又一次地出现在罗马帝国广阔的版图上就表明了帝国的富有、权威以及中央集权的统治。

那么，有效和持续地塑造了罗马帝国秩序的城市的语法是什么呢？虽然网格被支配甚至被忽视了，轴线却比以往得到了更加有力的执行。沿着某个轴线两侧对称的设计统治了主要公共建筑和它们的附属庭院。论坛是一个受到高度控制的空间。街道通向它的入口，但是和希腊以及希腊化的广场不同，它是不被大道穿越的。于是罗马的论坛处于既与城市的交通为一体，又与之相分离的形势。这样的街道设计以及坚实的建筑围合，使得论坛成为内向焦点的市民活动的核心，和围合它的建筑一样。

罗马的建筑与规划就这样充满了塑造空间以及联系场所的冲动。作为希腊文化的继承人，罗马人有时也参拜一下当地的"场所精神"，但他们的文化却是从

亚里士多德的世界观和帝国政治中孕育出来的。自制、围合以及环绕他们的建筑和城市的感觉，不仅拒绝与更广阔的景观相融，而且暗示性地揭示了城市化的国民价值观。在这些建筑与城市形态中，一地与另一地的相似却并不是基于当地情况的，而是在于秩序化的帝国律法。这就使人可以理解为什么自然中的神庙和圣所对人们不再具有吸引力，而且当神灵定居在城市中以后，游行的队伍也随之不见了。罗马的神庙，和罗马的巴西利卡一样，一般就位于论坛上或者论坛旁边，这里是城市的市民中心。

和希腊化时期建造精美的与自然联系紧密的林多斯(Lindos)和科斯(Kos)两地的神庙不同，建于公元二世纪的佛图纳·普里米根尼亚(Fortuna Primigenia)的圣所是一座城中的神庙。它坐落于一座小山边，踞于罗马城外的普雷奈斯特(Praeneste，现在的Palestrina)城之上，提供了一处建筑与基址完美结合的典范(图2.24)。根据建筑历史学家斯拜罗·考斯托夫(Spiro Kostoff)的说法，它展现了"台地上升的节奏，具有艺术化地对于楼梯平台和视点的使用，尽端的建筑若隐若现，这是罗马设计师们的杰出贡献。"[12] 在底层平台的柱廊后面是成排的商店。侧向的阶梯上升到七层台地中的第一层；要想从一层到另外一层，人必须要回到中轴线。这里有很陡的阶梯，或者如第三、四层台地之间那样，是长长的坡道，这条坡道可以从两侧上去，然后在中间会合连成一体，下面是巨大的拱顶的神龛，借以强调中轴线。第五层和第六层台地除了中央过道以外都是门廊，后面是店铺。深深的第六层台地同样也有两侧的门廊。小小的半圆形的顶部平台是一个剧场的舞台，周围有层层的座位，其上耸立着整个升腾的建筑的顶

点，形成了一个半圆形的门廊，它后面是一座小型的圆形神庙。这种把山坡组织为一系列的有台阶的台地，然后用轴线加强动势，最后用风行的半圆形解决轴线推力的做法通常被认为是布拉孟特(Bramante)在梵蒂冈的贝尔维德莱庭院(Belvedere Court)设计灵感的源泉(第4章，图4.7, 4.8, 4.9)，然后通过布拉孟特的示范，影响了整个文艺复兴时期的景观设计。

曾经在佛图纳·普里米根尼亚圣所两翼的柱廊上的柱子大部分被移走了，但它的余下部分见证了它们与以拱为主要角色的罗马建筑语言的亲缘关系。拱有一种以芭蕾舞般的美跨越距离的能力，它的独白就是跳跃，它的连续的柱子就是它的步伐。出于这个原因，罗马街道上的连拱廊提供了一种与希腊和希腊化时期柱廊截然不同的视觉节奏。正如普雷奈斯特那样，罗马人在建筑中倾向于使用拱并不意味着放弃希腊化古典建筑中的柱式。相反，柱子和三角山墙在新旧建筑中被大量应用，于是个性化的罗马建筑语言产生了。列柱中庭更加流行，柱廊被大量使用以提升主要通衢

的地位。最重要的是罗马的设计师们运用柱子和其他雕塑性的元素来彰显那些原本无差别的独立式拱门和有拱的入口以及建筑的立面，例如罗马圆形剧场那样。柱子装饰的独立式的凯旋门被建立起来用于庆祝战争的胜利，这成了罗马的标志，也成为经常出现在硬币上及其他形式上的为人所熟悉的帝国统治的象征(图2.25)。

这些元素，经常与砖的面层相结合，构成了罗马城市主义的建筑"原料"。整个帝国的城市建立起了一种易界定的、可预见的、序列化的城市形式。相同的建筑语言产生的空间联系和形式之间的相互类似，是罗马城市景观的主要特点。

主要的大道被用来从视觉上联系这些形式和空间。它们由城中次要道路的下沉等级、宽度以及特殊点(如泉池、独立拱门、渡槽)的多少来区别。有时柱廊或拱廊延伸了几个街区用来提升道路的等级而直至主路(图2.26)。

这些被扩大的通道经常被作为市场街，它们时常

图2.25 凯旋门，阿劳西奥(Arausio，今天的Orange)，法国，公元21年。

图2.26 阿卡狄亚之路(Arcadian Way)埃弗苏斯(Ephesus)皇帝阿卡迪厄斯(Arcadius，公元395~408年)统治期间建成。这条以大理石铺就的道路从中间港门(middle harbor gate)通向剧场，两侧店铺林立，还有马赛克铺地的人行道。

从一个城墙上的主要拱门通向中心论坛，因而成了交通的干线和人们活动的焦点。由于它们通常略微低于两侧建筑的地平面，这些道路呈现有路缘石的槽状。这使地表径流和废水流入下水道中，和现在城市中收集雨水、污水的系统相同。这些路缘石同样给路基限定了范围，清楚地划定它的轴向，使得两侧的建筑整齐划一。尽管这些建筑的内部各式各样，但它们几乎无一例外地都平行于街道。在交叉口处高起的大石块是作为人行横道用的(图2.27)。

论坛一般都位于城镇中主要道路的连结点处，也可能跨越街道的交叉口。如果是后一种情况，它的围合感将通过周围拱廊建筑与入口的精心设计而得以保持。一种常见的情形是论坛位于主要道路交叉形成的一角上，它的入口由建筑元素明确标出。和主要的大道一样，它由其稍低于周围地平面的做法而得以强调，它的边缘用几条窄窄的台阶标出。因为进口处的门廊是高于周围街道地平面的，所以进入论坛的方式就会体现为先上再下，一般是一级或几级台阶完成这一导引。

城市规划师们使用非常复杂的陡峭的台阶来适应罗马城内的高差变化，因为罗马人总是把他们的神庙、巴西利卡以及其他纪念性建筑物建于高高的平台之上。

除了带来形式上的多样性以外，这些台阶和坡道还上演了一台高差的"戏剧"。有些台阶陡然高耸，有些则从侧面抵达建筑，还有一些则分布于轴线元素的两翼。在有些情况下那块地形有不同的高差与坡度时，则几种不同的方法结合使用，比如在普雷奈斯特，台阶可以理所当然地被用作坐椅，而且也可能用作非正式聚会的场所，和今天一样。

罗马的城市中非商业性的公共空间有很多。这是帝国城市主义的标志之一，它们的多种多样的令人愉快的使用方式则是罗马市民特有的赏心乐事。作为罗马人生活中的一种机构和帝国主义福利的象征，纪念碑式的公共浴场是城市中社会活动的重要元素。它们拱顶高耸的轴线对称而又装饰精美的室内不仅有热、温、凉水浴室，而且有藏书丰富的图书馆。除了提供知识、理智以及社会的激励以外，它们还是令身体放松的好去处。旁边的花园和给人锻炼用的角力场经常被设计成轴线与之相贯的列柱中庭的形式。体育场馆与热水澡的结合体现了帝国时代的复杂的大都市主义。如果这些浴场不是由皇帝为了显示恩惠和获得群众支持而建的，那么便是由富有的慈善家所为。许多罗马浴场是早期社会慈善活动的范例，上面镌刻着显贵的捐赠者姓名。

虽然在罗马城本身以及罗马以外的其他城市，随着人口的增长公寓楼取代了独户住宅，但这些建筑并没有使人们感觉城市过分拥挤或者惹人讨厌。那儿往往有丰富的公共空间，足够的由渡槽供水的泉池与浴

图2.27 维阿·蒂·斯塔比亚(Via di Stabia)，庞贝，意大利，路口有踏步石和泉水。公元62年以前。

场，还有复杂的排水系统。而且，城市皆有着美丽的雕塑和装饰。罗马的建筑师们在对光的运用方面越来越自信。磨光的大理石和闪烁的马赛克反射着光芒。光还激活了水面。泉中、池中、以及渡槽中的水阶梯上、水跳跃带来的运动和声响增加了罗马帝国城市中又一个重要的感官维度（图2.28）。光与影的图案也是街道和广场的感性体验中的一个重要部分，今天，那些柱廊和拱廊成为了没有屋盖的秃裸的建筑残迹，它们也随之不再清晰可辨。

城市花园

这种设计复杂程度的不断增加不仅表现在罗马的公共建筑和公共空间上，而且表现在考古学

图2.28 泉池、小泉屋(House of the little Fountain)庞贝，公元一世纪。为了在帝国时代能够享有足够的水，庞贝人建造了华丽的马赛克泉池。这些泉池经常是建在人行道上的一座小型构筑物，有半圆形的龛。龛中水从一个小的台阶上跌下，或者从边上的龙头中射出，又或盛在一座小雕塑里。装饰这些泉池的马赛克组成贝壳的形状或者组成色彩艳丽的瓦片。

家发现的罗马人的家居和花园的景观之中，庞贝(Pompeii)和赫尔克拉尼姆(Herculaneam)人们发现了富有阶级的美丽的壁画，以及曾经是美丽花园的遗址。希腊化的列柱中庭为这些中庭花园提供了设计的原型，但前者的地面是夯实的土壤或者铺石块，而后者则是植物（图2.29）。

在罗马帝国时期，随着奥古斯都在公元前一世纪执政开始，一个渡槽的建设就对坎帕尼亚(Campania)——维苏威(Vesuvius)山缓坡上的一块地方——的生活水准产生了重大的影响。充足的水源使得建设公共浴室、主要街道边上以石头为边的泉池以及别墅中的水池和花园成为了可能。灌溉使庞贝城内的花卉和香水工业受益，而且

图2.29 潘萨寓所(House of Pansa)，庞贝，公元前二世纪。列柱中庭式的后花园增加了房子的尺度感和舒适度，使得它多了几个明亮的房间以及一个花园水池。

图 2.30 维蒂寓所(House of the Vettii)，庞贝，公元前一世纪中叶。在这个十分讲究的商人之家的列柱中庭式花园中有庞贝城中最多的雕塑喷泉。给喷泉供水的铅管至今还可以看到。

人们可以种植比以前更多的多年生草本和灌木，因为这些植物比深根性的树需要频率更高的灌溉(图2.30)。在维阿·德拉邦丹萨(Via dell' Abbondanza)旁边有一座小别墅，以前被称为劳雷马斯·梯布梯努斯寓所(House of Loreius Tiburtinus)，现在则称为奥克塔维厄斯·夸提奥寓所(House of Octavius Quartio)，它为我们提供了庞贝的花园围合着水池和泉水组织的形象(图2.31, 2.32)。

壁画和马赛克表达了古罗马人对于自然的热爱。别墅建在住所很少的甚至是远离挤满公寓的城市的地方，拥有像维阿·德拉邦丹萨那样的花园以及绘有花园景象的特洛姆培-洛尔(trompe-l'oeil，细腻写实风格)的壁画来增加花园的空间幻觉。虽然天气的变化以及第二次世界大战时对意大利几个城市的轰炸给这些脆弱的壁画造成了严重的损害，但是还是有一些惹人喜爱的残片留了下来。它们显示了从中庭到列柱中庭花

园的轴线如何通过后墙上的特洛姆培-洛尔壁画得以延伸。倚壁柱框住了这些园景画，使它们好像是从门廊中看到的自然风景。普里玛·波塔(Prima Porta)郊区的利维亚(Livia)别墅的著名壁画，就是画在一个下沉的大厅的四壁上的连续风景，作为夏季消暑的好去处(图2.33)。这样幻想中的画在天蓝背景上的花园，引起了同时期罗马花园中真正的花、泉水、鸟，以及涂有白漆的格子篱笆的出现。

庭园画经常装饰着小的庭园和轻质的墙。除了这种直白的对于泉水、花果以及动物的描绘以外，还有另外两种幻境的题材——神圣的景观与别墅的景观，也出现在了罗马房屋的墙上。罗马建筑师与工程师维特鲁威(Vitruvius，活跃于公元前46年~公元前30年)写道：神的形象，或者传说的表达(包含在这些表现神圣理想的绘画中，也就是这些绘画中神和其他人物出现在以天国为背景的景观中。比较现实一点的，但也紧密

图2.31 水渠花园(Garden Canal, 又称Euripus)
奥克塔维厄斯·夸提奥(Octavius
Quartio)寓所, 庞贝。

(右)图2.32 奥克塔维厄斯·夸提奥的寓所与
花园(原来称为 House of Loreius
Tiburtinus), 维阿·德拉邦丹萨(Via
dell'Abbondanza), 庞贝。公元前
三世纪, 公元62年地震以后花园
部分经过改建。这座漂亮的房子
以及巨大的与一个街区等长的花
园座落于圆形剧场的旁边。公元
79年维苏威火山爆发, 火山灰掩
埋了庞贝城以后这里的经济开始
衰退, 许多很好的房子也空了, 这
个花园被改成了小客栈。除了给
到圆形剧场看格斗比赛的游人提
供住宿以外, 它还和现代的旅馆
一样, 给那些房子不够大的人提
供一个和朋友开派对的场所。

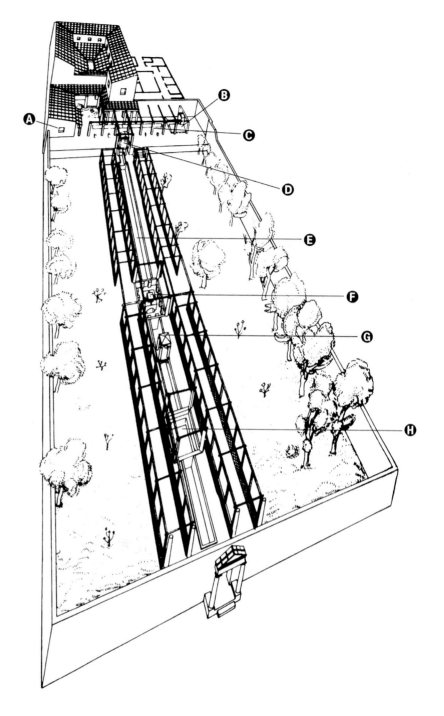

在房子的后面, 一个有柱廊的俯瞰花园的平台上是一个石制的有两排平行躺椅的餐室B, 比起上层阶级人们常用来吃饭的U形的三面环躺椅的餐室来, 这是一种较少见的形式。餐室位于爬满了藤本的凉亭的下面, 餐室还有一部分是一个两边有柱的龛, 装饰着岩石和贝壳, 还有一个小水池, 仆人把食品放在装饰精美的盘子中, 从这里漂到用餐者那儿。水池面对着尤利普斯(euripus), 一条与平台C等长的水渠, 可能也是从龛中的喷泉接来的水, 尽管目前还没有发现水管。

尤利普斯被一座小桥分成两部分, 一部分在餐室前面, 是用餐时仆人们站立的地方, 另一部分面对一个装饰着壁画的房间, 此房间可能是一个三面环躺椅的餐室。小桥面对着一座横跨了水槽D的小神庙, 把平台与花园连了起来。喷出来的水从台阶状的神庙台基上流下来, 冲到小桥前的由不规则形状的石头铺成的地上, 然后水流到下面导水槽中。在平台的两侧是"祖塞库拉"(Zoothecula)A, 吃饱了的客人们可以在里边一面休息一面观赏尤利普斯和平台上的风景。

神庙的下面, 水流下三级台阶, 注入另外一个与平台垂直, 与花园等长的尤里普斯E中(图2.31)。溪水在一个有着精美的水槽喷泉F的凉亭下的水池处稍作停留, 通过喷泉流到水池E中, 涟漪四起, 波光闪耀, 尤利普斯的稍远处是另外一座小神庙G, 从花园的一端看来, 它可以增加花园的深度感。更远处是另外一个有凉亭的水池H。

图 2.33 一个花园的细部，利维亚别墅(Villa of Livia)的壁画，普里玛·波塔，罗马附近。公元一世纪晚期。

与精神相连的是处于描绘海港、岛屿、海岸、河流、泉水、峡谷、神庙、坟墓、小山、牲畜、牧羊人)[13] 景观中的别墅与柱廊的绘画。这些画中还经常包括进行某些民间活动的人物，比如钓鱼者和狩猎者。这种类型的绘画的实例就是庞贝的小泉屋(House of the little fountain)花园南墙上的壁画(图 2.34)。

从所有以上这些我们可以看到，罗马的建设者们是怎样运用一种标准化的建筑语汇构建了他们的可预见性的但又使人非常满意的城市设计。简洁的几何形式的美妙结合；沿仪式化活动的周边塑造的空间；运用对称来加强秩序、稳定以及场所的感觉；对幻想和戏剧化效果的热爱；以及一种情感化的对于身心舒适和感官愉快的追求都归功于罗马人的城市设计。通过"百人分地"(Centuriation)，自然中的显著比例开始严格地服从于罗马制度，乡村景观可以在列柱中庭花园中见到，也可以在周围的乡野中见到。我们可以在奥古

斯都(公元前27年～公元前14年)时代以及后来皇帝们统治时期的罗马别墅中见到同样的规划和实践。

图 2.34 小泉屋，庞贝，公元一世纪。

IV. 花园与别墅：古代罗马的景观艺术

罗马人关于"第二家园"的理想概念，在贯穿历史的多元文化中产生了强有力的影响。他们称这种理想的静居处为"欧提厄姆"(otium)，寓意"勤勉的闲暇"——包括了一类远离城市商政、社交之外的那些值得付出精力和实践的体脑活动。从赫拉斯到托马斯·杰弗逊，都在写作中称颂田园的价值并提倡乡村

生活中那种有益身心的简单朴素，罗马人在乡村的生活却并不意味着他们要与辛苦而长期的农事结缘。他们羡慕农夫，然而他们的优裕和广阔而智慧的视野又令他们以一种雅致、美学的观点而与那些日复一日头顶炎阳、劳作繁重的耕夫相区别开来。

像术语"乡村住宅"(country house)那样，"别墅"(villa)一词意思是一种社会理想和建筑模式，其内涵直指一种美好生动的景象：一种摆脱了污秽邋遢之烦虑和钱财物质之匮乏的美好生活。但是，在罗马共和时期，对于那些热切而浪漫地沉浸于前帝国时代舒适和简朴生活憧憬中的罗马人——例如维吉尔(Virgil)来说，庄园生活(villa life)的要旨仍然限于丰饶产出的农业运作。于公元一世纪后半叶内出现的田园风格庄园(villa rustica)是最早出现的别墅形式，在思想意识形态上得到了包括维吉尔在内的罗马诗人们的支持。维吉尔曾经写下杰出的田园诗篇《田园诗》(Eclogues)和富于诗意的农业专题论文《农事诗》(Georgics)。在维吉尔看来，农村庄园蕴含着黄金时代的和平与富足；他赞颂农耕生活的美德和习惯，为此维吉尔支持并推进了一种杰弗逊式的理念——一种关于私营农场主的自给自足的经营运作能够带回到朴素原始的价值观的理念。

然而，这种理想化的观念并不符合当时经济与社会的现实。公元前三世纪到公元前二世纪的布匿战争

(Punic Wars，罗马共和国的扩张之战)中被迫流离的农民此后再也无法回到自己的土地与家园。劫掠的军队、奴隶劳动的贸易竞争和价格低廉的进口产品共同引发了古老农耕生活方式的崩溃。这一过程在公元前一世纪文明争突的年代里得到完成。当时的胜利方将落败方的财物产业予以了没收。与此同时，大的土地所有者们改变了土地经营方式，从原来耕种谷物庄稼以及供给家庭消费的单纯的农耕土地转型成为畜养牛羊的牧场和种植生产酿酒果品及油料作物的种植园。

这些大庄园(latifundia)——或者说，大规模的农业机构的所有者们大都是城邦的当地居民，他们操控着土地经营权，使用廉价的奴隶劳动以求获得更多利益。当一位庄园主需要花去一年中的大部分时光——事实上也常是如此——驻留于他的庄园里时，他就会为自己建造一座住宅，形式正像那些建在庞贝城和赫尔克拉尼姆(Herculaneum)的住宅那样。由于自规划伊始便依循了城市住宅群的模式，这种庄园宅第被在规划中称为城市风格庄园(villa urbana)以与田园风格庄园相区别。不过尽管如此，这两者往往仍然逐渐地合而为一；这样统一的地块要比分布在广阔土地上的零散建筑更易于防卫守御和管理。这一来，相对于审美，安全性和实用性主导了这种农庄的生产生活特质。时间大致从公元前一世纪伊始而起，在庞贝城邻近的波士考雷尔(Boscoreale)，葡萄酒榨汁业、贮藏设施、连同专门的马厩和稻谷仓，都被聚拢统一到庄园的围墙内，为庄园主组成了宽敞的大宅院(图 2.35)。

第三种别墅形式即城郊别墅(villa suburbana)，正如它的命名所示，建立在城市的外围地区。此外，在帝国时期还有一种建立于海滨的别墅形式——海滨别墅(villa marittima)开始成为颇受罗马富人们青睐的频顾之所。这种见诸于当时风景画中的，有拱廊的海滨别墅环绕分布在整个那不勒斯海岸地区(图 2.36)。

普林尼的别墅

为了更好地获悉罗马这一段富强时期里别墅如何作为一种建筑的类型，几代建筑史学家都投向了对小普林尼(Pliny the Younger)书信的研究。作为公元一世纪一位富有的地主，普林尼既有海滨别墅，也有城市庄园。他的海滨别墅"劳伦提那姆"(Laurentinum)，坐落于仅仅离开罗马城十七千米的维卡斯·奥古斯塔那

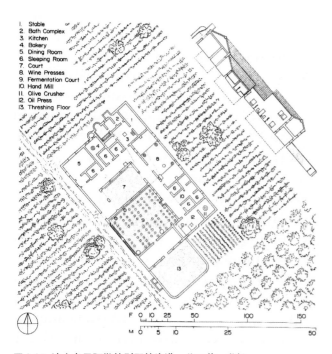

1. Stable
2. Bath Complex
3. Kitchen
4. Bakery
5. Dining Room
6. Sleeping Room
7. Court
8. Wine Presses
9. Fermentation Court
10. Hand Mill
11. Olive Crusher
12. Oil Press
13. Threshing Floor

图 2.35 波士考雷阿勤的别墅的海港，公元前一世纪。

图 2.36 壁画上描绘的有山坡别墅的海港，斯塔比埃(Stabiae)，意大利。

斯(Vicus Augustanas)，提供了同样奢华富丽的生活空间，正如其他那些罗马贵族成员在环绕着那不勒斯风景秀丽的坎帕尼恩(Campanian)海岸所热衷享受的那样。在他的信中提及了此处别墅：

"轴向的房间序列，夹在山海之间。入口连接中庭，简单但不乏味；之后是一道拱形柱廊，以"D"形半圆环绕着一个小而欢快明亮的庭院。在坏天气里，这提供了一个不错的休息去处，那些窗户和悬挑的天棚遮蔽了雨雪。这一中心的另一侧连

接着令人兴奋的洞室(cavaedium)，然后是一个异常可爱的设有三面环桌躺椅的餐室(triclinium)；它延伸出来趋向海岸，当大海被西风吹拂激起浪涌，餐室便被拍碎的海浪轻轻洗刷。餐室安装有等宽的折叠门窗，这样使得它在两翼和正面三面都临海了。在其背后回望，视线通过洞室前面的柱廊和后面的拱廊，中庭似乎坐落于森林和遥远的群山之上。"[14]

此外，这处奢华的别墅还有一系列有温泉提供暖

水的卧室，位于宽大的正餐室之下，人们可以用餐之后在那里小憩片刻。那儿还有一个健身室、两个蒸汽室和冷热浴室、俯临海水的一个大型泳池，以及一个球庭。在别墅的一处独院里，有一处高高耸立的套间，包括了另一个观海餐室，可以北望到其他别墅群。另外也还有一些温泉供暖的卧室，大约是为客人们准备的。许多面海一侧的窗户都向下俯瞰着一个台地花园，并且大约有半数的反向一侧的窗户正对着一个蔬果花园。在这个别墅里，普林尼本人最喜爱的地方是一个温暖的阳光室(heliocaminus)。在那里，即使是冬天都可以享受阳光浴。与这个宜人之处毗连的是一小套私人空间，退居于这里的僻静之地，他能够以全方位的非凡视角享受美景。

像今天的富人们可以同时拥有海滨度假住宅和山间度假住宅一样，小普林尼除了劳伦提那姆(Laurentinum)之外，还有一处别墅图西(Tusci)，坐落于托斯卡纳(Tuscany)地区阿帕尼恩兹(Apennines)山脉的南坡，俯瞰着台伯河(Tiber)。这座别墅属于城市别墅，普林尼通常在夏天去那里学习、写作，同时与农奴们一起照管他的酒葡萄园和其他庄稼。这里，他可以长久地凝望一个"巨大的竞技场样的一处群山环抱的平地，那简直只有造物的神工才可以造得出"。对此，他这样描述道：

> "广阔的平原为群山环绕，山上古木高直蓊郁，有各种各样的野物可以猎取……从山上向下俯瞰这里的美景实在是一种奢华愉悦的体验，你似乎不像是在看真实的大地，而更像是看到了一幅瑰丽罕有的风景画，目光所至之处，景致以其多样性和精密性不断地更新变幻。"[15]

在这处壮观而精彩的风景地之中，普林尼创建了一个类似于在他的海滨别墅那样的优雅奢华的环境。这里有不同水温的池浴室，舒适的卧室，餐厅，被柱廊环绕的中庭花园，还有铺砌的散步道。此外，这里建有一个大型的竞技场样式(hippodrome)的花园，里面密密地种植了常绿树和落叶树，包括各类果树和修剪得各式各样的黄杨绿篱，其中可能还有修剪成主人姓首字母的组合图案，这是普林尼的时代非常流行的一种做法。在他的信件对图西庄园的描述中，普林尼

还提及了这个大花园里的其他一些形象：用作地标的方尖碑、玫瑰园、青郁的修剪草坪，以及在花园中心仿效自然地景而设计成的那一部分。在大花园的弯曲的尽头是一处"斯蒂巴蒂姆"(Stibadium)——半环形的用餐庭院，水在它的下方缓缓流动。它面向着一个小水池，当普林尼和他的客人们用餐时，仆人们便将一道道菜浮在水面上送过来。在这处布置的后方立着一间亭子，亭正中设有喷泉，一侧则是壁凹卧室(alcove bedroom)，它面向花园开敞，建筑材料全部使用大理石。在那里躺下来，置身于被树木滤成绿色的光影里，听着鸟儿的歌唱和喷泉淙淙的流水低语，定然是一件极为惬意的事。

坎帕尼恩平原上的别墅

一些建筑师和历史学家绘出了普林尼描述的两处别墅的复原图，但它们在考古学上仍然没有得到确证。然而，在维苏威火山的坡面、临近赫尔克拉尼厄姆(Herculaneum)城的奥普隆蒂斯(Oplontis)考古遗址上，人们可以参观一处被发掘出来的别墅，它临近坎帕尼亚的海岸线，大约建成于公元前一世纪，并在公元79年维苏威火山喷发之后重建过(图2.37)。这处别墅可能一度属于尼禄皇帝的二任妻子波帕伊阿·萨宾娜(Poppaea Sabina)，因而它的名字是：波帕伊阿别墅(The Villa of Poppaea)。

在别墅的一端，巨大的带有三角楣饰的大门俯瞰着一处阔大的外围装饰性花园。花园里植物根系的腔洞透露出当年这里的绿篱可能是黄杨。四个方柱石像"赫尔墨"被安放在可能是夹竹桃的植物丛中，另外，还有四座半人马雕像的喷泉。别墅的东翼又有四块小型的内花园。这些可爱的花园周围墙上绘满了葡萄藤、喷泉、花朵和飞鸟，这令小花园的尺度感明显地增加了(图2.38)。

另一处充满魅力的花园在南部的一个大泳池旁，水池宽度为56英尺，根据考古发掘，当年泳池的长度为165英尺(合17米宽、50多米长)。这个花园可以在"迪亚塔"(diaeta，起居室)里透过敞开的窗户来欣赏；迪亚塔的窗口设计正是专门为了欣赏园艺或自然的框景而致。在泳池东面几英尺以下的地方，13个雕像基座被从一个不确定大小的花园里发掘出来。根系分布的形式证实，花园中曾经种植有一些柠檬树。

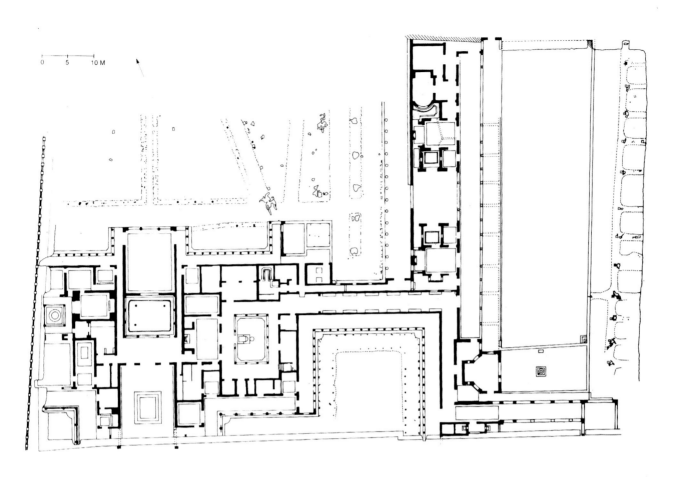

图2.37 波帕伊阿(Poppaea)别墅平面，奥普隆蒂斯，庞贝郊区的一片居住区(现在的 Torre Annunziata)，公元前一世纪，公元62年地震以后经过重建和重新种植花木。花园中有一条对角线方向的道路，人们认为它可能是另外一条现在已经埋在花园西部地下的相反方向道路的镜像，这两条斜路可能在一点上与埋在火山灰下的中央道路相交。另外两条道路也从这一点放射出去，使园子成为长方形的推断也是很符合逻辑的。

奥普隆蒂斯的波帕伊阿庄园与普林尼的劳伦蒂那姆和图西一样，表明了在公元前一世纪时，别墅作为一种农业机构的作用已经不那么重要，而渐次代之以高雅休憩处的用途。建筑外部拱廊与柱廊的大量使用，以及开放向风景的轴线都表现了他们与普林尼书信所写的相同，有强烈的自然取向的审美观点。

距奥普隆蒂斯不远，有一处帕皮里别墅(Villa of Pappyri)仍然被掩埋在厚重的、覆盖了赫尔克拉尼厄姆和其附近部分的坎帕尼亚平原的火山灰下，它的名字来自1754年发现于

图2.38 波帕伊阿别墅的壁画，奥普隆蒂斯。公元前一世纪。

别墅图书室内的两千多轴已炭化了的羊皮纸卷中的记载。瑞典工程师卡尔·韦伯(Karl Weber)在十八世纪监管该别墅房间的系统发掘，J·保罗·盖提则于1970年代早期采用了他的草图方案在加州的马里布(Malibu)建造了一座博物馆。对于古代花园的学习者来说，这座原汁原味的盖提博物馆为他们提供了一份有益而富有学习价值的、古代别墅设计的精确复制品；随着时间的流逝和突发灾难的破坏，这类别墅都已经毁损殒去了，盖提博物馆则为人们再现了那些地板、墙壁、天花板上鲜明多彩的炫示

感。博物馆里有一个列柱中庭式的内花园，是仿照在公元前二世纪时第一阶段的别墅建设形式里的花园而制的；同样地，博物馆还仿建了一个比前者大得多的列柱中庭式花园，它出现在接下来的公元前一世纪里。在后者内部设置了黄杨树篱围成的隔间，它们环绕着一个218英尺(66.5米)长的水池，这是韦伯的考古发现中的一件精确复制品。

台波里乌斯(Tiberius)的洞室

公元一世纪是个伟大的别墅建造时代，罗马帝国的空前繁盛令这种奢华的建设成为可能，而对于后世不幸地，除以上所提及的，其他保留至今的遗迹就不多见了。值得欣慰的是，有一座盛世遗留的别墅，一处综合了水景、雕刻、室外休闲娱乐的胜地，已于近年来重见天日：在沿着维阿·弗拉卡(Via Flacca, 意大利 Terracina 和 Gaeta 之间的一段)海岸的斯勃朗加(Sperlonga)山脉的所谓"台波里乌斯的洞室"，正是以其古别墅而闻名于世。大约在1960年前后、公路干线建设时期被发掘出来的这处古别墅包括有依天然的海滨岩洞进行的设计，它为人们展示了帝国时代罗马富人享受的幸福舒适生活的撩人一瞥。

古时人们出于对自然的敬伏而有了将洞穴作为圣堂参谒的举动，在帝国时期这一习惯已经逐渐淡化，在花园中设立的人工洞室则是遗留的圣地模式；台波里乌斯洞室正是对此的一种证实。高雅考究的罗马人现在更热衷于以一种诗意化和戏剧化的方式来处理景观。为什么花园里不能有一个真正的洞室，以雕像来展现广为流传的荷马史诗中受人喜爱的场景？例如奥德修斯(Odysseus's)看到了"独眼巨人波吕斐摩斯(Polyphemus)"的山洞。

被独眼巨人因禁在它的山洞里的奥德修斯和他的伙伴们，将一根削尖的木桩猛力地插入这个酩酊大醉

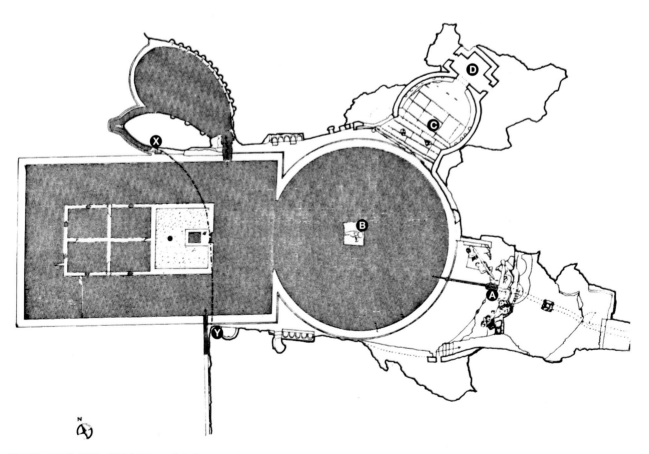

图2.39 平面复原图，据尤根尼亚·萨尔萨·普里纳·里科蒂(Eugenia Salza Prina Ricotti)。最初洞窟的入口浅投影由X-Y标出。波吕斐摩斯的雕像组安放于洞穴A后部的壁架上。里科蒂还推断圆形水池B代表查理伯蒂斯(Charybdis)——帮助西拉(Scylla)摧毁海员们的漩涡，侧面的洞穴C交替作为餐室和舞台来使用，上面有演员、音乐家的演出以娱乐用餐者，作为一处客人小聚、餐前餐后放松的场所。这里还有另外三个洞穴D，饱餐后的客人小睡于此。

图2.40 波吕斐摩斯雕塑组，斯波朗加博物馆。公元一世纪，7000余块大理石碎片在斯波朗加被发现，其中最重要的那些属于一些大型的雕塑组，描绘的是荷马的《奥德赛》中的章节。现在已经辨认出来的组有：奥德修斯(Odysseus)抢救阿基里斯(Achilles)的尸体，放在洞穴口上；奥得修斯与迪奥米底斯(Diomedes)和帕拉提昂(Palladion)，在这个场景的后边；奥得修斯的船遇到西拉后沉没，放在圆形的池子里；还有瞎了的波吕斐摩斯，很自然地放在池子南面的洞穴中。

的怪物的独眼而获得了自由。这一篇章的奥德修斯传奇无疑为斯波朗加洞室的精美壁饰提供了主题。在基址已经支离破碎的铭文中，可以推测其建造者曾经是一位"福奥斯蒂纳斯(Faustinus)"，即一位土地所有者；他同时又是诗人马帝欧(Martial)的朋友，大约生活在公元一世纪的下半叶。这处洞室和它毗邻的海滨别墅靠近一处断崖。据罗马史学家塔西佗(Tacitus)和苏当尼乌斯(Suetonius)称，那里曾经有一块凌空悬挑于洞穴入口的巨岩，在一次盛宴中猝然断裂落下，险些危及皇帝台波里乌斯(Tiberius, 公元14~37年在位)的生命；于是后世提及此处洞穴时就联想到它与这位皇帝的名字。

斯波朗加洞室是对希腊化时代人们对风景、建筑以及雕塑三者戏剧化融合的刻意延伸，这个在悬崖上被海浪作用力侵蚀成中空的洞穴，已经被纳入了景观的一部分(图2.39)。它的入口原来位于一块嶙峋的岩壁上，里面安放的是一组雕塑，描写奥德修斯的船试图通过墨西拿海峡，那里是海妖西拉(Scylla)埋伏着用她的蛇状漩涡捕捉水手们的地方。这组雕塑以及洞穴中的其他雕塑一起被认为是三位罗德岛雕塑家阿格桑德(Agesanda* 译者注：又作Hagesanda，可能是作者的笔误)、阿提诺多罗斯(Athenodorus)和波利多罗斯(Polydorus)的作品，人们认为他们同时创作了《拉奥孔和他的儿子们》——著名的希腊化雕塑——现在存放在梵蒂冈的皮奥·克莱门提诺博物馆(Museo Pio

Clementino)中。从风格上说，这些作品在有力的躯体、剧烈的动势以及痛苦的表情方面都非常相似。但是不同的是拉奥孔几乎完好无损，而波吕斐摩斯的雕塑则被积极的基督徒们在此地建造一座中世纪的教堂给砸毁了。现在，一座小博物馆盛放着它们的碎片，另外还有几个小型的、希腊化晚期的儿童雕塑(图2.40)，它们可能曾经用来装饰喷泉和水池。

一座为露天宴饮使用的三面环躺椅的开敞餐室立于鱼池中央。罗马人热衷于观赏鱼类，为了饲养这些宠物鱼，他们还设有作为餐桌支撑槽的水池。现在，池中的水位低了，人们可以清楚地看到池壁上安放石鱼的洞，以及客人们的"躺椅岛"——上面有高出水面的餐凳，用餐时仆人把盛有菜肴的盘子浮在水面上漂过去(图2.41)。这一奢华的休闲场所令人对罗马帝国的富足有所认知。然而，如果我们被浮士德式安于清贫的生活和娱乐方式打动过，我们就会对蒂沃利(Tivoli)城公元二世纪的别墅遗迹产生畏惧之感。

哈德良别墅

从十六世纪起，旅游者、艺术家、建筑师以及考古学家就开始着迷于奇特的哈德良别墅的遗址。它坐落于凹凸不平的山坡和阿尼安(Aniene)河切出的陡峭峡谷之上，这条河是台伯河的主要支流，两河在蒂沃利(Tivoli, 罗马时代称为Tibur)城下起伏的坎帕格纳(Campagna)平原汇合。哈德良别墅大约有300英亩(120公顷)，略微大于1/3个纽约中央公园的面积。这个浩大的工程现在仅剩下残破的拱券、坍塌的穹窿以及碎裂的柱子，它们覆盖了位于两个东南-西北方向

图2.41 三面环躺椅的餐室的岛，斯波朗加，公元一世纪。

的山谷之间的起伏的平原。它建于公元118年至公元138年，也即止于哈德良死去的那一年。虽然在其建设期间哈德良在外面待了很长的时间(作为一个亲希腊派，他公元124~125年和131~132年的冬天是在雅典度过的)，但是可以认定，他在复制希腊艺术家的古代雕塑或与建筑师联系的时候都一直心系着别墅的设计。

在规划和规模上，它要远比一般的别墅宏伟许多(图2.42)。这些废墟都曾经是原大的宴会厅和花园、剧院和浴场、洞穴与水池、私人的公寓，以及为众多的仆人和客人居住的街区。有时人们把哈德良别墅与十七世纪路易十四的凡尔赛宫的花园相比。相似之处有两者的宏伟与尺度、两个统治者在首都之外建立庭院的愿望，以及他们本人参与设计之中的情况。两者都把景观作为奢华的娱乐场所，而且作为宣扬他们富有以及对文化的深深尊重的工具。尽管如此，他们的设计方法又有很大的不同。不同等级的轴线构成了凡尔赛的花园的形制——与此相反地，哈德良别墅根本没有主要的组织轴线，而是一系列独立的轴线，它们之间则经常斜斜地撞在一起。别墅的总体规划由几组独立组织的建筑和花园构成，它们其中的任何一个都能代表亚里士多德式的场所概念——托波斯——即限定与自制的空间。但是由此推断出哈德良别墅只是一系列无关联的"托波依"而根本没有总体的规划，则是错误的。大量的平台以及地下服务通道构成的复杂的覆盖大面积遗址的基础设施显示了从一开始它就有一个综合的想法。

虽然在中世纪被人们抢走了很多建筑材料，而且在文艺复兴时期又被教皇和鉴赏家们掠走了大量的雕花的大理石、镀金的铜像以及装饰性的喷泉，但这座别墅在现代考古学家的帮助之下确实可以成为罗马帝国建筑的总结。[16] 而且，它还可以作为希腊——罗马关系的光辉篇章，正如我们所看到的，哈德良，正是他对希腊文化的深深仰慕，成就了雅典文化的复活。

虽然这归功于过去的伟大，但是这座别墅对于哈德良来说又是建筑革新的实验场。他用一双见多识广的鉴赏家的挑剔眼睛来监督他的设计中的特殊性。和一个现代的主题公园一样，它的整体策划是折衷主义的。但是它又和现代主题公园有所不同：主题公园是用来滋养大众文化的好奇心，而哈德良的别墅则是强烈

的个人爱好以及渊博学识的产物。它是一处巨大的、光芒四射的私人景观，充满了罗马帝国还有希腊-罗马的众神以及英雄横扫过的其他地方和事件的暗指。因为皇帝不必服从于强制性的标准，于是这就推动罗马的设计风格到达了一个新的高度，别墅应该作为他自己的建设项目来解读，在其中他的品味和决策甚至影响到了极其细微的装饰细节和富有创造力的空间。

和他的前任尼禄(Nero)一样，哈德良也不喜欢罗马的巴勒登丘(Palatine Hill)上的旧皇宫。但是尼禄试图把他的惊人豪华的"道穆斯·奥里阿"(Domus Aurea)或称"黄金宫"(Goldden House)建在罗马城的中心，他不加分别的横征暴敛导致了民众的反抗；哈德良则选择了令他的巨型建筑项目远离于民众的视线之外。蒂沃利，位于罗马城17英里以东，那里早已遍布了普林尼描写过的贵族别墅。这些别墅大都位于俯瞰坎帕格纳平原的小山坡上，那里，阿尼安河在切开了一道深深的峡谷之后，泻下了一道美丽的瀑布。

哈德良并没有如人们设想的那样在蒂沃利的森林之巅建造他的别墅。他反倒把它放在了距城2.5英里之下的一处平地上。这样的选址并不比蒂沃利城中心的文艺复兴时期的埃斯特别墅(Villa d'Este)更加凉爽和风景优美。这可以解释为上面的最好的位置已经被先前的别墅占满了，其中较低的一座可能是哈德良的妻子萨宾娜(Sabina)的。如此选址还可以解释为，这样可以使得给罗马城供水的四条渡槽的水能方便地为别墅所使用。

除了作为一处乡间的休闲之处以外，哈德良的别墅还是一个亲希腊的皇帝对他统治下的广大、丰饶、成熟的文化的系统化总结。这简直是一次罗马工程的"盛筵"，它需要极多的土方搬运、台地塑造、水管铺设以及其他基础设施的建设，这座别墅完美地达到了哈德良的目标：创造一个暗指他经历过的历史与文化以申明他对希腊—罗马文化遗产继承的宫苑。他通过把一系列的建筑作为"事件"串联起来，使人在发现顺序之后感到提高来达到上述的目的。这些是由一系列的内向的景观构成的，它们周围都有巨大的建筑围合，比如景致运河(Scenic canal)和特里克林尼厄姆(Triclinium，意为有三面环躺椅的餐室)又合称为卡诺普斯(Canopus)，[17] 一条条长的有柱廊的运河的结尾则是一座有巨大出檐的拱顶，旁边是门厅(Vestibule)，或

者称为入口大厅,作为奇妙的宴会设施(图2.45,2.46)。藩篱岛(Island Enclosure),没有被指定有特定的功能,这是由水渠和柱围合出的一个空间,经过了精心的设计,许多年来这里被称为"水剧场"(Marine Theater),但它的装饰和卡诺普斯一样,则是隐喻的、都市化的罗马文化以及其先行者希腊文化(图2.44)。虽然为这种主题服务,但别墅还是可以和现代的温泉宾馆相比。这里还有为工作人员和客人准备的健身设备,有两座浴场,和罗马城中的那些设计得差不多,也有热水、温水、冷水池以及涂油室和按摩室这样的序列。

许多这种连接的元素把各个部分织成了一个综合的网络——柱廊、凉亭、小路以及植物——现在只能去猜测这些了。许多装饰性的细节也消失了,这有助于这个整体统一到艺术的和谐中来。闪光的马赛克和大理石镶嵌画随处可见,还有众多的大理石与铜雕的人像。哈德良除了作为一名有创造力的建筑思想家以外,还是一个鉴赏家和艺术的保护者,这么说是因为他复制了大量的希腊雕像。斜倚着的河神雕像装饰着别墅中的许多水花园,还有描写黛安娜(Diana)为狩猎女神和丰收女神形象的雕像。柏修斯(Perseus)、巴卡斯(Bacchus)、俄耳甫斯(Orpheus)、阿波罗(Apollo)以及其他神话中的诸神中加入了哈德良所爱的安提诺斯(Antinous)——被刻画成各种各样不同的神的形象。这些塑像以及哈德良本人的胸像都被安置在神龛中或者花园中的小路旁。

但最具统一性的元素还是我们今天也十分喜欢的:水。泉、池以及使空间活化的反映着天光的水渠归功于水力工程师们。今天我们站在卡诺普斯,当年的盛况只能靠想像了:光线在曲线优美起伏着的马赛克贴面的半穹顶上闪烁着,在水渠中流动的水面上跳跃着,世界上最有权威的统治者看着他面前宴会长椅上的罗马帝国的总督、大使以及其他要员们。

除了作为娱乐之所外,哈德良别墅还作为居住地来使用,帝国的事务也在那里得到调遣。哈德良追逐财富之前的一座别墅被彻底地改建用来作为帝国的住区,并且,因为政府事务总是由皇帝来办理,所以帝国的官僚们也需要自己的办公室。两座观景的构筑物,东观景楼(Belvedere)和西观景楼,从这块地的高处俯瞰着下面,可能是用于赏景,也可能是作为商谈散步。

对于我们此处的目的——讨论作为文化价值观表

现的景观而言,别墅中有两个地方值得特别注意:"神庙谷"(Vale of Temple),如此得名是因为那里有多立克神庙(Doric Temple)俯瞰地块北端的东向山谷,还有未完全开挖的私人拥有的较高地段,那儿有"南剧场"(South Theater)以及一个地下的隧道网。现代的学者们认为,别墅用地上陡峭的东山谷由于采石而变得更深了,这增加了东北希腊奥林巴斯山(Mount Olympus)附近神庙谷的雄伟。[18]在这个美丽的地方,俯瞰着更广阔的、由提波提奈山(Tiburtine Hills)围合成的景观,是一个小的、圆形的、开敞的多立克式花园神庙,里面是普拉克西特勒斯(Praxiteles)的雕塑"尼多斯(Knidos)的阿芙罗狄式(Aphrodite)"的仿制品(图2.46)。它不是一座宗教意义上的神庙,而是由大渡槽(现在已经消失)围合的装饰性构筑物,所有这些东西构成了对诗意的希腊景观建筑的礼赞。

在别墅用地的另一端是南剧场,据最近由威廉·L·麦克唐纳德(William L. MacDonald)和约翰·A·品托(John A. Pinto)撰写的一篇论文,它可能是以得墨特耳和普西芬尼的传说为基础的艾留西尼亚人(Eleusinian)的举行仪式的场所。[19]这些宗教仪式是人类灵魂不朽和自然中年复一年的生死循环的象征,是在雅典附近的艾留西斯(Eleusis)举行的,其中还包括了下降到地下世界哈迪斯(Hades)之领地的仪式。有一个复杂的地下通道网络与剧场相连,它的结构显然超出了一场普通戏剧的需要。麦克唐纳德和品托认为,仪式的参加者可能在仪式开始时由舞台下到这些通道中。如果上述说法是正确的,即一个人在雅典城外的宗教圣地获得的经验可以在罗马的坎帕格纳找到,那便说明了人在某种独特的自然环境中朝拜的经验可以通过另外复制的环境来唤起它们。

别墅作为一处"主题的"环境,由于与其他有名地方的联系而变得意义丰富,这可以从人与景观之间关系转化的角度来理解。在新罗马帝国(Late Roman Empire)的大都市周围,早期充满了神话色彩的环境得到重建,几乎已经成为了自然而然的事情。然后,历史上的花园与林园景观便提供了一种理想的再现场景。

现在我们已经看到了古代景观形式从直接关照天与地上的元素以表达宇宙观,到象征摹拟另外一个地点以激起人的想像和联想的这样一种转变。同时我们也看到了城市中的秩序怎样采用了一种与自然相关的秩

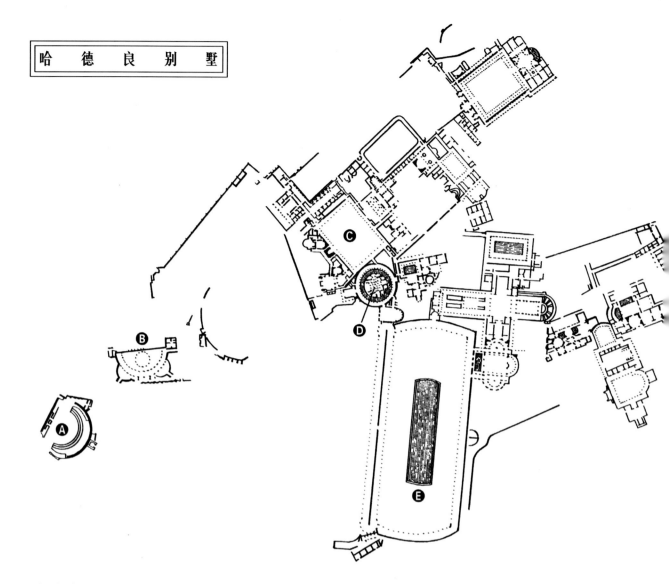

图 2.42 哈德良别墅的平面，公元 118~138 年。
　　A. 北剧场；B. 维纳斯神庙；C. 图书馆庭院；D. 尼姆渡槽(水剧场)；E. 列柱中庭水池；F. 卡诺普斯(Canopus)。

图 2.43 半圆形餐凳(又称
　　　　Stibadium)，卡诺普
　　　　斯，哈德良别墅。

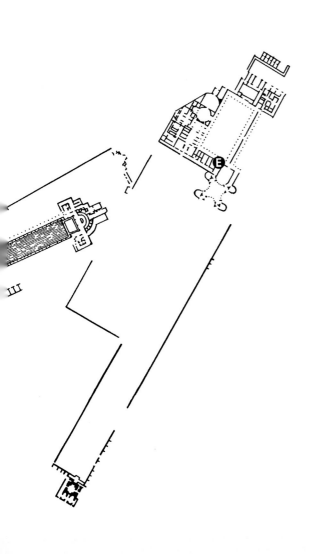

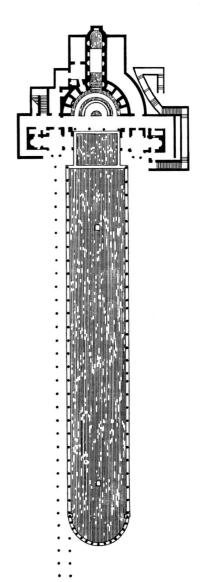

图2.44 观景水渠与三面环躺椅的餐室——卡诺普斯的平面图。公元118～138年。水渠的东北端是半圆形的。放在柱子间和凉亭里的雕塑沿着水渠分布在其两侧的台阶上。水渠的轴线在东南端的半穹顶处结束。这个迷人的小建筑的内墙曾经镶满了马赛克，在交替出现的射线和三角形上起伏着，它是斯提巴提厄姆(Stibadium)，一个半圆形的休息处的背景(图2.43)。这个斯提巴提厄姆以水为镶边，它基础上的圆形台座托着青铜的桌子。它前面是木制餐凳的空间，这些都面向一个半圆形的水池，用餐时仆人将餐盘由水漂过去。

一组蜂巢状的小室减轻了天篷穹顶的重量。低处的八个面向有龛的拱顶内部，四个盛放雕塑，另外四个则有小型的台阶，以活跃跌落在上面的水流。这些交替成对的小室在拱顶中间被一个拱形的缺口打断了，这里几乎在远处看不到，整个运河、餐室景观的主轴线结束于它华丽的半圆形后殿。一个从一系列的侧室都可以到达的石制的平台，把它们中的一个送到了水槽边，它的墙上有为雕塑准备的龛。只有平台上的区域才有筒形的拱顶，留下了一两处大型的空间让光线进入这个深深的洞室。

水由两条导管引入洞穴，注满了石平台下面的水池。再经由一系列的管子、经过马赛克水和大理石跌落到其他的水渠和水池中，一直到最后流入大水渠。

图2.45 "水剧场"，哈德良别墅，公元118～138年。

图2.46 多立克神庙，"神庙谷"，哈德良别墅。公元118～138年。这座神庙以及它如画的风景，在更大的维斯塔(Vesta)神庙的形式中得到呼应，维斯塔神庙俯瞰着阿尼安河的美丽峡谷，它是众多相似的花园神庙的始祖。"索罗斯"——或称圆形神庙成为西方十八世纪花园和十九世纪公园设计的典型特点。

序，这一秩序要远远强于史前和远古时代。

景观对于另一地的暗指，可能是别墅设计者们留给后代的最重要和持久的遗产。荷马诗史中片段的"主题化"，正如在斯波朗加(Sperlonga)洞室中，把景观与文学在一个惊心动魄的场景之下结合了，自然在这里充当了舞台布景，一处幻想的剧院。哈德良别墅中对哈迪斯冥界的摹拟是当时的"虚拟现实"，情感因为宗教的目的而被操控——如果那些地下画廊真是用来庆祝艾留西尼亚的神话的话。景观于是成了一种或多于或少于自然的东西。它现在更像是一种主题化的空间而不再是含有内在意义的场所。从此以后，景观设计——虽然有时还是纯粹产生于功能需要或审美原因或者仅仅是早期作品的摹拟——都被注入了一种叙述性的冲动。这种叙述性冲动在今日商业化的主题公园、主题历史区、乡村、以及老城市中心中依然盛行。空间与时间的概念通过理智与想像的作用不断得到修正。当人口增加、强有力的工业时代构成了对自然以及传统建筑技术的威胁之后，历史便成了潜在的

幻想空间。哈德良别墅则成了景观设计史上无数的久远场所的复制品的祖先，包括今天的主题化场所。

具有讽刺意味的是，在景观被"驯养"且失去长时间的埋藏于各种各样自然中圣地的神性的同时，"隐喻"站出来发挥了推动两个宗教——基督教和伊斯兰教——运动的作用。对于水、雕塑、马赛克的运用以激起诗意的情绪；室内外空间的贯穿一致；对建筑选址的不断增加的兴趣；对于光、色、声的欣赏；灌木修剪的设计与实践——这些是罗马的景观设计师们留给后人的遗产中的一部分。每占领一块原属于罗马帝国的领土，伊斯兰的花园设计师们总会在他们的规划中加入一点儿古典的元素，使它们与波斯的遗产相混合。然而在基督教的西方，在罗马帝国衰落以后到文艺复兴前的数个世纪里，生活彻底地改变了。再也没有人建造带有奢侈浴池和充满神话人物的花园别墅了。再也没有华丽的、带有抽水马桶和装饰丰富喷泉的城市住宅了。夏天用的爬满葡萄藤的凉亭下的三面环有躺椅的餐桌也消失了。

虽然在基督教的领地上，奢侈和放纵还是贵族们的特权，但人们还是把目光逐渐转投向天堂的方向，甚至某些僧侣因为害怕违背他们的基督教誓言而拒绝食用水果。尘世间对于建筑和绘画的三维空间的强调消失了，但是一些旧的建筑形式，尤其是列柱中庭式的花园，由于它是建筑词汇中最基本的组成之一而很难完全消失。最重要的可能是，罗马帝国衰落以后，那些主要的花园都不再是现实中的，而是《圣经》中描写的人类堕落之前的天堂，或者说是经过一生的苦难之后那些幸运的人们能够轻松到达的地方。

注 释

1. 古典主义(classicism)在整本书中重复出现。它指所有艺术中出现的通过心智活动表现的人类冲动——而不是通过直觉、情感或感觉——是一种理想的状态，高贵、权威、理性以及和谐的秩序是其模仿的范型。人们认为上述的那些品质应该是希腊和罗马大部分时期的艺术和文化的总特点，是历史上其他文化获得灵感的源泉。古典主义推崇传统胜于创新。在建筑和景观中，古典主义指的是可度量性、数学的精确性在设计中的运用，体现为平衡、几何的线条以及图形、对称，而不是不规则和不对称。当这个词出现在句子中大写的时候，它指的是一个特定的历史时期，历史学家认为它是在风格发展中的一种成熟且重要的风格。它的例子包括：公元前五世纪后四分之三的希腊艺术，或者文艺复兴时期的意大利(大约是1505~1525年)创造的艺术。新古典主义(Neoclassicism)指古典主义风格中的平衡、秩序、对称等特点的复兴，经常表现为模仿某个时期的风格或者复制其认为古典的形式。比如：1900年前后出现的美国建筑和景观设计中的工艺美术风格(Beaux-Arts)就是新古典主义，这是一种从巴黎美术学院(École des Beaux-Arts in Paris)，这个学院的课程以法国十七世纪的设计理论为基础；而这些设计理论则是根植于意大利文艺复兴和罗马的著名古典建筑中的。

2. 关于这个理论的精妙分析见于弗朗索瓦·德·波里格纳克(François de Polignac)，《希腊城邦的祭礼、领地与起源》(Cults, Territory, and the Origins of the Greek City-State)，简尼特·劳埃德(Janet Lloyd)(芝加哥：芝加哥大学出版社，1995)。

3. 英德拉·卡吉斯·麦克埃文(Indra Kagis McEwen)引用的波里格纳克(Polignac)的文章 "La naissance de la cité greque"(巴黎：1984)，文章见于《苏格拉底的先

人：论建筑的起源》(Socrates' Ancestor: An Essay on Architectural Beginnings)，(剑桥，马萨诸塞：麻省理工学院出版社，MIT Press，1993)。从书中可推知城邦的隐喻："一个由其居民活动：在一定的时期(延续了多年)顺序建造圣所，以及从城中到城外再返回的礼仪性游行……编织的平面，这种游行可以被视为一种阿利亚德尼之舞(Ariadne's dance)，覆盖了被称为卓拉(chora)而不是卓罗斯(choros)的领地。" 81 页。

4. 《致派西安·阿波罗》(To Pythian Apollo)，选自《海西奥德：荷马的赞美诗和史诗》(The Homeric Hymns and Homerica)翻译：H·G·埃弗林-怀特(H. G. Evelyn-White)，洛伊勃古典丛书(Loeb Classical Library)(剑桥，马萨诸塞：哈佛大学出版社，1914)，345 页。阿波罗杀死蛇的行为可以解读为阿波罗取代了以蛇为象征的大地女神的统治，代之以与上天相联的男性神力。他是与光芒相伴的神，因此也是与人类理性相伴的，这一点可以从以下的诗句中得到证实："具有穿透性神力的海利奥斯(Helios，太阳神)所到之处，鬼怪就会腐烂掉。" 所以，根据文森特·斯加利(Vincent Scully)，"特尔斐对于希腊人来说肯定是一处矛盾交汇之地，老的大地女神与新的人类和奥林匹亚众神相冲突的地方，是暴力得到最多表达的地方，" 他认为这种关系还通过神庙的选址体现出来：神庙坐落于一处壁架上面，后面就是斐德里亚德(Phaedriades)山高耸的、似乎要刺破天宇的角状山峰，高塔位于寺庙的上方，紧邻着一座山谷，谷中流过的是神圣的卡斯塔利安(Kastalian)泉的泉水。参见文森特·斯加利，《大地、神庙和众神：希腊的神圣建筑》(纽黑文：耶鲁大学出版社，修订版，1979)，109 页。

5. 黄金分割(The Golden Section)是这样获得的：用如下的

办法分割一个平面图形或者直线：分割以后小的部分与大的部分的比值等于大的部分与两者(大的部分与小的部分)之和的比值，这个比例大约等于三比五。这个比率也可以用小数表示，大的部分除以小的部分时约等于1.618。

6. 亚里士多德(Aristotle)，《政治学》(Politics)，第七册：5。出自《亚里士多德全集：牛津翻译修订版》(The Complete Works of Aristotle: The Revised Oxford Translation)，编者：乔纳森·巴恩斯(Jonathan Barnes)(普林斯顿：普林斯顿大学出版社，Priceton University Press，1984)，第 2 卷，2105~2106 页。

7. 《政治学》，第七册：11。第 2 卷，2111~2112 页。

8. 波里格纳克，《希腊城邦的祭礼、领地与起源》(Cults, Territory, and the Origins of the Greek City-State)，76 页。

9. 同上，第 3 章。

10. 参见约翰·特拉夫罗斯(John Travlos)，《古雅典图画词典》(Pictorial Dictionary of Ancient Athens)(纽约：普拉埃格尔出版社，Praeger，1971)，1~29 页，有记载了雅典广场为公元前六世纪到公元五世纪的演进变化的文字和图片。

11. 参见约翰·M·坎普(John M. Camp)，《雅典的广场：古典时期雅典中心的发现》(The Athenian Agora: Excavations in the Heart of Classical Athens)(伦敦：泰晤士与哈德逊出版社，Thames and Hudson，1986)，35~38 页。

12. 斯拜罗·考斯托夫(Spiro Kostoff)，《城市的成形：历史上的城市模式与意义》(The City Shaped: Urban Patterns and Meanings Through History)(波士顿：里特尔布朗出版公司，Little, Brown and Company，1991)，229 页。

13. 维特鲁威(Vitruvius)，《建筑学》(De Architectura)，第七册，第五章，第 2 部分，翻译：弗兰克·

格兰格尔(Frank Granger)洛伊勃古典丛书(Loeb Classical Library)(剑桥，马萨诸塞：哈佛大学出版社，1934)，103 页。

14. 见《普林尼书信集》(The Letters of Pliny)，舍尔文·怀特(Sherwin White)译(牛津：牛津大学出版社，1966)，186~199 页。Porticus 指的是有柱的画廊或者门廊。而 cavaedium 指的是开放式的四边形庭院，围合它的是房屋的内墙。Triclinium 这个词来指 U 形布置的三个餐椅，或者是指餐厅，又或是花园中室外用餐的区域。

15. 同上，321~330 页。

16. 正如第四章描写的：在十六世纪，皮罗·利高里奥(Pirro Ligorio)——大主教皮尤斯四世(Pope Pius IV)和红衣主教伊波利托·德埃斯特(Cardinal Ippolito d'Este)的建筑师，他非常赏哈德良别墅(Hadrian's Villa)，将其作为一处考古胜地，并从中发掘了许多艺术品，他陆续把它们用作他自己设计花园的装饰品，包括附近的德埃斯特庄园。

17. 这条观光运河(Scenic Canal)"卡诺普斯"(Canopus)得名于(Historia Augusta)，这是一本不十分可信的十四世纪晚期的传记集，其中写道："[哈德良]给梯伯提安别墅(Tiburtine Villa)施以非常豪华的装饰，这样，他就可以给这些地方冠以那些行政省著名地方的名字，比如：普雷坦尼厄姆(Prytaneum)、卡诺普斯、波伊西勒(Poecile)、坦波(Tempe)[山谷]。为了无所遗漏，他甚至建造了一处地下世界。" 想得到综合的关于风景运河(Scenic Canal)和三面餐室(Triclinium)的知识，请参考威廉·L·麦克唐纳德(William L. MacDonald)和约翰·A·品托(John A. Pinto)，《哈德良别墅及其遗产》(Hadrian's Villa and It's Legacy)(纽黑文：耶鲁大学出版社，1995)，6~7 页和108~111 页。

18. 同上，59 页。

19. 同上，124~138 页。

第三章

天堂的梦幻：
景观设计成为象征和隐喻

在整个人类历史文化中，对世界各种不理想事物的深刻认识以及对重建一个已消逝的地方和时代(在那个地方、那个时代，生命生生不息，死亡不为人知；没有极端恶劣的气候，不用辛劳的耕种，不用费力的运水；法律代替了恐惧，秩序战胜了混乱；和平永远存在，战争永不发生)的渴望植根于人类对环境的反映中。世界上的大部分神话——圣经的、古典的、伊斯兰的、早期基督教、中世纪以及中国的神话都诠释过这个主题。

天国一词起源于波斯语"pairidaeza"，代表用围墙围起来的皇家猎囿或果园(图3.1)。[1] 天国既是文学主题，又是理想化的乐园，它在意识上和物质上都与这个世界剥离开来。它不是外向的，而是内向的；不是空间的相互包含，而是空间的相互制约。在犹太-基督教传统中，这个神化的天国是一个人类和动物尽情享受素食、而不会互相捕食对方的地方。伊斯兰传统又为之增加了仁慈和安全的环境，在那里，受到保佑的人享受丰收带来的安逸，诸如佳肴、美酒、音乐、芳香以及性爱等感官上的愉悦。

不过分地强调天国的隐喻是很重要的，因为这些隐喻以牺牲地形、气候或统治者为改善当地景观而表现出的仁慈力量等为代价。然而，在真实的伊斯兰园林和中世纪园林中，天国的形象——一个富足的、规则式的、围合的空间，水从中心源泉向四个方向流出(有时从四个方向流回到中心源泉)——成为不论是宗教或是非宗教等多种团体的共同范例。在从印度的莫卧尔帝国(Mughal India)到摩尔人统治的西班牙(Moorish Spain)等伊斯兰领地以及欧洲的其他地方可以看到这种模式的花园，称为(hortus conclusus)，即围合起来的花园。在基督教中世纪手抄本、织锦和木版画中也有所描绘。而修道院和教堂中的回廊庭园就是这种园子的范例。真正的庭园以及描述这些文化的艺术所展现的对天国的想像都隐含着对这个世界上事物的重新安排，从而创造一种理想的和经过合理组织的环境。与此类似，天国中所有被上帝创造出来的植物分门别类进行种植的理念，成为文艺复兴时期植物园规划的基础。

现在去想像自然界曾经是多么恶劣和不友善是很困难的，而且不可能去想像恐惧的人们曾是那么野蛮。使荒野的自然浪漫化的冲动，即用更为自然的方式造园——即一种荒谬的用以暗示相对高水平的技术信心和超越自然的经济控制的方式——所表现的那样，现实条件与真正的天国所处的环境是完全不同的。作为一种态度和设计思想，浪漫主义手法直到十八世纪才开始流行。虽然天国一词常不准确地运用于描述田园诗般的园林，正如在《古兰经》和《圣经》中所描述的象征天国的花园几乎总是对自然的征服、驯化和控制。根据犹太—基督教的观点，天国不仅是园林的范例，而且是公正的城邦和神圣的男人、女人的典范，他们秩序井然的存在，象征着遵守上帝的法律。一些景观有意描绘这种秩序、安静、慷慨富足、无忧无虑——两大世界性宗教，伊斯兰教和基督教通过天堂进行交流，在研究这些实际的景观之前，应当丰富我们对作为文学主题的天堂的认识，这有助于我们理解景观设计的重要的新角色——景观设计逐渐作为一种创造标志性空间、场所的方法，在那里"象征"唤起人们的思想和理念，而不是纯粹的天国式的自然。

I.天国成为文学主题：上帝的花园和爱的花园

伊甸园

读过《创世纪》(Genesis)的人都知道，不服从规矩的代价是被逐出天堂。在这个故事中，新形成的土地上没有任何植物，因为那里没有人来耕种土地，也没有雨水，但是一场洪水涌上地面，灌溉贫瘠的土地。

"然后，上帝在遥远东方的伊甸(Eden)设了一个园，把他创造的男人放在那里，上帝让地上长出各种树木，既令人悦目，果实又可充饥。在花园的中部，上帝种下'生命树'和'知善恶树'。"[2]

这个简单的描述让我们对幻想中的"第一"花园略有一瞥，并使天国的形象鲜活起来。然后我们又被告知："有河从伊甸流出，并滋润着伊甸园，当它离开时分成四条河流。"[3]

至于希伯来人和基督徒关于天国的想像，《圣经》更是少有描绘，在西方宗教艺术为数众多的作品中，只有少数描绘了天国的自然特征。然而，园子中部以生命树、知善恶树为标记，四条河流从中流过(大概沿着四个主要方向流过)，这种观念在《圣经》关于宇宙图解的术语中反复出现，而我们从其他史前文化中也熟悉了这种宇宙图解：即一条贯穿天地中心的垂直轴线，附有四个指向东、西、南、北的水平轴线。根据四分园(quadripartite pattern)的布局来看，类似这样的灌溉系统必然曾在农耕最早出现的古代近东某些干旱的地方出现过。

古典主义的天国

从古典主义文学的描述中，可以证实天国一词所象征的景象的长久性和普遍性。在《奥德赛》(Odyssey)中，荷马(Homer)对乐土(Elysian Fields)进行了描述，开创了一种作为对勇敢者奖赏的天国般花园的景象。斯巴达王(Menelaus)得到这样的消息：

图3.1 Bahram Gur Pins the Coupling Onagers 细部，细密画见《国王之书》，(佛道斯著)第568页，米尔·萨伊德·亚利(Mir Sayyid Ali, 1533～1535年)绘画。台比兹(Tabeiz)，波斯。墨水、不透明水色、金粉作于纸上。藏于纽约大都会艺术博物馆，亚瑟·A·霍顿(Arthur A. Houghton)1970年捐赠(1970.301.62)。

上帝有意派你到天堂，

金色的拉达曼提斯矗立在世界的尽头，

那里所有的一切都令人舒服，就像梦境，

雪花从不飘落，冬天永不来临，

没有狂风暴雨，只有来自大海的风

那么温和，令人平静，让人心旷神怡——

这里总是吹拂着西风。[4]

《奥德赛》中还包括荷马对奥塞尼尔斯(Alcinous)天国般果园的著名描述，进入主人房间之前，"长期经受苦难的奥德赛人羡慕地站立着"：

果树高大繁茂，梨、石榴、苹果挂满枝头，还有美味的无花果、繁花朵朵的橄榄树。果实永远不会减少也永远不会腐烂，它们不断地生长，不断地成熟。不论冬或夏，西风之神(Zephyr)使这里一年四季西风拂面。

除了苹果、梨、无花果，葡萄藤蔓中还挂着串串葡萄。那里有个葡萄园：一部分葡萄平铺在地面上，让阳光晒干，一部分用来酿酒，一部分则掉在地上。在小屋前面，没有成熟的葡萄正开着花，而其余的正在慢慢成熟。在最后一排处，有个井然有序的花园，园中栽植着各种新奇植物。

园中有两股泉水流动着，其中的一股泉水流经整个花园。另一股泉水从一个高耸建筑旁边的庭园中涌出，市民都到这儿来汲水。[5]

拉达曼提斯(Rhadamanthos)、乐土(Elysion)、受到保佑的岛屿(Blessed Isles)、遥远的东方(或西部)以及神奇的山巅——这些地方对于一般人来说极其遥远而无法到达，有关它们的神话一直流传到十五世纪。这以前，给人以希望的信仰一直认为：自然中的天国是一个相当遥远的王国，在那里人们经过公正的裁决被放逐。与地球上存在天国的理想(地球上的天国可能会被远航的水手发现)相伴随的是古典文学中关于天国的概念，它与《创世纪》中《人类的堕落》(Fall of Man)、与逝去的黄金时代中失落的天堂的故事相类似。

希腊诗人赫西奥德(Hesiod)公元前八世纪的杰作《工作和时日》(Works and Days)将两种观点结合起来。他关于普罗米修斯(Prometheus)和潘多拉(Pandora)神话的译本有助于解释人类的艰苦：从贫乏中第一次知道了自由之后，受到惩罚的人们与冷酷无情的土地进行搏斗，以生产维持生存的庄稼。《工作和时日》还使希腊人意识到他们是英雄的后代。书中还详细描绘了从安逸逐渐消失、体格变得强健到身心高贵所经历的一系列时代：黄金时代、白银时代、青铜时代以及作者所处的黑铁时代(一个战争的和不懈劳动的时代)。其他文化也已经把人类经历的类似时期编成了童话。但是赫西奥德以迈锡尼光荣的回忆为荣，以黑暗时代(Dark Age)英勇的风气为荣。黑暗时代因为荷马、也因为是荷马所处的青铜时代和艰难的黑铁时代之间的过渡时期而千古垂名。黑铁时代是英雄的时代，那些传说中战斗的国王与《伊利亚特》(Iliad)和《奥德赛》中的诸神一一对应。

战争和流血注定了英雄的命运。

然而他们中的另外一些人是宙斯(Zeus)的父亲，克隆那斯(Kronos)的儿子。他们住在地球的尽头，远离人类，有房屋和食物。在受福佑的岛屿，在狂暴的奥克那斯(Okeanos)附近，他们心无重负地生活，为了这些有福的英雄，几乎产不出一粒谷子的土地一年中可以三次产出蜜一样甜的谷物。[6]

后来希腊抒情诗人平达(Pindar，公元前522~公元前443年)发展了有关这个已消逝时代的主题——在那个时代，人们清白无辜地活着，不知道艰难和悲伤。古罗马诗人维吉尔(Virgil，公元前70~公元前19年)预言了奥古斯都大帝(Emperor Augustus)统治下的新的黄金时代的景象，而奥维德(Ovid，公元前43~公元前17年)则怀旧地回忆过去简单而质朴的幸福。

除了对已逝去的和平、富裕时代的暂时想像外，遥远的乐土和受保佑的岛屿的概念给人以安慰——死后可得到报应。这两种想像(一种是富足、安宁的时代，另一种是死后得到公正的报应)与基督教中天国一词的两种说法相似，即对于相信天堂的人而言，天国指代伊甸园和死后复苏的家园。

至十五世纪，迦太基(Carthaginian)诗人布罗修斯(Blossius Aemilius Dracontius)借鉴了基督教关于天堂的想像，他如此描绘天堂：

有四条河流从那里流出，有缀有宝石的草地和永不凋谢的花朵，芳香四溢，草药永不枯萎。这是上帝的世界中最快乐的花园。[7]

阿斯穆斯·艾克迪斯·阿维特斯(Alcimus Ecdicius Avítus)，公元490～518年任维也纳主教在其(De Spiritalis Historiae Gestis)中吸取了早已形成的传统，指出天国的位置：

东印度，世界开始的地方，
据说天与地在那里会合。

天堂对于阿维特斯来说是这样一个地方：

那里永远是春天，
没有狂风，没有阴云，
永远是晴空万里，阳光明媚。
那里不需要雨水，草儿在露水的滋润下茁壮成长。
地面永远是绿色的，大地展露笑容，发散着温暖。
山上永远覆盖着植物，树木永远枝叶繁茂，蓓蕾含苞待放，花儿时时绽开。[8]

穆斯林的天堂

《古兰经》是一部记述神的智慧的书，源于希伯来《圣经》，以及上帝在六世纪时向默罕穆德展现的神的智慧。书中描绘有四条河流从天堂流出，如同《创世纪》所述。然而，这里的河流更加隐喻，而不仅仅是地理意义上的，河中永远流淌着水和纯净的蜂蜜。《古兰经》详述了天堂的华美和富足，受到保佑的人身着丝制长袍，会得到奖赏。

倚在沙发上，既没有灸人的热浪，也没有刺骨寒风，清凉的树荫撒在他们周围，一串串果实悬在他们头顶。

他们享用银制的盘碟和大口杯，银制的高脚杯可以自动盛满泉水，这泉水来自塞萨贝尔(Selsabil)之泉，带有姜汁味。男仆仔细地护理下，他们永葆年轻，在旁观者的眼中，就像是洒落的珍珠，人们惊叹于这样的景色，相信这是一处有福之地、光荣之地。[9]

沙漠中的文化，强调凉爽的树荫、清澈的流水、振奋精神的饮料，这是可以理解的。沙漠弥足珍贵的绿洲中，有四条十字交叉的河流从中流过——这是《古兰经》中天国的美丽而富足的景象，它已经为穆斯林皇家园林设计，以一种暗喻的方式联系起来。与西方基督教园林一样，伊斯兰皇家园林为最初的宇宙图解赋予了特殊的象征主义和宗教权威。这在其空间组织中表现得很明显：园林中部有一个高台作为重要建筑物(通常是君主的帐篷或坟墓)的平台，四条水渠标示着四个主要方向。但与西方基督教园林所不同的是，在伊斯兰园林中性爱得到适当的认可。

欢乐的伊斯兰园林

从隐喻的观点来说，伊斯兰文化中的园林具有双重职责，神秘主义创造的真主和诗人描绘的人类爱情是其特征。伊斯兰世界大部分干旱少雨，在春天，人们可感受到真主的恩惠，大地暂时色彩缤纷，令人愉快。在伊斯兰文化中，人们唱着欢乐的歌赞美即将到来的春天。所有季节中，绿洲般的天堂是最美的荣耀。在那里人们可看到人格化的信徒——如天堂的看门人，可发现大量极其美丽的喷泉。伊甸园(在《古兰经》中，最初的花园与永恒之园是同义)中矗立着具有双重意义的(Tuba)树——它既象征神圣，又象征爱人的温存。

基督教中充斥着神与人类爱情的对立，而在《古兰经》神秘的思想中未有所见。十二世纪鲁兹比汉·巴克利(Ruzbihan Baqli)建议通过凝视水、草木、可爱的脸来获得精神上的放松。园林中所有的花儿都为赞美真主而存在，每一朵花都被赋予一种或多种神的特征，同时，花还代表人体不同部位之优美。例如，郁金香既象征殉道者也代表脸颊(风信子和石榴也同样)，水仙白色的"盲眼"(blind eye)代表无知，又是对爱人挚诚眼睛恰如其分的称赞。十一世纪的诗人菲尔多西(Firdawsi)在其著作《国王之书》(Book of Kings，又称Shahanama，被喻为波斯史诗)中描绘一个可爱的妇人时，运用了大量丰富的由园林中引申而来的词汇：

她，仿佛由象牙雕成，有着天使般的容貌和杨柳般婆娑的身姿，石榴花般娇红的双颊，石榴籽般的红唇，莹白的胸脯上仿佛点缀着石榴，她的双

图3.2 《在用篱笆围起的花园中的圣母玛丽亚》彩色木版画，斯瓦比亚或弗兰科尼亚的一位不知名的人作于1450～1470年，藏于华盛顿特区的国家美术馆(National Gallery of Art)，罗森瓦尔德(Rosenwald)的收藏品。

眸，犹如园中的水仙花，配着乌黑的额眉，看上去，她仿佛从仙境中来……[10]

伊斯兰园林中最超群的花是玫瑰(gul)，它是如此受到尊敬和赞美，以至俨然成为园子真正的名字，玫瑰花园(gulshan)就含有玫瑰的意思。穆斯林神秘主义者认为，玫瑰是默罕穆德额头滴落的汗水形成的，人们也普遍把玫瑰与爱人的脸类比，有时也用来描述居住在天国的美丽女神。在神秘的风俗中，玫瑰也代表和平，她散发的芬芳在凋谢后仍萦绕不散。另外，玫瑰由许多花瓣叠合成一朵形态优美的花，象征着人类的团结、和谐。这些联想充实了伊斯兰园林的象征主旨。

基督教寓言对于《雅歌》的解释

《旧约》(The Old Testament)最为抒情的诗篇是圣经的爱情诗《雅歌》(The Song of Songs)。该诗以新郎和新娘对话的方式展开，在一旁伴奏的合唱给予解说。《雅歌》充满了爱的气息，新婚夫妇用芳香、果实、宝石、树木、纪念碑和好看的动物等园林中的形象所引起的美好联想来极力赞美对方。自然——不论是否经过人工开垦，在其动态变化(这种动态变化引起爱的得失)的全部进程中一直勇往直前，石榴、小羚羊、水仙和百合出现在文学作品中，用来比喻所爱的人。

克拉沃克斯(Clairvaux)修道院的圣·伯纳德(Saint Bernard)修士对该诗做出的诠释把这些对爱之花园的想像转变为神之间的对话：通过对这首诗进行精心注释，该诗转变成上帝挑选他的新娘圣母玛利亚(Virgin Mary)以及基督与伯纳德的教堂之间的神秘联姻。他给诗添加了极其美丽的自然风景，不仅阐明了基督教可以使《圣经》与其偏爱纯洁的强烈偏见相一致，而且也阐明了在世间诸象中看到讽喻意味的趋势。

新郎宣言：

我的姊妹，我的新娘，是紧闭的花园，是紧闭的花园，是封闭的泉水。[11]

新郎的这段宣言转变成圣母玛利亚纯洁的特殊象征。她的子宫成为花园的隐喻，在花园里，基督诞生，上帝种下生命树。

基督教徒把《雅歌》当作寓言来解释，导致人们在描述圣母玛丽亚时，把她放在一个围合起来的花园里——通常是高墙围起来的、或者是中世纪整个欧洲所熟悉的那种用矮篱笆围起来的多花的草地(图3.2)。建造这样的矮篱笆是为了防止野生动物进入花园，而神话中的神兽——独角兽则可进入。永不疲惫、战无不胜的独角兽代表基督，为了能躺倒在圣母的膝弯里，基督情愿被抓住——也就是他甘愿生在泥土里。在中世纪的织锦、细密画和印刷品中最常见的圣母玛利亚花园是一个嵌着花的草地，草地上的花都有寓意。含苞的玫瑰象征圣母的谦虚，百合象征她的纯洁，鸢尾既象征法国国王，经推断又象征大卫(David)和耶稣的联盟。花园中笔直的道路象征神的秩序，喷泉代表《雅歌》中封住的泉水。荒野风景和野生动物(除了神话中的独角兽)被坚决排斥在圣母玛利亚花园的板条篱笆、荆棘篱笆或高墙之外。

早期的基督教徒强调野外不是观察和自省(自觉)的地方，而是一个隐含着敌对和不友好的地方，它的风景被比喻成严厉——圣洁的忏悔必须击败内心的邪恶。基督徒把荒野的、未经开垦之地当作魔鬼的领地，他们贬低自然，剥夺自然先前的尊严。洞窟成为隐士的房间而不再是神仙的家园，山峰不再像古代那样是诸神的住所，而成为基督教徒进行审讯和遭受诱惑之地。因为世界末日得到预言，人们把所有希望都寄托到来世，因而土地的美丽被贬低了。再者，对现实世界的否定使对自然界的剥夺得到认可，也认可了自然界对人类意志的征服。然而人们在感觉上不能对世界或自己的情欲漠不关心，当欲望变得明显时，被控制的自然——花园，得到保留。因为对《雅歌》的作者来说，这里是获得爱情的理想之地。

爱的花园

对于像四世纪晚期拉丁诗人克劳蒂安〔Claudian, 公元395年从亚历山大港(Alexandria)移居罗马〕那样的古典主义作家而言，花园显然应是维纳斯的领地。作为用古典主义传统写作的最后一位重要诗人，在为人熟悉的古典神话《珀尔塞福涅地狱之行》(Persephone's abduction by Hades, De raptu Proserpinae)的译本中，克劳蒂安形成了一种描绘令人愉悦的景观的手法，在另一首名为 Epithalamium de Nuptiis Honorii Augusti 的诗中，他画了一幅画：神圣的维纳斯的领地高居在爱奥尼亚海(Ionian Sea)的山巅之上，可远眺一座环绕着金色篱笆的花园，园中充满鸟儿的歌唱和芬芳的植物。这是幻想和隐喻之园，是令人愉快和谈情说爱的地方，在其中可看到这样的化身：

> 恋人之间无拘无束，有时容易生气，有时喝着酒彻夜不眠，很少感到害怕。恋人的赞美不会苍白，在第一次偷偷约会时，是那么大胆

而又战栗，恋人的誓言，以及每个风吹草动都令人喜悦而又害怕。树林中的这些高傲又自由不羁的年轻人似乎远离了外面的世界。[12]

虽然基督教坚决废弃古人(例如，希伯来人、波斯人、古希腊和罗马人)对性爱的一致认可，谴责同时代的伊斯兰人奢侈逸乐的生活，并谴责把花园与人类爱情相联系(而这已深深留存在西方人的想像中)。花园已成为爱情遭到考验和获得胜利的舞台，这是中世纪和文艺复兴时期文学的不朽题材。大约1230年，法国诗人纪尧姆·德·洛里斯(Guillaume de Lorris)在其寓言长诗《玫瑰传奇》(The Romance of Rose)中记述了他对浪漫爱情的梦想，大约40年之后，吉恩·德·米因(Jean de Meung)为这首诗写了一个完全不同于原作的结局(图3.3)。

纪尧姆·德·洛里斯(Guillaume de Lorris)接受了

图3.3 Mr·Harl著《欧尤斯夫人和情人》(The Lover and Dame Oyeuse)，摘自《玫瑰传奇》，这是一本带有插图的手抄本中的庭园一景。4425 folio 12 verso.c.1485, Flanders. 大不列颠图书馆(The British Library)，伦敦。

行吟诗的风格,在诗中部分地运用了细微的心理描写,诗中对姑娘(即玫瑰)的心理和思想进行了剖析——这超越了行吟诗通常采用的从一方面来看待感情的手法。诗的最后以受挫的恋人的现实环境为结局:男主人公不能战胜来自他的恋人周围的所有阻碍,因为要想得到玫瑰的爱,他必须用剑刺穿她的心。

吉恩的结局强调生殖的重要性:男主人公坚持强行夺走玫瑰,并得到人们的鼓励。维纳斯主管此事,说服玫瑰的保护人把玫瑰交给她的恋人,他们愉快地结合在一起。然而诗的语调端正,并不下流。男主人公不仅得到真爱,而且还得到奖励——获准进入天国。为了达到这个欢快的结局,吉恩在诗的第二部分着力描绘了典雅的地球上的花园,他的故事是为了描绘生产性的果实累累的花园,浪漫的爱情与基督教牧场一样,都是虚幻的。

《十日谈》(薄伽丘,Giovanni Boccaccio,1313～1375年,著于十四世纪中叶,那时黑死病正蹂躏着人类)的100个用生命印证的故事中,肉体和精神协调一致,都是人类生命中自然和快乐的部分。薄伽丘选取佛罗伦萨(Florence)附近的帕米尔(Palmieri)别墅为原型,描绘了一处围起来的花园:十字形交叉的、镶着宽宽的玫瑰和茉莉花带的苑路"像剑一样笔直,上面悬垂着葡萄藤架",花园中有橘子树、柠檬树和"刻有精美浅浮雕的"白色大理石喷泉。在这儿,男人和女人可以彼此喜欢,他们赞美这个花园就是天堂的典型。

> 花园的景色是那么美丽,它的布局是那么完美,园中的灌木、溪流和喷泉,这些都令女士们和三位年轻人感到愉悦,他们全都开始相信:如果地球上有天堂,那么毫无疑问,就是这个样子。[13]

花园的概念——围合起来的、与其他地方相分离的、赋予隐喻(隐喻:即为了一种理想通过艺术手段美化自然的一种表现)的空间,是理解景观设计历史的基础。[14]描述天国的文学引发了具有象征性空间的园林的概念,因而文学有助于景观设计承担一种角色(这种角色超越了其在史前和古代时期承担的角色),那时人们把自然界中真实的地方献给诸神,并依照天空和地面上的一些特征(诸如山、洞窟等)来塑造和布置建筑形式。作为象征意义的、而不是真正的神之居所的景观的概念从伊斯兰教、基督教思想中汲取了特殊的力量。很明显,这些世界性的文化将天堂的理想转化为现实中的园林形式。

II.地球上的天堂:伊斯兰园林

在沙漠地带,绿洲被象征性地看作是天堂,可以暂别炎烤的土地和令大地枯萎的太阳。通过征服和宗教融合,伊斯兰民族向西扩张跨过北非到达西班牙,向东扩张至中亚和印度,其领域主要由极其炎热和寒冷的干旱地带组成,其间散布着星星点点的绿洲,那里有最珍贵的东西——水。在迁移过程中,伊斯兰民族吸收了其他设计传统的成分,综合而形成了与众不同的风格。在沙漠绿洲中,《古兰经》所描述的天国的气候、四条神圣的河流、凉爽的喷泉以及树荫、果树都可在绿洲般的伊斯兰园林中发现,它们是天国恰当的象征。

与日本园林和英国园林不同,波斯园林及其后继者伊斯兰园林中没有游览路线、没有依次展开的景致,园林被设计成满足奢侈安逸和感官快乐或是像莫卧尔帝国陵园(Mugal Tomb)那样的纪念性的场所。水温柔的声音和迷离的反射为表现朝生暮死的气氛和梦幻般的特征起到了重要作用。花园大多建在气候温暖的地方,成为伊斯兰人的户外生活空间,常常建造得很华丽,但通风良好。带有柱廊的宫殿、花园凉亭都直接向室外敞开,一缕缕如金丝般的光线从墙上的隔栅透进来,消失在室内。在这里内部与外部、建筑与风景、物质世界与诗情画意之间的界限消融了。

果树和鲜花、鸟儿和动物、闪闪发光的瓦片、流水的波光粼粼和喃喃细语——这些活泼而柔美的东西都来自像地毯一样精美的伊斯兰园林。伊斯兰的地毯设计的确与园林设计是同时俱进的。庭园地毯的图案一般设计成四分园(chahar bagh)的图案,即十字形交叉的水渠将花园分为四部分,中央是喷泉(图3.4)。此外,种植在真正的花园中的植物被赋予象征意义:绿荫树代表《古兰经》中的土巴(Tuba)树,柏树象征死亡和永恒，果树象征生命和丰收。中央的椭圆形可以解释为平台——在真实的花园中这个平台上常建有凉亭。这些就形成了伊斯兰花园中基本的及永恒的设计程式——窄窄的水渠将花园划分成一个或多个四分园。这种窄窄的水渠源于古代波斯阿契美尼德(Achcemenid)王朝宫殿的遗址，展现了从凉亭可眺望刻有雕刻的石头水渠的大致情形。

一个确定的中心，能量从这个中心向四个方向流出，同时来自宇宙四个角隅的能量又返回这个中心——这种一分为四(quadripartite，即由四部分组成)的景观空间范例植根于史前传统的造园实践。但是伊斯兰(园林)设计和史前宇宙论设计也有区别：史前社会把景观当作带有浓厚宗教含义的特殊专有词汇，其空间组织转变成四部分，一个中心的构图即宣告了在给定风景内神的真正住处。伊斯兰园林设计植根于一种含有宇宙意义的宗教，而宗教著作已开始得到补充并代替了口头流传，所以宗教的传播更为广泛，一个普遍的具有宇宙象征意义的神圣空间、而不是将特定空间指定为宇宙神圣之地，现在成为指导园林设计的行之有效的文化原则。这个判断对于源自希伯来人的基督教景观设计也是正确的。

早期波斯园林

我们回忆一下，天国最初被用来指代猎囿。色诺芬(Xenophon，公元前431～公元前352年，苏格拉底(Socrates)的门徒，士兵和作家)记述了阿契美尼德国王赛勒斯大帝(Cyrus the Great，死于公元前529年)的猎囿——萨迪斯(Sardis)的天堂般的美景。在色诺芬的描述中，我们得知这个皇家苑囿既是猎苑又是一个规则式种植的果园。赛勒斯大帝在帕萨雷德(Pasargadae)建造了一座宫殿，一个独立的观众厅，以及一个可以眺望石水渠的凉亭。水渠中每隔一定距离设有一方形水池。

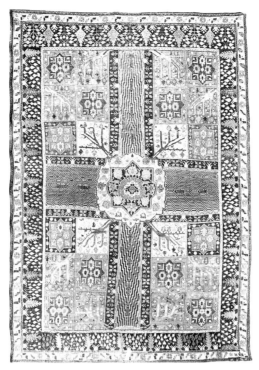

图3.4 十八世纪波斯庭园地毯(12'4" × 8'8")，维多利亚＆阿尔伯特博物馆(Victoria & Albert Museum)，伦敦。这块地毯描绘了一个四分图。

在帕萨雷德，柱廊给宫殿和观众厅投下阴影，带来光影的变化，从柱廊和花园中的凉亭可以眺望细丝带般的流水和周围的果园。这样我们就可以发现公元前六世纪波斯园林设计中两个必不可少的元素：直直的、规则式的水渠以及可眺望园景的高高的露台。

为给这个花园供水，阿契美尼德的工程师们运用了一种早在公元前六世纪形成并沿用至今的方法，建造了被称为暗渠(qanat)的地下隧道。从输送点到白雪覆顶的山脚，形成缓缓上升的坡度，这是艰苦的人工挖掘。搬运渣土和补充空气的孔洞形成了大约间隔50英尺的孔洞，这些孔洞至今仍点缀在辽阔的伊朗平原上。

亚历山大大帝(Alexander the Great，公元前356～公元前323年)征服波斯后，在潘萨斯(Parthians)的统治下(公元前240～公元前226年)，希腊化的影响早在波斯帝国重建和波斯设计传统重新恢复之前的一个世纪就开始了。他们的首都是科塔斯弗(Ctesiphon)，在三世纪至七世纪，潘萨斯的后继者仍把科塔斯弗作为首都，并在其花园中继续表现波斯影响。传说中为科斯罗埃斯一世(531～539年在位)编织的尺寸为450英尺×90英尺的波斯地毯的设计图案中可以推论出：水渠将花园划分成四部分，水渠中流水潺潺，有露台可以俯瞰水渠——这种景象是建造真实花园早已确立的风格。这个波斯遗产与《古兰经》中天国的概念相一致，为伊斯兰园林提供了一个容易理解的蓝本。

伊斯兰(教)起源

公元610年先知穆罕默德(Muhammed)创造了穆斯林宗教，它迅速传遍阿拉伯半岛并传入中东和波斯。公元766年阿巴斯哈里发(the Abbasid caliphs)宣布其政治上的统治之后，在底格里斯河(Tigris River)边建立了首都巴格达(Baghdad)。在其八世纪至十三世纪的统治期间

图 3.5 卡门(Carmen)，格兰纳达的阿尔贝森区，十六世纪。

园艺和工艺快速发展。十世纪初巴格达夸耀拥有23座带有繁茂花园的宫殿。在这些传说中的、早已消失的宫殿中，有一座称之为"树之屋"(House of the Tree)，在一个巨大的圆形水池中矗立着一棵人造树，18根由金、银做成的大树枝上悬挂着象征果实的珍贵宝石，这是个富有装饰性的装置，树枝上栖息着金色的、银色的鸟儿，当微风吹过，它们就发出美妙的声音。

与此同时，八世纪初伊斯兰战士将他们的文化向西传到西班牙。在那里穆斯林统治者将希腊、古罗马风格和早期基督教风格和波斯影响综合起来。当阿巴斯哈里发的势力衰败时，他们的角色从政治势力转变为宗教领袖。经过成吉思汗(Genghis Khan)及其子孙的多次征战，公元1258年蒙古人攻陷了巴格达，但是伊斯兰文化在亚洲大部分地区、北非和西班牙仍保持着统一。在这种文化中，伊斯兰园林设计的基本模式——一条水渠和用来坐看风景的高高的露台——进一步发展为四分园

的形式，在这种空间中，各部分通过狭窄的水渠(象征着天国的四条河流)连接起来。

西班牙的伊斯兰园林

公元711年穆斯林入侵西班牙，对于穆斯林军队的宗教首领来说，宗教热情对他们的鼓舞不亚于掠夺战利品的鼓舞。击败了西哥特人(Visigoth，即the western Goth，四世纪入侵罗马帝国并在法国和西班牙建立王国)之后，阿拉伯人在敌人定居点的废墟和前罗马殖民地大量遗址废墟上建造了自己的家园。公元750年，在一场宫廷政变之后，阿拉伯哈里发(Arab caliphs，661~750年)的第一个王朝——伍麦叶王朝(Umayyad caliphate)的幸存者逃离大马士革(Damascus)，到西班牙南部建立了独立的阿尔巴尼亚-安大路西(al-Andalus)酋长国——即现在的安大路西亚(Andalusia)。因为远离位于中东的伊斯兰文化，在西班牙的阿拉伯人形成了自己灿烂而博学的社会文化。在阿拉伯人的统治下，穆斯林、基督教和犹太人社区共同存在。阿拉伯人为那里带来了波斯艺术思想和阿拉伯科学，并使之与希腊哲学相结合。这样一来，科尔多瓦(Córdoba)在中世纪成为学识中心，并以哲学家而闻名，例如伊本·鲁士德(Ibn Rushd)——在西方称作阿威罗伊(Averroës，公元1126~1198年)，是一名唯理论者，他翻译了亚里斯多德(Aristotle)的著作，并预言了托马斯·阿奎奈(Thomas Aquinas)的学说。

西班牙南部同伊斯兰其他许多地区有着一样炎热的气候，然而那里地形更为崎岖，土地水分充沛，更为肥沃。摩尔工程师重建、扩建了周围所有的罗马输水道遗址，并通过引入戽水车(noria，安装有桶的水轮，可把水提升到高处的水渠中)创造了错综复杂的灌溉系统。这极大地增加了适于耕种的土地的面积，大量的庭院建设也更为容易。农业发达兴旺，出现了论述农业的著名著作，其中有阿布·扎克瑞亚(Abu Zakariya)〔他是十三世纪西班牙塞维尔(Seville)的农学家和植物学家的著作〕。农民引种了甘蔗，带来了大米、棉花、亚麻、桑蚕以及许多水果。瓜达尔基维尔河(Guadalquivir)河谷和格兰纳达(granada)平原成为密集的定居点，有着发达的农业和绚丽多彩的花园，空气中飘荡着橘子、柠檬和香橼树的香味。[15]

当地的地形以及接触到的大量伊比利亚－罗马

(Iberian Rome)遗迹，使征服者阿拉伯人早已融汇了罗马和波斯风格的叙利亚式建筑传统有所改变。但是西班牙摩尔式建筑从不追求西方建筑纪念碑式的三维空间，相反，其目的是创造虚无飘渺的气氛，其最高成就在于用具有美感的和深奥精妙的手法使内、外空间相互交织。因此在一座典型的摩尔式住宅和庭院中，庭院与环绕四周的建筑空间彼此互相渗透，建筑与自然看似不经意的巧合，实际上都经过精心地安排。陶瓷瓦片——光滑的、反射着光，造成了一种凉凉的空气滑过的效果。

内、外空间的相互渗透并不只局限于格兰纳达的阿尔贝森(Albaicín)地区防卫森严的宫殿或住宅(这在今天仍可看到)。阿尔贝森地区借鉴了经久不衰的罗马柱廊式庭院布局，并重新解释为Carmen——即关注内部空间的西班牙阿拉伯式住宅和花园(图3.5)。在科尔多瓦大清真寺(始建于785~786年)的设计中可看到同样的设计原理。大清真寺(现在是大教堂)内部有许多柱子，柱子呈对称式排列，支撑着为数众多的马蹄形双拱，就像果园中一排排的树。原先大清真寺的这面墙通过拱门向一个3英亩见方的庭园敞开，园中一排排的橘子树与清真寺内的柱子整齐对应。一个地下贮水池为庭园的喷泉和水渠供水——这个庭园被称为橘园(Patio de los Naranjos)(图3.6)。不幸的是，地下贮水池很长时间以来已变成了埋藏尸骨的地方，并且基督教小礼拜堂也把那曾向庭园敞开的拱门堵住了。

塞维尔的阿尔卡萨(Alcázar，[16] 大约属于基督教1248年攻克该城之后的一百年)证明了伊斯兰对后来的西班牙建筑的广泛影响(图3.7)，卡斯提尔(Castile)国王彼得罗(Pedro the Crule，1334~1369年在位)运用了相当多的伊斯兰技术手段，在前伊斯兰城堡的废墟上建造了设有防御工事的宫殿。阿尔卡萨花园(Alcázar garden)由一系列围合起来的园子组成。虽然历经了几个世纪的改变，这些园子的摩尔风格仍很明显：高高的围墙，规则式布局，高出地面的苑路，大量的喷泉，光滑的瓦片，以及柏树、棕榈、橘树、柠檬树等。

基督教于1492年开始攻击费迪南德(Ferdinand)和伊莎贝尔(Isabel)的王国，格兰纳达是最后一个被基督教君主收复的城市，它所保留的阿拉伯花园——阿尔罕布拉宫(Alhambra)和格内拉里弗花园(Generalife)(始建于十三、十四世纪)——是世界上最古老的花园之一，

并具有传奇色彩。那斯里德(Nasrid)王朝的创建者穆罕默德·伊本·宾·阿默(Muhammad Ibn Ben Ahmar)于1238年占据了格兰纳达。大约在1250年的某一天，他登上达罗(Darro)山谷之上的光秃秃的红色绝壁，随着不断的攀登，内华达山脉(Sierra Nevada)壮丽的景色逐渐展现，他为其宫殿选了一处地址，而那里已矗立着一座建筑(可能是十一世纪的堡垒)。在那儿他命人建造了沟渠，这使阿尔罕布拉宫和格内拉里弗花园中的水从那时一直流到现在。宫殿的建造历时250多年，主要建于尤塞夫一世(Yusuf I，1333~1354年在位)和穆罕默德五世(Muhammad V，1354~1359年、1362~1391年在位)统治时期。与塞维尔的阿尔卡萨一样，阿尔罕布拉宫是一个扩大了的围合庭园（即庭园空间的叠加），十六世纪查尔斯五世(Charles V)在建造一座含有巨大圆形水池的庞大方形宫殿时，将阿尔罕布拉宫的一部分拆毁。

阿尔罕布拉宫有几个庭园的种植区被十字交叉的道路划分，种植床原先低于苑路，而不像我们今天看

图3.6 橘园(大清真寺，科尔多瓦，公元九世纪)。

图 3.7 阿尔卡萨的庭园，西班牙皇室的穆德加(Mudéjar)府邸，塞维尔。1366年开始建造，由彼得罗恢复和重建，但在后来的时代发生了重大变化。

到的那样。园中种植着鲜花，周围的柱廊内设有地毯和矮垫，使得柱廊内好似五彩缤纷的地毯，人们则坐在这里观赏庭园景色。橘子树的香味使空气也变得芬芳，这是西班牙摩尔式花园设计独有的特征。因为几乎没有人会从外面直接进入西班牙摩尔式庭园，而是穿过前庭或曲折的回廊，当一看到庭园美丽的景色时就会大大出乎意料，因而留下的印象非常之深刻。达到这种效果则有赖于园林艺术主要技法之一：欲扬先抑(surprise)。例如：出了桃金娘中庭，进入一条狭窄而阴暗的走廊，就通向阿尔罕布拉宫中最著名、最复杂的空间——狮子院(图3.8)。

在狮子院可看到十字交叉的水渠和中心喷泉。喷泉由程式化的狮子雕像支撑，水从狮子口中流入下面的水盘，同时代的人们可能会象征性地把它与所罗门或至少与希伯来王英明高贵的统治相联系。[17] 窄窄的

白色大理石水渠从周围的柱廊中延伸出来，水像银色的丝线流向水盘。那些亭子状的建筑物中最华丽的是两姊妹厅(Hall of the Two Sister)，其北侧与狮子院相连，穹顶用灰泥石块建成，呈八角形。它的天花板像多孔的钟乳石，错综复杂令人迷惑，天花板向上倾斜，代表着天堂不同的层次。纤细的雪花石膏柱子、熠熠发光的金箔、彩色瓷砖拼成的抽象图案，这些都为建筑增加了缥缈脱俗的气质。为人所熟悉的避免人物形象的手法、以及伊斯兰人对几何形式的偏爱在这里都可看到，人们相信所有创作都隐含着数学秩序。同样的道理，人们谨慎地避免修剪树木，在这里和其他伊斯兰花园中，植物得以展现其自然姿态。

格内拉里弗花园(Generalife，即 Jinnah al-'Arif)就在附近的山坡上，始建于1319年，因作为西班牙阿拉伯国王的行宫而闻名。在其隐蔽的内庭园中，树木葱茏、水池清澈、充满静谧之美。此外，格内拉里弗花园将壮丽的白雪皑皑的内华达山脉收入自己的景色中，

图3.8 阿尔罕布拉宫的狮子院，格兰纳达，1370～1390 年。

图3.9 格内拉里弗花园中的水渠。格兰纳达，最初于 1250 年建造，随后发生了变化。

也将阿尔罕布拉宫如画的城堡(其投影落在下面肥沃的格兰纳达谷地上)收入自己的景色中。如其他伊斯兰花园一样，格内拉里弗花园的设计者也运用了水的音韵、反射和清澈等特性来加强人的感觉体验。格内拉里弗花园中最为著名的庭园是水渠中庭(Patio de Acequia 或 Patio de Canal)。这里没有用常见的十字交叉的、把庭园分成四部分的水渠，而运用了一个窄长的水渠，跨越庭园中部，水渠两侧各有一排喷泉，喷射出细长的水柱，水柱在空中划出优美的拱形落入池中(图3.9)。花坛沿着水池边的大理石铺地排列开来，花坛和喷泉大概是十六世纪添加上去的，在伊斯兰花园的传承中显得有些耀目。该园以北面的凉亭作为全园的结束。

这个凉亭因在伊莎贝尔一世〔1474～1504年成为卡斯提尔(Castile)的女王，1479～1504年与费尔南迪联合统治阿拉贡(Aragon)和卡斯提尔统治期间额外地加上两层而使其精美效果减弱。

格内拉里弗花园中没有厨房和供人居住的地方，这里仅仅供夏天过夜，想睡觉的人可在柱廊外的凉亭里找到休息用的靠垫或沙发，放在凉亭走廊，而室外的火盆用来烹饪。如果不严格地执行规划，那么在精神上对于那些认为生活与景观的关系就像生活与建筑一样密切，这个花园是天国般的野营地，就像远离东方，在伊斯兰世界另一端的贴木儿帝国的花园(Timurid gardens)。

贴木儿帝国

从十四世纪60年代到1405年死去，土耳其军事天才贴木儿(Tamerlane, 1336～1405年)把其领地从西方的地中海扩展到东方的印度，并远至俄罗斯。不久他就用巨大的、饰以瓷砖的清真寺和填满了战利品的其他建筑来充实位于撒马尔罕〔Samarkand即现在的乌兹别克斯坦(Uzbekistan)〕的中亚首都(Central Asian Capital)。他特别热衷于在撒马尔罕周围肥沃的谷地中建造大量令人愉悦的花园。巨大的蓄水池为花园提供灌溉，园中种有果树，有时还设有令人眼花缭乱的瓷砖造的凉亭，还有夏季露营的帐篷。这些花园与其说是宁静的庇护所，不如说是壮丽宏伟的宫殿——他在这里接见尊贵的来访者，处理每一天的事务，地毯和垫子在绣花的丝绸帐篷下延伸着。每到节日，仆人们传递着用皮革做成的大托盘，穿梭在衣着华丽、佩带珠宝的朝臣中。托盘中有烤马肉、煮羊肉和盛着喷香米饭的碗碟。[18]

贴木儿对中亚的征服是莫卧尔帝国(Mughal Empire)迅速成长的基础。在撒马尔罕高墙围起的花园中，种满了果树，还有大量需要剧烈运动的游戏，这激励着贴木儿的后代巴布尔(Babur)(1483～1530年，莫卧尔王朝的开创者)在喀布尔〔kabul, 现在的阿富汗(Afghanistan)境内〕和北印度的阿格拉(Agra)建造了类似的花园。位于阿富汗赫尔特(Herat)的花园也使巴布尔受到了启发，他曾于1506年秋到访那里。在那里他亲身体验到花园中博奥精妙的典雅生活的乐趣。通过对赫尔特和可爱的花园城市撒马尔罕的回忆以及对花园的政治意义(即赢得领土、维护其统治的合法性、保持势力的一种方式)的不断理解，巴布尔在喀布尔的山地上建造了众多的花园，春天，水分充沛的山坡覆着一片片草地，上面点缀着大量当地野生的郁金香。在这处精心选择的自然基址上，巴布尔开凿水渠将自然界的泉水引入石砌的蓄水池中，蓄水池的顶部为平整的露台，尔后栽植了许多果树。从规划上可以想像这是一个典型的莫卧尔花园——用墙围起来的空间被分成四部分，中心水轴，被水环绕的平台位于中央，其上常建有一个或多个建筑(一般是宫殿或凉亭)，以及葡萄园、果园和鲜花。

在喀布尔的花园中，巴布尔款待尚武的贵族，策划军事战役，庆祝重大事件，举行公开会见，演奏音乐，谱写诗文。实际上这个花园成为皇家宫廷而不再是宫廷的附属物。巴布尔的子孙们后来虽然在不同的城市中心建造了设有防御工事的宫殿，然而欢宴时的帐篷，以及四分园(这种将园子分成四部分的贴木儿式庭园被称为 Chahar baghs, 即四分园)中建造在几何式的、环绕着水的平台上的轻盈而通风的凉亭，仍是宫廷生活的重要场所。[19]

在一个可眺望索克鲁得河(Sorkhrud river)的高地上，巴布尔建造了忠诚之园(Garden of Fidelity, 即 Bagh-i-Vafa)。《巴布尔王的回忆录》(Babur-Nama)是一本由巴布尔的孙子亚克巴(Akbar)皇帝(1556～1605年在位)委托他人写成的带有插图的巴布尔回忆录手抄本，书中用极短的篇幅描绘了这个园子。手抄本中的插图表明，输水道把河水引入园中，灌溉果树。巴布尔和随从在花枝间散步，或坐在丝绸帐篷下面。帐篷建在chabutra——即位于中央的方形石制平台上，四条象征性的"河"从下面流过(图3.10)。在石榴成熟的秋天，巴布尔及其侍从频繁地在这里停留并宿营。

巴布尔在视察喀布尔周围的乡村以及视察途经的城市〔诸如贾拉拉巴德(Jalalabad)〕的时候，总是命令要把他停留的宫殿布置成花园的样子。花园的建造以及他不停地从一个花园到另一个花园营地都具有重要的政治意义。在全副武装保护下露面，以及由他组织的花园宴会有助于巴布尔在反对党中维护其统治，并保护其最高统治地位不受动摇。

这并不是一项容易的任务，巴布尔面临乌兹别克北部正在壮大的势力的挑战，东部被喜马拉雅山脉包围，西面是突然出现的波斯萨佛威德(Safavid)王朝势力。随着撒马尔罕被乌兹别克人(Uzbeks)攻克，贴木儿帝国的难民涌入喀布尔，巴布尔只有一个方向可以回旋：向南走，去印度或去北印度。

在1526年的帕尼帕特(Panipat)战役中，巴布尔击败了已在北印度巩固了其势力的早期穆斯林王朝的联合代表——德里(Delhi)君主之后，巴布尔宣布他是那里的统治者。为巩固其胜利，他宣称将位于亚莫那(Yamuna)河边的阿格拉(Agra)的德里君主的前首都作为宫廷。那里干旱的气候和粗犷的景色令他讨厌，不管是不是因为这个原因，巴布尔立即按照喀布尔的花园的样子来建造花园。阿格拉的水边花园的确是参照"喀布尔"建造的。巴布尔在花园里、而不是在跨越河上的堡垒里进行其统治，他再一次把花园当成处理政务之地。

只要可能，花园设计者总会用富于想像的方式处理水。印度平原中的山涧流水比喀布尔少，为了给水渠供水和灌溉植物，设计者们不得不发展了一种精细的处理方法。早先的莫卧尔花园依靠用牛牵引的戽水车来供应水，水盘(通常为八角形)收集从池塘或蓄水池流入的水，并把水注入花园中的水渠、贮水池和浴室。后来，工程师修建了与主要河流相连的运河来供给更多的水。这样就可以将狭窄的水沟拓宽变成真正的河道，并设置喷泉和chadars

图3.10 《国王巴布尔指导忠诚之园的建设》，莫卧尔时代的细密画，《巴布尔王的回忆录》中双页中的一面(1590年 Ms.I.M.著)。1913.276A,276。维多利亚和阿尔伯特博物馆(Victoria & Albert Museum)，伦敦。画中莫卧尔帝国的国王正在指挥喀布尔建造一处庭园。

(即石制的斜坡，上面刻有图案，这使水的流动更为生动，增加了波光粼粼的效果)。

克什米尔的园林

1586年巴布尔的孙子亚克巴(Akbar)在喜马拉雅山脉水分充足的山脚击败了克什米尔(Kashmir)，此后莫卧尔帝国园林的建造者能够自由地发掘水的美感。为

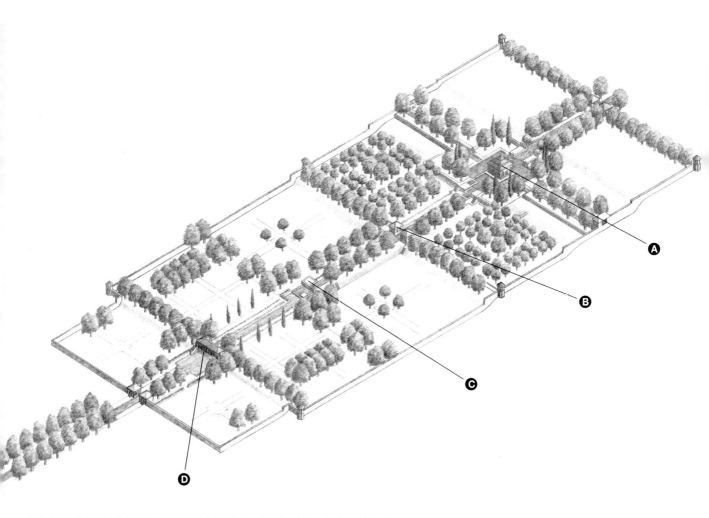

图 3.11 夏利马("爱的居所"),可眺望达尔湖(印度,克什米尔)从 1620 年开始建造,夏利马是早期的名字,现在的花园则是由查罕杰始建,并由其儿子沙·贾汉继续建造,命名为"欢乐之园"(Farah-Baksh, Bestower of Joy)。
A.黑亭(Black Pavillion);B.嫔妃花园入口处的一对凉亭;C.私人会见厅;D.公共会见厅。

了到达这个备受欢迎的避暑之地,亚克巴和他的继承者查罕杰(Jahangir,1605~1627 年在位)、沙·贾汉(Shan Jahan,1627~1658 年在位)带着众多的随从:卫兵、马匹、骡子和坐在铺着干草的大象背上的皇室家眷,从炎热干旱的北印度平原出发,进行着壮观的旅行。为及时享受春天开满野花的草地,他们必须在冬末通过危险的山口。

在克什米尔至少有 3 个查罕杰建造的花园至今仍存在,其中最重要的是夏利马庭园(Shalamar)也称"爱的居所"(The Abode of Love),一个台地式的庭园,亚克巴于1619年开始设计,位于可眺望达尔湖(Lake Dal)的山脉的山脚下(图3.11)。在这儿查罕杰的工程师改变了一条河流的方向,使水直接流入贯通全园的宽广的、位于中央的水渠中。夏利马庭园最初包括 3 个方形露台,每个露台各有一个开敞的凉亭(daradari),凉亭建在水中的石头平台上,在那儿水渠变宽形成一个方形的水池。在到达湖水之前,水流经一系列带有墙的低矮台地,形成一系列跌水。一排喷射出来的喷泉加强了水渠的轴线,而每个水池中有更多的水喷射出来,令水面生机勃勃。规则式种植的悬铃木进一步增强了夏利马庭园几何式的构图,同时还为人们提供了受欢迎的绿荫。

最低的露台(现在被一条现代化的公路截短)是一处由国王接见请愿者的公共大厅(Diwan-I-Am / Hall of Public Audience)统领的空间。在它的上方是帝王花园,园中央的凉亭是私人会客厅(Diwan-i-Khas /Hall of Private Audience,现仅存黑色大理石宝座),宫廷成员可以进入这里(图3.12)。嫔妃花园(harem garden)在它的上方,两排悬铃木投下浓荫,入口有两个对称的凉亭。在嫔妃花园和帝王花园相接的地方,水沿着水平方向的石缝流入侧面的水池，再从这些水池经过较远的石缝，闪着微光流入位于两个平台侧墙那边的水渠，平台的侧面是链式瀑布。在一个有着喷泉的巨大方形水池的中心，矗立着曾是宴会厅的开敞的黑色凉亭(图3.13)。侧面的水渠构成了十字形平面，仿佛是一个真实的天国花园，这印证了亭子上的题字："如果地球上有天堂，就是这儿，就是这儿，就是这儿。"

莫卧尔花园的设计者在设计手法上具有创造性，通过水的处理为花园增加了天堂般的气氛。例如在夏利马花园中，中心水渠的水从平台的挡墙跌落，水跌落的力量使水喷溅出墙的顶部。墙上部凿出鸽巢似的小小的壁龛，在重要的时刻仆人们在这些壁龛中摆上鲜花，有时在晚上放置油灯来照亮流水，人们将之称为 chini kanas。

在其他克什米尔花园中，例如位于达尔湖边的阿奇巴尔园(Achbal)和瓦哈园(Nishat Bagh)，带有雕刻的

图3.12 从夏利马园的私人会见厅(现已消失)的位置看水池和水渠，前方就是公共会见厅，它的外面就是达尔湖。

图3.13 夏利马园的黑色凉亭(图面左侧的建筑)，环绕在一个方形水池中，池中布满喷射着水花的喷头。

石制斜坡(chadar)使坡度变化处水的运动更为生动活泼(图3.14)，与斜坡处的波光粼粼和水声滔滔相对的是宁静的水池。位于通往印度平原的巴尼哈尔(Banihal)山口附近的渥那哥(Vernag)，其基址的景色是如此美丽，以致只添加了一个泉水盈盈的八角形水盘。一个1000英尺长的水渠从水池的排水口延伸出来，穿过一片绿地倾泻到山涧中，山涧旁边是雪松连绵的山坡。

莫卧尔帝国的陵园

水渠形成的网格将花园精心地分成四部分，水渠相交处设有石制平台(chabutras)，这种形式在莫卧尔帝国花园150年的发展过程中保持不变。在十六世纪宏伟的皇家陵园中，位于主要交叉点上的石制平台从纯粹的露台转变成宏伟建筑物的基座。克什米尔令人愉悦的皇家花园是台地式的，每个高起的露台都具有社会功能，而陵园则不同，基本上是平坦的，只有轻微的地形变化，这样水可以在重力的作用下流过狭窄水渠构成的网格。位于中心的方形平台周围的方格网的十字相交处设有方形水池和八角形水盘，水汇集在这儿。这个方形平台是给人以深刻印象的陵墓的基座，陵墓常常镶嵌着色彩丰富的不很珍贵的石头作为装饰。

第一个偏离这种相对朴素的伊斯兰君主陵墓的是

图3.14 瓦哈园，建于十六世纪第一个25年，即查罕杰统治时期。为了把陡坡和神秘的数理学包含进来，建造了12个平台（象征黄道十二宫）。主要水渠中的水从一系列高高的斜坡倾泻下来，斜坡上的图案使水更为生动，当水流过时闪闪发光并迸射出水花。没有水的时候，这些图案形成令人愉快的光影变化。链式瀑布上方的石头宝座跨过水渠，一对台阶位于宝座的两侧。

始建于1564年的巴布尔的继承者胡马雍(Humayun)陵墓。胡马雍是巴布尔的长子，对美很敏感，迷信并喜爱享乐。伟大的巴布尔于1530年死后，22岁的胡马雍随即继承王位。伊斯兰园林史学家詹姆斯·L·维斯科特(James L.Wescoat)把他归结为一名城市规划者。

胡马雍在阿格拉边界(Agra Fort)建造了宫殿，在德里建了城市，这时他开创了一种从根本上改变了莫卧尔文化中园林的意义和功能的都市化进程。巴布尔避开了他所征服的城堡，因为不为人知的原因，或许是对撒马尔罕的贴木儿理念有所耳闻，胡马雍把莫卧尔的社会生活再次集中于用花园装点和被花园环绕的城堡中。[20]

胡马雍的遗孀哈吉(Haji Begum)委托别人建造了他

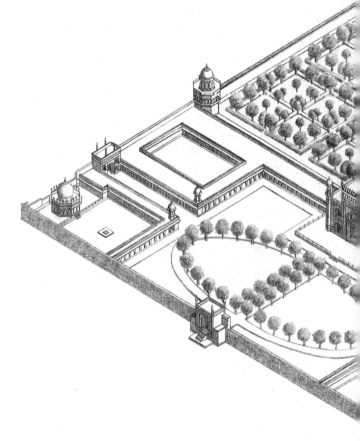

图3.15 泰姬·玛哈尔陵（印度，安格拉），1632～1648年建造。

的陵墓，另一位莫卧尔园林学者伊丽莎白·莫尼罕(Elizabeth Moynihan)这样描述：它是一座位于四条水渠（象征着天堂的四条河流）之上的宇宙之山。[21]

沙·贾汉为纪念他喜爱的妻子穆姆塔兹·玛哈尔(Mumtaz-i-Mahal)——在生育他们的第14个孩子时死去，用镶嵌的石块和大理石建造了泰姬·马哈尔陵(Taj Mahal)(图3.15, 3.16)。它位于阿格拉朱木拿(Jamuna)河岸边，1632年开始建造，前后持续了16年。像其他不朽的莫卧尔式陵园一样，泰姬·马哈尔陵也处于

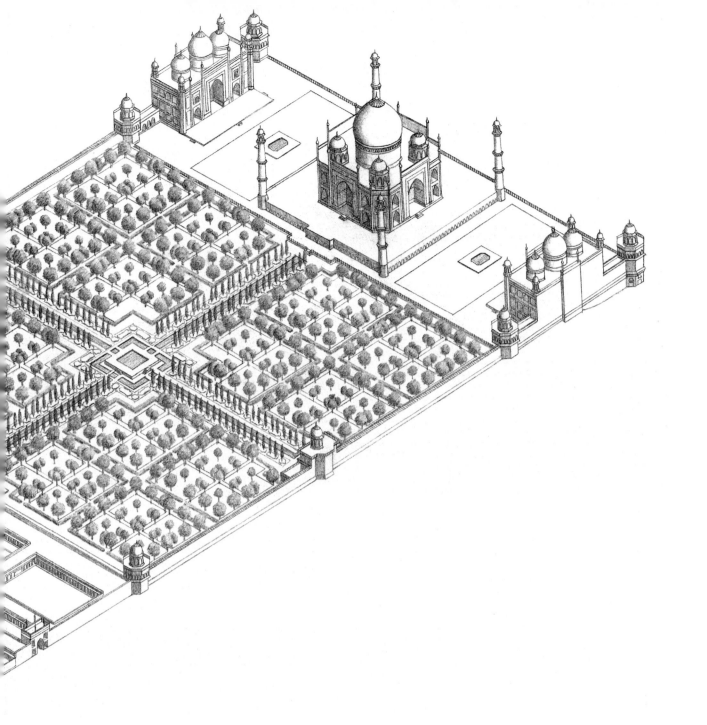

一个四分园之内，但是它并不位于四条主要水渠的十字相交处，陵墓的基座被延长扩大，放置在最尽端，这遵循了在阿格拉其他临水花园中可看到的模式。这种构图会达到这样的效果：它使这个不同寻常的建筑所具有的令人难忘的轮廓永远映衬在天空下。高高的尖塔从建筑的四隅伸出来，立在平台的边缘，这创造性地扩大了建筑所占据的空间，同时也使建筑显得更为轻快。好似触到天际的穹顶和尖塔、水中的倒影、比例均衡的中央水渠，这些都使其显著的建筑主体消失，

增加了缥缈的气质。

泰姬·马哈尔陵被许多人看作是莫卧尔帝国文化的顶峰，也是莫卧尔文化的最后一个重要的具有创造性的成就。为了获得王位，沙·贾汉杀死了哥哥，1658年他的儿子奥朗则布(Aurangzeb)将其废黜，并将他关押在河对岸的红色城堡(Red Fort)中，在那可看到泰姬·马哈尔陵。1666年他死后，人们把他安葬在他的妻子旁边。虽然经巴布尔创建、由亚克巴大帝武力保卫的莫卧尔王朝一直延续着，直至十九世纪被英国统

图 3.16 泰姬·玛哈尔陵。

治者推翻，但是奥朗则布的宗教狂热和随后连绵的战争耗尽了帝国的财力并超出了其恢复能力，莫卧尔帝国的建筑和园林建造的伟大时期结束了。然而，伊斯兰文化继续在其他地区活跃，特别是在奥特曼土耳其(Ottoman Turks)所征服的东罗马帝国(Byzantine Empire)康斯坦丁堡(Constantinople)和周围地区，以及在十六世纪恢复自治权的波斯地区。

土耳其园林

土耳其人是中亚的一个部落民族，他们于九世纪接受了伊斯兰教。他们既是阿拔斯哈里发的雇用兵，也是赛留斯土耳其(Saljuqs Turks)的雇佣兵。十三世纪为Saljuqs效劳的奥斯曼尚武的部落中有一支迁移到小亚细亚(Asia Minor)。1253年当蒙古入侵者暗中破坏赛留斯的势力时，奥特曼建立了自治权并开始了他们自己的征服计划，终于在1453年占领了君士坦丁堡，他们获胜的领袖麦哈麦德二世(Mehmed Ⅱ，1444～1446年，1451～1481年在位)将其更名为伊斯坦布尔(Istanbul)。

在古代东罗马帝国卫城之上向北可眺望博斯普鲁斯海峡(Bosporus)，向东可远眺马尔马拉海(Sea of Marmara)，麦哈麦德二世在这里建造了(Topkapi Saray)一座巨大的宫殿和花园的综合体。其设计表现了精心制定的体现奥特曼庄严的宗教仪式和外交礼仪的规范。离开拥挤的城市中心，两边环水，一边是高高的围墙，托卡皮·萨里(Topkapi Saray)为苏丹(Sultan)提供了一个神化了的、天国般的封闭空间中幽居所需的环境。

因为苏丹难以接近的神秘性严格限制了他的活动范围，所以他比其他统治者更加依赖其宫殿和花园来获得视觉享受和娱乐。他的大部分生命都在宫廷内豪华房间、藏书室和令人愉快的花园中度过。外部花园设计成一个重要的个人陈述——在陈述中，权力、欢乐和天堂的主题相互交织；同时花园也成为一处主要的游乐园，园中设有多种游戏。苏丹的生活受到种种约束和限制，这些游戏可以冲淡由此而生的厌倦之情。

托卡皮·萨里(Topkapi Saray)的生活以庭园、花园、水池、喷泉、果园、葡萄园、嫔妃、陵墓、浴室、厨房、马厩、办公室、军营、学校和军械库为中心，并被划分成男人区和女人区，在其范围内盛行着一种严格建立起来的社会等级。处于最高等级的是强大的维齐尔(vizier，伊斯兰教国家元老，高官)——代表无处不在却又隐蔽的苏丹，以强有力的统治者的名义处理国家事务、给予正义。

在十五、十六世纪托卡皮·萨里不断发展，由3个相互连接、但并不沿轴向排列的巨大的庭园(court)构成，园子由按功能分组的建筑群围合形成。另外第三个庭园添加了一个私人帷幕园(有时也指第四个庭园)和巨大的带有台地的外花园，其台地一直延伸到博斯普鲁斯海峡和马尔马拉海。在这个外花园中人们留出不同的场地进行娱乐活动，诸如投掷标枪、马球、箭术、打猎以及其他高贵的娱乐活动。这里还有一些凉亭来赏景和进行其他娱乐。

托卡皮·萨里的第一个庭园是行进大道后面的行进花园(Court of Processions)，行进大道穿过壮丽的帝王拱门，从圣·索菲娅(Hagia Sophia)延伸过来。行进花园是一个开放、毫不喧闹地举行典礼的场所，与精心装饰的马匹和骑兵珠光宝气的壮丽场面以及偶尔举行的外国动物展览的壮观场景相比，其周围布局松散的建筑物使行进花园更加不显著。第二个纪念碑式的大门矗立于第一个庭园的尽端，除了苏丹，所有骑在马上的人必须在此下马，在穿过前庭进入第二个庭园时要求保持安静。

进入第二个庭园——一个田园诗般的园子，周围环绕着庄严的大理石柱廊，鸟儿在高高的柏树和其他树上歌唱，鸵鸟、孔雀、小鹿、小羚羊在红色木栅栏后面的草坪上漫步。道路通到仓库、厨房、糖果店等不同区域的门口，也通到管理房间——议会大厅、大法官法庭、档案馆和国库。在这个花园的尽头，人们的视线向上提升，集中到第三道门——幸运之门(Gate of Felicity)，它半球形的拱顶表明苏丹的存在，表明这是看不见的统治者的私人圣地。

第三个庭园装饰豪华，是为皇室家族和王室成员准备的，也是为培养未来的奥特曼管理精英而预备的。沿西南面排列的是嫔妃住房，这里住着

苏丹的女性家族成员和孩子，以及女仆、佣人和这一区域的女性管理人员。像这个庞然大物的其他地方一样，这里也有花园。花园包括一个可眺望黄杨木花园的巨大水池和另一个供妇女和苏丹专用的广阔花园。

在苏丹的私人花园中，伊斯兰人将建筑和园林空间互相结合的天赋得到充分体现。在这儿，苏丹从典礼和外交礼仪的重要规则中解脱出来，可以放纵他天性中激情的一面，写诗、听音乐、读书，与朋友进餐，或者观看下方的外花园中的体育比赛。

棚架和巴格达亭子(Baghdad kiosk)宽敞、通风、装饰豪华，内设带有矮枕头沙发的凹室(alcove)(图3.17)。在这些建筑的园顶下、在窗户凹进去的地方布置了喷泉，为明亮的室内增加了快活的水声和粼粼波光。青铜壁炉为冬天带来温暖，帐篷可用滑轮控制升降，它既提供了独处的空间，又带来遮蔽炎炎夏日阳光的荫凉。坐落于大理石平台上，旁边是波光粼粼的大水池，轻盈空灵的建筑好像飘浮在空中。

在这种环境中栽植最吸引人的鲜花和果树也就不足为奇了。苏丹苏里门(Sultan Süleyman)在其1564～1565年的账簿中提到橘子树林、盆栽茉莉和一片种植康乃馨的花园，而后来的记载则谈到幸运之屋(the House of Felicity)台地附近茉莉藤架的更新。果树非常多，品种多样，据一位外国来访者描述：这里的葡萄全年生长。

希腊罗马式的(Greco-Roman)废墟被得以充分利

图3.17 苏丹私人区中的巴格达亭子，1639年。

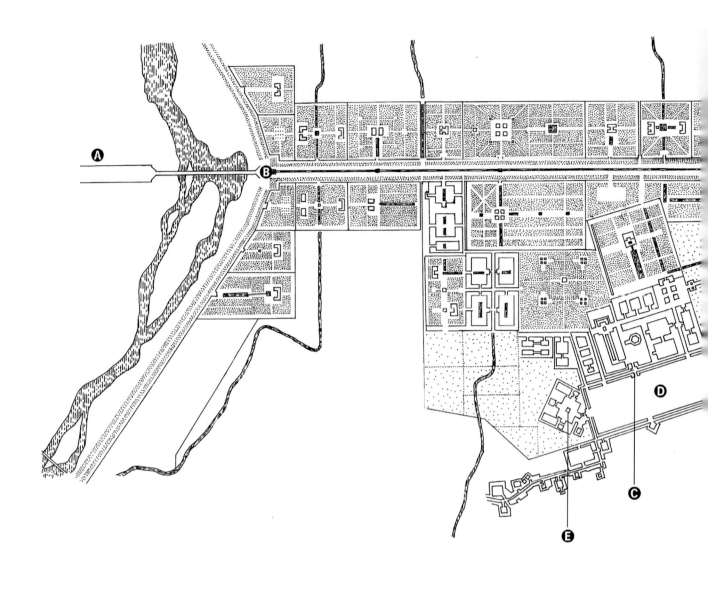

图 3.18 伊斯法罕(伊朗),建于 17 世纪前 25 年。
　　A. 哈扎·贾利(Hezar Jarib);B. 四分园大街;C. 崇高之门;D. 帝王广场;E. 大清真寺。

用,许多古代石棺被麦哈麦德二世变成了喷泉的水盘,用以纪念罗马战胜其古老的北方敌人而建造的哥特式巨柱被保留下来,矗立在公园似的外花园中,距离它不远就是连接外花园和帷幕花园的大门。

　　延伸到三角形海峡岸边的外花园由一系列建在拱形基础上的台阶式平台构成,其中一些与古代东罗马帝国卫城的废墟合为一体。流动的喷泉、肥沃的葡萄园、花床、穹形的亭子、波光粼粼的水池、标致的侍者、美丽的妻妾——这一切看起来就像《古兰经》中描述的天国在现实中的再现。外花园除了是栽种着众多珍贵和惹人喜爱植物的植物园之外,还是一个游乐园以及许多野生动物、家养动物、水禽、鸟禽的动物园。

　　四个海滨凉亭从中世纪东罗马帝国的海堤向外延伸,拥抱着这非凡的景色,也提供了几个令人喜爱的去处。在这里,一代代苏丹在侍者、小矮人(dwarfs)、扇贝形杯口，从弯曲的大理石板上飞溅出来。其他喷泉则水声哗哗，为密谈提供了屏障。在任何必要的地方都建有洗礼池，通常是方形或矩形水池。这就是奥特曼帝国的财富——园林艺术以及使天堂的梦想变为现实。

伊斯法罕，花园城市

奥特曼帝国在伊斯坦布尔宣告成立之后的一个世纪，萨菲(Safavid)王朝的沙·阿拔斯(Shah Abbas,1587～1629年在位)击败了中亚军事首领。在登上王位10年后，他通过建造新首都伊斯法罕(Isfahan)来表明波斯人再次建立了自治权和拥有了财富。伊斯法罕与古代阿契美尼德城(Achaemenid city)以及十一世纪塞留斯土耳其首府的故址相毗邻。1598年3月，沙·阿拔斯从奎亚兹温(Qazvin)的首都来到他约位于古城伊斯法罕的宫殿，参加波斯新年的春季欢庆。那时野花在高高的伊朗平原上短暂地开放，淡紫色的山峦和绿色的原野、花园、果园一直延伸到赞德埃河(Zaindeh River)这样一处壮丽的场地，使沙·阿拔斯能够创建一座帝国的花园城市。工程立即从旧城南面开始，花园凉亭、店铺、旅店与公共浴场、学校、大清真寺都在这一时期建成。人们建造了错综复杂的台地灌溉系统，用来支撑一条150英尺(45.7米)宽的、与四分园大街(Chahar Bagh Avenue)同长的运河，之所以叫"四分园"大街，是因为它是城市的枢纽，也是向那些位于线性城市两侧的壮美的花园(现已消失)输送水的渠道(图3.18)。

到十一世纪后半叶，伊斯法罕达到其辉煌的顶点，拥有60万人口。那时期的规划表明，这座古老城镇的南面是交错在一起的街道和杂乱无章的建筑物，城市中有三条主轴线——麦旦-艾-沙(Maydan-e-Shah)即帝王广场(周围是商铺，西面是皇宫)，四分园大街，以及大清真寺，大清真寺朝向麦加排列，以符合伊斯兰的惯例。

主要的公共场所是帝王广场，大约1664英尺×517英尺(507米×158米)，是进行各种娱乐活动的场所，是炫耀的、壮丽的地方，也是公开执行死刑的地方。这个著名的帝王广场被形式相同的、带有柱廊的二层楼房所包围，这些房间是买卖珍贵珠宝、黄金、丝绸和医药的商人的店铺。在每周的交易日，广场内帐篷和遮阳篷都被打开，商人售卖皮革、珠宝和珍珠，买

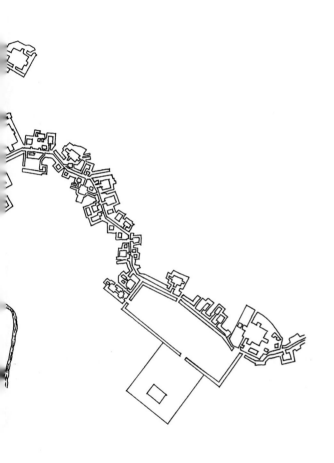

妻妾以及偶尔到访的学者或君主的陪伴下，沉醉于优雅的娱乐中。除了托卡皮的花园凉亭外，在博斯普鲁斯海峡旁边还有其他凉亭。曲形穹顶，拼成图案的瓷砖，以及大理石、花岗岩、斑岩的镶嵌工艺让十八世纪游经土耳其的人们大为赞叹，在后来的西方花园中常用不太丰富的材料模仿奥特曼帝国的凉亭。

土耳其花园还因喷泉的广泛使用而闻名。有些喷泉是垂直的，有意模仿《古兰经》中的塞萨贝尔之泉，水像泪水一样轻柔地从一个扇贝形杯口滑落到另一个

卖布匹、香料、蔬菜和水果。这种时候的帝王广场也是妓女招徕生意的地方，是表演、耍把戏、走钢丝、演杂技、变魔术和摔跤比赛的地方。场面壮观的刑罚也在这里进行，既是道德教育也满足了人们对残忍行为的憎恶。在帝王广场的西面，有一个大平台，平台由崇高之门(Lofty Gateway, 即 Ali Qapu)后面的18根柱子支撑。在平台上，沙·阿拔斯和他的随员可以观看马术比赛(一种源自中东的比赛)和许多热烈的比赛。这些比赛以蛮勇的技艺为特征，类似于现在的骑术比赛。

帝王清真寺(Imperial Mosque)建于1612年，位于帝王广场的最南端。因其平面向东旋转而面朝麦加，沙·阿拔斯的建筑师们不得不解决帝王广场和清真寺之间的结构变化。解决的办法就是建造了一个入口、一个敞开的前庭和一个两层楼高的巨大的类似壁龛的穹顶，最初由帕提亚人构思，萨萨尼亚的(Sasanian)建筑师将其充分发展，并在整个伊斯兰世界应用)。这个清真寺是波斯建筑天赋的一次耀眼的展现，彩色瓷砖(主要是浅蓝和深蓝色)构成一种丰富的隔行排列的图案，粘贴在外墙表面和巨大穹顶内表面。瓷砖光滑的表面反射着迷离的光，好似化解了石块坚实的物质形态。

国王的储藏室以及匠人们的工作间位于宫殿的地下，匠人们在工作间中制作精美的刺绣、地毯、插图手抄本、珠宝和其他珍贵物品，这并不是一个单纯的宫殿，沙·阿拔斯还建造了几个花园凉亭和豪华府邸，如"四十柱厅"(Hall of Forty Columns，也叫 Chehel Sotun)，具有巨大而开敞的前庭，室内、外生活空间流转贯通(图3.19)，由4个喷水的狮子守护的两个方形大水池嵌在宽阔前庭的地面上。嵌着镜子、描绘着明快图案的木制拼贴画和宁静的、波光粼粼的水池都为这座建筑增加了缥缈脱俗的气质。

图3.19 四十柱厅(伊斯法罕)，远处是国王清真寺的圆顶和尖塔《波斯之行》(Voyage en Perse)，E·弗兰帝(Flandin)和P·科斯特(Coste)著，1851年。

四分园大街位于宫殿的北面，它以轻缓的坡度向前延伸了大约1英里到达河流，然后穿过一个有拱顶的双层桥，止于哈扎·加利布(Hezar Jarib，一处巨大的皇家地产)的南面。大街宽180英尺(55米)，于沙·阿拔斯时代设计，有八排悬铃木和黄杨树，其间种着玫瑰和茉莉，五条河流将大街分开。位于中央的一段铺有缟玛瑙(onyx)线条，这些线条在每个不同的水平面被打断，上面都设有独立设计的方形或八角形水池和喷泉。由大臣和富商建造的与大街相邻的花园散布在街的两边，穿过小小的凉亭就进入这些庭园。大一些的凉亭名如葡萄园、桑树园、夜莺园等，矗立在花园的中央。四分园大街上的行人可以透过格子墙(lattice-work walls)隐约看见这些花园(现已大部分消失)，付少许钱就可以进入其中。萨非王朝(Safavid)的拜见者描述了花园内部的景致。

具有33个桥洞的桥梁以及河南岸3英里长的作为花园边界的大街将四分园大街的轴线延长，一直通向沙·阿拔斯的巴哈·哈扎加利布园(the Bagh-e Hezar Jarib)，也称"乐园"(Pairidaeza)。据一位1670年左右到过该城市的法国珠宝商吉恩·夏尔丹(Jean Chardin)描述：哈扎加利布园一英里见方，有12个露台。一条通向西面的树木成行的道路将这个花园和法拉哈巴德园连接起来，法拉哈巴德园也称作"欢乐的居所"(Abode of Joy)，是1700年左右为苏丹胡塞因(Shah Sultan Husayn)而建造。花园中有一个巨大的水池，池中的岛上建有夏日凉亭(summer pavilion)。

作为贵族特权和商业贸易的中心，拥有非凡景致和众多花园的伊斯法罕，将世俗的商业和穆斯林的天国理想结合起来。基督教关于天国的描绘在景观术语上不是很明显，但在文化上已深入人心：即用墙围起来的、内向的、赋予宗教象征意义的界域。

III.天国的内涵：欧洲中世纪时期的城墙围起来的城市和用墙围合起来的花园

随着地中海流域伊斯兰人的节节胜利，罗马帝国西部诸地区逐渐陷落，此后，整个欧洲文明变得更加高度地域化。这些前罗马帝国地区失去了集中管理，古罗马时修建的主要道路和沟渠部分被废弃，并且大多年久失修，就像我们将在第4章中看到的那样，首都收缩在城墙内。由于不断挑战中央集权而引起的分裂产生了一种新型的土地所有权——一种互惠关系的土地所有权，即通常称为"封建制度"的经济、社会制度。

与科尔多瓦和伊斯兰作为学识中心一样，修道院继续充当知识宝库，许多古罗马城镇因作为主教所在地而不朽。查理曼(Charlemagne)王朝的查理曼大帝(Carolingian)时期(八世纪中叶至十世纪)用一种受到限制的风格来复苏伟大的古罗马城市之庄严，这些城市现在成为带有设防的主教和伯爵的居住区和任职所在地(seats)。十一世纪西多人(Cistercian)会修道士的复兴推动了农业的进步，同时又反过来刺激了城市的再发展。到十一世纪中叶，再次兴盛的海上贸易增加了热那亚(Genoa)、比萨(Pisa)和威尼斯(Venice)的财富，其中威尼斯开始从海上避风港令人眩目地一跃成为非常繁茂的商业中心。在低地国家(Low Countries，指荷兰、比利时、卢森堡三个国家)、波罗的海(Baltic)和北海(North Sea)沿岸，以及罗恩河(Rhône)、莱茵河(Rhine)和多瑙河(Danube)流域的环境也有利于作为生产和贸易中心之城镇的建设。东罗马帝国首都君士坦丁堡仍然是重要的工艺制造中心、国际商品交易中心，而且这也刺激了与西方的贸易。

始于十一世纪的欧洲贸易活动，在十四世纪中叶从黑死病的影响中恢复过来，并加速发展，到中世纪晚期时再度繁荣，并出现了银行。随之而来的是部分封建主机敏地觉察到促进自身利益增长的因素在于他们在独立的城镇中享有的特权，从中他们可以获得可观的收入。为了从封建君主那里寻求更多的独立权，城市中的人们形成了行业协会和地方性理事会。当强大的商人阶层形成，城市通过贸易变得更为繁荣之时，封建君主留心保护着特权，使其不受教会和当地巨商的控制。我们对中世纪欧洲城市的审视必然限制在哥特(Gothic)时期的最后一个城市繁荣期，大约从十二世纪末到十四世纪。

像之前的大多数城市一样，这些中世纪城市为了防御必须建起围墙，与周围的田地相比，围墙围起来的城市像石头一样矗立着，像塔般直入云霄的城堡和教堂的尖顶在天空中刻画出轮廓线。关注内部的罗马柱廊庭园成为中世纪修道院的庭园，在修道士心中这是天国的珍宝。城市的各个部分互相有力的连接起来，一环套一环，这明显是为了安全的原因。但是这种围墙围起的场地也可理解为一种表达方式——中世纪的知识分子在独立的框架中寻找有序的知识。

中世纪晚期最有影响的神学者、哲学家、多明哥会修道士(Dominican monk)托马斯·阿奎奈(Thomas Aquinas, 1226~1274年)把基督教和亚里士多德逻辑学放到一个融合的智慧体系中，通过了解自然的本质，他奠定了科学革命的基础。他获取知识的方法不是无限度地推测，而是试图把所有知识有序地融入一个广泛的而全面的、由上帝安排的协调整体中，即学科间的综合。虽然这是个开放的体系，但是阿奎奈的体系与亚里士多德的一样，是建立在亚里士多德地心宇宙论基础上的封闭体系。在亚里士多德地心宇宙论中，所有的物质都成球形，包含在地球之内，地球周围的大气和所有成分最终是可知的。

中世纪晚期，宗教寓言流行，在善良与邪恶、天堂与地狱、人与神之间划出明显的界限。天堂无时不在，而且天堂是一个几乎可以具体可见的文化观念，但是通往天堂之路要经历俗世的艰苦努力和自我否定，而且这个受到保佑的地方当然不会被看到，是生动的、想像出来的、对信仰和忍受生活磨难的一种回报。美德、罪恶被人性化，并且是彼此对立的一对。大教堂中，雕刻在石头上的手稿、彩色玻璃窗、墙面的壁画或马赛克都阐述了基督教神学。

这个时期最伟大的史诗——但丁(Dante)的《神曲》(The Divine Comedy，著于1321年)将基督神学和古代天文学结合成一种巨大的象征性结构。但丁将异教宇宙哲学转化成一场道德戏剧，与阿奎奈的体系一样，既是包括一切的(all-embracing)，又是独立的。因为基

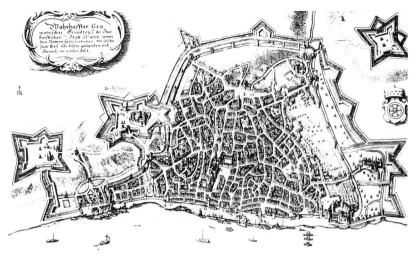

图3.20 十七世纪德国美因茨(Mainz)的平面图，显示了城墙和防御工程引发城墙、地面工事和城堡(带有箭头状工程)建造的军事技术直到十六世纪才出现，那时火炮使人们放弃了陈旧而高高的有垛口的城墙。装有机械装置的塔楼地板上开有孔洞，融化的铅液、沸腾的水或飞弹从这扔下，打在击鼓前进的攻击者身上。

督教义鼓励把性欲升华为宗教信仰，但丁笔下的比阿特丽斯(《神曲》中人物)是高尚女人的理想化身，是通往天堂的纯洁无瑕的引导者。像《玫瑰传奇》中一样，在《神曲》中肉体之爱被遮遮掩掩，受到抑制，就像用高墙或篱笆围起的花园。"围合"——即用墙或篱笆围起来的观念是中世纪园林(只栽植着基本的植物)的固有特征，它在中世纪园林中如此深入人心，以致门和篱笆成为其适宜而又生动的象征(图3.2)。

虽然中世纪末期所描绘的世界之价值是精神至上的，然而那个时期又很明显地充斥着追名逐利的活力和新技术进步。企业家的资本主义已开始取代封建主义，宣称人的本性既是贪婪的，也是注重精神的，花

园不仅是天堂象征性的代表，而且还是贵族保留下来的求爱的象征性的代表。园艺作为一种手艺得到重新确立，文艺复兴科学和人文主义的基础得以建立，此时正值中世纪渐进结束。

建有城墙的城市

中世纪晚期欧洲的建有围墙的城市绝不仅仅是保护城市居民的防御单位，更是活跃的贸易中心。以经商为目的的外地人被准许进入这些城市，并在城门处向赶集的农民或外国商人收取通行税，这形成了城市财富的很大一部分。城市沿着城墙内、外的主要道路发展，这种有系统的发展模式反映了正在迅速发展的中世纪市场经济。

因为在大量不可预测的封建斗争和地方反抗中，那些正在成长的城市像孤岛一样存在，所以其安全依赖于又高又厚的带有垛口的城墙，它们可以隐蔽保卫城市的弓箭手(图3.20)。这些圆形或方形的城市每隔100英尺左右即有一些这样的城墙，小小的通道深入城市，以使城市处于包围时容许大射程的交叉火力。城门是城市必须的入口，必然是城市的薄弱环节，因此建造了厚实的塔与城门两侧连接起来，将城门双重保护起来。又因城市通常沿河的两岸发展，城墙被河流切断的两端也建造了坚固的高塔，作为附加的防御工事，通往那些建在河边、围着城墙的城市的桥梁一端也同样如此(图3.21)。并不是所有在十一世纪和十二世纪的城市变革中涌现的以新的方式创建的城市最初都建有这种城墙，但对于获胜的城市而言，尤其是那些在王室或教会庇护下发展起来的城市，投资建造大量的防御工事是势在必行的。

坚固不朽的城墙和城市建筑代表为数众多的公共工程项目，中世纪城市通常尽可能地布局紧凑，以使城市周长最小从而使周围防御工事的范围缩到最小，加之城市市场经济的需要等，形成了一种圆形的城市模式，放射状的道路

图3.21 托莱多(Toledo，西班牙)的桥梁、城墙和塔楼。

从中心广场和商业区发散到几个城门。在前罗马殖民地城市，这些放射状大道简单地环绕着，深入古代城市的节点和巨大的网格中，由此与以前存在的道路模式成为有机的整体(图2.23)。城市日益复杂化使城市的管理成为必需，在位于中心的交易广场出现了市政厅。中世纪的城市内，拥有有利地段是具有一定城市权力的表现，于是通过争夺有利地段，最有权势的行会大厦更加向中心集中。毛料贸易(中世纪的经济支柱)中的布匹大厅常常因其建造地段的显赫位置而骄傲。如果城市是重要的主教区，有时主广场由教堂占主导地位。然而大教堂常常位于旧城和中世纪新城交汇处的附近，在这儿会形成大教堂广场，具有地方性的和临时性的市场必然集结在其周围或内部。

图3.22 坎普(Campo)，锡耶纳，意大利。

其他的集市广场也形成了，一些距市中心较近，一些与教区教堂毗邻，另一些在城市主要入口的附近，最后一类集市广场(曾经在城墙之内)是一种公共贸易场所，是那些获准可以在城内做生意的人们在最为直接方便的地方形成的。实际上城市是为商品生产和贸易而建造的市场有机体，家庭、作坊和交易场所结合在这种有机体中，因而城市到处都存在着对空间的竞争。街道狭窄，房屋常常侵占街道或者把上层房屋伸到街道的上部空间。就后来自然美的观点而言，这种中世纪街道的特征就是非常不规则的。

著名的例子如佛罗伦萨和锡耶纳(Siena)，在那里，市民的自豪感(中世纪末繁荣时期的一种奢侈)开始显露，城市个体独特的城市美学变得明显。在佛罗伦萨业已存在的由cardo、decumanus和中心广场构成的罗马式的方格网中，市民们可看到优美、宽阔、笔直的街道，有关指导阳台和其他工程的建造法规得以强制执行后，街道获得了更多的阳光。锡耶纳的丘陵地形和呈优雅曲线形的哥特式建筑(这种哥特式建筑在艺术和城市规划中保留有当地特色)相结合，结果建筑轮廓线与主要大道和贝壳形广场的缓和弧线相吻合(图3.22)。

随着日益繁荣，中世纪城市变得越来越稠密，但在城墙之内仍有大量公共开放绿地。住宅后面的院子里养着动物、种着果树，还有菜园。在两条放射状道路间的楔形地带，特别是城市周边地区附近，坐落着新建的大教堂和修道院。当蓬勃发展的企业把未受过教育的、贫穷的农民从周围农村带到城市，中世纪城市的生活变得日益狂燥、不安和痛苦，为救济穷人而工作的修道士或修女的出现，则是对此所做的回应，像圣芳济会的修道士弗朗西斯卡(Franciscans)和多美尼加(Dominicans)会修道士。这些修道士通过布道、关心病人和穷人，致力于维护秩序，抑制邪教，服务于城市大众。他们在主要通道和城市周边附近之间的交通不繁忙的、空旷地带建造收容所和医院。中世纪的另外一种创新——城市大学也在此建立了相似的收容所。虽然这些公共机构长久以来被当作是城市教会的范畴，因其依赖于教会的资助，但是不久它们就取得了独立地位。公共浴室也出现了，成为中世纪晚期休闲和社会交往的中心。

决定十一、十二世纪城市发展的市场力量常常有足够的能力来推动城墙内部、外部区域的发展，甚至在城镇成为拥挤的内城之前，近郊定居点(称作faubourg)就涌现在紧邻主要城门之外的地带。[22] 因为在城内做生意要收税，而在此处则没有，于是活跃的市场在这里形成。因为城墙内的城市不断发展扩张，与吞并有利可图的近郊的愿望相结合，于是建造了新的城墙，把一个或几个近郊定居点包围起来。在近郊居民看来，这种状况也符合他们的意愿：因为作为赋税的补偿，实实在在的公民身份带来了各种合法权利、经济利益和更大的物质保障。随着新城墙的建造，内部的旧城墙通常被拆除(但并不总是这样),新的近郊定居点又开始在新界定的城市外围城门附近产生。

虽然享有很大的公共自治权,中世纪的城市和商业中心仍处于巨大的权力结构包围中——国王和其他非宗教要人通过军队来维持其统治。依靠城市和农村的税收,封建地主得到的利益在根本上不利于城镇居民的利益,他们和国王一道充当军事保护者,这在位于山坡的防御性城堡位置和其防御性建筑中得到有力的表现。或者,君主和主教在设防的城墙内易受攻击的战略位置建造府邸。虽然位于城内,但这些贵族化的建筑物并不是城市生活的一部分,而成为公共流通和城镇自然发展的障碍。

大部分中世纪城市的地图和风景并不是中世纪的,一般来说,它们是十六、十七世纪的雕版画。但是因为其有特色的街道模式没有改变,并且前工业时代的城市结构变化发展缓慢,所以这些雕版画仍是相当准确的中世纪城市平面和规划图(图3.20)。这些雕版画中所描绘的历史上著名的城门,在今天仅仅作为有历史价值的建筑物和地名而存在,用来纪念以前的城墙。虽然有些建有围墙的中世纪城市仍然存在,但城墙已成为吸引游客的地方而不再是进城的关口。在那些持续发展的城市中,例如巴黎、威尼斯、佛罗伦萨,可以从林荫大道和环形道路追溯到以前的城墙。

从功能上来说,将城市用围墙围起来的基本原因是为了安全和收税,除此之外,对于关注内部的中世纪城市、城市中的学院和建筑而言,还有象征和精神

图3.23 《花园中的莫吉斯和奥兰多》(Maugis & Orlande in a Garden)手抄本5072中的细密画,folio71 布鲁日的著,瑞纳德·德·蒙塔本(Renaud de Montauben),1462～1470年。 Bibliothèque Nationale,巴黎。草皮长凳在中世纪园林中很常见。

上的原因。大教堂本身就是一个将神圣的神秘事物围合起来的圣殿。从这种观点看,与古代自然界之避难所没有什么不同,其阴凉、模糊的内部类似于洞窟,在许多教堂外面、拱顶后面,常常有一个称为"天国"的地方,那里种植着鲜花,并且用花来装饰圣坛、雕像和神龛。修道院庭园中,四条小路或水流(像圣经中流过伊甸园的河流)从中央喷泉延伸出来,除此以外,果树和其他植物象征着天堂在绿色丛林里生命重生。于是像四分园(是《古兰经》中描绘的伊斯兰天国的物质的、象征性的再现)一样,分成四部分的修道院庭园成为希伯来典籍和基督教圣经中所描绘的田园诗般的天堂的象征。

围墙环绕的园林

中世纪园林通过栽培和园艺将大自然最好的作品加以集中并不断提高,花园有游戏、鱼儿、水果、酿酒的葡萄以及鲜花。中世纪花园也是一个令人愉悦的、美丽的地方(locus amoenus),是地球上的天堂,是邪恶被驱逐的神圣之地,是得到君王、诗人、爱人、修道士、园丁般灵魂的地方(图3.23)。

如同许多领域一样,在罗马文明衰落后,欧洲园艺知识也在衰退。我们已看到阿拉伯知识在科尔多瓦(córdoba)是如何使流传下来的古代农业实践得以保留的。博洛尼亚(Bolognese)律师皮耶罗·德·克里森兹(Piero de'Crescenzi,1230～1305年)关于农业实践方面的著作《农业指导丛书》(*Liber Ruralium Commodorum*,包括12册)对西方园艺复苏具有极大的促进作用(图3.24)。克里森兹是重新发现古代著作的早期参与者,他的论述主要依靠老加图(Cato the Elder,公元前234～公元前149年)、马库斯(Marcus Terentius Varro,公元前116～公元前27年)和卢修斯(Lucius Columella,公元一世纪)等古人的著作,以及半个世纪前由阿尔贝特斯·马格纳斯(Albertus Magnus,1200～1280年)所著的《植物》(*De Vegetabilibus*)。

像十一世纪哥伦麦拉(Columella)的论文一样,克里森兹的论文是关于农业实践方面和地产管理方面(包括住宅、农用房、果园和庭园的选址、总体规划)的一系列丛书,其价值有两方面:其一,记述了中世纪园林的设计和实践;其二,附有大量插图的手稿和印刷本成为理想的可以看到的(即使不是实际所见)原始资

料，再现了许多中世纪园林的景象。起初它是一本操作指南，详细介绍了耕地、播种、收割庄稼、栽种果树和庭荫树、养护葡萄树、酿酒、饲养家畜、养育和开展游戏的正确方法。然而克里森兹不仅仅描述真实的花苑，更愿给出指导意见。可以假定：在"农业指导"丛书插图中所见到的有门的院墙、方形种植床、覆满藤木的凉亭和格架、多花的草皮长凳、喷泉以及仔细料理的果树等，反映了那个时期及后来真实的中世纪园林的样子。在研究这些绘画手稿和早期书籍印品时，最明显的是缺乏空间组织。花园的各个部分要服从总体规划的

图3.24 《讨论草药的种植》(*Crescentius Discussing Herb Planting*)"Le Livre des prouffis champestres et ruraux"一页的局部，**布鲁日手抄本**，Master of Margaret of York，1470年。Ms.232, folio157.**皮埃尔朋特·摩根图书馆** (The Pierpont Morgan Library)，纽约。

原则似乎不能影响这些园林的布局，而在这个原则中空间极为重要。花园中的要素——植物、苑路和建筑，它们的布局首先基于实用，以及给人们所带来的乐趣。

的确，大部分中世纪园林是以实用——即提供烹饪、草药、水果和蔬菜为目的来布局的。虽然圣·加尔教堂(St. Gall，九世纪)比我们正在讨论的园林所处的时代要早得多，但其规划所展现出的修道院的理想布局或许是中世纪晚期类似社区的有效原型(图3.25)。圣·加尔教堂的布局或许比真正的修道院庭园更为有秩序，在真正的修道院庭园中，蔬菜常常随意地种在作坊的周

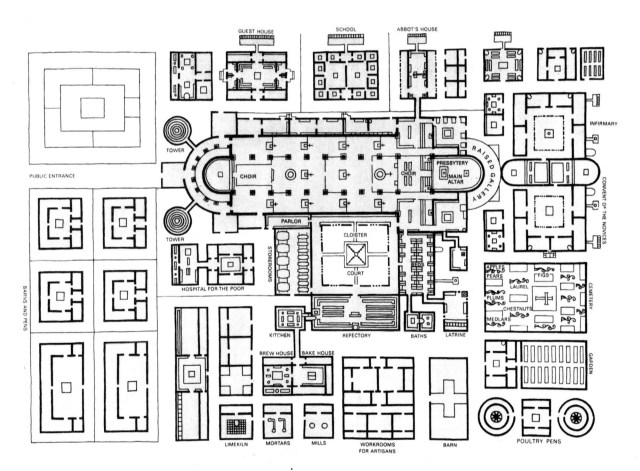

图3.25 瑞士的圣·加尔的修道院平面示意图，公元819年，模仿九世纪手抄本插图而作。右下角附近是一个包括18个矩形种植床的菜园，每个种植床都仔细地标有植物名称。菜园附近是墓地，也是果园。草药园位于右上角，与医院相邻。直到中世纪末医药学校(那时新兴的专业医师试图宣布修道院医院为不合法)的出现之前，修道士不仅是自己所在修道院的医师，而且还是修道院外面的病人的医师，修道院和受过训练的医生(修道士的后继者)用的是草药，从植物中提取药品的种类非常广泛。

图3.26 珊提·库瓦特罗·科罗那提修道院中的花园(罗马)，建于十三世纪初期，园中有一个十二世纪的喷泉。

Genovesi)和帕拉第特(Palazzetto Venezia)的庭园之间，风格上的深刻变化很明显。虽然修道院的基本性质和象征意义保持不变，但在这些庭园中可感受到阿尔伯蒂(Leone Battista Alberti, 1404~1472年)理论的影响。阿尔伯蒂是重要的人文主义学者、诗人、数学家和建筑师，他促进了一种源自古代的建筑风格的发展。在这些早期文艺复兴的实例中，早先装饰性的、比较柔弱的柱廊让位于结实的、朴素的圆柱，并饰以由古罗马建筑衍生来的简单的大写字母箔片。

虔诚的人们甚至从异教古迹的形式中发掘灵感，像画家安吉里科(Fra Angelico，1440~1450年)，这在与他同时代的绘画《天使报喜》(The Annunciation)中很明显(图3.27)。像那个时代的其他画家一样，当安吉里科为了摆放人物形象开始阐述三维空间时，受到了阿尔伯蒂理论和实践的影响。他把圣母玛丽娅的形象放置在用墙围起的修道院庭园中，象征玛丽娅的纯洁，象征天堂或"第三自然"。"第三自然"其意义高于第二自然(被开垦的土地)和"第一自然"(含有可怕含义的荒野)。然而，游人多至的凉亭在形式上与文艺复兴别墅(将在下一章讨论)、以及别墅中景观与建筑之间相互交织的手法很相似。为了更好地理解人类与景观之间关系的重要变化，以及更好地理解用隐喻来详细阐述三种自然的理念，则有必要更进一步地了解那场称为文艺复兴的人文主义的文化和知识运动。

围，有时种在修士房间后面的地块上。

大部分重要的乡村修道院已不复存在，但在某些城市修道院和女修道院中，仍可看到一些带有中世纪神秘气氛的古老的修道院庭园，它们像是被仔细保护的宝石。其中在罗马有三处比较著名：珊提·库瓦特罗·科罗那提修道院(Basilica SS. Quattro Coronati Four Crowned Saint)的庭园(图3.26)，拉特兰(Lateran)的圣约翰修道院庭园(St. John)，以及圣保罗修道院(St. Paul's Outside the Walls)中的庭园。修道院庭园中细长的柱子常常扭曲缠绕或呈编织纠结状，并常常嵌入闪闪发光的马赛克，这种装饰风格称为Cosmatesque。

这三个庭园和罗马的另外两个修道院庭园——圣·乔万尼(S.Giovanni Battista dei

图3.27 安吉里科的绘画作品《天使报喜节》，1435~1445年作于平板上的蛋彩画，马德里(Madrid)的林荫道(The Prado)。

注 释

1. 萨诺芬(Xenophon，公元前434~公元前355年)是希腊士兵、作家，还是苏格拉底的门徒。根据他的记述可以得知：波斯范围还是具有调控洪水功能的开放场地，还作为"阅兵场"来召集部队。在希伯来语中，"pardes"也表示范围和花园的意思，因为在"死后升天"的信仰以及希伯来人相信善良的人死后可以得到好报的传统观念中，它与这些受保佑的福地联系在一起。波斯语"pairidaeza"转译成希腊语"paradeiso"的过程中，这个词又具有了花园的内涵——更确切地说，是两个具有特殊意义的花园：一个代表死后升天的居所；另一个是《圣经》以后的文学作品中所指的伊甸园。拉丁语"paradisus"与希腊语"paradeiso"的三种含义相符：(1)表示花园或范围，范围是既具有一般花园的园艺美，又圈养野生动物的园子；(2)代表天上的花园，即天堂；(3)代表地球上的天堂，即伊甸园。

2.《创世纪》2：8~10(新版英文《圣经》)。

3. 同上。

4. 荷马著，罗伯特·菲茨杰拉德(Robert Fitzgerald)译，《奥德赛》(花园城市，纽约：Doubleday & Company，1961)，81页，561~68行。

5. 荷马著，《奥德赛》，"奥赛尼斯的花园"－罗伯特·M·托兰斯(Robert M. Torrance)译，摘自《环抱自然：原始资料集》，罗伯特·M·托兰斯编辑(华盛顿特区：Counterpoint,1998)，281页。

6. 赫西奥德著，《工作和时日》(Works and Days)，"五个时代"－阿波斯托勒斯·阿纳萨克斯(Apostolos Athanassakis)译，摘自《诺顿系列之古典文学篇》，伯纳德·诺克斯(Bernard Knox)编辑，(纽约：W.W.诺顿公司，1993)，193页。

7. 德拉肯提尤斯(dracontius)著，De Laudibus Dei，第一卷，"地球上的天堂"，罗伯特·M·托兰斯译－摘自《诺顿系列之古典文学篇》，伯纳德·诺克斯(Bernard Knox)编辑，(纽约：W.W.诺顿公司，1993)，600页。

8. 同上，601页。

9.《古兰经》第76章，N·J·达伍德(N. J. Dawood)译，(哈蒙德斯沃斯，米德尔赛克斯郡，英格兰：企鹅公司，四世纪的《圣经》修订本，1974)，18页。

10. 参阅弗道斯(Firdausi)著，Shahnamih I，第157页，引自威廉·L·哈纳威(William L. Hanaway)著，"地球上的天堂"(Paradise on Earth)－摘自《伊斯兰园林》(The Islamic Garden)，(华盛顿特区：敦巴顿橡树园和哈佛大学理事，1976)，53页。

11.《雅歌》(The Song of Songs) 4：12。

12. 参阅克劳第安著，Epithalamium de Nuptiis Honorii Augusti，第78~85行，A·巴特立特·吉亚马提(A.Bartlett Giamatti)译。摘自A·巴特立特·吉亚马提著，《地球上的天堂和文艺复兴史诗》(The Earthly Paradise and the Renaissance Epic)(纽约：W.W.诺顿公司，1966)，诺顿平装本，51页。

13. 参阅薄伽丘著，《十日谈》，G. H. 麦克威廉(G. H. Mcwilliam)译，(哈蒙德斯沃斯，米德尔赛克斯郡，英格兰：企鹅公司，1972)，233页。

14. Garden－即花园，表示从自然分离出来的，是对自然的改造，对于Garden一词的出处可参阅约翰·狄克逊·亨特(John Dixon Hunt)著，《尽善尽美》(Greater Perfections)，(费城：宾夕法尼亚大学出版社，1999)，对此进行了讨论。同时书中还论及贯穿于人类历史的不同文化背景下的景观设计和文学之间的关系进行了论述。

15. 参阅D·费尔切德·鲁格利斯(D. Fairchild Ruggles)著，《西班牙伊斯兰宫殿中的花园、景观及幻影》(Gardens,Landscape,and Vision in the Palaces of Islamic Spain)(大学公园，宾夕法尼亚州：宾夕法尼亚州立大学出版社，2000)。该著作对西班牙伊斯兰园林及其与周围景观的关系(既真实有具象征性的关系)作了精辟的论述。

16. "alcázar"一词源自阿拉伯语"al-qasr"，是"城堡"的意思。

17. 根据"1 kings"，7：23~26，所罗门王的神庙有巨大的水盘，支撑在12个公牛背上。在1056~1066年，犹太人尤塞夫(Yusuf)成为格兰纳达的统治者，他建造了华丽的宫殿和花园，园中有一个喷泉，被当时的一位诗人喻为所罗门的水盘，"……它并不坐落于公牛上，/而是由紧密地排列在其边缘的狮子来支撑……/狮子的腹部是涌动的水源/水像线一般从狮子口中流出。"此后格兰纳达处于柏柏人(Berber)统治之中，从1013年开始直到1090年被亚尔莫拉维德人(Almoravids)征服。有学者（弗雷德里克·巴格伯尔/Frederick Bargebuhr）认为：十四世纪建造的"狮子院"中，十二边形喷泉上的狮子恰恰就是尤塞夫喷泉上的狮子，虽然这种说法不可能得到确认，但是当久经世故的伊斯兰和犹太精英们在看到狮子院的喷泉时，自然会与高贵的所罗门王的铭文相联系。铭文写道："真实地说，除了仁慈，从喷泉的狮子下面源源不断涌出的还能是什么呢？/就像哈里发早晨举起的双手，赐予他的士兵－战争中勇猛的狮子丰厚的奖赏。"具体请参阅D·费尔切德·鲁格利斯著，《西班牙伊斯兰宫殿中的花园、景观及幻影》(Gardens,Landscape,and Vision in the Palaces of Islamic Spain)

(大学公园，宾夕法尼亚州：宾夕法尼亚州立大学出版社，2000)，163~166、199~200、213页，对狮子院中喷泉的所隐含的象征意义做了很好的论述。

18. 这是曾到访贴木儿花园的西班牙大使对节日的欢聚场面以及花园所作的描绘。参阅《驻使在贴木儿—1403~1406年》(Embassy to Tamerlane)，鲁依·冈萨雷斯·德·克莱维吉奥(Ruy Gonzélez de Clavijo)著，古伊·勒·斯特瑞支(Guy Le Strange)译，(伦敦：G·鲁特里支，1928)。

19. 这种花园形式从中亚传向北印度，"chahar"是"四"的意思，"bagh"是"花园"的意思，并在拼写上进行了微小变化。这样，莫卧尔帝国的四分园在印度就被称之为"char bagh"。

20. 詹姆斯·L·维斯科特(L. James Wescot)著，《胡马雍统治时期(1530~1556年)莫卧尔园林设计的不确定性》(Gardens of invention and exile: The precarious context of Mughal garden design during the reign of Humayun(1530~1556年))，《园林历史期刊》(Journal of Garden History)，10卷，第2期，114页。

21. 参阅伊丽莎白B·莫尼罕(Elizabeth B.Moynihan)著，《波斯和莫卧尔帝国的花园恰似天堂》(Paradise as a Garden in Persia and Mughal India)(纽约：乔治·伯拉兹勒/George Braziller，1979)，112页。

22. 在法国，这些刚刚都市化的地带被称作"faubourgs"，源于古法语"fors"和"borc"："fors"的意思是"外面"，而"borc"则表示古老的"城墙"。因而，今天巴黎街区中诸如名为"Faubourgs Saint-Germain"、"Faubourgs Saint-Antoinc"的街区，在以前就是古城墙外面的地方。

第四章

古典主义复兴：
意大利和法国文艺复兴时期的景观理念

打个比方，文艺复兴时期园林的围墙最终好比即将被打开的贝壳。人类对自己的智慧充满自信——这是文艺复兴留下的持久馈赠，这深刻地改变了人类的自然观。在本章所涉及的时期，园林仍处于围墙之内，但是强调轴线设计则是迈向空间延伸和园林边界向地平线延伸的第一步。虽然景观设计理念由内部关注转变为外部关注的过程是缓慢的——只是在十七世纪才开始明显，然而它的根源是文化复兴(也称为文艺复兴)以及新柏拉图派的现实与理想相分离、人类世界和上帝世界相分离的理念。

但丁(Dante Alighieri, 1265~1321年)在其《神曲》(The Divine Comedy)中预示了一种更为广阔的景观理念：叙述者在昏暗的树林里开始朝圣，在古罗马诗人维吉尔(Virgil)意味深长地引导下，穿过一个超自然的景观(它在最后出现)，登上炼狱之山(Mount Purgatory)，全部景色尽收眼底，他为之兴奋。彼特拉克(Petrarch)象征性地追随但丁的足迹，试图找到前所未闻的景色，经历了艰难困苦之后他实际登上了温托克斯山(Mount Ventoux)。正如他给一位朋友的信中写道："我惟一的动机是想看看登高远望是怎样的美妙"。我们从字面上得到了一种新的、更为大胆的对地球景观的视野。与中世纪关注内部的(inward-focused)、仅仅期待天堂梦幻般景观的个人的视野相比，彼特拉克从温托克斯山

看到的景色预示着对景观态度的转变，对新出现的相信人类智慧力量的回应。当内向的、独立的(self-contained)、天堂般的园林逐渐让位于广阔的、外向的(outwardly directed)、更为追求名利的园林之时，由科学引起的解放、以及正在孕育的广泛调查精神，在当时的景观设计中发现了富有表现力的类似情况。

在文艺复兴园林设计的演变过程中，我们能清晰地看到宇宙观的改变。[1] 人文主义哲学家、数学家尼古拉斯·库萨(Nicolaus of Cusa, 1401~1464年)提出空间中性(spacial neutrality)的设想——即宇宙没有边界、没有中心的观点，这比尼古拉斯·哥白尼(Nicolaus Copernicus, 1473~1543年)提出的行星围绕太阳运转的理论早了一个世纪，比伽利略(Galileo, 1564~1562年)改造望远镜用于天文学早了二个世纪。在西方，景观设计的趋势——即塑造看上去无边的园林空间，最初是尝试性的、局部的，但到十七世纪得到全面发展，它映射出从库萨到雷内·笛卡儿(René Descartes, 1596~1650年)的宇宙观的进步，此时亚里士多德学派古老的空间模型被逐渐摒弃，现代物理学的基础建立了。

除了打开通向现代科学之门外，文艺复兴人文主义使古代的古典形式和实践再度复兴。1499年出版的具有广泛影响的《梦境中的爱情纠葛》(Hypner-

otomachia Poliphili)〔认为是具有考古思想的弗朗西斯科·科罗纳(Francesco Colonna)的著作〕提供了大量的插图,描绘了藤架、凉亭、柱廊、喷泉、洞窟、花坛、整型灌木以及用复兴的古典语言(特指景观设计)创造的其他形式(图4.1)。莱昂·巴蒂斯塔·阿尔伯蒂(Leon Battista Alberti, 1404～1472年)著述的具有影响的建筑论文《论建筑》(*Dere aedificatoria*, 1452年出版)为新一代建筑师提供了现成的参考。他们和阿尔伯蒂一样,带着可敬的热情,致力于研究维特鲁威(Vitruvius, 公元前一世纪古罗马建筑师、工程师)的著作、古代建筑遗迹——古老的巴西里卡和浴场的框架、古代神庙破损的柱子、柱廊以及挖掘出来的尼禄金屋(Nero's Golden House)和蒂沃利(Tivoli)附近哈德良别墅(Villa Hadrian)的装饰碎片。公元一世纪小普林尼(Pliny the Younger)对劳伦特尼姆(Laurentinum)和托斯卡(Tusci)的别墅(在十五世纪的手抄本和1506年的印刷本中可以见到)的描绘推动了文艺复兴别墅建筑的理念,也促进了乡村夏日住宅(villeggiatura)之概念在大家族中得以普及(第2章)。

把古代实践作为建筑原则的指导,文艺复兴时期的巨子们恢复了轴线对称的做法,并将自己的风格印刻在许多从古代古典主义建筑(ancient classical structures)中借鉴来的装饰图案中。在古罗马非常均衡的建筑形式和古代古典主义(antique classical)丰富的装饰词汇中,他们找到了赞扬某些人(主要是主教和非宗教统治者)以及使人性高贵的方法。像古罗马人一样,他们在乡村建造别墅,作为摆脱忙碌生活的隐居之处,作为培养才智、有时作为培育地产的地方,特别是在托斯卡纳区(Tuscany)、威尼托区(Veneto)和罗马。

富有的鉴赏家搜集古董,而埋在地下的古代雕塑渴望被发掘。一些文艺复兴别墅花园设计成陈列这些艺术品的场所。但因为没有足够的古代艺术品来装点所有正在建造的花园,文艺复兴艺术家们模仿古代式

图4.1 带有整形灌木的柱廊木版画,1561年法文版*Hypnerotomachia Poliphili*(又名《梦境中的爱情纠葛》*The Strife of Love in a Dream*),书和插图据说是由弗朗西斯科·科罗纳著述和绘制的。

样来创作新的雕刻和装饰。

古代雕刻和古代形式的复苏再度恢复了人们对古代诸神的兴趣,使得非宗教主题与宗教主题同等重要,并对艺术效果具有同样重要的帮助。神再次在人们的想像中占有一席之地。罗马主教和红衣主教也接受了古代神学,他们把"异教"神话解释为基督教的预示,古代神学为园林设计者提供了被重新使用的古代雕刻和古典设计语言,取代了中世纪基督教有关天堂的雕刻。这些神话人物常常象征性地与基督教理想相结合,例如大力神赫库路斯(Hercules)是正义和纯洁的化身。在景观设计中,古典主义雕塑分组排列或布置成舞台造型来传达赞美保护人以及讽喻的信息,在设计好的游览路线上,这些雕塑常常连接起来,像一连串用雕塑构成的宣言。

天文学和占星术仍密切结合,文艺复兴时期的知识分子与中世纪的前辈们一样,为神秘的象征所吸引。在人文主义者的概念中,古代神话取得了与基督教神话相同的地位。《梦境中的爱情纠葛》中神秘的象征主义确实对文艺复兴保护人和艺术家具有极大的吸引力。雕塑和水作为要素之一应用在日渐增多的精美雕塑中,来庆祝富有成效的合作——即人类利用艺术和技术达到了自然的景观效果。的确,文艺复兴人文主义者为其高贵的保护人建造的承载着某些信息的园林,可以看作是那个时代的主题公园。虽然园林仍承担着隐喻天堂的功能,但在此时有了更多的内容:它是传授知识的课堂,当沿着园路穿行时,那些拥有丰富人文主义知识的人们能够解读这些隐喻;园中的喷泉、雕塑常常诉说着复杂的故事——暗指保护人是新黄金时代的创造者,是为全人类造福的地球之天堂的推动者。

景观设计与艺术的其他分支一样,成熟的文艺复兴作品的高贵从容和稳定均衡不久就让位于十六世纪中叶文艺复兴晚期所特有的更为复杂和动态的空间组织。肖像画变得更为隐晦和个性化。当我们从十六世

纪早期短暂的古典主义平衡时期到晚期文艺复兴的盛期来追寻其脉络时，相似的风格在绘画、雕塑和建筑上的演变可以在景观设计的历史中发现。

当文艺复兴在意大利出现时，北欧发生了宗教改革并成立了不同的新教派。作为天主教基地的罗马，于十六世纪中叶发动了反宗教改革运动(Counter-Reformation)，在这场运动的前前后后，罗马试图通过艺术途径来激发宗教信仰。于是十六世纪末，意大利开始了一种设计过程，从而导致了具有粗野的塑性和绚丽的装饰的巴洛克风格，并成为整个十七世纪意大利艺术和建筑的特征。同时贯穿整个十六世纪的意大利文艺复兴艺术形式被法国吸收，并形成了法国自己的文艺复兴风格。这种风格发展成为十七世纪法国庄严的巴洛克风格，与意大利高度夸张的巴洛克风格相比，是一种较为简朴的新古典主义形式。文艺复兴风格在意大利和法国各自发展演变(将在第5章讨论)，本章主要追溯意大利人文主义的产生及其对文艺复兴风格发展所做的贡献，这种文艺复兴风格在意大利于十六世纪初达到顶点，以一种矫揉造作的方式被灿烂辉煌地应用，并被法国人采用转化为他们自己的艺术风格。正巧在这时，文艺复兴思想对德国、低地国家和英格兰的景观产生了影响。在十六世纪，向其他国家传播文化的程序已经得到很好的建立，这将留在第6章讨论。受到学者所提出的观点和艺术家所表达的思想的影响，王室和贵族保护人中的少数精英发起并推动了文艺复兴运动，因此我们有必要将视线集中于权力中心、国王和君主的庭园、别墅和城市，以及那些他们寻找美丽景致的城市。

I. 彼特拉克、阿尔伯蒂、科罗纳：人文主义与景观

人文主义与别墅的复兴

彼特拉克(Francesco Petrarca, 1304~1374年)发起了人文主义运动。对彼特拉克而言，人文主义意味着对古代著作的重新发现以及这些著作中客观的、怀疑的对待自然的态度。他相信：希腊和罗马思想是崭新未来建立的基础。他进而信仰一种新的道德伦理：在这种新的道德伦理中，人的意志虽然服从于神的法律，但比中世纪有了更大的自主权，在中世纪广泛的好奇心被看作是对神学教义的轻蔑。科学调查和尊重个人成就的新精神使知识分子和道德力量得以解放，与此相伴，在历史倡导者的思想中，对古代的复兴和研究构成了智力上的复苏，意大利将文艺复兴称之为rinàscita，十八世纪法文或英文译为"renaissance"复兴，十九世纪renaissance一词在研究十六世纪艺术的人群中很流行。处于罗马没落与文艺复兴这个令人振奋的新时代之间的时期被人文主义者命名为中世纪，即我们所知的处于六世纪和十四世纪之间的这段时期。

牧师和修道士使拉丁语保持着活力，因而在整个中世纪拉丁语继续担当受过教育的欧洲人的国际语言。然而此时，人文主义者想要的不仅仅是将中世纪拉丁语继续作为教育阶层的语言，实际上，他们不想继承中世纪学究用拉丁文写作的手法，而愿意用古罗马雄辩家、政治家马库斯·西塞罗(Marcus Tullius Cicero,

公元前106年~公元前43年)和古罗马诗人维吉尔(Virgil, 公元前70年~公元前19年)的语言和句式写作。再者，人文学者不仅想用这些古代名人的语调和风格写作，还愿意用与他们相同的方法来思考世界，用柏拉图(Plato, 公元前427~公元前347年)的观点研究伦理道德，用老普林尼(Pliny the Elder)的方式研究自然界。具有讽刺意味的是，作为书面语的古拉丁文得以成功地被再次使用,起到了促进本国语言发展的作用，而代价则是中世纪拉丁语逐渐不被使用。

彼特拉克与其追随者认为大脑的思维活动与城市生活之间没有区别，为使别人满意，沉思的人在精神上必定是运动的人。彼特拉克的人文主义被那些善于言词、精于文字的人(men of letters)传播开来，他们将自己视为与西塞罗一样的政治家，西塞罗通过充满智慧的演讲，使自己的政治纲领为人所知，并经巧言得以传播。科西莫·德·美狄奇(Cosimo de'Medici, 1389~1464年)于1434年夺取了佛罗伦萨的政治控制权，他是一位开明的人文主义统治者。1439年他将希腊东正教和天主教带到佛罗伦萨，并热情资助聚集在那里的高级教士，其中包括最受尊重的柏拉图权威詹密斯托斯·柏莱森(Gemistos Plethon, 公元1355~1450/55年)。如此多的著名人物出现在街头，给这个城市的人们一种四海为家的新感觉。这些神职人员中

有些来自君士坦丁堡，它是当时世界最富有、最复杂的城市。公元330年君士坦丁(Constantine)创建了君士坦丁堡，作为新罗马，它不仅是东罗马帝国重要的基督教基地，还是公元476年西罗马陷落后古典文化的主要宝库。一些希腊东正教僧侣设法保存了一些古代古典主义文本(ancient classical texts)的抄本，同时还有早期基督教的手抄本。因为东罗马帝国一直持续到1453年，奥特曼土耳其(Ottoman Turks)推翻君士坦丁堡，所以在科西莫统治时期希腊东正教仍然是从消失的东罗马图书馆上溯到古希腊这一长长的知识链中的一环。人文主义学者马西里奥·费西诺(Marsilio Ficino, 公元1433~1499年)认为佛罗伦萨可能会取代已消失的古希腊知识中心，并且学者间的智慧对话也会不朽，这种智慧对话是随着1439年佛罗伦萨聚集了那么多博学的希腊学者后而开始的。普遍认为，费西诺在科西莫的资助下，约于1462年在佛罗伦萨附近的美狄奇族长的卡尔吉别墅(Villa Careggi)创立了柏拉图研究会，科西莫到这里"不是耕种土地，而是陶冶精神"。[2]

这个人文主义研究会(持续到1494年)的创立成为西方历史中相信理想主义的一个瞬间。人文主义信条成为少数但有影响力的知识群体(包括神职人员)的研究领域。这些高级教士越来越倾向于人文主义的哲学和美学理论，并通过文学上、艺术上的支持使之滋养。园林承担着特殊的身份：既是沉思和学习的地方，又是新艺术得以表现的建筑空间和机会。

费西诺的新柏拉图主义从柏拉蒂努斯Plotinus〔公元三世纪亚历山大港(Alexandrian)的哲学家，他设想了一个神，是所有生命的起源，通过它，人的精神可以神秘地结合〕的著作以及奥古斯丁(Augustine)和十二世纪新柏拉图主义者的著作中汲取了营养。他的哲学给予精神以特殊的地位：精神是位于世俗世界和神圣世界中间、上层世界和低层世界中间的先验的、有感知的、具有创造性的才智的代表。受到柏拉图在其著作"Symposium and phaedrus"中所阐释的爱情理论——即"神的愚蠢行为"的启发，费西诺认为神秘的爱情是诗的源泉。爱情的目的是美，并分成两个相反的领域：神圣之爱和世俗之爱，分别由文艺复兴艺术中常常描述的两个维纳斯来代表——一个象征神圣的爱情，另一个象征世俗的爱情。费西诺的哲学

给予艺术家以新的身份：即艺术家的任务是将理想的美转化为现实的美。这是一项在比例、和谐等数学概念辅助下的工程。

费西诺的信徒乔万·尼皮可·德拉·米朗德拉(Giovanni Pico della Mirandola, 1463~1494年)明确提出在当时算是激进的观点——个人自由意志(individual free will)。该观点承认了艺术家用表现自然的新方法去并置和组合各种形式时所具有的极大的创造能力和模仿能力，这里的自然不是源于教条的宗教而是源自人的智慧。自然科学为之注入了越来越多的信息。建立在封闭的、而不是开放的宇宙基础上的静态的中世纪经院哲学，逐渐被这种令人鼓舞的、对更为不受限制的质询的承认所推翻时，此时，用墙围起来的花园(hortus conclusus)变成了秘园(giardino segreto)。园林中的一种隐蔽的、封闭的像房间似的空间(garden room)，它是更为巨大的文艺复兴园林中与大自然亲密接触的地方。好像在这种转变的哲学之自然的自觉认识中，文艺复兴园林中的肖像常常表达的一个重要主题是艺术与自然的结合，并且秘园成为植物园(即外来植物和本地植物被收集在园中，分类展示)的前兆。

彼特拉克是个虔诚的基督教徒，他在自然和实践知识中寻找精神真理，为了向这些目标迈进，他在自家附近的沃克尤利兹(Fontaine-de-Vaucluse)建造了两个花园，收集珍奇植物，对不同的地理、季节、气候和大气环境下生长的植物品种进行试验。一个花园位于斜坡上，他称之为"帕奈撒斯山的北面"("transalpine parnassus")，帕奈撒斯山(Parnassus)是希腊中部的山脉；另一个花园离他的住宅较近，位于一条湍急河流中间的岛屿上，"穿过一座从阳光无法照射的洞窟中伸出来的小拱桥"就可以到达那里。通过对400年来亚历山大教皇(Alexander Pope)位于忒肯汉姆(Twickenham)的著名洞窟(将在第七章讨论)的形式和功能来预见，彼特拉克说：他相信他的洞窟与"西塞罗有时去朗诵的小房间相似；它是学习的邀请，我中午去赴约。"

彼特拉克之后的一个世纪，由科西莫及其美狄奇家族继承人建造的几处别墅被证明是对农业经济的明智投资，并且是瘟疫和政治斗争时期的避难所。这些别墅也是知识分子消遣和交往的中心。在文艺复兴热烈的气氛中，有一段时间意大利的别墅再度成为哲学

和艺术的庇护所——就像古代小普林尼曾经视别墅为庇护所一样，贵族们在那里赞美乡村生活的乐趣。

阿尔伯蒂的理论

科西莫的孙子洛伦佐(Lorenzo the Magnificent, 1449～1492年)并不因拥有与科西莫同样的财富和权力而欣喜，虽然他是佛罗伦萨的赞助者但却不喜欢张扬。洛伦佐只用部分时间处理家族的银行业务，而把更大的精力投入到民族手工业和艺术事业上。他喜欢把艺术家、音乐家和柏拉图学会成员聚集到他位于费索勒(Fiesole)、卡法鸩罗(Cafaggiolo)、喀累吉奥(Careggi)和波吉奥·阿·卡亚诺(Poggio a Caiano)的别墅。虽然洛伦佐上台后不久阿尔伯蒂就去世了，但在这个人文主义圈子内他很有影响力，他的建筑论文《建筑四书》是洛伦佐常用的参考书籍。

阿尔伯蒂是一位多才多艺的博学者，是诗人、古典文学家、哲学家，是诸多有关透视画法及其他绘画论文的作者，也是有关雕刻、特别是关于园林设计著作的作者。虽然后来从事建筑设计，但他避免直接卷入建造过程，使自己远离那些出身低微、通常既是设计师又是建造监督者的建筑师。阿尔伯蒂向罗马教皇尼古拉斯五世(Nicholas V)提出不同的城市设计建议。其建筑理论在美学范畴内可归结为他称之为"和谐论"(Cocinnitas)的一段论述："整体中的所有部分都合理并充分协调，这样，什么都不用增加、减少或更改，要不然会更糟。"他领悟到自然的几何秩序，提倡对称、提倡按照象征意义的比例来安排建筑的各部分，这样就将新柏拉图关于自然和谐形式的理想转变成建筑上的实现。[3]

阿尔伯蒂从在自然界中发现的秩序与和谐原则中得出了几个建筑思想，并且把看到处于和谐状态的自然视为快乐的源泉。按照他的理论，别墅应建在和缓的高地上，这样可看到周围乡村的景色。花园中应设置柱廊，既有阳光又有阴凉，而且还可作为建筑上的联系，使花园空间成为建筑空间的延续。为了满足大型聚会的需要，他指出园林中要设计有庆祝用的露天场所(open space)，设置喷泉来满足人们对宁静的愿望。他建议在隐蔽的地方种植黄杨树篱，也不反对模仿古罗马风尚把绿篱拼成主人名字形状的做法。对于园林中滑稽有趣的塑像他并不反对，"摆设它们并不猥亵。"[4]

费索勒的美狄奇别墅

1455年前的某个时候，科西莫委任米切罗兹(Michelozzo di Bartolommeo，1396～1472年)为其儿子乔凡尼(Giovanni)设计位于费索勒(Fiesole)的美狄奇别墅(Villa Medici)(图4.2, 4.3)。这座建于1458～1461年的别墅的主要功能不是经营农场，而是为了满足知识分子的精神生活，以及美学价值和价值观的展示。正如建筑史学家詹姆斯·S·阿克曼(James S.Ackerman)所指出的"米切罗兹设计的、朴素的、有拱顶的六边形建筑是第一座没有物质利益想法而设计的现代别墅"。[5] 从多米尼科·戴尔·赫兰戴奥(Domenico del Ghirlandaio，1449～1494年)绘制的同时代的壁画来判断，这个别墅涂着白色的灰泥。虽然没有阿尔伯蒂式的古典主义细部，但遵循了《建筑四书》中面朝前方布置的原则。从很远的地方就可以显著地看到别墅，渐渐地从堤坝平台上升起，这有意识地模仿了一世纪普林尼在劳伦特尼姆和托斯卡别墅的布置——在那儿，优美的景色是重要的因素。自古以来，可眺望佛罗伦萨的费索勒的美狄奇别墅是自古以来第一个有意识的利用基址潜力的例子，从普林尼的观点而言，它是一个原型，并成为以后意大利园林选址、定向和设计中的重要因素，因为这个原因和其他原因，后来的意大利别墅只要有可能都建在山坡上。

别墅前面的东部以前是一个完全开敞的凉廊，后来其中的一个开间用墙堵住了。凉亭前面向西保持完全开敞，人们能够没有遮挡地欣赏到别墅与一个可爱的秘园相连接。这是意大利设计师创造相互渗透的室内、外空间的一个早期实例，他们把别墅和花园想像成一个完整的组成部分。密园最初是围合起来的像房间似的小花园，但是在这里，场地所潜在的美丽景色得到了发掘。从花园和凉廊中可以俯视亚诺河谷(Arno，意大利中部)和佛罗伦萨的全貌，菲利浦·布鲁尼利斯(Filippo Brunelleschi)大教堂的穹顶统率着整个天际线。

在花园中穿过一道门就是·个开敞的露台，露台沿房屋的南面延伸着。在露台的那边有一个长长的凉廊，从这可以俯瞰下面的露台花园——那儿有修剪成圆锥状的木兰树，旁边是草坪和黄杨绿篱。二十世纪初，塞西尔·宾森特(Cecil Pinsent)为西贝尔·卡汀(Sybil Cutting)女士对花园进行了重建和设计，于是形成了现

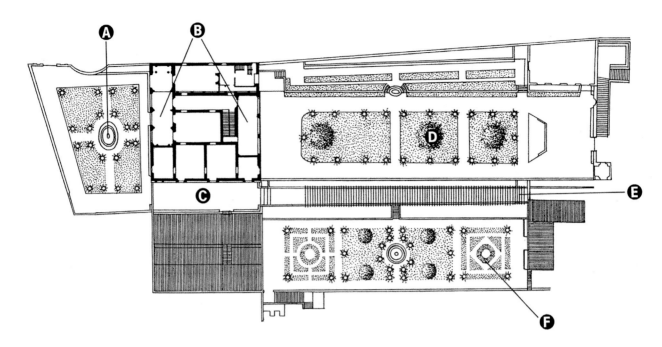

图4.2 费索勒的美狄奇别墅平面图(1455年之前)。米切罗佐设计。
    A. 秘园；B. 凉廊；C. 露台；D. 柠檬园；E. 藤架；F. 底层花园。

在的模样(在第十章中将会提及)。这个花园以及它上面绿草如茵的露台都用柠檬树加以装点，这些柠檬树栽种在赤色陶罐中。凉廊与下面的露台之间有段坡道，它没有被设计成装饰性的台阶，而是有点像晚些时候在意大利花园中的斜坡。下面的花园切入山腰，因而比上面的花园低很多，这样，从上面的露台观赏风景时就不会受到影响。

费索勒的美狄奇别墅仅仅是作为乡间隐居所建造的，而不是进行乡间劳动的别墅，但是农业景观直接与别墅相接，中间没有过渡。由花园的形式转换为橄榄树林和田地，这种无意识地转换可以在托斯卡纳的许多花园中看到。田野成为古代别墅风景的特色，普林尼曾经对此做过描述。那些时髦的、温文尔雅的人们既可以欣赏苹果树林和种着西红柿的田地，而又不用进行农务劳动，洛伦佐及其周围的人很喜欢费索勒的田园景观。在那儿，诗人安吉罗·波利兹亚诺(Angelo Poliziano，1454~1494年)写出了他的著作 "Rusticus"，它是对古代诗人——诸如贺瑞斯(Horace)、赫西奥德、克鲁麦拉(Columella)、维吉尔的田园诗的颂扬。这首诗赞扬了佛罗伦萨的景色以及远方银带般的亚诺河，颂扬了洛伦佐的庇护及其宽宏的精神。这样，乡村的景色和城市的权力在人文主义的文

图4.3 柠檬园，二十世纪修复后的美狄奇别墅。

化氛围中协调地融合起来。

　　费索勒的美狄奇别墅中所隐含的对自然的人文主义态度，在十五世纪文艺复兴初期佛罗伦萨画派的绘画中也有所反映。如果中世纪晚期的哲学观以及新的人文主义都没有在社会整体文化观念上引起深刻变化，那么艺术家对自然之美的感受和接纳也就不会发生。虽然基督教的信仰没有被抛弃，但是个人的杰出作为以及人类所取得的成就也日益受到重视。科学观察和人文主义的审美观助长了人们对自然的兴趣以及对自然景观之美的喜爱之情。古典神话融入到富裕人家的教育中来，讽喻也运用了古典主义主题和形象，并广泛地使用在艺术和文学中。

　　大约于1482年，桑德罗·伯蒂赛利(Sandro Botticelli)创作了《春天》(Primavera)，它既表现了文艺复兴时期人文主义的自然主义的一面，又表现了其神秘的一面(图4.4)。诸如此类的绘画以及那个时期的花园，都有意模仿和隐喻天堂。另一方面，它们像是被破译的文字，是信息的传递者，对于有洞察力的人来说它们是定格了的戏剧表演。当学者们对这幅画的真正含义争论不休时，有一点是很清楚的，即在《春天》的画面中，我们看到的不仅仅是类似于中世纪绘画里多花草地中的圣母玛利亚，而更为重要的是可以看到文艺复兴时期对古代文学中关于天堂或维纳斯花园的诠释。在伯蒂赛利所描绘的维纳斯花园的上方，有一个花园很明显是爱之花园，在画的右边我们可以看到西风之神——他是春天的信使并占有了卡罗瑞丝(Chloris)。作为对已经发生事情的补偿，后者变成了附近的花神。橘子树林成为维纳斯的凉亭，丘比特将他的箭指向三个女神(主管美丽、魅力和快乐)中的一个。五月之神莫丘里(Mercury)作为整个场景的结束。一些专家认为这幅画表现了对1482年美狄奇家族的一场婚礼的祝贺。

　　很明显，从这幅画以及其他争论不休的画中，一千多年来仅仅为基督教信仰服务的讽喻已经重新回到了其古典原型，并且古典主题也不再受到专注于剔除"异教"信仰的宗教权势的禁止。基督教和古典主题以一种调和的方式存在，这成为以后300年中艺术家们的重要主题。当信仰基督教的人文主义者在古典神话

图4.4 《春天》，桑德罗·伯蒂赛利作于1482年，藏于佛罗伦萨的乌斐齐(Uffizi)美术馆。

中发现了新的含义，那么花园几乎全然成为古典诸神和带有神秘色彩的英雄人物之所爱。《梦境中的爱情纠葛》(Hypnerotomachia Poliphili)为园林设计所带来的惊人影响可算是以上情况的一个表现。

《梦境中的爱情纠葛》 (HYPNEROTOMACHIA POLIPHILI)

1499年，威尼斯出版商阿达斯·门提斯(Aldus Manutius)发现了一本难以理解而又迷人的书，书中有文字叙述和木版画插图，这本书注定要对花园设计产生巨大的影响。书的名字为《梦境中的爱情纠葛》(Hypnerotomachia Poliphili)，被认为是多米尼克僧侣、贵族佛朗西斯科·科罗纳(Francesco Collona，1433~1527年)的著作。在帕里斯瑞纳(Palestrina)，科罗纳为他的父亲斯蒂弗诺(Stefano)工作，重建福图娜神庙(Temple of Fortuna Primigenia)，福图娜是古希腊—罗马传说中的女神，人们崇拜她就如埃及人崇拜尼罗河一样。科罗纳对神秘宗教和其原始的典礼仪式很感兴趣，这就涉及到解译希伯来神秘文字的工作，这些文字有时还表现为象形文字。人们相信这些象形文字既代表了其精神实质，又代表了它们所象征事物的功能特点，以及思想(按柏拉图学派的观点)和其物质形态。

吉恩·马丁(Jean Martin)将之翻译成法文，1546年，该书的法文版出版，名为波莉菲勒的梦语 Discours du songe de Poliphile，书中的木版画插图按枫丹白露流派(School of Fontainebleau)的风格设计。1592年，该书的英文版正式出版，其题名为《梦境中的爱情纠葛》(The Strife of Love in a Dream)。[6] 主人公名字叫波利费利尤斯(Poliphilus)，其意思是"花神的爱人"(Lover of Polia)，他是一场爱情之梦的讲述者。在梦境中，随着他过渡沉湎于他的爱人，他对建筑、复杂的花园以及奢华装饰的热情毫无遮掩地显露出来。波利费利尤斯到艾留特瑞里达(Eleuterilyda)女王的花园中旅行，并

图4.5 整形灌木和花结的形式(木版画)，源自 Hypnerotomachia Poliphili(又名《梦境中的爱情纠葛》，费朗西斯科·科罗纳著，约1561年的法文版。这种形式受到阿尔伯蒂的赞许，于是整形灌木—即灌木丛被修剪成奇异形状，这种古代花园中的设计手法在文艺复兴时期再度狂热地流行起来。

在花神的陪伴下来到维纳斯的岛屿。他非常详细地描述了岛上的"果树园、草坪、溪流和泉水"。岛的中部是"由七个巨大圆柱构成的维纳斯喷泉"，[7] 这是第一册中的高潮所在，他用令人愉快的口吻详细描绘了爱之女神维纳斯的胴体、以及波利费利尤斯被丘比特的箭所射中。在这个地方以及波利费利尤斯所拜访的其他虚构出来的地方中，科罗纳显露出对装饰性建筑和设计精巧的装置的强烈兴趣。

科罗纳书中的木版画插图描绘了富于想像的灌木修剪形式、花园的设计以及果树园、洞窟、古典凉亭、藤蔓缠绕的拱廊和仿埃及的秘密装置等(包括把方尖碑竖立在大象的背上)。这些插图成为几代园林设计师的灵感源泉。这本书还成为传播文艺复兴园林风格的重要媒介，特别是在十六世纪下半叶非常受欢迎的法文版出版后(图4.5)。与文艺复兴园林一样，在波利费利尤斯的游记中，水扮演着极为重要的角色。他沿着一条叮叮咚咚的小河，经过喷涌的喷泉，其中有一个喷泉描绘了睡梦中的仙女，水在她的胸部流动，而在另外一处喷泉，三个女神包围着恶妇，银丝般的水从她们的乳房喷涌出来(图4.6)。按照文化历史学家的解释，该书中的喷泉创造了这样一种效果：既有性爱成分，又有哲理意味，既是世俗的，又是脱俗的。这种不可抗拒的结合成为十六世纪中、晚期罗马和托斯卡纳别墅的景观设计师们眼中的迷人之处。[8]

受到科罗纳著作中关于自然的影响(尽管不是详尽的文字，文中一行清晰的叙述很难理解)，花园与讽喻紧紧联系起来成为具有隐喻和内涵的地方。园路变成指定的路线，一系列景点(常与水相联系)贯穿其中，景点中设有雕塑和建筑，设有智力谜语并给出象征自然(symbolic nature)的答案。试图理解它们在文艺复兴时期的意义，重要的是不仅要回顾因对古代神话重新欣赏而引起的知识兴奋，而且还要回顾某些受过教育的

人们对神秘而具有象征意义的雕塑(源自古埃及形式、新柏拉图派哲学和炼金术)的兴趣。

像但丁《神曲》中的主角一样，波利费利尤斯开始了他密林中的旅行。面对开始探索的朝圣者，黑暗的树林是缺乏确定性的象征。密林——在古代常与仙境相联系，也与柏拉图研究院、亚里士多德讲学的学园相联系，而文艺复兴时期密林以丛林(bosco)的形式复活了，丛林常种植着常绿的冬青类树木。[9] 丛林是自然的领地，是古代作家奥维德(Ovid)和维吉尔所赞美的黄金时代(Golden Age)的表现，是地球上的天堂，它唤起了这样一段时光：那时人们生活在好客的环境中，周围是自然慷慨给予的浆果和滋润的橡树果。丛林的自然景致和浓浓绿荫形成了一种荒野和神秘的气氛，与规则式花园形成对比。它是躲避夏日炎炎烈日、令人愉悦的庇护所，它与特定园林景观中的雕塑形成一个整体。丛林提供了适当的背景，参观者可能会带着几分惊奇与具有象征意义的雕像不期而遇。这些雕像是特意沿着指定的路线设置的。

像圣林一样，洞窟与神秘的生命力量有着渊源。作为溪流的源头，洞窟是水神和山林水泽女神的家园。科罗纳描述的那种洞窟实际上成为十六世纪园林必不可少的元素，并一直流行到十九世纪，那时在许多猎苑和

图4.6 水从胸部涌出的格雷斯雕像。木版画，1561年法文版 Hypnerotomachia Poliphili《梦境中的爱情纠葛》，书和插图据说是由弗朗西斯科·科罗纳著述和绘制的。

花园(parks and gardens)中洞窟作为浪漫主义的象征。文艺复兴时期的洞窟有两种形式：一种带有人造钟乳石、镶嵌着彩色石头和贝壳；另一种更具建筑特性——壁龛中放置有雕像的、带有拱廊的罗马式建筑被称为 nymphaeum。

作为文艺复兴创造力的一面镜子，《梦境中的爱情纠葛》的重要性源于其人工与自然高度结合而形成的"第三自然"[10]——包含复杂的、相互交织的一系列象征意义，常常传达着一些具有特殊含义的有多种意义的神话故事和寓言故事。它将情欲和理想结合起来，深深地扩展了园林的概念范围，使解读其多种设计手法以及想像力的个性表达成为可能。

对园林潜在之表现力的新认识和园林设计形式的新语言此时即将到来。阿尔伯蒂的"和谐论"(cocinnitas)即各部分简约完美和谐的理论(表现在园林上则是园林沿明确的轴线对称布置，各部分形成一个整体)与科罗纳观点(园林作为一个讽喻的环境，人们沿着游览路线进入并不断发现其隐含的意义)融合为一体。[11] 现在数学和神话、几何和寓言稳定地、牢固地结合起来。在景观艺术(一种设计风格)的基本原理中使用这种表现潜力将会扼杀天才。幸运的是，天才即将产生——建筑师伯拉孟特(Bramante)。

II. 伯拉孟特和轴线设计的恢复：十六世纪意大利园林

意大利文艺复兴园林的范例：
望景楼的庭园和马达马别墅

受到小普林尼著作的鼓舞，彼特拉克有些试验性地登上温托克斯山，第一次拥抱壮观的全景，这是欣赏景色的预演——风景欣赏后来成为文艺复兴思想的一个特点。意大利语 belvedere(意思是"美丽的景色")在景观设计历史中是个重要的词汇，因为它与一种特

殊的园林布局类型相联系。根据不同的时间、地点建造不同类型的望景楼——或许是一座独立的塔、或者是别墅本身的一部分。很简单，望景楼就是以观赏风景为目的的瞭望台。文艺复兴时期，望景楼是欣赏园林景致和周围景观的重要手段。教皇别墅(the papal villa)即望景楼，由因诺森特八世(Innocent VIII，1484～1492年任罗马教皇)建造，位于梵蒂冈境内的一座山

图 4.7 望景楼庭院(即梵蒂冈博物馆松树球庭园)最北端的大壁龛前面的雕塑：《球中球》(Sphere Within a Sphere)，
亚那尔多·普莫多(Arnaldo Pomodoro)创作于 1988~1990 年。

上。望景楼别墅对于我们的讨论很重要，并不仅仅因为它独特的选址——可居高临下眺望罗马乡村的景色，还因为随后进行的望景楼和梵蒂冈之间的场地处理影响了园林历史的进程。

十六世纪末，梵蒂冈宫进行扩建，将望景楼的庭园分成了两半：其中的一半在今天成为梵蒂冈宫员工的公园，而遗留下来的另一半庭园是一个令人愉悦的雕塑园，游人可以漫步其中(图 4.7，4.8)。因此今天很少有人理解它的重要意义——即景观设计历史中一个关键性的发展。也许因为比意大利甚至欧洲其他地方晚得太多，这里的景观设计源于伯拉孟特中轴线台地式构图。对我们而言，这个具有革命意义的庭园看起来是不可避免的，而不是激进的。

选择此处建造庭园的想法源于文艺复兴初期。第一个人文主义教皇尼古拉斯五世(Nicholas V，1447~1455 年任罗马教皇)对建筑有深厚的兴趣，他聘用阿尔伯蒂担当其工程顾问，例如老圣彼得教堂(Old St. Peter's)的改造工程，以及把这个巴西利卡建筑与梵蒂冈宫联为一体的工程。阿尔伯蒂设计的方案包括一处宫殿花园(a place garden)，虽然规模相当小，但在

其雄心勃勃的方案中，这个园子追随了哈德良别墅而不是上一代前辈的风格，因为这个园子并未设计成一系列可进行亲密交谈的室外小空间——有点像佛罗伦萨附近的新式别墅花园，而是当作公共集会和戏剧表演的空间来构思的。当尼古拉斯五世于 1455 年去世时，这个方案被放弃，直到半个世纪之后，梵蒂冈的造园工程才开始认真进行。

图 4.8 今天的望景楼庭院的南面。

刚一当选为罗马教皇，朱利叶斯二世(Pope Julius
Ⅱ，1503～1513 年任罗马教皇)就开始实施梵蒂冈花
园(Vatican garden)的规划设计。随着梵蒂冈成为新罗
马帝国的基地，这项工程就成为政治议程的一部分，
用以增强作为欧洲权力象征的罗马教皇的重要性。梵
蒂冈城墙内，古罗马别墅传统的复兴象征着与帝国时
代的衔接。为了完成这项工作，罗马教皇选择了建筑
师多纳托·伯拉孟特(Donato Bramante，1444～1514
年)，那时伯拉孟特刚刚完成了复杂精妙的坦比哀多
(tempietto)，它位于蒙托里奥(Montorio)的亚尼库尔姆
山岗(Janiculum Hill)上，与圣彼得罗(San Pietro)相毗邻。
不久教皇委托他为圣彼得大教堂设计一座新的巴西利
卡。伯拉孟特的第一个教皇委托项目是为因诺森特八
世位于山坡上的望景楼与下面的梵蒂冈宫之间设计一
个连接体，他(在这两个建筑之间)设计了有顶连接体，
同时为教皇精美的古代雕塑收藏品设计了一个背景，
并设计了一个露天剧场以展示罗马教皇的壮观场景。
另外朱利叶斯二世希望有一个私人花园——一个可以
与朋友会面、交谈、共同分享重现古代世界兴趣的地
方。

在设计过程中，伯拉孟特在自古以来从未见过的
由中轴线组织的形式和空间中采用了阿尔伯蒂对称和
均衡的原则。他甚至开始着手解决一个在古罗马景观
规划中通常不加解决的问题：两条相交轴线的协调问
题。

在梵蒂冈宫和望景楼之间崎岖不平的地带，伯拉
孟特设计了两个平行的凉廊，凉廊在毗邻梵蒂冈宫的
最低处有3层，当上升的斜坡转化为中间平台时，凉
廊在此变成2层，在与别墅相连的最上层平台处变为1
层(图4.9)。梯田似的山坡上坡度的变化使台阶成为必
然，台阶自然而然成为设计的重要元素，双跑楼梯是
对上升的庆贺。与两个凉廊(如今是博物馆画廊)之间的
广阔平台相垂直的是一条强烈的中轴线，轴线的尽端
是一个紧挨着别墅的、向外凸出的壁龛，即exedra——
这么称谓是因为其半圆形的形式。从教皇房间的窗户
看，花园就像一个展示一点透视原理的舞台布景或绘
画。一点透视是文艺复兴的技术发明之一，舞台设计
师和艺术家常在其作品中加以展示。伯拉孟特之后，
设计师在设计园林时运用了可眺望园景的台地或阳台
使观赏者从这些有利位置容易地看到轴线，而轴线能

图4.9 望景楼庭园。依次由多纳托·伯拉孟特、米开朗琪罗、皮罗·利
戈里奥设计(1503～1561 年)。雕版画，享得里克·凡·斯科尔
(Hendrick van Schoel)作，1579 年。

够使空间的透视处理手法更为明显。

高高的壁龛及其侧翼掩盖了望景楼和别墅的两条
轴线笨拙的连接。人们认为伯拉孟特模仿了帕里斯瑞
纳的福图娜神庙台地式避难所的建筑构图(图2.24)。
1550 年左右，朱利叶斯三世(Pope Julius Ⅲ，
1550～1555 年任罗马教皇)统治时期，米开朗基罗
(Michelangelo Buonarroti，1475～1564 年)用今天所见
的双跑楼梯取代了伯拉孟特的半圆形Praeneste-like台
阶。从那时起，作为增强轴线对称性、使平台之间过
渡更为戏剧化的一种方法，成对的台阶在意大利园林
设计中普遍出现。伯拉孟特在望景楼庭园展示了设计
师如何成功地利用陡峭地形之后，山坡就成为园林设
计师们最向往的造园基址。

望景楼庭园(Belvedere Court)的建造并不是同时发
生的，而是断断续续地进行了半个多世纪。米开朗基
罗除了换掉了半圆形壁龛前面伯拉孟特设计的凸凸凹
凹的楼梯外，还将拱廊围起来，在后面形成一个弯曲

的构造，并将紧挨拱廊的北墙加高了一层。1561 年，庇护四世(Pius Ⅳ，1559～1565 年任罗马教皇)召集建筑师皮罗·利戈里奥(Pirro Ligorio，1510～1583 年)完成这个工程。利戈里奥在壁龛上方建造拱顶，形成了大壁龛(Nicchione 即 Great Niche)，并在其顶部建造了一个半圆形的凉廊(图 4.7，4.8)。在庭园的另一端他增加了半圆形的、类似古罗马剧场的逐排抬高的一排排石头座位，以便于观看比赛和其他壮观场面。

1516 年，红衣主教朱利奥·德·美狄奇(Cardinal Giulio de'Medici)即后来的罗马教皇克莱门特七世(Pope Clement Ⅶ))委托拉斐尔(Raphael Santi，1483～1520 年)设计位于蒙特·马里奥(Monte Mario)的马达马别墅(Villa Madama)。拉斐尔的朋友及合作者朱利奥·罗马诺(Giulio Romano，1492/9～1546 年)为该设计的实现给予帮助，小安东尼奥·达·桑加诺(Antonio da Sangallo the Younge，1485～1546 年)可能也参与了此项目。这是第一个建在罗马市郊的别墅。像由巴尔达萨雷·佩鲁齐(Baldassare Peruzzi，1481～1536 年)设计的位于台伯河(Tiber)岸边的法尔尼斯(Farnesina)别墅一样，马达马别墅专门为有主教和红衣主教参加的、哲学贵族(philosophical nobleman)和巧言的情妇参加的晚宴而设计。在朱利叶斯二世及其后继者烈奥(Leo X，1513～1521 年任罗马教皇)统治期间，这种活动是罗马人生活的重要特色之一。马达马别墅与法尔尼斯别墅一样，有一个刻画着精美壁画的凉廊，起到室内、外空间相互渗透的作用。

该设计处于一段太平时期——那时人文主义者的聚会和夏季宴会仍很流行，马达马别墅的建筑物从属于庭园规划，庭园沿极长的轴线延伸开来。从南边的入口进入，来到一个入口庭园中，再穿过一个入口凉廊进入巨大的中央庭园。这条轴线穿过另一条凉廊，此处一个向内凹进的壁龛仿佛把室外空间揽入建筑内，同时又将建筑推向相邻的庭园中。乔万尼·达·乌迪内(Giovanni da Udine，1487～1561/4 年)曾用精美的带有花环图案的壁画

图 4.10 乔万尼·达·乌迪内作，凉廊的壁画(马达马别墅)。

来装饰法尔尼斯别墅的天花板，他也参与了马达马别墅工程。他采用一种在尼禄的金屋(Nero's Golden House)可看到的古代风格绘制壁画，装饰凉廊(图 4.10)。最初这个凉廊(现已装上玻璃)直接向花园敞开，高高的凉廊和相邻的有轴线对应关系的庭园(法尔尼斯美狄奇别墅的后继者)有助于解决建筑与自然之间视觉上的分离，这也是意大利别墅设计的特点之一。

奇特的是，与蒂沃利城(Tivoli)的埃斯特别墅(Villa d'Este)不同，马达马别墅轴线的方向没有利用其位于蒙特马里奥山上高高的位置所潜在的风景，也没有沿着山腰和坡度，而是横穿过山腰。拉菲尔设计了另一条与之垂直的轴线来达到其设计目的，但这个延伸花园的设计并未实行。花园沿着别墅的主轴线从凉廊向北的主要景致因此得以保留。别墅的主轴线延续到室外，穿过一个黄杨绿篱花园(garden of boxwood compartments)和一个越过蒙特马里奥山侧面的台地。这两个场地被一道爬满藤本植物的高墙隔开，墙面上开一扇带有三角形山墙的门，门旁有一对巨大的男性人像。与该庭园平行的较低的地方是一个矩形鱼池(图 4.11)。鱼池在中世纪园林中很常见，然而该鱼池的建筑特色以一种初步的、尚未发育完全的方式告诉我们：什么将会成为意大利文艺复兴园林的主要表达方式之一——那就是作为重要设计要素的水的应用。在随后的十六世纪意大利园林中，人们用极大的想像力来处理水、喷泉、水池、水阶梯、水花坛(water parterres)和有趣的水游戏(droll water games)——隐蔽的喷头突然喷出水来，被这突如其来的水淋湿的观众乐在其中。这些园林中的水是创造迷人的反射、跃动和让人兴奋的手段。水意味着转瞬即逝、幻想和短暂性，也意味着人类利用这一重要的自然力量获得的丰收。

十六世纪中叶园林形式和空间的处理：朱利娅别墅

成熟的文艺复兴风格——即十六世纪初伯拉孟特和拉菲尔作品中笔直的轴线向前延伸，平静而独立

图4.11 马达马别墅的鱼池。

的宏大气概，让位于十六世纪中期处理手法：优雅的曲线、古怪的空间、构图含混、紧张，就像在画家、建筑师、设计师朱利奥·罗马诺和画家帕米吉尼诺(Parmigianino)，即吉罗拉莫·弗朗西斯科·马佐拉(Girolamo Francesco Mazzola，1503~1540年)的作品中所见到的那样。同样的变化在园林设计中也有所表现：比例和透视发生变形，构图故意不均衡，更不会置于中心位置。

罗马教皇尤利乌斯三世(Pope Julius Ⅲ)于1550年登上教皇宝座不久，就为自己建造朱利娅别墅(Villa Giulia)——这是文艺复兴时期的杰作。米开朗琪罗和乔治·瓦萨里(Giorgio Vasari，1511~1574年)、巴尔托洛梅奥·阿曼那蒂(Bartolommeo Ammannati，1511~1592年)、吉科莫·巴罗兹·维尼奥拉(Giacomo Barozzi da Vignola，1507~1573年)都亲自参与了其设计。虽然最初华美的雕刻般的装饰大部分已脱落，别墅仍是一派非凡景象，展示着室内、外空间复杂的相互纠缠以及轴线的巧妙安排(图4.12)。别墅坐落于罗马西边的山谷，刚好在城墙外面，最初设计成教皇的隐居所，后来成为向梵蒂冈行进的外国权贵礼仪队的中途停留点和集结地。与马达马别墅一样，房屋仅是花园的附属物，而且不作为住宅，只是教皇娱乐的地方。

进入前庭，立即穿行在一个美丽的半圆形柱廊中，

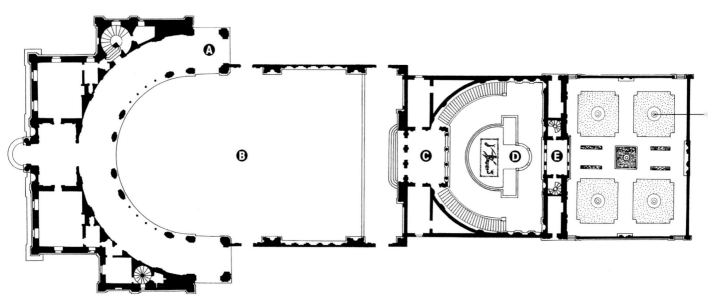

图4.12 朱利娅别墅平面图(罗马)。米开朗琪罗、乔治·瓦萨里、巴尔托洛梅奥·阿曼那蒂、维尼奥拉设(1550年后)。
A. 柱廊；B. 花园庭园；C. 凉廊；D. 罗马式建筑；E. 第二个凉廊；F. 第二个花园。

图4.13 朱利娅别墅柱廊的天花板。

柱廊环抱着一个马蹄形的庭园。柱廊墙上的壁画模仿当时考古学家正在发掘的古罗马绘画，而天花板上的壁画描绘着逼真的花卉和葡萄藤架(图4.13)，这可能是对真实藤架的临摹。当往返于台伯河的教皇高级官员和贵客穿过曾经宽广的花园时，凉亭为他们遮风避雨。一个厚实的、磨得非常光滑的紫红色斑岩喷泉水盘从前面矗立在花园天井中央，水从维纳斯像旁的天鹅嘴中滑落到水盘中，这个水盘是在提图斯浴场(Baths of Titus)发现的。[12]

整个设计的精华部分位于天井的另一端：即nymphaeum(一种罗马式的建筑)，为避免直接看到它，阿曼那蒂作了艺术上的处理，将其放在凉廊的后面(图4.14, 4.15)。一对弯曲的楼梯从凉廊的后面伸向维尼奥拉设计的凉爽的地下洞窟。罗马式建筑(nymphaeum)前方的天井侧面有壁画，描绘着回忆神圣的田园诗般景观的风景画，这种风景画曾用来装饰古罗马别墅的墙面。现在壁画已经没有了。洞窟中居住着用雕像代表的山林水泽神——在这里起着女像柱的作用。在美国作家伊迪丝·沃顿(Edith Wharton，二十世纪初写了关于意大利别墅和园林的书籍，那时正拒绝把洞窟划入古代特征)的著作中，满布苔藓的洞窟的浪漫神秘感也消失了。运用现代的除藻药剂，修复者最近除掉了罗马式建筑大理石女像柱上的绿色薄层，重现它们最初的白色。

朱利娅别墅的空间处理迫使眼睛沿着一条更为曲折的路线运动，这是与文艺复兴园林清晰的中轴线组织和较静态的空间构图相比较而言的。出其不意——即看不到的或事先无法预料的景致逐渐展现，已成为

园林设计者的一个发明，即采用动态体验，在空间中运动，这被当作根本的原则。这里花园已成为一条游览路线——当沿着园路行走时，人们会不断地受到吸引。在入口前庭和罗马式建筑后面的庭园之间，沿着中轴线，空间被巧妙地组织到一系列意想不到的景致中。穿过狭窄的前庭进入马蹄形庭园的环抱中，人们不可抗拒地被吸引到后面的凉廊。因为凉廊中央入口两侧的开间已被打开，这条紧绷绷的轴线局部得以缓和，但仍先前延伸。

在敞开的凉廊内部，人们会吃惊地发现自己突然下降到一个更低的庭园中，这个半圆形庭园两侧的弧形楼梯与入口庭园弯曲的柱廊相呼应。但是在这儿，会产生一种视觉误差，因为透过古罗马式建筑(nymphaeum)后面的第二个凉廊，人们能看到一个花园，仍能感觉到强烈的中轴线，但这完全是想像中的轴线而已。从第一个凉廊到第二个凉廊、从第二个凉廊再到花园，并没有一条在视觉上可直接看到的路线，要想继续往前走，就必须沿着其中一个弧形楼梯往下，来到下面的庭园，而这里又让人感到迷惑：因为在这里由女像柱支撑着上面凉廊的平台形成了地下洞窟，而人们可以看到，却找不到从哪儿可以到达洞窟。就像波利费利尤斯在 Hypnerotomachia、艾丽丝在仙境，人们一定像在梦幻中，寻找着通向令人喜欢的地下洞窟之门，丰满的女像柱伫立在被水环绕的平台上。在

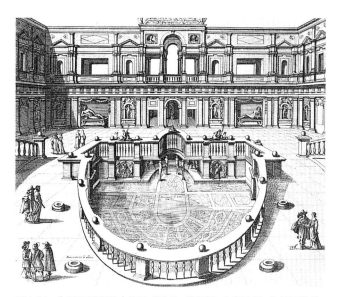

图4.14 朱利娅别墅的古罗马式建筑，雕版画，吉奥凡尼·弗朗西斯科·凡特瑞尼(Giovanni Francesco Venturini)作。Le Fontane ne' Plalazzi e ne' Giardini di Roma, con li loro prospetti et ornamenti, Parte Terza.n.d 图版7。

图 4.15 朱利娅别墅的现状。

两个弧形楼梯之间的第一个凉廊下面的洞穴(处于中间层)处,阿曼那蒂设计了隐秘的入口,第二个凉廊下面的洞穴(位于中间层)中隐藏着一个后花园,一对楼梯直接通向那儿。

人文主义、雕塑和自然在园林中的作用、以及雕像所含威望的象征意义

在 G.B.法尔达(G.B. Falda)的梵蒂冈花园(Vatican Gardens)雕版画中,可以看到皮亚别墅(Villa Pia),也称作皮奥避暑庄园(Casino Pio),1560 年由皮罗·利戈里奥(Pirro Ligorio)为罗马教皇庇护四世(Pope Pius Ⅳ)建造。与朱利娅别墅一样,它的空间含混暧昧,视线时进时出,使人的行进在一开始显得很闭塞。同时它还是意大利文艺复兴对传统园林设计的另一重要贡献的实例:夏日房舍,即避暑庄园(casino)——作为摆脱宫廷忙碌生活和繁琐礼仪的幽居之地。在这儿,教皇举行宴会,邀请来的学者坐在椭圆形天井周围讨论哲学、

诗歌和宗教。这种聚会已成为文艺复兴时期有学问的知识分子生活的重要部分。利戈里奥椭圆——即由带有雕刻的石椅环绕的椭圆,是热爱文学主义的博学者们希望在建筑上看到的一种表现形式(图 4.16)。

古代建筑和艺术的复兴为别墅的设计者们提供了直接的灵感源泉。作为一名考古学家,利戈里奥亲自全面研究了象征埃斯特家族的哈德良别墅。皮亚别墅凉廊上的马赛克和庭园的拱形入口,揭示了对古罗马装饰艺术的重新欣赏。古罗马浴室、宫殿和别墅中的灰泥浅浮雕重新出现在皮亚别墅和其他地方。[13]

十六世纪考古学家在发现壁画和马赛克的同时,还从罗马的泥土中挖掘出古代大理石雕塑,这些都成为重要的收藏品,并且为了容纳它们,花园开始承担室外博物馆的角色。除了梵蒂冈望景楼的庭园,伯拉孟特在上面的庭园和望景楼之间建造了一个雕塑园,以满足罗马教皇尤利乌斯二世对古代雕塑的收藏。1584 年,费尔南德·德·美狄奇(Cardinal Fernando de'Medici)买下了60年前由红衣主教安德里亚·戴拉·威尔(Andrea della Valle)收集的收藏品,把这些不需依靠支撑物的雕塑运到佛罗伦萨,装饰波波利花园(Boboli Garden),浮雕则用来装饰他位于罗马普瑞卡亚山(Princia Hill)别墅的正面。

受到古代考古学发现的启发,赞助人委托艺术家制作新的雕塑。于是这种概念变得更为明确——即花园是背景,位于其中的白色大理石雕塑在深绿色植物的衬托下更为醒目,或将雕塑放置在建筑外正面及景墙的壁龛里。人文主义者对古典神话的兴趣为艺术家提供了素材,同时设计师又把这些素材编织到叙述般的旅行路线中。园林中常见的文学主题包括:黄金时代、极乐世界(Elysium)、质朴的美德、主管爱之园的维纳斯、阿波罗、缪斯、希腊中部之山(Mount Parnassus),以及执行几乎不可能完成的任务或受到狡诈魔法袭击的善良的英雄。

文艺复兴园林构图中的一个重要元素是自然本身,例如望景楼庭园上方的丛林和梵蒂冈花园的皮亚别墅(Villa Pia),从中可以看到人们对充满自然气息丛林的向往以及对古代圣林的召唤。据说,罗马教皇尤利乌斯三世喜欢简朴的乡下食物、农民舞蹈和葡萄酒节,喜欢在郊区别墅(vigna,书面语为vineyard——葡萄园,当时该词指郊区别墅)中充满山野情趣的地方散步。那里有大量的野生动物,鸟儿美妙的歌声,还有艺术品作为装点。与古老的前辈一样,文艺复兴别墅的主人希望密林成为由雕塑代表的河神、山林水泽女神、森林之神、潘(半人半羊的山林和畜牧之神)、黛安娜和维纳斯常来之地。

增加花园的文学性是文艺复兴园林构图发展的另一个更为明显的动机:园子的主人通过象征的手法使其声望得以扩大,这种象征手法常暗含着保护人(园主人)正运用他的权力为人类做善事。十六世纪中叶以后,意大利园林日益成为权势高贵的证明。在佛罗伦萨和罗马的确如此,卡斯特罗

(Castello)的美狄奇别墅的托斯卡纳花园(Tuscan Garden)与教皇和红衣主教在罗马及其周围建造的耀眼的别墅相比,在设计上仍较谨慎。

文艺复兴别墅园林的顶峰:
德·埃斯特别墅和朗特别墅

虽然卡斯特罗和波波利花园(Bobli Garden)内的水景象征性地与科西莫公爵导水管道建造者的声望相联系,但我们必须把目光转向罗马城四周的平原,寻找这样的园林——即视水为神圣之物,用舞者创造舞蹈动作的创造力或雕塑家研究土的塑性的创造力来应用水。通过十六世纪喷泉设计师(fontanieri)的创造性使这些效果得以实现。喷泉设计师指有艺术鉴赏力的水力工程师,了解哲学和物理,因其作品的创造性而有类似魔法师的名声。[14] 在德·埃斯特别墅(Villa d'Este)的花园中,水具有极高的表现力,不仅可与舞蹈、雕塑,而且还可与音乐相比拟。水一滴滴落下或汩汩地流,或呢呢喃喃或咆哮,或水花飞溅或叮当作响,或是凉爽的喷雾,不论哪里的水都使这座花园经历数世纪仍不为参观者所忘却。

像其他美妙的花园一样,别墅的主人愿花大量钱财并按其喜好聘用能找到的最好的设计天才,德·埃斯特别墅也是在这种热情下产生的。1550年,尤利乌斯三世任命费拉拉的红衣主教(Cardinal of Ferrara)艾

图4.16 皮亚别墅(Villa Pia)的椭圆形庭院(梵蒂冈花园,罗马)皮罗·利戈利奥设计,1560年。

普利托·德·埃斯特(Ippolito D'Este，1509～1572年)担任蒂沃利的总督。蒂沃利是古罗马的避暑胜地，位于罗马以西大约20英里，不仅是哈德良别墅的基址，还是其他许多二世纪贵族别墅的故址所在。后来其美妙之处归功于亚尼恩河(Aniene River)之水。亚尼恩河像瀑布一样激荡人心地从陡峭悬崖一泻而下。其有益健康的、含矿物质的泉水以及优质饮用水从沿着河岸的几个源头引入罗马城的四条主要渠道。一条引水渠从瑞凡利斯泉(Rivellese Spring)将水引来，其费用由红衣主教和受益者蒂沃利来承担，渠道建于1561年，建成后，花园开始认真地建造。

宫殿的总督作为红衣主教职位的额外补贴，是古老的圣芳济会(Franciscan)修道院的一部分，与西城墙毗邻，位于山顶的圣玛丽亚大教堂(Santa Maria Maggiore)的旁边。皮罗·利戈里奥受委托来监督这个把宫殿改建为一处适宜红衣主教艾普利托避暑宫邸的改造工程。艾普利托是费拉拉的阿方索一世公爵(Duke Alfonso Ⅰ)和露克瑞齐亚·鲍吉娅(Lucrezia Borgia)的儿子。但是宫殿是全部工程中相对次要的一部分，主教已经在他曾租用的位于罗马奎瑞纳(Quirinal)别墅中做了示范——即花园是他的酷爱。利戈里奥不仅是一位称职的设计师，而且还是那个时代最重要的考古学家，他负责了几个发掘工作，包括哈德良别墅附近的考古工程，以及许多古代雕刻品、马赛克和其他史前古器物的发掘工作。作为一位富有的人文主义收藏家，艾普利托实际上已于1550年把利戈里奥当作其私人考古学家列入薪水册，这一年，艾普利托已被任命为蒂沃利总督，并已开始梦想在宫殿下方的山坡上建造大花园。毫无疑问，利戈里奥的一部分工作是收集古代雕刻品并与当时的雕刻结合，以讽喻的构图遍及全园。

尽管利戈里奥本身是一位多才多艺的古典主义者，发展了描述主教人文主义理想的不同雕塑主题，但他也可能受到红衣主教常驻诗人马克-安东尼·穆瑞特(Marc-Antonie Muret，1526～1586年)的帮助。[15] 1560年之后吉奥万尼·阿尔伯蒂·盖万尼(Giovanni Alberti Galvani)担当主管建筑师，负责监督石制楼梯、喷泉、鱼池和其他景点的建造，并聘请专业水力工程师开发用以操纵引人入胜的喷泉的控水装置。

德·埃斯特花园的建设持续了22年有余，直到红衣主教1572年去世，这时工程就突然停止下来。当时

的参观者，包括法国评论家蒙田(Montaigne，1533～1592年)，为其没有完成而叹息。尽管在十七世纪由红衣主教艾普利托遗嘱引发的遗产问题最终得到解决，随后红衣主教亚利桑德罗·德·埃斯特(Cardinal Alessandro d'Este)立即着手对德·埃斯特别墅进行一些恢复和改进措施，然而植物的生长、变化以及缺乏定期维护，已经使得可在当时雕版画中看到的规整形式变得模糊，但从中仍能看出利戈里奥的设计，并且运用现代知识，可以解读已融入其中的人文主义主题：自然的丰富和慷慨，以及文艺复兴的当务之急之一——艺术和自然的关系(图4.17～4.20)。在解析园林人文主义含义的过程中，除了表现艺术—自然二元性之外，还多次提到善良的英雄赫库路斯(Hercules，此处等同于红衣主教埃斯特)。人们应该记得：最初通向花园的公共入口并不在别墅，而是位于下面山坡外墙上的大门。

如今站在别墅的阳台上，视线越过园中成年大树青翠的树冠可看到远方的山峦，下面是主教步道(Cardinal's Walk)、水花飞溅的由伯尼尼(Bernini)于十七世纪设计的巨大的杯状(Great Beaker)喷泉，喷泉上的龙象征金苹果园(Garden of the Hesperides)的守护者(它们被赫库路斯杀死)。从其中的一个龙形坡道向下走，就来到百泉路(the Hundred Fountain)的小路上，喷泉由3条水渠(象征台伯河的三条支流，台伯河从蒂沃利的丘陵地区流向罗马)组成。水在方尖碑、船体、鹰和鸢尾(最后两种形式是德·埃斯特家族的象征)中流过，从一个水盘流过奇形怪状的兽头，倾泻到另一个水盘。

参观了蒂沃利的喷泉和罗马喷泉(Fountain of Rometta)(用灰泥砖以缩小的形式塑造成古罗马的微缩模型)之后，人们往回走，沿着大大的椭圆形楼梯的一翼下来，透过龙喷泉(Dragon Fountain)飞溅的水花，抬头就可看见别墅。几条清澈的水流流向中央楼梯的侧墙，顺着中央楼梯向下走，就来到下面的鱼池，在这儿回望别墅，可意识到利戈里奥重复了伯拉孟特望景楼庭园的设计——将一系列层层下降的平台组织在中轴线周围。但这里还有一个重要的差别：在梵蒂冈宫内，从仅有的一个观赏点才能欣赏到伯拉孟特设计的文艺复兴园林的全貌；而埃斯特别墅则不能被一览无余，不仅空间更为复杂，而且还是有计划的园林空间，庭园中各部分被顺次体验，作为颂扬红衣主教德·埃斯特的重要性、颂扬以他为突出代表的尊贵家族的人

文主义游览路线的一部分。现在庭园中的大部分雕塑装饰已没有了，因为主教收藏的古代雕塑在十八世纪已被卖掉。虽然这使别墅失去了构图上的明确性和主题上的连续性，但曾被主教的客人和后来的参观者所喜爱的花园游览对于现在的游人而言仍是难忘的经历。

与德·埃斯特别墅同时代的红衣主教冈布拉(Cardinal Giovanni Francesco Gambara)的园林，位于维特尔博(Viterbo)城以东的 3 英里的巴尼亚伊亚(Bagnaia)，现在的名称是其十七世纪的主人——朗特家族(Lante family)的名字。与德·埃斯特别墅一样，朗特别墅(Villa Lante)将伯拉孟特的轴线设计与极具想象力的水的应用相结合，形成一种经典的表达，并且也设置了大量含有隐喻意味的雕像——把人文主义知识与个人荣誉、家族骄傲结合起来的具有隐喻的雕像。更为相似的是：为了避免一目了然，景点沿着限定的路线依次展开，吸引游人离开中轴线。然而此处的游览路线有一个伏笔，一个对人文主义者的想像力有极大吸引力的装置，就像在游览开始时，首先要通过有某些文化形象阻挡的"阴暗的树林"(dark wood)一样。

1566 年红衣主教冈布拉(Cardinal Gambara)担任维特尔博的主教，两年之后作为职位的一项补贴他得到位于巴尼亚伊亚的古老园囿的产权。园囿由蒙特·圣·安吉罗(Monte Sant' Angelo)树木繁茂的坡地组成，他的前任用墙把园囿围起来，并建造了水渠将水输送到城市和园囿。打猎用的一间山林小木屋是惟一的建筑物，主教构想在那建造一座巨大的花园别墅。没有建造猎苑，取而代之的是一座有20个拱形树丛构成的丛林(twenty-arce bosco)，其隐含的意义是沉浸在古代文学中的人文主义学者能够发现的。为了继续这种构图上的叙述(iconographic narrative)，花园设计得规则整齐，在这里艺术高于自然，用以赞扬主教的高尚以及为维特尔博人民造福。

普遍认为朗特别墅的设计者是建筑师贾科莫·达·维尼奥拉(Giacomo da Vignola)，这是红衣主教冈布拉请求朋友红衣主教亚利桑德罗·法尼斯(Cardinal Alessandro Farnese)的结果，因为当时维尼奥拉正忙于另一项园林委托项目——卡普拉罗拉(Caprarola)附近的法尔尼斯别墅(Villa Farnese)。朗特别墅的建造持续了十余年，1579 年 8 月在那为罗马教皇格瑞高瑞十三世(Pope Gregory XIII，1572～1585 年任罗马教皇)举办了一场极其盛大的宴会，此后教皇迅速取消了冈布拉的津贴。冈布拉是由格瑞高瑞的继任者、有着改良思想的庇护四世(Pius IV，1566～1572 年任罗马教皇)任命的，并且冈布拉是宗教审判所的重要官员，在知道这些以后，我们可能会感到奇怪：冈布拉怎么会用源于异教徒的艺术和文化风格大肆建造别墅呢？可这正是一个骄傲而富有的贵族的心态，他的职位使其不得不既与政治也要与虔诚的宗教打交道。

花园是朗特别墅有名的地方，林园则常常被参观者忽略，但为了沿冈布拉设计的游览路线行进，应当首先去丛林。丛林唤起了人们对黄金时代神话的回忆——《旧约》中所说的类似的另一场惩罚性洪水。在这个古老的传说中，人类的邪恶令朱庇特发怒，决定用洪水毁灭人类，洪水非常之大，甚至可看到海豚在森林中游动。最后只有两个有道德的人存活下来，他们的子孙后代必须勤劳耕作，才可以使土地结出果实。

这个花园清楚地展示了冈布拉的美德：他使周围的土地更为肥沃，并且在古代文明传统中，他是能使人类的精神达到最高境界的艺术的保护人。简言之，这就是猎苑和相邻花园的主要宗旨。与德·埃斯特别墅一样，在用象征手法描述个人英雄成就的同时，通过设计发展了人、艺术、自然这一古老主题，三者融合的如此和谐就像构成了第二个黄金时代(图 4.21，4.22)。[16] 这样就像同时代的德·埃斯特别墅一样，编织在其设计方案中的人文主义内容，为花园的经历给予文学上的展现。主教设计的小龙虾(小龙虾——crayfish，是与Gambara 家族名字相匹配的一个双关语，Gambara、gambero 在意大利语中为"crayfish")图案在花园中一再出现，暗示着主教的成就。

受到古代几何学、比例以及源自古代主题的肖像画法的启发，朗特别墅的设计可视为方与圆的组合。最终正是其均衡而和谐的设计使人们在参观中体会到深深的乐趣，而不是所谓的主旨——在庇护四世或冈布拉人文主义者的威望下的新黄金时代。维尼奥拉借用了伯拉孟特的原则，将花园建在山坡上，有清晰、强烈的中轴线，用楼梯将几个台地连接起来。但他改变并扩展了伯拉孟特的设计手段，此处设计了水上轴线，并且只能通过运动才能观赏到大部分花园，人们在水轴线旁行走，也许会更强烈地感受到如此设计的妙处所在。中轴线到达其终点洪水喷泉(Fountain of the

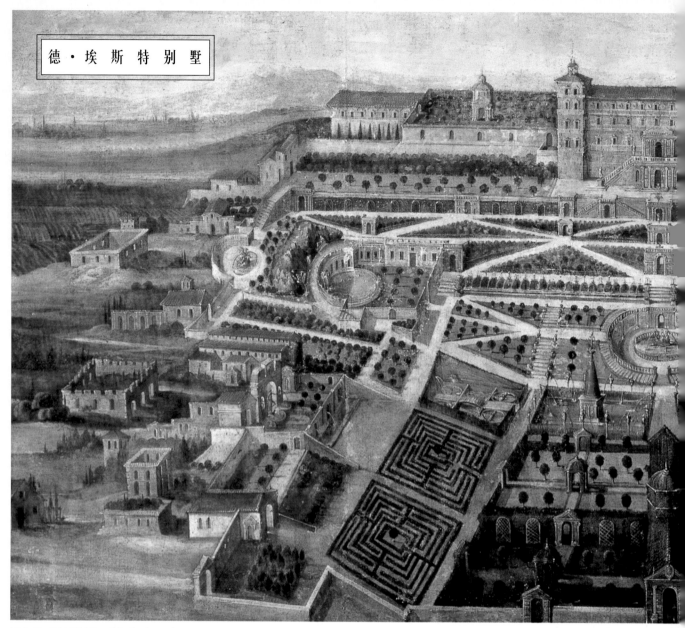

德·埃斯特别墅

图4.17 蒂沃利的德·埃斯特别墅，皮罗·利戈里奥设计，1550～1972年。

全景图雕版画，艾特因·丢波瑞斯（Étienne Dupérace）作于1573年。因基址的特点，大部分意大利文艺复兴园林常采用的传统平面（即别墅建筑附近有分区种植床，当从外面接近别墅时，郁郁葱葱的树木遮挡住人们的视线）在德·埃斯特别墅发生了变化。绿意葱茏的斜坡位于露台挡土墙的正下方，上面的园路呈对角线布置以减缓道路的坡度。建造时对山谷进行了大规模的改造：通过大量的挖土和填土形成了水平露台的挡墙和一个规则式的向东北方向倾斜的斜坡，十字形轴线将花园划分成几个正方形。

艺术与自然的关系仍是花园构图、设计的重要主题，自然在自然之喷泉（即水风琴）处得到显著体现——水风琴是东北方向水轴的高潮所在（图4.18），利用水压使管子吸收、释放空气，"音乐会"就开始了，喷泉设计师在精美的喷泉后面嵌入拱形的孔洞，水可以溢出来，流向陡峭的斜坡。在二十世纪的链式瀑布中仍保留着这种效果：水瀑布倾泻到下面的水池中。这里有由波尼尼（Gianlorenzo Bernini, 1598～1680年，十七世纪的建筑师、雕刻家、喷泉设计师）设计的早期的链式瀑布，水从连续的台阶倾泻下来，就像自然界的瀑布，而不是今天见到的从非常陡峭的斜坡流下来。

人类富有成效地利用自然资源的能力构成了艺术——沿着另外一条较为重要的十字形轴线的百泉路(Alley of the Hundred Fountains)则是艺术的庆典。小路由三股泉水组成，象征台伯河中流向罗马的三条支流：亚布尼奥河(Albuneo)、亚尼恩河(Aniene)、尔库兰尼奥河(Erculaneo)。将水引入水渠的技术是刚刚获得重生的大都市生活中的一个重要部分。沿着上边缘，水在布满雕刻的方尖碑、石舫、鹰和鸢尾（最后两种形式是埃斯特家族的象征）之间流动。

百泉路的东北尽端有个围合起来的广场，广场中矗立着花园的主要喷泉——蒂沃利喷泉(Fountain of Tivoli)，即现在的椭圆形喷泉。一尊巨大的亚布尼奥河神(Albunea, the Tiburtine Sibyl)雕像位于链式瀑布的上方，引自亚尼恩河的水流经喷泉，注入椭圆形水池，水池顶部有球状装饰物，喷头喷射出的水花形如鸢尾（德·埃斯特家族的标志）。周围斜坡上有自然式的洞窟，洞窟中斜倚着的河神象征亚尼恩河和尔库兰尼奥河的源头。飞马雕像是石雕中的精品，这些有魔力的马用蹄子击打着帕奈撒斯山（希腊中部之山）之水，由此形成了缪斯喷泉，并显现了艺术的力量。

图 4.19 椭圆形喷泉。

图 4.18 自然之喷泉(Fountain of Nature)或水风琴，雕版画，乔万尼·弗朗西斯科·凡特里尼 (Giovanni Francesco Venturini)作。Le Fontane del Giardino Estense in Tivoli, con li loro prospeti, e Vedute Cascata del Fiume Aniene, Parte Quart.n.d 图版 13。

图 4.20 百泉路。

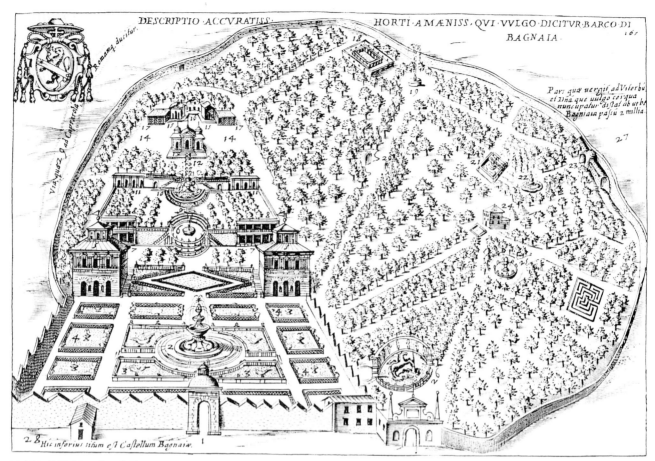

图 4.21 朗特别墅，位于维特尔博，可能由维尼奥拉设计，1568~1579 年。

Deluge)时完全融于自然，而不是像望景楼的轴线在半圆形的建筑处达到顶点。

人文主义讽喻之过分的典型：
波马尔佐的圣林

　　我们必须把目光转向维特尔博附近的波马尔佐(Bomarzo)的一处园林——冈布拉的朋友皮尔·弗朗西斯科·奥尔西尼伯爵(Pier Francesco Orsini, 1513~1584 年)的花园，去看看人文主义思想所达到的不可思议的顶点，人文思想成为园林设计中起纲领作用的因素(Programmatic factor)。史诗《奥兰多·弗里奥索》(Orlando Furioso，完成于 1532 年，路德维科·阿瑞奥斯托著(Ludovico Ariosto, 1473~1533 年)以及维吉尔的《埃涅伊德》(Aeneid)和但丁的《地狱》(Inferno)，可能还有彼特拉特的著作，为奥尔西尼伯爵花园中令人难解的景观提供了灵感，设计师巧妙地利用比例和透视创造了一条景色奇异的游览路线，奇形怪状的雕塑和建筑散布在其间，构成戏剧性的场景，每个都是谜

语，需要伯爵的客人来解谜。

　　波马尔佐令人着迷的密林是逐渐形成的，因为伯爵是把花园一个接一个地放到展现个人历史和象征着发现的游览路线中的。例如：巨人撕裂一个年轻人的可怕场景源于《奥兰多·弗里奥索》中的一幕，也可能指代奥尔西尼被年轻女士拒绝后的悲伤；然而战斗中的大象用鼻子卷着死去的士兵，其他凭空想像出来的形象聚集在张得大大的地狱之口周围，大嘴上有一个援引但丁的铭文，这些与《埃涅伊德》中守在地狱入口处的怪物相似(图 4.28, 4.29)。与埃斯特别墅和朗特别墅一样，波马尔佐的圣林也充满了隐喻，建筑和雕塑表现了不同的文学主题，不只是关于圣林〔一个诸神出没的地方、一个世外桃源或美丽的地方(locus amoenus)〕的主题，就像奥维德或维吉尔的著作中描述的那样。因此带着寻找人文主义文学主题、自传轶事和哲学典故、大量警世的教诲、以及对古代和外国的强烈好奇的心理，人们走近这个奇特的地方，这种心理推动了科罗纳对《梦境中的爱情纠葛》的描述。的

确，在莎士比亚(Shakespeare)的著作 Tempest 中，也体现了文艺复兴时期人们对奇迹的偏爱。

现代的游客显然错过了花园中许多有意味的东西，他们只是通过"怪物之园"(Park of Monsters)的指示而直接进入奥尔西尼别墅的花园。游客在此驻足，呆呆地看着各种离奇古怪的东西，有些是在软石灰岩上雕刻出来的。对文学象征主义(这在文艺复兴知识分子中普遍流行)不熟悉的人们会很困惑：这难道是疯狂头脑产生的幻觉的展览？难道是十六世纪对 Coney Island (有点像二十世纪游乐园乱七八糟的气氛)的想像，以及对异想天开、神奇和令人毛骨悚然的喜爱吗？

虽然波马尔佐的花园现在作为当地奇观进行了商业开发，但实际上也为我们提供了一个迷人的窗口来了解文艺复兴景观设计。奥尔西尼伯爵是个有名的上校，还是报刊读者栏目几位著名人物的朋友，1542年他继承了位于波马尔佐的财产。不久后他与朱利娅·法尔尼斯(Giulia Farnese)结了婚，他深深地爱着她，为纪念她而建的小礼拜堂就是证明，这也是花园游览的高潮所在。圣林的建造因伯爵的军事战役而中断，但花园仍令他着迷，时时占据着他的脑海，直到1585年去世。

波马尔佐的布局不够紧凑，因为是由几个建筑师设计的，他们都试图体现伯爵长期以来的文学爱好和个人嗜好。结果与其他文艺复兴园林相比，波马尔佐在精神上更接近于《梦境中的爱情纠葛》的多元性、创始性和讽喻的特征。因为这些奇异的形象是用散布在基址上的各种各样自然生成的巨石雕刻而成的，所以布局凌乱，比例大小不同。甚至入口也不确定，尽管逻辑上入口一般位于东北角，但在两个富有传奇色彩的斯芬克司狮身人面像的引导下，游人满是敬畏和惊异地在那儿发现不可思议的作品。

波马尔佐是景观艺术独一无二的表达，其内在的夸张性为十七世纪巴洛克的戏剧性风格(将在下一章中讨论)指点了方向。这里我们仍将注意力集中于不同特色的别墅，这些别墅中抽象的数学构图和建筑空间组合比人文主义的构图法要重要得多。

威尼托区的帕拉第奥式别墅

安德里亚·帕拉第奥(Andrea Palladio，1508～1580年)因其著名的论著《建筑四书》(The Four Books

of Architecture，1570年)以及作品的庄严之美，成为建筑史上最有影响力的人物之一。大约1537年在接受石匠培训时，他受到特瑞西诺(Giangiorgio Trissino)的保护。特瑞西诺是一位威尼斯人文主义者，在维琴察(Vicenza)附近他的别墅成立了一个学院，年轻的贵族在那接受古典教育。维琴察位于威尼托区(Veneto)——阿尔卑斯山脚冲积平原的大陆地带，威尼斯人将之称为"陆地"(terraferma)，十四世纪初，威尼斯城邦在此建立了控制权。虽然仍是一个繁忙的海上共和国，但威尼斯需要陆地作为防御、调控粮食供应基地，在通货膨胀时期还需要明智的投资和健康的经济。另外威尼斯贵族被迷人的乡村生活所吸引，像意大利人旅居在罗马或佛罗伦萨之外那样，他们把定期居住在其乡下的地产称为乡居(即乡村生活)。例如丹尼尔·巴巴罗(Daniele Barbaro，帕拉第奥的另一位赞助人)发现古罗马作家加图(Cato)、瓦罗(Varro)和科卢麦拉(Columella)也曾沉浸于农事之中。特瑞西诺把维琴察贵族的腹地和别墅项目委托给帕拉第奥，从而帮助他开始建筑师生涯。

在出版《建筑四书》过程中，帕拉第奥已于1537～1551年之间出版了6部分，它们是作为塞利奥(Sebastiano Serlio，1475～1554年)著作的前面部分。他死后经收集整理于1584年出版，名为 L'Architettura，文章归结了五种古典柱式——多立克、塔司干、爱奥尼、科林斯和混合柱式。塞利奥书中的插图成为帕拉第奥的设计源泉。与塞利奥一样，当帕拉第奥出版附有精美插图、编排与之类似的书稿时，利用了威尼斯在印刷术上的领先地位。此外，特瑞西诺向帕拉第奥推荐了维特鲁威的建筑著作《建筑十书》(The Book of Architecture)，巴巴罗还要求帕拉第奥为书中的插图写注释，因而1556年带有插图注释的《建筑十书》出现了。当然他对阿尔伯蒂的论文《论建筑》很熟悉。帕拉第奥在帕多瓦(Padua)逗留期间遇见阿尔维斯·科纳罗(Alvise Cornaro，一位对建筑感兴趣的人文主义者)，这次会面丰富了他的设计实践方法，并对神圣的农业以及耕种土地的农民产生了尊敬之情。

帕拉第奥对古典形式的理解主要在于其深刻的建筑思想。他在威尼托建造的别墅正立面使用了像罗马神庙那样的三角形山墙，以一种庄严之气来统领景观。他认真考虑建筑的位置与景观的关系，在《建筑四书

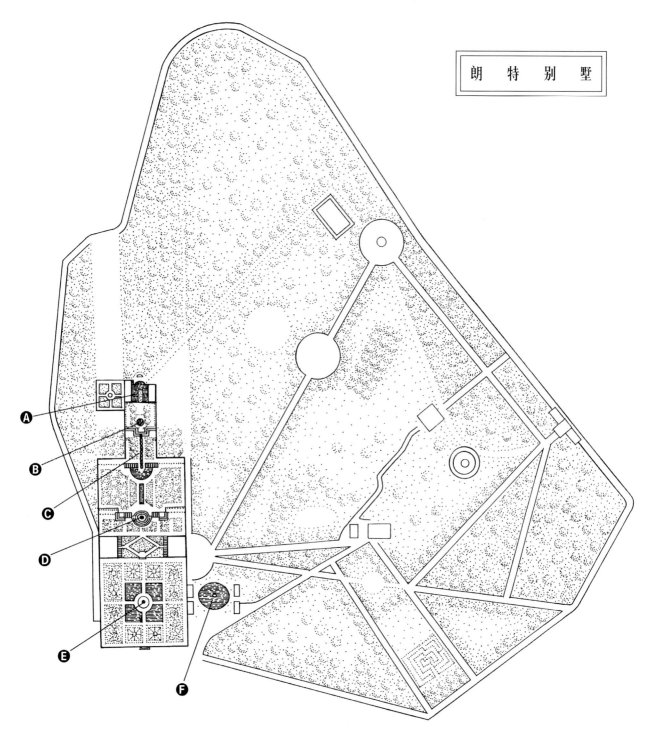

朗　特　别　墅

Ⓐ

Ⓑ

Ⓒ

Ⓓ

Ⓔ

Ⓕ

图 4.22　朗特别墅平面图。

图 4.23　飞马喷泉(Fountain of Pegasus)。

图 4.24　洪水喷泉。

图 4.25 水链。

图 4.26 象征台伯河和亚诺河的河神雕像。

图 4.27 黄杨隔成的小空间和水花坛。

进入朗特别墅，首先看到艺术女神缪斯环绕着的飞马喷泉，这也许受到埃斯特别墅中椭圆喷泉上方踏在岩石上的飞马的启发。这两个喷泉中带飞翼的神马撞击着地面，形成了灵感之泉（Spring of Hippocrene）——象征艺术的源泉（图4.23）。

沿着贯穿园子的几条斜向的园路中的一条而行，就可看到橡树果喷泉（Fountain of the Acorns，现在已没有了），使人们把树林和黄金时代联系起来，因为据奥维德（Ovid）的描述，橡树果是阿卡狄亚人（Arcandian man）的主要食物。另外一个已消失的喷泉是酒神喷泉（Fountain of the Bacchus），它唤醒了人们对维吉尔关于黄金时代的描绘——那时人们相信葡萄酒像地上的溪流一样流淌着。喷泉周围的凉亭上有独角兽和龙的图案，象征着英勇，并使人把它当成地球上的天堂。树木扶苏的斜坡上有一个门，由此可进入花园的最高处。在那有洪水喷泉（A），水从一个爬满蕨类植物的洞窟上的六个孔洞中流出来，倾泻到

水盘中。水盘中雕刻着两条海豚，几乎全部被植物遮挡住了（图4.24），这个喷泉用来指代奥维德关于人类被洪水毁灭的描述。喷泉的侧面有一对凉亭（当作餐厅），即缪斯凉廊，上有冈布拉设计的小龙虾（crayfish）的字母组合和图案。(crayfish一词在意大利语中为"gambero"，因而该词成为Gambara名字的双关语)。为了加强洪水的象征意义，凉亭屋檐下面安装了细小的管道，这样洪水喷泉的水可以从上方泻下，同时也造成了一种嬉戏的效果：水做了个恶作剧——有时参观者会出其不意地被淋湿，因而一整天都沉浸在欢乐中。鸟舍是对称式的柱廊，可能是对瓦罗（Varro）描述的古代花园的模仿，被设计成缪斯凉廊的侧翼，鸟舍中栽植着可结浆果的植物来吸引鸣禽。

在八角形的海豚喷泉（B）旁边，沿台阶而下，是一个阶梯状斜向下的坡道，一直通到下面的平台。小龙虾的图案被拉得长长的，头部和前肢从坡道顶部楼梯的中部发散出来，后肢延伸到河神喷泉（位于下层平台）上

方，形成了一条水链（图4.25 C）。水链弯弯曲曲的，水在流动中产生了漩涡，水链的形状与水流的涡漩相呼应。水打着漩溢出贝壳状的浅盘（安装在水链里面），这样在洪水的遗迹中，冈布拉被看作是利用水利为人类造福的象征。当水落入两边倚着巨大河神雕像的水池中时，从仁慈的小龙虾四肢中流出的水象征着台伯河和亚诺河（图4.26）。他们所执的羊角表示水为土地带来富饶，台阶（通往上层平台）底部挡土墙壁龛中花神和果树女神的雕像更强调了这种富饶。上层平台的边缘栽有悬铃木，平台中间是石桌喷泉（Fountain of the Table）。石桌、石桌中间的水渠以及冒着水花的喷头为冈布拉和他的客人带来一种相似的感觉：即古罗马人在宴会中有时会利用水池——让食物飘浮在水上（图2.24，图2.46）。

光之喷泉（或灯泉）（Fountain of Lights）（D）把冈布拉的用餐平台和下面的水剧场（上方为向内凹的、下方为向外凸的阶梯形成同心圆的形式）连接起来，一打开开关，小电灯中的160个喷头一齐向上喷水，水从每

级阶梯的两侧注入下一级阶梯的水渠中。人们的目光从这个平台向下集中到一系列黄杨围成的小花园和中央的水花坛上来。水花坛（E）里面有个圆形的岛，这也许使人回想起哈德良别墅的"海剧场"（Marine Theater）（图4.27，图2.44）。两个凉廊向花园敞开，凉廊里面有描绘着法尔尼斯别墅（Caprarola）、德·埃斯特别墅和朗特别墅的壁画。在花园的这个部分，艺术高于自然，冈布拉被视为这一转变的保护人。岛中心最初的螺旋形线状的水流（water-oozing spire）在十七世纪被一具雕塑所代替，雕塑中四个年轻人高举着由主教亚力山德罗·皮瑞第·蒙特托（Gardinal Alessandro Peretti Montalto）设计的三山一星图案。岛屿周围的水花坛使人联想起古代的naumachia——被水淹没的剧场（这是对海军战争的模仿）。水花坛的四个水池里各有一个小小的石舫，上面有士兵。他们向中央喷泉发射火力——水。

图4.28 波马尔佐的圣林中,巨人将年轻人撕裂的雕像,建于1542年之后,用基址上的岩石雕刻而成,表现了《奥兰多·弗里奥索》中的一幕,据说也表现了奥尔西尼(Orsini's)遭到一位年轻女郎拒绝后的绝望之情。

之二》(Book Two of I Quattro libri)中,他给出选址的建议:"不要将建筑放在两座山环抱的山谷里,因为山谷的遮挡,在远处不能看到建筑,而建筑本身也不能成为景致,缺乏高贵和庄严之气。"[17] 正如建筑史学家卡罗琳·康斯坦特(Caroline Constant)解释的那样,帕拉第奥对空间的构图和配景(scenographic space)或自然形成的不连续空间(大地景观的有意识的组合,而不像用围墙围合和限定的透视空间)感兴趣。卡罗琳声称"对于帕拉第奥来说,在概念上,大地是人类加工的地表面而不是自然界的一部分,非常类似于为库比斯姆(Cubism)所作的如画般的平面,大地是个基础,在上面可以把各种试验放到三维的自然界中。通过把别墅的中间部位抬高,帕拉第奥强调一种理想化的自然的大地平面,创造了新的场地,从那儿可俯瞰四周。在同样条件下,如果没有建筑我们就不能观赏景观,建筑把景观聚集到其范围中来并重新组合它们"。[18]

帕拉第奥为罗马教皇的高级教士丹尼尔·巴尔巴罗(Daniele Barbaro)和其兄弟马克·安东尼奥·巴尔巴罗(Marc' Antonio Barbaro,威尼斯重要的政治家)建造了巴尔巴罗别墅(Villa Barbaro)。别墅位于威尼托区的马赛尔(Maser或Treviso)、多罗米特(Dolomite)山脚下的平原上,其建造从十六世纪50年代起历时10年(图4.30)。别墅建于一座中世纪城堡的基础上,主要建筑的正立面类似罗马神庙,刷着灰泥,两侧是服务性建筑,尽端是鸽房。这是本地建筑的优美体现,比如实用性的农舍、鸽房是意大利北部乡村的典型建筑。在帕拉第奥的这组作品中,一个罗马式的建筑(nymphaenum)是惟一的半圆形房间,带有雕刻般的壁龛。帕拉第奥的设计可能受到罗马式样的影响,比如同时代的朱利娅别墅、皮罗·利戈里奥的埃斯特别墅平面的影响(图4.31)。然而,巴尔巴罗别墅与周围景观的关系完全不同于罗马的或托斯卡纳的别墅——那里用墙而不是用地平面(ground plane)来连接和包容空间。位于适于耕种的平原和树木葱茏山坡的交界处附近,马赛尔的巴尔巴罗别墅统领着周围的景观,是由空间组成的美丽建筑,空间优先于建筑,尽管如此,建筑扩大了其周围的空间并赋予了含义。维罗尼斯(Veronese)又名保罗·卡利亚利(Paolo Caliari,1528～1588年)所绘的壮观的壁画是对帕拉第奥处理巴尔巴罗别墅建筑与景观关系的补充,壁画中富有诗意的古典景观和人物在视觉上扩大了内部空间。

巴尔巴罗别墅所体现出的帕拉第奥式的建筑与景

图4.29 波马尔佐的圣林,地狱之门(Hell Mask)上面所题的神话援引但丁的诗文:"扔掉所有思想,到这儿来。"这里并不是令人恐怖的地下旅行,实际上奥尔西尼的客人被邀请进入一个宴会厅,地狱之门中巨大的石头做的舌头成为桌子,眼睛则是窗户。

图4.30 巴尔巴罗别墅(马赛尔),安德里亚·帕拉第奥设计,1549~1558年。

观互为呼应的关系(没有一方占上风,而是彼此得益于对方,彼此提高),在圆厅别墅(Villa Almerico-Valmarana,又称"La Rotonda"或Villa Rotonda)中表现的更为明显(图4.32)。建于1565/6~1569年间的圆厅别墅是为新近归来的罗马教皇之高级教士保罗·阿尔麦利科(Paolo Almerico)而建造的,位于他城外的地产上,处于维琴察乡村的环抱中。帕拉第奥没有把圆厅别墅设计成劳动农场,像邻近的别墅那样,而只是设计成一个乡村隐居处——这仍是学术争论的问题。圆厅别墅不同寻常之处还在于有四个三角形山墙立面,正如帕拉第奥在《建筑四书》中解释道:"(别墅的)每一面都很美丽"。[19] 他把基址描绘成一个剧场,别墅建在微微起伏的坡地上,与周围分离开来,也没有附属建筑,在群山环抱之中就像在演一场独角戏,成为更为广阔景观的焦点。

因为帕拉第奥具有把静止孤立、深奥的古典形式和质朴的环境图景融为一体的能力,所以他设计的别墅成为从他那个时代直到现在乡村别墅的典范,使人与自然之间固有的紧张状态得以调和,并使景观在一种文化或个人的想像范围内得到尊重。帕拉第奥对十八世纪的英国产生了特别强烈的影响,伯灵顿(Lord Burlington)和查尔斯·霍华德(Charles Howard,查尔斯的第三代伯爵)以及其他贵族尊奉他为建筑天才。[20] 美国总统托马斯·杰斐逊(Thomas Jefferson)拥有四册

《建筑四书》,在建造其位于小山顶上的住宅蒙特塞罗(Monticello)[21] 时,身为建筑师的总统不但欣赏而且模仿帕拉第奥。

帕拉第奥与他的前辈科罗纳(Colonna)、阿尔伯蒂、塞利奥一样,对作为传达建筑思想和视觉信息的绘画的重要性非常理解。正如我们将在本章和以后章节中所见,政治纲领和印刷物把人文主义思想和建筑理论的潮流从意大利传到法国、又传到更远的地方。同时,最先在园林布局上造诣深厚的设计思想不久就影响到城市规模的景观——即我们今天所说的城市规划。

图4.31 巴尔巴罗别墅中的古罗马式建筑。

图4.32 圆厅别墅(维琴察)，安德里亚·帕拉第奥设计，1565～1569年。

III. 有轴线的城市规划：文艺复兴时期罗马的发展

主教们建造的园林——诸如朱利娅别墅和马达马别墅，为古城罗马的边缘增加了迷人的绿色，同时他们还把景观设计原理应用到罗马城的重建上。罗马作为古代世界首都之帝王气派的显赫地位在中世纪开始萎缩，17 000人住在窄小的房屋里，这些房屋杂乱无章，塞挤在台伯河(位于卡斯台儿圣安吉罗教堂(Castel Sant' Angelo)和梵蒂冈的对面)的臂弯处(图4.33)。公元三世纪，金色城墙(Aurelian Walls)勾画出非常大的区域，包括宫廷宫(Palatine)、圆形大剧场(Colosseum)、大帝国浴场、凯旋门、纪念柱等遗址，以及正在风化的古罗马广场(Forum)遗址的废墟(从近古时期一直到十八世纪都是放牛的场地)。在帝国荣耀的光环中，几座教堂和修道院于中世纪建成，它们之间仅有小道连接，城市的核心位于台伯河旁边。

1377年流亡的主教们返回阿维尼翁(Avignon，法国东南部城市)，1439年教皇传谕授予罗马教皇教主的职权，此后，主教们逐渐把地方权力集中到自己手中，从公社和贵族敌对派系手中夺取了城市事物的控制权。The maestri di strada ——相当于现在的规划委员，进入教堂的管理部门。同时教堂得到显赫的位置并有权向财产所有者收取改建费。罗马已经像个里程碑似的蠹立在世界上，但因缺乏规整的道路规划，这样就为刚刚再度发展起来的轴线构图原理的应用提供了富有挑战的机会。在反宗教改革时期，主教得到了教堂的财富，连同他们希望扩大教堂国际地位的愿望，使得一批主教热切地欣然接受这个机会就不足为奇了。

朱利娅别墅，圣安吉罗广场和卡比多广场

朱利叶斯二世(Julius II，1503~1513 年任罗马教皇)希望把教皇制度的管理、司法和财政职能延伸到 Banchi——即朋特·圣安吉罗(Ponte Sant' Angelo)对面的商业区。因此他任命伯拉孟特(当时已受命于望景楼庭园的建造)设计一条直通朋特·塞斯托(Ponte Sisto)的、两旁建筑高度相同的笔直大道。于是为纪念朱利叶斯而建的朱利娅别墅打开了这个中世纪的迷宫般的地区。

列奥十世(Leo X，1513~1521 年任罗马教皇)、美狄奇主教和保罗三世(Paul III，1534~1549 年任罗马教皇)建造了三条从圣安吉罗广场(Piazza Sant' Angelo)辐射出来的更为笔直的街道，进一步规整了该地区，从而形成了罗马第一个三叉口(trivio)——即三条道路交汇处，这种形式应用到罗马的蒙托尔托别墅(Villa Montalto)和弗拉斯卡蒂(Frascati，意大利中部城镇)的阿尔多布兰尼别墅(Villa Aldobrandini)的规划布局中。列奥十世和保罗三世还负责建造了第二个三叉口，这次有更多条道路从圣安吉罗广场发散出来。接着法国也出现了三叉口，法国人把这种从一个中心辐射出 3 条大道的形式称为鹅掌(Patte d'oie or goose foot)。

曾经辉煌的帝王之城与主教统治的现代城邦(modern city)——两者的结合处是卡比托林山(Capitoline Hill，古罗马的七个山丘之一)，在保罗三世时是一个泥泞的被人遗忘的露天场所。1536 年神圣的罗马帝王查尔斯五世(1516~1556 年在位)在突尼斯(Tunisia)战胜了土耳其人(Turks)，处于胜利中的皇帝计划走访主教城邦，米开朗琪罗受命将卡比托林山改造成一个激动人心的会见场所和令罗马人骄傲的地方。这位天才开始实施他的任务(直到他死后很久才完成)，为我们造就了一个无与伦比

的典范：非常庄严又意义深远，并具有大胆的想像力。他设计的卡比多广场(Campidoglio)极具戏剧性的空间和城市构景(urban scenography)，在城市规划史上保持着无法比拟的地位(图 4.34)。

古罗马人把卡比托林山当作世界的中心，这是元老院[22](Palace of the Senator)、也是罗马市政府名义上的所在地。该设计任务明确表示卡比托林山是国王行程中一个重要节点：国王到古老的艾蕃大道(old Appain Way)要途径这里，穿过古罗马广场遗址去居住的城市，然后在朋特·圣安吉罗教堂渡河到达圣·彼得教堂(St.Peter's)和梵蒂冈。米开朗琪罗的任务是创造一个威严尊贵的山颠广场，而不用考虑北面亚瑞科利(Aracoeli)的圣·玛丽亚教堂(Santa Maria)简陋的侧翼和元老院南边陈旧的、不再引人注意的中世纪市政厅(guild hall)。

罗马皇帝马库修斯·奥里利乌斯(Marcus Aurelius)的骑马雕像一度被当作君斯坦丁(第一位基督教皇帝)的象征，因而自它铸成后与许多不朽的异教铜像一同被保存下来。整个中世纪这尊雕像都伫立在拉特兰宫(Lateran Palace)，此时被运到卡比多广场，放置在元老院前方，由米开朗琪罗设计的适度而又庄严的基座

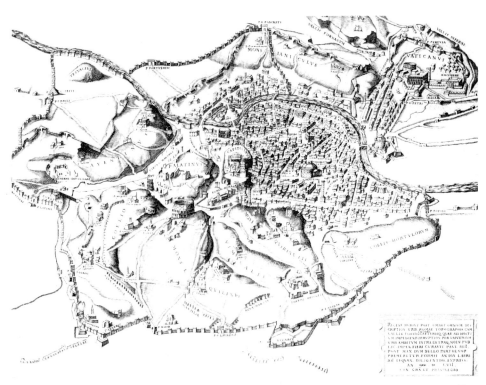

图 4.33 中世纪的罗马、金色城墙(Aurelian Walls)和古代遗址，雕版画，N·比特瑞齐特(N.Beatrizet)作，1557 年。

图 4.34　卡比多广场(罗马)，米开朗琪罗设计，1536年。马库修斯·奥里利乌斯的骑马雕像(米开朗琪罗设计中的焦点)已经移到卡比多林博物馆。

之上。成为广场的中心，也成为激发其设计的戏剧性张力和巨大空间能量的源泉。

对于卡比多广场周围建筑形成的不连贯空间，米开朗琪罗的解决方法之一是：设计了两个完全对称的建筑立面来形成一种秩序感。位于南面的代孔塞尔瓦托里宫(Palazzo dei Conservatori)使古老的中世纪市政厅呈现出文艺复兴的外观，北面的Plazzao Nuovo，即卡比多林博物馆(Plazzao del Musec Capitolino / Capitoline Museum)，直到因诺森特十世(Innocent X，1644～1655年任罗马教皇)时才建成，它成功地掩盖了亚瑞科利的圣玛丽亚教堂旁笨拙的三角形地块。虽然这两个建筑立面只有两层楼高，但米开朗琪罗运用其极富创造力的才华，让壁柱从门廊地面直达檐口，从而使建筑显得高大雄伟。因为市政厅与元老院呈80°角，他将这两个建筑都旋转了10°，从而形成了一个

不规则四边形广场。虽然仍是个围合的空间，但空间因此变得富有动态和不稳定，人们的视线可以透过元老院侧面看到远处的一大片废墟，在此卡比多广场向古罗马广场遗址(Forum)倾斜下去。

广场的铺装图案(是二十世纪的复制品，根据米开朗琪罗原作而铺设的)进一步增强了空间的动态性。英雄雕像摆放在一个微微下沉的椭圆形场地中，一个有12个角的星形图案位于广场中央，形成了一种协调的放射状图案。从高处俯瞰时，广场铺装图案像个球面延伸到椭圆场地，好似穹顶，而雕像则是王冠边上的装饰。

然而这个配景戏剧中最伟大之处不是广场，而是经由西班牙大台阶(Cordonata)通向广场的上坡路，宽阔的阶梯状坡道是忏悔的峭壁，上面的大台阶与近旁的亚瑞科利的圣玛丽亚教堂的台阶一样有着柔和的节奏(图4.35)。1560年在卡比多广场附近挖掘出的比真人还大的古罗马驯马者(神话中的卡斯托(Castor)、波鲁克斯(Pollux)二兄弟)雕像矗立在坡道的顶端，神像平静而无私的注视为之平添了庄严之气，将米开朗琪罗设计的景致框成一幅画。

1561年，庇护四世(Pius IV，1559~1565年任罗马教皇)通过对皮亚大道(Via Pia，现在的Via XX Settembre)、奎瑞纳尔山(Quirinal，罗马七丘之一)的教皇宫殿到城邦东北大门(Porta Nomentana)的建造，来积极筹划中世纪罗马城轴线的重新规划。米开朗琪罗

图 4.35　通向卡比多广场的大台阶。

图4.36 皮亚大道(即现在的 Via X X Settembre)；La Via Pia，壁画，引自塞萨尔·尼比亚(Cesare Nebbia)，沙龙·德·帕皮(Salone dei Papi)作，藏于拉特兰宫,(罗马)，1588年。

际上，以前为改善罗马城市景观而作的所有努力只不过是城市改建之伟大交响乐的序曲，这曲伟大的交响乐在西克斯图斯教皇统治的短暂时期奏响了。

具有达尔马提亚(Dalmatia)农民血统、前途远大的反改革派教皇费利切·佩雷蒂(费利切 Peretti)由教皇提升为蒙托尔托红衣主教(Cardinal Montalto)，他建造了与其职位相匹配的、有林荫大道的蒙托尔托别墅(Villa Montalto)。在教皇格列高利十三世(Gregory X Ⅲ)在位的13年期间，他在别墅中研究他的规划。蒙托尔托别墅(Villa Montalto)位于城市东部正处于发展中的郊区，建在埃斯奎林山(Esquiline Hill)山脚下(即现在火车站的位置)，后来别墅成为进行大胆城市规划的中心。费利切刚被提升为教皇，委任建筑师及工程师多梅尼科·封塔纳(Domenico Fontana，1543～1607年)为蒙托尔托别墅(Villa Montalto)作规划,该规划将罗马城市化范围扩展到古老城墙的边缘，甚至如果可能的话会更远。虽然没有留下那个时代的图纸来一展封塔纳对罗马城规划的大手笔，但梵蒂冈图书馆一面墙上的壁画所描绘的激动人心的鸟瞰图为之作了补偿(图4.37)。长长的箭一样笔直的大道构成的路网在反改革派的发展中具有重要意义：把罗马圆形大剧场、万神庙(the Pantheon)、古罗马广场(the Forum)和古罗马其他杰出有历史意义的建筑连接在一起，更为重要的是，罗马城的七座教堂，成为古城的一条非常明显的旅游和朝圣路线的标记，而旅游和朝圣可以增加罗马作为天主教最初和持续的中心的威望。

再次受委托进行城市设计，这次他将另一对不朽的卡斯托、波鲁克斯雕像放置在通往皮亚大道的通路边形成威严的焦点，将未完全驯服的马扭转身来面对入口附近的街道。他还设计了一个纯粹舞台布景般的大门，与两侧别墅花园围墙构成的街景比例相协调，并遮掩了城邦东北大门的防御工事(图4.36)。

西克斯图斯五世的规划

虽然城市构景的手法(urban scenography)是那样卓越非凡，但卡比多广场和皮亚大道以及其巧妙取景的街景都显现出这是一种支离破碎的城市规划方法。把街道连为一体形成一个很好的交通循环体系，把已存在的非凡的景观标志理顺，形成一系列配得上罗马(作为旅游目的地)的日益增长的声望的景致，这些都需要一种综合的眼光和实现这一目标的强有力的领导。十六世纪末一位有远见的领导者在罗马表达了自己的观点，他就是西克斯图斯五世(Sixtus V，1585～1590年任罗马教皇)。实

并不是当罗马战车变得相当宽、相当平滑时才开始建造规整的城市干道的，而铺砌道路是为了使新近发明的悬簧车(spring-suspension)的运动更为容易。因为没有人行道，行人和车辆拥塞在同一个街道中。当驾车成为罗马社会上层人士的时尚消遣时，主要街道承担了新的含义。皮亚大道是那时最长的笔直大道，每天都有罗马是世界第一城显赫地位的见证者：罗马拥有大量新型交通工具。罗马确实正在经历现代城市的又一个"第一"——即交通拥塞。红衣主教和众多

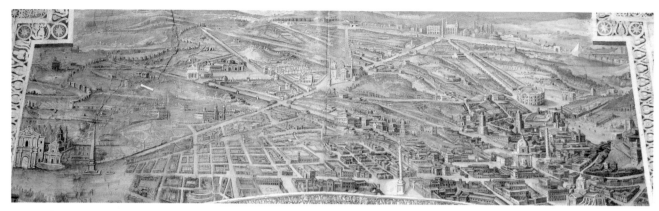

图4.37 根据西克斯图斯五世的规划所绘制的罗马鸟瞰图，壁画(1585~1590年)，藏于梵蒂冈图书馆。

的神职随员、到罗马旅行的其他国家大使馆的显要人物、妓女、每年都来罗马的好几万朝圣者、被古代奇观唤醒的游客以及外国艺术家和工匠——所有这些人都拥挤在这座城市，把中世纪狭窄的街道塞得满满的，新建的大道也变得拥挤。在这个快速成长的世界性城市里，牛马、车辆、行人擦肩接踵，此时这个沉睡了很久时间的大都市再次生机勃勃。

不能仅仅依靠修建道路来提供便捷的交通和刺激罗马的再生，如果城市中没人居住、四处破败的地方将要重新住人时，重新修建古代沟渠也是很必要的。其他主教已经开始这一工作，但无人能够解决将水输送到罗马著名山丘这个问题，这成了西克斯图斯五世留给自己的任务，并仅仅用了18个月，他从费利切(Acqua Felice)(如此称谓是因为主教的第一个名字是费利切)那汲取了营养，做出的设计达到了目标：建成了一个输水道，包括跨度7英里的飞拱和7英里长的地下隧道。1586年它成功地把水引到蒙托尔托别墅，3年后27个公共喷泉遍布罗马。最初出于实用目的，而后来人们把许多水用于装饰性喷泉，罗马也因这些喷泉而继续闻名于世。

费利切的输水道使得在戴克里先浴场(Baths of Diocletian)旁建造公共洗衣店成为可能，已恢复使用的维吉尼输水道(Acqua Vergine)把水引到现在的特蕾维(Fountain of Trevi)喷泉，安装了一个洗羊毛用的水盆。[23] 随着水问题的解决，以及西克斯图斯五世所属土地上道路系统的连接，这样使他有条件从其公共工程计划中获取利益。

由一位有远见的保护人资助，封塔纳作为一位致力于城市规划度的景观设计师，在工程学、城市构景

(或城市设计)(urban scenography)上证实了他的天分。教皇和建筑师共同创造了现代罗马的框架：一个循环的网络系统，互相联系的街道和视觉焦点(focal point)，全部由一系列窄长的景观走廊以及点缀其中的新的、旧的标志景观(Landmarks)组成。当与费利切在一起时，西克斯图斯五世用费利切的名字为这些整齐大道中最长最重要的一条街道命名——即费利切大街。这条大街将圣玛丽亚大教堂和平克奥山(Pincio Hill)顶部的圣特里尼达·代蒙蒂教堂(Santa Trinità dei Monti)连接起来。通向波波罗广场(Piazza del Popolo)的最后一段下坡路一直未建造，将圣特里尼达教堂及下面圣克罗切教堂连接起来的西班牙大台阶直到十八世纪才建成。费利切大街的另一端——圣玛丽亚大教堂通往圣克罗切教堂(Santa Croce，位于Gerusalemme)的所有道路都已建成，这样形成了一条长约2英里的横穿罗马的笔直大道。与费利切大街几乎垂直相交的是米开朗琪罗设计的皮亚大道，这两条大道形成了具有象征意义的十字形，意为"保佑的十字架"。

西克斯图斯五世时期的罗马壁画中，人们可看出一种冲动：用费利切大街和其他道路醒目地穿过建成和未建成的景观，来破解中世纪罗马城的蜿蜒曲折。从壁画中还可以看出，他通过对其景观标志(landmark)给予新的突出来赞美罗马无与伦比的历史。除了朝圣的教堂，罗马圆形大剧场、马库斯·奥里利乌斯和图拉真圆柱(Columns of Trajan)也是规划设计中的焦点。为了把它们隔开，西克斯图斯五世拆除了它们周围的建筑物，对保留下来的建筑的轮廓线进行了调整，在别处又创造了新广场。封塔纳和他的赞助人偶尔发现了一个好主意：将一些古埃及方尖碑(古代战役中从外

国俘获的战利品，这些方尖碑很久以前就倒塌在城市各处)重新竖立起来，用来作为空间中心的标记或暂时吸引人们的目光，并作为窄长景观走廊的点缀，来打破窄长景观走廊产生的单调感。

整个中世纪，圣·彼得大教堂(St. Peter)附近作为尼禄赛马跑道标记的82英尺高的方尖碑，非常引人注目地矗立在教堂的南侧。封塔纳指挥了这场壮观的搬移工程：把这个重320吨的方尖碑移到现在的位置——圣彼得大教堂的正前方，这样就标记了这个椭圆形广场的中心，后来波尼尼(Bernini)设计了巨大而呈圆弧形的柱廊，将椭圆形广场环抱起来。封塔纳将躺倒在塞库斯·马克西姆(Circus Maximus)的方尖碑竖立在德·波波罗广场中心，并成

图 4.38 埃及方尖碑，罗马帝国时代矗立在塞库斯·马克西姆，1585～1590 年重新矗立在德·波波罗广场。

为三条街道的交会点(图4.38)。费利切大街沿途有两处竖立着几个方尖碑：一处位于大街的中点，圣玛丽亚大教堂的前方；另一处位于大街的东南尽端，在格鲁塞尔姆(Gerusalemme)的圣克罗切教堂(Santa Croce)的前方。为了使方尖碑与反改革派战胜天主教派的宗教意义结合起来，主教将四个西斯廷方尖碑的顶部安上金色十字架。这样，这种古埃及形式逐步发展成守卫在陵墓入口、对称布置的看守者，又进一步发展成位于城市露天场所(OPEN SPACE)中心的、独立的建筑，成为在其他时代、其他国家(通常没有代表基督教派胜利的十字架)也可以模仿的一种巧妙的借鉴。

十六世纪的意大利景观设计不仅表现了人文主义者复兴古代形式和主题的兴趣，而且也是维护声望、展现财富和实力的一种方式。把家族以及个人荣耀等内容注入园林设计中的人文主义构图手法，

也应用到城市范围，以此来显示教会或统治者的力量。园林实际上成为设计工作室，园林中解决轴线布局和构景所引发问题的方法也同时应用到城市规划上。例如：封塔纳为西克斯图斯五世设计的蒙托尔托别墅前方的三角形广场就像花园中的三叉口——三条林荫道从圣玛丽亚大教堂附近的开敞空间向外辐射，在某种意义上使游乐场(casino)的入口变得高贵，又暗示了后面花园的宽度，表明了景观设计原则在花园内、外有多么紧密的联系(图4.39)。

特定的位置有其稳定的建筑形式、以及通过空间的延伸等来暗示土地归谁所有的手段，成为纪念性规划中广泛使用的方法，这是封塔纳在为别墅规划时所发展形成的一种方法。因而封塔纳成为关键的城市规划者，他在城市景观的综合框架内来构思蒙托尔托别墅的三叉口的设计，将之与其他放射状轴线(诸如从德·波波罗广场发散出来的放射状轴线)连接起来，形成了城市交通网络，这样封塔纳开创了一种规划——整个城市的规划。也可以说，从古罗马时代起在西方从未出现过这种规划，仅在殖民地出现过

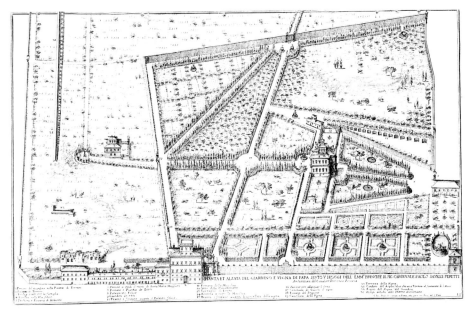

图 4.39 蒙托尔托别墅(罗马)，多梅尼科·封塔纳设计，雕版画，乔万尼·巴蒂斯塔(Giovanni Battista)作，Li giardini Roma con le loro Piante Alzate e Vedute in Prospettiva.n.d 图版 14 页。

而从未在首都出现过。

通过轴线的布局而使园林空间变得统一，这日益成为十七世纪园林设计者的目标。此时他们高贵的雇主看到了按同样原则重建旧城和建设新城的象征意义，这些原则实际上已成为高贵、伟大、控制力等在空间上的隐喻，因而其他地方，特别是法国的君主热切地接受它们就不足为奇了。然而十七世纪初亨利四世

(1589~1610年在位)统治时期，西克斯图斯五世的规划还未应用到城市范围之前，一种从意大利传来的新文艺复兴风格逐渐取代了法国的中世纪风貌，这种渐进过程已不可避免地发生了。这种风格上的演变最早在卢瓦尔河谷(Loire Valley)出现，反映了法国和意大利在整个十六世纪的政治关系，意大利的影响和法国自身的文艺复兴风格在法国交替发展。[24]

IV.时尚潮流：法国、意大利园林的演变

意大利人文主义为十六世纪法国园林风格的发展打下了基础，阿尔伯蒂的论著、1546年法文版的、具有影响的《梦境中的爱情纠葛》(科罗纳著)的出版带来了北方文艺复兴的某些趋势。为了夺回古王朝的宝座，1494年法国国王查尔斯八世(Charles VIII，1470~1498年在位)入侵那不勒斯(Naples)，这次入侵相当重要，虽然仅仅占领了5个月，但阿方索二世(Alfonso II)位于波吉奥·瑞尔(Poggio Reale)、可眺望那不勒斯海湾、观赏维苏威火山(Mount Vesuvius)美景的、堪称艺术级的花园给查尔斯八世和随行的贵族留下了不可磨灭的印象。

攻占了德·尤乌城堡(Castle del Uovo)后，查尔斯八世占据了那儿的宫邸，有足够的机会为所见到的景观感到惊奇：城堡的每一边都有笔直的林荫小路通达城堡，橘子树和其他果树环绕在周围，用墙围起的规模巨大的花园、创造性的水工系统、喷泉、观赏鱼、运河、鸟舍，还有充满各种竞赛游戏的猎苑。虽然城堡很早就不复存在了，也不可能准确地重建，但我们知道这个令人愉快的地方是个广场，四周设有塔楼，有一个下沉庭园，水一泻而入，场面十分壮观。当查尔斯七世于10月返回安布瓦斯(Amboise)自己的宫殿时，他带来了意大利艺术家、工匠，包括那不勒斯神父——园艺家梅可戈利亚诺(Pacello de Mercogliano)。

建筑师丢赛索(Jacques Androuet du Cerceau，1520~1584年)在1576~1579年间，把安布瓦斯的宫殿、园林以及卢瓦尔河谷其他宏伟的城堡描绘到一系列壮观的雕版画中，这些雕版画出现在不同版本的《法国最美丽的城堡》(Les plus excellents de France)中，这本书是园林史学家极为宝贵的参考工具，因为几乎所有十六世纪的法国园林都不复存在了。这项工作很重要，而且记录了法国、意大利文艺复兴园林设

计原则向独特的设计风格转变的过程。丢赛索雕版画中的城堡建造于十六世纪初的几十年，那时法国设计师欣赏意大利风格并重新建造这些城堡来表达自己的贵族文化。

十六世纪城堡：布洛伊斯堡，枫丹白露，
　　阿当西-勒-弗朗府邸，阿内府邸，
　　舍农索城堡

1498年查尔斯八世突然死去，他的外甥及继承人路易斯十二(Louis XII，1498~1515年在位)对新兴起的高贵消遣——造园非常之狂热。他不断地对安布瓦斯的城堡和继承的另一座皇家城堡进行改建。在布洛伊斯，他把花园设在城堡围墙的外面，这样比起安布瓦斯的花园，其面积可以相当大(图4.40)。然而这个花园的设计并没有试图将城堡和花园统一起来(像意大利正在做的那样，把花园沿着共同的轴线排列开来)。

路易斯十二的外甥弗朗西斯(Francis，1515~1547年在位)继承王位，新国王的妻妹成为费拉拉(Ferrara)女爵。作为埃斯特家族园林和猎苑的故乡，费拉拉是一处重要的园林设计基地，因其与意大利的联系，或许还与弗朗西斯对那里发展起来的新文化的偏爱有关，费拉拉成为法国文艺复兴的萌芽。

弗朗西斯寻机征服意大利并成立神圣罗马帝国，但1525年被查尔斯五世(Charles V，也是西班牙国王)所遏制，被囚禁在西班牙，第二年弗朗西斯一世返回法国，决定放弃卢瓦尔河谷的城堡，建立被巴黎环绕的宫廷(court)作为与中产阶级的政治联盟。1528年他开始重建枫丹白露(Fontainebleau)的城堡(图4.41)。熟练的泥瓦匠吉利斯·德·巴顿(Gilles de Berton)负责此项工程，他为"光荣之庭"(Court of Honor)建造了一

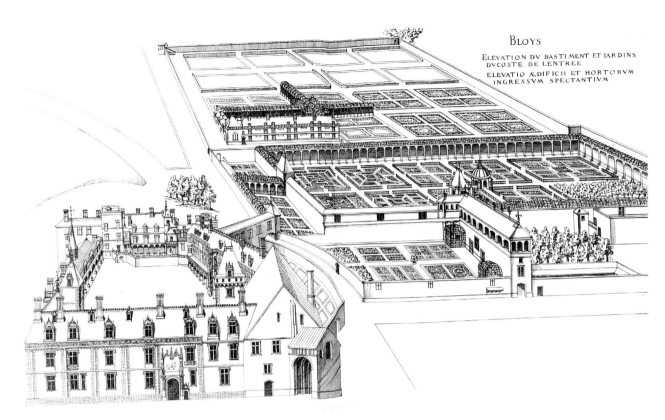

图 4.40 布洛伊斯城堡，雕版画，丢赛索作，《法国最美的城堡——第二卷》(Le Second Volume des plus excellents Bastiments de France)，1579年。穿过一条弯路，就到达通向庭园主轴线的主要大门，这条弯路与通向宫殿的有顶桥梁相连，工匠娴熟的技艺在凉亭得到验证：凉亭用木头建成，有高高的半圆形天窗，里面有一个大理石喷泉，木格架形成的走廊又高又宽，足以容纳骑马的人。

个三层楼的新入口，一个带有意大利风格长廊的新庭园，从长廊可以眺望呈梯形的湖。在其对面的湖岸上，榆树成行的堤岸通向城堡的主入口，贾汀·德斯·平斯(Jardin des Pins)的布局就像一连串方形种植床，其中轴线的边上栽种着松树。

弗朗西斯邀请意大利艺术家来协助枫丹白露的装饰工作，这些天才人物在法国的出现，为传播文艺复兴艺术和人文主义施加了额外的推动力。弗朗西斯科·普利马蒂乔(Francesco Primaticcio，1504～1570年)是应邀到法国的意大利艺术家和建筑师中的一员，具有很好的口碑，他设计了枫丹白露的洞窟。这样，在意大利设计师的直接帮助下，文艺复兴景观在法国得以继续发展，同时，一种新的艺术风格正在法国稳步发展，并形成法国自己的风格。

意大利文艺复兴建筑师塞巴斯蒂亚诺·塞利奥(Sebastiano Serlio)也受弗朗西斯一世之邀来到法国，

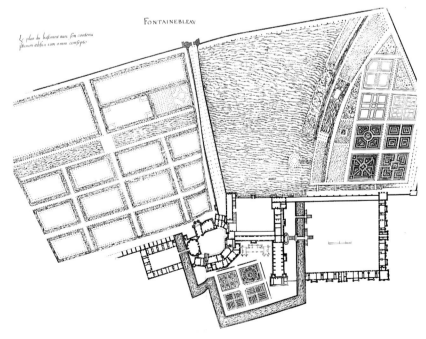

图 4.41 枫丹白露雕版画，丢赛索作，《法国最美的城堡——第二卷》，1579年。

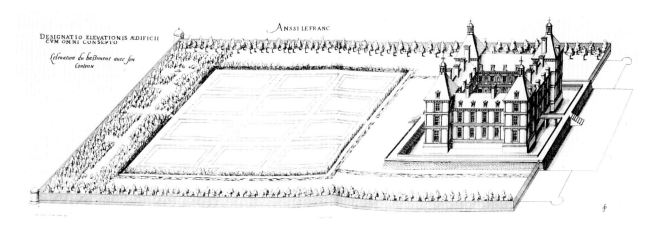

图 4.42　阿当西-勒-弗朗府邸，雕版画，丢赛索作，《法国最美的城堡——第一卷》(Le Premier Volume des plus excellents Bastiments de France)，1576年，塞里奥利用了环绕城堡的中世纪护城河的平台，俯瞰城堡，矩形的花园被划分成12个小空间，树林和运河勾画出花园的轮廓。园外有片密林(与意大利园林中的丛林相似)，在树林中，主轴线贯穿城堡和花园，有一条轴线与主轴线垂直，旁边的宽阔的草地被划分开来。两旁都有绿树成荫的小路和隐蔽的小空间。

作为著名的理论家和建筑顾问，他被信任地委以设计勃艮第(Burgundy)的阿当西 - 勒 - 弗朗府邸(Ancy-le-Franc)(图 4.42)。在他的指导下，这项工程于 1546 年开始，建筑和花园的轴线对称统一，这在法国可能是第一例。

对意大利建筑师和园林设计师的偏爱在法国没有持续多长时间，当本国设计师已经掌握了文艺复兴建筑创作原理时，法国人的民族自豪感使他们将目光从塞利奥及其同胞身上转移开来。这些第一代设计师中最重要是菲利贝尔·德洛尔姆(Philibert del' Orme，1510～1570年)。1533～1536年德洛尔姆到罗马研究古迹，被介绍进入人文主义者、收藏家、艺术家的圈子，这些人正在挖掘哈德良别墅，并着手建造新的别墅，这将对未来一代设计师具有重大影响。返回法国后，他在为红衣主教吉恩·杜·巴利(Jean du Bellay)工作期间展示了他的天赋(在罗马时他们见过面)。1547 年亨利二世当上国王不久，就任命德洛尔姆为所有皇家建造项目的负责人。

亨利的情妇黛安(Diane de Poitiers)——一个比他大 18 岁的寡妇，支配着国王的感情。阿内府邸(Anet)是黛安丈夫一生的兴趣所在，因为猜测它与他的死有关，亨利没有同意收回阿内府邸，而是作为礼物送给黛安，德洛尔姆即刻成为重建工作的钦点建筑师。

德洛尔姆本想保留现存的建筑，但当他运用在意大利所学的理性的、综合的空间秩序知识时，决定把它们融合到对称式规划之中(图4.43)。花园是围合起来

的、内向的，但是其尺度以及周围给人以深刻印象的走廊，使花园在那时显得很现代。一对亭子矗立在花园的尽端，在亭子里，乐师为国王、他的情妇、宫廷成员演奏。花园的尽端还有一个表演戏剧的亭子——这是法国文艺复兴园林设计的新特点。在鲁昂(Rouen)大主教乔治斯(Georges d'Amboise)于 1502 年建造盖伦(Gaillon)城堡的旁边，一个花园凉亭伫立在一池碧水中。

阿内府邸表面是为黛安已故的丈夫建造的，实际上是赞美黛安自己以及庆祝她和国王的情人关系。阿内府邸的设计中不仅有字母组合和黄杨绿篱制作纹样等，这些典型的文艺复兴风格，而且还有埃斯特别墅和朗特别墅中可见到的装饰。阿内府邸的主题是黛安娜(Diana)——狩猎女神，主入口处有一尊雕像，上面雕有牡鹿、猎犬，在优美的喷泉(现在已从入口庭园移走了)中有一具侧卧姿势的黛安裸体雕像，与神话中黛安娜的装束相同(图 4.44)。

不管亨利多么迷恋他的情妇，但他与王后凯瑟琳·德·美狄奇（Catherine de Médicis）生有 10 个孩子，其中 3 个孩子成为未来的法国国王。凯瑟琳是俄比诺(Urbino)公爵洛伦佐·德·美狄奇(Lorenzo de' Medici)和波旁皇族的公主马德琳(Madeleine de La Tourd' Auvergne)的女儿，出生没多久就成了孤儿，她由修女抚养成人并在 14 岁时嫁给了亨利。几年后，她开始生养孩子，那时她平静而隐秘的生活着，监督孩子们的教育，直到 1559 年亨利二世突然死去后，她像

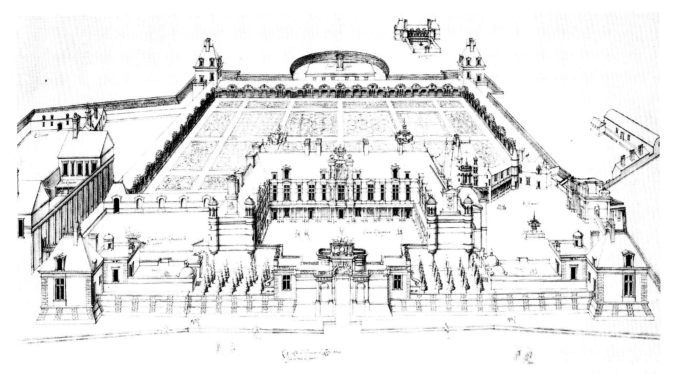

图4.43 阿内府邸，菲利贝尔·德洛尔姆设计。雕版画，丢赛索作，《法国最美的城堡——第二卷》，1579年。U形城堡和入口建筑(这是一个令人印象深刻的门房建筑)将光荣之庭围合起来。具有象征意义的小树林和露台沿着入口建筑的两侧延伸，尽头是两个完全对称的凉亭。府邸周围的护城河延伸着，形成半圆环状的水池，环抱着一个用于戏剧表现的凉亭，新月形的水池与月亮的形状相呼应，月亮是狩猎女神戴安娜的标志。因为这位神话中的女神与密林有关，所以入口两侧的树林可能代表她的密林之一。

是猛然间登上了历史舞台，成为儿子弗朗西斯二世(Francis Ⅱ)、查尔斯四世(Charles Ⅳ)和亨利三世(Henry Ⅲ)统治期间的摄政者和母后。她博学、政治敏锐、活跃、爱好艺术并且精力旺盛，她是十六世纪下半叶法国集中力量进行的城堡改造和造园活动中新风格的热情参与者。

亨利二世在世的时候，黛安是舍农索皇家城堡(royal château at Chenonceaux)的主人。这座城堡的历史可追溯到1512年，位于谢尔河河湾内，占据了防御性位置(图4.45, 4.46)。国王死后，凯瑟琳宣布这座非凡的建筑归自己所有，并对黛安已着手指导的新的南花园很感兴趣，她可能保留有德洛尔姆所作的规划。

图4.44 阿内府邸中的戴安娜喷泉，雕版画，丢赛索作，《法国最美的城堡——第二卷》，1579年。这个优美的、比例被拉长的雕像大胆地描绘了裸体的黛安，象征狩猎女神戴安娜。这具雕像现藏于卢浮宫博物馆。

为了政治目的，凯瑟琳利用舍农索城堡已经扩建的花园举行精心安排的庆典和节日盛会，来庆贺和平协定的签署。该和平协定终止了她儿子统治期间爆发的血腥宗教战争。在枫丹白露和杜伊勒利宫(Tuileries)也有节日庆典，花园成为各种具有隐喻意义庆典的举行场地——这标志着一种持久风俗的开始。法国君主花园越来越多地承担起宫廷剧场的角色，花园中建造特定的建筑来容纳观众和进行演出，定期举行的演出成为皇室成员和贵族的娱乐活动。当亨利四世开始这场把巴黎从一个中世纪城市变成现代城市的深刻变革时，表现皇家威望的城市设计与花园的政治性相匹配。

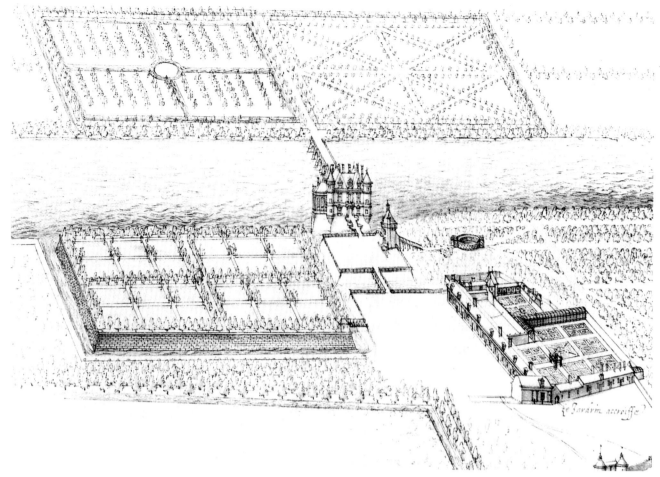

图 4.45 舍农索府邸, 丢赛索绘制。它最初的主人用格架走廊建成了一个围合起来的花园和方形的小空间(这让人联想到中世纪风格和意大利风格转换时期), 它们位于雕版画右边的显著位置。黛安命人在入口的左侧建造了护城河环绕着的高高的露台, 上面有相当大的矩形花园, 24 个种植区在十字形主轴线周围排列开来。在托斯(Tours)大主教的协助下, 园中栽有许多种果树, 还有麝香玫瑰、百合和蔬菜, 德洛尔姆建造了横跨塞纳河的大桥, 大桥所在的轴线像林荫路一样延伸着, 与凯瑟琳命人建造的新花园相连接。德洛尔姆把桥放置在城堡主轴线的一端, 因而从入口走廊可以看到河流的主要景色, 同时也没有打断轴线的延续性。

图 4.46 舍农索府邸。

V. 法国城市化和园林风格的演变：亨利四世时期的巴黎

巴黎改造

亨利三世死后，皇室出现了断层，法国复杂的继承法使一位远方堂兄——纳瓦拉王国(Navarre)的波旁皇族国王继承了王位，即亨利四世(Henry IV)。这位新教战士登上王位后于1589年终止了十六世纪下半叶的那场血腥的宗教战争，并在一场战争之后才确立了他的权威。亨利四世决心镇压否认其合法性的反叛的天主教徒，他首先围攻了反叛者的大本营——巴黎，但没有成功。这时他发表了著名的 *Paris was worth a mass* 宣言，使天主教徒发生转变，进而赢得了巴黎城。他在沃洛伊斯(Valois)已有的别墅间来回走动，从罗亚尔河谷(Lovie Valley)到艾利·德·法兰西(île-de-France)大别墅，主要凭个人的喜好来选择猎苑的位置。但是亨利四世必须巩固他的胜利，把巴黎确立为不容置疑的首都。他把注意力转向可以改变城市面貌、促进经济、发展公共卫生设施、增加庆典场所和提高居住舒适度的工程项目上来。为了赞美君主政治制度，赞美正在形成的法国霸主地位——即成为欧洲最重要的社会、政治力量，建造新的建筑和公共空间成为亨利四世实现上述目标的基础，其规模在欧洲大陆(除意大利之外)是最大的。巴黎能够成为现代城市，法国能够成为现代国家，这大部分应归功于这位精力旺盛的国王，如果他没有在1610年遇刺身亡的话，他为城市和国家所作的贡献一定会给后人留下更深刻的印象。

重建巴黎极度破败的城墙并不是亨利四世那些成就之一，也不是亨利四世继承者的成就。堡垒前沿要塞最初由亨利四世的建筑师们建造，后来大部分由才华横溢的萨巴斯汀(Sébastien Le Prestre de Vauban，1633~1707年)建造，这使法国的边境更为安全，从而法国逐渐成为领土边界明确的国家。这意味着巴黎可以不需要古代的防御工事，由此成为一个开放的城市。为了实施巴黎首都建造计划和边境防御工事，为了监督日益集中的财政管理(这使大规模的、国家级的项目得以放在第一位)，亨利四世任命苏利(Sully)公爵马克西米利安·德·巴斯尤恩(Maximilien de Béthune，1560~1641年)为他的首席大臣。苏利公爵拥有数个头衔，并被授予一个新设立的官职——Grand Voyer，即管理交通运输、做出规划，把所有道路、桥梁、运河、城市街道和公共场所连成整体的官员。他是个机敏的政治家和天才管理者，开创了税收预算，并组建了一支由工程师组成的军团来建造堡垒、维修桥梁和道路，绘制疆域地图。苏利公爵所作的道路规划报告促成了以巴黎为中心的主干道网络的建设，而他命人绘制的地图不仅有助于增强皇室对税收、贸易和运输的控制力，而且也提供了一个作为地理单位的、标识明显的国家地图。

对亨利四世而言，苏利公爵的角色与后来为路易十四(Louis XIV)效力的科尔贝特(Colbert)的角色相当：即对把巴黎变成尊贵而威严的皇家首都这项工作进行监督。[25] 在苏利公爵的协助下，亨利四世创造了新的城市规模，在视线上、空间上将城市打开，在城市循环方面引入了意义重大的初步改造。在此过程中，国王和大臣明显受到西克斯图斯五世的罗马城规划的启发。这些成果在中世纪风格的巴黎城区和新建的公共场所以及周围地产的发展中都留下了印记。

古老的卢浮宫(Louvre)是一座坚固的城堡，亨利四世的前任们已开始用现代的方式装备它。亨利四世控制巴黎的第一项措施就是把卢浮宫改造成适合皇室居住和象征自信的统治之地。孤零零的一座气质高贵的建筑不足以实现这个目的，他计划(在其生前只完成了一部分)把凯瑟琳的杜伊勒利宫和卢浮宫之间的区域合并成巨大的庭园——在巴黎前所未见或从未设计过的最大的露天开放场所，它是全新城市规模的预演(图4.47)。[26]

亨利四世通过建造大走廊(Grande Galerie)将两座宫殿南端连接起来。在建造过程中，建筑师们拆除了塞纳河沿岸古老的防御性高墙，使得人们从宫殿可以一览塞纳河的美景，而从远处看宫殿也是令人赞美的景致。改建杜伊勒利宫以及拆除大量位于杜伊勒利宫和卢浮宫之间的中世纪杂乱的、没有皇家气派的建筑之后，宫殿的南部区域取得视觉上的统一。而整个花园直到十九世纪才开始形成其最终的样子，那时拿破仑(Napoleon)建造了杜伊勒利宫北部长廊的西半部分，并将亨利四世建造的杜伊勒利宫和文艺复兴广场庭园(Renaissanceera Square Court)之间的新花园(New Garden)改成了庭园，位于中心的是卡罗塞尔凯旋门(Arc de Triomphe du Carrousel)，与杜伊勒利宫中的凯

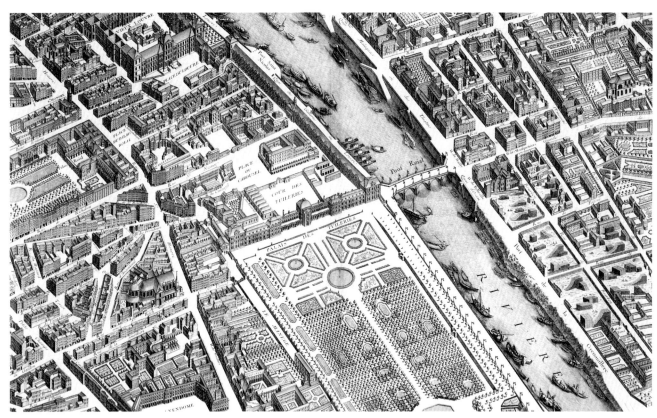

图 4.47 米切尔·特格特所作的巴黎规划，1734年。因为图纸的误差（没有考虑到微小的比例差异），人们把卢浮宫和杜伊勒利宫的早期图纸合并成一张新的设计图纸时，这两个宫殿的轴线不在一条直线上。当十九世纪插在它们之间的建筑被拆除时，这个问题才明显起来。如果卢浮宫和杜伊勒利宫的轴线一致的话，则卢浮宫的新入口——金字塔（Pyramid，I.M.Pei 设计）与凯旋门（Arc of Triomphe）、其他点缀爱丽舍（Champs Elysées）大街的重要建筑就会处于一条直线上。

旋门处于同一轴线上。直到十九世纪下半叶余下的北半边长廊完成以后，这里残留下来的芜杂的建筑才被彻底拆除，1871年一场毁灭性大火之后，除了尽端的凉亭外，杜伊勒利宫被拆除，从而形成了今天的样子。

亨利四世的城市规划已超出了增强皇室权威的范围，他想促进巴黎的经济，通过鼓励奢侈品——特别是丝绸本地化生产，来阻止资本外流。沿着杜伊勒利宫的花园的北边种植了一排桑树；在巴黎北城墙附近的皇家闲置土地上〔以前是托尼利斯的皇家旅店（Hôtel Royale des Tournelles）的基址〕，亨利四世劝导投资者们建造了一个丝绸厂，包括纺纱厂和工人宿舍。

苏利公爵改进了国王的规划，又建造了工匠住宅，这样各种用途的建筑形成了一个广场，即皇家广场（Place Royale，现称孚日广场，图4.48）。为了筹集与丝绸厂毗邻的、广场其余三面房屋的建设经费，国王向其政治盟友捐赐了几块建筑用地，这种转让带有一定条件：即所有人必须依据预先确定的统一建筑立面规划来建造房屋，建成后可以通过出租或买卖房屋来获利。结果就形成了城市的第一个经规划设计的大型露天开放场所，

图 4.48 孚日广场（以前的皇家广场），巴黎。

成为城市建筑统一性最早的范例。通过用成为开发者的机会来报答朋友——亨利四世为人们提供了榜样，也成为后来巴黎地产投机的催化剂。

经拿破仑再次洗礼后更名为孚日广场(Place des Vosges)，即现在的名字。除了用提供住房来吸引工匠外，孚日广场在设计时还考虑到消遣娱乐功能，它被设计成一处社交散步(这是种日益受到巴黎人欢迎的、带有宗教仪式含义的消遣活动，它需要一个由建筑限定的场所)的场所。它是为平民百姓，而不仅仅是为此处居住的居民设计的，这种新型的城市空间还意味着可以成为宫廷典礼、竞技比赛、公共庆典的舞台。为了永远展示这种功能，广场南侧中央建了一个皇家凉亭，在入口轴线处开了一个拱形入口。

建成后这里成为投资者自己和朋友们的住所，而不是专为工匠提供的住房。虽然一些工匠的确住在这里，但这里很快就成为贵族的领地，而设计上原本作为买卖购物的一层拱廊大多也被封闭起来，由原先设计的两个或更多单元房转变成新的旅店。

发现住宅地产有利可图，丝绸厂的投资者请求国王允许重新设计丝绸厂，在广场最北端建造一个与其他三面相似的建筑，将广场封闭起来。尽管皇家庆典和比赛在广场内举行，红衣主教黎塞留(Cardinal Richelieu)仍将路易十三(Louis XIII)骑马雕像放置在广场中央，因为广场的社会目的不明确，使广场从来没有成为贵族支配之地，反而对于越来越多的各种房客群体而言，这仍是受欢迎的居住之地。

十六世纪的宗教战争拖延了一个长期受到珍爱的计划：即横跨塞纳河，直接进入île Cité的西端，即巴黎最高法院所在(home of the Parlement of Paris)。为了筹集建造新桥(Pont Neuf，从那时起这座桥一直叫这个名字)的经费，对酿酒也要征税。当大桥即将建造时，国王提出了建造多菲内广场的计划，多菲内广场是岛屿尽端的一个不规则三角形广场，形状就像船头。它的对面有一个由扶壁支撑的平台，平台向西突

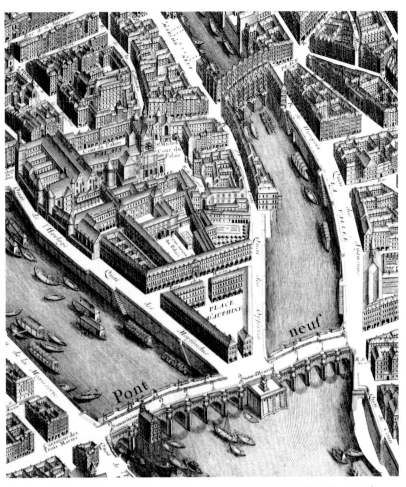

图4.49 新桥和多菲内广场(巴黎)，米切尔·特格特所作的巴黎规划的细部，1734年。

出，像挑出河面的阳台，在桥上形成了一处小型广场(图4.49)。

那个时候，在城墙围住的城市里，土地缺乏，桥梁两侧通常排列着整齐的建筑基地，这也是建造者的收入来源。而新桥则不同，有些像早先佛罗伦萨圣特立尼达桥(Ponte Santa Trinità)，桥上除了一个把水输送到杜伊勒利宫的水泵房外没有任何建筑物。这座桥保持了其自身的美感而不受建筑的损害，由此国王提升了公众对巴黎蕴涵的相当多的美丽景致的鉴赏力。大桥视野开阔，在桥上穿行的人们可以欣赏到塞纳河的美景以及繁忙交通的壮观场景，可看到大走廊和卢浮宫-杜伊勒利宫的其他建筑屹立在右岸(Right Bank)，而对面的建筑则使左岸(Left Bank)别具风格。在左岸与右岸之间、在正义宫殿(Palais de Justice)以外，隐藏着最高法院的庭园和办公机构，艾利·德·拉·塞特(île de la Cité)东端高耸着巴黎圣母院(Notre Dame)的尖顶。

孚日广场和多菲内广场的房屋是专门供商人和工匠们居住的，然而，或许为了避免已在孚日广场发生的情形——即贵族把建筑地块合并，形成更大的旅店规模的地块，于是国王要求苏利公爵把多菲内广场的全部建筑用地交给同一个开发商——即国王的追随者、71岁的最高法院主席阿基里·德·哈雷(Achille de Harlay)。哈雷自己的府邸与即将建造的广场毗邻，他必须在3年内建好所有房屋(专为商人设计)，或是找到另外一个愿买下这块地皮并如此做的人。虽然各个工程并未因位置临近而进行严格的合作，但整个工程——桥梁、雕像、广场等，被当成一个城市单元来构思，城市单元象征一种接近城市设计(探索城市空间中物体的视觉关系的设计方法)的新的综合体。

法国园林风格

在亨利二世和凯瑟琳·德·美狄奇统治时期，法国设计师彻底吸收了意大利的经验。亨利四世(1589~1610年在位)统治期间，皇后以及国王的情人——寡妇玛丽·德·美狄奇(Marie de Médicis)在世时，他们形成了一种与众不同的园林风格：尽管还是深深扎根于意大利经验，但通过不断发展将意大利基本设计语言转化成自己的风格。因亨利四世与美狄奇家族的联姻，从而其统治时期，来自意大利的影响也与之共同发展。在那些十六世纪30年代由弗朗西斯一世带到北方的设计师的记忆中，这种意大利的影响有时指枫丹白露第二流派(Second School of Fontainebleau)。从1598年开始，费迪南多·德·美狄奇大爵(Grand Duke Ferdinando de' Médici)派送水力工程师之家——弗朗西尼(Francini)家族的成员到北方(指意大利)学习当时美狄奇花园的设计知识。玛丽·德·美狄奇在波波利花园度过了童年时光，那里有绝妙的洞窟，在卡斯特罗有稀奇古怪的洞窟，在普拉托利诺(Pratolino)有长长的林荫道直达别墅，喷泉沿道路排成行。他们对一种机械装置很熟悉，在一个称之为水游戏(water games)的发明中(在美狄奇的花园中可以看到)，该装置用来推动喷气装置；在喷泉和其他水景中，例如在蒂沃利的埃斯特别墅、巴格纳亚(Bagnaia)的朗特别墅、卡普拉罗拉的法尼尔斯别墅和法斯凯第(Farscati)的阿尔多布兰尼别墅中，用该装置来抽水并控制水的流动。模仿普拉托利诺的美狄奇别墅的样式，他们在圣日尔曼-恩-莱(Saint Germaine-en-Laye)设计建造了洞窟和自动装置，这些即使年幼的名菲内(Dauphin，即后来的路易十三，他在这里度过了童年时光)感到惊吓又引起了他的兴趣。人们相信亚力山大·弗兰西尼(Alessandro / Alexandre Fracini)为玛丽·德·美狄奇设计了卢森堡宫花园(Luxembourg Gardens)装饰性的洞窟，1631年他的建筑绘画集中有精心设计的装饰性入口，十七世纪法国一些建筑性洞窟(architectural grottoes)显然模仿了它们(图4.50)。法国雨格诺教徒(Huguenot)萨罗门·德·科斯(Salomon de Caus，1576~1626年)遍游意大利，于1615年出版了关于园林水力学方面的论文《动力运动原理》(Les Raisons des forces mouvantes)，这时自动控制的热度已开始减退。

在路易十四统治时期，法国园林风格成熟起来，虽然此时洞室、装饰性跌水、建筑式喷泉和喷泉的布置(即buffet d'eau)仍很流行，但富有创造性的、源自意大利的水力学(曾在亨利四世和玛丽·德·美狄奇时期风行一时)已不再使用。十七世纪后半叶，当

图4.50 洞窟的入口《生动的建筑》(Livre d'Architecture)中的插图，亚历山大·法兰西尼著，1631年。

法国即将成为欧洲最重要的势力时，已完全融会了意大利影响的法国设计师根据园林理论论著、画册中的雕版画等创造出自己与众不同的、对后来的景观设计产生影响的园林风格。或许在法国园林中最具独创特色的是摩纹花坛(parterre de broderie)——在草本植物、黄杨或修建的草地上创造出装饰性涡旋、蒲葵、蔓藤花纹等像刺绣般的图案，常常还有字母组合(取代了意大利园林中规则式构图的种植床)(图4.51)。在勃阿索

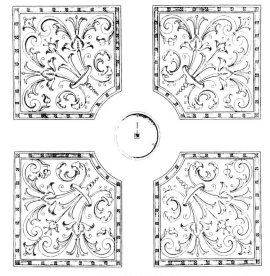

图 4.51 阿德烈·莫勒风格的摩纹花坛图案，《园艺论》中的雕版画，勃阿索著，1638 年。

(Jacques Boyceau de la Baraudière)的《来自自然与艺术理论的园艺论》(*Traité du jaradinage selon les raisons de la nature et de l'art*，1638 年)、阿德烈·莫勒(Andrz Mollet)的《观赏园林》(*Le Jardin de plaisir*，1651 年)、克洛德·莫勒(Claude Mollet)的《植物与园艺的舞台》(*Le Théatre des plans et jardinages*，1652 年)中可看到一些摩纹花坛的图案。

莫勒是在杜伊勒利宫居住和工作的园艺师，同勒·诺特(Le Nôtre)和德斯格兹(Desgots)家族(也培养了几代皇家园艺师)的成员在一起。在他们的管理下杜伊勒利宫有点像试验基地，法国园林风格——由林荫路形成的轴线、错综复杂的摩纹花坛、修剪成圆锥形的紫杉以及界定空间的高高的绿篱等日趋成熟和完美(图4.52)。

勃阿索不是这种套路的园艺师，他是雨格诺教战士、贵族知识分子，在被任命为国王花园(king's garden)以及卢森堡宫(Luxembourg Palace)(图4.53, 4.54)的首席监督官之前，原本是国王议院的一名官员。作为那个时代一些最为著名

图 4.52　整形绿篱(palissades)《植物与园艺的舞台》中图版 4 和 6，克洛德·莫勒著，1652 年。

的知识分子的朋友,他希望在《来自自然与艺术理论的园艺论》(简称《园艺论》)中有一些更为有意义的东西,

Plan du Château
et d'une partie du Jardin
du Luxembourg.

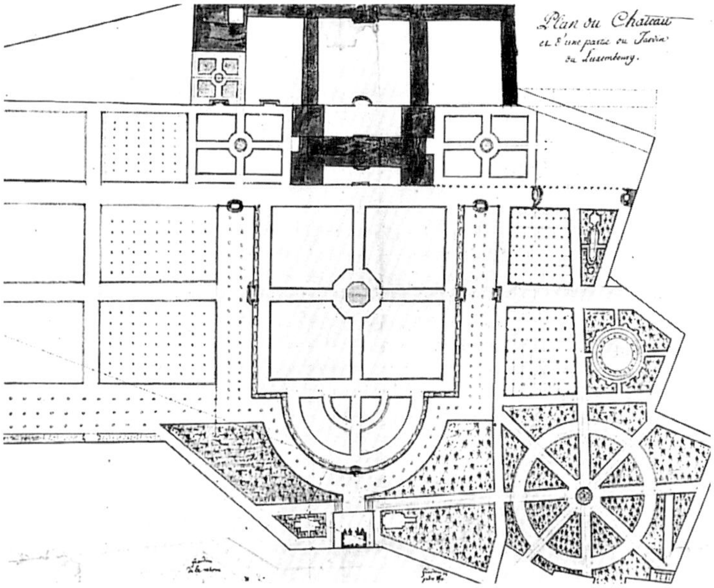

图 4.53 1627 年之前绘制的卢森堡宫花园平面图,虽然不能证明勃阿索参与了卢森堡宫花园(为玛丽·德·美狄奇而建)的建造,但某种成熟的设计已显现出来:园路的宽度和花坛、整形绿篱之间有很好的比例关系,规模宏大,平面的处理考虑到视觉效果,在精心构制的平衡匀称的框架内计算差异,利用吸引人的景点——喷泉、雕塑、种在大花盆中的橘子树、栏杆和台阶等,来打破空间的单调,使之具有节奏感,因此也形成了一种可测量性。

而不仅仅是一本普通书籍。像以前的阿尔伯蒂一样,勃阿索从自然界中发现完美和对称,以此指导人类的艺术创造。对他而言,掌握这些规律或至少通过深入实践来熟悉这些规律构成了园艺师教育的基本内容之一。他对景观设计历史产生的主要作用在于明确阐述了指导新的景观风格的原则,以及在指导有才华的设计师(例如莫里斯(Mollets)和勒·诺特的过程中对他们产生的影响。

《园艺论》中有许多优雅的花坛图案,此外,勃阿索在书中阐明了什么才应当是景观设计首要的专业课程,从而使人们承认造园是一门独立的职业。根据勃阿索的观点,受过培训的园艺师除了学徒期间学习实际的园艺知识以外,还需讲授几何学、制图、建筑学和美学。他所做的工作既为法国景观设计进一步发展打下了基础,又例证了过去的一个世纪(当意大利的经验已被融会贯通时)法国的景观发展。精致的黄杨摩纹花坛图案和用轴线组织景观空间的手法等充满自信的展示,使勃阿索的论述对路易十四的皇家园艺师勒·诺特产生很大影响,以至他从未迫切地感到要写出自己的论著。

图 4.54 卢森堡宫花园。

注 释

1.但丁在《神曲》中所表达的宇宙哲学与亚里士多德的一样，即宇宙是一种有层次的空间：以地球为中心，呈球体并有边界。天上明亮的圆环构成了地球大气层最上面的"带子"(band)，而天堂就在其中；在那里，地球上世俗的法律不再奏效，根据中世纪基督教的宇宙哲学(但丁是这种宇宙哲学的继承者)，那里是神、天使、圣徒和受到福佑的灵魂的居所。因为根据有关复苏的教义，人们认为复苏的人既是超然的、而又具有形体特征，他们存在于这个非物质的而又真实的地方。与此同时，尼古拉斯·库萨的论文《学术上的无知》(On Learned Ignorance)提出了无限的、没有中心的空间理论，使得但丁关于分层球体的空间概念失去了意义。库萨的发现暗含了轴线无限延伸的理念，而这种理念后来被雷内·笛卡儿预见。

2.引自詹姆斯·S·阿克曼(James S. Ackerman)著，《别墅：乡村住宅的一种形式和理念》(The Villa: Form and Ideology of Country Houses)(普林斯顿，新泽西州：普林斯顿大学出版社，1990)，73页。

3.参阅莱昂·巴蒂斯塔·阿尔伯蒂著，《论建筑》，约瑟夫·李威特(Joseph Rywert)、尼尔·里奇(Neil Leach)、罗伯特·塔瓦诺(Robert Tavernor)译，(剑桥，马萨诸塞州：麻省理工学院出版社，1988)，295页。

4.同上，300页。

5.引自阿克曼著，《别墅：乡村住宅的一种形式和理念》(The Villa: Form and Ideology of Country Houses)，78页。

6.据猜测这个版本的作者是瑟·罗伯特·戴灵顿(Sir Robert Dallington，1561~1637年)，是一个善于奉承并精于文字的人，他的译本不完整，也不准确。在原版发行500周年之时，威尼斯的阿尔定出版社(Aldine Press)采用了哥尔盖特大学(Colgate University)音乐教授乔瑟林·戈德温(Joscelyn Godwin)翻译、完成的、相当易读的译本，取代了罗伯特的版本。现在，至少阅读英文的园林史学家们可以赞叹那些美妙的插图(正是这些插图为文艺复兴园林设计提供了灵感)，而且还可以理解科罗纳以及那个时代人们的快乐(他们中的许多人是像科罗纳一样的传教士，被要求禁欲，不允许像古代那样从性爱、艺术和建筑等各个方面来赞美情爱。参见Hypnerotomachia Poliphili，弗朗西斯科·科罗纳著，乔瑟林·戈德温译(纽约：泰晤士河与哈德森河公司，1999)。

7.参阅Hypnerotomachia Poliphili，弗朗西斯科·科罗纳著，乔瑟林·戈德温译(纽约：泰晤士河与哈德森河公司，1999)，6页。

8.参阅《景观与记忆》(Landscape and Memory)，西蒙·沙马(Simon Schama)著(纽约：阿尔弗雷德·A·诺弗/Alfred A. Knopf，1995)，274页。

9.这是科罗纳对伊沙尔的"二十个树丛"的维纳斯丛林的描述。参见Hypnerotomachia Poliphili，弗朗西斯科·科罗纳著，乔瑟林·戈德温译，294~299页。

10."第三自然"的概念是文艺复兴思想构架中的一个部分。这是一个复杂的主题，可以简单地解释为："第一自然"指自然最本质的力量(nature's vital force)，"第二自然"则是自然本身创造的事物(nature's created substance)，在"第一自然"和"第二自然"的基础上，再加上人类思维和改造活动的影响，这时就称为"第三自然"，即增加了设计成分的自然。如果想对文艺复兴"第三自然"概念的来源有更详细的了解，可参阅克劳迪娅·拉扎罗(Claudia Lazzaro)著，《意大利文艺复兴园林》(The Italian Renaissance Garden)(New Haven：耶鲁大学出版社，1990)，9~10页。

11.戈德温教授在介绍由其翻译的Hypnerotomachia Poliphili译本时指出，毫无疑问科罗纳对阿尔伯蒂和维特鲁威的著作很熟悉，也很欣赏阿尔伯蒂用"外部轮廓"(lineamenta)一词来表示建筑的细部，尽管如此，他的思想中几乎没有数学的影子，"当他处理尺度或几何形建筑时，就会显得缺乏深度。"然而很明显的是，科罗纳生动的、详细的、充满热情的描绘以及绘画般的插图，激发了人们的灵感，Hypnerotomachia Poliphili几乎是"从业者的指南"。参阅Hypnerotomachia Poliphili、弗朗西斯科·科罗纳著、乔瑟林·戈德温译，11~12页。

12.这个不寻常的水盘如今在梵蒂冈博物馆、皮奥·克莱曼提诺展馆(Museo Pio Clementino)中的圆形大厅内。

13.古代硬币和浮雕成为利戈里奥设计别墅灰泥装饰的灵感，这是其进行考古研究的明显例子。

14.参见大卫·科芬(David Coffin)著，《罗马教皇时期的花园和造园》(Gardens and Gardening in Papal Rome)，(普林斯顿，新泽西州：普林斯顿大学出版社，1991)，54~55页，书中对这些在创造和维护埃斯特别墅的喷泉时起重要作用的水力工程师有详尽的论述。

15.因为距离较远，花园里的中央楼梯中途被椭圆形的"龙喷泉"打断，从而形成了优美的弧形楼梯。喷泉水盘中的四条龙具有双重含义：红衣主教爱普里托(Ippolito)把自己视为神话中的英雄赫尔库勒斯——他杀死了守卫金苹果园的龙，并摘下代表戒酒、谨慎和贞洁的三个金苹果；同时龙还是教皇格瑞高瑞十三世头盔上的装饰，喷泉上的四个龙头是匆忙完成的，以表达对到访的教皇的敬意(1572年9月27日，即红衣主教死后不久，格瑞高瑞十三世曾访问过蒂沃利)。

16.参阅大卫·科芬著，《文艺复兴时期罗马人生活中的别墅》(The Villa in the Life of Renaissance Rome)(普林斯顿，新泽西州：普林斯顿大学出版社，1979)，358~359页；参阅鲁宾·M·瑞尼(Reuben M. Rainey)著，"神话般的花园：巴尼亚伊亚亡朗特花园"(The Garden as Myth: The Villa Lante at Bagnaia)，选自《尤尼思神学院季刊评论》(Union Seminary Quarterly Review) 33卷：第1~2期(1981~1982年秋季/冬季版)，98~99页。

17.引自阿克曼《别墅：乡村住宅的一种形式和理念》，98页。

18.卡罗琳·康斯坦特(Caroline Constant)著《帕拉蒂奥的引导》(The Palladio Guide)，(普林斯顿：普林斯顿大学出版社，1985)，9~10页。

19.引自阿克曼著《别墅：乡村住宅的一种形式和理念》(The Villa: Form and Ideology of Country Houses)，106页。

20.伯灵顿在切斯威克(Chiswick)为自己建造了别墅，是等比例缩小的圆厅别墅(图7.1)。霍华德委托建筑师约翰·范布勒(Sir John Vanbrugh)设计的神庙(Temple of the Four Winds)也模仿了圆厅别墅(图7.11)。

21.杰斐逊在建造蒙特罗时借鉴了英国帕拉蒂奥主义的理念，而在其地产波普拉·佛瑞斯特(Poplar Forest)的设计则运用了几何形式和数学上的和谐，明显的借鉴了帕拉蒂奥(图7.43,7.44)。

22.这个建筑最初名叫参议院(Palazzo dei Senatori)，后来更名为元老院(Palazzo del Senatore / Palace of the Senator)，因为1358年后，罗马教皇控制了罗马，而参议院则缩减成由教皇任命的一个独立代表团体。

23.为了通过生产丝绸和毛纺布来刺激罗马经济发展，西克斯图斯五世颁布法律，命令更大范围地种植桑树，在罗马图形大剧场内建造了一个纺纱厂，只因他的去世，这个计划也停止了。

24.见肯尼思·伍德伯瑞(Kennth Woodbridge)著《高贵的园林：法国规则式园林的起源和发展》(Princely Gardens: The Origins and Development of the French Formal Style)，(纽约：瑞佐利出版，1986)，对此进行了精彩的论述。我很感谢这本书，第五节的很多内容来源于此。

25.希拉里·巴伦(Hilary Ballon)著《亨利四世时期的巴黎：建筑和城市化》(The Paris of Henri IV: Architecture and Urbanism)，(剑桥，马萨诸塞州：麻省理工学院出版社，1991)。文章描写了现代巴黎的诞生以及十七世纪初巴黎的土地投机，并进行了清晰和精深的研究。对各种街道、广场、建筑的创造做了详细的描述，这些工程使得卢浮宫，新桥以及其他现在为人们所熟知的标志性景观浮出地面。

26.希拉里·巴伦(Hilary Ballon)著《亨利四世的巴黎：建筑和城市化》(The Paris of Henri IV: Architecture and Urbanism)，36~39页。

第五章

权力与荣誉：
勒·诺特的天才和巴洛克的尊贵

在十七世纪的法兰西，君主制的性质在职责上发生了变化。中世纪晚期，封建国王带着随从旅行，他们在遍及整个王国的城堡中举办宴会或者享受诸侯君主的殷勤招待。十五和十六世纪文艺复兴时期的王子们过得很逍遥：他们在几个皇家森林里享受打猎的乐趣，还在卢瓦河山谷的城堡和艾利·德·法兰西大别墅(île de France)里(有些我们已在前面的章节提到)一边娱乐一边处理国家事务。直到路易十四(Louis XIV, 1643~1715年在位)统治时期，这种情况才改变。尽管国王和他的随从到各种皇家宅邸旅行——枫丹白露，圣日尔曼-恩-莱大别墅(Saint Germain-en-laye)，尚博大别墅(Chamboard)，后来是马利大别墅(Marly)，并在这些地方住了相当长时间，但是法国的皇室越来越多地以凡尔赛(Versailles)为中心，因为路易对他父亲的古老猎苑日益依恋，他也越来越想使它们成为光芒四射的中心和他统治的象征。就在这里，一种独特的风格成熟了，这种风格表现了威严的秩序性和高雅的合理性。

如果不是路易十四听从红衣主教朱利斯·马托瑞恩(Jules Mazarin)临死前的推荐，任命了让-巴普蒂斯特·科尔贝特(Jean-Baptiste Colbert, 1619~1683年)为他的财务大臣，那么这种风格或许永远不会获得这种崇高地位——即成为具有世界影响力的设计风格。

科尔贝特迅速改革了税制，使它更加可靠，在国王长期统治的第一个时期，他满腹才华，对财政和工业进行重新组织，增加了法兰西的财富。路易十四在其统治的大部分时期都能享受到它的好处，并把这种好处转化成个人和国家的优势。

通过狡猾的政治外交以及将所有艺术提高到杰出的高度，路易十四把法国建成了在欧洲具有领导地位的国家，使它成为一个伟大的国家，也成为时尚风格的典范。科尔贝特和国王都很清楚所有的艺术、尤其是高尚艺术——建筑、绘画和雕刻，在这一过程中所起的作用。科尔贝特属于有声望的弗兰科斯学院(Académie Française)，由红衣主教瑞切利尤(Richelieu)创建，1635年被合并，科尔贝特帮助建立了几个振兴艺术和科学的学会。这些学会的建立宣告了由国王资助建造重要建筑工程的新纪元的到来。[1]

国王给予舞蹈、音乐和戏剧新的尊严和地位。他于1661年创建了皇家舞蹈学院(Académie Royale de Danse)，1669年创建了皇家音乐学院，即巴黎歌剧学院(the Paris Opera)(Académie Royale de Musique)。莫里哀(Molière)的演员班子是弗兰科斯喜剧团(Comédie Francaise)的前辈，他们在1680年得到国王颁发的官方特许。路易自己就是舞蹈演员，年轻时演出过几部芭蕾舞剧。这样，路易在科尔贝特的协助下，多年来支持并接收了各种各样的天才，这些天才锻造了一个丰富和复杂的文化，在这种文化氛围中，法国十七世纪的风格成为强大政治和社会的陈述，并切实地表达了独裁者的权力与尊贵。

我们已经了解法国人是多么乐意挪用意大利文艺复兴的风格，并那么彻底地把它转变成一种法国独特的风格。在建立这个法国文艺复兴风格的过程中，为路易十四服务的建筑师和规划师这时从同时代的意大利巴洛克艺术和建筑中汲取灵感，运用优雅的线条和可产生杰出而理性设计的数学原则，并把它转换成另一种严肃、庄严的风格，与意大利风格粗野的可塑性和丰富的夸张性有所不同。

然而，在这位年轻国王统治的初期，有一个时期这个成果或许还处于怀疑之中。科尔贝特认为尚未完工的卢浮宫工程应当作为新政府的第一个重要建筑工程而重新开始。1665年，由于对法国建筑师提交的计划不满，他把杰出的意大利建筑师、雕刻家波尼尼(Gianlorenzo Bernini, 1598～1680年)召唤到巴黎并委托他来设计，希望该设计用波尼尼曾带给罗马教皇的同样有力、强壮、夸张的建筑来赞美年轻的国王。但是这个意大利人的3个方案规模巨大，会破坏已有的宫殿。而且，尽管他最终方案的灵感来源于新古典主义，但可能会以一种有力的巴洛克风格，而不是国王的顾问们所鼓吹的更高雅的风格赢得法国的建筑审美。

路易经过几个月的考虑，听从了科尔贝特的建议，放弃了波尼尼的方案，将问题交到一个委员会手上；该委员会包括古建筑专家克劳德·彼劳特(Claude Perrault, 1613～1688年)、画家查尔斯·勒·布伦(Charles le Brun, 1619～1690年)。卢浮宫正面的东部则代表了他们合作解决的方案，它有一个罗马样式的中央穹顶，侧翼为双柱柱廊，并且每个尽头都有对称的穹顶。整个建筑结构由一个地下墩座支撑。在设计过程中，他们选择了这样一种建筑语言——这种建筑语言能够直接地、象征性地将路易十四和罗马帝国的力量连接起来，尤其是同奥古斯都(Augustus)和哈德良(Hadrian)皇帝古典风格的、冷静的奥林匹亚之尊贵连接起来，从而卢浮宫设计委员会用自己的新古典主义烙印代替了意大利的巴洛克风格。尽管为路易工作的建筑师凭着气魄和技巧，使用了诸如高耸的穹顶和曲线墙这样的意大利巴洛克形式，但是法国古典主义

风格(French Classicism)所代表的严肃、庄严的路线是他们从未放弃过的，他们借用的巴洛克元素则服从于它坚决的权力。路易十四不像亨利四世，他对卢浮宫和其他几个工程以外的首都绿化兴趣不大，而是专注于将凡尔赛建成一个享誉全球、世人瞩目的地方。他能够完成这一惊人伟业，不仅因为他和科尔贝特建立起一种恩惠的氛围，还得益于他身边的天才。那些天才属于法国设计师中最非凡一代，安德鲁·勒·诺特(André Le Nôte, 1613～1700年)排在这一代人的前列，在他的一生中，他一直光荣地享有皇家造园师这一头衔。

在勒·诺特的手上，文艺复兴的园林风格——今天我们经常把"规则式"作为它的特征，呈现出一种新的比例，比如放弃了小比例的划分和复杂的效果，而支持统一的空间布局和纪念碑似的气势，用园林设计语言表达有帝王庄严气派的、发展中的法国风格。规则式的秩序要与自然相融合，边界似乎分解成稀疏的景色。凯瑟琳·德·美狄奇(Catherine de Médicis)的带有围墙的花园，尽管按文艺复兴的标准来衡量是较大的，但是与勒·诺特手下的新园林相比，就相形见绌了。前者由按轴线排列的、明显被抑制的空间组成，它是内向的、并被墙包围着，而后者则与无限的幻想相匹配——这就是说，花园的边界那么遥远，一般令人感觉不到，它将人们的视线延伸到地平线。

对不确定的轴线延展的幻想给笛卡儿(René Descartes, 1596～1650年，法国哲学家、数学家和解析几何的创始人)的空间概念提供了一个风景类比物。笛卡儿从怀疑宗教出发，认为人类智力能够领悟上帝创造的数学原理。他运用严密的方法论、用机械的术语将自然世界看作是客观上可测量的。笛卡儿的科学研究本身具有其无限性，这种开放式研究的新模式有助于建立新的宇宙假设。笛卡儿的哲学综合了现代物理学的基础——即十七世纪的宇宙论。笛卡儿把他的宇宙论建立在德国天文学家、物理学家和数学家开普勒(Johannes Kepler, 1571～1630年)的学说之上——开普勒解释了行星如何沿椭圆轨道运行。笛卡儿将以前由波兰天文学家哥白尼(Nicolaus Copernicus, 1473～1543年)提出的日心说概念添加到开普勒的理论中去。由于伽利略(Galileo Galilei, 1564～1642年)发明了望远镜，人们当时已经知道宇

宙比以前想像的要大得多。笛卡儿认为空间是无限可分的，所有的运动都在一条直线上。因此，延伸(extensio)是空间和物质的本质，它们彼此相等，决定着数量、尺寸的性质和距离的测量。实际上，这意味着放弃了亚里士多德的传统观念——即"场所"(place)是被限定的空间，是有界限的相比之下，笛卡儿认为空间是无限的，而且根据场所的概念，它还是价值中立(value-neutral)的，因为空间现在被构想成一个宇宙的数学网络，与仅作为沿无限广阔的平面分布的位置点而存在的场所相协调。[2]

按这种观点，场所相对于物质和空间来说是第二位的。它这种并不特殊的地位有助于解释勒·诺特设计中的抽象特征——它表达了笛卡儿试图用几何图形表示整个自然而不是阐明传统主题。在勒·诺特设计中，拘泥于几何形式也是因为他将笛卡儿解析几何作为合成工具来加以利用；对各组成部分精确计算的比例关系和他对透视带给观众的影响的分析，表明了对笛卡儿数学的理解。尽管勒·诺特或许并不想明确地描绘笛卡儿以太阳为中心的远见卓识——这无论如何也是不可能的，但是他为法兰西太阳王(Sun King)设计的宁静、庄严的花园中无限延伸的轴线仍含蓄地表达了笛卡儿的哲学。

除了表达一种新的宇宙论，笛卡儿还拥护一种哲学，这种哲学是建立在人类智力能够通过演绎、推理来掌握和控制世界的信仰之上的，以此协助推翻亚里士多德的经院哲学(Aristotelian Scholasticism)。笛卡儿理论认为，通过人类自己理智的力量，人类能够掌握自然内在运转的规律并指导这些以获得进步，勒·诺特园林中自信的庄严附和了笛卡儿理论天生的乐观精神。太阳王的职责就是象征他是神指定的人，并且通过他的皇家威信将法国定位成当时西方世界的智力领袖，而勒·诺特的任务就是通过花园的设计来阐述这种绝对的权力。然而国王和设计师都意识到现实与理想之间的差别。勒·诺特创建了一个花园，然而它暗含的理性却建立在人类统治自然界的幻觉基础上；国王从自身角度意识到，理性主义作为权力的工具和实现他政治目标的手段，在这个充满热情和阴谋的世界上，是有局限的。[3]

虽然通常认为威廉·肯特(Willian Kent)是十八世纪的英格兰第一位冲破了围墙的限制，使花园得以拥抱

整个自然的设计师，但是勒·诺特在笛卡儿文化影响下，大约提早了一个世纪完成了这一伟业。但是不像肯特及其追随者那样将英国风景式园林的风格程式化，法国古典主义风格用自信、拥抱世界的语言、向远方延伸的轴线以及规则式布局来颂扬君主的统治，而不是颂扬自由意志论的价值。

将普通的乡村转变成有阶梯的平台、大运河、人工瀑布和沿轴线布置的散步场所，完成这些工作需要付出荒废村庄和土地、重新安置农民的代价。它还需要支出巨额资金，甚至普遍的低工资。当然，仅这个原因就足以使人印象深刻：巨大的花费是十七世纪法国园林所给予人们的启示的一个重要方面，它证明了国王的经济权力和对优越生活的喜好。而且，设计这些园林是为了充当某种舞台——在这个舞台上，当贵族社会的成员在有栏杆的阳台上相遇时，沿宽阔的林荫道上散步时或在小树林的相对隐秘的地方约会时，他们也在表演着人生的戏剧。

十七世纪法兰西的园林既是社会生活的剧院，又经常成为表演艺术的真实舞台。其中，音乐会、芭蕾舞、戏剧、烟火和宴会在这里上演，并有着越来越多的规则。戏剧娱乐是路易十四用来保持烦人的高贵的一部分手段。勒·诺特认识作曲家卢利(Jean-Baptistev Lully, 1632~1687年)和莫里哀(Moliére，又名 Jean Baptiste Poquelin, 1622~1675年)，并且注意按照他们表演的需要来组织空间。

然而，从另一种意义上来讲，法国古典园林是戏剧性的。如果它们仅仅是陈列了笛卡儿的逻辑，以及是供贵族交往用的、设计优雅的空洞的舞台和娱乐场所，那么园林会很乏味。但是，园中丰富的喷水器、石雕神像和女神像，使观众不断地移动脚步，让游人觉得有那么多神话故事蕴涵其中。像它们的源头——意大利文艺复兴别墅花园一样，它们是由石头、水和植物编排而成的篇章。勒·诺特与其合作者接受过大量的人文主义教育，这足以使他们按照精心编制的寓言典故、继续用文艺复兴的手法来设计花园。勒·诺特的合作者中较为著名的是勒·布伦(Le Brun)，他专门负责沃·勒·维孔特庄园(Vaux-le-Vicomte)和凡尔赛宫苑中的雕刻。

在与同时代的建筑师、艺术家和工匠的合作中，勒·诺特锤炼出一种高雅的、理性的风格，这种风格

影响了整个欧洲的宫廷。正如在路易十四的统治下，法国成为欧洲最有势力的军事权力一样，法国古典主义风格也在其统治期间及以后得以盛行。尽管各地按照各自的喜好和地形条件对风格作了改变，这种风格还是迅速传播到荷兰、英格兰、德国和俄罗斯。

法国古典主义园林甚至在意大利也产生了影响：一个世纪以后，那不勒斯（Naples）附近的卡塞塔（Caserta）皇家园林，其规模和计划都能够明显地看出这一点。但是意大利景观设计过多地受当地喜好的影响，以至于法国古典主义从来就没有彻底地融合进去。相反，当欧洲各个君主和王子命令艺术家和工匠将他们的才能与法国设计师融合时，意大利巴洛克风格的思潮继续向北流传。在意大利，一个富有的牧师和他的贵族亲戚将别墅花园建筑艺术带到了一个辉煌和壮观的终点。起初为教会和王子们服务的人文主义的构图方法，最终还是被抛弃了，装饰自然而然地走向了

终点。这样，令诸如埃斯特别墅这样的园林闻名的、精细的象征主义内涵就让位于在卡塞塔宫可以看到的那种戏剧性雕刻。

以法国方式构成的、规模庞大的规则式景观引发了另一种传统——纪念碑式的城市规划（monumental city planning），它早在路易十四时代就已开始，并且向前推进至十八世纪的华盛顿特区（Washington, D.C）和圣.彼得堡（St.Petersburg）（这将在下一章讨论）。十九世纪最壮观的景观则在巴黎（我们将在第10章看到）。尽管设计师们或许带着一种完全的时代感进行工作，并再也不会将笛卡儿宇宙论观点作为他们的主要哲学参考（笛卡儿宇宙论是十七世纪、轴线延伸的一个首要原因），当重建巴黎和其他城市的公共场所时，他们仍坚定地站在勒·诺特的影响中。由于这些原因，很值得更仔细地考察这位非凡的皇家园艺师的工作。

I.沃－勒－维孔特庄园和凡尔赛的建造：安德鲁·勒·诺特

幸运的是，在安德鲁·勒·诺特出生的那个年代，十七世纪法国所有时髦的新贵，仿效红衣主教瑞切利尤（Richelieu），尝试以一种越来越华丽的方式并通过建造新的或者重修旧的旅馆（hôtels）和城堡来展示他们的喜好和地位。因为这些城市大厦和乡村地产都有花园，所以勒·诺特在他长期的职业生涯中获得了许多委托。

不仅皇室和有资格的贵族委托勒·诺特设计园林；在长长的宗教战争和国内战争之后，旧贵族的财富减少的那几十年里，负责收税并维持国家财政和行政的新财政精英——高级监督官（surintendants）和监督官（intendants）形成了一个著名的阶层。新的富有的职业行政官富到拥有一定规模的财产时，他们也需要建筑师和景观设计师的服务，这样就为巩固上个世纪的试验提供了机会。

勒·诺特的前任和老师

弗朗索瓦·芒萨特（François Mansart, 1598~1666年）是勒·诺特的前任中最早的建筑师和园林设计师，他将意大利文艺复兴的轴线设计带到了一个新的规模。[4]这一设计成果有一个文化基础。当十七世纪人类的自信和统治自然的愿望随着探险开发新大陆和科学拓展智力

的范围而日益增强时，芒萨特掌握了用轴线无限延伸、并以张开手臂的姿态将花园向外扩展设计的可能性。他沿着从城堡发出并聚集的透视线延伸轴线。在麦森斯（Maisons），贝尼（Berny），巴勒瑞（Balleroy），弗里斯尼斯（Fresnes），佩提特·博格（Petit Bourg），盖茨瑞斯（Gesvres）和其他地方，他详细拟订了入口和前院，使轴线上的景致穿过村庄和森林（图5.1）。他和他的追随者将城堡放置在视野连续的一块田野中，戏剧性地展现出城堡位于相互交叉的轴线上。

红衣主教瑞切利尤在几个工程中雇佣的建筑师杰奎斯·雷默斯尔（Jaeques lemercier, 1585~1654年）对青年时代的勒·诺特也起着重要影响。红衣主教委托给雷默斯尔的工程包括他的乡村隐居所、卢伊尔（Rueil，在那儿他修建了一个令人印象深刻的建筑式瀑布）、城堡和以红衣主教的名字命名的新城。在瑞切利尤城，雷默斯尔设计了一个抽象的网格，它围绕城堡广阔的大地并作为一个重要的十字轴与马贝尔（Mable）河相连接（图5.2）。对笛卡儿几何学在景观设计中的早期应用有助于确立勒·诺特将要跟随并完善的方针。

勒·诺特青年时代也许同芒萨特（Mansart）共事过；很明显他的天才应归功于这位敏感、傲慢的建筑

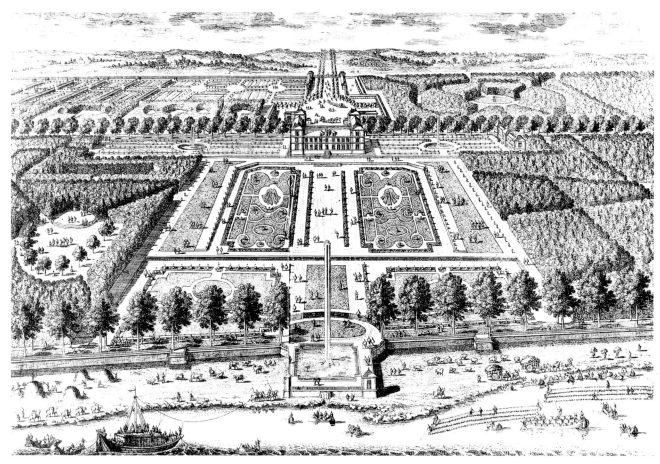

图 5.1 城堡和佩提特·博格的园林，科贝尔(Corbeil，法国)。芒萨特，于 1650 年设计。雕版画，亚丹·彼瑞里(Adam Pérelle)作，1727 年。

主管的才能。除了人们传言中的这段学徒时期外，勒·诺特取得的重要而持久的成就应该有着更为深厚的源泉。确实，历史几乎没有提供过比勒·诺特更完整的、有关职业命运、天才和机会结合的例子。他的祖父皮埃尔(Piere)，一直是为凯瑟琳·德·美狄奇服务的首席

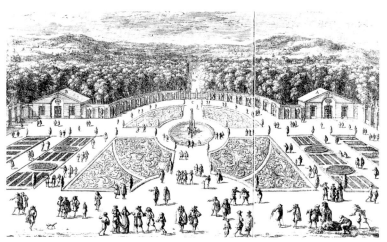

图 5.2 Parterre 和 Demie 的景色，Richelieu，Touraine，法国。杰奎斯·雷默斯尔 1631～1639 年设计。雕版画，彼瑞里(Pérelle)作，1688 年。

造园家，他的父亲让(Jean)拥有皇家首席造园师(Premier Jardinier du Roi)的头衔。勒·诺特于 1613 年出生在杜伊勒利宫花园的园丁区，耳濡目染着他未来的职业而长大。他幼年和童年时代的伙伴都是莫勒(Mollet)和德斯高茨(Desgots)家族的成员(也是住在杜伊勒利宫的园艺家)。他们是最亲密的朋友关系，甚至互相联姻，这样就把他们的成员连结成一个坚实的职业宗族。

勒·诺特不仅在父亲退休后继承了父亲的头衔，而且更重要的是，他在接受父亲要求他受教育时展示了他的聪敏。这种教育是勃阿索在他 1638 年的论文里规定的：它包括了运用新的公式化的几何定律、透视画法和光学、以物理形式表达笛卡儿的方法及其他。

勒·诺特的教育还包括他在画家西门·沃韦特(Simon Vouet)的画室当学徒时学到的如何感受和欣赏线、比例和色彩。他的父亲

让·勒·诺特为了提高他的制图水平和总的审美洞察力，把他和沃韦特放在一起，这一事实说明了景观园艺学现在的地位与美术有关。后来，勒·诺特成为了卓越的艺术作品鉴赏家和收藏家。[5]

除了与沃韦特在一起受到的训练，勒·诺特似乎还接受过建筑学方面的良好教育，很可能芒萨特和雷默斯尔指导过他。当然，他的园林受建筑学原则和建筑才智的影响之深以至于勒·诺特不可能没有受过建筑学方面的教育。个人才智和技能加上早年的实践经验使得他不仅仅是一名有才华的、从事受人尊敬行业的人，而且，勒·诺特还承担了将法国文艺复兴园林设计理念转变成一种新风格的工作。

路易十四一接手政府，勒·诺特就交了好运：国王的财政大臣——野心勃勃、有教养的福凯(Nicolas Fouquet)成了他的委托人。福凯懂得如何争取艺术家们最好的、最富想像力的作品，以及如何将一名受过教育的委托人的观察和认识增加到为实现一个值得注意的设计而必需的合作过程中去。像其他热情的修建者一样，他为达到完美而不吝金钱。这样，凭着他的喜好、性情和使他富有的职务薪水，福凯在41岁时开始了创建纪念其才气和命运的纪念碑的工作，这就是沃-勒-维孔特庄园(Vaux-le-Vicomte)——它是一座概括了法国古典主义风格的城堡和花园。[6]

沃-勒-维孔特庄园

沃-勒-维孔特庄园是福凯1640年从他父亲那里继承的一小块地产，它处于艾利·德·法兰西大别墅(île de France)的农田里，主要的风景就是广阔的田地。它是乡下一块不起眼的地方，没有同时代意大利别墅园林地形上的戏剧效果——那儿的资助人和设计师寻找的是有丘陵的地方，因为他们认为这些地方天生有益健康而且风景优美。这种对地形的巧妙处理是沃-勒-维孔特庄园设计所必需的，而完成它只能投入大量的劳动。

期待和惊奇——或者换个说法，理性和神秘——二者都出现在景观建筑的杰作中。沃-勒-维孔特庄园中这两种元素都很丰富。它有一个完整的、清晰的设计图，从中能掌握整个布局，通过它的组织轴线能推断出主要的空间，图中有各个部分的灵巧结合以及符合逻辑的局部处理。第一眼望去，它是比例和谐的一个整体，令人感到满意，但它所包含的远不止这些。甚至第一眼看过去，整体还显示不出来，而要通过意想不到的过程去发现。[7]

运用几何定律、透视画法和光学，沃－勒－维孔特庄园在逻辑的框架内成就了大量巧妙的惊奇——这一成就不仅属于勒·诺特，还属于与他亲密合作的建筑师路易·勒沃(louis Le Vau)和画家查尔斯·勒布仑(Charles Le Brun)。勒·诺特很有可能读过数学家、建筑工程师吉拉德·德萨奎斯(Girard Desarques，1591～1661年)写的论断的透视(Traité de la section perspective)(1636)——作者试图用一个适当的几何无限的概念修改笛卡儿理论。在沃－勒－维孔特庄园，对坡度作巧妙的改变以及透视法的多样性，会使城堡富于戏剧化并变得高贵，还会令目光沿着一条轴线行进到花园里周密设立的景点，以及到达远方遥远的地平线。这些效果是精细数学计算的结果。这种数学知识的应用允许勒·诺特隐藏某些花园的景致，游客穿行在依次排列开来的空间中，就像是运用了某种障眼法，游客只能靠自己来发现它们(图5.3～5.7)。在对庄园体验的精心安排的过程中，勒·诺特表现了他和负责朱利娅别墅和其他工程的文艺复兴设计师(具有隐藏—显示这种设计手法的技巧)间的亲密关系。

园林编年史中众所周知的是，福凯于1661年8月17日举行了一个宴会庆祝他的成就。他邀请了全体皇室成员和年轻的国王。福凯天真地欺骗自己：花园的华丽和时髦不会对他的主人路易十四带来影响；不仅如此，由于对自己通往权力之路上的诱惑和谄媚颇为自信，他还一直鲁莽地向国王的情妇露丝·德·拉·沃丽尔(Louise de La Vallière)提供财政建议和贷款，这激怒了她，还触怒了国王。另外，他把让-巴普蒂斯特·科尔贝特(Jean-Baptiste Colbert)当成了敌人——因为科尔贝特急于接替他，并有能力说服濒死的红衣主教马扎林(Cardinal Mazarin)揭发福凯。不论福凯是否真地使用公款修建沃－勒－维孔特庄园，它的富丽堂皇和规模的确让人想到或许真有这回事。

这个聚会本身能留在历史史册，不仅因为讥讽性的结果(如果可以断定的话)，还因为它把园林宴会的规模扩大到空前的范围，恰如沃－勒－维孔特庄园扩充了园林自身的规模。首先，皇室成员游览了有喷泉(dancing water)的花园和有典故的雕刻(这个典故大约

沃-勒-维孔特庄园

图 5.3 沃-勒-维孔特庄园，位于法国麦伦(Melun)，法国。安德鲁·勒·诺特 1656~1661 年设计。

沃-勒-维孔特庄园像一部多幕戏一样打开了。首先是入口的戏剧性——许多从现代停车场接近入口的参观者容易迷路。如果不这样，而是沿着中央轴线接近的话(中央轴线穿过城堡中间和较远处的花园)，你会沿着一个略微有点斜度的斜坡朝一个美丽的铁格窗走去，不时有高大的赫尔摩斯石像打断你的行程，最终停在对称的山墙假门pseudoportals。壕沟在栏杆下面，它的突然出现令人惊奇，不过它只是对坡地的多种处理手法中的第一个。只有试图在视觉上跟随城堡周围的壕沟的一个分支时，才会猜测是不是铁格窗精致的纱pseudoportals和服务性建筑一直掩盖着远方的壮观。

站在城堡的入口，人们能够在任一侧、绿绒绒的草皮花坛(verdant grass parterres)上看到花坛边缘点缀着紫杉，它们被修剪成精确的、统一的形状。穿过中央展示馆远处的玻璃，瞥见更多修剪成型的新绿。当穿过中央门厅和椭圆客厅走向外面的平台时，期盼就和剧院大幕上升时的感受一样。那儿有摩纹花坛，平行的、折叠成箱形的种植床和装饰得像织锦一样的碎石(图5.4)。喷泉、池塘、雕刻、整形灌木、篱笆和树木都沿着一条主要的中央轴线布置，这条轴线最终从碎石铺成的散步场地转变成一条长满草的坡道，坡道上面立着一个巨大的、镀金的赫库利斯雕像，赫库利斯是代表正义力量之神，富凯有点骄傲自大地以此参照他自己来设计(图5.7)。这条轴线周围是森林似的小丛林，轴线还在继续，直到它好像逐渐消失在明亮的天空中。

沿着中央轴线散步，发现水平面上有所变化——这在一开始并不明显。从连续的有利位置看轴线，它从城堡沿着中央散步场所向远处延伸，容易使人误解的是：它好像在不受阻碍地流动，只遇到长满草的坡道和镀金的赫库利斯雕像。事实上，勒·诺特对地形进行了精致地处理，产生几种令人惊奇的效果。在离刚好超过花园第一条主十字轴的摩纹花坛末端，距离圆形池塘几英尺处，一对以前看不见的长椭圆池塘突显在这里，这里的高度有些许变化。参观者继续沿着中央轴线向下走。在这儿，人们沿着一个几乎察觉不到的斜坡，经过插满花朵的瓮，今天它们是曾经有过的Allée d'Erau所在——它得名于与它相邻的间隔相等的低喷水器。花园这部分轻微的斜坡使得喷水器形成的水栅栏里流出的水流进中央林荫路两侧的清澈的小溪里。花园的这部分终止于一个巨大的方形池塘。

越过池塘，现在突然看见的是整个花园里给人印象最深刻的惊奇之一。精巧的建筑式洞窟从远处看好像从方形池塘远端升起，事实上却不是这样。这儿，地面突然下降了，显露出一个巨大的深壕。这个深壕以宽阔的运河形式形成了花园里的第二条主要十字轴。尽管这一景色让人意想不到，但是它只是这一惊奇的一半，因为在通往运河的阶梯尽端，上面平台的整个挡土墙形成了壮观的瀑布，它是一面庞大的水墙，这与它旁边运河的尺度相匹配，并且成为对面洞窟引人注目的对应物。水从古怪的雕塑喷出，进入林状水盘和卜面的贝壳里，只能靠它们所发出的轰隆水声来想像它了。

要接近洞窟，必须走到运河的远端然后沿着对岸折回。洞穴由乡间的石头建造，其石制结构形成了对上面平台的有力支撑。那对位于侧面的、向上通往平台的宽阔楼梯下面放置着巨大的古代河神，它们象征着台伯河和安格耶河(Anqueil)，运河的水则从中引来(图5.6)。洞窟的阶梯包含一个狮子和松鼠的雕刻。活泼的、高高跳起的松鼠是富凯的象征，狮子则象征他的保护人——国王。雕刻在陡峭的浮雕里

的赫尔墨斯雕像(Herms)把洞窟分成7个人造假山，在假山上面，水流进一个巨大的椭圆水池，洞窟上面平台的栏杆最初用雕刻修饰。它后面是一个名为格伯(Gerbe)的喷水器——根据当时的记载，它和人的身体一样厚，立在空中高达5米(16'5")。

如果这样说可以的话，名为格伯的喷水器看起来一定像镀金的赫库利斯闪光的基座。由于模仿法尔尼斯的赫库利斯，这个巨大的石像从城堡的平台上看并不明显。如果从这回头俯瞰花园，人们才意识到这是很长的距离——半英里(800米)，即从出发点到赫库利斯雕像的直线距离。

在赫库利斯高耸的基座下面是一个常见的石凳。从这个有利位置，可以向后凝视城堡(图5.7)。现在，所有用几何、构图和光学做的游戏再从后往前来一遍。运河和雕刻再也看不见了；园林里所有的一切被巧妙地结合在一起的部分，在视觉上被压缩成一个平面。花园又一次呈现为一个统一的形象，视线的焦点无疑是城堡——勒·诺特和勒沃合作的中央部分，城堡圆圆的穹顶触及天空，现在花园所有的组成部分都附着于它。

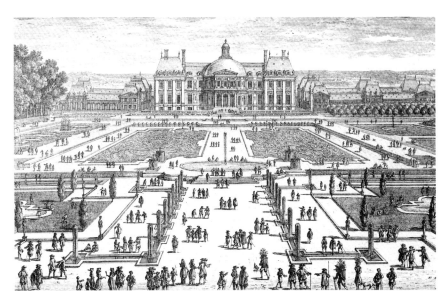

图5.4 城堡和华丽的花坛，沃-勒-维孔特庄园。雕版画，亚丹(Adam)和尼古拉斯·彼瑞里(Nicholas Pérelle)作，摘自 Recueil des Veues des Plus Beaux Lieux de France，1688年。

图5.5 瀑布，沃-勒-维孔特庄园。风景画，伊斯瑞尔·萨尔维斯特(Israël Silvestre)作；雕版画，亚丹·彼瑞里(Adam Pérelle)作,摘自 Recueil des Veues des Plus Beaux Lieux de France，1688年。

图5.6 河神，洞窟，沃-勒-维孔特庄园。

图5.7 从赫库路斯(Hercules)雕像基座处看到的沃-勒-维孔特庄园的城堡的景色。

来自寓言家拉封丹）。[8] 然后，在一部喜剧和烟火之后，在屋内举行了一个丰盛的宴会。宴会结束后，客人们回到户外观看《胡搅蛮缠》(Les Fâcheux)'它是由演员之一、年轻的莫里哀为这一场合而专门写的。它在第一条十字轴线尽头的一处美丽的阶状喷泉——Grille d'eau前上演。莫里哀请求国王帮他一个忙——命令花园自己动起来来产生奇观。随即，雕像好像真的一样，树好像动了，岩石好像开了。[9] 当夜幕降临，飞檐上的成百上千的灯笼点亮了城堡；洞窟也用灯装饰。精巧的烟火从上面如雨般落下，有的以百合花徽(fleurs de lys)的形式。一个仿造的鲸鱼和运河一般长，一边漂浮，一边放出更多的烟火。然后，当国王准备离开时，火箭从城堡的屋顶射出，照亮了整个天空。

9月5日，福凯被以严重叛国和挪用公款的罪名逮捕。尽管他不可能被判死罪，但他还是被终生监禁。路易即刻挪走了他在沃-勒-维孔特庄园见到的大量雕刻和新种的树林，并把它的创造者们也带走了，路易开始重新设计枫丹白露和他父亲在凡尔赛布置的那些花园。[10]

凡尔赛

福凯被逮捕后不久，3位沃-勒-维孔特花园的主要设计者——勒沃，勒·布仑和勒·诺特，努力将路易十三在凡尔赛的古老猎苑转变为有一套华丽适中、供年轻的国王和王后使用的公寓房式的娱乐场所。勒沃负责重建城堡而不改变它的基线；他还被要求创建一个橘园。勒·布仑负责城堡的装饰。落在勒·诺特头上的工作是这样一个计划：将花园扩大到一个巨大的规模，既要改变这个地方多沼泽又极度不规则的地形，还要应对科尔贝特的断言：凡尔赛只能以难看的比例作为君主庄严的象征。[11]

作为国王建筑群的管理者，科尔贝特监督整个建筑过程的财务和合作，这项工作由查尔斯·皮劳特(Charles Perrault，1628～1703年，建筑工程的首任记账员，后来任审计官)协助他进行。皮劳特更持久的声誉赖于他对收集神话故事的热爱，他在十七世纪60年代和70年代主要负责设计和修建以太阳为中心的构图，颂扬了太阳王和遍及凡尔赛园林的太阳神阿波罗(也就是代表路易)的荣誉(图5.8)。

图5.8 阿波罗喷泉，凡尔赛。让·巴普蒂斯特·丢比雕刻，1668～1671年。

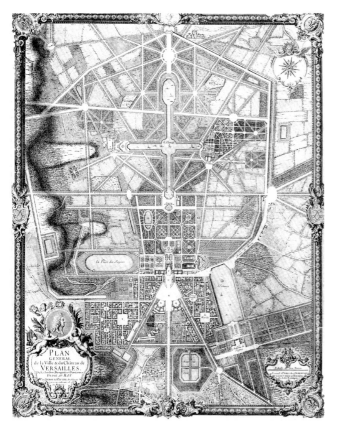

图5.9 1770年皮埃尔·勒·波特埃(Pierre Le Pautre)描制的凡尔赛平面图，包括宫殿、花园、城镇。

当太阳王的图像在几个花园的构图中变得清晰精细时，凡尔赛日益成为宫廷生活的中心。1678年之后，朱利斯·哈东尼·芒萨特(Jules Hardouin-Mansart，1645～1708年)，即弗朗索瓦·芒萨特的侄孙，成功地让勒·沃(Le Vau)当上了国王的资深建筑师，路易决定把他喜爱的城堡变成政府所在地。

在凡尔赛早期建造活动中，勒·诺特始终都在指导花园的设计。他在中央林荫大道布置了规则形的、平滑的草坪，并在两侧按几何形状设计了树林。哈东尼·芒萨特于1683年建造的橘园旁布置了花坛，建造了特里阿农(Trianon)花园以及长长的运河，这使得主轴线延伸到远方。勒·诺特与其他合作者、工人、园艺师等坚定而持续地工作着。

但是，因为凡尔赛并没有被构思成一个独立而统一的规划设计，像沃－勒－维孔特花园那样，它的设计与其前任设计师没有连贯性，它的规模是巨大的，蔓延开来达数百英亩，然而勒·诺特在设计中保持着严密的逻辑。凡尔赛的中央轴线和几条横轴线构成了强有力的框架，数年中在其周围布置和重新安排了各

种景点。在这个基本框架内，勒·诺特和他的合作者设计了许多令人喜爱的景致，例如喷泉、水池、棚架、雕塑以及活泼的呈几何图形的修剪灌木，这是勒·诺特天才的发挥，他用一种明确、简单、严肃和精炼的全新形式来取代法国文艺复兴园林的那种井然有序的复杂关系，从而创造了一种具有有力的建筑秩序的风格。他把轴线引向无限的远方，去掉了所有花园的边界。在此过程中，他也拟定了一种新的城市规划。

在这种风格中，纪念意义并不主要依靠建筑式的手段来取得，而是通过空间的组织来取得。因为凡尔赛作为以后的园林和城市设计的一种模式，其设计(在国王死前不久形成)中的空间组织手法很值得研究(图5.9，5.10)。通过运用笛卡儿的数学方法，用大比例的几何构图以及轴线来设计空间，用相交的轴线来限定空间。放射状的轴线交汇于宫殿，形成鹅掌的形状，林荫大道和凡尔赛城的主要大街构成了城市的网格，并在一些交叉点处设有公共广场。凡尔赛城是经过规划设计的社区，由红色的砖、石建筑构成，高度也较协调。

在一个整体结构和各个局部(它们构成了新颖的几何图形)的范围内，花园被进行了精心地规划，整个布局从路易十三的凡尔赛宫作为出发点，它证明了勒·诺特非凡的创造力——因为他在难以应对的条件下产生了一种秩序合理的感觉。宫殿斜穿主要轴线，园林的第一条十字轴将摩纹花坛(在黄杨木和染色碎石上、类似镶边的设计)一分为二。这里，从宫殿的窗户近距离地看，它的设计复杂、比例紧凑。接下去的几个十

图5.10 凡尔赛，鸟瞰图。

字轴和与主轴平行的轴线在以前丛林所在的地方形成了一个网格。这些轴线被小路再次划分，形成几何形的图案。每条轴线都有一个中心景点——经常是一个带雕刻的喷泉水池。例如，沿着宫殿附近的花坛(parterres du Nord)轴线，经过德·伊奥林荫小径(Allée d'Eau，即天使支撑的双排喷泉)通向圆形的龙之喷泉(Bassin du Dragon)。[12]

如果把花园的长度设计成坡度、宽度和表面材料一致的林荫道，主轴会变得了无生气，而坡度和尺寸的变化，碎石、草地和水之间的间隔，几个带有雕刻、颂扬太阳王的重要景点，则会使得主轴显得活泼。通过从刚好位于花园第二条轴线上的U形阳台上下来的一段宽阔的楼梯，就能到达第一个景点，它是让·巴普蒂斯特·丢比(Jean-Baptiste Tuby，1630~1700年)1670年的杰作——拉托娜喷泉(Lantona，阿波罗之母)。雕塑刻划了拉托娜和她的两个孩子——阿波罗(Apollo)和雅典娜(Diana)及周围令人讨厌的利西亚(Lycian)农夫(这些农夫拒绝给神喝水而受到神的惩罚，正在逐渐变成青蛙)(图5.11)。[13] 这个根据奥维德(Ovid)的变形故事完成的作品，是含有一定寓意的，它暗指Fronde，即一场国内战争。在战争中，代表巴黎国会的反叛派反对路易十四的统治，这是国王永远不会忘记、也不会原谅的对皇权的威胁。这里，以前困惑的农民(现在的青蛙)就象征着反抗独裁统治的政治上的反叛者。

在紧邻喷泉的两个一模一样、完全对称的花坛上，轴线从碎石转入了草地，轴线侧面是靠着丛林的林荫道。这片草坪或称"绿色地毯"(tapis vert)终止于另一个重要的、强调轴线的雕刻景观：阿波罗喷泉，里面的雕刻出自丢比之手：太阳神阿波罗迎着朝阳从水中生起，乘着一辆骏马拉的战车，半人半鱼的海神吹着号角宣布他的出现(图5.8)。由于先是浇注了铅，然后镀了层金，这组雕塑一直是凡尔赛的一处主要景点：初升的太阳将金色的光芒照耀着它的正面和朝东的一边，落日则从后面倾洒在它的身上。在阿波罗水池的后面，轴线变成了一条运河，这条运河好像一条水线伸展到地平线，现在两排高大的白杨树成为轴线的标志。它有一个重要的十字轴，这使它具有了十字架的形状。北面的分支延伸到特里阿农旁边的堤岸(特里阿农是路易1671年修建的休息处和花园，他把它作为私人避难所，1687年重建)。

一个八边形的水池构成了运河的头部，同时也是一个重要的十字轴和两组对角线的出发点。这些对角线建立了一系列新排列的直线，因为这些直线和其他与之十字相交的次要轴线以一种运动的方式设计了花园的外围空间。在运河较远的一边，"大圆点"

图5.11 拉托娜喷泉，凡尔赛。

(rondpoint)创造了一组放射轴线。在花园的其他地方，别的圆环形园路以及从中辐射出去的轴线摹仿"大圆点"。勒·诺特似乎试图以一种大地上的方式表明笛卡儿的延伸理论(Descartes' extensio)——即宇宙空间的无限伸展。实际上，凡尔赛宫的设计给成千上万的景观设计师提供了灵感，它成为整个欧洲，后来成为全世界的园林和城市设计的源泉。

多年后，路易指导勒·诺特设计了花园的几个部分。他使含有阿波罗主题雕刻的喷泉和丛林一直成为吸引游客的地方。因为路易是在他庭园的热闹人群里，几乎完全公开地度过他的生活，所以来自国内外的参观者几乎无止境地、潮水般地涌来欣赏花园。马德林·德·斯科德瑞(Madeleine de Scudéry)是一个生活在那个年代的人，他于1669年出版了《凡尔赛宫道路》(La Promenade de Versailles)——一本为游客编写的旅游指南，在书中，他对发生在沃－勒－维孔特花园中的难忘而又不幸的庆祝活动进行了生动地描述。国王经常给游客做向导，同时他还是修订版指南(1689年第一次发行)的作者，这本指南专横地建议该站在哪儿、该看什么。

描绘伊斯瑞尔·萨尔维斯特瑞(Israël Silvestre)的版画中，亚丹·彼瑞里和安德鲁·弗利宾(André Félibien)由于刻画了穿着贵族衣服的人物而使画面充满生气，这些版画把比例测量方法给予了建筑物、绿篱和喷泉喷水器，把园林带进了充满许多显著社会细节的生活中来。而且，凡尔赛的园林不仅作为贵族盛大的展示舞台，勒·诺特和他的合作者还创造了精巧的临时舞台和适合实际演出的户外剧场以及适宜于其他展览(很快成为宫廷生活不可或缺的一部分)的露天场所(图5.12)。设计者卢利与莫里哀几次的合作展览就在那儿举行。Palissades的功能是作为剧场的厢房；类似地，石膏拱门、石作艺术和草木可以用作侧面入口。有时候为了界定边界，这些东西得到了扩大，

图5.12 伊斯瑞尔·萨尔维斯特瑞(Israël Silvestre)中令人难忘的凡尔赛庆典(Fêtes de Versailles)的雕版画(巴黎: Les Plaisirs de L'Isle Enchantée，1673年)提供了一个凡尔赛宫对戏剧性景象容纳能力的极佳例子。雕版画既赞美了国王又炫耀了他的权力。第一幅画颂扬了1664年5月初的5天里，他和情妇露丝·德·拉·沃丽尔在一起。在各种事件的好几个场面中，自然和编导技巧的结合都很明显，而且甚至在一个宴会场面里也很明显，在宴会里，手持火炬的人形成了客人前面的一排"舞台的脚灯"，在他们后面，身着戏装的侍者拿着堆满美味的盘子，行走在阻挡围观群众的负责安全的士兵前面，如跳芭蕾舞般优雅和细致。一扇拱门在舞台前部被以相同的方式竖立起来以构成一个园林景观，这扇门是第二天上演的芭蕾舞剧和戏剧的生活背景。

图5.13 西蒂斯洞窟。雕版画，亚丹和尼古拉斯·彼瑞里作，摘自 Recueil des Veues des Plus Beaux Lieux de France，1688年。

用的方法与图画构架界定幻想空间和把观众注意力集中到透视线的做法相同。

1665年，西蒂斯(Thetis)洞窟工程开工，洞窟的屋顶上有一个蓄水池为花园中众多的喷泉供水(图5.13)。要修建的最后一个、也是最华丽的建筑式洞窟之一，

矗立在城堡的北面和花坛(Parterre du Nord)之间的上层阳台上。查尔斯·彼劳特依据奥维德对阿波罗故事的改编创立了洞窟的概念——阿波罗整个白天在天上驾驭着烈性的骏马,然后夜里赶往海神西蒂斯的水下宫殿。洞窟的三个壁龛包含有描画着阿波罗休息的雕像群——西蒂斯给阿波罗洗澡、人身鱼尾的海神特瑞托斯(Tritons)清洗太阳神的马匹。内墙用贝壳马赛克装饰得十分华丽,洞窟的外部也是同样装饰。彼劳特将位于3个熟铁大拱门上,组成一个辐射图案的镀金铁格窗的设计归功于他的弟弟——一位医生兼建筑师。当这些门打开时,装饰华丽的建筑正面和照明良好的室内成为剧场演出的背景,1674年,莫里哀的作品Le Malade imaginaire就在此上演过。在洞窟外面的横饰

带上,阿波罗和他的马降入大海(格拉德·凡·奥普斯托(Gérard van Opstal 作)象征性地与阿波罗水池里神和马上升(丢比作)相呼应。

西蒂斯洞窟的修建、阿波罗水池的装饰及拉托娜喷泉的安装都属于大规模的建筑时期。同在这个时期,1668 年,机智、有才艺的孟特斯潘(Marquise de Montespan)成为国王的新情妇。[14] 她的地位被确立后,修建了新城堡(Le Vau's Enveloppe/Château Neuf)。因为它宽阔的正面破坏了原来城堡南边的植物花坛(或称皇后花园),所以爱花的国王发现了凡尔赛的另一部分,那里他能在精心布置的床上享受花香和五彩缤纷的外国品种。他也想有一个令人愉快的避难所,在那里他可以和孟特斯潘以及几个他喜欢的人隐居在一起,远离巨大的、居住舒适的新城堡里的公众目光。

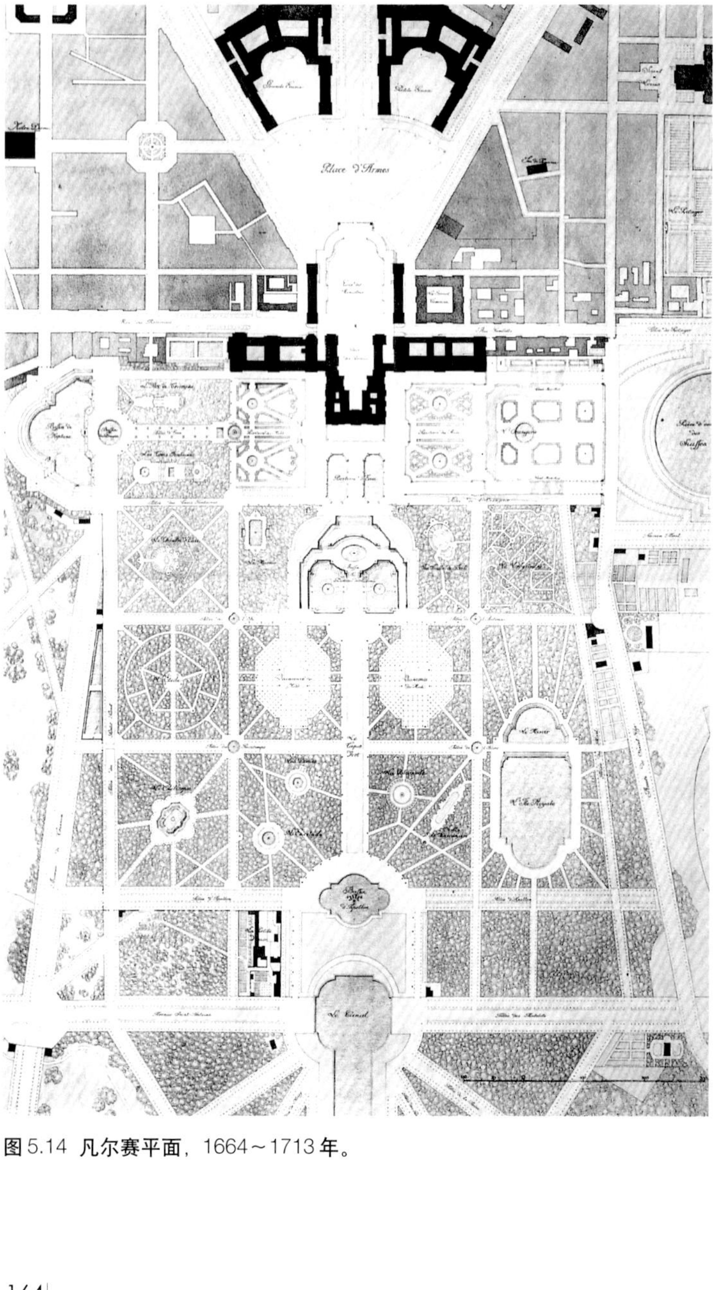

正是由于这些原因,1671 年,在从前特里阿农村庄的地址上修建了"陶瓷的特里阿农"〔Trianon de Porcelaine,这么称呼是因为装饰其屋顶的代夫特(Delft)陶器瓦片〕。在使用"陶瓷的特里阿农"(Trianon de Porcelaine)的整个漫长的时期里,孟特斯潘一直得宠;1687 年它的拆除标志着她被玛丹·德·美提农(Madame de Maintenon)所取代,这一年孟沙(Hardouin-Mansart)负责修建了大特里阿农(Grand Trianon)。米切尔·勒·伯蒂尤克斯(Michel le Bouteux)是勒·诺特的侄女婿,负责凡尔赛的这个部分以及栽培丰富花卉的苗圃工作。他也负责订购和栽种多种异国花卉,例如月下香是园丁每个季节都在植物花坛里种植的品种。能够采购这些非常珍贵的植物象征着绝对的君主统治,这和勒·诺特居高临下的轴线和凡尔赛颂扬路易十四是太阳王、以太阳为中心的构图方法是一样的。

在这个时期(截至这个时期,凡尔赛的主要设计已完成),越来越多的注意力被投入到园林的设计上(图5.14)。勒·诺特在佩提特·帕克(Petit Parc)创建了这些绿色剧场中的几个,包括迷宫园林(Le Marais)——它刚好位于支撑花坛(Parterre de Nord)阳台下面的丛林里。它是一个周围是金属制的芦苇,包括一个由金属制成的、富于幻想的长方形池塘。迷宫园林(L'Étoile)

图5.14 凡尔赛平面,1664～1713年。

是由林荫道组成的一个像星星般的迷宫，聚集在一个花园石贝装饰物(质朴的假山)形成的中央山水(Montagnes d'Eau)，位于佩提特·帕克南边、奥瑞格瑞(Orangerie)西边的拉比林兹(Labyrinthe)。在迷宫园林里，《伊索寓言》中的动物形象地被雕塑成喷泉，它们被设置在错综复杂的转角处和死胡同处。拉比林兹西边的地面低。1671~1674年，勒·诺特使用了道路-网格(allée-gridded)规划中的两个单元，以形成一个由一个半圆形水池组成的，名为镜池的大型水景和包含"尊贵的伊沙尔"(Isle Royale)、一个更大的水池。他使"尊贵的伊沙尔"像太阳一样圆并且从它所在的水池的边缘像

光线般辐射出16条林荫道，通过这些做法，他强调了园林的主题——统治。因克雷德(The Enclade)是惟一保存下来的，建于1680年前的园林，它的中间有一个圆形池塘，池塘里盖斯帕德·马斯(Gaspard Marsy)伸开巨大的四肢，骄傲地倒在它试图建造的能通往天堂的山边。它较多地遵从了意大利巴洛克艺术的夸张手法而较少凡尔赛高雅的古典主义。

十七世纪80年代初，勒·诺特从意大利返回(他去那儿旅行只弄明白了园林设计里最先进的概念恰恰正在法国)，在这个时期，孟沙(Jules Hardouin-Mansart)忙于指导建造凡尔赛最后的重要建筑，路易十四也正处在他权力的颠峰和建筑激情的顶峰，此时他找到了一个新的隐居所——一个比特里阿农更秘密的地方。在马利大别墅(Marly)，可以俯视远处的赛纳河(Seine)和圣·日尔曼教堂(Saint-Germain)，他任命孟沙设计了一个新的，带有独立客人休息处的小城堡以确保国土的隐居(图5.15)。到1683年，他在未完工的花园里举办招待会。因为马利大别墅不像凡尔赛，它处在山腰，所以国王急切地让勒·诺特给它设计一个小瀑布，就像他近期在意大利旅行时看到的那样。然而，直到1697~1699年，刚好在勒·诺特逝世前，在城堡后面的斜坡上修建的拉·里维埃(La Riviére)工程才完工。

今天，除了个别从前装饰马利大别墅的大理石雕刻外，所有的雕刻连同大量青铜和大理石制成的花瓶和雕像都展示在卢浮宫。城堡和客人休息处已经消失了，只有绿草地里一条宽阔的条纹标明了国王的小瀑

布所经之处。这片草地象征着不仅困扰马利大别墅而且困扰凡尔赛的主要问题：即这些园林中1400个眩目的人工瀑布供水不足。在路易十四时期，凡尔赛的洞窟、花坛和小园林以及特里阿农的园林都因小瀑布、水的旋涡、水的跳跃或安静的水池而富有生气。水是这些盛大展示中的主要表演者，反衬着石头建筑和植物的青绿，使景观活泼而富有生气。事实上，喷泉如此受喜爱，以致对它的需求似乎没有尽头，喷泉设计师(fountainier)的创造力、铅管工人和工程师(他们的工作是提高和维护水的供应和保持水的压力)经常殚精竭虑。

在凡尔赛，喷泉的管理由一名喷泉设计师主管，还有人数众多的、具有高度纪律性的工人来共同完成。很少有充足的水允许所有的喷泉马上喷水。当国王或其他重要的来访者游览花园时，男孩们被命作信差，吹着口哨警告铅管工人当皇室随行人员接近时打开阀门。国土的水力工程师尝试了许多精巧、昂贵的计划来增加水的供应。1682~1688年，他们修建了一个巨大的，名为"马利大别墅的机器"的奇怪装置。它装有14个巨大的轮子，用轮子给泵提供动力，将水从塞纳河向上运送到两个蓄水池中，再被分配到马利大别墅、凡尔赛和特里阿农。但是即使在这时，所有的喷泉也不能同时喷水。1684年后，军事工程师沃本(Sébastien le Prestre de Vauban)制定了一个野心勃勃的计划：将尤里(Eure)河的水转移28英里(70千米)远。3000名士兵从事了这一工作，花费了数额巨大的金钱。由于面对奥格斯堡(Augsburg)联盟的战争，路易放弃了这一计划。

图5.16 小瀑布，斯科沃克斯城堡。

路易十四的皇家园林被当作巨大的公共工程加以对待，迄今为止，人们仍不知道该工程移动了多少土方：铲平阻碍视线的小山，为形成运河而挖掘低处的沼泽，为建造庞大、平坦的平台而填充洼地，在这个过程中既雇佣了军人也雇佣了平民；即使在凡尔赛的菜园(Potager du Roi)，情况显然也是如此。在这里，1677～1683年，让·巴普蒂斯特·德拉·奎因特维(Jean-Baptiste de la Quintinve，1626～1688年)作为负责水果和蔬菜的花匠头儿，监督面积为20英亩、用墙围住围场的建设，这个围场在宫殿东南方的低地上，用从瑞士掠夺的战利品和来自萨特瑞(Satory)的地表土建成。今天，这个极其受尊重的人的雕像统领着这个广阔的园圃，由多种果树构成的树墙勾划出种植床的轮廓。

正是勒·诺特的天才将前任如Boyceau和雷默斯尔的作品加以巩固，形成一种像建筑似的强有力的"宏大风格"，并把他们的成就归结为理性的结论，用一个新的明晰、朴素、稳重和文雅代替了旧的文艺复兴园林所要求的复杂。勒·诺特的神奇之处在于他将空间处理成一个抽象的几何图形的实体，在于他对空间视觉的理解以及他将景观设计扩大到巨大的比例。这个深远的神话不仅表现在沃-勒-维孔特花园和凡尔赛宫，而且体现在勒·诺特为巴黎附近的其他皇家和贵族宅邸设计的园林中。他按照一个庄严、简单的规划，重新组织枫丹白露。在Saint-Germain-en-Laye，他设计了一个新的矩形花园，它代替了亨利四世的花园，在圣云大道(Saint-Cloud)，他利用多山地带以产生良好的效果，创造了一个落下而又升到高点的宽阔的

林荫道，产生了一个极佳的巴黎远景。在科尔伯特的斯科沃克斯城堡(Château of Sceaux)，他在修建一个壮观的小瀑布以及挖掘一条3465英尺(1056米)长的运河的过程中〔今天，这条运河，一边倒映着高大、摇摆的白杨树，充当像峡谷一样的云室(serve as a canyonlike cloud chamber)〕，他表达了那个时代的权力和乐观(图5.16)。在另外一个重要的设计和水力工程的功绩中，他于1671～1681年在切安第利(Chantilly)创造了大运河(Grand Canal)，一个著名的圆形水池和宏伟的椭圆池塘(图5.17)。

1700年，勒·诺特去世前不久，路易和他的花匠最后依次游览了凡尔赛花园。勒·诺特因为年迈而坐在轮椅上，带着他特有的谦虚和真诚的喜悦，男仆在后面推着。有人听到勒·诺特大叫："哎呦！我可怜的父亲，如果他能活着看到这可怜的花匠——他自己的儿子，坐在全世界最伟大的国王旁边的椅子上，他绝对是快乐的。"[15]

勒·诺特1700年去世至路易自己1715年去世之间的岁月里，路易面临着家庭悲剧，而且当他在灾难性的军事失败和法兰西经济实力的下降中预料到他接近毁灭时，他越来越禁欲。[16] 不久以后，已经消失的、路易十四时代的辉煌，被十八世纪的画家如让·霍奴埃·弗拉科纳德(Jean-Honoré Fraqonard)定格在画像的布景中：画中人在现在已被遗弃的、太阳王时代著名的花园里嬉戏，这些画家们认为逝去的辉煌十分美丽(图7.41)。一种类似的悲伤、空虚的气氛出现在二十世纪初，阿特盖特(Eugéne Atget)拍摄的一些勒·诺特园林的照片中。[17]

当新的想法和声音挑战古代政权的精神时，对静态和权威秩序的反应已经开始。但是勒·诺特的影响仍然强大。他的侄子克劳德·德斯高茨(Claude Desgots，死于1732年)继承了他的手法，延续了他的风格。在德扎利尔(Antoine-Joseph Dezallier，1680～1765年)的论著中，勒·诺特发现作者在论文中整理了他的设计方法；而他自己从来没有时间写作。德扎利尔的书是欧洲宫廷委托制作的，以法兰西经典风格建造园林的设计师手册，结合意大利园林迟迟不去的影响，它经过十八世纪的前30年的发展，形成了一种国际园林风格，这种风格根据当地条件和喜好而改变。直至现在这种风格仍然具有影响力，例如从美国景观

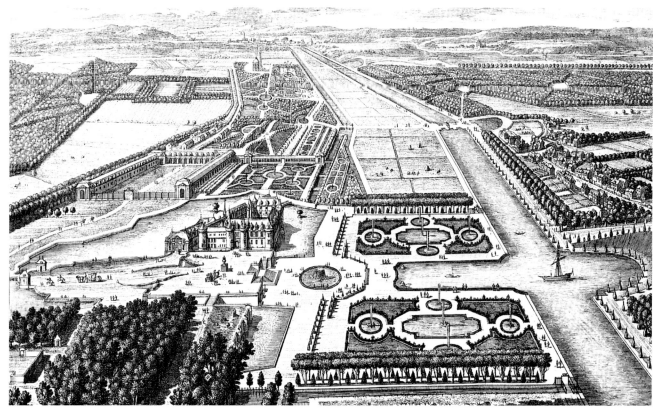

图 5.17 切安第利城堡，雕版画(摘自 Recueil des Veues des Plus Beaux lieux de France)，亚丹和尼古拉斯·彼瑞里 1688 年作。

设计师丹·凯利(Dankiley)和彼得·沃克(Peter Walker)的设计中就能看出这一点。在法国本土也一样：近期完工的巴黎新区表明了其持久的原则如何转变成为一种当代的设计语言。

II. 作为剧院的园林：意大利巴洛克和洛可可风格园林

法国古典主义一丝不苟的谐调从来没有深深渗透到意大利的设计风貌中。十七世纪的意大利风格，例如勒·诺特的作品，是由各个部分组织成统一布局的综合体。但是，意大利园林的建造者，经常受地理情况的激励，常在山坡上组织戏剧性的空中阳台和楼梯的装饰部分以布置园林剧场，而不是使专一的轴线一直向无限远方延伸从而达到构图上的统一。流水的戏剧性在建造精美的雕刻瀑布处得到了继续挖掘，如朗特别墅中的瀑布。不像法国的园林设计师，为了把水引入喷泉、池塘和瀑布，他们得付出很大努力，而且他们的努力经常浪费资金、糟蹋生命和遭受挫折，而在将水大量输送到场地方面，意大利设计师就幸运得多，虽然也要以大量辛苦劳动和经常性地遭受强烈政治干扰为代价。他们的园林是传达高贵的盛典和展览的手段。他们的资助人的荣耀变得更加清楚，如同装饰手臂的饰物一样，其家庭徽章也具有显著的特征，而不仅仅是象征性地成为风景中的符号。[18]

不仅戏剧性的惊人效果和戏剧性的透视效果被有效地应用于意大利巴洛克(Baroque)园林中，而且这一时期的许多园林都包括真正的户外剧场，剧场有一个草坪舞台和用于隔离工作区的树篱，有时能通过草木、陶制人像瞥见前方——陶制人像代表喜剧传统的祖先人物，意大利戏剧团使这些人物从十六世纪后半期开始流行(图5.18)。对田园生活戏剧的摹仿体现在半人半兽森林之神斯特蒂斯(Satyrs)和潘(半人半羊的山林和畜牧之神)的雕刻中，在从事各种工作的农夫像中也能体验到这一点，半人半兽森林之神和潘的雕像使得树林或人行道边像有人居住一样。

意大利设计师大概发现特殊场所和有界限的设计模式比没有特定场所指向的轴线规划设计的笛卡儿模

图 5.18 带有喜剧作品的黏土人物的绿色剧院，马利亚别墅(Marlia Villa)，鲁卡(Lucca)附近，意大利。

可能无意识地保留了传统主题的概念——源于亚里士多德的"定位"(emplacement)的哲学概念，因为在古代的古典景观传统中，传统主题就已经被丰富地得以表现，而意大利设计师是这一传统的继承者。十七世纪的意大利园林尽管在总体上比意大利文艺复兴时期的园林要大得多，但与同时期的法国园林相比则比例更为紧凑；尽管轴线可能会隐没在自然中，但是它们似乎没有延伸到无限的远方——就像要和地平线交

式更为合适。这可以通过这一事实得到解释：意大利绝大多数地形是山地，因此空间闭合比空间延伸有更多的视觉组合及景观效果。另外，意大利设计师更有

界。在保守的托斯卡纳，这一推论甚至在更大程度上是正确的。对比较简单的家庭娱乐的偏爱导致了相对小的花园的出现，这些花园由具有良好比例关系的植

图 5.19 背景是螺旋型柱子和小瀑布的水上剧院，阿尔多布兰迪尼别墅，Frascati，意大利。贾科莫·德拉·波特(Giacomo della Porta)，卡罗·马德诺(Carlo Maderno)和吉奥万尼·方塔纳(Giovanni Fontana)设计。1601～1621 年。雕版画，摘自 *Le Fontane delle Ville di Frascati*，吉奥万尼·巴蒂斯塔(Giovanni Battista)作。亚特拉斯(Atlas)站在小瀑布下面，拿着象征着非凡智慧的圣球。最初还有一个帮助亚特拉斯的赫库利斯(现已不在)。同样地，红衣主教阿尔多布兰迪尼也希望被看作帮助教皇克莱门特八世支持基督真理。

物构成的"房间"组成。一种法国园林的特征——模纹花坛得以流行。到十七世纪末，这种法国园林特征已大部分取代了传统花坛的几何图形。

阿尔多布兰迪尼别墅

到十六世纪中期，裙带关系已经彻底成为天主教堂的制度：罗马教皇通常在位时任命他的一位侄子为红衣主教，他作为一名教皇信得过的助手，用他的才能为教皇效劳。当上了红衣主教的侄子也就因此成为接替教皇职位的强有力的候选人。最起码，这位亲戚作为教会当权派一员的影响会使罗马教廷的威望和财富成为不朽。教皇的别墅花园和红衣主教的侄子们创造的那些园林已成为权力政治中多产的作品。

弗拉斯卡蒂(Frascati)是罗马城外的一座山城，像蒂沃利一样，也是作为乡村生活的场所而闻名，每年夏天人们从城市的热浪中退回到乡村的隐蔽处。教皇克莱门特八世(Pope Clement Ⅷ)于1592年当选，这年他的侄子——红衣主教彼德罗·阿尔多布兰迪尼(Pietro Aldobrandini)花巨资从蒙特·阿尔吉多(Monte Algido)山上的摩拉拉(Molara)泉引水。园中设置了给水装置，这样就有可能为他自己和叔叔建造的别墅中修建令人印象深刻的小瀑布和壮丽的水上剧院。设计师卡洛·马尔代诺(Carlo Maderno，1556~1629年)在喷泉工程师吉奥万尼·方塔纳(Giovanni Fontana)的协助下，负责给人以深刻印象的设计。

这个园林不拘束、广大而又系统的秩序成为意大利巴洛克园林风格的缩影。坚固的建筑(the architectural robustness)以及这一时期对光和影的运用，在朝向别墅一层，有拱顶的半圆形水上剧院里表现得尤其明显。它的舞台雕刻装饰将自然特征、合理的布局显示在均衡的对角线中，将强有力的动作展示在我们通常与巴洛克艺术相联系的空间里。然而其构图中依旧

图5.20 水上剧院，阿尔多布兰迪尼别墅。这个人像和半人半马像(图5.21)阐明了一个常见的人文主题：理智与兽行作斗争。

图5.21 半人半马像，水上剧院，阿尔多布兰迪尼别墅。

暗含象征意味，这是人文主义花园(humanistic message garden)的晚期例子(图5.20~5.21)。

卡普拉罗拉和巴拉丁山上的法尔尼斯园林，罗马

在十六世纪最初的30年里，红衣主教法尔尼斯(Alessandro Farnese)任命小安东尼奥(Antonio da Sangallo the Younger，1483~1546年)修建一座设防的宫殿，它是一个庞大的、有堡垒的五角形建筑。1556年，随着对西班牙再度入侵的担心有所缓解，红衣主教任命建筑师维格诺拉(Vignola)将堡垒改为一座避夏别墅。出于在这里讨论的目的，它一直保留了下来，因为吉罗拉莫·雷纳尔蒂(Girolamo Rainaldi，1570~1655年)在1620年左右修建的附加物阐明了意大利园林设计的变迁：从精心构思的人文肖像画来龙去脉中的艺术和自然引喻式的结合到更纯粹地表达建筑审美观点。

卡普拉罗拉(Caprarola)在景观历史上的重大意义在于创建了巴切托(Barchetto)。巴切托是一处隐蔽的地方，它有一个娱乐场和由赫尔墨斯(herms)守卫的秘园，从宫殿旁边的夏季园林(图5.22~5.25)经过树林里的一条小路就能到达巴切托。它在维格诺拉死后5年(维格诺拉死于1573年)，大概根据贾科莫·戴尔·丢

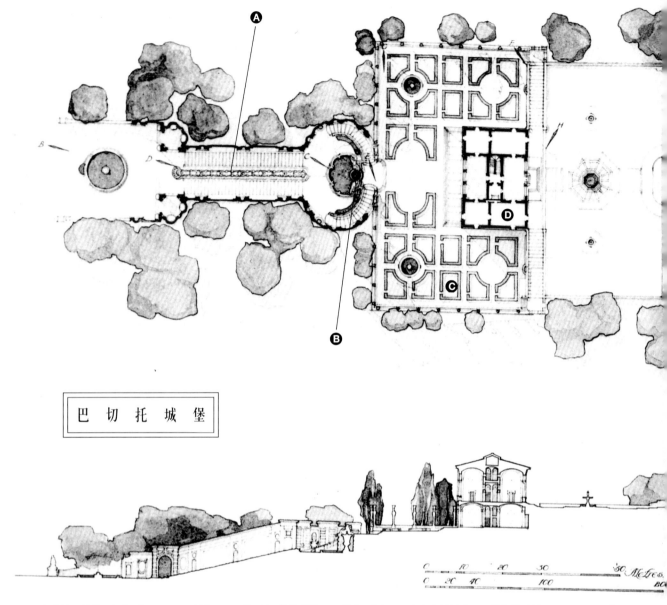

图5.22 卡普拉罗拉的巴切托城堡平面。贾科莫·巴罗兹·达·维格诺拉、贾科莫·戴尔·丢卡和吉罗拉莫·雷纳尔蒂设计，1556～1620年。J.C.谢菲尔德(J.C.Shepherd)和G.A.杰里科(G.A.Jellicoe)画，选自《文艺复兴时期的意大利园林》(*Italian Gardens of the Renaissance*, 1925年)。

今天，当人们要走近巴切托城堡时，会像当年法尔尼斯红衣主教一样，走过同一条种着冷杉的小道，穿过栗树林、山毛榉林、冬青林和湖中小岛上的橡树林。令人惊喜的是遇到了一个森林中的露台。这里，有一个圆形喷泉水池，上面有一条美丽的水链——这是对朗特别墅的模仿(图5.23；A)。它由一对对湿淋淋的海豚组成，当水滑过海豚之间的扇贝形水池时，水波嬉戏般荡漾，这种效果与朗特别墅中曲线形水渠之间闪烁的水流相类似(在朗特别墅中，水渠的边缘呈曲线形，像伸长的

小龙虾，用以形容红衣主教冈布拉)。这里，优美小瀑布的边缘是向上通往广场的坡道，广场上花瓶形状的巨大喷泉两旁放着河神像(B)。模仿法尔尼斯中的百合花，水从这里喷射出，然后溢流到下面的水池(图5.25)。弯曲的坡道向上通往秘园(C)和娱乐场(D)。娱乐场底部有一个双向凉廊和一个单向凉廊，在单向凉廊上面，piano nobile通向上面阳台。这些是十六世纪的巴切托城堡的主要组成部分。

雷纳尔蒂设计的十七世纪的附加物利用了最初方案的建筑特征和

激动人心的潜力。十分有名的普鲁德斯(Prudence)和斯林斯(Silence)巨大的、残缺躯干被安放在描画第一个露台侧面轮廓的墙前面、宏伟的、雕刻的多层基座上。Prudence和Silence给空间增添了夸张的强度和扩张的神秘气氛。安在圆形水池两边倾斜的外墙和内墙之间(因为内墙限定水链旁边的双跑坡道边缘，所以也向上倾斜)、明显成比例的、运往乡下的亭子给构图额外的建筑力量。在花瓶喷泉广场上，弯曲的墙围了通往上面露台的楼梯，运到乡下的壁柱有力地结合在一起，

并且沿着墙构成了粗糙的石雕壁龛，壁柱代替了大约用灰泥浮雕装饰的、十六世纪的表面。十七世纪的修订部分摹仿了壁龛里和滚动支架上巨大的古代头颅，而支架则装饰了粗糙而带有石雕工艺制成的曲墙。

沿着楼梯向上，就到达了秘园。这里，十七世纪的设计者用表情丰富、有手势的巨大赫尔墨斯(herms)代替了最初装饰周围栏杆的球形尖叶饰(图5.24)。赫尔墨斯头顶上的花瓶给予了包厢的绿色房间一个统一的飞檐，因此增加了空间的建筑特征。Vignola的夏季园林和冬季园林

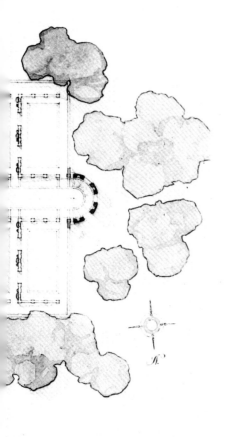

图 5.23 连续的水渠(Catena d'acqua)，
　　　卡普拉罗拉。

图 5.24 秘园和水栏杆支柱是石头海豚
　　　的楼梯，卡普拉罗拉。

与下面宫殿毗连，在这些园林里，岩
穴、喷泉和古典人物雕像给予了一
种特殊的象征意义。与此对比，这里
没有特殊的肖像信息可以供解读；
赫尔墨斯被认为是波尼尼(1562～
1629 年)的作品——它们是聚集在
野生森林内、整齐的空旷地里的半
人半兽的森林之神，赫尔墨斯仅仅
影射存在于被迷惑地方的神秘生命
力量。

图 5.25 河神和花瓶
　　　喷泉，卡普
　　　拉罗拉。

卡(Giacomo del Duca)的设计建造而成。建在山腰里、一系列下降的台地设计，在河神像侧面的喷泉以及它的曲线形小瀑布都是模仿维格诺拉在巴哥纳亚(Bagnaia)的作品。

在卡普拉罗拉的巴切托，创建于园林建筑的两个时期。它最初的形式是摹仿维格诺拉在朗特别墅的设计，后来增加的东西由雷纳尔蒂完成。它提供了一个独特的意大利文艺复兴设计转变成革新的巴洛克风格的例子。雷纳尔蒂的强有力的建筑，以及为了用一种可塑的、动态的方法控制运动和外部空间而运用的高楼梯墙和大规模的雕塑形成了景观设计史的新发展。

今天人们在看待意大利园林时，首先想到的建筑石材和草地树木，而忘记了一度是重要角色的花。位于游乐场前面的秘园和娱乐场后面的大型台地园林、还有位于卡普拉罗拉和法尔尼斯(Farnese)宫殿的秘园最初都充满了异国花卉。从古老的记录里，我们知道了这些园林中生长着果树，包括橘树、石榴、佛手，还有万寿菊、紫罗兰、百合、番红花、风信子、水仙花等草花。[19] 法尔尼斯教皇，即保罗三世(Paul Ⅲ，1534~1549年)，对植物学有浓厚兴趣。他的孙子即

红衣主教亚里桑德罗·法尔尼斯(Alessandro Farnese)，和其侄子即红衣主教奥德奥都·法尔尼斯(Odoardo Farnese)也继承了他这种浓厚的兴趣。确实，对植物学的科学兴趣是文艺复兴的一个进步，它在十七世纪被给予了新的推动力。十七世纪是一个探险和发现的世纪——许多富有的收藏家和植物园都热切地寻找来自美洲和亚洲的植物，例如1545年建于帕多瓦(Padua，意大利东北部城市)和1587年建于莱顿(Leiden，荷兰西部城市)的植物园。因此，在罗马发现富有的法尔尼斯(Farnese)家族收集的著名的早期植物(开始于十六世纪并贯穿十七世纪)并不令人感到吃惊。

法尔尼斯花园建在巴拉丁(Palatine)山上、蒂比瑞斯(Tiberius)和多米蒂安(Domitian)皇帝宫殿的废墟上。伟大的法尔尼斯皇族的不同成员(包括教皇保罗三世，红衣主教亚里桑德罗[20] 和红衣主教奥德奥都)建造了它。卡普拉罗拉的法尔尼斯花园(图5.26)的修建是从文艺复兴晚期开始，一直持续到十七世纪末期，并且可能由同一家族的几位设计师——贾科莫·巴罗兹·达·维格诺拉(Giacomo Barozzi da Vignola)，贾科莫·戴尔·丢卡和吉罗拉莫·雷纳尔蒂设计。他们建立了

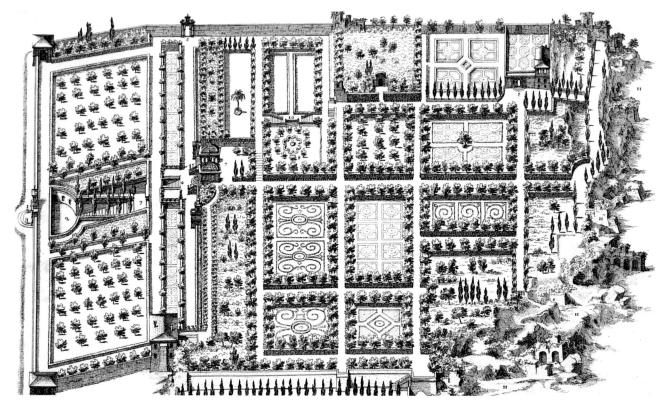

图5.26 法尔尼斯园林(巴拉丁山，罗马)。贾科莫·巴罗兹·达·维格诺拉，贾科莫·戴尔·丢卡和吉罗拉莫·雷纳尔蒂设计，1560~1618年。雕版画，吉奥万尼·巴蒂斯塔·费尔达(Giovanni Battista Falda)作，选自 *Li Giardini di Roma*，1670年。

著名的植物繁殖和展览中心，该中心在十八世纪被挖掘罗马皇宫废墟的考古学家毁掉。[21]

有好几段楼梯都通往上面的露台或台地。在露台所在处，主要轴线被水上剧院打断。水上剧院位于一对大型鸟舍之间，并且在它的侧面是一对楼梯，它们通往位于巴拉丁顶峰的花园（图5.27）。鸟舍完工于十七世纪的前20年间，现在还在那里，但是曾经位于它们远处的、精心制作的花园，现在却仅仅是令人快乐的20世纪的仿制品，是对考古出土文物的部分模仿。

图5.27　大型鸟舍，法尔尼斯园林（巴拉丁山，罗马）。C.1618-1633年。雕版画，吉奥万尼·巴蒂斯塔·费尔达作，*Li Giardini di Roma*，1670年。

罗马贵族的乡村隐居地：
波尔格兹别墅和帕姆费利别墅

在罗马帝国时期、集中在十六世纪晚期和十七世纪末期罗马王子们手中的两处著名地产——波尔格兹别墅(Villa Borghese)和帕姆费利别墅(Villa Pamphili)，今天则是受人欢迎的公园。其他两处重要园林——蒙塔尔托别墅(Villa Montalto)和路德维希别墅(Villa Ludovisi)于十九世纪被毁灭：前者成为戴克里先浴场旁边的火车终点站和铺满铁轨的场所，后者则在新的住宅市场上令投机者获利(当意大利重新统一后，罗马成为一座国际化都市时，新住宅市场被创建)。

当红衣主教卡米罗·波尔格兹(Camillo Borghese)成为教皇保罗五世(Pope Paul V, 1605～1621年在位)时，他授予自己的侄子斯皮奥尼·卡费瑞里(Scipione Caffarelli)红衣主教的职位，因此他的侄子被称作波尔格兹红衣主教。为了在平克安(Pincian)山上，紧邻城墙外的地方建造一座大型郊外地产，即维格那(Vigna)，新红衣主教和他的亲戚很快开始积聚土地。在十七世纪早期，家族的骄傲、运动的快乐及审美的乐趣成为设计别墅的动机。尽管像许多意大利公园一样，波尔格兹别墅的花园在今天也得不到充分的维护，但是它仍然保留了受当代罗马人欢迎的舒适性，而且它的艺术画廊成为一个国际闻名的博物馆。佛拉米诺·波茨奥(Flaminio Ponzio, 1560～1613年)设计的娱乐场及佛兰德(Flemish)建筑师扎恩·凡·萨特恩(Jan van Santen)，又名吉奥万尼·瓦萨茨奥(Giovanni Vasanzio)完成了娱乐场的大量装饰，不论在设计上还是在它外墙的巨大装饰上(雕刻被拿破仑掠走)，其构思与邻近的美狄奇别墅相类似。

建造完成后，波尔格兹别墅包括了3个单独的由围墙围合的部分或叫recinti(图5.28)。第一个recinti是十七世纪20年代种于别墅前的、间距整齐的丛林。这个部分公众容易接近。第二个recinti被保留作为家族私人使用，它位于别墅后面，是个橡树林。第三个recinti包括北面不规则土地上的一个完备的游戏公园。别墅建在第一个和第二个recinti之间，别墅的两边分别有一个比例紧凑的私家花园，即秘园(giardino segreto)，高墙围绕着整个地产。

这种墙最初是用来在别墅前面的横向大道处掩蔽秘园的，在十九世纪英格兰风格盛行时，这种墙被拆除了。这些小园林今天的环境与十七世纪相比，在很大程度上改变了那时园中充满了作为树墙的柑橘树以及随意种植的橘树，春天还有大量来自异国的球状植物——在成对布置的鸟舍(现在还在园林的北边)的铜丝网鸟笼里唱歌的鸟也不见了。这些鸟笼的灵感大概来自巴拉丁山上的法尔尼斯花园。在鸟笼的上边是玛丽迪安娜(Meridiana)——一个日晷仪。

审美和感觉的快乐激发了波尔格兹别墅的建造。艺术收集、社会娱乐和捕猎成为园林的主要用途。雕像被用来装饰别墅的立面和整个花园。为了理解在十六和十七世纪之间发生在意大利别墅设计上的变化，可以比较一下波尔格兹别墅的布局和朱莉娅别墅的布局。如同阿尔多布兰迪尼别墅一样，朱莉娅别墅和其花园都是通过轴向布局而强有力地统一起来的(图4.12)。然而，在波尔格兹别墅本身并不是构图的主要组织力量和轴线设计的焦点，而仅仅是更广阔的风景中的一个元素。比起那些早期园林景观，这里的景观本身被一种不那么特殊的、更宽松而明白的方式加以处理。波尔格

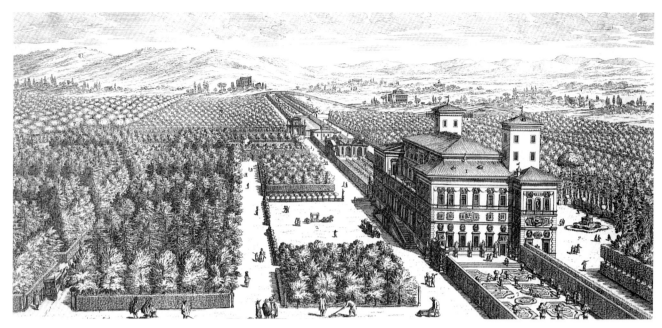

图 5.28 波尔格兹别墅(罗马,意大利)。主要入口和娱乐场由佛拉米诺·波茨奥设计,1609～1617 年。装饰由吉奥万尼·瓦萨茨奥设计。园林设计开始于 1608 年。雕版画,西蒙尼·费利斯(Simone Felice)作,选自 *Li Giardini di Roma*,1670 年。

兹别墅以所有这些方式宣告了它进入了一个意大利园林设计的新纪元。

这种晚期风格的设计原则在罗马加尼库鲁姆(Janiculum)山顶上得到了进一步阐明。1640 年,卡米罗·帕姆费利获得了邻近维格那的另一块地产,从而扩大了从他父亲那里继承来的维格那别墅。然后,当他叔叔 1644 年当选为教皇因诺森特十世(Pope Innocent X)的时候,卡米罗被选来填补红衣主教侄子的位置。尽管因为与欧林皮娅·阿尔多布兰迪尼(Olimpia

Aldobrandini)结婚以使帕姆费利家族得以不朽,1647 年,他还是被允许辞去红衣主教的职务,但是土地收购一直继续到1673 年,在他儿子的操纵下,维格那别墅达到了它最终的规模:240 英亩。

美丽的游乐场始建于 1644 年,完工于 1648 年。它高大、紧凑,丰富的波尔格兹别墅风格的雕刻和壁画装饰了它,它首要的功能是艺术画廊和社会娱乐场所。因为家族官邸位于维亚·奥瑞里亚(Via Aurelia),离西边仅有一小段距离,所以那里没有卧室。尽管在设计图上,游乐场被几条宽阔轴线中的两条横穿——这几条宽轴将地面划分成一个显著的、整齐的图案,但是这个优雅的构图在整个花园设计中并不是焦点(图 5.29)。

紧邻别墅的秘园中的模纹花坛表明了法国对后期意大利园林设计的影响(图5.30)。直到十八世纪,这些花坛最初的划分设计才转变为一种装饰类型,因为尽管这种风格通过法国式样的图书雕版画在十七世纪中期流行于其他地方,但是意大

图 5.29 帕姆费利别墅(罗马,意大利)。娱乐场由亚里桑德罗·阿尔加迪(Alessandro Algardi)设计。娱乐场和园林建于 1644～1648 年。雕版画,西蒙尼·费利斯作,选自 *Li Giardini di Roma*,1670 年。

利式园林一直拒绝接受这种风格。[22]

　　如同波尔格兹别墅，帕姆费利别墅阐明了十七世纪罗马园林公园的规模和准公共特征——即一些平民偶尔被允许进入这些公园。在这些著名的罗马别墅中，其丰富的建筑和雕刻使风景显得更为高贵和引人注目，纪念了骄傲的、野心勃勃的贵族统治时期罗马教廷王子们的富裕生活。

托斯卡纳的园林设计：
格尔佐尼别墅和拉·冈布里亚别墅

　　托斯卡纳区(Tuscany)是意大利的国际权力中心，波尔格兹别墅和帕姆费利别墅中发现的园林规模和庄严建筑仍然是异国风格的。尽管在佛罗伦萨和卢卡(Lucca)的别墅，人们会发现一些罗马设计风格——例如悬在山腰的、栏杆上部饰有花瓶的露台、小瀑布和装饰性的雕塑等，这些特征以并不奢华的方式表现出来。建于十七世纪的绝大多数托斯卡纳区的园林都类似于早期园林，诸如费索勒(Fiesole)的美狄奇别墅花园。它们的设计是保守的。为了观看周围橄榄树和葡萄园的农业风光，往往由一系列户外房间组成，其中之一通常

图 5.30 秘园，帕姆费利别墅。

是柠檬园(limonaia)，它是一个充满盆栽柠檬树的、带有围墙的园林，柠檬树在冬天就被移到一个邻近的、像谷仓一样的暖房中(图5.31)。但是托斯卡纳的园林也表现出了创新和改良的趋势：开始是巴洛克敏感的特征，后来是十八世纪洛可可优雅的风格——十八世纪建造了许多旧园林的附加物并改造了许多旧园林。

图 5.31 柠檬园，维科贝拉(Vicobella)，锡耶纳。

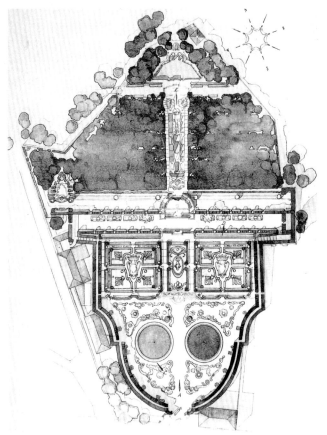

在十九世纪英格兰风格的园林设计时尚没有湮没最初的设计，并且有可能在园林里被修复，现如今的维护费用以及对抽象的偏爱导致了这些旧园林的栽培计划被简化了。但是在保护得最好的园林中，仍可以发现巴洛克风格的富有动感的丰富曲线和装饰。这可以从用卵石装饰的、黑白相间的墙，卵石镶嵌的块石路面，饰有雕刻的篱笆，过多的装饰性雕像(大量雕像用黏土制作)，水上剧院以及私人绿色剧院(commedia dell'arte 曾在那里演出)中看出，所有这些都是托斯卡纳园林设计的黄金时代所特有的。

在精神上与罗马巴洛克样式最相近的郊外园林是科罗蒂(Collodi)附近的格尔佐尼(Villa Garzoni)别墅的花园，它在卢卡附近，建在山坡上，有结实的楼梯和快乐的雕塑装饰的露台，镶嵌在有色卵石上的文字图案、阿拉伯模纹花坛，以及从一个洞窟中流出的小瀑布，瀑布上面立着费姆(Fame)的雕像，他正激情盎然地吹着号角(图 5.32，5.33)。别墅本身同花园有一种古怪的联系，因为它起初是一个防御堡垒——一条从下面的城镇通上来的斜坡作为战略地点。[23] 十七世纪早期，格尔佐尼家族从卢卡共和国买下了它，几十年以后，它变成了一个别墅，别墅的花园则位于邻近斜坡上。随

图 5.32 格尔佐尼别墅平面图，科罗蒂，卢卡附近，意大利。J.C.谢菲尔德(J.C.Shepherd)和G.A.杰里科(G.A.Jellicoe)作，选自《文艺复兴的意大利园林》，1925 年。

图 5.33 格尔佐尼别墅。

图 5.34 饰有猴子雕塑的楼梯。

后又进行了一系列改进，例如在小瀑布最高点附近修的一个公共浴池，就是在来自卢卡的建筑师奥塔维亚诺·迪奥达蒂(Ottaviano Diodati)的指导下于十八世纪建成的。

中心壁龛加强了每组双层楼梯(double stairs)之间的主要轴线，伴随着晚期更为琐碎的倾向，各种人物和异教之神古怪地混合在这些多边形的壁龛中。在这里和其他地方，可以发现在阿波罗、雅典娜、婆摩娜女神(Pomona)、谷类女神(Ceres)、酒神(Bacchus)和其他包括半人半羊的农牧神以及赫尔墨斯(Herms)在内的、熟悉的神话诸神的陪伴下从事农业劳动的农夫雕刻。这样，刻有海王星(Neptune)乘马拉战车从海上升起的洞窟占据了中间露台上的壁龛，同时在下面露台里有一个拿木桶的农夫，上面露台里则站着一个抱火鸡的农夫。这3个壁龛的四周用靠墙(墙用贝壳装饰成黑白相间的阿拉伯花纹)放置的粗糙的石头构建而成。黑白相间、卵石镶嵌的块石路面装饰着好几处地方的地面，这里延续着巴洛克特点的曲线形式。一条有12只猴子玩球的赤陶雕塑给上面露台的栏杆增加了顽皮的味道(图5.34)。

从这里，人们可以俯视围绕在一对圆形水池周围的黄杨树构成的阿拉伯花纹，用植物和石头精心镶嵌的、拼成"Garzoni"的字母组合和纹样设计的花坛，紫杉木整形篱笆上的曲线顶饰将下面的花园全部环绕起来。一个位于外边的篱笆与这个篱笆平行，它创造了一个环绕下面花园的、阴暗的人行道。

在佛罗伦萨郊区、赛提哥纳诺(Settignano)的拉·冈布里亚别墅(La Gamberaia)，可以找到托斯卡纳花园的所有特征——例如花园同周围的田地联系密切、规模适度、对古老形式(例如柠檬园)的保留，冬青树成荫的道路、赤陶制成的雕塑、雕刻篱笆以及卵石镶嵌的人行道等(图5.35～5.38)。二十世纪对这个花园的修复放弃了历史上著名的精确手法，而是强调巴洛克的抽象几何图形，并以更符合当代情趣的其他方法来展现它那一时期的特性。

这个地方以最初的房产主人冈布瑞里(Gambarelli)家族而得名。根据大门上方装饰用的陶瓷饰片，扎诺比·拉皮(Zanobi Lapi)在一个中央庭园周围建造了一个

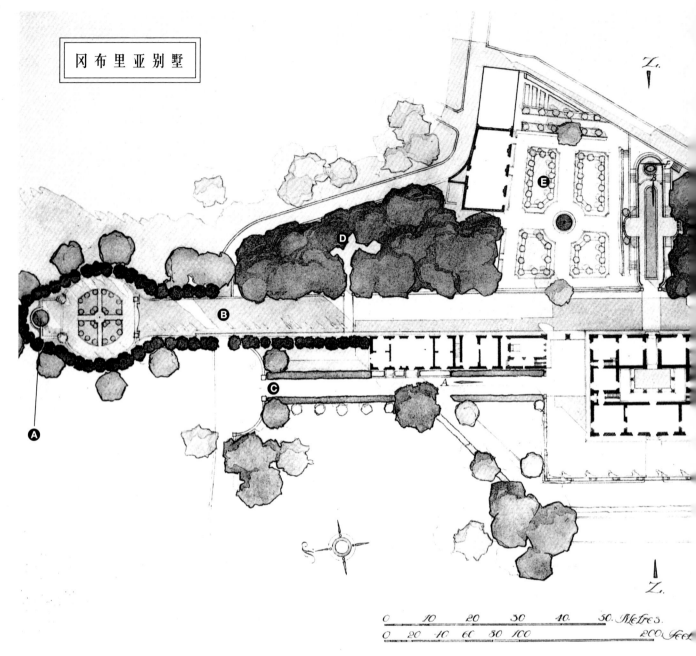

图5.35 冈布里亚别墅平面图(塞提哥纳诺，佛罗伦萨附近，意大利)。园林建于1624~1635；1717年后卡普尼家族修建并装饰了它；20世纪初，吉卡(Ghyka)公主重建了水花坛(water parterres)。 J.C.谢菲尔德和G.A.杰里科绘制，选自《文艺复兴的意大利园林》(Italian Gardens of the Renaissance, 1925年)。

A.古罗马式建筑(Nymphaeum)；B.保龄球场草坪；C.入口；D.林园；E.柠檬园；F.水花坛。

从门口进入冈布里亚别墅，沿着长长的、路边是篱笆的快车道，就能到达别墅的主要入口。门口的右边，顶上有巴洛克尖叶饰和石狗的护墙包围着一个绿草如茵的露台，露台面朝西，直接俯瞰着橄榄树林和远处的佛罗伦萨城。别墅入口的左边是草地保龄球场，一堵顶上有瓮的灰泥挡土墙围住了它的侧面，球场沿东向远处延伸到

北边和南边。几何形的彩绘镶板打破了这堵长长墙的单调感，一个黑灰泥制成的栏杆样的图案使墙表面富有生气。高高的柏树标明了草地保龄球场的尽头，在那儿能发现一个装饰着黑白相间的贝壳的罗马式建筑——外面有两个音乐家的浮雕，里面是侧面为狮子的海王星。在入口南边，这条青草铺就的大街尽头是一个可以俯瞰托斯卡纳的葡

萄园和橄榄树的露台。

挡土墙把保龄球场草坪与一个长满成熟冬青的林园和一个美丽的柠檬园隔开。从这个柠檬园可以俯瞰一个十八世纪的秘园——即一个用精巧的贝壳装饰的狭窄庭园，现在摆满了一盆盆绣球花(图5.36)。装饰着石头半身像和瓮的露台栏杆围绕着秘园，通过任一边的装饰楼梯都可以进入柠檬园。质朴的墙上

悬挂着紫藤萝、生长着蕨类植物，墙上和壁龛里的陶制塑像光彩闪烁。冈布里亚的花坛花园有比例协调的水池而不是移植床，它还有一个弧形的篱笆(篱笆上有一个弓形开口，可以俯瞰河谷)，通过修剪得干干净净的灌木窥视前方的丘比特石像(图5.37, 5.38)。

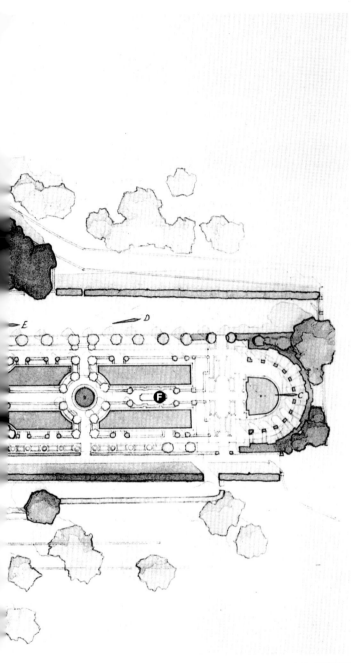

图5.36 冈布里亚别墅中的秘园。

图5.38 水花坛，冈布里亚别墅。

图5.37 冈布里亚别墅。

图5.39 伊索拉·贝拉别墅，位于马吉奥里湖，意大利，1630～1670年。

设计夸张特点的卓越代表(图5.39)。1630～1670年，波罗米奥家族夷平了马吉奥里湖上远离斯特里萨海岸的一处岛屿，建立了一座如巨大分层帆船般的园林，为纪念卡罗伯爵的妻子，这座园林以她的名字——伊沙贝拉(Isabella)命名，今天伊索拉·贝拉别墅比起那个时代更豪华，被时间打磨得更具浪漫光泽。这个不寻常景致的主要夸张之处来自于它们幻影般的外形——像一艘可怕的船从马吉奥里湖明净的、依山的水面升起。阳台的结婚蛋糕(wedding cake)伸展开拥抱着风景，它高耸的位于顶部的雕塑直指太空(图5.40)。

由于岛屿的形状，花园与宫殿的轴线不相符合，树木遮掩了二者间的联系，人们在行进的过程中并没有意识到这一点：当沿着有卵石饰面的弧形壁龛和女神像、相互联系的雅典娜庭园楼梯向上爬时，人们已经改变了方向。上面的花坛最初按法国式样设计成模纹花坛。

面向这些的是一个水上剧院。人们爬上凹凸不平的楼梯来到露台，露台上，这个精工细作的奢侈工艺品外面嵌有卵石，巨大的干扇贝壳构成的壁龛和雕像装饰着它，背对着天空。映在蓝色阿尔卑斯山背景下的是家庭象征——一匹昂首阔步的独角兽，覆盖着羽毛的方尖塔以及几个超大尺寸的雕像。在水上剧院后面，从另外的小型花坛花园向下看，人们可以看到另外一些具有巴洛克风格的壮丽景致：喷泉、异国植物、珍奇花朵和白色的孔雀群。

到十八世纪，整个欧洲宫廷都在模仿一个世纪前由法国的勒·诺特创建并发展的设计思想。在那不勒斯(Naples)附近的

美观简朴的别墅。1624～1635年，他的侄子们和继承人设计了花园。十八世纪，卡普尼(Capponi)家族拥有了这处房产，然后用雕像、喷泉和一条长长的、绿色保龄球小路改变并美化了它。这时候，在柠檬花园下面的山腰处设置了一个秘园。第二次世界大战期间，冈布里亚别墅遭到严重毁坏，后来马赛罗(Marcello)得到了它，把它恢复成现在的优美环境。

一个时代奢侈的结尾：伊索拉·贝拉别墅 (Isola Bella) 和卡塞塔宫 (Caserta)

伊索拉·贝拉别墅(Isola Bella)是卡罗·波罗麦奥(Carlo Borromeo)伯爵在北意大利马吉奥里(Maggiore)湖上的宏伟幻想，在精神上与托斯卡纳宁静园林的保守主义和谦虚的美丽完全不同，它是意大利巴洛克

图5.40 伊索拉·贝拉别墅的花园。

图 5.41 小瀑布，拉·瑞吉亚·卡塞塔宫，那不勒斯附近，意大利。路吉·凡维塔利设计，1752 年。

卡塞塔宫，查理三世〔西班牙，那不勒斯和西西里(Sicily)的波旁国王〕于 1752 年雇佣路吉·凡维塔利(Luigi Vanvitelli，1700~1773 年)以明显的皇家园林凡尔赛风格和规模设计拉·瑞吉亚(La Reggia)园林。然而，运河长约 2 英里(5 千米)的庞大长轴并没有魔幻般伸展到远方，而是在一个意大利风格的山腰瀑布前停了下来(图5.41)。花园的设计缺少对基于透视规律的光学原理的理解，某些局部的比例不够协调，也没有巧妙地处理地形，没有运用复杂的故事来加强花园的多样性和令人惊奇的效果。在勒·诺特设计中，产生优雅和力量的精巧手法大多数没有出现在凡维塔利的作品中，但是卡塞塔宫仍然令人感兴趣，主要是因为它所显示出的野心。

正如我们看到，笛卡儿数学和权力政治让我们了解了法国古典风格。在对后哥白尼观点(Post-Copernican)的严厉批判中(后哥白尼观点认为宇宙不是以地球为中心，也不是被包含在球状体里，而是以太阳为中心、有开口的)，法国古典风格稳步发展。另一方面，意大利巴洛克风格表达了一种高傲的自信——这种自信更多地以科学为基础，而不是来自古代富有的世袭财产。这种自信与戏剧性的热情联系在一起，从而产生令人醒目的建筑效果和宏伟的雕塑作品。这两种风格在数不尽的场所中被一起模仿，有时分离，有时结合在一起，经常因当地文化和地理情况而有所改变。皇室和贵族的支持引发了(设计上的)革命，并创造了浪漫主义，由此构成了一个止式的设计语言，这种设计语言成为遍布欧洲宫廷和城市的惯用手法，这种情形一直持续到设计革命和浪漫主义不再信任皇家和贵族的支持。

注 释

1. 参见罗伯特·W·伯格(Robert W. Bberge)著，《在太阳王的花园里：路易十四时期凡尔赛花园的研究》(*In the Garden of the Sun King: Studies on the Park of Versailles Under Louis XIV*)，(华盛顿特区：敦巴顿橡树园，1985)，第二章。文中认真论述了帕提特学院(Petite Académie)——后来更名为皇家铭文学院(Académie Royale des Inscriptions et Medailles)在凡尔赛肖像构图中的作用。帕提特学院是一个研究机构，致力于赞颂皇室的肖像画法的研究，这种肖像画可以应用于奖章上来纪念国王的事迹，也可用来装饰皇家建筑。瑞切利尤以自己为榜样，在贵族中掀起了一股建设热潮。十七世纪上半叶，300多个建筑和花园在巴黎建成。从这个时代起，法兰西人民为他们的首都而骄傲，虽然路易十四并没有特别喜欢住在这里，但他还是提供了支持，以使这座城市变得日益美丽。

2. 根据哲学教授爱德华·凯西(Edward Casey)的观点，笛卡儿认为"空间是无限的，是完全连续的，物质的本质就是延伸"。参见爱德华·凯西著，《场所的命运：一部哲学史》(*The Fate of Place: A Philosophical History*)(伯克利：加利福尼亚大学出版社，1997)，154页。

3. 国王(路易十四)因为害怕理性主义对政治的影响，禁止法国学校教授笛卡儿的理论。

4. 本文关于芒萨特的讨论参阅肯尼思·伍德伯瑞兹(Kenneth Woodbridge)著，《高贵的园林：法国规则式园林的起源和发展》(*Princely Gardens: The Origins and Development of the French Formal Style*)(纽约：瑞佐利出版，1986)，168~178页。我很感谢这本书以及书的作者，本章关于十七世纪法国园林和园林设计师的介绍大部分引自这本书。

5. 安德鲁·勒·诺特(André Le Nôtre)一生收藏绘画和雕塑，在他临死时都遗赠给了路易十四——他为这个国王工作了那么久而且做得那么好。他精美的收藏包括鲍桑斯(Poussins)、克劳德·洛林(Claude Lorrains)以及其他法国流派大师们的杰作，此外还有许多精美的古代大理石和青铜雕塑。

6. 富凯的标志是高高跃起的松鼠，这与他本人很贴切；而他的敌人，也是他的继任者科尔贝特，则更为聪明，选择了草地上低微的蛇作为自己的象征。

7. 要想体验维孔特别墅舒展的透视效果，建筑史学家弗兰克林·汉密尔顿·哈扎赫斯特(Franklin Hamilton Hazelhurst)为此提供了有益的指导：他用图表和草图阐明了勒·诺特是如何利用坡度和透视手法来形成一种具有极强理性、而又具有鲜明戏剧性的设计。参阅《充满错觉的花园：勒·诺特的天才》(*Gardens of Illusion: The Genius of André Le Notre*)，(纳什维尔，田纳西州：范德比尔大学(Vanderbilt University)出版社，1980)，17~45页。

8. 参阅丹尼斯(Denise)、让·皮埃尔·勒·丹泰克(Jean-Pierre Le Dantec)著，《解读法国园林：故事与历史》(*Reading the French Garden: Story and History*)，(剑桥，马萨诸塞州：麻省理工学院出版社，1990)，116~117页。作者认为拉封丹可能参与了维孔特别墅工程，如此判断的事实依据是拉封丹几年后直接责凡尔赛迷宫的设计主题。有关他对迷宫肖像画方案设计的贡献的全部资料，可参阅罗伯特W. 伯格著，《在太阳王的花园里：路易十四时期凡尔赛花园的研究》(*In the Garden of the Sun King: Studies on the Park of Versailles Under Louis XIV*)，(华盛顿特区：敦巴顿橡树园，1985)，四章。

9. 这是拉封丹的描述。引自拉·普莱亚德(La Pléiade)著、Oeuvres diverse，第522~527页；伯纳德·杰尼尔(Bernard Jeannel)著，《勒·诺特》(*André Le Nôtre*)，(巴黎：费尔南德·哈桑，1985)，42页。

10. 在富凯举办这次令人难忘的宴会之时，路易正深深迷恋着露丝·德·拉·沃丽尔，这是他第一个公开的情妇。为了表达对露丝的爱，也为了建造令人愉快的夏日休闲娱乐场所来赞美他的统治，在十六世纪60年代的大部分时间里，国王命令加快建设凡尔赛的进度。正如园林史学家威廉·霍华德·亚当斯(William Howard Adams)所评论的那样："在凡尔赛，各个花园建造的先后次序与三个因素密切相关——即对国王本人、对国王的君主政治、对国王爱情的表现能力密切相关。在某些时候——比如花园扩建、或利用花园深化国王的政治方针以及庆祝一次爱情胜利的过程中，这三个因素常会交织在一起。参阅霍华德·亚当斯著，《法国园林——1500~1800年》(*The French Garden*)(纽约：乔治·伯拉兹利尔，1979)，84页。

11. 科尔贝特比国王(路易十四)大将近20岁，他试图告诫年轻的国王：这样一个拙劣的地方与表现路易是世界上最伟大国王的象征意义是不相称的。然而路易是绝对的君主，他的意志是不受任何人左右的，因而科尔贝特只得被迫接受了这项工作：即负责检查路易十四雄心勃勃的凡尔赛建造计划。参阅伯纳德·杰尼尔著，《勒·诺特》(André Le Nôtre)，46页。

12.路易十四从5岁起就当上了皇帝，经历了称之为"Fronde"(政治反叛)的国内骚乱，从1648年延续到1653年。此间最高法院联合波旁皇族的康达(Condé)王子路易二世发动了叛乱，试图从皇太后(奥地利的安妮公主)和首相马扎林教皇(Cardinal Mazarin)的手中夺取政权。这给路易十四留下永久的烙印。他永远怀疑别人，任何对他至上权力和中央集权的挑战——即使非常微小，都会引起他的怀疑。喷泉中像巨蟒一样的龙象征着这场政治反叛，龙周围的天鹅指代阿波罗，骑在天鹅上的带翅膀的天使可以理解为是年轻路易的化身，他正奋力阻挡阴谋者对国王神圣权力的反叛。参阅伯格著，《在太阳王的花园里：路易十四时期凡尔赛花园的研究》(In the Garden of the Sun King: Studies on the Park of Versailles Under Louis XIV)，26页。

13. 拉托娜和她两个孩子的雕像象征着路易十四的母亲，她和两个儿子路易十四和菲利浦，正遭受政治反叛者的侮辱，而青蛙则代表反叛者。这组雕塑明显地表达了王室的胜利。参阅伯格著，《在太阳王的花园里：路易十四时期凡尔赛花园的研究》(In the Garden of the Sun King: Studies on the Park of Versailles Under Louis XIV)，26页。

14. 为了得到国王的注意，阿赛娜斯(Athénaïs)成为了露丝·德·拉·沃丽尔的朋友，并取得了她的信任。随后阿赛娜斯取代了露丝成为国王的新情妇。接着麦当姆·德·孟特斯潘(Madame de Montespan)又取代了她，孟特斯潘还为国王生养了几个孩子。而在1675年，孩子们的女家庭教师麦当姆·丝卡洛恩(Madame Scarron)即麦当姆·德·美提农(Madame de Maintenon)取而代之，成为国王的情妇。步孟特斯潘后尘，国王也为她购买了名为美提农的地产，她也因此而得名。

15. 参阅《凡尔赛的圣西蒙》(Saint Simon at Versailles)，路易、丢克·德·圣西蒙(Duc de Saint-Simon)著，露西·诺顿(Lucy Norton)编辑(纽约：哈珀兄弟出版社，1958)，58～59页。

16. 路易十四晚年的家庭悲剧包括他的两个王位继承者的死亡：一个是他的儿子多菲内(Dauphin)于1711年死亡；另一个是他的孙子丢克·德·伯瑞塔吉尼(Duc de Bretagne)，他和他的妻子瑟沃伊公主(Princess of Savoy)，因麻疹同时死于1712年。

17.阿特盖特对勒·诺特设计的花园有精彩的论述，详细资料可参阅《阿特盖特眼中的花园》(Atget's Gardens)，威廉·霍华德·亚当斯著，(花园城市，纽约：Doubleday & Company，1979)。

18. 朗特别墅用实例说明了这一点：红衣主教冈布拉的标志"小龙虾"被巧妙地编织进十六世纪的花园中，然而红衣主教蒙塔尔托的标志——三座山顶着一颗星的图案，是十七世纪另加上去的，搁置在花坛的中央喷泉处，由四个年轻人和狮子的雕塑高举着，则显得过于耀眼和卖弄(图4.27)。

19. 参阅大卫·科芬(David Coffin)著，《罗马教皇时期的花园和造园》(Gardens and Gardening in Papal Rome)，(普林斯顿，新泽西州：普林斯顿大学出版社，1991)，第198页；又参阅乔治娜·马森(Georgina Masson)著，《意大利园林》(Italian Gardens)(伍德伯瑞兹，萨福克：古代收藏者俱乐部，1987)，140～141页。

20. 红衣主教亚里桑德罗(教会的王子)的财政收入、富裕的生活方式、对知识的好奇以及对美的敏感，可以通过以下事实得以衡量：除了法尔尼斯别墅和卡普拉罗拉的别墅外，他非常欣赏位于台伯河岸的古老的切吉别墅(Chigi Villa)，并买了下来。这座别墅是由巴尔达萨·托马索·皮鲁兹(Baldassare Tommaso Peruzzi，1481～1536)设计，由拉斐尔装饰，此后切吉别墅就被称为法尔尼斯亚(Farnesina)。

21. 参阅大卫·科芬著，《罗马教皇时期的花园和造园》(Gardens and Gardening in Papal Rome)，(普林斯顿，新泽西州：普林斯顿大学出版社，1991)，208页。

22. 参阅大卫·科芬著，《罗马教皇时期的花园和造园》(Gardens and Gardening in Papal Rome)，(普林斯顿，新泽西州：普林斯顿大学出版社，1991)，160～162页。科芬认为：因为十七世纪中叶描绘帕费利别墅模纹花坛的雕版画是由法国雕版画师来绘制的，所以他们有可能按照当时法国的风格来描绘，而脱离了他们所处的意大利风格的实际做法。

23. 在十九世纪50年代进行的最后一次修缮和改造之前，这条路(斜坡)确实穿过别墅。

第六章

扩展地平线：
欧洲宏伟风格中的庭园与城市

十七世纪的西方文化迎来了现代化的科学。人们开始探寻自然的奥秘，并且开始理性思考。对宇宙理解扩展表现在园林设计中，即轴线扩展到了园外。人们所感受到的宇宙和自然远比中世纪的基督教派和亚里士多德学者派所感受的宽广了许多。其中文艺复兴时期的人类学家用他们的好奇和探索搭起了一座从古代通往现代的桥梁。

正如第五章中所提到的，对人类力量、人类支配自然能力的自信，以及对科学所揭示出的自然规律的掌握程度都被注入到勒·诺特(Le Nôtre)以及十七世纪其他景观设计师的作品中。从这时起，人们完全舍弃了将花园作为神殿而远离世界的固有的封闭模式。与之相反，他们设计了延伸至地平线的长长的轴线，为庆祝人权和所取得的成就而建造纪念物。

人类力量的增强，使得人们掌握命运的程度伴随着国家政权以及君主制度的建立而不断加深。路易十四(Louis XIV)在凡尔赛创造了独裁制度的最壮观标志，证明了景观对于提升皇家尊严的作用不亚于欧洲的任何王公贵族。国家政权的膨胀要求首都的尊严和纪念意义同步增长，首都证明国家文化地位的作用也已经扩展了许多倍。军队力量的发展，和出于保护国家边界的需要，路易十四统治下的法国第一次废除了旧城墙，使得城市的领域得到了扩张，同时也让花园的轴线得以延伸出去。凡尔赛的轴线设计模式在城市的规划及扩展中得到了运用，同时还对其他凡尔赛式王宫花园的建造产生深远影响。

法国传统园林的模式为全世界的园林设计以及城市建设，尤其是首都建设提供了最佳方案。尽管法国模式没有完全从它的意大利的根源中脱离出来，但它的影响力确实空前绝后。有着悠久古建历史和文化遗产的意大利是十八世纪大旅行(Grand Tour)中旅行者的圣地。意大利的艺术家们一直都在国外建造宫殿、园林、戏院，包括公共场所的喷泉和纪念物装饰。事实上，就是在十七世纪和十八世纪的城市规划中，意大利巴洛克风格的纪念物装饰和戏剧化的庄严与法国古典几何式的主权意志结合，产生了城市设计的国际性新名词。

当财力扩张到一定程度，中央政府开始控制大城市的更新规划，城市景观的纪念性放射轴线得到了加强，有一个成功的例子就是德国的喀尔斯鲁厄(Karlsruhe)。街道不再被认为是建筑间多余的部分，而被有意识地组织成优美的如同舞台布景般的画面。城市成为教堂和领土展示的巨大舞台，街道上有成行的行道树以及点缀的纪念拱门。其中一些是为了某些特殊场合而建的临时构筑，另外一些是永久的纪念物。英雄的雕塑组成了城市景观中传奇的剧中人。他们和柱子、方尖碑一起成为当地的标志和永恒的回忆。在这种风格影响下，现代城市格局形成了，这些城市有着宽广的林荫道，便于集团控制和迅速的发展；公共空间因为有了合适的民族的或当地的文化标志而充满生机。

I. 法国与意大利经验：古典与巴洛克规划设计原理在荷兰、英国、德国等国家中的应用

思想的传播主要靠交流。从古代开始，旅行者对国外风景的印象往往为当地的建筑和景观带来革新。但自从十六世纪以来，印刷术的发明和书籍的出版、版画相册的出现，加速了景观设计理念的传播。建筑师、雕塑家和水利工程师仍然为王族服务。但是到了十七和十八世纪，版画不仅记录现存园林中的上品，也成为未来的园林设计者们获得灵感的源泉，因此对他人风格的模仿变得越来越容易。

书和印刷品

利昂·巴蒂斯塔·阿尔伯蒂(Leon Battista Alberti)的 *De re aedificatoria* 一书第一版于1450年面世，1499年弗朗西思科·科洛纳(Francesco Colonna)出版了 *Hypnerolomachia Poliphili* 一书。这两本书在十六世纪中期被译成法语，影响力一直延续到十七世纪初。这些可以从古典园林原型的一些细节中得到验证，当然也包括版画中园林的全图。同样，1570年安德鲁·帕拉第奥(Andrea Palladio)的 *(I quattro libri dell' architettura)* 一书出版，这本书类似于阿尔伯蒂的作品，主要是一本建筑的说明，而不是设计例证。[1] 一个法国建筑师 Jacques Androuet du Cerceau 出版了几本关于他自己设计的版画的书，其中有花结、喷泉和园亭。他的 *Les plus excellents bastiments de France*(两卷，

图6.1《园林的理论和实践》(*La Théorie et la pratique du jardinage*)书中的一例，作者 Antoine Joseph Dezallier d'Argenille。当时书中版画的作者多为勒布隆(Alexandre Le Blond, 1679~1719年)，是一名建筑师和勒·诺特的追随者，也参与设计了书中许多花坛。英国约翰公司(John Johns)出版的英文版将 Le Blond 当作作者，这给过去许多的园林历史学家也造成了误解。

1576年和1579年出版)，记录和促进了法国文艺复兴时期园林设计的发展。

Jacques Boyceau 的《论花园》(*The Traité du jardinage*)(1638年)和安德鲁·莫莱(André Mollet)的《游乐性花园》(*Le Jardin de plaisir*)(1651年)，开创了如何设计愉悦的装饰性园林的书籍的先河。1690年 Jean-Baptiste de la Quintinye 所写的《果园和菜园手册》(*Instruction pour les jardins fruitiers et potagers*)一书主要是他在凡尔赛厨园中作园丁总管时的经历。[2]这本书将园艺学实践提升到了科学的高度，书中包括对种植、修剪果树树墙和蔬菜收割等方面的细节。尽管这些书非常有价值，但是无法弥补这样一个缺憾，即近半个世纪来都没有关于勒·诺特成就的详细描述。

1709年，出版商皮埃尔·马芮特(Pierre Mariette)改变了这一状况，他出版了安东尼·约瑟夫·德扎利尔·阿根尼乐(Antoine Joseph Dezallier d'Argenille, 1680~1765年)的《园林的理论和实践》(*La Théorie et la pratique du jardinage*)一书。这本书被译成3种语言，再版了11次之多，将十七世纪的法国风格传播到世界各地(图6.1)。德扎利尔的书被贵族们当作在3~60英亩的土地上设计勒·诺特式花园的样本。除了渲染众多的花坛和丛林气氛，书中还提到了勒·诺特设计原则中的四条重要原则。

第一，一个园林设计者应

该使艺术服从自然。德扎利尔的寓意与后来的英国人的想法并不一致；德扎利尔认为场地的地形及其他特性应该在设计时有所考虑，即因地制宜；而英国人却认为园林是大自然的一部分，应该是未加雕琢的。此外，炫耀财富夸张的装饰应被简单的台阶、草堤、斜坡、天然凉亭和没有栅栏的围墙取代。

德扎利尔的让步于自然并不意味着放弃几何式构图和台地及其他整形修剪等。相反，他认为需要废除复兴时期繁琐的装饰，将自然场地条件和业主的要求完美结合起来，使园林各部分形成整体。十七世纪的法国园林已经摆脱了文艺复兴时期的琐碎装饰，但仍然有些奢华，超过了大众的普遍需求。此外，如果一些不具有和皇家同等财力的上流人士也想成为园林的主人，那么园林还需要进一步简化，以便普及。

第二，德扎利尔认为，设计师不能让灌木丛和过多的地被充满园子的整个空间，使其显得过于阴暗。他发现，尤其是在建筑周围需要开放，因为建筑对独立的空间感有较高要求。

第三，他认为设计师应避免让园子过于空旷。矛盾和变化也是必不可少的，封闭和开敞应均衡存在，并且合理安排透景线，尽可能多一些神秘和新奇。

第四，也是相当重要的一条原则是，设计师应运用地形和植栽等手段消隐园子的边界，这样使得园子要比它实际的规模更大一些。[3]

德扎利尔的书的第二部分主要是一些实践经验，即如何在现场对几何图形施工放线，如何平整土地，如何垒砌台阶，如何合理布局花坛、植物，以及建造水池和喷泉。《园林的理论和实践》这本书对在整个欧洲传播法国风格的造园起到了相当重要的作用。曾为瑞典宫廷工作的著名建筑师尼科迪默斯(Nicodemus Tessin the Younger，1654～1728年)逐字复制了这段文字中的两段，作为他儿子实践的指导，并增加了一些评论，使之适用于斯德哥尔摩(Stockholm)的气候和地形条件。

德扎利尔在写这本书时，罗马帝国已分解为德国公国，彼得大帝在尼瓦河边为他的新首都奠基。宫廷建筑正达到全盛时期，许多王公贵族需要为自己建造花园，德扎利尔的景观设计理念大有用武之地。一方面来看，《园林的理论和实践》一书是法国十七世纪景观设计的法典，为它在英国及法国自身盛行开辟了道路。然而，另一方面，他的书为希望保持皇家贵族传统的人提供了实用的指导，使其延续至法国革命前。而后，它对十八世纪的宫殿庭园的影响也相当大。

Jacques-François Blondel 所著的《别墅的分布》(De la distribution des maisons de plaisance)(1737年)一书是另外一本具有重要意义的著作，书中谈到了古典主义的建筑、景观和室内设计的平面图和立面图。Blondel的花园设计展示了轴线的魅力和其他古典园林风格的代表性设计，也包括繁多的园林装饰物：绿篱、喷泉、望楼、刺绣花坛、花格形装饰、花钵、狮身人面像、方形石柱等。他的设计使得没有王公财力的贵族，用一种中等规模的园子也能达到凡尔赛般的宏伟大气。事实上，Blondel代表了所谓法国古典园林和法国风景园林的结合。在他的《建筑学》(Cours d'architecture)(1773年)这本书中，他高度赞扬了花园外自然的景色，并且在他设计的洛可可风格中，产生了风景园的萌芽以及对田园风光的浓厚兴趣。

法国景观风格的传播

德扎利尔深知，如果十七世纪的法国风格的园林要发展下去，需要强大的经济后盾。他书中的例子都是用3～6英亩的小规模创造出了宏大的气势，但同时他也警告读者，精美的装饰需要皇族般的财力。即便有充足的财力，还需要大量廉价劳动力来完成繁重的工作。

在路易十四统治后期及随后的十年中，住宅花园和花园城市在欧洲形成一种模式，包括威廉和玛丽(William and Mary，1689～1702年在位)在英格兰的汉普郡宫(Hampton Court)，到彼得大帝(Peter the Great，1682～1725年)1703年在俄国所建的圣彼得宫(Petersburg)，还有嬬居的海德维格·连诺拉女王(Hedvig Leonora)1680～1703年期间在斯德哥尔摩建造的卓庭霍姆，菲利普四世(Philip Ⅳ，1621～1665年在位)时期在马德里新建的Buen Retiro。中世纪的欧洲为这种造园原则和豪华装饰的运用提供了宽广的舞台。1648年，西发里亚的和平解放结束了"30年战争"，摧毁了罗马帝国，削弱了Hapsburg的统治，而许多新的德国王储的力量得到了加强。这些富起来的人为了炫耀自己的崇高地位，势必扩张自己的领地、公爵领地，公爵们也模仿法国风格建造自己的宫殿和花园，其中一些完全是照搬法国的设计。

　　然而，各国之间的文化和政治差异确实存在，使得这种国际通用的造园风格产生了适合地方特色的变化。尤其是在荷兰和英格兰，演变出一种自我民族意识很强的主题，但仍能看出是由法国风格脱胎演变而来。比起法国和英格兰来，德国对国家的领土安全充满忧患意识，因此它的造园是在法国风格的基础上加入了军事化的模式。

荷　兰

　　荷兰并没有创造完全本土化的风格，只是和其他国家一样沿用了法国复兴时期的园林景观模式，但是符合当地开挖水渠的地势条件，也强调了中产阶级的利益。十七世纪西班牙统治解体后，荷兰拥有自己独立的主权，许多富有的家庭都盖起了私家花园，展示了国家的财力。即使是王公贵族，也受到了一种实用和商人气息的影响，使得威廉和玛丽时期的荷兰园林在规模上更小巧，划分更多，不同于法国式的大规模联合。

　　荷兰的这种精巧多变的园林为后世带来了深远影响。作为一位恪守成规的设计师和许多建筑书籍的作者，汉斯·弗德曼·德·维利斯(Hans Vredeman de Vries，1527～1606年)于1583年就曾在他的 *Hortorum viridariorumque elagantes et multiplicis formae* 一书中说到，这种风格必将长时间流行下去。这本有影响的书中有许多版画展现了这些城市或郊区的花园的样式：长廊围绕的分区模纹花坛(pièces coupées)有拱形的格子栅栏分隔，局部有整形灌木和喷泉点缀(图6.2a, 6.2b)。维利斯认为，对花园进行重复设计、扩大面积，不如将花园各部分结合起来，重新赋予一种尺度感。和以前其他复兴时期的设计师一样，他怀着极大的热情研究了古罗马时期的建筑理论家维特鲁威·波利奥(Vitruvius Pollio)(活跃于公元前46～公元前30年)的著述。他对复兴时期的理论家 Sebastiano Serlio(1475～1554年)所写的 *Tutte l'opere*

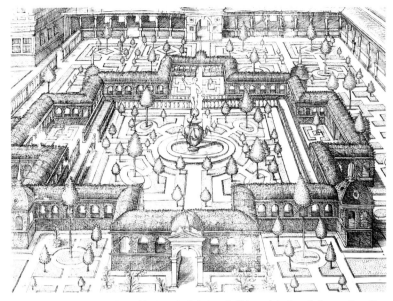

图6.2a 描述想像园林布局的版画，有喷泉和环绕花架。由汉斯·弗德曼·德·维利斯设计，出自(*Hortorum viridariorumque elegantes et multiplicis formae)*，1583年。

图6.2b 描述想象的园林布局的版画，有模纹花坛，几何式修剪的植物。由汉斯·弗德曼·德·维利斯设计，出自*Hortorum viridariorumque elegantes et multiplicis formae*.1583年。

d'architettura 也十分了解。他自己的作品带着有些夸张的透视和模仿的痕迹，包含了从古典到文艺复兴时期的各种样式，如金字塔、方尖碑。虽然维利斯根据 Serlio 所著为他的花园命名，把几何式直线型的花坛称作陶立克，把圆形的和迷宫般的构筑称作爱奥尼和科林斯，实际上他的花园还只是一种理想，远未达到设计要求。

　　设计师万·德·格罗恩(Jan van der Groen，

1635~1672 年)在 1659~1671 年为 Orange 王子(1650~1702年)建造花园。在《荷兰造园家》(Den Neder-landtsen Hovennier)一书中,表现出他对微妙细节的浓厚兴趣,这是1669年出版的一本有名的造园方面的论述,曾9次再版。除了描述在 Rijswijk 和 Honselaarsdijk 的几个精美的花园外,万·德·格罗恩的书中还列举了许多花坛的样式。这些花坛既有精巧的法国模式,也有让人回忆起伊斯兰教的织物的几何花结,这些花结

图6.3 花床设计,出自《尼德兰园林师》,作者 Jan Van der Groen,1659~1671 年。

有浓厚的本土味(图6.3)。这些模式的展示和许多荷兰建筑一样,外形非常坚挺,如同体育场穹顶和金字塔塔尖。

繁茂的植物和民族气息使得郊区河岸、渠边的许多花园充满了特色,为商人们提供了周末的休闲场地。这些花园从两个角度看都成为景观,因为它们提供了可以坐船游览的开敞的景观,以及水边的凉亭和平台,为主人们提供了观水的乐园。

尽管荷兰人很欣赏十七世纪法国造园的风格,他们还是减小了尺度和规模来适应荷兰的地形和社会条件,这一点可以从位于荷兰东部的保存完好的维吕源(Veluwe)郡赫特鲁(Het Loo)皇家花园中看到。园中长满

图6.4 赫特鲁的柱廊,1686 年由雅各·罗曼(Jacob Roman)设计,作为建筑的两侧的曲廊。在威廉和玛丽卫冕后,1695~1699年花园被重新设计,柱廊也因此联成一体。

了低矮的灌木和石楠。这是一个适合追逐游戏的庭园,并且像凡尔赛一样,前身是一个猎场。1672 年,Orange 的威廉三世王子在Gelderland总督一职的任期结束后,就曾在维吕源(Veluwe)郡狩猎。作为一个运动健将,他买下了赫特鲁的旧城堡,并想在他的领地上再建一座更美丽、而又现代的围猎场。

建造工作于1686年开始,在荷兰建筑师雅各·罗曼(Jacob Roman,1640~1716年)的指导下完成。设计方案经过了巴黎建筑学院的修改。同时,随着1685年南特敕令的废除,法国胡格诺教派的设计师丹尼尔·莫莱(Daniel Marot,1661~1752年)迁到荷兰居住,很快被聘为这个新宫殿的室内及景观设计师。两位设计师的结合使得两种设计风格也融合在一起,刺绣花坛以及阿拉伯式花坛的天花板、大马士革的墙纸、铁艺的格子图案。1689 年威廉和玛丽在英国继承了王位(1695~1699 年间),随后他们在赫特鲁的花园已被罗曼和莫莱改建得非常出色,罗曼尼·胡格(Romeyn de Hooghe,1645~1708 年)又对宫殿加以完善,使其能满足他们的最高统治者在荷兰居住时接待宾客的需要。

赫特鲁用强烈的中轴线以及旁边对称的模纹花坛和古典雕塑暗示出了它对凡尔赛的模仿。但是如果仔细观察,会发现有许多不同。最主要的是尺度的缩小,产生了一种压抑的感觉,且缺少自然和人工间的过渡。凡尔赛宫是向周围空间扩展的,而赫特鲁和早期的文艺复兴花园一样,限定在它的直线围墙里。赫特鲁的下层花园的主轴线向外延伸,但它的上层圆形拱廊的两翼都被围篱围住,因此破坏了整体的扩张性(图6.4)。赫特鲁的横向轴线也没有像凡尔赛和沃-勒-维孔特府邸(Vaux-le-Vicomte)一样指向遥远的郊外。

靠近宫殿的下层花园是按复兴时期的花园的方形分格来布置的,两边的国王花园和王后花园也是如此(图6.5,6.6)。赫特鲁的法国和荷兰设计师都没有用到勒·诺特采用的按透视法缩短间距的方法,而是采用

早期的简单的几何图形。王后花园精美的拱形绿篱与复兴时期花园极为相似。

荷兰园林和十七世纪法国园林的差别，一方面在于荷兰是在一个矩形的界限里，运用巴洛克的装饰元素造园，让人又回忆起复兴时期；另一方面也是最主要的，两者中水渠所起的作用完全不同。法国的凡尔赛、香替叶(Chantilly)以及其他地方，水渠都是用来灌溉土地，也被装饰并加以强调，成为花园的主轴线。在荷兰，大部分国土都在海平面以下，无所不在的水渠为国家创造了许多土地。水渠网将荷兰分成许多矩形单元。水渠既是交通干道，又是疆域划分的界限。尽管在一些大的君王的花园里建造一些纯装饰用的水渠，但没有法国花园里的轴线的作用。例如赫特鲁，两条狭长的平行的水渠将上层花园和下层花园分开。这些水渠像大多数疆域里的水渠一样，与树林相邻(图6.7)。此外，由于缺少石头，赫特鲁和其他园中的小瀑布在尺度上也小了很多，只是作为点缀，而不是主体(图6.8)。

图6.5 赫特鲁的花坛。尽管按荷兰的尺度放大，又经过了十七世纪法国园的改造，赫特鲁仍然相当精巧，与围墙的尺度十分协调。

英　国

法国园林的传统在英国只流行了一段时间，那是在十八世纪民权贵族掌权后，国家反对皇权，推行议会。由于法国是信奉君权至上的，因此英国拒绝法国

图6.6 赫特鲁的皇后园。

图 6.7 赫特鲁的水渠，将上下两层园子隔开。

图 6.8 赫特鲁的瀑布，与勒·诺特在 Sceaux 的瀑布的尺度进行比较（见图 5.16）。

的影响。"反击革命"(Counter-Reformation)也没有让巴洛克风格像在其他欧洲大主教国家一样盛行起来。复兴时期的文学作品中，莎士比亚和培根都喜欢描写人们对自然景色的热爱。莎士比亚在他的戏剧和诗文中常常描写田园风光和在森林中饮酒的场面。其中提到了许多栽培花卉和野生花卉。培根的散文《花园》(1625 年)指出园林设计兼顾感官和感觉体验的方法。他列出了一年四季可供观赏的花和果树。他很看不起仅有花结的花园，认为这样的园林师就像只会作糕点的厨师。[4]

仿古的田园风光文学为复兴时期的介于人工和自然之间的英国风格也起到了一定作用。最富有浪漫气息的古代田园诗人维吉尔(Virgil)唤醒了大家的满足感，对诗人和景观设计师都产生了巨大影响。奥维德装饰了一些木头铺就的圣地，在英国大为流行。古代的贺瑞斯将勤劳的耕作和国家荣誉看得同等重要，克伦威尔公民的圣地和许多皇家贵族都从中寻找了样板。大家在 Cato，Varro，Columella 的论文中学到了农业实际运用的知识。就像小普林尼在 otium 中所描述的一样，王宫贵族都去享受城郊的乐趣，利用乡村的花园和房子来展示新潮和仿古的财富。

此外，伊利格·琼斯(Inigo Jones，1573~1652 年)为英国文艺复兴晚期的建筑作了许多工作，主要是根据帕拉第奥的传统风格中的纯几何样式。但即使是琼斯最忠实的继承者——克里斯托夫·雷恩(Christopher Wren，1632~1723 年)、尼古拉斯·霍克穆尔(Nicholas Hawksmoor，1661~1736 年)和约翰·范布朗(John Vanbrugh，1664~1726 年)，他们也避免完全运用法

国繁琐的装饰和意大利巴洛克式的奢华。这个事实对园林设计也产生了影响。帕拉第奥的奥林匹亚风格被十八世纪的柏林敦郡主圈子的人所接受，在古典模式基础上的简洁的建筑风格比十七世纪受到更大的欢迎。帕拉第奥风格使得英国园林在意大利基础上发展起来。此外，英国园林的规模与意大利园林精致的尺度比较相似，英国的地形条件也适合模仿意大利的台地园，比法国的平原或北欧的低地要有利一些。[5]

旅行使得人们对文物和政治目的的追求都得到了满足。一直受到拉丁文学浸染的英国贵族，与十七世纪的意大利一直一脉相承，在大旅行(Grand Tour)后变得更加实用而时尚。因此，在无需法国风格作为媒介的情况下，意大利园林在英国产生了重大影响，甚至超过了在其他地区欧洲的影响，有几个园子都试图重现书中的古代园林的田园诗般的场景。同时也模仿意大利文艺复兴时期诗般的意境，如埃斯特别墅中用雕塑和洞穴装饰轴线。

这些英国贵族对科学发现也有浓厚兴趣。因此不难解释为什么他们喜欢研究花园中的水文学，如他们在意大利园林中见到的精巧的自动化(giocchi d'acqua)。考斯(Salomon de Causc，1577~1626 年)的一本有名的著作 Les Raisons des forces mouvantes (1615)成为他们学习的范例。考斯是法国胡格诺派教徒，年轻时在意大利住过 3 年，1610 年到詹姆斯一世(James I)的宫廷为大家传授水工技术、围篱及其他意大利造园理念。英国王公狂热建造洞穴，反映了他们想超过意大利园林辉煌的愿望。他们建造洞穴也是为了科学研究。[6]这些洞穴还是储存满足人们好奇心的宝

藏的仓库，里面有矿石，也可作为各种水利机器与自然力量合成的实验室。

花园及其界外的环境的透视，扮演着和剧院里舞台布景一样的作用。透视在英国园林的发展中是一个最早被引入的概念，也常被提起。园中常有罗马式的遗址，也有英国的废墟。其中大部分是旧的修道院，这一切可以满足园主溯古的热情，英国花园也成为纪念剧场和记载显赫过去的羊皮书。作为社会活动交往的舞台，园林还成为哲学家沉思的场所，载入国家和家族的史册。在威尔顿(Wilton)和十七世纪其他的园林中，场景中还包含着罗马帝国印象的元素。此外，英国中世纪的废墟表明英国自己古代的精巧技艺也逐渐受到重视。

考斯的儿子或侄子Isaac de Caus(1612～1655年)与伊利格·琼斯合作，参加当时最有名的威尔顿园林的设计(图6.9)。因为园子已被改造了许多次，现在的参观者很难再找到被埋葬的复兴时期花园的壮观景象。改造最大的一次是在十八世纪，由彭布鲁克(Pembroke)的第九代伯爵进行的。1737年所建的帕拉第奥庭桥和塔状香柏都作为十八世纪的象征留存下来。这里有一个大的洞穴遗迹(如今是一个学校)，以及园林的一些碎片，这些都是十七世纪30年代彭布鲁克四世子菲利普·豪伯特(Philip Herbert)的骄傲。威尔顿的伟大的令人称赞的花园以它的热情，接待了追赶时尚和了解世界的人们。

伯爵的园林是对称式布局，中轴线直接引向伊利格·琼斯的柱廊，外围是绿色的剧场和丛林，轴线的终点是罗马风格的拱门，顶上有一尊骑士雕塑。琼斯的装饰着大理石的凉廊被用来当作宴会厅，在凉廊和花园之间是绿篱围合的木质斜坡，斜坡下有一个3间大的洞穴，成为威尔顿家族名誉的象征。

园子里最吸引伯爵客人目光的是自动化的、机械推动的人工瀑布。后来勒·诺特解开了洞穴的神秘面纱，引入了机械装置，Isaac de Caus 安装在威尔顿园中的就显得有些过于简单了。但在十七世纪早期的英国大陆上，科学和艺术间并没有截然分开，在许多事情上，两者常常结合在一起。

人们对威尔顿的热情及对大尺度园林的建设在共和时代(Commonwealth)(1649～1660年)慢慢消退，在这个清教徒时代，农业得到了重视，而园林则没有得到同等的待遇。几个古老的园林被有意毁掉，伦敦的几个皇家花园被拿来拍卖。然而在1660年复辟之后，王公贵族又开始了他们的造园活动。法国造园家安德鲁·莫莱(André Mollet，d.c.1665)曾在查尔斯一世时将刺绣花坛带入英国，他回来接替了圣詹姆斯(St. James)和其他宫殿皇家园林师的职位。

查尔斯二世(Charles II)结束了他在法国的流放后，在汉普郡建造一个花园，以长长的水渠作为植坛中轴线的延伸，可能是模仿莫莱的鹅掌式辐射林荫道(图6.10a, 6.10b)。当1665年左右莫莱去世后，曾在法国勒·诺特手下学习过的约翰·罗斯(John Rose，1629～1677年)成为皇家园林师，他本来是一个优秀的园艺家。他对上述方案可能提出了建议。他指出，除了长的中央水渠，还在弧形的边界上增加了一条半圆的、窄一些的水渠还有花坛，水渠旁种植双排菩提树，3条呈鹅掌式轴线从中发散出去。

莫莱曾工作过的皇家花园如今都成为了城市公园，随着时间而改变了许多，许多十七世纪的贵族园林也

图6.9 威尔顿花园(Wilton House)。由伊利格·琼斯(Inigo Jones)和考斯(Isaac Caus)设计，版画大约画于1632年。园子沿着中轴线分成三块。在建筑附近，林荫路的两侧是方形的刺绣花坛，其中有阶梯形的步道。中部是拱形的树林，跨越了Nadder河。小溪没有像法国园中一样作成水渠，而是保持了自然的不规则形，在几何式的树林中穿过。最后，在伊利格·琼斯的人工洞穴前，是由弧形的树和镶边的散步道分隔的草坪，中央立着 Hubert Le Sueur 塑的铜像，作者是古代有名的雕塑家 Borghese Gladiator。林荫路的两侧都在天热时可以放下的拱廊。

和威尔顿一样消失了，几个世纪以来一直随着新的风格和当时的文化流行取向而改变。但其中许多在约翰尼斯·开普(Johannes Kip，1653～1722年)和利奥纳德·莱弗(Leonard Knyff，1579～1649年)的版画中都有记载。他们的鸟瞰图在十八世纪早期以英语和法语两种语言出版：《布利塔尼图》(Britannia Illustrata)和《英国新戏剧》(Le Nouveau Théâtre de la Grande Bretagne)。除了凡尔赛和一些规模相当的园林外，开普和莱弗还描述了鲍福特的公爵亨利(Henry)在1682年建的格罗斯郡(Gloucestershire)的Badminton，1685年德文郡(Devonshire)公爵在德贝郡(Derbyshire)查兹沃斯(Chatsworth)建造的住所。

尽管这些园林都设计精巧，采用对称手法，但还是缺少同期法国园林的韵律感及轴线的秩序、整体感(图6.11)。事实上，这些花园的横轴起着和中轴线同等重要或更为重要的作用。这是荷兰风格的特征，反映了反对主权主义思想。许多园子是在1688年大革命以后威廉玛丽君主制期间建的，它们也代表了一种英国人保守、朴素的风格，而不是夸张和炫耀。

英国式园林带着些中产阶级气息，又受到荷兰风格的影响，被传入了美国殖民地，如威廉斯堡(Willamsburg)、维吉尼亚州(Virginia)。在英国本土，更多的植坛和水渠被用在花园设计里。法国园林里，水渠并没有被当成是主轴线的延伸，而在荷兰，设计师在花园的一边放置独立的水渠，常常伴着一个或更多的休息亭。例如Westbury Court，是梅纳德·柯彻斯特(Maynard Colchester)十七世纪末在格罗斯郡他祖先的遗产上修建的(图6.12)。

为了逃避伦敦的坏天气和破败的白金汉宫里侍臣们的纠缠不休，患有哮喘的威廉国王，和不愿进入曾目睹詹姆士二世女儿阴谋的宫殿的玛丽王后，选择了汉普郡作为他们的主要行宫。他们对查理二世的园林进行重新设计，他们请来了丹尼尔·莫莱，造了一个和他们赫特鲁园威廉玛丽宫相似的大植坛。玛丽王后的玻璃温室中引种了许多外来植物，以及修剪精美的灌丛——金字塔般的紫杉，修剪的黄杨，球状的月桂和冬青，这一切都让人又回忆起赫特鲁。君王还让克里斯托夫·雷

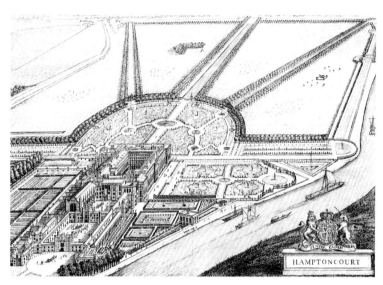

图 6.10a 约翰尼斯·开普(Johannes Kip)所做的汉普敦郡的鸟瞰图，根据利奥纳德·莱弗(Leonard Knyff)的版画改绘，出自《Le Nouveau 对英国园的论述》。安德鲁·莫莱(Andre Mollet)帮助查尔斯二世设计像鹅掌一样的三条道路，交汇于半圆形的林荫路上，林荫路围合着丹尼尔·莫莱(Daniel Marot)设计的花坛。

图 6.10b 如今的汉普敦郡的园林大大简化了。莫莱的花坛变成了草坪，三条道路直接从克里斯托夫·雷恩(Christopher Wren)的宫殿通向半圆形的林荫路。修建成金字塔形的紫杉占了画面中相当大的比例。

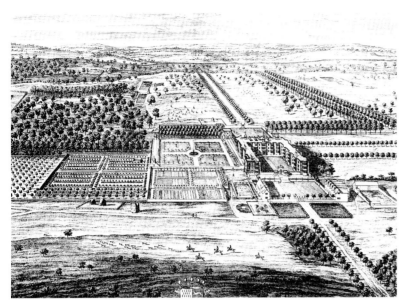

图 6.11 Newsam 庙的鸟瞰,利奥纳德·莱弗 1702 年绘制。出自《Le Nouveau 对英国园的论述》。

恩(Christopher Wren)在汤姆斯主教的都铎式宫殿旁再建一座新的宫殿。宫殿的东边面对主要的喷泉花园,南边的宫殿就正对着 Privy 花园。

1699 年,亨利·怀斯(Henry Wise)降低了 Privy 花园的高程并将其延长,又重新装饰,以便于从泰晤士河上坐船观看。怀斯是乔治·伦敦(George London, d·1714)的合作者,他们在 Kensington 的 Brompton 公园引入了许多植物元素,这些及周围的园林都在开普和莱弗的书中有所描述。

今天,汉普郡宫大喷泉园里生长过盛的紫杉因为没有修剪,早已不再像金字塔了,成为人们对十八世纪英国荷兰式花园的记忆。相反,在德国的领地里,君权主义仍然盛行,传统式凡尔赛宫成为花园设计和城市设计的典范。虽然如此,意大利风格也向北发展。

德国和奥地利

伊拉兹莫斯(Erasmus)创建的北方人文主义比意大利人文主义要更自然一些,这种文化因素也影响到景观设计,虽然在繁荣的奥古斯堡、纽伦堡和法兰克福等大城市第一批复兴时期的花园也是意大利传来的,但德国没有接受意大利的异教徒思想,直到十八世纪自由主义得到发展后才有所改变。在德国盛行的新园林艺术混合了法国、荷兰、意

图 6.12 格罗斯郡 Westburg Court 的花园,1967 年国会收购后重建,由梅纳德·柯彻斯特始建于 1696 年,他儿子 1715 年命名。这座园林是威廉玛丽时代英国绅士园的代表。

图6.13 Joseph Futtenbach 在乌尔木的园林，1641年。

图6.14 德国海德堡的 Hortus Palatinus 的鸟瞰图。考斯(Salomon de Caus)于1615~1620年设计，版画由大Matthaus Merian绘制。

大利的影响，有人会为一个地区有如此众多的风格感到惊讶。但这些影响也没有融合在一起，形成德国自己的风格。许多郊区住宅、主教的居所、王子的城堡旁，都有围合的文艺复兴时期花园，被划分成矩形的空间，轴线上与它们所属的建筑没有任何关联，园中有设计精美的植坛、拱廊、饰有栏杆的台地、花钵、雕塑喷泉，以及鸟舍、洞穴、露台等(图6.13)。

德国当时最有名的园子是海德堡(Heidelberg)的 Hortus Palatinus ，是考斯(Salomon de Caus)在1615年为英国詹姆士一世国王的女儿伊丽莎白·斯图尔特(Elizabeth Stuart)和女婿法耳次(Palatinate)选帝侯弗雷

德里克五世(Friedrich)所建的(图6.14)。花园建在Neckar峡谷的高地上，由一系列L形的台地组成，被分成许多块，由绿廊包围着，许多露台、喷泉、雕塑点缀其中。考斯是一位水利和自动化专家，他在园中建了许多洞穴和水景，像音乐喷泉，有时还可演奏考斯自己创作的曲子。在"30年战争"(1618~1648年，The Thirty Year's War)中园子遭到了破坏，十七世纪末路易十四的法耳次之战彻底毁掉了这座园子，再也未能修复。

30年战争结束后，德国的园主人开始更多地模仿法国风格，因为法国成为经济和艺术的中心。德国王子们引进了大批园林师和喷泉建造者，也引入了设计理论，他们对法国风格进行修改，使其更好地与当地风格融合。但其中也有一些受荷兰的影响，如法耳次·弗雷德里克五世的女儿苏菲(Sophie)。她嫁给了欧内斯特·奥古斯特(Ernst Angust)公爵(后来的选帝侯)，她在汉诺威的萨克森(Lower Saxony, Hanover)建造了赫恩豪森(Herrenhausen)的大花园(图6.15)。

十七世纪的德国，政治动荡不定，国力衰败，王公们造园之时都想表达一种专制的力量和对主权的控制。卡尔侯爵1715年在喀尔斯鲁厄城建造了Baden-

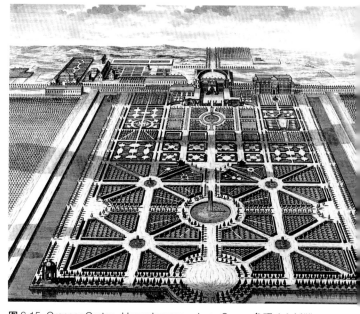

图6.15 Grosser Garten, Herrenhausen。J.van Sasse 参照 J.J. Müller 所绘。选帝侯欧内斯特·奥古斯特(Ernst August)的妻子——苏菲的园林师 Martin Charbonnier 是这座园子的主要设计者，曾被送到尼德兰去学习最先进的园林设计理论。因此，这座园子被设计成规则的矩形，三面都是水渠环绕，中轴线以半圆形结束，这一切很像赫特鲁园。

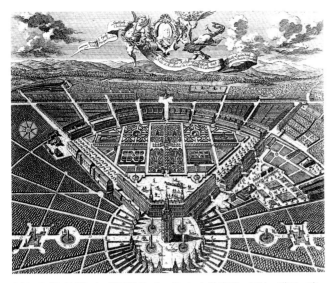

图6.16 Karl Wilhelm侯爵的Baden-Durlach的宫殿、园林、猎园，喀尔斯鲁厄城。1715年。Johannes Mathaus Steidlin1739年绘制。

Durlach，以从宫殿辐射出去的十字形林荫道向大家宣告了他的威严(图6.16)。园子无限扩张的长度使得周围的村庄好像都成为侯爵的领地。

帝国的首都维也纳逐渐遭到了土耳其人的入侵，直到1683年全面胜利后，大规模园林建设才开始。1693年，在战争中备受尊重的英雄欧仁王子(Eugene)得到一块在南城的封地，建造了法国式的望景楼(Belvedeve)宫殿和花园，工程直到1732年才完成(图6.17)。园子的设计师是弗朗索瓦·吉拉尔(François Girard)和建筑师希尔德布朗德(Johann Lukas von Hildebrandt，1668～1745年)。园中有台地、植坛、喷泉和水池、小瀑布、修剪的绿篱，以及面向橘园的箱状的凉亭，依稀可见沃-勒-维孔特府邸和玛丽时代的影子，以及奥地利人受到法国风景园林设计的影响。然而，在希尔德布朗德的建筑中，明显能看到弗朗西恩科(Francesco Borromini)的意大利巴洛克样式，暗藏的奥地利的反法国因素更加显著。其他的贵族也在附近建了豪华的宫殿和花园，直至维也纳成为真正的世界之都。

1693年，利奥波德大帝命令宫廷建筑师埃尔拉克(Johann Bernhard Fischer von Erlach，1656～1723年)[7]将市外6英里(10km)处的宣布隆(Schönbrunn)的猎场和公园建成一个宫殿，以此证明他的Hapsburg的权利，也同时表明克里斯琴·韦斯特(Christian West)战胜了土耳其帝国统治。起初是意大利式的设计，而不

是法国式的，想将宫殿建成山顶上的灯塔。这个设计耗资过大，不切实际，因此在后来的设计中，将宫殿建于下面的平原上(图6.18)。

1770年，玛利亚·特丽萨(Maria Theresa)女皇任命Ferdinand Hetzendorf为园子作最后的设计。为了跟上时代的潮流，建筑师在一条新的对角线上的林荫道的终点处增加了一座方尖碑和一些人工废墟。在山脚建造了一个海神水池。山顶轴线末端建了一个新古典主义的优美的花坛，为炎热的8月带来了凉爽的气候(图6.19)。

自1701年开始，在慕尼黑附近，巴伐利亚的选帝侯麦克斯·伊曼纽(Max Emanuel)为了模仿纽芬堡(Nymphenburg)，改建他父亲Ferdinand Maria的宫殿和花园，在他生日那天作为送给他母亲Henriette Adelaide的礼物。为了完成这项工作，麦克斯派建筑师约瑟夫(Joseph Effner，1687～1745年)去法国学习景观设计的理念。但约瑟夫不仅带回了勒·诺特的经验，还吸收了洛可可的休闲的风格。洛可可是一种轻松活泼的、尺度亲切宜人的装饰风格，十八世纪初起源于法国，其实，就本质来说，洛可可是巴洛克式的延续，但规模不如其宏大，图案上也不够严肃。洛可可的设计通常有优美的曲线和精巧的细部。他们对自然景色评价很高，喜欢乡村气息，在园中常造出乡村风光的景色。他们满足了人们对洞穴的喜好，还常加入一些不确定形状的人工壳状岩石，如同珊瑚色的屋顶。

在洛可可设计中，巴洛克式也被运用其中，唤起古代的régime的记忆，当时是封建君主制统治的时代，但许多贵族仍然怀念已经崩溃的统治。当时西方和中国往来密切，欧洲许多贵族喜欢这个国家的装饰艺术，

图6.17 Belvedeve园，维也纳。Francois Girard设计。1693～1732年。

因此洛可可风格也加入了一些中国式的元素，当时十七世纪中国的装饰物第一次传入欧洲。十八世纪的中国园林传入欧洲，宝塔、中国桥、茶亭等开始在西方园林里流行开来。洛可可设计者对异国风情很感兴趣，用埃及金字塔、土耳其帐篷来丰富景观设计，还有模仿伊斯兰丝绸商旅帐篷的油漆木质凉亭。

在纽芬堡园中，约瑟夫建了Pagodenburg(1716～1719年)(图6.20)和 Badenburg (1719～1721年)，其中有一间装饰豪华的房间，有热水装置和浴室，还有设计成遗址的Magdalenenklause(1725)。逃避现实的幻想和欢乐的气氛是洛可可式设计的本质，在巴伐利亚的许多园子里都能见到和纽芬堡一样的场面，如慕尼黑附近的Veitshöchheim的

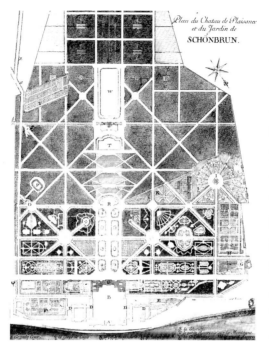

图6.18 Schönbrunn 平面图，维也纳。Johann Bernhard Fischer von Erlach设计。1693年后，宫殿被移到入口处，后面是花坛和花带。中轴线从宫殿到凉廊结束，后面就是山丘。在平面图中可以看到，除了强烈的中轴线外，交叉的对角线也形成了格网。

Hofgarten(图6.21)。洛可可中与爱情有关的内涵甚至征服了弗雷德里克二世(1740～1786年在位)统治的普鲁士式的波茨坦。在无忧宫(Sanssouci)，洛可可的轻松风格与整齐的、6个长长的、倾斜的、抛物线般的葡萄园台地结合，从 Georg Wenzeslaus von Knobelsdorff 的宫殿(1745～1747年)下延伸出去，这表现了当时宏伟、精巧的新建筑风格(图6.22)。在台地的边界上，水渠旁的丛林中，Buring 的中国茶亭表现出了一种轻浮的异国情调(图6.23)。

东 欧

法国的景观设计风格在十八世纪后演变为洛可可式，并被匈牙利、波兰、波希米亚的王子们所接受。这些地区的气候比法国干燥许多，因此

图6.19 Gloriette，Schönbrunn。Ferdinand Hetzendorf 设计。1770 年。

图 6.20 Pagodenburg，纽芬堡园(Nymphenburg)慕尼黑。Joseph Effner 设计。1716～1719 年。

图 6.23 中国茶亭，无忧宫。John Gottfried Büring 设计。1754~1757 年。

设计师们略去了为灌溉法国园林及为勒·诺特和他的追随者们带来辉煌的长长的水渠和装饰性湖面。

当1686年Hapsburg从匈牙利击退了土耳其后，开始修复几个自1541年起被土耳其占领后忽略的文艺复兴时期的花园。荷兰建筑师希尔德布朗德(Johann Lukas van Hildebrandt)，为Savoy的欧仁王子在多瑙河中的一座岛上建了一座夏宫，宫殿周围环绕着融合了法国和意大利式的花园，虽然这座花园已成废墟，但稍晚于此的十七世纪60年代在Esterháza的Miklós Esterházy王子的Fertöd却保留至今。Esterháza表

图 6.21 洛可可风雕塑, Hofgaten, Veishöchheim, 慕尼黑附近 Ferdinand Dietz 和他人共同设计。1763。

明了盛行一时的洛可可风格在东欧的样式(图6.24)，其中台地园的布局、花床、沙石罐、雕塑以及喷泉都来自于莫莱在1651年出版的《游乐性花园》(Le Jardin de plaisir)一书。园外的丛林中有寺庙、一对瀑布以及表示成功的拱门。1773年特意为玛利亚·特丽萨女王的到访修建了一座中国凉亭。除此之外，Esterháza还建造了一座歌剧院、一座音乐厅，以及木偶剧场。在王后到访时，设计师弗兰斯·约瑟夫(Franze Joseph Haydn)举办了两场歌剧，以满足皇宫里来的客人的需要。在装饰性花园的下面是鹿园，园里是十字交叉的林荫道和一

图 6.22 台地园，无忧宫(Sanssouci)，波茨坦，德国。Georg Wenzeslaus von Knobelsdorff 设计。1745～1747 年。

图 6.24 宫殿和园林，Esterháza，匈牙利。建筑师和园林设计师不详，1766 年。

个野猪园，林荫道从中心发散出去。

尽管欧洲园林自成体系，但十八世纪的匈牙利保留一些早期土耳其统治时的园艺元素，包括橘树、石榴树、郁金香及其他外来树种。贵族们的花园通常是许多外出探索时发现的外来树种的展室，如栗树、榛树、刺槐、鹅耳枥。外来植物和洛可可风格同样都是花园主人尊贵身份的象征，也说明园主人志在四方，爱好科学探索。

同时，曾经被认为是不朽的主权主义不再在欧洲景观设计中充当主流。众所周知，在十八世纪的最初三分之一时间里，英国造园越来越脱离规则，走向自然，这远离了凡尔赛及威廉玛丽引导下的荷兰风格。当英国国力增强时，英国设计原理的影响也逐步扩大。十八世纪末，许多欧洲王子和王公们开始接受英中式园林(Jardin anglais ——jardin anglo chinois)，成为他们设计的样本。此外，十九世纪英中式园林开始兴盛时，许多继承者开始厌烦祖先传给他们的园林的布局。十八世纪中叶新的英国景观设计风格的流行，解释了洛可可风格的影响，如中国艺术风格在规整对称式园林中和在自然式园林中同样得到运用。也说明了为何被引进植物的野生种在两种风格的园中均能找到。当巴洛克成为大家抛弃的对象时，尽管其中仍然有传统的轴线和对称原则，但洛可可风格因为基于自然的审美而得到认可。同样，外来植物成为法国洛可可风格园林中不寻常的焦点，但它们在英国园林中显得非常自然。

在波兰，当国家摆脱土耳其霸权后，Jan Sobieski 国王(1647~1696年在位)将洛可可式的法国园林带入自己的国家。他雇用荷兰建筑师Tylman van Gameren (1652~1706 年)在 Wilanów 建造一座宫殿。后来他又委任Agostino Locci和阿道夫·博伊(Adolf Boy)设计一条从宫殿放射出去的 patte d'oie，以及一个在两层台地上的刺绣花坛，直伸向湖中〔1955、1965年杰拉德(Gerard Ciolek)重建〕。喷泉、雕塑以及一排丛林，是在下一层台地上(图6.25)。分隔上下层台地的挡土墙是作为buffet d'eau，其中放置许多水盆，收集从里面水壶中喷洒出的水。两层台地间的踏步栏杆上装饰着石雕图案，代表着爱的四幕：由彼此挂念、到相爱、到厌烦、到分离—— 一种自由主义者乖戾的人生图解。后加的英国式园林中有一座中国庙，在1805年根据威廉·钱伯斯(William Chambers)的设计所建，以及一座中世纪的城堡，是由湖中抽水的泵房改装的。

另一处重要的园林是 Branicki 家族的住所，

图 6.25 Wilanów, Warsaw, 波兰。Agostino Locci和阿道夫·博伊(Adolf Boy)设计。在十七世纪晚期，被 Gerard Ciolek 改建，1955~1965 年。

图 6.26 有着新古典主义柱廊的园林，Lançut，在 Rzeszow 附近。伊萨贝拉(Lzabelle Czartoryska)与建筑师 Chrystian Piotr Aigner 和 Albert Pio 以及园林设计师 Ignacy Simon 和 Franciszek Maxwald 设计。十九世纪早期。

1728～1758 年间建于 Bialystok，被戏称为"波兰的凡尔赛"，因为它的花坛、丛林、林荫道以及装饰性凉亭、雕塑、喷泉、池塘、瀑布，都和凡尔赛宫极为相似。和 Wilanów 一样，Bialystok 同样是十七世纪法国风格作为国际流行的王公花园的产物，即使同时还有一些其他影响在排挤法国风格。

Lançut 是风格发生突变的转折点，一位贵族伊萨贝拉(Lzabelle Czartoryska，1746～1835 年)，在 Lubomirski 家族的领地上设计了一座园林。她也是一位很有天分的造园家和 Wilanów 园设计的参与者，她嫁给了 Lubomirski 家族的最后一位成员。伊萨贝拉让工匠们拆掉许多场地上原有的堡垒，去创造英国风景园的长的透景线，她还指挥建筑师建造了一座新古典主义的艺术学校(1799～1802 年)，一个 gloriette(1820 年)，一个作为视线焦点的半圆形的新古典主义的柱廊(图 6.26)，装饰着维纳斯像(现已丢失)。

瑞 典

在 1648 年 30 年战争结束后，瑞典女王克里斯蒂娜(Christina)宣召莫莱到斯德哥尔摩。他在瑞典的第一个五年内，出版了《游乐性花园》(Le jardin de plaisir)一书(1651 年)，通过这本有影响的著作及书中的例子，可以看到，他在一个皇家园林的改建中，建造了一个巨大的刺绣花坛，奠定了法国式园林应用在瑞典园林

中的基础。其中最有名的实践者是 Jean de la Vallée (1620～1696 年)，他是一位在瑞典工作的法国建筑师的儿子，以及小尼科迪默斯(Nicodemus Tessin，1654～1728 年)，是一个德国防御工事工程师和建筑师，大尼科迪默斯(Nicodemus Tessin，1615～1681 年)的儿子，都在此工作。这些设计师修改了法国风格，使其与民族风格结合。

海德维格·连诺拉王后 1681 年建造了卓庭霍姆宫花园宫的花园，由小尼科迪默斯负责设计(图 6.27，6.28)。在德扎利尔·阿根尼乐的《园艺学理论与实践》(La Théorie et la practique du jardinage)一书中，小尼科迪默斯引此为例，向他儿子卡尔·古斯塔夫(Carl Gustaf)说明法国园林在斯堪的纳维亚国家的运用。在卓庭霍姆宫花园，他移走了岩基，根据他画中的法国例子来开辟出一块平地来设计花坛和丛林。他将这些都组织在一条纵向的轴线上。有一处无法移走的巨大岩石，他将其伪装成瀑布。他想模仿沃-勒-维孔特府邸的运河，但实在太困难，因此在卓庭霍姆宫花园，既没有水渠作为横轴，也没有其他水面。

相反，在十八世纪的最后十年里，弗雷德里克·蔓哥娜斯·派波(Fredrik Magnus Piper，1746～1824 年)将英中式园林带入瑞典。古斯塔夫(Gustav)三世在积极设计英国风格的园子，围绕中轴线设置一些曲折的池塘，曲折的道路，不规则的树丛。古斯塔夫三世曾受

图 6.27 花坛园的版画。卓庭霍姆宫花园(Drottningholm)，斯德哥尔摩，瑞典。1692。来自《瑞典的过去和未来》以及 Eric Dahlberg 的《瑞典重要的居住地与花园景观》。

到卡尔·古斯塔夫·特森 (Carl Gustaf Tessin)的造园指导，在他17岁时，参加了1753年女王的生日宴会，

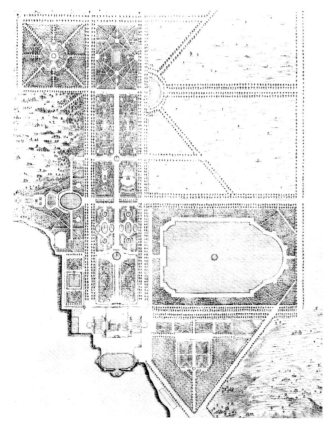

图 6.28 卓庭霍姆宫花园(Drottningholm)平面图，斯德哥尔摩，瑞典。小尼科迪默斯(Nicodemus Tessin)设计。1681。

看到阿道夫·弗雷德里克(Adolf Fredrik)国王将秘密建造的中国凉亭的钥匙作为礼物送给女王。1763年园子被荒废，公共指挥家卡尔·弗雷德克·阿德克兰斯(Carl Fredrik Adelcrantz)又新建了一座中国亭。1779年，国王任命阿德克兰斯为设计师，创造另一种洛可可风格，在中国亭下加上蓝白相间的土耳其帐篷斜坡(图6.29)。因此，在卓庭霍姆宫花园(Drottningholm)，人们能看到一百年间欧洲园林转变共存的景观，既有十八世纪的阿德克兰斯的洛可可风格，又有随后的古斯塔夫 三世的英国风景园，与尼科迪默斯的十七世纪的勒·诺特

图 6.29 土耳其帐篷，卓庭霍姆宫花园(Drottningholm)，瑞典。

对称式风格肩并肩地站在一起。

俄 国

1716 年，彼得大帝任命勒布隆(Jean Baptiste Alexandre le Blond)为总设计师，为他在芬兰海湾边的高地上建造一座夏宫。德扎利尔曾在《园林的理论和实践》一书中提到，勒布隆是刺绣花坛的设计者。因为有成千上万的士兵和农民可任意支配，勒布隆在他 1719 年死于天花之前设计了宏大的主轴线，栽植了大量树木。

在山脊上，勒布隆设计了一座大宫殿，俄国十八世纪中最有预见性的建筑师 Bartolomeo Rastrelli (1700～1771 年)在伊丽莎白(Elizabeth Petrovna, 1741～1762 年在位)统治期间又将这座宫殿扩展。南边是一个花坛园，北边有一个两级瀑布和带喷泉的长长的水池(图 6.30)。为了强调一种力量，彼得曾经想清除所有的大树，来形成长长的大道。

彼得大帝的这座园林集天下之大成。尽管主要设计源于法国，但也受到意大利和荷兰的影响。彼得在 1712 年用很多外国的和本地的建筑师，以及大量农奴劳动力完成了一项更伟大的工程：在泥泞的尼瓦河畔建造圣彼得堡——一座首都、工业城，海军和商业港口。这一章的讨论中将谈到这个巴洛克风格运用到城市设计中的例子。

在凯瑟琳(1762～1796 年在位)时代，英国风渐渐战胜了法国。女王 1772 年写信给 Voltaire 时说道：“我喜欢英国式的园林。”她让一位受过英国园林教育的景观设计师约翰·布斯奇(John Busch，1730～1790 年)在圣彼得堡外建造一座风景园，位于 Tsarskoye Selo 宫殿外，园子的设计中有曲折的水面，也有早期巴洛克花坛和丛林，与古斯塔夫三世和派波在卓庭霍姆宫建造的法国式园林十分相似，Tsarskoye Selo 与瑞典皇家花园一样，也有几处中国亭子。尽管十八世纪景观设计多元化发展，但在欧洲大陆以西相当远的地方，法国和英国的影响很轻微，使得依伯利亚式的巴洛克风格和洛可可风格园林艺术得以繁荣起来。

葡萄牙

葡萄牙的统治者从东印度和巴西利亚掠夺了许多财产，在国内大建教堂、宫殿、修道院。国家虽然很

图 6.30 喷泉镶边的水渠, Peterhof, 俄国。

小，又多山，但他们仍然用大量的美丽的花园来装扮自己的国家，并创造了融合各国特色的自己的风格。葡萄牙气候条件良好，耶稣会传教士从国外带回的许多外来植物都能生长良好。1772 年 Pombal 侯爵在一所非常有名的大学里科英布拉(Coimbra)建了一座植物园。同年在葡萄牙首都里斯本同样也建了一座植物园。

葡萄牙是西班牙伊斯兰教的后裔，伊斯兰教一直流行上釉瓷砖，绘有阿拉伯几何花纹，有黄蓝绿各色。到十五世纪被引入葡萄牙，被运用到墙上、地板上，几处花园中也有见到。

当西班牙的手工艺衰退后，葡萄牙却建了自己的瓷砖工厂。他们扩展了底色，也改变了绘画的主题，以迎合伊斯兰教徒抽象主题的需求。同时，也设计了拼合方格的合成图案。当巴洛克和洛可可风占了上风，葡萄牙无可争辩地成为瓷砖设计的主宰，创造了许多优美的图案。瓷砖设计在将伊斯兰、西班牙、意大利、法国的优点都融入自己的景观风格中起到了重要作用(图 6.31, 6.32)。

图 6.31 Coimbra，葡萄牙，大门。

图 6.32 Queluz 宫，里斯本附近，葡萄牙。Matous Vicente de Oliveira 设计。1747~1752 年。除了精美的植坛和洛可可式的喷泉及雕塑，园中还有荷兰式的水渠。洛可可的窗格展现了美丽的航行场景。

伊斯兰风格的水槽是葡萄牙花园中别有特色的景观。每当夏日的旱季到来时，水槽既能供给人们生活用水，也能保证园中灌溉用水。水槽的安放相当合理，通常较高，水完全靠重力自由流动，水和瓷砖都反映了设计者的精巧构思，使功能性构造变成装饰元素。Quinta da Balcalhoa 和 Palácio dos Margqueses de Fronteira 园中都用这些来装扮花园(图 6.33, 6.34)。

尽管有许多装饰和雕塑，十七、十八世纪的葡萄

牙花园整体设计仍然显得有些保守。虽然有一些花园中有花坛，但在 Palácio Fronteira 的设计中，有一些精巧的迷宫，就像是对文艺复兴时期的回归。类似意大利式的洞穴的装饰在这些花园中也随处可见。更重要的是，他们在空间上是内向的，有着高高的围墙，也没有强烈的轴线组织。花园设计师只是按照当地地形条件设计，并没有像欧洲其他地方一样进行更多的分类。凉廊是为了在上面观赏花坛，但和花园的整体并没有任何关联。从现在来看，葡萄牙当时所建造的园林都是极富原创性的，在他们对当地文化的继承和对景观设计的探索中，瓷砖形成了本土的设计语言。

法国洛可可风格对中国的影响

十八世纪风景园对凡尔赛产生了深远影响。王公们感到财力吃紧，而大自然无意发现的美比繁琐的花坛的日常维护要省钱许多。在法国，当一股持续的力量在推动君主制和园林设计的改革时，风景园的愉快和欢乐改变了古典传统(ancien régime)的面貌。

同时，洛可可风格的传统风格仍然有许多贵族拥护者，即使在遥远的中国受到讥讽。乾隆皇帝(1736~1795 年)任命耶稣传教士 Giuseppe Castiglione 教父(1688~1766年)和他的同事在圆明园的长春园里建了一座洛可可风格的西洋楼，集欧洲石雕建筑和喷泉于一体，还有迷宫和水钟。圆明园这座伟大的花园，在

图 6.33 Quinta da Balcalhoa，里斯本南部的 Arrábida Peninsula。1528~1554 年。士兵和水手 Braz de Albuquerque 征服了果阿，获得领地，在此建造园林。二十世纪中叶它的美国主人 Herbert Scoville 对其进行了重建。这是一座葡萄牙复兴时期的园林的代表。水边装饰凉亭的织物囊括了早期葡萄牙 azulejo 设计的发展，展示了从伊斯兰风格向西班牙复兴绘画式的转变。

图 6.34 dos Margqueses de Fronteira，里斯本，葡萄牙。这座花园为 Fronteira 的第一位侯爵 Joao Mascarenhas 所建，他将葡萄牙从西班牙的统治下解放出来。十七世纪的园子有些矫揉造作。里面有一处方形的迷宫，根据 1628 年德国园林设计师 Joseph Futtenbach 的图案所作。长长的水槽旁是 15 英尺(4.6 米)高的墙，墙上有 3 个洞穴和 15 个拱门，由蓝白相间的窗格装饰，展现跳跃的节奏。

第八章中对此有所描述(图 6.35, 图 8.4)。[8] 建筑里摆满了外国使节送的礼物，也包括控制喷泉的机械装置。

虽然西洋楼在 1860 年英法联军入侵时被毁，但说明中欧交流并非是单方向的。洛可可风格的中国艺术风格虽然在西方园林中发挥重大作用，而西方规划理念和形式并未在中国产生深远影响。

在法国洛可可风格的影响下诞生了许多著名的园林，并且更深远地影响到城市规划。越来越多的君主政权希望在更大尺度范围内展现自我，不仅局限于皇家领地，而且想让整个首都成为自己的纪念地。按照巴洛克

和十七世纪法国设计原则对城市进行设计，表现国家政权强大的思潮，已上升为全国的潮流。

图 6.35 大水法南侧，西洋楼，圆明园内的长春园。中国铜版画。1786 年。

II.英雄城市：古典、巴洛克城市化的表现

十八世纪初的城市景观从十七世纪的园林设计中吸取了不少营养。延伸的轴线，成排的树形成的林荫道，有喷泉或其他元素的节点，有节奏的雕塑和其他纪念物，这些都是勒·诺特式园林的基本要素。勒·诺特将宫殿规划扩大到了整个凡尔赛镇。卡尔·威廉(Karl Wilhelm)侯爵在喀尔斯鲁厄将城镇与园林融为一体(图6.16)。但王公们并不真正需要这种都市化。十七世纪随着中产阶级地位的上升，城市都获得自治，不再是附属领地、主教的封地，或仅仅是商业中心。国家政府和市政组织聘用建筑师、工程师和艺术家来重新设计城市，突出国家的主权和民族尊严。

都市化伴随而来的是国家政权的成长和城市成为公民财富和品德的象征，至今仍是规划者们的现实范例。城墙消失了，城市轴线延伸出去，这种变化源于国家的形成，原来的"城国"不再是独立的政治单元。此外，十七世纪机动装置和玻璃窗的发明，使得乘坐马车成为一种时尚，也是一种有效的旅行方式，显然这对街道的尺度和城市的设计产生了深远影响。

巴洛克城市设计的主要元素

围着高墙的古代城市向现代城市的第一步转变是由于军队发明了一种新的防御堡垒，而不是原来带枪眼的碉堡。有着耳形尖锐三角的半月形堡垒可以抵抗大炮的攻击，又能允许军队在交错的射击中得到最大的保护。设计中采用放射形图案，像勒·诺特的园子一样，均向外放射，隐喻着扩张的空间感。[9] 在边境要塞城市形成保护圈后，内地城市变得安全，因而城防消失，新的堡垒让位于林荫道——一种满树的环城路，可以休闲地驾着马车驶过或散步，十九世纪时还演变成购物场所和咖啡馆。

军事工程师，如勒·诺特的同学 Sébastien Le Prestre de Vauban(1633～1707年)常被任命为城市规划师。[10] 他们常常废除旧城"有机"生长的方向，使得日常生活成为一种概念化秩序的附属。方格网是永不过时的、基于象征性符号语言的模式，但暗藏在巴洛克城市景观和文艺复兴时期人文主义下的王权的威严，以政府为中心向外发散，就像太阳光的辐射一样。因为这种规划不便于普通人的正常生活，一些规划历

史学家对此执否定态度，刘易斯·芒福德(Lewis Mumford)就是其中一位。但这种设计提供了戏剧化的场景，显示了公众场所的威严，为公众互相了解提供场所，这种公众场所也表达了社会的政治文化渴求。

猎园中有着长长对角线上透景线的rond-point为城市提供了一种新的从星形图案的圆心中发散的模式。既能满足日常交通又可在紧急时刻供军队通行，还增加了城市的动感和戏剧效果。法国园林中的林荫道为街道绿化提供了范例。它们不仅是可用作巡回演出的散步道原型，也是像巴黎香榭丽舍、华盛顿宾夕法尼亚大街等游行街道的雏形，街上装饰着橡树、大门、拱门、喷泉、纪念物、雕塑，作为节点，不时打断过长的线形，并形成韵律。这些纪念性的轴线为城市增加了艺术性，为民族尊严提供了信心。

城市广场是为群众活动及纪念英雄而设的。即使没有喷泉、纪念物等焦点，广场的建筑围合的空间也给人强有力的震撼，成为城市独一无二的象征，给人们和来访者深刻印象。此外，巴洛克时期的城市景观，高度往往是过分夸张，巍峨的教堂或宫殿、高耸的纪念物、城市中的瀑布、宽阔的街道，都给人以巨大的空间感觉。

巴洛克城市规划是法国传统主义的象征性符号语言与意大利景观夸张的戏剧效果的结合。米开朗基罗、伯尼尼(Bernini)、勒·诺特设计精髓的结合形成了一种新的城市模式，使得城市设计适合于大规模的交通运输。比罗马帝国以来的城市规划有了更多的展望，开始对公共卫生、安全以及公众娱乐有了更多的考虑。

罗马喷泉和巴洛克都市化

在士兵、作家及罗马供水系统中枢指挥者新发现的文献《古代罗马》(De aquis urbis Romae)的帮助下，另一些罗马古代的水渠被挖掘、复原。Sextus Julius Frontinus(35～103年)是罗马的供水系统中枢，十七世纪的罗马举行仪式庆祝这条水渠道的建成。水从图拉真地下水渠流出，进入 Fontana 和毗邻 San Pietro 的 Ponzio's Fontanone dell' Acqua Paola，这条水渠位于 Janiculum 的 Montorio，展示了壮观的喷泉，以城堡喷泉而出名。城堡喷泉通常是水渠进入城市的交汇点，

也是为了纪念国王，修建了这条水渠。在挖掘罗马水渠的过程中，教皇和帝国的权力常常交织在一起。

罗马请了一个雕塑家贝尼尼(Bernini)来扩充Sixtus五世的城市规划，我们在第四章中曾提到过。他创造的世俗的公共空间的效果，就如同人们在 Counter-Reformation 教堂中的感觉，除了再现 Acqua Vergine Antica，[11] 他在 Barberini 广场上建了两处喷泉——海神喷泉和教皇衣袖中的蜜蜂喷泉(图6.36)。他的杰作是在 Navona 广场中心的四条河的喷泉，象征四条河神。这些雕塑的神情显得懒散，并不像古代河神，倒像戏剧中的演员。

从今天的角度来看，甚至很难记起当时的街道和建筑物，十七世纪，城市的乡村味很浓。虽然有一些街道有铺装，但大部分都没有。我们在十七世纪和十八世纪罗马画中可以看到，即便是当时的最繁华的地方，即有着大型建筑和雕塑的周围都是平地，公众的生活也很简朴。但在十七世纪初，罗马是西方最成熟的城市。在历史的进程中屡次成为废墟，却留下了英雄的史诗，还有教皇的盛大场面以及记载在石头上的人民的欢乐。这些使得罗马获得国际上无可争辩的奇迹般的地位。

罗马提供给世界城市景观的要素——喷泉和古代透景术中的宝贵财富，也包括巴洛克中空间流动的理念，现在称为"步移景异"的空间效果。巴洛克的空间组织不仅是水平的，宏伟的建筑、纪念碑、上升的台阶给人垂直方向的动感。罗马喷泉水的升降以及装点的动感雕塑成为城市空间的特征，也增添了艺术性。

罗马的规划虽然朝着艺术化的方向发展，但罗马的设计者将一系列景物连成了整体，而不是像法国，许多空间各自为政。罗马城市有一种喜庆的气氛，让人感觉到基督教的辉煌和帝国的复兴。相反，法国的城市更理性一些，是中央集权制的产物，表明国家机器的力量。这种力量表现在勒·诺特强有力的轴线上，如路易十四对凡尔赛的控制，以及随后十九世纪的拿破仑三世(第十章)。从第四章中可以看到，都市化在十七世纪初亨利四世统治时就已开始，早在路易十四和勒·诺特给巴黎作规划之前。

亨利四世统治下的巴黎

当蒸汽马车发明后，环城林荫道成为城市设计的时尚，在巴黎和意大利都是如此。1616年，亨利四世的遗孀 Marie de Médicis，为了模仿家乡佛罗伦萨的 Corso，在塞纳河到杜拉瑞宫西面的路上设计了车道 Coursla-Reine(图6.37)。四行榆树形成了1英里长的3条林荫道，不仅为巴黎带来了有行道树的车行道，同时也是公共活动空间。人们发现，驾车行驶在林荫道上是一件非常惬意的事情，既有运动带来的视觉和身体的愉悦，也有马车和散步场所带来的新的生活方式。人们穿着华丽的绸缎，在公共场所会面，感觉自己就是剧中的主角。Coursla-Reine 很快就挤满了马车，一

图 6.36 海神喷泉，Bernini 广场，罗马。Gianlorenzo Bernini 设计，1642~1643年，G.B.Falda 绘制。

图 6.37 Coursla-Reine 透视，1616 年。Aveline 绘制。

图 6.38 de la Concorde 宫鸟瞰图，巴黎。

辆接一辆。这个地方受到大众的欢迎，因此St-Antoine的纪念庆典就在此举行，而这条路正是巴黎以东沿Vincennes路的一条主要仪式通道。树是分两行栽植的，中间是宽阔的车道。十七世纪60年代又将其向东延伸，修建了 Cours de Vincennes。

所有林荫道中最有名的是勒·诺特，1670年在杜拉瑞宫建的轴线，称作"Grand Cours"。延伸出去大约1英里到Étoile村边，呈星状辐射。在轴线和塞纳河边的 Cours-la-Reine 间，皇家园林师将植物按梅花式（五点式、五点倍数，四棵形成矩形，一棵位于中心）种植。这片林地命名为香榭丽舍，是天堂的意思。另一个短轴式树木陪衬的马车道和散步道，将Grand Cours与 Cours-la-Reine 连接起来。现在 Grand Cours 仍然以古老的林地著名，现在即大家所熟知的香榭丽舍。自从拿破仑在勒·诺特的Étoile中心建了 Arc de Trio-mphe 后，巴黎主要朝向西面而不是向东面的 Vincen-nes。香榭丽舍大街仍然保存着原来的自然风貌，并车水马龙，不少人在路旁的咖啡馆里休闲，这条街作为城市的标志性道路，已存在 200 年了。

在路易十四时期，军事工程师开始建造新的防御体系。防御墙被设计成环城的林荫道，四周的林荫道建成后，防御墙被拆掉。这项建设工程一直持续到十七世纪。人们认为防御工事并无多大用处，并且如果没有它，城市可以自由扩展，和郊区融为一体。原来城墙是用来抵御外来进攻或平民暴动。而现在防御工事的主要功能是创造休闲空间，如咖啡馆等。许多林荫道也应运而生，如著名的北大街。

人们现在只能怀想当年路易十四听从考伯特(Colbert)的建议，定都巴黎的情景。国王只在他生命中的后20年内到过4次巴黎，在他统治期间建了2座宫殿，Des Victories 宫(1682~1687 年)，路易十四宫(1699 年，现在的Vendôme宫)。这两座宫殿都是由宫廷建筑师Jules Hardouin-Mansart所建，宫殿前广场上有人工瀑布，里面放置国王的雕塑。为了显示城市的强大的财力，考伯特设计了 15 座喷泉，还有夜间照明的灯柱。尽管如此，他并没有能让国王理解城市规划的实质，但却使巴黎成为举世闻名的靡废之都，缺少公众安全和享受健康的场所，也没有林荫道。

路易十五(1710~1774年)也在十八世纪的巴黎留下了自己的印记，即几座宫殿，其中比较有名的是路易十五宫，后来称为 de la Concorde 宫(1763 年)。路易十五宫在杜拉瑞宫的轴线和香榭丽舍大道的交点处，由 Jacques-Ange Gabriel(1698~1782 年)设计。宫中有 8 个石制凉亭，象征法国的主要省会。它们构成了宫殿的框架，中心是一座铜制的国王塑像。由于它显赫的地位和与皇家的关系，在大革命时期成为了王公们的断头台，包括路易十六(1754~1792 年)。为了重建大革命中被毁的中心雕塑，曾在上古埃及底比斯神庙前纪念 Ramesses 二世之丰功伟绩的勒克苏石碑被运到此地。这是埃及总督穆罕默德·阿里(Muhammad áli)在 1831 年送给法国国王路易斯·菲利普(1830~1848 年在位)的,这件珍贵的礼物使得巴黎也模仿罗马 Sixtus 五世创下的模式，在城市广场中心放置埃及方尖碑(图 6.38, 4.38)。

伦敦的广场

人们渴望安定的生活，除非强有力的国家政权施加压力，人们都不希望自己占有的土地有很大的变动，即使是在战争或火灾后需要重建。出于历史延续性需要，人们也宁愿沿袭原来的模式，而不愿意适应新的，哪怕新的更加方便，更有吸引力。在这种情况下，人们都是保守派。十七世纪伦敦城市化的历程证明了这一点。

1666年伦敦大火，将城内400英亩以及城外60英亩的土地夷为平地，成为一个巨大的半圆形的废墟。除了87处教区，其他许多公共建筑，包括商业区都毁于一旦，13 200栋房屋化为灰烬，25 万人无家可归。[12]

图 6.39 修道院花园，伦敦。伊利格·琼斯设计。1639 年。塞缪尔·斯科特(Samuel Scott)绘图。十八世纪中期。

这次灾难远比公元前79年维苏威(Vesuvian)城的损失要大得多，主要是由于伦敦人口更多，但这次灾难也为都市中心区及周边地区的重建提供了机会。在火灾后，克里斯托夫·雷恩(Christopher Wren)、约翰·伊夫琳(John Evelyn)和其他人一起参照凡尔赛和罗马经验进行规划，但规划不久就被搁置一边，伦敦在随后的50年内依照原来的街道逐渐重新恢复起来。

伦敦的城墙和巴黎的一样，不再发挥作用，并且由于人口增长超过了欧洲任何城市，居住区也不断增加，新的居民区被开发商开辟出来。在威斯敏伯德、West End以及东部的布卢斯伯里，大厦以及花园都卖给了开发商，但地主的姓名仍然留在新的街道和广场上。几何式的广场和拱廊、骑楼连起来的建筑风格都来自意大利，由伊利格·琼斯(Inigo Jones，1573～1652年)传入，他在1639年为贝德福第四侯爵建了一座忏悔用的修道院(图6.39)。其中的帕拉第奥式建筑都以琼斯的修道院为蓝本，而修道院正是仿自美第奇家族在 Livorno 的 d'Arme 广场，也是十六世纪末的建筑拱廊下的几何广场(图6.40)。[13] 作为一处名门宅业，修道院花园在1671年成为商业广场，广场附近有 Drury Lane 剧院，是十八世纪轰动一时的表演艺术中心。

就在修道院花园广场修建时，林肯郡因河旁也在兴建一些忏悔室。十七世纪60年代早期在布卢姆斯伯里广场，南安普顿的第四代伯爵开辟了一种居住区发展的新模式，因为从伦敦大火后，拥有土地的王公们认识到转让土地使用权可以获得巨大的利润。布卢姆斯伯里广场的规模缩小，建筑成为更突出的特征。从这一点来看，伦敦与欧洲其他城市相比，不再突显主权特色，显得更为庞杂。巴黎的广场是向公众开放的散步道，或景观大道。而在伦敦却成为带围篱的私人花园，只有周围的居民才有钥匙，可以进入。尤其是路易·拿破仑的最高行政长官豪萨门(Haussmann)，于十九世纪在塞纳河边建了几处广场，作为绿地系统中的绿岛，完善了巴黎的扩建区的环城绿地，伦敦和巴黎的差距就越拉越大了，因为伦敦一直维持着居住附属花园的模式。

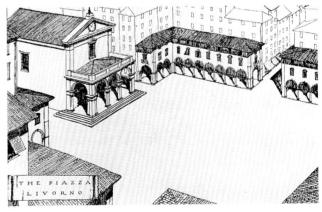

图 6.40 A'Arme 广场，Livorno，意大利。大约 1600 年。这种建筑拱廊下的几何广场被认为启发了亨利四世在巴黎建造广场(图6.48，4.49)。然而 A'Arme 广场和受其影响的修道院花园，都带有公共建筑——Livorno's Duomo 和圣保罗教堂的风格，而 Royale Dauphine 宫没有这样的特征。

在大火后重建的几年里，许多构成城市绿地系统的主要广场就已成型了。随着1725~1731年 Grosvenor 广场的建成，Mayfair(伦敦上流住宅区)成了除林肯郡的因河区外，伦敦有名望的人首选的居住区(图6.41)。在其紧邻的东部，贝克莱广场的住宅仍然延续以前乔治亚镇房前绿地的模式。除了修道院花园是公共空间，许多绿地仍然被栅栏围起来，谢绝路人的参观。这种状况直到1832年纳尔逊广场(Trafalgar)建成才有所改变，为了纪念纳尔逊国王的海军胜利十周年，广场上建了座44米(145英尺)高的纪念柱，至此伦敦有了第一座非居住性的广场，也有了与罗马相似的地标物。

图 6.41 Grosvenor 广场，伦敦。

伦敦的林荫道

十七世纪的伦敦也有其他集体活动的场所。在巴黎和其他地方起作用的文化因素也同样作用于伦敦，使得人们依附于庭园而存在，但又慢慢开始独立。随着制造业的兴起，和海外殖民地的大量财富积聚后，社会概念开始形成。这个时代城市的发展也反映出这些变化。城市不再仅仅是生产、交换、宗教信仰的中心。十七世纪的城市，尤其是伦敦、巴黎等首都，成为欢乐之城，不仅商品在此交易，而且思想也在此交流，这成为智慧和发明的发源地。新贵族娱乐及智慧、社会的需要带来了城市的新形式：咖啡屋(法国演变为咖啡馆)、戏院以及林荫道。

为了洽谈生意，显示自己的地位，或是为到了适婚年龄的男女青年(也有妓女)交流需要，这些都需要一个公共空间，一个特定的场所，人们才能进行自己的聚会。林荫道，或者说是游行道就可以满足这种功能。同时，环城路也不再具有卫城的功能，开始独立于城墙而建。林荫道上的商业街——是起源于意大利的一种流行游戏pall-mall的派生物——开始成为都市的一种特征。塞缪尔·佩普(Samuel Pepy)在他的日记中描述了发生在这些路上的故事及轶闻，丰富了人们的生活。当天气晴朗时，佩普和他的随从们沿着查尔斯二世大道的圣詹姆士公园(St. James)散步，可以看到水沫飞溅的轻舟。附近就是以王后命名的凯瑟琳大街，也很快以 Pall 大街而出名(图6.42)。

尽管这些皇家公园属于皇室，但十七世纪的皇室也愿意与公众分享。在格林公园，查尔斯二世每天在国会山周围散步，与民同乐。公园南部的散步道至今仍然保留原状。十八世纪乔治二世的妻子米罗琳皇后在东部人流较少的地方建了一条皇后大道，因为那时格林公园中挤满了伦敦市民，他们在草坪中十字形的碎石路上散步。格林公园在它长长的作为公共活动空

图 6.42 詹姆斯公园和 Pall 大街透视，伦敦。威廉·詹姆斯(William James)绘制。大约 1770 年。

间的历史里，也曾作为阅兵场和公共节目的场地、决斗场，十九世纪许多热气球在此升上天空。

以五月节闻名的海德公园(Hyde)曾在克伦威尔时代被议会出售，1660年查尔斯二世又重新购回，成为一处时尚之地(图6.43)。公园由一圈砖墙围合，国王设计了一条游线作为马车道。在威廉三世执掌王权后，住在Kensing宫，Rotton Row作为一条腐败之路，联系着Kensington和詹姆士公园，是英国第一条有照明的大道，在树丛间一共安装300盏灯，可以阻止夜间的拦路抢劫者。

和现在的白金汉宫一样，Kensington园早期只作为国王和王后个人专用。威廉和玛丽让亨利·怀斯(1653~1738年)和乔治·伦敦(1714年)将园子按荷兰风格设计。随后安妮王后将其改建，直至乔治二世才允许"穿着合体的人"星期天入内参观。为了接纳游人，国王将宫殿前一条由北向南的大路改成了流行的林荫道。

伦敦在十七世纪和十八世纪中，每个区域逐个发展，几个拥有土地的贵族进行了开发，以谋取利润。因此它没有依照总体规划来进行有序的建设。伦敦没有总体规划，它的成形受到历史环境的影响，没有约束，不像圣彼得堡，一方面没有已有的城市肌理，一方面有强大的主权控制它的建设。

圣彼得堡

如果说伦敦是城市发展中自由放任的例子，那么圣彼得堡正好与之相反，是完全由政府命令规划的君主城市。它建成的历史就是一段传奇。

我们可以想象，伟大的君主彼得大帝将摩里斯猎鹰的骑马者铜像运到尼瓦河边，指挥千军万马，让农奴修建波罗的海港口，实现他的理想，使其成为俄国"面向西方的窗口"。彼得大帝在荷兰和英国以普通人的身份旅行，并在Deptford的皇家海军现代化的军舰上作为一名水手，学习造船技术。1703年回国后作出这个历史性的决定，开始修建圣彼得堡。为了收回被

图6.43 海德公园，伦敦。作为一处林荫道，公园一直为大众所欢迎，重要的活动都在此举行。1842年，Thomas Shotter Boys绘制。Rotton Row是园中有名的马道，在图中右侧。

瑞典占据的波罗的海的几个省，彼得大帝开始在河流源头处的岛上修建圣彼得堡和圣保罗要塞。尼瓦河就如同它的名字一样，河沙淤积成沼泽般的三角洲。它的支流也生成了一系列小岛，都在大陆的左边，即未来的首都所在地。大帝国至高无上的权力和无尽的人力才使得这个远离俄国大陆边缘的北部前哨、仅有一群芬兰渔人的贫瘠之岛成为世界上最美的城市之一。[14]

1709年彼得大帝在波塔瓦打败了瑞典，可以安全地将俄国首都从莫斯科迁往圣彼得堡。尽管有不可控制的周期性洪水、大火，还有狼在街上游荡，皇帝还是在此安居，并在1716年下令让100位贵族及其全家迁到波罗的海居住。大帝还下令让40 000工人来到这里，莫斯科禁止再建石砌的建筑，这是为了将石匠及石头这种稀有的原材料集中到圣彼得堡。尽管大帝并不是很奢华，他还是定下了一条宫殿建造的规模标准，要求他的贵族都按此建造。

圣彼得堡的规划与西方有着密切关系。1703年，彼得任命意大利建筑师Domenico Trezzini(1670~1734年)为总建筑师、结构师和筑城师。后来德国建筑师安德鲁(Andreas Schlüter，1659~1714年)接任，还带了几位年轻的建筑师，这几位建筑师在Schlüter死后，发挥自己的才智，积极地建了许多建筑。勒布隆签约为圣彼得堡的总建筑师，为期5年。为了完成任务，他带来几位艺术家和工匠。

勒布隆设计了Nevsky Prospekt，北部是三条放射林荫道交汇的海军总部，上面有高71.6米(235英尺)的

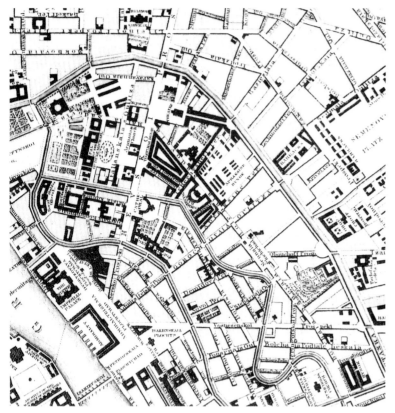

图6.44 圣彼得堡平面。

高塔,像一块磁铁,吸引着城市的周围,成为存在的理由raison d'être,也是尼瓦河边的周转港口(图6.44)。Nevsky Prospekt向东南延伸了2.75英里,与Moika河、凯瑟琳(Katherine)河和Fontanka渠交汇,最后收窄,改道向Alexander Nevsky修道院。起初,它只是一条35米(115英尺)宽的、笔直的石头铺砌的大路,两旁列植着树木。在十九世纪,发展成为一条商业街,出售英国、法国、德国的高级商品。

在建造圣彼得堡时,彼得大帝不仅想到了凡尔赛的辉煌,还想到了另一个重要的商业港口城市——阿姆斯特丹。他尤其喜欢荷兰城市中交汇河渠旁的林荫道边上的联排别墅,于是他在1716年下令,在他与军队离开时,必须在Vasilevsky岛上建成几条水渠。当他两年回来后,发现水渠过窄,无法航行。水渠最终被填掉,城市中出现了几条方格网的街道。

随着圣彼得堡的发展,王公们不再是勉强听命,他们自愿扔下北方都城的地产,来到这里,以大帝为中心开始新的生活。一些意大利建筑师和俄国建筑师合作建造宫殿、美化城市。巴塞罗缪(Bartolomeo Rastrelli)设计了冬宫及其他洛可可风格的宏大建筑,冬宫现在是修道院博物馆。到十八世纪末,在凯瑟琳大帝时代,法国启蒙的新古典主义盛行,取代了上述艳丽的装饰风格。

凯瑟琳在1762年继位时,称赞找到了一座木头城,留下了石头,成立了圣彼得堡的石匠委员会。为了让政府能继续控制圣彼得堡的发展,制定了法典来确保建筑高度和立面的统一。

俄国首都的优美环境来自于大帝制定的规章,也得益于城市宽阔的现代化的街道。这些还表现在一些装饰细节上,制作精良的铁制浮雕、大门、栏杆、街上的灯柱,以及树和雕塑。在亚历山大沙皇一世和尼古拉斯沙皇一世时,极富天分的建筑师卡罗·罗斯(Carlo Rossi,1775~1849年)在冬宫前建造了红场,这是世界上最大、最具影响力的广场之一(图6.45)。在建筑弧形的臂弯里,南部形成了一个半圆,广场的中心是高达47米(154英尺)的亚历山大纪念柱,由抛光的红色芬兰花岗岩制成,是一块被加工的最大的完整的石头。

到了十九世纪,圣彼得堡成为富人们生活的天堂。它拥有各类艺术和科学的大学和学院,有沿着Nevsky Prospekt的马车道和购物中心。有戏院和芭蕾舞剧院,也有德国式的私立学校及法国式的旅馆,只要拥有财富,就可以得到集世界之最的优美环境。但是没有人

图6.45 红场,圣彼得堡。

意识到城市里暗下隐藏的恐慌。诗人亚历山大·普希金(Alexander Pushkin，1799～1837年)用快乐的笔触描写了它巨大的欢乐，整齐的军事化设计，以及骑马者铜像表现出的军事力量。

打败了沙皇的现代社会主义政府也认为圣彼得堡的建设是科学的。圣彼得堡街道和广场的尺度、建筑的统一性，公共雕塑所表现出的权力，这些都成为二十世纪俄国共产党规划莫斯科及其他城市的模型，并且很好地为政治理论家和现代保守主义者服务。

与之相反，在民主社会中，纪念性的或标志性的

建筑物的建设比较少，因为政府的目的是通过自由竞争获取更多的利益。在殖民地的美国，奢侈就意味着少占有土地及附加值的丢失，因此城市设计被省略了。直到美利坚合众国从英国统治者手下获得自由，在独立战争后，才开始在自己的国度中进行设计，修建法国式的林荫道，还聘请了一位法国建筑师Pierre L'Enfant，为新首都华盛顿进行了设计(图6.54)。我们可以看到，美国宏伟都市化的实践二十世纪才真正实行。大多数西班牙殖民者、英国殖民者留下的方格网都成为美国独立后向西方扩张的模型。

III. 自然的天堂：殖民地与联邦时期的美国

欧洲人的进入对美国的景观设计产生了深远的影响。十六、十七世纪的开发者和殖民者的动机都是出于经济考虑，寻找油矿、煤矿、木材和其他资源。为了适应新大陆，他们改变自己来适应当地习俗及对自然的态度。他们的轨迹也代表了景观受影响的程度。西班牙人、荷兰人、法国人和英国商人来此定居，建造城市、耕种土地。另外一些人传教、猎捕动物、倒卖金矿、银矿等。尽管这些欧洲文化都留下了自己的痕迹，但对美国景观设计影响最深的是西班牙和英国。

西班牙殖民者定居点

西班牙人是踏上美洲大陆的第一批殖民者，即在克里斯托夫·哥伦布(Christopher Columbus)发现新大陆之后。起初，大家都认为哥伦布在印度着陆后，政府开发的目的仅仅只是为了贸易和分给富人土地。但土地的广袤和物产的富饶逐渐被发现。到1550年，西班牙的开拓者从古巴向北到达了命名为佛罗里达(La Florida)的半岛，往西直到了今天的阿肯色州，向北到了美国的东海岸。同时，探险者从墨西哥城出来，到得克萨斯、新墨西哥、亚利桑那，沿海到达太平洋海岸更荒芜的地区，即如今的加利福尼亚和俄勒冈州。一些有传奇色彩的地方一处处被人类侵占，如the Fountain of Youth、钻石山(Diamond Mountain)，到十六世纪初，局势越来越明显，为了获得财富，西班牙就必须要征服这片领土，建立自己的帝国；不是为了什么荣耀，就是为了掠夺实实在在的农田、矿产。西班牙在整个北美洲开始了它的殖民统治。

西班牙征服当地的策略基于3种不同的定居方式：一种是传教区，一种是军事卫戍区；还有原始印第安村落，就按原来的规模自行发展。传教区作为先锋，将当地土著转变成基督教徒和西班牙文化信仰者。军事区保护传教区，调解矛盾，防止敌人的入侵，与友善部落建立良好关系。殖民地也开始逐渐形成，建立自己的村落，有自己的法律，发展当地经济。

起初西班牙政府逐个通过这些新城的详细规划，当定居点成倍增长时，殖民统治者认为有必要制定一个统一的解释规划的法典，即《印度法》(Recopilación de Leyes de los Reynos de las Indias 或 Laws of the Indies)。法典于1573年由菲利普二世推行。法典讲究实用，设计一种简单的模式，主要是为了使偏远地区的无经验的人们也能够模仿，《印度法》没有采用最新流行的文艺复兴样式，而是用古罗马军事营寨的模式，对新城镇则采用公元前30年的维特鲁威(Vitruvius)的设计，以及阿尔伯蒂十五世纪的著述(De re aedificatoria)中所做的总结那样，因此早期西班牙殖民地的美国城镇就是一种中央是广场，四周围绕着正交的方格网街道的模式。[15]

当殖民者选定一处比较适宜的场地，他们会举行一个仪式——即通常所说的弥撒，然后划出一块矩形地块作为城镇，并建成保护性军事卫戍区。下一步便是寻找水源和灌溉系统，并且分配城外的土地。然后开始填充内部细节，首先在中央建造一座矩形的广场，根据法典，长度至少是宽度的一倍半，因为"这个尺度最适合于节日时马车通过"。然而，如第一章中讲

到，早期美国土著村落的宗教习惯是，每边都各面向主要的东南西北四个方向。而西班牙殖民地广场却将每个角对准这个方向，因为法典规定，这样可以避免不可预见的"四个主要强风向"。广场四边中央各有一条主路，延伸到城界，广场的界限即是辅路。法典指出，其他街道"在广场周围连续布置"。节点无一例外，都是西洋棋盘式或方格网。这种方格网有利于平行布置房屋，同时也证明了君权对定居者和土著的控制。

广场周围的建筑通常是政府和其他公共设施，如商店及商人寓所。余下的土地由抽签决定所有权。皇帝以后还可以支配剩下的土地。主教堂可以自由选址，地段都很好，通常位于地势较高处，周围也有自己的附属广场。法典也为城外边界周围留出一定空地，以便于当城市扩展时，"居民们仍然能找到足够的居住空间，中间也可以自由放牧，而不用侵占私人财产"。

法典指导城市规划师在城中设置广场，四条主街在建筑拱廊处分岔，因为"这样便于商人进行贸易"。在新墨西哥的Santa Fe，以及其他西班牙殖民定居点，现在广场周围还有人行道，并有外廊(porticoes)遮荫。当然，这些与古罗马和复兴时期城市的大道完全不同(图6.40)。外廊有时会扩展其范围，不仅是4条主要街道，还会包括从广场四角延伸出的8条街道。如果城镇规划师遵循殖民地当地的法令，街角的外廊不会破坏街道的交叉，能够"保证街道的人行道均衡地连接广场"。土著们发生暴动后，引起了监工的警觉，在广场周围加固他们的房子。

尽管在实践中，城镇规划并未完全依照法典，并稍有些偏差，但在西班牙对北美200年的殖民统治中，西班牙文化一直得到很好贯彻。几座现代城市中的西班牙"老城"反映了这种文化的继承，后来在南部的加利福尼亚和美国西南部，新西班牙殖民化的建筑也得到了广泛应用。因此，在十八世纪初，当法国和意大利风格改变了欧洲城市的面貌时，印第安人的村落也开始形成有中央广场的方格网城市，如得克萨斯州的圣安东尼奥，新墨西哥州的Santa Fe，加利福尼亚州的洛杉矶。

英国殖民者定居点

英国在美国的两个最早的殖民地——弗吉尼亚州的詹姆斯顿(1607年)和马萨诸塞州的普利茅斯(1620年)，布局形式为围着栅栏的村庄。因为定居者受到当地很大的阻力，这些村庄没有发展为城镇，更不用说城市了。殖民地政府建立新英格兰镇区，获得了土地规划经验，才使得社区能更好发展。规划形成一种地区规模，君主分配给殖民者的土地是以农场为核心的社区式，和欧洲的农村类似，同样是农民住在田地的中心，照看他周围的土地。

然而在这片广阔的土地上，被移民支配的土著不甘心受压迫，很快开始反抗。弗吉尼亚和马里兰的农场主将自己的烟草成功地通过自己的码头运出，尽管政府想将殖民地的贸易统一在港口城市进行，于是政府下令说这些私建的码头要被撤销。统治者威廉·布拉德福(William Bradford，1590~1657年)是一位英格兰清教徒，他曾统治普利茅斯30年，他在马萨诸塞州施行绥靖政策，当试图管理当地农牧业而失败后，为了让农奴放弃他们的"土地"，必须将外围的土地分配给他们。他为他们舍弃了"一直居住的城市"而悲哀，害怕人口的疏散"是新英格兰，至少是教堂的毁灭"。[16]

新英格兰镇区

尽管有布拉德福的担忧，新英格兰的老区的布局仍然因为互相之间的宗教信仰、家族关系和经济利益而形成了村庄为中心的形式，不像美国前线向西发展后的散置农场建筑的布局。出于以上原因及安全、因循传统等考虑，许多新英格兰的定居点分成不同的社区，有些甚至为了农业产业和更多的机会，互相间隔很远。

今天，这些村庄和城镇形成了美国景观中极为丰富的资源。形式上多变，但有3种基本类型：线形城镇，如马萨诸塞州塞勒姆(Salem Massachusetts)；紧凑的"方格网"形，如马萨诸塞州剑桥，康涅狄格州纽黑文(New Haven)；"有机"布局形，如新罕布夏州爱赛特，佛蒙特州伍德斯托克，马萨诸塞州波士顿。

爱赛特，历史上曾叫Nuhum-kek(印第安语)，以马萨诸塞州海湾的殖民者定居点而著名，由一条在南北河道间的高地边的不规则街道组成，两边节点上都有分支，短的街道通往另外一些河流。北边是城镇，现在排满了美丽的砖房。

纽黑文是1638年建成的，由9个方格组成一个正

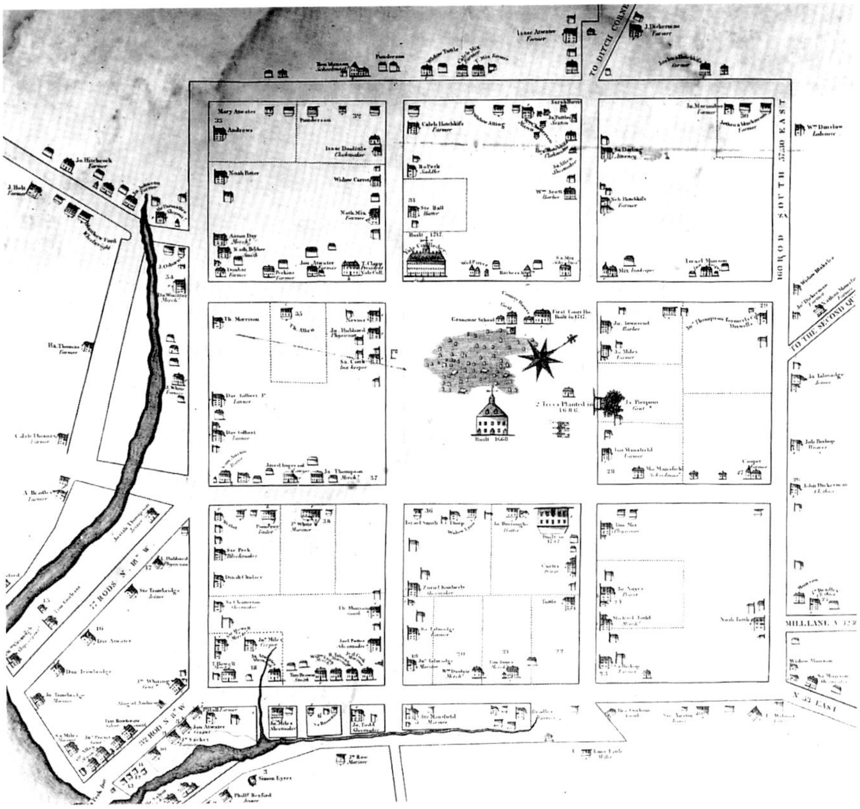

方形，每个小正方形的边长是251.5米(825英尺)，夹在2条河流间，两河最后汇流在一起，进入北边的长岛港口的海滩(图6.46)。中间的方形通常是绿地，即城市总面积的九分之一，为公共空间，在当时是城市规划中非常重要的一项。规划中很重要的另一项是会议厅，作为新英格兰社区宗教的最高组织，通常是在一个特殊的高度，或者特殊的位置。在纽黑文，会议厅被置于中央。在城外，是长长带状的土地，通过抽签或其他方式分给居民。在郊区还有一些附属地带，作为放养牲畜的场地和薪炭林林地。当纽黑文的人口增长后，绿地被分成两半，一半给了3座教堂，另外一半仍然留作公共空间。除此之外，其余的8块街区，每个都被分成4个更小的街区，原来的居民的花园也被用来居

图6.46 纽黑文平面图，1748年。

住了。房子沿着道路引向了水边，扩大了9格正方形的边界。纽黑文吸引了更多的马萨诸塞州的定居者，超过了计划的250人。1717年，耶鲁大学新校址从Saybrook迁到绿地边的一个街区，提升了城镇的地位。

纽黑文和新英格兰其他城镇规划的远见性还不能完全解释他们的景观特征。几代不断完善而形成的建筑样式，所用材料带来人的视觉满足，建筑与场所的结合，直到今天仍然受到人们的欢迎。尽管有些地方不太适合如今机动车的需要。新英格兰村庄的安详和宁静，如画的池塘和山丘景色，保存到今天，使现代的游览者看到后仍然激起爱国和怀乡之情。作为一处保存完好的历史遗迹，这里还有一些当时定居者的破败的房子。反之，如果历史遗迹又加入了丰富的新的补充材料，也是一种和谐的建筑风格。年轻的共和国的建筑师们在柱廊和山花上又增加了新古典主义样式。附近的新罗马风格的乡村式石材房屋又显示出民族战争后联邦胜利的喜悦。但遗憾的是，由于荷兰榆病(Dutchelm)的蔓延，在二十世纪前所有村庄、大学校园、马路上的榆树都没有存活下来，也不再展现优美的树荫。

居民们与政府的合作使得城镇景观变得更加让人留恋。可能在新英格兰，比别的地方更能感觉到美利坚合众国的政治影响对景观的作用。因此当十九世纪法国民主党人士Alexis de Tocqueville在研究现代人权政府的起源时，强调了殖民地新英格兰镇区的影响。但在民主社会的结构下是一种清教徒思想，成为城镇控制性的阶级。[17] 在西班牙《印度法》中，这个范例在"城镇秩序"(the ordering of towns)也有简略的记叙。设想的镇区是9.7平方千米(6平方英里)，6个中央区围绕着一个会议厅，外围在圈地运动前是和英国村庄一样的形式。分配制度依据人种，或是与经济和社会地位有关。第五环圈的居民享有最大的份额，可耕作的土地、草地、森林有30到40英亩之多。

尽管有布拉德福的哀悼，以及马瑟(Cotton Mather)神父等对"土地疯狂症"的谴责，还是有人与之背道而驰。这些人离议会厅超过了半英里，他们改变了过去向中心集中的观念，在外围寻找剩余的土地，卖给外来者，以满足对土地不断增长的需求。当商人们经商成为一种潮流时，他们买下了许多镇外的土地，为了方便，商人们就住在自己的土地上。因此，一开始商人们就在与要求居住紧凑的社会团体竞争。新英

格兰的空间布局就是宗教思想的转变和对适应土地的思想产生的，最终新英格兰成为新的社会化的、经济的环境。

威廉·佩恩的"绿色村庄般的城镇"

如果说宗教的热情和商业利益驱使人们一起形成了早期的新英格兰，那么教友派教徒威廉·佩恩(William Penn，1644~1718年)统治下的公开宣扬商业的城镇有所不同。费城规划即是他作为城市规划师的尝试。

佩恩在1681年被查尔斯二世王子任命为费城的统治者。他既是一个殖民地的长官，又是一名商人。他制定了新的土地分配政策，允许购买者按财力来获得土地。他为第一批定居者指派了3名委员，帮助他们为城市选址，既要健康又便于出行，并于1682年夏天将德拉威州和Schuylkill河间定为州址。

佩恩设计的规划中，街道都从乡村的边界直到水边。由于1666年的伦敦大火对他仍然记忆犹新，他写道，"只要房主愿意，每栋房屋都需建于基址的中央，这样每边都能留出地方，作为花园、果园、田地，整个城市也就成为绿色的城市。大火永远无法袭击这个城市，一切都将美好无比"。[18] 近300年里佩恩的模式一直为美国人民所拥护——住宅被自己的田地所包围。为了完成新城的规划任务，他任命托马斯·霍姆(Thomas Holme)上尉为总执行官。

当1682年10月佩恩到任时，城市规划已初具雏形，他让霍姆在德拉威州以西，Schuylkill以东，建了一座中央广场。广场位于两条主要轴线——Broad大街和High大街的交点上(图6.47)。佩恩对伦敦的Lincoln's Inn广场和Moor区很熟悉，这两处均位于新发展的私人居住区内，是大众可以到达的公共空间，至少满足了伦敦大火后市民对绿地的需要。佩恩因此也要求霍姆在费城每四分之一的区域里各设置一处广场。佩恩指出，广场必须对社区的所有成员开放，而不像伦敦的广场，只是邻近的房主的私人附属品。

公共广场以及房子周围的附属花园是佩恩对未来美国城市景观的重要贡献，成为新的社区向西发展时开拓者们一致采用的模式。有时候这些广场为议会厅或其他公共建筑所占。各地的广场都是群众注目的中心。

在纽黑文，佩恩的大尺度的街区已被成排的房子分割开，形成狭长的街道，插入花园里。因为人口急剧增长，这些情况在其他城市也有所发生。地主们为了得到最大利润，将佩恩的"绿色城镇"模式取消了，或者只留下一小块象征性的广场。当然，当时还有许多优美的城市，都是在建设者很长时间的规划和建设中形成的，如佐治亚州的塞芬拿。

詹姆士·奥格尔索普的塞芬拿

詹姆士·奥格尔索普(James Oglethorpe，1696~1785年)是一位英国人，他是一名慈善家，也是一名热衷于监狱改革的议会议员，他于1732年奉乔治二世之命成立乔治亚殖民地，他希望通过一些善良的贵族的资助，可以将一些想追求新生活的监禁犯人，或遭到宗教迫害的人，以及其他想提高经济地位的人，带到新的环境去。随后的一年里，他和最初的114位殖民者一起，不屈不挠地工作，在塞芬拿河畔离海16.1千米(10英里)处清除了一大片松林，作为镇府所在地。很快签定地产契约，建成了栅栏及第一批房屋。契约上规定了奥格尔索普规划的范围，包括每位定居者可以分到18.3米×27.4米(60英尺×90英尺)的宅基地，一块5英亩的花园，44英亩的农场，但必须在18个月内建成自己的房子，而且至少耕作10英亩土地。

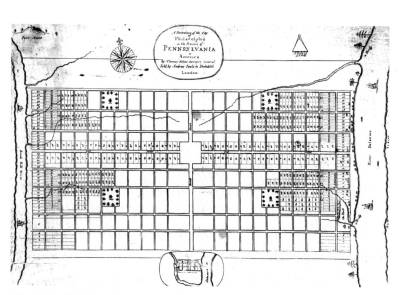

图6.47 费城平面图，1683年。托马斯·霍姆斯绘制。

奥格尔索普和佩恩一样，对伦敦的居住区发展模式非常了解，确定下来的整个佐治亚州的规划要求为：房子周围应有环绕的绿地。他对费城和纽黑文的规划也很了解。但他的塞芬拿的规划的独特之处在于：每40户成一组，分成4个十户区(10户1小组)，每一组都有一处中心绿地，每两组边上就有教堂和其他公共建筑，如商店等。塞芬拿因此有别于费城和纽黑文，它的每一块方格都有中心绿地。这就意味着，当城市发展时，不会成为一个僵化的群体，总是能在每一个新街区有绿地(图6.48，6.49)。

奥格尔索普的意见被幸运地保留下来，直到十九世纪，仍对塞芬拿的规划产生影响。自1734年开始建设，到1855年达到成熟状态，塞芬拿一共有24块街区建成，在规划指导下，人们将殖民地的荒凉地段建设成井井有序的空间，形成无与匹敌的优美环境。

美国殖民地花园

最初在新英格兰的美国殖民者的生活是艰苦的，他们的花园也是纯实用性的，用来生产食物和药用植物。尽管清教徒们对观赏园艺没有兴趣，但被荷兰西印度公司送来的殖民者们想起了家乡小而精致的复兴时期晚期的花园，园中有植坛、拱廊、喷泉，还有汉斯·弗德曼·德·维利斯(Hans Vredeman de Vries)和万·德·格罗恩(Jan van der Groen)在园艺书中的讲述的那样的景色(图6.2，6.3)。荷兰西印度公司的执行官Peter Stuyvesant在1646~1664年间在新阿姆斯特丹任职，他在曼哈顿住所附近修建了炮台公园。沿着简单的轴线布置了花坛和果树。他看到了许多荷兰殖民者都有实用性园林，被称为岛上早期的"bouweries"，即小的有着果树的农场。

有一些积极的地区的目标是利用大自然的丰富财产，让美国成为第二个伊甸园。在弗吉尼亚州和南、北卡罗来纳州，气候和土壤都适于耕作，物种丰富，定居者在他们的花园中既种植英国生长的植物，也包括在新大陆发现的植物。和其他地方的殖民者一样，他们的兴趣主要是带来财富或治愈疾病。威廉斯堡是政府统治者弗朗西斯·尼克松(Francis Nicholson，1655~1738年)和他的下一任亚历山大·斯波伍德(Alexander Spotswood，1676~1740年)于1699年开始规划的，如今成为美国园林的重要发展中心。当尼

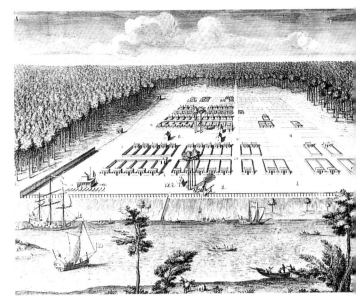

图6.48 塞芬拿鸟瞰，佐治亚州。彼得·戈登(Peter Gordon)设计。P. Fourdrinier 绘制，1734年。

克松担任马里兰统治者时曾将安那波里斯规划得相当出色。他在方格网中又加入了两个大的圆环，以及放射性道路。现在他将他的经验带到威廉斯堡的设计里，在主轴线格罗斯街的东部放置朱庇斯神庙，西边是新成立的威廉玛丽大学，构成一幅宏大的场景。在格罗斯街总督府前，有一块宽阔的草地，景色迷人。

1710年，斯波伍德进驻总督府，他保留了绿地轴线并将其延伸到后面的花园，在其中和大学里种植果树，成为当地文明的象征(图6.50)。作为一位优秀的规划师，斯波伍德还在新城里的开放空间和透景线上布置了几座建筑。不幸的是，他误解了另一位杰出的总

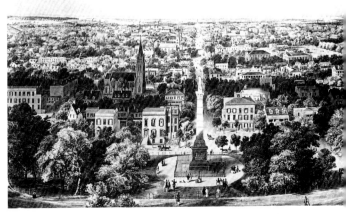

图6.49 塞芬拿鸟瞰，佐治亚州。Lithograph 按 J.W. Hill 的绘画所设计，1855。

殖民地时期最华丽的园林属于那些有钱的南方农奴主。他们可以享受温和的天气带来的便利以及低廉的农工。在十八世纪，弗吉尼亚和卡罗来纳州成为植物交流的中心，这些南方园林展示了许多新的园艺品种。

在弗吉尼亚州的詹姆斯河边，烟草为殖民者带来了巨大的财富，他们可以在河边自己的领地周围砌上优美的围篱，直通往自己的住宅，也用道路两边的林荫道来强调入口。林场主 Carter Burwell 于 1751 年修建他的果树园，就是采用这种方式。在南卡罗来纳州，查尔斯敦附近，水稻和蓝紫(烟草)是殖民地经济的重要支撑，在 Ashley 和 Cooper 河的上游的台地被称为瀑布。河边的许多曾经异常辉煌的园林，在美国大革命和民族战争以及自然灾难后逐渐破败。但其中仍有一个优秀的有代表性的例子保留下来，即米德尔顿宫，至今仍向公众开放。当时园主——亨利·米德尔顿(Henry

图 6.50 总督府，威廉斯堡，弗吉尼亚州。

督约翰·柯蒂斯(John Custis, 1678～1749 年)的意思，砍掉了许多树，没有让宫殿周围的绿地保留下来。他将总督府后的峡谷变成一系列围墙，修建了一条到鱼池和公园的方形水渠。这些行为激怒了议员委员会。在"鱼池和沉降园"修建前，执法者终止了斯波伍德对威廉斯堡的规划，他未能继续自己的行动。

在城市富饶的西部，殖民者仍然模仿总督府来建造自己的实用园，直线的卵石甬路，两旁是植坛。其中也模仿早期威廉玛丽时期在英国领地上的地产(图6.10, 6.12)。柯蒂斯在他的园中种了许多新的植物品种，引起大家对物种的兴趣。附近的林场主，如威廉·伯德(William Byrd)和他的儿子小威廉·伯德，都是伦敦皇家科学院的成员，积极招募博物学家，如威廉·伯尼斯特(William Banister, 1654～1692 年)，到弗吉尼亚研究当地野生花卉。他们的活动也促进了当地植物在花园中的运用。伯尼斯特在伯德作为植物的实验室里，和伯德一起在其中工作了一生，一直致力于收集和探索新植物。

到十八世纪中期，威廉斯堡和查理斯敦一样，成为林场主、城市园林主人和回到英国的有兴趣的政客们交流植物心得的场所。1926 年开始，威廉斯堡的许多花园被 Rockefeller 组织重建(第 15 章)，主要设计师 Arthur Shurcliff 研究了在城市建成期，也是威廉玛丽时期中盛行的荷兰－英国式景观模式，研究现存的弗吉尼亚的场地设计及建筑风格。随后，他布置了许多几何式植坛，以及与汉普敦宫前一样的冬青迷宫和紫杉。

图 6.51 米德尔顿宫平面，查理斯敦附近，弗吉尼亚州。A.T.S.Stoney 绘制。1938。

图 6.52 米德尔顿宫园的鸟瞰。

Middleton)的后人，保留着他祖先 1741 年在 Ashley 河边所作的设计(图 6.51, 图 6.52)。

尽管米德尔顿宫建于十八世纪，它并没有追随当时的英国设计风格，而是模仿早期威廉玛丽时期的威廉斯堡。从查尔斯敦路转向小岛，车道尽头成为一个椭圆形小广场，带领参观者来到主要建筑前。主轴线向屋后延伸，成为花园的骨架，接下来是一系列分五层下降的草坡台地，弧形与下面的湖岸相连，如蝴蝶形状，园外就是林场主的稻田和通往河边的大道。

米德尔顿宫的花园是在亨利·米德尔顿从英国带来的风景园林师乔治·纽曼(George Newman)的指导下完成的，面积达40英由。为了建造绿色的台地以及入口草地北侧的几何式花园、车道、林荫道、池塘、长长的矩形水渠，100个农奴在农闲季节一共工作了10年。

纽曼将花园置于一块三角形地块里，以草坪、水渠、河流为界。原来只是盆状的绿篱，下沉的绿地，以及一座可以欣赏周围景色与沼泽、稻田的小山。为了

稻田里作物的生长，需要有对水位进行精确的控制技术，这项技术也帮助维持米德尔顿宫的蝴蝶池和涨潮时磨坊池的水位。

在建造米德尔顿宫的农奴的后代被解放之前，另一个世纪也快要过去了。值得思考的是，国父即第一任总统也是一位农场主，他的花园也是由农奴建造的。

维尔农山庄

乔治·华盛顿(1732～1799年)是一位来自弗吉尼亚州的农场主，他的收入来源是农业和畜牧业。他的家就在波托马克河边的维尔农山庄(Mount Vernon)上，是他在河边的五个农场之一。作为一名启蒙运动的追随者，他不仅对为农业经济带来效益的植物科学有浓厚兴趣，而且热爱观赏园艺。虽然他没有像托马斯·杰斐逊(Thomas Jefferson)一样拥有当时英、法景观设计的第一手资料，但他有洛兰(Claude Lorrain)创作的版画，以及几何美学知识。他对美国纯朴的自然景色有很深刻的认识。除了一本巴特·兰利(Batly Langley)的

《园林新法则》(New Principles of Gardening)的复印本和其他园艺书籍外,他也找不到更多的专业指导,但他仍然将他在维尔农山庄的住所设计得相当出色,种植了一些果树,常绿的和开花的灌木,还在温室里栽培植物。

在塞缪尔·沃恩(Samuel Vaughan)(1787)绘制的华盛顿在维尔农山庄住宅的规划图上可以看到,房前长条的游廊正对着河岸(图6.53)。房后一条环形车道包围着一块圆形的草地,以及两条蜿蜒的车道在高速路前交汇于一点。西边是两块"荒野地"以及环绕的树带,许多都是野生种——酸苹果、白杨、刺槐、松树、槭树、山茱萸、黑橡胶树、白蜡树、榆树、冬青、桑树、铁杉、木兰、月桂、柳树、美洲檫木、菩提树、山杨、松树。这些树带成为绿地的围篱。一间温室里收藏着他的珍贵的植物品种。

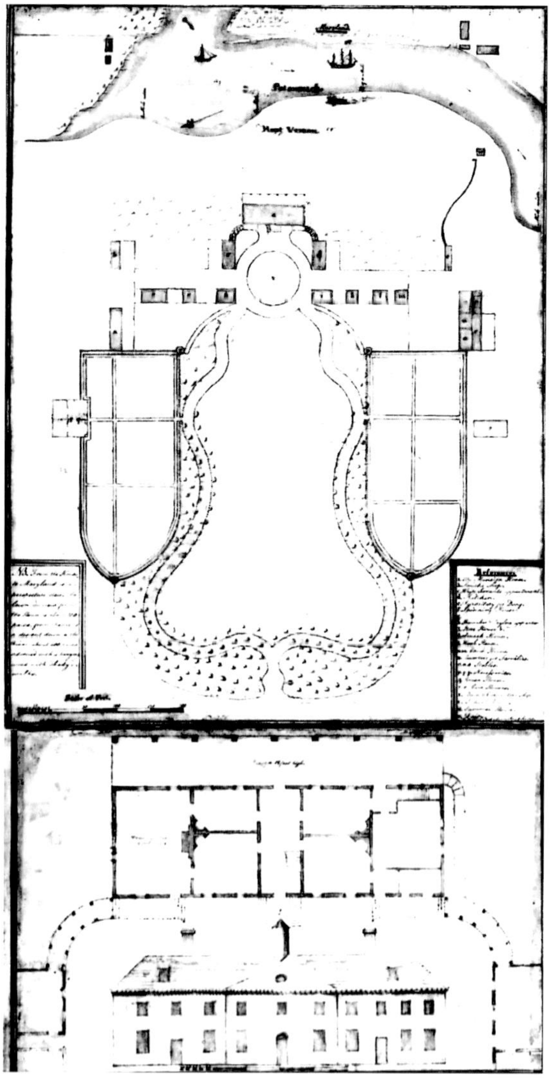

在保龄球形绿地的两边,华盛顿还安排了两个花园,一个种花,一个种蔬菜。两个花园是规则式的,用围墙与不规则的场地隔开,近端以曲线收尾,使之与蜿蜒的道路线形协调。除了在绿地和花园围墙之间密集种植植物外,他在车道入口处堆了两个小土丘,种了许多垂枝的柳树,只留下一条视线可以看到外面的树林。

在房子的东侧是两片树园,他将坡地改建为鹿园,种植低矮的灌木,不让其遮挡从古典柱廊向外望远处群山的视线。隐垣(哈哈)用来作为一个不可见的围篱,防止鹿群进入庄园。为了保留墓地,华盛顿将家族墓地安放在河边高地上。

不止一位参观者对华盛顿庄园的景观及所处的优美环境赞不绝口。毫无疑问,它的装饰园和全景使玛萨和

图6.53 维尔农山庄(Mount Vernon)平面图。塞缪尔·沃恩(Samuel Vaughan)绘制,1787年。

乔治·华盛顿感到心满意足。同时,实用及科学的园艺学仍然是他的爱好。他和园丁及植物学家一起研究美国及国外的乔木、灌木、草地的配植。他参观了费城林场主约翰·巴特拉姆(John Bartram)的园林以及长岛弗来勋新建的王子苗圃。

华盛顿可能是美国草坪之父。另一位参观者,一位波兰君王朱利安·尼姆斯威克(Julian Niemcewicz)将维尔农山庄的草地称为"最美的天鹅绒铺就的绿色地毯。"尼姆斯威克还称赞其中的郁金香(Liridendrom tulipfera)和木兰(Magnolia virginiana),"未曾开花时的梓树"、新苏格兰美丽的暗绿色的云杉,不同色调的花及乔木、灌木,"产生最美的色彩效果"。这段赞语写于1798年,以如下结尾,"整个的种植以及花园都说明,与自然为伍的人无须学习,也能创造出最美的景观。"[19]

华盛顿特区

国家的缔造者无法决定在现有的13个州的殖民城市里挑出哪一个作为首都,出于实用和标志性的需要,他们决定在马里兰和弗吉尼亚州的边界处建造一个全新的城市。随后议会颁布法令,于1790年建立一个联邦行政区,华盛顿任命Pierre Charles L'Enfant(1754~1825年)为总规划师(图6.54)。L'Enfant是一位来自于法国的艺术家和建筑师,他在美国大革命时曾做过志愿者,已拿到荣誉勋章。战后他继续留下来在美国工作。当时法国在革命后剥夺了他的年轻同行们的设计地位,他只好到新的国家的东海岸城市重新起步。L'Enfant曾为纽约城设计了许多大厦,当得知建立新首都的决定后,他写信给华盛顿要求参与新城设计。华盛顿接受了这位法国建筑师的请求,也许他并未意识

到将一种君主集权制风格的设计引入一个革命和新生的城市是否有些讽刺意味。

事实上，L'Enfant童年时，有8年是和父亲Pierre L'Enfant一起在凡尔赛度过，当时他父亲为军事部房屋作装修，随后他在巴黎皇家绘画和雕塑学院学习，意识到不论是皇家的还是贫民的发展，都可以装点首都的景观。华盛顿给L'Enfant的第一项任务是评价场地地形，根据Dezallier d'Argenville的理论，他的规划并没有违背自然规律，而是将其作为设计基础。实践中，他认为地区的最高峰Jenkin山，"最适合作雕塑的基座"。在1791年8月，规划最终稿上，这座山成为国会大厦所在地。[20]

L'Enfant的规划中，以国家元素来构建建筑和街道，比如行政和立法机关及几大州等，就像是图解联邦。[21] 托马斯·杰斐逊(Thomas Jefferson)也在1791年规划了一个新首都，L'Enfant和他一样，也布置了方格网，但杰斐逊的方格网是连续的，L'Enfant却以另一种对角线的林荫道连接的方形和圆形来延展它的方格网。方案与L'Enfant的故乡凡尔赛相似，也是规则的方形，套在斜轴的框架里。

凡尔赛由于有野心勃勃的君王而显得尺度过大，华盛顿特区就更是如此。首都新城处在一个大洲的边缘，可以得到无尽的土地，给了建造者们蓬勃发展的野心。主要大街有49m宽(160英尺)，其中24m(80英尺)为行车道，两边各9m(30英尺)为散步道。散步道旁有两排行道树，两边还各有10英尺宽的带状绿地，将树与两旁的建筑群分开。

主要林荫道以当时已有的各州命名，布局也依照它们的地理位置，东北部当时已有的州在北区，中部的亚特兰大州在中心，南部各州在南区。宾夕法尼亚路连接着国会山与总统府，总统府位于波托马克河的冲积坡上，代表着荣誉，也是独立共和的标志。同样，纽约路也在总统府前与之相交。广场上有以前纽约州的雕塑，华盛顿曾在此宣誓就职。

Mall(Pall Mall的简称)被L'Enfant称为"最宏大的林荫路，宽400英尺，长1英里，两边都是花园，以两边

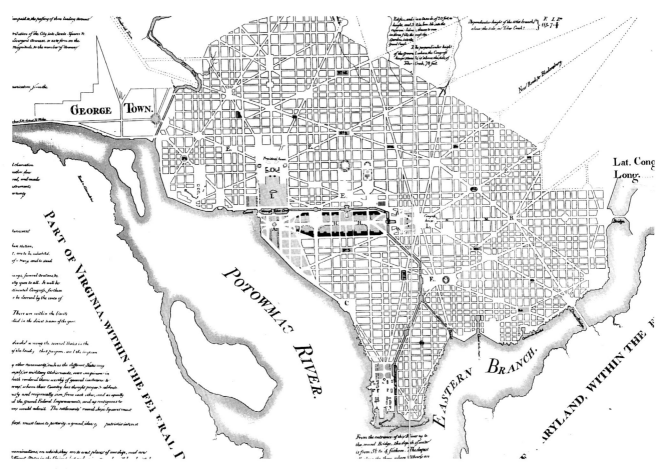

图 6.54 **华盛顿特区平面图**(细部)。Pierre Charles L'Enfant 设计。1791。

都是房子的斜坡结束。"[22] L'Enfant认为这条路能给华盛顿带来比其他城市更多的优越感,将成为"戏院、音乐厅、学院"的聚集地,娱乐的天地,满足上流社会的需要。L'Enfant的规划中还包括最高法院前的审判广场,以及其他15个广场。这些广场与当时的州相对应(肯塔基和田纳西州最近并入了联邦的13个殖民州),希望公民们能为他们的成功而骄傲。

总的来说,由于是在一块空地上设计,L'Enfant所作的超过了他的家乡凡尔赛的园林——城市结合的模式,将华盛顿特区设计成一个拥有许多园林的美丽城市。绿色开放空间与城市纪念空间的结合形成了美国首都的特色。

很显然,城市在发展中,无论是形态还是概念上都与以往有了很大不同。城市变得扩展,墙也拆除了,可能也符合哲学家思维的开阔及对科学渴求的需求。此外,十八世纪的文化内涵也得到了扩大,尤其是扩展到城市的范围。以前王子的领地或私立大学、植物园、动物园、图书馆、博物馆、戏院及一些公共空间,现在都成为都市中产阶级的理想场景。美国和法国的大革命最直接的成果是创造了民众的娱乐圈。到十九世纪,文化氛围成了公众生活中最重要的组成部分。公共的公园改变了社会的结构。从这一点来说,美国的华盛顿就有许多类似公园的元素,而半个世纪后的纽约城建设中央公园,在整个国家兴起了一场创建公

园的运动,为公众带来了健康。田园城市这个名词的出现,表明了乡村与城市艺术化的融合,促进了精神的愉悦和人民的健康。

总之,城市的结构越来越松散而且多元化。当城市发展时,城墙被拆除,城市和乡村的界限也消失了,人们对自然的态度也发生转变。扩展的城市吞噬了周围的乡村,自然要素也成了城市框架中的元素。然而如果没有文化的转变,自然公园也不会产生。十七世纪当法国景观设计原则不再成为主流时,变化已有所显现,但为了更全面地掌握这种变化的特征,我们必须到十八世纪的英国。

阿尔伯蒂,意大利建筑大师之一,同时也是音乐家、画家、作家和著名的人文主义者。他在曼图亚、里米尼、佛罗伦萨等地设计过许多古典风格的教堂。——译者注

维吉尔(公元前70年—公元前19年),古罗马诗人。主要作品有《田园诗》十篇。其诗作脍炙人口,被誉为罗马一代宗师。
——译者注

胡格诺派,十六至十七世纪法国基督教新教徒形成的派别。1562年至1598年间,曾与法国天主教派发生胡格诺战争。
——译者注

三十年战争指1618~1648年发生的欧洲历史上第一次大规模的国际战争,德国是这次战争的主要战场。——译者注

伊利格·琼斯(Inigo Jones)(1573-1652年),英国建筑师,舞台美术家,曾两次旅意研究文艺复兴式建筑。1615年任詹姆斯一世的皇家建筑监督长,早期作品多受意大利文艺复兴形式的影响,后来在英国留下了许多古典主义风格的作品。——译者注

注 释

1.书中展示的各种平面图设计,如宫殿、桥梁和装饰神庙,为十八世纪的英国园林设计起到了重大作用,在1716年后《建筑四书》的译出和发行,慢慢影响到这些帕拉第奥式的元素,使其融入自然的田园风趣中。

2.约翰·伊夫琳(John Evelyn)四处远游,对园艺和园林产生了浓厚兴趣,在1643年出版了《完全的园林、果实和蔬菜园(Compleat Gardner Fruit and Vegetable Gardens)》一书的早期版本。

3.Dezallier的思想得到了亚历山大·蒲柏的回应,他在《致柏林郡郡主(斯陀园主人)的信》中恳求道:
无论何时,自然都不应该被遗忘。

但是请将神灵当作普通事物来对待,
既不要锦衣华服,也不要全身赤裸;
不要让美四处可见,
将其一半隐藏起来。
他得到了一切,也感到了困惑和惊奇,
惊奇,变化,隐藏了所有界限。
在Dezallier的英译本中,他看起来是在宣扬一种风格,而我们将其与整个国家联系在一起。他认为园林的存在是为了"满足看的需要,从散步到台地,四到五处连成一片,一系列村庄、森林、河流、山丘和草地,成千上万的变化形成了一处美丽的园林"。见于约翰·詹姆斯版(1728),13页。

4.散文全文可在约翰·迪克森·

亨特(John Dixon Hunt)和彼特·威廉(Peter Willis)的《场所精神:英国风景园 1620~1820年(The Genius of the Place: The English Landscape Garden 1620~1820)》一书中见到(纽约:竖琴和船公司,1975),51~56页。

5.约翰·迪克森·亨特在《花园和丛林:英国理想中的意大利文艺复兴园:1600~1750年(Garden and Grove: The Italian Renaissance Garden in the English Imagination: 1600~1750)》中从学术的角度阐释了意大利风格对英国园林的影响(新泽西,普利斯通:普利斯通大学出版社,1986)。这项研究展示了英国园林风格中意大利形式和意大利精神的相似之处。

6.参见约翰·迪克森·亨特的

《花园和丛林》，135页。

7.Fischer von Erlach 的 *Entwurf einer historischen Architektur* 1721 是第一本建筑巨著，阐释了由埃及、中国和伊斯兰引进的建筑。这本书以德语和法语出版，1730年被译为英语，对洛可可风格建筑中盛行的异国情调产生了很大的影响。见道拉·伟伯森(Dora Wiebenson)的《法国绘画式园林》(新泽西，普利斯通：普利斯通大学出版社，1978)，95~96。

8.见维多利亚·M·修(Victoria M. Siu)的"中国和欧洲的文化交织：畅春园中欧洲部分的新景观"，出自《花园历史和园林设计的研究》，19 卷：3/4(1999 6~7月)，376~393页。

9.见 Vincent Scully《建筑：自然和人造(*Architecture: The Natural and Manmade*)》(纽约：圣马丁出版社，1991)第10章，对此话题进行了激烈的讨论。也见于 Spiro Kostof《塑造城市：都市模式和历史含义(*The City Shaped: Urban Patterns and Meanings Through History*)》(波士顿：小布朗公司，1991)，第3章。

10.富班(Vauban)可能与勒·诺特非常熟悉，曾经在1684年派了30000士兵，建造一处巨大的超过3英里(5千米)堤岸和渡槽，用一条小溪将 Eure 河引到凡尔赛宫供给喷泉用水，但即使在安装完Marly机后，也没有足够的水来供给瞬间的需水要求。富班在它的城堡里选用了常见的方格网布局，意大利 Palmanova 般的放射状街道，以及17世纪法国园林中的辐射状林荫道，为形成有秩序的安全防卫提供了有效方式，避免了以前笨拙的内部阻隔。

11.在几次改建后，这座喷泉变成了18世纪奢侈的巴洛克 Trevi 喷泉。

12.克里斯托夫·休伯特(Christopher Hibbert)，《城市和文明化(*Cities and Civilization*)》(纽约：Weidenfeld和尼克松出版社，1986)，139页。

13.Livorno 也被认为是亨利四世规划巴黎广场的样本。D'Arme 和 Covent 园林形成了主要公共建筑的文脉——Livorno 的 Duomo 和圣保罗教堂，而 Royale 宫和 Dauphine 宫则没有这些纪念性建筑焦点。

14.圣彼得堡常被称作"由尸骨建成的城堡"，当时缺衣少食，建造城堡的工匠死于寒冷、痢疾或其他疾病，死亡人数达到 25 000~30 000 人。但在彼得大帝时代，有人说这个数字是 100 000 人。

15.为了找到《印度法》和他们的罗马祖先对此的解释，参见约翰(John W. Reps)《美国城市的形成：美国城市规划的历史(*The Making of Urban America: A History of City Planning in the United States*)》(新泽西普利斯通：普利斯通大学出版社，1982)，第2章，26~32页。本文中引用的这段来自于 Dora P. Crouch "西班牙殖民主义的罗马原型"，引自《美洲系列》第3章《全美透视里的西班牙边界(*The Spanish Borderlands in Pan-American Perspective*)》(华盛顿：Smithsonian 教育出版社，1991)，第2章、21~35页。

16.威廉·布拉德福(William Bradford)《普利茅斯的种植史》，引自约翰(John W. Reps)的《美国城市的形成：美国城市规划的历史(*The Making of Urban America: A History of City Planning in the United States*)》(新泽西普利斯通：普利斯通大学出版社，1982)，119页。

17.见 Stilgoe《美国常见园林：1580-1845(*Common Landscape of America,1580~1845*)》(纽黑文：耶鲁大学出版社)，44页。这也是新英格兰居住模式发展和转变的主要动力。

18."由笔者进行指导，威廉·佩恩(William Penn)······根据······我的指导进行殖民地进行布置"，见塞缪尔(Samuel Hazard)《德拉威州探索之宾夕法尼亚州史记，1609~1682(*Annals of Pennsylvania from the Discovery of the Delaware, 1609~1682*)》(宾夕法尼亚：Hazard 和 Mitchell，1850)，527~530页。

19.朱利安(Julian Ursyn Niemcewicz)《在葡萄藤和无花果树下(*Under Their Vine and Fig Tree*)》，引自 Mac Griswold《华盛顿的佛农山：感性人生的园林(*Washington's Garden at Mount Vernon*)》(波士顿：Houghton Mifflin 公司，1999)，32页。

20.见约翰(John W. Reps)《纪念华盛顿(*Monumental Washington*)》(新泽西普利斯通：普利斯通大学出版社，1967)，16页。从中可以找到 L'Enfant 的一些文件。

21.以下这段要感激康奈尔大学斯科特(Pamela Scott)提供的资料。他的论文"遥远的帝国：商业街的图景：1791~1848 年(This Vast Empire: The Iconography of the Mall, 1791~1848)"是《视觉艺术研究中心》的论文集第14卷之一，华盛顿商业大厦出版社，1791~1991年，理查德·罗斯特(Richard Longstreth)编著。

22.引自约翰(John W. Reps)op. cit，21页。

第七章

感悟与鉴赏：
理性、浪漫主义和进化时期的景观

十八世纪初，自然等待着人们去征服，丰富多彩的景色等待人们去欣赏，而景观的理念却不太为人所知。诗文和风景画的发展促进了人们对乡村景观及景观设计的兴趣。

诗人、散文家及造园爱好者亚历山大·蒲柏(Alexander Pope，1688~1744年)在写给英国伟大的物理学家和数学家牛顿(Sir Isaac Newton，1642~1727年)的墓志铭上说到，"自然及自然法则隐于黑暗之中，上帝说，让牛顿出现吧，然后一切就豁然开朗了。"("Nature and nature's laws lay hid in night,/God said，'let Newton be'，and all was light")，表达了牛顿在历史上的重要地位。牛顿发现了光的特性，创下了运动定律，发展了微积分学及宇宙间万有引力定律，这些奠定了现代科学的基础。随后是一场空前绝后的人类思想的变革。牛顿作为启蒙者，并成为皇家科学院的主席，兴起了一场开放的科学发现的时代，改变了校园里仍然沿袭的亚里士多德式的教育方式，成立了新的教学体系。

牛顿的同伴约翰·洛克(John Locke，1632~1704年)是一位哲学家，他以认识论、政治、教育和医药的视点出发，建立起新的人类心理学的理论框架，同时也开始了对科学的新探索。笛卡儿认为认识来源于人类内在思想，与笛卡儿理论相反，洛克宣称所有对世界的认识应依赖于人的感觉。因为它们之间有着精神上的联系和影响，这种理论比真理和法律对十八世纪的景观设计更有指导意义。

洛克的散文"关于人类的理解(Concerning Human Understanding)"(1690)中论证了人类哲学的理论，强调了个人主义。园林也被赋予新的特征和功能。原来作为主权象征、展示及社会娱乐的功能逐渐消失，变成了传播信息和友谊的场所。洛克为理解十八世纪园林的精髓提供了开启之钥匙。原来的新柏拉图的古典主义的影响慢慢淡化，规范性的、和谐的景观设计也停止了发展，对刺激新的精神体验的渴望促使了一种新的园林的诞生。它向感性方向发展，不仅是抽象的美，而且使得造园师对古代建筑风格、废墟、纪念物及自然风景都产生了浓厚的兴趣。这些场景能引起人们的崇敬之情，创造出令人愉悦或惊奇的景观。

洛克对人们思想的实验工作导致了思想的自由，激发了当时政治上的变革。洛克以政客的身份，进入了阿希礼男爵(Ashley)家族〔随后的第一代沙夫茨伯里伯爵(Shaftesbury)〕。他作为一名极有影响力的发言人，一直为公民自由、君主立宪、议会法、宗教自由、新教徒及商业贸易而努力工作。因此，虽然他所在的时代的园林仍然是法国式的和威廉玛丽时期的英-荷兰式的，但洛克对政治自由的信仰及感悟方面的重要理论为英格兰乔治王时代的园林提供了思想的源泉，促进了自由主义园林的发展。促进的结果是表现形式更自然，更多的建筑和装饰元素被用来表现历史的、道德的和感觉的本源，也促使国家成为自由的国度。

吉恩·雅各·卢梭(Jean-Jacques Rousseau，1712～1778年)在他的哲学和政治方面的论述中讲到了幻想和想像的重要性，扩大了洛克的影响。他认为自我意识的能力能促使社会更人性化。受到古代斯巴达和罗马共和国以及他的故乡日内瓦的印象的影响，他于1762年制定了《社会法》(The Social Contract)，作为人权和政治民主的重要法令。

由于卢梭相信人性本善及自然的原始美，他成为了一名政治革命的预言家和浪漫主义者。这场运动最终在十八世纪获胜，且一直延伸到我们今天的生活中，起到了与启蒙运动的科学理论主义相平衡的作用。人们观念中的情绪和直觉成为与思想和逻辑同等重要的概念。卢梭的哲学扩展了洛克的自由观，对重新定义古典主义和掀起诗界的黄金年代起了重要的推动作用。因此可以理解，十八世纪的园林，主要是幻想的、再集合、反应的场所，是一个理想的世界，远离"腐败"。也就在埃麦农维尔为吉拉德侯爵设计的浪漫园林时，卢梭为他的后半生找到了避难所。

卢梭不仅是洛克的继承者，同时也是沙夫茨伯里伯爵的第三代继承人安东尼·阿希礼·库珀(Anthony Ashley Cooper，1671～1713年)的追随者，库珀是一位启蒙作家，和卢梭一样相信人本善的理论。沙夫茨伯里认为景观也有人性，他呼唤"场所的智慧"，[1]和人们的思想交流，引发情绪，刺激记忆和好奇心。沙夫茨伯里喜欢洞穴、瀑布和其他由水力装置控制的景观形式，作为人类与自然神秘对话的工具。他的思想影响到阿狄生(Addison)和蒲柏(Pope)，两人都是作家，他们的造园理论影响到当时英国许多象征性的著名园林——包括斯陀园(Stowe)和霍华德城堡的建造。

当园林的主题式描写渐渐减淡，圈地运动高涨，英国的景观设计传统受到了"万能"布朗的冲击，随后是曾在法国流行的洛可可风格，及其风格变异后的英中式园林。风景画理论家反对布朗的创造，即使是不再有教育的癖好，他们仍然认为园林是审美理想的竞技场。景观与政治和哲学的关系不仅在欧洲相当重要，在新成立的美国也同样重要，托马斯·杰斐逊(Thomas Jefferson)在进行设计时也塑造了一个大尺度的农业国家的景观。

除了卢梭的浪漫主义思潮外，十八世纪西方最重要的思想来自工业化时代后德国的博学家和诗人歌德(Geothe)，英国的优秀诗人沃兹华斯(Wordsworth)。他们都有过造园实践经验，但他们的影响主要是在文化方面。歌德认为自然是精神的源泉，在这个时代既可以使其悲，也可以使其喜。在《浮士德》(第二部)中，歌德也加入了尼采的浪漫描述中。通过他的著名的主人公浮士德的最终胜利和对自然的掌握，歌德预想了工业革命后新的能源和资本的力量。沃兹华斯在他的诗中也鼓励与自然的亲密接触。对于沃兹华斯来说，对自然的热爱不可避免地代表着对人性的尊敬，没有自然的美，洛克的思想也无从谈起。除此之外，沃兹华斯对普通人投入了较多的同情，在日常生活中发现简单、纯真的美。因此，歌德和沃兹华斯将十八世纪中最重要的"场所的智慧"和人性智慧理念带入了十九世纪，这是无可避免的。

I.场所的智慧：文学、艺术和理论形成的新的景观形式

许多追寻自然式园林的爱好者们都读过约翰·弥尔顿(John Milton)在《失乐园》中对伊甸园的描写，"伟大的艺术啊，在花床里和不同的花结里，……不同美景的温床上……"。[2]但诗人亚历山大·蒲柏将英国园林设计带向了另外一个方向。通过他的写作与实例，蒲柏的园林受到了民权党员及他们思想和艺术方面朋友的欢迎。这些民权党员接受蒲柏的建议，将英国乡村和建筑与帕拉第奥的建筑风格相融合，创造一种"场所的智慧"。

他们的景观风格偏于激进，而不是保守，而随后的沙文主义的一代比较能够接受这种风格。勒·诺特的继承者安东尼·约瑟夫·德扎利尔·阿根尼乐(Antonie -Joseph Dezallier d'Argenville，1680～1765年)于1712年将他的著作《园林设计理论》译成英文出版，提到艺术应服从自然。他所提倡的几何式布局中的变化和不规则性表现了自从路易十四去世后对主

权象征的淡化；自由得到了更多的发展，其他艺术也是如此。蒲柏建议柏林敦郡主去考虑"场所的智慧"。德扎利尔不是一位英国人，却率先提出了建造"哈哈"(隐垣)——作为下沉的围篱的小沟渠，使得园内外视觉上不存在边界。民权党员们表达了他们对国家自由的权利的向往。

新风格的作家拥护者

约瑟夫·阿狄生(Joseph Addison，1672～1719年)在他的散文《观察家》(The Tatler and The Spectator)中，描述了一种反对主权主义且实用的园林。他认为在山顶上种橡树，沼泽地里有柳树，四周都是庄稼，开满野花的田野，只要维护一下其中的道路，"任何人都能管理好他的土地"。他批评荷兰式园林，指出"我们的树长成了圆锥、球体、金字塔……每一棵植物和灌木上都有修剪的痕迹。"[3]在阿狄生看来，英国园林从十八世纪的人工化和种种限制中解放出来，也反映了国家的自由。

阿狄生向他的读者提到中国园林时这样说，"把自己隐藏在艺术里。"[4]随着进出口贸易的发展，中国的瓷器也到了英国大陆，马瑟(Matteo Ripa)关于中国园林在西方的版画中于1724年之后也传到了柏林敦郡主的手中。阿狄生对中国园林的质朴的赞美使得花园主人对"意象"的追求有了实现的可能。洛克在《对真理的研究中的发现》(1690年)一书中，提到了"异想天开"，促使人们产生一些幻想。因此，为了满足人们永不满足的想像力，所有的场景需要进行转换。[5]

丰富的想像就来自于国家广袤的土地和图书馆。在阅读古希腊和罗马诗人的诗篇时，尤其是维吉尔的诗作，从中可以找到向往乡村生活的美丽场景。阿狄生指出，"维吉尔在《伊利伊德》中描写的所有的景色都是美丽的，在他的《农事诗集》中，描写了田野和森林，牧场和牛群，以及香甜的蜂蜜。"[6]

有一位民权党员，阿狄生和蒲柏将其当作贺瑞斯或小普林尼，他是十八世纪率先使用休闲地(otium)的代表，当他从议会中退出后，他在他的领地上享受田园生活。他欣赏古代诗歌中所描写的艺术与自然的和谐，普

林尼别墅的农业可以自给自足，既可以作为私人消遣，又可作为社会娱乐活动场所，但都是为了满足人的心理和科学的需求。这一切都鼓励人们在十八世纪的英国园林中大力强调农业因素。园中增加了许多雕塑，如农神、花神、酒神，与传统的潘与维纳斯神像放在一起。十八世纪的英国受罗马影响非常大。柏林敦的第三代伯爵，理查德·博伊尔(Richard Boyle，1695～1753年)资助罗伯特·卡特尔(Robert Castell)于1728年出版了他的著作《古代的别墅》(Villas of the Ancients)，书中提到了小普林尼时代，大家争相仿建图斯克(Tusci)和劳伦蒂纽姆(Laurentinum)别墅(但对帕拉第奥的对称式法则缺少正确认识)。

由于大家都对古罗马帝国有一种怀旧情绪，十八世纪早期的英国被称为是古典主义时期。当英国也走向帝国边缘时，人们脑中的印象全是古典主义的符号，民权党员们的庄园也都设计成帕拉第奥式。这种古典建筑简洁中露出的威严以及尊贵，比当时的巴洛克风格更受人欢迎。

柏林敦郡主本人就是一名业余建筑师，他成立了一个艺术和文学的小团体，在奇斯维克建了一栋小别墅，模仿帕拉第奥式别墅的圆顶大厅的一部分场景(图7.1)。自1725年开始，他的造园运动持续了20年，将大陆古典景观模式与不规则式结合起来。花园里有曲

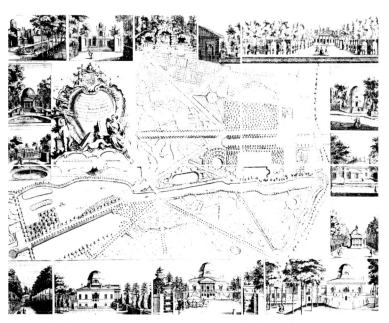

图7.1 奇斯维克(Chiswick)的平面图和局部效果，伦敦。第3代柏林敦郡主理查德·保勒(Richard Boyle)开发。1718～1735年。1735年后威廉·肯特继续改造。约翰·罗克(John Rocque)绘制，1736年。

折的小径，也有长长的透景线，绿色植物成为方尖碑的框景。其中还有一些帕拉第奥式的寺庙和凉亭。

其他的民权党人也都是业余爱好者，他们爱好文学艺术及科学。他们学习古典主义，也出国旅行，对鉴赏绘画、雕塑、建筑颇有心得。除此之外，他们积极推进改革，追求政治上的自由(包括表达对政府的不满)。他们在乡下拥有大片土地，往往征求他们的文学顾问的意见。他们的资助培养了新一代的设计师，从基于建筑几何图案的设计转向与美术结合的技术。他们的园林不再是"直线和规则式"，而像是在一张画布上的物体。在园中，诗文和历史都被用来当作场景的构成要素。

当我们今天走在已经成为历史遗迹的英国园林中，已很难想像，当时的访问者看到的场景对他们来讲意味着什么。其实，到了十八世纪中期，过去人们熟知的传说及神话的场景消失了，景观的象征意义被另一种不具有说教性的方法取代，园林史学家约翰·迪克逊·亨特(John Dixon Hunt)称之为"表现性"。这些园林并不依赖于塞萨·瑞帕(Cesare Ripa)在《图像学或者精神图案》(Iconologia: or Moral Emblems)所说的理解要点，而完全依赖于未加修饰的自然，但也是经过精心组织，才达到表现的效果。[7]

绘画及诗义对景观设计的影响

虽然我们在这本书中用"景观设计"来定义与花园、公园、城市规划等有关的设计活动，但景观这个词其实直到十八世纪才开始流行。阿狄生将其用来定义他们的景观设计，因为他觉得前者与绘画有相似之处。受过教育的民权党员率先在十八世纪初将风景画中的景观引入到景观设计中，为园林增加自然的元素。法国十七世纪的画家克劳德·洛兰(Claude Lorrain，1600～1682 年)和尼古拉斯·普桑(Nicolas Poussin，1594～1665 年)备受欢迎。克劳德尤其为这些郡主带来了维吉尔的精神，和逝去的黄金时代，当年这些贵族就在罗马平原上旅行(图7.2)。

克劳德和普桑一样，在罗马生活、作画。他笔下的画面多是乡村风光，如简单的村屋结构和在古代废墟上重建的庙宇。通过一些传说中的场景，要表达出一种世外桃源的气氛，让人回忆起维吉尔的诗句。艺术与自然的对话，促进了一系列园林的诞生：斯陀园、

图7.2 克劳德·洛兰，罗马附近的风景。1645 年。城市博物馆和艺术画廊，伯明翰，英国。

斯托海德(Stourhead)、培斯欧(Painshill)和俄斯尔(Esher)宫。这些公园被设计成中世纪的戏院，人们身处一系列场景中，既是观众，又是演员。所不同的是，戏院里的观众是固定的，这里的观众可以一步一景，而每一副场景都深刻地印在观者的脑海里。事实上，人类思想是这些绿色剧院的真正主角。

蒲柏不仅在文字中表达了这种园林的新理念，而且在他自己的园林中付诸实践，他在崔肯南的泰晤士河边的别墅有一座附属的花园。他在《致柏林敦的书信》中用简洁的诗句描述了他的造园思想，这可能是对洛克的心理学、维吉尔的诗文及克劳德的绘画在景观设计中运用的最佳描述：

只要你想，就去建造、去种植，
修建柱廊、修建拱门，
增高台地，构筑洞穴；
自然是不能被遗忘的。
但请将神当作普通事物来对待。
不要过于奢华，也不能过于简朴；
不要让美随处可见，
要让她适当地隐藏。
他得到了一切，
惊奇、变化，无拘无束。
这就是场所的智慧。

水或升起，或落下，

山触到了天空，

水到了谷底。

在乡间呼唤，在林中漫步，

与森林变幻的阴影对话，

现在抛弃你所想的直线；

画你所种植的、耕作的、或设计的。

跟着感觉走，让艺术支配你，

一步一步地连成整体，

自然的美胜过了一切，

开始吧，尽管有些困难，寻找机会；

自然将与你为伴；时间促使它的生长，

这就是斯陀园——一处奇迹。[8]

英国的轶闻家约瑟夫·斯潘塞(Joseph Spence, 1699~1768年)，在他的《人和书的观察、轶闻、特点》一书中，引用蒲柏的话说，"所有的园林都是风景画。画就像是挂在墙上的风景。"蒲柏将这种视觉体验也带入了诗文中，他翻译的荷马的《伊利亚特》(Iliad)，显出了他对风景的敏感，他以生活图画的方式组织了几处美丽的场景。

尽管蒲柏是一位基督徒，他与激进的民权党员仍有共同兴趣。和柏林敦郡主的小团体的其他成员一样，他也尊崇帕拉第奥式建筑及古罗马的古典主义。和阿狄生一样，他也看不起植坛和纯几何式，认为过于简单和缺少变化。蒲柏的设计理论中最重要的一点是有序的变化。

蒲柏在崔肯南的花园里有三间很著名的洞穴，墙上挂满了不同品种的矿物、贝壳，以及反射和丰富视线的镜子。在洞穴中蒲柏可以尽情幻想，与宾客交流。洞穴成为一间梦室，平抚人的心灵。洞穴里有一种十八世纪特有的迷狂，人工的钟乳石、矿石、跌落的泉水，极像自然场景，蒲柏对此非常自豪，认为"严格遵循自然法则"。从他的观点来看，他是正确的。洞穴里没有人工化的精巧的水利装置，以及复兴时期的神秘游戏，主要是模仿天然洞穴，安放他的地质矿藏。蒲柏的洞穴中有许多他的朋友送给他的各地的地质特产，同时也是他本人个性的表达。

另一位流行的、有影响力的诗人詹姆士·托马逊(James Thomson, 1700~1748年)认为英国园林是英国自由主义的最好诠释。他的成名诗作是长诗《季节》，是一首对英国景观的赞歌，在崇尚自然中又加入了浪漫主义色彩。他对大自然的恩赐及美丽由衷敬佩，尤其在风景运动席卷英国后，大家都被自然的乡村景色深深吸引。托马逊认为，想像王国与风景王国互相交织、渗透。思想本身就是一种景观，"多变的思想构成多变的景观"、"幻想谷"、"哭泣的洞穴"，还有"预想的忧愁"，都反映了他的这种思想。而"思想的眼睛"创造了感觉。[9]

景观理论家和造园家

将思想作为感觉的场景来源，景观作为载体的理论使得英国本土的造园家有了新的思路。普通的农场也可以点缀纪念物，以提升兴趣和情感。农场既是实用的，又富有诗意。苗木工人和园林设计师史蒂芬·斯威特则(Stephen Switzer, 1682~1745年)提出了风景农田(ferme ornee)的概念。[10] 他的著作《贵族、绅士及造园家的娱乐》(The Nobleman, Gentleman and Gardener's Recreation)于1715年发表，1718年被改编成三卷的《乡村图像》(Iconographia Rustica)。1742年又被再版，加入了20年来景观设计发展的新思想。这本书是反对当时的圈地运动的，后来的造园理论家和造园师都理解他的初衷。

自中世纪以来，英国的人口增长迅速，畜牧业发展成为主要的农业生产活动，尤其是在南方，过去的林地和荒地都变成了农田和牧场。在古老的乡村周围，有许多草地和开放的田野，原来是分配给每一户的，如今都被一纸合同圈了起来。这项圈地运动持续到十八世纪，近300万英亩(120公顷)的土地被议会和私人占有，使得过去公有的农田转变为私人占有。

与此同时，十七世纪的英国爆发了木材危机，约翰·伊夫琳(John Evelyn)写了一本很有影响的书《森林志》(Sylva)，提出在乡村进行造林运动，以增加木材产量，满足燃料、造船以及其他工程的需要。圈起来的土地多是矩形的田地，有白山楂的篱笆，被白蜡和榆树点缀着，这些土地被称为公园。当时猎狐是一项比较流行的运动，因此田里常常有一些小灌丛。富有的地主可以控制水的供应，把水蓄在水池里，用管道运输，住宅选址就比以前有了更大的灵活性。因此，在选址时，人们可以考虑到为住宅的窗外选择最佳的景色。圈地运动带来的住宅的发展，形成了今天我们所看到的乡村景观。但这种美化是以许多人的苦难为代价的。圈地运动使得许多牧场消失，大量农村人口成为佃农。

"法国的精灵"及罗马的"世界上最美的园林，为所有的精灵所喜欢"这两种概念，可能是斯威特则大力宣扬风景农田的概念的文脉所在。这对于想追求诗情画意的地主们来说是一种鼓励。但斯威特则其实是一位职业的造园师，要迎合他的客户的喜好。许多人仍拥有按法国传统风格设计的庭园，他必须比民权党地主及他们的文人朋友更有说服力。

贝蒂·兰利(Batty Langley，1696~1751年)是在英国土地上保留法国影响的代表，比斯威特则有过之而无不及。他于1728年写了一本关于自然景观特点的书《造园新法则》，但他仍然描述了在规则式园林中复杂的迷宫般的园路，洛可可风格的豪华装饰。在他的"美丽自然"的园林中，仍然有法国风格的几何式花床以及复杂的迷宫，宽阔笔直的林荫道和几何形的草坪。他的书和斯威特则的一样，也是一本介绍如何实际运用的书。他的客户不像柏林敦郡主圈子里的人一样受过良好教育，也并不都是画家、建筑师或作家。因此，他对文学方面和古典雕塑关注较少，而对神话场景关注多一些，如在果园中有果神雕塑，水边有尤利西斯，洞穴中是潘，花园中有花神，葡萄园中有酒神。

与兰利的简单原则相比，托马斯·惠特利(Thomas Whately，1772年)更理性一些。他是一位政府官员，也是一位园林鉴赏家。1765年他写道，在景观"完全从规则式的束缚中解脱出来"后，十八世纪前半个世纪园林审美观发生了伟大的转变，许多优秀的园林诞生了。在奥古斯德时代，园林讲究古典文学、友谊、家庭、国家，在惠特利时代，英雄和伟人都静静地藏起来，自然用它本身来表达感情。"土地、森林、河流、山川"都是景观的组成部分。尽管没有寺庙和其他纪念物，一处精心设计的园林仍能唤起人们心中的情感。惠特利《现代园林的观察》(1770年)一书使得人们将园林设计当作一门自由的艺术。他所提倡的自然之路在法国也开始盛行，被人们称为是英中式园林。这本书非常畅销，当年就推出了第二版。

惠特利所宣扬的园林是基于埃德蒙·伯克(Edmund Burke，1729~1797年)的理论。伯克于1757

年出版了《思想中闪光点的哲学探源》一书。伯克是洛克的追随者之一，他一直试图寻找感觉与人类情感间的关联。崇高常与一些尺度巨大、色彩艳丽、声音响亮的场景相关，与某些不可预知的不规则感相关，被称为是令人惊奇的宏伟场景。美丽，常被形容为"爱的表达，或其他相关的感觉。"美可能不像笛卡儿和勒·诺特所说，存在于数学比例中，而是在于一些小的、光滑的、精致的、淡雅的色彩、和谐的音乐、平静的表面和曲线中。对园林来说，最重要的是最后一点，将直线都变成了S形曲线。威廉·霍格恩(William Hogarth，1697~1764年)在他的论述《美之分析》(1753年)中指出，曲线使人感到愉悦。

惠特利的著作反映了当时的景观设计从抽象向表达感性转变。渐渐形成一种模式，以废墟来代表忧郁，用深色种植来表达悲哀，明亮的绿色草地可以使激动的心情平缓下来，阳光普照的田野让人回忆起丰收的喜悦和欢乐之情，静静的小溪和湖水给人和平与安详，湍急的瀑布带来一种恐惧。惠特利认为，水是园林中不可缺少的重要元素。事实上，他说道，"水具有如此多的特性，没有一种思想他不能表达，没有一种情绪他不能渲染"。[11]

惠特利的同伴霍勒斯(Horace Walpole，1717~1797年)和蒲柏一样，喜欢泰晤士河边的别墅。他和惠特利一样大量写书，让世人更多地了解英国园林，在1771~1780年，他写下了新风格的发展史。[12]霍勒斯的作品中的理论和哲学比惠特利的少一些，主要讲述他自己的实践和他所见到的其他人的作品，如查尔斯·布里奇曼(Charles Bridgeman，1680~1738年)和威廉·肯特(William Kent，1685~1748年)。

布里奇曼将蒲柏和阿狄生的思想付诸实践，去掉灌木，保留一些几何线，将花坛变成草坪。视线不再被局限于园内，可以看到周围乡村的景观。他还给予史蒂芬·斯威特则的作品一种固定的表达模式，让诗意与"实际的乡村气息的园林"结合。霍勒斯认为是布里奇曼发明了哈哈(隐垣)，让园林从规则的围墙中解脱出来。肯特则是他心中的英雄。事实上，肯特被他称作是"可以描绘所有景观的画家，但是非常固执，创造性地从一个不完整的尝试入手，以期开拓一种伟大的系统。他拆除了篱笆，认为所有的自然都是园林"。[13]现在的园林学家认为霍勒斯是英国沙文主义，试图排斥法国

图 7.3 克莱蒙特(Claremont)，草地剧场。查尔斯·布里奇曼设计。十八世纪 20 年代。

义的沿袭。他是配合建筑师约翰·范布朗(John Vanbrugh，1664～1726年)所作的园林，范布朗对景观设计的改革可以说功不可没。他以前是一名戏剧家，对场景把握很准，也有建筑师的天分，因此创作了许多表达力极强的作品。范布朗认为克莱蒙特有"浪漫气息"，因此买下了它，1711 年又卖给了克莱尔(Clare)的托马斯郡主(Sir Thomas Pelham Holles)，郡主雇用他为其设计一座花园，用高高的围墙围起来(肯特将其改为哈哈，使之能看到园外景色)。布里奇曼在克莱蒙特留下的最辉煌的建筑就是有着凹凸曲线的草地剧场(图 7.3)。

十七世纪的景观形式，事实上，当勒·诺特在地平线另一侧强调轴线时，他已经开始"拆除围篱"。[14]

民权党员除了从绘画中寻找建筑的灵感，还追溯到古罗马时的古典主义，如萨克逊和哥特风。蒲柏被称作是让荷马(Homer)变成"讲一口地道的英语的人"。他把文艺复兴时期的古典主义改造成英国式的风格。帕拉第奥也变成了英国人，他的建筑成为英国民族式样。古董协会(The Society of Antiquaries)于 1718 年成立，为当地的爱好古物的人创造了便利。在这种情况下，阿尔弗莱德国王等富于传奇色彩的民族英雄，还被认为是辉格(Whig)党政治人物中的杰出代表。

十八世纪30年代，肯特对布里奇曼的设计作了些修改，因为他的20年代的作品被认为只是法国古典主

范布朗和布里奇曼合作，在布伦海姆(Blenheim)创作园林。范布朗建造宫殿和古典样式的大桥，布里奇曼定下园子的主轴线和其他主要特征。范布朗将布伦海姆也用高墙围起来，但布里奇曼将其去掉了。布里奇曼最伟大的一个项目是在范布朗的引荐下设计斯陀园(Stowe)。

布里奇曼和肯特常常一起合作或先后参与同一个项目。布里奇曼和肯特相比，有更多的技术和园艺方面的知识，他主要从事规划，肯特主要使园子显得更自然，或更戏剧化。他们合作的结晶在克莱蒙特、斯陀园、罗珊姆(Rousham)园都能见到。

II.跨越围栏：具有政治色彩的英国景观到田园诗景的转变

十八世纪的英国上层的贵族们认为他们的国家是一个新罗马，他们的园林中都是帕拉第奥式的辉煌建筑，奢华的古典装饰，或真或假的废墟、英雄主义的场景。这些园林都模仿古代黄金时代的田园牧歌式的场景，或者是罗马正走向繁荣时代的场景。主人们房中多挂着克劳德和普桑的画，他们的园子也如同画上的风景。整个国家都喜欢一种乡村景观，也可能和罗

马一样有着政治因素的影响。

斯陀园

斯陀园是考伯海姆(Cobham)的第一任子爵理查德·坦普尔(Richard Temple，1675～1749年)的领地。斯陀园是早期理想主义的杰出代表。考伯海姆勋爵是一位极有影响的民权党人，雇用景观设计师来展现他

的自由主义思想，改掉原有的几何规则式，形成自然式园路。斯陀园在园林史上的地位大概相当于凡尔赛。斯陀园也是文化的朝圣地，诗人蒲柏和托马斯(Thomas)、戏剧家威廉·康格里夫(William Congreve，1670～1729年)都来此拜谒。它作为新景观设计的重要转折点的地位很快被人们所认识，成为十八世纪旅游者的热门。

1713年议会接管政权后，考伯海姆勋爵从政府中退出。和其他归隐的民权党人一样，开始致力于改造祖先留下来的十七世纪红砖房周围的老式的用围篱围起来的园林，将其变成当时英国和其他民权党中心最喜爱的形式。布里奇曼一直在此与肯特并肩作战，直到1738年去世。庄园根据场地的不规则性，设计了更为灵活的轴线、边界和建筑形式。肯特成功地使新旧两种风格和谐共存，发展了园林设计的新方向。霍勒斯(Horace Walpole)在他的著作《现代园林》中指出，肯特是一位"跨过围栏"，因此成为自然式园林的创始人。[15]

肯特原来是一位艺术家和极有天分的画家，相当勤奋和机智，因此成为柏林敦郡主和列斯特郡(Leicester)郡主托马斯·科克(Thomas Coke)的设计师。在1709～1719年间，他和两位郡主一起，参观佛罗伦萨、热那亚以及威尼斯的帕拉第奥别墅，在那里受到建筑和园林的熏陶。他也到过提维里(Tivoli)、弗雷卡蒂(Frascati)和帕莱斯特娜(Palestrina)，在这里有灶神庙，哈德良别墅，帕耐斯特(Praeneste)别墅，埃斯特别墅，阿尔多布兰迪尼别墅，以及其他一些十六世纪晚期到十七世纪早期的优秀作品。罗马的别墅有许多雕塑、绘画、艺术品，很大的猎场，给大家留下深刻印象。肯特也喜欢剧场般的大场面，并且欣赏意大利园林中奢华的布局。

1733年，考伯海姆勋爵完全从政治舞台上退出。肯特也到了斯陀园开始完全的革新。他在原来从东边通往房子的路上的峡谷里建了伊甸园。原来的斯陀教堂周围的道路和散布的村庄被拆除，峡谷和园林一起成为新的自然式和政治自由观念及理想的田园诗的象征(图7.4～7.8)。

1740年，年轻的"万能"布朗(Lancelot "Capability" Brown)开始在斯陀园工作。他很快成为一名园林师，被认为是在考伯海姆展现了他的设计天分：希腊

谷。谷中的树沿曲线形种植，配合自然起伏的墓地，展现出优美的田园风光。设计看来很简单，但反映出布朗今后的设计风格。布朗的设计与肯特有很大不同，这一点可以从罗珊姆园中看出。肯特在这个小的场地上展现出了他的诗意和智慧。

罗珊姆园

肯特作为一名画家和舞台布景师，考虑的更多是场景而不是建筑。肯特注重植物的色调以及透视关系、光线的对比，用常绿植物和其他植物来作为背景以及改变草地平淡的轮廓；在视线焦点处用一些出乎意料的小品，使用古典的构造去营造远景；成排的田园风光——这些都是肯特常用的设计手法。在牛津郡的罗珊姆园，肯特充分展示了他的绘画理念与园林设计的结合。

罗珊姆园是十八世纪罗伯特·多玛(Robert Dormer)上将和他的弟弟詹姆斯海军上尉(James)的地产，仍属于多玛家族。蒲柏是兄弟俩的好朋友，常常到罗珊姆园拜访，哥哥去世后，詹姆斯上尉于1737年将肯特带到罗珊姆园，让他在十八世纪20年代布里奇曼设计的基础上负责扩建。肯特在斯陀园工作时曾到过罗珊姆园，与布里奇曼有过交流，掌握了他的设计理念，因此可以完成后面的设计。

场地非常拘束又极不规则，只能借景"哈哈"外的景色，用蒲柏的话来说就是"与乡村呼应"。切尔威尔(Cherwell)河流经这片土地，成为隐垣系统的一部分，

图7.4 维纳斯谷，罗珊姆园(Rousham)，牛津郡。威廉·肯特设计，威廉·肯特绘制，1738年。

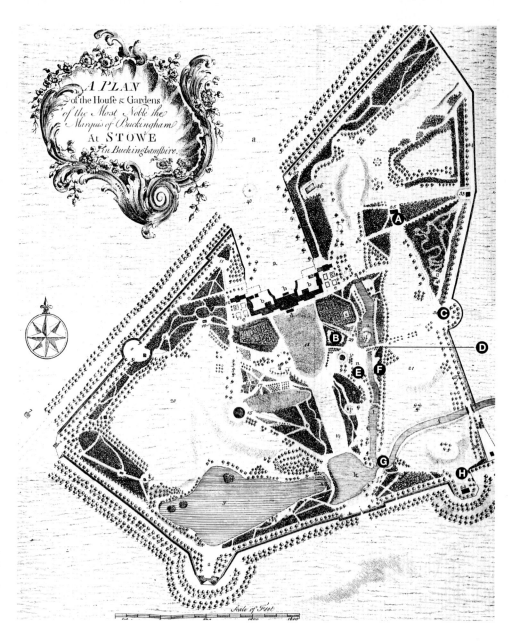

斯陀园

图7.5 斯陀园，白金汉郡，查尔斯·布里奇曼、威廉·肯特、万能布朗设计。十八世纪上半叶。平面图绘自《斯陀园：宅园》，1788年。

伊甸园隐喻性的设计包含着亚历山大·蒲柏的讽刺风格，也包含大威廉·皮特(1708~1778年)的热情的赞美，是考伯海姆勋爵的亲戚，为斯陀园构筑了抵抗异议的围墙。在这里，参观者们能感受到最深厚的爱国热情。肯特在十字路东边的终点处建了一座古代的道德神庙(B)，按照蒂沃利的维斯太庙(图7.6)所建，也是想象中的伊甸园的标志。圆形的庙中有比利时雕塑家彼得·希马克斯(Peter Scheemakers)(1691~1770年)所塑的荷马、苏格拉底、埃帕米农达(Epaminondas)和里库尔格(Lycurgus)的塑像，分别代表诗人、哲学、军事、法律精英。从庙宇所处的小山丘上向外望，正好可以看到现代道德庙，是一处伪造的废墟(现已被毁)，放置着无头的塑像躯干，被认为代表着罗伯特

(Robert Walpole)(因此可以理解，他的儿子，霍勒斯(Horace Walpole)将讽刺诗作为园林建筑的图解)。

在斯狄克斯河(Styx)的另一侧，肯特布置了另一座英国名人庙(F)，山墙壁龛里放了很多英国英雄的半身像(图7.7)。仍然在世的亚历山大·蒲柏被给予了和莎士比亚、弥尔顿、洛克一样的地位。在神庙背面的另一个壁龛上是一条悲伤的猎狗(Signo Fido)，这并不是为了幽默。中央金字塔上装饰的莫丘里胸像，标志着神的信使，指引着考伯海姆勋爵及其他精英找到穿过斯狄克斯河的道路，到达伊甸园(E)，这些精英都是在古典道德神庙中的英雄。这样通过园林，肯特和他的支持者再现了现代英格兰的伟大和辉煌的古代。

斯狄克斯河本身是一条小溪，发源于一个精心装饰过的洞穴。肯特通过水坝将其设计成曲折的池塘，并用贝壳大桥(D)来掩饰水坝。过桥后，溪流变宽，形成了英雄河，最后流入低河，是布里奇曼做的曲折的八边形的池塘的一边。在伊甸园的底部，考伯海姆勋爵建造了一座剧作家威廉·康格里夫(1670~1729年)的纪念物。这是一座金字塔，塔顶放置着一只猴子，正在观察镜中的自己，就像康格里夫在用幽默的手法指出社会的弊端。

伊甸园是一处相对模仿性很强的园林，肯特戏剧化地表达了许多有关联的含义。考伯海姆勋爵对其继续进行建设，还有他的继承者理查德·格伦维尔，对其园林和建筑的规模和形象都加以拓展。伊甸园东部的鹰园，曾由布里奇曼的隐垣

所围合，被考伯海姆勋爵按照斯威特则的农园的理想改建。十八世纪40年代，詹姆士·吉布斯用三座庙宇来装点这处斜坡。在友谊庙(H)前是皇后庙(A)。夏日的午后考伯海姆勋爵夫人在皇后庙招待客人，而考伯海姆勋爵则在友谊庙里与民权党伙伴们一起娱乐(图7.8)。在半山腰两座庙中间是哥特庙(C)，这是一座高大的新古典主义建筑，由赤褐色的铁矿石构筑而成，它的另一个名称——自由之庙，是当时考伯海姆勋爵圈中的英国贵族们的向往。圈树挡住了鹰园周围的环形路上的视线。突出的树丛从不同的方向将视线引往焦点处。一座帕拉第奥式的桥(G)把路带向八角池塘，如今称为上河(图7.9)。

图 7.6 古代道德庙，斯陀园。

图 7.8 皇后庙，浩克威尔
　　　 (Hawkwell)，斯陀园。

图 7.7 英国名人庙。反民权党成员的神像被分列在中央金字塔的两侧，
　　　 这些都是爱国者，均是沉思的表情。诗人亚历山大·蒲柏与狗
　　　 (signor Fido)一起，被放在背面(不可见)。

图 7.9 帕拉第奥桥，斯陀园。

它的对岸的田园风光在布里奇曼的早期设计中就是罗珊姆园园的景观的组成部分。肯特增加了一处仿造的废墟,在河边 1.6 千米(1 英里)处的山脊上建了一条带拱门的围墙,称作"焦点"。在河边,他重建了一座磨坊,命名为磨坊庙,以哥特式装饰为场景,为画面增加一些趣味。布里奇曼将房前原来的有围墙的花园改造成矩形的有起伏的草地。草地边缘略有抬高,用成行的树围起来,通过缝隙可以看到切尔威尔河外的田野。肯特在通向河边的斜坡前、草地的尽头放置了一尊"狮马相搏"的古代雕塑的仿制品。

草地前的道路一直通向园子的最窄处,正好面对着河流的急拐弯处。由于河流的角度,园子在此处急剧收缩,但肯特因势利导,将这块地改造成帕耐斯特围篱,因为他熟知在帕莱斯特娜山(古时的帕耐斯特)上台地上建的废墟,在他的设计中简化为一个拱廊,代表他的思想。参观者可以在拱廊下一处精美石制靠椅上停留。

在帕耐斯特围篱以西,斜坡下形成一个小峡谷。布里奇曼在此作了一系列逐级降低的鱼池,也是装饰性的。肯特将其改造为乡村威尼斯之谷(图 7.4)。除威尼斯谷外,肯特还在一处密林中设计了一条弯弯曲曲的小河。从建筑拱廊下的八角池处看过来,小河形成一条极美的曲线。威尼斯谷中有许多天鹅和丘比特,另一个小一些的八角形池"凉池",反射林中闪烁的天光。

在下面一条路上,可以看到威尼斯谷中,潘正在林中张望。人们还能见到帕耐斯特园及河转弯处的一个半圆形林地里的酒神、莫丘里、农神。尽管这些雕塑有古代的痕迹,但它们并不像斯陀园一样呈现出古代气息。这可能是因为肯特缺少古典主义教育,坚持用透视的方法来进行景观设计。

相反,这里有几个贵族希望他们的园林不仅有绘画的透视,也有自由的主题。维吉尔(Virgil)、奥维德(Ovid)、弥尔顿(Milton)一直坚持他们的任务,他们的同伴托马斯(Thomas)也写下了"原则,大不列颠"的赞歌。因此,在新的帝国黄金时代,仍然可以看到英格兰古代的田园风光。他们在1726年出版的阿尔伯蒂的《De

re aedificatoria》英文版中,找到了古典建筑及乡村生活之美的感觉。同时,他们也热衷于研究小普林尼的信件,其中有那个时代的国家大事以及甜美的乡村生活的描述。无论是为自己的园林设计,或是作为专职的园林师,都以不沉的大不列颠帝国为荣,在传统的复兴时期的人文主义中占有一席之地。

霍华德城堡

业余的古代造园家所作的最出色的园林之一就是霍华德城堡(Castle Howard),为第三任喀来尔郡主查尔斯·霍华德(Charles Howard)的作品。与斯陀园不同的是,它并没有成为一个花园或拥有如画的风景,喀来尔是希望创造一片宁静而辉煌的场地,如同史诗般庆祝历代的英雄。霍华德城堡也没有用华丽的装饰来展示史诗般的寓意,而是用奥林匹斯山来宣扬它的宁静和伟大。

1699 年,查尔斯·霍华德在他 23 岁这年成为喀来尔郡主,继承了北约克郡海德斯克夫(Henderskelf)城堡周围的一大片山地和河谷,喀来尔没有保留原来的园艺师乔治·伦敦(George London)的设计,又让范布朗重新设计,因为范布朗的热情和想象力符合他的希望。他们根据景色来布置建筑,房子与轴线即大路平行,而不是让位于轴线(图7.10)。像斯陀园一样,霍华德城堡的设计师为了眺望南边的景色,毁掉了一座有

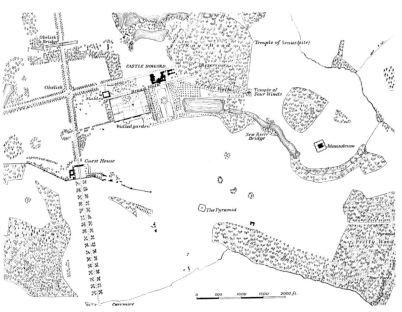

图 7.10 霍华德城堡平面图,北约克郡,约翰·范布朗及设计喀来尔第三代郡主查尔斯·霍华德的其他幕僚一起设计。十八世纪上半世纪。

图 7.11 霍华德城堡入口，北约克郡，背景是金字塔大门(1719 年)，前景是尼古拉斯·郝克斯莫尔(Nicholas Hawksmoor)设计的 Carrmire 门(1730 年)。

许多圆屋顶的帕拉第奥时代的房子的村庄，却毫无惋惜之情。

在房子的东侧，有一座圆形的小山，名为瑞木山(Wray Wood)。1718～1732 年，在斯威特则(Switzer)的建议下，喀来尔在一片自由式种植的树林里作了许多蜿蜒的小路和各种各样的喷泉。房子以西有一条南北向、长约 457 米(500 码)的大路，中间有一条路与它正交，也作为瑞木山入口庭园的终点。两条路的交点处有一座纪念马尔波罗公爵(Marlborough)的方尖碑(1714 年)，再往南有宏伟的金字塔大门作为他的衬框(1719 年)(图 7.11)。范布朗的围墙采用了早期罗马哥特式的城垛，让人回想起十八世纪壮观的霍华德城堡。再往南去，大道的入口处是郝克斯莫尔(Nicholas Hawksmoor，1661～1736 年)设计的卡梅若(Carrmire)门(1730)，有许多炮垛，以圆形的炮楼结束，完全模仿中世纪画面。

城堡也像斯陀园一样，希望能直接从传统中跳出，从直线形改为自然式。喀来尔将原来瑞木山通往海德斯克夫村的大路(现已毁弃)变成了阶梯状的散步道，终点是有四翼的范布朗神庙(图 7.12)。这座神庙是参照帕拉第奥的圆顶别墅。在神庙的东部，一个小山顶上有一座郝克斯莫尔建造的大陵墓，是一座有着多立克柱廊的圆顶圆形建筑，为周围添了许多威严之气。神庙和陵墓间有一座建于 1744 年的帕拉第奥式桥，横跨在蜿蜒的大河上。有些河床已经成了田地，这些为如画的风景又添了些古典气息。

其他追求古代风的人

由于霍华德城堡有着令人惊异的尺度，以及它的财力，使得它在所有英国园林中成为独一无二的瑰宝，喀来尔在他的工作中作为一个古代风的追随者，呈现出了崇高的理想，与国家的兴盛联系起来。其他有一些小的园子，但仍为园主人所津津乐道，如威廉·申思通(William Shenstone，1714～1763 年)的风景农田——里所沃(The Leasowes)和菲力浦(Philip Southcote，1698～1758 年)的沃博恩(Woburn)农场。在其他一些乡村，园主人对代表英格兰已消逝的君主制的废墟非常欣赏，如温卡姆(Duncombe)园和斯德里园(Studley Royal)。在温卡姆，为了看到瑞沃尔斯

图 7.12 有四翼的范布朗神庙，霍华德城堡，北约克郡，由郝克斯莫尔在约翰·范布朗死后完成。1728 年。

图 7.13 斯德里园，北约克郡。约翰·阿尔卑设计，1714～1718 年。月亮池和诗人庙外观，1728 年。

(Rievaulx)修道院，特意修了一条宽宽的、有许多草坪的台地。在斯德里园，约翰·阿尔卑(John Aislabie)用一条木质步道把几何式的水花园和罗曼蒂克的喷泉(Fountains)修道院连在一起，其中的许多建筑都来自于十二世纪(图 7.13，7.14)。

在萨里郡的培斯欧，查尔斯·汉密尔顿(Charles Hamilton，1704～1786 年)是一位追赶园林设计时尚

图 7.14 喷泉修道院，修道院的废墟成为从斯德里园向外望的视线焦点。

的痴迷者。他在 1738 年买到一片土地，1773 年由于负债，不得不卖掉。他在一片 5.6 公顷(14 英亩)的人工湖边创造了一个起伏的园林。参观者可以在这里看到与当时法国园林相似的洛可可风格特征：哥特式的庙，仿修道院的废墟，精致的洞穴，乡村隐庐，小瀑布，罗马陵墓，土耳其帐篷，酒神庙，以及一座中国桥。汉密尔顿对从北美引进野生植物作了很大贡献，也是第一个使用杜鹃花的英国人。在他破产后，他在巴思定居，并成为一名园林师，利用他对植物和瀑布构筑的知识，给其他造园师作咨询。

斯托海德

建造古代园林的费用相当高，汉密尔顿不是惟一受到财力限制的造园家。许多其他造园家如喀来尔郡主，都和汉密尔顿一样，请求伦敦的银行家亨利·霍尔(Henry Hoare)的资助。这种方式耗尽了他们的资产，却使得霍尔获得财富。这些也使得他的儿子，一位像他父亲一样的保守党人亨利·霍尔二世(Henry Hoare Ⅱ，1705～1785 年)在斯托海德(Stourhead)造园。由于霍尔擅长创造风景画般的场景，斯托海德在国家信托局(the National Trust)的管理下也保存完好，因此在众人眼中，它是一处最完整地表达了十八世纪黄金时

代的伊甸园景色的园林，胜过英国其他任何一座园林。[16]

亨利·霍尔二世19岁时就继承了家族的连锁银行。在1738～1741年他母亲去世前，他一直在意大利旅行，接受古代景观熏陶，并购买了十七和十八世纪早期大师的绘画作品，包括两幅普桑和一幅克劳德的作品。回国后，他在斯托海德居住。1743年他的妻子去世以后，他开始从事造园工作，并且付出了一生的心血。

造园历史学家肯尼思(Kenneth Woodbridge)指出，霍尔在造斯托海德时引用了维吉尔的《伊尼伊德》(Aeneid)的诗文。[17] 参观者的游线就是沿着伊尼亚斯从特洛伊到建立罗马的路线，人们认为奥德赛为亨利·霍尔二世设计了他在斯托海德的家族领地。无论亨利·霍尔二世脑海中是否有清晰的图像，但他希望他的斯托海德是一处有许多神和古代英雄的理想天国。

亨利·弗利特克劳夫特(Henry Flitcroft，1697～1769年)是霍尔在斯托海德及其他各处园林的建筑师。他建议并帮助霍尔建水坝，将峡谷注满水，并将原有的池塘扩大，连成大的湖面。在湖边，有一座花神庙(1744年；原来是农神)，庙的入口处讲述了伊尼伊德的一个故事：坎密尼(Cumaean)女巫在警告伊尼亚斯，禁止他探知未来世界，建成罗马。湖边其他建筑沿逆时针环湖布置，在水坝蓄水前便已建成，倾斜的湖岸作为一项远期规划，一直持续到1753年大坝建成时。同时，霍尔采用蒲柏和肯特的理论，在园中大量种植对比强烈的深浅色调的树种。有一座沿袭帕拉第奥绘画中样式的木桥，连起了环路，通往湖北岸的洞穴。

在洞穴外有一块碑铭，暗示这处洞穴是仿自克劳德·洛兰的绘画作品《伊尼亚斯眼中的底罗斯海岸风景》(Coast View of Delos with Aeneas)，表现伊尼亚斯在迦太斯城外为他的同行者找到的避难所(图7.15)。画中，伊尼亚斯带着他的父亲、儿子以及安纽斯(Anius)神父，站在多立克神庙前的台地上，凝望前方的风景——一座模仿罗马哈德良宫里万神庙的圆形庙宇。伊尼亚斯基于上述画面，给予他和他的后代一个家，完成建立罗马的使命。弗雷夫特(Flitcroft)完全按照当时罗马的哈德良万神庙设计，只是将尺寸缩小，如今成为斯托海德园中最吸引人的标志物(图7.16)。

霍尔在湖上正对着万神庙的轴线上，建了一座帕

图7.15 克劳德·洛兰，伊尼亚斯眼中的底罗斯海岸风景，1672年，国家画廊，伦敦。

拉第奥式的桥。在通往村庄的反方向上，可以看到布里斯托的高高的十字架，在被认为是障碍而被拆除以前，一直都是城市的主要标志。1764年，霍尔在一所英国教堂的角落里找到它的碎片。历史的纪念品与中世纪韵味的村庄一起反映了园子中古典主义的图像，以及英格兰的文化。

亨利·霍尔的孙子理查德·科特·霍尔(Richard Colt Hoare)在1780年后成为了斯托海德的主人。许多引进的外来植物已经在英国驯化，被理查德拿来增加斯托海德园的植物种类。他是一位执着的花卉爱好者，也是林奈(Linnean)学会的成员，一起种了许多园艺观赏植物和今天仍能看到的一些古老的、巨大的石楠。他和他的祖父一样，也在意大利住了相当长一段时间。他对技艺和水彩画的天赋也得到发展，他购买名画也增加了家族收藏的数量。理查德是一个崇尚古代的人，同时也是一个纯粹主义者，他拆掉了园中原有的土耳其帐篷、威尼斯的建筑、中国的园亭以及他的祖父修建的洛可可风格的建筑。同时，在1806年，他为洞穴和万神庙间的小村庄加了许多美丽的哥特式的门廊。

理查德将斯托海德中他认为是外来的元素拆掉后，不再将园子作为象征性的元素，而是完完全全的田园诗般的自然景观，这也是当时那个时代的潮流。洛克的感觉意识渐渐让位于当时的罗曼蒂克主义的萌芽。他把他的祖父的规划简单化，使用自然界的物质作为造园的主要材料。他的改造和斯陀园的考伯海姆勋爵的侄子兼继承人理查德·格伦维尔(Richard Grenville)的活动几乎同时进行。

图7.16 斯托海德，威尔特郡，前景是帕拉第奥桥，后面是潘神(最初被称为海克历斯)。由园主人亨利·霍尔和建筑师海瑞·费雷夫特(Henry Flitcroft)设计。

(Nimes)的罗马神庙，成为英国古代园林的缩影，也是国际上的指南针，凯瑟琳大帝、卢梭、托马斯·杰弗逊以及其他国家元首都来此参观。园中散发的人文主义和英雄主义光辉已经成为过去，尽管大陆上的许多园林随后都在模仿它的特征，但斯陀园作为范例的功能已经结束了。

在十八世纪的后30年，议会的圈地运动带来了许多新的领地，逐渐富裕起来的地主不再对新古典主义的田园牧歌式感兴趣，而是只关注在乡间旅行时的一些赏心悦目的景色。[18] 此时英国乡村的园林设计交给了虽不曾远游、也未受过良好教育、但十分能干的兰斯洛特·布朗(Lancelot Brown)。

格伦维尔在斯陀园中进行了增减变化，加入了以住房院(Masion Carrée)为样本的希腊庙，尼米斯

III. 重建英格兰：万能布朗，行业的发展

十八世纪中期，英格兰的贸易政策使得交易持续增长，1750~1800年贸易额翻了一番。1780年后发动了轰轰烈烈的工业革命。这场变革主要是由于机器的发明，以及圈地运动，使得许多佃农失去了土地，成为工业工人。英格兰正处于工业资本主义的新时代，城市人口急剧增加，但农村仍处于工业前时代。英格兰的经济主要依赖大量的国际贸易，还有高产的农业和养殖业。经济上的提升使得十八世纪全国上下都有了转变。从某种程度上说，国家幸运地拥有一位天才，自认为他有能力改变庄园的格局，重塑一个全新的"英国"特色。

万能布朗园林设计之路

"万能"布朗(Lancelot Brown)所处的时代，使得他走向自信、乐观、成熟。布朗的成功之处在于他的设计虽然很抽象，但仍然与乡村自然景色和谐。之所以被人称为"万能"，是因为他常常向他的客户保证，他们领地的景观能在他的双手下变得既简单明了，又具有自己的特色。在他1751年辞去斯陀园的总园艺师工作，到1783年去世间，他一共设计或改造了近200个园林，他的建议也被许多人所采纳。他不知疲倦地奔波于全国各地，完成设计任务，人们常常讲到他的轶闻：他拒不接受爱尔兰岛的设计任务，因为他说他还没有完成英格兰的工作。他的理想是将英格兰的每一片土地都改造为自然风景园。喜爱和想像力成为十八世纪设计大师最爱挂在嘴边的词语，因为有强大的经济实力作后盾，大家都在努力实现自己的目标。十七世纪后的园林被认为是包含园外的景物的，在布朗看来，所有的都是大地景观中的一部分。花园只不过是出于实用和美观两种目的而建造的。

布朗的风格与其他人的风格没有丝毫关联，他以自己独特的方式来替代勒·诺特式的抽象的古典主义，

用地表的运动和地形来表达自然的作用力，震撼力也不小于这位法国大师。布朗对自然景物也有所挑选，他去掉自然中不美的元素，铲平过于陡峭的地形，并用纱网套的叶片来掩盖痕迹。他常常被称作"景观的改造者"。[19] 由于他潜意识地在改造自然时无视神灵，单纯地从审美角度考虑，诗人托马斯(Thomson)称他为"追求真理者"。虽然他没有著作传世，但人们都知道他的观点，即在一座优秀的园林中，人与自然是高度平等的，也是互相合作的。

从技术的角度考虑，布朗受到的职业教育高于肯特。布朗的童年是在他的出生地——克赫勒(Kirkharle)诺森伯兰的一个小村庄里度过的，他看到了周围领地发生的变化。他步行去卡姆堡(Cambo)上学时要路过沃林哥顿(Wallington)公园，这个公园在圈地运动后，原来平淡低劣的景观有了极大改观，这些变化包括大量的造林，以及当时无所不在的绿篱。1732年他离开学校后，到克赫勒大斤作了一名园艺师，威廉·劳瑞恩(William Loraine)先在那里造了一座类似于工作园的园林。在这里，布朗学到了如何排除沼泽地的积水以及实用的园艺知识。1793年他离开家乡到了南部的牛津郡，正是他所学的这些知识帮他在基德丁顿(Kiddington)大厅找到了工作，2年后，他开始在斯陀园工作。

布朗有幸看到了肯特为斯陀园设计的天堂园，扩展了他的审美水平。后来他在考伯海姆郡主家的工作也为他的职业生涯积累了经验。另外他还具备观察、水工学、建筑方面的技能。他逐渐能够胜任邻近的庄园的施工一职，庄园主们都愿意让他设计。不久后场地设计对于他来说变得越来越容易，布朗觉得不仅想帮助不同的宅邸施工，更愿意亲自设计。他为他的客户设计的住宅和花园都是帕拉第奥式的，都相当舒适、便利、构造合理。

布朗对人性化的景观相当了解，称自己的设计是"营造空间"。[20] 1753年，威廉·霍格恩(William Hogarth，1697~1764年)出版了《美的分析》，仔细分析这本书的内容后得出，曲线比直线更有吸引力。埃德蒙·伯克(Edmund Burke)的著作之一《美和崇高的哲学探源》也于1757年出版。伯克在书中指出，柔美由光滑的、曲折的等高线组成。他用详尽的语言描述这种美，美即是"草坪上有一些高高低低的斜坡"，[21] 这种思想指导创造出了一些令人愉悦而又和谐的景观。

不论布朗是否是伯克和霍格恩的学生，他们的思想在十八世纪中期乔治亚时代的洛可可风格园林中都有所表现，如汤姆森·奇奔待勒(Thomas Chippendale)的家具上的流线形和自然的形式。因此，看到布朗的设计中有起伏的边缘曲线和圆形的地形，也就不足为奇了。在伯克书中，英格兰南部的自然景色就相当优美，设计者只需锦上添花就够了。因此，布朗只需要合理安排，就能达到伯克对美的需求。

布朗不再用象征性园林形式，也不用庙宇、纪念物、碑铭等具体形式，而是用抽象的方式表达感情。布朗所用的是"庄重的"丛林和"欢快的"田野。宁静的、可反射天空的水面可用来创造安宁的场景。尽管布朗被称为有着"诗人的感觉"和"画家的眼睛"，但他既不模仿维吉尔，也不模仿克劳德的画。相反，他的作品激发了诗人和画家的灵感，成为他们笔下的对象。如英国艺术家约翰·康斯特布尔(John Constable，1776~1837年)和约翰·威廉(John Mallord William Turner，1775~1851年)。

布朗的作品给人的感觉很自然。从广域上讲，他十分注重立地现场地面的清理和平整。立地现场地面时，绝对不使立地现场地面完全平整，也不使其沿着一个方向单调顺延。而是形成一系列凹凸有致的曲线型。斜坡与水面或草坪相接的地方，就形成相切的弧，如同"曲线的勺"，他营造的许多美丽的景观都由狭长的山谷组成，两边是高地(图7.17)。树都不是成行种植，而是成组、成群，还可以透过树叶看到远方的景观。他多使用乡土树种，也遵循当时肯特所实践过的法则，用对比强烈的落叶、常绿植物来加强透视感。他设计的车道、树群和湖岸从来都不是平行线，而是和谐的、自然的组合。

布朗设计的哈哈与视角所成角度使得人们向远方眺望时，正好不在视野里。缓坡使得牲口可以轻松地触到边上的枝叶，避免丛生的杂草。他的园中也有许多鹿，可以啃食草地和低矮的树枝，使得树冠下部比较整齐，人能眺望远处的树林。

布朗的园中一个重要的特征就是悬念，这种时隐时现的策略在日本园中也常常使用。路边的树群，还有其他的障景，时而露出一些空隙，让人看到园中和

图 7.17　皮特沃斯(Petworth)，西萨西克斯斯郡。最初由乔治·伦敦设计，伦敦，1690；
　　　　由万能布朗改造，约1750年。

图 7.18　广阔大地(Broadlands)的草地，汉普郡，万能布朗所作的一处典型设计，
　　　　1767～1768年。

谐的农业景观。他的步行道和车道都适合漫步；湖边也适于观望，并且一眼望去没有重复的场景，路线也绝不重复。布朗的园中没有直线，人们也只能在漫步中欣赏美景。布朗的园子与斯托海德一样，最适合步行。其实从规模来讲，坐马车更适合。但不同之处在于，霍尔湖边的园路如同剧中的场景，布朗的园路却是为了唤起人类的本性，而不是为神灵创作。

万能布朗最突出的能力表现在他的灌溉技术和其他水的知识(图7.18)。地面与水面的过渡产生了最大的反射效果，人们的视线没有从水面上到达对岸，而是直接看到水中的景物。他设计的湖岸很不规则，远处或者用浓密的植物形成阴影模糊界限，或者用小岛遮住视线，造成一种神秘感。布朗还是一位设计自然瀑布的大师，为他平静的园中增添一些变化和浪漫色彩。

在布朗的园中，建筑和周围的环境间没有那些修建整齐的植物，并且改掉了许多原来非常美丽的植坛。然而，他所设计的园子仍需要大量人工来养护，园子的继承者们难以支付为了保持流线型的草坪所必需的镰刀、割草机的费用。

布朗认为建筑与周围环境的结合非常重要。从建筑向外望时，所看到的画面，一直到地平线，都必须是一个整体。否则，就用树丛遮挡住视线。建筑在园中一定是居于主要地位，并且享有最好朝向，这是布朗作设计的首要准则。因此，像斯托海德中建筑与园子主要轴线隔绝的现象在布朗的设计中不会出现。

布朗与勒·诺特一样，口碑很好。他在他的家乡，伦敦附近的苗木贸易中心汉姆史密斯(Hammersmith)以及周围的乡村，尤其是为威尔特郡和汉普郡的居民设计园林，这些项目有大有小。他有很强的领导能力，因此胜任这些工作，转包工程，及时完成任务，并很好地遵照预算，而且在拜访一些挑剔的客户时，也能得到好评。

在布伦海姆(Blenheim)，布朗的智慧和能力得到了更好的发展，他结合约翰·范布朗的雄壮的建筑来设计园林(图7.19)。马尔波罗(Marlborough)公爵在1704年布伦海姆战役中打败了法国，得到了一份奖励——布伦海姆宫，既是封地，也是国家的纪念。布伦海姆宫的花园呈盆状，有亨利·怀斯(Henry Wise)为之设计的花坛，还有一条从胜利柱到宫殿的长1.6千米(1英里)的成功大道，跨格利姆河(Glyme)的大桥由范布朗设计，也为布朗提供了展现才华的舞台。1764年布朗被第四任公爵召来从事设计。

花坛很快被布朗拆掉，但他保留了成功大道。他最重要的举措是增加格利姆河的库容，因此淹掉了范布朗设计的低处的桥墩。这使得水与桥的比例更协调；原先桥是作为一个孤立的个体，与干涸的格利姆河相比，过于雄伟。布朗利用他水力学方面的技能，使得水位达到一个恒定的高度。桥拱与它的倒影形成一个优美的整体，并且与整个湖面的比例关系也非常协调(图7.20)。当游客从伍德斯托克(Woodstock)村进入布伦海姆园时，可以看到一副优美的画面：大地缓缓地倾向湖边，桥与前面的小岛形成诗一般的意境。桥的轴线另一端是立在高原上的宫殿。

威廉·钱伯斯与万能布朗

　　成功就会招来妒忌，也有人开始谤谤布朗，其中比较尖锐的就是威廉·钱伯斯(William Chambers)。钱伯斯曾于1744年和1748年两次到过中国，自认为是中国园林的专家。他被克沃(Kew)的沃勒斯(Wales)王子任命为园林设计师，为理查莫特(Richmond)附近的皇家封地作设计。这块地的另一半是现在的英国皇家植物园丘园。在这项任务中，他与布朗有了冲突，当时的布朗是其中皇家花园和汉普郡宫的总监。十八世纪盛行一种"写意园"，以钱伯斯为代表，他宣称在中国园林可见到"高兴、忧伤及种种幻想"。[22] 钱伯斯常用哥特式的形象来描述这样的场景：复仇之王的庙宇，岩石中的洞穴，洞穴中居住的人们拿着荆棘和灌木；周围全是石柱，人们讲述悲惨的故事，以及残酷

图7.19　布伦海姆(Blenheim)，牛津郡，亨利·怀斯(1705～1716年)和布朗(1764年后)设计。中部怀斯设计的笔直的大道通往宫殿，有一座跨格利姆河的大桥(布朗为了形成大湖，将其拆掉)。桥和宫殿由约翰·范布朗设计，1705～1724年。

的场面。四处都有窃贼和不守法律的人。[23] 虽然布朗的园林中也有变化，但钱伯斯的突变与布朗的风格格格不入。

　　钱伯斯在丘园实施了他的中国化园林，导致折中主义的局面。他建了一处巡回动物园，一个鸟舍，一座"清真寺"，20多座寺庙，一座帕拉第奥式的桥，一座中国寺庙，一座十层高的宝塔以及罗马拱门的废墟

图7.20　由万能布朗设计的湖，桥由约翰·范布朗设计，布伦海姆，牛津郡。

图7.21　中国塔，皇家植物园(丘园)，伦敦。威廉·钱伯斯设计，1761年。

（图7.21）。以上这些只有最后两处建筑得以保留至今。虽然钱伯斯在国内有贵族的支持，但他在法国和大陆上其他国家找到了更合适的土壤。相反，布朗在国外的支持者少于国内的，英国本土已形成一种宁静的田园审美意识。众所周知，钱伯斯的作品在国外园林中与洛可可风格结合，形成了英中式园林。

克莱夫郡主(Clive)新近在克莱蒙特(Claremont)买了一块地，同时邀请了布朗和钱伯斯两人，为新宅作设计，使得两人成为竞争对手。1771年，克莱夫最终选择了布朗，与他的女婿亨利(Henry Holland，1745～1806年)合作。这件事使得钱伯斯非常妒忌布朗，以至于开始对布朗进行人身攻击。第二年钱伯斯出版了

《东方园林》一书，其中隐含了几处对布朗的攻击。但布朗也得到了诗人及园林设计师威廉·梅森(William Mason)的支持。梅森在"致威廉·钱伯斯"的信中，讽刺钱伯斯是在模仿蒲柏的风格，并且在园林中到处散置中国艺术品，使得园中没有统一的风格。[24]

布朗对园林抽象的、非文学的理解与一些景观设计师，如近代人文主义者亨利·霍尔的观念正好相反。而钱伯斯则在追寻不寻常的效果，希望达到伯克所说的崇高境界。根据伯克的定义，布朗所创造的园林是美的，但也有人认为太多的曲线过于平淡且繁琐。这些批评导致了一种新的风格的出现，介于美和崇高之间，被伯克定义为风景式园林(Picturesque)。

IV.自然油画：英国哲学与风景园

在我们的这个年代，人们都喜欢旅行冒险，参加一揽子旅游项目、去旅游胜地度假。我们很难理解十八世纪的旅游者，他们对当时的不同类型景观不同类型的旅游地是如何采取不同方式进行旅游的。阅读简·奥斯汀(Jane Austen)的小说，可以欣赏到这个绅士社会里，当园林的形式发生变化时，人们对审美观的争论。全社会都参与园林形式的讨论，表明了在那个时代，园林设计的多样性已具有文化价值。由历史变化引起了巨大的社会变化，争论仍在继续，园林设计实践也成为公众的兴趣，不再是个人的娱乐行为。关于风景园与布朗的自然式的争论与一个绅士俱乐部的争论非常相近。但是俱乐部的争议使得人们斗争激烈，分成许多热情的党派，甚至参加者退出后，主管及反击者仍然热情地投入战斗中。

风景园的争论成为举国上下街谈巷议的话题，现在仍是杂志里的主题。因为人们逐渐认识到旅游是一种极好的休闲。铁路旅行越来越方便、安全，但法国革命及其他政治动乱使得大陆上的旅行有些困难。许多人因此对自然的景色备加关注。威廉·吉尔平(William Gilpin)指导人们，并逐渐灌输地区的新理念，及对自然风景的新的审美观。

博德若(Boldre)牧师威廉·吉尔平

威廉·吉尔平(William Gilpin，1724～1804年)生于英格兰北部靠近苏格兰边界处，比起英格兰南部出

生的人，他更喜欢原始的自然景观。他在父亲的指导下学习绘画和速描，认为景观是艺术品，并且相对于光滑流畅的画面来说，他更喜欢崎岖的地形，粗糙的物体。当他从英国北部旅行到南部时，他带着歧视的眼光重新审视不同的自然景观。吉尔平扩展了风景园的定义，不再局限于园林，而是"自然的广阔"，因此并没有引起画家们的兴趣。对于吉尔平来说，风景园意味着成组的山石，明暗对比的树丛，以及其他适合入画的自然元素，前景、中景、背景均可。他将三维空间转化为二维的场景，认为自然的场景和模仿"原始"的元素及自然光影都带来视觉愉悦，可作为绘画素材。吉尔平的想像中不完全是原始的自然，而是通过艺术的滤镜处理过的。

他的速描的天分有助于他成为一名优秀的旅行作家，并且可以通过绘画方式展现给大众他所见到的景观。当他还是一位年轻的牧师，居住在伦敦时，参观了斯陀园，并于1748年发表了《在白金汉郡的斯陀园与考伯海姆郡主对话》一书。他以美的追求者凯欧菲勒斯(Callophilus)和英格兰北部的多愁善感的波莉斯恩(Polython)间的"对话"形式，将这所著名的园林比喻成一幅画。在吉尔平眼中，斯陀园虽然缺少北方风景画似的景观，如陡峭的山壁，奔涌的瀑布，茂密的森林及其他原始的自然景观，但它仍然相当出色。他坚持"规则和一丝不苟不能带来愉悦，自然才能打动人心；如果说艺术在发展，其与规则的关联也不会太大。

因此,规则的废墟,在光影下才显得生动,又被旺盛的灌丛和树木点缀着,才富有生机。"[25]

对乡村景观的欣赏,以及"风景园"一词作为流行的景观语言,持续了一个多世纪,这与吉尔平的影响不无关系。然而,他的艺术家兼旅行家的身份其实只是生活中的一小部分。他主要是一位学者和教区贫困教民的牧师。

蒲柏常在夏天出外旅行,欣赏风景,吉尔平和他一

图 7.22 威廉·吉尔平,《森林景色之印象》一书中的版画,1791 年。他认为,"枯树对自然或人工景物均有帮助。在某些情况下,是最重要的组成部分。当眼中看到阴郁的景象,原始的和荒芜的感觉油然而生,还可以引发其他想像,枯萎的橡树,没有叶子。白色的枝条穿过黑色的暴风雨。"

样,在任切姆(Cheam)大学校长期间,利用假期到乡村旅行。他到那些年轻时就为之向往的地方,故地重游,白天画速描,晚上写"观感",这些都基于他逐步成熟的"风景园的理论"和他所捕捉到的美。他的观感和画都在威尔士、湖区及英格兰北部他的一些追随者中互相传抄。

1776 年,吉尔平离开切姆大学,到汉普郡博德若教区作牧师。博德若教区位于英格兰南部海岸的新森林(New Forest)边境。在这里他看到了更美的森林,并画了许多速描,记下了不同树种的美丽姿态(图 7.22)。此时,吉尔平认识到,除了牧师的收入外,他可以从出版旅行观感和速描中得到收入。霍勒斯(Horace Walpole)帮助他掌握新的印刷方法,减轻出版的经济风险。

1782 年,吉尔平决定将他的著作中的一部分《对魏(Wye)河的思考》(Observations on the River Wye)予以出版。他的侄子威廉·萨维·吉尔平(William Sawvey Gilpin,1762~1843 年)帮助他制版印刷。这本书获得成功后,1786 年又出版了 2 卷《对凌乱土地(Cumberland)和西多土地(Westmoreland)的大山和湖泊的思考》。3 年后又出了一部 2 卷的著作《大不列颠的几个区的思考》、《苏格兰高地》。1791 年又出版 2 卷《森林景观之印象》。

这些书获得了巨大的成功。出版许多年后,仍是图书馆里最受欢迎的书。"公众对钢

笔和铅笔产生了浓厚的兴趣,而这一切都是因为吉尔平。"霍勒斯夸张地说。诗人和散文家都用风景画的元素来分析景观,这种时尚被吉尔平的追随者简·奥斯汀等人大加渲染(图 7.23)。[26]

吉尔平的作品被翻译成法语和德语,受到了旅行者和园林设计师的推崇。后来中央公园的设计师弗雷德里克·劳·奥姆斯特德(Frederick Law Olmsted,1822~1903 年)看到了他的书,记起了自己小时候与父亲和继母在康乃狄克乡间的旅行就如同书中所写的"寻找风景园的旅行"。他在浩特福德(Hartford)公共图书馆读到《森林景观之印象》,并成为他职业生涯中有效的工具。他将这本书和尤戴勒(Uvedale)王子的《关于风景园》一书一起,作为学生的教科书,并告诉他们必须认真领会,就像学法律的学生必看的《黑石》(Blackstone)一样。亨利·索罗(Henry Thoreau)和奥利弗·温德尔·霍姆斯(Oliver Wendell Holmes)也是美国本土吉尔平的忠实读者。

谈到园林设计,吉尔平认为原始、野趣的美都是画家最好的素材,也应为园林设计师所重视,如"自然界中大大小小的景物——轮廓、树皮或者是原始的

图 7.23 托玛斯·右兰德森(Thomas Rowlandson),斯坦克斯(Syntax)先生为湖泊画速写,出自威廉姆·卡比(William Combe)的讽刺诗《斯坦克斯先生寻找风景的旅途》,维多利亚和阿尔伯蒂博物馆,伦敦。

山顶，陡峭的山峰"。[27] 磨光的表面，精良的泥瓦工技术只是说明了工艺水平，但无法与残破的废墟上的雨渍、青苔和盛放的野花相媲美，成为风景园的组成部分。

吉尔平认为自然的色彩非常协调，但还缺少一些风景园的精髓，改造园子的设计师，因此可以像画家一样有一些自由，随处增添一些树木，为空间增添一些野趣。"把草坪变成零星的场地；用野生的橡树来代替花灌木；打破步行道的道牙，成为自由式的道路，上面点缀一些车轮的痕迹，散置一些石头和灌丛；总之，使其显得野趣一些，而不是纯粹的光滑，这就是风景园"。[28] 同样，在鲜绿的草地上放养深色的绵羊也是公园中常见一景。[29]

理查德·佩恩·耐特和普赖斯

另一方面，吉尔平之后爱好风景园的追随者理查德·佩恩·耐特(Richard Payne Knight，1750~1824年)和普赖斯(Uvedale Price，1747~1829年)对布朗就毫不客气了。他们属于空谈理论者，也绝不妥协，在他们眼中，布朗的作品相当枯燥乏味。1794年，耐特在《园林——教育诗》中引用蒲柏著名的双行诗来讽刺布朗，"布朗改革的双手，使得大地蒙受灾难。"耐特对十七世纪留下来的怀斯和伦敦园非常惋惜，其中的"紫杉王和女神"是风景园的象征，如今却已破旧、衰老。除此之外，这种老式的园子围绕在建筑周围，"用墙、台地或小山环绕着，伤害也被限制在围墙里"。同样，十八世纪的画家或速写艺术家避免直线，而采用曲线，光影的明暗对比；根据风景园的构成，园林改造者应避免使用过于朦胧的形式，制造更"艺术的"外观。耐特的朋友普赖斯也感叹被改造者毁掉的猎园，他的著作《关于风景园》(1784年)，也用好几种语言出版，在国内享有众多读者，书中质问"当今的改革……是否真的合适"。[30] 他和耐特一样，认为应该让那些想成为改造者的人先学习一些大师的作品，如克劳德·洛兰，普桑，萨沃特·欧萨(Salvator Rosa)，以及荷兰风格派，并且理解绘画原则——"总体感—统一—色彩和谐—细节统一"。[31]

普赖斯在观察绘画时发现风景园的两个重要特征：复杂、多变。他认为复杂是"物体间不确定的组合，能激发好奇心"。而多变则被定义为有别于布朗过于规则的布局。单调与风景园是格格不入的，普赖斯发现一旦"布朗和他的追随者将园林变成机械化和大众的事物，他们得到了利润"，人们不得不"与所有的美景告别：所有的复杂、所有多变的形式、色彩、光影变化；每一处私密的空间，投影、树根、羊群留下的蹄印，同时消失的还有……"。只有经过上千次的意外才得以成熟，才使得景观成为罗伊斯达尔派或根兹伯罗派人士赞美和研究的对象。[32]

尽管他们是联合起来反对布朗，但耐特和普赖斯的风景园理论也稍有区别。耐特认为，风景存在于观察者的眼中，"头脑里全是画家和诗人的思想"，用"理想的美"来观察世界，即"美不是通过感官感知，而是通过感觉和想像"。[33] 另一方面，普赖斯试图将风景客观化，使其从伯克的美及崇高的对象中独立出来。

大家对布朗曲线设计的水景均感不满，同时普赖斯也大肆批评这位改造者将树木成块种植的方式。布朗的块状种植对于他来说就像是一群士兵站在大道上，或者是一团布丁挤在了一起。他认为，即使是早期的直线的林荫道，也比现在布朗所作的狭窄的、新种植的车道要好许多。在这种对立情绪下，普赖斯因而很向往斯陀园和霍华德城堡，宏伟庄严的入口道路，尤其是在晚上，月光照在浓密的叶簇上，形成动人的场景。

实际的想法还是有所保留地将普赖斯的奔放不羁的风格作为对待艺术的一种方式。不论是十分敬仰的十九世纪中期艺术的编辑，还是在普赖斯重印本的书中加注了的编者按，都指出平整、划分级别的道路比景色优美却崎岖的道路要好得多。风景园的理论家们推崇人们到不列颠岛上去旅游、领略旅游地景观的变化，产生在公园中创建风景园林的想法，继续开展肯特和布朗的运动。汉弗莱·雷普顿(Humphry Repton)的实践和写作使得这种具有两极性的状态在英国乡间继续盛行，成为大家喜闻乐见的形式。

汉弗莱·雷普顿

汉弗莱·雷普顿(Humphry Repton，1752~1818年)是布朗指定的继承者和他的工作的接班人，被迫接受耐特和普赖斯的挑战。因此，他拿起笔，捍卫伟大的布朗的权威，试图证明绘画与景观的原理事实上并不像风景园理论家所宣传坚持的那样相同。雷普顿认为，适合于绘画的景观是体现在那些画家画布上的，无论真实场景是否美丽——比如一座拱桥或一处拱廊。他坚持说，"人们不能忽视碎石路给人们带来的舒适，以及优美的灌丛，开阔的视野，从山顶俯瞰的感觉。尽管它们不能用绘画来表达"。[34]

作为一名职业景观师，雷普顿常常抨击那些业余的园林改造者，认为他们是"医治自己"的庸医兼病人。布朗未进过正式学校，但雷普顿接受过绅士般的教育，他自己也有热情作一名业余改造者，并能实现自己的理想。在布朗之后出现空缺，雷普顿顺理成章地接替了他的职务。

雷普顿和美国的同行奥姆斯特德一样，也是由业余转变为职业景观师，但他的职业生涯也是迂回曲折。他在经济上一直不是很好，只是比较富裕的农夫。1788年雷普顿决定接受一项新任务。他搬到罗姆福特(Romford)的埃塞克斯村哈若(Hare)街上的一处住所以削减开支，一夜未眠，考虑他的未来，决定作一名"景观园林师"，于是开始印制名片，在他朋友的帮助下，很快将他的名声传到了英国最好的画室。布朗已在5年前去世，但为了成为他的继承者，雷普顿到许多新近被改造的景观中去考察，包括著名的布伦海姆和斯陀园，以及吉尔平设计的新式风景园，1789年还在埃塞克斯郡(Essex)的森林里边旅行、边速描。

雷普顿的成功缘自他一次突然而至的想法。他是一位很有天分的水彩画家，能让他的客户不仅能看到土地能做什么，还用笔画下一系列园子在改造前和改造后的效果。在一本红色摩洛克皮镶边的"红皮书"里，画着水彩画，采用折叠式的翻页。书页合起是原始的等待改造的园景。打开后，就成了雷普顿改造后的场景。这种"现代和未来结合"的表现方式为雷普顿带来了许多业务，许多客户除了付给雷普顿常规的勘查和设计费外，还愿意购买一本雷普顿亲手制作的红皮书(图7.24a，7.24b)。这本书成为当时十八世纪上流政治社会的标志。这也成为雷普顿工作的广告，帮助吸引更多的客户。

布朗虽然没有留下任何关于设计理论的著作，但雷普顿和勒·诺特一样从德扎利尔的著述中找到了理论武器。尽管作为布朗的继承人，雷普顿从布朗的儿子及布朗所设计的园林的平面图中吸取知识，他仍然吸收一些当时的风景园思想。随着时间的推移，他渐渐脱离了这位伟大的改造者的轨迹。事实上，他没有宣扬任何体系，只是在红皮书中提倡高贵，后来又将其印刷成册，因为他逐渐意识到可以扩大他的思想的影响，增加他的声誉，通过出版增加收入。《关于园林的速写和要点》于1795年出版，随后还有《园林理论与实践的观察》(1803年)，后来有一本他职业生涯的总结《园林理论与实践简集》(1816年)。

雷普顿和肯特一样，将他的设计图解化。他常用透视图而不是平面图来表达设计意图(当然，他也为客

图7.24a 和 b　汉弗莱·雷普顿，手绘的水彩画：Wentworth 的水面，约克郡，展现了现状的和改造后的景观，选自雷普顿的《园林理论与实践的观察》，1803 年。

户设计平面图,而肯特从来不画)。绘画是他的专长,他差不多有3000张速描,比他实际发表的素描数量多得多。耐特在他的文章《关于品位的原理》(1805年)中将雷普顿作品排斥在景观园林外,并讽刺雷普顿,"给他这个称呼,是因为可以解释这位专业画家的作品在英国只是美丽的风景点……"[35]

雷普顿不得不起来反击,他写了一篇回应他们的文章《景观园林设计风格的转变》(1806年),为布朗开脱,他解释道,是他的一些不认真的模仿者才会设计出过紧的灌丛,过窄的花结,令风景园的园丁们非常痛恨。同时,他也机智地为他们的设计进行辩解,认为这将会带来便利和舒适,如将厨房园与建筑连在一起,将房前的车道从弧线变成直线,显然这些并不符合布朗的理论。他根据客户的要求,在设计中也常常用到天篷(porte cochère)这种规整的形式。

对传统的尊重使得雷普顿竭力维护布朗,也被迫与风景园林师们的批评作战,同时他自己走的是一种折中主义风格,被称为装饰性风景园。在雷普顿的设计中,布朗所反对的带栏杆的台地又出现了,作为建筑和园林的过渡。他所处的这个时代,人们对植物园非常有兴趣。他因此也在设计中加入引种的灌木和乔木,甚至是鲜花园,这些都是布朗和原始风景园的爱好者所极力反对的,却不止一次在他的设计的房前出现(图7.25)。他知道园艺能带来巨大利润,及其他工业技术带来的装饰工艺,如铸铁,既是装饰,也是格子架(Treillage)。他的凉亭和拱形花架上都有铸铁和木头,

完全失去了园林的传统风格,但很快成为维多利亚时代园林的主流。他运用铸铁和玻璃做成温室养护珍贵的植物,也成为建筑的附属花园。

尽管在法国雷普顿和布朗的名声一样,但雷普顿的社会影响力还是略大一些。村庄不再是平坦无垠,都变成了风景园和大房子(图7.26)。这些普通的园林如今都成为人文地理学家寻访的对象,我们将在第十一章中读到,如爱德沃蒂(Edwardian)园的设计师格特鲁德(Gertrude Tekyll,1843~1932年),他记录下了当时萨里那的村庄、花园,这些英格兰的乡村景观如今已不复存在。如果要找出人们对本土园林的态度,可以说雷普顿是比较民主的,对平民的生活空间及园林的创造作出了贡献。无论怎样,在他的职业生涯终结时,大规模有建筑物的景观时代才结束。在雷普顿之后一些园林师为繁荣发展的中产阶级服务。

约翰·纳什,约翰·伍德,摄政王时期的城镇景观

布朗自己也从事建筑施工,但雷普顿在作项目时与职业建筑师合作。他的大儿子约翰·艾德·雷普顿(John Adey Repton,1775~1860年)成为一名热情很高的博古家和建筑师,开始在他父亲的工作室作学徒,后来就在约翰·纳什(John Nash,1752~1835年)处工作。自1796年开始,汉弗莱·雷普顿和约翰·纳什有过几年合作。约翰·雷普顿和他的弟弟乔治·斯坦利·雷普顿(1786~1858年)都在纳什的工作室工作,雷

图7.25 恩德斯里(Endsleigh),德文郡,雷普顿在建筑与花园间形成建筑式的过渡。水彩画选自雷普顿的《园林理论和实践的观察》,1816年。

普顿的风景园风格与纳什的新古典主义结合，形成了"田园城市"的模式，这是一种理想的城市规划模式，园林被用来软化和解除硬质铺装和建筑带来的压力。

摄政王时期的巴思(Bath)建在一处热泉的基础上，是早期罗马的休闲地，由建筑师大约翰·伍德(John Wood，1704~1754年)和他的儿子小约翰·伍德(John Wood，1728~1781年)所建，作为早期一处重要的"田园城市"的代表。大道都被设计成绿带，每个居住的街区都由园林广场围绕，位于台地上，有开阔的视野，可以看到周围的田野(图7.27)。这种城市设计使得巴思成为一座愉悦的新城，既有优美的建筑，又有自然的风景。这座城市很快出名，成为十八世纪王公和贵族休养的胜地。这里不仅是一处娱乐场所。城市里友好的气氛和宽松的环境，规矩的社会礼节，给青年男女创造了很多相遇的机会，因此这个城市赢得了婚姻市场的声誉。

首先，大伍德设计了皇后广场(1729~1736年)，是一种简洁的摄政王时期建筑风格。随后又设计了广阔大道(1740~1743年)，在阿温(Avon)河边满足绿色的背景。随后是另一个马戏场(1754~1758年)，所有连排的建筑围绕着中央的开敞空间。小伍德建造了皇家新月广场(1767~1775年)，约翰·帕尔默(John Palmer)在上面的斜坡上又建了安德道恩(Lansdown)新月广场。皇家(Royal)广场边起伏的绿地上总有羊群在嬉戏，周围有阿温(Avon)峡谷的美丽景色，很快超过了广阔(Grand)大道，成为城市中最吸引人的林荫道。公众对这种规划形式很有兴趣，认为这是一种真正发挥园林作用的方式，后来推进了伦敦摄政公园的建设。

摄政公园开始时和海德花园(Hyde Park)一样，也是地主的私有财产，捐给了修道院，后来在修道院解散后，1536年由亨利八世改为猎园。摄政公园原来是玛丽博恩(Marylebone)花园，国王的地产，和海德花园一样，被克伦威尔议会拍卖。在国王重新收回之前，它的买主为了实现利益，将其中珍贵的树林都砍掉当作木材卖了。十八世纪，随着伦敦向北发展，皇家土地的总监约翰(John Fordyce)意识到，1811年波兰公爵让出所有权后，花园(曾被周围农庄的农夫和绅士们占据过)将成为皇家的主要地产，如果认真发展的话，能为皇家带来巨大的经济资助。

尽管有人建议约翰采用邻国波兰的模式，即住宅

图7.26 雷普顿自己的住处，哈若街，埃塞克斯。选自《园林理论和实践的观察》，1816年。

图7.27 巴思鸟瞰，"一种新城市，将都市与田园景色结合在一起"。

图 7.28　克森特(Crescent)公园和摄政王公园的南端，约翰·纳什设计，1811 年。

街区围绕中央广场的棋盘式，但他主持了一次竞赛，促使纳什产生了一种新的概念，即花园内成环状布置独立别墅，而南端是新月形的住宅(图7.28)。摄政王(后来的乔治四世)采纳了纳什对玛丽博恩的规划，即被命名为摄政公园，也推行巴思的摄政时期的新古典主义建筑，以及雷普顿的园林设计原则。人们遇到了许多经济及其他方面实际困难，但最终，围成新月形、粉刷过的、统一立面的房屋就在花园南部最大半径处建成了。纳什原来计划的56栋别墅仅仅建成了8栋，内环的联排房屋也未能实现，花园后来也逐渐挪为他用。[36] 尽管缺少当初计划的别墅，摄政公园还是为伦敦及其他地区的郊区建设作出了良好表率，许多地产

取名时也用到了"公园"二字。

但伦敦的许多地区无法与巴黎相比，只有小块小块的绿地，不能称为风景园。但这种时尚如此盛行，到十九世纪早期，可以看到羊群在卡文迪什(Cavendish)广场散步。哥欧温诺(Grosvenor)和波特曼(Portman)广场采取了更自由的方式。任命雷普顿对卡都汉(Cadogan)和拉赛尔(Russell)广场进行风景园式的改造。在这种情况下，发展中的伦敦有了一种新的更加松散的城市机理，这些被加入到都市里的绿地成为城市规划中的要点。

1804年，从印度回来的查尔斯·考科瑞尔(Charles Cockerell)先生邀请雷普顿为他在格洛斯特郡的地

产的园林提出建议。其中的建筑由他弟弟萨木尔·培斯·考科瑞尔(Samuel Pepys Cockerell)设计成印度式(图7.29),并将庄园命名为西因考特(Sezincote)。雷普顿到西因考特考察后,宣称"被新的美的源泉所打动"。2年后摄政王请他在夏宫里建一座新的布莱顿凉亭,雷普顿建议采用西因考特里的印度式样,并提供了精确的图纸。摄政王拿到建造的资金已是10年后的事情了。他任命纳什来实施雷普顿的计划,建一座引进的"印度式"凉亭。

雷普顿在德国的影响

赫尔曼·路德维希·亨瑞希·平克勒·慕斯考王子(Hermann Ludwig Heinrich Pückler-Muskau,1785～1781年)不喜欢布朗的园林,却欣赏雷普顿的设计,亨利·霍尔喜欢将自己的园子改造成伊甸园,王子也是他的崇拜者。但他设计的1350英亩的园子并不像霍尔的斯托海德一样有隐喻的图像,只是根据自然条件中的风景园中眼睛所看到的景象来布置。王子将周围的空间效果形成一个序列,将尼斯河(Neisse)峡谷两岸的工业、农业及都市景观,还有其他城堡周围的大地景观都统一起来,成为十九世纪和二十世纪早期区域规划的先锋。[37]

平克勒王子既是一名军官,又喜欢旅游,他为了继承在西里西亚的一处地产,又找了一份大使的职务。地产在柏林西南部161km(100英里)处,跨越现在德国与波兰的边界。1812年他在魏玛(Weimar)遇到了歌德,鼓励他投身到为外交和政治服务的代表性的土地运动中去,为普鲁士的利益而战。他满怀信心,热爱自然,并精力充沛,1816年开始将他在慕斯考的庄园改造成理想的自然景观,这项任务最终导致了他的破产。1828年他再次到英格兰和爱尔兰旅游,表面上是为了改善经济状况,实际是让自己陶醉在这个美丽国家的景色。他认为这些景色是"绅士般的享受",能欣赏到"最迷人的景色","园林设计的水平,在任何别的国家或别的时代都无法达

图7.29 橘园,西因考特(Sezincote),格洛斯特郡,萨木尔·培斯·考科瑞尔(Samuel Pepys Cockerell)由他的兄弟查尔斯·考科瑞尔(Charles Cockerell)先生设计,大约1800年。

到"。[38]尽管他也邀请汉弗莱·雷普顿的儿子约翰·雷普顿到慕斯考与他探讨问题,但他作为一名景观鉴赏家,非常自信,自己一个人完成了设计,并"开始就通盘考虑,用统一的思路来控制,也融合他人的想法,将其有机结合,因此园林中既有个人的标志,也有群体的力量"。[39]

建造这座花园,大约需要买2000英亩的土地,其中还有一些靠近他城堡的慕斯考镇上的一条街及村庄,拦截尼斯河而形成的人工湖。然而平克勒王子认为他需要对为他服务过的农奴负责,这种特权制度直到法国革命,欧洲政治气候变得民主后才解散。他的花园的门总是敞开的,当地的居民将其当成休闲的场所。

被保留下来的村庄在山的另一侧,建筑都是风景园式的,他排掉沼泽地的水,形成湖和瀑布,盖一些装饰性的园亭。尽管因为"有6株树莫名地被砍掉",人们常常给他施加压力,他解释说去掉这些树是为了获得开阔的视野,"许多原来被遮挡的景物现在都能看到了"。[40]他还进一步说到,"人们忽视了这些美景,即便是在灾难时,草地上稀疏的灌丛也依然生机勃勃"。[41]这种设计体现了慕斯考的开阔的大草坪,以及周围点缀的大树。与奥姆斯特德和沃克斯(Vaux)后来试图创造的景观非常相似(图7.30,9.44),视野都非常开阔。平克勒王子仍然为园艺和草坪而感到惋惜,这些本来能得到比在英格兰更好的发展。但慕斯考宫殿旁的花床使我们忍不住想到他的空间组织能力方面的天分。

在德国其他地方,彼特·约瑟夫·莱内(Peter Joseph Lenné,1789～1866年)与新古典主义的建筑师卡尔·弗雷德里希·辛克尔(Karl Fredrich Schinkel,1781～1841年)一起合作,在从事设计时,也尝试了雷普顿的风景园。斯开尔在波茨坦建造了夏洛蒂宫(Charlottenhof),1816年,莱内在附近无忧宫(Sansouci)为普鲁士王设计花园。莱内还设计了柏林的查罗蒂波哥(Charlottenburg)皇家花园。1833年,他将原来是游戏地和猎园的蒂尔加腾园(Tiergarten)改造成

图7.30 草坪远视, 慕斯考(Muskau)。照片由享瑞·威森特·胡堡德(Henry Vincent Hubbard)拍摄, 选自胡堡德(Hubbard)和凯姆堡(Kimball)的《园林设计入门》1917年。

自然公园, 1840年对外开放, 随后又扩大为动物园。国际公园运动一度盛行的时候, 莱内接到了在马德堡(1824)、法兰克福奥德河(der Oder)(1835)、德勒斯登(1859)设计德国其他国家公园的任务。他个人也做了一些项目, 如斯开尔在波茨坦贝尔斯波哥(Babelsberg)的城堡所做的外环境(1832~1842年), 随后平克勒王子也参与一些园子的建设咨询, 如克雷恩·格林尼克(Klein Glienicke, Wannsee)、柏林(1824~1850年), 以及奥恩因斯尔(Pfaueninsel)城堡(孔雀岛), 沃恩西(Wannsee)(1824)。这些园子今天我们仍能看到, 从中可以感觉到平克勒王子在慕斯考所营造的非凡气息。

变化的年代, 变化的价值观

汉弗莱·雷普顿处在一个政治变动非常大的时代, 法国共和政府诞生了, 英国殖民统治下的美国也独立了。此外, 工业革命改变了城市和乡村固有的生活模式。这些变化也带来了景观设计界的革命, 使其不再只是王子和地主的特权。贵族的地位很快被制造业阶层的新贵取代。

雷普顿本来有较高的社会地位, 但在拿破仑战役及随后的贪财的机会主义者统治下改变了。威廉·撒克里(William Makepeace Thackeray)写的《虚荣之战》(1847~1848年)中的主角贝基·夏普(Becky Sharp)就是这种类型的虚幻化。巴思时尚的生活与雷普顿的生活大不相同, 与简·奥斯汀也是背道而驰。和威廉·沃兹华斯(William Wordsworth)和卢梭(Jean-Jacques Rousseau)一样, 雷普顿意识到这种感受是大多数人都具有的, 而不仅存在于上层阶级。他开始为社会考虑自然景观和园林设计。过去他信奉家长主义, 对农业社会仍抱有幻想, 现在也开始转变。乔治·艾略特(George Eliot)写的《三月中旬》(Middlemarch)(1871~1872年)中的多萝西娅·布鲁克(Dorothea Brooke)就致力于改进佃户的村庄, 成为雷普顿心中的英雄。尽管他的儿子, 肯特郡克瑞夫德(Crayford)的牧师爱德华(Edward)批评中产农夫不关心贫民, 雷普顿还是为贫民设计了一处作坊, 成为这种社会机构的典范(图7.31)。可能他对贫民的最大贡献在于他创造的风景园风格, 使其适应于公园的设计, 在即将到来的民主时代成为园林的典范。尽管共和的力量到了高潮, 法国顽固的拿破仑保皇派仍然留下了他们对风景园的改造的印记, 这与雷普顿的风景园风格相差很大。

图7.31 一个作坊的介绍, 汉弗莱·雷普顿设计。水彩画选自《园林理论与实践的观察》, 1816年。

V.寓意美德与外来幻想的景观：法国绘画

法国自始至终没有采用万能布朗的曲线形式来代替本国的直线式的园林。他们早期的英中式园林中有优美的庙宇和古代的纪念碑，如作家兼园林师史蒂芬·斯威特则(Stephen Switzer)的"庄园"风景农田(ferme ornee)；威廉·申思通(William Shenstone)的Leasowes；农场主菲利普·索斯考特(Philip Southcote)的沃博恩(Woburn)。虽然它们被称作英中式园林，法国的花园也受到了当时英国园的影响，但它从政治、哲学方面讲，都是独立存在的。[42]

十八世纪的英国园林也有土耳其帐篷和中国桥，但这种洛可可风格绘画式的特征在法国园林中更常见。十八世纪的法国园林就像设计师搭建的舞台，他们就像在戏院工作一样。法国之所以形成旧制度(ancien regine)这种风格，可以从法国浪漫主义充满了田园气息的传统中找到答案；而十八世纪的英国则浸润着文学和哲学的色彩。

装点这些园林的构筑被称为建筑物(Fabrique)，就像戏院的布景，通常也很原始。大家过于追求建筑物，从而使其在十八世纪超过了英中式园林而成为主流，打破了英国园林中构筑与景观的均衡，有一些园林就像迪斯尼乐园一样堆满了道具。

这种园林是在法国革命前为贵族们兴建的。也有另外一些风景园林中自然景观占主导地位，适合独自沉思和安静地交流。这些是由卢梭(Jean-Jacques Rousseau，1712～1778年)倡导的。卢梭是浪漫主义运动的发起者，他的作品唤起人们对意识的理解，认为是感觉而不是理性在主宰人们的思想。法国风景园因此被分为两种类型：一种是英中式的、具有戏剧场景的；一种是卢梭式的感性化的园林。前者的代表是卡门特勒(Carmontelle)为查特斯(Chartres)公爵创造的怪诞的蒙斯欧(Monceau)公园，仍有一部分废墟今天还能看到，是位于巴黎第16个小县城的一块绿洲。后者的范例是艺术家克劳德·恩瑞·沃特勒特(Claude-Henri Watelet)设计的乔丽(Jolie)冰川，和哥阿丁(Girardin)侯爵设计的埃麦农维尔庄园。

英中式园林

1743年法国基督教会艺术家让·丹尼斯(Jean-Denis Attiret，1707～1768年)出版了一本介绍中国园林的书，带来了不规则的中国洛可可风格园林的流行。随后弗朗索瓦·保罗(François-de-Paule Latapie，1739～1823年)将惠特利的《现代园林的思考》译成法文，认为缺少几何形的英国园是源自中国。1776～1787年，乔治-路易斯(George-Louis Le Rouge)出版了21本题为《中英园林的模式的细节》的版画，提出了"英中式园林"的概念并为大家所接受，指出英国园林是受了中国园林的影响。这种论断抹杀了英国自身的园林起源和两者间的竞争。但确实有一位英国人威廉·钱伯斯是大力鼓吹中国式设计的。1757年，他的《中国建筑设计》一书以法语和英语两种语言出版。李·罗哥(Le Rouge)写了《手册》(Cahier V)一书，也重复了钱伯斯的论断。大陆上的设计师都受到这些书的影响，因此在法国和德国，宝塔及其他建筑物比在钱伯斯的家乡——英国更为盛行。

由于不了解中国园林设计的意境，钱伯斯将中国园中的小品当成"建筑里的玩具"，或是肤浅的表面上的一些点缀。这些都是他感觉上的装饰品。钱伯斯的园林给人的感觉就是恐慌、怪异、惊奇。园林的要素就是人工构筑的堆砌，戏剧化的场面。那个时代已有了较高的技术，钱伯斯教出来的学生可以用新的电能来制造岩洞和光感。

蒙斯欧公园

路易斯(Louis Carrogis，1717～1806年)，即人们熟知的卡门特勒，一直以钱伯斯的理论为指导。1773年开始他在巴黎郊区为亲英派查特斯公爵〔路易斯·菲丽浦·约斯(Louis-Philippe-Joseph，1747～1793年)；后来的德·奥尔良斯(d'Orléans)，被称作菲利浦·易哥利特(Philippe Egalité)〕建造44英亩的蒙斯欧公园。费切·额兰(Fischer von Erlach)的《历史建筑》(Entwurff einer historischen Architectur)(1721年)与钱伯斯的《中国建筑设计》一样，主要讲述中国、埃及及其他国外的建筑式样，卡门特勒在设计蒙斯欧公园时，就主要以这些书中的版画为参照。[43]卡门特勒不仅是设计师，还是剧作家、公爵纪念碑的创作者，他在勾画园林的蓝图时就说到，这个园林"充满幻想、超凡脱俗、令人惊讶，

图 7.32a 和 b　蒙斯欧 (Monceau)公园的 2 幅版画，巴黎。卡门特勒 (Carmontelle)设计，1773 年。

决不是模仿自然"。蒙斯欧公园作为一处收藏古代珍品的现代主题公园，有许多精巧的设施，展现了各国及各个时代的特征(图 7.32a, 7.32b, 7.33)。

一个封闭的冬园是公园奇迹展开的起点。墙上有墙视画(trompe l'oeil)树，还有水晶灯笼，有灯光照射的瀑布、洞穴，上面有供音乐家演奏的房间，以便在下面聚餐时奏乐。走过入口，就是一片原始的农场，走过一座小餐馆和奶牛场，可以看到绘画式的战神庙废墟。此外岩石山旁还有一条曲折的小溪，溪边是荷兰的磨坊。一处开满鲜花的湿地以及圆形的小山，山脚下的山洞可以通往冰室，山顶上是望楼(被改成土耳其的尖塔和哥特式的亭子)。穿过湿地，来到了墓群的森林，除了有浪漫主义的岩石墓外，还有一座金字塔、一处骨灰盒以及喷泉。

园子的第二部分的主题是传统。首先是由罗马酒神守护的意大利葡萄园，此外便是许多废墟、不规则树林、(Bois irrégulier)、莫丘里的雕塑、一座钟楼、洗

澡者的喷泉。一座废墟式的大门通往南玛切，模仿复兴时期的水池，有一场海战正在上演。椭圆形的水池象征着岩石岛上的方尖碑，一端是科林斯的廊柱废墟(图 7.33, 7.32b)。

游人的观光并未到此结束。剩下的还有军事柱廊、小的植物园、女神喷泉、巴黎雕塑、土耳其帐篷、一座大理石圆形神庙、一座中国桥、不规则树林、另一处作望楼的废弃城堡、一个水磨坊、有小石桥的仿自然的瀑布，还有放牧羊群的小岛，附近是小农场，卡门特勒设计游览的整个环线也到此结束。但这里还有许多可看的景观，为已经疲劳的视力又增加一些负担：一座很大的亭子，前方是大的花坛，边上就是被称为朱特·贝哥 (jeu de bague)的五月柱，还有两顶土耳其帐篷。

蒙斯欧公园给人的感觉是物体的展示空间，而不是园林空间，改变了园林设计的首要原则。过于繁杂的外来风格超过了布朗和雷普顿的园林，无论怎样，这两者主要是为英国本土服务。在这里，人们更容易找到阿拉伯的精灵而不是本地精灵。所有装饰物的集锦体现了当时所谓的有些英中式园林的设计方法，十九世纪的公园和园林的设计者都奉行折中主义。

华丽小别墅(Bagatelles)

迪内斯·待德特(Denis Diderot)写了一本小说《泄

图 7.33　南玛切(Naumachia)，蒙斯欧(Monceau)公园。这处英中式园林的遗迹由卡门特勒(Carmontelle)为查特斯(Chartres)公爵〔后来的特·奥利斯(d'Orléans)〕设计，现在是巴黎的第十六个县的公园。

露真情》(*Bijoux indiscrets*，1748年)，其中提到疯狂的时事讽刺剧，和华丽小别墅(Bagatelles)，是贵族和工业新贵为情妇建造的精美的小别墅，在那里人们都过着嬉戏和奢华的生活，这些比例适当、构造精美的建筑已成为一种艺术形式。其中最有名的是在博斯(Bois de Boulogne)的费里·德阿托斯(Folie d'Artois)(图7.34)，今天被人们简称为华丽小别墅(Bagatelle)。别墅是德阿托斯公爵根据费兰考斯(François-Joseph Bélanger，1744~1818年)的设计在1777年建成。一位曾在蒙斯欧公园工作过的苏格兰人汤姆森·博莱克(Thomas Blaikie，1717~1806年)将其周围设计成英中式园林，其中有哲学家之屋、中国桥、帕拉第奥桥、帕拉第奥塔、爱神庙及法老庙。这些精美的建筑，大部分是木结构，外面粉刷过，装饰有花架。园中还有一处岩石为岸的自然湖面，由景观画家和园林设计师休伯特·罗伯特(Hubert Robert，1733~1808年)设计，意味着中国的山水园(图7.35)。

卢梭和寓意园林

社会逐渐世俗化，大家开始反对教权，希望有一个更民主的社会秩序，废除教皇的统治，纪念性的尤其是民族英雄的墓地，被大圣人所取代。卢梭(Rousseau)就是被法国共和政权任命的代表。他被葬在埃麦农维尔，一处优美的罗马式墓地，有成千上万的人来此朝圣，直到1794年遗骨被移到伟人祠(图7.36)。在卢梭的遗骨被移走后，墓地遗址继续充当着纪念地。欧洲其他的园林里也有他的纪念地，如沃尔利兹，布局与最初的埃麦农维尔墓地相似，岛上种植着成列的树木(图7.37)。这些类似的花园反映了浪漫主义的典型特征，也让人想起卢梭对于园林设计历史的杰出贡献。

卢梭在制定民主政策时，以他的家乡日内瓦作为政府管理和社会秩序的范例。这里人与自然和谐共存，高度自治地居住在都市的绿地里，有时会攻击绝对尊严(也反对绘画式)，阿尔卑斯山给了他们优美的环境去幻想。卢梭认为，幻想是想像力王国的基础，沉思不会带来愚蠢的狂想，而是梦境般的想像。人们可以从中发现真理，学会与他人和谐共处，大家都是靠经验行动。

基于直觉创造想像的能力——想像力，是卢梭理

图7.34 华丽小别墅(Bagatelle)，博斯(Bois de Boulogne)，巴黎。费兰考斯(Francois-Joseph Belanger)设计，1777年。

图7.35 湖和悬石小景(rocher Bagatelles)，休伯特·罗伯特设计。

论中最重要的组成部分。他印象中的日内瓦就是一个理想王国，人们非常纯朴，经常与户外联系，不受人工社会影响。这种理想生活就是他的温情脉脉的家庭模式，并且热爱国家，融入公众社会。卢梭的一本极有影响的小说 *Julie, ou la Nouvelle Héloïse*(1761)，被托马斯·杰斐逊(Thomas Jefferson)采纳，决心建立由自由民组成的乡村共和政权。[44]在卢梭的其他著作中，

图7.36 在欧洲，浪漫主义被全面接受，如卢梭的墓地，仿自卢梭在沃尔利兹的小岛 1782 年。

还设想到"人们回到自然，过上平等而简单的生活，改掉心血来潮的习惯，享受真正的乐趣，爱好幽静与和平，互相保持一定的距离，适当的时候让人们进入城市，但是平等地分散到各处，使各地都充满生机。"[45]

埃麦农维尔

1763年埃麦农维尔(Ermenonville)子爵、吉拉德侯爵(de Girardin Louis-René，1735～1808年)作为七年之战的军官，到访英国，被那里的园林设计和管理所深深打动，尤其是风景农田。卢梭的理论——花园是展示幻想的空间，自然就是想像的再现，朴素也是一种美德——也激励着侯爵，回国后，于十八世纪70年代早期开始建设埃麦农维尔(Ermenonville)。法国浪漫主义和英国的风景农田都在他的著作《景观组成或利用毗邻景观要素美化住宅周围环境的方法》(1777)中提到，这本书是惟一一本被译成英文的法语著作。

克劳德·洛兰的想像曾对英国园林的发展起到重要作用，同样，一些艺术家和十七世纪荷兰的园林画家，如杰考博·瑞斯德尔(Jacob van Ruisdael，1628/9～1682年)和梅德特·赫博玛(Meindert Hobbema，1638～1709年)也推动了十八世纪的法国园林的改革。此外，侯爵熟知的三位法国画家克劳德·海瑞·沃特利特(Claude-Henri Watelet，1718～1786年)、费兰考斯·博切(François Boucher，1703～1770年)、休伯特·罗伯特(Hubert Robert)，不仅用自己的油画来帮助他，还亲

自参与到园林设计中去。

沃特利特和侯爵一样，熟知卢梭的理论，也写过园林设计的著述。[46] 他自己的园子莫林·乔利(Moulin Joli)建在一座岛上，几何式的布局，也有许多洛可可风格图画式园林，有一处绘画式的旧磨坊，园子也因此得名。他赞同现行社会制度，但没有坚决反对几何式规划——英国的民权党却认为规则是对自由的挑战——沃特利特和许多设计师一样，试图将规则式与自然式和谐统一。他的笔直的轴线组成的网格，在洛可可风格严谨的透视中，隐含着绘画式的风景。沃特勒特的中产阶级的住所正对着他的磨坊，被他的朋友博彻(Boucher)改造成田野风景(champêtre)式。

最终吉拉德是与让玛丽·莫尔(Jean-Marie Morel，1728～1810年)合作来建设埃麦农维尔。莫尔写过《造园理论》(1776)，后来是拿破仑的景观设计师。景观历

图7.37 埃麦农维尔，奥斯(Oise)，法国。卢梭的墓地，埃麦农维尔子爵、德·哥阿丁(de Girardin)侯爵路易斯·瑞恩(Louis-René)设计。在1766年后。1794年这位哲人的遗体被安放到巴黎，伟人祠，但在埃麦农维尔的墓地仍然作为重要的纪念地，吸引大量游人。选自 A.德·莱博德(de Laborde)《法国卢梭园林》1808 年。

史学家约瑟夫·特斯博奥(Joseph Disponzio)认为莫尔在景观设计方面，是法国的"万能布朗"。[47] 莫尔和布朗一样，注重设计的使用功能，而不是内在的纪念意义。因此他与吉拉德争吵起来，吉拉德辞退了他，自己设计这座园子。由树林、森林、草地、农场四部分组成的2100英亩的土地，吉拉德将其设计成风景园。

吉拉德曾参观过威廉·申思通的英国风景农田。与申思通一样，他和一些法国风景园派设计师，宁愿要封闭的景观，而不是英国园中的开敞的视野，卢梭曾在他的 Julie, ou la Nouvelle Héloïse 一书中倡导过。吉拉德虽然忠实于封建领主制度，本身也是贵族成员，但他在设计埃麦农维尔时却按照卢梭的理论，也没有采用标志主权意志的直线形。[48] 他心中接受了这位哲学家的思想，设法使农业产量增长，改善佃户的生活条件，参与农业实践，为他的工人建造村庄，组织丰收节。他还将城堡外的围墙推倒，开放大路，以便看到普通人的日常生活。

城堡的南北两侧都有极好的风景。南面是一片神秘景象，平静的湖面四周是郁郁葱葱的小山，好像来自克劳德的画中景观，北面是一片田园牧歌，蜿蜒的小溪从平坦的田野中流过(图7.38)。南面的透视线终点是一个洞穴和瀑布，湖中还有两座小岛。小一些岛上的列柱里放置着卢梭的墓地(图7.36)。

一个时代的终结

卢梭在出版了他的 la Nouvelle Héloïse 一书的续篇

图7.38 埃麦农维尔，选自 A.de Laborde《法国 Nouveaux 园林》。1808年。

图7.39 英国土风园林，香替叶，奥斯·朱利恩-戴维·利奥埃 Oise，Julien-David LeRoy 设计。1774，选自 *Promenades ou Ltinéraire des Jardins de Chantilly*，1791年。

Emile, ou Traité de l'education 后，在富人和出生高贵的人群中拥有许多读者，但他却遭到了流放。洛可可风格图画式园林以不同的风景园的小村庄的形式，传播着他的思想。1772年康德(Condé)王子请朱利恩-戴维·利奥埃(Julien-David LeRoy)将他在香替叶的巨大的猎园的一部分设计成诺曼式的农庄(图7.39)。

自然式园林在国内迅速风行起来。在凡尔赛，玛瑞-安多尼特(Marie-Antoinette)请她的总建筑师里查德·米齐(Richard Mique，1728～1794年)在卡若门(Caraman)子爵的帮助下建造办公场所(Petit Trianon)。圆形的自尊神庙成为来参观的贵族举行庆典的场所，1781年休伯特·罗伯特又被请来设计一处悬石园(rocher)，溪流从此流出，在草地上蜿蜒伸向远方(图7.40)。接下来的第二年，米齐和罗伯特一起，在湖岸边设计了一个小农场，一件小小的家具(maison

图7.40 阿莫(Amour)神庙和休伯特·罗伯特的小园子(rocher)。1781，皮蒂·特安恩(Petit Trianon)，凡尔赛。

图 7.41 **破败的列柱**，荒漠园(Désert de Retz)，**威利恩斯**(Yvelines)，**选自 A.德・罗博德** de Laborde **《法国卢梭园林》，1808 年。**

rustique)，被磨坊、奶牛场、谷仓和农舍所包围着。

法国风景园中最古怪的一座是花园巴黎城外威利恩斯(Yvelines)的荒漠园(Désert de Retz)，园主是孟威利(Monville)男爵费兰考斯(François Nicolas Henry Racine，1734～1797 年)。这个园子建于 1774 年，也是一座英中式园林，有一座由村里的教堂改建的哥特式废墟，杂草丛生的金字塔(作冰室之用)，一座潘神庙，一座开敞的剧场，各种洛可可风格园林。孟威利男爵是一位植物专家，在他的可加热的温室里种了许多珍稀植物(这些植物由大革命时期引进)，他也在示范农场里做实验。孟威利将原来的住所，在欧洲的第一座纯中国式的房屋拆掉，改成了另一种更奇怪的风格：巨大的圆柱(图 7.41)。这栋房子最近经过维修，显出了一种超现实的风格，如同哥奥哥・德・切瑞克(Giorgio de Chirico)的绘画。建筑如同二十世纪的艺术

图 7.42 Jean-Honoré Fragonard，The Féte at Rambouillet，**大约** 1775 **年。**Museu Calouste Gulbenkian，**里斯本。**

家的作品，隐喻着法国正处在动荡的边缘，失去了传统的文化氛围。

在路易十六时代，年轻人在破败的公园里放荡不羁地嬉戏，珍妮·奥欧·费兰纳德(Jean-Honoré Fragonard，1732~1806年)能帮助我们理解当时的风景园的精神。他把握住了十七世纪法国园林遗址中的

梦幻般的气氛，如今都已和风景园一起随风逝去，他的著作有《舞》*The Swing*、*The Fête at Saint-Cloud* 和 *Blindman's Buff*。爱岛(以法国螺角羊庆典闻名)上有着茂密的树林，舞台般的背景灯光，一群兴高采烈的人在威尼斯凤尾船上载歌载舞，船身在岩石散落的小溪中飘荡，这些都已成为历史中的场面(图7.42)。

VI. 设计自然园：托马斯·杰斐逊的景观

托马斯·杰斐逊(Thomas Jefferson，1743~1825年)虽然不是最早将风景园带入美国的人，但却是十八世纪风景园最忠实的实践者。他本身很有天赋，又受到良好的教育，通晓古典文学、数学、现代科学、英国法律。他在弗吉尼亚的阿尔博玛勒(Albemarle)郡继承了一处地产，在完成了威廉玛丽大学的学业和法律实习后，开始改造他的庄园。他将住宅选在离他父亲的沙德沃尔(Shadwell)农场不太远的山顶上，将其称为蒙特西欧(Monticello)，或"小山"，这个名字很贴切，因为能够唤起人们对帕拉第奥的一种建筑形式威尼托(Veneto)的记忆。杰弗逊坚决地舍弃了当地的佐治亚州的建筑风格，即弗吉尼亚林场特有的潮水下的建筑，转向文艺复兴晚期的建筑，也是当时爱好文学的英国民权党人所追求的，表达了理想主义的新古典主义风格，把当时的新共和与古代罗马的优秀政治氛围结合起来。

杰斐逊让英国民权党人看到了他的帕拉第奥式建筑与自然的风景的结合，并使他们被田园生活深深吸引，蒙特西欧代表着更广阔的美国式的梦想。英国人居住在一座小岛上，展现在杰斐逊面前的却是广阔无垠的土地和开放的政策。蒙特西欧有优越的地理位置，可以看到地平线处天地一色。用伯克的话来说，就是"伟大"。"为什么大自然给我们创造了如此丰富的景观？"杰弗逊也诗意地回答："是山河湖海。当我们逆流而上时是多么壮观！看看大自然的造化：雨雪雷电，还有脚下的一切。太阳从海上升起，到达山顶，给予自然，生的希望。"[49]

尽管有对美国这种原始的美的赞歌，杰斐逊最终目的还是希望达到田园牧歌式的效果。他认为这是一种宝贵的资源，给下一代的财富。他把农业当成这个年轻的国家的经济基础，宁愿人们在农村工作，而不

是到城里参与工业。尽管卢梭为大家勾画了一幅日内瓦似的居民生活的理想王国，但杰斐逊还看到了拥挤的英国工业社会丑陋的一面，还有巴黎的混乱，认为城镇是万恶之源。他的理想是建立民族政权，而不是城市政权。1803年，路易斯·安娜收购后，零星土地更多，他的理想也得以实现。弗吉尼亚成为一片乐土，美洲大陆也达到了颠峰时代，人们获得了自由，可以享受自己拥有土地的快乐。

国家的大地网格

蒙特西欧因为有着许多农奴，所以仍是贵族乡村生活的代表。尽管杰斐逊认为他的园林是绘画式风景农田，但他受到了他父亲彼得，一位殖民者的影响，以及威廉玛丽大学的教授，一位数学家威廉(William Small)博士的教育，以笛卡儿的思想来看待景观，对几何式更敏感一些，更注重平均、稳定物价。约翰·洛克在"关注民主政府的终结"(1690年)一文中指出，"当一个人拥有1万或100万英亩上等土地时，他在美国内陆耕耘，但他不能与外界交流，他如何通过销售产品得到回报？"对于杰斐逊和其他人来说，美国的土地不仅有经济价值，也有审美意义，认为大地是美丽的、崇高的。从另外一个角度讲，在一些美国土著人眼中，忽视了大地的景观意义，只把土地当作商品，可以买卖、耕耘。

在杰斐逊完成路易斯·安娜收购前20年，他已成为国会成员，为西北未成立州的领土制定了一项计划。在北卡罗来纳州议员休·威廉森(Hugh Williamson)的帮助下，他在1785年完成了美国版的、与罗马类似的《土地法》。他们没有计人们根据现有地形定居，而是建立了一套精确的数学系统，确保毫无争议的平行地分配土地。他们以南北子午线为据，建立了576千米(36平

图7.43 杰斐逊的大地网格,道路将美国分成了1.6千米(1英里)见方〔256公顷(640英亩)〕的单元。

在植物采集和观察植物等方面受过训练,可以告诉总统和其他人许多新的物种。

杰斐逊与国内外的朋友交换植物种子和植株。多年来,他一直与巴黎植物园的园长安德烈(André Thouin)保持书信往来,交换了不少品种。他还给在拉法叶的姑姑,苔西(Noailles de Tessé)伯爵夫人送去了大量的美丽的美国乡土树种,如高山月桂、木兰、山茱萸、美洲山核桃等。1806年刘易斯和克拉克回来后,杰斐逊亲自将种子分配给园丁和植物园。纽约埃尔金(Elgin)植物园(如今是洛克菲勒中心)的戴维(David Hosack)博士就收到了一些种子。伯纳德·麦克马哈(Bernard McMahon)是一位在费城的植物繁殖者,他与杰斐逊也有长期的交换,1813年,杰斐逊从他那里为蒙特西欧(Monticello)订了许多种子和球茎、植物,为安德鲁用船运了许多密西西比河边的植物和种子。因此,经过一段时间的交流和实践,既培养了友谊,也达到了资源和信息的共享。

蒙特西欧 Monticello

尽管杰斐逊有崇高的社会地位,但他偶尔也有无法排解的忧伤和不安。他的农业企业获得了巨大的成功,但他仍然关注他的蒙特西欧(Monticello)和波普拉尔森林(Poplar Forest)。他从公众生活中退下来之后,蒙特西欧(Monticello)成为公众参观的焦点。在此之前,它一直是杰斐逊潜心研究科学和哲学的最佳场所,也是农业和园艺试验基地,同时还是他最初展示建筑和景观设计天赋的舞台。

杰斐逊向自然求教,忠实地记录下了不同果树、花卉和蔬菜的种植、萌动、收获季节。他还记下了大量的建筑图纸及速描,形成了一本园林笔记。同时,他还与国内外的园丁交流,这些不仅造就了一座举世闻名的景观,而且使得杰斐逊成为一位十八世纪的博学者、一位自学成才的建筑师和自然科学家。通过我们所了解的园林笔记和会计笔记得知,1767年,杰斐逊监督人们砍掉了蒙特西欧原址的木材和果树;第二年,适当降低了山顶的高度;又过了一年,开始为他的新房建地基。他在园内建了一座砖窑,所有的五金部件

方英里)的大地网格的城镇系统,根据极性幅合而有所调整,也有东西发散的线。委员会进一步指出,乡镇应分成256公顷〔1平方英里(640英亩)〕的方格。第二年,依照土地法进行的调查从俄亥俄河边开始。

在路易斯·安娜购买后,有必要考虑之前法国和西班牙的土地转让,以及几条河流的存在,尽管如此,大地网格继续向西行进。这时政府开始以64公顷(160英亩)为网格的基数,然后是一半,32公顷(80英亩),最后到了1832年,变成16公顷(40英亩)。人们从飞机上往下看整个美国时,除了少数地区由于地理条件或别的原因,俄亥俄河以西全部呈现出方格网的形态(图7.43)。

开发植物资源的时代

杰斐逊关注的启蒙教育是自然历史,他对路易斯·安娜购买后得到的大片未开发的土地有着浓厚兴趣,派遣刘易斯(Meriwether Lewis)上尉(1774~1809年)和威廉·克拉克(William Clark)中尉(1770~1838年)做第一次跨洲的探险,他们于1804年和1806年两次到达太平洋海岸。尽管两人都不是自然学家,但他们

都来自英国。

杰斐逊拥有帕拉第奥的 *Quattro libri dell' architettura* 的第四版，书中这位威尼斯建筑师详细列举了他的建筑样式。他还有十八世纪帕拉第奥和古典理论家罗伯特·莫里斯(Robert Morris)的著作《精选建筑》。但他并没有遵从帕拉第奥或别的学术味很浓的建筑书籍中的建筑式样。他受到已经有些改变的英国式帕拉第奥风格的影响，决定从自己的想法出发，以舒适和实用为目的来设计蒙特西欧。杰斐逊设计的起居室上碟形的圆顶，是受到巴黎赛姆(Salm)饭店的启示，1796年他在法国作外交大臣时曾对它的构造产生过兴趣。然而既缺少石头，也找不到雕刻家来雕琢，杰斐逊省掉了法国式的装饰。蒙特西欧采用的是本地的简单的砖砌，细部是简洁的刷上白漆的木头，费城来的工匠细心雕琢，显出了一种原始的美国帕拉第奥式风格(图7.44)。底层沿用了长长的拱形柱廊，类似于帕拉第奥别墅的外庭；但为了不让家奴的活动引人注目，蒙特西欧选择建在山脚。

在房子开始建造之前，杰斐逊就开始收集大树和灌木，并播下蔬菜和灌木种子。在东面入口的前面种了一大片半圆形的花灌木。在南坡除了有果园和厨房园外，还在山顶平坦处的西面设计了一片马蹄形的草坪。尽管杰斐逊的宗旨是合理、科学、实用，但他也有一些倾向卢梭的浪漫主义。乡间的墓地和纪念碑、哀悼的诗句唤起了他心中的忧伤，他也从书中感受到了英国园中神庙、洞穴、骨灰盒、石刻的意义。因此，1771年，他开始"在历史悠久、有纪念意义的橡树群中寻找一片可以埋葬的空间"。他在小树林中建了"一个小的古代风格的哥特式神庙，里面有很少的光，甚至没有，或者有一盏昏暗的小灯。"[50]他还设想开挖一条水渠，最后汇到蓄水池里，可以洗澡用。在泉眼处修建一个洞穴，用半透明的卵石和贝壳装饰，里面有卧着的女神像，与亨利·霍尔的斯托海德中的女神像非常相似，也是躺在长满苔藓的长椅上。还有一些东西吸引了他的注意力，如小瀑布和蒙特西欧附近的阿托(Alto)山上的一些景观。尽管他在关注风景园景观，但这些思考也占据了他对实用园艺关注的时间。蒙特西欧里并没有建什么神庙，也没有泉水和洞穴，更没有浪漫主义的墓地，1773年他修建了一处方形的、简单用篱笆圈起来的墓地。他认为风景农田既有实用性，

又有艺术性，并成为他改进蒙特西欧的园林范例。可以想像，他在威廉·申思通的著作出版仅一年(1764年)后，就买了一本，当时他只有22岁。

1786年，杰斐逊买到了惠特利的《现代园林的思考》的第二版(1770年)，3月和4月他带着这本书的复制品，与美国的朋友约翰·亚当斯(John Adams)一起，有计划地周游英国的园林。他认为这次旅行的目的是"考察这种风格的园林的建造和维护成本"。[51]这次旅行展示出了他独到的欣赏水平，以及对自然的偏爱。他批评奇斯维克(Chiswick)的"无用的"方尖碑，"毫无美感可言"；认为斯陀园的笔直的大路"极其丑陋"，认为布伦海姆的大树种得稀稀拉拉，"椭圆形种植床里却有密密麻麻的矮灌木"，这里本来应该是"优美的草坪和森林"。但是，他也喜欢斯陀园友谊庙和维纳斯庙之间的景观视线，"并不是在园中，而是平行于园子的村庄"，"希腊式峡谷两侧的山上郁郁葱葱的树林，显得特别幽深"。在布伦海姆，他也不得不承认，尽管他认

图7.44 蒙特西欧，沙罗兹韦附近，弗吉尼亚州。

为"园子并不美",但他被瀑布和湖水深深打动,发现"这里的水很美,很壮观"。[52] 由于美国乡土植物很丰富,杰斐逊乐观地认为,只需要进行修剪和筛选,去掉不必要的就够了。

杰斐逊1809年从公众职务上退下来后,他对蒙特西欧的园林进行了最后一次调整。他把中央草坪南侧的蔬菜园台地的长度扩大到304.8米(1000英尺),并加了一座小凉亭,调整了角度,使得从上面看效果更好。他在马蹄形草坪中修了一条弯弯曲曲的小路,作了许多椭圆形的花床,以便展示他不断收集到的球茎和花卉。他建了隐垣,把草地和农业园分开;修了3条环道,半径逐渐加大,可以将整个园子的道路连通。在第二和第三道间他种了各种庄稼。

杰斐逊有一个在费城的林场主的朋友威廉·汉密尔顿(William Hamilton)。杰斐逊在1806年第二届总统任职期快要结束,准备再次投入蒙特西欧时写信给汉密尔顿,询问对于弗吉尼亚的气候,不像英国"没有太阳"的夏天,栽植什么是最适合的,又能达到同样的效果。在英国,"人们需要的不是森林,而是能照射到阳光的草坪……在阳光接近直射的弗吉尼亚,阴影就是我们的伊甸园"。[53] 他设法将树木下部的枝条在不损伤树木、也不影响外形的情况下做了些修剪,形成开放的草坪,但也有冠状的阴影。同时,他也开始建设波普拉尔森林,这是他的一座独立的农场,可以养麦利诺羊、奶牛、猪,种植烟草,在这里也可以躲避蒙特西欧川流不息的参观者。

波普拉尔森林

小普林尼在世纪之初就在他的图斯克(Tusci)别墅里欣赏田园风光,十六世纪的威尼斯贵族们也都拥有在乡间的帕拉第奥式的别墅,对于杰斐逊来说,波普拉尔森林就是他的理想。1811年,他写信给肖像画家查尔斯·维森·皮尔(Charles Willson Peale),信中充满了对他的这份终生从事职业的热爱:

> 我常常想,如果上帝让我选择我出生的地方和我的职业,我要找一片沃土,附近有水源,有方便买到园艺材料的市场。没有一种职业比耕耘土地更能吸引我,也没有任何地方能比得上园林更有文化气韵。……如果还可以选择,我不要作老人,

我要当一名年轻的园丁。[54]

事实上,数学和建筑也是杰斐逊终身的理想,在设计波普拉尔森林时他的设计天分得到了充分表现,甚至超过了他在园艺方面的能力。杰斐逊的政治和社会理论跨度很大,有时候观点之间互相矛盾。例如,他的乡村主义和反城市化,与他确立的美国制造业的发展是不相符合的。与蒙特西欧相比,波普拉尔森林源自比例和几何形的数学方式的设计,证明了杰斐逊作为园林设计师,能够朝两个不同方向发展。他的藏书中有一本德扎利尔的《园林实践理论》,在1805年,他设计波普拉尔森林别墅时,又买了魏尔海姆·哥特利勃·伯克(Wilhelm Gottlieb Becker)的《新花园和新景观建筑》*Neue Garten-und Landschafts -Gebäude*(1798年),书中有一张八角园亭的平面图,大约6.1米(20英尺)见方,还有四个主要立面,是帕拉第奥别墅的圆顶厅。杰斐逊将别墅的尺寸按2:5的比例(根据黄金分割),设计了一座八角形的房子,直径15.2米(50英尺),中间的房子每边6.1米(20英尺),作为他几何式景观设计的中心(图7.45a, 7.45b)。

虽然杰斐逊对德扎利尔的设计理论很熟悉,但波普拉尔森林景观并没有完全采用法国园林的理论和模式。他退休后对数学和古代历史的兴趣成为生活的主要组成部分,1812年他在给约翰·亚当斯的信中写道,"我不用再看报纸,可以看塔希特斯(Tacitus)和修西得底斯(Thucydides,希腊历史学家),也可以看牛顿和欧几米得,我比以前更快乐了"。在波普拉尔森林,结合所有几何形状——圆、方、方圆环形(squared circles)、八边形——是在30.5米(100英尺)的模数体系中的组织。设计含有宇宙的寓意,采用曼荼罗式的图式,以及一些历史场景的再现。波普拉尔森林的主要入口朝北,八角形的外形使得窗外可以看到不同景观,博露(Blue)山脉、水獭峰、以及其他重要的山脉。入口车道有一个圆形的终点,与维尔农山庄类似,但此处的圆环,外圈有一圈黄杨木,里面是5株矮小的黄杨篱,被分成4段。杰斐逊将南部的草坪降低,形成草坛,大约宽30.5米(100英尺),长61米(200英尺),比维尔农山庄的要大许多。

波普拉尔森林最别具一格之处,是在距房子东西100英尺处各有一个高12英尺(3.7米)的小土丘,顶部

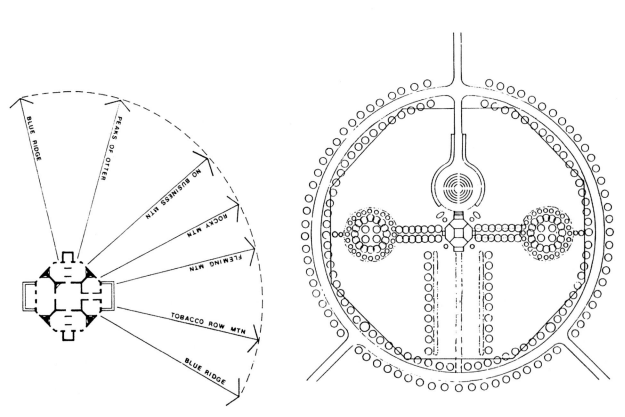

图 7.45a 和 b 波普拉尔森林，图示由艾伦·布朗(Allan Brown)基于杰斐逊的观察"山体都按照波普拉尔森林的形状排列"绘制，出自布朗的"杰斐逊的波普拉尔森林：理想的数学式别墅"，园林历史杂志(1990 年)，卷 10(2)117~139。

各有4棵柳树，形成了一个6.1平方米(20英尺)见方的空间，与八边形的中间房子的尺寸一样。在土丘的中部和底部有更多的柳树，土丘底部的直径是30.5米(100英尺)。杰斐逊在外围种了许多白杨。整个花园及建筑由一条直径152.4米(500英尺)的环路包围，路边种着成行的桑树，杰斐逊对它们整齐的外形非常满意。最后，杰斐逊对数学关系和古典几何的偏爱战胜了他对风景式的追求，后者仅在蒙特西欧为他自己选的埋葬地点的哥特式神庙中有朦胧的体现。杰斐逊与比例及规则式的密切关系不仅在波普拉尔森林有所体现，更重要的是反映在他的最后一个大型建设项目中——弗吉尼亚大学规划。

弗吉尼亚大学

杰斐逊对弗吉尼亚大学的规划展示了他将建筑、空间作为整体考虑的能力。杰斐逊将弗吉尼亚大学作为自由教育的中心。建一所学院的理想在杰斐逊心中已思考了很久。他感到他的母校威廉玛丽学院过于腐朽，远比不上弗吉尼亚大学，1819年州财政通过拨款，选址在沙罗兹韦(Charlottesville)的山顶。它不像威廉玛丽学院和其他大学一样，只有一栋体量巨大的独立建筑，它将是"一个学院村"，"每一位教授都有独立的居所……一切围绕着草坪和大树组成的开放的广场"。[55]学者们一直思考杰斐逊的这种在轴线两侧布置独立建筑、终点处以一栋主要建筑结尾的模式从何而来，后来终于找到了答案。杰斐逊在巴黎居住期间，参观的路易十六的玛丽(Marly)城堡，就是这种规划模式，杰斐逊把它运用到弗吉尼亚大学的规划中(图5.15)。

尽管杰斐逊对他的设计理念考虑得很周全，他还是与设计美国首都的建筑师威廉·桑顿(William Thornton，1759~1828年)、本杰明·亨利(Benjamin Henry Latrobe，1764 - 1820年)协商，后者还设计了共和国的其他重要公共建筑。亨利帮助杰斐逊确定了在展示馆形成的轴线终点设置圆形大厅的构想，杰斐逊最终决定采用罗马的万神庙为范例(图7.46)。他还巧妙地把展示馆按逐渐扩大的间距布置，比等距布置能产生更深远的透视效果。为了强调轴线，并为学生和教员在阴雨天提供便利，他将5座展示馆两两之间用柱廊连起来。虽然杰斐逊不是很了解古希腊的集会广场和体育场，但弗吉尼亚大学的两条柱廊非常像当年

图 7.46 **弗吉尼亚大学** B.塔额(Tanner)绘制，1828 年。

柏拉图、亚里士多德及其他先哲诲人的场所。

在学院建筑的后面是宿舍。杰斐逊在每栋学院和宿舍间都安排了园林空间，用曲折的墙加以限定(图7.47)。他还建了一座植物园，后来被卡博尔(Cabell)大厅所取代。弗吉尼亚大学的轴线的一端是开放的，这一点对杰斐逊的景观设计来说相当重要。他希望能借景园外的远山。但"美丽艺术"(Beaux-Arts)建筑师斯坦福·怀特(Stanford White，1853～1906 年)的新古典主义建筑隔断了轴线，打破了这种景色。

杰斐逊既沿袭了英国风景园的设计传统，同时也采用过法国笛卡儿的几何学，展现了他过人的智慧和对自然、景观、设计的兴趣。他对蒙特西欧、波普拉尔森林、弗吉尼亚大学的设计属于贵族式的园林。杰斐逊的伟大之处就在于他既是启蒙运动的创始人，又是新古典主义形式的设计者。同样，他既是一位农奴主，又是独立宣言的起草者。在评价他对美国景观的影响时，不能忘记他代表民主(商业)社会对国家未来的渴望——

以不分阶级的层次网格划分各州的土地，进行买卖。他的十九世纪的继承者，安德鲁·杰克逊·唐宁(Andrew

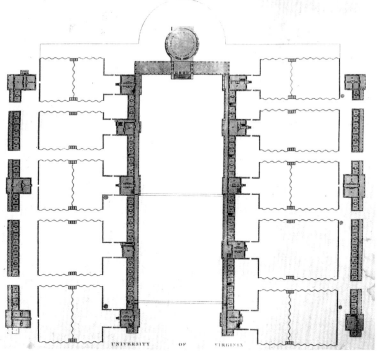

图 7.47 **杰斐逊设计的弗吉尼亚大学平面图**，约翰·尼尔森(John Neilson)绘制，由皮特·玛沃瑞克(Peter Maverick)制版，1822。这份文件展示了杰斐逊当初设计的圆形大厅的3个椭圆形房间。还展示了凉亭和宿舍间折线墙围合的花园逐渐扩大，反映了杰斐逊的愿望，使得圆形厅前的透视感加强，距离拉长。

Jackson Downing)和奥姆斯特德等人都遵循了他的原则，热爱农业社会，虽然新生的工业社会对人类发展有利，但若不进行控制，也要产生污染，还要避免都市化现象发生。这就是他对美国景观理想的、深刻的遗产的回顾。

VII.理念和精神景观：歌德和沃兹华斯风格

在杰斐逊试图寻找合理途径，应对浪漫主义的挑战，确定国家各州比例时，欧洲的先驱们正在借助改革的力量更新旧的观念。政治改革的理想是忠于个人与生俱来的浪漫天性。旧的制度已经消亡，贵族特权被平等观念所取代，世袭的权利也比不上生命、自由及所有人的新生来得宝贵。即便是仍推行君主制的国家，政治体制也发生了变化，更加支持个体的权利，随着工业资本化的进程，许多不是地主的个体的力量也越来越强大，影响到周围的环境和整个社会。十八世纪晚期极富影响力的两位学者——歌德和沃兹华斯，与杰斐逊几乎是同时代的，成为社会变革中的中流砥柱。他们都在致力于寻找更深刻地理解自然和人类的方式。处在动荡不安的社会，他们的影响力远远超过了他们的国界：歌德生于魏玛的一个乡下的小镇，沃兹华斯来自英国的雷克街区。

约翰·沃尔夫冈·冯·歌德

约翰·沃尔夫冈·冯·歌德(Johann Wolfgang von Goethe, 1749~1832 年)，像一位出色的复兴时期的勇士，不仅在园林设计领域崭露头角，还扩展其他的艺术和科学领域。然而他在景观设计领域的影响不如他对文化母体的构建。他认为景观就是一个使人着迷的剧场。

他的第一本书信体小说《少年维特的烦恼》(1774 年)虽然比卢梭的 Julie ou la Nouvelle Héloïse 要晚一些时候，但获得了更大的成功，维特使得歌德一夜之间成为国际知名的作家，也成为狂飙突进(Storm and Stress)文学运动的创始人。这场文学运动，强调人的情感、本能、直觉。在这篇小说中，情感就是维特的一切，追求感觉的一生才是有意义的一生，哪怕结局悲惨也在所不惜。

歌德哲学上的良师，约翰·哥特弗雷德·冯·海德(Johann Gottfried von Herder, 1744~1803 年)唤起了他对理性的追求，及对诗文和早期传奇的热爱，

包括盖尔族的欧希安的诗、詹姆士·麦克弗森(James Macpherson)想像中的游唱诗人。也就是在这个时期，歌德了解了德国哥特式建筑，了解了《荷马史诗》的力量，还有莎士比亚的伟大。海德有一种日耳曼人的粗犷，歌德却倾向于古典主义。为德国带来完整的、希腊的、认识的是约翰·温克尔曼(Johann Winckelmann, 1717~1768 年)，他出版了《古代艺术历史》(1764)一书，帮助歌德了解了古代各阶段的风格。温克尔曼告诉他的读者，不要追求奥林匹斯的宏伟和雅典的人文主义，而应该去感受罗马的强大力量。也正是由于温克尔曼的影响，歌德开始关注有曼哥纳(Magna)希腊式的间柱神庙的园林，以及南部意大利和西西里岛的古代希腊移民。

1775 年，歌德完成了在莱比锡和斯特拉斯堡的法律学习，开始从事文学活动，在魏玛公国的小镇上定居下来，并拜访了领地的卡尔·奥古斯特(Carl August)公爵。歌德显然是个多面手，在不同的政治和行政职务中游刃有余，如采矿、指挥战备和修建高速公路，编写剧本和执导话剧、写诗、协助公爵发动军事攻击和完成外交使命，还学习植物学和其他科学，甚至设计园林。

1778 年 5 月，由于在普鲁士和奥地利的战争中受到政治牵连，卡尔·奥古斯特公爵带着歌德到柏林，在往返于普鲁士首都间的路上，他们到了沃尔利兹(Wörlitz)——德艾特(Anhalt-Dessau)的弗兰茨王子(Franz)的公园，这是德国的第一座英国风格的景观(图7.48)。王子对造园很有天赋，并且在易北河(Elbe)附近的地产造园时得到了景观设计师约翰·乔治·肖赫(Johann George Schoch, 1758~1826 年)和约翰·弗雷德里希·埃舍贝克(Johann Friedrich Eyserbeck, 1734~1818 年)的帮助。

尽管王子和肖赫、埃舍贝克都到过英国旅游，知道最新的潮流，但他们没有采用"万能"布朗和雷普顿的风景园的形式，而是用了许多废墟和刻上铭文的

图 7.48 沃尔利兹，德骚(Dessau)，德国。德骚的弗兰茨王子和约翰·乔治·肖赫(Johann George Schoch)、约翰·弗雷德里希·埃舍贝克(Johann Friedrich Eyserbeck) 设计，1765～1817 年。

纪念碑，就像早期的英国园，如斯陀园和斯托海德。沃尔利兹园也没有像布朗的布伦海姆一样，将建筑与周围的环境结合起来。在沃尔利兹园里田野风景(ferme ornée)式的景观，有许多古典建筑的立面的构筑物，甚至包括一些农场建筑和堤坝上的观景点，堤坝是用来控制易北河的水进入沃尔利兹河。歌德被这里的景色深深吸引。

由于有钱伯斯的影响，以及来到那不勒斯的英国的火山学家兼大使威廉·汉密尔顿，他的关于维苏威火山的书推动了浪漫主义式的火山的建设。沃尔利兹里就有一个肖赫按照园子大小设计的火山斯蒂恩(Stein)。斯蒂恩是一个中空的岩石山，高大约24.4 米(80英尺)，坐落在湖岸边的岛上，建于1788～1790年。因此歌德在第一次到沃尔利兹园时应该没有见到，但王子的一位客人在 1794 年 6 月 27 日写的邀请函中说道，歌德曾画过这个后来坍塌的火山的速写。火山喷发的场面常常在晚上，有火焰从口中喷出，从锥体的嘴里喷出水来，里面有一些淡红色的玻璃发光。在水

下被阴森森的红光的照射下，给人以真的熔岩的感觉。

当时的一些哲学思想能帮助我们理解这些技巧何以盛行。苏尔泽(Johann Georg Sulzer)的著作《追寻快乐和悲伤的起源》(1752年)中提到了精神作为所有思想和情感的来源，印象的容器和动力的来源，强调了狂飙突进运动的内在规律，也为德国感伤主义下的心理学提供了理论指导。1762 年，苏格兰理论家、凯姆斯(Kames)庄园主亨利·霍姆(Henry Home)出版了《批评要素》一书，将园林当作高雅艺术的分支。根据凯姆斯的理论，通过设计的景观代表了某种特定的情绪，可以成为影响情绪的源泉。

郝斯坦(Schleswig-Holstein)的基尔(Kiel)大学的美学教授希尔施菲尔德(Christian Lorenz Hirschfeld，1742～1792 年)的著作对伤感派的园林的发展和德国的景观设计课程都相当重要。1779～1785 年，他写下了五卷的《园林艺术原理》(Theorie der Gartenkunst)。这本书同时有德语和法语两种版本，主要以德国的角度阐述景观设计的演进。希尔施菲尔德认为史前时代

是人与自然和谐幸福的时代。随后，虽然古希腊没有园林设计师，但他们的神庙在自然中的地位反映了人与古代景观间的和谐。希尔施菲尔德高度赞扬罗马共和时代的别墅，因为其既是农耕的场所，又是学者的天堂，但同时也批评罗马帝国的园林中过于奢华的装饰。同样，他认为勒·诺特及其同伴设计的园林过于宏伟的规模不利于个体的愉悦。法国园林主要是为社会服务，抹杀了个体想脱离社会，在自然中获得新生的需要。

在希尔施菲尔德眼中，英国园林是对在德国盛行的法国园林的一种矫正，因为英国园林比较关注人的反应，提供舒适愉快的环境，认为园林是人与自然间的中介，也是社会和个体间的过渡，是人类进入文明和社会自由的必然阶段。

贯穿希尔施菲尔德书中的另一主题是民族主义。在英国，民权党人直接表达他们的政治思想(在园林中采用象征性的表达)。在德国，民族情感通过文化来表达。德国人民心中有一个高尚的民族神话，十九世纪的作曲家理查德·瓦格纳(Richard Wagner)将其作为歌剧再现。德国的乌托邦在弗雷德里希·席勒(Friedrich Schiller)的诗文"消逝的弗洛伊德"(1785年)以及贝多芬的第九交响曲(1824年)中可以找到，充满着自然的欢乐。作品中的自然——有着浓密森林、大河及绿色田野——帮助人们建立对自然的认识，希尔施菲尔德认为这些都源于艺术。他认为情感是园林设计的指导原则，而不是理性。爱好(taste)，作为十八世纪的一个优良品德，有其自身的尺度。古希腊将大的景观通过庄严的神庙和圣地神圣化，德国园林也对自然景物进行装饰，提升景观的精神地位。参观者也从中建立自己的贵族气息的、有着崇高理想的精神家园。

希尔施菲尔德的德国园林风格为撒下民族主义和地区荣誉的种子提供了土壤。通过"那些人的塑像……给予我们启蒙、自由、财富、快乐的人"，爱国主义和社会精神被一点点灌输。[56] 古典神庙，即使与当代没有任何关联，仍然带给景观"有用的真理"。但那些与和平、友爱及其他迫切需要的品德，或对某个人的勇敢和其他人性中的闪光点有帮助的物体就更为必需。对村庄教堂和其他远处景观的"借景"使得参观者认识到自然与人类的相互关系，并且将园林融入更大的社会领域。真的英雄胜过传说中的，本土的比

古典的更受到欢迎。希尔施菲尔德是大众园(Volksgarten)之父，在民族凝聚力和文化历史上有着不朽的贡献。

在大众园里，不同阶级的人可以相处融洽，享受建筑、雕塑以及自然的美。启蒙派的贵族很欣赏希尔施菲尔德的理念，1789年在慕尼黑，选帝侯(Elector)特奥多尔(Karl Theodor)任命斯开尔(Friedrich Ludwig von Sckell，1750～1823年)和美国流放者本杰明·汤普森(Benjamin Thompson，1753～1814年)来设计一座英国园，以乡土树种和自然水体作背景，主体是不同的古典建筑和国外的自然风光。莱内(Peter Joseph Lenné)改建的柏林蒂尔加腾园(Tiergarten)有着更多的大人物的雕塑和文化的、军事上的英雄，是一座更有教育意义的德国园(图7.49)。这两个公园反映了德国从君主时代慢慢向人民主权的过渡，里面的神庙和中国园就是徘徊期的作品。

希尔施菲尔德关于社会文化变革的影响被阐释为景观设计的发展方向。他认为在一些公共区域，伤感园林应该作一些调整。在人群密集处，为了安全需要，有些大道应该取代曲折的、隐蔽的小路，他认为"出于安全和舒适的考虑，马车和骑马者的通道应与人行道隔开"。[57] 除了"上课……在路边作适当休息"，[58] 还应该有大家集会和娱乐场所，出于实用的角度，还有如避雨处、划艇停放处、健身区。希尔施菲尔德的德国园是公园的前身，后来的约翰·克劳迪马斯·劳顿

图7.49 蒂尔加腾园(Tiergarten)，柏林，莱内(Peter Joseph Lenné)设计。1818，莱内应用希尔施菲尔德的理念，将蒂尔加腾园设计成一座大众园。

(John Claudius Loudon)、安德鲁·杰克逊·唐宁、卡尔弗特·沃克斯(Calvert Vaux)和奥姆斯特德(Frederick Law Olmsted)在从事这方面的理论研究(第九章)。

1784年，在希尔施菲尔德的《园林艺术原理》的指导和德艾特王子的建议下，歌德帮助卡尔·奥古斯特公爵在伊尔姆河(Ilm)峡谷地区进行一些改造，希望创建一座浪漫主义式的园林，与沃尔利兹相似。他们计划在河边建一座洞穴，歌德还计划在峡谷里的小树林中建一座木质的隐庐路易森寺院(Luisenkloster)，有着简陋的顶和长满苔藓的墙。

尽管歌德有着超人的智慧，但伤感园林的局限越来越明显，相对比之下，对自然的圣坛的崇拜也日渐显露出来。维特的流行使得歌德陷入一种窘境，维特年纪轻轻就自杀的悲剧结局显然是鼓吹情绪化，却成为歌德暗含的对狂飙突进运动的控诉。事实上，在小说里已隐含了反对浪漫主义的突变的种子。自然——崇高和无垠的自然——"带给维特无尽的欢乐，使得世界……成为真的天堂"，但也能真正折磨一个人，"一个一直在吞噬人的妖怪，不断地把人吸进去，又吐出来"。[59] 自然千变万化，可以激发想像，打动人心，对人不偏不倚，也不像哲学那样包含人生哲理。

此外，浪漫主义的生命体验方式——感觉自身，也就是维特的愿望对自身产生了困惑。甚至是推理本身也不能为最终的困惑找到答案。歌德试图在植物科学中寻找可以达到神圣目的等同的类似目的，但最终失败了，被自然神论推翻。他试图寻找所有植物的起源(Urpflanze)，但最后失败了。对林奈系统(Linnaeus)的和谐的植物配置(Harmonia plantarum)的排挤也没有得到成功。人们越来越清醒地认识到，不能简单地用哲学的框架将科学和宗教套在一起。人生中可以找到真理，也能在艺术王国找到安慰。

歌德发现现代的人类陷入了一种两难的境地，宗教和教堂的教条一样失去了往昔的地位，科学新建的殿堂却相当完美，只是强调生活的无序和宇宙的无足轻重。他的著作《浮士德》，是宣扬现代社会到来的号角，也宣布了启蒙运动的结束。蒲柏对牛顿"光是一切"论断发表后的自信的评论在《浮士德》中不是用"恶魔的宣言"，而是黑暗的代表，恶魔本身粉碎了浮士德对自然的向往。

歌德是最后的几位四海为家的人文主义者之一，仍然用传统文化作为艺术的语汇。和希尔施菲尔德一样，他寻找古典主义和浪漫主义间的折中之道，还有理性和感性，感觉和情感。在他的《亲和力》(Elective Affinities)(1809)中，通过社会和婚姻，把园林当作情绪的隐喻。老园丁怀念过去的几何式的园林，但现在不受欢迎了，而新的浪漫主义的园林有着茅草顶的房子，和远处的村庄成为悲剧的焦点。歌德的丰富的情感和智慧，使得他可以在准备主人公的命运时得心应手。故事中婚外的恋情与造园的过程的描述交织在一起，贵族们认为这是郁闷中的一段小插曲。

但是文化和政治改革的力量都已经释放出来，并且势力强劲，无法抵挡。德国的民主主义的种子已经通过德国浪漫主义传播开来，并在邪恶的二十世纪盛放。但浪漫主义的理想还有另一方面。人们可以这样说，人类通过质问上帝的存在和在寻找自然的更高境界中，发现了人类灵魂的意义所在，换句话说，即沃兹华斯自传体的诗《序曲》中所写的那样：

……人类思想如何形成
比地球美丽1000倍
在他所住之处，在框架(Frame)的上面
(在希望中的所有革命
人类的恐惧仍然存在)
赞扬美丽，
所有的事物和建筑更神圣。[60]

威廉·沃兹华斯

威廉·沃兹华斯(William Wordsworth，1770~1850年)全面参与了浪漫主义运动，还有和他并肩作战的诗人，布莱克(Blake)、科尔里奇(Coleridge)、济慈(Keats)、雪莱 (Shelley)和拜伦(Byron)，在工业革命散发出巨大能量时为它对政治、性、想像和精神的影响而庆祝。沃兹华斯的诗文多写于法国和美国革命初期，主要表现平等，无论是政治，还是所有人情感和经历的权利。沃兹华斯认为，人的思想是人类共同的属性，诗人的任务就是通过想像和语言、思想来揭露、引导人们吐露心声。

对于沃兹华斯来说，童年的简单、纯朴和好奇比完美无缺的演讲更重要。无邪即是伟大，感觉便能代表一切。不加修饰的、去掉隐喻的自然能激发最崇高

的思想。沃兹华斯将彩虹当作一种闪亮的标志，代表了人与自然间的一种契约，人类无穷无尽的想像得到了超自然的验证。

　　沃兹华斯知道，在渴望统一时也有人是弱者，人们向往神圣之路总是难以捉摸和变化无常的。沃兹华斯还发现，人们在面对自然时在"某些时间"得到了满足——自我崇高的认识加强——形成了自信。他于1798年7月13日写成的一首诗《在丁特恩(Tintern)修道院外写的几行诗》，当他再次到此时，这片景色优美的、有着诗一般的、废墟的"浓密的森林"——由吉尔平最早告知世人——成为自信的象征，人类在这里通过某种与生俱来的力量得到了安宁

　　　　——神圣的思想
　　　引导我们前行，
　　　直到，肉体的呼吸
　　　直到我们的血液
　　　几乎停止，我们睡着
　　　身体里灵魂仍然活着，
　　　然而有一只眼在看着这个世界，
　　　和谐和欢乐，
　　　我们看到了生活…[61]

　　沃兹华斯不需要神庙、雕塑或其他来影响情绪。他的诗除了童年的欢乐，没有把任何东西与景观联系起来：

　　　湍急的瀑布
　　　给予我欢乐：高高的岩石，
　　　大山，茂密的、挡住了阳光的森林，
　　　它们的色彩，它们的形状，对于我来说
　　　都是一种喜悦：情感和爱，
　　　他们不需要欢呼，
　　　只要有思想，或者是兴趣
　　　谁也无法让它们从我的眼中消失。[62]

　　自然的不加修饰的景观也是壮年时期智慧的源泉，当：

　　　…时间一点点过去，

　　　所有渴望的欢乐不再，
　　　所有的狂喜……我所知道的
　　　想像中的自然
　　　不加思索的青年，但听取别人意见
　　　人类沉寂的音乐，
　　　没有噪音，却有足够的力量
　　　来征服一切。[63]

　　自然对于沃兹华斯来说是强大的精神支柱，同时也是老师和向导。在洛克(Locke)的哲学里，感觉可以上升为思想。在沃兹华斯浪漫主义的思想中，发生在自然和人类思想间的关系唤起了精神上的感觉，也促使了尊敬和恐惧感的产生。他以"攀登斯诺登山"结束了他的《序曲》，并描述了这样一种现象：

　　　那天晚上我在沉思
　　　在孤独的山顶，美景
　　　一去不返，在我看来
　　　万能的思想
　　　依赖自信，
　　　备受称赞
　　　除了上帝，其他都是微不足道的
　　　超越自己…[64]

　　在这种精神理想下，也可以看到为何浪漫主义在十九世纪成为一种支配力量。特纳(Turner)的绘画，瓦格纳的音乐，罗斯金(Ruskin)的批评，佰恩哈德特(Bernhardt)的表演，这一切都证明了浪漫主义旺盛的生命力，直至今天，仍然影响着人们的生活。

　　沃兹华斯所做的贡献是巨大的。在普通人中他是革命性的力量。他歌颂未被赞颂的英雄、普通人、或者不是传说中的英雄，因此他的诗受到大家的欢迎。《在坎伯兰郡乞讨的老者》，《懒惰的牧羊童》，《水手的母亲》、《修补匠》就生活在风景园里，如《断桥》、《鹿跳泉》、还有《瀑布和野蔷薇》。对于沃兹华斯来说，美不是只存在于遥远的古代，而是"就在当时当地发生着"。在《隐士》(Home at Grasmere)中，他质问道：

　　　……天堂和丛林
　　　伊甸园，幸运岛，与之类似的古老家园

在深深的大洋里，在它们该在的地方

一段历史，或一个美梦，

一旦超出了这些

为了爱，让普通人享有它？ [65]

对于他来说，思想和宇宙的结合是很伟大的；它能反映个人，并在平凡中寻找崇高。沃兹华斯认为宫廷和城市都是肮脏的，是不平等和罪恶的温床。只有在自然中思想才得到放松，卢梭的日内瓦人民和杰斐逊的农夫们才能找到快乐和自己的价值。孤独对于他来说是必要条件，他在其中发展自己的思想。

他并没有将自己置于关于风景园的争吵中，耐特(Knight)、普赖斯、雷普顿为此争论不休，他有着自己独到的关于园林的见解。他的湖区别墅在哥亚斯米(Grasmere)附近，位于多沃(Dove)村瑞达尔(Rhydal)山，这座他自己的园林展示了他对色彩的感觉和植物方面的知识(图7.50)。在这里有朴素的凉亭、装点着苔藓和葡萄的石墙、鲜花从铺地的石缝中长出。1806年，在他的朋友、乔治先生和博蒙特女士的邀请下，他将他们的封地、雷彻斯特郡考勒奥顿厅(Coleorton Hall)里的一座采石场改造成一个1英亩的冬园，种满了常绿的灌木、柏树、冷杉。采石场边缘的一个水池反射出怪石林立的挡土墙和针叶树塔形的树冠。在点缀着野花

的草坪上放着一只简单的金鱼缸，这一切就是沃兹华斯的设计，一个个人的空间，可以独享孤独的快乐。

对这两个覆满了常春藤的村庄的粗略观察就能看出浪漫主义的特征，沃兹华斯认为浪漫主义定能成为十九世纪的主导力量，高产的农事与他的景观中诗一般的情绪能完全吻合。他认为景观设计师要尊重"空间的情感"，这个概念取代了蒲柏的"场所的智慧"。他将旧的君王至上的思想从他的诗文中赶走，同样也希望在景观设计中没有什么可以胜过自然的景色。他希望将审美不仅贯穿到口述中，而且进入思想王国，并且作用于景观的各方面，还有方言等。

这个革命的时代更新了沃兹华斯的思想，因此对景观设计带来了重大影响。酒神、牧羊神和潘(Pan)从园林中消失了。同时消失的还有当时全世界通行的一些装饰语汇，为浪漫主义的民族主义让步。因此一种扩展了的德国民族园，民族英雄及其他政治和安全的象征取代了古代神学的地位。

在工业时代的开端，许多人离开了村庄，离开了乡村里绘画式的风景，进入了发展越来越快的城市。因此民主人士承担着为广大市民改善都市条件的任务，建设为普通人服务的公园和浪漫主义景观。但在进一步阐述十九世纪的浪漫主义景观设计以及对绘画园的修改和继承，以适应公众的需要之前，还需要看看自

图 7.50 瑞达尔(Rydal)山，威廉·沃兹华斯的别墅，哥亚斯米(Grasmere)，大湖区，英国。

然精神的另外两个发展方向——中国和日本。之前我们已看到,十八世纪洛可可风格与中国园的结合已经将中国园林风格带入了西方。我们因此需要找到这个问题的答案:什么是中国和日本景观园林设计的本源。

尼古拉斯·普桑(Nicolas Poussin)(1594~1665年)。法国杰出画家和古典主义绘画的奠基人,他的风景画对欧洲浪漫主义风景画有过重大影响。——译者注

克劳德·洛兰(Claude Lorrain)(1600~1682年)。法国古典主义代表画家。其作品给予欧洲风景画的发展有很大影响。——译者注

罗伊斯达尔派(Ruysdael)和根兹伯罗派(Gainsborough)是西方两种画派。——译者注

注　释

1.沙夫茨伯里伯爵(Shaftesbury)使用这个短语来预想蒲柏对柏林敦郡主(及所有园林家)的建议,"在所有地方都要考虑场所的精神"。

2.约翰·迪克斯·亨特(John Dixon Hunt)和彼得·威廉(Peter Willis)编撰《场所精神:英国风景园1620~1820年(The Genius of the Place: The English Landscape Garden 1620~1820)》(纽约:Harper & Row,1975)81页。

3.同上,142页。

4.同上。

5.见约翰·迪克斯·亨特《园林中的形象:18世纪的诗文、绘画和园林(The Figure in the Landscape: Poetry, Painting, and Gardening in the Eighteenth Century)》(巴尔的摩:Johns Hopkins出版社,1976),63~64页。文中很好地解释了洛克的认识论和阿狄生鼓吹自然主义是想像的基础间的讨论。

6.同上,144页。

7.关于此主题的讨论,请参见约翰·迪克斯·亨特"18世纪中国园林的象征与表达",选自《园林和风景园(Gardens and the Picturesque)》(马萨诸塞州,剑桥:麻省理工学院出版社,1992),第3章。

8.亚历山大·蒲柏,"写给柏林敦郡主理查德·波尔的书信",Pat Rogers编著(牛津:牛津大学出版社,1993),47~70行。

9.见詹姆斯·汤姆斯"秋天",选自《季节》(伦敦:朗文、布朗、格林和朗文出版社,第三版,1852),1361~66行。

10.斯威特则在1742年版的《乡村图像》中首次用到这个术语,说道,这种样式已成为"法国精神的

最好实践,即风景农田(La Ferme Ornée)"。在1748年给朋友的一封信中,威廉·申斯通向劳斯沃斯(Leasowes)夫妇写到,"我接受了名词Ferme Ornée"。然而在法国,直到1774年才用到这个名词。当时是克劳德亨利·华特莱在(Essai sur les jardins)中提到。见帕克·古德和米歇尔·兰克斯特编著《牛津与园林》(牛津:牛津大学出版社,1986),186页。

11.托马斯·惠特利,《现代园林的观察》(伦敦:T. Payne,1770),26部分,61页。

12.霍勒斯(Horace Walpole)的《现代园林史》和托马斯·惠特利《现代园林的观察》都使得十八世纪后半叶的园林理论家或历史学家感觉到了"现代"这个词的含义。十八世纪大家提到"现代",即意味着人们不再从传统文学、雕塑、建筑中寻找隐喻的图像。过去大家都参照伯克的美学认识,认为英国的园林可以激发感情和想像。霍勒斯想创造一种戏剧化的设计效果,英国人用自然式取代了从法国传来的几何式,但十八世纪前期的奥古斯丁园林的后半世纪自然设计间并没有明显的差异。

13.霍勒斯"现代园林史",选自亨特和威廉编著《场所精神》,313页。

14.约翰·迪克斯·亨特《园林和灌木林:英国想像中的意大利文艺复兴园1600~1750年》(新泽西普利斯通:普利斯通大学出版社,1986年),180~184页。文中指出了大革命后的英国政治神话、改革的证据,以及英国园林的历史。亨特指出,意大利的祖先影响了肯特和十八世纪其他的设计师。

15.说到这里,霍勒斯是在提及

他那个时代一个有名的家族,兰彻斯特"万能"布朗,正致力于改造英国乡村老的庄园,使其成为自然式的园林。从霍勒斯对肯特的赞同中可以看出他对英国早期创造的这种风格的自豪感。由于英法间的竞争,霍勒斯不愿意像其他现在无私的园林历史学家一样承认,是安德鲁·勒·诺特在十七世纪就使得园林超越了它的实际界限。

16.对于十九世纪过量使用杜鹃花和其他外来植物的价值的争辩一直在继续。

17.肯尼思(Kenneth Woodbridge)《园林和古代:斯托海德园的英国文化(Landscape and Antiquity: Aspects of English Culture at Stourhead)》(牛津:牛津大学出版社,1970)。

18.为了理解圈地运动和其带来的变化,参见W.G. Hoskins《英国园林的形成(The Making of the English Landscape)》(英国Harmondsworth Middlesex,企鹅图书出版社,1970),第5、6章。应该注意到,议会制定的大量法律,在1750~1860年,形成了难以估量的圈地面积。这种将原来开放土地圈起来的圈地运动造成了社会人口的迁移,还带来了一些苦难和美好景色的消逝。

19.圈地带来了"改进",意味着土地的改善,使其更秀丽,更多产。从这种意义来说,十八世纪时,绝大多数英国乡村处于一种改进的状态。虽然布朗最初的学徒期即在圈地运动后宅园改造中度过,他变成了一个更加敢于行动的改进家,通过修正一些"瑕疵",为自然创造美景。

20.引自爱沃德·海姆(Edward Hyams),《万能布朗与汉弗莱·雷

普顿(Capability Brown & Humphrey Repton)》(纽约:Charles Scribner世家公司,1971),77页。

21.埃德蒙·伯克(Edmund Burke),《思想中伟大和美的起源之哲学探寻(A Philosophical Enquiry into the Origin of our Ideas of the Sublime and Beautiful)》第7版(伦敦:J Dodsley,1773),300页。

22.见威廉·钱伯斯,"中国建筑、家具、服装、机械及器皿设计",选自亨特和威廉编撰《场所精神》,284页。

23.威廉·钱伯斯,"论述东方园林(1772)",选自亨特和威廉(Peter Willis)编撰《场所精神》,321页。

24.威廉·梅森(William Mason)"致威廉·钱伯斯的书信(1773),"选自亨特和威廉编撰《场所精神》,323页。

25.引自William D. Templeman,《风景画大师威廉·吉尔平的生平和作品(The Life and Work of William Gilpin)》(Urbana:伊利诺斯州大学出版社,1939),120页。

26.William D. Templeman,吉尔平的自传,引用Austen弟弟的话来说"她是一个热心的、有见识的园林师,无论是在自然中还是在画布上。早期她迷恋吉尔平的风景画,对其人和著作的观点一直未曾改变",见于Templeman op.cit.,295页。

27.同上,137页。

28.同上。

29.见吉尔平,"森林景观的评论",选自亨特和威廉编撰《场所精神》,341页。

30.普赖斯(Uvedale Price)《关

于风景园(1784)(*On the Picturesque 1784)*》，Sir Thomas Dick Lauder 编著(爱丁堡 Caldwell Lloyd& 公司，1842)，59 页。

31.同上，64 页。

32.同上，73 页。

33.理查德·佩恩(Richard Payne Knight)，《关于风格原则的分析和探寻(1805)(*An Analytical Inquiry into the Principles of Taste)*》，选自亨特和威廉编撰《场所精神》，350 页。

34.同上，416 页。

35.理查德·佩恩，《关于风格原则的分析和探寻(1805)》(伦敦：T. Payne Mews Gate, J. White, Fleet Street，1805)，214 页。

36.1826 年，摄政公园东北角的一部分属于伦敦动物学会，作为伦敦动物园的前身。有 18 英亩在 1839～1932 年租给皇家植物学会，直到被皇家公园部接管后，将其变成一个玫瑰园，并以乔治五世的玛丽皇后命名。

37.二十世纪早期的地区规划师约翰·挪恩(John Nolen)在《造园线索(*Hints on Landscape Gardening)*》的前言中，将平克勒王子当作"城市规划的预言家"。挪恩(Nolen)写道，"在 100 年前，他就指出了在大城市中推行自然式和风景园的必要性，并以伦敦的开放公园和不规则街道为例"。平克勒王子的园林理论对美国的墓地设计也产生了直接影响。它的学生 Adolph Strauch 移民到美国，作为 1885 年辛辛那提春季丛林墓地的指挥者，根据王子在书中的理论，规划了墓地的草坪和人工湖。Strauch 消除了成排的墓穴，以逐级升高的墓碑来代替，创造了一种自然式的景观，影响了国内其他墓地的风格和布局。

38.平克勒－幕斯考《造园线索》第 4 页，平克勒－幕斯考的书信报告，1828～1829 年在英国、爱尔兰和法国的旅行；德国王子的一系列书信(费城：Carey & Lea，1833)，具有很高的感情色彩，但与弗雷德里克·劳·奥姆斯特德德《美国农夫在英格兰的漫步和谈话(*Walks and Talks of an American Farmer in England)*》(纽约：乔治，

P.Putnam,1852)很相似，两者都掺入了作者平时的所见所闻，及在英国旅行时对人、物、mores、纪念物、景观的印象。

39.平克勒－幕斯考《造园线索》第 13 页。

40.同上，59 页。

41.同上，68 页。

42.为了了解这个主题，参见 Dora Wiebenson《风景园在法国(*The Picturesque Garden in France)*》(新泽西，普利斯通：普利斯通大学出版社，1978)。

43.见 Dora Wiebenson《风景园在法国》，95～96 页。大家都认为 Carmontelle 是寓言剧 proverbes dramatiques(或 dramatic proverbs) 的作者。寓言剧是一种社会剧，作为宫廷里的一种娱乐。

44.苏珊(Susan Taylor-Leduc)在她的论文"园林中的奢华：再现 La Nouvelle Héloïse"中指出，罗斯福"提及'共和品质'"，是对保持封建家长制的呼声以及大革命前法国盛行的 idéologie nobiliaire 的回应。见《花园或园林的历史研究(*Studies in the History of Gardens & Designed Landscapes)*》19:1 (1999,1~3)，75 页。

45.引自詹姆斯·米勒《罗斯福，共和之梦》(纽黑文：耶鲁大学出版社，1984)，11 页。

46.Claude-Henri Watelet Essai sur jardins(1774)，他在 1756 年早期发表的 *Encyclopédie* 中，Watelet 沿用了术语 fabrique。

47.Joseph Disponzio "Jean-Marie Morel：风景园林师之印象"，1999 ASLA 年会记录，Dianne L. Scheu 整理(华盛顿：美国风景园林学会)，4 页。

48.罗斯福在 *Julie, ou La Nouvelle Héloïse* 中描述这座充满想像力的园林 Clarence 时，以主人 Monsieur de Wolmar 的语气指出："你看不到任何物体位于同一条直线上，也没有水平面。木匠的线条是不能进入这个场地的。自然不会沿着某条直线种植植物。盘旋的道路极不规则，但经过艺术化地布局，无形中延长了步道，隐藏了岛屿的边界，并没有造成不便

或者过多的拐弯，却扩大了岛屿的规模。"对于这段描述，作者又增添了一些脚注："这里不像在那些小丛林里，布置一些僵化的之字形道路，并且还要单足旋转"。见 *Julie, ou La Nouvelle Héloïse (Julie, New Heloise)*，Judith H. McDowell(Park 大学：明尼苏达大学出版社，1968)，311 页。

49.写给 Maria Cosway，1786，引自 Merrill D. Peterson《托马斯·杰弗逊和新民族》(牛津：牛津大学出版社，1970)24 页。

50.选自杰弗逊的报告和详细标注的《杰弗逊的园林手册》，Edwin Morris Betts 编著(费城：美国哲学学会，1944)，25 页。

51.引自彼特·马丁《弗吉尼亚欢乐园》(新泽西普利斯通：普利斯通大学出版社，1991)，111 页。

52.同上，111～114 页。

53.引自马丁 op.cit, 147 页。

54.安德鲁(Andrew A. Lipscomb)、阿尔伯特(Albert E. Bergh)《托马斯·杰弗逊的作品》(华盛顿：托马斯·杰弗逊纪念委员会，1903)13 卷，78～79 页。

55.安德鲁、阿尔伯特，《托马斯·杰弗逊的作品》12 卷，387 页。

56.引自琳达，"在德国启蒙运动中 C.C.L Hirschfeld 对园林的理念"，《园林历史杂志》，13:3，149 页。

57.同上，157 页

58.同上，158 页。

59.《少年维特的烦恼》，米歇尔(Michael Hulse)译(英国 Harmondsworth, Middlesex: Penguin 书店，1989)，60 页。

60.威廉·沃兹华斯，《威廉·沃兹华斯》的"前言"，史蒂文·吉尔(Stephen Gill)编著(牛津：牛津大学出版社，1984)，第 8 本，446～452 行。

61.沃兹华斯"写在 Tintern 修道院几英里之遥的诗"，42～50 行。

62.同上，77～84 行。

63.同上，84～94 行。

64.第 8 本，66～73 行。

65."在 Grasmere 的家"，996～1001 行。

第八章

自然的深思：
中国园林与日本园林

景观的本义是指一处意蕴深沉可供人们回味或在其中交流的场所，在这个精心设计的空间里人们可以漫步暇思或欣赏连绵不绝的美景并品味由它们促发的思绪。这些基本原则对于东亚园林与十八世纪的英国园林是相通的。最初是中国人把造园与绘画两方面理论相通，后来日本人也传承了这一点，十八世纪英国的大片庄园土地上的公园亦从克劳德·洛林(Claude Lorrain)的绘画中获得灵感。两者在这方面可说不约而同。十八、十九世纪英国文学与中国、日本的诗词一样都显示出对景观主题的偏爱。对于自然的庄严崇敬并让威廉·沃兹华斯(William Wordsworth)去虔诚感受宏若雷鸣的瀑布、峭立的岩石、山体，还有深邃莫测的树木等的浪漫意识，正像几百年前中国文人与隐居者对自然的崇敬一样。

然而，尽管东西方园林之间有这一些明显的相似之处，在亚洲、欧洲及美洲著名园林之间还是存在些最根本而意味深远的不同之处，就其文化哲学角度而言即是如此。西方环境问题专家试图重建已被破坏的人与自然的关系，他们想寻究导致问题的原因所在。最后，他们认为根源在于基督教传说中的易于嫉妒的上帝，他不能容忍对手的存在，并住在遥远的天国——与人间相对："对假"天堂而言的真天堂，古希腊人认为神源于大地，并以为神住在奥林巴斯山之上

的天空中，他们拥戴源于大地的众神，而不像犹太教或基督教那样只供奉一个神，他们长途跋涉到尘世中的圣地希腊古都特尔斐(Delphi)与伊洛希斯的圣灵之地，只为追寻神灵的智慧之喻。但源于自然的其他教派，神道与道教并不如此，他们试图找寻人与自然的直接联系。在中国与日本，尽管自然与其在西方一样同是被用来为实现人们利益的目的服务，但聪慧而引导主流的智者们还在其中巧妙地通过园林景观设计表达出道教与神道所追求的与自然息息相通的佛家思想。[1] 中国道教主张修炼"气"，或说是一种万物与生俱来的天性，而在日本，神道引导教徒崇敬神——自然之灵，[2] 这两个国家的园林设计与他们的精神追求互为促长，密不可分。

石头，一种天然的矿物，在东方园林中具有极大的审美与引人思索的价值，就像西方园林中那些象形主义的石头雕塑或铜雕一样。中国的园林设计者常用一些精挑细选的石头，通常这些石头已被水磨蚀得裂缝累累，洞孔叠现。这种千窟百孔的石头会使人联想到景区里烟雾迷濛的大山余脉。就如所有早期文明所以为的那样，中国人认为本土的石峰是一种与神息息相关的神秘所在。从西方的美学角度而言，这些峰石景观是一种神秘莫测的崇高艺术。

在日本，山峰原形相对平淡，设计者有时会采用

一些石头组景，看起来就像中国画里的景色，更多时候，石头是被放在砂砾做成的"溪流"或真正的水溪之中，以象征岛屿。日本园林设计者在选用平整漂亮的步石时，将它们以苔藓包覆，巧妙地布置，使其形成具有令人欣悦的花纹质地的平地景观。受中国园林中的石头以及对中国文人学习的启发，在日本园林中多少有这样的相应景象，即石头总与一些或真、或虚的具象征意义的动物相关联，在中国和日本的文化中，观赏者总被引导着去欣赏那些石头的抽象美感并由其外形而展开活跃的联想。

I.山、湖与岛屿：中国园林的不朽启示

正如古代世界的其他地方一样，中国的园林设计实践始于神话与至高无上的皇权的结合体。公元前219年，秦朝开国之君秦始皇派出一支由青壮年男女组成的探险队，去当时所认识的世界的东方去寻找神仙居住之处，传说"仙人"就住在一些令人迷醉的仙岛上，这些仙岛由巨龟背伏着飘浮在海中。[3] 秦始皇赐命其领队者一个不可能完成的任务——找到使仙人长生不老的丹药。虽然这队人马最终未能完成其使命，但关于海上四大仙岛蓬莱、方丈、瀛洲、壶梁的传说却已在中国神话史上世代流传下来。山与石的融合象征长生不老的神仙思想，假山融进中国造园史，遥远的仙人所居之岛经常旨意鲜明地被设计在园林中，在诗歌、绘画以及装饰艺术中同样如此。[4]

汉武帝(刘彻，公元前140～公元前87年在位)建造了一座湖园，湖中岛状石峰模仿海中的四座仙山。其后的历代皇帝，著名的宋徽宗和忽必烈可汗，都不约而同地在他们的园林中设置类似传说中仙人所居的岛屿。但是，即使去除园林中所谓的仙境成分，以自然本身形式作为灵感源泉依然是中国园林美学的中心原则。山水两者结合意即景观的结合给各代造园者提供了各种结构形式的想像，他们也试图在三维空间中将中国山水画的景观再现出来。

虽然中国广袤的土地上有技艺精湛的农业与园艺，但经过设计的花园(与普通的园林相对)则只是贵族士大夫的特权。与近现代一样，几乎所有的园林都是贵族统治者建造的。部分中国贵族成员是封建九品官吏制度中的文官或武官，封建社会严格的科举考试为统治阶级选拔新的官员。虽然贵族出身的富豪子弟显而易见地占有更为优越的学习条件，但普通平民百姓只要有供得起念孔学私塾的钱，那也是可能获得一官半职的，而且念孔学私塾是通过僵硬严格的科举考试的必备条件。大家崇尚学问，有学问者才能与朝廷产生联系从而追求获得一定的社会地位，再者学问也是与艺术鉴识、创作密切相联的。

中国文人一向精通绘画、书法或诗歌，而且经常是三者兼顾。那些出身显赫而又饱读诗书的人是最理想的统治者。因此，以学问为根基掺合着皇恩与私交的权力总是与美学携手同行。即使由于政治原因而失势之后，附庸风雅的中国文人学士依然不乏经济与智才之源。随着因官场隐退而更多闲暇的时期的到来，他们经常把精力转移到园林营建上来。这样我们就很容易理解到在中国造园是与中国文人的其他艺术活动密不可分的。画中的青山秀色，诗里的河边风景，以及书法作品中描绘的自然或人工园林景色，三者紧密相联，给中国造园带来丰富的想像与设计手法(图8.1)。然而，在复杂的中国造园理论手法成熟之前，直到宋朝(公元1127～1279年)，人们一直以布置有岛屿的湖象征海而用形状引人退思的石头、山峰来替代名山大川。宋代之后中国历史上开始了一段弥足珍贵的造园时期。毫无疑问，就像在波斯第一个著名的园子"天堂"只是一座皇家狩猎公园一样，中国园林与其有类似的起源，就像是一块皇家游憩保留地一样。[5]

秦汉园林

公元前221年，秦始皇一统天下之后，建都长安(今西安)于渭水之滨。在此，他不只建了一座庞大奢华壮观的宫殿，还造了一个巨大的狩猎场所，这就是著名的上林苑。上林苑以坚固的高墙围护，就像被巨大的城墙所保护的帝国本身一样，它不只是一块单纯的皇家乐土，还是从全国各地搜罗来的奇花异木的聚积地。这个巨大的苑囿，实际上是皇帝至高无上的皇权与威严的象征。即使秦始皇被推翻之后，上林苑依然完好如初，汉王朝胜利者的宫廷诗人由衷地赞叹上林苑的雄伟壮观，还有苑内不可计数的野生植物，不可

置否，保护好上林苑是皇帝君权永存不落的象征。

园林与自然山水风光的结合在公元311年随着外来侵略者的入侵而受到进一步的影响。野蛮未开化的胡人进攻到长城以内，随之而来的政权冲击迫使中国在长江(扬子江)以南靠近南京的地方产生了第二个皇权中心。这里有被烟雾笼罩的陡山峻峰，有碧波荡漾的湖水，还有九曲回肠的河流。国土北部被外族控制，统治者偏安一隅，文化教养颇深的政府官吏纷纷在重建的首都郊外青山秀水之处建造起自己的庄园。在风景如画的南方，大局相对安定后，社会开始接受道教，道教由传说中的老子在公元前604年创建的。旧的孔子儒家理论逐渐解体，对于自然的陶醉让敏感的封建官僚从那个时代尖锐复杂的政治时局中逃离出来。

随着佛教的发展，在公元50年至公元150年这段时间内，著名的丝绸之路将它引进中国，中国人接受了它并且从中学习到由静思冥想而达到心灵超脱方法。这种宗教的深思课业，使中国人更加倾心于归隐田野。许多文人、诗人以及园林艺术家纷纷遁入佛门，试图从自然中追寻精神的愉悦与超脱。在风景格外秀丽的庐山上，佛教教徒惠远(公元334～416年)建造了一座精巧别致的寺院，其他各处纷纷建成的寺庙庭园使自然风景更加优美。寺庙风景成了许多中国风景画的主景，这也表达了人们希望与自然完美融合的愿望。这种愿望是由佛教与道教共同激发的，道教中所说的超越自然的"气"赋予万物生命，使每一种事物都具有自己的特质。随着时间推移，道教逐渐融合了一些佛教与儒教的理念，道教认为精神能量有阴阳两方面，阴阳二元充盈宇宙，互为消长。这种道教理论在中国逐渐流传并为大家接受。高耸入云的山峰是那么壮美，烟雾缭绕连绵不绝的山脉是那么雄伟，而人的活动在其宏大的气魄里显得那么微弱，因此道教相信并追求自然万物的永恒与和谐。中国艺术总是融于无穷无尽的自然之中，抽象而模糊，而西方艺术倾向于中心明显、个性鲜明并且空间确定，这是

图8.1 "早春图" 轴绢本墨笔，北宋郭熙作(1072年)，台北故宫博物院收藏。

两者不同之处。

庐山风景或被绘入画中或被诗歌传颂，它在人们的意识中形成了一系列中国园林设计的基本模式概念。惠远的追随者中，有一些是画家和诗人，他们把山光景色的灵慧之形携入自己的山野隐居之所，如苔藓漫布的小径、松涛阵阵的丛林、陡峭险峻的悬崖，还有奔流直下的瀑布，这些形成属于他们的"庐山乐园"。许多人工设计的园林自然条件不尽如人意，人们用竹林、草屋或者开花的杏花桃树来装点它们。诗人谢灵运(公元385～433年)和陶潜(公元365～427年)从壮观与简陋的结合中发现美，他们借用近处庐山的美景，同时从田野、果园、柳树甚至从聒噪的动物叫声中获

得快乐。在唐朝(公元618~907年)之初,许多文人学士在为朝廷效力一段时间之后,纷纷退隐乡野,开始一种与隐居相似的生活,这种现象在当时颇为普通。他们或因朝廷时局或因个人喜好而辞官隐退,从世俗事物中抽身而出,他们的经济与社会地位也允许他们这么做。

唐朝时期,中国人口达到1600万,原始森林被伐,变作粮食生产耕地。一套巨大的运河体系贯通南北,连接着南至长江之畔的杭州、北至黄河平原上的一些城市。另外,在地处西北的陕西省长安市,一系列道路像车轮辐条一般在这儿汇集。在这丝绸之路的终点城市里,四海为家的商人齐聚于此,使之成为一座贸易中心城市。此时,商业与城市同步增长,巨大的水利系统形成了,人们大兴土木,建成许多公共工程利国利民。强有力的封建贵族阶级统治着国家系统化的教育为维护其统治而服务,它使人们处在同一价值观念体系中,并形成根深蒂固的保守政治态度。

封建皇权统治机构使中国文明在历次外族入侵与若干年的内乱中得以传承发展而不至遗失,成为封建官吏的人得到许多特权和利益。然而,根据封建官吏制度,他们不可以在自己出生之省工作,也不准在他们工作的地方拥有土地。一些人被委派在宫廷内部任职,而宫廷内充盈着太监与争宠夺势的宫女王妃们共营的政治阴谋气氛。在朝廷内,一个文官很容易陷于困境,也许他会发现自己正处于动荡不安的皇权政治斗争不利的一方,并因此而备受侮辱。倘若在远离家乡的外省任职,这些文官又会渴望回到家乡的亲人朋友以及自己的财势之中。文官们虽然饱富学识并且十分富足,但被上述种种麻烦困扰着,他们试图从道教哲学与佛道理论中寻找一种优雅的归宿以逃避僵硬教条的统治与党同伐异的政治斗争。一旦能纵情游玩于山水之中,且既有都市文化熏陶又有乡村悠闲之乐,他们就很容易地成长为中国著名的书法家、诗人、画家、音乐家以及造园师。

王维 公元699~759年

唐朝初期,王维(公元699~759年)是众所公认的艺术先锋。20岁时他通过科举考试,因音乐才华被安置在长安宫廷中任乐队助理,后来大概是因为一些小过节他被降职为一名小地方官员,几年后才重回长安。

他在长安城外的黄河边上买了一块土地,周长约36英里。从朝廷辞官后,他逐渐成为一代名人,集艺术、书法、绘画、作诗多种才能于一身。

王维虔心向佛,他的诗以及他的画——现仅存摹本——都显示了他对一些自然之物十分丰富的感性认识。如溪边新绿的垂柳,月如银盘临水自照,清爽如水的月光在静静的自然中一泄千里,桃花在春日里繁盛如炽,松树苍劲有力,气味芬芳,竹子在微风中柔媚无比,金莺婉转轻啼,远峰在雾中若隐若现,还有远处隐约可见的渔人,他的泼墨技法与渲染苍山石面富有表现力的特殊技法,都丰富了画家的创作知识手法,同时也使枯石更具神韵,这正是中国园林在其之后继续发展的一大影响因素。王维最著名的作品是辋川别业,那是一幅描绘他的河边庄园二十场景的画卷,包括庄园中的几个沿石溪而建的亭子,以及白亭子外观的各种景色。这幅画的原本现已不存,只有后来一些画家的摹本。许多造园者从中学习造园技法,吸纳园林要素。

当人在溪边或山间陷入深思时更易得到精神的沉醉,而自然之景总是被大家一同欣赏。中国的文学艺术者总喜欢以园林为聚集地来促进友谊或缅怀挚友。酒不仅是世界性的解愁良药,同时也是与自然化为一体的途径,在园林中,许多文人、诗人借酒消愁,甚至借此达到一种心醉神迷的状态,并且他们在文学作品中回味向往这种状态。

喝酒不只是为了遣忧与逃避,酒、朋友以及诗中体现的自然之情,这三者的联系可以追溯到公元353年。王羲之在这年创作了一幅书法作品,庆祝诸位诗友春日集合于兰亭——在今浙江省绍兴附近。自此以后,一些类似的聚会流行开来,酒杯被仆人沿溪传送,同时每个文人必须在他的酒杯达到他所在之处之前作好诗文或对上对联。在唐代,这样的文人聚饮集会逐渐形成一种中国园林娱乐形式,人们建了一种亭子,亭子地面铺砖中凿有弯曲的流水之道,以供人们"流觞作诗"之用(图8.2)。

与王维同时代颇有影响的还有几个文官,他们精通文学与艺术,成为著名的书法家、画家与诗人。对于中国的贵族、文人、诗人以及艺术家这个群体而言,书法与绘画是密不可分的。这不仅是因为二者同以一种写意生动的形式表达出来,同样的,中国造园者则

图 8.2 禊赏亭 Ceremonial Purification 如意的细部，北京故宫，在许多花园亭子的地面上发现的如意图案是游园诗比赛持久流行的证明。在故宫宁寿宫皇帝的 Ceremonial Purification 地面上，有些地面用石头砌成如意形状的蜿蜒河道形成曲曲折折的溪流。

以石头来作为"气"之载体，石头的结构肌理、表面纹理因气的存在而富有灵性，而气也因此变得好像可感可触并可引人沉思了。中国风景中各类石头栩栩如生、富有灵性，石头也因此而使园林更显神韵雅致了。

北宋园林

明晰和谐的风景画在北宋(公元 960～1127 年)时期已然成熟，当时的都城是汴京即当今开封市，这类画一般作在挂于墙壁的丝绸之上，画中山笼轻烟、庙宇广众，苍松之下文人清读，共辩哲思。宋皇帝徽宗(公元 1100～1125 年)是一位才华横溢的画家，他倡导了一种新的风格细致绮丽的工笔画。画中鸟如宝石般精致光滑，果树繁花似锦，还有一朵一朵描绘得细致入微的花儿。从宋朝的绘画信息与那一时期的风景画构图内容来看，我们可以推知当时的艺术家喜欢从园林中寻找灵感与绘画对象，而他们的作品又反过来影响造园者对园林要素的偏好取舍。

宋徽宗对他的皇家园林有着与对绘画一样深的爱好，在风水先生与专业土地堪舆者(对人们的建房选址，根据地方条件提出最佳方案的人)帮助下，宋徽宗在开封西北部建起了一个休闲乐园"艮岳"。艮岳园中，他从各地搜罗了不可数计的奇美秀石——而且都是经过水流天然蚀磨过的石头——以及许多名贵的珍奇植物。他依照他的土地勘舆者的建议，堆造了一个人工之山万寿山(意寓长生不老)，此山传说既可阻挡邪恶的侵入，又可吸纳天地之灵气。

宋朝时期，外形奇特的石头成为许多人的收藏品。它们外形酷似画中又高又陡的皇帝山，经常与其他相对简易普通的石头一起组成群峰之景。它们纹理丰富而多斑的表面很容易让人联想到真正的悬崖峭壁或画家笔下的峥嵘山石(图 8.3)。收藏家们尤其偏爱那些特别奇异的石头，如石头洞孔丛生、凹凸不平的表面富于光影变化等，宋徽宗本人即是一个狂热的石头收藏者，开封运河经常因为漂运载往艮岳的石头而使朝廷

图 8.3 溪山行旅图，轴绢本墨笔，北宋范宽作。中国园林中运用精心雕刻的石头仿山的传统至少要追溯到公元 10 世纪，台北故宫博物院收藏。

图8.4 杭州西湖。

的贸易与粮运中断数天。他委派朱缅负责从南方各省收罗征徽奇石秀木，而朱缅对二者的爱好与其一样狂热，在朱缅自己的绿水之园中，特异石头之众与珍奇花木令人咋舌不已。

宋徽宗极度沉溺于园林建造的狂热之中，并为此挪用大量防守边疆的军饷。他与朱缅的奢侈无度致使国库空虚，边疆薄弱，结果鞑靼人一入侵就溃不成军。1125年，艮岳随着开封的沦陷而被毁于一旦。北来的侵略者大肆破坏，破树折竹，踩花蹦草，除了庄严壮观的万寿山外，其他峰石无一幸存。朱缅被斩首处死，其家产全被没收充公，不过，由于祖传技艺精湛盛名在外，他的儿子得以苟存，继续从事造园工作。

南宋园林

宋徽宗随着北方外族的入侵而结束了他的统治时代，外族政权在中国北方省份建立起来，号称"金"，其君主选定北京为其都城。1138年宋朝终于定都南方的杭州，在此之前十二年，宋王室与其追随者四处迁移，有过一系列临时都城。在杭州，一个辉煌灿烂的文化艺术时代随之而起。比起开封平原地区，杭州是风景如画，山青水秀，美景激起了画家的灵感，也为宫殿与园林提供了良好的环境。

在南宋(公元1127～1279年)一个半世纪的统治时期内，宋移都杭州之后，进行了行业技术革新和货币改制工作，农业产量大幅度增长，国家的财富水平达到了当时的世界先进水平，经济与贸易同时刺激城市的发展。中国在十一世纪发明创造的活字印刷术使书籍出版业取得长足进步，从而也刺激促进了文化的发展，艺术空前繁荣，许多富有的大地主纷纷建庄造园。今天，当我们游览西湖胜景仍然可以欣赏到别称"仙境"的如画风景，各种园林建筑如亭台楼阁使它们更加绮丽脱俗。许多景点都有如诗如画般美丽的名字，如柳浪闻莺、平湖秋月、曲院风荷，还有三潭印月等。如今西湖的各种亭台楼阁及其周围景色看起来比起当年宋时构筑建造的如诗胜画之景要逊色多了(图8.4)。

在杭州许多人拥有自己的私家园林，苏州更是如此。在当时苏州既是丝织工业中心，也是重要的文化中心。除了苏州市内的许多小巧精致的园林之外，在其郊区还有许多气派高雅的园林点缀在山岭之中。苏州之所以如此闻名于其园林，还因为它靠近太湖，太湖所产之太湖石闻名全国，就好像西方园林中的雕塑名作一样。太湖洞庭西山出产一种多裂缝孔隙的石头，而临安山盛产黄石，表面坚硬，缀满白色、红色以及紫色的条纹。

宋代那些文才兼备的官吏热衷于造园，希望园林能给自己或客人带来山林隐居所享受的旷野之景。受山水画的素雅风格影响，他们建造的园林也更注重其线条或布局，其造园要素包括象征山的精雕细选并悉心布局的石头，还有巧妙配置的松、竹、梅——所谓"岁寒三友"。文人园林的名字往往能体现出文人追求

的悠闲雅致的田园生活，如网师园、留园、拙政园等。

计成的园林著作：园冶

宋朝末年，中国造园技艺发展得十分成熟。明代商人繁多，他们效仿皇上，像文人名士同时也是官场名流一样热衷于造园。为了让这些肤浅而又急不可耐的商人造园时不出美学问题，一些园林设计者开始编纂文章细述园林，并将其出版成册以供造园者借鉴学习。

在此类书籍中，江苏省吴江计成生于1582年，所著《园冶》最负盛名。[6]计成不但是一个著名的造园者，同时也是杰出的诗人和画家。1634年，他完成了三卷关于园林理论与实践的宏篇巨著。

计成的著作是精彩出众的，甚至可能是独一无二的，《园冶》不同于一般园林书籍，不仅提供实践有用的建议，还有说明性的插图，这些图画富有诗意与想像力并且情趣盎然。虽然在《园冶》一书中计成探讨了各种各样的石头，绘制了大量的窗子、花窗，还有许多形形色色的门与地面铺装形式，但他只字不提如何设计园林。他坚持认为"造园法无定式，只要能激人心扉那就是好的。"并强调这就是所谓的"气"，设计者努力的最终结果就是要使欣赏者能感觉到它。

计成认为造园的首要事情是选址。一个园林设计者必须能一眼定夺美丑，并要善于"借景"，不论是远处烟雾笼罩的大山或是寺庙的屋脊线，还是邻院的花草树木都可以借景应用。在临近井的地方可凿土造池而成园，并以石堆山，做成迎客之门。随风轻拂的垂柳，亭亭玉立的竹子，还有珍贵奇异的花草树木，这些都是形成如诗似画的园林的组成要素，它们使人陶醉于诗情画意中，甚至于联想到美丽的少妇搅雪化水以煮茶。

在《园冶》的"选石"一章中，计成高度称赏通透多孔的太湖石。他觉得摆放雕塑精品一般的太湖石于大山之前或在大亭之中，或静立的松树之下都是十分得体而美丽的。《园冶》明确表明，只有少数经验丰富、眼光独到的专家才能选到好的石头，他们从名山大川或河床湖底开采捡掘它们。在现代的一些中国艺术博物馆中有一些精美灵性的石头，它们周身通透多孔，顺其缝隙或孔洞看去，光影变幻无穷，宛若虚幻的大山悬崖一侧，就好像这些石头真的富有道家所说

的气。在画廊艺馆中，它们的魅力在绘画与书法作品中同样熠熠生辉。

计成还在书中提到了园墙的设计，园墙对于中国园林而言十分重要，它将园林与外界纷繁芜杂的现实生活中分隔开来，街道上的行人无法看到园子里面的景物，或者至多是从用长而薄的瓦片或浇铸砖块镶嵌的漏窗中略见一斑。中国园林的地势起伏促使园林也随之高低不平，顶上覆瓦弯曲有致，有时还沿曲线而设，产生一种灵活的动势，而墙上浅浮雕横饰带经常为其更添一种装饰趣味。

围墙外形有时会在厅堂与走廊之处发生变化，它使园子分隔成不同的景区但同时又将它们联系在一起。园墙本身也常嵌有各种各样的花窗，计成在《园冶》中举了一些实例(图8.5，8.6)。精心设置的窗子和门在园林中有框景的作用，窗的形式各异，如月洞窗、瓶形窗、葫芦形窗等(图8.7)。园墙先以碾碎的黄河沙掺杂少量白垩粉刷，变得光滑如蜡后再用白色石灰水粉刷。中国园林的墙不只具有单纯意义的装饰与保护作用，更有意思的是，它往往是一种背景或说是底色，就像作画用的丝绢一般作为其前面的石头或植物阴影的衬托者以及它们本身的衬托物，在墙上形成的影像就像是天然的书法作品一般生动写意。

图8.5 苏州拙政园的三十六鸳鸯馆，透过蓝色玻璃漏窗可赏笠亭。拙政园始建于明朝，当时仅10英亩，1950年进行了全面的修葺和扩大。

书中有一座典型的中国南方的文人园林，它是按计成所说的设计方法建造的，一系列的功能组合在大宅之中，沿园之周边布置了一些相连的厅堂。主要的大堂正对中心水池，水池约占场地的十分之三大小(图8.9)，尽端像是自然界中湖之手臂，弯弯曲曲消失在盘旋幽深的地方，小桥后面或步道之上。建筑、石头、水、小路还有植物，它们都是整个园子的有机的一部分，每一部分都试图框住一些风景并提供一个赏景佳点，使之可以欣赏到系列美景。这些景象总是容易使人想起某次旅行，或看过的某一幅风景画，或是感觉自己在山间小路上蜿蜒前行，或是循着犬牙交错的湖岸前行。

图8.6 苏州留园曲廊中的漏窗，留园始建于明朝，由两座东园和西园组成。东园在清朝重建，聚太湖石喻十二峰于园内，在经过一段时间的破坏后于光绪年间重建，得名留园而延用至今。

风景著作：石头记

《石头记》又名《红楼梦》，前八十回由十八世纪伟大的小说家曹雪芹(公元1724~1764年)写成。该书主要写的是发生在封建贵族贾府中的兴衰故事，贾府之中有一座名为大观园的文人园林，书中几乎有一整章在细致描述如何将一些贾府零星家产合并起来并将其扩建为一个大园子，以供被选为皇妃的贾元春回家省亲之用。[7]书中提到，园中所有布局与挖筑之物由一位姓胡的杰出造园工匠主持，包括挖池堆山，掇水理石，建亭造阁以及花竹配置等。

造园工作接近尾声之时，读者随作者一道浏览此园。园中门楼面阔五间，拱形屋脊，屋顶以半圆柱状瓦覆盖，花格木门美不胜收，石灰墙简洁白净，还有精致而又朴实无华的各种手工技艺。不久，想象奇特的园子里出现了一座微型山峰，"巨大的白色岩石奇形怪状，一根根拥挤着连绵不绝，有的横躺于地，有的直立或倾斜，成一定角度，石头表面点缀着一条条一块块的苔藓或地衣，有的则被藤蔓植物缠住一半，只露半边，一条能用肉眼辨认得出的之形小径在其中蜿蜒出没，一条山道自一块岩石的肩部而下，引着遐想的观光者进入一个树木茂盛的山涧之中，树丛之下，

一条奔流的清溪汇成一汪池水，池边以大理石筑砌栏杆，一座美丽的三孔大理石桥跨水而过。一座雕梁画栋、华丽精致的亭子坐落在山涧的一侧斜坡上，另外一个亭子则静立在小桥中央。

在水池对岸一侧，一条小路蜿蜒于岩石与花草树木之中，然后在一片白墙前的茂密竹林中陡然消失。竹林之中有一个小小的雅筑，在其背面写着"一座由鲜花盛开梨树为主导的阔叶车前草之园"。一条小溪在后墙上冲涌而出，流入一条小河道，然后绕屋而过，穿过一片竹林后在墙的另一个出口处消失了。

自一片陡峭的小山坡上爬上来，只见一堵泥墙在半山腰上跌宕蜿蜒。墙内有一片杏林，还有一些茅草覆顶的乡村小屋。果园之外有一排参差不齐的篱笆，是用一些桑树、榆树、芙蓉等树的枝条做成的。篱笆边有一个朴拙的

图8.7 波形墙上的月亮门，苏州怡园，由清代浙江宁绍台道顾文彬在清朝末年建造。

水井，水井灌溉着附近的一片菜地和花儿，就像西方的菜园一样。在此读者就会产生争论，园林应该是这样有着明显人工痕迹并为人服务呢，还是应该仿效自然而无半点人为迹象呢。

为了显示其差异，作者在此乡村的不远处，将我们带到一个新的地方，在此我们听到泉水的叮咚之声，它自一个藤蔓绕缠的岩洞中奔流而出。当我们登上岩洞之顶，站在一条陡峭的小路上时，全园外的"多山"地形一目了然。然后，我们回到曲曲折折的小溪边，这儿柳树成行，点缀着桃树与杏树，桃与杏枝桠交错，形成安静舒适的林下空间，它们的花儿随风飘荡，在水面上轻轻飘荡着。

在垂柳丛枝中，我们看到一座木桥上颜色朱红的栏杆，它吸引着我们，来到桥上，我们发现一些通往园中其他地方的小路。继续前行，一座庭园中有一个美丽雅致的小亭，亭中有一块引人注目的石头，石头表面纹理丰富，通透多孔，光与影交错其中。这儿还有一座小型山脉，是一个收藏者的珍品。小山周围环绕着更小的岩石，除此之外，庭园里别无他物，只有一些藤蔓植物与开花植物，它们散发着阵阵清香。在这个避暑别墅的另一边，有座豪华富丽的起居厅堂，堂内雕梁画栋，金光闪烁绚烂如虹。

十八世纪，贵族阶级维持几百年前宋朝所形成的造园传统。曹雪芹所描述的这个园子出奇地大，足有四分之一平方英里(约0.65平方千米)的面积。典型的城市文人园林习惯于将一系列的自然景观微缩到园子里，当我们游历一个与小说中所述园林同时代真实园林时，我们就会对此深有体会。

在《红楼梦》一书中，主人公贾宝玉受命为大观园的各处景观起名。园林建造者建园时，并没有用书法作品来为各种岩石、植丛、水景观赏亭及隐居之所命名。而没有名字，景观还不能算是完整的。碑铭是中国园林十分重要的一部分，将名字、描述性记事篇章刻在岩石或石头上，元春对此赞赏不已。她已被提升为皇贵妃，这次是她偶尔的回家省亲，这园子已预先准备好了。

为园林命名并将文化传统与风景鉴赏完美融合并非易事，它是一件颇具难度的事情，也许比刻碑概括自然之景更胜一筹。在中国，旅游文学与风景文学几乎毫无差别，一个旅游者对沿途所见风光的描绘，就像是一幅山水风景画所描绘的景色一样，而旅游者对本身的途中奇遇或最终日的叙述尚在其次。旅游手记在中国由来已久，那些记录着早期游者沿途心情感受的诗意叙述被刻绘在岩石上，碑铭(图8.8)并不是对自然的损毁，相反，它的文学注解使自然更具魅力。

许多著名景观都有专门的石刻碑铭立于一旁。早在《山海经·大荒西经》中有相关记载，大概写于公元前5至公元前4世纪。书中记载的皇帝是600年前的一代君王。曾游历西山并将其经历刻写在石碑上，还种了一棵松树，然后命名此地为西王母山。[8]

按儒教理论来说，为万物命名是一种建立道义规则的基本途径。给著名景点、景区命名是统治阶级的职责，同时也是通过文化本身显示皇帝气度的一种方法。道家哲学同样赞同为自然题写的碑铭，因为通过怡山乐水更易与自然完美融合。到了宋朝末期，风景画方面的各种内容已然规范，中国旅游文学有更广博的内容。许多主要的文化旅游景点都有自己的碑铭题字，并被载入地图。

图8.8 石林碑文，云南省。

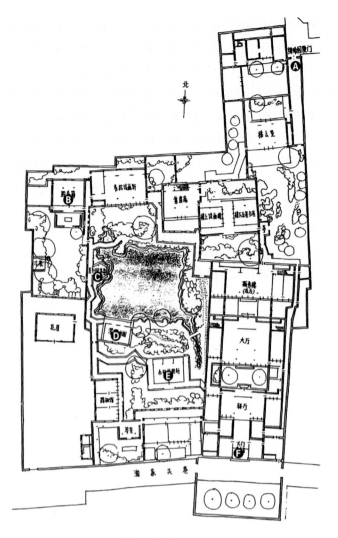

图 8.9 网师园平面图，苏州，清朝建。
A. 游人入口(后门)；B. 殿春簃；C. 月到风来亭；D. 濯缨水阁；
E. 小山丛桂轩；F. 大门。

图 8.10 月到风来亭，苏州网师园。

网师园

网师园是苏州城中众多现存的文人园之一，由它依晰可见中国古代的文人、官吏生活的痕迹。这个占地 0.4 公顷的文人园林富有许多文学意义与诗意的风光。它的空间被赋予诗情画意的名字，《红楼梦》中贾政的儿子贾宝玉亦曾应命而作。此园最早建于 1140 年，在南宋早期由一朝廷高官建造，1770 年另一个官吏改建其作为辞官后的隐居之所。虽然在 1958 年前后市政府两度挪用网师园，但它的轮廓格局以及主要特征仍与清朝(1644~1911 年)时期一样。与其他许多文人园林一样，网师园的空间高度划分，各种各样庭园与坡顶建筑穿插交错，形如迷宫(图 8.9)。

以前，参观来访之客一般坐轿子由南门主入口进入网师园，主入口部分亦是起居之处。现在的入口需经一条侧窄的夹道再从一条侧巷进入网师园的北部末端，然后直接入园。不管走哪条路线，进入园林中心空间的集虚斋之路都是沿湖而行，湖岸斑驳参差，从毗邻集虚斋的射鸭廊看去，视觉焦点落在月到风来亭上，这亭子是一座精致的六角攒尖亭，脊线高挑流畅，宝顶优雅地耸立着(图 8.10)。湖面上有一堆岩石大小适中，岿然不动。人在园中，既可静神养息，又可欣赏水中朦胧的倒影。园中镶嵌的一面镜子使水面的光影变幻更加生动活跃起来。

参观者也许并不是沿着一条直接的通道走来走去，可能他们会被吸引到其他亭子或院子里。小山丛桂轩藏在一座高高的山后，在湖对岸根本就难以发现它，山是由土与岩石堆积起来的。在小山丛桂轩里面，游客可以透过镶有浮花的窗子看到外面的景色。在其南面的一个小小的院子里，有一组由高低起伏的太湖石形成的景观，散发着清香的桂花树在洁白的围墙下撒下斑驳的影子，就像是墙上有回纹饰边小窗的花雕窗格一样，这些小窗如楼阁的窗子一般美丽。

濯缨水阁在湖之南侧，正与看松读画轩相对。看松读画轩前面的假山丛中，有古老的松树与柏树互为伴友。在这几处消暑别墅旁边，还有一些供文人使用的园林建筑。如五峰书屋是一个藏书馆，由于室内楼梯在中国建筑中并没起多大装饰作用，在其东墙边造园者又设立了一座由岩石堆砌而成的假山，由此可入二楼房间安静念书。园中还有一处书屋殿春簃，殿春簃有自己的私院。南部庭园以卵石铺地，北部还有一稍高的铺地，园墙内嵌有装饰性花窗，沿墙精心种置了竹子与一些开花植物，它们与清秀的岩石组成漂亮的景观。

皇城北京

1271年，成吉思汗的孙子忽必烈可汗在中国北方摧毁金王朝的统治后又攻陷了杭州，从而控制了整个中国。在这场兵荒马乱之中，约有3000万人丧生。忽必烈将其蒙古都城迁移到北京城，大力吸收他所征服的各民族的博大文化，元朝蒙古族的统治地位已成定势，并一直延续到1368年。正如历代对外来政权心怀不满的官吏一样，元朝时期许多优秀的官吏、文人退隐江湖，不愿为元朝政府服务。一部分文人以画为业，将部分作品出售给日益壮大的商人阶级；另一部分则进入北方朝廷，继续其传统的角色，包括投身艺术方面等，为元朝政府效力。

蒙古族建立元朝之前，金朝皇帝已在北京挖掘了一条运河和一片湖池，围绕着三大湖面建立了冬宫与一些休闲乐园。忽必烈建立元朝之后进一步扩大湖面，形成今日之北海。他在其周围建立禁猎区，在湖岸边种植树木花草，并建造了一些金碧辉煌的建筑，在湖的南端，忽必烈用湖泥堆筑了一座岛屿，用青石矿岩在岛上堆成一座大山。马可·波罗认为它是一个不可思议的奇迹，据他说这岛上种植的植物都是由大象运送而来。[9]

明朝(1368～1644年)的开国皇帝定都南京，到了第三代皇帝朱棣即永乐皇帝时，他将都城迁至北京城。朱棣花了14年时间，以先前明朝都城南京为摹本，大力建造北京城。以堪舆学、儒教礼仪与宇宙星象学为指导，工匠们最后建成了位于天宫下方的一座符合皇帝要求的宫城。宫城内等级制度严格，分为三个长方形区域，皆以宫墙围绕，包括内城、皇城与紫禁城，它们全都坐落在一条巨大的并不时被仪门隔断的南北中轴线上(图8.11)。

1420年，被城墙密实保护着的巨大皇

宫完全落成，北京正式成为明朝都城。同在永乐年间，在内城的前门乾清门之南建造了天坛，天坛两端是两个圆形庙宇建筑圆丘和祈年殿。15世纪嘉庆年间(1522～1566年)，在内城之外，另一个祭坛建立起来，它规模宏大，主祭大地、太阳、月亮以及农神。在那时，大约是1550年，另一个带有宫墙的外城建筑也建成了。它始于内城南端，包裹了天坛与谷坛等地。

由于历次大火以及其他灾难的洗劫，今天所看到的皇城建筑几乎全是清朝重建的，但是中国的保守特性却正好保持了其结构的传统不变，使人们可从现有建筑想像明朝皇城的模样。尽管在"文革"期间皇城已遭受到无法挽回的破坏，但北京城仍然有着一条沿

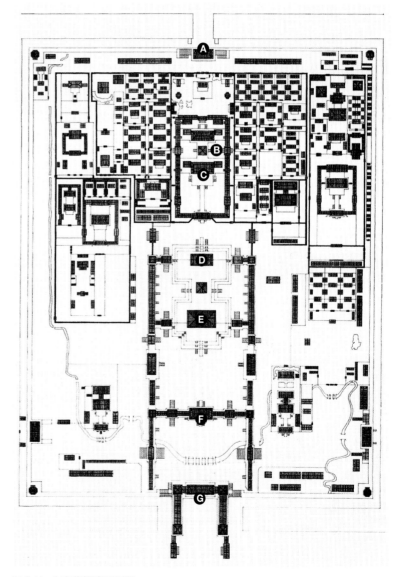

图8.11 北京紫禁城平面图。
A. 北门；B. 宫殿；C. 乾清宫；D. 午门；E. 端门；F. 天安门；G. 乾清门。

图8.12 从保和殿看到的乾清门，紫禁城，北京。

图8.13 故宫博物馆大门，紫禁城，北京。

中轴线序列排布的辉煌景观带。中轴线由南向北延伸，一系列等级观念深厚的大门、严格对称的建筑、宏伟壮丽的厅堂由此展开，由外城一直铺伸到紫禁城内(图8.12，8.13)。自神午门—— 一座抑御敌人进攻的大门——穿过之后，跨过护城河，中轴继续延伸到景山，或称煤山。

景山建成于十五世纪，采用环绕着紫禁城的壕沟里的淤泥堆积而成，现在，景山是一座对公众开放的公园，过去曾是北京市的最高点。紫禁城的选址是依中国的风水理论而定的，景山在北面为其挡风阻邪。以前的皇族时期，山上遍植果木，是鸟儿的乐园，也是皇上与百官的游憩场所。乾隆皇帝(1736～1795年)在其长长的统治时期里，在景山的五座山峰上分别建造了一个四面开敞的亭子，亭子里供奉着用铜浇铸而成的神像。亭子的顶部造形各异，是紫禁城内园林的借景对象。

圆明园

乾隆皇帝,自诩节俭,希望成为一个诗人。他在景山上建造了五座亭子,事实证明他是一位喜欢铺张的造园者,他所造的最大的园林是圆明园。圆明园让欧洲人首次见识了中国园林,当然,这要感谢一个人,即基督教的法国传教士名叫王致诚(1702～1768年),是他在十八世纪中期将圆明园通过书信的方式介绍到欧洲的。

圆明园是清朝时期北京郊区西山范围内的五园之一,最初它的基本轮廓由雍正皇帝(统治期1723～1735年)确定。他的儿子乾隆皇帝开始时决心限制皇家大兴土木,但后来他很快就破除禁令,并调集一支一千人的队伍修建圆明园(图8.14)。湖挖成了,小山堆起来了,视线所及之处总能见到清奇隽秀的石头。花草树木也种上了,亭子、曲桥还有许多园林建筑都建造起来了。乾隆皇帝又继续对畅春园大肆修缮,畅春园曾是其祖父康熙皇帝的养老之处。同时他还拓展整修绮春园,使其与畅春园、圆明园三个园子既各自独立又相互联系。

此时,中国南方的文人园林已经有相当久远而深厚的历史,北方皇家园林在某种程度上被认为是南方著名园林的翻版与集景。为了给终年累月圈于宫中的侍女一些生活乐趣,皇帝下令创建了一条与现实中相差无几的买卖街。在圆明园的东北部,他委任基督教神父王致诚的同伴 Giuseppe Castiglione 设计建造了一系列奇特的似巴洛克风格的建筑,它们融合了欧洲与中国的建筑构成元素(图6.35)。

1860年,圆明园被英法联军彻底摧毁。战后,英法联军迫使清政府向西方国家提供额外的贸易特权。十月十八日,一队英国军闯入圆明园,将园内珍宝洗劫一空,然后一把火将此园付之一炬。大火不只烧毁了圆明园,与之相邻的几个行宫及其园林也被烧毁了。

颐和园

在1860年被英法联军烧毁的还有颐和园,颐和园与圆明园一样,同是五园之一,它使西山生色不少。这座园林亦由乾隆皇帝建造,是被用来为其母亲六十岁献寿的。1894年,慈禧太后重建颐和园,以此庆祝自己的六十大寿。1900年,颐和园又被野蛮的欧洲八国联军付之一炬,慈禧在1902年将其再次重修。

颐和园中部是昆明湖,昆明湖水面如镜,光可鉴人,还有荷花点缀。其周长约为6.4千米,面积约占500英亩,而全园面积是725英亩。最初,它只是一块湿地池塘,乾隆皇帝将其挖掘扩大并建成一套水渠系统,为昆明湖与其他皇园之湖供水。

昆明湖北侧是举世闻名的长廊,长达近半英里(0.8千米),以一种建筑形式将湖岸与山体明确区分,并以木制的挂落与柱子为框,框住风景如画的昆明湖以及其周围的景色(图8.15)。长廊的挂落与雀替都是漏雕通透的装饰性框架,长廊建筑的功能是为人们提供遮挡风雨的赏景之处,而这种功能由于一些亭子的穿插更加强化了。亭子往往处在最佳的赏景点上,像一个小小的房子,在需要的时候关上两边与通道相连的门,就形

图8.14 圆明园透视图,作者唐岱、沈源,国家图书馆藏品,巴黎。

图8.15 颐和园长廊和昆明湖的景色, 颐和园, 清朝乾隆年间建园, 1894年由道光的懿贵妃慈禧重新修建, 1902年在义和团运动之后遭到八国联军的再次毁坏。

图8.16 长廊上的苏式彩画, 颐和园。

图8.17 玉带桥, 颐和园。

成了一个私密的空间。这座奇特的水边漫步长廊同时也是一条画廊,在长廊的梁椽上共绘有一万四千多幅彩画(图8.16),彩画中花鸟虫兽栩栩如生,风景优美,还有各种各样的雅致图纹。

从湖东岸向西看去,共有六座形态各异的桥。一条湖堤贯湖而过,将昆明湖划分为一个大水面和两个小水面,六座桥就镶嵌其中,玉带桥是其中最著名的一座桥,也叫驼峰桥,它以芭蕾舞般的优雅之态横跨在昆明湖西面的一个入水口之上(图8.17)。

植物材料

在漫长的历史里,中国园林的植物种植设计保持着诗画中所称赞推崇的那些模式,并且富有传统的象征意义。每一种受人喜爱的花儿,如牡丹会大面积种植,盛花时节也就是会友待客的快乐聚会之时。菊花,就像松树一般抗霜耐寒受人敬佩,是秋季景观的主体与视觉焦点。

事实上,中国园林对植物在四季轮回中的季相变化的考虑并不少于对如何安排植物的空间布局的考虑。冬日里,薄薄的一层白雪更会使建筑轮廓分明,并使精心设计的山体棱角突出,更显清奇。在冬季里文人学士最钟爱的是岁寒三友松、竹、梅,它们具有强烈典型的象征意义如长寿、坚强以及不屈的力量,还象征友谊长青、老当益壮等。夏季,湖面光滑如镜,天光云影尽收其中,湖岸倒影自怜,荷花婷婷玉立,出污泥而不染,像是大片绿席,缀着星星点点的浅淡花儿,常被人们认为是纯洁高贵的象征。因此,中国园林的植物种植设计总是考虑详尽,包括植物本身的生长变化、季节更替带来的季相变化。

现在的园林已经不再是单纯的历史精品园林的翻版了,它们更重长效性,而过去的园林多是以诗歌绘画为指导而建造完成的。园林另一大影响在于它引导人们从风景艺术中汲取获得自然的灵性与力量,在许多庙宇以及日本宫殿中,这一点尤其明显,这也是中国园林一直孜孜以求的。

II.茶叶、湿地与石头：日本宫殿与庙宇园林

六世纪时，中国园林理论随佛教一同传入日本，虽然中国、日本两国的审美方式差不多，如园林规模都不大，但日本是一个被海包围的岛国，其园林终与中国有所不同。中国幅员辽阔，既有一望无际的平原又有连绵不绝的高山大峰。接受中国的园林理论概念后，日本并没有像中国造园者那样力图浓缩天下美景于一园，日本的园林设计者从本地的地形与环境特征出发，试图建造适合本国国土风情的园林。

十一世纪，日本有了自己最早的造园理论著作《作庭记》，据说是由橘俊纲(1028～1094年)写的。[10] 在书中作者讲述了如何在流水中布置堆叠石头，创造所谓的"大河大川"。书中建议，一个造园者为了做出优秀得体的园林，有必要四处旅游熟悉自然中的秀美风景，并且指出，那时日本已经有不少公认不错的自然风景。作者给出了一些设计建造瀑布与其他园林小品的具体建议，另外，他还鼓励造园者依风水之说使房屋面朝东方。从道理上讲，要把小溪设在园中最开敞的地方，并由东向西流，这样可以带走东北方散发的浊气并驱除邪恶。在书中作者还提到了借景一说，园林本身很小，应该尽量从外而借来可赏之景，一方面扩大园中人的视野，另一方面也加强了园林与外界自然的联系。他们把这种造景手法称为借景。

佛教的神话故事以及道教有关极乐世界的向往，赋了湖池岛屿一定的主题，形成一些日本园林的基本布局及格调，如禅宇世界所推崇的枯山水园林。自十三世纪开始，新传入的禅宗教徒将园林设计成一个休闲而严肃的空间，作为沉思冥想的场所。在禅园中，有一些精心布置的石块，体量适宜，往往放在用砂砾耙耙形成的波状"河床"中象征岛屿，放在湿地中象征山峰。在日本统治阶级中，有许多官员偏好禅宗园林，一些皇帝甚至还有幕府将军——他们在名义上的天皇手下效力，拥有强有力的军队——都发现造园是逃避朝廷政治斗争与政府纠纷的好办法。五世纪后期发展起来的茶道，不是一种虔诚的课业，但它确实给人一种沉静肃穆的感觉，它使人精神单纯而集中，是一种美学与精神的享受。茶道进行的同时，有专门的乐曲伴随并有规定的序曲与结尾。

日本人将他们对文化的爱好与他们进行二次创作的才能结合起来。在其国家历史的人部分时间内，日本的岛国地形与其半独立主义的政治共同作用，对外来文化与各种事物进行吸收并转化为自己充满活力的民族表达方式。1853～1854年，随着美国商船船队进驻东京海湾，日本在两个世纪来一直坚持的闭关政策失效了，在此之前日本只与中国、荷兰商人互通有无，中国当时对国际远商也是严格限制的。与西方世界的商业往来促使日本发生深刻的变革，由于没有一定程度的文化独立性与统一集中的美学倾向，日本园林难以发展成一种很具影响的园林形式。缓慢但具有创造力的演进在传统的文化氛围中几乎进入了停滞状态。日本超强的接受能力使其经济迅速增长，1945年后其政体改革，变为资本主义民主国家，日本现在已成为传统文化的保护者。在别的国家，政府与文化组织保护以前艺术成就的"黄金时代"，日本则是政府与东京宗教协会主张将举世无双的皇家园林与寺庙园林作为宝贵的遗产与旅游卖点。

日本园林设计者用其为多元化的国际园林艺术作出了一定贡献，甚至多过于对本土园林建设的贡献。日本造园的系列手法给许多外国的园林设计者带来灵感。如它抽象的和谐感、优雅的田园风味、借景手法、不对称的设计元素构成及其用苔藓、石头铺就的具有一定花纹、质感的地面。为了更好地理解日本园林精致成熟而具有丰富内涵的朴素与简约，现在让我们回顾一下日本园林的历史。

日本神道殿堂

日本语中，园林一词"庭"开始时意指自然中为拜神(日本神道之神)而选定的神圣场地。一块圣石，或石群、树以及其他自然之物因其具有内在之灵，人们也许就会对其顶礼膜拜(图8.18)。就如希腊的宗教圣地一样，神道的神社处在一个范围明确的自然场地中，并被赋予神圣的力量。与古希腊宗教圣地不一样的地方在于，日本神社地不像前者一样以高墙围筑，它只是一个以自然圣物或空间为中心的大门，四周是开敞的(图8.19)。圣地的建筑物界线明显，圣堂或其他主要建筑场地用一圈白色碎石围绕，以形成一个相对独立的场所。绳子、草编篱笆有时候是布旗，它们都可能

图 8.18 圣石。爱知神宫，冈山县，圣地即是圣石周围范围内，被认为是纸神或灵魂的圣居处，常系稻草绳作为标记。

被用来划分界线。

　　在日本，最神圣的地方是三重县伊势神宫的神社堂。这个圣堂包括外神社，它用来供奉谷神的；还有内神社，它供奉着太阳神，太阳在天国照耀着大地，而日本皇族自诩为太阳之后裔。内神社处在一片日本松林中的一块清净之地上。一条甬道穿过鸟居，跨过五十铃川，经由林中，最后到达内神社(图8.20)。

图 8.19 伊势市的圣石。

　　内神社包括其本殿以及两幢珍宝馆，三者都被同心的栅栏围护住，入口坐落在它们的小片长方形地面的末端处。林地上另一个与其相同的长方形碎石铺地，与三者毗邻并共用栅栏，它用于建筑更换位置的场所。这个活跃的神社中有一组原木做成的建筑，以杉木皮做顶。每隔二十年，本殿会进行重建并祭祀，最近一次是1993年。它简单的形状起源于公元前3世纪到公元300年间，用于栽培稻谷，在另一块碎石铺成的空地上只有一座建筑物，用以保护心脏之地，它是以前的神社的一部分，如今孤单地处在一边。

　　历史学家认为，建筑物周围的卵石铺地是宫殿或其他纪念建筑物的入口门厅的前身，在这个空间里一般不置一物或者最多会种植一对富有象征意义的树。后来，日趋大众世俗的文化慢慢使这些高贵场所的入口处变成了氛围轻松的景观空间，但那些神殿前的入

图 8.20 伊势神宫，伊势市，三重县，日本。

口仍然保持着严肃的宗教气氛。庄严肃穆的塔松使神殿建筑所处场所更具有壮阔气象，而这些用栅栏围起来的，自古时流传下来的简逊建筑与其周围清净的空间又共同形成了一个人与宇宙和谐互动的舒爽场所。

奈良与平安时代

公元552年，佛教自中国传入日本，在摄政时期圣德太子(573~621年)大力提倡佛教并兴建寺庙，这使佛教逐渐拥有崇高的社会地位，就像西方社会在君士坦丁统治下的基督教一样。早在六世纪初日本与韩国建立外交，同时也派出了第一支出使中国的团队。佛教被日本接受，它促进了日本对中国艺术与建筑形式的吸纳。以前，日本统治者把居所建在神地神所中，并采用本国建筑形式。此外，由于空间圣传与典礼举行的要求，在每一任国君上任时，首都也会随之更迭。然而，在710年，首都在奈良建立起来后，一直延用了75年，为几代君主服务过。

这个首都有建于网格布局之上的等级分别的空间序列，它实际上是中国唐朝首都长安的一个小型复制品。那些为供奉巨大佛像而建造的庙宇不同于以往任何形式的日本建筑，周围的空间布局亦是仿效中国而作。

韩国工匠被请到日本来，他们按照中国的式样来建造皇家园林，挖土造湖并在湖中堆山叠石做成岛屿。从考古发掘的情况来看，我们推测他们是在试图模仿唐朝园林，做成具有河流景观的园林。他们那些弯曲萦徊的小溪清澈美丽、富有诗意，甚至可以与当时中国园林中必不可少的河湾溪流景观媲美。

公元781年，恒武天皇上台执政，他决心再次迁都。也许，他想使政府摆脱原首都奈良的僧侣的影响，那些僧侣已掌握了相当大的政治实权，这使他忧虑不安。新首都建造已花了十年，还未完成，名为长冈京，后来又被废弃，由平安京取而代之，它寓意着平和安宁，是京都的前身。这次首都定基建成后，日本皇朝一直延用它长达千年之久。直到1868年，明治维新时新东京被定为新的首都。

在京都，城市依旧按照唐朝长安的形式以棋盘格局建造，大小相当于奈良的一半，东西长约3英里(4.8千米)，南北长约3.5英里(5.6千米)(图8.21)，[11]与在奈良时一样，皇居大内裹位于城市宽阔的轴线的末端，亦即城市北端。皇城高墙圈护，共有76个大区，每区边长约400英尺(122米)。居住区的东半部是供贵族使用的，而西半部却未按其原来的格局轮廓发展。为了避免出现在奈良时代僧侣掌权的状况，皇帝规定新的寺庙要建在城外，因而寺庙都落户于城周围山上的矮坡上，而这些山都归那些有权势的贵族所有。

平安时期(781~1185年)是京都发展的黄金时期，所有艺术包括景观都得到社会的认可与尊重，这个时期的园林规模庞大远胜于其后的园林。园中的湖面尺寸亦是十分之大。对后人来说幸运的是有一位朝廷女史官紫式部(702~1026年)，她在公元约1000年写了一本名为《源氏物语》的小说，[12]书中记载了平安时期杰出人物源氏的审美追求。通过小说我们仿佛可以看到源氏王子在各个美丽的园林里或是坐在中国舟船中绕岛环游、休闲作乐，或是外出欣赏秋季的落叶景观悠游自在(图8.22)。受中国园林启发，这些岛用岩石精心堆叠而成，有一些石头外形酷似象征长寿的龟与鹤，亭子在水边静若处之，其结构由中国建筑的标准样式发

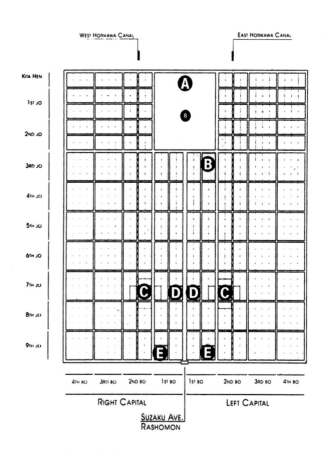

图8.21 平安时代的京都平面图。
A. 皇帝的宫庭和起居殿；B. 皇家花园；C. 市井；D. 外交接待宫庭；E. 寺庙。

展而来，线条造型优美，但品质粗糙，有格状的两扇百叶窗，夏季可以自由开合。地板是磨光的木头铺就的，当时榻榻米或其他特殊形式的日本习俗尚未形成。观景平台面向湖水，实际是中央亭子伸出的翅翼部分。湖边有小而白的沙地和用作哑剧或表演的场地，从亭子里可以看到这儿的景观。一些略有抬升的廊子将各个亭子相互连接起来。

在日本封建社会制度下，强有力的藤原家族于850年时获得至高无上的霸主地位，他们干涉朝政，摆布皇上，其中一些人逐渐掌握了皇权并与皇族通婚，他们的首领藤原道长(基经)(966～1027年)设置了一个关白的官衔，此职位处于皇帝与朝廷百官之间，可谓"一人之下，万人之上"，负责调和皇帝与百官的意见与矛盾。皇帝表面是一国之君，实际是手中毫无实权的傀儡，成日沉溺于文娱游乐之中。他们活动范围不大，为了使其更舒适美丽，皇帝们精心建造他们喜爱的本土建筑，使它们无处不精雕细琢、比例适中宜人，与之相比，藤原家族和那些追随他们的将军一样，喜欢通过壮观华丽的工程来显示其权势。平安时期的繁荣辉煌从平等院庭园可见一斑，它是关白藤原赖通(992～1074年)在京都南部自己的庄园中建造的一座别墅。1052年它变成一处庙宇(图8.23)，其池园尺度十分适宜，它与朴素的寝殿造的凤凰堂(Hōō-dō)共同演绎阿弥陀佛天国的含义。凤凰堂建于1053年，建在平等院中，其名源于高挑的翅翼，使人会想起凤凰栖落

的样子。它是惟一保留的具有26个展厅与7个宝塔的园子，各个厅堂与宝塔绕湖而建。

藤原家族对文化的兴趣与日俱增，甚至超过了其对军队的兴趣。他们的摄政地位因此受到了另外两个强大的民族平氏家族、源氏家族的挑战，而此时的皇帝更加软弱无能。权力开始时旁落Taira之手，但他们的权力被Minamoto族与其武士军队所颠覆。源氏家族在镰仓城建立了他们的总部，后来此族掌权时即以镰仓为年号。历来一直掌有军权的将军从十二世纪后期开始总在或多或少的控制着局势，直到1868年明治维新时时局发生变化。

镰仓园林

镰仓时期(1185～1333年)由于日本全面接受中国禅宗而闻名。七世纪禅宗由日本传道士道昭(629～700年)自中国回来时传入，很长一段时间内，禅宗在日本一直被天台与真言两大教派压制。1192年，和尚荣西(1141～1215年)自中国归来开始向武士阶层大肆宣扬推崇简单、朴素的禅宗。禅宗受到认可与接受，逐渐兴旺起来，崇尚简洁的审美观引导着典型的庙寺园林的建设。

与此同时，影响日本园林的还有一大因素即中国宋朝(1127～1279年)的美学欣赏潮流。宋朝典型的置石形式在日本园林中常可见到，这些石头全是精选而来的。后来，日本的置石形式逐渐与其天然地形协调，

图8.22 源氏的故事中的高潮画面，玛丽和杰克逊·伯克收藏。画面中通过描述在源氏庄园中控制划船队的女士 murasaki 及音乐家和穿着戏装的跳舞者来欢迎皇后外出归来的场景来表现平安庭园中的快乐生活，这也是其精华部分。这副六屏画由 tosa mitsuyoshi 绘制。

图 8.23 平等院凤凰堂，宇治，日本。

变成水平躺卧的形式。对日本更主要的影响是宋朝园林艺术与绘画的相互联系，宋代园林充满了诗情画意，这些对日本园林的发展产生了十分重大的影响。

在镰仓时代与随后的室町时代里，园林逐渐从平安时期贵族的湖园风格转向禅宗的极简风格，其具有代表性的园林是建于 1500～1700 年间的龙安的寺庙园林。在京都西北部岚山的美丽沙区上，有一处名为天龙寺庄园，建于约 1256 年，后来变成了一座寺庙。受中国宋朝园林的影响，庄园内有干瀑布以及各种竖直的置石。站在由三块条石做成的小桥上，可以看到水中有七块布局和谐的岩石，它们象征中国传说中的七块仙石(图 8.24)。1339 年，这个庄园被梦窗疏石(即：梦窗国师，1275～1351 年)变成了一个禅宗园林。梦窗疏石是日本最为著名的宗教代表人物之一，同时他也是一个天才的园林设计者。一些景观史学家认为这座宁静而醇美的园林是由梦窗疏石重新塑建的，并且也是他的艺术代表作。现在它由禅宗的一支临济宗掌管着。虽然此园面积不足一英亩，并有一个约 100～200 英尺(30.5～61 米)的水塘，它还是颇有些旧平安时代园林的韵味。现在它周围的景观已经由于各种植物的茂盛生长而变得轮廓模糊，但在此可见到远处岚山

图 8.24 天龙寺庭园，京都，石头的布置象征的蓬莱岛，源自中国传说中的仙岛之一，镰仓时期。

图8.25 西芳寺庭园，京都，湖泊和生苔的筑堤，镰仓时期。

和龟山两座山，这也许是日本最早的"借景"实例。

在西芳寺的另一座禅宗临济宗教派的寺庙附近，梦窗疏石于1339年开始重建现存的园林，它在产生毁灭性影响的内战中被损坏了。此园包括高低两园，共约占地4.5英亩，有一个湖，比天龙寺中的湖要大，低园绕湖而做。平安时期的休闲园林氛围充盈其中，园子宁静而适于沉思，这种气氛源自净土宗(纯净之地)佛教的深思环境，也好像是阿弥陀的天堂所在。光影飘浮的水面，青翠苍绿的苔藓，树木满覆地衣而绿荫匝地，这一切构成了一个佛家思哲的典型场所(图8.25)。

高园建在山腰上，突出禅宗理念。园中有一个干瀑布，它大概是日本园林之枯山水的首例，瀑布没有水。这与禅宗教义的"空"相通。精心布局的石头顶部平整，好似自然界中的瀑布。这与天龙寺中的竖直布立的石头风格不一样，标志着日本横卧平躺的置石方法的开始。比起高耸向上的石块来，这样的石头更能与自然风景相谐调，直立的石头往往容易让人想起中国的山水风光。叠石技术在日本持续发展，竖立的石头有时仍会被用作提示或加强作用，但造园家们都越来越趋于偏爱体量适中的平整石块，用这样的石头能创造出富有沉稳静谧的美来(图8.26)。换句话说，日本的造园与绘画一样，仍然受中国影响，但就像禅宗偈语，让人疑惑感觉不合逻辑，事实上它让人更容易越过理性思考而直接进入一种更深层次的直观理解。

这个园林优雅美丽，意境清幽，一方面得力于

Musō-Soseki's的叠石艺术，另一方面也是受惠于时代的品味。十九世纪里，各种各样的苔藓在园林中丛生成片，像是厚厚的地毯一般，几乎覆盖了园子的所有地面。因为有了这些生机勃勃、柔软清新的苔藓地毯，园林有了两个新名字苔寺或者Moss Temple。名目繁多的忌讳，富裕的经济，浓厚的传统使日本园林保持了自己的个性，即使它们不断与中国园林糅合发展成为一种新的优雅而简朴的模式。

室町园林

镰仓的统治被足利幕府时代取替了，这就是室町时期(1333～1573年)，以京都东北部命名，在这里，第三代将军足利义满(1358～1408年)建立了自己的宫殿。宫殿名为花御所或花之宫，是一个美丽如画的湖园。日本与中国频繁活跃的商业贸易将宋朝重获新生的艺术带入日本，精美特异的绘画与瓷器包括明朝的宋式瓷器在日本十分畅销，尽管时有饥荒和连续不断的地震，统治阶级对这些商品物资的追求享受却一直兴趣不减。

足利义满是一个佛教徒，他把家业留给年仅九岁的儿子，在城外一个私家庄园中独自隐居，这个私园建于十三世纪早期，他重新为其取名为北山别墅(Kitayama)。1397年他在园中建造金阁作为其进行佛家课业的地方(图8.27)。从金阁及与之相应的银阁可以看出富裕的将军对其产生一定的影响：园林设计既有宋朝风格又有日本禅宗的审美性。1408年足利义满去逝时，别墅变成了一座禅寺并更名为鹿苑寺(金阁寺)。

图8.26 西芳寺庭园，顶部平整的岩石和干燥的台阶。

图 8.27 金阁，金阁寺(鹿苑寺)，京都，镰仓时期，金阁于 1390 年始建在二十世纪中期重建。

金阁寺有一个著名的三层建筑(事实上这是足利义满最早的寝殿造形住宅，仅保存下来的那部分在二十世纪中期的复制品)。第一层是阿弥陀厅，作为接待室；第二层是观音堂，是清读思辩的地方；[13] 第三层大概是禅者静思冥想的场所，装有钟形的窗子，此阁因此层金叶形天花板装饰以及其总体的金漆外檐装修而得名。金阁寺是一座精致而有诗意的建筑，尤其是在冬天，高挑的屋檐覆满白雪，周围的松树、池塘也是银装素裹，景致分外清雅动人。

虽然随足利义满之死金阁寺变成了寺庙，但它仍然是最早也是最重要的王族休闲娱乐之地，它的湖不但引人沉思，还能供人们进行划船娱乐。义满一生中最引以为自豪的是，1408 年在此园建成之日，他在园内宴请了皇帝以及朝中各人官员。

金阁寺园占地 4.5 英亩，大致分为两部分(足利义满自己这样认为)：低处的湖园与高处的山园，山园上建有茶室，园分高低两部分，这样的处理艺术使人产生幻觉，感觉园子比实际尺度要大。湖面占去园子的三分之一，它被一个半岛分开，连着中心岛屿，形成一个心形湖面(心)。四周环绕的松树后是丝帽山(衣笠山)，它倒映在平静的水中，宁静而美丽。宋朝的影响与日本的审美观从湖中那些精挑细选而来并细心布局的石头上可以看到痕迹。有一些会使人想起佛教创世神话中的九山、八海。另外一些形状有趣的石头被布置在岛上，有几块石头堆成了龟的形状，在亭子前面的岛上，有一只鹤，它和龟都象征着长寿。许多精美的石作是献给义满的礼物，它们一般顶部平整，这样的石块越来越受日本园林石头收藏者的珍爱。

在日本园林的随后一段时期里，一些精美的石头常被从毁坏或荒芜的园子运到其他新园子中。例如在 1474 年，足利义满的孙子足利义政(1436~1490 年)从将军一职上辞退后，从花宫与室町堂中移来许多石头与松树，放在他的隐居别墅中。花宫与宰町殿在内战中业已被毁。他的别墅在东山(Higashiyama)上，他在这里从 1483 年居住直至终老。死后，此园变成一座寺庙，名为慈照寺或银阁寺(Ginkaku-ji)，声名远扬。石作成了一些社会漂泊者的工作，他们做一些处理石头的必要"脏活"，他们中的一部分是天才的园林艺匠，身价不菲。例如和尚善阿弥(死于1482年)曾在好几个大室町庄园工作过。

在一些由僧侣设计并使用的园林中，佛教文化被演绎得更加透彻，坐禅静思的意境往往比那些华丽的将军隐居之所更为灵性适宜，比如金阁寺和银阁寺之类的园子。僧侣园林布局小巧，空间有限，最直接的目的是使人在其中能从茫然的意识陡然觉悟真理。它们的特征也有别于将军们的庄园如Kinkaku-ji与Ginkaku-ji，这些贵族庄园的最主要目的是娱乐。

大约1513年，古岳(即宗亘，1464～1548年)建造了大仙院，它是大德寺佛寺中另一个比较有名的园林。艺术家相阿弥(1485～1525年)可能也是其建造者之一，他的画很好地美化了内墙。这个小园子只有12英寸(3.7米)高，43英寸(14.3米)长，可以说是宋代山水画的三维版(图8.28)。全园以枯山水(Karesansu)风格闻名，是室町时期的代表作。从左向右看，它是一个白砾石形成的瀑布景观，它在一系列竖直放置的石块缝隙冲荡溢溅，汇成一汪池水，然后穿过一座小巧的石桥，奔入一个以砾石耙耙而成的河流中，河中一条石头做成的船轻轻飘浮着。这块著名船形石头曾是银阁寺之主义满的将军府中的一座带顶的小桥。一个巧妙的分隔，将园子一分为二，它是建于二十世纪的仿制品，以江户时期(1603～1868年)结构巧妙、造型生动的桥为蓝本。从砾石河这边看去，河流绕石而过，奔放意识中仿佛存在于园墙后的大海，一个钟形的窗子框住一座微型假山，山上瀑布跌宕，好像河之源头。

正如西方艺术在二十世纪初期涌起一股追求抽象的潮流，日本在十六世纪也发生了相似的变化。日本园林艺术的表达方式变得更加简洁，这从龙安寺可以看出来。龙安寺别无它物，只有15块青苔覆盖的石头，布置在一个白色石砾床中，砾床上用耙子耙出长长的、平整的痕迹来(图8.29)。

龙安寺的极简主义的枯山水富有现代主义的感觉，从1930年起就激起了西方建筑家与园林史学家的巨大热情，他们开始剖析其方式原则与内涵，有一部分人试图从玄学的角度去理解它。由于这些原因它被广泛地研究，人们不只是从它的寓意上理解它，还从数学上去寻找五组石头的联系，这五组石头按一新序列布置在砾石床上，十分均衡。从左向右看，其排列是五块石头，然后是两块，再三块，又两块，最后是三块。游人在游廊的任何一个点上看去，总会发现有块石头是看不到的。这个园的结构平衡只能凭直觉感觉，而不可以对它进行理性分析，就像荷兰艺术家蒙德里安(1872～1944年)的一幅绘画一样。数学的解释或是有关寓意象征的猜测都是难以附会于它的，如果那样做，这个枯山水园林的神秘气息就会抹杀了，并且它们禅学意境也会大大削弱。它的氛围独特，是禅的精神所在，也是设计的精髓所在。如果一个人不

图8.28 大仙院，京都，用桥和钟型的禅窗组成的枯山水庭园。Kogaku 建，寺庙的奠基人很有可能得到了艺术家相阿弥的帮助。

图8.29 龙安寺，东京，枯山水庭院，室町时期。

受外界打扰，独自在其中冥思静想，他就会感受到它的神奇。要想完全地品味它的艺术魅力，游者必须摒除杂念，静心感受石头与白色砾石铺床上富有韵律的线纹之间的那种动态平衡，还有东面那堵平和的墙以及越墙而借的景色，墙面淡黄的色调令人感到温暖和谐。

图 8.30 三宝院庭园，醍醐寺，东京，桃山时期。

华丽与约束：丰臣秀吉与千利休

日本艺术包括日本园林证明了日本社会的限制之多与保守势力之强，但是日本的文化历史并不具有完整的审美学特点，"少即是多"的现代主义格言在这里得到了充分证明。与龙安寺园林的极简主义相对的是建造于丰臣秀吉(Hideyoshi, 1536~1598年)统治时期位于三宝院的园子，即在长期内战之后十六世纪后期的那第二、三代执政期内，秀吉迅速给自己弄得"关白"的头衔，位于一人之下，万人之上，他使尽手腕使朝廷百官虚弱无能，实际上他已独揽大权。他与日本其他将军伞兵同盟互助促使国家权财集其一身，他的出身甚至不如武士高贵，缺乏禅宗美学观念，因此很容易理解他大肆挥霍钱财穷奢极欲。

丰臣秀吉建立的巨大建筑物都是金碧辉煌的，在旧皇宫的基址上，他建造了有护城河围绕的属于自己的京都城堡，聚乐第在城堡里有许多由从属于他的庄园主送来的各种石头。而在1588年，他却又将聚乐第拆掉了。他将其中一部分建筑移至自己的府邸大阪城城堡，一部分运到他在伏见城新建的城堡中。新建的城堡位于京都南郊桃山区，桃山时期(1573~1603年)即由此得名，在这时期丰臣秀吉获得霸权，统治阶级附庸于他。丰臣秀吉死后，伏见城城堡及其种着棕榈、椰子树的精美园林也随之被毁。繁茂的虎峡或虎溪园中的石头被运到西本愿寺，伏见城美仑美奂的建筑被拆卸到西本愿寺以及京都的其他寺庙中并被重建。

在离伏见城不远的东山上，丰臣秀吉决定整修三宝院的园林，它是醍醐寺的一个辅寺，主要是为了春日郊游赏樱花之用。虽然丰臣秀吉在此园尚未建好之前已经去世，但醍醐寺的方丈坚持监理工程，修完了这座园子(图8.30)。园中的许多好石头是从丰臣秀吉在聚乐第的园林里搬运来的，包括一块声名赫赫的灰白色长方形石头，石头名为藤户石，丰臣秀吉花五千蒲式耳大米买回之前，它就已经很有名气了。

到这个时期，叠石艺匠们被请来逃选石头，然后在园林里堆山叠石。与四郎即众所周知贤庭是一个优秀的造园家，他一直工作了20年，直到1618年。他在三宝院中布局堆叠了将近八百块岩石，形成系列景观，以大胆的手法表达了桃山时期园林设计中的一种动态之美。

丰臣秀吉的品味是奢华的，但同时也是大气的，他致力于日本茶道的发展。千利休(1521~1591年)将对其世俗的、感官的追求转变为了一种更为高级的精神享受。茶道源于宋朝，银阁寺的一名佛家和尚村田珠光(1423~1502年)使其进一步发扬光大。到了桃山时期，茶道得到最为主要而持久的发展。它加深了日本文化根深蒂固的唯美主义，给日本园林文雅的乡村田园生活带来新的内涵。在乡村田园里，西风磨蚀的石头、苔藓地衣散发的苍翠之感大受欢迎。

茶道的仪式已成规矩，千利休为其制定了一套精确严谨的程序，要求有特别的环境、一套优雅而简单的茶具。通常，茶道在一个四面由木板、漆画、装饰的小茅草房子里进行，它宁静简雅的乡村风味让人产生一种莫名的肃静纯洁的感觉。房子只有一个小高窗透光，窗以竹片编栅，客人必须躬身才能走进房子。客

图8.31 洗手钵，用来洗手的石钵，松江茶道礼仪学校，名古屋，日本。

人在茶室里看不到屋外的园景，只能欣赏房子里的景致。[14] 茶室通常约四个榻榻米席宽，房内有一个凹入的部分，里面放置着一幅特别优美的画轴，还有优美简洁的花艺摆设。主人进入房间开始备茶，三四个客人围坐一旁，静静感受冒着香气的茶壶发出的嗞嗞之声。主人将茶盛入一精巧的茶碗，用一竹制搅拌器以准确而熟练的动作搅拌它，直至产生淡绿的泡沫。然后将这碗茶双手呈给最尊贵的客人。像所有其他精心摆放的物品一样，这个茶碗本身也是一件艺术品。茶喝完后，客人还可细细欣赏茶碗精致的花纹与薄薄的釉瓷，最后，茶碗被送还主人手中，主人将其细细洗净擦干，接着为下一位客人备茶。

茶道要求一种隐秘宁静而亲近的氛围，它不像寺庙那样对空间布局要求严格，它需要远离尘嚣，有一个与其他空间明显区别的入口，茶园中的小径即有些功能，有时叫它"露地"，意指露径。典型的

茶室往往有一条窄小的廊子将人自大街引入，经过一道竹编大门，进入一个小小空间，这儿有一个石盆，提醒客人弯腰洗手之后再踏入茶室的小门。这个小园常用小竹枝围篱而成，当然，一些盛花植物如杜鹃花是不能种植在这儿的。一个茶园最显著的一个方面是其园地本身，在这儿，步石布缀在苔藓之中，茶园不像日本其他类型的园林一样，对石头它不挑剔其颜色、形状、表面平整程度及光泽。严格的茶园对石头要求是十分实用，一般选用光滑圆形的石头，这种石头天然而成，无须加工，为茶园增添浓浓的田园风味，也给慢慢靠近茶室的客人一种对宁静的期望。

小小茶园中的步石在日本园林整个的发展过程中起着主要作用，它是大型休闲园林的道路前身，例如皇家园林桂离宫即是如此。石头各种各样，它们在地面的布局，本身的尺度、纹理、形状以及线条轮廓，都是艺术的形式，因此不难理解人们在日本园林中欣赏地面铺筑时得到的莫大乐趣。

石灯笼是茶园的另一项主要特征物品，日本其他类型的园林都受益于此(图8.32)。最开始，只有佛家寺庙用其作照明贡奉之物，茶园建造者发现了它，将它借来用以夜晚照明，便于客人识路并看见茶室门口的洗手池(图8.31)，很快人们喜欢上这种灯笼，并以此为模子制造起来，后来茶道职业者专门设计了其形式以与寺庙用灯区分开来。

现在，由千利休的三个孙子分别创立的茶教育学校仍然存在，并且他们在京都拥有各自的茶园。虽然许多古老的茶园已经荒芜或销声匿迹了，但茶道已广为传播，无论是在日本本土还是其他国家都能找到新的茶园。

图8.32 石灯笼，桂离宫，京都附近，日本。

江户时期：桂离宫(Katsura Rikyū)

丰臣秀吉死后，他五岁的儿子秀忠继承了他的权势财产。德川家康(1542～1616年)是武士首领，也是羽柴秀吉的指定的五大护卫之一，很快他确立了自己的霸主地位，激起其他贵族与其产生权势之争，直接导致内战暴发，其实这也是日本封建社会不可避免的一战。家康在1600年时战胜了所有对手，1603年招安

所有权势强大的将军，他移到江户，即现在的京都，在他京都的城堡周围,他严格规划全国各大强权家族的封地。

德川统治了两个半世纪，人们称之为江户时期(1603~1867年)，以其僵化封闭的专政而著名。政治对人们生活的各个方面严加管束，皇帝与朝廷官吏的权力进一步被削减，他们仅仅能在学术与艺术的天地里活动。他们因此被认为是日本美学的保护者，而且，德川将军对专政的热情达到狂热的地步，他们排斥所有基督教的传教士，也基本上不和任何其他国家进行贸易往来。

在这样的情况下，许多失宠的贵族理所当然地选择逃避现实，转而投身艺术事业。小堀远州(1579~1647年)是一个封建贵族地主，他也是千利休很出色的一个门徒，拥有古田织部(1544~1615年)茶庄。小堀远州不仅热衷于茶，他对制陶业也有天生的兴趣，负责本省许多窑房的生产管理。他还是多才的诗人，著名的书法家，优秀的园林设计者。众多才能集于一身，他理所当然地成为那个时代日本文化生活的领导者。

美寂(一种饱含风霜雨打的苍劲质朴的美)是小堀远州提倡的美学理念的名字。它的美与平安时期崇尚的庄严华贵之美呼应，表达了江户时期一种油然而生的对平安时代繁盛的渴望，那时候皇帝尚能掌握政权，而它的乡村风味则体现千利休倡导的田园简朴生活与人和大自然的亲近。

虽然在同一时代，意大利、法国园林与日本园林起源相同，但美寂那种淡雅朴素的风格与前二者园林充满活力而壮美的风格是截然不同的。小堀远州在其园林设计中喜欢用斜对角线。而在意大利别墅、庄园以及法国凡尔赛园林中往往习惯用中心轴线。顺着之字形的路，游客在设定的路线上会不断发现许多令人惊喜的风景。障景的手法在休闲的园林中的运用是很重要的，它使人经历一系列动态景观空间，而不像在大部分寝殿造园风格或寺庙园林中那样景观会一览无余，没有新奇感。在这样的休闲园林里，步石有了新的用途：帮助引导人们体验变化的风景。

桂离宫完美演泽了小堀远州提倡小堀式美寂的风格，虽然实际上并无事实可以证明他就是其设计者，但人们都这么认为。桂离宫被认为是园林中的精美典范，它证明了那个时代的艺术演进。当时日本财政漏

洞百出，但其中的一个皇族成员很幸运地得到将军的支持，毕生致力于建造一个私家"天堂"。

桂离宫因王子智仁(1571~1629年)而建，在秀吉没有亲生儿子之前，他被挑选为其继承人。然而1590年，在秀吉终于有了自己的亲生儿子后，智仁被解除继承人的资格，封为旁系皇族的头领。另外，丰臣秀吉还封给他一大片面积可观的土地，后来在1605年成了在河边的一块地，位于桂离宫城市西边。几年后，智仁王子开始在这片土地上建造自己朴素的隐居之所。1616年夏天，他邀请一群贵族、诗人、舞者到他的瓜地茶室娱游。智仁王子与将军一直关系很好，获得了将军慷慨的资助。得此帮助，他得以扩建庄园的建筑到1629年，他去逝时，这儿已成为诗人、艺术家以及园林爱好者心驰向往之地。

虽然桂离宫的园林随智仁王子之死而一度濒临被毁的危险，但幸运的是他的儿子——年轻的王子智忠(1619~1662年)很快使其重获新生。1632年，13岁的智忠王子作为访问的代表团成员之一，他归来时得到丰厚的礼物——一千件银器与三十件和服。家光是日本第三支同时也是最强大的德川族将军，显而易见，年轻的王子也深受将军喜爱，在他的一生之中得以将桂离宫发展到极盛辉煌之期，它已是日本重要的文化中心，同时也是建筑与美寂园林美学艺术的代表作(图 8.33)。

图8.33 桂离宫鸟瞰图，京都，江户初期。

图8.34 块石铺砌的地面纹理图案，内门和庭院，桂离宫。

图8.35 两座土桥，桂离宫，京都。

几乎从一开始，智忠王子就在园子中建造了一系列茶室，第一个月波楼是月波阁，它与主建筑物相去不远，茶室不远处有一座朴素的泥土覆盖的桥将客人引入内门，这样的桥还有几个。内门显得素雅大方，比例适中，有一个做工十分精致造型简洁的竹片茅草顶，门内外的小径以及各种形状的石头布置得优雅随意，创造出一种细致的地面纹理图案(图8.34)。

1645年，智忠王子踏往去江户的旅程，一方面是为了向将军请求获得资助，另一方面则顺便研究途经的几个著名茶室建筑。很快他开始举行一些茶话会，包括夜晚赏月或在划船聚会。据文献记载，到1649年，除原有月波楼之外，桂离宫内又添建了四座茶室，其中三个现在仍然可以看到，它们是：青松琵琶阁、赏花阁以及笑思阁。这些茶室皆由乡村建筑深化而来，它们已经深得美寂美学精髓，很适合茶室需求，具有优雅简洁之美。

图8.36 赏花亭茶屋和逐渐攀升的石踏步，桂离宫，京都。

一般的休闲园林都和桂离宫一样有现成的路径，步石引导着游人从一个茶室走到另一个茶室，每一块步石都是精致地放在适当的位置上，仿佛是园林不可或缺的天然部分。游人在园中漫无目的地顺路而行，不断发现新奇美丽的景色，心情也因此而十分愉悦起来。小路和茶室一样，也有自己诗般美丽的名字，如阅枫小径、读梅之路等。别墅园里有一些著名的日本风景的微缩版，如天国之桥，只不过更为抽象而娇小。地形的变化是为塑造山的感觉，布设在山腰的步石一块一块，其实高差很小，但经造园者巧妙布置后，就让人觉得仿佛是在真正地登山一样(图8.36)。当地形有较大变化时，例如荧火虫峡谷，那就用木桥或土桥或者见石板桥来延伸游人的脚下之路(图8.35)。

对于茶室本身，也有障景、露景的手法运用，给人意料不到的景观变化，一个人总是斜向靠近建筑，而一旦进入之后，也决不会沿轴线笔直进入主房间，所以很多景观只有靠近了才能欣赏到，有时会是通过一个框"数寄屋"来欣赏它们(图8.37)。房子往往是建在一个抬升的平台之后，与地面不直接相连。因而，房子内外的空间通透感弱化了，被框住的景色更像是精雕细琢的图画，甚至于比人近距离地欣赏的效果还要好。

当人们沉醉于桂离宫梦幻般的景色时，会发现它的许多景观源于一些文学作品，如《源氏物语》的故事中所描述的平安时代的园林，也许我们可以如此推测，小堀远州一遍又一遍地劝谏智忠王子将这座伟大的休闲园林建成属于自己的作品，它既拥有田园风味的安宁静谧之美又兼具平安时代庄严大度的气质。智仁被迫远离国事，转而从桂离宫的建造之中找到身心投入的快乐，也打发了自己的时光。直到二十世纪30年代，桂离宫才被公认为日本的国宝。经过保护修缮之后依然美丽，成为智仁王子与其成功的丰碑，也许，还可以称之为政治之外的艺术杰作。

京都时期：修学院离宫

在京都还有一处十分出色的园林修学院离宫(Shugakuin Rikyū)，它也是小堀远州(Kobori Enshū)所提倡的小堀美寂风格，它位于风景如画的东北山上，是一个田园风味的休闲园林，茶室随意建立，自然而优雅，甚至比茶室还要美，充分利用了借景的造园手法。王子的叔父，已还俗的皇帝后水尾天皇(1596～1680年)建造了这座园林，它与桂离宫几乎是在同样的情况下同时建造。修学院离宫设计得精美绝伦，景色也并未囿于园林本身，充分借用了四处的风景。

将军对皇族事务包揽独断，1629年后水尾一怒之下愤然辞职，同时也是为了支持他女儿的事业。陡然从传统的职责中解脱出来，他开始将精力投入仙洞御所的园林建设中，仙洞御所(Sentō Gosho)意为"退休皇帝的别墅"。他与小堀远州一起规划设计了这个宫殿园林。完成这项工程之后，后水尾天皇(Go-Mizunoo)打算另找一块地方建造一个乡村隐居之所，这是受了德川家光的怂恿，德川家光将军(Tokugawa Iemitsu)讨好逢迎京都皇朝并尽量使郁积在后水尾天皇心中的失意平息下来，他的收入因此而增加了三倍。

后水尾天皇有丰厚的退休金，他在美丽的比睿山山麓挑选了一块73英亩的地皮，此地大约海拔450英

图8.37 桂离宫庭园，在书院造的屋子里透过观月平台欣赏庭园。

尺(137米)，靠近修学院寺，从十七世纪50年代初开始，后水尾天皇在此着手建造风景园林。此时小堀远州已经死去，但就像 Henry Hoare, Stourhead 的拥有者与创造者——与修学院(Shugakuin)最相似的英国园林，后水尾天皇自己有足够的艺术才能来运用远州(Enshū)的理念建造园林。这块土地本身具有很好的风景资源，经他设计后，变得更加休闲而自然，甚至比桂离宫还要好。

现在的修学院由三个独立的别墅花园组成，它们建在海拔不同的种稻子的梯田上，简单的小路将它们联系起来，十九世纪小路变成了我们看到了两旁种有大树的砾石路了。地势最低的别墅庄园中有一个小水塘，还有三个雕刻出来的石灯笼。地处中间的别墅庄园归后水尾天皇的一个女儿所有，1680年她成为一个尼姑，在别墅附近建了一座尼姑庵，庄园变成这个主持的居所。在这个园子里也有一个小池塘，还有一片草地，一棵苍翠如华盖的油松。然而后水尾天皇最美丽的风景需得游人走过一片肥沃的稻田，爬上一个斜坡，然后来到高处的别墅庄园才能见识。在这里，后水尾天皇建造园林的天才发挥得淋漓尽致。

自皇门向上的道路连接到一个通过高处庄园的入口点，入口是一道两旁被篱笆夹限的窄梯。登上坡顶，一切都沐浴在阳光之中，此时浴龙池的美景才可尽收眼底，而西南面连绵不绝的青山波浪起伏也一览无余了(图8.38)。浴龙池的水来自其西岸的一个巨大的梯形水库，水库被一道又长又平的梯级形灌木篱笆遮掩住

图 8.38 上茶屋，从邻云亭茶屋借景到浴龙池，修学院离宫，京都，镰仓晚期／江户早期。

了。这道篱笆大约有40多种灌木组成，还有一颗野生的大树突现其间，从这儿能看到一座精美雅致的茶室邻云亭即云中阁。

在这儿，借景手法的运用臻于完美。设计者对地面的处理也是大张其事，毫不含糊。例如在洗诗台的茶室前有一块散水铺装，铺装地上精心点缀着三两成组的石头或是单块的石头，从洗诗台人们可以欣赏到绮丽壮观的景色。在日本的园林里，造园家的艺术才能无不惠及，许多景色看似不经意而为，实际上都是设计者精心布置的，几乎是无懈可击（图 8.39）。

从云中阁下来有一系列小路，它逆时针绕湖而行。这个湖主要用于人们划船嬉乐，湖中有几座小岛，其中有一座小岛上建有一亭，人们可以上去观光。桥将这些小岛联系起来，人们可以在其间畅行无阻。湖的驳岸也是可供欣赏的景色，绕湖而行，一系列不断变化的风景在人们眼前铺展开来（图8.40）。湖北岸在现在的船坞基础上，曾有一座凉亭，在这儿，游人可以稍事休息，然

图 8.39 块石路面，洗诗台，邻云亭屋前，修学院离宫，上茶屋庭园。

后顺时针绕湖漫步，踏上通往云中阁的弯路。到了云中阁，人们会惊喜地欣赏到园中全景以及园外远处的秀丽景色。

其他江户园林以及现代园林

渐渐地，园林设计不再只是僧侣或多才多艺贵族的业余职业，许多职业设计者成长起来。他们依然坚持小堀远州的理念。十七世纪 Hōjō 园林(与寺庙主体建筑相连的方丈庭)逐渐增多，这部分归于和尚 Ishin-Sūden(1564～1632年)的努力。他在德川家光(Tokugawa)将军与寺庙管理者之间周旋调节，为寺庙建设寻求支持。枯山水园林迅速发展起来，也可能在其中有一些置石，多是象征传说中的仙鹤与神龟。江户时期的园林设计相对早期禅宗园林例如龙安寺来说，要少一些严肃朴素与空灵的氛围。

以心崇传在南禅寺建立了总部金地院，它是南禅寺(Nanzen-ji)的一个辅寺。当秀吉在京都的伏见城城堡中的一个建

图 8.40 鸟瞰修学院离宫湖边的环路和周围的园林景观。

图 8.41 布石(鹤岛或龟岛)和经过修剪的灌木丛，枯山水寺，京都，江户早期。

筑于1611年移建于此后，小堀远州亲自设计了这个园林。他建造的枯山水园林意境生动，多有置石组，包括仙鹤与神龟形状的石头。枯山水(Konchi-in)园林不仅有置石与耘耙过的白砾石床，还有精心修剪的灌木所形成的背景(图8.41)。远州明显的初期作品风格有两个附加特征：修剪整齐的灌木丛以及令人惊奇连续不断的曲线，如修学院即有巨大的梯级式树篱，大智寺有起伏而富有动势的动物造型的树木并成了此园最引人注目的景观(图8.42)。精心修整的灌木甚至比石头还要吸引人，在诗仙堂(不朽诗人之堂)里，它们是基本的造园要素，德川族一个独特异行的人建造了此园，他名叫石川丈山(1583～1672年)，1636年他退休后居住于

图 8.42 大智(Daichi-ji)寺庭园，Shiga 辖区，枝叶紧密修剪成波状的圆形的灌木象征着七位幸运神。

此研究学问(图 8.43)，此园景色与从桂离宫的书院造内部看到的被框住的高贵淡远的景色形成强烈对比。在金地院，木廊居于中部，建筑内部与园林空间相互渗透相连，给人以愉快的舒适亲切感。

江户时期的园林还有一个显著的特征，它们一般设有沙丘，沙丘表面用耙子耖出细细的纹理，有抽象的感觉，就像四百年来我们从泥土艺术中观察到的花纹图案所显示的那样。Hōnen-in 是佛教 Jōdo 派的一座寺庙，从它建有门顶的大门进去到一个平台上，一对小土丘映入眼帘，表面均被耖耙出细致的纹理。在室町时期由别墅改建成的寺庙银阁寺的园林中，有一对可追溯到江户时期的沙丘。其中一个成圆锥体状的被截去顶，让人想起富士山或是佛教神话中的中央山。另一个是水平的长方形沙丘，被称为"银沙滩"。在月夜赏景聚会时，它的表面反射着皎洁的月光，分外引人注目(图 8.44)。

十八世纪，日本传统的园林艺术逐渐衰落。虽然也有不少园林建成了，但其设计都已趋于公式化，很难找寻得到以前传统园林那种给予人精神与视觉震撼的美了。日本商业阶层逐渐壮大，产生了一大批富裕的商人，这刺激了对私家庭园的要求，许多苗圃与采石场建立起来，人们可以从此采购所需植物与石材。

1853 年，美国商船船队到达东京海湾，它的到来给日本政府及其文化带来了震撼，促使其发生了系列重大变化。长期的闭关锁国使德川将军的军队根本无法面对挑战，将军也不能控制住濒于崩溃的日本政体，两个半世纪的闭关锁国政策终于宣告结束。1868 年，皇帝重新掌政，定府江户，后改称东京，意即"东边的京城"。明治皇帝复职后，进行了一系列革新运动，

图 8.43 园艺师在修剪杜鹃花，Shisendo (诗仙堂)，京都，Ishikawa Jōzan 建造，江户早期。

组织了法制政府，废除许多等级森严的规则制度，还有一些其他变革。这也是日本在十九世纪的后半个世纪的文化革新，史称"明治维新"。

日本园林在国家迅速西化的过程中也发生很大变化，一块英式大草坪出现在东京新宿的皇家园林中，商人与资本家则创建了许多日西合璧的园林。现代主义运动使日本园林逐渐为西方所欣赏并接受，日本园林休闲、优雅的构成方式内涵深深打动了西方，例如与自然和谐自如的融洽，向四外的借景、障景的成功手法，堆山叠石的艺术以及对地面花纹质地的注重等。在两种传统上截然不同的园林设计之间，更为深刻而实质的摩擦要融洽必定还需要很长一段时间的等待。

图 8.44 从 Ginkaku 阁(银阁)看到大门前面蜿蜒曲折的白沙和起伏的山形，银阁寺，京都阁，室町时期；枯山水园，江户时期。

注 释

1. 虽然中国的园林和西方的如画式园林都有着对不规则形式和自然效果的强烈爱好，但是中国园林相比之下更像一个微缩的象征再现整个自然世界的艺术品。这种审美观进而变成了日本园林形成的原动力，在日本园林中，艺术与自然之间的关系是由传统的神道(Shinto)信仰支撑的，佛教世界观由中国传入以后，这种关系被更加深化了。佛教思想不仅没有破坏神道，反而与之共存，神道只是强调了自然与日本人的关系。在公元六世纪末开始的这种发展展现了日本人有意识的将外来文化融入自然的能力，并且这是一个使之变为本真表达的过程。

2. 神(Kami)，只有通过信念才能感受到，他能释放一种神秘的创造力，并使人类生活更加和谐(结合，musubi)。与宗族有关的保护神被供奉在神社里。他们向膜拜者揭示真理之路或者信念(诚，makoto)。

3. 仙，人们认为他们也居住在遥远西方的昆仑山上。

4. 见克劳迪亚·布朗(Claudia Brown)，《中国文人的岩石与不朽之地：绘画中的领悟》(*Chinese Scholars' Rocks and the Land of Immortals: Some Insights from Painting*)，《世界中的世界：理查德·罗森布勒姆的中国文人山石收藏》(*The Richard Rosenblum Collection of Chinese Scholars' Rocks*)，编者：罗伯特·D·莫里(Robert D.Mowry)(剑桥，马萨诸塞：哈佛大学艺术博物馆，Harvard University Art Museums，1997)，57~83 页。

5. 对于本章中上林苑和其后几处中国景观的论述我特别要感谢麦吉·凯斯威克(Maggie Keswick)，《中国园林：历史、艺术与建筑》(*The Chinese Garden: History, Art & Architecture*，纽约：里佐里，Rizzoli，1978)。

6. 以下的内容节选自计成的《园冶》，埃里森·哈迪(Alison Hardie)翻译，译本名：*The Craft of Gardens*(《造园的技艺》)(纽黑文，New Heven：耶鲁大学出版社，1988)。

7. 想看到这本文学名著最好的英文翻译，请参考：Cao Xueqin，*The Story of the Stone*(曹雪芹，《红楼梦》)(哈蒙斯沃斯，Harmondsworth，米德尔塞克斯，Middlesex，英国：企鹅出版社，Penguin Books，第1~3卷由戴维·豪克斯，David Hawkes 翻译，1973~1980年；第4~5卷由约翰·明福德，John Minford 翻译，1982~1986年。下述的引文中描述了花园中的建筑及其各部分的命名，见卷1，第17章。

8. 见理查德·E·斯特拉斯伯格(Richard E. Strassberg)翻译的《题名的景观：中华帝国的旅游手记》(*Inscribed Landscapes: Travel Writing from Imperial China*，伯克利：加利福尼亚大学出版社，1994)，15 页。

9. 忽必烈可汗和他之后的皇帝们在这些湖边所建造的很多漂亮的小亭子，随着岁月的流转都逐渐变成了废墟。对于后人来说幸运的是，研究中国园林的学者奥斯瓦尔德·喜仁龙(Osvald Sirén)在1920年代获得许可得以进入这些茶宫(the tea palaces)的领地，他可以在这些地方向普通大众开放之前徜徉其中，他拍的美丽照片至少为我们留存了一份那些具有摄人心魄的美丽景观的回忆。见奥斯瓦尔德·喜仁龙，《中国园林》(*Gardens of China*)，(纽约：罗纳德·特里，Ronald Tree 出版公司，1949)，145~176 页。

10. 《作庭记》(*Sakuteiki*)或《造园论》(*Treatise on Garden Making*)的极好总结，见于洛林·卡克(Loraine Kuck)，《日本园林的世界：从起源于中国到发展为现代景观艺术》(*The World of Japanese Garden: From Chinese Origins to Modern Landscape Art*)，(纽约：威泽西尔，Weatherhill，1968)，91~93 页。卡克的日本园林史是一部价值极高的参考书。

11. 长安城东西宽大约6英里(9.7 千米)，南北长 5.25 英里(8.5 千米)。京都，由于发展受到山地的限制只能向南发展。

12. 参见 Murasaki Shikibu，《Genji 的传说》爱德华·G·塞登斯蒂克(Edward G. Seidensticker)翻译(纽约：阿尔弗雷德·A·诺波夫，Alfred A.Knopf，1985)。

13. 现在我们见到的金阁只是原来建筑的忠实复制品而已，原来的建筑已经于1950年被反对二战以后寺院商业化的纵火者烧毁了。

14. 榻榻米席子的尺寸大约是 3 英尺×6英尺(0.9 米×1.8 米)。

第九章

城市扩张与新型社会结构：
景观设计的大众化

迄今我们所研究的很多景观设计都起源于一些对宇宙的信仰表现得很明显，而有些则表现得比较含蓄。探寻宇宙的规律和内涵的愿望在人类历史中一直存在，而且这种愿望一直主导着我们最深层次的精神生活和宗教信仰。然而，在西方，随着十八世纪科学革命的发展和政治革新对权力结构的瓦解，在景观设计中反映宣扬神教和贵族特权的宇宙模式的想法也逐渐消失。当牛顿定律得到了勤奋科学家的证明和扩展、并渗透到大众的思想当中时，知识分子们愈发摒弃有目的性地表现宇宙，将注意力转移到对物质世界的探索中。对理智和个人主义的忠诚所引起的个人判断替代了对权威的盲目遵从，这在政治上导致了君主政体的结束或者是其权力大大地被民主政府所削弱。对于一些人来说，对于科学过程的忠诚代替了他们对迷信和神学处理尘世间事务的忠诚。对于这些人和那些最后相信了科学的人来说，改善人世间的生活条件而不是为其死之后作崇祥安排成为人类的主要工作。

科学继宗教和哲学成为了景观设计的主宰，而宗教和哲学作为囊括一切的、形成文化的思想体系则退却成为精神上的和知识上的条律。前所未有的知识和技术成果归功于西方人对科学的探索，为探险而进行的全球航行和欧洲人开展的殖民扩张，这些欧洲人虽然对自己所取得的世界霸权非常自傲，但是他们至少比较开化。旅行也助长了人们对自然科学的兴趣，同时，随着世界观从目的论转移到科学唯物主义，人们开始像在占星术主导着其命运的前几个世纪热衷于天体研究那样来关注化学、生物、地理和植物学这些科学。

对自然科学的探索给宗教和哲学带来了深刻的变革，尤其是在1859年查理斯·达尔文(Charles Darwin，1809～1982年)发表《物种起源》一书之后。虽然伽利略在很早之前就证明地球不再是宇宙的中心，但是现在人们才明白人类和其他物种一样都是生物进化的产物。这个遭到了一些人的强烈抵制，也使得人们开始纠正他们对自身和宇宙的看法，同时给人们带来了无法估计的物质利益。

可是人类为谋求自身利益的力量通常受到他们的错误和低劣意识形态的限制，另外，人类日益增长的掌握其自身命运的能力有时会产生对地球甚至从长远看对其本身没有好处的成果。达尔文的理论考虑到了地质运动周期和地球的运动，在这种运动中地壳上升，经过腐蚀后成为了地层，其后，地层不停地受到风、雨水和冰雪的侵蚀。地理气候环境给物种创造了生态环境。[1] 在十九世纪，很多人开始明白人类可以摧毁其他物种，而且如果当其继续通过砍伐树木、开垦荒地来改造环境的话，人类自身未来的利益将会受到影响。

例如对自然野生植被的移除破坏了自然排水系统，加重了土壤侵蚀，改变了气候。

身为美国外交家和早期环境学家的乔治·珀金斯·马歇(George Perkins Marsh，1801～1882年)编著了《人类与自然》一书，提醒人们人类滥用其力量毁灭自然的现象。正如达尔文理论使人们改变了对《圣经》"造人说"的理解，转而将其看作是神话而并非事实一样，马歇的观点让人们意识到造物主创造的世界并不仅仅是供人类开采的。对于西方基督教社会来说，像马歇一样从生态和环境保护的角度来看景观设计就等于对《创世纪》第一章第28节中"填满泥土，征服它"的指令的正确性进行质疑一样。对于马歇来说，没有管理的统治，只能称为破坏。

十九世纪基督教和犹太教徒在协调他们的信仰和新兴科学理论，在接受人类是上帝的同伴、地球的主宰而不仅仅是上帝仆人的观点时遇到非常大的困难。十八世纪后期，西方国家吸收了始于十六世纪的科学革命的成果，同时这一时期也孕育了工业革命。在十九世纪，歌德在《浮士德》第二部中描述机械师和开拓者征服自然的混乱场景成为清晰的现实。在卢梭(Rousseau)、沃兹沃斯(Wordsworth)之后的浪漫主义作家发现那些对传统宗教开始质疑的人们不再将野外壮丽的景色作为其精神上的慰藉。同时，从早期基督教统治年代就存在的对赎罪的渴望一直忠实地保留下来，做礼拜成为根深蒂固的习俗，对许多西方人来说，基督教成为他们的宗教信仰和文化传统。

英国作家和先锋艺术评论家约翰·罗斯金(John Ruskin，1819～1900年)提倡基于自然的美学，并将这种美学和真理相提并论。通过以担任抚养他长大的新教会的部长那样的热情来宣传美学哲学，罗斯金深化了一种现代理念，即对艺术的实践和欣赏应该是精神生活的一种形式，而不仅仅是对精神生活的一种说明。像他同时代的其他人一样，因为罗斯金对认为是工业资本化的发展所导致的非人性化的说法而感到惊骇，所以他试图着去复兴中世纪的艺术。在那个时代，手工业繁荣，哥德式的石器雕刻匠密切关注自然，他们的作品充满活力。美国作家拉斐尔·沃尔多·爱默生(Ralph Waldo Emerson，1803～1882年)和亨利·戴维德·梭罗(Henry David Thoreau，1817～1862年)用提倡将直觉作为感知超越经验论的文学和思想运动

来应对科学对宗教的挑战。

不论是否接受或者反对现代科学和达尔文学说，在十九世纪，很少人认为对人类自尊以及与传统之间关系的深层次冲击会减弱。但是弗雷德瑞奇·尼采(Friedrich Nietzsche，1844～1900年)与西格玛德·弗洛伊德(Sigmund Freud，1856～1939年)创建了二十世纪的学术风格，在这种激进的现代风格中，人们不再从过去的传统中获取动力并寻求历史的延续；相反，人们认为现在和未来是人类进步和知识发展惟一可靠的基础。甚至那些仍然信奉宗教的人也越来越认为他们自己是世界上最好的引导者。因此，人道社会意识充斥了西方的意识形态，乌托邦计划非常活跃。广泛传播的宗教怀疑和无神论，创造了一种逐渐能接受、容忍宗教和各种社会意识的文化氛围。

长期的、充满活力的、日益都市化的十九世纪西方文化对景观设计的影响是巨大的。在景观设计的历史中，大众公园运动是十九世纪给现代化都市带来的一个标志性贡献。这时，更纯粹的美学观念取代了意识形态在景观设计中的主导地位，但十八世纪风景画式风格仍然影响着十九世纪的公园和花园设计。虽然英国园林在十九世纪的欧洲仍然流行，但是许多贵族还是摧毁了他们祖先别墅中的几何形花园，这一举动成为他们追求社会进步的一个标志。同时，理论家和实践家对景观美学采取了更为宽容的态度，在十八世纪景观设计中关于拥护和抨击教条主义的争论被更强调个人偏好的折衷主义所代替。景观设计不再遵从单一的、反映宇宙意识形态的格调，而是强调文化价值观念，保留并模仿以前的风格。英国园林仍然保留着几何设计，在园林中种植奇异的植物成为维多利亚风格中园林画式的标志。

按我们现在的知识来看，十九世纪，人类在向完美社会前进中对科学开发、规划的热衷有些过于自信、轻率和自负，这种热衷给社会发展带来了不可预见的后果。在这个不同寻常的时代中同时也充斥着伪善和不平等。尽管工业革命促进了西方资本主义经济的发展，并且随着经济的发展，产生了人数众多的中产阶级，给很多人带来了丰富的食品和富足的生活，但是工业革命给其他人则带来了痛苦，它引起了大规模的人口迁徙，强迫人们离开了自己的家园。那些在感情上和心理上被割裂了与土地直接联系的人们常常在飞

速发展的城市中忍受着贫困的生活条件。民主制度政府并不比基于贵族特权和社会等级的政府更能消除腐败和阶级差别。在十九世纪达到其顶峰的殖民主义非常残酷，它无视殖民地当地文化的观念，在将非欧洲种族视为低等种族的同时试图使所有人都接受西方道德准则。甚至在美国成为主权国家之后，它仍然将其大陆领土笼罩在相同的文化观念之下。

同时，在西方历史上的这个时期，科学给人们带来的好处展现无疑：现代药学开始奠基，公共卫生得到改进，人们的生活条件得到了提高，更快的交通方式、更迅速的联系方式都得到了发展。科学技术产生了大量的新发明，不断改进工业生产过程并加速工业生产的步伐，生产出更多、更廉价的产品。在这一时期，由于原子弹爆炸而给全人类生活带来的潜在威胁以及由于广泛采用的工业降解所导致的环境恶化还没有发生。十九世纪，人道主义改革主要关注于民众社会的产生所带来的前所未有的问题，而不是像上述所说的全球问题。被受到污染的饮用水而传播的霍乱以及其他疾病都和人口过度拥挤有关。当小城市发展成为大都市，如果人们想生存下去，运用工业技术来建造水管、下水道和其他重要的新兴城市基础设施是非常重要的。另外，人们也需要修建连接商业中心和外围的住宅郊区的公园和交通路线，从而保持与自然的联系，否则随着城市的大规模发展，人们将丧失这种联系。新移民为了寻求更好的生活而涌入城市，这造成了在住房、教育和医疗服务方面的特殊问题。宗教在人们遭受这些困难时成为人们的道德伦理体系而不是一种玄学。

工业资本化和人类的实践是齐头并进的。杰里米·本瑟姆(Jeremy Bentham, 1748～1832年)和詹姆士·米尔(James Mill, 1773～1836年)提倡功利主义，该主义是一种道德理论，它认为功利是衡量经济和社会价值的尺度，提倡所有的行动都应该以使最多数人获得最大的幸福为目标。受到民主原则和社会正义的功利理论影响，民众政治领袖们为了进行社会革新和给大部分人提供娱乐设施，开展了监狱和殡葬改革，建立了公共教育，创建了文化机构和大型市政公园。

公共公园和农村墓地的产生基于十九世纪的一些现象。不断扩张中的城市中死亡人数的增加迫使人们必须挖掘出过去埋葬的尸体，以安葬新的死者。没有

墓地的少数宗派提倡建立不对宗派加以区分的公共墓地。他们的倡议得到了卫生状况改革家的赞同，这些改革家认为教堂的墓地是污染地下水的源头，它加速了霍乱和其他传染病的传播。建于1804年的巴黎佩李·拉柴斯(Pève-Lachaise)公墓成为其他地方建立市政墓地的一个国际典范。在美国，第一批公众墓地，位于波士顿的褐山公墓和位于布鲁克林的绿林公墓，在建立公共公园之前是供大家游玩的地方，人们对这些景观的喜爱极大地提升了建造市政公园运动。

十九世纪的设计者们经常将几何形的形象和格状布局的设计结合使用，在保留了以上述设计特点为特征的设计理念之外，他们在设计中还开始运用新发现的植物，这些植物是通过植物探险和建立商业苗圃而获得的。通过出版图书杂志和担任设计人员，园艺学家、景观作家、编辑和设计人员，比如斯科特·约翰·克劳迪亚斯·劳顿(Scot John Claudius Loudon, 1782～1843年)和美国的安德森·杰克逊·唐宁(Andrew Jackson Downing, 1815～1852年)，他们将文化平民化。他们通过教导富裕的新兴中产阶级中的时尚人士如何在规模比较小的基础上获得和贵族一样的体面生活，通过包括相似的家居和花园等来实现这一点。在他们的著作中，具有操作意义的一个词就是品位，即什么事物是好的、和谐的、美丽的。

随后，随着生活水平的提高，用于满足大型产业园艺负责人需要的商业苗圃也开始向各阶层的园艺家开放。随着家庭所有权的扩大，家庭生活成为一项重要的文化价值。装饰性的花园作为房屋的附属建筑具有了新的重要性，甚至连简陋的小屋花园也被视为一座具有美学价值的物体，而不仅仅是一座有用的建筑。在大型产业中，业主们不再像从前一样搬迁小屋，甚至有时整个村庄，而这些建筑物在先前则被视为是有损于整个景观的自然美。在瑞布顿职业生涯的晚期，他开始在自己的设计中采用本地的建筑形式，而劳顿则通过坐落着小屋的土地展示了这个时代的意识，这些小屋既能给居住在里边的人们提供温暖，又给从外边欣赏这些小屋的人们以自然的魅力。

十九世纪标志着生活空间和工作空间的分离，因为家庭作坊被大工厂里的工业生产所代替。中产阶级对私人房屋和花园的兴趣，具有用碎石铺装的路面和铁路蒸汽机车成为高效的公共交通后才可能产生。这

些条件的具备使得在郊区建造住宅区成为可能，景观设计人员充分发挥创造性，尽可能地利用了这些条件。随着十九世纪的大都市成为一个区域规模的城市，它容纳了先前的周边地区，因此周边环绕有卫星城市，旧的城墙也最终被拆除。

受到本瑟姆、米尔(Bentham, Mill)的影响和当时普遍的进取、实际的作风的渲染，十九世纪的人们开始倾向于实用性。尽管像罗斯金这样的保守主义者觉得新型工业建筑材料非常可怕，但是其他人认为实用性和美观一样重要。虽然人们对位于凯韦(Kew)的皇家植物园中的新型温室的位置是否位于主要景观线上发生了争论，但是该温室的科技创新是非常值得称道的，而且它受到的欢迎程度则说明了它选址的正确性(图9.4)。类似这样规模巨大、玻璃结构的建筑物具有新颖的形式，采用新型材料，跨度比以往的建筑物都大，它们很快就吸引了人们的目光，而且成为当时的建筑样本，在1851年伦敦火车站和大型展览馆的水晶宫的建设中都采用了这种结构，两年之后，在纽约又建成了一座这样的建筑物。

在另一方面，科技在景观设计中起着重要的作用。埃德林·巴町(Edwin Budding)在1830年申请了割草机的专利。这种高效的机器增加了景观的美观，它替代了镰刀，使得草坪非常平整(图9.6)。铁路的出现不仅产生了有规划的郊区，而且可以迅速、廉价地向市中心运送来了外地建筑材料和园林植物。由于发明者们对很多新材料申请了专利，创新不断地产生，这些材料包括：硅酸盐水泥、沥青铺砖、用于温室玻璃窗户的锻铁窗架、铸铁建材、赤陶铸件的再度采用，以及上釉花砖的生产增加了装饰物的表现空间。蒸汽、热水和后来的气体加热系统给人们提供了舒适和方便，保护了娇嫩的植物。科技在建筑环境上的运用对景观设计和城市的景观建设起到了重要的作用。

逐渐地，花园成为园艺科学的实验室。珍奇的物种不但被当作园林艺术的展品，而且还被人们嫁接、培育、杂交，生成具有新的外形和颜色的品种。人们开始举办诸如奇斯韦克(Chiswick)展览这样的竞赛，用于评判这些品种的高低。随着大家对植物兴趣日益浓厚，商业性的苗圃非常受欢迎。

有关花园的百科全书成为了美学的著述，大量的期刊开始给读者提供如何开展景观设计的建议以及植物学和园艺领域的最新动态信息。以植物为内容的艺术表现形式达到了顶峰。像皮埃尔·琼斯福·内多特(Pierre-Joseph Redouté, 1759~1841年)、弗朗西斯·博尔(Francis Bauer, 1758~1840年)、斐迪南德·博尔(Ferdinand Bauer, 1760~1826年)和詹姆斯·索尔柏(James Sowerby, 1757~1822年)等杰出的艺术家们都在当时流行的园艺杂志(图9.1)上刊登过优美的彩色版画。从这些杂志的名称中——《植物花园》、《植物杂志及花园展示》、《园艺家植物杂志》、《佩克斯顿植物及花卉杂志》、《园艺及花匠有用信息记录》、《养花大全》、《花卉杂志》——可以看出十九世纪人们对通过温室培育和冒险探索所得到的新花卉品种的热爱。在用"坚持不懈"和"勤奋"经常用来形容许多十九世纪的设计者们以及在文学盗版和嫖窃被人们所不齿的时候，这些杂志之间存在着竞争。它们的文章表现了人们对园艺和景观设计强烈而广泛的兴趣。在1826~1844年最早的园艺著作《园艺家杂志》和《乡村及驯养品种改良记录》中，雷顿(Loudon)直率地表达了他正如我们将在第十一章中看到的那样，在十九世纪末期，当维多利亚花园设计中开始采用诸多的植物品种后，英国爆发了新的设计大战，按照随意印锡主义设计花坛的支持者们，比如园艺作家编缉威廉·罗宾逊(William Robinson)和艺术工艺园艺家、摄影师及作家格特雷德·吉基尔(Gertrude Jekyll)与那些认为植物的布局应该严格根据季节设计的人展开了激烈的争论。Sir Reginald Blomfield爵士在《英国标准式花园》(1982)中支持意大利式几何风格，他强烈反对罗宾逊的自然主义风格，这样一来，在景观设计领域中又开展了对艺术和自然关系的讨论。

当美国开始向西部推进时，其东北部开始向英国学习景观设计。街区的设计非常适用于分割土地、转让新城市中的房地产，然而景观设计的宗师们，比如教导日益壮大的中产阶级园艺管理和形象景观设计原理的安德森·杰克逊·唐宁开始提出新的设计思路。唐宁通过建造适合郊区的中型园林"别墅"和乡村小屋——既不是完全农村式风格也不是完全城市风格的建筑，赋予农村一词以新的含义。

弗雷德里克·劳·奥姆斯特德(Frederick Law Olmsted, 1822~1903年)在与英国籍建筑学家卡尔福特·沃克斯(Calvert Vaux)合作设计美国第一座公共园林的时候，将形象主义风格引导向平民化。奥尔玛斯特和沃克斯为纽约和其他城市设计的景观极具自然气息，这些景观模仿了乡村和自然景色，以营造一种能让居住在城市中的人们振奋精神的诗意环境，奥尔玛斯特和沃克斯也成为美国大都市的首批城市设计人员，他们设计了林荫大道用于在城市中连接了各种公园，同时也可以供车辆驱驶到郊区，他们设计了通向郊区的曲折大道，这一独特的设计取代了网格状的道路设计，在这之前，网络道路是新街道的标准设计模式。十九世纪末期，黄金时代的设计家们还模仿历史上的建筑形式以及文艺复兴时期和十七世纪法国和意大利建筑设计，这些都影响了十九世纪的景观设计。

正是那些创建了植物园和其他科学文化机构，细致地记录了到达遥远地方的旅行见闻，建造了我们至今还游玩的园林及园林体系，构想并建造了大城市发展所需的交通和卫生基础设施的人，他们的工作是非常宏伟的——所有一切都是在缺乏现代便捷通讯技术的情况下出现的。我们对这一时期的阐述，以介绍几位重要人物的职业生涯为开始，这些人身上体现着人类的力量，直到现在还闪耀着光芒。

I.植物学，园林风格和大众的公园：英国维多利亚景观设计

十八世纪起步的科学向十九世纪自然历史的探索者们敞开了大门。美洲大陆是由处于经济飞速发展环境中的欧洲人"发现"的，而欧洲经济的发展在很大程度上基于烟草这种一植物，能发现迄今为止尚不为人所知的植物是一件非常令人高兴的事情。首先发生在殖民时代而后发生在联邦时代的烟草交流活动为十九世纪的植物探险活动做好了铺垫。由林奈学派(Linnaeus)发明的分类体系用拉丁文来标识每一种植物种类，这种分类体系使得国际上日益发展的科学研究群体能相互交流对植物学的认识。

凯韦的皇家植物园

在凯韦皇家植物园建设和十八与十九世纪之间植物研究中起重要作用的机构是约瑟夫·珀克斯(Sir Joseph Banks)爵士(1743～1820年)，他从1778年直到逝世一直担任皇家社团的主席，他还是乔治三世的植物顾问，凯韦皇家植物公园的负责人。富有、强大的政治背景，三年在"努力号"航海中收集植物的经历使得珀克斯能够吸引到皇家和贵族们对随船前往遥远岛屿上的研究人员提供资助。他对在凯韦接受训练的年轻人的专业技能和勤奋工作进行评议，从这些人中挑选出诸如艾伦·坎宁安(Allan Cunningham)以及詹姆士·鲍伊(James Bowie)这样的人去南美、澳大利亚、美洲以及中国去搜集植物，珀克斯命令这些人和其他探险家们记录气候情况和当地植物品种的土壤特性。在寒冷、潮湿、波涛汹涌、寄生虫横行、自然灾害频繁发生的航海旅途中，他们遇到了很大困难。

直到1838年，纳撒尼尔·沃德(Nathaniel Ward，1791～1868年)，一位医生和自然科学家才偶然研制出了对将来植物收集者极为有用的一项发明。他在带盖的玻璃罐里的土中埋下种子，不久他就发现由于罐中植物在沃德箱(Wardian case)里呼吸使得空气变得湿润，于是土里的种子开始发芽。他在论文《密封玻璃瓶中植物的生长》(1842)中发表了他这一发现，而沃德箱——事实上相当于微型温室——很快成为所有植物收藏者们的标准工具之一。除此之外，植物收集家们，参加了伦敦园艺协会——成立于1804年，其目的在于发展植物学，为英国搜集国外园林植物——他们不断设计出包装植物的新方法和新材料，虽然他们常常不能取得令人满意的成果，然而足够多的植物存活了下来，而英国想扩展殖民地的野心又给植物学家们提供了随船航行产生新发现的机会，珀克斯由于建立了著名的皇家植物园用于收藏植物的标本，进行全球间植物材料的交流以及建立与日增多的殖民地植物园之间的联系而享有盛誉。

威廉·唐森德·艾顿(William Townsend Aiton，1766～1849年)是1793年以后凯韦的负责人和伦敦园艺协会(即后来的皇家园艺协会)的发起者之一，他协助珀克斯确保从各地运来的植物标本都能运送到凯韦，珀克斯非凡的领导才能，加上英国政府的大力支持，使他们的工作进展得非常顺利，他要求外交官们、军队和海军军官们、商船船长们、外国使团们以及殖民地的记者们都来发展凯韦植物园的事业。正是在上述努力下，1789年，在林奈(Linnaeus)的前任学生丹尼

尔·索兰达(Daniel Solander)和另一位瑞士植物学家乔纳斯·德赖亚德(Jonas Dryander)的协助下，艾顿在凯韦出版了一本三卷植物的《Kewensis植物学》。詹姆斯·索尔珀(James Sowerby)的水彩画对这部优秀的、不朽的著作进行了说明(图9.1)。

十九世纪20年代，凯韦植物园的光芒在更积极、更活跃的植物研究组织尤其是当时资助到中国、非洲、墨西哥、南美部分地区及美国太平洋海岸进行植物采集活动的伦敦园艺协会的活动下黯然失色。当植物园在校园里和新兴的工业城市中普及的时候，凯韦植物园则停止发展。参观凯韦植物园的人们注意到了它的衰落，约翰·克劳蒂斯·劳顿(John Claudius Loudon)主编的《园艺家杂志》对这一情况提出了尖刻的批评。然而，1841年，英国财政部资助了凯韦植物园并将其重新命名为皇家植物园。威廉·杰克逊·胡克(William Jackson Hooker, 1785～1865年)被任命为负责人。在那时，劳顿已经旅游了很多地方，参观了英国和国外的植物园，巩固建立了他在国内园艺界领头发言人的地位，他即是科学研究人员、园艺家、发明家、又是作家和编辑。他的职业集中体现了创造力、科学兴趣、工艺能力、广博的知识水平以及推动十九世纪文化发展尤其是景观设计领域发展的人文精神。

图9.1 鹤顶兰，一种典型的热带兰科植物，1778年引入到英国。威廉·唐森德·艾顿在1789年出版的《Kewensis植物学》中插图12，也就是詹姆斯·索尔珀让世人铭记的一幅水彩画。

约翰·克劳蒂斯·劳顿

约翰·克劳蒂斯·劳顿(1783～1843年)[2]以其博爱、理想主义及其对于理念的物质表现能力以及其思想的广博与深远成为其所处时期的代表人物，事实上，他在伦敦和其他英国城市进行市政规划的几十年之前就从事市政规划人员的角色，并接受了这种思想。作为托马斯·杰斐逊(Thomas Jefferson)的崇拜者，劳顿常将杰斐逊"自律"一词挂在嘴边，他期望有一天公共环境的改善能受多数人意见的影响，能广泛全面、理智地开展，而不是仅仅为了满足富人和有权势的一小部分人的利益。他认为隧道、桥梁和其他公益工程都是社会精英应该关注的事业，他们不应该仅仅将眼

光放在宏伟的建筑和雕塑上。卫生设施和铁路运输事业的发展激发了他的想像力，因为他追求宜人的居住环境，希望有便捷的设施能让工人们更好地专注于工作，希望中产阶级业主能有一块郊区绿地。早在埃比尼泽·霍华德(Ebenezer Howard, 1850～1928年)之前他就提出规划都市发展，提出通过一系列环城绿地住宅减缓城市拥挤的想法，后来的市政规划人员非常赞同这种有管理的都市化模式。

苏格兰农民的长子劳顿，1803年当他20岁时，来到了伦敦，这时他已接受了良好的教育，拥有温室设计和围湖造田的堤坝设计和实践经验，他通过一位教授的推荐信被举荐给约瑟·珀克斯爵士，约瑟·珀克斯爵士对他非常友好，劳顿也和植物艺术家詹姆斯·索尔珀及杰里米·本森(Jeremy Bentham)很熟悉，而后者的功利主义学说、意识形态及系统的思想方式对他的影响非常大。

劳顿在伦敦发表了第一篇文章的内容，提出在城市广场中的树木及灌木花丛设计上采用形象性原则的建议。在这篇文章之后，他又发表了《园林观察》(1804)一书。该书为他引来了想寻求他专业客户的意见。在1808～1811年，他住在牛津郡的特韦旅馆(Tew Lodge)农场，在那儿，他除了替他的房东及客户乔治·弗莱德雷克·史柴顿(George Frederick Stratton)设计了一个收益很好的出租场地之外，还给别的客户设计了许多很好的方案。他迁走了一些灌木篱墙，种上了新树木以抵挡寒风，将荒地重新规划，修建了排水渠，并以实用性、舒适性和技术性而不是装饰性及风格性为重点设计建造了一座农舍；他将经济性、便利性与高雅性精巧地融为一体(图9.2)。他设计的农场道路依土地的地形而建，体现了形象性风格。在新屋子周围，他根据地形形状种植了一些灌木和乔木，再一次依据了朱斯夫(Jussieu)的规划系统。尽管他在20年后才给景观艺术这个词作出定义，但是他在实践中采用了后来总结出来的景观艺术的原则，即在设计中采用各种珍奇植物，不管这些植物是本土的还是外来的，都依其各自特点给予展示。在劳顿的设计作品中，植物展

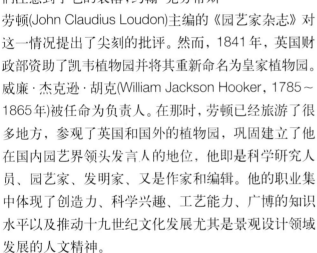

图9.2 特韦旅馆前方的东面，劳顿设计的观光农场，1812年。

示是其设计的一处重点。他对特韦旅馆农场和其他景观的设计突出了景观的自然性、艺术性和科学性。

在他职业生涯早期，劳顿将教育看作他的工作内容之一。在特韦旅馆农场，他成立了农业学校，用于传授给地主贵族的后代和未来的房产者科学经营农场的方法。另外，他非常关心农场的劳工们，对他们的衣食住行非常关注，但未满30岁的劳顿更加专注于在特韦旅馆农场开展的改造活动，而不是打算永久地安居在那里。虽然作为一个科学经营的农夫以及教育者的生活非常具有吸引力，但他充沛的精力和好奇心需要一个更大的活动空间。在两年半后，当史柴顿想收回他的产业时，劳顿接受了这一安排。

当时欧洲的拿破仑战争已经结束，他抓住了这一时机，开始出国旅行，在1813~1814年游历了北欧。约瑟夫·珀克斯爵士的推荐信，使他得以参观贵族的

产业和接触景观设计的专业团体，而他所掌握的法语、德语和意大利语使他能流利地与园林负责人、建筑家和其他人交谈。在俄罗斯，他对培育在贵族产业温室中的凤梨、樱桃树、桃树、洋李子、苹果树、梨树和葡萄非常感兴趣。他从技术性角度研究俄罗斯温室对其保温效果进行了评价。一些观察对他很有启发，在回到伦敦后，他将其想法放到如何通过技术改造改善温室建设的主题上。

在这方面，他并不孤立。1812后，理查德·佩恩·奈特(Richard Payne Knight)的弟弟托马斯·安德鲁·奈特(Thomas Andrew Knight，1759~1838年)是伦敦园艺协会的成员之一，发表了一篇论文。在该文中，他认为纯理论上的温室，可以用最少的玻璃来接受最多的阳光，而且能高效地保温，这种温室比传统温室更有利于园艺，更经济。当时的温室还采用传统的凯韦的Chambers's Orangery设计，在这种设计中，砖石建筑的墙上镶嵌着巨大的拱形窗户，通过在海湾公园对不同形状、不同结构的材料实验，劳顿在1816年发明了锻铁制造的曲线窗框。通过试验，他还提出了"山脊和垄沟"，又称为双子午线的采光系统，在这种采光系统中，温室的玻璃窗被安在最佳角度，能捕捉到清晨和当晚的阳光，同时能防止因正午阳光的直射对植物的灼伤。他还设计了一个用铁链系着的平台，该平台能通过铁链和滑轮像威尼斯百叶窗一样高速地运转，以更好的角度吸收阳光、新鲜空气和夏天的雨水(图9.3)。随着英国在1845年对玻璃征税后，拱形玻璃温室开始普及，这些温室

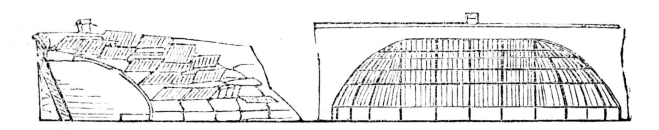

图9.3 Polyprosopic 温室，约翰·克劳蒂斯·劳顿的一张不同方法设计玻璃温室的草图，资料来自一篇有关自然风景园的理论和实践问题的专题论文。根据劳顿的学说，Polyprosopic 温室类似曲线的房子，却不同于把表面简单地加工成许多平面，它的优势主要在于通过用铰链结合各上凸面及用杆连结以铁链相连的各面的低角处，铁链在后墙上端或顶部以滑轮转换，整个屋顶，包括其末端，都可以像威尼斯的百叶窗一样协调地打开或上升，这样每个窗扇或是每个面都可以调节与太阳光的角度，也可以垂直放置以便于雨水冲刷。

建在折衷主义的新传统维多利亚大厦中显得很不相称，但是在劳顿之后(图9.2)，人们就很乐意采用这种以维多利亚景观为主的新型的设计方式。

铁器制造商里查德·特纳(Richard Turner)协助下，建筑家德西姆斯·波顿(Decimus Burton，1800～1881年)设计的、建造的约瑟夫·帕克斯顿(Joseph Paxton)垄沟式温室，位于凯韦的棕榈房温室，由一系列井然有序的相互组合的半球体构成，它和帕克斯顿在海德公园为纪念1851年大型展览而设计的水晶宫——得益于劳顿在温室建设上的领先研究(图9.4)。劳顿极高的天赋，在技术的激发下也产生了其他创新，包括为工业工人设计的住宅方案和太阳能加热系统，他在1822年发表的综合全面的、详细的、结构分明的园艺百科全书中都说明了这些设计。

图9.4 棕榈屋，凯韦花园－英国皇家植物园(Kew)，Richmond，Decimus Burton 和 Richard Turner 设计，1844～1848 年。

这部百科全书，在15年中再版修订了很多次，而拥有很多读者的《园艺家杂志》为劳顿开设了一个发表其先进观点的论坛。1825年，在42岁时，他失去了他的右臂和写作与绘图能力，但这些并不能阻止他继续发表园艺方面的著述。在投稿人、制图员、亲戚和既是他的抄写员又是编辑助手的妻子的帮助下，他编撰了《温室指南》(1824)、《农业百科全书》(1825)、《植物百科》(1829)、《劳顿的植物》(1830)、《农舍全书》、《农场和郊区建筑及装饰》(1833)以及《青年园艺家自我指导》、《森林》、《地产者》、《工地管理者》和《农场主》(1845)。

他所有的这些作品，都体现了他对改善园艺工作者生活条件和教育水平的热忱、科技兴趣，提出了实用的园艺建议，表现了美学理论，描述了他经常在英国和欧洲其他国家旅行时看到的花园特点。而他的读者包括牛津大学和剑桥大学的教授、牧师、医生、植物学的负责人，建筑学家、工程师、景观设计师以及贵族房产中花园的负责人。贵族和妇女也正如他所希望的那样读他的书，而他的目标读者，年轻的园林设计人员，因他们无法负担两先令一份的《园艺家杂志》而借阅他的书。

尽管当他还是个想建立自己声誉的年轻人的时候，劳顿与园林设计的老前辈汉弗莱·雷普顿(Humphry Repton)就一些设计原则发生过争执，但在1840年，他担任了雷普顿新版作品收藏的编辑。劳顿和雷普顿都意识到著书是比为有钱人设计更能扩大专业知识影响力。不过设计业务，尤其是为公共福利设施进行设计是展示他在书中和杂志中所介绍的原则和实践的重要途径。所以，当他1839年春天被请到工业城镇去设计一项由约瑟夫·斯特拉特(Joseph Strutt)送给前任市长的占地11公顷的植物园林时，他非常高兴。在烟雾漫布的中部地区，由于斯特拉特的博爱，劳顿有机会实现他的包括各种自然美丽植物的景观能够启迪大众、抚平穷苦工人的忧伤，增进各阶层民众的相互尊重和他们自豪感的信念。

尽管劳顿在这块形状不规则的地上铺设了高效的环绕系统，用茂密的树林掩盖了其边界，用一系列线性的山使人们的视线关注于山丘周围的景物，并且掩蔽了山丘上的人和其他物体，这样该地区狭窄的地形就不会太引人注意，但是作为一项设计，人们对德贝(Derby)植物园褒贬不一。不过作为一项社会实验(图9.5)，该园是非常成功的。在它开放后，公众庆祝了3天，根据当时的报告没有一株植物遭到破坏，它受到了广泛的关注，使许多工人群众在星期日赶来，这些人中有些是来自谢菲尔德、伯明翰和利兹这些很远的城市。当他们来到植物园时，在门房里的洗手间和

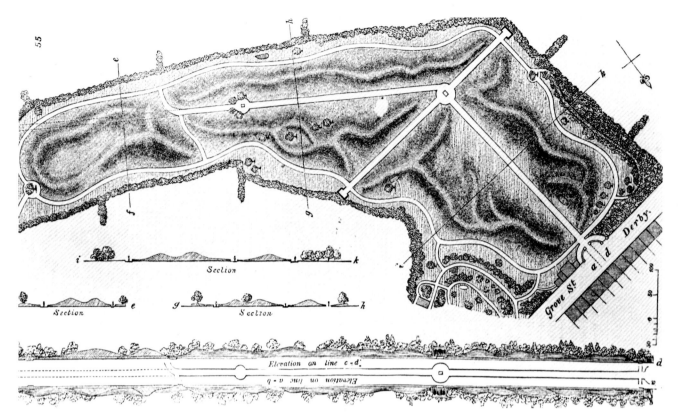

图9.5 平面图，德贝植物园，1838，约翰·克劳蒂斯·劳顿设计。

热水或热茶，使他们精神为之一振。然后他们就可以自由地沿着蜿蜒的道路散步，欣赏按照朱斯夫(Jussieu)系统种植的乔木和灌木，[3] 而这些树上都标注有植物学名、俗语名、产地、自然高度及引种入园时间的说明。劳顿同时也将德贝植物园的植物标本编上了号，根据这些编号，他可以在编写的手册上查询到有关该植物学术方面的信息和有关的奇闻轶事，而读者在门房就可以购买到这本手册，那些仅仅想休息一下的游客们可以沿着两条横跨植物园、相互交叉的笔直的砾石路之一散步，而在道路尽头的亭子又给游人们提供了遮风蔽雨的场所。配有为老人和体弱的人设计的跳脚板的长椅，为游人提供可以休息的场所。总之，德贝植物园是1840年一项杰出而前卫的设计，是约瑟夫·帕克斯顿、弗雷德里克·劳·奥姆斯特德及以后许多园林设计人员作品中的佼佼者。

劳顿在47岁时和珍妮·韦博(1807～1858年)的婚姻使双方都受益颇深。珍妮的善良和文学功底以及尽心尽力的工作热情使她在好莱坞开始帮助他编撰、出版内容丰实的毕生巨著《植物园灌木》。在劳顿逝世后，她接着偿还他们为这部耗资巨大的巨著所欠下的债务。为此，她不仅帮助劳顿奠定了在历史上的地位，而且也为自己赢得了很高的声誉。倡导妇女从事园艺事业的劳顿对珍妮开展园艺实践和纺织工作非常支持，而珍妮则帮助了其他妇女开始从事这项事业。她所著的《妇女园艺》再版了很多次，并且由安德森·杰克逊·唐宁(Andrew Jackson Downing)编辑了美国版。在她最后一本书《我的花园》又称《青年园艺家年鉴》(1855)书中，她向孩子们介绍了她和劳顿女儿阿格尼斯(Agnes)一起的快乐时光以及他们一家在旅行中的见闻。

维多利亚花园

在劳顿的影响下，维多利亚花园保留了传统的形象，同时也吸收了植物科学发展的影响。它在表现了时代的浪漫主义精神外，更加倾向于实用性，并采用了工业原材料，这预示了二十世纪现代化的功能景观美学(见第十三章)。不过，与将功能性提升到美学原理地位的现代设计人员不同的是，维多利亚景观园林设计师是毫无保留的折衷主义者。他们给自己的功能主义披上了时代的伪装——"风格"，而这种说法遇到了喜欢争辩的现代设计家李·科比希尔(Le Corbusier)的强烈反对。他们试图在社会不断发展的现世主义和科学技术——飞速发展中寻找文化的延续性，并提倡鼓励复古主义，但在这种发展变化中文化延续性是不存在的。想找寻这一延续性的人们都爱回顾其他时代和地点的设计而寄希望于十九世纪的英国。比如约翰·罗斯金(John Ruskin)的追随者，就设计维多利亚哥特式建筑风格用以表现中世纪基督教观念。而其他渴望英国扩大其影响力的维多利亚景观园林设计人员，则喜欢借鉴法国和意大利设计的新古典主义设计理念，用以标榜财富和地位。他们幻想用法国十七世纪别墅花园中的显示丰富植物的花坛来展示他们的奢华。

即使像雷普顿(Repton)这样杰出的风景景观设计师在其职业生涯后期也对自己的设计风格进行了调整，以吸收时代的影响，比如在设计中采用带护栏的露台。考虑到实用性，他不再采用自布朗之后，用来制造从远处的牧场到大厦间绵延的景观错觉技巧，他甚至在城郊也设计了形象性花坛(图7.25)。由劳顿编辑的1840年版的雷普顿作品集对于认为十八世纪形象设计太急于弃传统模式的人们来说是一本现成的参考书，即使普兰斯(Price)也后悔年轻时在福克斯利(Foxley)乡村小屋中移除了护栏。现在人们都认为护栏给人们提供了视觉前景，而且是几何构造的房屋向周围精心设计的自然景观令人愉悦的过渡手段。

新工业时代的优点、高效性，也通过强调维护体现在了景观中。割草机的发明使得人们不再通过人工及牛群之类的动物来保持草坪(图9.6)。长柄挂镰刀被废弃了，人们都向往拥有精心修剪的大草坪，碎石铺就的道路也取代了原来不平的道路，而这些道路不再被形象地设计成蜿蜒曲折状。当业主们采用了现代维护手段，通过科技来改善他们的工地后，笼罩在拿破仑战争时期的各处产业上空疏于管理的气息也被一扫而空。

虽然十九世纪曾几度产生经济萧条，总体上来说，英国的情况是在较低的工资水平下，只有少量的园艺家们仍可以参加大型房地产项目的设计与规划。负责工程项目的园艺负责人，向工人们传达其业主对园艺的品味，成为维多利亚园林风格的重要引导者，这几种风格，具有想像力、历史真实性的趋势，他们也凭几种传统的设计模式——詹姆斯一世英国模式、

文艺复兴时期的意大利模式、十七世纪法国和荷兰模式——开始流行。在劳动力供过于求、铁路交通的发展可以从远方运送原材料、包括当时假山公园非常流行的巨型石料的情况下，公爵贵族们争先恐后地建造效果奇特的园林。

德贝郡(Derbyshire)依尔维斯顿(Elvaston)城堡哈林顿(Harrington)伯爵的首席园林设计师威廉·贝瑞(William Barron，1801～1891年)由于在移植树木方面的经验和设计了著名的纽带园林而闻名于世。为了将奇异的树木和已经修剪成形的高大热带灌木安置到依尔维斯顿，他采用了将树木与附着根部的球形十一块移植的方法。嫁接技术也是依尔维斯顿城堡和其他景观的一大特色，这一技术产生了自然界从来没有的新物种形态。

这一时期的景观恢复工作有过之而不及，比如在海特费尔德(Hatfield)，索尔斯伯利(Salisbury)候爵二世花园和一座大城堡(图9.7)。在威斯特兰特(Westmorland)的莱文斯(Levens)庄园，首席园林家亚历山大·胡比斯(Alexander Forbes)开始修复约1700年左右修建的热带园林，这场修复工作非常成功，就连像劳顿这样敏锐的观察家都以为该园林没有经过人工的重建(图9.8)。

意大利花园又重新开始流行起来，在这些园林中，宽大的阳台和带护栏的楼梯坐落在镶嵌有花坛的英式草坪上。除了将楼梯作为连接房屋及周围景观的因素外，威廉·安德森·南斯费尔德(William Andrews Nesfield，1793～1881年)也将其用于法式花坛的设计上。南斯费尔德常借鉴戴扎利尔·阿吉威尔(Dezallier d'Argenville)书中的设计，但他同时又是多才多艺的，

图9.6 伦敦《园艺杂志》插图中的剪草机，1832年。

图 9.7 台地模纹园，海特费尔德，赫特福德郡(Hertfordshire)，由索尔斯伯利伯爵二世设计进行原始修复，十九世纪40年代。在十九世纪80年代初期由 Hertfordshire 伯爵再次重建。

图 9.8 莱文斯庄园(Levens Hall)，威斯特兰特郡(Westmorland)，灌木修剪园，1700年建园；由首席园艺师 Alexander Forbes 重建和维护，1810~1862 年非常盛行。

也采用铧式连环园林设计模式。他在 1844 年 ~ 1848年在凯韦当德西姆斯·波顿(Decimus Burton)的助手，在担任这一重要职务过程中，南斯费尔德采用了类似于威廉和玛丽时代的风格，为棕榈植物园设计了一座

花坛露台，从该露台延伸出一座新的松柏园，即松柏类植物园，并重新布置了池塘，重新设计了布劳德(Broad)大道(图 9.9)。

英国的园林很早之前就不再采用喷泉的设计，为

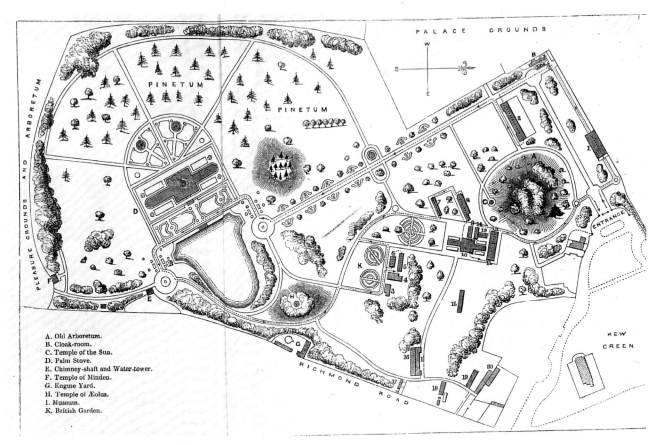

图 9.9 凯韦花园十九世纪 50 年代的平面图，体现了 Nesfield 的更新设计。

了重新将灵活的水流引入到园林设计中，科帕毕里提·布朗(Capability Brown)设计了林地小瀑布，这是布朗少数几项没有遭到形象主义设计人员攻击的作品之一。现在，在人们已经掌握了工业技术的情况下，人们又开始对喷泉设计产生了兴趣，修建了一些非常著名的喷泉，如由约瑟夫·珀克斯顿设计位于Chatsworth的帝王喷泉(图9.11)。

图9.10 地毯式花坛，凯韦花园。1870年。

从像墨西哥这样的国家移植来的色彩鲜艳的花卉，在维多利亚园林中绽放异彩，为碧绿的园林景观增添了绚丽的色彩。色彩理论成为一个首席园林家的必备能力要求。这时的花床，马赛克似的季节性花床——不仅要求在设计时考虑花卉高度和花期的相似性，而且要求与其他的地面植物能相互对照和补充，而不是互相混同。

对于十九世纪的设计家来说，他们所面临的挑战是如何将所有这些有趣的、有用的、迷人的物体——植物标本、历史废墟、温室和凉亭、假山公园和菜园、花卉和喷泉——组合为一个统一的整体。在劳顿的设计中，其整体性表现在他称之为对称轴的理论上，他是这样解释这一理论的：

> 在最简单的对称形式中，两面左右相同、形状相似，而对称轴也很容易发现；但在加工过的、精细的对称形式，左右两面也是不相同的，因此中心实际情况不同，这就需要用艺术家的眼光来检查轴心。[4]

由此来看，劳顿寻找的是一种平衡的感觉，而不是部分的镜像，他们所称的轴心也不一定是肉眼必须看到，而是有时被隐藏起来的，在以对称轴理论作为组织原则的基础上，他通过园林特征和植物的各种搭配来达到平衡的效果。

设计的协调性也可通过一致性来实现。一致性的含义是将现有景观的特征提到与园林设计家的能力同等的地位来尊重，这样当地的岩石用作建造假山园林的材料，在低层应该有水面的地区安排水景，不再设计与景观无关的雕塑和建筑物，避免在安放珍奇植物时将不和谐的植物摆放在一起，在花园各个独立的组成部分之间安排缓冲地区，比如平整的草坪和假山公园之间留有场地。

除了设计具有历史纪念意义的园林外，维多利亚设计家通常避免在设计中采用直线条。他们对派特·朗利(Batty Langley)设计采用的洛可可式曲线非常感兴趣。花坛所形成的圆形非常引人注目，是雷普顿和劳顿赞赏的样式。花坛中的花架逐渐向上堆放，以清除在平地上观赏花卉的困难，更好地展示花坛如毛毯一样的设计外观(图9.10)。

但是在一些设计中，并不一定要遵守一致性原则，在约瑟夫·帕克斯顿作品中，将看起来很自然的景观与明显的人工景观通过出人意料地相互搭配，取得了非常显著的效果。尽管帕克斯顿并不是像劳顿一样的景观理论家和社会哲学家，对知识分子持怀疑态度，然而他比其他人更好地发展了劳顿的设计理念，通过设计英国最早的市政资助公园——利物浦的Birkenhead公园，他将科技和园艺充分地结合在一起。

约瑟夫·帕克斯顿

约瑟夫·帕克斯顿(1801～1865年)一生的技术能力、设计创造力和勤奋工作活力使他成为园艺界备受尊重的领军人物。作为一个农夫的儿子，帕克斯顿在他20岁到伦敦之前就是一个园林工作人员。当他在位于奇斯韦克(Chiswick)的园艺协会展馆工作时，该展馆坐落在德文郡(Devonshire)第六代公爵的地界上，他的智慧和才能给常到展馆参观的公爵留下了深刻印象。1826年，公爵让他担任其在德贝郡查特斯沃思(Chatsworth)园林的首席园艺师。在这之后，帕克斯顿的天才，加上公爵的慷慨很快就使查特斯沃思园艺成为小有名气的园林景观之地。在没有接受劳顿提出的将保留有十七世纪风格的景观修复得更加自然化的建议情况下，年轻的帕克斯顿开始着手修复并改进花园原来就有的供水系统。他很快遇到了如何生动地表现"哭泣的杨柳"的问题，这是一棵人造树和一座从八百个微型喷泉上空喷射水花的喷泉所组成的景点。他并没有重新改造原来的设施以便使其看起来像十七世纪末期的设计，而是设计了一座树林幽谷和假山，使这处奇特的水文景观拥有了非常自然的环境。在随后的设计中，帕克斯顿以其脱离美学理论和轻松地将人造景观与自然景物相结合而见长。

他在1830年陪同德贝郡公爵参观凡尔赛和巴黎附近的园林，以及英国园林和意大利乡村园林的时候，就开始接受了景观设计的教育。通过研究这些地方的水利系统，他改进了自己的水文处理技能，在修建了位于查特斯沃思的帝国喷泉——当时世界上最高的喷泉（图9.11）之后，他成为当时英国最著名的喷泉设计家。在帕克斯顿的喷泉设计中，科学技术和艺术有机地融为一体，他的作品不像早期的喷泉设计那样总是安放雕塑；高高喷射出的水柱形成的彩虹和众多舞动的水流所形成的效果足以让帕克斯顿和其雇主满意。将科技运用在位于查特斯沃思的大型温室（Great Stove）上所形成的更令人叹为观止的效果为他最终奠定了国际声誉。这座大型温室修建于1836～1840年，该温室的设计遵循了劳顿的山脊垄设计原理，但在设计温室玻璃边框时没有用镀铁而是采用了木质材料。

不断增长的声誉使他名列景观设计师的前列，他主要接受两种渠道的业务委托。第一种渠道是个人开

图9.11 皇家喷泉，查特斯沃思，德贝郡(Derbyshire)，Joseph Paxton 设计，1843 年。

发商，他们用经济眼光看待公共娱乐场地和周围的房地产之间的关系；第二种渠道是医疗卫生官员和人文主义者，他们从公共健康和休息娱乐的角度来看待景观。纳石(Nash)设计的伦敦摄政(Regent)公园首开开发正式园林的先河，1842 年，亚特斯(Yates)家族的一名在利物浦拥有大量土地的成员邀请帕克斯顿到那去设计王子公园，他希望该公园能增加附近的住宅区对中产阶级住户的吸引力。在该设计方案中，帕克斯顿规划了一排带阳台朝向弯曲车道的房子，车道环着一个草坪，草坪里散杂着绿树，坐落着一个婉蜒曲折的湖（图9.12）。

王子公园在1908年前一直为私人所有，因此，当各地的改革者，尤其是英国工业城市中的改革者在城市平民中提倡"绿空旷地"，并开展园林运动时它并没有产生什么影响力。[5]帕克斯顿下一个设计项目是位于利物浦伯肯亨德(Birkenhead)默西(Mersey)河对面的一座公园，该公园设计的目的也是为吸引商人阶层居民，但由于其独特性，其对

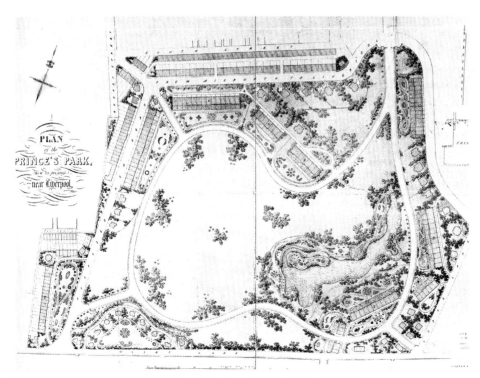

图9.12 王子公园平面图，利物浦(Liverpool)，Joseph Paxton 设计，1842 年。

公众开放性受到的欢迎，它给后来的花园设计带来了更深刻的影响。

这时，市政府还没有获得收购土地的广泛权力，但是建设公共园林的市民运动却已经展开。1842年，由一群商人组成的伯肯亨德促进委员会为一能批准他们购买28公顷土地"用于居民娱乐"的议会法案而进行游说。[6]最后，他们买了80公顷土地，其中大约49.6公顷是用于建造公园的，而剩下的土地则用来修建房屋。尽管从严格意义上来说，在1847年开放的伯肯亨德并不是第一座公共公园，但它是第一次使用公共资金收购公园用地进行开发并用其周围住宅销售收入来偿还开发成本的实践。另外，市政府承担了维护该公园的责任，并开创了利用出售放牧权和拍卖的收入来进行公园维护的先例。

正如他设计的位于利特浦附近的王子公园一样，帕克斯顿在伯肯亨德公园中设计了一块大草坪，草坪的边上零散地种植树木，一条蜿蜒的车道环着草坪，而车道周围则是带露台的房屋，在草坪中央横着一条主路，即阿石费尔德(Ashfield)大道。帕克斯顿在被主路分隔开的草坪中各设计了一座形状不规则的湖泊，而且为了使游人不会一眼就看到整个湖岸，他在湖水中还安放了假山，从湖中挖掘出的泥土，被作成了泥质搁板，从而使地形产生了变化，又约束了人们的视线，塑造了一个更为人们所熟悉的湖岸。除此之外，帕克斯顿还设计了与有利于马车行车的商业环路相分离的独立步行道。

从建立之初，公园就不仅是供人们在优美的环境中休闲散步的地方，也是娱乐的场所。这也给像帕克斯顿这样的景观设计师带来了困难，因为他的出发点是发掘风景潜在的美，同样苦恼的还有公园管理人员，他们经常被迫修改原来的设计方案，接受各种娱乐设施，而且还不得不制定各种规定，处理在公园中进行各种游艺活动所产生的后果。公园的赞助商甚至将娱乐放在公园设计目标的首位。在十九世纪40年代——设计并修建的两座公园——菲利浦斯公园和皇后公园的设计中，参与竞争的设计方案不得不在公园的入口处设计体育馆、射击场、九柱球馆等场所。而且这些设计方案必须体现公共性，考虑能够容纳大规模的列队、休息室、大量的长凳、饮水龙头和门卫住的门房也是设计方案的一部分。在最后的定稿中还包括了带

球网的羽毛球球场。与此形成对比的是，查特斯沃思最早的设计者詹姆斯·彭内桑思(James Pennethorne)和帕克斯特的雇员并在1849年后成为查特斯沃思的管理员约翰·古布森(John Gibson)，他们在设计伦敦维多利亚公园时遵循了风景学原理，采用了种类繁多的园艺素材。但即使是该设计也不得不加入了跷跷板、爬梯和其他游艺设施，甚至至少要容忍游人用公园中的湖水洗澡、滑冰、划船及清洁小狗。

在斯投渥(Stowe)、斯特亨特(Stourhead)和其他十八世纪的经典设计中，伯肯亨德的设计家们将英国历史古迹和帕拉迪奥(Palladian)风格相互融合，他们在公园入口处除了设计希腊复兴"诺曼底式"门房外，在城堡中还设计了哥特式、都锋式(Tudor)和意大利风格的门房，充分体现了他们在协调各种设计风格上的才艺(图9.13)。这些设计像其他设计一样都受到威廉·钱伯斯(William Chambers)的影响，伯肯亨德和维多利亚公园都有宝塔，即使宝塔不再流行，十九世纪的建筑艺术还是产生出铸铁宝塔，比如曾在1876年巴黎和费城展览中展出的宝塔后来被永久存放在诺威池(Norwich)的查普尔·费尔德(Chapel Field)公园里。

土耳其式凉亭设计特点来源于中国宝塔，给修建高高的木制、铸铁式砖石地基建筑模式带来了与众不同的设计思维。拔地而起的、开放式的装饰性凉亭成为许多公园的一道景观。尽管严守安息日的教徒们试

图9.13 主入口，伯肯亨德公园，利物浦(Liverpool)，Lewis Hornblower 和 John Robertson 设计，1847年。它是罗马拱形凯旋门的维多利亚女王时期版本，雄壮的 Ionic 式的柱子不是为了纪念军事上的胜利，而是纪念市民建造公园的荣誉。

图9.14 维多利亚自动饮水器，维多利亚公园，伦敦，1862年。

图通过在周末关闭公园来禁止举办音乐会和其他娱乐活动，但音乐家们当时演奏的古典音乐还是被改革者们狂热地用于提升大众文化。禁酒协会赞助公园里的饮水泉，他们在维多利亚公园精心制作了维多利亚饮喷泉，文字描述了水优于烈性饮料的含义(图9.14)。

作为改革者改革日程中的一部分，改革者想让人们不再沉迷于酒精、赌博和其他没有意义的娱乐活动，他们认为公园是修建图书馆、艺术和自然博物馆的好地方。而这些建筑通常都有休息室供人们娱乐。随着更多的公园建立起来，用于纪念当地慈善家、民族领袖和战争胜利的纪念碑在绿地中耸立起来，通常作为花床的中心部位，知名人士、皇族人物及军事英雄塑像取代了古典雕塑在园林中的地位，这一现象不仅发生在园林运动的发源地英国，也出现在园林运动迅速发展的其他地方(图7.48)。具有争议性的公共设施，在

许多公园中都开始出现，一旦这项举动开始实施，制造商们就开始生产铸铁便池。冬季花园，或棕榈屋是模仿凯韦和帕克斯顿水晶宫中的温室建造的，它为棕榈树、凤梨树和其他得到很多十九世纪园林赞助者资助的热带植物提供了小气候环境。这些温室也给无家可归的人在寒冷的冬天找到了温暖避难所。

十九世纪中叶是一个国际交流的时代，流动性日益增强，有文化的中产阶级享受着各种科技和制造艺术。蒸汽机和铁路运输使很多人都能享受到这些技术所带来的好处并降低了其成本，最终使其得以运用。最能展现科技与制造艺术的设计莫过于帕克斯顿在海德公园中为1851年伦敦大展览而设计的世界上最为现代化的展览馆——水晶宫。1853年纽约试图模仿伦敦建造自己的水晶宫时，帕克斯顿开始在伦敦的Sydenham采用这种设计极受欢迎、为其赢得骑士地位的设计模式，建成的水晶宫公园比其模板更为精致，其运营成本由入园费来承担，它展示出与位于伯肯亨特的水晶宫不同的设计特色。在水晶宫公园中，帕克斯顿没有采用自然主义来设计，而是采用了新洛可可式几何造型，在边缘上还围绕了形象主义的条纹(图9.15)。

帕克斯顿在景观设计历史中享有重要地位，他将劳顿的创造性、对园林的热爱和人文社会精神与飞速工业化国家中展开的园林运动相结合。联邦政府建立在社会平等原则的基础上时，美国成为市政公园和其他民主机构的理想测试地。

图9.15 水晶宫公园，(Sydenham)，伦敦，Joseph Paxton 设计，1856年。James Duffield Harding 的水彩画。

II.重新定义乡村美国：
安德森·杰克逊·唐宁(Andrew Jackson Downing)的影响

美国十九世纪早期适用于公园和私人产业的景观设计方法大部分取自于英国。但是，两国在自然和社会环境上存在着较大的差别，而且两国之间的地理状况也非常不一致，作为岛国的英国拥有悠久的土地耕种传统，而大陆性国家美国则拥有辽阔的草原和林地。这些差异解释了十九世纪美国发展出自己独立的景观模式的原因。

美国的植物发现

北美在十九世纪上半时期是英国植物探险的沃土，从利物浦来的出版商托马斯·那托尔(Thomas Nuttall，1786~1859年)移民到费城，并对植物学和植物采集产生了兴趣。沿着毛皮交易商和美国荒野探索者的路线，他在1801~1812年穿越了密苏里河北部地区，在1818年去阿肯色州采集植物标本之前，他将自己在密苏里河北部地区的工作成果发表在《北美植物大全》一书中。1822年，他担任哈佛大学植物园的园长，一直到1834年。在1833年，他参加了一次到落基山(Rocky Mountains)的探险。

1823年，在格拉斯戈韦(Glasgow)大学从师于威廉·杰克逊·胡克(William Jackson Hooker)的苏格兰植物学家戴维·道格拉斯(David Douglas，1798~1834年)在伦敦园艺协会的资助下访问了哈佛的那托尔和费城的威廉·巴特姆(William Bartram)。第二年，在赫德森贝(Hudson's Bay)公司的赞助下，他乘船来到了西海岸，并在温哥华城堡建立了他到俄勒冈州和哥伦比亚探险的基地。随后的三年中，他一直在考察当地的常绿森林，发现了花旗松和其他针叶树种、落叶树种、开花灌木和多年生物种。1830~1834年，他在返回英国的途中经过加利福尼亚来到夏威夷，后来一直生活在夏威夷，直至逝世。

美国植物学家与英国及欧洲其他国家的植物学家一样，都热衷于通过探险活动及在地球上其他地方搜寻的新的物种以得到它们的种子和样本。费城的巴特姆苗圃继续出售由像约翰·巴特姆(John Bartram)和其儿子威廉这样的早期植物搜寻者寻找到的植物以及探险者们带来的植物。1801年，纽约的一位名叫戴维·

霍萨克(David Hosack)的医生在今天洛克菲尔中心的地方建立了易尔金(Elgin)植物园，而后又建立了哥伦比亚大学，该植物园是用来作为哥伦比亚医科学生的教学资源实习地，因为植物学和其邻近的学科——医药学关系非常密切。植物园有一间为珍稀植物而建的温室，温室里还种植了很多观赏灌木。托马斯·杰斐逊(Thomas Jefferson)经常将巴黎植物园定期送给他的种子赠送给霍萨克。而像François André Michaux(1770~1855年)这样的植物收集者也经常光顾易尔金植物园。由于不能保证植物园的供给，霍萨克在1811年关闭了植物园，但他仍然在他那俯瞰着赫德森河的纽约海德公园继续收集植物。在海德公园里，他聘用了天才设计师André Parmentier(1780~1830年)，而后者的兄弟是比利时杰出的职业园林家。

Parmentier1824年移民到美国，成为布鲁克林(Brooklyn)的一名园林主，在俯瞰纽约湾口的一块地方，他建造了一座称之为林奈植物园的植物观赏花园，里面设有用树枝搭建的凉亭和坐椅，他将它作为自己所收藏植物的展示场所。尽管我们都知道，杰斐逊和华盛顿都对园林设计的形象性风格非常熟悉，Parmentier因为在新英格兰农场杂志上发表了描述自然园艺的文章，而在美国被广泛认同为这种风格的创建者，被其传记作者认同为"时尚鼓吹者"的安德森·杰克逊·唐宁曾说到，[7] "Parmentier的工作和作品对比其他任何人的作品对美国景观园林设计产生的影响都直接"。唐宁则通过他的著作与杂志在十九世纪中期比其他人更间接地改变了美国景观园林设计。[8]

安德森·杰克逊·唐宁：
年轻国家的时尚制造者

Alexis de Tocqueville(1805~1859年)对自己及安德森·杰克逊·唐宁(1815~1850年)所属的时代有深刻的认识，在从1831年5月开始的为期九个月的旅途中，他通过汽船、马车及骑马穿过了美国11200千米的土地。Tocqueville的《美国民主》所讲述的内容远远超出了一个游客对美国已开垦的殖民新兴城市和边区村落的自然描述，尽管他对以上内容都进行了清晰的描绘，但正如该书的书名所暗示的那样，该书是一本政治性读物。所以，该书并不是仅仅为了简单地通过描写美国人的态度、道德和经济环境来反映美国国民特征。事实上，该书的目的是为了预测在欧洲国家从贵族统治向民主政府转型带来的深刻社会变革所产生的结果。

唐宁在1840《美国民主》第二卷出版后阅读了该书，Tocqueville认为家是人们珍贵的领地和迷恋的场所，因此唐宁认为自己应该克服人们心中的燥动不安。他想教给人们什么是时尚，而他这一想法使得公共美德这一思想在景观中表现出来。他希望通过一种新型的家庭舒适感在民主社会中重新打造"适度的快乐"这一概念，这种理想主义构想在美国内战后资本主义文化向类似于欧洲国家阶层文化转变的时期里非常盛行。但在他一生中，他一直在杰斐逊的联邦主义者——他们的民主原则经过贵族思想的妥协——和将他所提倡的"城郊小屋"及"村舍"赋予新含义、打造新规模的富裕唯物主义者之间保持中立。总而言之，唐宁是中产阶级的伙伴，他坚定地认为教育对人民有提升作用。教育即使不能达到经济平等，至少也能使所有人在对美的理解和欣赏水平上实现平等。

唐宁对中产阶级的帮助是非常实际的。在对拓荒者们建造的、简陋的住所和嘈杂的商业及工业城市里脏乱的环境痛心疾首的同时，他用"乡村"(rural)一词表达了自己对郊区环境的构想。唐宁教导业主们和房东们应该对独立的中产阶级住宅区及周边地区乃至对周围空地很少的简陋工人住宅给予像有钱人们对自己的乡村别墅一样的关注。他认为在城市中心外部，能通过新式交通工具与市中心相连，作为天然的形象性美国风光的一部分，而且他坚信如果自己的设计意见被采用，中产阶级的住户将在改善自己的居住条件的同时也能促进国家环境的整体美观。

他并不赞成社区应该消除乡村的宁静。作为一名职业园艺家和一名市民，唐宁提倡通过植树美化乡村。更为重要的是，他没有忽略城市建设。在十九世纪40年代，作为一名改革者，他比其他人更热衷于将公共园林作为美国民主的基本教育内容之一。

唐宁展现了Tocqueville所观察到的美国生活中的一个方面——市民积极性。在民主制度中，没有什么比人民有更高的权威，因此也就不存在皇家学院。无论是公共图书馆、学校、讲演厅、艺术和自然历史博物馆、植物园、园艺协会、郊区墓地，还是公园——所有这些教学和文化机构都是由个体的意志、社区组织的努力和由人民所选举出的立法者所建造的，唐宁提倡市民积极性，作为其代言人发挥了重要作用。

纽约Newburgh苗木栽植工的最小儿子唐宁是一名自学成才的植物学家和风景式园林设计的研究者。23岁与在Fishkill Landing的Caroline De Wint结婚后，他在位于Newburgh的家族产业上设计并建造了自己的家(图9.16)。他们的住所是他所向往的中等富裕阶级乡村住所的代表。它蕴含了他的愿望，那就是，随着美国的发展，动荡飘泊的人们应该扎下根来，美化自己的住宅，建造不仅仅只包含商业道路的社区。虽然住房与劳顿所提倡的"尖角"式建筑相似，但它拥有具有美国特色——阳台，或者当时人们称之为长廊——唐宁在一生职业生涯中，即使在最简单的住宅建筑中都采用了这种设计。

该住宅的位置，唐宁能享受到繁华的Newburgh商业便利，又利于其社会交往。他的朋友通过帆船和汽船可以从水路到达他家里，也可乘坐火车和马车到那里。他只需乘坐3小时的火车就能到达纽约，他在那儿会见出版商或作其他业务。同时，他又可以看到美丽的景观，在那看不到马路城镇，只会看到绿叶团簇下的赫德森河，对于十九世纪飞速发展的都市化，唐宁也许不愿意承认年轻合众国的农业经济飞速地被工业经济所替代。由于这一原因，他启用"乡村"一词来诠释喧闹拥挤和贫富差距显著的城市和不具有吸引力并且生活贫困与艰苦的农场之间地域的郊区景观。

唐宁所设想的替代拓荒农场简陋农业景观的新型美国风景模式在当时非常崇尚艺术和自然完美结合的田园风光。他梦想能产生有像托马斯·杰斐逊式的美国阿卡狄(Arcadia)，他看到了宽广的农村和丰富的自然景观所固有的机会。农业耕作和品味相结合能增加美国的自然风景美，将乡村变为形象性景观。但是在实践中存在着阻力，如果要一览无余园林里的田园风光的话，这种梦想之中的不和谐之处——城市的工业浓烟和河流旁的铁轨就会被呈现出来。十九世纪的美国就像英国一样，对工业时代的矛盾心理通过采用实用技术并在相同的文化环境下运用折衷设计模式而体现出来。唐宁可能

图 9.16　Andrew Jackson Downing 在新特区的住所，纽约，1838～1839 年建造。

也和同时代的人一样，在资本主义社会企业大举运用机器，最终将会催毁乡村城镇美丽的风景、浓密的乡村树林、精心耕种的田地和绿树环绕的丰美草地时，感到非常焦虑。然而，作为一名改革者，合众国的理想主义者，激进的新英派分子，他既接受民主化的、运用科技的未来，同时也接受传统的农业耕种。过去不管他曾怀有什么恐惧心理，并没有显露出来，而是通过优秀的设计乐观地改善环境。

　　1841 年，在经营自己的园艺事业的同时，唐宁发表了自己最重要的作品《景观园林理论与实践》。该书语言清晰流畅，风格平宜近人，很快使他获得了广泛的认可和声誉，成为园艺界权威和时髦风尚的带头人，书中第一章展现了他雄厚的理论根基，尤其是对劳顿和雷普顿作品的深刻理解，他对像 Whately, Price 和 Gilpin 这样的景观设计理论家也非常了解，这种了解体现在他对优雅与别致这种风格作比较的时候。在

该书再版的时候(1844)，他和镌版工人将优雅或有时他也称之为"高雅"的风格表现为一处铺着弯曲道路的女性住所，周围零散地环绕着树木，旁边是雅致的新古典主义建筑。同时，他又指导镌版工人将别致风格用镌形的针叶树、陡峭倾斜的屋檐和其他生气勃勃的不规则的、崎岖的、角状的和健壮的猎人及猎狗非常相称的形体表现出来(图 9.17, 9.18)。

　　与优雅风格相适应的建筑物有"意大利式，托斯卡纳式或威尼斯式"，而能用别致来形容的建筑形式有"哥特式大厦，古英格兰或瑞士村舍"，而且这些建筑物与周围的乡野景色都很和谐。唐宁重新对雷普顿的三人优秀设计基本原则——"统一、协调、多样"进行了阐述。统一是指基于场地的自然环境和"一些公认的或突出的其他因素必须从属于一些特征"而建立设计的主导理念，[9] 多样性是指通过复杂的、装饰性的设计激发观赏者的兴趣，协调是统御多样性的原则，

图 9.17、9.18 "美丽的景观花园实例"和"独特的景观花园实例",在 Andrew Jackson Downing 的《园林理论与实践》的专题论文中是这样描述的,北美洲适用篇,1841 年。

影斑驳","它繁多的枝干错综复杂,令人着迷",[12] 这种描写方式是借鉴 Gilpin 的风格,唐宁对此有深入的研究。

1846 年,当 Albany 的 Luther Tucker 邀请唐宁任以"田园艺术和田园格调"为宗旨的《园艺学家》杂志的编辑时,唐宁获得了拓展思想的平台。在每月的评论中,他提出自己的景观理论;与大家分享自己旅途中的点滴收获;对如何建造乡村建筑、移植树木、种植树篱、肥沃土壤、改良蔬菜、酿酒都提出了建议;将诗歌和指导意见巧妙地结合起来;对建造温室和冰窖给予了详细的指导;劝导妇女们到公园去运动,呼吸新鲜空气,加强体质,对不了解乡村生活的城里人提出了批评——所有的文章风格都平易近人,缩短了他和读者之间的距离。《园艺学家》获得了很多的读者。在该杂志中,他还提倡人们在村庄、城镇和城市种植耐荫树种的技术;为纽约州的一所农业大学进行游说;引起了读者们对诸如 Munich's Englischer Garten 此类公园的兴趣。

1851 年 8 月,唐宁在他的专栏中对纽约市民提出的一项占地 64 公顷的公园开发建议表现出强烈的关注,他指出纽约市"直到不久之前,还对其拥有的少量户外空间"——仅仅是几块草地感到自满,他认为即使是 64 公顷的面积也还是太小,该城当时人口大约为 50 万,要满足城市迅速增长的人口需求,至少应该有 200 公顷的公园。除此之外,他对新公园的设想也非常大胆,在他的想法中,该公园不仅要有马车道、马道、偏僻的小路、宽广美丽的绿色田野给人们带来的真实感受,还应该安置有纪念意义的雕像,就像水晶宫一样的冬日花园,所有的人都能置身于棕榈树和热带植物之间,而同时在温室外,滑雪的人们急速而无声地从覆盖着白雪的乡间大道掠过。公园里应该也包含动物园,而且也应该拥有宽敞的艺术陈列馆。总之唐宁对该公园建设方案的社会意义非常重视。他认为该园应成为一个公共机构,"一个流行的、优雅的大场地",使得工人阶级和安定的成功人士能享受到相同水平的休闲"。[13]

从属于整体布局的需要。另外,他还将别致的设计风格与实用性相结合,并指出"房屋旁坚实的碎石路,房屋里整洁的环境是所有情况下合适的设计所不可缺少的。[10] 和劳顿相似,他认为"承认艺术"是"景观园林的第一要义……,那些认为景观园林的目的仅仅是为了复制自然的设计者们步入了误区。"

该书中有很大一章的内容是描述落叶和常绿装饰性树木。在这一章节中,唐宁不仅仅展示了自己渊博的植物学知识,他还从美学而非科学的角度对这些树木进行了描写,比如"阳光照射在橡树的绿叶中,光在夏天之前，唐宁就去了英国，他非常高兴自己在当地早已久负盛名，在查特斯沃思和许多大庄园中受到了热烈欢迎。他此行目的并不仅仅为了游览英国乡村及位于凯韦的皇家植物园。在《园艺学家》和《村庄住所》(1842年)、《美国水果和果树》(1845年)及《乡村别墅建筑》(1850年)之后的著作中——建筑说明占据重要的地位。当他越来越投入于使自己成为国家潮流领头人的文学工作中时卖掉了自己的苗圃。人们现在不仅向他建议，也想请他帮助设计，当他考虑到这些潜在客户，同时又不能说服美国建筑学家 Alexander Jackson Davis(1803～1892年)和自己一同经营业务后，他想寻找一位年轻的英国建筑学家与他一同建一家设计公司。在伦敦，他在建筑协会举办的一次展览中看到卡尔费特·沃克斯的作品，并邀请他见面。两人一见如故，一星期之后，沃克斯结束了英国的事务，与朋友们道别，乘船与唐宁一块到了美国。

新成立的公司很快接到了业务委托，其中有一项业务是来自酿酒商 Matthew Vassar，他想对自己在纽约 Poughkeepsie 附近的 16 公顷的 Springside 农场进行改造。其后，他们从 Daniel Parish 那里又接受了重要的委托业务，那在罗德岛的新港建造"海滨别墅"和其他一些国内业务。唐宁和沃克斯在唐宁家旁修建了他们位于在英国学到的哥特复兴风格演变为更具有美国特色的设计风格，这种风格经常采用板条建材、木制挡风板、出檐很深的窗户、封顶的游廊和宽阔的阳台。沃克斯从唐宁那里肯定也学会了欣赏美国园林设计的别致性。[13]

他们两人从英国回到美国后的秋天，唐宁被 Millard Fillmore 总统邀请为华盛顿国会大厦周围的公共场地制定改造方案，L'Enfant 未来想在此处修建一条大道，但一直未得到实现。唐宁非常热切地接受了这一业务，将其看作展示第一座"美国真正的公园"的机会。[14] 尽管该计划受到国会的阻挠，但是这项工作仍收到了第一笔资助，在环绕现在的购物中心和白宫的 L 形区域上，唐宁设计了非常令人赏心悦目蜿蜒的车道和小路连结起来的 6 座精致花园景观。其中在白宫的正后方的花园称之为总统花园，它从一座凯旋门下穿过，该公园又称为阅兵场，用于各种公共和军事活动。对于华盛顿纪念碑周

围的仍处于施工状态的场地，唐宁计划在其上建一座遍布美国树种样本和草坪的花园。泰伯运河从这两座公园中流过。唐宁设计方案，想通过悬浮桥来连接这两座公园。方案中还设计了一座常绿花园，用于展示像杜鹃花、月桂花树和兰花这样的非落叶性植物。Smithsonian 公园是一件像校园一样的自然主义作品，公园里的常绿树木衬着 James Renwick 的新中世纪建筑。在整个地区的东边，坐落着喷泉公园，里边设有一座喷泉和一个小型人工湖。

1852 年，唐宁每月往返于华盛顿，由于他所乘坐的航行在胡德森河上的 Henry Clay 汽船着火，导致许多乘客跳下了甲板，而他和很多人都被海淹死了。由于缺乏他定期的现场监督及对建筑设计的口头指导，党派政治，再加上内战的危机，使这项工程陷入了困境。

值得庆幸的是，唐宁的死没有为债务所累，他的房屋——14 年来好客的他与朋友联欢会的场所，他的办公室以及体现了他所提倡的精巧的花园般的房屋——都被当作了抵押，很快就出售了，不过他的书在二十世纪仍在出版，而他为《园艺学家》杂志写的评论文章也被收集成册，书名为《乡村散文》，吸引了广泛的读者。

唐宁在景观设计历史上起着承前启后的作用，他既是雷普顿和劳顿所创造风格的模仿者，又是一位创新者，他将雷普顿和劳顿精致的设计模式，尤其建筑模式演化为具有美国特色的风格，不过，他在景观设计历史的影响更多在于他是一名"时尚的鼓吹者"，而不是因为他设计人员的身份，他给其他人指引了潮流的方向。沃克斯和其未来的合作者，奥姆斯特德仍然没有将园林建筑师作为一种职业称号。他们俩都没有忘记唐宁对他们的帮助，他们创造了一种设计模式，采用宽阔的草原和丛林，这种模式比唐宁所采用的以园艺和建筑为主的劳顿设计风格更能在美国的意识形态上体现着美和精致。他们为纽约设计的公园和唐宁在《园艺学家》杂志上给读者们提供的图景有很大的差别，但是他们完全接受了唐宁将该公园看作是一个重要民主机构的先见之明，并且也发展了十九世纪的城市的新面貌。

III.尊敬历史，慰籍死者：纪念性景观及乡村墓地

唐宁所提倡的潮流及在支持公园运动中展现的人文主义意识在我们看来是Tocqueville所观察到的文化变革的写照，这一变革不仅发生在他自己的国家已经废除君主立宪制的美国，而且在欧洲宫廷统治的贵族文化被更具有广泛基础的平等主义政府所代替，像劳顿和唐宁这些社会意识潮流先驱是非常重要的，因为城市本身正成为日益壮大的中产机构。正如伦敦在一个世纪前就证明这一点，文化并不是由宫廷决定的，而是由城市以及作为城市郊区的私人产业所决定的，而作为当今主要文化消费者的中产阶级欢迎改革者所提出提高他们的修养、使其优越于贫困阶层的建议。

尽管意大利和德国在统一的道路上比较落后，但是这两个国家的民族主义运动已经展开，它们各个独立的国家和城市之间的文化共同点通过语言、艺术、贸易、旅游和军事联合得到了强化。民主意识的发展和城市中心的重要性与尺寸的增长是同步的。随着王权、教会特权和贵族财富的逐渐消失，标榜这些机构至高无上地位的纪念建筑也就失去了意义。当人们按照民主及宗教的指导思想来改造这些建筑物时，他们觉得有必要为革命英雄和受人尊敬的逝者建造纪念性建筑，用于表明他们在国家地位和作为他们荣耀的象征，从而取代陈旧的国王及宗教人物的纪念场所。

纪念性景观

国家在十九世纪纪念民族英雄意义十分重大。当时的国王希望以此来巩固新生政权或者通过公开定期庆贺军事活动来给其对外扩张动机披上神圣的外衣。爱国主义活动的开展提出了对重要的城市场所重新命名及在这些场所内树立纪念碑的需求。由于这一原因，1841年，William Railton在伦敦特拉法加广场建造了高达55.5米(185英尺)的纪念碑，用来纪念1805年特拉法加(Trafalgar)战役中的英雄，海军上将Horatio Nelson。出于同样的原因，法国模仿罗马国王图拉真柱建造了浮雕柱用来纪念1805～1807年的拿破仑战

役，它耸立在巴黎Vendôme宫，也就是以前的Royale宫，在那儿的路易十六骑马的雕像在很早之前就由于革命运动而被推倒了(图9.19)。

在德国，我们可以看到，人民花园(Volksgarten)充满了民族自豪感，在那儿的雕塑也是用来培养爱国主义情操的。我们也同样注意到安葬在一位旧政体自由主义贵族产业里的卢梭遗骸全被转移到Saint Geneviève教堂，该教堂已改作民用，改名为万神庙(Panthéon)，成为安葬法国英雄的圣地。许多人都反对将这个伟人的遗骨转移到巴黎万神庙，他们倾向于将其移葬到Ermenonville的岛上，由Hubert Robert为其设计的墓地中(图7.36)，启蒙运动酝酿了对宗教的怀疑精神，而法国革命有力地削弱了天主教的权力，使得乡村墓地取代教会墓地，被神化了的自然法则取代的时代给人们带来了浪漫伤感主义情感。[16]正如欧洲人将Ermenonville的墓地建成圣地，甚至在许多精致的花园里复制卢梭墓地一样，美国人怀着爱国主义感情缅怀乔治·华盛顿，许多人都到他在Mount Vernon的乡村墓前去悼念他(图9.20)。巴尔的摩和华盛顿的市民都委托罗伯特·米尔(Robert Mills，1781～1855年)设计华盛顿有史以来最为壮观的纪念碑(图9.21)。

虽然美国联邦政府避免修大型公共工程项目，是因为其成本大，而且容易引起与欧洲独裁主义相联系的想法，他们觉得这种联想在一个合众国里是不妥当的，但是十世纪前期富裕起来的一代人开始用自己的财富来用于公共事业，用公共纪念碑的形式来宣扬自己短暂的历史，纪念使从前的殖民地变成统一国家的革命历史。在波士顿，著名的公众人士和马萨诸塞州园艺协会第一任主席Henry Dearborn建立了Bunker Hill纪念协会，这一组织的建立引发了捐助购买独立战争战场及修建"简洁、雄伟、崇高、永久的纪念碑"的运动，[17]受到捐助的纪念碑在1825～1843年修建了起来(图9.22)，它们是由花岩构成的方尖碑。在波士顿巴尔的摩开展修建纪念

图9.19 拿破仑一世的胜利纪念柱，Place Vêndome，巴黎，Denon, Gonduin和Lepère建造，1806～1810年。

图9.20 乔治·华盛顿的墓地，1835年由William Yeaton重新设计成复苏的哥特式风格，雕刻由W.Woodruff完成，1839年。

图9.21 位于巴尔的摩(Baltimore)的华盛顿纪念碑，罗伯特·米尔设计，也是华盛顿市华盛顿区的华盛顿纪念碑的设计者，1829，雕刻由W.H.Bartlett完成，1835年。

碑活动的竞争同时，很多城市也开始修建纪念碑。这个南部城市在拥有米尔设计的华盛顿纪念碑的基础上又修建了Maximilien Godefroy设立的1835年战役纪念碑，从而成为修建纪念碑运动中的佼佼者。1835年战役纪念碑坐落于金字塔形的底座上，上方是一位代表城市女性形象的雕塑(图9.23)。

乡村墓地的诞生

　　教会特权的消失和浪漫主义思想在迅速增长的中产阶级当中兴起，使人们对死亡的态度发生了转变，希望能像纪念英雄一样纪念逝去的佼佼者及喜爱的人。除此之外，公共健康也成为乡村墓地诞生的一个影响因素，在十九世纪城市中，伴随着人口增长而产生的拥挤，不仅突出地表现在市内简陋的贫民区，而且也表现在教会墓地，这些墓地非常拥挤，必须定期挖掘死尸才能给刚死者留出空地，由于医生们对腐烂的动

图9.22 波士顿的鸟瞰图，作者John Bachman，1850年，Bunker Hill的纪念碑在版图左边附近。图左角的穹顶式建筑是1795年Charles Bulfinch设计的坐落在贝肯区(Beacon Hill)的州政厅，扩充到后湾(Back Bay)的过程已经开始，通过沿道路和下议院周边种植的树木以及艺术家设计的为公园保留的富有装饰性的大地园林，可以看出城市对优雅的环境的渴望，这项工程直到1857年才建成。

物尸体产生的气味是否会导致疾病没有定论，因此尸体腐烂产生的恶臭使得过往的行人掩鼻而行。

关于修建一个永久性、可供人们参观缅怀先人的墓地的想法与天主教和加尔文教的教义是不相符合的。这两个教派都认为人体即使是活着也是堕落的，是精神的累赘，人的精神只有在死后才能见到上帝。从这一点来看，墓地是尘世生活短暂性的象征，警诫人们不要空虚、自满。在十九世纪之前的西方宗教并没有勾勒出人死后像花园一样的天堂，而在墓地周围植树被看作是倾向对神鬼出没论的鼓励，而这正是牧师们想阻止的。在新英格兰大地中，不是用活的树木而是用死亡的面具来描绘清教徒的墓碑，这种死亡象征的含义是反对世俗的雄心和自由主义。只是当清教主义衰落后，带着淡淡忧郁的柳树取代死亡面具，成为了坟墓标志，代表了生长、耐性和再生，这一标志也出现在寄托哀思的画面中(图9.24)。

"乡村"墓地的产生要求社会观念巨大变化，包括除去死亡的宗教意义，个人生活尊严的获得和家庭成员及好友对死者的感情的权利。在1666年伦敦大火后，John Evelyn和Christopher Wren都提议停止在教堂墓地埋葬尸体，而十八世纪充满纪念意义的标志的韦格(Whig)花园，成为坐落在绿荫之中墓地的回忆。沃兹沃思浪漫的诗篇唤起了人们对乡村墓地影象的悲怆回忆，而在一篇散文中，他指出"当我们想到死亡的时候，没有任何东西能修正抚平自然命运的希望，使人像草木一样衰败而后又繁盛，这是草木带给严肃而沉思的人们的启示"。[19]

然而，都市郊区墓地最初并不是产生于英国，而

图9.23 巴尔的摩战役纪念碑, Maximilien Godefroy 设计, 1835 年, Bartlett 雕刻。

图9.24 怀念约翰·威廉上尉的悲恸画面, 终年36岁(1825年4月1日)。铅笔和水彩由一名无名艺术家完成。

是产生于法国。在法国，革命之后产生的新组织代替了信誉扫地的旧机构，而在自然环境中修建纪念碑的潮流(由位于 Ermenonville 的 Rousseau 墓地开始的)促进了殡葬习俗的转变。另外，关于光合作用的新科学理论证明了植树有益于都市居民的身体健康，人们开始希望在草坪上而不是在空地上修建坟墓。历史性的维护在这些动荡的时期中也扮演着重要的角色，许多皇家纪念馆都从教堂和公共场地中迁出。诸如 Antoine-Chrysostome Quatremère 这样的维护者主张将火灾后的遗地和墓地相配合，令其成为法国文化遗产中的令人自豪的一部分。1796年，国家科学艺术协会征集关于新习俗的文章和用于掩埋死者的墓地，在古典主义学者 Amaury Duval 的获奖论文中，他提出古代殡葬习俗是现在乡村墓葬的先祖。因为在古代雅典贵族们埋葬在 Dipylon 门之外的陶器制造区 Kerameikos，而在古罗马显赫的家族都安葬在阿匹恩 Appian 大道。他宣称他自己愿意被安葬在 Rousseau 这样的地方。

他的论点得到了其他人的响应。还有人认为对像拥有土地的农民这类人应该将墓地设在私有的产业中，而对于那些没有土地的人，管理当局应该在城外修建公共墓地。1801年法国颁布了一项法律，要求法国公社购买他们边界之外的土地用于修建公墓，两年之后，塞纳河区在巴黎东部边缘地带的悬崖上修建了第一座公墓。该公墓被称为东方墓地，但在耶稣会见牧师、路易十六时期遭受迫害的信徒Père François de La Chaise之后，由于他曾经拥有该处土地，所以东方墓地被改称为 Père-Lachaise，该墓地根据建筑家 Alexandre Théodore Brongniart(1739～1813年)的设计方案建造，

从一种将对称几何形状和巨大的焦点与曲折蜿蜒的道路和自然植被形成的景观相结合的方式设计的。公墓中有一条绿草铺就的主干道引导参观者到达一座小教堂，它是作为一个埃及金字塔来设计的，但它一直没有建成，因为拿破仑战争而导致建造工作被推迟。在这条青草铺就的大路左边是为人们保留的墓地，在墓地中，五年期和十年期的租赁用地取代了先前普通的葬坑，在墓地高处是为想购买墓地的人保留的永久性墓地。

尽管一般民众很快就开始在租赁的墓地里埋葬死者，永久性墓地一开始很少有人购买，但在用来安葬 Abélard、Héloise、Moliére 和 La Fontaine 的纪念馆建成后，在当时名流 Frédéric Chopin 在永久性墓地下葬后，购买永久性墓地的人蜂涌而至。随着其他文化界和政界名人在此安葬，人们开始对公墓产生自豪感。到1840年，当人们安置自己离去的亲人时，他们开始寻求墓葬在公墓附近营业的建筑师、石匠、铁栏制造商和花店主的服务。占据了所有墓的陵墓群，很快使 Pére-Lachaise 成为由优美的石头建筑构成的微缩城市，而不再是该公墓原先想构建的令人充满轻快的田原风光的缩影。然而，由于其中埋葬着许多知名人士，所以尽管其非常拥挤，Pére-Lachaise 仍然继续成为游客朝圣之地和当时巴黎人的避难所(图 9.25，9.26)。

美国和当时的法国一样在发展符合其合众国思想的民事机构。他们也想修建宣扬其短暂历史、纪念逝者、安慰生者的墓地。他们并不是像法国一样通过行政法令来实现这一目标，而是以 Tocqueville 所指出的传统方式，即能过城市改革者自愿组成的审计署，通过制作规划、招赞助、成立公司、出售墓地来完成。

当时许多人都拒绝将死者安葬在城镇之外，因为野狼会吞吃尸体，而且还会招致挖掘尸体用于医学解剖的"盗墓者"。但是，早在1796年，James Hillhouse 就劝诫自己的市民在新天堂(New Haven)，原来的9平方米方格的南边墓地街购买墓地。为了实现这个目的的康涅狄格通过了一项法案，成立了美国第一家私人公司，在 Hillhousc 的命令下，墓地上种植了白杨树，土地可以出售为买主永久所有。位于新天堂的新墓地与后一时期的乡村墓地不一样，它不是以设计优美而是因为首开乡村墓地先河而闻名，它的设计和镇中其他地方一样，都是笔直的道路，为运送死者的棺材以及

前来吊唁的人们提供了便利的交通，但很少考虑设计的精致浪漫。

赤褐色山(Mount Auburn)墓地

波士顿的墓地设计与新天堂的墓地并不一致，在波士顿赤褐色山墓地的设计中，设计者充分开发了位于剑桥和水城(Watertown)交界处的查尔斯河两岸地区的自然景色。在1825年公墓建设中也同样由一位充满活力、富有想像力的人领导人们开展建造工作。植物学家、物理学家及社团领导人 Jacob Bigelow 博士吸引了园艺协会对该工程的赞助，在这之前 Josiah Quincy 市长曾在口头上提议在城外修建公墓。但是 Bigelow 对该提议的支持再加上马萨诸塞州园艺博览会主席 Henry Dearborn 的热情参与，才使这个提议成为现实。

图 9.25 和 9.26 Père-Lachaise 公墓。

波士顿的文化氛围，给美国的墓地运动带来巨大影响。波士顿爱国主义情感非常浓厚，有无数的自愿者协会，宗教信仰在一论派教徒的努力下得到了统一。而且，波士顿还处在和谐的文化氛围之内，Thoreau 和 Emerson 提出先验论哲学，宣扬并实践与自然进行交流；美国诗人 William Cullen Bryant(1794～1878年)和 Wordsworth 与英格兰人的 Bigelow 和 Dearborn 达成了共识，他们认为在许多父亲在悼念他们逝去的年轻的妻子和儿女的时期感悟这个词主要是指忧郁中透着欢愉的回忆，而不是脆弱的悲伤。Bryant 在其最著名的诗歌 THANATOPSIS(1817年)中表达了 Bigelow 从医学和园艺学角度提出的看法，即在自然中使收殓的尸体迅速分解是个人存在对自然的臣服，同时，家族成员和社区成员心中对死者的怀念将会铭刻在墓碑上的墓志铭上，而这会激励活着的人更好地生活。

1830年，公墓工程另一支持者 George Watson Brimmer 将一块景色秀丽的产业卖给马萨诸塞州园艺协会，这使新公墓的地址得以确定，该产业有28.8公顷的茂密的树林、山地、新英格兰典型的鼓丘——由连续几世纪的冰蚀沉积下的山脊——和沼泽，以及由于冰川退却而形成的池塘。喜欢经常到这片由绿树成荫的小路、草本茂盛的山谷和一座废弃的殖民主义农庄构成的景色中游玩的包括哈佛大学的学生，理想化地称其为 Sweet Auburn，这是 Oliver Goldsmith 在诗歌《废弃的村落》(1770)中提到的毁于英国圈地运动的一个村庄的名字。像 Père Lachaise 一样，该处也有一处高峰，从上面可以俯瞰美丽的景色——即赤褐色山——但是和法国公墓不同的是，Père Lachaise 没有河流池塘，而赤褐色山有环绕山谷的河流。当1831年9月24日美国最高法院的副法官 Joseph Story 在这块天然圆形大剧场对大概2千～3千人发表奠基演说时，人们对该墓地热情高涨。

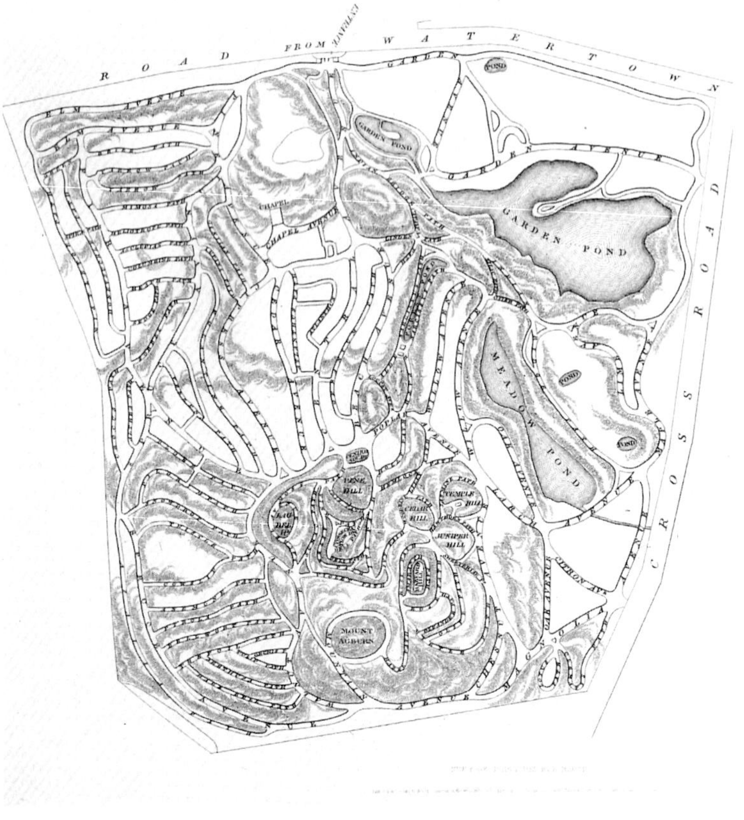

在随后三年中，协会主席 Dearborn 主持该工程，他担任该墓地的景观设计师。同时代的其他人一样，Dearborn 多才多艺，并且对很多领域都非常熟悉。为了使自己能胜任这项工作，他从伦敦收集有关景观设计和理论的书籍及图版，包括建造 Père-Lachaise 的资料，他将该资料翻译成英文以供市民阅读，他还钻研雷普顿和 Price 的作品，因为他在构想如何将风景精致的公墓遗址建成既有纪念性又具有独创性的花园，公墓景色设计只是他宽广视野中的一个组成部分，他还提议为此建立一个由职业景观设计师指导的研究学校。

编写过希腊建筑两卷册论文的作者 Dearborn 现在想通过发掘赤褐色山的地形优势，使其成为美国的 Stowe 和 Stourhead(参见第7章)。他设计了一套交通系统以便灵柩能很快地到达墓地的每一处角落。另外，在主要干线外还有小路，便于游人观赏美景(图9.27)。

虽然 Dearborn 和 Bigelow 不承认他们之间有分歧，但两人之间的意见分歧很快就清楚地显现出来。园艺界的人支持 Dearborn 对赤褐色山的广义构想，他们认为该地应该建成综合的园艺机构，并开展像帕克斯顿曾经当过学徒的伦敦园艺协会一样的实践指导活动，而其他人则支持 Bigelow 的观点，认为该

图 9.27　**赤褐色山公墓的平面图**，剑桥，马萨诸塞州(Massachusetts)，Jacob Bigelow 设计，1831年。James Smillie 雕刻，从 J.到 C.Smillie，资料来自赤褐色山公墓图例说明，1851年。

地主要的宗旨是建立公墓。这种分歧导致1834年两方正式分裂，并重新组建了独立的企业——赤褐色山公墓业主。[20] 作为管理 AUBM 峰十名董事的负责人，Bigelow制定的墓地管理和参观规则的法规起到了重要作用，同时，他通过设计一些纪念馆施展一名设计师所具有的惊人才华。

当局不允许采用像赤褐色山托管人的祖先死时埋葬在古老的新英格兰教堂墓地中所采用的厚墓石。所以Bigelow和其他人转而向古希腊和古埃及寻求能反映宣扬解放众生和在天国团聚的、自由的、论教派和普救教派精神的象征教派，这种教派现在取代了苛刻的加尔文教凭着它认为只有少数——上帝的选定者——在死后才能获得恩赐的教义而取代了加尔文教派。被古罗马用来作为征服标志。在文艺复兴时期被城市规划者和景观建筑师们改造为广泛采用的景观标志的方尖碑，它在古代埃及文化中代表着永恒和对死亡的崇拜。在经过缩小规模之后，方尖碑在十八世纪英国园林中经常被用来纪念文化和政治英雄。就像纪念乔治·华盛顿的方尖碑一样，由白色大理石制成的小型方尖碑标明了在Bigelow购买墓地的杰出波士顿家族成员埋葬的位置。另外，Bigelow采用一对方尖碑装饰性地摆放在他为赤褐色山入口处设计的新埃及式大门旁，上面刻着碑文："尘土回归于大地，精神回归于上帝"(图9.28)。放置着骨灰盒的柱子和柱脚以及类似Rousseau的坟墓的墓棺在第一批购买的墓地间都十分流行(图9.29)。

在James Smillie 1847年的版画中，取代了清教

图9.28 赤褐色山公墓的入口。James Smillie 雕刻，从J.到C.Smillie，资料来自赤褐色山公墓图例说明，1851 年。

徒灰色墓石板的白色大理石明亮的光线纪念碑在墓地浓密树丛中与深色的叶子形成对比(图9.30)。在这浪漫主义的精致景观中，它们的造型富有诗意。墓地中幽灵的气氛是刻意营造的。在公墓修建好的头几年，为了实现设计者想最大限度保留该地原面貌的愿望，维护工作只限于保持道路的畅通；只在十九世纪后半叶，墓地才开始具有了花园特征。赤褐色山墓地另一个显著的特点就是其富有的教育意义，它是一个道德教化的场所，刻版画上展示了成群结队带着孩子的父母们和孤独的游人在这片浓重忧郁的暗处陷入深思的情景。公墓作为悼念场所记载了在此处安息的杰出人物生平，游客可以从简要说明上了解这些，虽然墓地

图9.29 Harvard Hill 景色。赤褐色山公墓，James Smillie 雕刻，从J.到C.Smillie，赤褐色山公墓图例说明，1851 年。

图9.30 Loring纪念碑，赤褐色山公墓。James Smillie雕刻，从J.到C.Smillie，赤褐色山公墓图例说明，1851 年。

图 9.31 位于山坡的以花岗岩饰面的墓穴，赤褐色山公墓。

图 9.32 斯芬克斯(sphinx)，Mount Auburn 公墓，Jacob Bigelow 设计，Martin Milmore 雕刻。1871 年。

传达了社会价值观和社会自豪感，但是墓地一般是私有产业，墓地的所有人不仅建起了纪念碑——预备死后之用——来预先说明将来埋葬在此地人的身份，他们还用坚固的铸铁、栅栏来保护自己永久的安息地！

尽管 Bigelow 提倡将尸体直接入土安葬，但很多墓主还是建造了类似于在 Père-Lachaise 中的墓室。有一些墓室依山而建，表面覆盖着经石匠精心切割和雕刻的花岗岩(图 9.31)。随着墓地埋葬面积扩大、纪念性雕塑增加、建筑物数目增大，尤其是在 Bigelow 哥特式复兴教塔和乔治·华盛顿塔建立起来之后，它也需要加大园艺修饰的规模。新的受委托管理者非常敏锐地观察到这一需要，慎重地从墓地销售款中拨出了基金用于维护工作。赤褐色山逐渐成为像现代这个样子，变成种植着各种外来和本地土生植物的纪念性花园。

1871年 Bigelow 设计并资助了基地最后一项大规模装饰项目——斯芬克斯纪念碑，用于纪念死于联邦战争中的人们(图 9.32)。这时候，缅怀过去的设计对新一代更注重进步的美国人来说已经不再具有同从前一样的吸引力。对合众国美德的理想化和对死亡的征服在内战之后已经不如追求物质成功和乐观地看待未来重要，美国特殊的发展历程使许多美国人认识到历史是连续的线性发展，这使他们不愿承认死亡，厌恶象征人类死亡及文明衰落的标志物。相反地，赤褐色山

的创始人，认为历史是循环的，他们相信他们所建造的年轻合众国有一天也会像罗马一样开始衰落。他们建造纪念碑的目的是让后代知晓美国建立合众国的深远意义，家庭团结的力量和这片土地所埋葬的男人与女人们崇高的美德及勤劳。

赤褐色山是其他城市乡村墓地的复制版：贵城的月桂山(1836)，布鲁克林的绿林(1838)，辛西那提的 Spring Grove (1845)和路易斯维尔的 Cave Hill (1848)。另外，它对城市旧的墓地也产生了影响，这些现在已经不再使用，建起了铁栏，种上了草坪、树木和灌木丛，变成了现在城市中美丽的景观。

许多记载都表明赤褐色山记下的文字对人们的触动远远超过Bigelow与其他公墓创建者所希望的效果。在修建初期人们也并不是全为了获得道德的升华而到赤褐色山墓地。从开放伊始，该墓地就成为人们喜爱的旅游地点，以致于管理人员印制了入门券，颁布法规禁止某些形式的娱乐活动。在 Green- Wood 的布鲁克林(Brooklyn)墓地，曼哈顿的居民星期天常去这片风景优美的地方度假时都遇到相同情况。人们喜爱户外旅游这种现象使得一些具有关心公益事业思想的纽约人开始产生疑问：为什么人们的公园不可以避免地存在死亡的标志物？

IV. 新型都市：公园创建者和城市规划者——
弗雷德里克·劳·奥姆斯特德(Frederick Law Olmsted)与
卡尔福特·沃克斯(Calvert Vaux)

当赤褐色山和 Green Wood 建成时，乡村里还没有修建公园、博物馆和其他大型文化机构。然而，很快，由市民自愿组成的协会开始修建这些机构，淡化了墓地作为道德教育场所和纪念碑收藏所的角色。自然地，唐宁将乡村墓地看作一个转换机构。1849年，他在编辑的《园艺家》中指出："这些墓地最吸引人之处在于这些地方美丽的自然景色和时尚而和谐的装饰，难道人们对这些墓地喜爱还不足以说明在我们大城市修建自由、适宜的公园会不取得同样的成功吗？"[22] 三年之后他悲惨地死去，没有能再继续研究这个课题。但是这时，由于他和从 1829～1878 年一直提任《纽约晚间邮报》编辑的诗人 William Cullen Bryant 一直提倡为大众建立公园，所以政界人士已经接受了这种观点。沃克斯(1824～1895年)已经准备和唐宁一起将自己的才能和技能运用到美国每一座大规模公园和中心公园的建设中，他非常幸运地找到了奥姆斯特德(1822～1903年)，此人原来作过农场主、新闻工作者和编辑，是一个能帮助他发起公园运动、在美国创建园林设计职业的合作者。

纽约的公园运动

1856年，沃克斯离开 Newburgh 来到纽约，当时纽约正在开始发展一种生机勃勃的贵族文化。除了剧院和歌厅外，百货商店也出现在百老汇了，散步、购物去享受商业和社会奇迹成为许多纽约市民一种习惯。同时，该市繁荣的港口和商业企业吸引了越来越多的移民，尤其在十九世纪40年代爱尔兰土豆饥荒和1848年欧洲几场革命运动失败导致政治动乱之后，纽约城吸引了大量的国外移民涌入。纽约改革者们组建了各种机构来帮助需要帮助的人们，尽管在1842年 Croton Aqueduct 将纯净的饮用水引入城市后，公众健康水平得到了极大改善，但是现在拥挤的人口助长了疾病和罪恶的传播。除了少数地方，纽约几乎很少有公共的绿地。这些绿地包括曼哈顿岛下的历史上的海滨大道；城市大厦公园；位于第66和75街之间的东河边上64公顷的野餐林地——珍妮林地；布鲁克林广受欢迎的乡村墓地 Green-Wood。纽约城的居民

广场——圣约翰公园、Gramercy 公园、联合广场、华盛顿广场——都有护栏，只对周边业主开放。富有的纽约商人——城市民众领导者——在国外游历时注意到在英国、法国和德国的公园作为皇家的特许，对市民开放。很明显，对他们来说，要想满足他们，尤其是他们妻子和孩子娱乐的需求，并要想使他们的城市成为国际上有竞争力的娱乐和文化中心，他们就应该通过建造公园来改善城市状况。在这一点上，他们得到在各种慈善机构工作的妇女的支持，由于工作的性质，她们意识到这种形式的环境改善和人文主义的发展对穷人们的重要性，她们萌发的大同思想也使其渴望拥有美国式的海德公园或 Champs Elysées，在这些场所中，她们能实现社会化。而公园附近住宅区的业主们由于会从公园的修建中获得地产价值的提升，所以他们自然很响应这一计划。

在经过激烈的辩论之后，1853年，州立法机关通过了一项法案，征集位于岛中央第 79 和第 86 街克欧顿(Croton)水库下的地区以及在克欧顿(Croton)水库北部第86街和第96街中间正在修建新水库的地区。1854年之后提任纽约市长的民主党人 Fernando Wood(1812～1881年)认为大型工程项目可以有利于移民劳工的就业，而且他自己也因这个原因向公园附近的房地产注入大笔资金。在后来被历史学家称之为他个人英雄主义行动的建设中，也施展自己的领导才能促进了第5街和第8街之间以及第59街与106街之间的中心公园的建设。

中心公园的设计和建造

现在征集土地很有必要。从1853年的秋天开始，一家机构对将来修建公园的地方进行调查并估计了修建及改造成本，他们碰到了很多无聊的抱怨，尤其是公园里的业主们，他们认为他们所收到的资金少于自己对地产和人工的资金投入。即使是这样，5百万美元的土地收购成本也大大超出了公园修建的预算成本。当公园所在的土地退出流通市场后，其周边的房地产随之开始增值，禁止从事一些像养猪和给鱼去骨的不

卫生活动，这些法规的实施使其周边地区成为时尚的居住区。在 1857 年 10 月 1 日时之前，经过艰苦的努力，公园里的住户，包括居住在公园西部一个名叫 Seneca 村的活跃的美非社区都被从园中清理了出去。

急于从 Wood 市长的手中夺取权力，在 Albany 新成立的共和党掌管的立法机构将管理中心公园的权力从城市移交到一个由州政府指定的、11 个成员组成的委员会。Wood 指派调查公园工程的工程师 Egbert Viele(1825~1902 年)被新成立的委员会重新任命。沃克斯曾经看到过经 Wood 批准的、Viele 在 1856 年对公园进行设计的方案，他意识到对于这一次机遇来说，该设计是非常低劣的。沃克斯最近担任了美国建筑家协会的发起人之一，他现在组织了一次成功的游说活动，争取开始设计竞标，从而获得不负于该城市声誉及唐宁的设计方案。1857 年 10 月 13 日，委员会宣布了竞标的条款，而沃克斯则在两个重要场地中的第一个建设中指导奥姆斯特德将自己的才能运用到景观设计中。

奥姆斯特德从前在去 Newburgh 拜访唐宁时曾遇到过沃克斯一次。但当时他还没有将园林设计作为自己职业的想法。在父亲的资助下，他在 Staten 岛建立了一座运用类似于劳顿所采用的科学的经营方式的农场，1850 年，他觉得自己有必要到国外去研究先进的英国农业技术，而且他在名为《美国农夫在英国见闻》中记录了他在旅行中的见闻。该书的成功使得他更加致力于撰写与旅行有关的作品。以"自耕农"为笔名，他给新成立的《纽约日报》投递了一系列文章，描述他在穿越美国南部和其他边缘州直到西部的得克萨斯州途中的所见所闻。他通常的主题是提倡自由耕种，而不是奴隶农业制，但穿插在他文章中的是栩栩如生的乡村景观描写。他在叔叔家的图书馆中自学，在那里他看到 Price 和 Gilpin 的文章并第一次受到激励。他和在小时候带着他坐马车去游览自然景观的父亲一样是自然景观的艺术鉴赏家。然而在当时，1857 年的恐慌迫使他所工作的出版社关闭了。由于不能继续从事作为出版商和《Putnam 月刊》编辑的文学工作，奥姆斯特德非常高兴能在 Viele 的指挥下从事中心公园的清理工作，并且他担任了首席工程师的职务。

沃克斯在和唐宁一起改进华盛顿地区的公共场所及一起合作设计私人产业时学到了很多园林设计的知识，但他意识到，由于奥姆斯特德每天都与公园景观打交道，而且他还编过书，具有影响力，这使得奥姆斯特德非常适合于参加设计竞标。于是，当建筑师沃克斯和原先是作家现在是管理人员的奥姆斯特德一起在公园

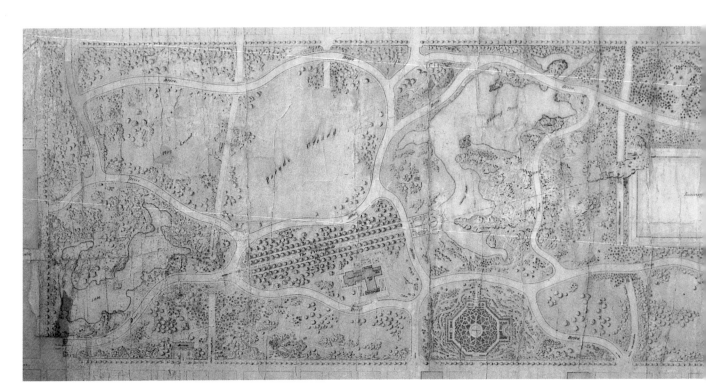

图 9.33 草地式绿地平面图，奥姆斯特德和沃克斯设计的中央公园参赛作品，1857 年。

散步,并制定名为绿箭(Greensward)方案(图9.33)的竞标设计时,他们成了好朋友,在他们的设计方案中,通过清理、植树、搬运泥土重新塑造柔和的轮廓,安置水渠将沼泽改造为池塘,该公园将会呈现出既有田原风格又精致美观的景观。

要理解绿箭(Greensward)方案,及两人在成为职业合作伙伴之后所做的工作,就应该尽可能深入地了解奥姆斯特德的思想。因为尽管沃克斯也贡献了自己的才智和设计能力,但奥姆斯特德所特有的十九世纪精神和民主人文主义思想影响了他们设计的基本哲学思想。这种思想和唐宁的设计哲学相类似,它基于以下理念,即城市中的公园和远离拥挤工作区、坐落于公园式环境中的独立住宅能促进社会文明的发展。但奥姆斯特德对园林设计更为全面地理解并不是从唐宁或唐宁的老师劳顿那学到的。

唐宁对劳顿的观点作了修正以便适应美国社会环境和自然景观的情况,他提倡精致而有时又带些乡土气息的设计,从而与美丽的风景相互协调并突出风景的特色。但是,和劳顿一样,他是一个注重单纯展示植物的园艺家。奥姆斯特德——"自耕农"——发现风景园林式模式前背离了公园的真正目的,公园的真正目的在于营造诗情画意,使人摆脱每日的琐事束缚,净化自己的心灵。这种由景观引起的遐想对于辛苦工作的一家之主来说是一剂良药,对妇女来说是一种健康的消遣方式,对儿童则能给他们施加以积极的影响,对于老百姓是很好的教化方式。奥姆斯特德从来没有表示自己有植物学方面的经验,他更加倾向于根据整体艺术效果来摆放植物而不是将其作为独立的科学标本。[23] 将丰富的植物新品种引入花园,作为树木和花床的标本引起人们的注意在他看来和设计公园没有什么关系。

出于同样原因,奥姆斯特德认为建筑和雕塑的设计都应该服从于景观。实用性和装饰性的元素都应该使公园显得宁静优美,具有乡村特色。后来,他担任年轻的景观建筑人员的辅导教师,他并没有让他们去阅读十九世纪杰出的景观设计师劳顿和唐宁的著作,而是让他们阅读Price和雷普顿的著作,像这些十八世纪的作者一样,他并不把园林看作是人工安排的收集品,而是将其看作是多变的景观,是人们穿过乡间或城市公园途中的一系列合成图像。他和父亲一样都是沃克斯的追随者和先验论者——对壮观、美丽的自然很敏感,他同样也喜欢被藤蔓遮掩的神秘感。他对美景的敏锐感受促使他试图以美国人对十八世纪英国风景园林模式的理解来模仿建造他在路易斯安那海湾和

图 9.34 绵羊牧场(Sheep Meadow)，中央公园，纽约。

巴拿马峡谷的美景，阳光照射草坪上的树木所形成的光影斑驳，远方阴暗的地平线所形成的朦胧感，洞穴入口处由错综复杂藤蔓板条形成的荫蔽，这些光学上的运用使他创造了一种自然主义和浪漫主义相结合的设计理念。

他年轻时在英国乡村看到"青翠欲滴、华丽壮美"的景色——"太迷人了，我们注视着它，呼吸着它——永生难忘"[24] ——在他脑海里留下了田园美景的印象，成为他持久的创作源泉，但是通过圈地运动和艰辛劳动为贵族们建成这种美景的英国阶级制度则与他们社会责任感格格不入。在英国，从民主角度最能给他留下良好印象的是帕克斯顿的Birkenhead公园："我用了五分钟来表达对艺术的尊重，而后花了更长时间来研究艺术是如何被采用以至于从自然中发掘出这么多的美景，我承认在民主的美国，没有任何一处景色能比得上人民花园。"[25] 现在，由于沃克斯邀请他参加中心公园的设计竞标，从而使他获得了创建更大规模的纽约"人民公园"的机会。

由于奥姆斯特德日常工作的职责是总负责人，而且还不时地被寻找工作的人干扰，因此他和沃克斯的合作在某种程度上可以说是在月光下漫步于这未来的公园，欣赏着曼哈顿片岩的险峻地貌，提出改造地形的建议，将沼泽扩建湖泊，并将泥土填入于起伏的草

图 9.35 绵羊牧场(Sheep Meadow)，中央公园，同期景观(contemporary view)。为了保持景观所体现的田园风格，公园周边的城市景观通过公园地形的变化和浓密的遮荫植物的种植来遮蔽。奥姆斯特德和沃克斯想暗示公园矩形边界的不存在和田园景色的无尽延续，同时在摩天大楼前采用了成功的造景手法，使它现在戏剧性地成为邻近公园的边界，或许又提供了一个新的景观风格：城市的壮观。

坪中。他们研究安放排水管的位置，讨论马车道的外形设计和最佳景点设计。朋友们在傍晚聚集在沃克斯位于第18街的家中帮助他绘制设计草图。在1858年3月31日，竞赛的截止期限，奥姆斯特德和沃克斯呈交了绿箭设计方案，该方案现在挂在中心公园中纽约市政府公园部的总部 Arsenal 里。4月18日，委员会宣布了他们的决定，沃克斯与奥姆斯特德小组获得了第一名及2000美元的奖励。

沃克斯与奥姆斯特德设计方案与众不同之处在于其略有起伏的宽阔草坪，草坪上按照树木的外形，散布绿树花丛中，这样就能让视线从草坪模糊的边界伸展到远方连绵的乡村幻景。这在中央公园里是很难实现的，因为该地地形不统一，而且呈现长方形。然而在第98街上有一块高地正好合适作横贯东北的草地，而在第65街路的横断向下，设计人员提议爆破掉岩床，从而填充泥土和抬高地面建成球形地表面。由于横向道低于水平面，所以使球形地表面不明显，而球形地表面就和紧临其北部5.6公顷的绵羊牧场(Sheep Meadow)联成一体(图9.34, 9.35)。这两块绿地的运用最大限度地实现了设计人员在公园南端的设计意图。为了使得草地里的草茂盛丰富，可以放牧，从而增添公园的田园气息，设计人员在绵羊牧场的草坪上铺上了2英尺(0.6米)的表层土。他们还将公园边界地段修成小路以平缓地形，并且种上了树木"以确保形成树荫隐蔽的边界线"，[26] 这些措施是设计方案的另一个亮点，通过它们，人们就可以看到在公园周围宝贵地段上将要建起的四层小楼。

绿箭设计中最有创造性内容的就是设计了四条东西向街道，穿越地下通道用来运送每天上下班的行人与车辆(图9.36)。在这些地方，种植着的矮墙挡住了人们的视线，使他们看不到马车和拉车的动物。为了执行绿箭方案，奥姆斯特德和沃克斯奉行先将交通与公园景色分开，再将行人与马车、骑马的人分开的原则。这使得沃克斯经常和 Jacob Wrey Mould 一起设计石拱桥，用于在其下修建运送游人和骑士在街道和马道，他们也设计了一些装饰性的铸铁桥墩，在下面修有马道(图9.37, 9.38)。连接湖面狭窄处的拱形桥能让步行者从樱桃山来到设计巧妙的、供游人散步的休闲绿地。该桥采用十九世纪中期的建筑材料修建而成的，是沃克斯的代表作之一(图9.39)。

图9.36 一条横向路的上方可过马车的拱门，中央公园，1860年。

图9.37 横穿车道下面的步行者，中央公园。Sarony, Major & Knapp 平板画作品。

图9.38 步行者和骑马者的道路用石桥分开，中央公园，平板画作者 George Hayward，十九世纪60年代。

今天，人们常批评奥姆斯特德和沃克斯是贵族价值观的倡导者，上流社会的代言人，因为他们修建的公园是供坐马车和骑马以及步行的游人游玩观赏的——并没有在公园里修建像球场和其他运动场类的休闲场所，这种观点是对他们设计目标的后来的价值评判体系的一种强加，它忽略了一个事实，即当他们设计中央公园时，这些休闲娱乐活动还不存在。

图9.39 拱形桥，中央公园。

对于他们那一代有浪漫主义倾向的人来说，观赏风景是所有阶层都能享受到的健康的娱乐方式。他们真诚地相信，这种被奥姆斯特德看作诗情画意的愉悦感受能安抚社会中不那么鼓动的成员，包括许多从别的国家来的人。他们认为公园里的田园般和风景园林式的风景可以起到非正式学校的作用，能指导依然被农业思想支配的移民们不知不觉地在欣赏风景的过程中接受民主社会的思想。

不可否认对一些参观者来说，他们不太会被景色所感动，他们仅仅把公园看作社会舞台，一处炫耀财富及风华正茂女儿的场所，他们常带着病态的阶级偏见。但这并不意味着奥姆斯特德和沃克斯所表达的设计主题不名副其实。他们并不反对当时很快流行起来的活动，比如滑冰和在湖中划船，而且由奥姆斯特德制定的条例也只是为防止公园被滥用，而不是用来歧视某一阶级的使用者的。最重要的是，绿箭方案的灵活性在于多年中，公园增添了不少新用途。由二十世纪公园设计人员Robert Moses设计的景观通常只配备一种娱乐设施，而绿箭方案与它不同，由奥姆斯特德和沃克斯建造的空间能用于多种目的。在奥姆斯特德的著作中，将公园的空间分成两类："友好的"和"群体的"空间，前一种空间是为到公园来野炊并欣赏景色的、由家庭成员和朋友组成的小团体准备的，而后一种空间则是为相互之间不认识、像清教徒一样聚在一起、准备沿着大道欣赏沿途风光的人准备的。因此，该公园既能让人们浏览风景也能培养人们的品性。

绿箭方案中缺乏唐宁提倡的"高尚艺术、雕塑、纪念碑和建筑物"，虽然在1880年，沃克斯在公园里第5街和东82街旁修建了都市博物馆。另外，原来计划在第5街和东74街旁修建的温室在1899年改在公园北部靠近第5街和东105街的地点修建，而在那里奥姆斯特德已经建成了当代苗圃和植物园。在整个公园里，田园风光是主要用于"友好"娱乐的，但是有一处重要的地方是用于"群体"活动的，榆木拱形大厅，一座横跨第65街到72街的大厅，它设在对角轴上以转移人们对公园长方形轮廓的注意力。远方的焦点是Vista Rock，这是沃克斯后来修建的新哥特式、类似城堡的贝尔维迪宫，这座用于社会集会的大厅引导游客走向一处宽阔的阶梯，穿过第72街下方的拱顶来到湖边平台，这是沃克斯的建筑巨作(图9.40)。

在平台中，沃克斯和他的合作者Mould设计了一对嵌镶着代表四季的各种装饰性植物和动物板块的楼梯。这对楼梯给人们提供了到达平台的又一途径，这对于把车停靠在路边的人来说非常有用，而对于从购物中心穿过拱顶到达这里的游客来说就不是很有用。在圆形的平台中间，有一个喷口朝着天空喷射水流，直到十九世纪70年代，才修建了一个中面刻着代表耶路撒冷Bethesda河赐与人们康复能力的天使雕像的喷泉。[27] 这件由Emma Stebbins(1875~1882年)制作的艺术品赞扬了Croton Aqueduct为这个城市的上一代人谋取公众健康，在喷泉底部的雕像代表了温柔、纯净、健康及和平。在湖旁耸立着两个底部有装饰雕刻、顶上挂着长长的鱼尾旗的柱子，设计师在设计湖面景色时用了看起来很简单的转换，就将宏伟庄严的气息过渡到独特的设计风格，同时这一特点也体现在设计师将大厅和平台的几何线形与周边的、曲折的小路和自然风光紧密地融合起来。

在公园南端，设计者对那些不想远离公园位于第59街和第5街主干道很远的妇女与儿童给予特别关注。在65街的横行道南边，沃克斯修建了由粗石为材料的小型建筑牛奶房，里边有宽阔的木制凉廊，用于遮蔽日光和狂风暴雨，小朋友在这里可玩耍由公园管理人员提供的玩具，还可以喝到新鲜牛奶。设计者们

图 9.40 Bethesda 台地园，中央公园。雕板砌面涵盖了到 Bethedsa 喷泉和湖边壮观的下沉台阶，描绘了丰富的动物种类和象征一年中四季的植物形态。像这样用图像来描绘丰富的自然景象的手法在某种意义上类似于中世纪的石匠做法，这些都归功于 John Ruskin 的著作，它对九、十世纪的美国和维多利亚女王时期的英格兰的技术和艺术文化产生了非常重要的影响。

将附近大片的曼哈顿断层命名为 Kinderberg。由于受到冰川侵蚀而形成了天然斜坡，设计人员在其上修建了宽阔的台阶，并在顶上建起了有粗糙外观的棚子，带护栏的游乐场地是现在公园经常见到的，但是在十九世纪，公园工作人员在该处修建了轻便的秋千和跷跷板。

在最初的绿箭方案中，公园北部边界是在第 106 街上，那儿的东边打算修建一座植物园，但是一直没有动工，在该地的西边大山上什么都没有，奥姆斯特德和沃克斯在其周边修建了连接西部区域的道路，便于乘坐马车的人能在高处看到公园的全貌。委员会成员们很快发现在 106 街和 110 街之间的地貌不适于城市开发，因为这里的地层被基岩隆起运动抬得很高，而且由于这里没有坚硬的片岩，只有易腐蚀的 Inwood 大理石布满了 Harlem 平原，所以这里非常潮湿。他们很明智地在 1863 年购买了这块地盘，使公园的面积由 300 公顷增加到 337.2 公顷，这使得奥姆斯特德和沃克斯能保留美国解放战争和 1812 年战争炮台的几处遗地，将原有的林地改造成为长满美国土生树种的森林，得以在公园新的东北角修建比东南部池塘更大的湖泊 Harlem Meer(图 9.41)。

在 1858~1877 年，一队由奥姆斯特德指挥一千工人组成的队伍将伍百万码方，大约一千万匹马所负载重量的石块，泥土和表层土搬入或搬出了公园。另外，奥姆斯特德还指导首席景观园林师 Ignaz Anton Pilat 种植品种丰富的树木、灌木和藤本植物。除此之外，他还制定了公园规章制度，视察负责维持公园秩序的管理人员培训情况及教导公众爱护园林的情况。同时，令他恼怒的是，公园委员会审计师 Andrew Haswell Green 对各项业务开展进行检查并且压缩开支。

1861 年，内战的爆发打断了创建中心公园的工作，对自己的管理才能比艺术天赋更为自傲的奥姆斯特德接受了美国红十字会的前身——美国卫生委员会

图 9.41 Harlem Meer 和 Charles A.Dana 中心，中央公园。

执行秘书的职务，他希望能为联邦战争作出贡献，认为将护士和补给送到前线和指挥公园里的工人和材料是一样的管理工作，因此他来到了华盛顿，留下沃克斯在战争期间继续主管着公园的工作。

转变中的奥姆斯特德

直到1863年他接受加利福尼亚 Mariposa Mines 的主管经理职务前，奥姆斯特德一直在为重建军队医药局工作，负责分发从北部卫生委员会分支机构中收集来的食物和物品，并检查将受伤的联邦士兵通过医院运输转移的情况。在加利福尼亚，当他视察Mariposa时，他担任了一个委员会的主席，该委员会负责对作为保护区的约米蒂(Yosemite)山谷工作提供建议。尽管美国人在16年前才发现该地美丽的风景，但是约米蒂已经成为了游览圣地。国会在前几年就将其从领土中划出，拨给了加利福尼亚州"用于公用、游览和娱乐"，这是美国第一块为此目的而单划出的土地。奥姆斯特德名为《约米蒂山谷和Mariposa大树》的早期论文是一篇标志性的文章，阐述了个人拥有欣赏公共风景的权力和政府保护公民行使该权力所应有的义务。

在他生命这一段时间里，奥姆斯特德还是认为景观设计仅为他的副业。当他不再担任委员会主席职务后，他还想重返记者行业。在同一时期，近于政治压力而失去中心公园管理职务的沃克斯写信给奥姆斯特德并告诉他，他俩被重新任命为公园的景观设计师——这是他们给自己职业取的名称——有另外一项重要的

委托需要他们一起合作设计，因前景(Prospect)山而知名的公园。

奥姆斯特德厌恶再一次陷入像在中心公园一样的政客和委员会的争吵之中，他不愿意接受与沃克斯开展二次合作的建议。但沃克斯尽可能地劝诫他："我恐怕自己的信心不足——但是我能在其他方面探索。如果你觉得你不能从提高这次艺术工作的合理性而自豪的话，那么就别来。这项工作必须是景观设计和管理艺术的结合。仔细地考虑一下，你知道我们俩谁也不老，对我来说，这意味着辉煌的开端。只有我们俩合作才能实现，离开了任何一位也不行"。[28] 奥姆斯特德还是不愿意承认自己是一名艺术家，但认为他"只要有合适的助手，或足够的资金，就能作任何事情——任何人能做好的任何事情。我能采取各种方式比别人更好地完成工作，我喜欢美丽风景和乡间娱乐及在乡村景观中娱乐的人们——在这一方面，我胜过所有我认识的人"。[29] 虽然他还不能确定自己是否能在这一行谋生，但他还是决定返回纽约和沃克斯一同继续中心公园的建设，开始进行布鲁克林的民众领导想效仿中心公园的公园设计。

创建前景(Prospect)公园

沃克斯已经说服了公园董事会主席James Stranaham，州立法机关给公园划出的土地——横跨Flatbush街的140公顷地——这块地不如西部地区再加上大片附近农场更为适宜建公园，因为农场可以用来创造一种无限广阔的乡村空间和一个大湖。中心公园滑冰场受欢迎的程度使宽阔的前景公园湖更具有吸引力，而公园委员会成员也同意不再采用他们在Flatbush街东部的遗址——现在在其上建有布鲁克林艺术博物馆和布鲁克林植物园——转而购买沃克斯提议的地段，这使公园总面积达到210.4公顷。

该公园没有像中心公园一样有明显的、冰蚀的岩层，但是它坐落在冰砖上，土壤肥沃，而且形成柔和起伏的台地和冰层漂砾——冰雪融化后留下的巨石。设计人员在位于长形草地和湖泊之间的深谷时，巧妙地采用了这些地形特征(图9.42, 9.43)。在修建30公顷的长形草地中，他们并没有受到公园边界设置的限制，而在中心公园他们就受到曼哈顿1811方格规划形成直角地形的制约。同样，在前景公园，他们也不需要为

公园之外的交通设置横行道。所以他们能够"将一系列相互孤立的地段连接成一片足够宽阔茂密的草地，给人们脑海里留下深刻永久的印象。"[30] 在长形草地的周围——许多人认为这是奥姆斯特德景观中的精彩之处——他们将土堆成了小山，创建了宽敞的拱形隧道，这是设计上的一次创举，它使穿过该隧道的游客们都很惊奇，增加了人们的感观敏感度，还能让他们欣赏到柔和的乡村景色。这种愉快的经历发生在城市中的公园是非常难得的。[31]

正如在中心公园一样，设计者们在高雅的剧院树林中也修建了用于"群体性"娱乐的场所，里面也有沃克斯设计的类似于使中心公园的Bethesda台地脱颖而出的石像。剧院树林两侧是与公园蜿蜒的干道相连的上下马车驿站，所有的这些景观构成了一个朝向位于前景湖上一个小岛音乐馆的非正规露天剧场，该岛上遍布着Wollman滑冰场，河谷底下的小溪瀑布激荡着岩石和植被遍布的斜坡，该小溪进行了修复模仿了Catskill上中呈现出的粗旷美(图9.44)。

探索大都市

当民族的国家成立后，由城墙环绕的城市成为了过去，当科技提供了有效缩短距离的交通方式，从很远的工作区到住宅区之间的交通十分方便，极大地扩展了城市空间范围。尽管有人一直赞同杰斐逊的观点，

图9.42 长形草地，前景(Prospect)公园，布鲁克林，永远的牧场反映了美丽开阔的田园景观风格，形成了奥姆斯特德和沃克斯的公园设计的基本思想。

认为美国主要是一个农业国，建筑开发和贸易往来供给了逐渐增长的大都市人口，而这又使得城市规模以前所未有的速度增长。以纽约Croton Aqueduct系统为代表的技术，工程和其他工业时代的技术革新(比如用平滑碎石取代卵石铺路)使得大城市比以前更具有活力。

但是，大都市的发展仍然给其居民带来了很多困难，其中最突出的就是随着乡村离城市越来越远，人们与自然之间的联系也被割断。奥姆斯特德和沃克斯认为仅仅靠一个公园去改善嘈杂而浮躁的城市状况，其作用是有限的，他们设想将公园中的马车道延升为公园大道，成为连接其他公园的林荫走廊。所有的公园大道联接后，形成附加在街区上的道路体系，成为指导城市扩张的绿色骨架。而且，他们认为道路规划体现了城市发展的节奏和实质，这种交通系统分开了私人住宅和商业区，营造出更高级的住宅区。从他们将城市理解为发展的区域性机体这一点来看，

图9.43 前景公园平面图，布卢克林，Frederick Law Olmsted 和 Calvert Vaux 设计，1871 年。

图9.44 峡谷，前景公园，布鲁克林，十九世纪70年代。

他们是美国第一批城市规划人员。

1811年纽约市格式街区划分方案所体现的同一性和新合众国的民主观是相吻和的，另外，这种划分方法给开发商提供了便利。但是，奥姆斯特德在书中严厉地指出了其弊端，他觉得纽约方格街区非常不适合人们的需求，因为在街区方案中规定街道的规模使得房屋不得不向纵深处发展，而宽度通常不超过7.6米(25英尺)，这便使房屋之间的距离很窄，光线差而且通风不好。他打算改变这种状况，将公园建成一个体系，这样整个城市都能很容易享受到绿地，在土地还没有被划分的地方，住宅区应该有良好的通风状况，能享受到阳光和绿地。与笔直划分街区、直角和静态景点不同，公园通路系统是依据地形和风景来修建的，通过曲折的道路，人们可以从不同弧度欣赏到不断变幻的风景。

第一条公园道路

布鲁克林公园的创建给奥姆斯特德和沃克斯提供了一个提倡从全面的角度来设计都市景观的机会。在他们1866年1月24日提交给委员会的初步报告中，他们以题为"城市联络"的报告陈述了修建道路联系前景公园和大西洋海岸的必要性。他们还富有想象力地设想了另外一条沿着海岸向东的道路，穿过未经开发的乡村，与东向河流平行，一直延伸到Ravenswood的王后海滨，在那儿人们可以通过修建浮桥或者高架桥将其与通向中心公园的曼哈顿街道中的一条相连接。另外，他们还构想让这些用于驱车观赏风景的车道从中心公园西部延伸到赫德森河，这些道路就可以从远方与该河平行，能观赏到对面海岸的Palisades和远方Shawangunk山的隐约轮廓。

在公园开工之后两年，奥姆斯特德和沃克斯将送给委员会的报告作为阐述都市规划观念的一个机会，现在他们又提出了一个方案，该方案和他们最初方案不一样，最初方案是没有一条将两座主要的带有海滨和水边江滩公园相联接的娱乐性车道，现在则添加了一个设计功能，即把布鲁克林作为一处理想的居住场所，他们甚至允许在曼哈顿进行货物运输和商业活动，该城市的大部分地区——尽管该城还没有成为大纽约的一个区——都可以作为郊区来设计。布鲁克林是城

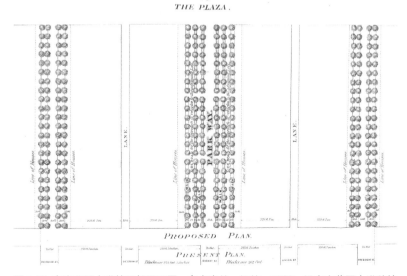

图9.45 东方公园大道的局部平面图，布卢克林，纽约，1868。沿东方花园大道种植了6排树木，把可通行的79米(260英尺)的道路分割成一个集中的驾驶区，每边都有一条小路，一条设计成步行道，另外一条为去附近住宅的车辆的辅道，小路宽30.4米(100英尺)，主要是考虑到路边拥有私人花园的独立式的乡间别墅。可以把马匹拴进马厩中休息，喂食，同时清除放置在房子后面的废弃物。

墙之外的纽约，他们在文章中写道，这里暗示布鲁克林像欧洲巴黎和其他修筑城墙的城市之外的远郊地区。

在他们报告中，奥姆斯特德和沃克斯详细讲述从中世纪到现在的城市街区规划历史，指出在1666年大火灾害后伦敦的重建过程中由于Wren的计划没有得到重视而产生的遗憾。他们首次提议在布鲁克林建立主干道系统用来解决日益增加的轻便马车对平整路面的需求，因为这些马车"非常不适了在为重型马车设计的商业干道上行驶"。[33] 同时他们意识到货车和其他商业交通工具不能不出现在住宅区中。

奥姆斯特德在1859年去巴黎的途中看到了新型de'l Impératrice街道(现在的Foch街)，和在柏林看到的大林荫道 Unter den Linden 都与公园相通，"不仅是街道一部分，更是休息娱乐的场所，"[34] 设计者们勾画了从前景公园到Coney岛渔滨的海洋公园大道的路线，以及从东方公园到布鲁克林的威廉博格地区的公园大道的路线(图9.45)，三条公园大道都被设计成连接 Fort Hamilton 和在南边能俯瞰到Verrazano Narrows的海洋公园。

设计人员还提出新公共交通运输系统的改善能使宽阔的市区拥有低密度人口成为可能，而这必然导致住宅区和工作区的分离。"布鲁克林是一个天然分隔，景色秀丽，适于居住的宁静地区，该地有到纽约港口便捷的水路交通，"[35] 它的位置非常适合于成为理想的郊区。奥姆斯特德和沃克斯希望通过建立他们报告中提出的公园大道和街道系统，使那些到城市中寻找商业机会的精力允沛的年轻人到绿树成荫的布鲁克林会到新建的中心景观区来购买住房，布鲁克林这样在城市郊区建设景观工程拓宽城市的模式是值得其他城市仿效的。由于乡村化到城市化的过程中而产生的损失被新修建的、广阔的城市景观及联络城市居民和大规模的、充满乡野风景的城市公园所弥补。

水牛城(Buffalo)公园系统

奥姆斯特德和沃克斯创建的公司现在收到了其他城市的业务委托，甚至在他们为布鲁克林委员会成员勾画公园大道概念的同时，他们正对新泽西的Newark

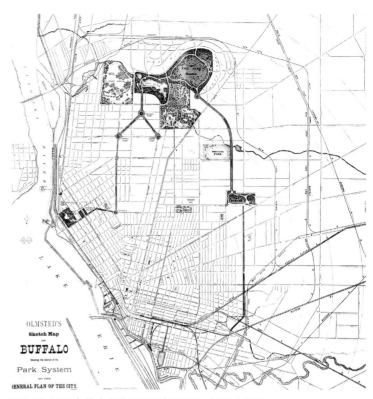

图9.46 1868年的水牛城公园系统平面图，1876年地图。

城提出建议，提出不要将比如博物馆这样的文化机构修建在乡村公园之内，而应该在其外修建，在考虑为修建公园购买土地的时候，市政府应该同时也考虑购买未来用于娱乐性行车及散步的土地。他们给费城和阿尔巴尔的客户也提出了类似的建议。但是只有在水牛城，市政府才采用了完全的公路——公园大道系统。1804年在该市，Andrew Ellicott的兄弟，华盛顿地区的首席测量师Joseph Ellicott设计了一座以中央广场为中心向四面辐射开的城市布局。

纽约州水牛城的一群市民在1868年秋天邀请奥姆斯特德去检查他们选作公园的三块地址。他来到该城市，考察了该地并赞扬该城市没有在街道设计上采用方格规划。然后他设计了一个方案，采用了以公园大道相连的公园设计方式。所以新的设计方案并不是针对某一公园，而是对以公园大道相连的三个公园进行设计(图9.46)。面积为140公顷(350英亩)的Delaware公园给设计者提供了一个机会，可以修建大草坪及18.4公顷(46英亩)的湖泊，并修建环线车道，像在中心公园和前景公园一样将车道和人行横道上下分隔开来。第二座公园名为Front，占地14.4公顷(36英亩)，俯瞰着尼亚加拉河近Erie湖的入口处，该公园被设计

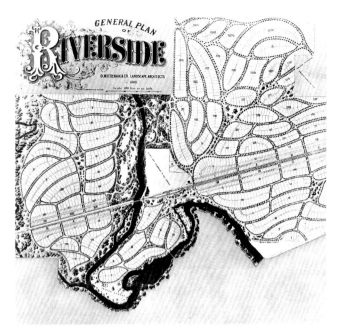

图9.47 边区平面图，伊利诺斯州，1869年。

成为一处观景平台，平台也可以举行大规模的集会。Parade公园占地22.4公顷(56英亩)、位于具有军事重要性的城市近东边的高地上，在该公园中有儿童游乐设施和沃克斯设计的大修道院。宽度为61米(200英尺)宽、与优美的住宅区相邻的林荫大道，仍然是水牛城中宜人的景观。1874年，奥姆斯特德为Delaware公园旁的地段(该市首个居民住宅郊区)——"公园边区"设计了方案，该方案给这片地区设计了曲折街道，街道旁种有绿树，还有许多风景秀美的景观建筑。

伊利诺斯州的河边区(Riverside)

几乎在同时，在伊利诺斯的河边区，距离芝加哥西部14.5千米(9英里)，可以乘坐火车到达Des Plaines河，奥姆斯特德和沃克斯有了实现他们理想住宅区的机会(图9.47)。这是一次可以在640公顷(1600英亩)的耕地上展开他们关于真正大都市设想的机会，这和唐宁仅仅考虑郊区规划的设计非常不同。他们的工作远远超出了专门为该城修建连接城郊的公园大道的与把河边区改建成为公园所做的工作。他们想修建一个除铁路之外的交通系统，不仅为住在河边区的居民，而且也为拥有马车、想游览乡村的芝加哥居民提供娱乐场所。正如布鲁克林公园大道一样，芝加哥公园大道——已经修建了几英里——拥有独立的小道，游客和骑马的人可以在中央大道后的小路中行进，而大车和马车可以

使用外围的道路。

对于住宅区内交通系统，设计者们设计了曲折的、排水通畅的、两旁种满树木的大道，旁边有挨着草坪的人行横道，他们规定道路必须有9.1米宽(30英尺)，至少种有2棵树。河边区具有新英格兰镇所具有的共性。但是，由于城市道路系统的外形，许多三角形的土地没有被用于住宅开发，而是用作公共绿地。但是为一般娱乐目的而保留的最大用地是一块64公顷(160英亩)，与Des plaines河平行，用来作滨江公园的用地。

管理上的困难和财务问题迫使他们在1870年重新设计了方案。根据他们的方案，河东边400公顷的土地和西边一小块地逐渐被开发，但许多0.5公顷的土地被分成两块地，而大公园仍然没有修建。然而今天，由于奥姆斯特德和沃克斯考虑到了社会房地产的发展过程和娱乐活动长远的影响，从而使这块郁郁葱葱、普通方格规划的城市环线的郊区成为一个十九世纪中叶，当地设计新型美国都市的范例。

芝加哥公园

在他们两人设计河边区的同时，芝加哥州正在为成为商业先锋城市而热切地寻找能证明其在美国至高地位的象征物。该州的立法机构最近通过了一项法案，授权修建三座大公园，其中两座已经获得了公民投票支持。政府成立了独立的委员会负责每座公园的工作，这种情况使得在布法罗市的综合城市规划方法不能够得以实现。

一位在法国接受培训的建筑家William LeBaron Jenny被选中来设计由道格拉斯公园和Garfield(原来的中心)公园所构成的西部娱乐地区，而奥姆斯特德和沃克斯被选中为南部公园委员会设计华盛顿公园和杰克逊公园(图9.48)。不幸的是，1871年摧毁了芝加哥大部分地区的火灾阻碍了这些公园的建设。即使重新开工，在南部公园委员会管辖下的邻近密歇根湖的公园也不能够实现奥姆斯特德和沃克斯所设想的由起伏的草地所构成的景观，另外，由于芝加哥的公园是按地区而不是在整个城市范围内来设计的，设计人不能采用像他们原先的、综合的都市设计方法。在这种方法中，由于公园数量多，他们可以将不同的娱乐功能赋予不同公园，他们必须给这两个公园设计多种娱乐功能。

但是就密歇根湖来说，他们认为其"缺少地形起伏的优美和壮观，"[36] 为了开发其风景，扩大其影响，同时也给中路公园和华盛顿公园提供流畅的水渠，他们在杰克逊公园中设计了面积为66.2公顷(165英亩)的湖。设计人员认为大部分游客会乘船由入水口进入，并通过附近61米(200英尺)的码头组成的主要通道到达南方公园。在华盛顿公园内，他们有了修建一片大型露天草坪的机会，他们称该草坪为"南方开放绿地"。两个公园由中路公园草坪绿地相连，[37] 其中有带状的草坪和灌木丛，有一中心水道，连接华盛顿公园来自"湖"中的水与杰克逊公园中的泻湖。尽管湖滨地区的气候严酷，但奥姆斯特德认为泻湖是一个能模拟他在路易斯安那旅途中非常喜欢的热带风光的场所，能结合"北方的生动、健康和南方的安逸、迷人"[38] 直到20年后，当他成为在杰克逊和华盛顿公园举行的1893年芝加哥世界博览会的景观设计人员时，他才有机会实施这一设计理念和其他一些曾和沃克斯一起构想的设计方法。

该项目是这两个人最后的合作，因为在1872年，为了各自的方便，他们解除了合作关系。之后，沃克斯一直在实践自己的浪漫的罗金斯主义建筑设计风格，直到十九世纪末，新古典主义美学代替风景式风格成为当代时尚潮流。而奥姆斯特德充分确信自己在景观设计上的能力，先是与他的继子约翰·查尔斯·奥姆斯特德(John Charles Olmsted)，而后是他的儿子弗雷德里克·劳·奥姆斯特德·约(Frederick Law Olmsted,Jr)创办了一家新公司。

波士顿"绿宝石项链"

就像在其他城市一样，波士顿居民的行为引发了政府对市政规划的关注，1869年马萨诸塞州议会通过了一项法案，授权修建一家大公园或几家小公园。一些主持公园工作的人对芝加哥景观设计家 Horace William Shaler Cleveland(1814~1900年)的意见非常赞同，他认为波士顿需要的并不是一个"中心"公园，而是一条环状的建有公用车道与风景地区的绿地带。1870年2月25日，奥姆斯

特德在劳渥尔(Lowell)学院作"公园和城镇扩展"的演讲，预见性地展望了城市的大规模发展并提出了类似的大都市意见。五年中，公众对波士顿公园建设开展了激烈的公开讨论并且提出了几项规划方案。1875年，建立了一个委员会并向奥姆斯特德征求选址意见。从该设计项目开始到其职业生涯的终结，奥姆斯特德一直提倡一种大胆的、由高速公路连接的公园规划：一座都市内的"绿宝石项链"设计(图9.49)。[39]

在 Arnold 植物园的负责人 Charles Sprague Sargent 的协作下，奥姆斯特德在哈佛大学、植物园业主和政府之间达成了土地转移及售后回租协定，这实现了对这块面积为48公顷(120英亩)、地位相当于绿宝石项链上一粒宝石的土地的合作开发。他们两人对如何种植布鲁克林植物园后的公园产生了分歧。植物学家 Sargent 倾向分类方法仅种植本地树木，而艺术家奥姆斯特德则认为种植外来植物能增强他设计的光影、色彩、质地对比和形式安排效果。奥姆斯特德认为以展示植物为目的的行为曲解了公园设计原则，公

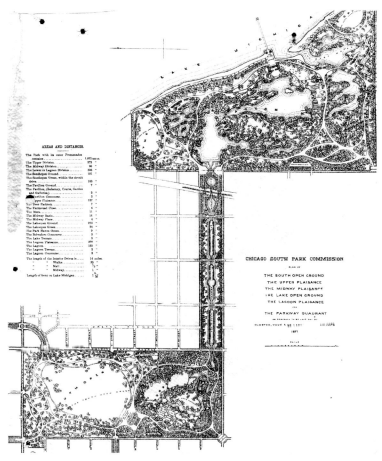

图9.48 芝加哥南方公园委员会的设计，奥姆斯特德和沃克斯设计，1871年。

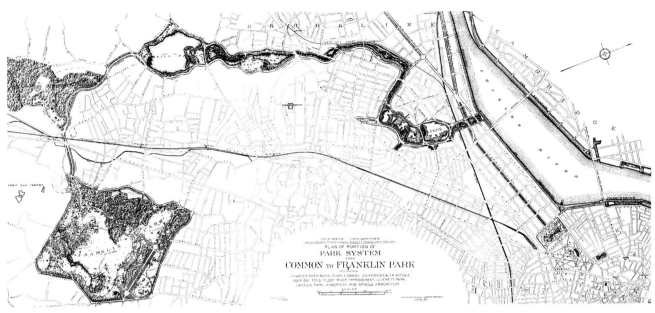

图 9.49 公园系统从波士顿大众公园到富兰克林公园——波士顿"绿宝石项链"，作者为 Frederick Law Olmsted，Olmsted 和 Eliot，
景观设计，1894 年。

园设计原则应该是创造大面积的自然风光。事实上，奥姆斯特德现在比专业植物学家更提倡多样的植物展示，这非常具有讽刺意义。

面积为 200 公顷 (500 英亩) 的富兰克林公园在奥姆斯特德的设计中是整个翡翠项链工程中的主要环节，那里 West Roxbury 的自然地貌给他提供了修建一处宽阔起伏的草坪和一个能让游客穿过乡村式拱门游览风景的立体交叉的道路体系的机会，他在这个设计项目中最大地实现了自己的风景景观的理想设计 (图 9.50，9.51)。1884 年，在没有沃克斯协作的情况下，他没有像在设计中心公园和前景公园时采用经雕刻和包装的石料，而是采用了天然石料。在富兰克林公园里，草地用来当作垒球场，周围有看台和乡村地段，这是奥姆斯特德设计的公园草地中首批运用于运动项目的设计，也是后来其他设计人员将奥姆斯特德设计的草地改造成为娱乐场所的先兆。

图 9.50 Schoolmaster Hill 的草地，富兰克林公园，西 Roxbury，1900 年，微微起伏的田园风味的景观是 Olmsted 所探索的在 19 世纪快速发展的工业城市建立田园主义的实例。

图 9.51 Ellicott 拱门，富兰克林公园，1892 年。

奥姆斯特德，理查森 (Richardson) 和埃利顿 (Eliot)

尽管奥姆斯特德仍然在名义上是公园部的景观设计咨询专家，但是纽约的政治势力非常憎恶他，所以 1881 年他将自己的办公室和家都迁到了马萨诸塞州的布鲁克林。著名建筑家亨利·霍普森·理查森 (Henry Hobson Richardson，1838～1886 年) 是他在当地的朋友兼邻居，在理查森死前的 5 年中，他们进行了密切的合作，而理查森的初级的新浪漫主义风格激发了奥姆斯特德对大块石和粗糙的大卵石的大胆使用。奥姆斯特德对长春藤植物有强烈的爱好，他认为厚实的粗石墙面与藤本植物结合在一起是非常令人赏心悦目的。

在马萨诸塞州 Beverly 的威哈姆大池塘岸边，约翰·C·菲利浦的农场上，他设计了面积为 110 公顷 (275 英亩) 美国的样式观光农场 (Ferme Ornée)。在那里，美丽的草地周围种植着落叶和常绿树木，像前景公园(图 9.52)中的长草地一样具有同样的美学功能。在该景观中，在波士顿建筑家 Peabody 和 Stearns 设计房子的东边及池塘的上方，他修建了一处蜿蜒曲折的斜坡，上面有由天然石块砌成的挡土墙，在斜坡下种植着月桂树和北美杜鹃(图 9.53)。

奥姆斯特德现在成为美国景观建筑行业中无可争议的领袖人物。他的业务非常抢手，他不停地坐火车穿梭于各地为更多的客户提供服务，如为罗彻斯特、纽约、路易斯维尔和肯塔基设计公园。1879 年，他协助编写了描述美国和加拿大瀑布之间高特(Goat)岛上植被物种多样性的报告，该报告引发了 1885 年保护尼亚加拉自然风光的活动。他和沃克斯再一次合作设计了环境优美的方案，使游客能完全欣赏到自然奇观而不受庸俗的商业开发的影响。

在其年轻的合作者查尔斯·埃利特的帮助下，奥姆斯特德将波士顿市政公园系统的理念扩展到更大都市规划范围内。哈佛大学校长的儿子埃利特在创立公共自然保护托管会(即现在的自然保护托管会)的过程中发挥了重要作用，该协会是较早以保护新英格兰野生环境为目的的自然保护组织之一。除了托管会所有的小规模公共区域以外，埃利特设想在公共领土上建立大规模的保护区，而这就需要一个都市委员会。他和原来是作家的区域规划者Sylvester Baxter不辞辛苦地在波士顿市区及邻近地区的民众中开展政治调查，询求民众对购买波士顿城外方圆 16.1 千米(10 英里)的地区用于修建公园的意见。对该区域的调查内容包括了海港中的岛屿、海滩、森林、三处河船、几座山丘、5 处池塘和其他他们认为适宜于作自然保护或者开展公共娱乐活动的地方。

都市公园委员会在 1892 年法案的授权下成立，该委员会的成立在很大程度上得益于他们的努力工作。委员会看到了 1893 年出版的埃利特－帕克斯特(Eliot-Baxter)报告和计划方案。在报告和方案中，帕克斯特阐述了他们提出的恢复森林植被、指导房地产开发、减少河水污染、修建便利交通及设计小型社会活动场地的建议。埃利特的报告用地图和图表总结了该地的自然和历史地貌，描述了河水净化和植被恢复后景观效果。于是，在临近结束其职业生涯之时，奥姆斯特德非常高兴地看到他年轻的同伴在继承他的通过园林

图 9.52 Moraine 农场, Beverly, 马萨诸塞州 Massachusetts, 开放牧场, Frederick Law Olmsted 设计。

图 9.53 东苑台地园, Moraine 农场, Beverly, 马萨诸塞州 Massachusetts, John C.Phillips 的财产, Frederick Law Olmsted 设计, 19 世纪 80 年代。

保护而促进文明发展的使命的过程中获得了成功。但悲惨的是，仅在 4 年之后，埃利特逝世了。不过，美国社会中活跃着新生力量，他们在寻找能更显著促进文明发展的方法。

新古典主义的奥姆斯特德

沃克斯之后新一代的建筑家们根据巴黎和其他欧洲国家首都的纪念模式开展了城市规划运动，这一代建筑家都在国外吸收了各种法国复兴运动的新古典主义风格及意大利模式。这些年轻人将美国增长的工业财富中一部分转化为宣扬富有和城市辉煌的建筑物。

图9.54 国会大厦，前方西部的台地园，奥姆斯特德设计，1873年。

理查德·莫瑞斯·亨特(Richard Morris Hunt，1828～
1895年)就是他们当中的一员。在十九世纪后半期，有
很多有报负的美国建筑学家到巴黎学习景观设计，而
他是第一位以采用巴黎工艺美术风格命名的工艺美术
设计风格而出名的美国设计家。当新成立的雕塑、喷
泉及建筑结构委员会1860年邀请亨特对中心公园中的
贮藏区提出改造计划时，奥姆斯特德和沃克斯都很不
高兴；内战的爆发使得原来的设计方案一直被搁置。更
令他们不安的是亨特应委员会要求提出的建议，他提
议在公园南门修建一系列纪念性的古典主义大门，沃
克斯提出的反对意见说服了公园委员会不要修建这些
纪念性的入口。

奥姆斯特德认为应该只在商场和台地园修建雕塑，
他指出他不希望修建亨特提出的其他纪念性的工艺美
术建筑设计来损害公园的田园风光。然而，必要时，奥
姆斯特德还是能够在新古典主义规划风格中开展工作
的。1873年，他接受了建筑及土地国会委员会的委托
设计院在华盛顿美国国会大厦周围18.4公顷(46英亩)
的土地。在这个项目中，他显然不能再采用自己提出
的将建筑不引入注目地融合到自然风光中的设计理念，
因为该项目的主要目的是突出美国最重要的公共建筑
的庄严和壮丽。除了不采用与主题不相关的园林风景
式效果之外，他还修建了一座庞大的平台，形成围绕
着国会大厦南、北和西面的墩墙，将国会大厦和周边

环境合作一体(图9.54)。

在他职业生涯最后两个业务委托中，奥姆斯特德
和工艺美术建筑家进行了直接合作。1888年25岁的
乔治·华盛顿·范德比尔特(George Washington
Vanderbilt)邀请奥姆斯特德设计他在北卡罗来纳那州
Asheville附近的Biltmore地产。在该产业中，亨特设
计了像法国复兴主义城堡一样富丽堂皇的大厦。奥姆
斯特德的设计中包括了面积为800公顷(2000英亩)的
山地风光。由于该产业并不用于设计成充满田园风光
的公园和遵循园林风景设计风格，奥姆斯特德建议范
德比尔特将其大部分用于科学林业。这位百万富翁最
终将其地产扩展到4800公顷(120 000英亩)，并雇请
后来成为美国新成立的森林部部长的职业林业学家
Gifford Pinchot。奥姆斯特德也劝服范德比尔特在该
地修建一座植物园。

在Biltmore，奥姆斯特德特殊的景观设计才能在该
产业的道路系统设计中发挥得淋漓尽致：一条长达3英
里(4.8公里)道路，两旁种植了"各种植物，仿佛穿越天
然森林的深处的感觉。"[40] 这个项目就像中心公园和其
它设计项目一样，他想种上大量的、多品种的杜鹃花和
其他林地灌木以便创造"热带风光来激发他丰富的创
造力，无穷无尽的资源，和自然伟力的感觉"。[41] 修长
的道路最初将对前方景观没有预想的游览者带到一处
矩形草地，在其上亨特设计的由印第安那石灰石修建
宏伟大厦突然展现在眼前。在Moraine农场，湖泊只有
在人们穿过房屋到达露台时才能看见；同时在Biltmore，
奥姆斯特德的设计用Pisgah山遮住了Great Smokies的
全景，人们也只有穿过房屋到达露台才能看得见。因
此，尽管这里的露台比早期在马萨诸塞州的乡村风格
的露台更精巧，但Biltmore的露台也是一座观景台，游
客在此能看到被隐藏着的最美的景观。

当他在Biltmore工作的同时，奥姆斯特德成为由
建筑家Daniel H.Burnham领导的芝加哥1893年美国
世界博览会设计组中的一名成员。这次世界博览会最
先在英国举行，后来于十九世纪下半叶在巴黎举行，
其主题是展示国际上的工业产品。但与早期博览会不
同，早期博览会产生了技术革新的建筑——其代表是
水晶宫和艾菲尔铁塔——Burnham和他经过工艺美
术学习的同事们想在这次博览会上设计新古典主义的
建筑标志，而不是现代派的大厦。奥姆斯特德被征询

了地址选取的意见，在他才华横溢的年轻养子和合作者 Henry Sargent Codman 的帮助下，他选择了尚未开发的杰克逊公园。这使得他重新回顾自己和沃克斯合作设计的 1871 年方案。不过现在很有必要更突出"群体性"娱乐功能，而且更容易理解的是就像美国国会大厦周边的设计一样，该地的环境应该突出建筑物的效果。他在 20 年前设计的大泻湖仍然可以实施，而且该湖被设计成一系列的水体，其中有一些被修建成几何外形以突出建筑物的互补效果。这些建筑都有同样的檐口和白色的外观，规模最大的一处围绕在奥姆斯特德设计的最引人注目的水景旁，效果很突出，这一水景是长圆形的湖盆和一条引流入泻湖系统中的其他湖体的运河组成，这些湖体每一个都成为展区建筑布局中的水景(图 9.55)。

奥姆斯特德仍然在泻湖中心的岛上设计可以绕开嘈杂人群和华丽展会建筑的景观。在博览会开展前很短的时间中，他通过在岛上种植大量植物营造了诗意梦幻的氛围和一处天然的港口(图 9.56)。在这里，游客们能在博览会喧闹之中漫游在小路上，找到自然的感觉。奥姆斯特德希望岛上不要修筑建筑物，当有人想在岛上修建一座音乐厅时，他提出了反对意见。当博览会建筑完工时，从事建筑、花园和景观设计写作的作家 Mariana 赞扬了博览会建筑成就，并对芝加哥世界博览会将来的参观者说，"你们恐怕早就知道你们脚下的土地大部分原来不是贫瘠的草地，就是泥泞的沼泽。现在看看这片土地——看看笔直的、庄严的、宽阔的运河和设计精妙的露台，看看形状迥异的泻湖和岛屿——你们就会明白一个像奥姆斯特德先生一样杰出的艺术家是如何具有创造力地把景观设计得浑然天成了。"[42]

过度劳累并受病痛折磨的奥姆斯特德现在被号召加入反对在中心公园修建高速公路的运动中，修建高速公路这项提议是这些年来许多有损于中心公园美感的提议之一。为了恢复健康，他的儿女陪着他在国外度过了 6 个月的假期，这使得他可以重新游赏他年轻时非常喜爱的英国乡村。同时，他对当时维多

图 9.55 中央盆地(荣誉法庭)，哥伦比亚世界博览会，芝加哥，Frederick Law Olmsted 和 Daniel H. Burnham 合作设计，1893 年。

花园》、《野生花园》和其他书籍和论文，并倡议修建由多年生植物混合而成的树篱的多产作家威廉·罗伯逊(William Robinson)之间发生了分歧。尽管罗伯逊倡议的藤蔓植物非常符合奥姆斯特德胃口，且《野生花园》对他挑选适宜于种植在中心公园中像空闲地类的场所也很有帮助，但他比从前更相信自己从Gilpin和Price的著作中吸取有用之处，形成一种强调宽阔、拱形结构的美国景观设计模式的作法是正确的。他甚至参拜了位于Boldre的教堂，Gilpin曾经在此当过牧师，沿着

图9.56 泻湖和岛，哥伦比亚世界博览会，Frederick Law Olmsted 设计，1893 年。

利亚园艺困境非常难过。我们将在第11章知道，《英国正规花园》的作者并提议重新采用几何设计原则的Reginald Blomfield爵士与热衷于反对修建由经过修剪的灌木和装饰性花卉构成的花坛，出版了《英国

Gilpin曾在他的一本书中提到的Wye河旅行。他游览了巴黎，参观了1889年博览会场址，他希望在芝加哥博览会上可以避免出现"华而不实"的装饰性植物展示。不过他很欣赏巴黎博览会上的"切合主题"的

图9.57 艇库，前景公园，布鲁克林区，纽约，Stanford White 和 Frank J.Helmle 设计。1905 年。

建筑物,并提倡保留白城(White city)中的建筑物,白城是人们给当代建筑展群的称号,这些建筑物由各种材料修建——覆盖在木材上的塑料和纤维——耸立在密歇根湖旁。他希望芝加哥的建筑物"不要过多表示庄严的建筑气氛,不要由各种雕塑和其他表现华丽、崇高的建筑物所充斥"。[43]

但由于芝加哥世界博览会的影响,所以Daniel H. Burnham和其他工艺美术风格的设计家建立了自己的地位。沃克斯的成就被这些建筑家削弱了,而前一时期建筑家认为自然风景具有治疗和精神价值的观点在城市化环境下受到了Gilded时代对庄严的追求的排斥。当他还担任纽约城公园委员会的景观设计师职务时,沃克斯拒绝在Harlem河旁修建高速公路,但他的反对意见被粗暴地推翻了。1895年,他出人意料地死去,而奥姆斯特德则患上了痴呆症,从公共生活中隐退,在1903年逝世前五年他一直呆在曾作过土地规划的马萨诸塞州Waverly的Mclean医院,但在他智慧的力量消失之前,他很清楚地看到工艺美术建筑家对纪念性建筑的偏爱是与他和沃克斯想在景观设计中体现的美利坚合众国的精神是相违背的。

1894年,继亨特之后,最受欢迎的工艺美术艺术设计家Stanford White(1853~1906年)收到邀请去设计前景公园中的一座网球馆。直到1909年,该网球馆才在他原来的助手,也就是1905年前景公园艇库的设计家Frank J.Helmle(1868~1939年)的主持下才修建起来。尽管以名为Sansovino(1486-1570年)的由Jacopo d'Antonio Tatti设计的威尼斯圣马可图书馆为原型设计的艇库非常符合网球馆的设计需求,但它违背了公园乡村田园风光景色的精神,当Mckim、Mead和White公司在前景公园修建了亨特未能在中心公园开展的工程时,公园作为城市生活避难所的意义受到更大的危害。他们在前景公园修建了三处纪念性的新古典主义

图9.58 士兵和水手的纪念拱门,雄伟的军事广场,布鲁克林区,纽约,John H.Duncan,建筑师,建筑上的装饰由Mckim,Mead和White完成,雕刻由Frederick MacMonnies,Thomas Eakins和William O'Donovan完成,1889~1901年。

大门(图9.58)。奥姆斯特德理所当然地认为White和他的工艺美术艺术的同伴们在"试图建立与最初建立在布鲁克林公园中建筑物相冲突的氛围"。[44]同样,受到法国的影响,美国的时代潮流先驱们喜欢上了后来称这为镀金时代的财富价值观,模仿欧洲城市中的宏伟的建筑成为美化城市的主要动力。在另一方面,受到法国的影响,美国也同时步入了工业时代的城市现代化进程。

注 释

1.德国动物学家 Ernst Haeckel 于1866年在《Generelle Morphologie der Organismen》中率先使用名词："生态(ecological)"，描述有机物与它们所处的环境间的关系。见 David Lowenthal《George Perkins Marsh:保护主义预言家》(西雅图：华盛顿大学出版社，2000)，ch.13，283页，脚注41。

2.感谢 Melanie Louise Simo 对 Loudon 的职业及其影响的精辟分析。见 Melanie Simo《Loudon 和景观：从乡村到都市》(纽黑文：耶鲁大学出版社，1988)。

3.Bernard de Jussieu(1699~1777年)和他的侄子Antoine-Laurent de Jussieu(1748~1836年)，林奈的主要竞争对手，他们对植物的分类主要基于植物的形态，而不是繁殖器官。

4.《园艺师杂志》，16卷(1840)，620页。正如第13章所提到，现代园林的领袖克里斯托夫·唐纳德，发展了一种相似的理论，即用一条不可见的轴线、非对称的方式组织元素，获得"超自然的平衡"效果。见克里斯托夫·唐纳德《现代景观中的花园》(伦敦：建筑出版社，1938)，92页。

5.见 Hazel Conway，《人民公园：不列颠维多利亚公园的设计和建设》(剑桥：剑桥大学出版社，1991)，229页。感谢这条优秀的信息及其他关于大不列颠早期公园运动的信息。

6.同上，48页。

7.David Schuyler，《风格改良家：安德鲁·J·唐宁，1815~1852年》(巴尔的摩：John Hopkins 出版社，1996)。感谢这位历史学家对19世纪景观设计和与唐宁讨论的设计师的了解，以及"中产阶级景观"的发展，即随着第一批郊区的出现，都市向农村地区扩展，出现了新的郊区别墅建筑语汇。同样，Judith K. Major《活在新世界：安德鲁·J·唐宁和美国园林景观》(马萨诸塞，剑桥：麻省理工学院出版社，1997)也谈到，在19世纪前半叶，唐宁使得当代英国设计原则和园艺实践更适合美国社会条件和自然特征。

8.安德鲁·J·唐宁，《景观设计的理论与实践》，第6版(纽约：A.O. Moore &Co，1859)，25页。

9.《景观设计的理论与实践》，65页。

10.同上，59页。

11.同上，60页。

12.同上，120页。

13.《乡村散文》(纽约：Levitt and Allen，1856)，147~153页，各处。

14.引自 Schuyler，《风格改良家》，192页。

15.园林历史学家约翰·迪克逊·亨特指出，John Claudius Loudon是第一个用"景观设计"来描述景观设计师工作的人。1840年，Loudon 再版了雷普顿的《景观设计的理论与实践的思考》(1803)，标题采用的是"汉弗莱·雷普顿晚期的园林和景观设计"。见亨特《我的最爱》(费城：宾夕法尼亚大学出版社，1999)，217页。但随后雷普顿和Loudon在与客户交流时，并没有使用这个名词。雷普顿在进入职业实践后，称自己为"景观园艺师"，而 Loudon 认为自己主要是一名农艺学家、植物学家、园艺学家和作者。奥姆斯特德和沃克斯一直希望减少他们工作间的差距——通过工程措施对大地地形进行再塑造，形成与自然景色类似的效果——Loudon的观赏园艺和雷普顿在他的职业生涯后期，在他的房屋周围进行园艺实践。尽管如此，他们同时还是艺术家，而不仅是工程师或管理者，这一点非常重要。1865年，沃克斯将要重新与奥姆斯特德建立合作关系，两人在讨论时，奥姆斯特德因为觉得这个词过于空泛而反对，沃克斯说道，"我喜欢景观设计师这个名称是因为——这个词能够很好地涵盖这个专业。一个能轻易转换成非艺术作品的名称将是不合适的——名词'景观设计'不适合你，我感到抱歉。我认为非它莫属。我们想让艺术为主宰，领导管理、资金、任务、群众以及其他——我们就必须明确坚持"。(见 Charles C, McLaughlin 等，《弗雷德里克·劳·奥姆斯特德论文集》，第5卷，363，373~374页)。他们最早使用景观设计师作为职业头衔是在1860年，当时他们被任命参与北曼哈顿街道规划(见《弗雷德里克·劳·奥姆斯特德论文集》，第3卷，267页，注1)1865年，奥姆斯特德与沃克斯重新建立合作关系，成立奥姆斯特德、沃克斯景观设计公司，他接受了这个名词。在这时，他们被中央公园执行委员会任命为"景观设计师"。

16.下列关于纪念性景观的讨论，那些含有纪念碑、纪念性墓地，以及从埋葬地到乡村性墓地的变化，要感谢 Blanche Linden-Ward，《山上的寂寞城市：纪念性景观和波士顿 Auburn 山纪念碑》(哥伦布市：俄亥俄州立大学出版社，1989)。

17.信件往来，1823年6月，引自 Linden-Ward，《山上的寂寞城市》，124页。

18.昆西采石场的开发者Gridley Bryant 在1827年美国修建第一条铁路时起到了重要作用，他将大块石头运到海边，再运到波士顿附近的查尔斯顿纪念场地。

19.威廉·沃兹华斯"墓志铭上的散文"，朋友，25(1810年2月)：408页。重印于《远足：一首诗》(纽约：C.S. Francis，1850)。引自 Linden-Ward，《山上的寂寞城市》，61页。

20.Dearborn，没有直接参与 Auburn 山的规划，于1846年开始为波士顿地区的另一座乡村性纪念墓地——Roxbury 的森林纪念地奠基并进行设计。

21.James Smillie绘画，Cornelia W. Walter 著，《Auburn 山》(纽约：R. Martin，1851)，18页。

22.安德鲁·J·唐宁，"公共纪念地和公共园林"(1848年6月)，《乡村散文》，157页。

23.1859年，奥姆斯特德第二次访问英国时，与植物学家、英国皇家植物园丘园园长威廉·杰克逊·胡克通信，探讨"园林的古老的简单的规则式…[和]古老的英国的独特的景观…不利于展现植物的美和多样性，以及对比和惊奇的效果"(信件，1859年11月29日，选自《弗雷德里克·劳·奥姆斯特德论文集》，第3卷)。Charles C. McLaughlin, Charles E. Beveridge, David Schuyler编(巴尔的摩：John Hopkins 出版社，1983，232页)。1882年2月，奥姆斯特德离开纽约后，在散文《公园的利益》中表达了他对"园艺化"的厌恶："在过去的20年里，欧洲被一种狂热所席卷，将自然景色改造成艳丽的装饰所包围的人工产物，还美其名曰园艺：花床、花毯、刺绣花坛、带状花坛，或者其他适用于房屋或女用帽子的装饰。这是比郁金香狂热还要厉害的莠草病，或者是年轻人的桑树症。"出自《景观设计40年：弗雷德里克·劳·奥姆斯特德的职业论文(高级)》，弗雷德里克·劳·奥姆斯特德,Jr.，Theodora Kimball编(1922;1970年再版，纽约布朗克斯：本杰明Blom公司)，143页。

24.弗雷德里克·劳·奥姆斯特德，《一个美国农夫在英国的旅程和谈话》(纽约：George P. Putnam，1852)，87页。作为一名英国血统的美国人，他有种回家的感觉，并且在第一次遇到英国景观时非常狂热。他常常用敏锐的感觉来欣赏，如同Constable的绘画。我们会惊讶于它的可爱，从阴冷的四月和裸露的树枝，英国的五月——充满阳光的、树叶茂密的、鲜花绽放的五月——在英国的小巷里；有着绿篱，英国式的绿篱，山楂绿篱，都在怒放；家常的普通农场房屋，诱人的马厩，干草堆，远处树丛中古老教堂的尖顶；湿润的空气中传来温暖的阳光，这一切都如此安静——只有蜜蜂的嗡嗡声和皮肤像缎子般光滑的Herford奶牛在篱笆外吃草的声音。

25.同上，79页。

26.弗雷德里克·劳·奥姆斯特德和沃克斯(Calvert Vaux)，《中央公园发展规划：景观中的'草皮'成为城市景观：弗雷德里克·劳·奥姆斯特德为新纽约所做的规划》，Albert Fein编(纽约Ithaca：康奈尔大学出版社，1967)，71页。

27.根据《圣经》经文，"在耶路撒冷绵羊市场旁，有一座水池，希伯来语称作Bethesda，有5座门廊。这里有一群弱者，眼盲，无法行走，甚至快要死亡，他们等待进入水池。某一个季节会有一位天使来到水池，并拨动池中的水：谁第一个在水动后进入水池，就能消除所有的疾病。"约翰5：2～4，圣经(詹姆斯)版。

28.沃克斯写给弗雷德里克·劳·奥姆斯特德的信，1865年5月12日，选自《弗雷德里克·劳·奥姆斯特德论文集》第5卷，Charles C. McLaughlin，Victoria Post Ranney编(巴尔的摩：John Hopkins出版社，1990)，364页。

29.Calvert Vaux写给弗雷德里克·劳·奥姆斯特德的信，1865年5月12日，选自《弗雷德里克·劳·奥姆斯特德论文集》第5卷，390页。

30."景观设计师和指挥者的报告"(1870年1月)，《弗雷德里克·劳·奥姆斯特德论文集》第6卷，Charles C. McLaughlin，David Schuyler，Jane Turner Censer编，357页。

31.关于通过Endale Arch进入长岛牧场感觉的详细描述，参见Tony Hiss，《场所经历》(纽约：Alfred A. Knopf，1990)，28～36页。

32.弗雷德里克·劳·奥姆斯特德和沃克斯，"景观设计师和指挥者为Brooklyn预想公园执行委员会主席所做的报告(1868年)"，选自Fein《城市景观中的景观》，153页。

33.同上，151页。

34.同上，158页。

35.同上，155页。

36.参考Victoria Post Ranney，但没有直接引用"奥姆斯特德在芝加哥"(芝加哥：开放土地项目，1972)，27页。

37.奥姆斯特德使用"plaisance"来形容这样的景观：由道路和草地组成，边界由灌木绿篱围合，是公园中的一部分，可以在白天作为野餐区和散步场所，但由于种植过密，影响安全，所以晚上被关闭。见《弗雷德里克·劳·奥姆斯特德论文集，续集》第1卷，218页。

38.同上，28页。

39.Cynthia Zaitzevsky是奥姆斯特德创造波士顿公园系统最权威的研究者。见Cynthia Zaitzevsky，《弗雷德里克·劳·奥姆斯特德和波士顿公园系统》(马萨诸塞，剑桥：哈佛大学Belknap出版社，1982)。

40.弗雷德里克·劳·奥姆斯特德写给George W.Vanderbilt的信，1889年6月12日，引自Charles E. Beveridge，Paul Rocheleau《弗雷德里克·劳·奥姆斯特德：设计美国景观》(纽约：Rizzoli，1995)，226页。

41.写给中央公园首席园艺师Ignaz Anton Pilat的信(1820-1870)，1863年9月26日，选自McLaughlin，《弗雷德里克·劳·奥姆斯特德论文集》第5卷，85页。

42.Mariana Griswold Van Rensselaer，"博览会建筑的艺术成就"，选自David Gebhard编《方言与扩大效应：建筑、景观和环境的论文，1876～1925年》(伯克利：加利福尼亚大学出版社，1996)，71页。

43.根据奥姆斯特德论文的编辑Charles E. Beveridge所说，这段话引自一封"没有称呼或日期的信，但有证据表明，是奥姆斯特德于1892年4月写给他的同伴约翰·查尔斯·奥姆斯特德和Henry Sargent Codman的"。作者的信，2000年1月17日。

44.弗雷德里克·劳·奥姆斯特德写给William A. Stiles的信，1895年3月10日。引自Charles E. Beveridge，作者的信，2000年1月17日。

第十章

工业化时期的文明：
现代城市的产生、工艺美术风格的美国以及国家公园

从十九世纪后半叶以来，趋动着现代主义和后现代主义及贯穿其中的文化潮流、逆流的力量正是机械技术，而使得哲学、政治、经济、社会学和艺术空前活跃的力量也是机械技术。[1]这种力量为人类文化注入了前所未有的能量和速度，极大地加快了变化的速度和生活的节奏。机械技术不仅带来了无数的益处，同时还强调要着眼于生产的过程而不是结果。

在考察过去一百五十年来的景观设计时，我们必须不时考虑到它们的技术基础和机器化时代思想所能达到的深度。即使它们被创作出来是为了表达对工业时代的反对，上述原则仍然是正确的。机械技术和人类对机器的态度——不管是祝贺的、既爱又恨的、还是谴责的——都提供了一种不可避免的文化联系，这种联系已经强烈地推动了现代的景观设计的形成。

一般而言，十九世纪是一个乐观的时代。真实的情况是随着科学发现的加快而产生的许多压力，日益破坏了宗教信念，以及信仰，在唯理论者的印象中，科学自身产生了一种不稳定感。埃默森在他抱怨"它们正在掌权，驾驭人类"时，凭直觉判断脱离控制的技术的影响结果是消极的，但是他的先验论者的哲学思想也从来没有把自然预想为一种积极的、滋润精神的力量，同时他同其他目睹工业时代的人一样，满怀希望地认为现代化将被证明是对人类很有益处的。

当我们讨论歌德对十八世纪的浪漫主义文化产生的影响，进行洞察思考时，我们发现他试图尝试改变他的原则和信仰，以协调于被恶魔似的人尖锐地表现的古典主义风格，即对自然的泛神论的崇拜和精神的诱惑，受到它的牧歌般的吸引力，并导致它的整个的措辞偏离人类的潜能。在1825～1831年写成的《浮士德·第二部》中，歌德察觉到新的自然资源和人类能量正在工业革命的影响下被释放出来。如果进步——工业资本主义的标语——发生的话，无论是个人还是社会与历史的纽带都会被切断。在第一部中，浮士德毁掉了他的情人——格雷琴(Gretchen)，因为他不能够容忍她所代表的传统的社会，第二部中，他被赋予一种比性、甚至爱更让人心醉的力量：能量。这不是皇权势力，而是工业发展的力量。它暗示着为了最终的社会利益挑战自然和改变文化的权利。

第二部分中，在建设和破坏的剧目中，浮士德扮演尼采的超人的角色，在面对强大的自然势力和传统的社会习俗，以及殖民模式时，他越来越成为一个有能力的开发者。他具有工程师的想像力；他为了一个大型海岸的改造工程，利用资本和劳力，修建水坝和挖渠，"阻止具有贵族特点的海洋近岸，为腐烂的垃圾划定新的边界，"目的是为人类的最终利益创造一个动态的全新的经济。正如美国传说中的伐木巨人一样，在这个强大的工程中，那些援助浮士德的无畏的先驱者们，均是来自格雷琴古老的世界里受拘束的乡村移民。他们在劳动过程中不断地扩大，在征服自然的英雄戏剧中，他们是勇敢的演员。

歌德预见了工业时代以及它将带来的社会自由，但是他同时也预见到工业时代的野蛮，不顾人类的生活所蕴含的悲剧因素。由于自然界和情感的错位，人类必将为经济效率付出代价。随着工业化的到来，人类的生活变得越来越轻松，但同时也变得越来越没有人情味。乡村周围被城市化和一种基于新的时空观念的文化所占用。人类将不再受田园生活的季节节奏，或者日常生活的界限(风帆、马匹的耐力以及人所行走的距离)所限制。运动是力量的一种需要。机器自动化的个人的灵活性和速度是现代主义的首要的价值所在。当今时代的快节奏特征使得它区别于其他任何的时代。

迅捷的变化是现代性的另外一个特点。浮士德不可能再回到儿童的启蒙阶段，而是注定了要不停地向前移动，永远处于永无止境的周期性变化当中，这些变化只有新奇和发明创造能使其意义恒久。有关力量的一些自相矛盾的言词有：任何事情都是暂时的、不断变化的；进步依赖于意愿和过去不敏感的牺牲，因为每一次新的进步都将不可避免被诋毁。

特别指出的是，城市从外观上看越来越像机器，日常生活的自然属性不可挽回地被改变了，很容易购买、批量生产的商品和新的建筑技术使得放弃、替换和改善旧的或者废弃的产品成为可能。环境的建设将不再是人类和动物体力劳动的结果，日常生活中的用品如壶和盘、工具和器皿、拉车和马车、衣服和家具将不再用手工制作。现在更多的人生活在借助于机器的帮助和一些机器建造的零件组合起来的建筑里，用工厂生产的器具烹调，使用工厂制造的器皿用餐，穿工厂生产的服装，以及购买便宜的批量生产的闹钟，以帮助他们合理安排日常事务与工作时间。一个新生事物的产生，即休闲是从统一工业化工作中分离出来的，这就使得新形式的休闲对景观设计产生重要的影响。

为了适应十九世纪后半叶人口大规模增长的需要，一些大城市——巴黎、伦敦和维也纳——很明显地开始通过工业技术来改变城市形式，建成新的交通动脉以加快车辆的运转，同时运用新的物质材料和工程技术手段以增加建筑面积和扩展建设范围的潜在价值。古老皇家园林对公众开放，新的人民公园作为一个休闲放松的场所而产生，成为中产阶级和上班族面对机器时代的城市压力时的一支解毒剂，同时逐渐增长的休闲需求成为机械化的影响结果之一。因为现在军事战略使得城市防御设施已经完全荒废，古老的城墙不断地被拆毁，它们所占据的土地变成了宽阔林荫道。就这样慢慢松懈，成长起来的城市也变得更加透风透光；密集的老街区现在被新建的、笔直的大道穿过，这些大道是为方便交通和商业流通而设计的。

这些变化使得原本不同阶层的彼此互相暴露，成为既神秘，又有趣的陌生人。有些人出于好奇试图想像其他人的生活。波德莱尔，这个诗人最后意识到巴黎正处于变化之中，写下"火热的蚂蚁城市，充满梦想的城市"的诗句，当他观察到困惑的、英勇的古老巴黎的居民正在面对着如此巨大的变化时，就断言一种新的恐怖的美丽将产生"错综复杂的重叠的城市，陈旧的、严酷的、所有的事物，甚至恐怖的事物，都会变得优雅"。在《悠闲》(Flâneur)的摘要中，他写了关于老太婆和风情女子的诗，陌生人的穿透心灵的一瞥，迄今为止这些人的生活隐藏于视线以下，现在暴露出来了，所有同时发生的还有：富人和穷人在新的城市环境中匿名地往来和混合。在这些短暂的相遇产生的可能性中存在一些可怕和令人毛骨悚然的东西。

世界性的都市生活含蓄地暗示了对传统的扬弃。就像浮士德一样，为了技术、权宜之计和效率，也为了智力冒险、感性经历以及艺术的自我表达，准备牺牲过去的附属物，甚至道德上的顾忌。当人们企图将物质的世界转变得越来越具有优势时，个人的经历逐渐地被看作财富的一种形式，激励人们最大限度地发挥他们的能力、能量、资本资源和可利用的时间。这样，卢梭的哲学所培育的浪漫主义精神的力量，为个人宣告了新的精神上的自主。

尽管在狂飙时期的学校没有浪漫主义，但在哲学家以马利·康德(Immanuel Kant, 1724～1804年)的桌上仍摆放着卢梭的画像。康德充满热情地认为无忧无虑人们的意愿和个人的权利中可以选择自己的精神活动。他因此有点同情美法革命的信条——至少在法国恐怖统治残酷镇压不同政治观点之前——因为这些伟大的浪漫主义的公众示威运动表明，无论君主是否仁慈，主权都不归属于他，而属于人民。在康德的观点中，虽然这个世界所有的一切已被上帝、自然科学以及政府的固有体制所注定，但人类不能被视为被动存在的生物。康德的立场认为人类的思想授予宇宙一系列的次序。这种观点与早期的哲学家如笛卡儿和亚里士多德是很不相同的，他们把思想看作是一种通过实践发现宇宙的既定次序的手段。强大的文学和精神的自由被康德的哲学赋予单个个体，这同正在单民族国家和通过集权制定的政府使人们产生民主化的浪潮是相同的。

图 10.1 Jean Béraud，1885 年巴黎.C.歌舞剧院(Vaudeville Theater)外，私人收藏。这里高出的人行道是闲荡者、购物者和剧院行人的领地，巴黎城市景色的新特点就是刊登招贴广告的柱形的亭子、众多的的街道和建筑灯光，以及透明的橱窗。

从这些哲学之光中，我们可以发现，从十八世纪开始，随着法国革命进程的加快，城市越来越成为人们的领地，它们的形式不再被皇室政策和贵族特权所制约，而在第二巴黎帝国时期，它们的转变需通过皇帝的批准和国家政权的认可。随着旧城市的瓦解和他们的社会内容的显现，产生了一个新的政治意识，这种意识滋养着大量的街头日报的读者。这些街道是对革命暴徒的一种威慑和作为阅兵路线来设计，行军乐曲激发爱国的骄傲之情，同时这些街道也是强烈的社会抗议的竞技场合。然而，通常来讲，随着越来越多的人在这里散步，它们成为一个人们日常生活的栩栩如生的剧场，同时它们也是一个不断增长的社会片段，能够购买出现在商店里的越来越多的工业化生产的商品。

巴黎，第一个公开宣布的现代化都市，不仅刺激在它的新的林荫大道上产生的巨大的、汹涌的巡回演出，而且提供公园作为特殊的地方，在那里可以度过空闲时间。在印象派作家的作品中，那个时候的城市是他们的，我们可以观察到巴黎人惊喜地感受正在发生的变化(图10.1)。亲密的感情将不再蒙上面纱；在工业化的城市里，个人和公众的生活融合成一体。在街上人们不停地走动，为人们相互观察和偶然出现的社

交提供了机会，同时也为商品和人行道旁的货摊上的奢侈物品的展示提供了机会，平滑的玻璃窗使得在其后的商品显得更加有趣。突然所有的东西都在运动，所有的一切成了奇迹和兴奋的源泉。任何事，甚至——或者可能特别是——其本身，正在发生中。

十八世纪的一个现象是，城市是一个正式陈述和符号的代表，一个享有与宫庭同等声望的建筑手工艺品，一个被它的全部和骄傲的装饰所概念化的城市有机体。根据这些意图建立的具有纪念意义的城市有：彼得大帝的圣彼得堡(St.Petersburg)、Pierre L'Enfant 为新美国设计的联邦首府华盛顿(图 6.44，图 6.54)。然而，建造者的意图经常被后代所漠视不理，任何情况下大多数城市被设想是实用的、而不是盛大的，是作为商业交易和满足日常生活需要的耐用场所。然而，繁荣哺育了慈善事业、市民的骄傲，以及仿效最好事物的愿望。这正如美国的黄金时代的情况，这段时期是在内战之后，那时，大多数城市建立了它们主要的文化机构和公园。1893 年在密歇根湖畔出现的"白色城市"，使得建筑和城市规划的过程紧紧地置于庄严伟大的纪念性方向上。就像奥斯曼式的巴黎，用新古典主义的外表覆盖了的新的工业化时代的基础构造，同时代的美国城市正在寻求一种能遮盖其不朽的尊严的外衣。并不令人感到惊讶的是这种成就的模式就是巴黎自身。在工艺美术学校，建筑师和景观设计师被培训成引导城市美化运动信条的人，二十年的运动中用英雄的雕刻、高贵的建筑、宽阔的林荫道以及漂亮的公众开放空间来夸大美国城市。如果没有像拿破仑三世(Napoleon Ⅲ)一样的皇权地政体的支持，和像法国的豪萨门一样强有力管理一大批被协调好的建设首都项目和提供财政支持，那么大多数城市美化设计只能是零碎的实现。然而在华盛顿，喜欢特殊的地位作为国家的首府，形

成了一个国会委员会负责全面监督城市规划，其结果是清除商业街道的碍障物和重新设计拓展街道。在建设林肯和杰斐逊纪念堂时，多方经过争论后在岩石溪流(Rock Creek)山谷中建设一条风景优美的道路。

机器的灵活性首次使得诸如巴黎一类的城市成为旅游者向往的地方，也使得人们有了接近几乎荒无人烟的野生景观的可能。在美国，先验论成为十九世纪的一种重要的哲学，即便国家被杰斐逊的方格网系统机械分割时，仍有人认为国家的概念是一个世外桃源。这种观点受到美国国会支持，从1872年开始，它在有着奇异自然景观的区域创建了国家公园。很快在一些美国人的眼中这些等同于大教堂和其他重要的欧洲历史纪念物，成为国家身份的象征物之一。早先的铁路和后来的州际高速公路将越来越多的度假者带到这些自然风光之地，现在，立法鉴定这些地方为神圣的。实际上，铁路深深地卷入了加快国家公园的建设之中并从中获利。如果没有工业时代的交通方式作为对大众旅游的一种刺激因素，就不会有任何原因产生第一个国家公园。如果被公园环绕的风景优美之地一直很难

到达，就不需要保护其不受工业和商业开发的影响，同时如果没有交通运输的方式，它们的税收也不能成为全体美国公民的合法的相应利益。二十世纪前叶，当驾车出游被认为是放松的一种重要形式时，额外的公众消费花在了林园大路和国家公园系统建设上，使得城市居民可以在乡村度过一天，同时也可以享受旅途的快乐。

为了理解交通运输的革命是怎样使得景观有了很大的可进入性和现代化的城市是如何成为一个完全松懈的实体的——移动的现象、快乐的舞台、和一个相当大的区域的连结使得休闲和居民居住都变得可行——我们必须倒退150年，及时检查在拿破仑三世的第二帝国时代的巴黎的转变。巴黎的豪萨门虽然在观念上独裁，在驱赶穷人时非常苛刻，但它注意到了中产阶级的需要，这一点是进步的。随着对交通、休闲和卫生的考虑，以及产生的广泛分享的城市乐趣气氛，就像对印象派画家的作品的一瞥和对小说家 Marcel Proust(1871~1922 年)的观察一样，展示了现代都市生活时代。

I. 巴黎豪萨门(Haussmann)：现代城市的产生

1848年共和革命的失败产生的第二共和国的当选总统，拿破仑·波拿巴(Napoleon Bonaparte)的侄子，路易斯·拿破仑·波拿巴(Louis-Napoleon Bonaparte)——通过1851年的一个政变而成为国王的众所周知的拿破仑三世——从英国的流放地返回，获得了政府的统治权。为了阻止更进一步的革命起义，他想通过建造新的街道来分解巴黎紧密的网状结构。这样就可以把城市分成多块，同时也可以将潜伏的叛逆邻邦隔离开来，使得暴徒设立路障和将来控制首都变得更加困难。但是认为他对巴黎20年的转变仅仅考虑政治和战术术语是错误的。他首先强调城市形式本身，以及科学技术的发明，通过全面的城市规划和工业时代技术的运用来解决许多流通问题：水、下水道、火车、马车和行人。截止目前，大多数社会团体形成了，逐渐产生一种看法：在公众卫生设施、交通路线和城市网络的大体外观条件方面，政府已厌烦了其基础责任。法语的"城市规划"——Urbanisme 一词形成于十九世纪后半叶，表示通过一些技术手段，规范形式，塑造城市，

并通过提供和维护基础设施系统，如街道、街灯、沟渠、排水管道和下水道，来满足人们的需要。这个术语，涵盖了经过调整的政府管理的概念，也就是通过建筑和土地的信息来规划，使用规则控制城市居民的安全和福利和城市总体美学效果。由于交通的便利化是现代城市的主要目标，规划过程的中心问题就是测定交通量、流量和道路终端的发展、路基和协调城市间与城市内行进方式的轨迹。

巴黎：1850~1870 年

尽管在某些方面有着深深的疑虑和苦难，重建巴黎的目标必须根据旧城市秩序所面临的问题来测定。在1848~1949 年的霍乱流行中，有 19 000 人死亡。1850年人口增长到 1 300 000；随后的 20 年间继续增长25个百分点，人口达到 16 500 00。这时出现了失控的失业情况和极度的拥挤。在绝大多数的城市中，居住和制造业的地区呈现密集的混乱状态，除了熟悉的窄而弯曲的中世纪街道外，其他都深不可测。历史

上旧巴黎有着充满芬芳和庄严的景色,而今虽然如此,旧巴黎仍在一些巴黎人和旅行者的记忆中闪光,他们在消失很长时间后仍继续哀悼、珍爱着已经消失的都市风景片断。

重新安排街道模式的真正的推动力并不是来自于军事动机,而是来自于工业资本主义社会的迅速扩张对商业经营灵活性的刺激。明确来讲,正是工业时代最重要的机器——蒸汽动力火车推动巴黎和其他一些城市进入了现代化时期。道路轨迹沿着城市外围穿过城市的许多区域,巨大的棚状钢铁和玻璃工业建筑物作为其结点,旅行者的来来往往产生的交通拥挤,使得必须替换城市中的一些混乱、弯曲的街道,代之以宽阔的、笔直的大路来连接市中心的目的地。

在流放到英国的那些日子里,路易斯·拿破仑(Louis-Napoleon)亲身感受了一些发展变化:交通运输、卫生设施方面以及公园,使伦敦成为在欧洲的城市中一个现代化的领导者。幸运的是,他能够在法国发掘能够胜任执行一个巴黎的公众改善设施雄伟计划的国家领导者。拜伦·乔治·奥斯曼·欧仁(Baron Georges-Eugène Haussmann,1809~1891年),经他任命在塞纳部,是一个政府官员,能够熟练操作在当时来讲是最新手段,但是这样的手段在现在已很普通:通过法律手段限制、谴责挪用私人财产和债务财政现象的发生。为了更好地判断他们的行动,国王和豪萨门推论:城市的基础结构的改善和新改善的公众空间的创建将会提升固定资产的价值,同时带来更高的税收,这些税收可以用来支付发生的债务。尽管豪萨门的财政计划陷入了困境,1870年开始下滑,但是城市的现代化进程在那时已不可避免地定准了方向,并一直继续到第一次世界大战。

豪萨门能够将整个城市作为一个实体,以技术的、机械的术语进行概念化,尽管第二帝国时代的建筑线形界定了新的林荫大道,保留了古老的主题,即:双重斜坡屋顶,得自于巴洛克古典主义时期的雕刻细节,仅仅是完全技术性方法制作成的装饰性的服饰。中产阶级金融家提供资金建设房屋和改善公众设施,豪萨门对巴黎的根本改变,目的是使城市不仅高效,而且能够适合于中产阶级。以前,贵族们拥有豪华的宅邸,而手工艺人和店主们住在拥挤的小房子里。现在通过调整产生了统一的檐口线和房檐的高度,出现

了成团的建筑群,银行家、贸易商、制造商、律师、医师、政治家和资产阶级的其他成员都拥有宽敞的公寓。同时还有为人口中新的、流动的部分——越来越多的旅行者服务的豪华的新旅馆,而且豪萨门的城市构造也适应于资本主义消费社会的另外一个发明:百货公司,似一个通风的殿堂,由铸铁和玻璃构成的拥有内部天窗的庭园,就像火车仓库的巨大顶棚,也像一个新的肉类和产品批发市场。

在理解豪萨门重建巴黎的程序方面,流通是一个有效的措辞。逐渐成长的商业城市不仅需要借助铁路疏散人们和货物,而且它还得适应一些富有的资产阶级所拥有的马车的需要。此外,1855年公共汽车开始投入运营。作为团体运输的一种方式,领先于建于1900年的地铁。而且,如果想使城市保持健康发展,垃圾的运输必须更加有效率。最近钢筋混凝土(用金属加固的混凝土)的发明使大的集中隧道的构成变得容易,这些隧道是豪萨门设计的下水道网络构成的一部分,它们将城市西北部建成区的污水排到Asnières,在那里再流入塞纳河。由于人口的增长和塞纳河的污染(塞纳河是巴黎人的自古适于饮用的水源),豪萨门的工程师设计导水管从约讷(Yonne)、瓦讷(Vanne)和德惠斯(Dhuis)河峡谷中汲取很多水。

城市的特征发生了深刻的变化,以前的房屋正对内部的庭园,但是现在新的街区和建筑的规划使其可以面临街道开高窗。居民可以通过阳台俯瞰街上的行人和豪华马车的移动(图10.2)。商店的大厚玻璃板窗为内外空间创造了一层细的隔膜;摆放的商品吸引了行人,随着自由欣赏和购买成为一种流行的消遣时,消费者产生了对作为良好生活的、基本的物质商品的无穷无尽的梦想。咖啡馆满足了活动在新的街道上日益增长的人们的需要,为室外生活空间服务,在那里社会生活成为城市中日常的礼节,吸引了越来越多的观注者。煤气灯很快被电灯所取代,电灯装饰了街道,照亮了商店和咖啡屋的内部,当夜间变得越来越安全时,人们走到室外,在公众场合活动的时间延长了。休闲者漫步在新的林荫道上寻找快乐,而游闲者闲散地度过每时每刻,观察每天生活中可作为新闻的戏剧素材。

豪萨门穿过城市开辟的渠道(他的percements)和被城市建筑局雇佣的天才建筑师建造的公共建筑,成

图 10.2 Gustave Caillebotte，站在窗口的人，1876 年。私人收藏。从十九世纪 60 年代的 rue de Lisbonne 上面向外的建筑，艺术家的家中的第二层公寓的窗口，绘画中的人（艺术家的弟弟 René）向下凝视着 the rue Miromesnil，与 George-Eugène Haussmann's 树木排列的林荫大道的交叉口，在那里一个妇女站在一个高出地面的人行道上正准备穿过街道。

的大道上的焦点，大道两旁是整齐的、成组的新建筑。整个建筑的整体是作为一个有秩序的和稳定的对应物，对应于沿着主要的、宽阔的、大道的、汹涌的运动。在这样的新城市空间中，交通流量和公众生活的鲜明特征是明显的，甚至在 1898 年的雨天，那时的景象被印象派画家卡米尔·皮萨欧 (Camille Pissarro) 逼真地描绘了下来 (图 10.3)。

在建筑空间内、外和建筑周围的运动是豪萨族人的主要目标，雕像的正面、钟楼、尖顶、圆屋顶、凯旋门、早期的雕像和他同时代的一样，都是为了使他的现代化都市更加宏伟壮观的装饰性的和象征性的必要的支持。这些都涉及到在重要建筑物附近对特别的都市化的根除，例如：城市的宫殿和巴黎圣母院 (Notre Dame)。豪萨门希望这些纪念建筑更加醒目，并且为公众的庆祝活动开辟宽敞的活动空间，同时还可以在暴动时使城市更具有防御性。对同时代的巴黎人来讲，豪萨门的城市市内的调整，随着模糊的、不明显的小巷由于临近新建的林荫大道而变得忙碌和繁荣，看上去好像突然揭露了某些隐藏的城市地区。尽管数以千计的人们被驱逐，毁坏的遗迹被卖给开发者，但那个时期商业的、固定财产的繁荣还是淹没了抗议大规模破坏的呼声。

除了创建大的林荫道，豪萨门在公共空间清理程

为公共华丽景象的一种新形式。豪萨门为每一个主要的林荫道的交叉部分设计的咖啡馆在经过它们的人流中形成一个个漩涡。剧院，这个文化机构更多地完全被中产阶级社会，而不是其他阶级所接受，200 年前就被凡尔赛确定为上流社会观赏节目的主要场所。1860 年，Jean-Louis-Charles Garnier (1825～1898 年) 在华丽的新戏剧院的设计竞赛中获胜，这位建筑师设计的主要的楼梯为一个扩展的扇形台阶，用来展示欧仁 (Eugénie) 女皇的长袍拖地的部分，但是当这个建筑在第三共和国（拿破仑三世王朝衰败四年后）期间的 1875 年建造完成时，它的真正作用是在红宝石和金色的新巴洛克风格的背景下展示流行世界的部分。和其他地方一样，豪萨族人特勒·诺特为 17 世纪法国园林设计的设计语言借用此处，并将这种丰富的地标作为笔直

图 10.3 卡米尔·皮萨欧，Place du Théâtre Français，巴黎，在雨中 (de l'Opéra 街) 1898 年，The Minneapolis Institute of Arts。

序中重新排列了一些普通的街道,规范了建筑物的外观,种植了数英里的行道树,美化了重要街道结点的公众广场,安装了路灯、坐凳和其他的路边环境小品,同时取得公众空间屋主的支持,使城市成为市政管理中引人注目的事物。

在十九世纪,在巴黎的改变方面给皇帝和豪萨门完全的信任是个错误之举,君主提供的概念支持,专家政治论者的财政敏锐力和管理的热情实现了令人惊讶的快速发展,但是并没有显露出原始风貌。同时,他们通过对已经开始的规划进程的推动,使法国的纪念主义和工业资本主义之间形成一个简约的合并。

当法国革命觉醒时,巴黎出现规划和保护历史建筑的现象,当时,国家没收了教堂的所有权和出于保护的目的评估了古典风格的纪念碑的价值。1793年的议会任命了一些艺术家来准备所谓的艺术家规划,在这个规划中,对每个区域进行研究,目的是发展合适的土地,用辐射状道路建筑的连结来展示被认为是尤其重要的建筑艺术(图10.4)。艺术家的规划突出了长长的、轴线的创建和延伸,尤其是在密集的城市东部,同时预示了豪萨门关于新巴黎的基础计划的战略方法:它以导演的技巧来分析城市作为基础,用历史纪念物和标志性建筑以及具有象征性的重要的国家大厦,包含新的法国政体,如舞台背景一样进行展示。但是,这个规划并没有如豪萨门所愿,将巴黎理解为一个整体,

应将整个城市,而不是某个部分作为规划单元。

十九世纪之初,拿破仑一世就发誓将巴黎建成欧洲最美丽的城市。他也意识到城市的现代化需要大量的工程设施,这些工程将在公众的健康、户外食品市场和交通流量方面取得改善。尽管他的统治时间很短暂,城市发展资金严重欠缺,以至于无法实现大规模的改革(这样的改革在半个世纪后由他的侄子承担了),但是他有效地为以后的大多数城市规划奠定了新古典主义风格的基础。通过对路易十五和谐合区(de la Concorde)两个地方的重新命名,他创建了一个穿过它的重要的交叉轴,该轴通过一个建在其上的标志性的纪念碑来着意强调。在距覆盖着浓荫的轴线香榭丽舍大街(Élysées)一英里远的贾洛(Chaillot)山的顶峰,拿破仑一世建造了最大的凯旋门(the Arc de Triomphe,1806-1836),成为世界上城市上空最重要的有力的象征物和宏伟的景点之一。

在他最欣赏的新古典主义艺术家查尔斯·佩塞(Charles Percier,1764~1838年)和佩塞·费朗索瓦·莱奥纳尔·方丹(Pierre-François-Léonard Fontaine,1762~1853年)的帮助下,拿破仑通过将杜拉瑞公园的北部边界改变成瑞奥里大街(rue de Rivoli)(图10.5),在巴黎东部密集的建筑区创建了轴线的起点。运用在亨利四世的皇家宫殿所看到传统的路边贵族楼拱廊的规则,他们在统一的阳台上运用了水平带,运用层拱加强了轴线的透视线,建造了第一片宏伟的建筑(图4.48)。第三层和阁楼上的连续的阳台把街道上的景象引进室内,暗示具有阅兵路线的作用。延伸的拱廊成为优雅的购物者散步的场所。

路易—菲力浦(Louis-Philippe,在位时间1830~1848年)作为一个立宪政体的君主,缺乏早期皇帝所拥有的能够大规模修饰城市的资源,然而他继续在艺术家的规划中的观点,通过在城堡地区树立七月柱和在谐合区建造埃及的方尖石塔(图10.6,图6.38)来强调个体公众空间。十九世纪40年代,他建造了第一个铁路车站,通过宽阔的林荫道的斯特拉斯堡(Strasbourg)与市中心相连。

一个特别重要的发展,影响到未来城

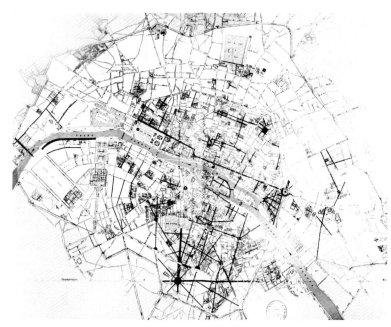

图10.4 巴黎,1793年艺术家的设计。

希望能够进一步促进法国首都的现代化。甚至在任命Haussmann为塞纳河部的长官之前，拿破仑三世开始将瑞奥里大街延伸到城市宾馆(Hôtel de ville)；重新塑造路易十五的旧猎场公园即博洛尼亚森林公园(the Bois de Boulogne)，将其改造为一个英国形式的公共娱乐场所；重新恢复诺特旦姆(Notre-Dame)大教堂，同时规划出一个新的食品市场(Les Halles Centrales)。而且，拿破仑三世准备了一张城市地图，地图上显示了穿过古老的又窄又短的街道网络的块状结构，这就是他在任命豪萨门时，交给他的关于城市更新设想的图纸。尽管远离市中心的新城区的领土规划发生了变化，尤其是在1861年以后，产生对动脉连接、市政建筑和公共设施的新的需求，但是豪萨门仍然一直将帝王的文件看作是他自己的职责，认为他仅仅是帝王的奴仆和改变巴黎面貌的使者。

豪萨门在1853年担任塞纳河部长官的工作之前，曾经在波尔多市任职，可被粗略地认为是巴黎的城市管理者。他负责统揽规划、设计、财政和所有的主要改善设施的构建，以及日常的市政管理。为了提供工作必须的基础地图，豪萨门对城市和最近新形成的郊区做了详细的平面测量和地形调查。巴黎规划的结果

图 10.5 巴黎的瑞奥里大街(Rue de Rivoli)，始建于拿破仑一世统治下的 1806 年，由阿道夫(Adolphe Braun.C.)，拍摄于 1855 年。

市的规划，那就是1819年建立的工艺美术学校，具有建筑学教育的、严格的、新古典主义程序。第九章提到，正是美国建筑师对美化城市运动起到了推动作用，得益于他们十九世纪中期之始所受到的训练。有一些法国人在罗马的佩森(Pincian)山上的美第奇别墅中的法国研究院里学习先进的古典主义，并得到著名的罗马奖学金，他们回国后总能得到任命，参与重要政府建筑的设计工作。就这样，从工艺美术学校学习的学员中产生了许多建筑师，他们在豪萨族人的新巴黎设计纪念碑和新的住宅楼群，他们将新古典主义语言应用于工业时代材料上的砖石建筑和石雕饰面中，用于帮助解释在快速现代化城市过程中，保持传统格式上的连带性和外观上的连续性。

拿破仑三世曾一直住在伦敦，那里的建筑师和工程师运用新的工业技术手段来建设和解决城市问题，

图 10.6 七月柱(July Column)，城堡地区(place de la Bastille)，巴黎。

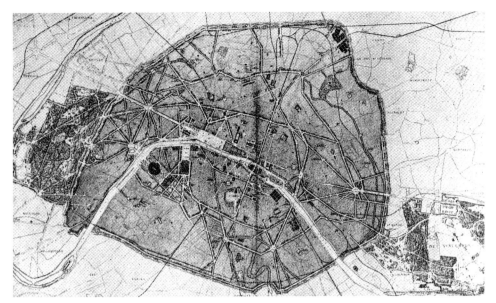

图 10.7 巴黎地图，展示了 Haussmann's 新的林荫大道，珍妮·查尔斯·阿道夫·阿尔芳版画《巴黎大街》，1867~1873 年。

设定了变化中的城市，标明了通道的位置，因为对资产的谴责和破坏是有必要的，同样道路管理处，即交通部门将要拓宽现有的街道，以形成新的建筑布局(图10.7)。在他的工作中他信奉完全的专家治国论，他主要的合作工程师，如欧仁·贝尔格朗(Eugène Belgrand，1810~1878 年)构思和管理着巨大的新输水道的结构和下水道系统，景观设计师珍妮·查尔斯·阿道夫·阿尔芳(Jean-Charles-Adolphe Alphand，1817~1891 年)掌管新公园、散步场所和城市广场的构建。

广场如小城堡牺牲了其作为活动场所的身份，变为机动车交通线和行人交通岛，它的作用使巴黎的广场区别于伦敦的广场，伦敦的广场甚至在城市现代化之后仍然继续作为城市中一个安静宜人的场所。这些广场除了有规范化的街道设施外还有着巨大的吸引力，广场散落布置，非正规地体现了城市的显著外观特征(图10.8)。就像豪萨族人用术语界定的那样，在为林荫道系统发展连接的结点的过程中，勒·诺特关于从圆点辐射展开的、道路的模式具有很好的功能，使得城市不仅运行通畅，而且具有极度的轴线性。

香榭丽舍大街被城市建筑师Jakob Ignaz(Jacques-Ignace)Hittorff(1792~1867 年)设计的新的有着树和煤气灯的林荫道重新装饰。在城市的东部，1861 年，圣马丁(Saint-Martin)运河的南部被装饰成理查德·勒努

瓦(Richard-Lenoir)林荫大道。同样的树种、花卉、新闻报摊、退让的看台以及煤气灯，使得巴黎西部对出现在城市中这片缺乏流通的部分的富人也产生了吸引力。

远离曾经取代了1786-1788 年的传统围墙的林荫大道的外围环线，有两个大型的皇家猎场：位于西部的通过豪萨门的新的宽阔的街道到达的博洛尼亚树林； 位于东部的porte de Vincennes，在porte de Vincennes 和已有的纪念大道万森纳大门的南方。为了满足西部地区高等社会娱乐的需要，阿尔芳(Alphand)主持继续将博洛尼亚树林转变成一个优雅的娱乐场所，场地上布置具有独特风景的走廊，散落一些种族的遗迹和餐馆(图10.9a, 10.9b)。

因为它是没有关联设施的集合体，也是关于过去用处的轨迹描述的再现，博洛尼亚森林公园复合体不具有美国奥姆斯特德公园的统一规划的视觉特征，而这两个公园是同时代的。虽然它以英国风格方式发展，用波浪形的道路取代了除以前的两条笔直的道路外的所有道路，有一处不规则形的湖面，令人联想起海德公园的S形曲线，但它更像一个特殊的娱乐设施的集

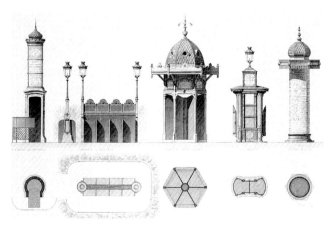

图 10.8 巴黎街道设施，珍妮·查尔斯·阿道夫·阿尔芳版画《巴黎大街》，1867~1873 年。

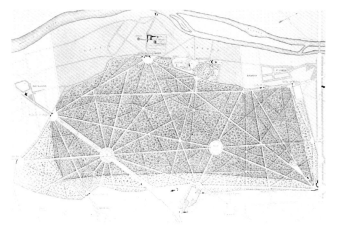

图10.9a 和 10.9b 被珍妮·查尔斯·阿道夫·阿尔芳版画，阿尔芳设计前后的博洛尼亚森林公园《巴黎大街》，1867～1873 年。

合体。它的某些部分是美好的，尤其是巴格特利(Bagatelle)和莎士比亚公园,这些并没有作为综合景观设计的一部分来发展。正如在中央公园中，也没有出于压倒精神目的的记录；博洛尼亚森林公园意图作为一种时髦的胜地，而不是用田园式景观来缓解城市的压力。

尽管设计的服务对象是上班族，但是万森纳森林公园(the Bois de Vincennes)被看作具有与博洛尼亚森林公园相同水平的风景园特征。除了这两个大型的公园，豪萨门沿着城市的南部边缘，在 Porte d' Orléans 和 Porte d'Italie 之间创建了 Parc Montsouris，还将位于城市西北边缘的 duc de Chartre 的十八世纪的英中式园林的葛梭公园(Parc Monceau)重新建设成十九世纪的风景园公园，包含许多 Louis de Carmontelle 残余的 follies。在城市的东北部，1864～1867 年，他将一些擅自占地者居住的一

个遍地寄生虫的废弃的采石场 Buttes-Chaumont 转变成一个浪漫主义的22公顷(55英亩)的风景园(图10.10)。

巴黎人的公园所传达的精神具有很高的戏剧性,它们的景观中的许多廊道由自然和人工结合成的假山所组成，就像精心制作的舞台。在帕克·德·巴特斯·查蒙特(Parc des Buttes-Chaumont)，阿尔芳风景园的天赋得到了充分的发挥，博洛尼亚森林公园比其大许多，阿尔芳却在此花掉了两倍的开支，为现存的旧采石场增添了大量的人造假山，故而创建了浪漫的突出于人工湖上的假山景观。[2] 有两条河流，一条河流包含着一条瀑布，飞溅入满是人造钟乳石和石笋的山洞，这条河流的水来源于巴黎的一条运河。突出的海峡形成公园的特色，仿造蒂沃利(Tivoli)的一个小的女灶神庙(Temple of Vesta)的复制品，作为望景楼，可以俯瞰巴黎的全景。被戏称为"自杀桥"的一条高高的悬索桥通往神庙；另有一条较长的路线作为备选，提供了到达顶峰的蜿蜒曲折的路径。这样的景色意味着可以引起具大的震惊，或者惊讶的激情，这与奥姆斯特德试图使欣赏他的景观的人产生诗意的幻想情绪的感觉是不相同的(图10.11)。

就像奥姆斯特德和沃克斯的公园一样，豪萨族人的公园并不是工业化城市的反映，也不是提供缓解城市压力的田园般平和的乡村视觉景观；而是作为城市中一些额外的消遣来展示一个在前进中的很舒适的现代化都市。尽管法国的公园具有同美国公园一样的风景园风格，但是它们并没有遵循奥姆斯特德公园的自

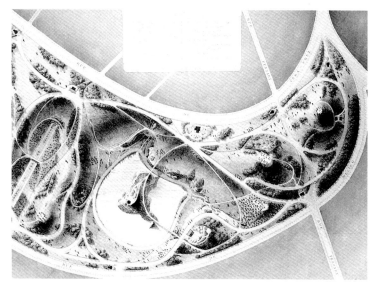

图10.10 帕克·德·巴特斯·查蒙特规划，由阿尔芳设计。阿尔芳版画《巴黎大街》，1867～1873 年。

图 10.11 **自杀桥** (Pont des Suicides), **帕克·德·巴特斯·查蒙特**, 由 Jean-Charles-Adolphe **阿尔芳**设计。阿尔芳版画《巴黎大街》, 1867～1873 年。

然主义的形式。法国的公园结合了一些繁茂、高水平的维护的亚热带植物, 同时, 其道路系统不符合地形学上的规定, 但是设计了法国弯曲路线的线形, 运用了具有卷曲形的剪切块设计手段。至于后者, 公园的作者和编辑威廉·罗宾逊(William Robinson)写下了刻薄的言辞:"在法国最好的景观园林工作者的设计作品中, 看到行走的路线是以对称的螺旋状蜿蜒展开是可笑的。同时, 当他们每一次对场所的草坪进行清除而被缠住时, 就会渴望拥有更多的空间。"³ 弯曲处是道路自身的末端, 也是法国美妙仙境产生的影响的浓缩, 令人惊喜和感觉美好的是, 所谓的潜在的文化态度在很大程度上和迪斯尼魔幻王国(Disney's Magic Kingdom)相同,而不是中央公园的田园般质朴的态度, 中央公园里所有的装饰品如: 植物的、雕塑的或者建筑的, 均有助于景观的组成, 该项设计主要是通过空间的体会将游客带入一系列的景色之中。

阿尔芳的书《巴黎大道(1867-1873年)》是豪萨门对城市改变的一个重要的记录, 其中的许多插图描述了对新的街道和相关联的绿色空间的特有的处理手法(图10.12)。维护法典控制了私人房屋的正面外观, 以确保建筑正面、废料、绘画和白色涂料在间隔十年或者更少的时间内保持清洁。

在使巴黎取得更大进步和更具娱乐性的同时, 豪萨门也改变了它的范围。包括新增的县, 城市的规模增长了一倍半。豪萨门的宽阔笔直的林荫大道的空前的长度——高度一致的建筑墙面、统一的屋顶、檐口

和阳台线强调了其透视效果——使得城市主体的规模越加明显。另外, 越来越宽的街道允许出现较高的建筑, 甚至为了获得合适的比例关系, 更希望有较高的建筑, 这是一个在1859年的建筑法典中公认的事实, 当时颁布法规限定在20米(65英尺)或者更宽的街道上, 建筑物在高度上可以达到2.5米(8英尺)的高度, 这样的高度相当于再增加一层。

豪萨门的林荫大道的开放, 成为皇帝主持的公众庆祝胜利的场所。他们使用威尼斯的旗帜以及装点有星星和花环的金色帷幕, 这些展示物不仅纪念这个重建城市的庄严伟大, 而且还纪念政府的、地方的以及州的权势。也许帝王在政治上冒险太多, 以至于允许豪萨门在首都浪费过多的资源, 同时至少在他掌权的前十个年头内如此显著地宣扬他们。最终, 来自国民议会的反对要求对其财政进行调查, 发现了一些不正当行为, 因此他于1870年被免职。

同年, 在普法(Franco-Prussian)战争中, 拿破仑三世在色旦(Sedan)向德军投降。共和国宣告成立, 从而导致了第二帝国灭亡以及拿破仑统治的结束。随着对巴黎的统治及后来在投降前被德国占领, 这场战争持续了四个月。几周内, 巴黎的政府参议会对革命武装

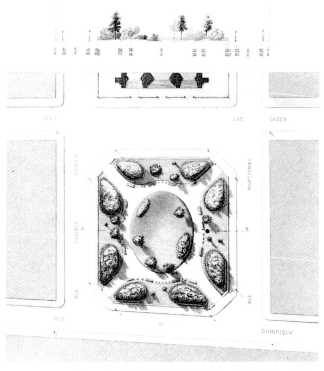

图 10.12 **无罪广场**, 由阿尔芳设计。阿尔芳版画《巴黎大街》, 1867～1873 年。

作出了选择，公社(Commune)的激进分子夺取了城市的控制权。然而他们对国家政府的反抗很快被新共和国的军队镇压了下来。

这些事件并没有结束豪萨门(Haussmannian)模式下的巴黎的继续现代化。巴黎公社的拥护者对城市的破坏是严重的。但是在他们的短暂统治之后，第三共和国建立并修复了被破坏的东西，延伸了更多的街道，整修了卢森堡公园(Luxembourg)。加瑞尔·珍妮·安东尼·戴维特(Gabriel-Jean-Antoine Davioud)，豪萨门统治时期的一个花园设计者，当巴黎准备主办1878年的国际展览时他设计了宏伟的、具有pseudo-Spanish Moorish风格的Trocadéro宫殿，这是一个重新宣传它的工业现代化产品和进步文化的机会。

巴黎已经主办过两次国际工业技术的展览会(1855年和1867年)。从1867年开始，the Champs-de-Mars，这个曾经于1765年在École Militaire与塞纳之间原被布置为一个陈列场的地方，现在成为展览的场所。巴黎展览馆的巨大的拱顶空间实践性地应用了新的建筑材料：钢铁和玻璃，这些材料的工程上的潜能首次应用于劳顿的温室结构中，随后又出现在伦敦的帕克斯顿水晶宫中。正是随着城市的开放和城市的接纳性，在那时看上去令人吃惊的轻和缺乏重量感的新的工业化时期的建筑物，形成了一定的建筑风格，即不再以具有体积的空间相围合，而是非物质形态的组合，将建筑物改变成通风的构造，这样室内外的相互渗透就成为最突出的主题。该建筑物包含了1867年的展览会的展厅，是一个由7个同心的走廊组成的巨大的椭圆形建筑，显示了在中心椭圆里具有雕像和棕榈树的花园特征。

古斯塔夫·艾菲尔(Gustave Eiffel，1832～1923年)是在1867年展览会期间出现的一个年轻的工程师，他创办了一家能够生产椭圆形展览厅外部边缘使用的巨大走廊的铁制骨架的工厂，有25米(82英尺)高，35

图10.13　罗伯特·德劳内(Robert Delaunay)，艾菲尔铁塔，1911年。纽约古根海姆博物馆。

米(115英尺)宽。艾菲尔(Eiffel)负责向公众引进了一种新的垂直运输形式——液压电梯。

1878年举办的国际展览会，证明巴黎已经从巴黎公社叛乱和普法战争的影响中开始复苏，紧随其后的1889年的百年纪念博览会不仅象征性地，而且确实将法国的技术实践和对新的建筑形态的探索推向新的高度。1889年的展览会给参观者印象最深的建筑是艾菲尔(Eiffel)设计的300米(984英尺)的开放式结构的铁塔。艾菲尔(Eiffel)将自己区别于桥梁建造者，把它设计为构建空气动力学和承载运输工程方面的一个展示。这个建筑是圣·彼得教堂的两倍高，而且不同于一些纪念性建筑物，它仅仅用了几个月而不是数十年的劳动就建成，这样的早期现代化的铁制品保存了巴黎的直观可视的特征，凌驾于重装饰的城市里的所有其他特征之上。[4] 直到1930年纽约的克莱斯勒建筑(Chrysler Building)建成前，它一直是世界上最高的建筑物。

由奥蒂斯电梯公司(Otis Elevator)制造生产的电梯呈曲线上升，将参观者输送到一系列的平台上。正如阿尔卑斯登山家(Alpinists)登上峰顶得到的体验一样，人们登上艾菲尔铁塔时突然可能产生的感觉不仅仅是对景观的全景视觉效果，还有对城市形态及历史的体会。艾菲尔铁塔(Eiffel Tower)可有效利用成千上万的参观者对城市建筑的具体的吸引力，给每一个人解释众所周知的路标、地形和建筑的能力，同时在这样的活动中体会城市最早的形成历程以及几个世纪来的发展变化。这样具备全景的景象，人们可以深刻地想像到大都市里人的尺度以及下面涌现出的人的多样的生活。然而，在螺旋的下降过程中，建筑物好像变成了一个个的片段，城市的景象出现五花八门、穿梭的交织现象。热情洋溢的罗伯特·德劳内风格(1885～1941年)，从1910年开始，描绘了许多版本的艾菲尔铁塔(Eiffel Tower)图像，并从中获得了有关空间和景观的令人欣喜的精粹的现代化体验(图10.13)。

II.美化城市：纪念性城市化——工艺美术风格的美国

很难夸大豪萨门(Haussmann)的巴黎对世界上其他城市的影响。公平地讲，甚至在现代主义和后现代主义的前后联系中，设计师继续采用一些纪念性的城市规划策略，这些策略当中，十九世纪中期的巴黎作为主要的例子，尤其是在首都城市中，建设规划被认为是通过建筑和景观来显示其势力的象征性展示。即使没有这样的议事日程，现代主义对机动车辆的推动和援助资本主义工商业的力量也是强大的，事实上，随着一个接着一个的城市的开放，城市生活产生新的可能性，形成一个根本上全新的城市形态，老街道到

处都在被拓宽，新的林荫大道取代了以前的防御工事，建立了铁路运输系统。

具有讽刺意义的是，黄金时代在城市规划风格中被忽视了的对主权的暗示，却被运用在民主的美国对城市纪念性的愿望中，运用其形式来表达共和国的崇高理想，而是君王的权力。在这时，美国新涌现出的百万富翁们想在欧洲贵族里寻找自己角色的原型。也正是此时，美国人在寻求如何模仿欧洲的给人深刻印象的遗迹，诸如：遗产建筑物、富人的官邸中和公众艺术及建筑中的纪念物，这些都在宣告着城市的繁荣和尊严。在这个过程中，他们得益于专业设计师采取的设计。好几代美国建筑师和景观设计师的美学思想，形成于豪萨门的巴黎，他们从十九世纪最后30年开始就在巴黎工艺美术学院学习，并受到其影响。

二十世纪初，仿效1893年芝加哥世界博览会(Chicago World's Fair)，吸收的新古典主义思想被Rochester纽约的新闻记者查尔斯·芒福德·鲁宾逊(Charles Mulford Robinson)以极大的精力向前推进。他是《城镇和城市的进步或市民美学思想的基础实践》、《现代城市艺术或美化城市》的作者。城市美化运动的目的是通过雄伟的规划使美国的城市和欧洲的殖民政府贵族化，同时，丹尼尔·伯汉姆(Daniel Burnham)，从作为1893年的芝加哥世界哥伦比亚博览会(World's Columbian Fair)的主要设计者获得的成功中脱颖而出，被委任来进行设计克利夫兰(Cleveland)、旧金山(San Francisco)、马尼拉(Manila)和芝加哥(Chicago)的新项目(图10.14)。这些设计试图改变现有的网络状的道路结构模式，在对角线上强制性的加以林荫大道，相互交叉形成壮丽的广场，以及在雄伟的公共工程中形成狭长的街景。

弗雷德里克·劳·奥姆斯特德在他的最后的多产的岁月里，花费了大量的时间来指导他的儿子和与他同名的人(Olmsted, Jr.)，此人后来成为他的专业继承人和公司未来的领导者。具有讽刺意味的是，Olmsted, Jr.奥姆斯特德第一批委任任务之一的黄金时代的英雄模式产生反感。在与伯汉姆的合作中委以实践重任。芝加哥世界博览会(Chicago World's Fair)之后，哥伦比亚(Columbia)地区的参议员詹姆士·麦克

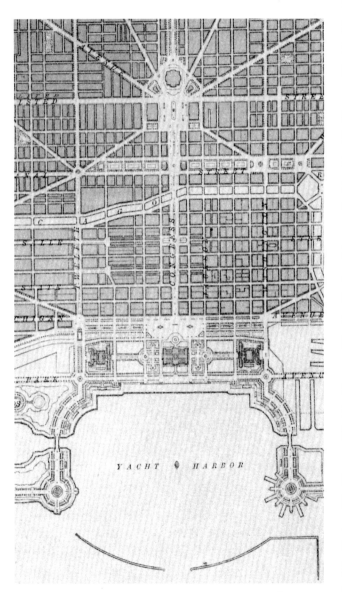

图10.14 芝加哥市的规划，伊利诺斯州，由丹尼尔·伯汉姆建议，1909年。

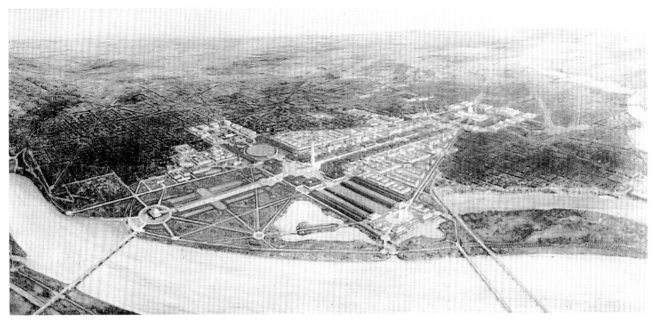

图 10.15 麦克米伦(McMillan)设计的华盛顿，1901 年。

米伦(James McMillan)的委员会任命他为伯汉姆领导的设计组的景观设计师，将 L'Enfant 对国家首都的最初设计进行深化，使其达到雄伟壮观的新高度。小组里另外的成员有斯坦福·怀特(Stanford White)的助手，查尔斯·麦克姆(Charles McKim，1847~1909 年)，还有古典主义风格的雕塑家奥古斯塔斯(Augustus Saint-Gaudens，1848~1907 年)。

为了准备迎接华盛顿任务的挑战，可以想像，不仅那些挽救合众国的总统和合众国的建设者们得到赞赏，而且那些适合美国重新接受身份的人，作为一种世界力量加以赞扬，如：伯汉姆，麦克姆，奥姆斯特德和参议员麦克米伦(McMillan)的秘书查尔斯·摩尔(Charles Moore)，他曾在1901年的夏天渡船到欧洲的许多城市学习建筑、公园和城市规划。近七周的时间里，他们到巴黎(Paris)、罗马(Rome)、威尼斯(Venice)、布达佩斯(Budapest)、法兰克福(Frankfurt)、柏林(Berlin)和伦敦(London)旅行，并勾勒和讨论了旅途中的受到刺激产生的想法。

华盛顿的布局被后来出现的不协调的因素弄得混乱不堪，例如火车站横跨商业街(Mall)，但是源自凡尔赛(Versailles)的雄伟规划中的外界轮廓，部分地被付诸实施，并被要求更进一步地发展。并不令人感到惊讶的是，设计组的成员在八月初返回，决定阐明、加强和扩展 L'Enfant 的轴线规划(图10.15)。在华盛顿政治

的有异议的气氛中，他们幸运地得到了总统西奥多·罗斯福(Theodore Roosevelt)和继他1909年竞选后的威廉·霍华德(William Howard Taft)总统的决定性支持。这样，国会的反对者就没有办法违背麦克米伦(McMillan)设计组的设计意图，宾夕法尼亚铁路(Pennsylvania Railroad)的领导人同意他们的建议，将联合车站(union station)放到国会大厦(Capitol)的北部。根据伯汉姆的设计，新车站的建造在1907年竣工，一旦交付使用，旧的车站应从商业街(Mall)移走。毗邻车站的西北部是同样由伯汉姆设计的与车站一样壮观的新邮局。在新闻界的许多争论和狂热之后，商业街被重新排列到华盛顿纪念碑的轴线上，剩余物仅被作为简单的草花坛，以四行榆树镶边。也同样付诸实施了。

在离开总统职位之前，作为最后的政府行为，西奥多·罗斯福任命了一个美术顾问组，由建筑师、画家、雕刻家和一位景观设计师弗雷德里克·劳·奥姆斯特德 Jr.组成。在众议院和参议院于1910年通过的一项议案中，塔夫脱(Taft)任命的七人委员会中仍然继续包括奥姆斯特德。麦克米伦的规划远远超出了 L'Enfant 原先的规划，将商业街的轴线加以延伸，并在华盛顿纪念碑和亨利·培根(Henry Bacon)新古希腊风格的教堂之间建造了一条运河般的镜面水池，教堂位于波托马克公园里，放置着丹尼尔·切斯特(Daniel Chester French)设计的亚拉伯罕·林肯总统的纪念雕

像。这个给人留下深刻印象的国家第十六任总统的纪念物，就像规划中的其他元素引起争论的对象一样，直到1922年，才得以完成。

麦克米伦(McMillan)的规划提倡波托马克河(Potomac)对岸的国家公墓带有"并不显眼的白色石头覆盖高贵的、木制斜面，在持续静止的地方产生期望的巨大影响力。"[5] 1925年，国会批准了依照麦克姆(Mckim)、美弟(Mead)和怀特(White)公司准备的设计对阿林顿国家公墓纪念桥(Arlington Memorial Bridge)进行建造。在1932年完成了大桥、桥头广场以及桥和计划沿着岩石小溪边缘的游路之间的水门。另一个重要的纪念物是第三任总统托马斯·杰斐逊的纪念碑，位于规划中从白宫前的Lafayette广场到波托马克河(Potomac)的潮汐水池(Tidal Basin)的终端延伸出的巨大交叉轴线的末端。由国家美术馆的建筑师约翰·拉塞尔·波普(John Russell Pope)提供给杰斐逊(Jefferson)纪念委员会的设计，是受到罗马的万神殿(Pantheon)启发产生的灵感，在他去世的1937年的前不久提交上去的。由于舆论的压力，这些规划受到争议，但在稍加修改和缩减尺寸后，尽管有美术委员会的反对，但规划在参议院通过，并于1938年投入建造。麦克米伦(McMillan)的规划中想对直接环绕纪念碑的场地进行处理，突出其尊贵地位，这是整个国家首都重新发展计划的关键，可是一直没有实现。

正如规划中的其他要素，政治形势和职业竞赛使

岩石小溪和波托马克河(Potomac)公园道路的发展陷入困境，这条路是一条长4km(2.5英里)的景观路，连接着林肯纪念堂附近的波托马克滨水空间和哥伦比亚区北部边界上的国家动物园以北的岩石小溪公园。[6]有时会被人遗忘的是，当城市美化运动提倡新古典主义形式的纪念碑、轴线规划和几何式景观设计时，也提议公园系统需要以自然主义的景观补充古典装饰风格的伟大建筑艺术。当参议员詹姆斯·麦克米伦(James McMillan)掌管哥伦比亚(Columbia)地区的参议委员会时，1901年，麦克米伦(McMillan)委员会主管华盛顿纪念性规划的官方名称是公园参议委员会(the Senate Park Commission)，1902年所作的报告题目是《哥伦比亚(Columbia)地区公园系统的改善》。该报告中公园和游路部分内容的作者是奥姆斯特德，他试图用与近来产生于纽约、波士顿和水牛城，发展于辛辛那提(Cincinnati)、密尔沃基(Milwaukee)、明尼阿波利斯(Minneapolis)和美国其他一些城市的同样类型的公园和公园中的联系游路来装饰国家首都。

这项工程被看作是整治环境问题和丑陋景象(沿着岩石小溪的部分低洼地区堆积的工业垃圾)的一种手段，也是一种消除佐治亚城(George town)和华盛顿之间的地形障碍的正确途径，由于关于它应该是一个开放山谷的景观游路，还是一个林荫大道类型的"封闭"的覆盖管道的游路的争论持续了几年，故而该项工程被推迟了(图10.16a, 10.16b)。最后，1913年3月14日，国会通过一项议案：批准开放山谷的设想。奥姆斯特德继续参与，作为这项工程的顾问，他的建议中的一些方面(如：环形公路和一些在1916年的规划中可以预见的风景式的效果)被忽略了(图10.17)，他为此感到很失望。考虑到经济和交通工程的利益，其他的一些审美上可取的因素也被消除了。但是，终于在被批准后的第10年，即1923年，游路被投入建造。在二十世纪30年代联邦工作计划的推动下，这项工程在30年代末期近乎完成。

麦克米伦(McMillan)报告中的一些目标的实现表明了美国城市美化运动取得的成功。除了华盛顿，没有哪个城市

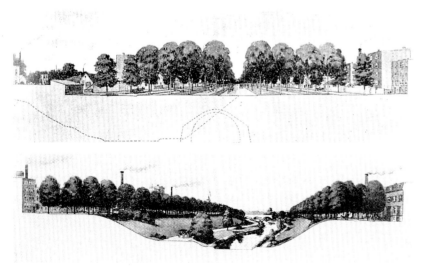

图 10.16a 和 10.16b　参议院公园委员会(Senate Park Commission)的选择性的封闭和开放的岩石小溪 与波托马克公园路流域设计透视图, 华盛顿, 1902 年。

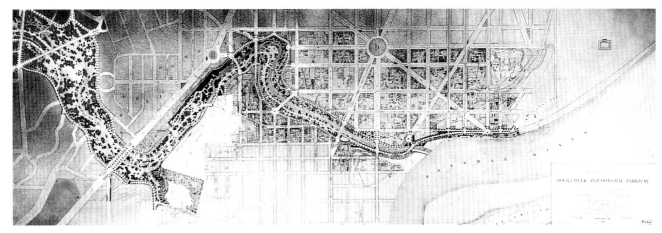

图 10.17 岩石小溪与波托马克公园路规划，詹姆斯·G.兰格顿(James G.Langdon)提供，公众建筑和土地办公室，1916年。

能在整个市域范围内实现这种规划，但是许多城市的中心区和一些银行、图书馆、博物馆、火车站、桥梁和纪念碑都被设计在城市景观中(图9.59)。具有代表性的是，地方政府跟随而不是领导了这种努力，这种努力是由具有公众意识的市民和记者组织发起的，就像美国城市一个接一个地紧跟伯汉姆和罗宾逊的引导，试图抵消他们早期随着新古典主义的城市纪念主义迅速发展的工商业所带来的丑陋现象。

在下一个章节我们将看到，从法国和意大利流传来的丰富的模式语言使英国和美国的公园设计者具备了一些可以自由借用的基本图形。巴黎工艺美术学校的学生和在美国研究院校的罗马奖金获得者并没有过深地考虑人道主义的肖像学所传达的、现代的、令人愉快的、优美的公园景观，而代之以去寻求适合他们的可敬的光环和他们明显优良的组成要素。他们期望从这些古老的景观中寻找鼓舞，因为他们像亨利·詹姆斯(Henry James)小说中的人物一样，屈服于一种美国特殊的文化自卑感。乘汽船(另一个工业时代的交通工具的进步)横渡大西洋的旅程，使他们意识到，与记录在欧洲古遗迹的石头、中世纪教堂和复兴时期别墅、封建城堡上的许多世纪以来人类艺术的成果相比，本国历史的短暂和文明的匮乏。其他的一些农村人看待美国的文明多少有一些不同的措辞，人们利用塑造新型国家身份的机会，庆祝这个占据了几乎整个洲的国家独一无二之处，它拥有自然馈赠的三个传统的特点——美丽、风景如画和卓越的景色。实际上，他们以先验主义者的信仰推论，非常优美的景色，尤其在它的卓越的尺度规模上是一种自然资源，使他们的最新的文明比任何欧洲本土上伟大的复制品更具基础性。通过创建国家公园系统来保护国家领土中的有意义的土地，他们将这些宝贵的遗产留给了未来一代，这些遗产也会在刺激旅游和消遣方面产生新的使用价值。

III. 美化美国：国家公园系统

1851年，众所周知的美国 Mariposa 军队将一帮 Miwok-Paiute Indians赶到了加利福尼亚州的约塞米蒂(Yosemite)山谷中。尽管这里早就有过勘探者的足迹，但是 Mariposa 军队的关于约塞米蒂(Yosemite)吸引人的景观的文章引起了一些渴望开发吸引游客自然奇观的企业家的兴趣。我们可以回忆起记者在中央公园的创建中起到的重要作用，同样，作家和出版商促进了约塞米蒂(Yosemite)的形成。新出现的摄影技术给他们提供了帮助。虽然扶手椅游客的立体照片传播了从谷底升起的914米(3000英尺)的纯花岗岩墙的名气，但是查尔顿·E·沃特金斯(Carleton E.Watkins，1829～1916年)和其他摄影师制成的大型玻璃胶片更好地传达了风景的真实吸引力和庄严。

沃兹华斯的(Wordsworthian)浪漫主义和庆贺一个美国等同于阿尔卑斯山的愿望〔约翰·拉斯金(John Ruskin)把它当作能够激发内心感情的壮丽景色类型来引起公众注意〕，以及美国的盲目爱国者发现其相当于一个哥特式教堂或者一个希腊庙宇的圣地所产生的兴奋，很快导致建议留出约塞米蒂(Yosemite)和Mariposa Grove附近的巨大美洲杉树(Sequoia gigantea)作为国家领土的不可转让的部分。1864年提交给美国参议会的一项议案割让这些土地给加利福尼亚州，作为"公众使用、度假和消遣之地"，当这项议案被亚伯拉罕·林肯通过并付之于法律时，表明在保护部分公众享用的国家遗产方面迈出了第一步。在当时，公众意识中还不具备环境主义和保护野生生物、生态系统的概念；新公园被认为更是旅游者的商品，目的是以欣赏一件高贵的艺术杰作一样的方式来欣赏其壮丽的景色。

正如第九章所讨论的，当加利福尼亚州获得约塞米蒂(Yosemite)时（它后来成为国家公园系统的一部分），弗雷德里克·劳·奥姆斯特德先生在加利福尼亚州主管Mariposa Mines，由于他作为公园管理者的出色表现，被政府任命统管约塞米蒂(Yosemite)公园和制定Mariposa Big Tree Grove的设计和管理政策。奥姆斯特德在写给他妻子的一封信中，描写了他对加利福尼亚州的这棵长势良好的巨大美洲杉树的第一印象："只要你的眼睛看向它，你就会认识它们，深远的并不仅仅是树干的非比寻常的尺寸，而是它突出的色彩——肉桂色，很雅致。你会感到他们是高贵的陌生人，刚从另一个世界走来，整个树都是奇妙的。"[7]

就像那个时期的几乎所有人一样，奥姆斯特德意识到约塞米蒂(Yosemite)提供给迅速成长的旅游企业的机会。他在1865年所写的报道中评论道：和瑞士(Switzerland)的自然景观一样，约塞米蒂(Yosemite)应该"被证明对整个社会具有和财富同样的特征和资源所带来的吸引力，不仅仅是在加利福尼亚州，而应该是整个美国"。[8]正如尼亚加拉大瀑布的游人数量所显示的那样，十九世纪有着强大探寻景观奇迹的欲望。这里，具有比尼亚加拉大瀑布更壮观的规模，是可以被冠以壮丽的特征来描述的一个景观示例。画家、平版印刷工和摄影家以及作家已经对其进行了栩栩如生的描述并以此谋生，宾馆开发商和旅游纪念品的小贩正在热衷于开发它的方案。

有关约塞米蒂(Yosemite)的所有规划的首要目标必须是保护其景观的完整性和防止十九世纪对尼亚加拉周围景观造成损坏的商业开发行为的产生。幸运的是，自然景观在约塞米蒂(Yosemite)得以实现，中央公园里出现了大量的动物和植物种类；牧歌般的景观中没有

世界其余部分的干扰。高墙环围山谷有助于游客体验空间完全的愉快感和处于庄严教堂的神圣感。对奥姆斯特德来说，约塞米蒂(Yosemite)代表了"最深层次的庄严和最深程度的美丽的统一，并不是一个或另一个的特征，不是一个或另一个的部分或场景，也不是任何可以以自己构建的景观，而是遍及旅游者所能到达的任何地方。"[9]他曾经花费了几个月的时间来游览欣赏加利福尼亚州的干旱气候条件下的植被美景，但是现在他的关于约塞米蒂(Yosemite)的报道中，狂热地描述："具有惊人高度的悬崖和数量极多的岩石……被高贵的、美好的树木和灌丛的、嫩弱的叶子所包围、边饰、满铺和遮蔽，由最宁静的池塘中反射出倒影，与最平静的草场相联系，嬉戏的溪流和每一个不同的柔软、和平的周围牧歌式的美丽景色"。[10]他建议规划中应尽可能少"人工雕琢"，设置一个环形游线，在岔道放置四轮马车，以给欣赏景观提供更多的机会。

今天我们只将约塞米蒂(Yosemite)看作是宏大的国家公园系统中的一个简单的公园，因此可能低估了它在十九世纪的想像力中占据的重要地位。就像奥姆斯特德一样，地质学家克拉伦斯·金(Clarence King)一定已经感到约塞米蒂(Yosemite)代表的是卓越和美丽的综合体，他提道，"紫色气氛的柔和空气深度……隐藏的细节，用柔和的紫水晶般的模糊蒙蔽着坚硬的、宽阔粗糙的森特内尔(Sentinel)悬崖"。[11]阿尔帕特·比斯塔特(Albert Bierstadt)的非常受欢迎的绘画给景色投以宗教的光和色，而不是像查尔顿的照片所显示的那样强调约塞米蒂(Yosemite)的雕刻质量，这种气氛质量加强了可敬度(图10.18)。

内华达山脉(the Sierra Nevada)和约塞米蒂(Yosemite)可能找到了真正的预言家，自然学家约翰·缪尔(John Muir, 1838~1914年)。拉斯金曾到过阿尔卑斯山，而缪尔去过内华达山，拉斯金把山脉看作是人类种族的"学校和教堂"，"学者充满解释手稿的财富，工人的简单课程是温和的，对思想者的浅淡的修道院是安静的，对崇拜者的神圣来讲是光荣的"。[12]缪尔在试图探测山脉地理历史的过程中受到鼓舞，发现山脉由难以想像的巨大作用力形成，其中包括强大的冰川。

诗人沃兹华斯的持续的影响下意识地渗透到野生资源爱好者如缪尔的态度中；他构想了"时间的场所"，即栩栩如生的自然景观在思想上留下的深刻烙

印。就像银行的资金可以在后期取出一样，这些景观也为将来的回想和打算提供了资本。缪尔的印象可能会更深，他认为看到自然就会揭示上帝的尊严，在我们的心灵上留下永久的烙印。拉尔夫·沃尔多·爱默生(Ralph Waldo Emerson)受到了一个邀请，与他体验了在高高的内华达山(Sierra)的一次旅行中带来的兴奋。1871年，先验主义者、著名小说《自然》的作者在67岁时，响应号召做了一些艰苦的、有益的旅行。

除了当地的美国人、猎户和少量勇敢的边防人员外，黄石是鲜为人知的，而他们关于它的叙述似乎有些稀奇古怪，导致其被忽视：飞溅的火山泥浆、喷射的天然喷泉和沸腾的硫磺泉，形成混乱的宇宙景观，直到1870年左右才引起公众的注意。这一次仍然是新闻记者、艺术家和摄影师们增强了对自然奇观的欣赏力。费弟纳德·V·海顿(Ferdinand V.Hayden)，美国地质调查组的主管，为这块区域的科学考察筹集了资金，他的考察队伍中包括摄影师威廉·H·杰克逊(William H.Jackson，1843～1942年)和画家托马斯·莫朗(Thomas Moran，1837～1926年)。国家公园不仅成为国人的骄傲和装备自身文化的物体，而且对它们的描述建立了在景观艺术和景色欣赏方面的鉴赏准则。莫朗和杰克逊的工作有助于最终导致1872年国会通过

图 10.18 查尔顿·E·沃特金斯(Carleton E.Watkins)，大教堂岩石(Cathedral Rock)，约塞米蒂1040米(2600英尺)，1866年，都市艺术博物馆，纽约，伊莱沙·韦特尔塞(Elisha Whittelsey)收藏。

了一项议案，这次议案同意建立黄石公园作为国家的第一个国家公园(图10.19)。

提出这些建议的人中，一些是铁路大亨和商人，他们认为计划建立的公园利益将是相当可观的：它将刺激旅游业和增加铁路乘客量。当然，对一些旅游者

图 10.19 托马斯·莫朗(Thomas Moran)，黄石大峡谷。1872年美国国家艺术博物馆，借给美国内政部、国家公园局。

来说，并不是黄石谷的庄严吸引了他们，更多的是这些泥浆罐、热泉和天然喷泉的神秘、恶魔般的表演情形，他们首先就被这些感官的特征吸引了。然而，约翰·缪尔能够依靠洞悉幻想的黄石景观课程，当他唤起读者对地质力量的创造力(包含"产生、加快通向死亡的美丽风景的行进步伐")[13]的回忆时，这样的课程是神圣的和达尔文的。出于精神上的热情，缪尔形成了一种实践的感觉，在他的努力下，内华达山俱乐部成立，作为一个组织倡导公众拥有野生土地资源，随后通过多种综合途径从事保护环境的机构。

1890 年，约塞米蒂(Yosemite)地区(除去约塞米蒂山谷)被从加利福尼亚州移交给了国家政府，1899 年，雷尼尔山(Mount Rainier)国家公园产生了。另外一些公园被接受，不仅因为景色优美，而且还具有科学和历史的作用，尤其是西奥多·罗斯福受到与约翰·缪尔(John Muir)的结交的鼓励，成为早期的保护主义的支持者。因为一直没有国家公园服务体系，这些公园的管理是随意的。1914 年，约瑟夫·马瑟(Stephen Mather，1867~1930 年)，芝加哥的一位企业家，热心的徒步旅行者，Sierra俱乐部的成员，写信给内务部的富兰克林·K·莱恩(Franklin K.Lane) 的秘书，抱怨公园的条件状况。莱恩很清楚存在的问题，并已经在加利福尼亚州雇用了一个年轻的律师，霍瑞斯·M·阿尔伯特(Horace M.Albright)，来研究改善国家公园的管理方法。莱恩认识到马瑟作为一个商人，拥有相当多的组织和管理才能，于是立刻邀请他到华盛顿来管理事务。马瑟接受了挑战，他和阿尔伯特成为一个强大的组织。他们的实用主义和浪漫主义的结合形成了国家公园法，产生了国家公园局，于1916 年被伍德罗·威尔逊(Woodrow Wilson)总统立法实行。随后，国家公园系统逐渐形成，产生越来越多的国家公园，标出了一些历史场所，未被污染的海岸线成为国家所有，这些是美国人民取得的骄傲成绩，并形成国家自身形象的强大的工具。

注 释

1.乐观地说，现代主义是机器技术和20 世纪机器文明加速发展的产物。它表现为几种艺术：在绘画和雕塑方面是立体派、未来派以及其他风格，其片断和抽象特征远远高于其内涵；在音乐方面是爵士乐，一种流动的、即兴演奏的媒介，能捕捉切分音的速度，并在都市生活中唤醒爱情；在建筑方面，设计时引入了工业时代的技术和材料，剥去从中世纪和文艺复兴时期继承的古典人文主义装饰和结构形式；在文学方面，诗歌和小说都在描写人的精神和社会间的事务，社会的安全感被个人的无名的、可能的陶醉所取代，这些都来自于新的移动方式和社会自由。现代主义基本上是一种浪漫主义的文化，相信如果合理运用科学技术，并有法律保障，就能创造一个更好的世界。后现代主义对现代主义企图完全割裂与历史的联系表示质疑，同时，许多现代主义理想缺少可信度，如乌托邦，就过于天真。它富有创造力，但有些反复，引用了历史上早期的样式，在当代文化里有一些早期形式的回想，因为前者哲学上缺少根基，因此没有自己的特殊的正规语汇。具有讽刺意味的是，后现代主义文化比早于它的现代主义更加受到机器化的影响。

2.奥姆斯特德在1859 年访问巴黎期间，记下了法国公园建设的重要特征，评论到，"主要的岩石生成的杰作比自然中的任何一处都更像剧中场景，它的巨大的尺度避免了像中国园林一样，被认为过于幼稚和奇异，它生来就适合浪漫这个词。"《国内外的公园》的散文(1861)，见 Charles Capen McLaughlin主编的《弗雷德里克·劳·奥姆斯特德论文集第3卷：中央公园的诞生》，Charles E. Beveridge，David Schuyler 编(巴尔的摩：Johns Hopkins 出版社，1983)，349 页。

3.William Robinson,《巴黎的公园、游步道和花园》(伦敦：John Murray，1869)，64 页。

4.对艾菲尔铁塔意义的沉思，见Roland Barthes,《艾菲尔铁塔和其他神话》，Richard Howard 译(纽约：Farrar, Straus and Giroux 公司，1979)。Barthes写道，"塔带来许多含义，避雷针吸引雷电，对喜欢重大意义的人，它成为富有魅力的一部分，具有纯洁的象征，例如，人们不停地为某种形式寻求含意(他们从自己的知识、梦想和历史中任意抽取)，没有这种含意，这将是有限的、固定的：谁能知道，对人类来说，明天的塔意味着什么？但毫无疑问，会有一些事情或很多事情，要超过艾菲尔铁塔"。(加利福尼亚大学出版社编，1997，5 页)。

5.参议院对哥伦比亚公园系统改进的报告，《哥伦比亚地区公园系统的改进》(华盛顿：1902)，引自John W. Reps,《纪念华盛顿：首都中心的规划和发展》(普林斯顿：普林斯顿大学出版社)，131 页。

6.感谢 Timothy Davis，"Rock溪和波托马克公园路，华盛顿特区：一处有争议的都市景观的演进"，《花园和景观设计历史的研究19：2》(1999年4~6月)中做的如此优秀的研究和详尽的讲述。

7."写给Mary Perkins Olmsted的信，熊谷，1863 年11 月20日"，选自《弗雷德里克·劳·奥姆斯特德论文集》，第5 卷、Victoria Post Ranney 编(巴尔的摩：Johns Hopkins 大学出版社，1990 年)，136~137 页。

8."关于约塞米蒂和大树林的报告"，选自《弗雷德里克·劳·奥姆斯特德论文集》第5卷、Victoria Post Ranney 编，501 页。

9.同上，500 页。

10.同上。

11.John Muir,《内华达岭里的山地人》，引自Sears《神秘之地：19 世纪迷人的美国之旅》(纽约：牛津大学出版社，1989)，134 页。

12.John Ruskin,《现代画家》(波士顿：Dana Estes，1880)，第4卷，217 页。

13."约塞米蒂国家公园"，《我们的国家公园(1901)》，引自Sears, op. cit.，177 页。

第十一章

展现美的城市景观：
工艺美术运动和规则式园林的兴起

当所熟悉的社会结构崩塌时，人们体验到不安与紊乱，使人们对机器时代产生了比较保守的反应：历史主义——对特殊文化和过去时代的一种看法。Giambattista Vico(1668~1774年)最先提出：没有放之四海皆准的、永恒不变的人类文化，过去的文化和现在的文化绝然不同，用丰富的想象力和同情心去重新构建一系列他们那个时代和那个地方的思想观点是历史学家们的任务。约翰·哥特弗德·温·赫德(Johann Gottfried von Herder，1744~1803年)建立了他的学说，而且后来成为了浪漫主义思想的几个流派之一。针对在时间和空间上都相隔遥远的两种不同文化艺术的特定表现形式，他的思想帮助建立了更深层、更有辨别力的评价体系。即使在今天整个世界趋向全球化、趋向最新最高级的国际化形式的时候，这种对历史根源的追寻也非常盛行，这是赫德(Herder)的浪漫主义思想继续主导我们思想的先兆。

约翰·拉斯金(John Ruskin，1819~1900年)拒绝反对英国在十九世纪末维多利亚工业达到颠峰时给人们所带来的思想，他是当时持有这一观点的重要发言人。作为工艺美术运动的发起人，拉斯金在《建筑的七大源泉》(1848)这本书中阐述了他的基本原则：建筑不应该只追求功能、材料的朴实性、强烈的印象、从自然中得到的启发、蓬勃的朝气、纪念性的品质，以及人们广泛接受的风格一致性，而更应该追求它的美观。拉斯金按照自己的观点，用中世纪风格和他们那几个时期的设计语言，建造了一座建筑。他的影响非常大，而且持久，这有助于说明为何十九世纪建筑装饰中丰富的自然界设计语言及装饰艺术中的动植物得到广泛应用。

工艺美术运动的倡导者对机械技术有相似的反应，或许这其中最愤然、表达最强烈的是英国诗人、设计者和社会主义活动家威廉·莫里斯(William Morris，1834~1896年)。他针对工业化的问题写了大量的书，将拉斯金的哲学付诸于实践，与那些自称为拉菲里特斯之前(Pre-Raphaelites)的画家结为联盟。中世纪的手工艺代表着传统工艺，而拉斯金、莫里斯等人都极力支持"中世纪史学主义、中古化"。1861年，莫里斯建立了莫里斯、马歇尔、福克纳联合公司，这是一个擅长绘画、雕塑、家具和金属的杰出艺术工作组，生产手工制作的室内家具产品。对莫里斯来说，在中世纪旅游的幻想让他的思想从十九世纪快速变化的景观中解脱出来。他高度风格化的墙纸和家具装饰设计与中世纪风格一脉相承。1891年莫里斯出版了《世界奇新》(1891)，书中描绘了他对未来的理想世界。之前，在1877年他成立了古建筑保护协会，主要保护地方建筑那种朴实无华的美。对历史的保护是工艺美术运动的重要任务。

维也纳建筑师和城市规划师卡米罗·赛特(Camillo Sitte)也许是国际城市规划运动中最有影响力的人,这个运动在豪萨门时期的巴黎改造中聚集了能量。赛特看到:随着为快速交通而设计的新的宽阔笔直的大道的增多,人们争相模仿中世纪城市广场,作为永久性的场地来弥补现代城市空间结构的散乱。工艺美术审美学,与后来借鉴印象派的一种绘画般的方法,对十九世纪后半叶的建筑尤其是英国的建筑产生了重要的影响,它如画般的设计原则被认为是建筑工艺装饰的继续。工艺美术运动是有悖于机器时代潮流的,由于对铸铁和玻璃等新建筑材料的使用,机器时代的建筑趋向于无个性,且抽象化。

拉斯金的强烈影响也不可避免地波及到了1851年派克斯顿在伦敦的水晶宫,它不仅象征着拉斯金鄙视的工业时代建筑,同时也标志着维多利亚时期对栽培颜色绚丽的品种的热情,并可以去温室园艺中实现。拉斯金和莫里斯的追随者继续推动工艺美术运动,工艺美术运动也只限制在几个景观设计师的范围里发展。这些景观设计师认为,当代花园好似在床单上的作画,是一种庸俗的机械练习。威廉·罗宾逊(William Robinson)和格特鲁德·杰基尔(Gertrude Jekyll)是最重要的新的植物种植形式的传道者,他们用更加随机如画的方式来组织自然式的灌木、野生花卉和多年生植物,以代替维多利亚花园中公式化的花床。建筑师雷金纳德·布罗姆菲尔德(Reginald Blomfield)强烈反对罗宾逊所提倡的花园中的自然主义和如画式的风格,他趋向于建筑式的方法,而不是如画式,并称其为"规则式"。

爱德华时代(The Edwardian Age)现在看起来像是高雅娱乐出现的前奏,这些娱乐活动比如庭园聚会、槌球游戏、草坪网球都放在被大量园艺工人养护好的漂亮的绿色背景上。在美国征收个人所得税之前,工业财富在受过巴黎美术学院训练的设计师所设计的乡村时代意大利式庭园中有所体现。近代的英

国贵族和富有的美国人为了他们国家的地位,或者为了他们自己及他人拥有的、庄严的欧洲宫殿和别墅,委托设计师设计庭园,这些庭园都是高度折衷的。总而言之,这些庭园显示出主人和设计者对古典庭园的欣赏,重新引用创造私密性空间的绿篱。他们使用修剪绿篱和其他的过时的方法以及自然式的植物种植方式,其中色彩发挥着重要的作用。爱德华时代的园林采用意大利式的修剪艺术形式或者自然与规则式的结合形式,无论它们是否来源于工艺美术运动的原则,爱德华时代的园林首要的设计前提是绝对的唯美主义,也就是为艺术而艺术,如此说来它并没有什么价值观念,只是一种风格而已。像目前要在景观中表达历史所遇到的困扰一样,使用者认为一个时期的风格应使自身成为主要的文化价值观,而不再是理想和信仰通过艺术再现的描述,设计只是成了对几个历史风格的选择。如此一来,设计不再体现它这个时代的哲学思想和文学价值观,仅仅是对形式的高水平的模仿,已失去了形式原有的含义。

到十九世纪后期,一个世纪前的赫德的浪漫主义思想影响极其深远,它强调对历史的认识是现代生活中追求更高意义的源泉。无论是由天才的业余爱好者还是由杰出的自称为景观设计师的专业人士完成,庭园的设计都会有历史出处的。就好像莎士比亚戏剧中的鲜花能引起人们对已过去的事的回忆,景观或与安妮皇后时期的庭园相似,或使人联想到为孩子们作的凯特绿篱(Kate Greenaway)的这幅画(图11.1)。

由于与家庭生活有关,景观设计行业较其他行业更早对妇女开放。比阿特丽克斯·琼斯·法兰德(Beatrix Jones Farrand)是美国风景园林师协会的创始人之一,在她设计的贵族庭园中,继承了工艺美术运动时期杰基尔的风格传统;在托马斯·莫森(Thomas Mawson)的作品中又把工艺美术运动时期的庭园风格与修剪艺术结合。法兰德曾去意大利旅行,对意大利别墅园林有直接的认识。与法兰德同时期的埃伦·比德尔·

图11.1 凯特绿篱,水彩画画上的诗字为"玛丽,玛丽,很奇怪,你的庭园是怎样养护的。"

雪蔓(Ellen Biddle Shipman)没有那么多出国旅行、研究欧洲景观设计范例的机会，她创造了一种新型的庭园，弥补了美国"殖民复活时期"建筑不足，成为流行一时的庭园。加利福尼亚和佛罗里达的景观设计师尤其趋向折衷，他们从意大利别墅中获取灵感，倾听远处伊斯兰园林的回声，同时，他们也想寻求在阳光绚丽的地中海气候和已建立的西班牙传统的基础上形成自己独特的风格，这两个洲中植物的颜色和许多亚热带植物一起使庭园更加富有魅力，加利福尼亚的设计师也会穿过太平洋，从其他国家尤其是日本获取灵感。

无论是继承爱德华时代的传统还是赞同现代派的教条，景观设计专业都是比以前更具有个人色彩的事业。庭园被看成是个性的表达和个人梦想的领域，因此到今天那些高级的私人花园仍被看作是地方性的。爱德华时代园林的目的是田园归隐或躲避越来越快节奏的现代生活，实质上也就是一个娱乐的场所，很少会成为代表广泛接受的哲学观点或权利的象征。此外爱德华时代的园林中，槌球草坪或网球场只是将庭园扩展成为体育娱乐场地的尝试。这些体育娱乐场在二十世纪建立的许多公园中被采用，以后，当社会阶级消失后，它们就为群众福利服务，成为大众消费的商品。

I.挑战现代：拉斯金的影响，重估过去，意大利园林的深远影响

在拿破仑三世统治期间，巴恩·豪萨门(Baron Haussmann)进行的巴黎城市现代化是为适应工业时代所带来的加速发展的新力量而对整个城市重建的第一个范例。十九世纪后半叶，其他的一些城市也正在发生着相似的变化。1857年国王费兰兹·约瑟夫(Franz Josef)一世下令拆毁维也纳老城周围的防御墙时，维也纳获得了一块条形的城市地块，同时纪念性的现代城市主义已经开始。这个地块斜斜地一直伸到了围墙的前面，属军队所有，现在成为了一个有新用途的开放空间。这个充满资产阶级自由思想的城市雇佣了十九世纪后半叶最好的维也纳建筑师来创造宽阔的景观——Ringstrasse，为基督教会重要的市民教育机构和新居住区建筑提供一块带形的公共绿地空间。

尽管采用了现代结构手法，Ringstrasse的建筑师还是综合了其他风格。他们在设计兰撒斯(Rathaus)时应用了哥特式的风格，试图将市政府所在地与前帝国主义时期由公民管理的中世纪的自治村联系在一起。相对而言，他们认为早期的巴洛克风格适合国家剧院和伯格剧院(Burgtheater)，这也许是因为当人们首次将饰物带入戏剧艺术的装饰中时，巴洛克就代表了这个时代。这种结构中新文艺复兴大学、新古典主义的议会大厦及后来所建的具有长长的两翼的庞大的瑞典庙宇一起，都是Ringstrasse的更广阔的延伸。相对于历史上的一些范例来讲，这些建筑作品比较孤立，缺乏明确定义的公共空间。兰撒斯(Rathaus)或大学没有中

世纪或文艺复兴时期广场所围合的空间和透视效果，在伯格剧院或议会大厦的端点上，没有纪念式的轴线。尽管这些建筑处于景观优美的环境中，但还是显示出它们的独立，也显示了它们与周围环境的不和谐和视觉包容性的缺乏。建筑物以及由它所限定、或在视觉效果上放大的公共空间缺乏城市空间的一致性，这种不足使得卡米罗·赛特(Camillo Sitte)感到不安。卡米罗·赛特是奥地利建筑师、城市规划师，他认为文化的瓦解、社交活动的缺乏都是根源于机械技术所带来的非个性化的城市环境，这种环境代替了原来老城镇中手工建造出来的质地丰富的特征。

卡米罗·赛特和城市建筑艺术

卡米罗·赛特(1843～1903年)将历史学家的眼光体现在他生动的建筑物上，他探索到通过复制中世纪和文艺复兴时期的城市广场能够起到稳定城市空间的作用。1889年，他出版了德文版的《城市建筑艺术》，英文版为《城市建筑艺术》。这本著作仍然是针对那些关注城市景观的人，还有和赛特一样会痛惜因解决交通工程问题而忽略了城市设计、用技术管理的功利性规划代替城市构图的艺术原则的人。在形成他的评论观点期间，赛特并没有像随后的现代建筑师那样与折衷派的建筑师发生争议，相反，他把他的论据基于对古典和近代历史时期的公共空间的分析上。以前规划被委托给政府官员，这些政府官员不可避免地发展一

套系统的、公式化的、接近于城市设计的方法。古希腊广场和古罗马集会广场一直都是社交活动的中心，许多意大利城市广场成为展示有杰出才能的艺术家设计的建筑雕塑的场所，它是几代人的时间才形成的公共开放空间。理查德·韦格(Richard Wagner)是赛特非常钦佩的作曲家，由他所著的《歌唱家》描写了手工艺协会时期的城镇编织生活，使人们对手工艺人的价值和社交活动

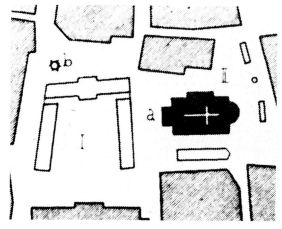

图11.2 纽伦堡城镇的插图，卡米罗·赛特绘制，来自1889年《城市建筑艺术》。

有了一个印象。赛特的书中有几张具指导意义的插图表，这些插图对纽伦堡和其他德国、奥地利社区中教堂广场的结构进行了分析(图11.2)。

赛特首先认识到现代城市空间更加开敞的性质，以及城市中增大的规模和建筑尺寸。他指出理性的规划并不能提供一个舒适宜人的城市环境，比如维也纳宽阔通风的街道上有专为穿过马路的行人而设的小交通岛。维也纳公众的新公园相对老的宫廷花园而言缺乏宁静和安全感。维也纳被分成许多街区，以牺牲内部庭园为代价强调街道的正立面，公共广场成为了车库，而不是公众活动的场所。尽管赛特认识到报纸的发行减弱了广场的功能之一——信息交流，还有市场上的小货摊已成了室内商店，但他仍然认为，有艺术性的公众广场是社区的基础元素，而且在视觉上和精神上都是必要的，和弗雷德里克·劳·奥姆斯特德(Frederick Law Olmsted)一样，他不喜欢冷漠的方格网，因为它忽略了地形，没有借助周围优美的景色。尽管在规划中支持技术的政治家使得城市非常单调平庸，并开始影响到维也纳和其他现代化城市，但在赛特眼里，豪萨门(Haussmann)规划的巴黎因轴线终点纪念性建筑的巴洛克传统的延续而得到改善，"即使在诸多客观因素的限制下，要达到一种完美的效果也是有可能的。"[1]

赛特更喜欢统一，他认为现代城市需要对交通和卫生进行系统的规划。但他痛恨因房地产投机而将未建成的城市分成千篇一律的街区。至于公共广场的布局，他很鄙视中心纪念碑的了然无趣的老一套，也不喜欢将对称作为统一的设计原则。简而言之，这种公

式化的规划设计是他深恶痛绝的。他说："无论谁想要在城市发展中成功地坚持审美艺术的因素，首先他就该认识到对交通问题的实际解决办法不必是僵硬的，一成不变的；其次他必须证明现代生活的客观需求不会阻碍艺术的发展"。[2]

在最后一章里，赛特提供了图表式的意见，要通过重构Ringstrasse建筑的周围环境，如封闭的城市广场来改善这些已存在的建筑。与他同时期的威尼斯的建筑师奥拖·韦格(Otto Wagner)试图使城市空间扩大和规则化的方法一样，他试图定义一个心理学领域的做法，但仍然停留在乌托邦式的层次上，仅仅在学院和学术界产生些影响。作为国家贸易学校的校长，赛特通过市政当局，写有关装订业、陶器、喷泉恢复和其他过去他所喜爱的东西的书来宣传完善他的工艺美术思想。他认为在当代的资本主义社会里非常需要艺术想像力作为弥补过错的社会力量。

维多利亚女王时期的风格：
威廉·罗宾逊和雷金纳德·布罗姆菲尔德

在英国花园的领域中，威廉·罗宾逊(1838~1935年)促成了工艺美术美学与植物园艺学的争论，在那个时期园艺学推动景观设计的发展。和万能布朗一样，罗宾逊是一个有非常重要影响的园艺师，也和劳顿一样，通过他的园艺杂志和书籍，他拥有一批海外听众。尽管罗宾逊有伦敦百科全书上的植物学知识，但更乐意用艺术的眼光而不是学术的角度来看待植物。他厌恶仔细表现标本植物的维多利亚时期的风格，而劳顿非常喜欢这种风格并将其命名为花园式。对劳顿来说，个体植物形式与它在景观中和其他植物一起形成的效果要同等考虑，他主张花镜、树丛和灌木的个体应彼此靠近，但不要接触。相反罗宾逊希望花园里的植物应该混交，甚至像野外一样纠缠在一起。他的风格继承了如画式的传统，同时，那种创造丰富多样景观的潜力通过引进许多新的开花植物品种得到了淋漓尽致的发挥。

罗宾逊将他对园艺的看法,编辑成观点尖锐的丛书,这使他不久就为《园艺家记事》撰写文章。他很幸运能与更多的意气相投的人交流思想。十九世纪末伦敦和其他英国城市广袤郊区的扩大,使得成千上万的中产阶级和工人阶级的家庭有了小花园。[3] 由于小气候的湿度和温度足以生长许多野生植物,夏季光照时间长,市民们又有足够的资金来支持苗圃业的发展繁荣,因此后来维多利亚女王时期和爱德华时期的英国成为园艺发达的国家。住在古老乡村贫穷的农民们从随意安排没有经过设计的花园中收获果实,然而这些花园的景观是非常迷人的,罗宾逊把它们作为郊区园林师灵感的源泉。特别是认识了园林艺术家和手工艺师格特鲁德·杰基尔(Gertrude Jekyll)后。杰基尔和他一样非常欣赏乡村花园、田野、篱笆、森林、幽谷这些天然景观给了他们更多灵感(图 11.3)。有关田野的田野俱乐部、地方学术社团和手册的增多,说明英国人对大自然有广泛的兴趣爱好。罗宾逊把从这些地方搜集起来的许多想法,加上他自己的一些随笔编成了他的建议书。罗宾逊把大自然看成是真理和美丽的根源,相信手工艺是粗放的机械化的解毒剂,这些观点支持了罗宾逊和杰基尔将工艺美术方法应用到园林设计中。

罗宾逊的《英国花园的高山花卉》出版于1870年,同年出版了《野生花园》。它们告诉读者,罗宾逊在阿尔卑斯山的岩石缝中看到的植物在英国花园中也能长得很好。之后,岩石园不断地普及,这决不是因为罗宾逊为发展阿尔卑斯山的园艺事业而造成的。也有其他人写的书会评论一些花床外种植的植物,推崇如画式的花园,督促园艺师学习野生花卉知识,并且要向田野和森林学习,但是没有哪个评论家有罗宾逊那样敏锐的辨别力,也没有谁像他那样富有创造力。1871年为了深化和进一步探讨他的观点,罗宾逊开始发行《庭园》杂志——这是一本发行时间很长的周刊,拉斯金和杰基尔都曾订阅过。随后发行的杂志有:《造园图例》,

图 11.3 "索莫斯特·奥查德利夫(Somerset Orchardleigh)公园中长在桦树木树桩上的野玫瑰",阿尔费特·帕森斯(Alfred Parsons)的水彩画的版画。

发行于1879年;《乡村庭园》,发行于1892年;《花园和森林》,发行于1903～1905年。这些杂志都经过精心的设计,值得一提的是他们都有漂亮的版画,为罗宾逊推广岩石园的野生花卉和草花提供了很大的舞台。他可以在杂志中严词谴责他所鄙视的园艺风格,这其中的一种就是修剪灌木。它在维多利亚女王时期的庭园中就已出现过,如利温斯大厅(Levens Hall)和爱尔沃斯托城堡(Elvaston Castle),这种修剪灌木的手法后来也被罗宾逊同时代的人约翰·旦都·西德丁(John Dando Sedding,1838～1891年)在他的《新旧园林手工艺》(1891)中所提倡(图 11.4),西德丁和拉斯金同属一派,由建筑师转向园林师。虽有争议,但罗宾逊固执己见,他在《英国花园》(1883)这本著作中继续完善他的理论思想。这本书文笔流畅,通俗易懂,有他自己画的生动的、附有文字说明的插图。因此他赢得了许多读者,现在已是第六次出版了。

罗宾逊非常激烈地抨击建筑师雷金纳德·布罗姆菲尔德(1856～1942年),布罗姆菲尔德是《英格兰规则式庭园》(1892)的作者。罗宾逊反对布罗姆菲尔德的激烈程度就和他反对地毯式花床一样。布罗姆菲尔德虽然主张回归到前乔治亚(Pre-Georgian)时代英国庭园的规则式设计,但他也不认为那种老庭园的设计手法与工艺美术四项原则相违背,重要的是建筑和庭园应

图 11.4 W. R. Lethaby 的"围合的庭园",出自西德丁的《园艺新旧手工艺》。这个绿篱庭园弥漫着中古化的工艺美术思想,其中有修剪的绿篱,中间是带有圆环的装饰柱,很可能是受了费朗西斯科·科罗纳(Francesco Colonna)写的《Hypnerotomachia Poliphili》的启发。

该统一规划，景观应该是建筑的延伸。而罗宾逊也并不反对庭园中的几何线条，一块矩形的花池就像画家在画架帆布上画出的自由流畅的画一样，在这个简洁的矩形花池里，园艺师做出的自然效果可以凸现出来。他们两个人都不赞同威廉·安德鲁·尼斯菲尔德(William Andrew Nesfield)对花结花坛的复兴和位于西丁汉姆(Sydenham)的水晶宫公园的意大利式的庄严雄伟的风格。但是布罗姆菲尔德想复兴克里斯托弗·雷恩(Christopher Wren)的古典主义——因此他的风格被戏称为"雷恩复古主义(Wrenaissance)"——让庭园有一种围合的感觉，使室外和建筑布局一样，有墙和绿篱分隔，同时庭园所占比例与建筑有关，在布局上遵守几何对称的原则。他认为，没有结构的自然式的庭园到最后都会是一种障碍。布罗姆菲尔德和罗宾逊一样固执，他断然宣称："假如自然界的美要在庭园的小范围里通过模仿自然的效果来展示的话，那简直太荒谬了。任何喜欢自然美景的人都想看真正的大自然，让他坐在人工堆砌的岩石堆里享受自然将很难令他满意，让他'恍若'置身于山林中也很难办到。"[4]

对于《野生花园》与《英国花园的高山花卉》的作者来说，这是一些挑衅性的话。在英国有关设计的书和文章里有相互指责谩骂的现象，布罗姆菲尔德和罗宾逊就是其中的一对，但他们有时也会接受对方的个别观点。"规则"这个词，含有几何意义，这是造成一些混乱的原因。对于园林师罗宾逊来说，规则式是指只应用在园林中的植物以几何形式的设计如以模纹花坛的方式机械地种植。他和布罗姆菲尔德都把"规则"看成是建筑的代名词。罗宾逊认为建筑师只应设计建筑和周围一些必要的坡道，其他的都由园林设计师用丰富的园艺学知识来指导，并且要求有种植艺术。最终争论平息了，双方都称自己胜利了，因为爱德华时期的庭园可以是规则式、复古式的，也可以是不规则的和自然式的。慢慢的，它们都成为了既有几何式线条，又有艺术花坛的地方。

与建筑有绘画艺术关系的种植：
格特鲁德·杰基尔(Gertrude Jekyll)和
埃德温·路特恩斯(Edwin Lutyens)

爱德华时代的园林设计师中最有名的是格特鲁德·杰基尔(1843～1932年)，她是这个领域中第一个作专职工作的妇女。幸运的是，一位年轻的建筑师埃德温·路特恩斯(1869～1944年)就住在她的村子戈戴尔明(Godalming)的附近，萨里的穆斯特德·海斯(Munstead Heath)的北边。现在村子南边成为了大都市伦敦的郊区。他们俩的友谊不仅在个人的层次上得到发展，更因为长达7年的良好合作关系而得到加深。这种友谊说明了两位设计师都对英国乡村本土建筑和造园习惯的深深尊敬。他们的重要成就是杰基尔传达给路特恩斯要对敏感区域进行规划的重要性确信不疑。

年轻时的杰基尔特别喜爱读拉斯金的著作，拉斯金对手工艺和手工艺人深深地尊敬对杰基尔以后的生活产生了重要的影响和道德向导的作用。1861年是高等教育向妇女敞开的年代。那年威廉·莫里斯成立了手工艺公司，同年杰基尔进了南肯星顿(South Kensington)学校学习艺术。在学校里，杰基尔学习了美术和色彩原理，并受到欧文·琼斯(Owen Jones)的影响，他是一位手工艺设计师，研究过摩尔风格、意大利风格和中国风格的装饰，他也是1851年大展览会的负责人、西德汉姆(Sydenham)水晶宫装饰的负责人之一。由于拉斯金和莫里斯的倡导，同时杰基尔在1862年很可能参观了国际展览会上莫里斯公司的手工艺品，使她坚定地想要成为一名艺术家，她选择了成为一名画家和手工艺家。杰基尔接了很多金银珠宝、刺绣和木雕的工作，但由于她出身高贵，是一位很有成就的人，她不能违抗社会习俗去经商。因此，1876年她父亲死后，便去了穆斯特德·欧斯(Munstead House)和母亲生活在一起。那里非常的宁静，她很乐意在萨里宁静的乡村里继续她对艺术和手工艺的追求。

1883年，杰基尔在穆斯特德·欧斯的对面购得了15英亩的三角形地块，"这是土壤最贫瘠的15英亩地，"也是她的庭园和未来的家——穆斯特德·伍德。她开始在园中作一些林中步道。杰基尔严重近视，由于情况越来越糟，她不得不放弃甚至靠近眼前的工作。1891年，医生认为她的眼睛会进一步恶化的诊断使她放弃了大部分的艺术工作转而投入园林设计，并对园林产生了浓厚的兴趣。在此之前，她在弟弟的帮助下从事过几年摄影工作，这种经历提供给她另一种表达园林的方法。

以连字符连接的"艺术家—造园家"这个名词很适合杰基尔。她模糊不清的视力使她不太可能用单株植物来细致地配置花园，而是根据不同植物种类的形状、结构和大的色块，沿着与路倾斜的趋势布置花园达到最好的视觉效果(图11.5)。印象派的克劳德·莫耐特(Claude Monet，1840～1926年)当时也在营建位于吉弗恩(Giverny)的庭园，这个庭园的园艺植物像绘画艺术似的得到了表现,同时它也可以作为绘画的对象。与他相似，杰基尔把她的庭园看成是四季变换的风景,就像是画廊里的画，一年四季用不同的作品展出。而伦敦销售的植物并没有为她准备那么多种类。在维多利亚花园中展示的玻璃建筑被挪到她的花园隐蔽的角落中，作为实践的结束。她在《花园的色彩》中(1914)所表示的造园者的信条非常简单：

> 我认为只是拥有一定数量的植物，无论植物本身有多好，数量多充足，都不能成为园林，充其量只是收集。有了植物后，最重要的是精心的选择和有明确的意图……对我来说，我们造园和改善园林所做的事就是用植物创造美丽的图画。[5]

作为一个庭园专栏作家，她的文章很容易理解，受人欢迎。最开始她为《保护时报》写，后来给威廉·罗宾逊的杂志《庭园》投稿，她曾在罗宾逊1899年退休时合作编辑过这份杂志。她还写了《英国花卉庭园》中有关颜色的部分，这些文章在随后的罗宾逊畅销书的几种版本中再版。第二次出版后，她贡献出一些植物的照片，作为所有出版物中版画的原型。1899年，她从自己的庭园专栏中挑选一些文章，出版了自己的书《树林和花园》。书中采用了65张自己拍的照片，其中有在她园林工作的村民的照片和那些用她喜爱的历史悠久的工具正在伐树的伐树工人的照片。她的文章富有美感，生动活泼。由于四季节气的变化指示着园艺家的全部工作，因此四季的变化，仍是她书中的主题。

书的出版给杰基尔带来了更高的声望，有助于她和她的建筑师朋友路特恩斯在当时建造一个庭园。当杰基尔和路特恩斯共乘一辆小四轮马车经过萨里的小道时，都对乡土建筑油然而生敬意。对于路特恩斯，杰基尔觉得她找到了一个可以信任的人，他能提供建筑结构要素和必要的室内的

舒适，能补充她的庭园完美的视觉效果。而路特恩斯应感激他偶尔的专制，但更应感谢他的良师益友杰基尔,传达给他的她对拉斯金产生的共鸣、她的工艺美术思想和对正在消失的英格兰美景的崇敬。而路特恩斯的天才就是能用一种建筑风格将这些元素结合在一起,这种风格体现在许多布罗姆菲尔德发表过的规则式原理中。

杰基尔是一个保守主义者，她想保留主仆的旧的传统阶级结构，也希望乡村那些简陋的房子在得到改善的景观中消失。但事实并非如此，这只可能出现在十八世纪的圈地运动中，那时大片的土地建成花园,如斯陀园(Stowe)。杰基尔在维护英国的老传统，即使旧的生活方式屈服于现代工业时代，她还是想挽救建筑和工艺传统，将砖、石、铁艺的技术与农庄的质朴魅力，组织到她和路特恩斯一起创造的风格中来。她也想记录下普通的和传统的农耕方法，它代表着有纪念价值的手工艺传统，即使是新的农场机器和消灭农村贫穷的渴望正引起这些手工艺的消失。

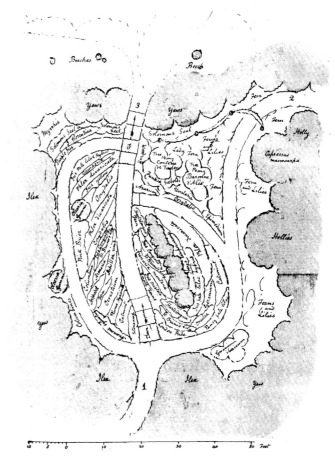

图11.5 萨里，穆斯特德·伍德的隐藏公园的规划平面图，由杰基尔设计。

法国摄影师欧仁·艾特格特(Eugène Atget)记述了旧城巴黎还没有被豪萨门(Haussmann)根除但依然脆弱的地方。杰基尔用类似的方法拍摄了一些建筑物和英国南部的景色和手工艺品。1904年，她出版了《老西萨里》，书里有她的家乡的照片，有树木繁茂的别墅，令人陶醉、砌地整齐的砖墙，墙里有带竖框的、钻石般的框格玻璃窗户，还有陡峭的瓦屋顶和别墅庭园(图11.6)。这些本土的庭园对他来说是重要的灵感源泉。在穆斯特德·伍德，她种了许多玫瑰和开满花的传统植物。在业主委托她和路特恩斯为他们在乡村里设计的庭园中也种了这些植物。

1895年，杰基尔的母亲过世。她的弟弟和她的家人回到了穆斯特德·欧斯，这时她已用自己的积蓄经营园子十三年了，她想在她预先保留的一个地方建一座房子穆斯特德·伍德(图11.7)。在《小农庄的庭园》(1912)中，杰基尔和劳瑞斯·沃维(Lawrence Weaver)说明了"庭园和住宅间的正确关系"，"它们之间的关系应该是亲密的，入口不仅要方便，还要能吸引人"。[6]在穆斯特

德·伍德，房子和庭园有机地联系在一起，建筑向花园敞开，同时花园成为建筑往外的延伸，是建筑的外庭园。庭园与建筑一样由当地的石块砌成，周围用低矮的修剪绿篱围合。庭园的北边是塔克(Tank)园，那里有阶梯围合成了一个方形的池子，长满了蕨类植物和加拿大百合。池子两边铺设的半圆形护坡，标志着传统结构的结束。那儿有两条园路，干果园路(Nut Walk)和在十月紫菀花带旁边的一条路，都能到达藤架(Pergola)和夏屋(Summerhouse)。之后是杰基尔的54.9m(180英尺)长的主花带，还有夏季花园，春季花园。

建筑的南边和西边面对着草坪和邻近的树林。杰基尔说："在草地和树林相接的地方费了很大的心思。"[7]南边重要的路是一条宽阔的草地带，杰基尔通过使用迷人的苏格兰冷杉使其富有地方特色，这些冷杉具有双茎，是从原有树林中保留下来的。为了使园中色彩更加丰富，杰基尔挑选了大量的杜鹃与耐寒的蕨类植物，小的马醉木(andromedas)，野生的常青灌木和开蓝色花的紫草。园中的次级小路形成了一系列的林中步道，这些路上，有许多小块的延龄草(trillium)、飘移的黄精和尖塔形白色的毛地黄，加深了人们对最繁茂时的大自然的印象。

杰基尔的照相机在几年里拍摄了许多穆斯特德·伍德中美丽的花园照片。由于作为一个园艺家和摄影家的知名度提高，她会见了出版商爱德华·赫德森(Edward Hudson)。赫德森在1987年发行了《乡村生活》这份杂志，这是最早的园林杂志，擅长用光滑的纸来提高颜色不是很协调像片的质量。杰基尔1901年开始为《乡村生活》杂志撰稿，她后来出版的书中也有《乡村生活》的痕迹。这本杂志主要展示许多大的房地产，杰基尔的加入给杂志增加了许多植物的内容，并且集中在小的乡村建筑。在穆斯特德·伍德，庄园的主人代替了园艺家指导一些园艺工人的工作。她的第一篇文章描绘了果园，这是她和路特恩斯(Lutyens)为她的邻居威廉(William)和朱莉娅·查斯(Julia Chance)完成的建筑和庭园，也是路特恩斯的建筑想像力和杰基尔绘画敏感性的完美结合(图11.8)。

1898年，果园的任务完成后，路特恩斯穿过英吉利海峡为安哥罗菲尔(Anglophile)的银行家古劳米·麦利特(Guillaume Mallet)在诺曼底瓦瑞哥威利(Varengeville)的寺院森林(Les Bois des Moutiers)做设计(图

图11.6 格特鲁德·杰基尔，"别墅庭园中盛开的玫瑰花"，图片来自杰基尔1904年出版的《老西萨里》。

11.9)。[8] 和杰基尔一样，麦利特充满了工艺美术运动的思想，他从中世纪的染色玻璃和他所收集的古代刺绣织物(大部分为神职人员的祭服)中找到灵感，使他精心收集的杜鹃花达到精美和谐的色调效果。他从杰基尔的《树林和花园》中获悉，色彩从浅黄到明亮的橘红的中国杜鹃已成功引进了公园。

杰基尔和路特恩斯的合作一直持续到杰基尔高龄，路特恩斯卓越的成就以及后来的爵士地位，使得他们的合作慢慢停止。渐渐的路特恩斯趋于形式化，同时也维持了他作为一名建筑师的创造力。尽管为英国德里南部的政府首府新德里构想的是所谓的英国印度风格的规划，它还是类似于美国现代规划的巴黎美术学院的古典主义，是一种城市美化。

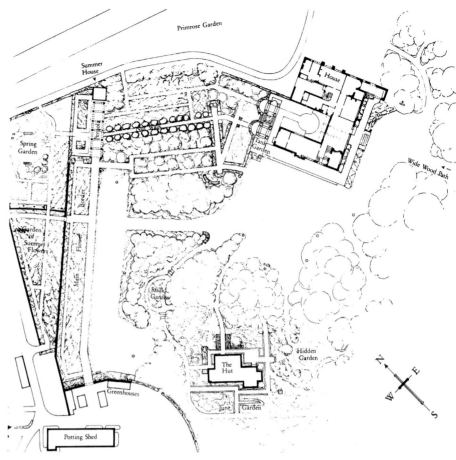

图 11.7 格特鲁德·杰基尔设计后穆斯特德·伍德的平面图(局部)，由凯特·奥琳斯，都迪·费雷森和玛射·托夫姆于 1988 年绘制。

法国规则式园林：
法国文艺复兴和十七世纪传统的再兴

与布罗姆菲尔德重新评价十七世纪英国园林的同期，海瑞·杜切恩(Henri Duchêne，1841～1902 年)和他的儿子安迟利·杜切恩(Achille Duchêne，1866～1947 年)在法国依靠国家广大的由十七世纪勒·诺特创造的祖传财产进行一系列的实践。我们今天看到的在沃克斯·里·威考姆特(Vaux-le-Vicomte)恢复重建的花坛设计，是享瑞·杜切恩(Henri Duchêne，1897)和安迟利·杜切恩(1910)的杰作(图 5.4)。在詹姆斯·瑟·玛恩(Champs-sur-Marne)，父子俩去掉了被说成是十七世纪设计的英国式园林之后，他们重建了花坛边缘，作为流畅精巧纹样的两个很好的外框。当得知杜切恩一家擅长用直线条来再现已失去的艺术时，莫尔伯勒(Marlborough)第九公爵(1892～1934年)任命安迟利去重建博林黑姆(Blenheim)的北部前院，使之成为一个花坛庭园。安迟利·杜切恩然后又设计了宫殿东边和西边的规则式庭园，这个宫殿西边有两条水带。也许他最成功的设计是对法国埃索内(Essonne)的考瑞斯(Courances)的城堡周围公园美景的恢复。这些

图 11.8 萨里的果园前院有"荷兰花园"，照片来自于杰基尔 1901 年在《乡村生活》文章中的插图。

图 11.9 法国瓦瑞哥威利的寺院森林，图为从公园看过去展现在眼前的由路特恩斯于1898年设计的房子，这个公园里广泛地收集了杜鹃、石楠和其他的花灌木，为了得到照片式的效果而经过精心挑选。

公园在第一次世界大战前是一些小的庭园和一系列的春季供给的运河和水池，周围围绕着木栅栏和名贵树种，还有从斜倚着的山林水泽女神雕像的基座处流下的小瀑布(图11.10)。安迟利·杜切恩是法国保守的民族主义者，尽管他为工业时代和民主文化宣布贵族园林的结束而悲痛，使他只能在日益减少的贵族园林中恢复重建，但他依然试图使他的才能适应二十世纪小规模地产的要求，掌握了他所谓园林建筑的精确比例和细致的细部造形的造园手法。

在维兰德里有一座十六世纪带有壕沟的城堡，在上面能俯瞰城堡以西几英里外的劳瑞峡谷中的切阿

河。这座城堡二十世纪的主人乔切姆·德·卡沃罗博士(Dr.Joachim de Carvallo，1869~1936年)在1906~1924年承担了庭园的建筑工程项目：改造十九世纪的英国园林。他把它和民主文化、文艺复兴时期的设计联系在一起。文艺复兴时期的设计坚定了他对阶级社会和社会秩序的信仰。这个有着三个台地的庭园就屹立在劳瑞峡谷的游览路线上，它向人们展示了精巧的空间划分和慎重的秩序，采用有文艺复兴特征的明显边界线。

它的菜园是由九个大广场组成的几何形的庭园，里面长满了莴苣和其他不同色彩的蔬菜，这些蔬菜是按照十六世纪的府邸园林Jacques Androuet du Cerceau(图11.11，图4.40，4.41，4.42，4.43，4.44)的设计布局安排布置的。每个广场的几个角上都点缀着文艺复兴时期园林风格的廊架，现在上面爬满了玫瑰。

维兰德里庭园中值得注意的是花坛的装饰图，相对于文艺复兴人文主义的主题来说，它们与后来的十九世纪的戏剧、二十世纪的超现实主义有更大的关系(图11.12)。四个修剪绿篱装饰图案之一，用绿篱代表心脏火焰，象征着爱情，也就是温柔的爱；另一个是蝴蝶形和扇形，暗示了轻浮的爱；第三个是心形的迷宫，表示盲目的爱情；最后一个是剑和剑锋，象征着悲惨的爱情。尽管文艺复兴园林设计有趣的原始寓意，但当时的管理维护水平几乎可与后来园林普及的时候相比，因此参观者几乎能感受到另一个遥远的时代。

图 11.10 在埃索内的考瑞斯，安迟利·杜切恩于第一次世界大战前对侯爵夫人的哥南(Ganay)进行的庭园恢复。

图 11.11 带有绿篱的菜园(Potager with berceaux)或格子架，维兰德里的台地园，这个二十世纪的园林是根据十六世纪府邸庄园Jacques Androuet du Cerceau 的布局设计的。

图 11.12 装饰花园，修剪灌木，维兰德里花园。

一排排的莱姆树是园子的主轴线，它将园中的绿草一分为二，就像水中的园林(Jardin d'Eau)用草地、装饰水池、喷泉和运河分割公园一样。

　　珍妮·卡劳拉·内考莱斯·费瑞斯特(Jean-Claude-Nicolas Forestier，1861～1930 年)是与安迟利·杜切恩(Achille Duchêne's)和Jacques Androuet du Cerceau同时代的人，不过他没有那么保守，也没有去恢复园林的热情。他的园林设计风格是灵活的，可以在几个方向上调整：新古典主义形式的倾向、英国园林的传统、工艺美术思想、现代主义的革新。1887 年，作为巴黎公园的一名聘用人员和散步场地的管理人员，费瑞斯特恢复了托马斯·博雷克(Thomas Blaikie)的十八世纪晚期的英国园林，理由是帕格特利(Bagatelle)是一个公众公园。在公园里的一些地方仍保留模纹花坛，新植物园和玫瑰园的建筑式的线条采用法国形式(图11.13)。费瑞斯特也负责修复 Sceaux，它是勒·诺特为 Colbert 设计的美丽的景观(图 5.16)。但是他的风格不仅受到法国园林和英国园林的启发，而且还有伊斯

兰园林和地中海园林的特征，比如天井和有图案的铺地。这种折衷主义在费瑞斯特的国际景观设计实践中得到了发扬。和杜切恩一样，费瑞斯特遇到了一个富

图 11.13 巴黎菜园植物园，由珍妮·卡劳德·内考莱斯·费瑞斯(Jean-Claude-Nicolas Forestier)在二十世纪前期设计的。

图 11.14　1918 年珍妮·卡劳德·内考莱斯·费瑞斯特(Jean-Claude-Nicolas Forestier)为 Parque de Montjuich(Montjuïc)，在巴塞罗那设计的角亭。

裕但土地较少的业主，接受了这个规模较小的私人地产园林设计的挑战。它融合工艺美术运动时的园艺色彩，文艺复兴园林传统的规则元素，以及地中海和伊斯兰原始构图的能力，这在 1918 年他为 Parque de Montjuich(Montjuïc)设计的位于巴塞罗那的园林中可以看到(图 11.14)。

意大利文艺复兴运动对英国和美国的影响

　　进入二十世纪，除了用手工艺品反对工业化和大规模生产外，工艺美术运动和新古典主义的折衷派创造性的融合，对地方材料和当地风景的重视，是被大部分建筑师、设计师和美学家所采纳的总的风格倾向。众所周知，工艺美术运动在英国是民族主义的、坚持英国地方传统的保守运动。即使如此，致力于"保护英国"的任务也被巴黎美术学院的影响彻底摧毁。同时美国奥姆斯特德和沃克斯的风格也受到了来自于丹尼尔·伯汉姆和新古典主义建筑师的挑战，这些建筑师在美国建筑和城市总体规划中设计纪念性的直线性的轴线。

　　考特斯沃兹(Cotswolds)的农舍和萨

里的园林以及其中的蜀葵和玫瑰，对一些英国人比如哈尔德·因斯沃斯·彼托(Harold Ainsworth Peto，1854～1933 年)来说是非常奇妙的。彼托从英国的地方传统园林中寻找壮观的欧陆景观实例作为设计的灵感源泉，表达了他在不同程度上为艺术而艺术的思想。他们把十六世纪和十七世纪早期的意大利别墅作为模仿的对象。彼托在他自己的园子爱弗德·曼欧(Ilford Manor)中完善了意大利的主题。爱弗德·曼欧位于威尔特郡的 Bradford-on-Avon 附近，赢得了杰基尔的赞赏。杰基尔在她的书《园林装饰》(1918)中，有彼托的一些详细的设计。在爱弗德·曼欧和其他为业主设计的园林中，彼托把缓坡做成阶梯，用顶部仍保留墙体的栏杆来表现缓缓的变化，创造了两边有墙的优美的阶梯。终点有顶部装饰的柱子或顶部有古代雕塑的圆柱，并建有俱乐部和柱廊俯瞰池中的水百合(图 11.15)。他们谨慎使用当地的石头；有限制地使用花卉色块来弥补常绿灌木和乔木的不足；彼托的园林与周围环境协调，对意大利主题和英国传统园林进行有辨别的吸收。在他的几个园林中显示了他在处理水景方面的创造力，水景是意大利园林中很关键的一部分。1903 年左右，在威尔特郡的哈特汉姆公园，彼托建了一条长长的水渠和一个俱乐部，模仿十六世纪朗特别墅中与德鲁哥(Deluge)喷泉相邻的两个俱乐部的其中一个。Garinish Island 位于 Ireland，Cork 郡县的 Bantry Bay 的尽头，由 Sugarloaf 山脉作为它美丽的背景，彼托把茂盛的植物种在下沉的庭园中，把朗特风格的亭子作为焦点，前面有矩形的水池(图 11.16)。

图 11.15　爱费德·曼欧园，位于威尔特郡，由该园主人哈尔德·因斯沃斯·彼托从 1899 年开始设计。

　　美国艺术家查尔斯·帕莱特(Charles Platt，1861～1933 年)也把意大利别墅当成是为那些富裕的农场主在长岛的北海滨设计乡村建筑的灵感源泉。这些乡村建筑分布在马萨诸塞州的伯克郡以及 Rhode Island 的 Newport。在那个"乡村地方时代"，美国巨额财富的继承人与英国的、保守的贵族联姻，这两个国家的上层社会成员有许多文化上的一致性。美国人和英国人与意大利的联姻指的是那些脱离国籍长期定居在意大利的 Tuscany 和其他地方的人，包括 Arthur Acton，是佛罗伦萨 La Pietra

图 11.16　由哈尔德·因斯沃斯·彼托从1910年开始为 John Annan Bryce 设计的庭园，位于爱尔兰共和国 Glengarriff 的 Ilnacullin(Garinish Island)。

的主人；Sybil Cutting 女士，她主持了位于 Fiesole 的美第奇别墅的项目；杰基尔的大姐 Caroline，她与 Frederic Eden 结婚后，与他一起采用杰基尔的一些建议，在威尼斯的 Giudecca，宫殿的围墙后建造了一座受英国影响的意大利园林。

著名作家亨利·詹姆斯(Henry James)描述了从罗德里克·赫德森(Roderick Hudson，1875年)开始的这一代移居国外人的生活，他们对美学的崇高理想以及所获得艺术上的实践经验和过着鉴赏家一样的生活目标。1900年，詹姆斯跟随美国艺术史学家 Bernard Berenson(1865～1959年)定居在佛罗伦萨附近的村子 Settignano 的 Tatti 别墅里。Berenson 作为 Isabella Stewart Gardner 的代理人在波士顿收集维也纳式的宫殿和艺术品，同时她让英国建筑师 Cecil Ross Pinsent (1884～1963年)在 Itatti 设计一个带有柠檬(Limonaia)并将绿篱修剪成方盒子的意大利园林(图11.17)。Pinsent 也负责为 Acton 修缮 La pietra 的十七世纪的园林，为 Sybil 女士修缮十五世纪美第奇别墅的园林(图4.2, 4.3)。后来在1924～1939年，Pinsent 和 Sybil 女士的女儿合作，她是《Iris Origo》的作者，这本书是有关她在 Siena 南部的地产 La Foce 的园林设计。

英国人和美国人对传统的意大利府邸园林的兴趣在几本书中有所反映。H·爱纳哥·特瑞哥斯(H. Inigo Triggs，1876～1923年)是一位新古典主义建筑师和园林史学家，他在《英格兰和苏格兰的规则式园林》(1902年)之后写了一本《意大利园林设计的艺术》(1906年)，这是一本很漂亮的对开的书，其中有80多个园林测量草图。乔治·瑞斯贝·斯特威尔(George

Reresby Sitwell，1860～1943年)在《有关造园的文章》、《对传统意大利园林的研究》、《大自然的美》和《有关园林设计的原则》(1909年)这几本书中抒情诗般地描绘了200多个以前参观过的意大利园林，介绍了他如何将这些园林提供的经验应用到他祖传的 Renishaw 庭园中去。

杰基尔为了追求舞台和园艺效果，追求工艺美术运动时期园林的设计细节，她成为了一个摄影家，美国艺术家查尔斯·帕莱特(Charles Platt)在很大程度上也和她一样，他用像片来弥补所画的意大利园林草图的不足，并用这种方式出版了他的著作《意大利园林》(1894年)。他特别喜欢在罗马和其他地方的

图 11.17　Settignano Ponte a Ménsola 的 Tatti 别墅，园林是由 Cecil Ross Pinsent 于1909年为 Bernard Berenson 设计的。

图11.18 查尔斯·帕莱特在罗马为Quirinal园林拍的照片。来自《意大利园林》(1894年)。

人提供隐蔽、惊奇和空间的私密性，它们构成了意大利园林的实质。沃顿的夏季住宅是在山上，可以俯瞰马萨诸塞的莱诺克斯(Lenox)的月桂(Laurel)湖。在这里她开始着手设计一个新的英国式的意大利园林(图11.19)。她的侄女比阿特丽克斯·法兰德(Beatrix Farrand，1872～1959年)是一位景观设计师，她为汽车入口和厨房的庭园设计了平面图。沃顿凭着对意大利园林深刻的认识，她认为有希望建造一个适合新英格兰地形与传统的美国式的意大利园林。沃顿设计了一系列的用铁杉篱围合的草坪台地，这些台地与房子用轴线联系。她把这些连接成一条长长的轴线，一条91.4m(300英尺)长的两边种有菩提树的散步道，步道的两端都有花坛花园，其中一个花园中间有海豚喷泉，盛开着红色鲜花；另一个是一个下沉的秘园。在建造过程中，沃顿写下了她的著作《愉快的房子》(1905年)。沃顿继承了罗宾逊、杰基尔以及意大利抒情的传统，在一块斜坡上种植了山地植物，点缀了一些自然的、露出地面的石灰岩。

Quirinal园林中出现的分割园林空间的高的绿墙(图11.18)。[9] 和杰基尔一样，作为一个美术家，Platt的眼光能与花的色彩一致，尽管他最大的兴趣在于别墅与园林的统一以及它们与周围环境的关系，他还是特别注意意大利园林中任何地方出现的花卉。

诺沃利斯特·爱迪斯·沃顿(Novelist Edith Wharton，1862～1937年)也培养了对意大利园林的美国式的欣赏。她受《世纪》杂志的委托，写了一系列的题为《意大利别墅和园林》的文章。1904年，她把这些文章整理成书出版，书中有颇受欢迎的美国艺术家玛克斯费尔德·帕瑞斯(Maxfield Parrish，1870～1966年)提供的插图。在这本书中她熟练地记录了几个意大利园林的概貌，这些在本书的第四章和第五章中也论述过。园林中的直线条被长满青苔的石头和生长茂盛的植物软化了，这对于欣赏如画式的人来说是赏心悦目的。这些古老的景观依然给沃顿提供了许多灵感，并把它们作为景观构成的基础。

帕莱特和沃顿都明白被分隔的庭园能给

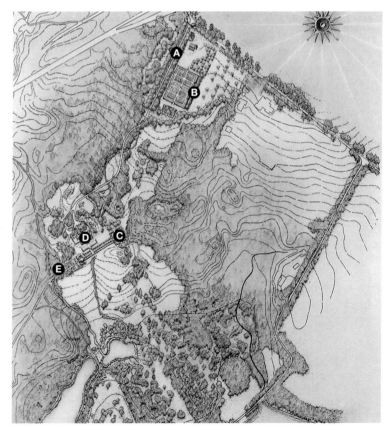

图11.19 马萨诸塞，莱诺克斯的山上的平面图，由主人沃顿设计，1902年开始动工。
A. 车行道；B. 厨房花园；C. 红色花卉园；D. 住宅；E. 秘园。

这个园林真正的美，不在于这些小的方面，而在于它传达给人的与周围环境协调一致的总体印象。沃顿一直在描述山上有着宽阔的视野，可以俯瞰月桂湖和Tyringham Hills。在她的《愉快的房子》中描写的主人公Lily Bart，忧虑地斜靠在栏杆上凝视着：

> 景观一直在维护着乡村的优雅。前景是暖色的花园，过了草地是浅黄色的枫树和天鹅绒般的冷杉，起伏的牧场上点缀着牛羊；经过一片沼泽地后，变宽了的河就像九月银光下的湖。[10]

和布罗姆菲尔德类似，帕莱特喜欢将建筑和景观空间统一起来。这就是那些意大利别墅园林的设计者所要做的，他们认为建筑和园林都是整个规划中不可缺少的部分。帕莱特是科尼什新罕布什尔一个夏季艺术团体的成员，他改进完善了五处房产，包括他自己的一个美国式的意大利别墅。他设计了轴线，降低了台地斜坡，并且由修剪成建筑似的绿色植物限定的庭园空间作为户外起居室。

在1896～1901年，在马萨诸塞布鲁克林的福克纳农场，帕莱特为Charles Sprague和Mary Pratt Sprague设计了一个庭园(图11.20)。相对较陡的斜坡有利于创建一个棋盘式种植的丛林，在入口庭园上方的山坡的中心，也就是在去住宅主入口的轴线上，有一个圆形的庙宇。住宅的下面，帕莱特设计了大草坪，作为花园和森林的过渡，利用斜坡作了一系列的绿色台地，可俯瞰西边的丛山。和奥姆斯特德在Biltmore和Moraine农场做的一样，帕莱特沿着长长的经过入口庭园的车道两边密植了树木，以阻挡人们的视线，防止一览无余。他一直为曾给意大利园林带来过生命的处处有花的秘园的消失感到痛惜，因此他在福克纳农场设计了一个巨大的矩形花园，终点以马蹄形的廊和亭结束，和彼托设计的一样，廊和亭仿照的是朗特别墅的Cardinal中心Gambera(图11.21)。

福克纳农场得到了许多的赞赏，有关的书籍广泛的出版，使得帕莱特开始了住宅和庭园设计师的生涯，这正是那个时代作为一个新的美国景观设计师所需具

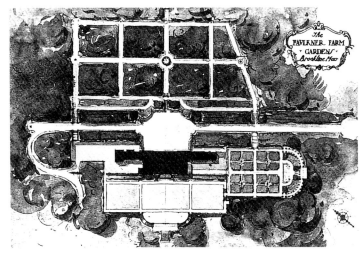

图11.20 福克纳农场的平面设计，园子是由查尔斯·帕莱特为Charles Sprague和Mary Pratt Sprague设计的，位于马萨诸塞的布鲁克莱恩。建于1896～1901年。

图11.21 福克纳农场中花坛花园的鸟瞰。

备的要求。帕莱特帮助创立的休闲、有历史记忆的风格，受到了意大利风格的影响，使用了工艺美术运动时期的种植方式，它使外来的设计语汇适应了美国的风景。由于道宁和奥姆斯特德这一代的共和价值已由黄金时代的一些人所代替，一些成功的实业家和金融家把自己看成是文艺复兴时期的意大利王储、美第奇家族委任的艺术作品收藏家，意大利风格成为他们文化品位的代表。现在，在民主的美国，当代的美第奇追随者已成为城市宫殿和乡村别墅的建造者。第二次世界大战前，美国的建筑师和景观设计师一直把在美国研究院受到巴黎美术学院训练、得到罗马奖学金作为职业准备的必要途径。正因为如此，人们既可以在公园的平面图中，也可以在私家花园中找到新古典主义风格的设计原则。

II. 爱德华时代和后爱德华时代的英国园林：
贵族金色的下午和黄昏

曾经稳定的社会宗教和文化基础被人类历史上发生的事件和人类思想发展的巨大变化一扫而光，对这个巨大的社会变化的不理解成了迈特休·阿诺德(Matthew Arnold)伟大的悲情诗《多佛尔海滩》(1867)的主题。它暗示了西方文明的混乱无序并没有引起阿诺德的同胞们的注意，那些成功的英国贵族和实业家们的留意，相反他们在日不落帝国的光辉下感到很安全。

但是，经济繁荣的动力——工业革命释放的浮士德似的(Faustian)的权力使科学战争转向新的可怕的毁灭性结束，同时也极大地促进了由卡尔·马克思所预见的社会转变。然而从二十世纪初生活的角度看，第一次世界大战和俄国革命结束后悲惨的动乱依然持续了几年，甚至传递给了那些财富保存下来的人。在转到第十二章、证实随着社会转变西方社会变得越来越民主时的理想的现代景观之前，我们先看以下几个留存下来的贵族园林。这些园林在原有规模上减小以抵新税，提高劳动力价值以缩减维护费用。这些早期的二十世纪的景观不再庄严伟大，但它们还是迷人的。

第一次世界大战使英国乡村住宅时代趋于停止，结束了所谓的爱德华时代金色的下午——这是一个特殊的时期，这个时期的人们喜欢庭园里的下午茶、草坪网球场，喜欢在安静的乡村小路上骑着自行车和工业时代的新机器摩托车旅行。这个时候路特恩斯和杰基尔仍然在继续合作。然而现在当这两个老朋友在一起工作时，合作的是关于士兵公墓的规划，因为"帝国战争墓地委员会"将其委派给了路特恩斯，一起的还有法国重要的建筑师布罗姆菲尔德。由杰基尔和路特恩斯早期形成的国内园林设计风格能很好地服务于战后的那一代业主，他们小数量的财产和预算不允许以前那样大规模建造园林。由罗宾逊和杰基尔以及路特恩斯合作发起的工艺美术运动的传统，与巴黎美术学院风格以及意大利园林的影响融合一起，在二十世纪上半叶给人以深刻的印象。这种风格延续到今天，而且，许多知名的从业者都是妇女，部分原因是由于景观设计与家务的联系，使它比其他行业为妇女提供就业，更接近社会的机会。

随着罗宾逊、杰基尔和布罗姆菲尔德作品的出版，

以及意大利别墅园林设计者相似和一致的作品，二十世纪早期的英国园林的特色趋向于一种易于接受的混合式。这种混合式中，大量的如画式的植物边界融进了用建筑原则做的规划设计中。十八世纪时人们已不再珍视连续而开放的景观设计，当私密性与围合的绿篱再一次成为设计主题时，没有边界的景观不再是可能的，或说不再是人们渴望的。尽管一些自然式的种植对于公园边界与外部大的景观融合是有用的，但是万能布朗却又一次遭到了责难，他是提倡不同设计风格的人的众矢之的。这是一个回顾过去的时代，创造性地继承英国中世纪和Tudor时期的风格，同时用一种令人愉快的方法协调本国的遗产和国外传来的不同历史时期文化风格的关系。

二十世纪早期的英国园林设计

在托马斯·海顿·莫森(Thomas Hayton Mawson，1861～1933年)写的一本很有影响力的书《工艺美术运动时期的造园》(1900)中，他提到的"景观设计"这个词是经过精心挑选的。Mawson是第一位称自己为"景观设计师"的人，他拥护那些"理想主义者"，就是"那些老一辈的园林设计师，他们创造了许多壮观的林荫道，庄严的广场、宁静的小巷、有树荫的散步道、有水花的喷泉、奇异的绿篱、建筑式的池子和连续的草坪。在许多设计中这些景观都紧密地结合在一起，一直给参观者留下了整体设计雄伟、透明诚实的印象。"[11] 另一面，布朗是"写实主义"中重要的一员，他试图通过使用圆滑的曲线模仿自然界，到了"波浪线随处可见的程度。"莫森敬重雷普顿，但并不喜欢早期的如画式的景观园林师，而更偏爱后来提倡"花园式的"景观园林师。

莫森提出要回归到古典园林的"真正的简洁"，但他也承认"自然主义在某种情况下，对创造花园和公园景观效果有可行的一面。将这两种截然相反的方式进行折衷，或在它们之间进行很好的衔接，这是我们能得到一个有效的、完整的、整体的惟一办法。"[12] 莫森的作品比意大利式更加折衷。他的风格可总结为工艺美术运动时期的花卉和修剪灌木、巴黎美术学院风格中

图11.22 "为Staffordshire园设计的台地和亭子"，来自于Thomas Mawson的《工艺美术运动时期的园林制造》(1900)。

住宅与庭园通过轴线的统一这两者的结合，用"自然式"的曲线将两者融合一起，这就是他所谓的园林设计的非正式风格(图11.22)。

二十世纪早期的职业团队得到发展，并制作了培养景观设计和园艺专家的计划。1929年景观建筑师协会(ILA)成立时，莫森成为该协会的首任主席。他作为公众公园的设计师，还有许多私家花园的设计者，走进了刚刚出现的城市规划专业。他积极参加花园城市的运动，并在1923年成为城市规划院的主席。1904年弗兰斯·盖耐特·沃斯利(Frances Garnet Wolseley, 1872~1936年)针对East Sussex的Lewes附近的女性园林设计师成立了哥雷恩德(Glynde)学校。杰基尔是这个学校的赞助人，她为这个学校带来了巨大的荣誉。不久之后，弗兰斯·埃利恩·"戴斯"梅纳德(Frances Elelyn "Daisy" Maynard，1861~1938年)，沃威克(Warwick)伯爵的夫人，成立了斯图德利(Studley)大学，这是另一个培养女性园林设计师的中心。

浪漫主义印象派的爱德华时期园林的另一位发起人是诺拉·林德塞(Norah Lindsay，1873~1948年)。她创造"如画式"的才能和杰基尔不相上下。1895年在她的家——伯克郡的Sutton Courtenay，她用石墙和紫杉篱围成了一系列的小花园，有鹅耳枥后街，波斯园林和种满了修剪灌木的大型花园。林德塞很珍惜意外地发现，允许她的庭园里有大量的自生植物——诱人的种子自由生长，因为它们增添了令人惊叹的因素(图11.23)。她仿照罗宾逊和杰基尔设计了一个野生花园。与杰基尔一样，她也成为朋友们的花园顾问。不

过她又是一个特殊的庭园设计者，对特殊的场地和庭园的热情达到了狂热的地步。1931年写的《乡村生活》中，林德塞热情的吟诵着Sutton Courtenay's："夕阳落在墙上……缠绕着紫藤；草地干爽而温暖的月夜，月光笼罩在玫瑰的花瓣上，就像异国的轻舟；紫丁香和金银花的香味交织成甜甜的芳香，飘过睡梦人的脸庞。"[13]

尽管Sutton Courtenay的庭园没有保存下来，林德塞的建议和主张对几个现存庭园却产生了很重要的影响，包括劳瑞斯·约翰斯顿(Lawrence Johnston)位于格洛斯特郡的Hidcote Manor的极富想像力的庭园。约翰斯顿是美国人，曾在牛津受过教育，1907年成为海德考特·巴特瑞(Hidcote Bartrin)的所有者，这是位于Chipping Campden的112公顷(280英亩)的地产。在这儿他开始创造一系列的迷人的建筑空间。为使他的规划设计既大胆创新又达到高标准，他避开了Cotswolds优雅的环境(图11.24)。借助于勒·诺特对透视和几何比例的理解，他用农用机器将地面推成台地，巧妙处理地形，创造不同的地表层次，偶尔也用一些明显的斜坡来缩短透视距离。比如庭园穿过红墙到入口处的双亭，再到Stilt Garden的草径(图11.25)。空间确定清晰是Hidcote的最大成就，而约翰斯顿(Johnston)在园中种了一些紫

图11.23 伯克郡的Sutton Courtenay，由园主诺拉·林德塞设计，图片来自他1895年发表的《乡村生活》。

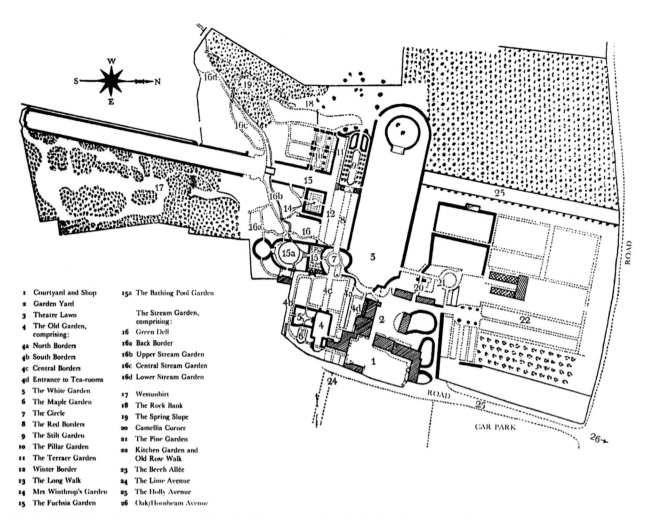

1 Courtyard and Shop
2 Garden Yard
3 Theatre Lawn
4 The Old Garden, comprising:
4a North Borders
4b South Borders
4c Central Borders
4d Entrance to Tea-rooms
5 The White Garden
6 The Maple Garden
7 The Circle
8 The Red Borders
9 The Stilt Garden
10 The Pillar Garden
11 The Terrace Garden
12 Winter Border
13 The Long Walk
14 Mrs. Winthrop's Garden
15 The Fuchsia Garden

15a The Bathing Pool Garden

The Stream Garden, comprising:
16 Green Dell
16a Back Border
16b Upper Stream Garden
16c Central Stream Garden
16d Lower Stream Garden

17 Westonbirt
18 The Rock Bank
19 The Spring Slope
20 Camellia Corner
21 The Pine Garden
22 Kitchen Garden and Old Rose Walk
23 The Beech Allée
24 The Lime Avenue
25 The Holly Avenue
26 Oak/Hornbeam Avenue

图 11.24 格洛斯特郡，Hidcote Manor 的庭园设计平面图，由园主劳瑞斯·约翰斯顿设计，1907 年开始建造。

杉篱、冬青篱、黄杨篱、山毛榉篱，使它们穿插在一起，形成不同的质地和绿荫，这样一来令人愉快的空间尺

图 11.25 Hidcote Manor 的红色边界。

度更加凸现出来了。

庭园中建筑的边界，成为多年生植物的背景，约翰斯顿从林德塞的建议中获益，将植物和建筑以不同寻常的方式进行有效地结合，和林德塞一样，他也允许无照料的茂盛的植物和一些精心种植的植物令人惊奇地并置。约翰斯顿成为了热心的植物专家，为了获取一些珍稀植物让Hidcote显得更自然一些，他到非洲和中国旅行。色彩在庭园中一个重要的考虑因素，在以他母亲命名的 Mrs.Winthrop 庭园中，他只种了开黄花的植物和有金色叶的植物(图 11.26)。

Victoria "Vita" Sackville-West(1892～1962 年)和她的丈夫海诺尔德·尼考尔森(Harold Nicholson，1886～1968年)同样采用了建筑边界与浪漫艺术化的种植结合，就像 Hidcote 一样。这是 1930 年他们开始在自己的地产肯特的 Sissinghurst 创建的庭园(图 11.27)。

尼考尔森家将被遗弃的只剩下半破损的住宅和槽

糕的农业景观的 Tudor 宅邸转变成私密的梦想世界和避难所，有关这件事有很多说法，使人们对此产生巨大的迷惑。这是有关富有英国历史知识的农场主及后来挽救消逝文化的两位贵族的故事。在大萧条时期和第二次世界大战期间，他们在挽救遗留下来的传统文化方面的工作取得了令人瞩目的成就。

这首萨克威尔·韦斯特(Sackville-West)创作的很长的田园诗《土地》应归功于维吉尔(Virgil)的《乡村生活》和托马森(Thomson)的《季节》。它描绘了传统没有消失殆尽的英国南部的农业生活。萨克威尔·韦斯特通过建造庭园来保留和布置这种迷人的英国景观。她很熟悉杰基尔和罗宾逊，她的种植设计就是受到他们的影响。波斯是尼考尔森于 1926 年和 1927 年就职的地方，萨克威尔·韦斯特第一次参观波斯时(她共去过两次)，她就非常喜欢伊斯兰园林中的水，水在伊斯兰园林中发挥了重要作用，而且也理解了伊斯兰园林中水渠四分的几何秩序是怎样浇灌植物并使植物生长茂盛的。根据她的传记作者珍妮·布朗(Jane Brown)所述，萨克威尔·韦斯特对波斯园林最初的感受是"造园师的中学毕业考试"。[14]

尼考尔森认为他自己是一个古典主义学家，尽管他的思想不如他妻子那么热情浪漫，但和他妻子一样，深深地怀念古老的、原始城市的英国。这两种思想有微妙的区别，但他们能协调一致，"看起来确实是浪漫主义和古典主义气质之间的冲突，与其说是想像和理性的冲突，不如说是古典主义认识到了要寻找快乐，而浪漫主义从惊奇中得到鼓舞。"在古典主义和浪漫主义之间相互对立又相互补充的张力关系是 Sissinghurst 的景观设计成功的主要因素。

图 11.26　Hidcote Manor 中的 Mrs. Winthrop 花园。

尼考尔森在传统的脚印下发展轴线和古典主义的几何图案时遇到很大的困难。由旧的墙和结构包括壕沟形成的空间中，有许多的钝角。为了协调复杂的理想与现实之间的距离，尼考尔森减弱了对古典主义的偏爱，作了类似于 Hadrian 别墅的设计，有独立的具视觉冲击力的轴线，而不像意大利式的或者巴黎美术学

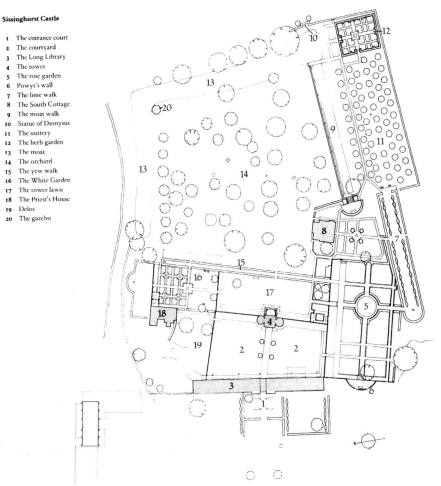

Sissinghurst Castle

1　The entrance court
2　The courtyard
3　The Long Library
4　The tower
5　The rose garden
6　Powys's wall
7　The lime walk
8　The South Cottage
9　The moat walk
10　Statue of Dionysus
11　The nuttery
12　The herb garden
13　The moat
14　The orchard
15　The yew walk
16　The White Garden
17　The tower lawn
18　The Priest's House
19　Delos
20　The gazebo

图 11.27　肯特的 Sissinghurst 平面图，由海诺尔德·尼考尔森和维多利亚·玛丽·尼考尔森(Vita Sackville-West)设计，1930 年始建。

图 11.28 Sissinghurst 的白色花园，长满了藤本玫瑰、黄杨篱以及一个大的容器。

院风格的园林中的轴线统一和占主导地位的几何规则式(图2.43)。然而在它独立的部分，尼考尔森花了极大的精力，密切地注意线条、范围和比例。在这些空间里的花床就好像是"织布机"，萨克威尔·韦斯特就是靠它来用微妙的质地和精致的色彩搭配织出花的"锦缎"。其中最值得庆祝、最激动人心的作品是她的白色

花园，花园中白花和银色的叶片使白天逗留不去，在月夜下还会发出光亮(图 11.28)。

这个庭园，作为一个私人的理想中的乐园(Elysium)，是对二十世纪文明不满的人的避难所，对那些想要隐退到乡村来的人提供情感上的满足。借鉴杰基尔、彼托和他们同时期的人交融的传统，英国景观设计师像 Penelope Hobhouse 和 Rosemary Veery 使得工艺美术运动与新古典主义传统的结合变为永恒。他们的保护主义风格使人们想到了过去英格兰古老的宅邸、树荫中的农舍、对意大利的梦想。同时这种风格的从事者经验非常丰富，他们拥有创造性，经常是用使人震惊的方法将新的杂交品种与简单的本土品种联系在一起，将植物与有纪念意义的园艺历史联系在一起，比如过时的玫瑰。尽管这种风格延续到今天，但创于第二次世界大战前夕的Sissinghurst标志了这个时代的结束，在英国和欧洲其他国家的战后议事日程和高额的税收使得爱德华时代和维多利亚时代的前辈们建造的奢侈的私人花园不可能得到支持，这在美国也一样。

III. 设计综合：美国乡村时代的结束

美国在第一次世界大战期间较英国受到更少的创伤，直到1930年大萧条前，富裕的美国人在从长岛到加利福尼亚的流行的乡村环境里，建起了大的私家庭园。此外，美国 Anglophiles 的财富继续浇灌着英国的土壤，一些人仍然追求拥有土地的英国绅士的生活，虽然不需要有威廉·沃尔德夫·阿尔托(William Waldorf Astor, 1848～1919 年)那样惊人。威廉·沃尔德夫·阿尔托拥有的位于 Cliveden 和 Hever Castle 壮观的庭园在表现财富和社会地位方面还没有人能超越。而像约翰斯顿(Johnson)那样的人没那么倾向于财富，他们定居在英国西部的 Cotswolds 或是南部的萨里和Sussex 的小镇上，这些地方都是工艺美术思想和乡村保护主义的中心。

在黄金时代积累下来的财富留给了高生活水平的下一代，在美国经济大萧条前的繁荣时期非常舒适，那时建了一些全国最好的庭园。尽管他们一直比较关心气候、地形和本土的风景，但是对欧洲实例的模仿、追求欧洲风格的完美一时变得更为重要，而寻求原创

的美国景观设计语汇退而居其次。

我们都知道，有艺术倾向的人或作家，比如亨利·詹姆斯(Henry James)和爱丁斯·沃顿(Edith Wharton)，他们有足够的时间和收入定期去欧洲旅行或定居在国外，作为旅游者或者移居国外的人以逃避那些他们认为是美国的低俗平庸的事物。建筑师仍然能在巴黎和罗马的美国研究院得到培养，美国研究院建于 1894年，模仿了路易十六世创建的法国研究院。在国内，有钱的资本家可能因他们愚蠢的商业精神受到美学家和学者的鄙视，这些资本家也从来没有提供基金给大型的乡村房地产。第二次世界大战将会使这种生活结束，就像第一次世界大战结束了英国和欧洲贵族的特权生活一样。

美国的高尚：比阿特丽克斯·琼斯·法兰德 (Beatrix Jones Farrand)和埃伦·比德尔· 雪蔓(Ellen Biddle Shipman)的园林

在地产设计的纯净王国里，社会关系给了一个人

明显的优势，这个人就是爱丁斯·沃顿(Edith Wharton)的侄女比阿特丽克斯·卡特沃莱德·琼斯·法兰德，她成为美国景观设计师第二代杰出人物。法兰德长期住在缅因州的海滨区，夏季的阳光和景色使她更加热爱园林和景观。使她渴望成为一名景观园艺师。虽然她是美国景观建筑师协会的特许成员，她还是宁愿说她是城市景观园艺师而不是景观设计师。

法兰德的职业生涯是从一次即兴地指导Reef Point的庭园种植设计开始的。她也和Charles Sprague Sargent学习过一段时间，他是哈佛Bussey学院的园艺教授，是阿诺德植物园(Arnold Arboretum)的发起人之一。在欧洲广泛的旅行中，法兰德参观了二十多个贵族园林，包括几个在沃顿的《意大利别墅和它们的庭园》中描述过的园林。在旅行之后的1895年，她上了Mines的哥伦比亚大学的教授William Ware的课程，目的是为了学习按比例制图、绘制等高线和调查工程，因为她必须做斜坡，安置车行道，还要为设计的景观提供较好的排水系统。有了这些技术、笔记、照片和她收集的欧洲园林的出版作品，这个二十五岁自学成才的景观设计师开始进行专业实践。

在纽约的第十一街的东边，法兰德母亲的褐沙石房屋加盖的楼里，她成立了工作室。在她的头几位顾客里，包括几个同是Bar Harbor夏季住宅的住户；Pierre Lorillard, 法兰德为他在纽约Tuxedo公园郊区住宅的入口周围做了种植设计；William R.Garrison, William R.Tuxedo公园的主要住户，她为他们设计了庭园；Clement B.Newbold, 是宾夕法尼亚Tenkintown的Crosswicks的主人；还有Anson Phelps Stokes, 他是康涅狄格Darien的Noroton Point的Brick House的所有者。法兰德的母亲和阿姨，她们的社会关系都非常好，通过她们的帮忙介绍，使她与那些有权力的人更容易交往，比如J.P.Morgan、John D.Rockefeller和Theodore Roosevelt，他们都成为了她的顾客。她舅舅的朋友定居在英国，帮助她与Cotswolds的园艺家小团体见面交往。1913年美国俱乐部的建立为她在国内提供了又一个社交圈。

在法兰德漫长的职业生涯中，Reef Point一直是她的植物实验室。在她居住的缅因海岸，有一丛一丛的岩生植物，密集的云杉林、枫树林和桦树林，这些帮助她建立了对本土景观的感性认识。后来她成为了

一位学识渊博的使用乡土植物材料的岩生园设计师。她成熟的作品，因探索美国本土园林设计手法而著名。她把从意大利、中国和其他传统景观中获得的灵感转变成优雅原则的风格，她的两个保存最好的园林可作为例证。华盛顿的德姆巴顿栎树园(Dumbarton Oaks)，这是Mildred和Robert Woods Bliss的地产，是法兰德的杰作，证明了她在综合工艺美术思想与她那个时代意大利景观设计思想的大胆的创造力(图11.29~11.34)。

为阿比·奥尔德瑞·洛克菲勒(Abby Aldrich Rockefeller)设计的在缅因Seal港的Eyrie园，有一个下沉庭园，墙顶盖的是中国瓦。这个庭园的入口在北边，月亮形的门是模仿洛克菲勒夫人崇敬的北京的园林(图11.35)。庭园里面法兰德种了一年生植物来延长短暂的缅因夏季的花期，庭园外面她设计了多年生植物的种植池，植物的颜色主要有淡紫色、蓝色和白色。

对于阿比·洛克菲勒的丈夫约翰·D·洛克菲勒Jr.来说，法兰德成了汽车干道重要的种植设计顾问，位于缅因莫特(Mount)沙漠岛的Acadia国家公园总的汽车干道是由洛克菲勒构想设计并资助的。在汽车时代的开始时期，洛克菲勒夫人在自己的夏季住宅附近，应用了奥姆斯特德在Biltmore和Arnold植物园设计车行道的原则，并采用了乡土植物材料，如云杉、斜的松树、芳香蕨、野玫瑰和蓝草莓灌木丛，这是洛克菲勒夫人通过对驾驶员一系列有利视点的观察所作的艺术安排。

二十世纪初，女性设计师还没有接到公园或其他公共事业的设计工作，景观设计对她们来说是受限制的职业。1901年在马萨诸塞的Groton Lowthorpe学校，还有1916年的剑桥大学都是针对妇女而成立的景观建筑学校，帮助那些希望进入这个领域的妇女开辟了一条职业道路。埃伦·比德尔·雪蔓(Ellen Biddle Shipman, 1869~1950年)在查尔斯·帕莱特的工作室里受到过训练，和比阿特丽克斯·法兰德一样，经营着一个全是女性组成的景观设计公司。和法兰德类似，雪蔓进入这个行业，是得益于她的园艺学知识和为帕莱特及其他景观设计师比如Warren Manning提供种植设计的能力。雪蔓直到1929年60岁时才去欧洲旅行，因此她独立地工作，很少受到国外的影响，而受到法兰德或她的同时代的罗马奖获得者的影响更深些。这

德姆巴顿枥树园

图 11.29 华盛顿，德姆巴顿枥树园的平面图。由法兰德设计。树林茂密的地方——由成年的橡树和其他的乡土树，高的平台，陡峭的斜坡迅速的下降到由 Rock Creek 串联起来的山谷中——是一个惊人的有潜力的迷人的地方。法兰德创造性地用了一系列的下降台阶，规则式的对称与装饰细节和周围的环境很好地融合在一起。

图 11.30 从玫瑰园道喷泉广场的台阶，远处是植物园。德姆巴顿枥树园。

图 11.31 瓮园，德姆巴顿栎树园。

沿 R 街前面种植的灌木部分的遮挡了延伸到住宅前面的草坪，确保了一定程度的私密性。东侧的一个大橘园在住宅和一系列的户外空间特别是最前面的榉树园之间提供了效果良好的过渡，榉树园有大量的榉树，它就是以这个主要特征命名的。当人们下来到瓮园再下到玫瑰园，然后又下到另一层平台"喷泉园"时，他们一定会欣赏法兰德对比例、线条和细节把握的独到的眼光（图11.30, 11.31, 11.32）。她的艺术才华体现在对楼梯和强调瓮的柱墩的表现，对比例的把握，对直线和曲线灵活熟练的相互交织运用，整个铺地的材质和精致的手工艺的铺地材料、草地和植床的对比（图11.33）。在喷泉园的下面有一个

看不见的户外剧场和"情侣水池"，这是法兰德最得意的奇思妙想。

在法兰德的工作中，优雅的简洁和固有的限制，以及她将欧洲园林和工艺美术思想融合在一起发展或原创设计的能力，在人们游园的过程中能很明显地感觉到，人们可以沿着庭园螺旋形的平面，通过果园和草地，进入黄杨步道至椭圆处，然后转向直的道路通过网球场和游泳池到北园。她安排庭园空间的才华在这里能再一次看到，穿过草坪后可以看到下面Rock Creek园野生自然风光的全景（图11.34）。这个部分现在是一个公众公园，是法兰德用种植来提升作为一个自然保护区的特征。阶梯、小路、长凳和石桥成为这园子便利而富有诗意的部分。

图 11.32 玫瑰园中的长椅，德姆巴顿栎树园。

图 11.33 黄杨步道，以长春藤和黄杨作为便捷的砖铺的小路的边缘，德姆巴顿栎树园。

图 11.34 由法兰德设计的栏杆，Rock Creek 公园的鸟瞰，德姆巴顿栎树园。

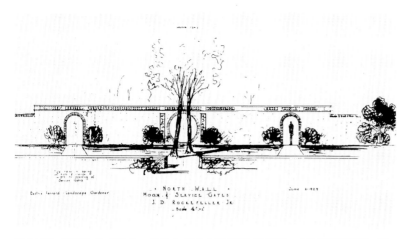

图 11.35 缅因的 Seal Harbor 的 Eyrie 园中北墙月亮门的草图，由比阿特丽克斯·琼斯·法兰德于 1929 年设计。

可以概括为对杰基尔传统的"殖民复兴风格"经验的运用——工艺美术运动时期的种植原则与过时的美国园林中几何设计的联姻——或者说用另一种方法，使规则设计转变成自由、本土化的设计。这是一种复杂又不夸张的风格。

雪蔓和她的丈夫劳瑞都是新罕布什尔科尼什侨居国外艺术家中的一员，其中还有查尔斯·帕莱特。尽管她在帕莱特工作室里学习了基础的绘画技巧，但她还是缺乏像法兰德那样严格的专业训练，包括必须进行大面积找坡的工程和排水设计工作。1920 年，她在纽约开了一家公司，由于她的工作项目几乎全是居住区，她没有成为刚成立的男性占主导地位的 ASLA(美国景观设计师协会)的成员。但是她在行业内有一定的地位。不久成立了美国园林俱乐部——一个全国性的组织，支持全国上下许多地方园林俱乐部的工作——在富裕的女性中激发了对园艺的爱好。俱乐部给雪蔓提供顾客、推荐项目，在她的职业生涯中有 600 多个作品。她的许多作品是在与其他景观设计师的合作下完成的，比如查尔斯·帕莱特(Charles Platt)、Warren Manning 和 Fletcher Steele。

一些有才华的景观摄影师如 Mattie Edwards Hewitt，记录下了许多雪蔓做的庭园的外貌(图 11.36)。在当代的一些杂志《园林》、《住宅与园林》和《美丽的住宅》上发表的一些雪蔓的园林图片和她作为一个公众演讲家的技巧，还有她的和善、善交际的性格对她的成功都很有帮助。她的顾客倾向于喜欢田园隐居的生活和非常好的私密性。一般来说，雪蔓会用大片

的种植将园子的边界屏蔽起来。她的"密"园是适合沉思的空间，也是适合家人朋友亲密交往的空间。小尺度的雕塑作品注入了想像的空间，有舞台装饰的效果。到二十世纪意义是次要的，因为神话对设计者和顾客来说不再有重要的寓意，而只是作为在主体景观中对想像力叙述的、时髦的尝试。

雪蔓的种植设计是典型的在细致的园艺学指导下完成的，目的是为了确保顾客及园艺师能极好地维护它们。另外她定期地参观她设计建造的园子，并且一些顾客叫她管理处置每年购买树种的基金。她的工作是突飞猛进的，同时花费大量时间坐火车和飞机去遍布美国各地的工作地点，在北卡罗来纳的杜克(Duke)大学里的 Sarah P. Duke Memorial 园是她的最重要的设计作品之一。由于她与她的顾客交往，顾客

图 11.36 康涅狄格格林威治的 Henry Croft 庭园，由埃伦·比德尔·雪蔓设计。雪蔓风格的特征表现得很明显：沿草径轴线组织的空间围合，用茂盛的植物材料对规则线条在感觉上的软化，乡土砖和石工技术的优雅，戴安娜女神的雕塑和其他雕塑作品营造了一种活泼轻松而有点怪异的气氛。照片由 Mattie Edwards Hewitt,c.提供，建于 1928 年。

又将她介绍给他们的朋友，他们中许多人都雇佣她，雪蔓在俄亥俄的克利夫兰、密歇根的Grosse Point、长岛的North Shore以及纽约的Mount Kisco都有很多项目。在这些重要的影响下，直到第二次世界大战她的项目才停止。雪蔓设计的田园式庭园是现代工业社会"变相"的避难所，讽刺的是，正是工业财富的源泉使得她的许多庭园得以存在。

加利福尼亚和佛罗里达州的
折衷主义和对历史的再现

加利福尼亚是用来试验的理想地方，如果折衷地讲，它也是景观设计从旧的形式转变到有特色的地域风格的地方。由于这个州的人喜欢一些特殊的丘陵和高山景观，而且沿着海岸是地中海气候，特别适合创造意大利和西班牙园林。尽管居住在这里的英裔美国人——铁路大老板们和其他的资本家，按照流行的十九世纪如画式的传统建造园林，但他们不久就开始抓住温和气候带来的机遇，这种机遇与灌溉技术相关，这就允许人们从澳大利亚和南非引进尤加利木(桉树)和其他的亚热带植物。在旧金山、奥克兰、圣何塞、圣巴巴拉和洛杉矶地区的园主意识到收集异国植物所获得的好处与在阳光充足的土地上繁殖许多品种的果树一样多。从国外引进的棕榈树要归功于地中海植物在加利福尼亚生长的环境，这些植物浇过水后长得和里维埃拉的植物一样茂盛。仙人掌和其他来自美国和墨西哥酸性土壤的植物都在沙漠庭园里安了家，最早是在1905年，圣·马力诺的亨廷顿庭园，它是加利福尼亚最重要的外来植物的聚集地。威廉·海特瑞(William Hetrich)是亨利·亨廷顿的主要园艺师，她在苗圃里通过大量的移植和繁殖收集了大量的植物(图11.37)。

加利福尼亚的气候鼓舞了室外的空间设计，更加地不拘束于风格。偏僻和边疆地区也容易形成独立的生活风格，较那些东部沿海地区更少受到社会传统习惯的约束。海伦·亨特·杰克逊(Helen Hunt Jackson)大受欢迎的小说Ramona(1884)是为了唤起人们对美国本土和西班牙联合不公平政策的注意，对加利福尼亚前英国式的生活方式和旧金山的传教活动以及西班牙庄园都有热情浪漫的描绘，这就激起了一些对实际项目和他们庄园的有高度想象力的重建，产生了对神话故事中一些场景进行阐释的更新史命形式(Mission Re-

图 11.37 位于加利福尼亚圣·马力诺(San Marino)的亨廷顿(Huntington)园中的沙漠庭园。

vival Style)，也产生了后来有名的西班牙殖民风格。在试图形成一种地方标志和建造一个与新的丰富的植物王国相匹配的建筑时，设计师采用了不同的地中海风格，主要是西班牙Andalusian的风格。圣巴巴拉是最能体现城市设计这个概念的，这个城市在1925年地震后，开始完全按照著名的伪西班牙风格重建家园，建筑师威廉·莫斯(William Mooser)的位于城市中心的庭园最能体现这种风格，不像传统的内聚的西班牙建筑，圣巴巴拉的庭园有一个巨大的入口拱门，框取了城市中美丽的高山景观。[16]

在更北面的Bay地区，为了与周围的景色协调，伯纳德·梅伯克(Bernard Maybeck，1862~1957年)为Hillside俱乐部承担的居住区的发展创造了本土与外来植物混种，以及未切割的石材和稍加修饰的天然岩石群的景观群。这个俱乐部在伯克利是一个进步的社会团体。在二十世纪的头十年，日本以及流行的工艺美术运动的影响，促使帕萨迪纳的建筑师查尔斯·萨姆恩·格瑞恩(Charles Sumner Greene，1868~1957年)和亨利·麦特赫·格瑞恩(Henry Mather Greene，1870~1954年)进行精细的选址、细致的手工处理和对自然材

图 11.38 位于加利福尼亚伍德塞德的 Green Gables，水园由 Charles Sumner Greene 设计，建于 1926~1928 年。

图 11.39 位于加利福尼亚伍德塞德的费劳利(Filoli)，庭园由 Bruce Porter 设计，建于 1915~1917 年。

料的富有想像力的运用。1921 年，查尔斯·格瑞恩(Charles Greene)在 Carmel Highlands 的 David L. James house 证明了他对原创设计语汇的完全掌握，其中当地的岩石墙有精细的工艺效果，似乎很自然地从小山的地质结构中生长出来。在1911年和1926~1928年，他进行了类似又有点不同的旅行，从 Green Gables、the Mortimer 和 Bella Fleishacker 园中俯瞰伍德塞德的圣克鲁斯山。在美丽的水园中设计的纪念式的栏杆和弧形廊，格瑞恩用一种质朴的、乡土的方式来进行他的巴黎美术学院风格的设计，在设计中采用了未经切割的乡土石料(图 11.38)。

并不是所有富裕的加利福尼亚人都进行由新型设计师发起的风格试验，这个时期保留下来的最著名的庭园是费劳利(Filoli)，它隐于风景如画的树林中，位于旧金山南120公顷(300英里)处，这个乔治亚风格的建筑是由旧金山的威利斯·波尔克(Willis Polk，1870~1924年)设计的，业主是 William Bowers Bourn II，一个大金矿和地方自来水公司的老板，他买下了654英亩的地后，于1916~1919年建起了这座建筑。Bourn 的朋友和打猎的同伴 Bruce Porter(1865~1955年)是一位诗人、画家和染色玻璃的艺术家，同时也是一位景观设计师，他负责庭园的设计，而 Isabella Worn，旧金山的花卉设计师为 Bourn 作了种植设计。Worn 的工作一直持续到了 1936 年，那年一位新的业主买下了这片地。无论是 Porter 还是 Worn 都没有法兰德那样的才华，但是借助于特殊的位置、极好的气候，以及 Filoli 中心良好的管理，他们的作品依然非常地迷人(图 11.39)。

有时候加利福尼亚地中海式的表达方式到了夸张的地步，比如 William Randolph Hearst 的地产 San Simeon。San Simeon 所具有的各种舞台效果的混合并置，就尤如古埃及和现代艺术两种完全不同风格的并置。朱莉娅·莫根(Julia Morgan，1872~1957年)是第一个进入巴黎美术学院建筑计划的女性，也是第一位在加利福尼亚从事建筑的女性。她为 Hearst 设计了宫殿似的住宅和异国情调的客房。杰尔斯·哥博斯·亚当斯(Charles Gibbs Adams)是景观设计师，他负责实现 Hearst 的伟大想法，在庭园中大量地收集外来的动物、树种、雕塑，Hearst 在周末也按照个人爱好收集装饰品。

尽管东部的建筑师比如伯特伦·格罗夫纳·古德休(Bertram Grosvenor Goodhue，1869~1924年)加入了居住区规划设计的行业，在二十世纪20年代时接受了在加利福尼亚地产的住宅和庭园设计，但业余爱好者和园主还是负责设计出了一些最有名的住宅和庭园。古德休是负责1915年在圣地亚哥举行的巴拿马-加利福尼亚展览会的建筑师，他反对将这次展览会看成是形成一个简洁、现代的地方习惯的机会，同时，古德休把新传统的西班牙殖民主义的巴洛克风格看成是展览会建筑所最渴望的。景观设计师将建筑的华丽与丰富茂盛的亚热带植物搭配在一起，尽情地举行花卉展览。展览会给了无拘无束的折衷主义一个许可证，它定下的豪华的基调，具有很大的影响力，不仅形式不同的西班牙和墨西哥建筑流行起来，而且人们也开始对意大利建筑和庭园进行了模仿。

园主 A. E. 汉森(A. E. Hanson)受到这次展览会的鼓舞，寻求成为大房地产设计师的生活。有了企业家的实力和经商的才能，汉森(Hanson)成为景观设计的承办者，雇佣了有才能的设计师和园林师来完成他的计划。在他风趣的自传中，他叙述了怎样与高尔夫球场设计师贝利·贝尔(Billy Bell)和建筑师 Sumner Spaulding 合作。成功地获得了 Greenacres ——影视界的百万富翁 Harold Lloyd 位于 Beverly Hills 的 6.4 公顷(16 英亩)地产的设计任务。在1925~1979年他创造了一个辉煌的景观，包括高 30.5m(100 英尺)的瀑布，落到一个独木舟似的池子里，这可以作为高尔夫球场中的一项水障碍；神话故事中英国农村院子里有稻草屋顶的农舍和为 Lloyd 三岁的女儿盖的马厩；朗特别墅的小瀑布；美第奇别墅的喷泉和埃斯特别墅的水池。住宅是仿照 Gamberaia 别墅做的(图 11.40)。

建筑师乔治·华盛顿·史密斯(George Washington Smith, 1876~1930年)有助于形成圣巴巴拉风格。西班牙殖民主义有庭园的乡土建筑，特点是有遮荫较好的屋内庭园，并有铺设好的喷泉池底，同时将意大利别墅作为建筑的模型。Casa del Herrero(Blacksmith 的住宅)是华盛顿在 1922~1925 年为 George Fox Steedman 设计的 4.4 公顷(11 英亩)房地产，是建筑师的精品。这是他首次和景观设计师 Ralph Stevens 合作，然后与 Lockwood de Forest(1896~1949年)合作，到1933年为止，创造了一系列的用轴线联系的庭园空间，里面有铺设好的水渠，低矮的西班牙风格的喷泉(图 11.41)。

加利福尼亚南部的一些庭园看起来像剧场，它们也确实被没有受到大萧条影响的繁荣的电影界租用过。Florence Yoch(1890~1972年)，在她的合作伙伴 Lucille Council 的帮助下，特地为电影场景设计了庭园，包括为《随风而去》设计的庭园。二十世纪20年代，Yoch 受雇于好莱坞的官员如导演 George Cukor和制片人 Jack Warner，为他们设计庭园。为了做好 Warner 的 7.2 公顷(18 英亩)的南部种植园似的地块，她给出了十万美元的预算，在当时是一个奢侈的数目，

这块地位于 Beverly Hills 的 Benedict Canyon, Harold Lloyd 和其他几个电影明星的地产附近。但是和 Hanson 一样，Yoch 发现 Montecito 的环境激发了她的最好的创作——Il Brolino，这是她在木材女继承人 Mary Stewart 的 2.8 公顷(7 英亩)的地产里设计的异想天开的修剪灌木庭园，与乔治·华盛顿·史密斯设计

图 11.40 Greenacres 的庭园，位于加利福尼亚的 Beverly Hills，由 A. E. Hanson 与 Billy Bell, Sumner Spalding 合作为 Harold Lloyd 设计，图示表现水的小瀑布，背景是 Gamberaia 别墅，建于 1925~1929 年。

图 11.41 加利福尼亚圣巴巴拉的 Casa del Herrero 庭园，由 Ralph Stevens 和 Lockwood de Forest 设计，建筑是由 George Washington Smith 设计，建于 1922~1925 年。

图 11.42 加利福尼亚的 Montecito 的 Il Brolino 庭园，由 Florence Yoch 设计，建筑由 George Washington Smith 设计，建于 1923 年。

的漂亮的意大利别墅风格建筑完美搭配(图 11.42)。这里人们可以看到她丰富的想像力，把黄杨篱修剪成丰满、圆滑的而且滑稽的动物形状和纸牌符号，与背景树和远处的山并列放置，软化庭园的几何线条。这种特征在她改变对称以适应环境时也很明显，或者在一个规则的公园里会放置一颗古怪的树或其他物体。

和加利福尼亚一样，佛罗里达原来就是西班牙殖民地界模糊不清的地方，那里的气候吸引着需要建房的人和从北边来躲避冬天的较富裕的人。一些人建起了大的庭园，采用了类似于在加利福尼亚采用的设计思想，黄金时代最奢侈壮观的意大利式的园林之一是 Vizcaya，位于佛罗里达的 Biscayne Bay，由 James Deering 建于 1912～1916 年，他是收割机制造厂的继承人。F. Burrall Hoffman, Jr. 将建筑设计成大胆的折衷式的模仿作品，每个立面象征了不同时期的意大利别墅建筑。Hoffman 在艺术界令人敬佩的朋友 Paul Chalfin 帮他收集了挂毯和家具，创造大的装饰效果，使得室内更加华丽。Diego Suarez 是哥伦比亚人，是 La Pietra 景观设计专业 Arthur Acton 的学生。他设计

了这个精巧的园林，融合了西班牙、法国和威尼斯的风格，让人想起了 Isola Bella —— Borromeo 的家庭别墅，它的台地就像 Maggiore 湖水中大型帆船的甲板(图 11.43, 图 5.40～5.41)。

Vizcaya 是一只带头羊，吸引了富裕的东部人及后来的欧洲度假胜地都开始来到佛罗里达。由于企业家 Henry Flagler 的筹划推销，Palm Beach 成为一个时尚的度假胜地，这在很大程度上是归功于 Addison Mizner(1872～1933 年)。Mizner 开始是在 Philadelphia 从事建筑师这一行业而后又去了纽约，在 1918 年他发现 Palm Beach 和它成为美国度假胜地的潜力之后，他的职业生涯有了巨大的变化。和 A. E. Hanson 一样，Mizner 有一些相似的选择不同材料的想像力和与顾客沟通联系的能力。Mizner 到处旅游，从世界各地收集古董和建筑艺术品，创立了独特的 Palm Beach 风格：一种伪西班牙的戏剧性的装饰效果。Mizner 完全负责业主的项目，即是建筑师、室内设计师，也是景观设计师。

尽管有地域上的距离，但是作为度假胜地，圣巴

巴拉和Palm Beach有着相似的特点，都是自己创造的有着乡土特色和城市主义技法的地方，有着共同的西班牙-意大利-地中海风格的外表，它们就像是亲兄弟。事实上Mizner把在佛罗里达掌握得很好的技术带到了Parklane，Parklane是圣巴巴拉的庭园，在那儿他将威尼斯哥特式的元素与从朗特别墅得来的形象联系在一起。因此这个时期富裕的美国人委任的设计师从欧洲的宴会上带来了食谱，并且调制了威严壮观的建筑菜单，并试图超过原始模型。有些园子非常华丽，比如A.E.Hanson设计的庭园，有些园子非常的精致，比如帕莱特、法兰德和雪蔓设计的庭园，从中我们可以发现园林艺术到园林风格的明显转变。

像圣巴巴拉和Palm Beach这样的度假胜地是机器工业时代的产物，坐私人汽车(后来是直升机)很容易到达这些美丽和较偏僻的地方。相对其他因素，特别是在他们那个年代，到他们临时的住所所需要的交通费用标志着他们作为特有的少数集团的身份地位。商用轨道和航空工业，以及更加重要的二十世纪大量生产的高级机器——私家汽车已经使景观大众化，许多美

图 11.43　佛罗里达 Vizcaya 的庭园，由 Diego Suarez 和 F. Burrall Hoffman 设计，建筑由 George Washington Smith 设计，建于 1912～1916 年。

丽的地方对大众来说都是很容易去的，城市规划师和景观设计师对技术的应用是这本书下面章节中的主要论题。

注　释

1.卡米罗·赛特的《城市建筑艺术》，由Charles T. Stewart 翻译(纽约：Reinhold 出版社，1945年出版)，76 页。

2.同上，60 页。

3.维多利亚女皇统治时期，伦敦人口从200万增加到450万，同时期 Glasgow 的人口增加到了3倍，而利物浦的人口翻了一倍，到1901年皇后去世时，11个人中只有一个人从事农业。

4.Reginald Blomfield 的《英格兰规则市庭园》(伦敦：Macmillan 出版社，1892年出版)，15 页。

5.杰基尔的《花园的色彩》(1914)(波士顿：Little Brown and Company, illustrated ed.，1988年出版)，17～18 页。

6.杰基尔和Lawrence Weaver 的《工艺美术园林：小农舍的园林》(1912)(古董收藏俱乐部 1981和1997年出版)，13 页。

7.同上，70 页。

8.第二次世界大战期间纳粹军队入侵诺曼底时，大部分被破坏，这座特别的庭园通过André Mallet 的努力保存下来了，他的儿子Guillaume Mallet 及其妻子 Mary 使它得以向公众开放，而他们的儿子 Robert Mallet 使得它成为一个产业，Robert Mallet有和他祖父一样的才能，对园艺学很敏感，能彻底领悟工艺美术风格的原则。

9.查尔斯·帕莱特《意大利园林》(1894)(Portland:Oreg.: Sagapress/Timber Press, 1993年出版)，37 页。

10.Edith Wharton 的《愉快的房子》中的第一卷，来自由 Louis Auchincloss 编辑的 *The Edith Wharton Reader*(纽约：Charles Scribner's Sons, 1965年出版)，90 页。

11.Thomas H. Mawson 的《工艺美术运动时期的园林制造》(伦敦：B. T. Batsford，1900年出版)，1 页。

12.同上，5 页。

13.Jane Brown 引用《我们这个时代的英国园林：从杰基尔到 Geoffrey Jellicoe》(Woodbridge 的 Suffolk：古董收藏俱乐部，1986年出版)，162～163 页。

14.Jane Brown 的《Vita 的另一个世界：V. Sackville-West 的造园传记》(纽约：Viking，1985年出版)，84 页。

15.Harold Nicholson 的《Helen 的塔》(纽约：Harcourt Brace, 1938年出版)，41 页，被 Brown 在《Vita 的另一个世界》中引用过，56 页。

16.Santa Barbara 和郡政府所在地的建筑的讨论，可参见 Charles Moore 和 Gerald Allen 的《建筑中的三维：空间、形体和大小》(纽约：Architectural Record Books, 1976年出版)，41～48 页。

第十二章

社会的乌托邦：
现代主义和城市规划

到1900年，工业化已经使人类生产和消费的产品成倍增加，并且极大地加快了商品和商品流通速度。社会的转变加速了旧的农业传统的灭亡。农村的年轻人都离开家乡来到城市，导致城市人口呈指数地持续增长，超出了现有一般城市尺度概念。尽管有一些混乱和变化，人们依然对人类生活物质条件普遍进步的可能性持有乐观主义和普遍的信仰。许多人开始理解了机器时代意味着生产能从根本上扩张经济，同时工业资本主义为增多大量的廉价商品开辟了新的市场。产品的易于生产使得提高大部分人的生活水平成为可能，也使得富裕的消费者成为生产者。工业技术的迅猛进步，增加了人类的便利，使家庭更加舒适，同时也使大的公众工程成为了工业城市的标志。确实，现代城市主义和工业资本主义难以分解，就像我们讨论的豪萨门(Haussman)规划的巴黎从1850年到1870年的转变中所看到的一样。

不断加强的民主精神和它包含的道德目的激发了一些理想主义的想法，使存在的和正在发展的资本主义社会修正自身的不足。改革者希望补救贫困的弊病，为所有阶级的人类设计出最宜人的环境。浪漫主义和她与生俱有的改革的冲动，将对个人权利的尊重视为文化的基础工作。启蒙理性主义是目前解决科学疑问和技术问题广为接受的方法，它认为理性可以很容易地指导对迄今为止一直困扰人类贫困和不公平等问题，并采取相应的补救措施。

尽管资本主义文化的拥护者(推动工业革命经济的火车头)反对马克思(1818~1883年)的理论，但他们仍然对现代西方社会的社会思潮有重要的作用。马克思认为对文明的渴望隐藏了对物质占有权的阶级斗争，他看出工业化是怎样吸引劳动力离开土地，并迫使他们进入巨大的、膨胀的都市区里的贫民窟中的。他构想社会主义、共产主义作为一个综合的政治系统来代替资本主义，重新分配财富，使工人阶级能享受到他们劳动的成果。尽管他没有提到城市规划，然而改善城市生活条件的运动通过马克思的评论而得到加强，马克思进步的改革思想甚至在那些不寻求根本推翻资本主义社会的人和他们的政府中也盛行起来。

美国经济学家亨瑞·乔治(Henry George, 1839~1897年)在《发展与贫困》(1879)中写道：废除其他的税收而只支持对未改良的不动产的税收，可以将不盈利的财富过渡给政府，继而对公众的劳动重新分配。虽然这种观点不被大多数的政治领导者和经济学家支持，但乔治在英国和美国的改革者中产生了强烈的影响，其中就有埃比尼泽·霍华德(Ebenezer Howard)，花园城市运动之父，一位杰出的人物。另一个美国人，瑟斯坦·维布伦(Thorstein Veblen, 1857~1929年)是一位重要的经济学家、教授和作者，在他措辞激烈的评论《休闲阶级的理论》中，通过发展演变的透镜检验经济史。他杜撰了一个词"显著消费"来描述非生产性空闲的显示就是对财富的显示。负担家计的人和没有工作的妻子是维布伦所说的"显著消费"的最明显的例子。

这些争论是由俄国贵族Peter Kropotkin(1842～1921年)——提倡社会合作的共产主义初期哲学，和英国剧作家George Bernard Shaw(1856～1950年)及他在费边社(Fabian Society)的同伴们发起的，[1] 费边社是一个促进社会主义事业的组织。这次争论为乌托邦似的幻想提供了肥沃的土壤，社会思想家们把注意力都集中在大城市中近来积聚的社会生活问题上。尽管二十世纪妇女所占劳动力的比率有所增加，但中产阶级仍然把妇女的作用局限在家务上。由于城市化的重要作用，许多妇女在进步时代(Progressive Era)的改革中成为活跃的职业人员，进步时代是二十世纪初期在房产、教育、公园、社会福利及公务员制度方面开始取得进步的时期。Jane Addams(1860～1935年)是一位社会工作者、Hull House(美国其他住宅的模仿对象)的建设者、女权论者，也是1931年诺贝尔和平奖的获得者。Addams也许是众多献身于妇女运动并主张城市聚集人士当中最著名的一位。

工程技术的潜在利益能广泛地应用到社会议程中，而不仅仅是为资本家积聚惊人的利润。作为它的拥护者，进步时代的社会改革家没有在机器时代后退，而是充满希望地把它看成是解除人类苦难盼望已久的工具。他们相信当工业进步的力量被合理地应用到城市发展上，就能改善人类的生活条件，能为拥挤的贫民窟中的人们提供健康的可供选择的住宅，同时也能使城市居民中地位高的阶级很容易与大自然接触。尽管私人投资是主要的，但是也有市政府和州政府及有特殊目的的公众组织作为大规模的城市工程的合理赞助者，因为这些合法的机构有必要的权力来集中大部分地块，并着手建设公路、铁路和公用设施，因此他们的社会议程就是随着政府责任的扩大和半政府机构的成立建立起来的。运输技术极大地影响了都市发展的进程，通常是由区域规划师这样的团体所作的议程来引导。虽然铁路极大地改变了城市，使得郊区的发展和城市间的运输网络成为可能，但汽车对城市的影响

更大，尤其在美国。1913年后，汽车大批量的生产，对景观设计专业产生了特别的影响，导致非城市的娱乐性公园的成倍增长，还有城市远郊的汽车林荫干道的产生，它相对于马车运输时代的城内的林荫大道而言，有不同的规模和设计构造。以及汽车业的发展，使城市向外扩展的范围已经超出原来铁路线能延伸到的范围。司机可驾车在以前都市公路、铁路已连通的地区(也有公路)和新建的公路区间进行畅通的旅游。随着郊区的扩展，郊区已不再与铁路线联系在一起，城市的结构在这里变得松散。至少在美国这样的地方，草坪环绕着分散的住宅是很普通的，尤其在新政(New Deal)政府实施住宅抵押措施和第二次世界大战后为老兵的贷款抵押措施后，激发了大量的低密度住宅。作为独立实体的城镇已经不存在了，取而代之的是大都市或者作为人口调查统计的标准都市区。

豪萨门(Haussmann)和奥姆斯特德找到一些方法使城市概念化为技术和娱乐的词汇。在二十世纪初期，第二代的城市规划师将这一过程应用到包括周边地区超过都市范围的区域，这些规划师远不是只有用与城市干道相连的、美化的广场和公园来绿化城市的观念。他们设想将工业和人口疏散到乡村，那里的生活条件比越来越拥挤的城市更加人性化和健康。像这样的概念化设计是朝着分区规划调整和政府政策迈出的第一步，这既影响到公众也影响到了个人的发展。

认识到在工业社会越来越明显的社会自觉性和为庞杂人口的需求考虑的必要性的同时，二十世纪早期的规划师们提出的计划在近似的基础上又显示出了很大的不同。其中一方就是现代主义派的大师，著名的建筑师有奥托·瓦格纳(Otto Wagner)、托尼·加纳(Tony Garnier)和柯布西耶，他们用非常乐观的态度看待城市的未来，而不是用城市的外观表达其功能化、机械化和实用性。另一方是城市理论家，比如埃比尼泽·霍华德(Ebenezer Howard)和他的信徒们，他们试图去保护一些工业化以前的理论。因此，这些城市理论家们在个性化的建筑元素和空间构造形式中保留如画式的景色，同时又完全拥抱全新的机械化和工业化的过程。他们把约翰·拉斯金的话当成他们的座右铭："任何地方都没有溃烂的和条件恶劣的郊区，里面有干净而繁忙的街道，外面有开放的乡村，美丽的花园和果园环绕在周围，以至于从城市的任何地方走几分钟的路都

可以到达有新鲜空气和草地的地方，可以看到远处的地平线。"[2]

在第十一章中我们提到了卡米罗·赛特和他的跟随者，他们怀旧的情绪，减弱了一些对现代事物的热情，产生了保护主义，他们不仅保护遗迹，也保护历史建筑的整体和街道布局。然而即使很有责任心的传统手工艺者和早期设计风格的保护主义者都不愿脱离机械化给人们带来的方便，比如中央空调和室内铅管

业，不管是进步的、还是保守的社会理想家都希望机械技术能有益于建立一个更好的世界。这种对现代事物的矛盾情绪和对技术成果的渴望以及拥有与历史相联系的感觉在当时的景观中有所反映，这也是我们在第十五章中将要考虑的问题。本章中我们的任务就是讨论那些乐观的规划师和理论家所寻求的指引二十世纪上半叶城市主义的理论和具体工程项目。

I. 城市扩张：英国和欧洲大陆机器时代的城市规划

随着十九世纪工业化的增长，一些人道主义的资本家在新城镇建起了工厂和工人住宅——大城市外围乡村里的模范社区——那里的阳光、新鲜空气和绿色代替了城市贫民窟中的极度拥挤现象。这些早期规划好的社区中有私宅、花园、中心公园和地方性的学校，所有这些都仔细与工业区分离，那是它们的存在的理由(raison d'être)，为以后的区域规划实践提供了一次试演。几个规划社区中最突出的问题就是昂贵的费用，花园城市运动之父埃比尼泽·霍华德(Ebenezer Howard，1850～1928年)极力反对都市庞大化，将他们改革的思想动力转向对分散化规划有影响力的哲学观点。地方主义成为一个新的标准体系，可应用到乡村和城市，产生绿带环绕的新城，提供城市和乡村均具有的优势。作为一个正在扩张松散而又具有独立实体的城市，如果按照霍华德所预言的那样发展，城市今后将不再是一个坚固密集的城市聚居地块，而是成串成簇的人口、星点式的居住地。

英国社会预言家和工业慈善家

当朝着无产阶级人人平等主义更进一步时，当宣布工业城市有害、肮脏时，马克思和他的社会主义合作者恩格斯(1820～1895年)都没有注意到城市的构成，他们相信革命在他们的理想中能实现以前就能扫荡一切的旧秩序。培养新城的发展并非政府的意愿，而是由工厂主着手改良工业劳动力的生活条件。拉斯金《七盏灯》的光芒照亮了许多维多利亚改革者的道路，他们的理想也反映了威廉·莫里斯的影响，因为他们试图通过应用植根于传统的由中世纪手工艺人指引的工艺美术思想，改善和美化工业时代的城市。比如赛

特，他们致力于保护过去的构造形式，并且编撰了什么是早期有机的生长模式，创造了一个如画式的现代版本。

1853年，一个纺织厂的工厂主Sir Titus Salt (1803～1876年)，在英国Midlands布拉德福得城外围的Aire河岸建造了Saltaire。大约25年后，Cadbury Brothers的主人George和Richard Cadbury，他们是巧克力工厂的厂主，建立了Bournville。它是一个工人社区，与伯明翰附近的新房设施相联接。Cadbury家族把Bournville设计成一个有着宽阔绿地的城镇，其中有313个别墅花园，并且把330英亩地中的大部分做成了公园，弧形的街道和不同风格的房子构成了如画式的画面。员工不允许私自占有Bournville的住宅。1900年，George Cadbury建立了Bournville村庄信托公司，除了学校、教堂、商店和其他令人愉快的事物外，还将林荫道合作管理的地方变得更加完善。

1888年，另一位倾向于工业主义的慈善家William Hesketh Lever(1851～1925年)在利物浦附近为Lever兄弟(肥皂厂的厂主)的员工建立了Port Sunlight作为公司的总部(图12.1)。Lever的人道主义促使他改善工业劳动力的生活条件，把一些乡村的令人愉快的设施安放其中，有树木成排种植的街道、步行道路网、分配好的花园、中心公园和运动场地，以及设计成有英国地方风格的老乡村社区，公共建筑和住宅。阳光和新鲜空气对伯明翰、曼彻斯特、利物浦和伦敦等大的燃煤城市中肮脏的、有害的易得结核的空气来说无疑是一道解毒剂。

从慈善的工业家的治标剂转向更普遍更深入的药方，英国改革家霍华德在他的著作中提出了人口分散

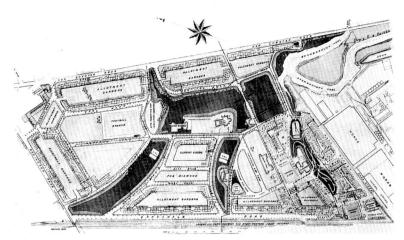

图 12.1 英国的 Port Sunlight，由 Lever 兄弟建的模型城市，1888 年建。社区占了基址 95 公顷(230 英亩)中的 56 公顷(140 英亩)，中心绿地空间构成了峡谷，可以在涨水的时候储水防洪。道路系统随地势上下起伏，设计成如画式的曲线，住宅背对着铁路线。

到一系列规划好的社区中的想法。这本书是《明天：社会改革的和平大道》(1898 年)，1902 年以名为《明天的花园城市》出版。霍华德被誉为是花园城市运动之父，他明白铁路网的激增使城市跳跃出不再固定的边界，也明白怎样才可能在更大的地域框架上建立社区，让它既有乡村接近大自然的优势，又有城市生活中令人舒适愉快的设施。[3]

霍华德年轻时在芝加哥当速记员谋生，在那里他喜欢了一个拉丁语花园中的城市(Urbs in Hortus)。他也许很熟悉河边花园郊区，那是由奥姆斯特德和沃克斯设计的。霍华德这位有巨大影响的英国社会思想家费了很大精力来证明在目前的资本主义系统中，社会利益和健全的经济回报能通过社区的土地关系获得。虽然不是一个设计者，但他为花园城市作的图解模式成为了实际新城规划设计中图解的基础(图 12.2)。霍华德的花园城市是独立的城市实体，提供工业和商业方面的职业，但它不是郊区，花园城市被设想为各人口中心区能通过电力火车或与更大的中心花园城市相联系。他设想每个卫星城镇都有 400 公顷(1000 英亩)的中心地区和 2000 公顷(5000 英亩)的田园环带，有 30 000 人口住在中心，

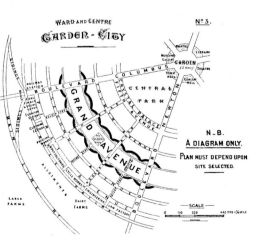

图 12.2 埃比尼泽·霍华德的田园城市中一个区以及霍华德规划略图部分的图示：1898 年做。

2000 人口住在农业区的周围。每个城镇都分成了若干个区，每个区中可容纳 5000 居民，并且每个区都设有一所学校。在城镇的中心自治机构、政府和文化机构外围环绕一圈公共绿地，在这块绿地和内圈的住宅与花园环之间，有宽阔的中央公园，第一个住宅与花园环位于宽阔大街后面，一条铁路环绕着，成为一条主线，工厂被安排在与铁路支线相连的地方，它的外围有农业用地、牧场、果园、林地以及绿带中的孤儿机构、癫痫病收治机构和疗养机构。

1899 年，霍华德成立了花园城市协会，这个组织建立了他思想的两种重要表示方法：Letchworth 和 Welwyn Garden City (1919 年)。为了推出 Letchworth，霍华德得到了 George Cadbury 和 William Lever 的帮助。他们合作的花园城市先锋有限公司(Garden City Pioneer Company Limited)在伦敦北 35 英里处获得 1600 公顷(4000 英亩)的土地，并且建了一个辅助的联合股份公司来增加建设资金。巴里·帕克先生和雷蒙德·安温先生是姐夫与内弟的关系，也是费边社以及霍华德的追随者，他们规划了这个城镇，将霍华德的图解应用到这个城镇中来(图 12.3a, 12.3b)。由于这块地要在未来转换成社区，有限股息的股票不能获得资金，也因此卖得并不景气，但是随着工业的建立，这座城市有了起色，并且它的赞助人出售了部分财产抵抗压力来发展霍华德原初的设想，直到第一次世界大战他们才停止实施设想。

安温是一位很关心适宜的建筑密度的建筑师，认为每英亩地最多建 12 幢住宅，这些住宅都设计成有联系的单元，有陡峭的沥青白色屋顶，构造上让人想起埃德温·路特恩斯(Edwin Lutyens)的工艺美术风格，或 Charles Francis Annesley Voysey(1857～1941 年)——一位擅长于给朴实的住宅作吸引人的功能性设计的英国建筑师。安温在他的书《付诸实践的城市规划》(1909)中的例证说明他

对 Letchworth 的不同规划策略和设计细节的细心关注，他也在 Hampstead 公园郊区工作过，这个公园是 1907 年在伦敦大都市的范围内设计的，是当地公民努力扩大 Hampstead 健康的结果，它破坏了规划设计好的地铁站的结构。借鉴德国和英国当地的传统，采用了不规则和不统一的街道以及工艺美术运动的建筑词汇来装点建筑，目的是为工人阶级的中产阶级小家庭的租借人创造一个丰富多彩如画式的环境(图 12.4)。安温通过安排高质量的自成系统的步道、交通环路、街道、建筑，提供充足的且经过仔细安排的绿地和娱乐设施来支持完善花园城市的思想。他这种环形的规划设计将道路占地百分比从 40% 降到 17%。Hampstead 花园郊区强调了英国人在大都市区内对低密度矮建筑的偏爱，而并非欧洲大陆的高层建筑。但是这个公园没有像当初设想的那样服务于不同阶层的人，而是被富人阶层所占有。

图 12.3a　英国 Letchworth 花园城市的规划，由 Raymond Unwin 于 1903 年设计。

图 12.3b　Letchworth 花园城市的一组别墅。

奥地利和法国的城市规划

　　和英国的花园城市运动之父一样，卡米罗·赛特在奥地利通过运用如画式到现代工业城市中来保护传统的生活方式。然而其他的人就把美等同于机器时代的功能性，其代表有与赛特同时代的威尼斯的奥托·瓦格纳(1841～1918 年)。瓦格纳设想的现代都市是一个高度系统化的有序整体，根据新古典主义纪念性的规划样式来安排统一的建筑、宽阔的交通路线和大面积的绿地(图 12.5)。因此，在非常相似的设计体系中，瓦格纳对新都市提出的建议甚至比豪萨门对巴黎彻底的改造还要现代。

　　原初功能主义的法国建筑师托尼·加纳(Tony Garnier，1869～1948 年)比瓦格纳对日常生活中的一些质地结构具有更高的敏感性。他受到过巴黎美术学院的训练，对理想中的城市规划的发展作出了重大贡献。1899 年加纳赢得了罗马奖，这是一个非常有声望的基金，获得了去罗马法国学院学习的机会，在那里他一直享有津贴直到 1904 年。但是加纳不愿学习规定好的教导式的古典建筑课程，他被这个时代成长起来的自由主义所吸引，并利用他呆在罗马的时间为"工业化城市"做了一个规划。它位于法国的东南部，他的家乡里昂，是纺织业、冶金业和新兴汽车工业的中心。在设计词汇中，加纳的规划表达了他的信仰：过去的实际上已经完全丧失，仿历史的建筑纯粹是装模作样，不可信的。这是其他的也试图发展新民主时代建筑形式的人所共有的一个前提，这些建筑师主张与历史完全断绝关系，设计避开与过去的连续性。

　　尽管加纳的建筑大胆地采用现代结构技术，尤其依赖强力混凝土作为建筑材料，但作为一个城市规划师，他相对于后来的几个建筑现代主义者来说，没有那么爱争辩，也没有那么纯理论。从概念上讲，他实质上更接近于花园城市的拥护者。1902 年霍华德的《明天的花园城市》法文版出版，其中的原则和理论无疑与加纳的很相似。加纳接受的巴黎美术学院的古典主义训练，确保他相对于那些同时代的对如画式中不规则式依依不舍的英国人来说，采用更加几何有序的方法。虽然他缺乏他们那种对地方建筑风格的爱好，但同他希望解决的问题是一样的——有健全的建筑和适宜居住的社区。

　　加纳规划工业化城市的目标是营造自然景观的同时也为实现社会理想。尽管它的位置不是很独特，但他想像了一个特别的地形，将他虚构的城市放在小山上，俯瞰由 Rhône 和它的一个支流形成的峡谷。工业是它可实行的经济基础。而土地所有权和明智杰出的

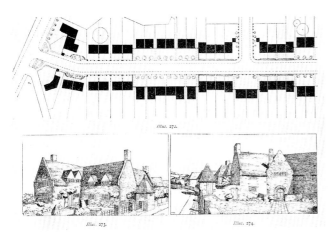

图12.4 英国伦敦的Hampstead花园郊区，由Raymond Unwin于1909年设计。街道和别墅如画式的安排，它们聚集在一起以致看起来像是用工艺美术风格建起的大规模的住宅区。

规划，包括教育、文明、文化、体育和医疗设施的配备，能提供给新时代的、民主社会理智的、科学的和令人满意的设施。设计人口为35 000，在功能上分离的区域之间将不会有固定的边界，并留有充足数量的未开发的土地。这些保留下来的开放空间允许一些必要的扩充，这种根据土地用途的区域划分类型在二十世纪早期被革新过，但是这种类型现在还普遍存在。被革新的还有提议的卫生和交通标准、为突出区域而提供的管制以及对水、面包、牛奶和药物供应的控制。

加纳做了很多的规划设计，画了许多透视图，有非常动人的独特效果(图12.6)。他精炼的文字是说明性的，并没有煽动性。加纳为城市推荐了墓址，考虑了水力发电能为工厂、城镇、矿物和其他原材料的开采提供有效的电力，然后把城镇安排成三列：沿河和铁路线是工业区，包括炼炉、钢铁加工厂、流水线工厂、工程实验室和车间；在工业区上面的一个平原上是居住区和城市中心；更高的地方是医院，安排在斜坡上。和城市中的房子一样，这些房子都是朝南，且防风。总的来说，加纳的规划要求建筑物占地面积不超过二分之一，剩下的都应该成为风景区和公共步行道。

城市中有许多公共集会的地方，如希腊风格的露天剧场、体育馆、运动场、跑步和骑车路线、掷铁饼和跳高的区域以及其他的体育设施。工业化城市被证明在精神和体育方面都与古希腊城有密切关系。此外，还有令人愉快的地中海风格的现代事物：加纳的方盒子——使用强力混凝土做的没有任何装饰的建筑。除了为社区中的每个邻里规划了一所中学外，还有为工

业、行政和贸易行业而设的高中。职业学校是为了培养那些想要寻求美好的而且商业化的艺术职业的人，这些职业包括建筑、美术、雕塑和相关的领域，也包括纺织、陶瓷、玻璃和金属的装饰和应用工作。

后来激进的现代主义者把历史建筑和人工制品的毁坏当作打破传统风格的良好行为，与此不同，在加纳的设想中为老城留有了余地。城中的文化展厅包括有植物园、温室、图书馆和为"与该城市有关的历史收集、重要的考古、艺术、工业和商业文献"而设的展厅、音乐厅。此外，加纳认为纪念碑应该竖立在公

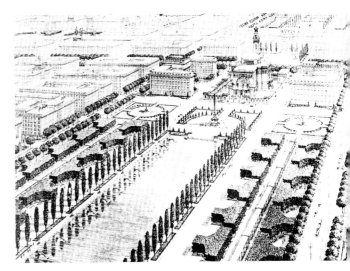

图12.5 奥托·瓦格纳于1911年给维也纳城市中心的建议。

图12.6 国内军营，"工业化城市"。加纳设计的无装饰住房的外表并不意味着排斥装饰和色彩，在装饰成为建筑完整性所必需时，外表仅仅是作为一个无特色的背景来加强自由艺术作品的表现潜力。加纳觉得应用浇筑混凝土和水泥的结果是"大面积的水平和垂直的表面，赋予建筑平静与平衡的感觉，与自然景观的轮廓相协调"。他在整个城镇建了一个街区系统中独立的连接在一起的步行网络，创造"一个巨型公园，没有围墙和障碍来分隔成单个的地块。

园中有文献档案的房间周围，对于那些反宗教且和平的社会，他认为就没有必要提供教堂和军营。

尽管加纳曾两次设法使他的规划出版，但都没有成功，其中一次是在1914年，当时他在里昂是国际城市展览会的负责人，另一次是在1931年，他是一位开业建筑师，与社会主义的市长爱德华·海瑞奥特(Édouard Herriot, 1872~1957年)有着密切联系。加纳受委托建设他在工业化城市中设想的某些部分，其中包括一个医院、疗养院、露天体育场、邮电总局、艺术学院、纺织学校、一个职业介绍所、城市居民区和烈士纪念碑。尽管他从来没看到

图 12.7 艾德芬斯·瑟达于1859年为西班牙巴塞罗那扩展做的规划，老城 Barri Gotic 的步行规模的街道的复杂网络，被新的街道在几个地方直接渗进去了。穿过整个在规模上增大了城市的两条相互交叉的对角线上的林荫道。

实现花园城镇的综合规划，但是他的这个规划设想在二十世纪城市规划历史上是一座里程碑。加纳对低层建筑前卫的概念，人车分流的循环系统，和为满足人们对环境安全性、健康、教育、工作、娱乐表演和政治的不同需求而配备的一些设施，所有这些都仍然是对理性综合的、且代表社会方向、具有二十世纪上半叶建筑专业特征的规划设计的最好诠释。

西班牙的城市规划

在瑞典，工程师艾德芬斯·瑟达(Ildefons Cerdà,

1816~1876年)是《城市主义的理论实践》(1867)的作者。他把循环看成是城市形态中重要的定义，而且知道当建有窄窄的步行交通的城市为适应骑马和后来的汽车而改变它们的街道模式和宽度时，占优势的交通工具是怎样促使城市改变的。1859年，瑟达设计了范例，是中世纪巴塞罗那城市周围规划的延伸，其中棋盘式的街区和去角的广场更好地适应了马车的转弯半径(图12.7)。

在 Madrid，后一代人 Arturo Soriay Mata(1844~1920年)将瑟达对交通工具的兴趣更推进了一步。Soria 意识到连接城市和郊区快捷的运输线可以建立另一种城市形态，并在1882年提议了 La ciudad lineal，一个有无限长、500米(1640英尺)宽的线性街道城市(图12.8)。Soria大胆的设想中，干道不仅仅是运输走廊，也是一个巨大的市政和服务设施带，包括水、气、电、水库和公共园林和各种市政服务的站点。居住区安排在沿垂直中轴线的二级街道的矩形街区里，其中住宅只占总建筑的五分之一。Soria计划中的一小部分实施了：在Madrid外规划的

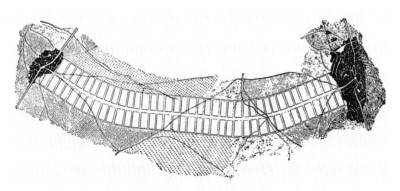

图 12.8 Arturo Soria y Mata 于1882年提出的线性城市。

55千米(34英里)长的线性城市中有22千米(13英里)付诸实施了。

相对于Soria纯粹的技术方法,加泰尼亚的工业家Eusebi Güell(1846~1918年)和他的建筑师安东尼奥·高迪(Antonio Gaudí, 1852~1926年)试图在1900~1914年的居尔公园的建设中表现:转变成现代工业城市的巴塞罗那依然与乡土文化、精神上的和技术上的传统有着密切联系(图12.11~12.15)。城市越来越拥挤,工业厂房塞满了瑟达为范例规划的街区,居尔公园的原始目的就是为了提供一个可选择的去处以逃避城市的拥挤。居尔在给他的纺织工人居住的Colònia Güell的建筑中,已经展览了一个类似于Lever在Port Sunlight的商店。他的新工程项目将允许中产阶级的巴塞罗那人逃离城市的喧嚣和拥挤。更重要的是,它是加泰罗尼亚人(Catalan)由复兴的天主教发起的"乡土精神"的建筑象征,而居尔和高迪都积极地参与到天主教中。

居尔公园是在文艺复兴时期建的,文艺复兴是指加泰罗尼亚人的传统复兴,包括宗教朝圣和虔诚忏悔的传统,是由巴塞罗那的文化精英们领导的。首先并不是这个运动也不是这个公园与人们的想像那样怪异不协调。他们忽略地方的差异,使民间的古代仪式、工艺传统和地方性的语言建筑、装饰及穿着习俗的复活,这在其他的地方也出现过类似的情况。由于这个时代迅速的变化,越来越没有了文化根基且世俗化。不难想像,像居尔和高迪那样保守派的人们开始寻求使社会与历史相联系的途径,而天主教堂是最能代表历史的也是他们最终寻找到的目标。宗教团体经常有计划的坐短途火车旅行到周围的乡村,在那儿人们可以参观有千年历史的罗马式教堂、洞穴圣地和圣山。巴塞罗那的Sardana开始复兴,它是一种在城市的教堂广场上表演的地方性群众舞蹈。自1859年开始的诗和修辞节日(a poetry and rhetoric festival)——The Joc Florals,它是为了纪念加泰罗尼亚人的语言和普罗旺斯(Provençal)抒情诗人的传统。建筑师Lluís Doménech y Montaner(1850~1923年)领导了一次手工艺复兴运动,成功地使手工艺技术——特别是陶瓷艺品和金属加工——与工业艺术完整的结合,致使了强大的装饰可塑性。在今天,这是许多巴塞罗那建筑的特征(图12.9)。高迪是一位铜匠的后代,这对他后

图 12.9 **巴塞罗那的** Passeig de Gracia，**由高迪设计的灯柱和坐椅**，**背景是高迪的** Casa Milá。

来成为建筑师是一个很关键的因素。

居尔公园在景观设计的历史上有着特殊的地位,因为居尔和高迪试图综合世界主义的进步与民族的保守主义。高迪将现代工业技术与古代的手工艺传统结合在一起,创造既诙谐又严肃虔诚的形式。他把建筑放在了一块因为圣山蒙特塞拉特而具有象征意义的陡峭的基址上,位于Muntanya Pelada(Bald Mountain)的东南边,也就是Mount Carmel。在偶然发现一个洞和矿产后,他用基址上的自然材料形成暗示古代神圣景观的形式。由于高迪的天才,居尔公园上升到了极高的地位,它拥有加泰罗尼亚人的手艺工人及富有想像力的技术。居尔公园是一个景观珍品,一个失败了的乌托邦试验品和工业时代幻想的天堂。它也是一个非常优雅、精致的公园,但是它是伴随着世界展览会而产生,相距不是很遥远——它是一个不张扬的娱乐领域,就像给1893年芝加哥世界展览有活力的文化气氛提供一个有趣味的对应物一样——它也是一个悦人华丽的娱乐公园,就好像同时代的Luna公园及位于Coney Island的Steeplechase公园,这些公园都在寻求充满幻想力和超自然力的景观。

没有对居尔公园历史背景知识和文化的一定了解,

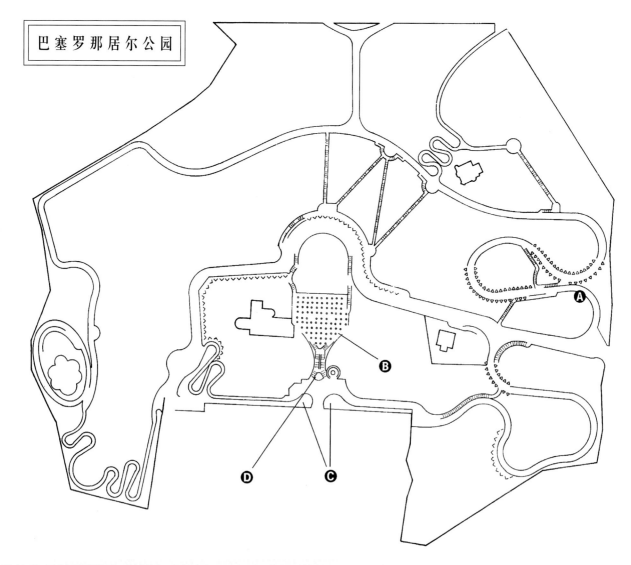

图 12.10 巴塞罗那居尔公园的规划，由高迪于 1900～1914 年设计建造。

图 12.11 居尔公园中高迪的大台阶的墙上用 trencadís 铺的马赛克。

人们可以通过两个警卫室C进入公园。警卫室的设计考虑到了里面的居民、到来的客人和警卫，它糖果壳似的表面还是含有民间传说的成分。高迪将起伏的屋顶边缘线条设计成流畅的抛物线，应用了传统的加泰罗尼亚石工技术既所谓的bóveda tabicada，用薄薄的砖或扁平矩形的瓷砖贴面形成拱形。

过了警卫室就是入口门厅了，里面有难以理解的情节暗示和揶揄的象征。和同时期的主题公园一样欢快和受人欢迎，和迪斯尼世界的魔术王国一样，这个空间充满了伪哥特式的基本花纹色彩。大阶梯D被分成了两半，被镶嵌着重新组合的碎瓷砖片的矮墙包围着，矮墙用的是trencadís的方式，是一种传统的

加泰罗尼亚马赛克技术(图 12.11)。大阶梯的两边被高墙围住，高墙有突出的雉堞状的挡墙，表面用的是西洋棋盘的装饰，采用了同样的马赛克技术。高迪从容不迫地将新烧制好的瓷砖捧碎，并且将其应用到弯曲的表面，证明他改变传统的工艺形式以适应新的艺术目的。

这个空间基本上是受欢呼的，同时也模糊的使人感到不安。由于在这块三角地里有带阴影的洞穴，这块三角地是由于大阶梯的分叉形成的；青铜陶瓷器的蛇头，它从一个圆形的盾中伸出，盾是用加泰罗尼亚的旗帜的颜色来装饰的；以及马赛克贴面的喷水的龙，它们使得大阶梯变得含糊不清(图12.12)，这个礼仪式的大阶梯两边的人工的洞穴

图 12.13 居尔公园后期的桥。

图 12.12 居尔公园里的龙、大台阶
和入口洞穴。

图12.14 居尔公园中的希腊剧场。

有实际的储存、躲避以及马车转弯的功能，但是这些拱顶凹进处的粗糙的石工技术，给它们一个地质奇观的外表。事实证明，它们构成了建筑的序幕，是人们通过居尔公园丰富的设计景观时遇到的最有象征性的地方。

大阶梯 D 上升到富丽的充满柱子的市场大厅 B。如果计划的六十户家庭都居住在这里，这个大厅预想的功能就能实现。但它现在仍然是一个令人惊奇和印象深刻的空置的空间，是对高迪艺术名家的技术技巧和作为一个建筑师的丰富想像力的证明。纪念性的陶立克柱式支撑厚重的屋顶平台。这个平台就是希腊剧场的地面 B，一个大的升起的广场，目的是为了居民和宗教意

识，以及加泰罗尼亚的群众文化，比如流行的 sardana 舞的表达。像是矫揉造作的独断自负，一条宽的高靠背的弯曲的长凳堵住了从台阶到这个开阔大厅的直接入口，而且建筑师没有提供任何可见的有关进入大厅的方法的线索。一旦参观者找到了入内的路线，就能看到强大的带有凹槽的柱子，天花板上许多的浅圆顶的珍珠色调的trencadís的作品，以及由艺术家 Josep María Jujol vie 做的圆形天花板上的大浮雕，它们给人留下了强烈的印象。

市场大厅的波状顶盘上有波浪形的长凳，这是1909年后居尔公园的建设计划接近尾声时加入的。在希腊剧场的整个周边，Jujol 创造了一个陶瓷艺品的杰作，大胆的用马

赛克覆盖在高迪柔和的波浪形的生物形态的阳台和连续的座位上，其中含有极多的祈祷仪式的象征色彩、寓意画和碑铭(图 12.14)。

为了适应基址上陡峭的地形，由微有角度的散步道或重要的 10m (33 英尺)宽的林荫道、有一点陡的5m(16.5 英尺)宽的马车道、3m(10英尺)宽的人行道、和dreceras或那些对传统的人行道来说，太陡的地方而设的、窄窄的、以便攀爬的、有台阶的小路，组成了整个道路循环系统。

然而高迪的道路循环系统总的来说证明了地形的指导原则，为避免窄的之字形坡路线和 U 字形的转弯，他做了宽阔的道路环线，创造了需要支撑的结构，因那里没有接

触到地面。他把支撑路面部分的桥的下侧做成了拱的柱廊，表面有粗斧剁的石工技术，使它们看起来像洞穴样的房间，是周围石头景观整的不可缺少的部分。这里他采用了与警卫室同样的加泰罗尼亚的bóveda tabicada体系，将承重的柱子倾斜，两端扩大，以便与柱廊顶篷融合。整个表面都有粗斧剁的本地石头，内部流畅的抛物线，给人留下一种那是地质自然生长的而不是建造出来的印象(图 12.13)。在后期的桥/柱廊A上，长而尖的龙石兰从柱子顶部长出，作为质朴的花盆架。

参观者将发现它是不可思议的古怪离奇,就像没有导游的旅游者发现 Bomarzo 的 Count Orsini 的十六世纪的公园,与 Ariosto 的 Orlando furioso、Dante 的 Inferno 和 Virgil 的 Aeneid 迷似的典故一样不可理解。在巴塞罗那,资助人和建筑师试图将公园郊区的社会计划与快乐花园的象征和主题联系在一起。居尔和高迪为了达到他们的目的,参加了十九世纪晚期的国际建筑展览会,他们在这些展会上发挥了重要的作用,其中就包括1888年在巴塞罗那的 Ciutadella 公园举行的展览会,渐渐地,这些展览会就成了建筑主流之外的富有幻想的凉亭和其他有异国风味建筑的陈列柜,也是展示工业技术革新的一种方法。

其实居尔为他的不动产取的名字很英国化,叫它为公园(Park)而不是 "Parc"(Catalan 语)或者 "Parque"(西班牙语),暗示了与英国景观传统有意识的联系,这些传统既在十八世纪的 Stowe 和 Stourhead 园中很明显,也在当今的花园城市比如 Letchworth 中有所体现。高迪用当地的象征符号来创造二十世纪神圣的英国园林的加泰罗尼亚语版本。高迪在这里并没有用经典的 Arcadia(愉快的世外桃源)来稳定阻止目前的工业社会,而是使粗糙的、旧式的加泰罗尼亚景观的神圣戏剧化,这些旧日的加泰罗尼亚景观与生动民间传说相联系,并有通向天堂朝圣道的象征喻义。

在规划设计他们的居住区时,居尔和高迪没有采用瑟达的范例规划中的垂直线性分布,就像奥姆斯特德和沃克斯在中央公园规划和伊利诺斯州的 Riverside 郊区规划中没有采用方格网一样(图12.10,图9.34,9.48)。他们不仅随公园中的地势起伏安排居尔公园的曲线道路系统,而且,由于这里将是一个天堂乐园,他们用墙和一个精巧的入口大门将公园与城市的其他部分分离。[4] 他们进入这个公园就像参加一场神秘的化妆舞会一样,在入口处装饰一个精致的象征物,很适合那些刚开始朝圣的人,开始进行一次将有"虔诚发现"的旅行——这些"虔诚发现"有 Colonna 的 Hypnerotomachia Poliphili 中的 poliphilus、The Divine Comedy 中的 Dante 和 Mozart 的 The Magic Flute 中的 Tamino 王子。这体现在几个有创造力的高塑性的形式(图12.12)。在设计这些东西时高迪没有依赖设计图纸,进行现场工作,画草图、指导现场并且不断更新,创造性地使古代的手工艺与现代工业技术结合。

居尔公园功能上分离的循环系统,像中央公园一样,引起了很大的关注,也为一系列具有很大创作力和设计特色的桥提供展示的机会。在中央公园中散步、骑马或坐马车获得的精神享受,被奥姆斯特德称为有"诗性"的特征——自然对感官和灵魂的洗涤。高迪的道路和小径系统有更特殊的宗教目的和计划。所有道路都通向一个圆锥形石堆的最高点,上面放了三十个十字架,整个象征着受难所或殉难处、耶稣的十字架的小山。高迪在一个星期天精力充沛的散步,打算爬到公园的这个最高点,回忆著名的 Pyrenees 的朝圣路线,特别是引导至 Montserrat(Catalonia 的圣山,也是修道士和殉教者的避难所)的那条路线。从制高点看过去是高迪的圣家族教堂的塔尖和巴塞罗那大部分的城市景观。

这个位置对喜欢研究神学的建筑师和居尔公园的园主,都具有寓意,并且有自身的重大意义。Vic 主教积极地鼓励传播进入加泰罗尼亚,十九世纪圣洞的礼拜仪式,这种仪式最早产生于法国,并且在 Lourdes 也很常见。Muntanya Pelada 的洞网,是在高迪命令在这开工后不久发现的,使他对主题的信仰更加坚定,给了高迪即兴表演和在建筑的幻想王国中遨游的机会。高迪不仅与人合作创造了阶层景观,也反对启蒙理性主义,现代工业机器管理,支持那些采用地方手工艺技术,使用当地建筑材料,似乎深深植根于土地的有机建筑物中。高迪创造性地找到了使建筑呈现有机的方法,他还在毗邻的希腊剧院门廊的螺旋形坡道上采用了螺旋装饰,这种自然界最优美、最普遍的形式通常能取得精致的效果。

尽管高迪的风格有时会与时尚艺术(Art Nouveau)运动的曲线形式和植物图形结合在一起,这种建筑风格在二十世纪的最初25年曾风靡一时,但它们目的不同。高迪也许是最著名最有热情的表现主义实践者,他寻求一种任何文化传统和历史文献以外的特有用语,从自由形态的雕塑元素中寻找轰动一时的事物。高迪不可思议地将自然与深深植根于罗马天主教的加泰罗尼亚民族主义的象征结合在一起,真正圣洞的存在只是促使他向宗教的方向更进一步。他从"自然界的书"中得到暗示,相信主的创造,他不想接受达尔文主义和科学的理性主义,并且通过表现前圣经和史前景观生物形态、地理形态的建筑比喻来证明神造论。同时,虽然充满了象征的意图，但道路及其他洞穴似的壁龛处的结构都有非常实际而非隐喻的目的，提供可以遮风挡雨的坐位、储藏室和其他的设施。

有一些固有的、根本的问题妨碍居尔和高迪完全实现他们的设想。高迪计划销售的作品周围有一些规则说明：只有占地六分之一的地方能覆盖建筑，建筑的高度和位置根据公式确定，这样能保证所有其他居民的视线畅通，地产边线的墙离地面不能超过80cm(32英寸)，直径超过六英寸的树一律不移走。居尔和霍华德不同，他没有成立公司来管理他推出的永恒的社区。相反，他含糊地把他提供服务和维修的任务留给将来，放入他作好的销售合同中，这样业主得以暂时逃离，具体地说来就是居民将形成一个协会来完成这些任务，结果这块地仍没有卖出，它成了居尔和高迪以及另一个与居尔有密切关系的家庭的私人住所。1923年，也就是在居尔死后5年，他的继承人把这份财产让渡给巴塞罗那政府，作为一个公共公园进行管理。今天它是城市中参观人数最多的公园之一。

图 12.15 安东尼奥·圣·爱利(Antonio Sant'Elia)于 1914 年为带有分离的运输路线的摩天大楼城市提出的建议。

欧洲现代主义

尽管他们的看法更加世俗化而不是宗教化，但欧洲重要的现代主义者拥有和加泰罗尼亚人的文艺复兴一样的热情，尝试着创造新的人类环境以适应工业社会。他们使因机械技术的发达而加速发展的未来变得浪漫化。未来派是一群年轻的米兰艺术家和知识分子的自称，他们非常热爱高速运动和机械力量。建筑师安东尼奥·圣·爱利(Antonio Sant' Elia，1888～1916年)就是其中一位，他的 Città Nuova 建议放弃豪萨门(Haussmannesque)式的城市，为现代化的时代翻新以便重新开始。所有过去的痕迹都一扫而光，让摩天大楼从多层次的环形通道上升起(图12.15)。工程学而非社会学是圣·爱利建议的特征：地铁、高速公路、人

行天桥相互交叉，甚至飞机跑道也用高架桥和桥梁的方式或上或下地穿越在水平层次面之间和高层建筑内，用电梯来提供垂直通道。

同时在1903年，奥地利建筑师约瑟夫·郝费门(Josef Hoffmann，1870～1956年)与画家、装潢设计师 Koloman Moser(1868～1918年)成立了 Wiener Werkstätte，这个建筑师与艺术家合作的工作室为机器时代的现代化提供了可供选择的工艺美术审美思想。在德国，早期的现代主义将工艺美术传统与机器时代的审美思想及纯功能主义方法统一在一起。建筑师彼特·贝瑞斯(Peter Behrens，1868～1940年)就这样实践过，他是威廉·莫里斯的追随者，也是慕尼黑的 Deutscher Werkbund 的创始人之一。

沃尔特·格罗皮乌斯(Walter Gropius，1883～1969年)是贝瑞斯工作室的学生，是继比利时的建筑师和设计师 Henry van de velde(1863～1957年)之后，成为 Saxe-Weimar 的伟大公爵于1906年在魏玛创立的工艺美术学校的校长。格罗皮乌斯预先提出了包豪斯(包豪斯是他给这所学校的命名)的课程，是根据Werkbund基于健全的结构体系和建筑师、艺术家、工匠的合作努力得以发展德国乡土艺术的特点提出来的，学生经过训练重视木材和其他自然材料的特性。然而到1923年，格罗皮乌斯不得不放弃诸如早期包豪斯建筑教育方式的表现主义情调，抛弃了Werkbund的信仰：手工艺思想会影响强调机械技术的工业化设计。格罗皮乌斯为建在德绍的学校新总部(1925～1926年)的功能化设计和工业材料的运用，成为包豪斯发起新建筑方式的明显的宣言。在格罗皮乌斯的建筑中暗含着社会主义，他把机械技术当成是一种不同设计美的载体，这种美不同于因劳动密集而昂贵的工艺美术作品的美。因此他放弃了手工装饰，支持更加抽象的、基于构成的建筑艺术，这样的建筑能给更多的人带来方便的生活。特别是相对于装饰性的、有手工雕刻石头的建筑来说，工业建筑不

算太贵，即使没有格罗皮乌斯的参与，有技术的工业建筑师也能做得令人满意，如果没有特别灵感的话，一般他们可以按照模数进行设计。[5]

随后包豪斯建筑和这一派建筑师的作品被认为是新的国际风格的前身之一，他们抛弃了地方设计词汇和传统建筑材料，转而使用钢结构、幕墙、自由的平面和不对称的电梯。[6]这些没有阶级且通常精密、功利主义建筑的早期实践者为他们的反权威主义争辩：装饰是对权力和贵族的尊敬，是阶级统治的象征，它是多余的，也可能是不道德的。

他们前卫的世界大同主义诅咒政治保守主义，特别是民族主义者和阿道夫·希特勒纳粹党民族主义的成员，这些人喜欢植根于德国如画式的传统风格、纪念性公共建筑实例中严肃地体现国家政权的古典主义。格罗皮乌斯在德绍的新包豪斯仅仅存在了十年，之后他和他的同事在1933年希特勒上台执政后，离开了欧洲成为散居在国外的德国知识分子的一部分。格罗皮乌斯成为哈佛大学建筑系的主任，加上许多德国和奥地利现代主义者的成群出国，加速了美国对国际风格作为建筑学用语的接受。

与格罗皮乌斯同时代的瑞典出生的建筑师Charles Édouard Jeanneret，也就是大家所熟知的勒·柯布西耶(Le Corbusier, 1887～1965年)，将国际风格这种概念的叙述延伸到了人类最传统的建筑——住宅，他把住宅定义为"居住的机器"。他和未来派一样对力学运动和大胆的规模有很高的热情，这在他的城市规划中体现的很明显，有宽阔的汽车道，把传统的城市街区扩展成足以提供充足阳光和空气的街区。

由于他对特定的经济、政治和社会现实的忽略，使他的规划仍大部分停留在图纸上。柯布西耶在奥林匹亚发表他不断出版的计划，确保他的规划样式和建议产生了持续而有深远的影响。和圣·爱利一样，他认为城市应该更加高密度，同时如果将水平和垂直交通动力化，城市应该更加开放。与

Soria一样，他欣赏线性"脊柱"作为分散中心和工业疏散的方式。他鄙视赛特和其他的如画式风格的建筑实业家。同时他也痛恨纽约的摩天大楼，认为它们是在原来存在的街道模式上被硬塞进去的，而不是建立一个非常宽松的方格网状的、宽敞的充满了阳光和绿地的超级街区。

柯布西耶并不赞成花园城市中提出的容积率和星点状的布置，但他很喜欢花园城市中的一些特点——充足的阳光、大量的娱乐开放空间和放松运动的生活方式——他把这些作为重要的目标。生物学引起他无穷的想像力。他曾说过："生物学是建筑学和规划学中一个伟大的新世界。"但是他的有机规划的思想是隐喻的，更重要的是它不是环境而是建筑方面的。例如令人震惊的Rio de Janeiro就引起他"强烈的欲望，甚至有点疯狂，要尝试一次人类的冒险——渴望建立起二元性，创造'人类的宣言'来支持或反对'现存的自然界'"。[7]然后他勾画了一幅草图，一条有100米(328英尺)高的高速公路在美丽的港口周围成弧线形环绕整个城市，上面一层是连续的结构，其中还有公寓，下面一层离地面将近有30米(100英尺)高，几乎可以看到任何建筑的顶部(图12.16)。

但是这种现代主义与环境融合的特征仅在柯布西耶偶尔作的住房建筑中实现，比如在Poissy的Savoye别墅(1929～1931年)，他设计了一个结构可上升到"升降舱"，站在升降舱里面视线可穿过一片开阔的草坪，唤起人们对拉丁诗人Virgill温文尔雅的田园风味的回忆，另一方面，他的规划理论预想在一个单调的无特征的平面上刻上理性主义的建筑原理。古典主义、笛卡儿的几何哲学和对独裁者——路易十四(Place Vêndome, Invalides, Versailles)、路易十五(Place de la Concorde)和拿破仑一世(Champ de Mars, L'Étoile)所取得成就的崇敬，这些构成了他为可容纳300万居民的当代城市提出的大胆建议的基础(图12.17)。在1922年的

图12.16 柯布西耶于1929年为巴西的 Rio de Janeiro 画的草图规划设计。

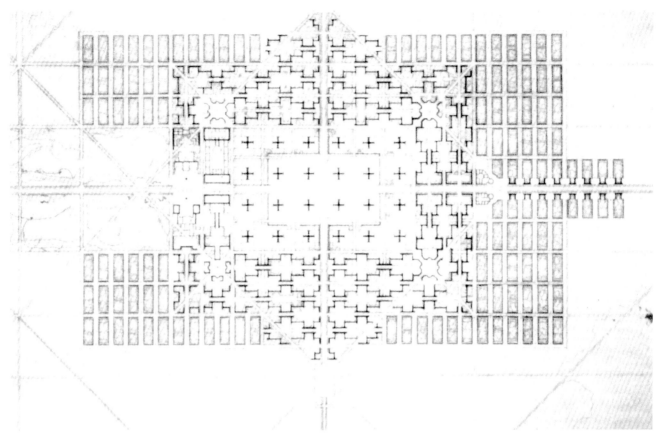

图 12.17 1922 年，柯布西耶为 300 万居民的现代城市的规划与展望。

Salon d'Antomne展出中，有自由摆放的高混凝土建筑组成的方格状的超级街区，人们将生活在一模一样的两层的、用台地装饰的"享有产权的公寓套房"中(图12.18)。柯布西耶觉得现代高流动性人口不再需要情感意义上的住宅和壁炉了，所以他采用了他喜爱的生物学中的一个隐喻，称这些居住单元为"细胞"。工业区被安排在城市外围，而300万居民中有200万是工人，他们将被安排住在附近的"花园城市"中。

除了提供给当代无仆人的公寓住所的样式，柯布西耶为300万居民的城市规划预料到了今天的健康文化，用了非常多的体育设施：网球场、游泳池、足球场、屋顶跑道和日光浴场地，当建筑物上升到了"驾驶舱"，道路从他们下面经过，形成了交通干道独立的人行道网络，一条地下的短途铁路将市中心与工业区联系起来，一条城铁承担大量的运输。和圣·爱利一样，柯布西耶对在城市中心让飞机着陆的主意非常着迷，并且在他多层的运输中心的顶层为此而设计了一个平台。

1923年他出版了图书《新建筑》，1927年改为《走向新建筑》，其中指出了"建筑师的三位提醒者"。这些

原则对现代景观建筑师产生了重大的影响，他们的一些作品我们将在第十三章中提到。柯布西耶仍然认为建筑是立方体、球体、锥体、圆柱体或金字塔组合在一起的艺术——通过光的反射出现在我们眼前的一定形式：其表面也应该调整到强调简洁的形式；建筑与"风格"没有关系，但是规划设计可以基于一个数学的抽象概念，作为设计源泉、协调的力量和感觉的载体。

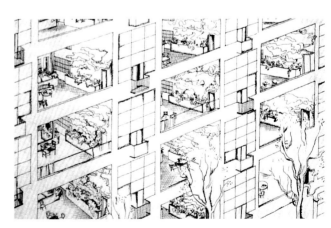

图 12.18 在300万居民的现代城市中有花坛的两层楼公寓式的居住单元立面。

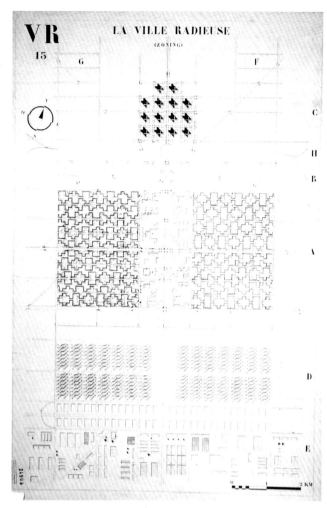

图 12.19 柯布西耶于 1930 年为放射城市做的规划。

1930年在布鲁塞尔的第三届现代建筑国际大会会议上，当时的主题是"场地规划的理性方法"。柯布西耶展出了一个规划，它称为"放射城市"(图 12.19)。这原本是回复莫斯科苏维埃政府的一个重建首都的构想，规划中详细说明并改善了几何超级街区的方格网中重复使用的细胞结构，这种规划在以前容纳300万居民的城市中曾发展过。柯布西耶开创了一个在轴线的任一端都能扩展的规划，他把行政管理和商业区放在轴线上，但远离城市中心，这与今天拉·德方斯区的写字楼在巴黎的位置相似。

印度 Punjab 的 Chandigarh 于 1950 年开始一些新城的规划，Brasília 是 1956 年开始由柯布西耶的门徒Lúcio Costa(1902～1998年)和 Oscar Niemeyer(1907～   )建立的南美版的放射城市，除了这些城市外，现代建筑国际大会的规划师们并没有看到理想的城市化的实现。在 Chandigarh，柯布西耶指定堂兄

Pierre Jeanneret 负责城市规划设计。在这个刚开始工业化的国家，Jeanneret 构想了一条复杂的道路系统，预先满足了实际机动交通的要求。结果，城市的成就并不在规划，而是建筑，特别是复杂的纪念性的政府建筑——州议会大厦。这是由柯布西耶设计的，周围环绕着巨大的有点乏味的露天广场，包括有纪念性门廊和厚重华丽屋顶的高级法院和立法机构。这证明了建筑师正远离国际风格，走向新的现代主义建筑，它是基于素混凝土雕塑般的潜质的大胆试验。在 Brasília，虽然 Niemeyer 给大型的建筑带来了相似的戏剧性的活力，但 Costa 的几何规划给城市强加了一些不自然的感觉。此外，这些城市中心闻名于世的纪念性建筑弥补了规划的专制和居民区的不便，尝试使他们的日常活动与生活方式适应单调重复的住宅和空荡迎风的超级街区。

尽管在理想与早期现代规划实例之间有明显的差别，但柯布西耶的名誉和对当代城市的影响仍然是强有力的。第二次世界大战后的几年中，国际风格迅速普及[8]到资本主义世界如欧洲和日本的一些被炮弹炸毁而需要重建的城市和其他的一些迅速城市化的国家，这些国家适合国际风格的审美和建筑形式，并把它作为在压缩的时间里大规模建设的最经济的方法。这个时期与柯布西耶同一代的建筑师中，柯布西耶被推崇为现在还在发展的现代主义运动的重要创始人物。从纽约到东京，从斯德哥尔摩到马德里的工业城市，它们不断地吸引庞大的人口，越来越多的人们住在越来越高的肤浅模仿柯布西耶在 Marseilles 的居住区的混凝土建筑中。柯布西耶的居住区是一个为当地工业工人建造的称为"垂直花园城市"的居住区，就像他的放射城市中的塔楼一样。

包括柯布西耶和其他的现代主义运动的领导人在内，没有人能够全面地懂得汽车改变城市的作用，明白公路以及高速公路对城市和乡村产生的结果。超级街区的规模方便了机动车时代的交通，但是由于在放射城市中原本作为绿地系统的公共空间成了停车场，人们可以横穿的人行道，它并没有起到加强社会关系的作用，反而松散了社区结构、降低了人的安全感。二十世纪对人的流动性和汽车运输的热情，使得公路不断地向城市中心输送汽车。这样一来老城中心就与原来截然不同，使人们怀疑这个规划除了产生长长的上

下班路线外还能会有什么。没有哪个地方的现代主义失败的结果会比美国更明显了。尽管规划师和景观设计师们努力寻求为新的时代设计更好的社区，但是由

消费者对汽车的需求刺激了美国惊人的工业增长速度，加速了机械对景观的影响。

II.绿化带城市还是郊区：创造美国都市

美国的城市规划，先是由弗雷德里克·劳·奥姆斯特德和沃克斯引导的向绿色公园和林园大道周围扩展的方法，到十九世纪末，它已成为巴黎美术学院新古典主义的练习。就像我们在前面的章节中提到的，只有华盛顿更换了它的新古典主义城市框架，并重新进行了广泛的城市设计。其他忙碌的城市领导者只调整解决了几个巴黎美术学院风格的纪念碑、建筑和广场。美国第二代的城市规划者，包括弗雷德里克·劳·奥姆斯特德 Jr.，他曾是 McMillan Commission 汇报的主要参与者。这个汇报简述了华盛顿的扩大，这个巨大的城市渐渐地放弃了城市美的理想，去追求所谓的城市功能、城市实用和城市社交。尽管社会主义在美国从来没有比在欧洲强大，却仍有一部分人希望把社会价值作为一个整体放在高于达尔文主义的资本主义竞争之上。霍华德具有影响力的花园城市运动帮助解释了社会的安康幸福不仅仅是指金钱和措辞。但是任何目标的扩大都需要有大规模社会和经济改革的政策支持。

美国的幻想者

第一次世界大战期间美国幻想改革的那一代人懂得工业是怎样深深地改变社会。Henry George 和 Thorstein Veblen 的经济原理影响并支持了他们的信仰：土地利益应该是公共利益，土地规划合理会使自然与工程技术协调合作，为人们提供有活力的社区。一些人害怕巨大的并不断扩大的城市的未来，对欧洲现代主义者，如柯布西耶他们的纯建筑解决方法感到不舒服。而另有一些人却支持摩天大楼的大都市。主张分散化的人和主张都市化的人都认为涉及到大的机械工程的区域规划是必要的，而且工业技术能为人类提供利用自然资源的方法。当规划师构想了新的城市和郊区、公路和桥梁以及水力发电和输送线路时，将会创造一个全新的城市，于是社会改革者就开始他们修补现存城市不足的计划。娱乐作为移民群文化传播

的方式使得游乐场活动出现了，二十世纪早期，娱乐导演成为伴随着社会工人而出现的一种职业。

第一次世界大战使城市规划师与进步时代的社会改革议程有了适当的联系，同时也给他们提供了将英国花园城市与区域规划传给美国的机会。在美国，联邦政府资助第一次世界大战期间住在村庄里的战争工业工人搬到城里。奥姆斯特德作为美国房地产公司的首任设计师，还有建筑师和规划师亨利·赖特(Henry Wright，1878~1936 年)，赖特是政府赞助的"紧急舰队公司"中雇佣的以建筑师弗雷德里克·李·阿克蔓(Frederick Lee Ackerman，1878~1950 年)为首的三名设计师中的一员，他们做了现在位于新泽西州的 Fairview 的 Yorkship 村庄的规划(1918)(图 12.20)。这个规划是基于克拉伦斯·佩里(Clarence Perry，1872~1944 年)的邻里单位，佩里是社会学家和规划师，在 Forest Hills Gardens 居住时，他了解到好的社区在开始规划设计阶段的重要性。

部分受到德国花园城市范例如 Krupp 和 Essen 的

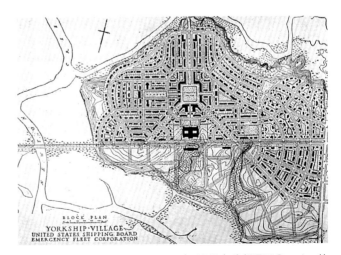

图 12.20 Frederick Lee Ackerman 与 1918 年为新泽西 Camden 的 Yorkship 村庄(现为 Fairview)的规划，Ackerman 受到 Henry Wright 的帮助，将他的 Beaux-Arts 风格的放射道路和如画式的曲线道路规划集中在乡村的绿地。与车行交通分离的步行系统和走向新乔治亚式的两层、三层的一排、两排和三排的住宅的各种逆流说明了设计者对街道景观的注意。

鼓舞，纽约 Queens 的 Forest Hills Gardens 是一个如画式传统的郊区园林。这个项目的赞助者Russell Sage Foundation 想要依据城市规划最新的"科学原理"来建造一个亲切舒适的居住区景观，为中产阶级家庭建造完整的独一无二的居住区，它是对追求利益的开发商的一次教育性的演示。1909年奥姆斯特德在这里设计了三条宽阔的主路，以便于狭窄的居住街道的交通和通风(图12.21)。建筑师格罗夫纳·阿特帕瑞(Grosvenor Atterbury)密切关注设计中最小的细节，包括粉饰灰泥和人行道柔和的、淡红的色调、砖的色彩和大小，采用旧的而不是新的砖，他还注意到了白色与表面涂有焦油的橡木的对比效果。因此他给这个社区一个和谐的哥特式或德国式的伪中世纪的外貌。虽然是古怪的风格，这个规划的社区在促进邻近的两排住宅和邻里之间的生活关系是有所创新的。这些组群在一起的居民可以分享前面的草坪和后院，其中也有传统的独户家庭。尽管奥姆斯特德的设计没有成功地说明车主增长的倾向，宽大的有行道树的弯曲街道和吸引人的有着良好景观的背景——包括一条到旗杆绿地的中心林荫大道——还有阿特帕瑞(Atterbury)的建筑柔和的画面，使得这个用铁路、后来又用地铁输送人流的公园成为一个生活得尤其称心如意的地方。

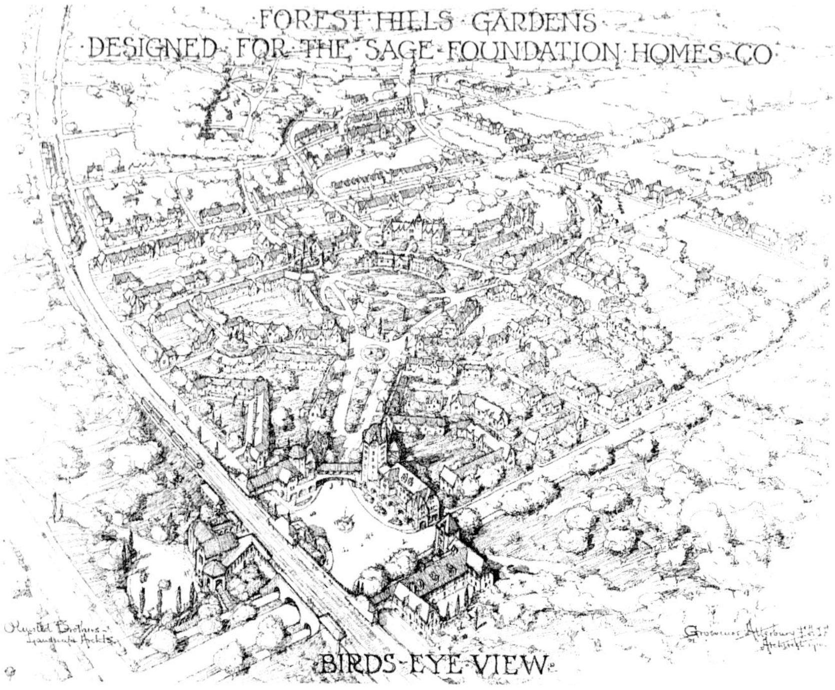

佩里把邻里单位当成是能创造一种有益于面对面交流的环境。这种关系在没有情感的大城市中已经被破坏了。从他的 Forest Hills Gardens 的实验中，他发展了基于人口统计的公式，根据方便的步行半径，提供了必要的教育、娱乐和服务设施。把这个规模应用到了 Yorkship 村庄时，他明确说明，住宅应该位于小学和操场半英里以内，离商店不超过四分之一英里远的地方，商店应该位于相邻的邻里单位的结合点上。经过设计的village-green-type广场，因为和Forest Hills Gardens 中一样的旗杆使其变得完整，这个广场是整个社区机构的焦点。

Forest Hills Gardens 中经济住房的缓冲绿带很接近佩里对于 Yorkship 村庄的设想，它有足够的吸引力来干扰那些认为政府资助的开发对私人的居住产业会产生不良影响的国会议员们。结果国会通过了法令，战时工人的村子在紧急情况结束后拍卖，减少了按照霍华德的花园城市进行的公共所有关系的实验。这种公共关系是建立在维持低租金，并将利润用在改善社区财政管理结构上。

美国的区域规划协会

在整个二十世纪的上半叶，社会哲学家、建筑评论家和城市历史学家勒维斯·芒福德(Lewis Mumford，1915～1990 年)是美国都市分散化和创建新城的最有激情、观点最鲜明的拥护者。为了能理解芒福德及他在美国区域规划协会的朋友和同事们的规划思想，我们必须先了解芒福德的老师帕蒂克·杰狄斯(Patrick Geddes，1854～1932 年)的生活和工作，这位苏格兰生物学家、社会学家、教授和区域性城市规划的创始者就是《发展中的城市》(1915)的作者。杰狄斯的观点受到地理学的影响，对地球地形的研究，对有关于人类居住起源的研究以及对经济活动的研究都对他的观点产生影响。杰狄斯拜读了这个行业创始人的一些著作：Élisée Reclus(1830～1905 年)，他是法国的无政府主义者，地理学家，是

图 12.21　弗雷德里克·劳·奥姆斯特德和格罗夫纳·阿特帕瑞(Grosvenor Atterbury)于1909年设计的纽约 Queens 的 Forest Hills 公园的鸟瞰。

有十九卷的 *La Nouvelle Géographie universelle, la terre et les hommes*(1875～1894年)和 *Paul Vidal de la Blache*(1845～1918年)著作的作者，他也是巴黎的地理学教授，*Annales de géographie*杂志的主编，*Atlas général; histoire et géographie*(1894年)的作者。杰狄斯也受惠于 Frédéric Le Play(1806～1882年)的思想，他是法国矿业工程学家，*La Réforme sociale en France* 的作者。Le Play 将家庭而不是国家作为社会结构的中心。

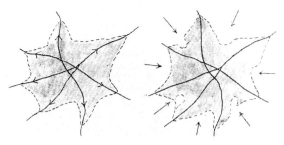

图12.22 引自：帕蒂克·杰狄斯(Patrick Geddes)的书《发展中的城市》(1915)的图形，可看出当城市沿着运输走廊的线路扩展时，表现出回动的未受抑制的增长和充满绿色空间的优势。

杰狄斯认识到鸟瞰——这是给拥有高层建筑和飞机的二十世纪的居民们的特权——对于一些大型工业城市已成为标准的聚居社会里的规划师来说是一个恩惠。鸟瞰视点可以让人构想城市整体，使人更加容易设想具有都市规模的城市化。从地球的高处向更宽更远处看——山脉、峡谷、蜿蜒的河道和海岸线以及房子、道路、桥梁和其他的人类工程——展现的是地方色彩。这样提供的全景对地理学家、人口统计学家和城市改革者都有很大的帮助。和我们在第十章谈到的一样，艾菲尔铁塔的意义既在于它是对钢结构的工程和建造技术的证明，也在于它能让参观者看到巴黎全景，同时人们从上面旋转着下降时，城市变成了不断展开新画面的万花筒(kaleidoscope)。[9]

对杰狄斯来说，从一个更高的角度看，有关城市过去的历史是可以理解的，就像在不同时期的街道和建筑会形成一定的模式一样以反映它的居住状况。为了将区域规划的概念解释的更生动，杰狄斯在爱丁堡的 Royal Mile 尽端的建筑顶上建起了他的瞭望塔，并配有照相机，从瞭望塔上他能俯瞰整个城市和河谷地区。他提出了城市的"概观""城市的外貌"，而且是整体的；就像是从卫城上看雅典，城市和卫城的关系……从山顶或从海底。[10] 很明显，要了解爱丁堡或者任何其他的城市或地区，只从瞭望塔上俯瞰是不够的。杰狄斯提倡他提出的"河谷调查"和"城市调查"，从体育、社会、经济和历史各个方面研究当地景观，目的是要消除城市与乡村之间的人为的隔阂。

杰狄斯按照一般的方法去思考，也按照空间的概念去思考。生物进化论给十九世纪的文化转变提供了一个普遍的隐喻。和他那个时代的其他人一样，他把城市和文明的发展看成是从黎明到正午、正午到黄昏，或说是从出生到成熟再到消亡的过程，把城市化看成是伴随着职业专业化、结构复杂化的社会有机过程。在这个模式中，城市发展的连续性是从"城邦"到"大都市"再到"都市区"最后到"墓地"的过程。杰狄斯把"paleotechnic"和"neotechnic"这两个社会之间作了区分。前者指的是在早期工业时代，工人们生活在被污染的、拥挤的、燃烧煤炭的城市中，他们的生活目标是"重要的是薪金而不是预算"。[11] 后者拥有新的能源，包括水力发电，使人口分散和工业中心不再拥挤成为可能。那些扩展了并联合成大都市的城市是杰狄斯"区域调查"的首选城市。至少，在医疗设施的基础上，并且保证纯水供应的基础上，合理的规划是可以批准的。

杰狄斯称paleotechnic的经济秩序为"Kakotopia"，是以利益为中心的市场经济。认为neotechnic的秩序是"乌托邦……一个幸福安康、令人愉快的地方，并且它有史无前例的美，能恢复并超越过去创造最好的成就"。[12] 杰狄斯在自己的头脑中已清晰地形成了新的花园城市和规划的社区，它们后来在英国也建成了。这些社区遵照了霍华德的指示，将工业的繁荣兴旺延续到了工人阶级的家庭。杰狄斯想改变都市有机体发展的原动力，使城市不再沿着铁路和公路线向乡村扩展，然后无组织地填满城市与乡村之间的土地。他认为乡村可以按照自然的形式契入城市(图12.22)。杰狄斯很喜欢那些使十九世纪城市拥有更多绿地的城市公园，但他更看到了人类对森林的需要——"不仅是种树，而是造林，培育树木，造最大最好的公园"[13]——创造真正的大自然和真正的自由，这在有篱笆和栅栏以及维护适宜这座社会大厦礼仪的设计原则的大都市公园中是不可能达到的。

作为一个复杂并不断发展的社会有机体的城市，它的概念引发了年轻的芒福德的想像力。他受过训练，有很高的文学才能。芒福德详细说明了杰狄斯的思想，并把他的思想体系介绍到美国读者中，热烈地响应了Scot的道德之声。杰狄斯的进化分类使芒福德产生偏爱，反对"megalopolis"，也就是那些庞大的城市或我们今天所说的"扩展城市"。芒福德把杰狄斯当成他的良师，远离欧洲现代主义，促进霍华德及具有乡村风味的英国新城的设计概念。整体说来，美国的建筑师和规划师目的是让房主和租户对大自然有更加个性化的体验，并且相对于柯布西耶宽阔的、几何方格、规则的空间和一致的高楼街区来说，提供了更加集中的社区环境。尽管芒福德他们为了向人们提供负担得起的住房和功能社区，避开使用昂贵材料和装饰的新古典主义而采用简洁的建筑词汇，他们的场地规划还是既有如画式的痕迹，也带有巴黎美术学院的风格。他们经常采用有整齐白缝的砌砖，其中一些新乔治亚风格的建筑和乡村草地常能唤起人们对美国殖民地本土形式的记忆。

1922年，芒福德遇见了受过巴黎美术学院训练的建筑师克拉伦斯·斯坦(Clarence Stein，1882~1975年)，斯坦根据杰狄斯的区域调查法，提出了自己的规划思想。而开发商亚历山大·比哥(Alexander Bing，1878~1959年)将商业观念带到了这个议程中，在他的道义和财政的帮助下，他们希望能证明为更广泛的社会人群提供更好生活条件的构想。对斯坦来说，这意味着在环境完好的社区中，为一般收入的家庭改善住房条件，而且学校、商店和公园都在佩里所建议的步行半径之内。

Charles Harris Whitaker(1872~1938年)是《美国建筑师协会(JAIA)杂志》的编辑，分享了在进步时代这两个人的改革议程。他寻求扩大建筑师对公众的关心，不仅只关心城市的美化，还应关心社会服务方面的事情，尊重保护那些可使居民自豪的历史遗迹。本顿·麦凯(Benton Mackaye，1879~1975年)是一位经过训练的森林学者、一位环境学家，也是Appalachian Trail的创始人。他坚持群体区域和自然风景的保护论观点。1923年，和其他的少数几个人一起，他们共同成立了美国区域规划协会(RPAA)。

麦凯是马萨诸塞Shirley的本地人，他认为周围有乡村绿地，并靠近乡村大自然的新英格兰城为区域城市化提供了最好的可行性的模型。他厌恶看到新的汽车文化在景观上的副作用，路边不雅观的杆子、告示牌和车站涌现在乡村公路的两边，破坏了大自然的景色和优美的老城。他构想了"无城镇道路"，这是那些限制入口的高速公路的术语。这些高速公路通过城市中心，使用地下道减少交叉路口。新城是通过专用车道连接到高速公路而受益的。富有幻想的麦凯是Giant Power的拥护者，因为他和其他的地方主义者支持用高压电线从矿区和水坝的火力发电站和水力发电站传送电力。田纳西Valley Authority是拦截田纳西河流的新计划，它利用水力发电提供整个地区的电力，麦凯把这个计划看成是引导城市发展成分散的、公园环绕的城市管理模式和方法。

除了芒福德创立的文学团体外，也许美国区域规划协会最大的贡献就数城市房地产公司作的社区规划新原则。社会驱动的房地产商和美国区域规划协会的成员亚历山大·比哥建起了这个股份有限公司，目的是为了在纽约Queens的自治市镇建Sunnyside公园(1924)，在新泽西Fairlawn的自治市镇建Radburn(1928)。这个城市房地产公司没有政府为他们的住房计划负责保险，是一个小型的私人资产公司，成立的初衷是为了证明区域规划的益处，也是为了证明由股份有限公司提供资金、返还固定的利润给投资者、同时提供资金用于进一步的社区改善的益处。

虽然Sunnyside和Radburn规模不大，美国区域规划协会整个团体还是对他们的设计和建造给予了极大的关注和道义上的支持。克拉伦斯·斯坦是这个工程的规划师和建筑师，与他的伙伴亨利·赖特合作，也与他们住宅的建筑师弗雷德里克·李·阿克蔓合作，这三个人都是美国区域规划协会的创始人。阿克蔓和赖特带来了他们从Yorkship Village和其他战时紧急使用的住房社区获得的经验，并致力于作为基本居住区的克拉伦斯·佩里的邻里单位的规划设计。作为编辑和作家，Whitaker和芒福德广泛宣传Sunnyside和Radburn区域规划的哲学。另外，芒福德和他的家人住在Sunnyside公园长达十一年之久。麦凯支持其他美国区域规划协会成员把技术作为社会进步的强大的动力，并且加强了他们对自然区域保护的责任感。

1924年在比哥购买的财产，也就是从长岛铁路到Queens的Sunnyside的Forest Hills以东的地方，斯坦和赖特将佩里的邻里单位原则应用到了Sunnyside公园的规划中。阿克蔓是为居住区设计住宅的建筑师，

Marjorie Sewell Cautley是这个工程的景观建筑师。在已存在的方格网的约束下，设计队伍进行了规划设计，使私人花园、公共绿地和娱乐场地的公共空间达到最大，也为每个居住区提供内部的步行循环系统(图12.23)。因此他们的规划禁止私人财产，支持成排的带有小型的私人后院的住宅，这些住宅都面对着大面积的公园似的空间，小孩可以在那里嬉戏。Sunnyside的公共用地

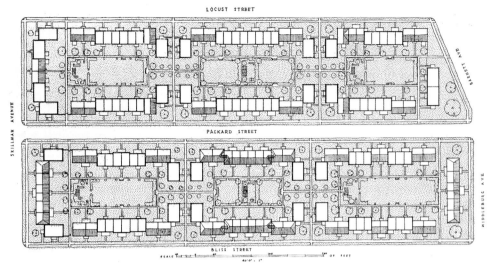

图12.23 克拉伦斯·斯坦和亨利·赖特于1926年设计的纽约Queens的Sunnyside公园中带有内庭的两个街区的规划平面图。

被放弃，因为土地卖给了邻近的房主，他们把曾经共享的景观分成了个人的小部分。但是这种早期的公园郊区对斯坦和赖特的作品——新泽西的Radburn及后来的弗吉尼亚Reston的新城来说都是重要的。

　　Radburn是继Sunnyside公园后又一个成功的作品，它将花园城市的概念又向前推进了一步，这个居住区是汽车时代新城市的预告。就像斯坦在《美国走向新城市》(1957)所揭示的："我们完全相信为工作和生活而规划的有限范围里的绿带和城市。我们并不完全承认经历Sunnyside规划之后我们的主要的兴趣便转到了更加迫切的需要中，也就是城市中人们与汽车和平共处的需要，我们也没有忽视这种需要的存在。"[14]交通工程在城市规划和市政管理的新领域中，不久便成为重要的一个行业。

　　Radburn思想体现在按汽车入口的需求设计布局公路的长度。同时提供大量的公共开放空间和一条环线，这条环线是模仿奥姆斯特德和沃克斯在中央公园采用的环线(图12.24,12.25)。为了达到这个目的，斯坦和赖特在城市重要的街区内发展了14～20公顷(35～50英亩)的超级街区，它是一个比传统的城市街区规模更大、形状更加规则的区域。少数几条线性的步行道路提升了公园使用的价值。改变住宅的朝向以使他们的起居室和卧室不面向街道，而是朝着绿地，这些绿地连续地贯穿整个居住区。

　　Radburn在毗邻Erie铁路线的地方有一条形工业开

发区，还有一条高速公路。1929年当第一家住户搬进Radburn时，国家就进入了大萧条期。工业化没有实现，每个地方的住房建设和购买趋于停滞。银行取消了一些Radburn居民的抵押贷款，只有两个街区是完整的。然

图12.24 克拉伦斯·斯坦和亨利·赖特于1929年设计的新泽西Radburn居民区的规划平面图。

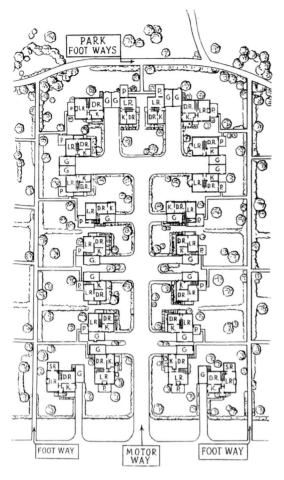

图12.25 Radburn的一个居住区的规划。18~20英尺宽的服务道路，可到达15~20户家庭的车库和服务区。面对着公共食堂，是街区中内部绿色的部分。人行道可使居民到达公园和有体育设施的地方。

而Radburn作为一种思想仍然存在。在美国，在经济学家Rexford Guy Tugwell(1891~1979年)的引领下，它成为富兰克林总统新政管理期间建设的绿带城市(在Maryland称为Greenbelt；在Ohio称为Greenhills；在威斯康星称为Greendale)的直接模仿对象。Rexford Guy Tugwell是霍华德热心的追随者，是美国总统的"Brain Trust"，是再居住管理部门的管理者。

这些掌握先进技术的专家代表了各种各样的专业队伍，他们提出的理性规划的思想成为二十世纪20年代讨论的主题，而且这都发生在自由市场经济下民主的美国。这样的规划中暗示的独裁主义在那时比现在更能接受。普遍的说法是：一个新的社会秩序产生，服务于民主价值的现代技术能够产生和谐的社会和提高各社会阶层人员的生活水平。美国是一个巨大的生产商，除了大量的自然资源外，还有不可想象的工业财富。在这样的情况下，人们对通过财政和技术知识来解决社会和自然问题持乐观态度，他们乐意信任那些有权利的人给整个社会提供现代化的利益。开明仁慈的智者想要创造一个整体的环境适应新的工作方式，提高人们的生活水平，这种想法是非常吸引人的，因为人们理解了技术的迅速发展和现代社会的复杂性。在美国和欧洲，一些建筑师开始思考改变自己适应这个环境，这其中没有人能比得上弗兰克·劳埃德·赖特(Frank Lloyd Wright)，他很明白汽车时代重要的特征是流动性。

弗兰克·劳埃德·赖特(Frank Lloyd Wright) 为大城市的建筑观点的大城市

美国区域规划协会的成员Peter Kropotkin和H.G. Wells早就感觉到现代化最重要的一面：交通的便捷和随之而来对所受固定地点约束的摆脱。建筑师弗兰克·劳埃德·赖特(1869~1959年)把分散化看成是改善人类条件的积极力量。和美国区域规划协会的成员及新苏联的建造者不一样，赖特没有促进共有的想法，而是提倡个性自由，这是理想主义者Ralph Waldo Emerson、Henry David Thoreau和Walt Whitman的传统。他明白收音机、电报和电话是怎样使大量的汽车和广泛的交流成为可能，变得容易的电力分配是怎样使人口完全地重新分配成为可能。至少在拥有大量开发土地的美国，人们要住在低密度的空间里，并且每个家庭拥有一英亩的土地，这在理论上是可能的。赖特也看见工业化生产的标准化怎样创造了廉价的建筑技术，公共设施结构是怎样产生大规模低密度的城市。根据他的建筑观点，这是他对大城市的乌托邦规划的称呼，它不是和蜂巢一样，让人们生活在几乎一样的公寓或者花园城市里成排的住宅中，而是将住在不同的、任意朝向的住房里。赖特反城市的理想社会完全不同于柯布西耶或Radburn的规划师，除了一点，就是它也乐意接受大的传输系统——电力和公共设施的传输线路，以及人和商品流动的输送走廊。

赖特为大城市的规划思想的出版，很有可能扩大了他作为一个天才建筑师的荣誉，但是他的建议很少能得到实现的机会。一个世纪以前，这种民主的领导者们和自发的Tocqueville就已经看到了被反抗的权利主义思想和奇特的解决办法，这在美国比在其他国家表现得更突出。规划,特别是对区域规模的规划,需要公共和私人部门之间的亲密合作才能成功。像芒福德和赖特这样的人为了发展部分的议程,在政治舞台上不会轻易地进行斗争或让步。他们既不愿意放弃花园城市低密度的理想,也不愿意在仅能服务于一人的大面积土地上强烈地引导都市化。在二十世纪20年代和30年代没有哪个地方会比纽约周围迅速发展的郡县暗示出的一分为二的状态更加明显。

纽约的区域规划

与芒福德和他在美国区域规划协会(RPAA)的伙伴成员有差别,区域规划协会(RPA)没有提出花园城市分散化的、基本的事项。这个组织着手进行大都市纽约城的发展区域规划的准备工作。纽约周围的郊区迅速向三大州(纽约、新泽西和康涅狄格)的几个郡县方向发展,周围形成了5个自治市镇,构成一个大的合并城市。美国区域规划协会的花园城市理想主义者希望阻止都市的发展,建立分离的城市居住区,这些居住区被公共空间很好地分隔。区域规划协会的创始人承认城市有发展成集中的区域型综合场所的趋势。[15] 在他们的观点中,规划对于统计学的预测和理性的引导(非重新安排)是非常必要的。汽车用户的不断增长是他们设想的新城规模的基础,它使得居民区的扩展成为可能,同时也产生了乘车上下班一族。他们的都市设想也暗示了在城市中心人口密度的增高,在中心有比以往更高的、办公的摩天大楼直插云霄。

区域规划委员会成立于1921年,刚成立时还不太有声望。Russell Sage Foundation 是用来资助 Forest Hills Gardens 的慈善基金,Charles Dyer Norton (1871~1923年)是该基金的管理者,它帮助启动了为迅速发展的区域作私人赞助规划的准备工作,包括长岛的所有郡县和与纽约上下班距离在两个小时内的其他地方。[16] 美国区域规划协会和区域规划协会都是独立的、没有政府支持的团体,在某些方面,他们的思想很类似。他们会追求一些相同的社会事物,并且区域规划协会赞同美国区域规划协会对 Radburn 的规划和其他类似的革新的规划方法,包括汽车林荫道的创造,这使得麦凯想像的"无城镇的道路"成为现实。但是诺顿只是那些在可能时与政府保持密切工作关系的商业和慈善事业中杰出人物的一分子。理所当然的

RPA 主要忙于自然、经济、社会和法律调查,这些将引导政治和公司的决策者,帮助使存在的市场力量朝着连贯的、合理的方向发展。不可避免,都市的扩展超出了1898年建立的大纽约的五个自治市镇的范围。RPA 希望把这个城市和周边的几个郡县转变成规划的更好,政府管理的区域实体更多。

尽管英国花园城市的规划师托马斯·亚当斯(Thomas Adams)把他在英国的职业经验带到了区域规划委员会,这是区域规划协会(RPA)的前身。纽约城市地域性的发展已经定形了,它注定要保持商业和娱乐中心,保持垂直向上的摩天大楼,水平延伸的与郊区相连的上下班的环线,它并没有成为真正的花园城市。诺顿曾表扬安温的 Hampstead 公园说:"它是我所见过和所听过的最细分的郊区土地。"[17] 它是伦敦都市叶状的郊外住宅区,是它而非 Letchworth 成为纽约向外扩展的范例。亚当斯一定认识到,纽约的复杂性和规模及其周围包括该地区的政治碎片,与英国改革主义的规划方法相冲突。在美国,基础设施的完善和为公共使用而保留的一定量的土地可以引导发展,但实际上不可能在自由市场的房地产经济背景下规划和设置新城的结构。

托马斯·亚当斯和城市规划方面重要的顾问弗雷德里克·劳·奥姆斯特德认为这个任务应由负责不同区域的、特别的团队成员来申请。亚当斯被选为主席,并在处理他们地方部分有关土地使用和人口密度、零碎的地块、土地的开发和居住、货币流通和通信联络以及开放空间和娱乐活动问题的同时,协调 Advisory Group 的活动,报告他们有关经济、法律和社会调查的结果。奥姆斯特德负责重要的地段包括长岛所有富裕的海滩,而亚当斯将 Westchester 和 Fairfield 纳入他的范围。

亚当斯试图综合多项研究的成果,但这项任务因每个人都应用适用他那个特殊地段的独特方法和规划价值的个性设备而变得很艰难。尽管如此,他们的报告还是提出了:分区包括农业分区的必要性;环形道路线而非放射状运输线的必要性;一些活动的集中和其他根据功能需要分散的必要性;特别是在水滨应增加公园用地的必要性;为机场预留土地的必要性。

在这点上,建筑师的四个委员会着手为不同的曼哈顿的工程绘制了草图,风格从巴黎美术学院的新古

典主义到富有想像力、注重技术和流动性的现代主义(图12.26)，Hugh Ferriss(1889～1962年)和Harvey Wiley Corbett(1873～1954年)他们的草图更加清楚地表明当城市变得越来越分散的时候，Manhattan的中心并不该被摧毁，而应该作为运输中心和商业中心，提高它的地位。

不幸的是，规划师们各自研究交通和运输问题，但从来没有获得一个完整的方法来解决公路和铁路上人流和货流的问题。他们提出将郊区的铁路和城市的交通结合在一起的建议，同时由于政治、管理和技术问题被搁置，管辖区域的零碎使得一个管区的权限要超越到另一个管区变得很困难。铁路的私有化为税收财政和利润创造了竞争，给公司之间提供了一些重大合作的可能。另外，城市交通部门拒绝对州际间的交通进行规划。鉴于这些原因，亚当斯将区域规划的发展方向转为汽车所代表的、更新的技术，这很容易集中在建造新的公路为预期增长的上下班的人们和货运服务。到现在为止坐汽车旅行也还是一种娱乐方式，

图12.26 增加街道容量，这是1923年纽约及其近郊的区域规划的建筑师区域规划委员会的顾问委员会提出的建议。这张画由Hugh Ferriss作的，是他与Harvey Wiley Corbett合作的一项成果，是前者的浪漫的城市主义与后者信奉多层次城市的讲究，实际相结合产生的摩天大楼，是对城市发展的肯定。

因为分期付款使得汽车对处于平均生活水平的人来说是可以接受的。用来消遣娱乐的林荫道当然也是区域规划中的重要部分，这里亚当斯跟随了奥姆斯特德开创的一种潮流，这种潮流在奥姆斯特德于1907年为纽约城市改善委员会的工作中就已经开始了，当时他提出了建设连接城市较大公园的、限制入口且景观良好的林园大道。

1929年，《生动的区域规划》出版了，并以极大的声势递交到了政治官员手中。它是一份将几条建议综合起来的文献，但仍然没有统一的视点，清晰的目标或者作为补救的一系列措施。为了能实现有条不紊和基本上实用的规划建议，区域规划委员会改组成了区域规划协会(the Regional Plan Association)。随着RPA作为一个永久的服务组织问世，他们致力于出版A卷的《区域调查》和《城市的建造》(1931)，它是亚当斯《生动的区域规划》的姐妹版。同时这个组织也为获得领导和官员的广泛支持而努力。

尽管区域规划协会遭到来自芒福德和其他美国区域规划协会成员的尖锐批评(他们将更少市场导向和政治方面不很谨慎周祥的规划作为他们的理想——一个体现他们乌托邦理想的城镇规模社区的规划)，尽管区域规划协会仅仅是咨询性的组织，并非合法的有广泛司法权力的公共机构，但是区域规划协会的工作仍然影响深远。1933年美国区域规划协会解散了，它一直是一个具有共同思想的理想主义者的松散团体，没有财力的支持为职业规划配备人员，但是某种程度上说美国区域规划协会依然存在，因为它的建议与政治环境相一致，并且与总的市场趋势相一致。亚当斯和他同事们的工作依赖政府对城市规划行业的承认。哈佛大学扩大景观建筑学院，包括扩大对这个领域的研究，并且从1928年开始，授予城市规划硕士学位(a master's degree)；马萨诸塞技术学院、康乃尔(Cornell)大学和哥伦比亚大学于二十世纪30年代开始有了类似的计划，此外在1936年，Fiorello LaGuardia市长设立了纽约城市规划委员会，到1937年设立了139个市政规划布告牌，有308条分区规划法令在纽约被采纳。

公园和林园大道建设的伟大时代

1929年区域规划最大的成果是纽约和其他州的许多州级公园和区域的林园大道的建立。1933年开始，

总统富兰克林通过国家城市规划布告和联邦市政计划刺激了公园和林园大道的建设。区域规划协会的规划师们为纽约新的区域公园和林园大道提出建议，他们实际上是在跟随已发展的趋势，只不过通过他们的研究扩大了发展的趋势和进行合理规划布局。

Bronx River 林园大道是受奥姆斯特德在 1907 年所作报告的影响，于 1912~1923 年建的，成为美国第一条标准隔离的公路。不像城市内部由奥姆斯特德和沃克斯设计的林荫大道风格的林园大道，它为居住区的发展提供一个绿色的限制框架，并连接了城市中的几个主要公园，Bronx River 林园大道是区域范围的，不是市政范围的。Bronx River 不是带有许多十字路口、两边列植树木的公路带，而是设计成一种景观，一个不受干扰的拉长了的有大空间入口的公园风景。实际上公园成立的驱动力是最重要的，而道路是再次刺激的结果，Bronx River 从 Westchester 郡县的 Kensico 大坝流向 Bronx 公园，当负责这项工程的委员会把它当成是清洁水质、美化 Bronx River 两岸的项目来启动时，他们才决定应该有一条公路。景观建筑师赫尔蔓·W·默克尔(Hermann W.Merkel)和重要的工程师李斯利·G·霍乐瑞(Leslie G.Holleran)很高兴将它设计成可通向几个区域的公园，并且提供入口进入纽约的北部(图 12.27)。他们用不规则宽度的中央分车带把道路分开，分车带可允许有大的变化，有裸露岩石的地形特征和特殊姿态的树木。这个项目于第一次世界大战期间停止，1919 年重新动工，那个时候由于更强大的汽车发动机使汽车有了更快的速度，这解释了为什么林园大道的南部是为马车设计的转弯半径，而向北延伸，道路就变得更宽阔先进了。这条壮观的道路包括完整的"观景屋"，它们密集地分布在两边，距离从 57.9 米(190 英尺)到 304.8 米(1000 英尺)不等，有效地阻止了告示板的竖立，那个时候还没有法规条文禁止它们。景观建筑师吉尔莫·D·克拉克(Gilmore D.Clarke，1892~1982 年)设计了独特的以粗加工的自然石块为材料的立交桥。

这项工程作为景观设计的作品和为附近财产的价值增值及提高税收是非常成功的。在竣工以前的 1922 年，Westchester 郡县公园委员会就已成立了。他的技术人员包括 Clarke 和工程师 Jay Downer，他们为 Bronx River 的林园大道工作。在随后的十年中，这些人合作

图 12.27 纽约的 Bronx River Parkway 由赫尔蔓·W·默克尔作的景观设计，由李斯利·G·霍乐瑞(他是主要的工程师)做的道路设计，建于 1912~1923 年。

建造了十多个公园和多条林园大道，包括 Saw Mill 河和 Hutchinson 河的林园大道。在 Putnam 郡县，Taconic State 公园委员会负责管理有创造力的美丽的 Taconic State 林园大道，它向北经过了 Dutchess 和哥伦比亚郡县(图 12.28)。

尽管对亚当斯和他同事们的作品缺乏兴趣，罗伯特·莫斯(Robert Moses，1888~1981 年)，相对于其他任何个人、代理商或市政机关来讲，他是主要的负责人，负责通过一条 416 英里长的林园大道网把纽约城变成一个区域实体。[18] 莫斯非常活跃，在政治上非常机敏，善于操纵媒体，煽动中产阶级增加娱乐设施的欲

图 12.28 纽约 Charles J. Baker State Department of Public Works 设计的，纽约州的 Taconic State 林园大道的北部，建于 1940~1950 年。

望。他用计策通向成功的道路是艰难的,莫斯吸收了适合他目的的区域规划委员会(后来为区域规划协会)的规划专业知识。莫斯建造的许多林园大道和相联系的公园都涵盖在区域规划中。然而,他也认为团体能保护精英阶层的兴趣。不能容忍任何的反对,他聚集了足够的势力成为与他所服务的占统治地位的政府当局官员相抗衡的力量,经常使商务领导人包括区域规划的负责人顺从他的意愿。

1924 年,Alfred E.Smith 州长任命莫斯为长岛公园委员会的主席和纽约州公园委员会的主席。1934年,州长 Herbert H.Lehman 任命他为纽约城市公园部门的长官,莫斯上任后就对公园部门进行重组,将单个的自治市镇的公园管理部门统一成一个集中的城市机构。Jones Beach 是二十世纪20年代设计的用来游泳和娱乐的综合性场所,位于长岛的Great South Bay,这也许是他最重要的景观设计成就(图 12.29),完成于1929年。这个 898 公顷(2245 英亩)的海滨公园有一条1 英里长的木栈道、一条 14 英里长的船的水道、一个射击场、一个十八洞的高尔夫球场、有马道、浴室、涉水池和游泳池、草地、灌木丛和可以容纳 12 000 辆汽车的 64 个停车场。莫斯把 Jones Beach 作为美国的一个海滨浴场,一个豪华的中产阶级家庭的旅游胜地。特意避免出现在Coney岛的沙滩娱乐公园中的低级酒吧。他将必需品转变成一个符号,采用了 Harvey Wiley Corbett 的思想,把用来从海平面以下 366 米(1200 英尺)的地方抽取淡水的 70 米(200 英尺)高的水塔转变成对威尼斯 Saint Mark 钟塔的最新形势的模仿。这座钟

塔从有着丰富景观的交通岛中升起,旁边有边缘种植花草、反衬着钟塔倒影的水池。这条公路将海滩与大陆联系起来,而钟塔在夜晚时便沐浴在泛光灯的灯光下,在 25 英里外的距离就能看到它。

莫斯对那些拥有大的地产、参加打猎俱乐部和乡村俱乐部的富人们很冷漠。随着大量的公共公园的建立,他将中产阶级的娱乐思想代替了过去曾支配土地使用和景观设计的上层阶级的思想。毫无疑问,Jones Beach 在那时是一个巨大的成功。到1936年,莫斯已在长岛和纽约城建起了 100 英里长的林园大道。到30年代末,他已建了 255 座新的城市娱乐场,增加了几英里的城市沙滩,给中央公园一个重要的门面,还更新了其他几个历史上的公园。

但是,莫斯并不是独自将现代公园和娱乐时代带到纽约。二十世纪初,老一辈的杰出人物便使广大群众从几个开明的慈善举动中受益。J.Pierpont Morgan 就挽救了从纽约的暗色矿区开始穿过 Hudson 河的 Palisades;1901 年赫尔蔓家族将 Hudson 河边超过40 000 英亩的土地作为一份礼物赠给州政府,包括Bear Mountain State 公园;William Letchworth 捐赠了他在纽约西部 Genesee 河边风景如画的 400 公顷(1000 英亩)土地;美国风景和历史保护协会成功地使州政府获得了位于 Seneca 湖南部迷人的 Watkins Glen。

当时在其他的一些州也有许多零星的建设,但只有在纽约、康涅狄格、威斯康星、加利福尼亚和印第安纳有类似于有组织的方法来获得并管理州级公园。在 1921 年之前,没有哪个地方有成系统的州级公园。

Stephen Mather 是国家公园服务部门的领导者,认为有必要保护国家公园免受汽车游客的践踏。他寻求城市中心附近景观不太好的地方作为提供娱乐的场地,并着手组织州级公园的国家会议,他努力的结果是从 1921～1927 年间相继有 17 个州级公园董事会或者委员会成立。

大萧条期间,市民保护组织(Civilian Conservation Corps)和工作业绩管理局(Works Progress Administration)都提供了大量工人来建造全国的公园和林园大道。由奥姆斯特德于 1916 年始创的一些原则都体现在国家公园的规划设计中,国家服

图 12.29 纽约长岛的 Jones Beach,由罗伯特·莫斯设计,1929 年完成。

务部门，特别是在1936年批准的对涉及到都市和州级公园规划的公园、林园大道和娱乐研究法案之后，承担了越来越多的设计责任。他们审美自己的乡村政府—— 一种谦逊的风格，意在与大自然协调，并通过粗削过的木材、斧剁石或者鹅卵石的使用来表达美国的一种社会思潮——可替代那个时期许多公园设计的无装饰的巴黎美术学院古典主义(图12.30)。

到二十世纪20年代，甚至在没有林园大道或州级公园的地方，路上行驶的美国人都变得越来越多。[19]人们抱怨铁路的限制——既有时间上的一般限制，也有空间上的限制，人们就像是时刻表与路线的俘虏。人们勇敢地对付着无道路标志的、通常是无法通行的尘土飞扬的道路，在野外做饭，和祖先一样在星光下睡觉。他们为 Ford Model Ts 命名为 Lizzie 或者 Belle 之类的名称，他们很认同这些性能极好的机器，也就是那些刺激的、活动范围很大的长途车。这些人把他们这种旅行方式称为"流浪式"，在旅行的过程中享受着其他驾驶汽车旅行的人带来的友情——在为他们指明方向、援助机械器具和修理路面时，他们能在瞬间产生手足之情。第一次世界大战使得欧洲旅行不太可能，而这些勇敢的人最先接受了这句"看美国最先"的口号。即使是战后，文化的沙文主义和对美国自然风景的自豪感促进了这种度假方式，而开车旅行人的增加扩大了人们对国家级和州级公园的需求。当越来越多的人驾驶汽车时，建立市政的露营地就成为必要的了。不久企业家们就建起了路边的小屋为露营的人们提供一点舒适的环境。从这样简陋的开始，汽车旅馆也就诞生了。

新的区域流动性宣告了奥姆斯特德思想的结束，奥姆斯特德认为公园是城市中心具有田园风光的避难所，越来越多拥有汽车的人们为寻求田园生活的乐趣，会短途旅行到新的郡县或州级公园，在景观优美的林园大道上享受着驾驶车的快乐。Veblen 把休闲阶级的定义已延伸到更广泛的社会范围，并且"休闲"一词已经很普及、很流行。球场、高尔夫球场、游泳池、滑冰场、沐浴沙滩、网球场、骑马场和射击场是美国人生活的方式、公众权利和装备对身份地位的表现，这是二十世纪初开始的运动带来的很合逻辑的结果。居住区的运动场地是社会改革者的首项议事日程。

莫斯准确地读懂了这个时代的特质，他想像公园

图12.30 国家公园服务部设计的乡村风格的建筑实例。

与社会娱乐的潮流相吻合，他认为交通规划和公园的规划应当大家共同完成。在他作为纽约公园和娱乐部门委员的30年间，他把马车道改成了宽阔的汽车道，把草坪变成了球场，建了游乐场和其他的娱乐设施。[20]他宣称在纽约由他委任的将近1200公顷(3000英亩)的林园大道和其他的交通走廊就是真正的线性公园，因为在林园大道的范围里有游乐场、步行道、自行车道还有河边的散步场地。莫斯是公园委员，长岛州级公园委员会的主席和 Triborough Bridge and Tunnel Authority 的主席。这种地位允许他根据集中休闲娱乐的社会潮流来改造重整纽约大都市的整个区域。

吉斯·吉森(Jens Jensen)和芝加哥的公园

就像城市社会学家和美国公园历史学家盖伦·克瑞兹(Galen Cranz)在《公园设计策略》中指出的那样，讲究工业效率的工厂以及改革时代的娱乐重点——体育锻炼和运动是那个时代的现象，而且都是用高度统治的办法组织起来的。[21]因此，短时间的周末、长的假期、早退休和更高的工资带给人们越来越多的娱乐机会，同时伴随有高度组织的娱乐环境，具有讽刺意味的是，这些都与工厂一样是实用和功利主义的，而且被认为是现代生活主要的组织方式。由于二十世纪早期改革者的努力，开创了休闲娱乐向导这个行业。在公园管理这个领域，社会改革的基础从完全依赖精神上的热情和利用阶级优越，转变到依靠技术知识和专业技巧。公园部门雇佣了有诚实性格的新会员，为

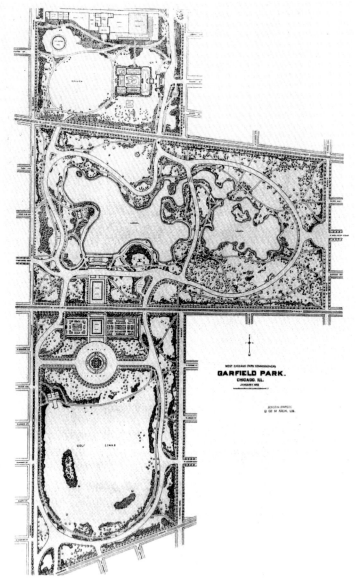

图12.31 吉斯·吉森于1912年设计的伊利诺斯州、芝加哥的Garfield公园平面图。

农耕的背景和在丹麦公众学校的教育,那里的老师强调本土文化,Jensen对当地的自然风景和文化传统产生共鸣。他非常喜爱伊利诺伊牧场,认为它是一道特别美丽的风景。他自己规划设计的作品能唤起人们对牧场的回忆,并创作了他所谓的"阳光地带",小小的林中空地作为公园中微型的牧场。尽管他把圆形的玫瑰园之类的几何元素融入了他的公园设计,尽管他跟上了时代的需要,为足球场、高尔夫球地和网球地设计草坪,但是吉森却非常赞同奥姆斯特德对景观创作完美的、美国式的幻想,暗含着要使城市里的人们更能亲近大自然的伟大目标。他采用了一些和奥姆斯特德一样的设计策略——创造长的视景线,稀疏地点缀一些树丛,使人们的目光从一个景观空间吸引到另一个景观空间,挖出不规则的大湖或浅水,在公园内部环绕车道,用密植的树林隐藏公园的边界(图12.31)。

吉森也赞同美国区域规划协会(RPAA)的目标,也坚持珍妮·阿迪姆斯(Jane Addams)的社会改革思想。阿迪姆斯用壮观的展示作为培养伦理道德和灌输民主思想的方法,吉森借助于这种思想来促进对大自然的保护,以及与大自然精神上的亲密关系。他更早地考虑到了《设计与自然》的作者Ian McHarg(1920~2001年)提出的思想理论,在那个巴黎美术学院风格风靡每个角落的时代,他积极地推出了景观设计的自然主义风格。

尽管吉森不认为控制公园运行的政治力量使他在1900年获得了这个位置,但他还是继续服务于为都市公园系统的发展规划而设立的特别公园委员会。这个委员会类似于Charles Eliot为波士顿设想的机构(第九章)。1905年他被一个改革的行政机关召回担任西园区的领导,吉森为Douglas的Garfield公园和其他部分已建的公园准备了新的规划。在Garfield公园,他建起了那时候世界最大的温室,里面有条自然式的小溪,水流蜿蜒前进,从长满蕨类植物的岩石边缘流向另一块岩石,发出音乐般的声音。

吉森也设计了西园区新的小型公园,这些小型公园面积都在8.5英亩以下,其设计方式比南园区还要不

游乐场的休闲娱乐向导进行培训计划,这是那些重点在娱乐活动的公园所要求的。

芝加哥非常支持进步时代的游乐场或相邻公园的建立。在图书馆附近的field house是最早的芝加哥娱乐机构,同时它也作为附近的文化和教育中心。社会改革家们认为它对城市居民素质的提高有重要的作用,并且他们非常支持在城市贫穷地区建设图书馆和field houses。

芝加哥的西园区是城市中不富裕的居民所居住的地方。吉斯·吉森(Jens Jensen, 1860~1951年)是来自丹麦的移民,是首席景观建筑师和总指挥。由于他

拘礼节。他也劝说 William Carbys Zimmerman(为西园区设计field houses的州级建筑师和设计师)考虑芝加哥的牧场风格，这是赖特和其他建筑师在那个时代用来与当地风景相协调的表现方法。牧场风格在建筑中表现为宽阔的、低矮的地平面，对结构直率的表现，还有对当地建筑材料运用的重视。

吉森后来的作品在展览会上与其他的牧场风格的建筑师们的作品一起展出，比如 George Grant Elmslie、William Purcell 和 Wright；同时也会与另一些有类似思想的景观建筑师们的作品一起展出，如 Ossian Cole Simonds，他支持开放的、自然式的采用乡土植物的设计。吉森和Simonds都觉得中西部地区相对平淡的景观有着特别微妙的美，它的平淡单调对他来说是有利因素，他在蜿蜒的小溪旁边垒起了岩石块，种了有水平分枝的山楂和酸苹果(图12.33)。他模仿自然界的植物群落，对乡土植物进行了选择与配置，他有时候也尝试着使植物有连续性的效果。直到物种能适应特定区域的自然气候条件，这个区域的不同物种才会产生这种连续性，或说生态良性状态。吉森也注意到了自然光照的效果，创造用丛林围成的阳光地带，用一定的方式种植，使人们在经过弯曲的道路时能体验到光与影的交替变化。

1916年，在城市西部边界和橡树公园所在的城镇附近，吉森设计了哥伦布公园，是58公顷(144英亩)大的方形场地。他的朋友和追随者 Alfred Caldwell 把它的特征描述为："是所有Jensen做的公园中最好最完整的一个。"[22] 这个公园概括了他最重要的贡献，就是在景观建筑中发展牧场风格的同时，仍然加入了流行的娱乐方式的设施(图12.32)。网球场、游泳池、游乐场和运动场，位于公园边界与内部环形车道之间，车道内是一块大的草坪——微型牧场——也是预设作为高尔夫球场的。沿东部边缘弯曲的是一个水体，这是吉森挖深了一个小水渠形成的，并把它变成了一个"牧场河流"，在它的两边种了水生植物：彩虹色和玫瑰色的锦葵、灯芯草、慈姑和水百合。在水体源头的周围，吉森为他的岩石布局感到自豪，他放置了几块片层的当地石灰石，给

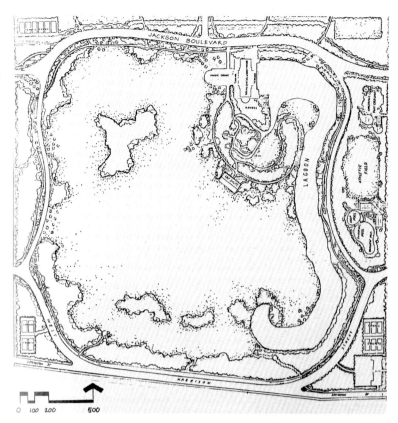

图 12.32 吉斯·吉森于 1916 年设计的伊利诺斯州、芝加哥的哥伦布公园的规划平面图。

人们一种低低的、成层的牧场断崖的印象(图12.33)。在水湾附近的小山上，吉森设计了一块游玩者的绿地——设计作为一块表演区域的场地——朝着观众席，观众们面向夕阳坐在两条支流之一对面的草地上。

吉森非常喜欢美国自然风景中保留下来的小径，他用印第安人的小径作为他设计小路的灵感。用粗斧剁石来建造 council rings 即中间带火洞的圆形石台。Council rings 是公园游玩者们谈话、听故事或参加盛典的地方。游玩者绿地——设计成为在大自然中表演的背景——和 council ring 一样具有相似的目的。

1935年，吉森在伊利诺斯州的Springfield设计了林肯纪念园。基址是他帮助选择的，位于Springfield湖边，微微有点斜坡，有点起伏。他在那个地方将那些密植乡土树种的矮树丛——山茱萸、山楂、酸苹果、枫树、樱桃、漆树、橡树和刺槐——与开阔的绿地和通向水面变得宽阔的草径形成对比。此外，他建了八个 council rings(开始设计了十四个)，包括林肯 Council Ring。它位于白色的橡树林中，可以眺望下面的湖。那些志愿者们，特别是学生和公园俱乐部的成员们，都

图 12.33　芝加哥的哥伦布公园的春天，图示吉森作的成层的牧场风格的假山。

帮助收集在苗圃中找不到的乡土植物，将吉森规划中的细节部分进行下去。

吉森一直都是这种市民参与景观管理的支持者。1931 年，为了让人们意识到本土自然风景的美丽，他组织了"乡土景观的朋友会"，这是一个早期的保护组织，领导市民们努力维持对密歇根湖两岸的印第安纳沙丘和中西部的其他自然遗产的共有权。几个州级公园就是该组织为保护环境所努力的成果。同时这几个公园也扩大了该组织的影响。

1934 年，吉森的妻子死后，他决定离开芝加哥，去实现他的梦想，建立一所类似于他年轻时就读的丹麦公众学校和农业院校的学校。这个计划的目的在于促进市民的责任感和对环境的管理工作。在威斯康星的 Ellison Bay 有他的度假小屋，在那里他建起了 The Clearing —— 一所没有任何证书的大自然中的学校，学生们在这里学习生态知识和基础的植物学知识，还进行一些景观实践。因为他信任人文主义的教学方法，他的课程有速写、绘画、雕塑、音乐、戏剧、诗歌和建筑。

过渡的城市公园

像吉森曾做过的一样，越来越多的公园设计者受雇于公园机关，而非外面的公司。但是很少人会像吉森一样支持奥姆斯特德的思想，并且用新的设施翻新旧的公园——引人注目的球场和孩子们的游乐场，很少人会对功利性设施与自然景观元素的协调显示出关心。曾经宽阔的公园景色被那些用来阻挡飞出去的棒球、保护小孩并作为栅栏防止狗闯入的篱笆遮挡了。社会越来越重视体育运动和运动场地，而不是草地，重视娱乐设施而不是景观，积极参与而不是消极使用，而且这种观点越来越为人们所接受。

公园和娱乐服务在市场的推动下，以商业企业的运作方式成倍地增长，导致了"公园部门越来越强调按需提供服务的经济效益，这样又导致了体系化的考虑和官僚主义"。[23] 只有具有经济效益的服务才能在他们的操作范围内得到很大发展，并且不再有任何道义上的考虑。纽约与其他地方的公园机构陷进争夺财政预算的竞争中，不能获得足够的资金来确保必要的维护和计划的完成。公园机构的设计师们追求体系化而不是个性化的公园，他们通过标准化寻求经济节省。因此使得市政公园看起来常规范化、一成不变。他们将灌木丛和公园中其他有价值的植物变得最小、用沥青铺路，为了适应篮球、手球、推移板游戏和其他需要硬质表面的娱乐活动，用更多的沥青表面代替了草地。篱笆和受规章限制的招牌增多，因为预算有限的管理者们这样做会减少管理费用。而且对公园来说仅仅是宁静不再能接受，他们不得不以娱乐助兴。

景观作为一种娱乐在十九世纪中叶以来举行的几届展览会上已经得到证实。也许没有哪个展览会能像 1939 年纽约的世界展览会一样能成功地引发人们对未来的想像力，并激起他们对新技术的消费欲望。和其他早期的展览会一样，这次展览会的主办者想要在拆除临时的建筑和展品后，留下一个永久性的公园。但是这次的景观设计与世界展览会以新的方式融合在一起。展览会上，多个展区分别对工业技术文化和新发展技术进行了展示。这次展会也被看成是对即将到来的现代城市主义的一次试演，被称为是"明天的世界"。

明天的世界：1939 年的世界展览会

1939 年在纽约 Flushing Meadow-Corona 公园举行的世界展览会，代表了经受大萧条的美国对未来消费的展望：许多小电器和许多节省劳力的家用设备在未来都将普及，汽车将几乎普及到每个人，有高速城际公路和叶形郊区(leafy suburbs)的独户住房。参观展览会的人兴奋地看到了实现技术现代化的可能性，像哈瑞森(Harrison)&Fouilhoux 高耸的通体白色的主题中心，它是由 190 米(610 英尺)高的锥体和直径为 55 米(180 英尺)的球体构成。由微有点斜坡，坡道将近有305米(1000 英尺)长的 Helicline 环绕着(图 12.34)。[24]

乔治·麦克安内(George McAneny)是区域规划协会的领导者，Grover Whelan 是一位企业管理者和前任的政治委员，Percy Straus 是 Macy 部门商店的首席执行官，他们是 1939 年展览会的重要主办人。他们把这次展览会看成是能刺激经济，提高纽约作为商业中心地位的方法。公园委员莫斯把坐汽车或城铁来参观展

览会的人们的需要看成是扩大他的林园大道建设项目的一次机会。他也把这次展览会看成是挽救已破坏的含盐沼泽地 Flushing Meadow 的一次机会——F.Scott Fitzgerald 在 The Great Gatsby 描述为"废墟谷"，一块城市倾倒垃圾充满燃滓的不毛之地——在展览会结束后，将它变成美国的"凡尔赛"。他聘请了 Gilmore D. Clarke 来设计公园，然后再将展览会的建筑安排在其中。

莫斯没有实现在 Queens 建凡尔赛的最初梦想，因为第二次世界大战推迟了公园的建设和其他公共项目的完善。原来预测估计将带来的一些益处直到下届 1964 年同一地点举行的世界展览会于 1965 年结束时都还没有实现。但是纽约城市公园部门的确建了一个公园，没有原来预想的那么壮观，位于两次展览会保留下来的范围里。在它的边界里有一个新的科学博物馆、植物园、公园、滑冰场、可划船的湖、音乐美术馆、室外音乐厅、体育馆和几件雕塑作品——这都是

图 12.34 哈瑞森设计的锥体和球体，纽约城的 Flushing meadow 的 Fouilhoux，1939 年建。

两次展览会遗留下来的设施——这些使得 Queens 自治市很富有。用设计术语来说，这个公园是莫斯那个时代结束的标志。那是受过巴黎美术学院教育的景观建筑师们，比如Clarke与现代主义的影响进行反抗，并建造了那时在纽约城市公园依然流行的无装饰的新古典主义样式。

人们依然记得在 1939 年的展览上所体验到的令人叹为观止的精彩展品，但是这并不是赛马场的设计或现代主义的建筑所创造的。那次展览会上，参观者们由 Helicline 上去进入球体，发现自己成为了巨人，可以俯瞰 11 000 平方英里、1 500 000 人口的大都市。它由有着赖特的大城市理论的工业设计师 Henry Dreyfuss 设计，被他称为民主城市。规划分为居民区、商业区和工业区，有高速公路相连。这里未来在市郊间上下班的人可以看到卫星式的郊区环绕在中心区周围，中心区是民主城市的商业教育和文化中心。一些郊区中被称为 Millvilles，因为按花园城市的惯例，他们想给工业预留用地。另外一些成为 Pleasantvilles，是纯粹用来居住的，并预示着这样的郊区在第二次世界大战后将覆盖长岛和国家其他地方的农业用地。

在这次展览会上，一个甚至更令人兴奋的展品是 Norman Bel Geddes 的 Futurama，位于 General Motors Pavilion。这是一个未来的 1960 年的美国的模型，有 10 880 平方米(35 700 平方英尺)，一个技术令人惊叹的地方，7 条车行道的、陆地规模的公路穿过其中，价廉的有空调、用柴油引掣的流线型的汽车以 160 千米/小时的速度在公路上奔驰，这种方式使人联想到赖特和都市分散主义者。这有足够自给的农场和工业区，也有大城市，有高高耸立在一片片低矮的带有屋顶花园的建筑中的摩天大楼。这里有人车分流系统，所以它也是柯布西耶所支持的。最大的自然区域位于保护区。那里有用先进的机械技术建起来的大坝和矿区。Futurama 的参观者可从一个会动的提供沙发的空中"观光车"里看到这个幻想中新的美国景观的模型，就好像是坐在飞机上穿过了整个国家一样，这在 1939 年确实是一件稀奇事。

1939 年的世界展览会在美国的生活中是一件重大的事情。那时的美国正处于第二次世界大战的边缘，在随后的战争中，美国的商业基础和工业部门给国家带来了空前的繁荣，同时在国民生活中提高了政治实体的地位，他们与政府结盟，形成众所周知的军事工业综合体。1964 年的展览会在原来的展览会址 Flushing Meadow 举行，这时美国已经开始参与越南战争，其后的政策严重地损害了人们对政府的信任。

在民众全国性地反对越南战争前不久，莫斯对公共项目规划的独裁主义风格引起了纽约民众的强烈反应。Jane Jacobs 是从杂志编辑转为城市评论家和理论家的，她认为古老的街坊中小规模的商住混用的街区是人类活力不可替代的源泉。她组织她的团体成功地阻止了莫斯建更低的曼哈顿高速公路的建议，这个建议将破坏她所居住的 West Village 的大部分城市肌理，现在这座城市因索霍(SoHo)而知名。同时在她非常有影响的书《美国大城市的生与死》中例举了事实，以反对超级街区的城市更新工程——这是柯布西耶放射城市的后继者。

当雅各布斯和其他人正要求对美国城市重新评价时，许多中产阶级的居民放弃了，选择了在 1939 年"明天的世界"中描绘得非常诱人的市郊间上下班的生活。战后材料的丰富，满足人们的需求，它们因大萧条和延长的国家紧急事件而耽搁，因此引起了过热的消费中心主义，这很可能会使像芒福德和 Stein 那样的理想主义社会思想家感到震惊。芒福德对未来区域规划的设想在他那个时代的纪录片《城市》中有所描绘，这部电影由 Pare Lorentz 导演，Aaron Copland 监制音乐。然而城市外貌的形成是由于力的作用，而不是规划理想的作用。为老兵和其他有资格的业主设计的由政府低贷款资助的项目带动了很多独户住房。联邦城际公路的建设计划增加了农村土地的商业价值，特别是在高速公路立体交叉道的附近，并且这个建设计划对整个美国的景观有很深的、大范围的影响。发展的一种新形式的商业中心开始从城市中心剥夺商业活力，一个杜撰的新名词"郊区居民"就是表示住在城郊居住区的上下班一族。从城市分散的角度看，就如自由市场倾向最新表明所要求的，人们也许会带着敬佩与一些遗憾回头再看那些跟随霍华德足迹的人的失败的梦想。

第二次世界大战后，美国人越来越能接受欧洲的现代主义建筑。虽然普遍折衷的爱好使得住宅按照各种伪历史的习惯建造，在美国、欧洲和南美的人们还是越来越喜欢可接受的风格，主张建造的经济性和现代建筑的功能主义。景观建筑师用公园设计作为实验来发展从传统中解放出来的设计风格。他们的努力为这个行业开辟了一个新的发展方向。他们的工作要么像吉森所做的一样，创造了由当地地质学暗示的地方风格，借用抽象艺术的思想，要么就坚持了欧洲现代主义的代表如柯布西耶和格罗皮乌斯的建筑经验。这些设计者有共同的特点：好争辩。他们不会将自己的天才淹没在巴黎美术学院传统的余晖中，就像那些追随莫斯的景观设计师那样。现代主义强调反传统、创造力和新奇，这鼓励他们成为具有创造力的人。他们通过理性科学地方式来寻求这个时代之所需。当代的生活方式——特别是有文化自由的加利福尼亚人开始的热爱休闲活动的生活方式——按照现代主义景观设计师的标准代替了过去的生活方式，从此改革而非传统成为他们的口号。

注 释

1.Fabian Society 的名字来源于罗马的将军 Fabius Cunctator，因他的忍耐心，非对抗主义和最终取得胜利的战略而出名。

2.约翰·拉斯金的《神秘的生活》，来自《芝麻和百合：三次讲演》(1871年在贾纳:Henry Altemus，1892年出版)，219～220页。

3.1919年霍华德创立花园城市和城镇规划协会二十年后，定下了他们的服务宗旨："为健康的生活和工业而规划设计的城市，它的规模要尽可能地满足社会的所有标准，但不要太大，周围有乡村环绕——所有土地都是共有或者社会托管。"

4.1914年居尔向巴塞罗那申请建造许可的手写申请书，做出了为何要围起公园来的一个更实际的解释。在申请书中，他声明："如果说公园处于一座城市中的话，公园的环境要求特别注重维护居民的私密性。为了达到这个目的，有必要用墙和大门把公园围起来，大门应朝向便利的地方，可以通向主要的街道。

5.在 Reyner Banham 的著作《机器时代的原理与设计》中(1960 纽约Praeger 出版社出版)，指出了格罗皮乌斯在社会从表现主义和工艺方法到功能主义设计方法的转变过程中发挥了重要的甚至是双重的作用。在功能主义背景下格罗皮乌斯继续寻求表现主义在抽象和holistic的建筑词汇方面的潜力。"所有在视觉艺术方面创造性努力的目的，都是为了给空间以形式……在这里有物质世界和知识世界以及精神功能世界的法则，并且它们被同时表现出来。"见同一本书，280页。如出一辙，现代主义者柯布西耶宣称："建筑抽象艺术本身是非常特殊的，当它植根于严酷的实际当中时，可以使建筑精神化，因为明摆着的事实就是可能实现的思想的物质化、具体化。"见柯布西耶的《走向新建筑》(伦敦建筑出版社，1946年编辑出版)，28页。

6.格罗皮乌斯就任包豪斯校长以前的作品，很明显是在Golzengüt的早期现代主义住宅。德国Alfeld-an-der-Leine的法古斯工厂，是他在1911年与Adolph Meyer(1881～1929年)一起设计的，完全显示出了国际风格的各种特征：住宅的批量生产；玻璃幕墙；无装饰、平屋顶的立方体的建筑街区；墙角伸出了建筑的结构支撑系统。

7.柯布西耶的《精确》234～236页，也被 Norma Everson 翻译并引用过:《柯布西耶：机器和伟大的设计》(纽约：George Braziller出版社，1969年出版)，26页。

8.国际风格这个词语是由建筑历史学家 Henry Russel Hitchcock(1903～)和建筑师 Philip Johnson(1906～)于1932年杜撰的，那时他们在纽约现代艺术博物馆组织了一次欧洲现代主义建筑作品展览。

9.见第十章中对 Roland Barthes 的文章《艾菲尔铁塔》中的简短讨论的脚注4，这篇文章认为艾菲尔铁塔惟一的功能就是标志，没有实用目的的象征性结构物。它并不是想要给参观者提供巴黎的全景图，在艾菲尔铁塔每天都有诸多的食品与纪念品之类的商业活动。

10.杰狄斯的《发展中的城市》(伦敦:Ernest Benn 有限公司出版社，1915年出版)，13页。

11.同上，71页。

12.同上，73页。杰狄斯和继他之后的芒福德都把理想主义不存在的地方"Utopia"和现实中存在的美好的地方"Eutopia"进行了区别。

13.同上，95页。

14. Clarence S.Stein《美国走向新城市》(纽约：Reinhold 出版社，1957年出版)，37页。

15.关于纽约区域规划的历史，我是得益于 David A.Johnson 的《规划大都市：1929年纽约及其周围的区域规划》(伦敦：E&FNSpon, An Imprint of Chapman&Hall, 1996年出版)。我的信息大部分来源于此。

16.5528平方千米的规划范围覆盖了三个州和436个地方政府的管辖区域。

17.Norton 在 1922 年 8 月 21 日给 Frederic Delano 的信(收在区域规划论文集中)中提到，Johnson 在他的书《规划大都市：1929年纽约及其周围的区域规划》(伦敦：Chapman & Hall，1996年出版)中也引用过。79页。

18.尽管 Robert Moses 建造的林园大道有宽阔的中央和边缘景观带，但它们不像奥姆斯特德和沃克斯构想的城市中林荫大道风格的林园大道，它们是真正的Mackaye的限制人口的"无城镇公路"，没有按标准(no at-grade)的十字路口，并且限制卡车通行。Saw Mill 河的林园大道(1926)；Hutchinson 河，Southern State 和 Wantagh 林园大道(1929)；Sunken Meadow，Meadowbrook 和 Sagtikos 林园大道(1929～1952年)，它将一系列的大公园和沐浴沙滩联系在一起；Northern State 林园大道(1931)；Henry Hudson 林园大道(1933)；Grand Central, Interborough 和 Laurelton 林园大道(1936)；沿着 Brooklyn 和 Queens 南部边界的 Belt 林园大道(1938～1940年)。这些林园大道都是在 Moses 的主持下完成的。

19.关于这些驾驶汽车旅行的"拓荒者"的更好的叙述可参照 Warren James Belasco 的《公路上的美国人：从汽车露营地到汽车旅馆，1910～1945年》(马萨诸塞，Cambridge：MIT 出版社，1979年出版)。

20.1964年，在 Moses 成为纽约公园委员的三十年后，他所选的继任人 Newbold Morris 鼓吹："在这三十年里娱乐设施增加了7倍……1934年，有14 827英亩的公园用地，其中有928英亩的水域面积。今天有35 760英亩的公园用地，其中有9670英亩的水域面积，预留给野生动物和划船、游泳和钓鱼活动，另外的2970英亩的土地用来作为林园大道系统中的公路。总面积将近占了纽约整个城市面积的17.5%。"这个数字统计的重点反映了机构的服务态度，就是要跟上需求。1964年，公园部门高举"高尔夫"的旗帜，报告了在过去的两年间已跟上了需求："Verrazano-Narrows Bridge 的完成，使得布鲁克林的人们很容易就到了里士满闲散的高尔夫球场。那里做了长条形的规划以提供18洞的高尔夫球场……在 Idlewild 公园，另一个预计在 Rockway 的 Edge-mere 公园。"但是有861个公园游乐场，其中一些位于学校附近，统一由教育董事会联合管理，这861个游乐场是纽约娱乐系统的中心。"在布鲁克林Marine公园新建的两个高尔夫球场，覆盖了210英亩的土地面积，这些土地曾是"地势较低，含盐碱的沼泽地。填满了卫生垃圾，按照土地改造计划铺了一层生产的表土。"这个报告宣布了一个合同："为准备一个场地能容纳Eastchester Bay海滨路以东区域的卫生垃圾，Pelham Bay公园在完成掩埋式垃圾处理之后……将开发为以娱乐为目的的公园。"见《三十年发展：1934~1964年》中的《向市长和评估委员会的汇报》。(纽约：纽约公园部门，1964

年出版)，5~9，69页。

1964年共有1466英亩的公园用地因"垃圾废弃物的填埋而形成"。在环境运动刚开始时，作者曾参加了由公园委员会，一个市民协会领导的战斗，组织这次行动和保护Pelham Bay公园的盐碱沼泽地。有关Pelham Bay公园的历史和生态可参考Elizabeth Barlow的《纽约的森林和湿地》(波士顿：Little，Brown and Company，1971年出版)。

要明白Moses是怎样实现他的设想，创造一个公园体系，其中包括14 000英亩的景观优美自然的公园用地，861个游乐场，17个游泳池，18英里长的公共沙滩，12个高尔夫球场和459个网球场，可

参考Robert Caro的《有权的经纪人》(纽约：Alfred A.Knopf，1974年出版)。Caro描述了Moses有关区域规模设想的大胆和宽宏气度，作为整个区域的核心的纽约城市公园系统，以及它的落实是怎样涉及到官员委任的复杂关系，使得他得到许可将交通与娱乐结合在一起，成为一个统一的结构。

21.Galen Cranz，《公园设计的政策：美国城市公园的历史》(马萨诸塞，Cambridge：MIT出版社，1982年出版)98~99页。这本由建筑方面的社会学家写的跨学科的学术著作是研究有关文化价值、塑造公共空间的优秀论著。

22.Dennis Domer,ed.,《Alfred Caldwell：一个牧场学校的建筑师

的生活和工作》(Baltimore：Johns Hopkins出版社，1997年出版)，183页。

23.Cranz的《公园设计政策》，107页。

24.这次展览会更加生动地说明人们对锥体和球体的印象。可参考E. L. Doctorow的自传《世界展览会》(纽约：Random House出版社，1985年出版)；Robert Rosenblum的《回顾过去的展览会》来自Rosemarie Haag Bletter，et al.的《回顾过去自1939~1964年的展览会》(纽约：皇后博物馆/Rizzoli，1989年出版)；David Gelernter的《1939，逝去的世界展览会》(纽约：埃文出版社，1995年出版)。

第十三章

新景观美学：现代主义园林

自十九世纪初以来，设计由原来折衷地应用以前的景观设计样式，变成了用直接有力、新颖的方式表达当代的机器时代的文化。柯布西耶曾嘲讽过"风格"一词，当建筑的现代主义被广泛地接受时，它在激进的反传统中成为了教条主义。十九世纪巴黎的一个典型的例子就是建筑师再也不会用以前的装饰来掩盖新建筑的结构体系，再也不会用雕刻的装饰来掩饰工业材料。同样，现代艺术尝试着抛弃旧时代形式主义的价值，包括表现空间的普遍接受的传统方法的单视点透视，建筑师尝试表达一种全新的审美方式，它是功能主义的、民主的，并且明显地表达了机械技术，回避古典主义的设计原则和手工艺的装饰成为了现代建筑师的信仰。然而，当现代建筑摒弃了折衷主义，建立起自己激进的功能主义审美观时，景观建筑设计落在了后面。

有一点被贬低的工艺美术运动时期的园林风格很适合扩展了的苗圃业，能提供大量的植物材料和园艺装饰出售。而且现代主义建筑中机器般的精确度和大量的现代艺术从来没有完全地应用到景观设计上，因为自然是生物的、具有构造的，它并不是一个静态的东西。无论一个场地规划的边缘是多么僵硬，如果它里面有植物和土壤，与自然生态系统的动力相一致，那么它的形式不可避免地要遵循成长、腐蚀、和必然

的有机体的转换过程。这是在面对建筑的现代主义时，寻求保持传统主义的景观设计师的看法。在美国，整个二十世纪30年代哈佛设计研究院——一个领导景观园林专业的专业院校，一直坚定地安排了强调意大利式文体语汇的以巴黎美术学院风格为基础的课程，甚至当沃尔特·格罗皮乌斯(Walter Gropius)将学校的建筑系变成了欧洲前卫的前沿阵地时，依然如此。

但是当地方主义和保守主义屈服于建立起现代艺术时，当现代建筑取得一定地位，并开始趋于稳定时，美国的专业人员终于开始参与到景观设计的创新中来，而法国在1925年的国际现代装饰和工业艺术展上就开始了这种创新。与以往的强调技术进步的世界展览会不同，这一次的展览会因法国在设计艺术方面领导文化潮流而与众不同。该展览会对设计形式语汇的表达——现在作为现代艺术或者艺术运动来回忆或复兴——存在于几个早期的试图把现代主义应用到园林的试验中。但是现代主义有许多方面，除了广为人知的艺术运动之类的流线型华美艺术外，还包括包豪斯和柯布西耶的机械美，他们的建筑在这次展览会中展出过。这次展览会富有地中海精神，也体现了中国和日本的特点。

到二十世纪30年代后期，现代主义的几个文化潮流的载体有墨西哥、南美的景观设计师以及欧洲和美

国的设计师。和建筑类似，景观设计成为受地方影响的国际风格。尽管美国仍然在文化方式上仰慕欧洲，但是，当第二次世界大战后新的消费品生产出来后，美国工业设计繁荣和发展创造了一种革新的气氛，并且在艺术中发挥了主导作用。而二十世纪30年代前期一些欧洲移民来的艺术天才无疑推动了这个过程。此外，现在更甚于以前，出国旅行被看成是美国专业教育重要的一部分，同时研究那些有新颖内容的环球期刊和书也同样重要。到了二十世纪50年代，巴黎美术学院设计风格的朴素形式在美国许多的公众公园中流行，这在纽约的公园以及莫斯管理下的公园中都很明显(第十二章)。然而基于新古典主义规划设计原则的传统景观建筑，似乎因为现代主义对历史风格的否定以及它对艺术的冲击而开始有点把握不住。

在民主社会的背景下传统主义总是和保守的杰出人物联系在一起。进步的景观建筑师需要做一些适合结构预算、大尺度(lot sizes)和中产阶级家庭生活的规划设计。现代的人们重视体育运动和娱乐，这使得他们需要看上去比以前更随意的住宅和庭园，有开放的建筑平面设计(floor plans)和自由的庭园设计，允许他们做没有束缚的运动，就好像他们穿的休闲装一样。这种随意的生活方式，尤其是在普遍都是随心所欲的文化思潮的加利福尼亚，促进了景观设计新方法的形成。在温暖气候的地区，景观设计师设计户外活动场所以及游泳池周边环境是他设计工作的主要组成部分。

激进的革新精神是现代主义时期的艺术和建筑的特征，它激励景观设计师对新形势和新材料进行试验。新的设计概念——比使用轴线更能产生空间连续性的设计，对传统材料和非传统材料的试验，对抽象的象征有机体流动性的生物形态形式的使用，还有机械美在公园结构中的全新应用——用它独特的手法构成了现代主义园林景观，解决了在视觉上使自然和人工的景物并置的老问题。

给自由放置的雕塑全新的地位是对机器时代的现代建筑摒弃装饰的一种补偿。在密斯·凡·德罗(Mies van der Rohe)为1929年的世界展览会建造的巴塞罗那馆的庭园中，有乔治·考博(George Kolbe)设计创作的青铜裸体雕塑，它的视觉冲击力因它扮演的角色而得到提高，它的作用不仅仅在于它固有的审美价值，当仅有的非机械形式出现在结构中时，显示了惟一的一个艺术作品捕捉人们视线、令人满足的无穷力量，同时通过建筑宁静的、无感情的、重复的空间平面完成它的运动。也因此当景观建筑更加明确的功能化和抽象化时，一些设计师发现Jacques Lipchitz或者亨利·莫瑞(Henry Moore)完美的雕塑作品使他们的景观有了复杂的焦点。当然，雕塑自古以来就放在庭园的室内，这样的雕塑我们在书中可以发现很多，但是当现代主义到来时，雕塑开始定居在景观之中，并且没有了先前的教导性和纪念性的意义。在现代园林中，雕塑并不是作为任何寓言故事中的一部分，也不意味着一种纪念，它仅仅是一件具有美学意义的作品。根据艺术家的声望而不是雕塑表达的主题来放置室外雕塑，这是现代主义对景观设计的贡献。而公司在这方面起了很大的作用，那些委托有声望的现代建筑师来设计他们总部的公司，也将重要的雕塑作品放在邻近的广场或周围的工业公园中。

二十世纪的设计师在迅速转变的社会中寻求更广阔的范围进行实践，他们的目的不是为那些有可观财富的人提供共同利益或田园隐居的生活方式，而是应该拥有更加民主、更加广泛的服务群体，因此他们所面临的挑战是巨大的。许多赞助人委托设计现代园林、公共校园和在庭园或广场中有雕塑的现代新潮建筑，他们确实很富有，这在过去也的确存在。现代主义对设计作为解决社会问题的重要方法的自信心现在看上去有点自负，记录表明，方向也是错误的。这就促使现在的城市规划向新传统主义原则(我们将在第十五章讨论)的转化。但是生活在二十世纪上半叶的景观建筑师抱着乐观主义态度，就和我们上一章研究过的正在寻求理性的引导大都市发展的区域规划师一样，或者说和星光照耀下的未来主义者一样乐观，这些未来主义者为1939年在纽约举行的世界展览会中的"明天的世界"展示出他们想像中的高新技术的世界。尤其在美国，在二十世纪的两次世界大战中较欧洲受到更少的创伤，现代主义的前进有巨大的可能性，并且在一定的时候，保存和重复过去已成为一种盲目崇拜，因此未来的乐观主义对一些人来说似乎很令人羡慕。

I.过渡时期的试验：二十世纪早期的设计手法

1925年在巴黎举办的国际现代装饰和工业艺术展的推动力不同于1939年纽约的世界展览会。纽约展是美国工业力量和消费中心主义萌芽的证明。1925年的巴黎展在很大程度上是作为沙文主义者的工具，再次声明法国在装饰艺术的风格趋势和无可匹敌的传统的领导地位。[1]巴黎展正好是在工艺美术运动传统的减弱和国际现代主义的风格兴起的时候举办的，它不仅是设计历史上的一个转折点，也是社会思潮自十八世纪开始的特权主义到平等主义的文化转型舞台上最后的决定性时刻。1939年的纽约展览会极力展现繁荣景象，而这次巴黎展，尽管其宣称的意图是尊敬"生活艺术"，采用机器时代语汇，却未流露出一丝的富裕和奢侈的迹象，而且为了与当时的经济条件相符合，规模也办得比较小。

法国现代主义园林

景观建筑师吉恩·克劳德·尼科尔斯·弗瑞斯特(Jean-Claude Nicolas Forestier，1861~1930年)自1887年以来负责了几项公园的设计任务，在这次巴黎的展览会上，他负责所有的公园和庭园的管理工作。很明显，他的风格偏向于法国的规则式，并使用工艺美术运动时期的园艺色彩加以柔和，通过波斯和西班牙南部园林的影响使它变得更加生动活泼。他的风格也很明显地受到立体派、超现实主义和功能主义的影响。这次展览特意用设计风格的展示来体现它对现代形式的支持有点过于表面化，这在展览的主题"装饰(décoratif)"上有所暗示。展览中有几个公园是用来户外展示艺术的，它是这个时期在华丽却又冗繁的家具和建筑设计中自由曲线的装饰风格。人们一致认为这些现代园林应该有建筑的特征，作为建筑的延伸，使得园林更加有矿物的硬质特征，少点儿植物软质的特性。

盖帕瑞尔·古埃瑞克安(Gabriel Guévrékian，1900~1970年)设计的"水和光的花园"是在一块三角形的基址上建立起来的，其中两边用玻璃墙围起来，这是1925年巴黎展览会上最前卫的园林(图13.1)。弗瑞斯特把这个花园委托下来，希望古埃瑞克安能创造一个视觉花园，一个"带有波斯装饰风格的富有现代

图 13.1 1925年巴黎国际现代装饰与工业艺术展上由古埃瑞克安设计的灯光视觉园林。

精神"[2]的绘画式园林。它的三角形表明了它的几何主题，这个主题也体现在由不透明的、粉红色的玻璃片组成的网眼墙，安排在斜坡上的锯齿形的花床，跌落水池的细分，和花园中心的用电发光、旋转的多面球体的许多的小平面上。作为一个现代主义景观设计师，古埃瑞克安没有考虑植物本身的趣味，而是将它们部置成大胆的形状和显著的色块。

Charles de Noailles是现代艺术热心的收集者，他对古埃瑞克安在展览会上的创作印象非常深刻，因此委托他设计一个位于Hyères的花园，而建筑师罗伯特·马丽特·斯蒂文斯(Robert Mallet-Stevens)为他和他的妻子Marie-Laure建造别墅。1927年古埃瑞克安在这里创作了一个花园，感觉就像是停靠在海滩的一艘船的船首(图13.2)。花园中用硬质白色石墙与周围的景观隔离，形成了一个延长了的等边三角形，矩形花池的几何形状，马赛克贴面的边框和位于这些毫不妥协的边界内的水池，都显示了一种数学的、反自然的尖角。尽管它通常被称为立体派花园，但它不可避免地会有三维，因为它是一个建筑式的空间，但也不能因此产生了立体派绘画作品在绘画表面与绘画空间之间令人困惑的、有张力的相互作用。[3] Noailles花园中还有一件使它与现代抽象艺术运动联系在一起的作品，就是由Jacques Lipchitz(1891~1973年)创作的旋转的雕塑，叫做"生命的快乐"。古埃瑞克安最满意的地方

图13.2 法国 Hyères 的 Noailles 别墅，从草坪台地看花园，由古埃瑞克安1928年设计。

是等边三角形的顶端，也就是 Noailles 花园的船首。当现代园林设计越多地运用极简主义手法时，设计者们经常会将类似于 Lipchitz 作品的雕塑放在他们的景观中，而且只是为了审美的效果。这就很自然地产生了一种主要目的是安排一个室外背景来展示艺术作品的园林。后来在纽约最明显的例子是纽约现代艺术博物馆的雕塑花园、位于 Mountainville 的风暴王国艺术中心(Storm King Art Center)以及长岛的 Isamu Noguchi 花园博物馆。

在1925年的展览会上，Charles 和 Marie-Laure de Noailles 委托了第二块5000平方英尺(1524平方米)的三角形地块给古埃瑞克安做现代主义风格的园林设计，这块地毗邻他们位于巴黎的十九世纪的宅邸(图13.3)。和他们在 Noailles 创建的花园一样，由古埃瑞克安(André Vera，1881～1971年)和他的弟弟 Paul Vera (1882～1957年)，一位装饰艺术家，及他们的朋友 Jean-Charles Moreau(1889～1956年)合作创作的 Parisian 花园也主要是一个视觉花园，花园中的植物限用矮灌木，用石头、小鹅卵石和碎石铺设形成一个平整的地面，镶有镜子的格栅篱映射出花园本身和宅邸的影像。

这些和其他的可能代表新方向的、前卫的景观设计表达方法，在二十世纪20年代的法国起了领头的作用，影响了新一代的美国景观设计师的思维方式，特别是弗莱彻·斯蒂里(Fletcher Steele)和托马斯·丘奇(Thomas Church)。斯蒂里在东海岸和丘奇在加利福尼亚的作品为美国的景观能产生现代主义感觉起了关键性的作用。

弗莱彻·斯蒂里
和过渡时期的现代主义园林

美国评论家与景观建筑师弗莱彻·斯蒂里(Fletcher Steele，1885～1971年)对1925年巴黎展览会上园林的热情研究的结果向他展示了"用新方法造园的真正动力"。[4] 斯蒂里出生在纽约的 Rochester，1907年毕业于马萨诸塞西部的威廉(Williams)大学，在这里他渐渐地对流动的伯克郡景观和美国的殖民主义建筑感兴趣。哈佛大学启动全国性首次招收研究生的计划时，斯蒂里就来到这里，和奥姆斯特德.Jr 及 Arthur Shurtleff ——是奥姆斯特德公司的另一名成员——共同学习了一年。他们的设计方法属于那种很流行的巴黎美术学院风格的体系，尊重轴线规划和建筑及选址的完整性。这里复杂的课程使这些规划原则与艺术史、建筑、测量、水文、道路和墙体构造、地质、气象、自然地理、植物、园艺、植物分类、绘画设计、数学、语言学以及合同与说明书的研究学习结合在一起。

斯蒂里第二年并没有返回哈佛大学，他接受了沃瑞·亨利·蔓宁(Warren Henry Manning，1860～1938

图13.3 André 和 Paul Vera 及 Jean-Charles Moreau. c.于1926年设计的，位于巴黎 Place des États-Unis 的 Noailles 别墅花园。

年)的帮助,成为他的私人助手和公司植物种植的监督人。蔓宁是一位经奥姆斯特德训练过的景观设计师,是一位很有建树的园艺师的儿子,他曾为Biltmore的房产作了大部分的种植设计,是一位公认的优秀的种植设计师。蔓宁也是一位城市规划者,为宾夕法尼亚州的Harrisburg做了公园系统规划,同时还做过许多重要的私人委托设计。斯蒂里和蔓宁的关系持续了6年。斯蒂里认为给年轻的、有志气的景观设计人员一个实践教育的机会比在哈佛大学的学习更重要。斯蒂里在蔓宁的波士顿的公司里的经历,使得他在才能、语言能力和社会交往方面都得到很好的锻炼,这使得他有能力对欧洲园林进行深入的研究,并在1913年考察欧洲后,开始独立创业。在他职业生涯的新阶段,他吸收了他的朋友——哥特式复兴(Gothic Revival)的建筑师亚当斯·克拉姆(Adams Cram,1863～1942年)的思想,还有从不断的国外旅行中获得的一些思想。一战时斯蒂里当了一名摄影师之后,他又继续他的创业,且获得了敢于直言的美誉,成为受欢迎的演讲家和专业及流行杂志的撰稿人,比如《景观建筑》、《美丽的住宅》和《美国园林俱乐部杂志》。

大萧条之前的二十世纪20年代是一个很繁荣的时代,斯蒂里的事业也很繁荣,许多富有的人都需要他的服务。但他对景观设计比对房地产设计更有兴趣。按照斯蒂里的观点,中产阶级的郊区庭园不但应该是一个私密性的地方,有绿篱和高高的灌木挡住路人的视线,同时也是一个家庭生活、朋友交往的地方。强调个性和幻想的重要性的现代心理学在他的园林设计方法中有着重要的作用。渐渐地,斯蒂里打算将他的园林作为冥想的私人空间,那里的景观艺术鼓励休息的人进入一种幻想和狂想的状态;还打算将他的园林作为花园主人摆脱控制他们日常生活的传统习俗并得到自由的那么一个空间。

1924年,他出版了《微型园林设计》,书中他强调按照家务功能进行园林设计,简易住宅建造者减少无用的屋前草坪,为了方便,把厨房、车库和洗衣房靠在街道的一边,并用灌木遮挡路人的视线。如果这样做的话"我们的起居室应该向后院敞开,那里曾经被忽视,现在把它转变成了花园和花坛,而且不管有多小……运用这样一个计划,我们也许会注意:没有浪费一个空间;一切都位于需要使用它并且大家一看

就明白的地方;最后我们对这个为我们的室外生活提供优良环境的后院有了清晰的认识。"[5]

在斯蒂里的著作中,他大胆地批评了勒·诺特庄严肃穆的宁静,建议在景观设计中,理性应该和感性以及一定程度的、诗意的神秘性结合在一起。但是法国的文化确实对他的想像力有很大的作用,而且他很熟悉弗瑞斯特和André Vera出版著作,参观了1925年在巴黎举行的展览会,他对这次展览会上看到的展品既持有肯定的观点,也持有否定的观点。现代主义的设计激起了他成为具有创造性的景观设计师的潜力。在之后去法国的旅行中,他继续研究了一些园林,就像古埃瑞克安为Noailles一家在Hyères创作的花园之类的园林。1930年,《景观建筑》杂志上出版了他的文章《园林设计的新先锋》,赞扬了Tony Garnier,因为他通过"使轴线不断地被打破,但是并不完全消失"的方法来修改对称的轴线设计,给园林界"一次很大的振动"。[6]

斯蒂里对抽象、反团体设计观念的热心影响了新一代年轻的景观设计师,由Garrett Eckbo、James Rose和Daniel Urban Kiley(和斯蒂里一样,也是Warren Manning公司的学徒)。这群美国的现代主义景观设计师从斯蒂里那里学到了怎样去考虑二十世纪业主的生活方式,这种生活方式中家庭生活和仆人变得更少,而室外欣赏的活动变得更多。他们正确地观察到斯蒂里既是一个和巴黎美术学院传统相联系的纽带,同时因为他对试验和革新的开明态度,使他成为这一行业中现代主义影响美国的重要力量。

斯蒂里的杰作Naumkeag是Mabel Choate位于马萨诸塞的Stockbridge的地产,始建于1926年。斯蒂里受过巴黎美术学院的培训,对历史园林也很欣赏,同时他也很喜欢现代主义抽象的空间形式,欣赏对新材料的大胆运用,人们从这个园林中可以看到所有这些因素的综合体现。此外,斯蒂里根据自己的想法设计了个性化的庭园空间,这是他的一种试验性的室外空间。斯蒂里对这个庭园感到很满意。约瑟夫·乔特(Joseph Choate)没有采纳奥姆斯特德的建议将住宅建在半山腰的一棵长得非常好的橡树旁边,相反建在了前景山的山顶上。之后这个庭园开始由波士顿的Nathan Barrett设计,他曾进行了两块土地开发的规划,一块是位于伊利诺斯的Pullman的工业区,另一

图 13.4 马萨诸塞州的 Stockbridge 的 Naumkeag 的午后花园，由弗莱彻·斯蒂里设计，1926~1935 年建造。斯蒂里解释说："我们可以用镜子把天空带到我们的脚下。我们可以使用有银白色叶片和鲜艳花朵的植物：我们可以带来愉快的喷水，更好的……"。

块是纽约的 Tuxedo Park 的郊区居民区。

在这个庭园中，斯蒂里开始做他最喜欢做的事，创造形成景观空间，分析现有的和可用的条件，以便从各方面对 Mabel Choate 的新花园或午后花园进行规划设计：与建筑的关系(选择了邻近图书馆的位置)，遮挡入口干道的墙，在它范围里的大量榆树，框景的方式(图13.4)。斯蒂里非常有独创性，他决定请一位意大利的雕塑家用大胆的"挪威"方式来雕刻来自波士顿港口的老橡树木桩。不过，这种木桩是用来唤起人们回忆系在威尼斯运河上的平底船的柱子，并且它们华

图 13.5 美国"第一个现代大地艺术品"，NaumKeag 曲线护坡道。

丽多彩的顶端被漆成类似"中世纪的标志物"。富有想像力的直立姿势框取了伯克郡周而复始的壮丽景观，而且弗吉尼亚的匍匐植物攀爬上垂直的柱子形成的垂直装饰更能赋予台地一种空间围合的感觉。雕塑"男孩与苍鹭"是由 Frederick MacMonnies(1863~1937年)创作，将它从室内搬出放了场地的周边，而并非放在人们通常想像的地方，以便后面的景观作为它的背景。

斯蒂里然后用 Granada 花园中的"四个小喷泉，普通生活的回忆(Generalife)"使地面显得更加生动活泼(图3.9)。它们的扇形边缘是一系列的曲线，就像"传统的法国花结花坛"，由黄杨篱边缘构成的，边缘内部种有蓝色的半边莲，用一些能提供色彩的煤炭、黄色的 Santolina 和粉红色的碎大理石片做护根覆盖处理，同时有一个镶嵌着暗玻璃条纹的小水池倒映着天空。不规则褐色的石板路环绕着"万紫千红的地毯"，石板的缝隙之间长满了绿绿的小草，台地上有保留下来的质朴的石工技术的墙，上面放置了种有柳叶莱、朱缨花、百荷花和竹子的容器，其中的竹子就和他在 Seville 或 Córdoba 宁静的天井中看到的一样。角落里有蕨类植物和百合的种植床，一个宁静的滴水的壁泉和配有粉红色混凝土脚台的"宝座"，形成一幅能引起人回忆的画面。

斯蒂里越来越高的创造力在他 1929~1935 年间第二次改善 Naumkeag 景观的工作中体现出来。比以前更进一步的是，他不仅把他的艺术看成是一个形成空间的方法，而且也把它看成是前景和背景进行对话的一种方式，这类似于日本园林中的借景。业主和景观设计师一起讨论了南部草坪以及它与周围景观的关系问题。他们非凡才能的紧密合作体现在斯蒂里的传记作者 Robin Karson 所说的他们对"国家第一件大地艺术作品"的创作——它是用米斯·乔特(Miss Choate)从附近为做新宅基础挖出的泥土堆砌出的大胆的地形。起伏的地形轮廓赋予 Bear 背景山脉协调的前景。斯蒂里后来解释道，"惟一的源泉就是用现代雕塑的方式创造一种抽象的形式，起伏的曲线和斜面可以使人们的印象更直接，而无需人们对自然界或艺术产生联想。"[8] 一排球形树冠的刺槐强调的就是景观中的这种形式(图 13.5)。斯蒂里和乔特采用一种原创的从弧形的装饰铸铁中得来的 chinoiserie 样式，他们把它放在

图 13.6 NaumKeag 绿色台阶。

南部草坪的端点，后来又在园中放入了中国明朝时期文人园林中的置石。

斯蒂里设计了蓝色阶梯，这是 Naumkeag 花园中最著名的景点，它的功能使乔特更加舒适和安全地下到山脚的温室和修剪植物的园中。这里有四个浅浅的拱形的洞穴，漆成蓝色，两侧有四个成队的台阶，给意大利复兴时期的传统赋予现代主义的色彩(图13.6)。下来的方式很自然地体现在栏杆上，斯蒂里把栏杆漆成白色钢管的样式。由于受到本地桦树和其他地产景观的启发，斯蒂里在四个楼梯间的交界空间密植了桦树。白色树干和白色栏杆的色调一致，加上时尚工艺的工业材料和大自然诗一般的变化，成为斯蒂里创造性才能的见证。

1952 年，斯蒂里和乔特在 Naumkeag 长着高侧柏的林荫道南部设计了玫瑰园(图 13.7)。斯蒂里再次设计了中国式的象征皇权的曲线形图案，有三条重复的、弯曲而有节奏的铺着粉红色碎石的小路，小路上点缀着扇形的玫瑰花池。它们都位于微微倾斜的方形草坪上，草坪的东边是一个七英尺高的台地，东北角有一个半圆形的台阶成扇形伸出。

马贝尔·乔特(Mabel Choate)打算将她三十年的花园建设工程交给保管信托公司(Trustees of Reservations)，它是马萨诸塞的一个组织机构，英国国家信托公司(National Trust of England)就是以它为模型成立的。这里斯蒂里建议他的业主这样做的，他信任像保

管信托公司这样有区域基础、由私人管理的组织机构，"当他们来维护和管理地方标志性的自然风景和历史遗迹时，他们是最有效率、最热诚和最能理解别人的。"[9] 斯蒂里非常清楚，他职业的未来，并不在于像马贝尔·乔特这样富有的业主，而在于能对国家级、州级的市政公园与林园大道负责的政府机关。他认为自己很幸运，能在高的专业水平层次上工作那么长的时间，这都受益于他使他人及自己快乐的才能——它是深厚友谊的赠品，以及一个真正艺术家的创造性的智慧。

微景：一个受中国画启发的美国园林

在富有的美国人这个小圈子里，能像马贝尔·乔特(Mabel Choate)一样热衷于在他们的私人地产上作景观设计的人就是沃尔特·贝克(Walter Beck，1864～1954 年)和他的妻子 Marion Burt Stone Beck

图 13.7 Naumkeag 的玫瑰园。

图13.8 纽约Millbrook的微景中的"岩石的对话"，始建于1930年。

(1876~1959年)，在纽约的Mill Brook，她拥有380公顷(950英亩)的地产。他们1922年结婚，并开始着手在刚建成的安妮皇后风格的住宅周围作英国式的景观，这所住宅是模仿的威斯利，威斯利是英国皇家园艺协会(Royal Horticultural Society in England)的种植试验总部。[10] 贝克是一个非常喜爱中国山水画的艺术家。他研究了王维著名的园林辋川别业的一些有关描述，王维是唐朝的官员，也是一位诗人、画家和造园者(第八章)，之后在1930年左右，他们认为只有中国的设计原则而不是英国的更适合微景，因此贝克用William Butler Yeats的诗的标题来称呼他们的园林。

王维画的辋川别业的原作有二十幅，画中有松树和其他的一些树，河边有各种各样的小屋，周围群山环抱。这种河盆及周围山地形成的盆地特征的景观，以及微有点杯状的隐秘的景观吸引了贝克。他开始在Millbrook的湖周围用风吹日晒过的石头，并经过仔细的平衡布局建了一系列的富有诗意的"杯园"。贝克动用了20个工作人员，找到了有指望发现他想要的石头的地方，那里有中国造园家为之自豪的天然雕刻好的石头，它们半掩埋在多丘陵的结冰的耕地上。然后他将这些挖掘出的宝贝运到他想要建杯园的地方。其中一个园子采用岩石和植物镶边的山谷形式，另一个则像是倒置过来的茶杯，很像王维的山水画中圆形的雾气环绕的山峰。贝克极其细心地摆放他的石头，感觉放得正好时，就用隐藏得很好的水泥将他们固定住。这些石头经常是动态而平衡的。贝克也努力在景观与石头之间、各种单个的石头之间寻求恰当的"对话"(图

13.8)。在仔细地选择了有入画特征的石头后，他给它们分别命名——脚尖石、龙石、猫头鹰石和乌龟石。

对贝克的位于Millbrook的地产中环湖景观的全面治理，就要到莱斯特·柯林斯(Lester Collins，1914~1993年)提供的完整的设想。柯林斯是一位在哈佛受过训练的景观设计师，他在中国待了两年，随后又在东京待了一年。柯林斯在学生时代遇见了贝克一家，他对这个园林的创作有所帮助。贝克在1954年去世后，应马里恩·贝克(Marion Beck)的邀请，这个园林的重要的创作力量和创始者柯林斯将它从私人的Elysium转变成公众参观的公园。1960年柯林斯接管了贝克遗留下来的Innisfree的设计，将几个杯园用道路连接起来，组成了一个完整的整体，对整体景观做了一个令人振奋的试验。柯林斯渊博的植物学知识，加上马里恩·贝克提供的一些想法，使他用植物改进了贝克的一些杯园，也创造了一些他自己的特殊效果。他还做了几条露着泥巴的小路，依地形而建，以便于框住风景，引导方向，显现地形轮廓，远景时隐时现，激起人们对远处事物的兴趣。柯林斯设计了园中的木桥和80把木椅，现在游人进去可以在这些椅子上休息。微景由许多单个的景观组成，它们相互之间由桥和路联系。柯林斯把这个园林与圆明园相媲美。圆明园建于十八世纪的清朝，由雍正皇帝始建，竣工于乾隆皇帝时期(第八章)。

从规模上讲，Millbrook园林类似于皇家园林，并且它的那种宁静能引起像王维的园林画中所引起的人们对宽阔的河谷流域风景的情感。贝克和柯林斯建造的微景模仿的对象不是苏州园林的微缩景观，而是王维的辋川别业中的风景，但同时设计者还非常清晰地记住了圆明园并加以模仿。微景还可与另两个在第七和第八章中提到的园林相比：Henry Hoare的Stourhead和Shugakuin Rikyu，这是退位的日本皇帝Go-Mizunoo的毕生之作。微景具有高度个性化的审美特点，它是园林诗意方面的一次试验。虽然贝克和柯林斯应用了中国的景观设计原则和石头的语汇，但并没有机械地照搬中国的园林。贝克的创作力和作为艺术家的训练，不但在他中国式的置石中有明显的体现，而且在他保留的墙和台阶中也有所体现，而他作为一个艺术家和工艺家的技术才能在他设计的砖和石板的铺地上表现的十分明显，上面有他雕刻的龙形图案的石

板(图13.9)。

柯林斯在日本时翻译了《园林石景》一书。它的原则，特别是那些涉及瀑布结构的设计原则，是有益于他和贝克一起工作时创造微景最美丽的景观效果。[11] 微景几乎没有设计图纸，尽管柯林斯是一位开业景观设计师和学院的主任，所有的都是现场构思，使用贝克自己的工作人员。公园中的胶皮管，界定了未来的河岸线或道路的轮廓，木桩或站在景观中的人可以帮助确定石头的位置。为了能用机械让瀑布产生云雾，或仅在岩石边上淌着细流，或者薄薄的水幕，能反射出片岩或花岗岩的光泽，或梅雨般的喷射，或丝绸般的溪流，这都需要耐心地试验(图13.10)。运用机械的专门技术将水引导到路面，那儿有建设好的排水系统将水运送到水池里或湖中。

柯林斯与自然的合作关系，体现在应用现代机械化的同时，隐藏管道和电线，也包括从湖中收获海藻，这是微景从一个普通的次生林地和结冰的池子变为一个富有诗意的园林的秘密所在。因此不像许多现代主义园林，很公开地利用工业材料的设计潜力，并表达空间构成的新方法，微景将它的技术装置隐藏在受中国艺术影响的工艺美术审美的思想下，用传统的休闲园林的方式来组织空间。柯林斯通过综合设计与技术将艺术与大自然巧妙地结合在一起，帮助微景从一个私人的梦想世界变成一个公众游览的地方。他为参观者的兴趣、舒适和安全考虑了很多；同时裁减人员以便在微景基金会的预算内运作，该基金会拥有并管理这个园林。

图13.9 由沃尔特·贝克设计的微景平台。

图13.10 沃尔特·贝克于1938年做的微景园中岩石边缘的瀑布。

II. 抽象艺术和功能景观：现代生活的园林

个性化的Eysiums和Naumkeag及微景一样，返回到早期的大面积景观的传统，说明了东方文化思想对西方园林的影响。像我们讨论过的爱德华时期的园林，它们的基本目的就是从机器时代回到田园生活的时代。英国在二十世纪30年代，人们对如画式的审美思想依依不舍，陶醉在工艺美术运动思想中，公众有进行植物培育的兴趣，因而苗圃培训非常活跃，使得传统景观能够保留下来。然而在这时就有一位现代主义者敢于提出进行重大改变的观点，并讨论日本园林的设计原则是怎样有可能激发一种新的园林设计的方法。

克里斯托弗·唐纳德(Christopher Tunnard)的著作

克里斯托弗·唐纳德(Christopher Tunnard,1910～1979年)是一位出生于加拿大的景观设计师，他在英国工作过，然后定居在美国。在美国他成为哈佛大学的城市规划教授，然后去了耶鲁大学担任教授。[12] 他是一位保护历史主义的强烈倡议者，在美国认识他的人中，没有人猜到他年轻时在英国曾是一位景观现代主义事业的煽动者，但是唐纳德和弗莱彻·斯特里(Fletcher Steele)一样，注意到了古埃瑞克安与传统的决然分裂，以及法国与其他欧洲国家新的景观设计发展动向。唐纳德是现代建筑研究组(Modern Architectural Research Group)(MARS)的成员，也是现代国际建筑会的英国会员，他对Adolf Loos(1870～1933年)和柯布西耶的辩论和作品印象非常深刻。

唐纳德很熟悉景观设计的历史和英国园林的传统。《现代景观园林》(1938)一书收集了有关这方面主题的文章，它没有考虑以前景观习惯用语与文化价值之间的关系，它在书中唐纳德对那些显露传统风格的现代建筑师们采取激进的态度。唐纳德怀疑历史，因此他开始研究怎样使"与居住问题相关的因素、城市与乡村的发展以及公园的规划能以最小的阻力达到现代的形式"。书中引用了Loos的话"不是依靠装饰，而是从形式中发现美，这是人类所热切期望的目标"和柯布西耶的话"风格都是假的"，并提出了自己的信条："功能性的园林既应该避免野生园林的情感表现主义，也应该避免理智的古典主义的'规则式'园林；它体现了理性主义的精神，通过审美和实际的操作，为休息和娱乐提供了友好热诚的背景。实际上这是园林的社会概念。"[13]

他认为："中国的象征性园林景观，如长生不老之岛，这种景观在西方引起了一个世纪的对大自然的模仿，但是对我们来说能用得很少。"唐纳德在日本园林中发现了与极简主义的造园手法，室内与室外空间的完整统一，以及他所谓的"隐藏的平衡"的原则，由此通过沿对角线的轴线不对称的安排景物而找到平衡。日本修剪植物和仔细安排那些精致又有大效果的植物的人们，从"颜色俗丽的团块"到"接受形式、线条和材料的经济性作为最重要的方面"[14]都能紧跟现代主义运动。

唐纳德使自己与一些现代建筑师如柯布西耶和赖特同盟。柯布西耶设计的乡村别墅，虽与地面架空，与大自然分离，但是仍然控制了很宽的视线范围，这对于建筑规划设计来说是一个重要的方面，柯布西耶的乡村别墅还让人想起Virgil牧场式的传统。[15]赖特的建筑有时在内部使用自然材料，这在1937年的流水别墅中特别明显，这是赖特最著名的作品，它平稳地坐落在宾夕法尼亚西部的Bear河上。两位现代主义大师都建造了与唐纳德提出的景观规划"移情"法相一致的建筑，由此"大自然不应该被看成是逃避现实生活的

避难所，而是应该作为生活的鼓舞者，是身体和思想的鼓舞者。"[16] 如果说如画式的理论家，像Uvedale Price和Richard Payne Knight，有未说明的动机就是要做一个野性的自然并愉快地把它看成艺术，现在再也行不通了。到二十世纪中期自然界的大部分被人类驯服，它不再需要辩护者；只有那些有阳光、新鲜空气和好风景的地方，才被人们积极主动地按功能不同进行享用。唐纳德移情功能主义的设计包括有室外餐厅区、平台、泳池、网球场和其他休闲娱乐的现代生活的设施。唐纳德后来的追随者，Garrett Eckbo称这是"为生活的景观"(这类的设计没有出现在柯布西耶和Wright的想像力中，他们与自然接近的办法比功能主义要浪漫一些)。

此外，唐纳德在景观设计过程中促进了现代主义艺术家之间的合作；建筑师开始与雕塑家及画家合作。密斯·凡·德罗在1929年的巴塞罗那展馆中，机器时代的建筑形式和材料与单个完美的雕塑作品并置，这是一个最有名的范例。Hyères的Noaille显示出由Lipchitz做的雕塑非常有效地成为景观中的要素。

唐纳德作为景观设计师的职业生涯很简单，并且他后来从激进的现代主义倡导者退了下来。但是他的著作《现代景观园林》由于Gordon Cullen的草图更加有名，书中用图片说明了二十世纪30年代位于Halland的Bent Ley Wood的East Sussex，这是建筑师Serge Chermayeff(1900～1996年)的家，以及唐纳德自己在Chertsey的St. Ann's Hill住宅，它们是怎样实现他所宣传的景观现代主义的(图13.11)。

Chermayeff的住宅是钢框架和风雨板的结构，南墙开阔的玻璃朝向远处的乡村风景，住宅中有一块平台，由镶有钢板的玻璃屏风将它与建筑隔开。在房子建造的前一年，Chermayeff小心地移走了次生林中的树，开辟出一条通向远处地平线的视景线。他打算种上一丛自然式的黄水仙、几棵仔细配置的树、房子附近的灌木，沿平台边缘与防护墙的窄窄的花池中种上花，此外就不种其他的了。在充满阳光的平台的一角，摆放着由亨利·莫尔(Henry Moore，1898～1986年)做的一个横卧着的女人雕像，遵循了唐纳德提出的隐藏的平衡原则。

在描述现代景观风格时，唐纳德表达了他对植物和自然风景的热爱，展开情感的联想，可以欣赏抽象

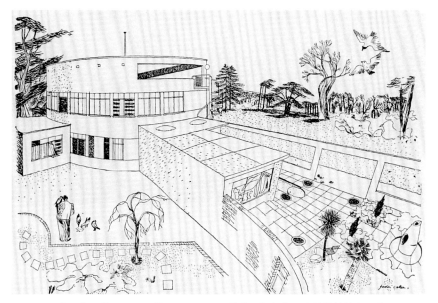

图 13.11 位于萨里的 Chertsey 的 St. Ann's Hill 的克里斯托弗·唐纳德的住宅。由 Gordon Cullen 画的画，显示了唐纳德功能性的移情和艺术家的景观设计方法。根据唐纳德的《现代景观园林》中的插图说明：可得出人类与自然和睦相处，它们具有平等地位。这是"一个建筑式的花园，部分有轴线对称，部分非对称。"在里面"挡墙框柱了远处的风景。一块受保护的地方允许许多半耐寒的植物生长，包括 cordylines 和 chamaerops palm。草图右边的雕塑是 Willi Soukop 的作品。"其中特别注意了框景的作用。

很坦白地暴露机械制作的材料，诚实乐观地寻求一种服务并表达新社会秩序的审美观念。尽管唐纳德后来没有年轻时的理想主义，但是他对现代主义景观设计带来的问题所进行的探索依然继续，赞成科学的理性规划与纯形式审美观念的结合，并且新的空间观念应该服务于自身的各种目的，代替产生于宇宙观、宗教和哲学的传统的文化价值观。并且就像贝克家族所怀疑的那样，他们认为柯布西耶和他的追随者们的作品更适合于南美，并不适合于纽约的 Millbrook，在巴西，1922 年的 São Paulo 现代艺术周点燃了引人注目的文化和审美的革命。只有在巴西能找到最具创造性的、现代主义景观与现代主义建筑完美结合的代表。

艺术一样欣赏它们的颜色、形式、质地和布局平衡。然而功能主义建筑师和设计师很少注意到园林植物，唐纳德告诫说："我们不能让人文主义园艺师的哲学思想从我们的身边消失。"同时，他也把现代主义景观看成是大家共享的空间，不是"有篱笆的、私人的半英亩地，而是有宽阔的绿地景观，为大家的利益而服务。"[17]

唐纳德的《现代景观园林》的最后一章，写的是"城市景观建筑的更大范围的规划"。[18] 他号召一种新的区域规划方式，将社会与自然，城市规划与景观建筑，园林与大规模的娱乐公园联系起来。唐纳德希望促进人人平等的土地规划，综合利用工程师——"他们在最近一百年中的工作，对景观做出了最大的贡献"[19]——景观设计师和建筑师的才能。他的规划哲理，颂扬公路和桥梁的建造者，以及景观的建造者与娱乐设施的设计者，这与罗伯特·穆斯(Robert Moses)实质上是很相似的。二十世纪 30 年代，人们很有可能梦想到组织好的城市发展的未来，那时的决策权将授予规划师，他们能理性地按照功能与人类需求主持他们的工作，同时将技术与自然结合进行伟大的设计。

引人注目的是，早期现代主义原则性非常强，它

罗伯托·伯尔·马克斯(Roberto Burle Marx) 和抽象艺术园林

罗伯托·伯尔·马克斯(Roberto Burle Marx, 1909~1994 年)是一个变化自如的艺术家——他既是画家，也是雕塑家、壁画家和手工艺师——他热爱大自然和他的家乡巴西热带植物的奇特姿态。伯尔·马克斯有机会与那些现代主义的原创建筑师们合作，他发现景观设计师是他最擅长的职业。他作景观设计的方法类似于绘画的方法；虽然他在地面上采用平面绘图的方式，就像柯布西耶与万能布朗采用的抽象方式一样，但是他赞同 Jean Arp、Joan Miró 和 Alexander Calder 艺术作品中的波浪线和生物形态的现代感。环绕 Rio de Janeiro 的巴西海岸景观的强烈的曲线形式以生物形态的形式出现在他的作品中，这些乡土景观对景观设计师伯尔·马克斯产生很明显地影响。他有科学家的好奇心，并从巴西偏僻地区的探险过程中，进行大量的植物收集。他用有着强烈地域特征的布局方式对色彩丰富的热带植物进行配植，其中一些植物具有建筑的形态特征，在视觉上唤起人们对当地景观的回忆，而当地景观通常被伯尔·马克斯用日本"借"景的方式纳入园中。这种风格有效地弥补和丰富了功

能主义建筑的刻板的线条。

1934 年应 Pernambuco 州长 Lima Cavalcanti 的邀请，伯尔·马克斯接受了一项位于 Recife 的工程：重新设计和恢复衰退的州府的公众园林。在 Recife 逗留的两年中，伯尔·马克斯成为城市中知识分子社交圈中积极的一员，与一群年轻的诗人、画家、作家和音乐家结交朋友，并建立了持久的联系。他将绘画的方法扩展到景观设计中，为几个公共广场和公园准备了印度墨画，包括 Euclides da Cunha 广场(1935)，他把那儿设想为一个仙人掌园(图 13.12)。为了这项工程，他去了巴西东北部的干旱区域 Caatinga，收集不同种类的多浆植物，然后将它们安置好。

伯尔·马克斯参加了一个极左团体，这使他得不到市长的支持，也迫使他在 1937 年辞职并回到 Rio。在 Rio 他成立了一个工作室，并与 Fine Arts 学校的朋友们保持联系。建筑师路西奥·考斯塔(Lúcio Costa，1902)曾邀请柯布西耶来到 Rio，征求他对教育和公共卫生部的一座新建筑的建议，这是一座具有争议的早期现代主义的建筑，伯尔·马克斯曾协助知名艺术家

图 13.12 罗伯托·伯尔·马克斯于 1935 年设计的位于巴西 Pernambuco 的 Recife 的 Euclides da Cunha 广场。

Candido Portinari(1903～1962 年)在里面绘制一幅大型的仙人掌画，代表了巴西的经济循环。很可能是考斯塔的建议，伯尔·马克斯被邀请加入建筑设计队伍，除了考斯塔外、还有 Oscar Niemeyer 和其他几个年轻的巴西现代主义者。伯尔·马克斯负责设计地面广场、部长办公室的庭园和一个屋顶花园。屋顶花园位于建筑裙房部分的屋顶上。因此定位为一个过去流行的花坛花园，设计用来从上面俯瞰，比如从部长的办公室，从更高的混凝土住宅中的窗户往下看。

教育和公共卫生部门的那座花园显示了伯尔·马克斯将公园平面当成画布的设计方法。比如在屋顶花园上，他"画"的曲线抽象形式让人想起从空中看的巴西河。其中材料的质地和颜色发挥了重要的作用。穗状的天堂鸟和其他的植物——龙舌兰和棕榈——设计作为花园的重点或纯粹作为色块。伯尔·马克斯作景观设计美化自然的方法基本上和他作画的方法一样。他曾称"我的信条就是纯粹的图画式，围绕着色彩、节奏和形式，试图从逸闻趣事中获得这些东西，相信在语言失去存在的理由时，绘画语言就应该有它的作用。"[20]

伯尔·马克斯的作为纯粹视觉体验的现代主义园林的设想没有受到原意的阻碍，可以在 Rio de Janeiro 的 Correas 的 Odette Monteiro 园(现称为 the Luiz Cezar Fernandes 园)(1948)的水粉画平面图和已实现的景观中看到(图13.13, 13.14, 13.15)。虽然伯尔·马克斯经常与现代建筑师密切合作，但他不像那些园林形式主义者，按照雷金纳德·布卢姆菲尔德(Reginald Blomfield)的方法将住宅与花园用轴线对称的设计方法统一起来，也不像唐纳德那样的景观现代主义者，他们在用不对称的方式做同样的事。相反他把园林设计看成是独立的、非建筑的、相对的艺术化设计。在

图 13.13 Rio de Janeiro 的 Correas 的 Luiz Cezar Fernandes 花园(前称为 Odette Monteiro 花园)的规划平面图。由伯尔·马克斯于 1948 年设计建造。

Monteiro地产上，他完全忽略Wladimir Alves Souza设计的住宅。他的目的是在此用一定的平面形式来表示周围山脉景观的轮廓。

到伯尔·马克斯设计Odette Monteiro园林时，他和他的兄弟Siegfried经营的景观设计和建筑事业处于旺盛时期。此外他需要场地来扩大植物收集和苗圃，他的弟兄们在苗圃中为公司的项目繁殖培育植物。1949年，他们购买了一个以前的咖啡植物园，位于Campo Grande, Rio南部19英里处的Sítio Santo Antônio da Bica(Saint Anthony of the Spring)。这个多山的丘陵地带提供了一系列的小气候，伯尔·马克斯将他收集的热带植物种植在这里，其中一些植物具有重要的科学价值，这都得归功于他与植物学家、Rio动物园的园长Henrique Llahmeyer de Mello Barreto的友谊与合作。伯尔·马克斯与他一起曾几次进入巴西内地进行植物调查的短途旅行。Sítio现在是他周末的住处、画室和园艺实验室，在房子的阴影处，他种上了凤梨、竹芋、林芋等植物。他重建的种植园建筑是他生活、招待朋友和参观者的地方，在它的上面，他种了仙人掌、兰花、棕榈和更多的凤梨。

虽然伯尔·马克斯是一个知识丰富的植物专家，也是关心热带雨林的环境保护论者，但对他来说，艺术比科学更能吸引人。因为是一位艺术家，他寻求用个性化的、有趣的植物树种作为强调重点的方法，将它们种在生物形态轮廓的种植床中，并用这些树限定空间。也正因为他是一个艺术家，他在Rio的现代化向前推进时，从即将拆毁的建筑中，挽救了一些老建筑的结构，他把这些结构组织到Sítio花园中(图13.16)。这里热带肥沃的微有点难闻的空气与这些难以理解的看起来有点忧郁的断片组织在一起，类似于伯尔·马克斯对超现实主义的感觉。[21]

在Sítio即席创作、变化自如的创作力同样也带到了伯尔·马克斯在Rio的办公室，在那里他主持了一个像文艺复兴时期的Capo di bottega一样的艺术家工作室。从这制作出了许多为接待部门准备的美丽的装饰物，有雕塑、壁画、珠宝、织物设计和舞台布景，还有为不同景观和城市景观做的超过2000个规划设计项目。尽管与现代建筑师合作达到了最好的效果，比如他与Rino Levi合作设计了实业家Dlivo Gomes在São Paulo的São Jose dos Campos的地产，但他仍然和

图 13.14 Luiz Cezar Fernandes 花园(前称为 Odette Monteiro 花园)。

自己在Recife还是一个年轻的景观设计师时一样，对于把他的现代主义景观设计方法运用到公共场所保持浓厚的兴趣。1954年，他接到了一项任务，在垃圾处理场上建一个115.6公顷(289英亩)的Flamengo公园，它毗邻于Rio中心附近的Guanabara Bay。就像Robert Moses建在与水滨林园大道相连的娱乐设施一样，Flamengo公园作为海滨公路工程的一部分，设计它来减轻城市中越来越严重的交通拥挤。伯尔·马克斯大胆地进行着规划，在公园与城市和海湾边缘的奇特地形之间形成了视觉对话。

1970年，在第二个垃圾处理场的工程项目中，他

图 13.15 Luiz Cezar Fernandes 花园(前称为 Odette Monteiro 花园)。

通过沿着 Copacabana 海滩，设计散步场地和林园大道，将沿着 Rio 海滨的作品延伸(图 13.17)。他为边缘种植棕榈树的散步场地采用了传统的葡萄牙铺路技术，用黑、白、红的马赛克拼贴，以回应海浪冲刷形成的波浪形线。相对而言，他将道路中间和沿建筑的人行道设计成构思独特的、抽象的面，用绿色的植物，不规则地点缀其中。从附近的旅馆和办公的摩天大楼建筑中的窗户看下去，整个长条，包括游泳沙滩变成了一个有活力的线性花坛。

1956 年，巴西的新首府 Brasília 的规划开始了。由于政策的原因政府在现代主义城市设计的最初规划中，

图 13.16 巴西的 Campo Grande 的 Sítio Santo Antônio da Bica 的水池，带有从毁坏的 Rio 建筑收集来的建筑残片，由罗伯托·伯尔·马克斯设计，于 1949 年开始建造。

并没有咨询伯尔·马克斯，这使得许多人都很沮丧。最后在 1965 年他接受了一个任务，与建筑师 Oscar Niemeyer 合作为军队、司法和外交部门做园林设计。和其他地方一样他利用了水池反射的特性，并使自己的想像力发挥到极致。比如在外交部他超越了过去从巴西殖民地中获得的印象，从他的祖国葡萄牙的过去获得了形象，把挖掘出的位于 Conimbriga 的罗马住宅的花园作为他的"流动"种植池的灵感源泉(图 13.18, 13.19)。

露斯·巴兰冈(Luis Barragán) 和超现实主义者的表现主义景观

伯尔·马克斯发展了视觉艺术的园林风格，它是现代建筑的抽象有机的对应物，这种风格有点超现实主义的味道。他的同时代人，墨西哥的建筑师露斯·巴兰冈(Luis Barragán，1902～1988 年)，一个完全的超现实主义者，受美国以赖特和一些加利福尼亚的建筑师为代表的地方主义者的现代主义很深的影响，创造了室内空间与未经设计甚至于野性的自然结合一起的表现主义风格。

在他的家乡 Guadalajara 经过培训后，巴兰冈到欧洲旅行了一年半，然后于 1936 离开他的家乡，定居在首都。他一直带着在欧洲逗留所留下的深刻印象——超现实主义绘画，西班牙的伊斯兰天井和 Ferdinand Bac(1859～1952 年)，这位作家、漫画家、插图作者所拥有的、位于法国 Menton 的 Les Colombières 的田园诗般的地中海式庭园。在 Côte d'Azure 的 Les

图 13.17 Rio de Janeiro 的 Copacabana 海滩，由罗伯托·伯尔·马克斯设计，建于 1970 年。

Colombières，Bac 采用了模糊的地中海特色的形式，将工艺美术方法与意大利风格的感觉混合在一起，创造一个记忆和冥想的庭园。[22] 巴兰冈用类似的方法给他的园林赋予梦幻般的色彩，使它们带有对墨西哥当地建筑和乡村景观的回忆，这些都是他孩提时在 Mazamitla 村庄附近的农场生活时所熟悉的。巴兰冈在类似于 Bac 所处的地中海气候的环境中工作，他设计建造了一座建筑，把室内与室外的空间规划完全融合在一起。巴兰冈与现代主义的发展齐肩并进，创造了一种没有文化特性的乡土风格。他家乡的狭长的建筑对包豪丝和柯布西耶都有很大的影响。他特别希望避免流行的"加利福尼亚殖民地"的设计语汇，就是那些富裕的墨西哥人开始喜欢华丽的粉饰和红瓦。

　　在他定居在墨西哥城的头 4 年中，作为一个正在成长的设计师建造了约 30 座建筑，大部分是投机住宅和小的单元建筑。用从中所得的利润，他为自己在 Tacubaya 区域购买重建了自己的住宅，并为这所住宅建了一个庭园。他在墨西哥城南部熔岩地区 Pedregal 边缘的 El Cabrío 地产的 San Angel 建了一个奇怪的难以理解的庭园"美丽的荒芜和衰败"，[23] 这个庭园位于高高的拱壁、红壤颜色的墙体之后。大约在公元 100 年，Xictli 火山爆发之前，这里是 Cuicuilco 和 Copilco 的 Aztec 正式的中心位置。由于地形的扭曲，特别有关植物生命以及奇异的玄武岩景观的阴森森的传说，Pedregal 被高雅人士认为是应避免去的地方。但巴兰冈对超现实主义的追求吸引他去探索，然后在 1944 年买下了 865 英亩(后来增加到 1250 英亩)的廉价的贫乏土地，他决定在那儿为繁荣的中产阶级墨西哥人建造一个独一无二的现代主义园林郊区。

　　许多基址只有一英亩大小，建筑应不超过整个区域的 10%，熔岩和当地植物受到保护，道路设计与等高线一致。Pedregal 的 San Angel 将成为墨西哥景观超现实主义的一次野蛮庆典。这里没有殖民占领的痕迹，但让人想起地表剧变前的 Aztec 王国，在墨西哥的知识分子、艺术家和政治领导人都关心国家大事的时候，坚定而自信地让人认识到拥有这里的景观是很重要的。选择这样一个地方为家宅，就像赖特选择 Bear 河上挑出的平台建 Edgar J. Kaufmann 的流水别墅一样，想要证明甚至在面临大自然的混乱无序时，现代主义对技术所表现出的自信。它证实了这样一个

图 13.18　第三世纪 C.E. 的葡萄牙的 Conimbriga 喷泉住宅的中央列柱中庭。

图 13.19　Brasília 的外交部庭园，由罗伯托·伯克·马克斯设计，建于 1965 年。

图 13.21 加利福尼亚的 Palm Springs 的 Edgar J. Kaufmann 住宅，由
理查德·牛特设计，建于 1946 年。

想法，人类已经达到一定的程度，大自然已成为人类渴望的地方和私人领土，而不是人类畏惧或崇拜的对象。巴兰冈认为景观在某种程度上意味着建筑与大自然的亲密关系，在人工与自然环境之间无需通过过渡区域的转换，这种过渡区域在传统的园林设计和园艺中发挥了重要的作用。[24]

虽然 El Pedregal 弯曲的街道类似于美国十九和二十世纪郊区的街道，但是与地中海式的拉丁美洲传统一致的、典型的北美郊区街道前连续的草坪被人行道和人行道的高墙代替。对巴兰冈来说，这些墙体提供了创造神秘而有"魅力"的"园林街区"的机会。[25] 而墙体后面的房子有现代主义的理性和功能性。在他们的立方体建筑中，平屋顶、混凝土结构、开阔的窗户、开放的平面设计，还有室内与室外的相互渗透，与欧洲各国、美国、日本和拉丁美洲的其他地方流行的现代主义建筑相对应。和无数的地中海风格建筑围合经过设计的天井的手法不一样，这些房子都出现在粗放的景观中（图 13.20）。在讨论他们对其中一块 Pedregal 地产的设计时，巴兰冈的合作者，Max Cetto 谈到熔岩"山脉"部分界定游泳池的边缘，并将熔岩延伸到起居室，作为"使建筑与环境完全一致"的"关键"。[26] 这不是用轴线将建筑衍生到景观中，而是景观延伸到建筑中。

Cetto 是一位德国移民过来的现代主义者，他和巴

兰冈信仰的功能主义建筑风格一样，有未加装饰的白色平滑的表面与复杂的暗灰色玄武岩形成强烈的对比。开放平面设计的现代主义和戏剧性基址的结合在出生于奥地利的美国建筑师理查德·牛特(Richard Neutra，1892～1970 年)的作品中也可找到，特别在他 1946 年为 Edgar J. Kaufmann 在加利福尼亚的 Palm Springs 设计的住宅(图 13.21)。巴兰冈熟知加利福尼亚现代建筑的发展，并且与理查德·牛特建立了私人间的友谊。加利福尼亚的景观建筑师，比如托马斯·丘奇(Thomas Church)和 Garrett Eckbo 正在创建一种地方化的现代主义，利用的因素与墨西哥的类似：西班牙的文化传统，美丽的自然风景，和培育茂盛植物的气候。和他们一样，巴兰冈的居住区景观意味着私人王国，现代主义通过当地的传统表现出来，是庭园与住宅相融合并提供一种不拘礼节的生活方式的地方，也是躲避现代生活混乱的避难所。

这些特征在 San Cristobal 也很明显，San Cristobal 是巴兰冈在墨西哥城郊外的一块地产，那里是饲养和训练纯种马的地方(图 13.22)。巴兰冈保持了不变的传统，他对孩提时代的 Mazamitla 村庄的建筑、游泳池、马厩和饮马槽记忆犹新，具有诗一般的冥想，同时，色彩在复杂而精炼的抽象构成中发挥了一定的作用，这类似于色彩构成画家如马克·罗特科(Mark Rothko，1903～1970 年)的作品。和其他地方一样，巴兰冈通过使用明亮的粉红和 fuchsias 赋予他严肃无装饰的建筑生气和温暖的感觉，而景观的绿色基调成为

图 13.20 墨西哥 El Pedregal 的 El Cabrío 的 San Angel 花园中的 140 Fuentes 住宅，由 Luis Barragán 和 Max Cetto 设计，建于 1951 年。

很好的背景。

就人们热衷于物质条件和文化氛围的大胆姿态和革新的程度来说,墨西哥和加利福尼亚南部非常接近。两个地方都用地中海的种植方式,用地中海式的风格将室内与室外空间融合在一起,从伊斯兰模式中而来的西班牙天井,意大利的柱廊和俱乐部。那里别墅的主人们首创了面向大自然的餐厅与招待室,这是铺装了的装备良好的庭园和带有游泳池和门廊的平台的前身。

在大萧条后加利福尼亚变化了的经济和社会结构中,产生了一种非正式的生活方式,它强调低的维护需要,随意的装束,没有仆人的主人让人舒适的热情,以家庭为中心的娱乐倾向,都有利于在加利福尼亚发展现代主义园林。出版于加利福尼亚的 Menlo Park 的《夕阳》是一份早期的生活杂志,引导西方的家庭,促进令人满意的生活方式和室内与室外之间的艺术交流。它在那些涌进快速发展的加利福尼亚州的东部和中西部的移民中拥有很多读者。加利福尼亚景观设计界的一位权威人士说道:"统一室内与室外的景观设计,为放松快乐的生活提供一个背景,这样庭园完全可当成室外的房间。"[27] 一位受过巴黎美术学院训练的景观设计师经过试验,得到了创造性的跳跃:从对西班牙和意大利模式的摹仿和重新解释(我们在第十一章中已谈到过)到新颖、有影响的景观设计思想的转变。

托马斯·丘奇人性花园

托马斯·丘奇(Thomas Church,1902~1978 年)成长于加利福尼亚南部,1922 年在伯克利的加利福尼亚大学获得景观建筑学位,然后在哈佛设计研究院继续深造。托马斯·丘奇在 1927 年花了 6 个月的时间到处旅行,研究了西班牙和意大利的园林设计,在学完了当时流行的巴黎美术学院的课程后,他开始一项长期的主要针对居民区景观的实践,而且很成功,他在海湾(Bay)地区和加利福尼亚南部都接到了委托任务。弗劳瑞斯·约克(Florence Yoch,1890~1972 年)开始把她的折衷创造力的风格转向更加抽象和非正式的一种,这在 1936 年她为电影导演 George Cukor 设计的池边庭园中有所体现。丘奇和约克一样能建造传统风格的园林,这种园林在审美方面令人愉快,在功能方面令人满意,这是他在二十世纪 30 年代为越来越多的

图 13.22 Egerstrom 住宅和带饮马槽的马厩水池,位于墨西哥城 Los Clubes 的 San Cristobal,由路斯·巴兰冈设计,1967~1969 年建造。

业主建造的。也和约克一样,他认识到一位景观设计师应该抛开培训时的教条,重视小块土地的优点,采用现代主义建筑师和艺术家开创的审美原则。在 1937 年第二次游历欧洲时,他参观了柯布西耶和 Alvar Aalto(1898~1976 年)的作品,同时也参观了许多现代美术家和雕塑家的作品。

从二十世纪 30 年代末,丘奇开始用大胆有开创性的线条、色彩和质地。他采用变化的非对称的轴线,而不是新古典主义的那种平衡、集合的轴线,这使他能用新的方法很自由地组织空间。丘奇非常擅长于将建筑设计中有棱角的几何图形与流动的曲线形式协调在一起。加利福尼亚 Aptos 的沙滩公园很清晰地显示了他对作为定义空间的地面线条的理解,这些线条既可以描画,包含面积,也可以给环绕周围的更自然的区域注入活力(图 13.23)。在这个由 Hervey Parke Clark 设计的太平洋海滩住宅,丘奇将内部与外部空间融合,技巧如此娴熟,使他在建筑师当中获得一项荣誉:他是场地规划师的最理想的合作者。丘奇很注意倾听业主对设计场地的要求和期望,他构想的设计功能完好又具有艺术性。铺装的方式与材质以及不同质地、大小、构造的植物统一坚硬或柔软表面的方式是丘奇景观的特征。

丘奇的第一本书《园林是为人的》(1955)为业主专业性的提供带有普遍性质的建议。他指导人们怎样评价一个地产中的自然财产和怎样通过规划得到最希望的阳光入射角度和风向,使人们能最大限度地去利用它。同时要考虑到视景线、地形和存在的植物。丘奇

图 13.23 Charles O. Martin的沙滩庭园，位于加利福尼亚的Aptos，住宅由托马斯·丘奇设计，1948年建造。在这个太平洋海岸的沙滩住宅，丘奇通过能弥补住宅平直面的红木铺板将生活空间延伸到室外，同时周围的坐凳应用了肯定的直角，衬托界定"沙"池部分边界的玲珑曲线，它是这低维护庭园费用中最重要的部分。

指出生活将是如何在一代人的时间里变化的：车库进入住宅内；在平台上喝饮料代替了在起居室里喝茶；优雅服饰让步给在太平洋马歇尔岛上的日光浴；汽车驾驶干道代替了有环形马车转弯道的入口庭园；在这个自己动手的造园时代，为繁殖和植物盆栽以及为种子施肥提供的服务区成为一件必需品；gunite和塑性游泳池使以前认为的奢华成为普遍；种满苗木的苗圃和科学的园艺工业已成长起来，服务于一般生活水平的家庭。丘奇提出的造园规则强调住宅与园林的完整统一，以便于它们能形成一个统一的生活空间。同时也能使功能必需品引起整个家庭和客人的注意力。

由于家庭娱乐越来越普及，丘奇寻求使入口能给人深刻印象，甚至是在普通的家庭，他也强调经过铺地和植物配置的吸引人的前庭广场，并把它作为迎接客人的方式。丘奇认为大的门厅意味着来访者进入住宅和庭园时受到欢迎。要增加住宅友善热诚的氛围，有时需要移除一些繁茂的基础种植，使住宅看起来更干净，更加欢迎人们的到来。在那个劳动力价值越来越高的时代，丘奇意识到坚持维护的必要性，使花园有开放的中心和容易修剪的宽草带。

加拿大的气候使得游泳池成为迷人的庭园中特别令人愉快的要素，也使得它周围的铺地成为家庭生活和户外招待的中心。丘奇最有名的作品是位于Sonoma的Donnell庭园，这是他1948年设计的，里面有一个肾形的游泳池。游泳池很类似于Jean Arp (1887～1966年)或Joan Miró(1893～1983年)绘画作品中的生物形态，它在加利福尼亚现代主义园林运动中起到了符号的作用，是其他园林模仿的对象(图 13.24, 13.25)。

现代主义雕塑，类似于现代绘画，是早期现代主义景观建筑师比如丘奇的灵感源泉，他们正在寻找新形式语言，采用现代主义的雕塑或者装饰。丘奇的方法讲究实用且适应人们的要求，这使他放在Donnell庭园游泳池中的雕塑呈现一种追忆的特征。丘奇解释说："最初的想法是要用基址中的一块巨石作为池中一个游玩的岛，后又变成了由雕塑家 Adaline Kent 设计的混凝土雕塑(因巨石会把游泳池分割成许多块)。" [28] 这个生物形态的形式吸引游泳的人们在它玲珑的曲线中进行日光浴。

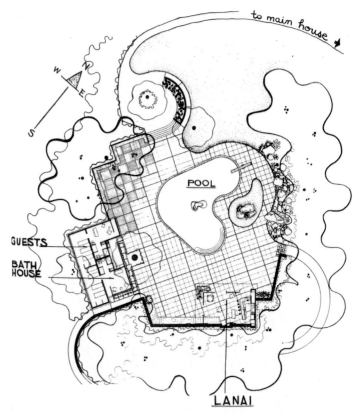

图 13.24 Donnell花园泳池区域的规划平面，位于加利福尼亚的Sonoma，由托马斯·丘奇于1948年设计。

丘奇保持风格多变，总是能从业主身上得到暗示，考虑到他或她的偏爱，个人和家庭的要求，以及场地的条件。他从没有完全放弃他在巴黎美术学院的训练，也没有放弃采用过去的他认为适合业主口味的风格或图形。在 Bay Area 他有一些生活在 townhouse 的顾客，在有很强的意大利式和西班牙殖民风格设计传统的圣巴巴拉也有一些顾客，对于他们，丘奇采用了历史的景观语汇(图 13.26)。虽然和斯蒂里一样处于两种文化和教育背景的设计时代，他依然是一个坚定的现代主义者，而且与稍微年轻一代的景观建筑师包括接下来加利福尼亚的加略特·艾克博(Garrett Eckbo)有许多共识。

加略特·艾克博为生活的景观

加略特·艾克博(Garret Eckbo，1910～2000 年)成长于旧金山 Bay 的 Alameda Island 的一个城镇里。他在伯克利的加利福尼亚大学和哈佛大学设计研究院学习过景观建筑。在哈佛大学，艾克博与 Daniel Urban Kiley 和 James Rose 是同班同学，他们和他一样，社会态度非常前卫，觉察到学校给他们提供的教学计划

图 13.25　Donnell 花园，位于加利福尼亚的 Sonoma，托马斯·丘奇 1948 年设计。

只适合那些少数人的需求，而没有涉及到工业化民主社会的需要。当时 Joseph Hudnut 是哈佛的校长，刚任命格罗皮乌斯(1883～1969 年)为建筑学院的院长，他带来了包豪斯的教学方法，重视大的社会动向，放弃历史风格，追求功能主义设计和工业材料。但是哈佛的景观建筑学院仍保持着巴黎美术学院的课程：Henry Hubbard 和 Theodora Kimball 的教科书《景观设计学习入门》，于 1917 年整理出版。[29] Reuben Rainey 指出，Hubbard 和 Kimball 的方法就是将几种方式统一，要求用巴黎美术学院的古典主义或者规则式的规划作为住宅与庭园沿着连续的轴线统一的方法，然后为剩下的地产推荐奥姆斯特德式的自然主义或非规则式的设计方式，通常是作为与周围大景观融合的方法，用一块过渡性的草坪调节这些区域之间的风格对比。

艾克博生活在比大西洋海岸受到更少传统束缚的氛围里，从生活和工作中能受到启发，也受到了现在的 Zeitgeist 的启发——它是爵士乐、电影、流行式样、工业设计、新社会进步思潮、刚刚到来的汽车文化和在美国越来越被接受的欧洲现代艺术和建筑的混合。和他的朋友 Rose 和 Kiley 一样，他勤奋学习，但同时对哈佛保守的景观建筑教学方法的局限感到恼怒。这 3 个人都非常有兴趣地读了斯蒂里很受欢迎的文章，斯蒂里对法国现代主义园林的描述，给他们的学习计划提供一种全新的选择。当唐纳德的《现代景观园林》

图 13.26　丘奇通过 trompel'oeil 的格子架达到的假透视效果。格子架掩饰了邻近的墙，同时魔术般地增加了空间感，这是位于受限制的旧金山的市内住所的庭园。雕塑由 Adaline Kent 设计制作。

在 1938 年问世时，他们就成了它忠实的读者。

艾克博认为景观设计有潜力为中产阶级的顾客服务。他把优雅朴实的、成排的住宅和郊区带有前后院的住宅看成是具有吸引力和挑战性的项目。他很擅长于空间的组织，使整个地产达到最好的视觉效果和最令人舒适的使用功能。当艾克博还是哈佛大学的学生时，他就在探索这种可能性。在学生的练习中，他用 18 组同样规模的城镇住宅组成了一个城市街区，以此证明曲线和多角的综合运用，这类似于丘奇的 Aptos 的海滩住宅。景观历史学家 March Treib 指出在艾克博的构成与现代艺术家 Wassily Kandinsky(1866～1944 年)、Kasimir Malevich(1878～1935年)和László Moholy-Nagy(1895～1946年)的作品之间具有相似性。[30] 绘画作品中几何和有机线条形态的相互作用形成令人愉快的爵士乐般的节奏和强烈的视觉效果，并启发一些人把作为中心构成原则的空间形态代替沿静态的一点透视的轴线的视线安排。艾克博为他的规划借鉴抽象绘画中的自由曲线时，他发现这种方法能在景观中创造一种流动的感觉，这种感觉在巴黎美术学院古典主义的空间构成中是不可能得到的。

从 Mies van der Rohe 的巴塞罗那馆获得的建筑灵感也一直影响着艾克博的作品。[31] 巴塞罗那馆中控制点上的 8 根十字形的柱子立在抬高的平台上，空间组织很清晰也很含糊。密斯在这建了一个模型系统，演示框架结构和支撑屋顶的功能系统，强调建筑的数学秩序。同时通过可作为自由移动的屏风的非承重墙来随意调节内部空间，它划分了区域但没有精确的定义空间。这样创造的空间连续性给人们一个流动而不受干扰的印象。这种结构也使得由玻璃构成的幕墙成为可能，或者使钢框架结构前面的玻璃与不透明的物体之间的连接成为可能。由于玻璃墙的存在，室内与室外的空间并没有明显地分割开，而且建筑内部也没有所谓的中心。

艾克博回到加利福尼亚开始自己的创业。他曾于 1940 年在 Menlo Park 设计过一个园林，这儿他受到了密斯的影响，用他所谓的"一种密斯·凡·德罗的规划"的方式布置直线和曲线的绿篱，以"挡住花园的空间……增加空间的感觉"(图 13.27)。[32] 就好像在密斯的巴塞罗那馆一样，这个花园有一个几何秩序的方格——梨园——并强调了矩形的边界。

总而言之，和丘奇一样，艾克博想强调主人的需要和随着加利福尼亚人口增长不断扩大的人性化的景观。他把他的第一本书取名为《生活景观》。这本书是在他的声誉建立起来，而且被他工作室的成绩证明时，于 1950 年出版的，它暗示了人类与大自然的合作关系，使人们认识到只有通过科学和技术来实现他们正当的需要，而不应该像其他时代和地方的人们那样，基于历史风格来安排空间并反映他们的渴望和需要。

在回到加利福尼亚，开始独立创业之前，艾克博为农场安全管理部门工作了 4 年多，为一些宿营区做了 50 个景观规划，这些宿营区可以居住 225～350 户居民和永久性居住的农业工人家庭。他对人性化的关心体现在有趣的空间安排和他设计的各种各样的花坛上，这极有可能提供了对这个地方更多的感受，给住在由拖车和高密度临时住宅组成的在其他方面平庸的宿营区中的人们一点心里安慰。《生活景观》用插图说明了他对这些宿营区的规划，同时还有一些他为独户住宅、校园、公园的设计和一些有关住宅的简短评论，都是来自他多年来所完成超过千数的委托任务的记录总结。

被 McHarg 和他所培养的景观设计师继承发展的一种景观设计方法就是环境科学的方法(第十五章)。对于艾克博和他这一代的景观功能主义设计师来说，科学不仅仅是一种专业观点，也是一种提出设计问题的方法，可以提出理论上的"为什么"和实践上的"怎么做"。艾克博提倡无风格，希望继承所有的历史风格，

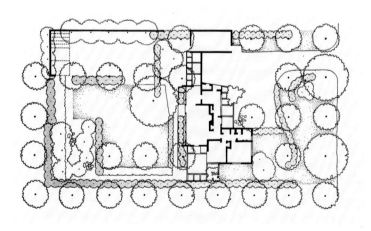

图 13.27　加利福尼亚 Menlo 公园里的一个已存在的梨园中的庭园，由加略特·艾克博于 1940 年设计。

他创立了自己的设计语汇，来表达现代事物有活力的一面，表达他远离轴线设计的偏好和对民主价值的献身，艾克博甚至在园亭这样的结构中重视的是空间而不是体积。他把植物看成是垂直向上的雕塑般的物体，植物材料对他来说是一种限定空间的方式，而不仅仅是它们本身。比较而言，他认为岩石由于重力的作用会感觉上更重，因此他偶尔会用石组来平衡稳定他设计中的一些元素。和丘奇以及加利福尼亚其他的景观建筑师一样，他设计了许多阿米巴形、肾形以及飞棒形的水池。在他的设计中水池成了"支配身体运动的、积极的空间组织元素"。[33]

1956年当美国铝材公司要求艾克博进行一项景观规划促进现代金属在园林中的应用时，他决定在他自己的地产Wonderland公园中建一个铝园。Wonderland公园是Laurel峡谷上Hollywood Hills的一个部分，这个部分位于陡峭的成阶梯状的斜坡上，艾克博规划的成就是沿着峡谷形成了连续的植物层和统一的景观，而不像其他郊区开发区那样零碎的外貌特征。直到2000年去世，艾克博一直持有鲜明的观点并提倡对景观设计采用"社会——文化——自然的方法"。

丹尼尔·厄班·凯利(Daniel Urban Kiley)
综合应用法国影响与密斯式现代主义

艾克博景观设计的实验方法是由加利福尼亚革新的自由的文化和他为集体社区廉价的住宅所做的工作培养出来的。相对于艾克博而言，丹尼尔·厄班·凯利(1912~　)越来越接近于法国十七世纪园林设计的勒·诺特原则。在1955年后，J. Irwin Miller夫妇选择他与建筑师Eero Saarinen(1910~1961年)合作设计他们位于印第安纳哥伦布的住宅和庭园(图13.28)。1945年凯利在海外服役期间，第一次参观欧洲的园林，他对勒·诺特的杰作产生持久的印象。同时他也和他的同班同学艾克博和Rose一样非常喜欢巴赛罗那馆。

1955年，当米勒一家雇佣他与他的朋友Saarinen一起工作时，凯利已经开业19年了，使用类似于艾克博和Rose的多样转折的轴线和自由形式的非正交界限的词汇。当他意识到他与勒·诺特(Le Nôtre)的类似关系，并且有机会和一个与他一样欣赏密斯的非对称平衡方法组织空间的建筑师合作，这种方法是通过置于重叠的方格网中的可移动的墙达到的，他改变了自己

的发展方向。[34] 因此凯利结合法国杰出作品中古典的几何设计原则与德国建筑的模糊而优雅有序的空间概念，创造了一种现代景观建筑的形式。密斯作品中的建筑空间不是确定的，对密斯来说空间暗示无限的连续性，这类似于勒·诺特(Le Nôtre)的园林，它的轴线隐含着res extensa笛卡儿的原则或宇宙的无限(第五章)。就像景观建筑师Gregg Bleam指出的："也许在密斯那个时代的建筑师中，只有密斯能代表看上去冲突的两个概念——新古典主义与现代主义。"[35]凯利和弗兰克·劳埃德·赖特以及唐纳德一样，在日本的园林

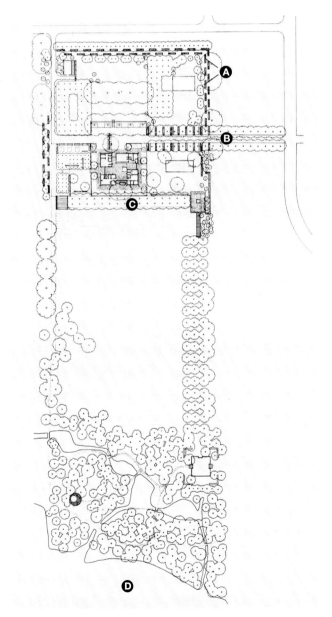

图13.28 印第安纳的哥伦布的米勒庄园的平面图，由丹尼尔·厄班·凯利于1955年设计。
A.交错的绿篱；B.篱树林荫道；C.刺槐林荫道；D.Flatrock河。

图 13.29 米勒庄园中的刺槐林荫道，雕塑由亨利·莫尔(Henry Moore)设计制作。

中找到了灵感，日本的园林也很强调非对称性的构成平衡和连续性、互相渗透的空间组织。

凯利组织了一系列分隔的但又有所重叠的区域，他的功能性和装饰性的园林空间将 Saarinen 为住宅设计的"离心运动"推向周围的景观中。住宅位于一个大的方形广场中，用修剪过的侧柏篱交错而非单线连续的种植方式作为广场三边的边界。房子周围是一系列的几何花园，可引起人们对勒·诺特的小丛林和林荫道的回忆，但是没有采用勒·诺特的轴线对称形式。这些几何花园在它们自己的方格里自由安排来延续 Saarinen 对建筑所进行的风车型的设计，它们的空间具有流动性并且向外扩张。为了界定广场剩下的另一边，凯利在紧邻住宅的地方设计了一条亲切的刺槐林荫道，在林荫道的两端都有平台来展示雕塑(图 13.29)。

米勒一家为林荫道北端的平台选择了亨利·莫尔设计制作的斜倚着的青铜女性雕塑。在另一端，他们放置了 Jacques Lipchitz 的雕塑。台阶引导到一个低的草坪，坡面朝着 Flatrock 河的漫滩。园中有规则式的种植，也有自然式的丛植，包括入口干道的栗树林荫道，它使米勒想起二十世纪30年代他读研究生时所崇敬的法国园林的栗树林荫道；还有前庭和起居室西边平台处的榉树，在这些地方它们起到外部装饰的功能；起居室外面峡谷中的 redbud 树的种植；伸向河边的林荫道上用来代替美国梧桐的红枫；以及水边草地

上柳树的种植。

凯利对巴黎美术学院的法国新古典主义传统与密斯的建筑所暗示的线条进行了大胆的阐释，使他很自然地成为那些能接到标志公司地位且有声望的建筑项目的现代建筑师们的合作伙伴。在他职业生涯的后几年中，对这个领域最大的贡献就是证明公司在形成城市和郊区景观方面起到越来越重要的作用，以及他们代替地方政府提供吸引人的公共空间的财政能力。从 General Motors、Pepsico、Disney 到 Exxon 和 Time-Life，大公司对美国的发展都直接和间接地发挥了越来越重要的作用。大的机构比如福特基金会和林肯中心都是凯利的顾客，他们都采用了与公司一致的庄严壮丽的景观，通过建筑设计和景观设计创造一种公司形象。

在抽象的几何秩序的框架下，凯利寻求感官上壮观的设计词汇。和他同时代的人 Lawrence Halprin(第十五章)一样，很有兴趣通过水池、喷泉和瀑布挖掘表现静态和动态水的潜力。凯利大胆地思考比例和空间关系，他对建筑的想像力和能力使他与二十世纪的一些最杰出的建筑师能够非常好地合作，包括有 Louis Kahn、Eero Saarinen、I. M. Pei 和 Kevin Roche。在得克萨斯州的 Dallas，他与 Peter ker Walker 合作设计了喷泉广场，它是一个大的水花园，与 Pei 公司的联合银行大厦相连(图 13.30)。Kiley 在圆形的混凝土种植池中种上了柏树，这些种植池是根据宽的台阶式瀑布生成的网格定位的，而瀑布又因与树交错成排的 263 个喷泉变得更加富有生气。这凉爽的效果、树荫笼罩下

图 13.30 得克萨斯 Dallas 的联合银行大厦中的喷泉广场，由 Daniel Urban Kiley 设计。

闪烁的水光以及令人愉快的水声，再加上由计算机控制的不同喷射方式的喷泉，使得公司的公共空间成为一个非常吸引人的地方。

詹姆斯·罗斯(James Rose)的功能主义和禅宗

詹姆斯·罗斯(James Rose，1910～1991年)用讽刺的笔触和富有创意的、从容不迫的反传统的眼光来挑战已建立的品味和传统。他在杂志《铅笔尖》(后改为《进步建筑》)上为他的思想建了一个论坛，其中有他与凯利和艾克博合写的三篇文章，也有一些他自己的文章。他坚持己见的散文和有关景观设计观点的新鲜感使他赢得了瞬间共鸣的读者，尤其是在建筑师当中。罗斯在他整个职业生涯中的任务是在人类、自然与建筑之间建立亲密的关系。这种渴望拉近了他与唐纳德之间的友谊关系。和建筑师理查德·牛特一样，罗斯考虑将室内与室外的分隔设计成一系列的通透区域，而且内部与外部形式的组合促进了空间的融合。

罗斯划分花园空间总能巧妙地使空间流动。为达到这个目的，有时他用标准尺寸的木框，里面充满塑料的网眼，有时用半透明塑料的日本Shoji屏风，有时用一排小间距的垂直的尼龙细线，有时用弯曲的板条做的竹窗格，有时利用白桦树纤细的树干(图13.31)。这些"屏风"过滤光线，用它们自己的方式丰富了园林空间，使园中有树枝的丰富剪影。罗斯在上空用了格子架，将有标准尺寸的方格网引入园中，用来支撑葡萄树，框住天空的景色。有时格子架延伸了水平屋顶，其他时候它作为可自由移动的户外凉篷(凉篷通常是斜向天空)，赋予园林活泼亮丽的景色。

罗斯有手工艺人所具有的审美感觉，对园林有极高热情，他经常去日本旅行，信禅宗佛教。园林对他来说既是一个功能性的空间，也是用来沉思幻想的空间。因此他想选择的是私人庭园而不是大规模的景观项目。罗斯做每一项委托任务都极具个性化，他亲临现场指挥而不是仅仅坐在绘图桌上，因此他接的项目比凯利和艾克博都要少。他喜欢即席创作他的景观，并且经常参与它们长期的维护。没有哪个现代的景观设计师像罗斯一样密切注意地面的纹理质地，他的碎石、河中礁石、石板铺地和灌木的布局构成是景观工艺中的杰作(图13.32)。

图 13.31 在《创作园林》中，James Rose的茶园的插图说明："自然和人工材料在三维空间的交织，给人们仿佛在室内同时又在室外的感觉。地面：铺上中间有孔的砖，里面可种草、pachysandra和百合，有利于透气。旁边：可移动的半透明的Shoji，桦树的白色树干和常见的葡萄藤。顶篷：格子架、空中的枝条和天空。"

1952年罗斯设计了他自己的位于新泽西Ridge-wood的小住宅，以示他对建筑师和开发者通常任命的景观设计师只是附属作用的抗议。在他的住宅中，根据罗斯："景观与住宅同等重要，它并不附属于住宅。"[36]如果说罗斯和艾克博的场地规划方法和建筑与景观统一的方法有广泛的影响力的话，我们也只能推测，美国的郊区在今天看起来会是什么样，社会是受到了幻想

图 13.32 James Rose设计的庭园，位于新泽西的Ridgewood。

者的影响，但这并非主流，规则、系统化和随流的趋势太强大。立法机构设立了城镇建筑法规，银行联合主办的贷款计划为住房抵押创造了需求，这样提供的财政阻止了与标准化的偏离。二十世纪下半叶给美国定形的开发商们，除了一些例外如James Rouse(1915～1996年)，他们相对二十世纪上半叶的区域规划师和景观设计师有少得多的社会思想，这些二十世纪下半叶的规划师和景观设计师们把理性的科学作为手段，把工业技术作为通过好的土木工程和设计提高社会生活水平的积极力量。这些理想主义者的梦想不久就被不如他们想像的那么令人愉快的现实事物所打破。媒体，也许是集体力量中最具文化影响力的一个领域，它的影响力不断扩大，激励人们消费，促使流行的娱乐活动成为一个完整的产业，影响了社会的每一个角落。消费市场的先锋，私人汽车的制造商特别会影响政府的决策和对公路投资的授权。在二十世纪末，私人财产成为一种商品，休闲成为一种生活方式，以及汽车成为交通运输的主要方式，这对景观，尤其是美国的景观产生重大的影响。

注　释

1.有关1925年巴黎国际现代装饰与工业艺术展的社会、政治、经济和文化力量的优秀讨论，可参见 Dorothée Imbert 的《法国现代主义园林》(新港口：耶鲁大学出版社，1933年出版)的第三章。我受惠于她对这次展览和二十世纪二三十年代的几个有影响力和创作力的法国景观设计师作品的分析，这几位设计师尊敬传统，同时也试图能从根本上打破过去的传统。

2.Jean-Claude-Nicolas Forestier 的 *Les jardins à l'exposition des arts décoratifs*，1925年9月12日，526页，在上面提到的 Imbert 的书中引用过，128页。

3.绘画是允许眼睛在画布的平面与有深度的模糊的幻影之间体验视觉的转换，而雕塑、建筑和景观设计是一种客观的三维艺术，要认识它们之间的感性差别，参见上面提到的 Imbert 的书，63～68页。

4.Fletcher Steele 的《景观设计的新先锋》，刊登在《景观建筑季刊20》第三期(1930年4月份)，165页，在上面提到的 Imbert 的书中引用过，27页。有关斯蒂里的生活和职业生涯我已总结过，具体可参见 Robin Karson 的《景观建筑师 Fletcher Steele：造园者生活的叙述，1885～1971年》(纽约：Harry N. Abrams, Inc./Sagapress, Inc.，1989年出版)。

5.Fletcher Steele《微型园林设计》(波士顿：大西洋月刊出版社，1924年出版)，17～18页。

6.《景观建筑季刊20》(1930年4月)，163～164页，在Karson的《景观建筑师 Fletcher Steele》中引用

过，159页。

7.这段的引用来自斯蒂里自己对Naumkeag花园的描述，在上面提到的 Karson 的书中引用过，116～117页。

8.《Naumkeag园的发展》(国会图书馆的文章，1947年出版P8，在上面提到的 Karson 的书中引用过，135页。

9.Fletcher Steele 信的日期是1948年3月27日，国会图书馆，在上面提到的 Karson 的书中引用过，267页。

10.Beck 一家与柯布西耶就委托给他设计住宅的想法进行过面谈，但他们认为他的作品更适合南美而不是纽约的 Millbrook。参见 Lester Collins 的《Innisfree：一个美国的园林》(纽约：Sagapress/Harry N. Abrams, Inc.，1994年出版)p3。这本书是在Collins去世一年之后出版，它对两位西方的合作者是怎样应用东亚的景观审美原则进行美国园林景观的创造有非常透彻的理解。

11.见上面提到的 Collins 的书，17～20页。

12.根据 Lance Neckar，"在哈佛大学，唐纳德有特别多的机会形成一些战后现代设计的重要的原创设计思想，包括它的朋友 Garrett Eckbo、Dan Kiley和James Rose 以及他的学生 Lawrence Halprin、Philip Johnson 和 Edward Larrabee Barnes。"参见《Christopher Tunnard：现代景观的园林》来自由 Marc Treib 编辑的《现代景观建筑：批判的回顾》(Mass 的剑桥：MIT 出版社，1993年出版)，154页。

13.《现代景观园林》(伦敦：建筑出版社，1938年出版)，81页。

14.同上，92页。

15.唐纳德在《现代景观园林》一书中有柯布西耶的萨伏伊别墅的图片，并引用柯布西耶的话："我把建在圆柱上的住宅放在乡村美丽的一角，将有二十个住宅从草地里的高高的草丛中升起，牛羊照样在草地中吃草。没有花园、城市道路和小路的多余和令人讨厌的外表，因为这些效果总是破坏基址。我们将建一个很好的混凝土干道系统，经过草地和开放的乡村。草地将作为道路的边界，没有什么会受到干扰——无论是树木、鲜花还是人群和羊群。居住在这些房子里的人们，热爱乡村生活，他们可以从他们的空中花园或宽敞的窗户中看到这些完整的未触动的景色。他们的家庭生活在一个 Virgil 式的梦幻中。"

在这里柯布西耶也没有考虑谁将维持 Virgil 式的梦想或怎样去维持，因为唐纳德立刻指出，更大的风景可以组织进来与住宅相联系满足人们的功能需要。他冷淡嘲讽地写道："很少人会谴责忽略窗户而只专心做一个屋顶花园的行为。"参见上面提到的唐纳德的书，79页。

16.同上，107页。

17.同上，137页。

18.同上，159页。

19.同上，161页。

20.Soria Cals 写的 *Roberto Burle Marx：Uma fotobiografia*(Rio de Janeiro：Sindicato Nacional dos Editores de Livros, RJ, 1995年出版)，157页(葡萄牙文的翻译和附

的照片见29页)。

21.参见 Walker 和 Simo 的《看不见的园林:在美国景观中寻求现代主义》(Mass 的剑桥:MIT 出版社,1994年出版),64~65页,书中指出 Burle Marx 作品的超现实主义是来源于对客观事物在脑海中的重新构建。

22.参见 Lawrence Joseph 的《Ulysses 的园林:Ferdinand Bac,现代主义和缪斯的来世》,刊登在杂志《园林历史的研究和设计后的景观,20:1》(2000年2~3月刊),6~24页。

23.Keith Eggener 的《墨西哥战后的现代主义:Luis Barragán 的 Jardines del Pedregal 和关于建筑与场地的国际演讲》,刊登在《建筑历史学界杂志58:2》(1999年6月),125页。

24.Joseph Hudnut,哈佛大学设计研究院的主任,他反对像 Wright 一样完全的依赖场地规划引人注目的潜力。在 Christopher Tunnard 的书《现代景观园林》(伦敦:建筑出版社,1938年出版)中再版的文章《空间和现代园林》中,他辩论道:"场地和住宅既脱离了浪漫主义也不是沉闷的规则式的时候,现代住宅与场地就显得更协调了;但是当一个人,不是其他人,屈服于形式的有意控制,就不能达到深层次有说服力的统一。因此我对花园像住宅一样的设计并不感到失望。"

25.来自 Barragán 于1951年的演讲稿《为环境的园林:Jardines del Pedregal》,刊登在《A.I.A.杂志17》(1952年4月),170页。在上面提到的 Eggener 的书中引用过,127页(第31条注解)。这位建筑史学家 Keith Eggener 认为除了从地中海的古代风俗中继承过来的两边是墙的街道和室内的私密性的社会传统外,"El Pedregal 的墙和门以及两边的卫兵和卫兵室,既表明了他们的安全意识,也表明了他们炫耀的措施。墙、门和卫兵不仅仅可保护财产,也证明了财产的价值以及保护的必要。确实,有大门、卫兵的社区的安全性和独一无二是一个重要的卖点,Barragán 为 El Pedregal 的广告公司将考虑的重点放在了这些问题上和标志他们的设计的特征上。"

26.在上面提到的 Eggener 的书中引用过。131页。

27.《加利福尼亚园林:创造一个新的伊甸园》(纽约:Abbeville 出版社,1994年出版),194页。

28.托马斯·丘奇的《园林是为人的》(纽约:Reinhold 出版社,1955年出版),231页。

29.对巴黎美术学院风格的详尽描述可在 Hubbard 和 Kimball 的书中看到,而 Eckbo 反对的观点在他的书《为生活的景观》中有所叙述。参见 Rerben Rainey 的《人性化景观的有机形式:Garrett Eckbo 的为生活的景观》,刊登在 Marc Treib 编辑的《现代景观建筑:批判的回顾》(Mass 的剑桥:MIT 出版社,1993年出版),180~205页。

30.《Garrett Eckbo:为生活的现代景观》(F. W. Dodge Corporation:An Architectural Record Book with Duell,Sloan,&Pearce,1950年出版),59~69,87页。

31.Marc treib 描述巴塞罗那馆为"现代空间构成的真正原型"。见《现代景观建筑的格言》,来自《现代景观建筑:批判的回顾》,43页。

1992年奥林匹克运动会在巴塞罗那举办时,由于它在现代建筑史上的重要历史意义对它进行了重建,原来的巴塞罗那馆只存在了6个月。然而,在1932年的由 Henry-Russell Hitchcock 和 Philip Johnson 组织的有关国际风格的现代艺术博物馆展览的规划内容和照片,使它成为一个重要的被广泛研究的现代主义作品。

32.《为生活的景观》(1950),137页。

33.与 Marc Treib、Dorothée Imbert 的谈话、在 Treib 和 Imbert 的书《Garrett Eckbo:为生活的现代景观》中引用,73页。

34.Mies van der Rohe 对空间的概念是对叠加的几何平面有标准尺寸的、有组织的连续性,它将 Frank Lloyd Wright 的规划设计原理与 Holland 的 De Stijl 的画家,尤其是 Theo van Doesburg 和 Piet Mondrian 的空间概念融合在一起。有关这样不对称的构成平衡的完整的分析,可参见 Gregg Bleam 的《Dan Kiley 的作品》,来自 Marc Treib 编辑的《现代景观建筑:批判的回顾》,230~237页,Kiley 和 Eckbo 都受到密斯建筑的现代主义的广泛影响。

35.在上面提到的 Gregg Bleam 的文章中引用过,234页。Kenneth Frampton 支持这个结论,《Mies van der Rohe 和 Auguste Perret 的建筑中古典和现代主题的注解》,来自《古典传统和现代运动》(赫尔辛基:芬兰建筑师协会,芬兰建筑师博物馆,Alvar Aalto 博物馆,1985年出版),22页。

36.同上,108页。

第十四章

家庭、商业和娱乐：消费主义的景观

消费，或者物质的自我满足是推动现代工业经济的动力，用户第一直接影响了今天许多景观设计的过程。另外，有关作为养育孩子的基本社会单元的核心家庭的观点代替了扩大的家庭、氏族、部落和国家，导致了单个家庭和其占据土地的地位提升。确实，以前的社会从来没有像目前西方社会一样，为家庭和孩子划定一个专门活动的空间领地。在过去的半个世纪中，童年时代的文化和少年幻想的领域已经越来越活跃在附属的区域。吉恩·帕哥特(Jean Piaget，1896～1980年)和其他的儿童心理学家对游戏在人类个性塑造所起作用产生了新的社会认识。这些都是通过具有秋千和涉水池的家庭院落以及大量的邻近花园和游乐场所表现出来的。

美国人对家庭所有权和创始人精神梦想实现的过程，通过设置新的最初的西方人已经消灭了的城市边界，给成百万的市民带来真正的精神奖赏的做法，已经长期地扎根于国家性情之中。作为在将十九世纪由唐宁和奥姆斯特德倡导的将中产阶级的景观转变成文明和自然理想结合的郊区的过程中(郊区是一个既充满城市娱乐设施又拥有田园风光和绿色植物的地方，但是这个地方对大都市来说是独立的，仅与都市松散地连结着)，他们创建了一个新的城市主义类型，这种类型是理论家一直试图界定的。这种由郊区网络的第一批创造者所创建的模式与环境主义者、社会学家和城市规划师很快发现的示范模式相距甚远。但是对二战末期美国的年轻家庭来讲，郊区的细分部分就像一件具有吸引力的现成的衣服，他们很乐意购买裁剪后觉得非常合身。

如果民主政体的资本主义和消费社会加深了美国人对一个郊区领域的构想，那么这种中间的景观由于汽车的介入活跃起来。到二十世纪后半叶，对汽车和公路工程的兴趣已经成功地扩大了城市作为一个自然实体的规模，修整老的城市街道，使其成为汽车和卡车通行的干道(对它们以前作为社交公共空间的作用是一种伤害)，使土地利用模式以大多数人几乎完全依赖机动工具交通的方式重新布置。当新的区域变得可进入干道公路将其联系在一起，汽车使得城市可能向远离所有以前城市化的土地的地方延伸，整个城市群被高速路环绕。当城市还是一系列的多用途地区，商业区和居住区并排而立之时，去工作的路途很短，可以步行完成，而二十世纪早期，随着郊区电车的发展，对中产阶级养家糊口的人来说，这段路程已经变得扩展了。现在，新的居住地区伸入到放射的铁路之间，也伸入到乡村边缘，美国老的中心城市区域被留给了社会中最贫困的人。不断向外迁出的过程与收入增长的水平相关，城市最富有的市民居住在离城市中心最远的地区，这成为美国的一个主要现象。相反，在欧洲大陆的城市中，吸引力仍然在市中心。

继1956年高速公路法案之后在美国出现的大量高速公路建设时期，对驾驶者的安全、商业的可入性和平民安全的利益来说变得合理化，因为随着冷战的逐步升级，政府交通部门对在受到核袭击的

图14.1 拉斯维加斯。

情况下优先考虑军队运动和城市疏散的规划。经济的最大受益者是那些在与新高速公路临近的不动产区域购买土地和建造大众市场建筑的开发商，和那些投资、建设和租借商业租赁空间，作为新型的零售便利设施和郊区购物中心的人。这种新类型的零售集团的成功，导致了购物中心的发展，这种成功有助于城市的分散以及用多集合的区域模式代替旧的单一中心形式，这种多集合模式是今天的美国人很熟悉的模式。

在消费者社会中，梦想和期望的目标，以及工业化生产的目标，经常是相同的。购物中心被定义为消费者中心主义的景观，它们的开发商在为商业创建娱乐环境的过程中是极具有创造力的。他们在提供一种商店流行的私有但属于公共性质的空间时对老的城市设计形式提出了质疑。在娱乐与商业结合的过程中，购物中心越来越像另一种景观形式——主题公园。

迪斯尼乐园和它的追随者证明了剧场(花园设计中的一个庄严的部分)被迅速成长的娱乐业包含在其中的程度，以及这种工业是怎样转而影响景观设计的。主题公园作为一次参与经历的普及，其中消费者和"铸造而成的成员"混合进入由"幻想家"认真创造的剧场的设施中，这些设计者即创造基于神话故事、儿童故事、栩栩如生的漫画，外国和传统思想相联系的景观设计师，这样的主题公园的流行是二十世纪值得考虑的一种文化现象。主题公园的主题和特征对大众对动物、植物、外来土地、著名的风景以及历史上的女人和男人态度的影响程度是显著的。在这样的过程中，我们看到了另外一个消费者资本主义的衍生物——媒体的力量，因为电视图像和广告在老人和年轻人的思想中灌输了这

些美景，尽管他们使那些首先鼓舞他们的艺术和现实变得琐碎起来。这些到处弥漫着消费者文化的形象可能对当今的一代已经变得像《荷马史诗》和Ovid传说中的上帝和英雄人物一样重要了，这些现象在其他的世纪中正是奇迹产生的原因。

然而，逼真的事物限定了我们欣赏的目标，主题公园中舞台装置环境的神奇能力，无法察觉到的精细技术，随着从照相机中得到的形象的出现而扩大了，照相机已经对场所设计的深刻影响经历了近一个半世纪。一些人较之最初的模式更喜欢主题公园的复制品，是因为在任何一个小的部分，摄影术的不同形式在我们的生活中都能起到很大的作用。我们将照相机作为"现实"的录像机，我们很容易将感情的反应从我们周围的真实世界转到照片中的物体和景色上。

摄影在景观方面的作用范围很广。一项十九世纪的发明——立体感投影仪，对不能身临其境的游客来讲可以产生著名景观的三维"魔术幻灯"的景象。那么，对于身临其境的旅行者，照相机成为记录景点的一种工具。但是，今天摄影不仅仅是另外一种构想现实的方法。在西方消费者的民主政体中，电影故事引发大众情感的力量和现实的体验推动了景观设计的发展。主题公园和电影厂之间的联系是家族式的；好莱坞工作室的艺术和好莱坞的舞台背景区的影片设置构造技术培育了迪斯尼乐园和它的后继者。由于它的流行和商业上的成功，主题景观成为一种逐渐兴起的现象，尤其在美国。[1] 现今，通过模糊真实与本质之间的差别，整个城市和城镇都成为"主题式的"。拉斯维加斯作为家庭度假常去之地以及世界娱乐之都，是这种趋势下最显著的代表，已经将其著名的细长片转变成一个其他时空下的荒诞的大杂烩，不仅虚幻而且真实——蒙特卡洛、Treasure Island、古埃及、罗马帝国、现代纽约城市(图14.1)。国家创新了好莱坞有所投入，但好莱坞给国家的回报远大于其投入。从这点来说，创新好莱坞是英明的。

I.家庭的住宅：郊区的景观

汽车改变美国和其他工业国家的生活带来的丰富潜力，甚至在1939年的纽约世博会上未来世界展示的参观者还没有来得及领会，仅仅刚刚对1956年高速公路法案的国会批准的通行权有所体会。这个法规促进了占据郊区的住宅建设的爆发，围绕主要城市，由汇聚在一起的开发者细分的宽带成功地实现了二十世纪20年代的经过精细规划的郊区建设，以及二十世纪30年代的新政绿化带城镇。高速公路法案授权一个联邦的高速公路信托基金，从燃料、轮胎和所有类型的新交通工具中抽取税收，以及从商业卡车上收取使用税，这些基金中将有90%用于创建州际间的高速公路系统的花费，政府负担剩下的10%。这种特殊的法规背后的逻辑很简单，但结果却是出人意料的。

郊区景观：战后早期的几年

在美国，联邦政府的势力在经济大萧条和第二次世界大战后得以迅速扩展，通过两个重要的借贷保险计划手段：联邦住宅局和退伍军人管理局来促进新的住宅建设和大规模的郊区开发。这些举措给开发商和居民同时带来了福利。从抵押利息和房地产税收的毛利中扣除部分资金记入税法这一事实中可以看出美国人对住宅所有权一直持有偏见。因为银行作为贷方必须评估抵押借贷申请者的财政信赖度，而信赖资格是住宅所有权常见的障碍。在1934年，经济大萧条期间

创建了联邦住宅局的新的经销商，这样做的目的是鼓励将私人资产投资于工厂建设及随后促进建设行业的发展。10年后，退伍军人法案或者随着人们熟知的GI Bill，创建了退伍军人管理局来缓解军人向平民社会的转变，因为这些计划使得购买价格减免支付额的10%或者少一点成为可能，年轻的美国人在二战后的最初几年中开始他们的家庭建设，群集起来视察样品房，随即在首次提供住宅的郊区签署购买合同，他们集中出现在国家从长岛的莱维敦到加利福尼亚的莱克伍德(Lakewood in California)的大都市的边缘(图14.2)。[2] 越来越多的影响与广泛散布的位置的寻求结合在一起，郊区中产阶级生活的电视记述和家庭仆人的缺乏，所有这些都激发了人们需求机械设备的愿望，这些愿望在战争期间是被禁锢的。这件事推进了消费者社会的产生，开发者很快发现用新的家用器具装饰他们小而便宜的住宅是一个重要的销售来源。

莱克伍德，建造在道格拉斯航空公司附近，那里是D.J.Waldie在1946年他的父母购买的房子里一直生活的地方，他在写到莱克伍德时，这样描述了销售的过程：

> 售货员并不鼓励顾客拖延时间。丈夫和妻子选择了一个平面设计图，签署购买合同，查询地区地图，接受指定给他们的房屋。售货员在每次买卖中都得到35美元的回扣。在营业大厅，展示建筑的照片和销售说明书的布置中间，房屋可以稍微有所削减。如果消费者犹豫不决，对他们将要做的事情感到惊讶，售货员就略过他们，去注意其他丈夫和妻子在明亮的灯光下照看他们的孩子。[3]

经济的规模，工业建造的方法，地区建筑模式标准的宽松，小而统一的地块尺寸，以及住宅设计简化成基于基本模式上的稍许变形，所有这些都使新住宅的供给价格的降低成为可能。对那些同意坚持联邦住宅局标准的开发商来说，联邦计划是一个巨大的鼓舞，因为后来联邦的抵押证

图14.2 莱维敦，长岛，一张早期的照片。

书鼓励银行为他们整个的花费提供资金：获得土地，安装街道便利设施和构建住宅。这个计划甚至建议实行标准的细分场所的布局（图14.3）。这些事情导致了甜饼式切割，批评家们很快就谴责了这种观点。凭空得到的、同样严格的判断是弯曲的街道及死胡同分支的典型规划就像盛有虫子的罐子一样，却没有意识到它是从极受尊敬的早期新城镇规划模式中衍生出来的。一个就是克拉伦斯·佩里(Clarence Perry)的1929年的分等级的以社区为基础的网络，由蜿蜒的街道、支线的公路和相联系的干道组成（第十二章）。曲线的道路同时也是十九世纪风景式标准的更为简化的形式，它通过消除廊道景观和抑制弯曲处周围的景色来提供一个意外的惊喜。在视平线上，这种方式将缓和在统一地块上建设的新住宅漠然的单调感，这些住宅沿着600～1300英尺长，200～300英尺宽的街区建造，每个均为50～60英尺宽和100～120英尺深。随着树木的成熟和房主人开始在车库周围环绕篱笆，建设住宅的附属设施，种植花园以及其他方面改善他们美国梦的个性化部分，最终将呈现一种人工雕琢痕迹较少的风景式外观。

尽管开发者在为他们的小块土地命名的过程中，通常都单独的或者结合使用这些词汇：公园、森林、山谷、山、湖或者草地，从而促进了整个社区作为一个公园概念的产生，但是他们并没有摹仿Radburn的建设者，创建一个绿色的脊柱状突出物，成为他们规划的盔甲。诸如现存的一些山地和谷地，位于新的地块的安静乡村的边缘或者自然地带的碎块中，其中已经有所留空，因为它们在地形学上是不适合住宅建设的地方。这些地方就成为孩子们的小型乐园，Waldie回想起莱克伍德的邻近土地之间的10英尺深的露天排水沟，在春季充满着香蒲和蝌蚪。他写道："这些排水沟吸引了三三两两的孩子，和在其他有足够空间的场地上一样，进行挖掘"。[4]

艾尔弗·雷德(Alfred Levitt)，曾受过建筑师的训练，设计了长岛莱维敦的许多地块，用他们的附近统一的Cape Cod殖民住宅环绕一系列的"乡村绿地"，

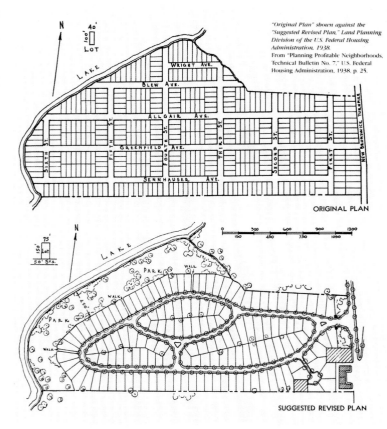

"Original Plan" shown against the "Suggested Revised Plan," Land Planning Division of the U.S. Federal Housing Administration, 1938. From "Planning Profitable Neighborhoods, Technical Bulletin No. 7," U.S. Federal Housing Administration, 1938, p. 25.

ORIGINAL PLAN

SUGGESTED REVISED PLAN

图14.3　"最初的设计"和"建议修改的设计"作为阐明"Planning Profitable Neighborhoods, Technical Bulletin No.7"，由美国住宅行政部门的土地规划分区提供，1938年。

包含附近的商店，一个游乐场和一个游泳池。但是一个更为丰富的绿色空间被发现，位于一个连续的草地长条带中，由相邻的前院组成，每一个相邻的家庭展示了单体的公共外观。没有篱笆，是美国住宅所有权的必不可少的象征，家庭生活和可供休闲的草地，可作为一个集体维护的公园。"当我步行去上班时"Waldie写道，"我穿过一个几乎是连续的花园和草皮的街景，每隔50英尺就有一条混凝土的汽车道。"[5]但是这种将社区空间让给私人空间的赠予，其结果是许多地方没有人行道，前廊将不再存在，已经被天井或者后院所取代。短语"就在你的后院"表明接近、便利、同时空间的奖赏提供给了私人家庭的兴趣。这里，除了装点了无数的家庭乐园的秋千和涉水池外，可以发现烤肉架和不同种类的草地设施及宠物的装束。

约瑟夫·爱彻尔(Joseph Eichler, 1900～1974年)，一位来自纽约的开发商，于1940年在Bay Area住下，将建筑学上的注意力吸引到郊区梦想住宅的加利福尼亚形式的设计中。在加利福尼亚Hillsborough，他租用

图 14.4 加利福尼亚郊外的单一家庭房屋，约瑟夫·爱彻尔(Joseph Eichler)设计。

了弗兰克·劳埃德·赖特(Frank Lloyd Wright)设计的房屋，3年后，爱彻尔决定将一些赖特的现代主义设计原则引入地区房屋设计。他雇佣了一个年轻的建筑师罗伯特·安森(Robert Anshen)为他工作。结果正如建筑历史学家格温多琳·赖特(Gwendolyn Wright)作的解释，"美国的住宅设计是现代主义血统和本土的'可居住性'的结合"。[6] 放置两辆车的车库是爱彻尔住宅前部最显著的特征(图14.4)，入口庭院景色优美，带有落地玻璃门，可以增加空气流通、开放的空间感。开放的平面设计使得具有现代设施的厨房也具有了重要性，允许这个区域和多功能的房间之间有视线交流，这是

战后的一项革新，在这里，孩子们可以在室内玩耍，十几岁的青少年可以听留声机的唱片，每个人都可以看电视。在战后的岁月里，住宅不仅仅成为一个单纯的庇护所，美国人的住宅在内部尺寸上有所缩减，并在气候条件允许时，转变成户外生活的焦点。

无墙车库或者车库(它们不再是后院的附属建筑，现在成为与房屋紧密相连的部分)与街道相连接，汽车道成为娱乐空间的首选，成为学骑自行车或者篮球投篮的理想之地。辛西亚·哥玲(Cynthia Girling)和肯内思·海尔弗特(Kenneth Helphand)称之为"美国开放空间中最具有代表性的"，因为"汽车道位于住户、邻里和社区的接合点上，传统的汽车、速度、旅行和现代灵活的稳定性"。[7] 并不令人感到奇怪的是，在赫伯特·甘斯(Herbert Gans)发起的莱维敦的研究中，对青年人来讲："最常见的烦恼就是缺少合适的交通，使得无法实现便利，更重要的是一些青少年也无法达到目的"。[8] 这种现象仅仅强调了一个事实，即作为汽车和高速公路的产物的战后的郊区，奠定了汽车作为交通运输重要手段的基础地位，并孤立了那些不会开车的居民。由于它的存在使得特定新景观类型的发展成为可能，它是进入这些场所的不可缺少的手段，这一点在检查两种紧密相连的现象的过程中也是显而易见的，这种现象就是：商业街和主题公园的出现。

II. 商业和娱乐：商业街和主题公园

具有一元中心的紧凑城市形象——绿色村庄，主要广场或议会广场——已被许多大都市形象所取代。零售业在城市的重构中充当了先锋。事实上，与高速公路相关联的购物中心的发展，是城市分解和改造过程中迈出的第一步，新的机理采用了比较松散的组合，但却有了许多商业、零售和娱乐核心，这些核心过去只位于城市中心，被美国人称之为"商业区"。具备了掌握新型郊区市场商机能力的开发者是这种新的城市景观的缔造者。新型郊区市场具有自动灵活性和对所有种类、所有价位的商品不断扩展的需求性，与商业区间不断拉大的距离和越来越拥挤的停车场。

从购物中心到商业街

利威特斯(Levitts)很快意识到由于高速公路上新的

地区购物中心的出现，使位于长岛的绿色村庄(Village Greens)的便利店正在经历资金的损失。当他们在新泽西州(New Jersey)发展了另一个莱维敦，他们建立了一个连锁区域购物中心，以从远离他们自己地域边界的地区获得商业贸易。从二十世纪20年代开始，战后购物中心的开发者，并没有发明这种零售系列形式，只是依赖逐渐增多的经验。[9] 第一个大规模的郊区购物中心，作为一个具有250个店铺的新型购物乡村，它的创始人是J·C·尼古拉斯(J.C.Nichols)，他从1922年开始在密苏里州堪萨斯市创建了乡村广场俱乐部(图14.5)。以前，商业房地产开发商评估郊区人口暗含的潜在市场，获得土地作为购物带，并将私人领地卖作商业用地。这些商业机构用显著的鳞次栉比的正面形象来吸引过往司机的注意力。尼古拉斯认识到居住在

其他绿色植物和喷泉。这样的自然主义的绿洲由于受很好的维护,可增强商场的形象,作为一个情绪高涨的参观场所,也具有引导顾客进入邻近教堂般的商店边缘走廊的辅助性作用。

这种新型的围合形式的购物商场成为一个消遣的场所。就像它的欧洲原型一样,商场贸易组织拥有一个三至四层的购物空间,环绕着具有天窗的中庭(图14.6)。公园的长凳的作用类似于一个半公共的空间,许多顾客到来不是主要为购物,而是要寻求一种迷人的、舒适的、安全的、同时充满活力的社交性场所,在这样的环境中,他们可以渡过愉快的时光。喜欢早上逛商场的行人同样发现在早上聚集到一起,沿着许多围合商场内部的"街道"锻炼身体是安全的、而且愉快的。

常常处于茫茫一片的沥青停车场之中的购物商场,呈现出对当地景色的不良影响。但是一些购物商场的工作人员试图将他们的中心与毗邻的城市结构融合在一起。例如,Houston Galleria 在 Post Oak 地区创建一个商业经营区的过程中是有帮助的,这个公私合营公司倡议沿着商场的周边设立新的街道设施和公共艺术品,目的是确认 Galleria 作为第二个商业区的身份地位,以及城市中最吸引游人参观的区域,零售业和旅馆以及高层住宅单元的最大集中地,也是许多办公建筑的场所,包括 Transco Tower 摩天大楼(图14.7)。

休闲和娱乐正在成为商场零售商和开发商的主要商品。游戏、骑车和其他的主题公园的活动以及老式的购物活动之间的一种共生的利益性已经显示出来。零售商称之为"邻近吸引",就像纽约市洛克菲勒中心的设计者一样,Houston's Galleria 的创建者在它的中心建立了一个室内溜冰场。加拿大阿尔伯特的西埃德蒙顿商业街占地 530 万平方英尺(158 万平方米,在1981~1985 年建成时是世界上最大的一个),包含 11个百货公司,至少 800 个小型的零售商店,110 个餐馆,13 个夜总会,一个具有主题公园装饰格调的 360间客房的宾馆,20 个电影剧院,以及一个 500 000 平方英尺(46 450 平方米)的水公园,和其他同样大小的娱乐区域。分散遍布于这种无限容量的空间中,游客的目的是进行许多消遣体验,包括过山车,高尔夫球场和克里斯托夫·哥伦布(Christopher Columbus)的Santa Maria 的复制品。

图 14.7　得克萨斯州(Texas)休斯顿(Houston)橡树后的林荫大道街道景观,圆滑的、建筑设计的街道设施和分散公共艺术因素是作为认识第二乡村区域的重要姿态。

西埃德蒙顿商业街千姿百态的店铺设计来源于电影剪辑技术,满足于不同消费者的消费心理。这些现象说明了许多美国主要城市中的商业区的复兴,老式的百货公司正在被城市购物中心所取代。演技和零售业巧妙地混合也说明了詹姆斯(James Rouse)的成功,他是购物中心的开发商,将诸如波士顿的 Quincy Market、纽约的 South Street Seaport 和巴尔的摩 Harborplace 这些历史上著名地区改变成供顾客和游客娱乐的"节日市场"。从圣达菲(Santa Fe),新墨西哥到欧洲东部的布拉格(Prague)和布达佩斯(Budapest)的老城镇中心已经获得了同样的复兴,作为它们以前身份的商业形式象征,而文化机构从他们展示艺术和科学的方式上,以及他们创建博物馆商店,展示和出售与他们搜集和展览有关的商业产品的途径上,变得越来越像购物商场。理解主题公园、购物中心、文化机构和历史上有名地区的潜在联系以及他们市场趋动下的设计和管理的越来越相似的趋势，就是理解娱乐中的商业是怎样成为西方社会中经济和文化的趋动力量的，以及作为一个结果，许多当代景观设计涉及的范围已经成为基于娱乐的叙述和贸易的结合上的。[14]

作为商业机构和场所界定的主题公园

移动图像工业证明故事的视觉消费是一个适宜销售的商品。通过使它们经验化，沃尔特·埃利斯·迪斯尼〔Walter Elias("Walt")Disney, 1901~1966年〕发起了主题艺术，这种艺术现在渗透到许多建筑环境中和许多专业设计者的方法中。

剧院与花园之间的联系一直很紧密，将花园作为幻想和奇观的场所是一种传统的观点，勒·诺特设计的十七世纪的法国花园，作为戏剧性场所的序列，好像是Molière在沃-勒-维孔特府邸和凡尔赛舞台上演出真实的剧目。十八世纪英国贵族设计了他们在乡间的宅地，作为相关联的场所背景，那里的景色和遗迹会激起人们的沉思和幻想。其中，叙述起了作用。但是迪斯尼发明了乐园的概念，它是一个舞台，在这个舞台上，参观者能够参与进已经设计好的活动中。

迪斯尼乐园和它的后继者概括了二十世纪媒体驱动下的消费文化价值，以及美国生活中大型公司的增长的影响。他们同样抵御不切实际的理想主义的传统，这种理想主义包括：二十世纪公园建设者和二十世纪的规划师试图建立新的城镇来改善工业城市，或者提供一种替代模式来克服它的显而易见的弊端。迪斯尼希望提供一个极度实际的和具有教育性的体验来影响人们的行为，为人类带来幸福。他的具有革新精神的创造力在于认识到一个充满幻想的刺激景观能够传达这种使命，并与出现的电视媒体相结合，将成功地获得广大市场。

迪斯尼很好地懂得市场分析的重要，所以1953年，他雇佣了斯坦福研究机构来研究一个家庭乐园的位置选择，就像他创建的栩栩如生的电影一样，家庭乐园将是"过去和现在的人们通过我的想像所看到的世界，一个充满温暖和怀旧、幻想、色彩和愉快的场所"。[15] 规划中的圣安娜(Santa Ana)高速公路将洛杉矶和伯班克(Burbank)与Orange County连在一起，于是他的场地选择研究组联想到了加利福尼亚的阿纳海

姆(Anaheim)。在那里迪斯尼购买了64公顷(160英亩)的橘园，尽管他了解洛杉矶的专业建筑师，他很快就认定他的设想故事背景的联合，他创建的动画电影中的场所，以及他儿童时的家乡密苏里 Missouri Marceline——仅仅能够由具有位置设计和电影编剧技术经验的人们来完成。这就意味着沃尔特·迪斯尼(Walt Disney)公司的伯班克工作室的雇员：赫伯特·狄更斯·顿曼(Herbert Dickens Ryman, 1910~1988年)，迪斯尼的艺术家和漫画制作者，他画出的透视草图成为该项工程的基础，在此基础上获得了1700万美元的预备资金。

尽管迪斯尼乐园拥有令人愉快的游览线路，但它严格地避开与Coney Island和其他的海滩乐园相联系。而一百年前的世界博览会却与之非常相似，在博览会上，人们在一种原始的清洁气氛中聚集在一起，观看展览，这样的展览将他们带到新的工业技术时代，这个时代以新的产品来改善当代生活条件、社会习俗和其他文化下的手工艺品。迪斯尼的理想主义的设计程序强调：没有消极环境后果的适用科学的乐观主题，没有耻辱的历史，以及没有冲突的人类的不同点。

迪斯尼试图将他的公园的参观者从世界上每天的烦恼中解脱出来，提供他们休闲娱乐的时间和将他们带回到他自己的1900年左右的美国小镇的黄金时代的美景中，那时他还是个孩子。他也想富于想像力地将他们带到技术改善的将来。所以他的公园将不仅仅是一个时期的片段，还是现代的工程能够达到的更加完美的、乐观的情景剧。迪斯尼幻想者设计师(这是他富有想像力的设计组创造的名称)通过设置火车模型和不同尺度的舞台设施，引起人们对美国边界的、乡村的和早期工业时代的过去充满活力和健康的怀旧情结，重新获得了迪斯尼乐园中公众的认可。今天，沃尔特·迪斯尼开发幻想公司作为全球公司的一部分，主要负责公司的主题公园的建筑项目和规划，拥有一个设计工作组，包括1200个规划师、设计师、建筑师、景观设计师、工程师、计算机科学家，以及组织管理人员。

迪斯尼，就像购物中心的开发商一样，懂得对行人友好的、便于管理的、具有人性尺度和免费停车的环境的重要性。他采用人车分流，并使用有轨电车及其他高科技大众交通工具，清晰地区分出规划区域的入口。圣安娜高速路能将参观者带到迪斯尼乐园，而

不是这个区域之外的小路，即一条遍植绿树、有小型铁路环绕的边界线将公园与停车场隔开。这条小路界定了公园的外部界限，同时暗示了内部的"现实"世界(迪斯尼认为"想像是产生现实的模型"[16])，在混乱、令人沮丧的外部世界中无法通过想像来消除社会的、个人的问题。

　　表面上看来，产生于迪斯尼的想像中和Ryman的制图板上的设计，与1939年的纽约世界博览会上的设计并无显著区别(图14.8, 图12.35, 12.36)。使用一种古典主义风格和独特设计原则组合成的景观设计模式，Ryman创建了一条强烈的主轴线，由一条散步大道通向中心区域，远离中心区域建起一个焦点建筑，或者"weenie"("牛肉熏香肠"或热狗的俚语)，是迪斯尼用粗俗措辞来表示公园的视觉迷人之处的调料品。从中心放射出不同的放射带，形成更加自然的风格。小路附近，一些地区包含不规则设置的湖区。经过训练，具有一些艺术和建筑背景的漫画家，及在顿曼手下工作的

想像家，将公园构想为一部影片，以及一系列的电影镜头。在迪斯尼的带领下，他们迷恋上对细节的精确复制，但是在尺度上很随意，懂得视觉影响是很重要的。作为场地设计师，他们对加强的透视效果很熟悉，这种透视效果是当建筑从地平面上升起时，外观垂直尺寸的不断缩短所产生的对高度的错觉，所以第二层的尺寸是第一层的尺寸的5/8，依次类推，是他们在迪斯尼乐园创造性开发的一项技术。

　　可能因为当时正在创建电影《睡美人(Sleeping Beauty)》，也可能是因为看上去好像正好找到了对魅力的正确理解，迪斯尼和他的设计师们选择睡美人城堡作为他们的"Weenie"，加强的透视产生一种上升到空中的错觉，是他们想渗透到整个公园的神话故事特征的一个翱翔的标志。加强的透视同时也是Main Street创建中的一个重要的设计工具，同时也唤起了迪斯尼家乡密苏里Marceline的回忆，[17] 其中维多利亚时期的建筑细部来自克罗拉多的Fort Collins，因为一位最早

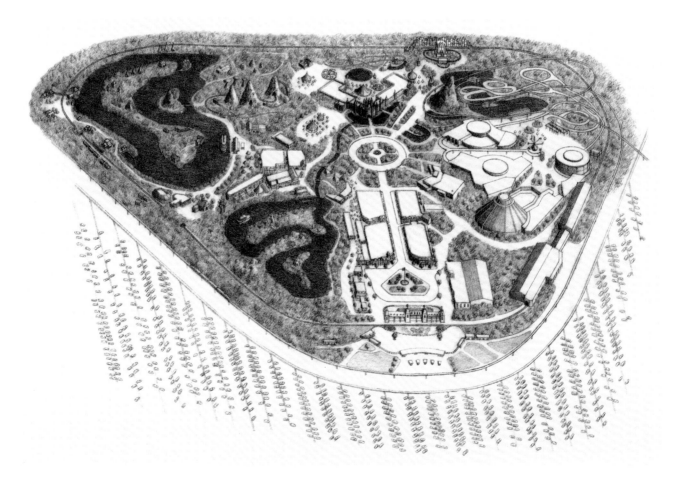

图14.8 加利福尼亚的阿纳海姆市(Anaheim)的迪斯尼乐园，由沃尔特·迪斯尼设计和开发的最初主题公园，与赫伯·顿曼(Herb Ryman)，John Hench，以及 Walt Disney Imagineering 的全体职员共同合作。

的迪斯尼幻想家哈珀(Harper Goff)是在那里长大的。同样影响后来重复出现在弗罗里达州奥兰多(Florida Orlando)附近的沃尔特·迪斯尼世界中(图14.9)。Main Street的西部风情是有意识形成的；Coney岛的大城市都市化——迪斯尼对这非常反感——被认为与东方相关。Main Street 被设计师们称为"第一幕"，是表达一切舒适程度的集合，这种表达被迪斯尼有选择地招募了一些具有高层训练素质的雇员。这些人员被鼓励以过去西部小镇上居民发自内心的友好为范例，真诚客气地对待游客。

受摩根·埃温斯〔(Morgan) "bill" Evans〕(他是迪斯尼为公园雇佣的一名景观设计师，是一位园丁的儿子)的鼓舞，迪斯尼认识到加利福尼亚的气候能够适合

种植各种各样的植物：热带的、亚热带的和温带气候条件下的植物。他同时也注意到这样广泛的植物材料的布局是怎样有创造性地作为主题背景的，以及一棵样品树是怎样被构想为他的三维小说中的主角之一，在那里，顾客和雇员融入了强化的自然环境中。加利福尼亚Glendale幻想总部的全体景观设计师与工作室的艺术家合作，密切关注色彩(图14.10)。在Fantasyland，具有亮粉、紫色和淡紫色的调色板在选择花和叶的色调中被反复摹仿。在冒险城(Adventureland)，豆荚和其他缺少梦幻但可引起情调的植物给景色增加了活泼的红色、色彩鲜明的橘红和亮黄的斑点。迪斯尼的园艺学家对植物进行精心养护，达到植物园的水平，因为长势良好的植被可有助于完成公司乐观的、具有幸福结尾的故事情节的叙述。这些细节是整个管理策略中的一部分。即时修复和清洁是迪斯尼管理风格从一开始就具有的特征，对模拟的历史上场景的保护，超过了人们喜欢的真实场景。

擅长电影序列的编辑，没有脱节的所有事物都天衣无缝地运行，迪斯尼的幻想家们认真妥善安排公园地带或者"土地"：Frontierland、冒险城(Adventureland)、梦幻城(Fantasyland)和明日城(Tomorrowland)间的过渡。每样东西，甚至是数量很多的垃圾箱，都被设计为每个"Land's"的场所和时代的特定风情。明日城盛行的现代流线型风格；冒险城的束埔寨、波利尼西亚和非洲主题；Frontierland的十九世纪的西方方言；梦幻城神话故事中起支配作用的术语——巴伐利亚和英国的风景园。然而，设计师如此熟练地调和这些风格，以至于一些连接建筑，如Plaza Pavilion 餐馆，在它们相对的立面出现了完全不同的建筑细节。穿着特制服装的员工和客人——迪斯尼公司愿意这样称呼他们的参观者或顾客——在公园里依序游览，进一步模糊了现实与幻想的区别。迪斯尼的设计师如此喜欢群众管理的技巧，以至于按顺序等待成为在游客接待地区的一种招待形式，摊贩也聚拢起来，到处都是纪念品商店。迪斯尼乐园合作友好的气氛也使参观者对企业主办者

图14.9 佛罗里达州(Florida)奥兰多市(Orlando)的沃尔特·迪斯尼世界中的魔幻王国的主要街道，由沃尔特·迪斯尼开发幻想公司设计，作为加利福尼亚的阿纳海姆市(Anaheim)的迪斯尼乐园主要街道的复制品。

图 14.10 佛罗里达州(Florida)奥兰多市(Orlando)的沃尔特·迪斯尼世界中的花床。

的业绩更加有信心，而它最初的几次展览是大公司资助的。迪斯尼公司作为一个友好的企业，吸引了许多公司愿意加盟参加开发和经营迪斯尼项目中。

不像十八世纪的英国公园，仅仅具有景观中的潜在联系的暗示性程序，迪斯尼乐园及它的追随者紧密地依照原计划进行。为了完成这个目标，最初的橘子树丛和所有其他的迪斯尼资产的原有特征在1954年建设开始时被消除了。迪斯尼的幻想家们没有像英国大型房地产花园的建造者那样引出"场所精神"，而是有创造性地复制、再现其他场所。为了给这些幻想家的创作源泉增加有价值的外国流行趋势，公司送他们去外地，感受当地风情，并可以作笔记、拍摄照片。但是由于明显的气候上的原因，迪斯尼的园艺学家并没有完全支持那些其他环境条件下植物配置，而是代之以混合本土和许多不同国家的植物种类来获得期望的效果。

迪斯尼乐园代表了美国景观的一种新的类型。基于这样一个前提，即随着拥有汽车、并愿意付费体验具有丰富故事性环境的家庭人口的增加，在这样环境下既可以怀旧又可以展望未来，既现实又充满幻想，是事实，同时也有科幻色彩；既自然，又是高科技的，这一切都很巧妙地融合在一起，并在娱乐中不断增强影响。这些造就了一种理念，即公园不再是免费向所有人开放的公益事业，而是商业行为。在这里，就像我们提到过的那样，公园与博览会一样，由公司参与，成为有主题的商业行为，为大众提供娱乐。

如果主题公园被看作是十九世纪的一项发明——世界博览会和在二十世纪后半叶对文化各方面都产生深刻影响的电影和电视的混合产物，它也能被看作是自身发展中产生的事物。将历史作为能够叙事的舞台场景的解释的看法是一个主题公园的策略，该策略已经被实施于对历史上著名的城镇和老的城市中心的保护之中。1856年，带着预知的恐惧，约翰·路斯金(John Ruskin)在《现代画家，第4卷》中写了他在瑞士预见的转变："Lucerne 由一排环绕于湖边的对称的旅馆组成，古桥已经被毁坏，在 Reuss 上有一座铁桥，沿着湖岸延伸的刺槐林步道。每个夏天阳光照射的下午，总会有一个德国乐队在尽端的中国寺庙下演奏，以及愉快的游客(欧洲文明的代表)以他们现代的方式"死亡舞蹈"在阿尔卑斯山前表演。[18]人们会对Ruskin描写的关于Lucerne的景象感到震撼，而欧洲其他许多古雅的城镇的美丽的自然景象已在广告和市场策略驱使下的大众旅游的利益争夺中散开了，这是路斯金做梦也没有想到的。

1921年，在"第二生命"中，爱尔兰诗人威廉(William Butler Yeats)哀悼："事情都崩溃了；中心不能再保留；纯粹的混乱弥漫了整个世界"。[19]在一个可怕的世纪中，旧的上帝主宰的世界秩序存在的必然性受到质疑，同时，浪漫的自然内在神性的暗示变得苍白，因此可以理解精神哲学作为文化基质的地位，将被代表个性和及时享乐的纯粹叙述过去故事和戏剧效果的场所所取代。不能否认大众旅游和历史遗迹的主题化有一定的社会和教育效益，但我们应该承认，叙述性的场地营建是一种影响较大、令人不安的文化模式，使得原本高度地方化的、特殊的场所被一种普及化的、快速到达的、没有固定位置的"场所"所取代。因此，有人傲慢地对待场地，似乎它们能很容易地被复制成是可替代的，一些特殊的场地的独特特性一方面被称赞，一方面却被贬值。基于意识形态的场所营建的文化偏见是目前西方世界观的代表，其中有关历史的现象，尤其是那些与民族自尊心和民族传统相联系的现象，是多文化视角的重要方面，已经成为自身权利上的一种文化价值。

在指出景观"主题"的趋势过程中，我们一定不能忽略一个事实，就是保护主义也包括对过去重要遗迹的真正尊敬的态度，过去的遗迹位于比探寻历史、主题娱乐、商业资产或者政治声明更深的层次。保护权威性的地标的愿望和保护自然区域的意识，对于整个星球的健康和人类的幸福来说是同样重要的。在面对新信息时代模仿的安逸和在持续的工业时代中不断增长的大规模的对"第一自然"的破坏的幽灵时，我们现在必须试图理解景观设计师和艺术家在最近几年中作为恢复管理论者、保护管理论者和暗喻的意味深长的大地艺术品的创造者所做的工作。

注 释

1.大家可能回忆起(见第4章、注10)，一个景观可能属于1个或3个领域：第一自然(荒地)，第二自然(耕作过的土地)，第三自然(通过某种文明的思想和理想表现和再现自然的园林)。我们可以临时为"第四自然"下一定义，认为机器不是园林("第三自然")的外来入侵者，而是与自然相连的一部分，结构中必要的和富有意味的组成部分；随着因特网技术的发明，创造新的空间领域的方式不再局限于物质的、物理的世界。不管人们对此抱批评或中立的态度，技术已渗入人类景观，并且包含了地球上更遥远的部分，深远且不可逆转。自动装置形式的机器和其他各种可操作的设施早已进入园林，工业化国家的农业已经完全依赖机械化，荒地每次都受到技术的冲击。但是此处假定的"第四自然"包含了一种合作，承认机器和技术已占据了人类灵魂，并促进了景观设计的发展。
2.一种社会学和历史学的文学体裁记载了纽约、新泽西、宾夕法尼亚的三处Levittown。这种耗资7000美元，占地750平方英尺，4间房屋的好望角式建筑的迅速流行——"大牧场"和"乡村俱乐部"的前身——Abraham Levitt和他的儿子William和Alfred所采用的方式，将工厂管理技术和技术革新引入制造业，家乡人改变他们的住宅，以适应变化了的个人环境的需要，这些都在Barbara Kelly的《扩展美国梦想：建造和再建Levittown》(1993)中有所涉及。社会学家和城市规划师Herbert Gans于1958年新泽西Levittown成立之初，在那里居住了2年，他在《Levittown：新的郊区社区的生活方式和政治》(纽约：万神庙书店，1969)中记述了这种社区的生活政策。Kenneth Jackson的《杂草丛生的边界：美国的郊区化》(纽约：牛津大学出版社，1985)和Cynthia L. Girling，Kenneth I. Helphand的《庭院、街道、公园：郊区开放空间设计》一样，都有一些关于Levittown的部分。Lakewood，是一处工薪阶级居住的郊区、建造较早，但名气不如Levittown、依造方格网规划，而不是像其他FHA推荐的曲线布局，被称为是一种历史现象，并能唤起人们的记忆，选自Donald J. Waidie，《圣地》的作者和长期居民(纽约：W.W. Norton公司，1996)。
3.《圣地》，36~37页。
4.同上，40页。
5.同上，59页。
6.Gwendolyn Wright，《纽约时报》，1999年2月7日星期天，第2版，37页。
7.Cynthia L. Girling，Kenneth I. Helphand《庭院、街道、公园》，30页。
8.Herbert Gans，《Levittown》(1967)，207页。
9.见Richard Longstreth，"两次战争间的十年里社区购物中心理论的蔓延"，《建筑历史学会杂志》，1997年9月，268~293页。
10.同上，278页。
11.同上，289页。
12.关于步行商业街和美国其他

"零售王国"的演变理论,见Peter G. Rowe,《创造中产阶级景观》(马萨诸塞,剑桥:麻省理工大学出版社,1991),第4章,109~147页。

13.见Walter Benjamin,《连拱廊建筑》(Das Passagen-Werk,Rolf Tiedemann 编,1982年)Howard Eiland,Kevin McLaughlin译(马萨诸塞,剑桥:哈佛大学出版社Belknap出版社,1999年)。其中关于百货商店的前身,19世纪法国连拱廊的讨论,作者将其作为喻体,说明他对现代化的思考。

14.商业街成为当代一种遍布世界各地的文化现象,见Margaret Crawford,"购物商业界的世界",《主题公园的变化》,Michael Sorkin编(纽约:Noonday出版社,1992年)。

15.引自Beth Dunlop,《营造梦想:迪斯尼建筑艺术》(纽约:Harry N.Abrams公司,1996年),25页。

16.同上、14页。

17.根据《纽约时报》1998年10月15日的文章,"那处垃圾堆(锰矿)——迪斯尼卧室窗外的渣土,却被装饰成魔法山,"迪斯尼乐园中主题滑行铁道路线的一部分。

18.引自"湖边的卢塞恩"中的标题文字(1845年),Joseph Mallord William Turner(1775~1851年),见2000年9月28日~2001年1月7日在Pierpont Morgan图书馆的展览"Ruskin的意大利,Ruskin的英国"中。Ruskin完成了这副水彩画,但于1865年售出,主要是由于他年轻时看到的瑞士阿尔卑斯山已发生了太大的变化,他不愿再想起。

19.William Butler Yeats,"第二次来"《Michael和舞者》,选自《W. B. Yeats作品集第1卷,诗歌》,再版(纽约:Macmillan印刷公司,1983年),187页。

第十五章

保护与发展：
保护、维护、艺术、运动和理论的景观

景观设计迅猛的变化是现代化的一个重要产物。随着现代步伐的加快和科学技术的继续运用，决定了当代社会中非凡的文化的统治地位，机器时代晚期和信息时代初期的越来越快的力量产生了巨大的影响力，这些变化使得空间和时间的含义同时扩大和缩减。甚至当我们期待能够到宇宙的外部空间旅行时，当代的宇宙论仅仅为宇宙网络中我们所处的位置作出了最偶然性的解释，正是因为这些原因，所有的事情都显得如此善变。场所将逐步呈现出一种流动状态。

正是由于现代物理学取代了旧的宇宙学论，证明外部空间是一个不确定的银河系的蔓生物，所以，以前曾使得郊区在主要都市中心轨道上呈星座般分布的离心力，称为边缘城市被无边界的新技术所取代，这是以前从未有过的人类无定形居住模式的一部分。这种无限延伸的都市化，就像一个变异的有机体，是无止境的景观转变过程的一部分。

在一个世纪的时间范围内，工业技术创造了一个全新的景观——电力网络、横跨大陆的高速公路和摩天大楼的城市，这些景观对不太遥远的过去的旅行者来说，是不可思议的。现代化的区域城市是一种新近出现的现象——具有松散连接点的城市团块，包含机场、高速路、巨大的街道网络和相应的路灯、霓虹灯的网络，以及耸立在许多郊区，居住区和购物中心的

装有空调的高层商业建筑。载客电梯，水道和输送冷热流水的管道，具有抽水马桶的卫生间，所有这些我们现在想当然的发展变化，在与改革了农业，从土地上集中了大量的人口并迫使他们进入城市的技术途径来比，是渺小的。城市主义已经渗透到乡村景观中，暗喻"公园里的机器"。利奥·马科斯(leo Marx)在他的以此命名的书中，从文学的角度进行了分析，这种解释现在可能被转化了。中央公园，典型的"城市中的乡村"，可以被称作"机器中的花园"，位于纽约市，大西洋海岸边的巨大都市的中心地带，它的范围由波士顿一直延伸到了华盛顿。

甚至在还没有郊区化的地方，随着工业技术改变了食品的生产方式，高效的交通运输系统促进了国内和国际间的易腐商品的运送，农业作为一个经济支柱和个体家庭谋生的手段的作用几乎消失了。许多乡村土地的恢复，促进了第二次增长，大家认为其作为风景资源比作为种植场或牧场更具有价值。仍然存在的地方农业成为很小的一部分，或者一个满足市场扩大的需要的特定事物。当大多数人的居住地成为个人选择时，农村居民的增多并不意味着农业产业的兴旺。

法人的特许权助长了郊区开发者在地方区域的殖民化。全球资本化的力量已渗透到世界每一个角落。在大量市场和广告的影响下，他们形成了一个普遍的

文化，使国家和地区的自身特征越来越不突出，即便越来越多的游客到遥远的地方旅行是为了寻找当地的特色。

向心力和离心力一直在同时起作用。美国和其他地方的城市希望通过在核心区更新投资资本和退休夫妇、年轻职员的居住收益手段来扭转近年来的下降趋势，但其作为居所的吸引力以及作为旅游者目的地和娱乐中心的作用正在增长。从而，我们在二十世纪初期看到一个城市的转变并不像前一世纪幻想家所寻找的政府的规划，而是自由的事业。一些城市不再是生产和贸易的中心，它们根据服务经济来提升自身的发展，成为一个比在郊区所能看到的更灵活的生活方式。许多城市重新配置工业滨水地区作为散步的场所，沿路有餐馆、运动设施和户外节庆广场；对原有的商业不动产进行翻新，改造为购物中心风格的商店和剧院；将工业建筑转变成公寓楼、商店、艺术家的工作室和画廊；收回遗弃的铁轨和运河，确定为竞走和自行车专用路线。文化中心、复杂的娱乐方式和观众运动的竞技场几乎随着每一个同时代的城市日常变化而变化。这些与电子游戏廊、健身俱乐部、乒乓球中心和其他舒适消遣设施一起，使得城市的场所越来越致力于满足个人的需要。

此外就暗含在西方工业国家和日本的民主价值中对所谓的娱乐活动的权利的感觉而言，娱乐继续带来新的土地利用和景观设计，这一点可被在不同国家、不同气候条件下，甚至沙漠地带所建造的高尔夫球场所证明，这种起源于15世纪苏格兰海湾带状土地上的冷僻的运动后来却流行起来。然而，极具讽刺意味的是，在适应新型娱乐形式的过程中，大都市周围的乡村景观逐渐城市化，它的自然城郊也已消失，但它自身却变得越来越自然化。

前一章所论及的摄影技术与景观的关系在迅速地增强，作为一种流派，景观摄影增强了对诗学场所、记录时代外貌和场地应用的建筑档案的欣赏。今天，关于景观和城市历史的照片提供了对它们原有面貌的有价值的记录，给维护主义者提供了帮助，并对公众进行了教育。航片是文化地理学家对本地景观进行理解的一个重要的工具。帕特里克·盖迪(Patrick Geddes)倡导他从眺望塔看到的宏观场景，即完全以一个全景的鸟瞰视角来看待城市和它们的地区景观，可以看到

建筑的全貌，近范围内的细节和混乱从视野里消失了，现在已成为大家的共识。更进一步地说，摄影是不可缺少的技术手段，通过它，大地艺术家或者临时自然文献中概念的片段，得到认可。

另外，摄影改变了我们理解城市的方式。电影用它剪辑的画面使我们感到身心愉悦，从众多的视觉刺激中选择相关的片段，重新汇编成一个紧凑的个人图像和感官的、符号性的叙述。从某种程度来说，城市居民都是电影导演；如果没有这样的合成概念的方法，理解大都市和在非个人的浩瀚空间中感到舒适将是困难的。作为日常生活中的一个重要的娱乐方式，电影成为当代无所事事的形式，成为大都市每天追求上演的剧目。正如城市设计分析家凯文·林奇(Kevin Lynch)所讲的，城市的精神地图是通过个人的标识过程来解析的一种方法。[1] 著名的建筑和重要的公共场所，以及满足我们个人需要的一些设施的位置，成为心目中的地理标志。随着城市迅速的扩大和散播，想像的概念形式是我们能够辨别周围事物的惟一途径。对分散结构哲学家雅各布·德瑞达(Jacques Derrida, b.1930)来说，就像电影和照片剪辑画一样，城市公共场所成为一个多样的、同时发生的和连续的非个人的容器。

通讯和交通如报纸、收音机和电视广播、公共汽车和地铁，形成的网络缓和了现代城市和郊区的不可理解性。根据这些运动的线路和信息的渠道，综合信息的媒体，以及航行的方式，我们理解了城市。广告形式的摄影渗透入这些网络之中，控制了重要的公共场所，这些场所拥有大量的交通流量。由于二分性，我们变得很舒适，身体坐在家中电视机前，同时由于有了新闻业漫游各地的工作人员，我们的思想却到孟加拉国，那里刚发生了灾难，或者在城市的另一个角落，那里有一场凶杀案。[2] 我们遨游在可视刺激的海洋中，并且我们所能专注的事物不再是我们周围看得见的东西，而是其他地方另一个现实中的表现所唤起的精神上的映像。

随着城市生活和文化的商品化，摄影在使公共环境充满情色的过程中起了显著的作用。图片的刺激被作为广告扩散到公共汽车候车亭、布告栏和电影篷上。由呈波状起伏的霓虹灯和移动的车灯形成的海洋，这样的空间模糊的夜城可以认为是奇异的，超现实主义

的一面，迎合了摄影已经在屏幕和街上所展示的迷人的梦想和愿望。不管是白天还是晚上，商店的橱窗显示了城市环境的多样化。以前的由石头和砖块、铁、玻璃形成的城市景观，正在被转化成实质上覆没现实标志的景色。

城市作为人类奋斗、社交和娱乐的舞台，不管它的丑陋、郊区的蔓延和汽车对城市自然结构以及场所的历程的破坏性影响，它都一直持续发展着。购物作为消遣娱乐的一种形式，是消费社会的一个特点。甚至当面对电子商务和邮购目录时，人们一直重视第五大道和密歇根大道(Michigan Avenue)以及购物中心。当今时代，烟囱工厂充斥的城市让位于混合着商业和娱乐的城市。

然而，仍然存在一种不舒服和失落的感觉。空间的商业化，由于有了重型的移动和建造装备，自然和人工环境可以随意转换，使人与自然间的纽带变得单薄，与过去的维系也变得脆弱。就像一些代表时代的强有力的文献资料现在被毁坏了一样，同样，一代人创建的建筑奇迹被下一代所毁坏。为了社会价值而创建公园的承诺也消失了。美国的市政府不再维护他们一个世纪前建立的公园，必须依靠不同层次的市民的积极性来保护和维持。显而易见，建筑的景观具有许多真实的永久性，而不是我们通过重复的维护和保护行动所能达到的，这种观点成为一种幻想。

许多人担心推动现代化的浮士德力量可能趋向失控。人类和自然的关系已经完全颠倒了。人类获得了歌德在《浮士德(第二部)》中预言的技术力量，不再是自然的附属，行动变得粗野：污染空气和水，破坏森林和湿地，使许多野生物种减少或灭绝。正是由于这些，当代社会现在可以带有一定程度的恐慌来回忆过去。十九和二十世纪人类仅仅信仰环境工程的结果，同时消失的还有乐观主义和对技术是自然的伙伴的信仰，这些是现代主义的支持者，本顿·麦克野(Benton Mackaye)、克里斯托夫·唐纳德(Christopher Tunnard)和盖略特·艾克博(Garrett Eckbo)所表达的(见第12章、13章)。相反，环境运动，由于其广阔的覆盖面和有时致力于制止破坏地球的行为，获得了从二十世纪70年代以来的工业国家广泛的支持。

就像荒野之地一样，历史上的景观承受了许多苦难，一些已经通过立法得到保护，但面对经济和政治力量所造成的侵犯和破坏仍非常脆弱。尤其在美国，那里的市民极其疯狂地开发土地，汽车道路文化是土地利用的有力的决定因素，许多曾经很美的乡镇不仅被填塞，而且沿着边缘出现了高速公路，高速公路的边上有加油站、授权的快餐店以及其他的商业，具有大规模的和能够吸引快速经过的乘客注意力的标示牌。

二十世纪大量的历史建筑物，被交通工程师和"城市更新"设计师进行了任意地根除，更加残酷无情地对待城市，甚至比十九世纪的巴黎豪萨门"破坏的程度"还为严重。现代主义的激进分子，故意忽视历史，结果产生了与过去相比明显的不连续性。相应地产生了一个普遍认可的观点：建筑和城市主义传统的形式受到危害。这些观点有助于解释对路标的设计和对环境的高度保护一直持续到今天的原因。

但是正当环境的管理不可避免地将自然转换成人类的有价值的保护地时，一个完全值得称赞的迟来的努力——建筑环境的保护，却变得近似于傲慢。以前，我们建立纪念物，尊为我们的道德契约，表示现在和未来的公民将坚持过去的英雄所代表的价值。这些都服从于一个对历史的迷恋，成为体验建筑和人造物品的一种手段，社会和经济实践以及失去的工业技术时代前的设计技能。然而，汽车运输和现代的技术服务的基础设施使得旅游成为可能，殖民地威廉斯堡以及它的相对应部分巧妙地迎合了此目的，导游解释了这些记录，满足了人们想以过去的舒适生活为样本，寻找替代品的愿望。主题公园由于同样的原因也模仿了过去的情况，今天的一些历史小镇和城市中心与其有着明显的区别，仅仅是由于它们占据了一个真实的历史场所。

作为对二十世纪晚期美国建筑毫无特色、奉应商业需求、繁琐混乱景观的反思，同时对现有社会秩序和传统纪念物标志价值的质疑，导致了概念艺术的产生，鼓励观察者考虑熵的内涵。不像主题公园的开发商，针对团体消费人群创建熟悉的产品，艺术家们用大规模的景观转变来创建小说般富有诗意的场所空间，这样做对应于消费社会的价值观，他们的构想可看作是艺术的商品化。他们的艺术作品中描绘的是对时代的一种态度，其中"不管是过去还是将来，都将被置入一个客观的存在中"。[3] 由罗伯特·史密逊(Robert Smithson)和一群追随他的艺术家们倡导的大地艺术运动，反对艺术表达的传统方式和展示艺术的社会公共机构框架，创建了一种新类型的反纪念性，纪念性艺术"并不是为时代而创立，而是反时代的"。[4] 史密逊和其他的大地艺术家认为这个社会只能提供大量平庸的产品，就像早期的超现实主义艺术家一样，将改变本性和失去人性的空虚——"一个'将来的城市'由空的结构和外表构成，这些均不具备自然的作用，但是仅存在于思想和物质之间，从两者中分离出来，却不代表任一方"[5]——看作是一个隐喻的恰如其分的表达。他们经常在沙漠中为他们的作品寻找场地。在那里，运用重型移动土方装备，他们以一个相似规模和天地间相同的宇宙哲学的关系构建了，这种形式就像土堆和其他的在史前宗教中心发现的土筑工事一样。

今天，在当代西方思想和生活中，我们找到了一个通向心理学和实验的方向，智力焦点都集中在注释和事实的搜集方面。当代的西方文化，缺乏一种拱形的、社会包容的宗教或者意识形态结构，不断为历史和历史的修正主义所困扰。它强调个人经历、个体权利以及自我。在国外散居的人企图复制旧的社会习俗和熟悉的环境，土生土长的人们却受到这种从熟悉到陌生的转变的威胁，但仍然坚持传统形式，作为维持自我意识和自尊的一种形式。正如文化地理学家戴维·劳温萨尔(David Lowenthal)所断定的那样，由于当今世界被许多病态的和不确定因素所困扰，人们"回到祖先的遗产，随着发展希望的黯然失色，继承以传统来安慰我们"。[6] 目前我们面临的挑战是通过将我们对场地的短暂自然的理解转变成确定的说明来保护将来，通过保护一些优秀的旧的场所来创建新的场所，同时敢于相信我们创建新事物的能力。我们的成功将依赖于我们的技能和运气，达到在设计中比现在更好地理解生态过程和历史、自然在人类生活中的作用。

I.维护过去：遗留地、个性、旅游景观和新城市主义社会

景观的保护是投资于环境的特定部分的过程，这些环境包括具有历史意义、美学价值和象征性意图的设计空间和本地场所。因为所有的建筑物和创建的人工制品都会随着时间的推移被改变和变坏，所以保护也意味着重建。如果所保护和恢复的对象包含足够重大的、美的和神秘的价值，可作为更广泛意义上的文化遗产，通常会发生以其他文脉的方式对原有的历史形式进行大规模的再生产和复制。

保护文化遗产

在1893年芝加哥的国际美洲展览中，宾夕法尼亚州的建筑是费城独立会堂的精确复制品，或者更是对它的召唤，这个复制品在尺寸和建筑规模上做了变更。它与几座为纪念哥伦布发现美洲新大陆400周年(1年后)的州立建筑一起，还联系到共和国的建立者，它有助于加快殖民地的复兴，这些已经在1876年的费城百年展览中受到激发。殖民地的复兴风格和新古典主义艺术风格先后散播开来，后者在环绕丹尼尔·伯恩汉姆(Daniel Burnham)的光荣之厅(court of Honor)的巨大白色建筑上得到体现(图9.56)。具有里程碑意义的独立会堂复制品的神圣和叙述价值，以及殖民地复兴时的整个设计词汇是显而易见的；美国相对简短的历史被有意识地置于神秘之中，它包含单一的、对勤勉的、喜好自由的人们的提炼。所以能够在现在的一些地方建筑中找到许多独立会堂、弗农山庄和其他闪耀着自由和国家基础的建筑并不令人感到惊讶。而且，显而易见的是，在迪斯尼的梦幻王国里，美国的精力充沛和它的人民是这个主题公园里最重要的信息，而为什么会有"微型环境"的独立会堂的复制品(图15.1)。

不顾现代主义的抨击、反对，在表示目前价值中的历史保护作用有助于解释"风格"的持续性。就像一系列永无止境的自我反射的镜子中的景象一样，这些对过去的模仿常常是其他对过去的早期模仿的二次模仿。诸如此类，在这种连锁进程中，旧的形式被继续授予新的含义。景观清除了政治的怨恨和普通的烦恼，突出了前时代的神秘性——不管是古希腊还是殖民地美国——保持了它们对人类想像的控制，成为身份和意识形态的图腾。

但是继承下来的图标并没有在个人的记忆中留下太多痕迹。凯文·林奇(Kevin Lynch, 1918～1984年)，是一位有影响的教师，环境设计理论家以及思想丰富的作家，在对场地的研究中，建议："我们应该开始纪

图 15.1 佛罗里达州(Florida)奥兰多市(Orlando)的沃尔特·迪斯尼世界
中的魔幻王国的独立会堂

念普通地区的普通人的历史，因为对我们来说，当地的、熟悉的时期具有比国家文献记载的显赫时期更有意义"。[7] 林奇对超越停滞，对如此众多的历史保护的"淡黄色的保护"质量很感兴趣。一个更为灵活的保护模式包括时间的证据——穿越特定空间的事件的潮起潮落——将会编入所珍爱的变化的空间记号，它将纪念生与死。林奇听起来有点激进的观点是"保护并破坏自然的环境来支持和丰富使用它的人们对时代的感觉"。[8]

多劳丽丝·海登(Dolores Hayden)，耶鲁大学美国研究所的建筑学和城市主义学的教授，与林奇一同关注于寻找开发普通场所的纪念价值的策略，将普通人的生活和他们面临的环境联系起来。海登花费了超过8年的时间"通过历史学家、设计师和艺术家的实践共同合作的努力，将妇女的历史和种族历史定位于商业区(洛杉矶)公共场所"。[9] 海登及其他人的努力得益于正在变化的文化气候。有时令人感到不太完美的是，这种文化气候寻求对社会做出贡献的男女同等的尊敬，同时给予许多不同种族背景的男女英雄荣誉。这个不容变更的事实一直保留着，那就是许多保护的观点一直坚持关注那些突出的个体建筑、城市景观和园林，这些都是由那个时代的杰出人物投入了大量的财力和设计才能而建成的。另外，尽管现代对英雄的情感和宗教以及爱国的公共纪念物还存有一种厌恶感，在历史的保护景观中表现出来的过去的一些思想和价值观对今天的人们仍继续保持重要的象征意义。

保护作为赋予建筑环境的纪念价值的一种手段，而自然资源保护与其有着紧密联系，是保护自然区域使其免受人类活动的破坏，因为人类的活动危害到场所和其他物种的栖息地的基本质量。保护和自然资源保护在十九世纪后半期作为一个重要的目标出现了。自从二十世纪60年代以来(这是一个社会和政治发生大范围的变化，培育人民主义和民主权利的时期)，对巨大的人口增长和迅猛发展的可怕后果以及未受到制止的工业污染的认识，推动了有组织的运动，这种运动继续向着保护和自然资源保护的目标前进。

尽管保护组织经常具有一种反城市的偏见，所以漠视关于城市设计的观点，但两种力量——保护和自然资源保护——对景观的规范来讲都是必需的，这种规范将环境视为统一的连续体。在这个连续体中，自然被公正地理解为无处不在，无论是密集的城市邻里空间还是荒野。出于整体考虑，为了获得可行的景观规范，接受并帮助塑造新的工业发展也是必须的，因为它是绝大部分现代经济的主要支柱，也是维持大众较高生活水平的手段。在计算机技术和以太网的支持下，新的全球信息系统的传播力量和管理能力将有望协助形成相应的全球职位的必要规范。作为一种营造空间的事业，我们的任务是，当我们检验保护和自然资源保护如何影响景观时，应倡导这样一种结果。

保护文化特性

文化的转变被引到两个方向，对将来充满热情，同时也怀念过去。尤其是在巨大的技术变化、经济压力和社会混乱的时代，人们对恢复过去的幻想感到快乐。这个时代他们幻想生活是简单的和回报最多，职业技能是诚实的，人们是繁荣的，以及社区间和睦相处。尽管这是一个对历史完全改编的版本，但是对过去的捕捉为今天提供了有价值的符号特征。过去时代的人造物体、建筑和景观被投注以价值和含义，以及严阵以待的高贵神像，成为历史学家和鉴定家的兴趣所在。在寻找尊重祖先的形式和古老的生活方式的过程中，含有一个道义上的尺度和有教育意义的因素。在这个重心集合点的周围，国家和社区的价值能够连结在一起。

新型的英国小镇，有关它的起源我们在第六章中已提到，在1780～1830年，美国的早期工业时代达到了它的最高点。[10] 大多数新型英国小镇安逸地居住在处于多丘陵和多山的地带，后来被经济的发展绕道而过。随着铁路找到了更多可行的路线和向西部更深地延伸，它们逐渐成为人口减少的穷乡僻壤。大多数移民涌向较大的城市中心和富裕的农业基地。但是在十九世纪中期，来自纽约和波士顿的富裕人们，开始在斯托伍德、曼彻斯特、伯克郡其他城镇和其他地方的summer殖民地中定居。这些分时间的市民潮有助于形成乡村促进协会(Village Improvement Societies)，目的是沿着城镇的基本道路植树，使其转变成绿草成茵的、像公园一样的风景，他们的中心地带，曾在清教徒时代是一片牧场，大多一直保持为荒凉之地，功利的、普通的空间，直到形成这种景观。

在他的简短但影响力大的生涯中，安德鲁·杰克逊·唐宁(Andrew Jackson Downing)是以这种方式美化城镇和乡村的一位早期的改变信仰者。在唐宁时代，十九世纪中期，房屋被饰以撑架，被粉刷以当时流行的黄褐色的砂岩和其他的泥土颜色。但是随后的1876年的百年纪念，随着国家开始向大规模工业化行进，早期的保护主义者，通过采纳一个更加简单、优美的再现殖民地和联邦时期的建筑风格，将他们自身与国家的起源象征性地联系起来，这些保护主义者是可敬的社区中的兴趣制造者，这些社区是夏天的居民和分享同样的盎格鲁撒克逊伦理学起源的相处融洽的当地人组成的集团。例如，在康涅狄格州Litchfield，居民复建了殖民地风格的房子，他们把房子粉刷成白色，但原始的模式大多是不粉刷的，与百叶窗和其他木饰的黑色或暗绿色形成优美的对比。曾经环绕殖民地房屋的库房、谷仓和其他的不吸引人的乡村设施，没有被编入复原的项目之中。为了纪念国家的百年纪念日，Litchfield的乡村促进协会规则地种植了庭荫榆树，它的拱形的枝条很快就遮住了主要的街道。以这种方式，Litchfield和沙伦，Stockbridge以及其他的新英格兰翻新的早期例子一起，提出一个早期美国的综合形象，一个惊奇的、绿色的、白色的和充满尖阁、尖塔的地方。

在这种类型的历史保护中，有一个逃避现实的因素，即逃避工业城市充满了他们不同的移民人口所带来的问题。而且，还有一个势利的因素，表达殖民地主题是对传统防卫功能的民主声明，一种在瞬息万变

的社会中挽救地位和尊严的手段。在合众国的美德和社会的礼仪的虚饰外表之下，在工业企业中获得高收入的居民对某一地方美德和礼仪的认识理解程度要远不如住在这一地方收入低但看重历史和文化的居民那么深。

重建的新英格兰城镇在一些美国人的想像中确立了神圣的地位，成为繁荣的、性质相同的、处于一种友好共生状态的个体生活的核心社区的象征。它的建筑形式作为一种普通的语言被早期的购物商场和其他小块土地的开发者所使用，这一点我们可以从对建在环绕莱维敦(Levittown)一系列的"乡村绿带"的Cape Cod殖民地房屋的讨论中可以看出。由于被连锁旅店和特许企业占据，殖民地恢复体系成为一种普遍语言，通过将特殊的商业合作与爱国情感结合起来培育顾客信任的一种手段。

刺激新英格兰保护运动的同样力量促使市民努力保护过去的南方和国家其他地区的历史景观。领导这些运动的经常是妇女，她们中的许多人属于系统的组织，如得克萨斯共和党的殖民地贵妇人和少女联合(Alamo 的保护者和保管人)。1931 年，在南卡罗来纳州的查尔斯顿，通过了第一部永久的设计审查的法令，规定在标明历史区域内的私人财产拥有者改建时，应提交计划等待批准。

对殖民地遗产的热情扩展，超过了它的盎格鲁撒克逊新教徒形式。在加利福尼亚州、新墨西哥州、得克萨斯州和佛罗里达，英裔血统的美国人搬用了一种西班牙殖民地的设计方法，并以浪漫的方式处理传道风格。然而，路易斯安那的居民欣喜地看待残留的法国殖民地。到二十世纪50 年代中期，大约10 个美国城市，包括 Santa Barbara 和新奥尔良(New Orleans)都有历史上的保护区。这种类型的保护，就像已被确认的主题公园，将景观看作为历史上的故事，这些故事强调部分是最有吸引力和值得称赞的，略去那些可能会带来窘境的，如奴隶制。

在历史上著名的地区沿着批准的线路进行复建，导致了大范围的对历史胜地的复制。在一些地方，这个过程也成为时髦的制造神秘方面的一种实践。其中，限制性的合约和一个严格的建筑改善过程已经编成了设计，结果导致了建筑师和工程师模仿过去，创建大规模景观展现当地文化特征。这些思想中最显著的是圣

达菲，新墨西哥州，这些地方的盎格鲁撒克逊人们居住在土坯房中，这是对旧的西班牙模式要宽敞。这种模式的原型是原始的美国西南部印第安村庄的建筑和原材料。[11] 没有人介意不整齐的土坯加油站和高速公路上的购物中心，但是可以理解一些西班牙人和本土的美国人对非本地人霸权式地侵占当地文化和景观的行为的怨恨，这些人身着城市的极其变形的传统设计外衣，就像一条五颜六色的围巾，经常认为它的生活中的例证是低阶级的。但是，从经济上来讲，在资金不充分的情况下，高度阐述性地历史保护成为糖衣炮弹，以这种方式培育历史形象的城市如圣达菲，成为吸引旅游者的地方。这些城市拒绝接受将文化景观进行转变的机会，从旅游者的商业往来中获得繁荣。

保护文化旅游业

殖民地威廉斯堡参照迪斯尼乐园主题公园的理念来倡导保护历史景观，以吸引游客。约翰·D·洛克菲勒·Jr(John D Rockefeller Jr.)，这位慈善的倡导者就像沃尔特·迪斯尼，倡议对弗吉尼亚州的威廉斯堡进行转变，将其从一个沉睡的南部小镇转变成熙熙攘攘的观光者的麦加，这就是他的梦想，受到了大家欢迎。1926 年开始，他收复了 82 座十八世纪的建筑，随后移走 720 座房屋，和重建了 341 座殖民地的建筑，他的依据是最可行的，但有些粗略，最后创建了殖民地威廉斯堡。重新安置了黑人居民，隐藏了权利界限，禁

图 15.2 威廉斯堡(Williamsburg)殖民地统治者官邸的花园，由亚瑟·A·舒克利夫设计 1930。

止在历史上著名的区域行车。洛克菲勒的意图是，在穿着特定服装的导游的帮助下，来到威廉斯堡的游客能感觉到像是在另一个世纪旅行，同时也像在另一块土地上旅行一样能带来教育意义。[12]

任何人都可以肯定地评价，威廉斯堡公园的美丽，在弗吉尼亚还是一个殖民地时，没有人喜欢(图 6.50)。这里的公园考古学很少是严格的或者科学的，景观设计师亚瑟·A·舒克利夫(Arthur A.Shurcliff，1870~1957 年)，洛克菲勒殖民地威廉斯堡设计组的成员，以一种极高的解释性的方式，发展他的恢复性设计。[13] 威廉斯堡市长的夫人在她的日记的前面部分描述了她对当地景观恢复的热情：

> 1931 年 5 月 22 日。今天舒克利夫先生又像羊栏边上的狼一样下来了，他冲进冲出好几次，记录我们院中所有种类的、令人感到奇怪的"景观"，用图表和平面图表示出来，他的头撞到了黄杨上……舒克利夫先生受伤了，并且由于我们缺少欣赏而深感悲痛，因为我们宣布不需要更多的黄杨迷宫和树篱遍布的小院！[14]

然而，她发现所有整齐砖块的移置和排列形成的线路是一个迷人的奇观。由于在维护方面的大量投资，殖民地威廉斯堡的重建公园形成了不同层次美好的季节性展示和整年的洁净程度，这些在最初的时期是不可能实现的(图 15.2)。[15]

在保护和恢复的行动中，对过去自然痕迹进行装饰美化的趋势反映了我们对它所包含的记忆或者神秘的尊敬。现在的、恢复的或重建的景观充满了浪漫主义的金色光芒，让人回忆起过去，也说明了迪斯尼的主题公园和殖民地威廉斯堡是光辉的、优美的。它也说明了佛罗里达 Celebration 的一系列的特征：迪斯尼公司投资、建设和开拓市场的新型城镇；一个典型的景观，在那里，每一天都是昨天，或者更确切地说是同样怀旧的回忆时间(图 15.3)。Celebration 的新古典主义、后现代主义的设计师们从占优势地位的迪斯尼乐园主要街道上的时空主题中得到启示，这个中西部小镇的虚构黄金时代的乐园似乎处于十九世纪末期到二十世纪的前 40 年。由于怀旧的力量，我们已经发现在工艺美术运动中，这种建筑的折衷主义反映了对强

大的、主要的工业时代的力量的否定和对早期的简单时代的向往，所以假定那时，邻居是相邻的，人们在社区常规的娱乐中引导生活走向富裕。由它的母公司进行政府的控制，Celebration 是历史上的别具风味的社会生活风格的一个受到广泛宣传和极具竞争力的例子，在新市主义的设计规则下，其他的开发商也仿照它向住宅买方提供产品。这些社区不仅是为了装饰，还将一些实践原则运用到目前扩张的，杂乱的都市中，这些原则包含可工作，可居住，是在二十世纪50年代晚期、60年代早期被吉恩·雅各布(Jane Jacobs)和其他美国规划实践批评家所提出。

保护和新城市主义

通过与过去的传统相连的方式来验证我们目前的生活，对我们的心理健康来讲是必需的，因此保护主义不仅仅是建筑鉴赏，对祖先的虔敬，或者简单的怀旧。吉恩·雅各布(Jane Jacobs，1916)在他的经典作品《美国城市的生与死(1961)》中对城市更新进行了猛烈的抨击，这场争论是保护主义者的呼声，珍视传统的城市主义并不是因为美学或者任何出于历史的特殊尊敬。他的保护主义观点并不同于寻求社会优雅的努力者或者在邻近复苏的贫民区里的贵族家庭拥有者的言论。

就像我们在第十二章所看到的，雅各布促进了十九世纪城市的街道模式和土地利用，在它的人行道和一层的商业设施中人们可以进行连续的可视性交流。这种模式和当局规划师强加给美国城市的单一功能区、大规模街区和高速公路模式相比，要更安全、更活泼。汽车和服务业的发展使得人们工作、生活于广泛分散的地方成为可能。在二十世纪50年代后期，大量的汽车拥有者和联合的高速公路建设计划加速了郊区的扩张，人们在城市间的流动已成为美国大都市的普遍现象。除了少量文化底蕴丰富的老城区还存在外，如纽约和波士顿，中产阶级的城市生活实际上已经消失了。

雅各布的言论覆盖了传统智慧的表面，产生了一些景观。用一种新闻记者敏锐的眼光来看待普遍感觉的细节和实践，她断定人们之间的交流会产生良好的邻里关系；例如她及她的家人曾居住过的格林威治乡村，她认为有效地回收旧的房屋，并将其改善，对穷人来说，比简单地盖高楼要好，因为在那里，公共空

图 15.3　佛罗里达州(Florida)的 Celebration，由罗伯特·A·M·斯特思和其他迪斯尼建筑师创建的模式手册是 Celebration 的偏向南部重点的折衷主义的源泉。

间是绿色的，但是却是冷酷无情的，一般来讲是不安全的。人们可以从历史上的公寓街区的构造中得到教训，里面有不卫生、拥挤等各种弊病。

雅各布的言辞，获得一个越来越多的真实情况的共鸣，这在当时的设计圈子内是不被理解的。继从罗伯特·莫斯(Robert Moses)的设计下曼哈顿高速路所造成的破坏中挽救 Soho(下曼哈顿的仓库所在地)的斗争之后，她成为文艺复兴的始祖，并鼓舞了其他城市中对半废弃工业场所的保护，并使之成为动荡的公司环带，充满了艺术画廊、商店、餐馆和有阁楼的住宅。

今天，新城市主义的实践家们在很大程度上坚持以雅各布的思想为基础的设计原则，当他们寻求应用步行优先、综合多用处的设计原则来纠正他们在目前单调的、蔓延的郊区景观和老城市的毁坏部分构想所产生的错误，在这些老城市中有诸多机会存在，来回收不动产和重新设计的附近地区。DPZ建筑公司的领导安德列·杜安内(Andres Duany，1950)和 Elizabeth Plater-Zyberk(b.1950)以及 Calthorpe Associates 的皮特·开特郝波(Peter Calthorpe，1949)是新城市主义的重要的传播者。他们的最主要的目标是以纪律约束汽车和公共领地的建设来重新创造社区错过的机会。对新城市主义者来讲，街道不仅仅是交流场地，而且是城市信息集汇之地。通过迫使作为郊区居民统治者的"大王车"退位，以及否定交通设计者的常规方案(这些设计者的主要目的是使汽车交通更具有效性)，他们重

新评价了街道,将其作为人们的一个重要的公共场所。为了完成这些,他们更新了街道上的历史上著名的附属物、人行道、老城市的固定设施以及他们的有轨电车郊区。他们规划邻近地区,在一个等级排列的道路网上组织建筑场所和交通。为了减慢机动车的行驶速度,这些街道都尽可能压缩宽度。路边停车场代替了大量的场外停车场,树木遮住了汽车,使它们不至于明显。

新城市主义者的规划在尺寸上是紧凑的,每英亩上拥有比常规的郊区更高的密度,所以学校和商店具有令人舒适的步行距离,四分之一英里——"五分钟步行距离"——DPZ认为这是从邻里中心向四周扩展最合适的半径。所以家庭不需要过多的汽车,一辆足矣,孩子们不需要坐出租或者公交车去学校,同时不再开车的老人也不必被迫搬家,仍可一直过独立的生活。

新城市主义者社区的公共场所也采取了乡村绿化形式这种新型英国小镇的普遍持续时间很长的遗产。就像人行道,这些促进了面对面的相遇,因此,增强了社区的精神。不像传统的现代郊区,那里的公园(如果他们完全存在)随机地定位在残留的不适合住宅的发展的块状土地上,这些绿地是规划中的中心因素,对周围的发展来说是核心。他们成为可以确认的城镇的中心,被它们周围的建筑很好地限定了。自从多用途在新城市主义者的规划中成为一个主要的规则后,当地的学校、城内住宅、零售中心、城内住宅、公寓和办公室,通常组合在一起。多用途意味着在新城市主义者社区里要比在一个典型的郊区有更多的人口多样性和人们群组之间更多的相互作用。步行优先的城镇中心是一个生气勃勃的地方,因为它的一层商店、餐馆和服务设施吸引了来自整个社区的投资。

有周边的公园,或者至少是自然的边界,在新城市主义的发展中也是重要的,界定和包含区域的边界和城镇本身在征服洞察力方面是同城镇中心一样重要的。这种洞察力引起对常规郊区的评论,如同格特鲁德·斯泰因(Gertrude Stein,美国女作家)对加利福尼亚州奥克兰市的描述,"没有那里","那里"。尤其在开特郝波的思想中,一个整个地区的规划远景占优势地位。它类似于Benton Mackaye的远景效果,美国地区规划协会对本顿港所作的规划,倡导指引都市发展为一系列

绿带环绕的新乡镇,模拟新英格兰历史上著名的城镇(十二章)。区域规划协会(The Regional Plan Association,RPA),自从二十世纪20年代以来,一直在寻求指引纽约都市发展的方法,现在同意新城市主义者的节点城市主义的概念。第二次世界大战后,汽车和高速公路的利益竞争,拆除了轻轨运输系统,但开特郝波和区域规划协会的现在的领导将轻轨的复苏看作是控制郊区蔓延和保护整个区域的自然环境所必需的重要的方法。

新城市主义设计师们坚持设计意味着确保一个公共领地,而不仅是风格的复古。但是老的模式对他们的工作产生了很多鼓舞,同时他们在设计细节上表现出强烈的兴趣。当他们发现现代主义者的规划结果是令人沮丧的,失去人性的和个人主义的,高艺术建筑工作是故作姿态时,他们寻求重建高质地建筑,老城市特有的织物般的特征,也采用与现代主义前的建筑师前后联系更密切的、双方都同意的方法。Duany和Plater-Zyberk称他们的方法为"TND",即传统邻里区域的发展,而开特郝波的方法为"TOD",交通优先的发展(transit-oriented development),因为它强调一个建筑密度能够支持在运输基础构造方面的主要投资。两者产生的结果都是从装饰风格的新古典主义和有轨电车郊区的本土建筑中得出的思想中所获得的信息。

Laguna West,加利福尼亚州的萨克拉曼多郡的社区设计,是以TOD(transit-oriented development)的规则为基础的(图15.4)。这里,设计师开特郝波应用了鹅掌式(goosefoot),是从十七世纪的法国公园设计中得来的放射状的街道模式。这种模式随后被十八、十九和二十世纪早期的设计师运用来强调中心的集中(100英亩的城镇中心,以及商店、办公楼、公寓和文化休闲设施的组群)。尽管轻轨运输在Laguna West已经不复存在,开特郝波的设计通过创建足够的城市密度来支持这种运输系统,从而预示了这种方式的出现。它也迎合了一直存在的巨大市场的需要,使更多具有传统郊区风格的家庭拥有一条根据略有弯曲、终端死胡同的街道模式所产生的宽阔的外部住宅带。这种类型自从第二次世界大战后成为美国建筑细部的典型性特征。

尽管它仅仅是一个小的度假社区,占地80英亩,位于佛罗里达海边的墨西哥湾沿岸(Gulf Coast),这个镇是由Duany和Plater-Zyberk所设计的,他们的客户罗伯特·戴维斯(Robert Davis)同意他们的观点,也参

与了设计，并引起媒体的注意力，成为新城市主义的一个主要的例子(图15.5)。这三个人发现佛罗里达Seagrove海滩的沙滩小屋和其他的墨西哥湾沿岸的夏季领地，他们到南部城市的郊区旅行。在那里，他们研究居住建筑类型。他们对传统的本土风格的欣赏变得更加敏锐。例如，记录查尔斯顿历史上著名的特色鲜明的建筑类型是在两层上都有长长的侧廊，主要是出于气候原因，最后也达到了美学效果。过时的阳台随着空调和新郊区房屋类型的出现消失了，同时也获得了他们的尊敬。利昂·克瑞尔(Leon Krier，1946)的教导影响了他们对过去的规划和建筑类型的再评价，这位出生于卢森堡公国的建筑师领导了伦敦以及其他地区社区发展中新古典主义和本土化的复苏。

这个城镇的规划，是海边城市的代号，以及建造规划是同时具有特殊性和灵活性的建筑指令，通过执行给定的八个建造类目的指导方针以确保相邻建筑类型之间的兼容性，并限定建筑物和街道在某一地块上如何定位。规定的建筑类型范围从市区商业广场上有拱廊的、有界墙的、三到五层高的商店和公寓到海边大街上的单个家庭的"古典浪漫的城市别墅"，再到南部的平房和任何居住区街道上的具有旁侧院落的房屋。这种模式语言鼓励了"马车房屋"的建造——自由标准的车库，其上作为生活区域——作为年长的亲戚、房客或者租用的房客居住的小的公寓。这些法规更进一步控制了特定的建筑材料和实践方式；例如，他们授权使用金属屋顶、木质镶边、暴露的椽端以及可操纵的木框架的窗子。

海边主要的不动产是一个高高的沙丘断崖，径直朝向一个白色沙滩和墨西哥湾蔚蓝的水面形成的壮丽

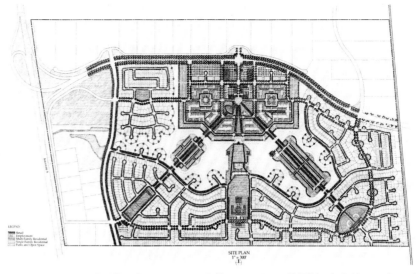

图15.4 加利福尼亚萨克拉曼多(Sacramento)郡的 Laguna West 的规划，由 Calthorpe Associates 设计，1990 年。

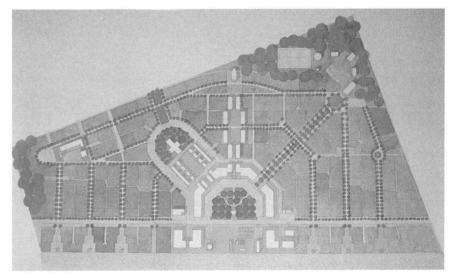

图15.5 佛罗里达州(Florida)的沃尔顿(Walton)郡海边的设计，由安德列(Andres Duany)和 Elizabeth Plater-Zyberk 设计，1981 年。

的延伸线，如果当开发商选择出售整个带状区域作为独立的高价地段，他能获得巨大的营利。相反，戴维斯和DPZ将整个项目的价值——经济和社会的——放在首位，使得沙滩前的财产成为分享的快乐。在穿过海边高速公路的墨西哥湾边上，他们提供了入口点，以露台作为标志，从那里步入堤道，场地逐渐下降，穿过有一些植物的沙丘景观，通向沙滩(图15.6)。这些形成了培养社会低调的社交气氛的另外一种方式。

贯穿海边运转的一个主乐调就是一种统一的模式语言，即白色粉刷的木制的要素：支柱栅栏、门廊和阳台扶手栏杆、格子窗、眺望台以及门窗框架(图15.7)。

图 15.6 佛罗里达州(Florida)的海边普通的易接近的海滨地区。

地平面是经过良好艺术处理的纹理的混合；砖块铺砌的主要街道通向海滩，边缘由碎贝壳铺成，可以停放车辆，街道中部是砂质的人行道。由不同的建筑师(他们中的一些人服从这些规则来表达他们的个人观点)和一般的承包人(他们仅仅遵循这些符号和法规)设计，海边紧密的建筑组群，经常被嘲笑为"做作的"，大体上都是同样的。尽管是新传统的，他们的设计比庆典所采用的方法要灵活许多，那时迪斯尼的建筑师让建设者遵循他们所提供的模式手册，达到第二次世界大战前的郊区的新古典主义和本土类型的混合风格的效果(图15.3)。除了强调社会的价值之外，海边的最重要的结果之一就是它的容量感。通过规定尺寸的适宜界限和考虑中心地区和边界地区，Duany 和 Plater-Zyberk 对传统的社区价值和补充自然环境作出保护。他们的评论坚持新城市主义仅仅是一种辩解，然而这种辩解并没有说明这个基础的和政治上复杂的观点，这种观点是关于改革地产的财政实践以及其他的鼓励郊区扩张和培育城市不良影响的因素。

令人感到惊讶的是，吉恩·雅各布在写《美国大城市的生与死》时几乎预料到了关于海边的一切。新城市主义成为美国中产阶级未来发展的支撑，但是作为一个运动来讲一直是尝试性的。戴维斯对社区方面规划的赌注是根据海边的真实地产市场情况而进行的，这一点适合第二住宅的买主，但是他们自然结构中上流社会富足的钱财，并没有产生雅各布观察到的城市真正的社会多样性。新城市主义者的设计在老城市中

取得了一些给人印象深刻的结果，这些老城市如：普罗维登斯和罗德岛(Providence，Rhode Island)；然而，许多最需要它的人正在努力寻找私人资本或者政府的支持在他们居住之地产生真实的结果，例如：资金不足的社区组群发动斗争来保护城市结构和纽约市的 South Bronx 社区精神。

对雅各布来讲，"设计"和"大量金钱"是与理想的社区结构相对立的，在这种理想的社区里，由于大量的个人为限定城市空间特征进行的时间和金钱方面的投资，社会动荡和积极的舆论形成了。"人类的城市作为自然的一种形式的产品，就像是草原犬鼠和牡蛎养殖场一样自然"。[16] 在 1961 年，蕾切尔(Rachel Carson)出版《寂静的春天》的前一年，吉恩·雅各布这样写道，《寂静的春天》宣布了美国的环境运动。由官方发起的地球日，已经有9年的历史了。然而，那些由基层自发形成的自然组织还未形成，这些组织努力推动政府颁布立法和制定法规来挽救受到威胁的野生资源，改善工厂的空气和水污染实践。因为工业时代社会造成的令人担忧的问题正在影响着整个地球，当环境组织在二十世纪70年代开始形成时，它经常制定议程，将人类描绘为自然的敌人。已嵌入美国文化的反都市主义一直支持着这种偏见。许多人仍然认为雅各布和其他人所看重的高密度的建成老城市是不友善的、残酷的与自然相分离的环境。但是，正如雅各布所指出的，"当然，人类是自然的一部分，就像诸多

图 15.7 佛罗里达州(Florida)的海边具有通向沙滩的沙石小路的街道景观。

的灰熊和蜜蜂一样"。[17] 她所预见的引起现在城市扩张的郊区运动是基于一个错误的前提以及一个错误的许诺：通过一个巨大的、无差别的、占优势的、普遍存在的郊区景观，拥有大量的建房用土地，商业带和购物中心，这些景观的发展造成了原始的、野生的、自然的伤感和驯化。在这样的越来越多的扩张性的都市景观中，自然是残留景观，政治活动对其加以保护，但并没有公众政策对其进行促进或规划。

新城市主义者认识到，只要有人口增长和经济繁荣，发展的庞然大物——"恐龙"就会肆意地徜徉在土地上，他们想通过规划更多的可居住的郊区，对旧城邻里进行更新，和通过绿带保护自然区域这些措施来促进增长和繁荣；事实上，他们认识到人类环境和自然环境是一体的——是不可分割的艺术、技术和自然的联合。问题是：我们真能建设更好的城市，这些城市既是从人类的角度出发，又考虑到自身内在的非经济价值，与自然共存而不是排挤它？同时，我们能否在较好的区域规划的前后联系中成功地实现重新复活历史上著名的城市及建成更好的郊区城镇？这是对新城市主义或者任何我们可以选择来称呼它的名称的真正的挑战。

II.保护自然：环境科学与艺术景观设计

今天的环境意识的基础是十九世纪的地球科学。1863 年，英国地质学家查尔斯·莱尔(Charles Lyell, 1797～1875 年)出版了《人类古迹中的地质证据》。查尔斯·达尔文(Charles Darwin, 1809～1882 年)熟悉莱尔的工作，莱尔的工作促进和帮助证实他的生物进化论，这一点在他的书《物种的起源》(1859)中可以找到。德国自然学家和探险家亚历山大·温·霍姆博特(Alexander Von Humboldt, 1769～1859 年)在航行于南美、古巴和墨西哥期间所做的观察记录推动了生态学的新生领域的向前发展。早期的地理学家如：德国人卡尔·里特(Karl Ritter, 1779～1859 年)和生于瑞士的阿诺特·亨利·盖优特(Arnold Henry Guyot, 1807～1884 年)研究地球同人类活动的关系。但是正是美国人乔治·珀金·马什(George Perkins Marsh, 1801～1882 年)尝试展现人类的干涉造成的气候、地形、植被模式、土壤和物种的栖息地的改变的程度，这些改变经常对后代产生不良的影响。在他的划时代的书《人类和自然》(1864)中，马什宣称没有科学的专门技术，但是有大量的作为农场主、工业投资者和外交游客获得的实践经验，着手开始展示："尽管里特和盖优特认为是地球创造了人类，但实际上人类创造了地球"。[18]

马什作为佛蒙特州的本地人，直接清晰地看到森林覆盖斜坡断面是怎样促进侵蚀的以及这些行动是怎样产生以前湿地的淤泥和大批杀害许多动物物种的。马什以《圣经》的韵律，描述了人们是怎样成为自然的破坏者的：

> 砍伐森林，它们的含纤维的根系网将松软的土壤附着在地球的岩石层上……打破了山区水库，这些水原本通过隐藏的渠道进行过滤，供应泉水以供养牲畜，灌溉农田……毁掉了广大平原上涵养水源的土层，毁坏了环绕海岸，阻止海边沙子冲刷的半水生植物的边缘……向自然界的各种生物宣战，但战利品却并不能为己所用，以及……不顾鸟类的存亡，向昆虫喷洒，其实是在毁灭自己的收成。[19]

马什熟练掌握好几种外语，他阅读广泛，不仅有古代的，而且还有现代的，同时，作为一名先到土耳其然后到意大利访问的大使，他能够分析近距离范围内的地中海盆地，推测为什么曾经支持大量人口居住的这片区域现在却是岩石满布、树木稀疏、贫瘠的荒地，成为不适合人们生活的地方。在旧世界除了短期效益外，没有思考任何耕作方式，对土地资源进行开发，以至于将古罗马的精采部分变成现在这种样子。马什希望鼓励国民重新考虑他们以自然为代价对财富的粗心的争夺，发扬一种土地管理者的民族精神。他所发出的挑战是将他观察的经验写入《人与自然》作为一个警示，并汇集必要的科学数据来理解："人类和环绕其周围的物质世界之间的作用与反作用"。只有这样做，人类才能够最终决定"人类是否属于自然还是位居自然之上的这个大问题。"[20]

马什完全赞成运河、堤防、筑堤以及其他的引导自然的力量,使其满足人类需要的工程手段。但是,他认为如此的控制手段只有在自然的再生力量得以加强而不是阻挠的情况下,才能长期发挥作用。他的书使大家意识到,环境是一个有机的系统,其中所有的部分是相互依赖的。傲慢的人们贪婪的动机在他的时代变得持久,就像他们在我们这个时代所做的一样,他说了一句抱怨的题外话,反对"商业道德的腐朽"和"无原则的公司,不仅藐视立法的力量,而且也经常腐化正义的管理"。[21]尽管他急迫的信息播下了管理森林和土地的种子,并最终成为政府的一部分,而直到最近这几年,马什所预料到的可怕的影响——在人口增长的压力和工业机械化力量的作用下的成倍增长——促使政治主张和立法行动的开展,导致了对污染的控制和采取一些积极的措施促使退化的自然环境产生相应的再生。

我们可以看到,现代主义的固有特性是对工程壮举的庆祝态度和对环境结果的少许关心。尽管现代派的景观建筑师追随克里斯托夫·唐纳德(Christopher Tunnard),企图并尽力不给环境带来伤害,他们的目标是基本上具有美感的,因为他们希望为他们的专业带来建筑、绘画和雕塑领域内的令人激动的新发展。根据规划,在反对都市主义期间,刘易斯·芒福德(Lewis Mumford)宣扬的城市和乡村的平衡,具有围绕整个区域的绿带,这种平衡一般地都被忽视了。只有自从二十世纪70年代,对协调人类的目标和自然生态系统操作的需要才产生迟缓的意识,在景观设计实践中产生普遍而又深远的影响。正是在宾夕法尼亚大学,芒福德曾在二十世纪60年代早期任教的一段时间,那里的地面被布置了一个景观建筑,该建筑将二十世纪20年代的地方主义和后来出现的环境保护意识结合起来。

环境科学的景观

"我们需要的自然在城市中和乡村中一样多"。麦克哈格(Ian L.McHarg)(1920年)在1969年他的至今仍然权威的书《设计结合自然》(Design with nature)中写道。[22]仿效蕾切尔·卡森(Rachel Carson)在《寂静的春天》中对环境意味深长的宣扬,麦克哈格用同样的热情明确表示一个保护的策略,即设法使受到犹太-基督(Judeo-Christian)圣经宽恕的、鼓励人类征服自然的思想退位。他指导设计师、开发商和景观设计师,不要将地球看作一个可开发利用的资源,而是生命的真正源泉,空间中大地的奇迹,一个错综复杂的有机体,人类只是其中不可分割的一部分。麦克哈格是一名有天赋的教师,从1964~1986年一直作为宾夕法尼亚大学的景观设计和区域规划部主任,他成为文明的大地规划战略的主要领导者,将自然生态系统提供的限制和机遇作为设计、发展的一部分。他的哲学体系的源泉是他的个人经验,这些经验是从乡村与工业城市的对比,战争时代景观的蹂躏与巨大的景观美景和第二次世界大战后可怖的和令人喜欢的两方面环境的恢复中得来的。

作为一名景观设计师,麦克哈格逐渐感到仅仅改善他年轻时代在格拉斯哥贫民区发现的条件是不够的。他在费城,1963年创办公司的实践过程中,逐渐认识到:"为人们的玩耍提供一个装饰的背景",[23]并没有说明郊区的环带对大环境危害,郊区蚕食着乡村和野生景观,以及人类同野生自然环境产生越来越大的分离。进一步地讲,整个环境由于杀虫剂和工业垃圾的出现,成了有毒的环境,到那时人类通过生产原子能炸弹播下了大量破坏星球的可怕种子。他认为城市设计师和景观设计师能够较大地改变这种科技极度危险的进程,以及遏制工业资本主义社会的危害力量。

我们可以看到,其他的景观设计师,著名的查尔斯·埃利奥特(Charles Eliot)和吉斯·吉森(Jens Jensen)在推进都市范围内自然保护的原因,研究本土植物生态以及形成表达当地的简单美景的设计词汇方面要领先于麦克哈格。斯坦利·怀特(Stanley White,1891~1979年)和佐佐木英夫(Hideo Sasaki,b.1919),两个人都是景观设计的优秀教师,在将环境科学引入学生课堂方面都是很有作用的。例如,佐佐木让他的哈佛大学学生根据土壤条件、排水方式和植被特征、地面覆盖范围来研究一个场所。这些以后成为地区发展和分派保护价值的决定性因素。基于生态决定论原则的分析方法,麦克哈格增加了直觉方法论合并个人价值,这些表明他对日本文化和禅宗园林所表现出的玄学的共鸣,以及他对路易斯·康(Louis Kahn,1901~1974年)的建筑的尊敬。当麦克哈格在那里领导景观设计课程时，路易斯·康在宾夕法尼亚大学教建筑学，麦克哈格欣赏路易斯·康将设计作为一个诗意表达的观点。即空间、光线、物质和场所基本的、内在的、特性的、富有诗意的表达。

在科学唯理论的时代，鼓励非主观的方法，麦克哈格感到需要在设计结合自然中引入科学的方法。他使自然科学作为宾夕法尼亚大学院系课程中的主要基础课程，有植物生态学和地质学的课程。在他的景观设计的地球物理学和环境方法中，麦克哈格开发了一种同等的地图系统，用叠加图来作出生态的、气候上的、地质上的、地形的、水文地理的、经济的、自然的、风景的和历史的特征分析(图15.8)。通过这些社会价值的分派类型，他已经能够根据土地的运送容量和特定用处的适当位置制定最好的发展途径和保护地带的图表。麦克哈格的设计通常表达尽可能地简单，分派了不同层次的密集、发展和基于适宜性的土地利用类型，如费城市区、巴尔的摩区域、波托马克河盆地、斯塔滕岛绿带中的高速公路改线。洪水、飓风的攻击和水资源保护都是极为重要的考虑因素，叠加图的分析总是表现出具有生物学和水文地理学上的重要的江河流域和湿地山谷应该被保护，对斜坡的开发应减至最小，允许地表水顺利排走，并补充地表蓄水层，山

地的安置设施应最少破坏，使其成为最紧张的居住地带。在1970~1974年，麦克哈格的公司，沃莱士·麦克哈格·罗伯特和托德，在 Woodland 的发展中运用这种设计方法。Woodlands 是一个18000英亩的新型城镇，由开发商乔治·米切尔(George Mitchell)所建，位于得克萨斯州休斯敦北部。

可持续性是规划师和设计师字典中出现的新名词，Woodlands 的住宅散布于自然的森林之地，而不是位居常规的景观之地，说明了麦克哈格(在一个经济的可实施的规划中)的人类生态学和自然生态学的综合体现。该规划用金钱的价值一起来衡量社会和环境的代价几乎在美国不能得到广泛应用。但是，到目前为止，创建相似社区的动机也没有广泛散播。根据环境的改善，政府的作用仍然是大体上的调整。以麦克哈格和其他的人所建议的方式在大的整个地区的范围内规划需要由选举产生的官员和政策制定者在不同层面上支持政府效力和创造力。

如果没有如此的环境规划,社会和经济的需求——对工作、公众权利、公正——社会导致被分派个人和阶级利益比整个社会有更高的政治价值。然而任何可持续发展的社区尽管有缺点，但还是被推向前进，尤其在北欧的一些国家中，如荷兰、瑞典和德国。在这

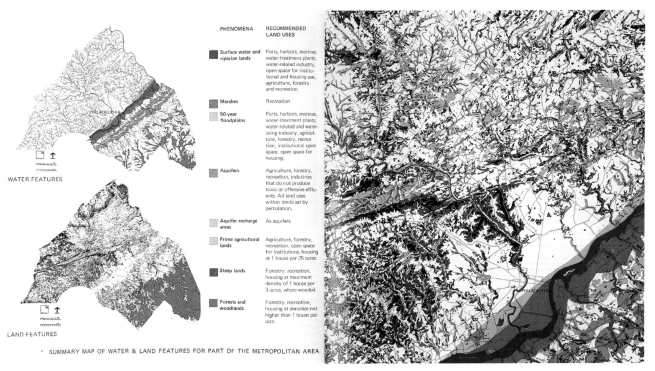

图15.8 费城(Philadelphia)大都市区域的局部规划，显示了陆地和水面的特征，麦克哈格，《设计结合自然》，1960年。

图 15.9 俄勒冈州(Oregon)波特兰(Portland)的爱之乐广场(Lovejoy Plaza),由劳伦斯·哈普林公司和查尔斯·摩尔与建筑师Moore/lyndon/Turnbull/Whitaker 设计,1961~1968 年。

些国家中,有一个比美国更强的道德规范和更加根深蒂固的可靠的土地利用和城市管理政策。[24] 指引当代工业资本主义的政策和所有国家中消费社会向这个方向努力是二十世纪最重要的挑战之一。

环境艺术的景观设计

麦克哈格曾是美国生态景观设计方面的最雄辩的学术代表,劳伦斯·哈普林(Lawrence Halprin,1916)是最积极的分子之一。虽然麦克哈格觉得需要将环境规划引入到一个合理的自然科学框架中,哈普林却更多地是以一个艺术家的姿态尊敬环境的价值,在他的设计中使用比喻性的环境主题,以自然的文脉庆祝人类的创造力和社区生活,这些设计包括许多在市区公共场所的自然的强有力的呼声(图 15.9,15.10)。

哈普林长期而多产的职业得益于科内尔和位于麦迪逊市的威斯康星大学获得的植物科学与园艺专业的学位;在发现克里斯托夫·唐纳德(Christopher Tunnard)的《现代景观中的花园》后,在哈佛大学跟随他的导师唐纳德继续学习;然后工作于旧金山的

图 15.10 华盛顿西雅图(Seattle)高速公路公园,劳伦斯·哈普林公司,安吉拉(Angela Danadijeva),项目设计师,安德华公司(Edward McCleod & Associates),辅助景观设计师,1970~1976 年,当掩盖住高速公路上的声音时,这里将是一个引人注目的自然空间,唤起太平洋西北部的荒野之感。

托马斯·丘奇工作室,在那里他从事于Donnell Garden(图 13.24,13.25)。哈普林的工作中重要的一点是他将景观设计理解为一个过程而不是不变的结果。他将这个过程称为:"配乐",一个音乐方面的隐喻,暗示他打算创建空间框架,这种框架考虑到随着时间的推移而产生变化,在其中其他人可以合作产生重复的景观。他的遗赠物除了他的景观设计作品,还包括说明设计方法的书籍,包括《人类环境的创造过程》(1969 年)。

1962~1965 年,哈普林负责创建旧金山的

Ghiradelli广场(这是一个城市更新方面的早期成果),将它建成一个活泼的公共空间,由喷泉、室外灯和景观形成的生机勃勃的空间,在这个广场上,人们为室外就餐、购物、社交和参加表演而来,这些经常是即兴发生的。他的"参与"设计创作室在形成一个工程的最终方案过程中,引起市民的协作。甚至其他许多杰出的景观设计师如佐佐木英夫和彼特·沃克(b.1932)采用了成功的大建筑公司的共同管理的风格,像罗伯特·布雷·马克斯(Roberto Burle Marx)或者哈普林以前的老板托马斯·丘奇一样,哈普林运用较早的模式来维持他的实践,如演播室,因为他发现它的合作气氛中有创造力的合作尤其相宜。

哈普林投入极大的兴趣,希望使景观设计胜过功能和社会需求,达到一个精神的程度,研究了易雍心理学,寻找保持普遍意义的象征和典型特征。重复奥姆斯特德关于公园的基本利益是通过感觉获得精神的激荡的观点,哈普林说:"我们所追求的是景观中一种诗意的感觉,一部华丽的电梯将丰富徜徉于景观中的人们的生活"。[25]他通过这些年维持与以色列的强大的联系来滋养他自身灵魂的根源,高中后他在以色列的集体农场度过了一段时间。他在那个国家最著名的作品就是 Walter and Elise Haas Promenade,建于二十世纪80年代中期,耶路撒冷的一个小山上,可以俯瞰老城市。

在美国,哈普林设计了3公顷(7.5英亩)的富兰克林·D·罗斯福(Franklin Delano Roosevelt)的纪念碑,位于华盛顿泰德盆地边一个26.4公顷(66英亩)的半岛——西波托马克公园里(图15.11)。这座纪念美国第三十二届总统的纪念碑落成于1997年5月2日,包括一个丰富的365.8米(1200英尺长)连续的安置有四个相互联系的公园空间和叙事性的雕塑和喷泉。[26]哈普林运用他将景观作为戏剧性表演的强烈感觉,使用电影制片人所采用的串连图板技术,规划他所谓的"罗斯福生活之旅",他从罗斯福的著名演讲中选择了21段,按顺序雕刻在纪念碑的墙上,该墙由当地的粉色和红色的花岗岩制成。他将这些碑铭和汤姆·哈迪(Tom Hardy),尼尔·易斯特恩(Neil Estern),伦纳德(Leonard Baskin),乔治·西格(George Segal)以及罗伯特·格雷厄姆(Robert Graham)所作的雕刻结合在一起,按年代叙述罗斯福总统任期内领导国家的两次严重的考验期

间的故事:大萧条和二次世界大战。这个纪念碑同时也包含了对世界和平的希望,因为同时包含着艾丽诺·罗斯福的雕像,作为联合国的代表。

哈普林与麦克哈格环境规划途径的联系在对海边牧场(Sea Ranch)的"生态配乐"中可能是最明显的,是一个规划的周末和度假住宅和公寓房间组成的社区,由 Oceanic Properties 在房地产方面于二十世纪60年代中期发展而来,占据了一条延伸10千米长的加利福尼亚北部的海岸线,这条海岸线曾是放牧羊群的地方。哈普林构想与MLTW协作,将原始的5300英亩的一部分作为第一批开发,面积为1800英亩。MLTW是 Charles Moore, Donlgn Lyndon, William Turnbull 和 Richard Whitaker创办的建筑公司(图15.12, 15.13)。这一点在以后的海边的规划中得到了真实反映,哈普林在规划 Sea Ranch 时,留出了很大的公共空间,只有50%的土地售给私人房主。

哈普林将住宅和公寓的场地布置于现有柏树绿篱的附近,将以前的牧羊地作为开放的牧场,通过海滩的断崖可以望见海洋。遍布各处的小径使居民能够整体地体验景观。牧场一直保持共同享用的特征,对它们的维护成了社区的责任。在海边区(Seaside),低矮栏杆就表明了院子与院子之间相邻边界的周围环境,而在海边牧场,业主条例里指出,所有的用地是不带篱笆的。这些群集的房屋没有明显的财产或者景观界线,呈现与自然布局融合的状态。这些想法通过海边牧场的乡村建筑语言得到进一步加强,即没有粉刷的红木或者雪松侧线和具有木片瓦和草泥的无屋檐棚顶,

图15.11 华盛顿富兰克林·D·罗斯福纪念碑,由劳伦斯·哈普特设计,1997,尼尔(Neil Estern)雕刻。

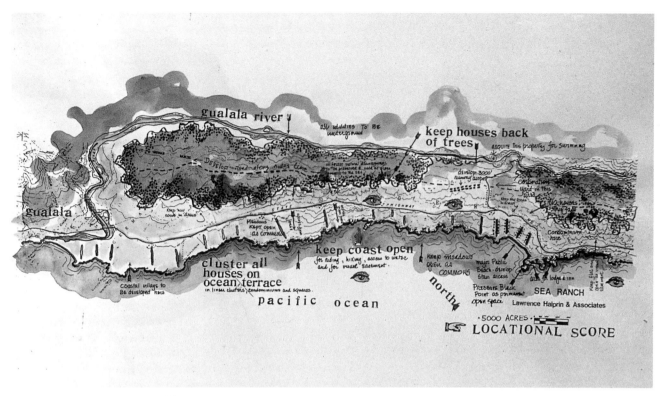

图 15.12　加利福尼亚的海边农场的规划，由劳伦斯·哈普林公司，景观设计师，Moore/lyndon/Turnbull/Whitaker，
和建筑师 Joseph Esherick 设计，1967 年。

这些被置于背离太平洋海风的位置。

　　海边牧场作为环境和谐场所创建中的一个创新成果和二十世纪60年代的理想主义的表达，激发了麦克哈格和哈普林的职业生涯，因此在景观设计历史中占有重要地位。不仅这些景观设计师将城市和乡村看成一个连续的统一体，而且通过将生态方面的考虑放在首位，他们强化了一个新的道德准则，这些都影响到他们的职业。

　　随着由于新的交通运输和制造技术的出现，许多城市老化的工业基础构造失去利用价值，景观设计师忙于对棕色地带(brownfields)，即以前的工厂厂地和衰败的滨水地区的回收。那些设想通过景观设计来为工业过去赋予诗意的人中，著名的是：理查德·哈格(Richard Haag, b.1923)，早期的后现代的前后连系者，他的位于华盛顿西雅图 Union 湖岸边的煤气厂公园(1970～1978年)，布洛德保护地，华盛顿板桥岛(1985)，阐明了其对通过生物补救措施来恢复环境的关心。

　　尽管当代的景观设计师没有完全抛弃在过去几个世纪中组成他们训练的独特艺术和工艺，以及新古典主义和现代主义者的设计传统的规则，但是他们一直依赖这些设计风格的一些规则和麦克哈格的环境主义来指导他们的工作，许多人寻求创作概念艺术的艺术家的思想，进行自由创作。因此，他们将他们自己想像的资源看作是他们利用石头、泥土和水来创建大地艺术，形成景观。同时，大地艺术家分享一些与环境主

图 15.13　海边大农场。

义者相同的关心，以与景观设计师同样的方式，同样的规模参与工作。然而，随着他们来寻求在一个与 brownfields前后连系中出现的美景，艺术和景观设计之间的界限趋于模糊。

III. 大地艺术品、高尔夫球场、哲学模式和诗歌隐喻：艺术形式、运动、分解主义和现象学的景观

工业技术产生了机器，这些机器可以轻易地操纵景观，这是以前做梦也想不到的；如果没有它，大地艺术品，或者说大地艺术将不能存在。不管是有意的还是无意的，有一些对这些纪念性的和美丽的工程的讽刺看法。许多艺术品已经体现了史前人类建造大地艺术品的规模和宇宙意向，然而他们不能深深地展现史前人类对宇宙学的深深敬仰之情，这一点在俄亥俄州纽瓦克市(Newark，Ohio)，或者伊利诺斯州Cahokia (Illinois)创建的巨大大地艺术品中展示出来，这些已在第一章中提到。现在的大地艺术作品是艺术家的英雄创造，他们用相对较少的工作组，在自己一生中，运用推土机和其他搬运设备来完成景观的转变，其规模可与早期的大地艺术作品媲美；但早期的大地艺术品在建造时动用了大量的工人，花费了几十年或者甚至几个世纪的时间。现代的大地艺术品经常通过选择或者必要地存在于远不可及的地区，往往是美国西部的沙漠地区，最初的存在是为了满足旅游者欣赏的需要，这些游客经常乘四轮车，希望获得对它们第一手的感性认识，其他的当代艺术的追随者只满足于欣赏它们的航空照片。

事实上，照相机是他们的"仆人"，因为保留那些有时短暂的而无记载的作品是难得的。对于艺术家和大地艺术的自身来说，静止和移动的图像同样重要。一些艺术家，如：Andy Goldsworthy(1956年)，他的精美的和诗歌般的建筑非常的短暂，他们在为艺术服务时，成为高度职业化的摄影师(图15.14)。航空照片同样也使我们更好地理解史前的大地艺术的构造，如秘鲁的(Nazca Lines)(图1.35)或者俄亥俄州的波形堤(Serpent Mound)(图1.37)。这项技术同样使得许多现代大地艺术品清晰可见。

他们占据的空间宣扬了一种领土的庄严，替代了史前和古代社会归于圣地的内在的神灵。然而，不像这些早期人们所表演的宇宙学上的中心节目一样，当代大地艺术品的创建者必须通过涉及财产租赁或者不

图15.14 美国新墨西哥州(New Mexico)的Jemez红河，Andy Goldsworthy 于1999年7月28日拍摄。

动产购买商业活动找到设计位置。至于一些大地艺术家，尤其是 Christo(1935 年)，为了此种原因，他可能为他的一些作品选择重要的和显著的城市区域，获得认可的过程和艺术本身的实现是同等重要的。

专门的艺术家给现代的大地艺术品进行了详细的定义，在名人意识文化的氛围中有着重要作用，但更多地与艺术家的名字联系在一起，而不是它们想要展示的概念。这是令人遗憾的，因为许多作品被有意当作艺术世界价值和工业时代环境退化的一种评论。尽管大地艺术品具有物质性，超越了对概念艺术的严格定义，然而大地艺术品运动，或者其部分是与概念艺术的运动同时代的。大地艺术和概念艺术都是与二十世纪打破传统的早期现代主义和拓展解释现代艺术的定义相联系的。两者同样都是二十世纪60年代晚期格式塔心理学对艺术观点和思考的抗议的一部分，两者都避开思想和形式为主的风格。

图 15.16 荷兰，Oostelijk(东)Flevoland 的气象台，由 Robert Morris 设计，1971，重建于 1977年，受考古学和法国哲学家 Maurice Merleau-Ponty 的现象学的影响，莫瑞斯强调观察者的亲身参与经历，观察者可以通过在这个具有 300 英尺周长的同中心的护堤、筑堤和沟渠构成的大地艺术品走或者绕行，来体会理解不同尺度的时间，这些不同尺度的时间包括花在场所的精确的时间，考古学形式的象征的史前时间，以及作为莫瑞斯的太阳至视线参考的宇宙时间。

艺术形式与大地艺术的景观

罗伯特·史密森(Robert Smithson，1938～1973年)，罗伯特·莫里斯(Robert Morris，b.1931)，查尔斯·罗斯(Charles Ross，b.1937)，南希·霍尔特(Nancy Holt，b.1938)，和詹姆斯(James Turrell，1941)，均是非传统的美国艺术家，他们选择的媒介就是大地本身——土壤、石头、水、现存的地质和地形构造——以及光线和天空(图 15.15～15.21)。史密森，在他英年早逝前，是一位多产的作家和对大地艺术运动的最有说服力的拥护者，使人们更加清楚地认识他关注是宇宙时空，而不是历史时空。他与那些追随他的艺术家一起展现他的意图，这些艺术家也关心"不动的历史"带来"在意冰川时代而不是黄金时代"。[27] 更进一步来讲，在二十世纪60年代末期，史密森成为那些不再将艺术作为目标的艺术家的先锋，他们驳斥目前将艺术作为可销售的商品的状况。

在某种意义上说，史密森是一位环境主义者，敏锐地意识到由于二十世纪的工业带来的自然景观的退化。然而，即使工业废墟也有一种内在的美，这种美可以通过艺术形式加以表达，鉴于这种想法，史密森积极地寻求设计场所：废弃的采石场、裸露的矿山、污染的湖泊和其他

图 15.15 犹他州(Utah)大盐湖的螺旋防波堤，罗伯特·史密森设计，1970 年。

图 15.17 位于美国新墨西哥州(New Mexico)的 Albuquerque 东部沙漠中的星轴，由 Charles Ross 设计，始于 1974 年，星轴是一个不朽的关于地球轴和北极星(北边的星星)关系的示范。

部分损伤的景观。他的环境主义的理念不同于那些持异议者，他们将工业化作为邪恶，是人类带给自然的大灾难。他对冰川时代或者地质时期的理解使他能够站在整个地球的角度考虑，而不仅是人类或某个地区。他将对地球科学的看法引入艺术中，这些看法是从当还是孩子时经常来往于美国自然历史博物馆和与家人到美国西部乘汽车旅行中获得的。从他的孩童时对自然历史的兴趣和对西部广大而庄严的景观的印象，与他成年后所住的新泽西帕寒伊克周围浓密的郊区化，重工业景观相比，史密森得出了一个综合观点：将现代机械时代的人类作为自然的一部分，将通过艺术进行环境改善作为像他这样的艺术家的一次有趣的机会。

他对荒凉的和退化的工业景观的探寻导致了一种新型雕塑的出现，他称之为非立地场景，他作为一个建筑设计组的艺术顾问工作时，参与扩展 Dallas-Fort

Worth 区域飞机场的竞赛，这些都有助于他明确怎样独立地在一个飞机场大小的土地上创建大地艺术。这些导致他放弃艺术家与画廊之间的共生关系，在 1968 年，他穿越加利福尼亚州、内华达州和犹他州的沙漠旅行，寻找适合大型大地艺术的场所。他尤其被微红－紫罗兰色的盐湖所吸引，在 1970 年，对西部的更进一步的勘察，引导他以及艺术家朋友南希·霍尔特，还有他的妻子，进入位于犹他州的巨大盐湖的一部分，"它就像一张平淡的浅浅的紫罗兰色的单子，在石质的基岩上俘虏太阳残光"。[28] 在史密森的眼中，荒凉场地的特有的美丽被他在那里发现的工业垃圾和废弃的机器设备所扩展，生锈的铁架记录着过去打算从柏油矿床中提取石油的历史，水的颜色是微生物存在的结果。根据史密逊的观点，这些场所"反射出地平线，仅仅暗示了不动的暴风，而闪烁的灯使得整个景观呈现颤动……这个场所是旋转的，将它自己围在一个巨大的圆内。从那样旋转的空间出现螺旋防波堤的可能性"。[29]

借助于能给场地留下痕迹的重型机械，史密森堆

图 15.18 亚利桑那州(Arizona)Flagstaff 附近的 Roden Crater Project，由 James Turrell 设计，始于二十世纪 70 年代，Turrell 将自然的光线作为他首要的媒介，在熄灭的火山空间的圆锥体内创建，来体会一天和一年内不同的时间内太阳和月亮产生的气氛。

创造出诗意的表达。

在与史密森一起证实螺旋防波堤的创建工作之后不久，南希·霍尔特着手建造太阳隧道(Sun Tunnels)，犹他州的Lucin(1973～1976年)的一个大地艺术品。位于一个巨大的沙漠景观中，这些直径为2.7米直径(9英尺)，5.9米长(18英尺)的工业混凝土管，这些管道随着夏天和冬至时太阳的升起和落下而被排列放置，管道上的孔允许光线进入，让人想起空中的星座。霍尔特更善于在景观中唤起对古代宇宙的表达，而不是现代物理，他后来的大地艺术品包括：纽约的普莱西德湖的冬季奥运会场地(1980)，俄亥俄州的牛津市的迈阿密大学的Star Crossed(1980)；和弗吉尼亚的阿林顿Dark Star Park(1984)。她的最近的大地艺术品，"上下(up and under)"(1998)，位于芬兰的Nokia附近的Pinsiö乡村的一个废弃的沙石采石场，由七条平行的混凝通道组成，其中四个以东西轴向排列，而三个沿着北极星的方向(图15.19, 15.20)。这些通道从一个192米(630英尺)长的蛇形堤上突出出来，末端结束于

积了一些黑色玄武岩石和泥土，在略带紫红的水中，产生了一个457.2米(1500英尺)长的螺旋形式。暗藏在史密森努力探寻对土地的开发和回收的工业家和艺术家的辩证思想下的是热力学的理念，即现代物理学家将宇宙看作熵的集合体，艺术家将其转嫁到当代的自然环境观点上，即它们虽然受到人类破坏，但仍能

图15.19和15.20 芬兰的Nokia的"上下"大地艺术品内部和外部景象，由南希·霍尔特设计，1998年，建在一个废弃的采石场，这个 大地艺术品由沙、混凝土、草和水组成，南希·霍尔特，纽约。

图 15.21 苏格兰(Scotland)邓弗里斯郡(Dumfriesshire)的 Lower Portrack，由主人查尔斯·杰克斯和麦吉·克斯韦克设计，1990~2000 年，杰克斯描述其特点为"一个具有宇宙奇观的花园"，它包含磨光的铝和阿斯特罗草皮组成的一层层的梯田，它以弯曲的模式排列，暗示了由宇宙中的"黑洞"产生的空间物理构造。

一个粗糙的圆形堤，直径大约为 70 米(230 英尺)，高为 7.9 米(26 英尺)。

就像古代的宇宙学上的景观一样，"上下"具有一个大型垂直通道的形式的"axis mundi"，位于圆形堤上的四个通道的交叉点上。它展现了一个圆形的天空，具有云、星，有时在隧道里月亮出现在观察者的视野里。为了加强中心空间宇宙学思想，霍尔特从芬兰各乡村中提取土壤样本，将这些混合物埋入垂直通道的下面。此外，设置了三个圆形的反射天空的池塘，池塘的水来自于采石场底部与筑堤相连的古泉，这些堤的斜坡覆满了草。池塘的直径大小分别为 6.7 米(22 英尺)、9.1 米(30 英尺)到 12.2 米(40 英尺)，同样反射出大地艺术。它的含义正如主题所暗示的，从上往下看，它们沿着环绕以前的采石场的操作所产生的月牙形崖壁的小径排列。从下面看，它们位于通道内部。也可以通过沿着蜿蜒筑堤的顶部小路或者环绕采石场底部形状活动来亲身体验。根据 Holt，"每一个变化的视觉体验都会对其自身感觉产生疑问——近和远，整体

和细节，反映和现实，空中和地上"。[30]

查尔斯·杰克斯(Charles Jencks，1939)，与他后来的妻子麦吉·克斯韦克(Maggie Keswick，1941~1995 年)一起(她是研究景观设计——中国园林与风水的一名学生)，在苏格兰的邓弗里斯郡创建了一个公园(图 15.21~15.23)，它的模拟地形与考古学家发现的表面形状十分相似，鼓舞了美国的大地艺术的发展。然而，杰克斯和克斯韦克对史前时代并不感兴趣，作为一名建筑理论家和后现代主义的普及者，以及《跳跃着的宇宙中的建筑》的作者，杰克斯热衷于表现一个新的宇宙起源理论形式，这个理论认为宇宙连续跳动到结构的新层面。苏格兰的"宇宙幻想公园"，寻求表现优美和体现杰克斯的思想："新科学的复杂性，混乱只是其中的 1/20，说明了这些普遍存在的突然的所有规模上的跳跃"。[31] 在其他事物之间，他希望公园能够像当代宇宙学家构想的那样，展示时空的结构和量子物理学。根据 Tencks 的描述，宇宙不同于托勒密(希腊天文学家)和笛卡儿的空间，而

是"扭曲的、弯曲的、波浪形的、锯齿状的、工字形，有时是美丽的褶皱"。[32] 对克斯韦克来说，他的公园是表现二十世纪的西方与气的文脉的一种手段。气，也就是"呼吸"，是所有现象均具有的内在能量，是中国绘画中的必要因素,同样也被中国的园林设计人员所采用，这一点我们可以在第八章中看到。

在巨大的龙形隐道(Giant Dragon Ha Ha)的凹面部分，是对称断裂的台地(Symmetry Break Terrace)，意思是展现四个基础的跳动音符——能量、物质、生命、意识——这些自从宇宙产生后就出现了。另外一个平台的设计为一个扭曲的航天草坪逆行跳棋盘，磨光的铝制线，意思是图解说明黑洞弯曲时空时产生的途径(图15.21)。一个物理公园(种植药草的药用园的有意的双关语)展示了门柱的顶饰，这些顶饰是金属圆球，代表了不同的基于假设的Gaia；托勒密的环形的、星座般的、原子的宇宙。[33] 此公园的高潮景观是16.8米(55英尺)的螺旋堤和121.9米(400英尺)的双波浪形大地艺术品，是用沼泽地里挖出的泥土堆成的，以前

曾占据了一大片地(图15.23)。在这里，设计者的意图是用草地和水面组成的联锁雕塑模式，表达中国的气的概念和风水的占卜原则与复杂科学和混乱理论的动力学。这样，杰克斯的螺旋筑堤，称之为蜗牛，由打桩从沼泽地中挖掘出的物质创建而成，仅仅在前面形成一个静止的角度，产生一个山体滑坡——这一点在复杂性理论中称为"状态的转换"，物理学家发展的这套理论是解释在混乱的和秩序的边界上事物的产生模式。这种倒转的曲线暗示了所观察到的平稳的转变，而不像包在空间连续体内的物体。结果，克斯韦克的蜒蜒池塘采取了破裂的形式，即自然界中观察到的无穷无尽的循环的螺旋花纹形状，然而也是对遍布宇宙的池塘内发生的平静能量交换的隐喻。

正如大地艺术品的创建者一样，高尔夫球场的设计者也是在塑造大地，尽管没有表达出概念上的含义，但是出于战略上的考虑，也是游戏的实质。然而正是由于这个运动的古老历史，它对土地和水资源的冲击，以及它作为当今文化价值的表达的重要性，他们的工

图15.22 Lower Portrack，**厨房花园，具有代表双螺旋的、磨光的、铝的雕塑。**

图 15.23 Lower Portrack，螺旋形的护堤和双波纹的大地艺术品。

作才值得在此讨论。

运动景观：高尔夫球场

　　场地设计是高尔夫球场的基本因素，每个场地的特征说明了它提供给运动员的不同等级的挑战。[34] 在巨大的高尔夫球场的全球的家庭树分支中，所有的分支可追溯到苏格兰。在苏格兰，这个比赛从景观中成长起来，沙质的、淤积的地形称为高尔夫球场，自然的高尔夫球场发源于河口区域，这样的区域是河水流入大海时沉积的沉淀物。高尔夫球作为一种运动，起源于 Eden、泰河(Tay)和福斯湾(Forth)河的入口处。第一个高尔夫球场圣·安德鲁斯(St.Andrews)始于十五世纪早期，是最早的完全自然形式，一个没有树的被风吹乱的带状区域，带有土袋的、翻滚的沙丘支撑着本土的、弯曲的草皮和一些羊茅。

　　最初的运动涉及从覆盖草地的高尔夫球场，沿着临时准备的线路击一个"featherie"，即一个塞满羽毛的皮革装订成的小球，躲避金雀花丛生的土丘和含沙

的侵蚀的空洞造成的天然障碍。发球区域，由跑道清晰地界定，和修剪很好的草地在当时都是不明确的，运动员只需漫步于小丘之间，无树的场地中，瞄准射击任何小洞，这些小洞即后来的球洞。尽管一系列这样的小洞通过重复的运动变得固定，但不同的苏格兰球道里球洞的数量并不完全相同。

　　在十八世纪中期，成立了高尔夫俱乐部来组织比赛，圣·安德鲁斯高尔夫协会指导击球区和其他区域的草坪维护。1764 年，制定 18 个洞作为官方的一局，此举后来被各地争相效仿。随着圣·安德鲁斯的成员开始利用自然的高尔夫地形，高尔夫球场的设计得到了认可。他们通过打断双倍(double cups)的杯子，形成扩大的绿地——一个为比赛而设，另一个则为开进、拓宽绿草如茵的运动场地，以石楠花替换草皮，增加了人工障碍。设计的沙坑，从老的场地最初存在时，就被描绘，在那里，它必须清除许多自然的障碍物；代替物为"战略"设计，允许运动员以额外的一击为代价，选择稍微长但更安全的路线，从这些基础的原则

来看，高尔夫球场设计逐渐形成规模。

高尔夫球先传到了英国，1779年又传到美国，但只在简单的场地上比赛，经常缺乏高尔夫球场地形的特征。但是，比赛越来越普及，尤其是1848年，价格低廉、耐磨的球发明以后，这种球由热带gutta-percha树的自然橡胶制成。这种创新也带来了新的铁头的高尔夫球杆的使用。对新场地的需求随着运动的逐渐传播而增长，第一个场地设计者是苏格兰人，后来是一个具有从事维护果岭的专业认证的英国人，而不是进行景观设计的专业人士。他们几乎完全在场地上工作，而不是依靠设计图，注重比赛的实用性，而不是风景园式的景观。他们很少改变他们的场地，将现有的草皮和其他的特征合并在一起，或者仅仅简单地修改场地，使它们对越来越多的高尔夫爱好者更安全，或者考虑到新的gutta-percha球的更长的射程，因此延长洞与洞之间的距离。

十九世纪后半叶，对场地进行了革新，引入了许多变化的、弯曲的赛道，成为对参赛人员的挑战。新型割草机和新的切割以及用金属杯子排列洞穴的手段的出现改善了绿地的质量。通过反复实践得到的发现说明，伦敦西南部的石楠地，当清除一定的植被后是理想的内陆高尔夫地区。

到1900年，几乎近千个高尔夫球场在美国建成。远望这些起伏的牧场般的以树木镶边的绿草地，这些高尔夫球场都具有相似的景色，如同："万能布朗"在斯陀园的希腊谷，或者奥姆斯特德和沃克斯的在前景公园中的长滩(第七章和第九章)。但是，这只是简单的巧合，因为在高尔夫球场上，设计者主要的考虑不是景色而是位置——高尔夫球停止滚动后停下来的位置。水体，无论其是否美观，只是用来作为运动员的障碍，而不是为了美学特征。果岭附近，路线被障碍物或薄薄的沙子覆盖的洼地打断了，同样也是作为战略上布置的障碍。当参赛者到达洞口时，为了提供最后的障碍，设计者用几乎觉察不到的波状表面来降低地面。

二十世纪20年代是美国高尔夫球场建造的黄金时代，从1923年到1929年，每年平均建成600个，国内的球场总数从1903个增加到5648个，其中许多是由当地的果岭维护者建成，他们通常是从大不列颠来的移民及高尔夫球爱好者，他们的主要目的是塑造景观，使其适合比赛的目的。两个地方联赛冠军约翰·

弗朗西斯·内维尔(John Francis Neville, 1895～1978年)和道格拉斯·S·格兰特(Douglas S.Grant, 1887～1981年)于1918年在加利福尼亚的蒙特拿半岛(Monterey Peninsula)给定的一个特别的场地上，设计了惊人的卵石滩(Pebble Beach)高尔夫球场。建在一个高高的崖壁上，可以俯瞰太平洋，卵石滩并不算是真正意义上的高尔夫球场地，但是它的沙质的、小丘的，被风吹乱的地形和精彩的卡尔梅勒湾(Carmel Bay)般的景观使它逐渐名副其实。

柏树峰(Cypress Point)，毗邻卵石滩，也得到同样的资助，十年后由亚历斯特·麦金斯(Alister Mackensie, 1870~1934年)设计，他是·名英国物理学家，后来转向高尔夫球场地的设计者。麦金斯在英国、芬兰、爱尔兰、加拿大、澳大利亚、新西兰、南美及美国建了很多高尔夫球场，被认为是高尔夫球场历史上最著名的场地设计者之一。1920年，《高尔夫球场设计》(Golf Architecture)的出版提升了他的名望，该书中编写了指导场地设计的十三条主要原则。除了这些指导加强比赛的策略兴趣，参赛者的舒适和方便，以及场地的全年可用之外，还包括一条，即：建议混合场地的人工和自然特征，以便两者呈现一致状态。

到二十世纪30年代中期，在大萧条最糟糕的年代后，在美国场地的构建开始随着联邦工作促进委员会(Work Progress Administration, WPA)为下岗人员提供工作岗位而加速。市内的高尔夫球场开始越过乡村出现在城市中，联邦工作促进委员会工作人员使用手推车和手工具而不是重型机械设备来移动土方和塑造地形。但是第二次世界大战后，当私人高尔夫球场地的建设又一次繁荣和大量的失业人口不再是问题时，现代化的推土机开始投入使用。这样就大大缩短了建造一个高尔夫球场的时间，此外，随着石油不再缺乏，刈割机的燃料获取更方便，这些同样也刺激了场地的构建。

在此期间，罗伯特·特伦特·琼斯(Robert Trent Jones, 1906)作为美国最重要的高尔夫球场设计师，上升到更高的地位，到1990年，他的公司证券包含42个州的450个场地。特伦特混合"Penal"和"Strategic"两种设计类型，产生一种新的类型，他称为"史诗"("heroic")，他的"heroic"场地避开Penal-type设计中的精细的障碍，代之以简单的、强大的，对角线布

置的障碍，如一个水池，运动员不得不清除一个长长的至少152.4米(500英尺)的击球。同时，运动员被允许选择绿地中一个代替的、危险性小的路线。特伦特作为一个设计者的特殊才能在于利用Penal、Strategic和heroic设计技术，按照被期望接受的场地的自然特征，考虑是否它是一般公众的市政工程，付款的客人常去之地，针对成员的乡村俱乐部，物主和朋友的私人设计，还是专业高尔夫球运动员的比赛场所。

在二十世纪60年代，尤其是由于电视播映体育比赛的原因，职业高尔夫球运动员逐渐成为名人。高尔夫球运动的流行，尤其是在越来越积极的退休人员中，产生了一种新的土地规划现象：一个住宅社区围绕高尔夫球场而建。然而，到二十世纪70年代中期，逐渐升高的场地建设费、能量危机，紧缩的财政，美国新的环境法则的出现，以及日本土地利用的限制削减了高尔夫球场的建设速度。然而，二十世纪80年代的繁荣时期，场地建设的速度再一次复苏了，乔治·法兹奥(George Fazio，1912～1986年)与他的侄子托马斯·约瑟夫(Thomas Joseph Fazio，1945)和文森特·詹姆

斯(Vincent James Fazio，1942)一起工作，建立和修建场地，包括许多为俱乐部举办主要比赛用场地。从18洞来看，著名的如Super Dune，位于佛罗里达的西部棕榈沙滩的Emerald Dunes Golf Course之上，展示了1990年，Tom Fazio是怎样做到塑造人工水体，起伏的球道和草地，在原有的覆盖着矮棕榈的灌丛地上产生一种整体的美(图15.24)。

1974年，著名的职业高尔夫球运动员杰克·尼古拉斯(Jack Nicklaus，b.1940)组建了他自己的公司。在斯科茨代尔(Scottsdale)，亚利桑那(Arizona)，他的沙漠高地高尔夫俱乐部(Desert Highlands Golf Club)(1984)阐明了一个需求草地运动是怎样能够被成功地与自然的贫瘠景观结合到一起的。鉴于他可以利用的灌溉数量的限制，尼古拉斯在相当窄小的草坪球道和周围沙漠的卵石和粗糙石块之间创造了宽阔的可供游戏的带状沙地。然而，尼古拉斯为他的场地寻求一种精装的结束，坚持在所有的绿地中使用天鹅绒般弯曲的草皮，而不顾气候条件。此外，他代表性地建立了小瀑布作为他的水障碍，安装了精心制作的灌溉设备，具体说

图15.24 佛罗里达州(Florida)棕榈沙滩西部的Emerald Dunes高尔夫球场。

明了艺术状态的刈割机的使用。

也许Thorstein Veblen的有关摆阔的挥霍浪费或者非生产性的休闲作为一种展现财富的手段的理论，这在第十二章已经讨论过了，除了高尔夫球运动外，没有什么更能证明这一点，尤其是在干旱气候条件下，合理使用水是十分重要的。尽管有环保主义者的反对，但这项运动如此受大众欢迎，很难遏制高尔夫球场的建造热潮，甚至在干旱贫瘠地区，蓄水池的蓄水量明显降低，以及容量再不能被扩展了。事实上，高尔夫球运动几乎成为全体商业人士之间交流必须履行的礼节，他们在高尔夫球场会见客人，这增加了解决持续发生的社会和生态问题的难度。

尽管当代对高尔夫球的热衷可能是变幻莫测的，但是我们简要回顾它的演变历程：从苏格兰的海边高尔夫球场到遍及斯科茨代尔的内地沙漠，从一项由景观来确定目标和规则的运动，变成一个应用高水平的人工和机械来操纵景观而产生对玩者新的挑战，这些都说明它是一个完全实用主义的场所。与这个范围相反的是，景观的设计意图是高度理论化的，它的成形不是因为场地的需求，也不是运动或其他使用者的需求。这样的一种景观就是巴黎的拉·维莱特公园(Parc de la Villette)。

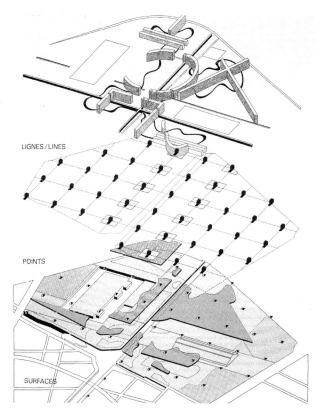

LIGNES/LINES

POINTS

SURFACES

图 15.25 拉·维莱特公园的规划，由伯纳德·屈米设计，
1984～1989 年。

解构主义理论的景观：拉·维莱特公园

建筑师伯纳德·屈米(Bernard Tschumi, b.1944)，在巴黎的东部设计了拉·维莱特公园(Parc de la Villette)，作为一个解构主义者的实践，是受哲学家雅克·德瑞达(Jacques Derrida，1930)展开的分解的概念的启发(图15.25, 15.26)。虽然大地艺术家如史密森在他们的作品中寻求形而上学的代表，解构主义者屈米和德瑞达一样认为"在建筑中，我们发现一些否认代表形而上学的东西，因而每件事都可以代表"。[35] 像史密森一样，屈米从同样的后现代主义位置的混乱原则开始，但没有像史密森那样用艺术手段来表达"熵"，而是赞成德瑞达的关于建筑的概念，其中"最强大的参考书就是缺乏"。[36]

屈米是对新的70公顷(175英亩)的公园的设计竞赛的471名参赛者之一，这个竞赛举办于1984～1989年，场地是前巴黎人作为牲畜买卖场和屠宰场的场地。这场竞赛的指导方针是提倡一个全新的公园，这个公园将优于由Alphand设计的十九世纪的风景园(第十章)。屈米是一位富有创造力的理论家，他从更高的理论角度来设计建筑，将拉·维莱特公园的设计看作是

图 15.26 拉·维莱特公园的星期天，屈米散文中的游客所喜欢的娱乐经历，在公园建筑中作为解构主义者的哲学比十九世纪巴黎公园的周末游客更具有多样性和积极性。

图 15.27 雪铁龙公园，由两组竞争对手所设计：ALAIN Provost, Jean-Paul Viguier, 和 Jean-François Jodry and Patrick Berger and Gilles Clément, 1985～1992 年。

根据景观展现原本解构主义的一次机会。当他的设计被罗伯特·布雷·马克斯(Roberto Burle Marx)任主席的21人组评判委员会选出之后，屈米邀请建筑师彼特(Peter Eiseman)和德瑞达与他一起开发这个公园中的一个小区域。德瑞达在接到拉·维莱特公司里一片场地的设计任务时，表现了对柏拉图Timaeus的兴趣，并引入了Chora的空间概念，即场所的纯洁的容器，或者任何事发生的条件空间，成为场所提供网络的必要手段。

屈米给自己提出的挑战是对一个哲学思想给出空间的表达，利用自然发生的多样事件折射出单一的意思，或者解构主义语言中的"事件——文字"。他的方法是创建一个流动的、不明确的，没有中心的，非限制的空间：一个理论上没有边界的容器，没有任何具代表性的联系。在空白课本中，任何人都可以记下他们选择的任何意思。

尽管在屈米的理论观点中拉·维莱特公园没有边界，它还是被西南端的一个科学博物馆及东北边界的一个音乐艺术学校和表演会堂所固定。这些大型文化机构，也是设计竞赛的结果，几乎是与公园同期建成的。此外，那个曾经作为屠宰场的工业建筑物已经被重新用做竞赛中心。在这些建筑物之间或周围的公园是一个开放的绿草如茵的平地，设计为想像中的方格网，节点上用folies强调，即一系列明亮的红色、立方体盒子似的建筑，就像大型的抽象几何雕塑以固定的间隔，竖立在草地之上。屈米认为他的方格网状点缀

着红色节点的绿色平台就像是"对事物和人来说，都有多种参考的定位点，产生部分的一致性"。[37] 尽管在构建之时没有特定的用处，这些节点的作用现在就像常规公园中的建筑一样，一些是餐馆。一个是儿童游戏设施，另一个是急救站等。一个曲线的、下沉的竹园，由亚历山大·克米托夫(Alexandre Chemetoff, 1950)设计，展现了一个与屈米理论——严格空间网络几何形的对比。在同一平面上，一条相似的蜿蜒小径也打破了整个平面的规则感。

景观构建的高度智能化的方法是设计竞赛的范围和前卫文化制定的产品。法国在历史上是尤其欢迎革新和艺术家表达的睿智形式的。然而，其他景观创建中新的巴黎人的答卷，尤其是日西公园(Bercy)和雪铁龙公园(André Citroën)，并没有采用拉·维莱特公园中展示的解构主义者的思想。这些新的公园规划时使用过去的园林所采用的意境和象征的手法，其表现——理想的再现，反对内含的无尽的网格的表述，也反对无意识的空间，参观者可以根据自己所想，找到"事件－文字"或记忆中的辉煌——目的是创建诗意的场所，不仅仅是中等价值的空间(图 15.27, 15.28)。

具体的和抽象的诗意景观

诗人，视觉艺术家 Ian Hamilton Finlay(b.1925)在二十世纪60年代作为一名具体诗歌的创始人，建立了他的威望，他以单个词在一页纸上的排列，经常伴有图画，以求引起心灵上的共鸣和强化意识的表达。他

图 15.28 雪铁龙公园。

图 15.29　具有"牧歌，斯巴达的邻近之处"题字的俯卧的圆柱，小斯巴达。

的园子位于苏格兰的Lanark附近，他称之为小斯巴达(Little Sparta)，带有文字元素——绘画般美丽的雕刻石头和木头——探索语言和符号之间的差距，在与景观的前后联系中，允许语言和形体之间微妙的相互作用(图 15.29, 15.30)，作为一个联合的公园，小斯巴达可

以引起对十八世纪作品的回忆，如：威廉·申斯通的Leasowes或亨利·霍尔的斯托海德，而这些又让人想起古代。[38] 正如我们在第七章所看到的，the Leasowes是风景农田，而斯托海德的主题是 Aeneid，是一个高度诗意的景观，表现了维吉尔对罗马建立过程的史诗般的描述。小斯巴达就像这些十八世纪的前辈一样，有意识地唤起对十七世纪艺术家克劳德·洛兰(Claude Lorrain)田园牧歌式的绘画的回忆和对维吉尔田园诗里黄金时代的怀旧的回音，一系列的田园诗由拉丁文写成，写于公元前42～公元前37年。这座园子位于苏格兰南部起伏的彭特兰山(Pentland Hills)，那里曾是牧羊基地，有效地暗示了对牧羊景观的早期描绘，有少量古代的遗迹作为装饰。在这些克劳德式或者维吉尔式的景观中，人们的活动出现在永恒的农业循环的节律中，像牧羊人和羊群一样在阳光照耀下的牧场上活动和在林子的浓荫下轻柔流淌的小溪边休息。在小斯巴达，水面和陆地，波浪和山丘，船和小屋的主题处于支配地位，尽管该公园也包含了涉及法国革命和战争的因素，尤其是第二次世界大战，象征性地暗示了我们今天仍生活在原子弹能量破坏的阴影之下。用这样

图 15.30　苏格兰(Scotland)Lanark 附近的 Stonypath Dunsyre 的小斯巴达，花园由伊恩·汉密尔顿·芬利设计，始于 1966 年，粗制的石头上具有"目前的有序是未来的无序——圣·贾斯特"的题字。

的纪念物来纪念我们纯洁的丧失，如：陷落的"田园牧歌"圆柱和"核能帆(Nuclear Sail)"，一个光滑的缠绕丝结、粗糙的灰色"墓碑"。小斯巴达与宁静的苏格兰边界的不可能和讽刺的对话可能最好地描述了对后工业及后田园文明的一个文雅和哀悼的沉思。

林英(Maya Ying Lin，b.1959)是一位工作于景观设计和雕塑概念地带的艺术家，像芬利一样，她深谙语言与视觉图像的结合力量。她较少关心在遥远的地方创建参考于宇宙的大尺度的作品，而更多关心在环境中构想可以很轻易地被接受的抽象的诗意，在那里她的艺术将从场地提供给她的机会中获得重要意义。这是她与大地艺术家的主要区别。从这点来看，林英的工作并不是抽象的、哲学的。相反，它通过心理学和现象学传达出来。不像一些艺术家的可怕的和略带威胁的作品，林英的作品是亲密的和美好的，出于一个本质上诗意的目的。水、石头、时间和运动的图像是她艺术中的重要因素，她通过感官和象征性的途径来运用这些因素。在她运用除了视觉以外的其他感观时，明显地参考了心理学原理：她的作品是可触摸的、可听的，鼓舞人们去触摸、静观、聆听。她更多关注于对普通人们具有重要意义的场所空间，而不是像拉·维莱特公园，试图作为哲学理论的抽象建筑展示的空间。

林英在1981年，作为一名耶鲁大学的研究生，在设计越战纪念碑设计竞赛中获胜，从此脱颖而出。这场竞赛的发起者，越南越战纪念碑基金会要求纪念碑包含在那场悲剧的战争中牺牲的和失踪的至少57 000名军人的名字。两堵由磨光黑色花岗岩组成的挡土墙以132°夹角围出了一片覆满绿茵的低地，对死亡和战争的悲伤、可触及的反思引导参观者穿过从始至终刻写着阵亡人士名册的墙面，沿着倾斜的小路，到达插入地面的三角形的顶点。

从作为建筑课上的一个工作室的方案开始，林英竞赛作品间接地受到了一个设计形式上完全不同的建筑物的启发：埃德温(Sir Edwin Lutyens)的纪念碑，纪念在第一次世界大战中法国Thiepval索姆战役中失踪的战士，一个巨大的拱道上铭刻了100 000个名字。"缓步走过这些名字，意识到那些失去的生命——产生的影响就是设计的力量"，林英曾写道。她的方法类似"不关心政治的，与场地相和谐的、以及抚慰的"。林

英希望创建一个纪念碑，这个纪念碑没有戏剧性的内容，但是能够成为哀悼战争的、灾难的、必要的宣泄工具，成为老兵和其他参观者让步于战士的死亡的一种手段。关于这个设计，她说："我构想使用一把刀，切入地中，并打开它，最初的暴行和伤痛将会及时治愈，草地将重新生长出，但是这个最初的切口将在地上保留一个纯净平坦的表面：磨光的、反射的表面，当你切割它和磨光的边缘时，展现出更多的类似晶洞的表面。对纪念碑上名字的需要将成为纪念性的，无需更进一步修饰该设计。人们和他们的名字将允许任何人作出反映和铭记于心……我总是希望按年代顺序排列名字，这样做的目的是追忆那些在战争中服役或已回来的人们在纪念碑上能够找到他们的位置"。[39]

越战纪念碑"V"字的下沉的宽阔的一侧指向华盛顿纪念碑，华盛顿纪念碑被阴沉的花岗岩的镜面末端所反射。另一侧直接指向林肯纪念堂。越战纪念碑的开放、黑暗和低一级的水平状态巧妙地与那些沉默寡言的、白色的和垂直的建筑形成对比。"通过联系国家的这两个强大的象征符号，我想在国家的现在和过去之间建立一个统一的关系"，林英说。镜子的终端也反射了参观者和周围公园的形象，"产生两个世界，一个我们是其中的一部分，一个是我们无法进去的"。[40]当参观者走下去体验宽宽的V字形的、冷静的包容时，这种沉静和感情是可触知的，一些人的手指会触摸这些名字的字母。很少有公众的英雄纪念碑达到这种尊敬注意力的程度。鲜花、最新的写作笔记和其他新的存放的尊敬和热爱的记号叙说着生与死之间持续的纽带关系。

在嘱咐艺术家"描绘一个更加有趣的、美丽的、动态的和悲剧的世界"，[41]查尔斯·杰克斯正在考虑二十世纪科学产生的更深的宇宙论意识。林英和杰克斯一样，对于在景观中表达出先进的科学技术中出现的关于世界的新概念很感兴趣。非常巧的是，她出生和成长在俄亥俄州的阿森斯位于(Athens，Ohio)Hopewell Mounds附近，而这些古代的遗迹可能对她和考古学家以及其他的宇宙论方向的大地艺术家拥有同样的诱惑力。她的主要目标是辨别和表达我们这里所暗示的"第四种自然"。一个运用科学技术结合了三个先前存在的自然范畴——荒野，栽植土地和公园。她的作品是从光学和照相设备中得出的灵感——显微镜、望远

图 15.31 华盛顿国家公园中的越南老兵纪念碑，由林英设计，1982 年。

图 15.32 波形地，弗朗索瓦 – Xavier Bagnoud 太空工程楼项目组，密歇根大学，Ann Arbor,Michigan，由林英设计，1995 年。

镜和卫星摄像，它们使我们以新的方式认识世界和宇宙。

为了创建波形地(The Wave Field)(1995)，一个30.5平方米(100平方英尺)的纪念碑，受 Ann Arbor 密歇根大学弗朗索瓦－Xavier Bagnond 太空工程楼项目组委托，林英学习了与飞行物理学相联系的流动动力学(图15.32)。这个给出对飞行所必需的气流运动的流动性、不确定和不断的重复实质的图像，对她来说是关于狂暴海洋中的波浪的一张照片。这里不仅表现了她对无尽地前进和后退的海洋的不确定特征的观点，而且也体现了曾生长于美国中西部的起伏的大草原海洋般的外观。每个土制的波纹，在宽度和高度上均稍有不同，是学生们休息和读书的舒适的场所，正如米歇尔·伯瑞森(Michael Brenson)所解释的：

在波形地，不确定性形成场所，林英的设计，使它对现行的人们来说具有可利用性。她也给予它以精神上的目的，甚至是一个紧急事件中，这在一些对不确定性的赞美中是难以置信的。波形地为艺术鼓励人们聚集在一个环境中的能力提供了场合，在这里，他们相互间感到舒适，相信他们还没有认识到的和他们不能预测或控制的存在；孩子们在这个环境中感到安全和受到他们来自根据发现、玩、相互作用等体验世界的兴趣的鼓舞。[42]

场所作为不确定性的体验，如发现、玩乐、相互作用和流动是二十和二十一世纪的概念。大地艺术品和概念艺术的其他形式具有证明当代文明的熵值特征的证据，丰富我们在对新的时空理解意义并且拓展我们对宇宙的看法和想像力，提供对我们另外的难以形容的悲痛和喜悦的比喻性的表达。同时，我们每天的生活继续存在于真实的时间中，所以我们对当代空间的理解必须适应表现新后工业时代特色，我们必须试图理解地理不仅是时间的还是空间的，流动的，瞬间的和实际的。在最后的分析中，场所是实践性的，差不多是现世的现实情形，根据当代的思想，它深植于我们自身，在我们的身体内，在我们的心中。这是真实的情况，不管我们是否静止不动——在场所中——

或者移动。理解运动自身是体验空间的一部分以及我们都处于编织的景观的感觉中是重要的。正是这种观点我们可以作出结论：场所的创建和景观的隐现一样建构和阅读世界，成为一个文化地理。

注 释

1.见凯文·林奇《城市印象》，马萨诸塞剑桥：麻省理工学院出版社，1960。林奇的这本小册子很有影响力，他发展了节点的概念——地形特征、地标构筑物、主要的建筑物、公共开放空间——在精神地图中可作为易识别的标志，在我们头脑中成为场所的循环板。

2.这段文字写于2000年1月1日，观看完照亮纽约城的焰火，也通过电视看到了全世界每个角落对千僖年的庆贺。人们在这个世纪扩展的全球化下看到了时间和空间的巨大变化，也看到了场所的图像结构——巴黎的艾菲尔铁塔和世界上其他纪念物——如今是照耀世界的奇迹，成为一段时期纪念性的代表，同时也是人类聚集的焦点。纽约时代广场的设计特征是——在媒体盛行的时代非常合适——其显著特征在于高新技术支持的信息和图像的视觉展示，而不是其他易于辨认的建筑特征，自谓为全球聚会的中心。

3.Robert Smithson，"熵和新纪念物"(1966)，《Robert Smithson作品集》，Jack Flam编(伯克利：加利福尼亚大学出版社，1996)，11页。

4.同上，根据Smithson，"战后的贫民窟、城市蔓延、无限制的住宅数量的发展导致了建筑的熵"。op. cit.，13页。

5.同上，14页。

6.David Lowenthal，《十字军东征和其他历史遗迹》(剑桥：剑桥大学出版社，1998)，8页。

7.凯文·林奇，"环境设计中的时间和场所"，《城市印象和城市设计：凯文·林奇论文和作品集》，Tridib Banerjee，Michael Southworth编(马萨诸塞，剑桥：麻省理工学院出版社，1996)，630页。

8.同上，629～630页。

9.Delores Hayden，《场所的力量：公众历史中的城市景观》(马萨诸塞剑桥：麻省理工学院出版社，1995)，6页。

10.对于新英格兰不断变化的意义的讨论，见William Butler，"山上的另一座城市：康乃狄克州Litchfield和殖民地更新"。《美国殖民地更新》(纽约：W．W．Norton& 公司，1985年)，15～51页。

11.见Chris Wilson，《圣达菲的神话：创造现代地区传统》(Albuquerque：新墨西哥大学出版社，1997年)。

12.为了解释在景观保护与更新中下意识的潜在的对历史讲述的再创造，见David Lowenthal，《这里过去是异域风情的乡村》(剑桥：剑桥大学出版社，1985年)。根据Lowenthal，"我们常常会忽视我们心中想要的改变其实只是要保护或庆贺——我们能看到，具有教育意义和爱国主张的承诺造就了亨利·福德的绿野和约翰D.洛克菲勒的威廉斯堡。但我们却不能察觉我们的偏见，这种偏见曾歪曲勒福德或洛克菲勒的理念"。见op.cit.,325～326页。

13.见Charles B. Hosmer, Jr，"公众眼中的殖民地更新：威廉斯堡和早期园林的恢复，"《美国殖民地更新》，52～70页。

14.Mary Haldane Begg Coleman，"George P. Coleman夫人的回忆"，会见抄本，1956年2月22日(威廉斯堡殖民地成立档案)，62页。引自Charles B Hosmer, Jr，"公众眼中的殖民地更新：威廉斯堡和早期园林的恢复，"《美国殖民地更新》，61～62页。

15.威廉斯堡的过去并不辉煌，甚至"有些单薄"，但这种推力仍然非常可贵，并符合当代的审美，受到工业时代制造标准和维护实践需要的影响，推动了包括Shurcliff园在内的当地园林。例如，"在复兴的威廉斯堡殖民地，大家开始使用比过去颜色浅的绘画和织物，如果18世纪的土著能够得到的话，他们也会使用"。见Lowenthal，《这里过去是异域风情的乡村》，329页。

16.吉恩·雅各布，《美国大城市的生与死》(纽约：Random House，1961年)，443～444页。

17.同上。

18.见David Lowenthal，《George Perkins Marsh：保护主义预言家》(西雅图：华盛顿大学出版社，2000)，267页，注1。

19.George Parkins Marsh，《人和自然，或人类行动影响的物理地理学》(1984)，David Lowenthal编(马萨诸塞，剑桥：哈佛大学Belknap出版社，1965年)，38～39页。

20.同上，465页。

21.同上，51页，注53。

22.麦克哈格，《设计结合自然》，25周年纪念版(纽约：John Wiley & Sons 公司，1992)，第5页。

23.同上，19页。

24.见Anne Whiston Spirn，《花岗岩园：城市自然和人性设计》(纽约：基础书店，1984)。也见于Timothy Beatley《绿色城市化：向欧洲城市学习》(华盛顿特区：长岛出版社，2000)。对于将城市管理一词的讨论，使得城市适合人类居住，将其作为城市新生的方式，见 Roberta Gratz，Norman Mintz，《从边缘开始的城市更新：城区的新生活》(纽约：保护出版社，John Wiley & Sons 公司，1998)。

25.Harlow Whittemore，《风景园林教育国家会议学报》，加利福尼亚，太平洋树林，Asilomar.引自彼特·沃克和西蒙《不可见的园林：寻找美国景观中的现代主义》(马萨诸塞，剑桥：麻省理工学院出版社，1994年)，258～259页。

26.关于富兰克林·D·罗斯纪念堂，感谢Reuben M. Rainey，"叙述园林：劳伦斯·哈普林的富兰克林·D·罗斯福纪念堂"，未出版的抄本，1995年。

27.Robert Smithson，"熵和新的纪念物"(1996年)，《Robert Smithson作品集》，Jack Flam 编(伯克利：加利福尼亚大学出版社，1996年)，11页

28.Robert Smithson，"螺旋防波堤"(1972年)，《Robert Smithson作品集》，145页。

29.同上，146页。

30.对作者的采访，2000年7月27日。

31.Charles Jencks，引自Cooper，Taylor，《转变的天堂：21世纪的私人园林》，67页。

32.引自Julie V. Iovine，"在山上布道"，《纽约时代杂志》，1996年2月4日，44页。

33.见Cooper，Taylor，op. cit.，72页。

34.我所知道的关于高尔夫球场设计的历史，要感谢Geoffrey S. Cornish, Ronald E.Whitten，《高尔夫球场》，更新版(纽约：Harper Collins出版社，1993年)。

35.纽约会议抄本，1985年9月17日，Jacques Derrida, Peter Eisenman，《Chora L Works》，Jeffrey Kipnis, Thomas Leeser编(纽约：Monacelli 出版社，1997年)，8页。

36.同上。

37.伯纳德·屈米，《Cinégramme Folie：拉维莱特公园》(新泽西普林斯顿：普林斯顿建筑出版社，1987年)，24页。

38.根据约翰·迪克松·亨特，"毫无疑问，在现代景观设计中，Finlay是一个特殊的案例。他的特殊不仅在于他与众不同，而且比其他设计师从历史场所中寻找到更多的基本设施"。见约翰·迪克松·亨特，《我的最爱》(费城：宾夕法尼亚大学出版社，2000年)，117页。

39.林音，"创作纪念物"，《纽约书评》X L VII(不知道含义)：17(2000年11月2日)，33～34页。

40.同上。

41."波浪景观"，《了望杂志》(1996年冬)：2～5，引自Beardsley，《大地艺术及其他》，197页。

42."林英的时间"，《林英：拓扑》(Winston-Salem：西南当代艺术中心，1998年)，41页。

第十六章

波动场所与流动地理：
立体与本地表现的景观

当代对景观和场所的态度，形成的文化背景可以从哲学的角度加以理解，到十九世纪末期又与心理学建立联系。在此期间，西方社会渐近的意识形态中形成的信心，随着科学和哲学越来越深的分离而开始腐蚀，对真理的不懈追求成为持续变换的前提。随着革命性的科学发现颠覆了以前关于宇宙产生的宗教信仰，他们取代了不合理的宇宙论，然而，科学不仅是令人愉快的，有时又令人忧虑的，它对永远未知的领域的进行探索。

查尔斯·达尔文(Charles Darwin, 1809～1882 年)于1859年出版的《物种起源》一书中揭示了生物进化，使人们清楚地认识到人类不应被认为是从动物王国中独立出来的。此外，由查尔斯·莱尔 (Charles Lyell)爵士(1797～1875 年)发展的科学地理领域，从他的化石记录上，达尔文得出了许多自己的结论，完全破坏了以前的概念，也就是地球的地形——景观设计的联系和媒介——是神话中的上帝或圣神制作的，而不是风和水对地壳断层冲刷和侵蚀的自然力量造成的。

同时，地理学家认识到地球表面的形状是无数年代变迁的结果，物理学家否定了关于宇宙的稳定性和永恒性的既定事实，在二十世纪初，热力学第二定律中预见了宇宙随着它转向熵状态的瓦解，该定律的形成破坏了启蒙运动自信而合理的笛卡儿－牛顿

(Cartesian-Newtonian)宇宙论。阿尔伯特·爱因斯坦(Albert Einstein, 1879～1955 年)用相对论，即时空的独立和绝对性，更进一步地动摇了启蒙科学的原则，量子力学更加动摇了已被接受的真理。

关于以太阳为中心的宇宙的启蒙概念被扔进了科学的垃圾箱。近年来，大爆炸理论作为由几千亿个太阳系团块组成的多银河系宇宙推动力获得了广泛地认同。对迄今为止不可想像的空间深度，用望远镜所能看到的空间细部揭示了更加遥远的星系。今天宇宙空间被理解为是曲线的、有延展性的，而不是像十七世纪雷内·笛卡儿(René Descartes)在逻辑上假定宇宙是在一个直直的平面上延伸。

在生物学、地理学和物理学也能看到，对稳定的、不变的、上帝创造的世界的信仰和对人类的非凡的半神圣的地位的信仰，发生了激烈的动摇。因而，宗教信仰被证明只能够为个人提供信仰和精神导向，而不能成为社会范围的形而上学的信仰结构。弗雷德尼克·尼采(Friedrich Nietzsche, 1844～1900 年)根据他的"上帝之死"的宣言，对存在主义作出了假定。尼采认为不拘泥于对基于合理性的客观现实概念的理解，人类应该通过自我发掘的英雄冒险精神，即通过个体真理的创造认识到他们的潜能。在尼采的对获得自由的自我最高浪漫主义的看法中，艺术获得了相当于以

前宗教一样的地位，诗人取得了哲学家的地位，哲学家现在的作用通常被限定在语言学、逻辑实证哲学和其他非宇宙学科的领域。

心理学开始在熟悉人类思想和提供文化联系方面取代了哲学的作用。西格蒙德·弗洛伊德(Sigmund Freud, 1856～1939年)通过解释孩童时代的经历和梦境揭示的象征性寓意，分析了人们的心理，根据它的黑暗的、地府的冲动，他断定无意识的思想和强大的生物本能是在合理性和伦理信仰的文明的虚饰下有效的力量。对弗洛伊德的心理学说，卡尔·荣格(Carl Jung，1875～1961年)增加了他自己的见解：无意识的构想是以典型准则为基础而构建的。荣格的理论认为心理体验具有普遍性，神话的存在是一种文化现象，是形成智力感知和产生艺术的形而上学的工具。

尼采对具有自身创造力的自我的看法和心理学的对人们内在生活的关注削弱了共同的宗教信仰、促进了个人主义的发展，即信奉大的社会网络中个体和个人权利的卓越性。在某种程度上，中央集权主义企图填满宗教信仰在人们生活中逐渐缩小的作用所形成的真空(中央集权主义——信赖国家作为能够维持民众在精神上和实际上的价值体系和社会经济结构的供给者的霸权地位)。但是，正如尼采凭直觉获知的，关于人类的基本自由的观念和合理形成自我选择的社会能力都具有黑暗的一面，人们经历了一个越来越忧虑和复杂的二十世纪后，逐渐理解了随着我们对开发和残酷行为的倾向而产生的分裂、不和、种族主义和叛乱。不能被邪恶的煽动者的华丽言辞及作为上帝替身的霸权国家和现实愚蠢的领导者所说服，许多有思想的人们发现自己正处于一种对存在产生绝望的境地。然而，如果人类是其自身主要的源泉，那么，哲学必须无可避免地聚焦个体，作为行动和认识的一种手段。

在这种意义上，现象学和存在主义提供了新的哲学视角。德国哲学家埃德蒙德·胡斯尔(Edmund Husserl，1859～1938年)继笛卡儿将研究客观物质世界和主观意识自身的领域分离后，寻求启蒙哲学中内在的二元性的方法。胡斯尔给予日常生活(Lebenswelt，或者"life-world")以首要性而作为现实的基础。现象学，对心情、价值观、愿望等意识的数据和物质世界包括数学和空间概念事物的研究，构成了改善精神生活的哲学基础。在这种框架中，心理学不仅仅是一门

社会科学，它证实直觉和主观意识已成为认识世界的手段。

随着《现实与空间》(1927)的出版，马丁·海德哥(Martin Heidegger, 1889～1976年)是胡斯尔的接班人及 Freiburg 大学的哲学教授，扩展了胡斯尔的现象学研究，企图从理性科学的禁锢中解放人类对其自身的理解。他称之为 Dasein，意思是"协调"或者"在那里、居住和定居于世界上"，其内涵是对作为日常经历的私密基础的场所的珍视。正如城市历史学家 Sam Bass Warner,Jr 提醒我们的，海德哥追溯了这个动词"居住"，其原始意义正是他 Dasein 概念的基础: 修建和耕作土地。[1]

在其主要作品:《知觉现象学》(1945)中，法国哲学家Maurice Merleau-Ponty(1908～1961年)也反对由于关注于"感官体验"所带来的现代生活的精神危机及其形成的对存在的忧虑和怀疑。对 Merleau-Ponty 来说，"感官经历与世界交流很重要，使其作为一种我们所熟悉的生活环境"。[2] 主体使得个人存在于世界中，使意识与经验相联系，给知觉和行动以连贯的体系结构。在这种观点中，我们并不是通过认知的手段而成为世界景象的被动主体，而是世界转化的因子，通过现实的和象征性的行动在个人和团体的历史中凸显出重要性，由此产生生命形式。

与我们的主题——景观——相关，Merleau-Ponty关于空间的现象学方面的论述具有教育意义，他坚持认为我们需要稳定感，在特定的地方而不是易变的漂浮，这种需求源于我们的身体结构，我们对于上、下的内在感觉，这是我们对空间和存在于世界上的主要认知。对这些基本真理的确认和Merleau-Ponty对个人经历的诗意化的认识，使他与另一位法国哲学家加斯通·伯彻劳德(Gaston Bachelard，1884～1962年)站在了同一立场上。伯彻劳德用心理学和现象学相结合的方法在《诗意的空间(1957)》中，使一个概念"地貌分析"更为清晰，其中诗意的幻想鼓励个人在精神上重新确定记忆的私密空间。在那里，他发现"所有的图像都是光亮的和闪烁的"，证明"永远失去的房屋继续存在于我们之间"。[3] 根据伯彻劳德的观点，时间通过幻想被包容进了心灵的空间，如私密空间，尤其是儿童时代的场所空间，停留在于记忆和梦境中。

伯彻劳德对于场所空间诗学的哲学沉思，构成了

对"非常简单的得体空间印象"的检查。[4] 然而，他的 topophilia，或者对场所的喜爱性记忆，也具有对立面。代替检查空间，正如伯彻劳德所作的，根据虚构的诗学和与荣格原型和个人心理学的现象产生的共鸣，米歇尔·福考尔特(Michel Foucault，1926~1984年)将其作为一种历史意义上的、非绝对、非永久性的现象来研究，对于不同时代、不同文化都有极具差异的解释。福考尔特断定"相对场所"的"异端拓扑学"通过对诸如监狱、公墓和公园的具有政治性的、历史上著名的场所的分析，而对伯彻劳德关于私密心理场所的秩序提出了挑战。

此外，在《事物的秩序：人类科学的一种考古学》(1970)中，福考尔特提出对表现作用的分析，正如景观历史学家约翰·迪克森·亨特(John Dixon Hunt)推断的那样，这种分析可以有效地应用于对公园历史的编纂中。那种解释将抑制对陈述式体系的表述，有利于对景观作为自然和艺术的结合的分析(正如本书中所尝试的)，展现了历史上与之相关的文化价值观。[5] 有这些智力前提存在于头脑中，我们需要考虑的是，我们移动的躯体需要空间，我们为世界景观创建形式和模式，不管我们特定的文化价值观是什么，这永远是自然的一部分，我们作场所创造的主体如何在其中发挥作用？这也就构成了景观设计的历史。

1.立体与空间：波动的场所

在个体生命的跨度范围内，尤其困难的是抓住根本的真理，即任何事情，包括自然的构成——山、平原、江河、海洋等——是永远处于变化之中的。强加于自然之上的秩序和相信我们形成的空间具有持久性，这些观点看似是我们心理学意义上的必然要求，甚至当空间从结构意义上处于我们个人影响之外时，我们将通过身体的运动来占用空间。

根据伯彻劳德的观点，我们可以将住处看作是个人休息空间，将我们的头脑看作是知识库，其中储存有许多记忆的场所，甚或尤其是随时间的推移而消除的场所。但是我们不应该将场所看作是固定不动的。从运行中的汽车的窗口，或者更加感性地，从暴露在风中的、无保护的摩托车驾驶员的观察中，场所是流动的。高速公路上的场景是流动的。[6] 理解上重要的一点是不管我们处于快速移动、还是慢行中，我们通过运动的身体得到的感官经历产生对场所的需求，通过储存在大脑中的印象使场所的含义内在化。场所可以被比作编织机，我们穿梭般的运动，随着我们创建思想的构建，来覆盖我们赤裸的心灵和将自我与世界相联系。

我们可以观察到我们的双脚以惯常的步伐向前走或折回，以这种方式我们编织和重新编织自然和心理的空间网络，使我们在世界上能感到舒适。我们编织能力就像鸟儿一样，我们中的一些人可以过多变的生活，这种借用或建立的巢穴我们称之为家。我们像其他生物一样具有如此的适应性，而它们也是场所的编织者和空间营造者。把这种活动形象化，我们将其比喻为具有许多结的绳索，或者更好的——因为它是一个更加类似于地图和类似场所的图像——在一个区域相交的有结点的直线。绳索或直线代表我们穿过的线路，而结或点代表我们暂时静止的地点。

需要场所

理论上拆开的场所的重建构成了考古人类学家的工作，他们试图弄清楚在场地构建活动中运动的作用，如宗教仪式的行进，正式的舞蹈，自然圣地的朝拜等，以及此后的旧石器时代和新石器时代的景观设计。澳大利亚的沃尔比瑞(Walbiri)人是当代猎人聚集形成的社团，他们表明了在传统运动线路上的惯常通道赋予了景观重要而神秘的内涵。沃尔比瑞人强加给他们的领土一张神圣的足迹网，称为歌曲线，连结着与图腾生物或梦境相联系的位置。这些梦境中的场所是游牧的沃尔比瑞人使用的记忆系统的要素，他们必须记住一个干旱场所的特征，雨水的缺乏使得对于潜在水源的知识非常重要。[7]

沃尔比瑞人向往的地方，宗教仪式所在地，还作为其他不可辨别的沙漠景色的路标。[8] 沃尔比瑞的图腾包括各式各样的动物和天文学上的要素——风、雨、火——以及一些重要的人工制品如矛、挖掘棒等。文化英雄们在这个被称为梦幻时期，沿着建立的歌曲线徘徊，这个时代被认为是不仅很久以前的，而且是持续的存在类型。[9] 在梦幻时期，这些富有创造力的人假定了人类的形式，形成了地形学，给予景色以特征，在他们转换成动物或者植物形式及在某处回归到地球的旅程中停下的地方放置他们的图腾元素，通常具有一些地形学的特征，这些特征作为他们的纪念物和主要圣地。梦幻时期继续作为历史时代的一个替代时期，普通的世界充满着精神的要素以及梦境中的构想场所相应地充满了人类的思想，这些都形成了社会中的个体成员的身份并影响了他们之间的相互关系。通过在向往场所的表演仪式，沃尔比瑞人会短期进入梦幻，成为他们扮演的英雄。对圣地梦幻时期的保护和对属于他们的仪式和圣歌的保护人的责任被分派到与每个地方相联系的个人住所中。在位于Yuendumu附近的一个山谷中的Ngama洞中，具有大量的游戏，是三条歌曲线的汇聚点，人们居住在那儿继续维护描述蛇、野狗和袋鼠的图腾墙画。

正如我们在第二章中看到的，古希腊人设计他们的殖民城市per stringas，作为南北和东西带状街道，形成一个Hippodamian网络，随后通过延伸到位于chora端点附近的圣地的朝拜路线，设计了已定领域的松散网络。通过沿着通往郊区的路线，行进到寺庙圣地，以及沿着polis街散步，人们激活了这种场所的结构并把它内在化为场所。[10]同样，我们从运动模式中形成了对场所的概念。这样的场所，与我们自身有着同样的范围，即我们运动的主体对整个地区产生要求，与我们来来往往相适应，取得熟悉的并附加涵义。正如哲学历史学家爱德华·凯西(Edward Casey)提醒我们的："主体创建了场所……通过居住，甚至通过在已经建成的场所中的移动"。[11]以这种方式来看，场所有点类似于按顺序排好的，通过沿着路线移动形成的沃尔比瑞人的歌曲线。这样的路线偶尔被路标点缀，我们赋予路标以重要性，只要在惯常景色中重要即可。在高度商业化的西方资本主义社会，像购物和外出就餐这样的例行公事是我们当代的chora概念中的重要组成要素，成为场所的区域容器。

活跃的场所是通过记忆场所的惯常运动而形成的一种模式。我们基于熟悉和经历重复的直觉指向系统被打破了，正如大量的陌生人的迁移，来往穿梭于飞机场、火车站、汽车站之间，我们对场所的心理上的

地图被代之以约定俗成的国际性标志，成为发展很好的、轮廓分明的系统。随着高速公路、汽车和火车输送越来越多的人，使得大量的市场和分配系统变得司空见惯，社会通过无所不在的和可预言的文化地理来破坏场所的土地化，零售和旅馆连锁店和其他的瞬间可识别的商业特权经营场所，如服务站、快餐店，成为无场所的场所共同的要素，任何人都能感到舒适。

正如我们在第一章中所看到的，印第安人在西南部，通过建立一个引导人们的足迹在普韦布洛(Pueblo)和不引人注目的石头标识的山地圣地之间的能量流来创建场所，山地圣地在景观中建立了宇宙学上的样式。像希腊polis的agora，the bupingeh或者中心广场一样，组成了普韦布洛城市的和社会的心脏，the nansipu，小的石头环绕的bupingeh中的不景气之地，标明了宇宙学上的轴线mundi以及空间地毯的中心点，这个空间地毯是从普韦布洛延伸出从四个方向环绕着镶在地平线上的山脉。但是尽管普韦布洛使场所神圣化，并不是它自身被认为是神圣的、不可变的形式，仅仅是可能某一天会转移到另外一个地方的人暂时的中心，允许他们的土坯墙逐渐消失在泥土中。我们今天所了解的普韦布洛人的稳定性是欧美文化构建的产物，把自然看作是非宗教的物体。后来者通过法律获得土地或已有疆界的领地。与此形成对比的是，考古资料记载中发现了哥伦布前期美洲土著的迁移活动，特别分布于西南部普韦布洛人长久遗留的、稀疏的废墟中。

具有讽刺意义的是，同一时间哥伦比亚后期的美国人开始限制美洲土著的移动，他们使自己处于运动之中。当他们移动到西部开拓殖民地时，创建了一个新的大陆尺度上的美国chora，杰斐逊的国家网格的经纬线成为空间编织的机器，这是在世界上以前从未有过的。在一英里见方的面积内，由垂直线区域和小尺度的城市网格所描绘的640英亩部分被建立。但是循着图示国家网格的工程师勘察的实际公路一直到后来很久也没有建成。大草原上草场的不景气，那里是新墨西哥(New Mexico)东部的Fort Union附近的大平原的端点，标明了形成圣菲Trail的四轮马车的车辙。弗雷德里克·劳·奥姆斯特德，沿着战前的南部地区旅行，发现自己不断地循着泥泞的、有车辙的路线在放慢速度。美国的公路用通行税而不是联邦赋税来支撑其建设或保养，至少在国家存在一个半世纪的时期内

全部是地域性的，使每个区域都是孤立的，所有的长途高速公路旅行都是一次乏味的冒险。

在第十二章，我们考察了随着汽车成为流行的和越来越占支配地位的交通方式时，这种形势是如何变化的。由 Benton MacKaye 构想的限制进入的"非城镇高速公路"和位于纽约 Westchester 县长岛地区的第一条机动车大道，被认为是区域干道，他们的目的首先是消遣，将新近流动的城市居民带进自然。但是，第二次世界大战后，一个强有力的国会游说活动支持机动运输利益，促使了州际高速公路的产生，美国建立了高速公路网，为卡车和汽车铺设了多车道道路。国家的网络取代了早期的区域特征的大道。这个过程将不再是它自己的功劳，交通拥挤的速度和缺乏取代机动化的消遣成为工程师的首要目标。随着林苑大道建造的衰落，景观设计师很少被邀请参与公路设计工程，正如二十世纪早期的情形，那时 Bronx River，Taconic，梅里特岛(Merritt)和其他的纽约都市区域的林荫大道已经建成。

在二十一世纪全球化、技术型的文化中，当地和历史场所的景象通过无尽的复制，变得一般化，我们变得过于机动化而非先前文明的参与者。时间和空间被以不同的方式加以感受，世界成为一个人流、物流、信息流意义上的地理(图16.1)，结果产生了一个多文化景观的混成品，一个通过借用设计主旨和象征形成的跨文化场景。我们可能悔恨当代生活狂热的步伐，渴望回归自然，但是如果没有与交通流量技术的联系，这个想法将不可能实现。

劳伦斯·哈普林(Lawrence Halprin)认识到了这一点，在他 1966 年有关高速公路的论文中，他写道：

伸入乡村的高速公路，具有优雅的、蜿蜒的、曲线的形式，就像巨大的自由流畅的绘画一样。在其中，通过参与能体会到那种穿过空间的运动的感觉。许多城市中巨大的头顶上的混凝土结构，它们的腰部系在地上，以及巨大的流泻而下的建筑物的悬臂呈微波起伏在地面街道上，站在那里就像庞大的雕塑行进在建筑的空隙中。这些巨大的、美丽的工程作品向我们叙说着一种新尺寸、

图 16.1 西雅图(Seattle)高速公路，一个"流动的地理"。

新态度的语言。其中高速运动和变化的性质并不仅仅是抽象的概念，还是我们日常经历中的重要的部分。[12]

吉恩·雅各布的追随者会谨慎地反对对工程的美丽和由高速公路远望形成的全景轮廓进行浪漫化，这些令人振奋的人类力量浮士德式的经历经常是以现存的相邻区域为代价，不可恢复地破坏了人们的生活和社会关系。但是这并不意味着所有的高速公路的结构是不利的，尤其是政治家和设计者听从了由迪斯尼公司的主题公园设计者提供的最好教训：一个复杂的系统，综合的交通技术，目的是创建与邻地大小相同、无车的环境。这个目标将要求对外部入口和停车场进行认真的思考，需要结合内部的基础设施，必须方便行人和轻轨交通车辆。

如果我们要成功地运用呈现在我们面前的全球具有挑战性的、科学的、技术的和艺术的手段，那么对于地球的生物学和人类的环境以及良好的政治决策体系的结合，这种思路是很有必要的。尤其在欧洲，区域设计者根据与城市的环境足迹，即必须维持他们的食物、水和能量的范围广泛的内地总数量相联系的交通的价值，已经开始考虑保护，以及对大量建筑物和通过对空气和水流经的自然的渠道强有力的关注来保护绿色空间。

经过卫星技术和互联网络形成的图像和信息的流动，为提高全球的管理工作和促进综合的国际环境管理系统提供了新的手段。为取得完全成功，这种管理工作必须包含与场所在心理学的和现象学的连接，因此，我们必须学会评价场所构成的性质和内涵，在场所中移动一个主体的自我处于静止或者运动的状态，一个人能够在家庭、自然与社区的联系中创建场所对主体来说意味着什么。

因为思想和主体不能够分离，同时又因为正是思想坚持组织空间(强加于秩序)，事实上，场所就是我们实际存在的地方，我们无法躲避地被定位于空间中，才称之为场所。当1969年，宇航员尼尔·阿姆斯特朗(Neil Armstrong)登上月球，宣告了人类一个巨大的跨越时，月球成为除天体属性之外的又一场所。

运动是一种乐趣，经常获得精神上的回报，我们是探险家出于好奇的本性即使我们没有定居的意图，我们

就通过冒险前进寻找和研究来征服场所，对攀登高峰或者潜入到海平面以下场所的经历牢记在心。站在台地上或者开阔的平原中，看着夕阳西下，或者远离城市的灯光，凝视银河系无限黑暗的夜空，无数星星带给我们的神秘和宗教与历法计算给予史前人类的感觉是一样的。

区分思想——主体空间和抽象的智力空间是重要的。在有知觉的生物中独特的是，人类能够在现实和抽象意义上形成空间的概念，一方面是来源于生活经历，另一方面出自制图法，数字模型或者宇宙学图表。我们强制形成了一个空间坐标体系——经线和纬线——在我们的星球上作为对航行来说普遍认可的帮助。卫星程序准确描述现在的位置，计算机接受其播送的信息，给予荒野中的汽车司机和徒步人员精确的信息，标明他们现在的位置及朝向目的地的方位。勘测员使用高精确度和细密的比例绘制实际上的整个的地球表面图成为可能。对地形学信息的基础材料来讲，地理学家和自然科学家，以及人口统计学家、经济学家和政治科学家增加了许多有用的信息，如气候、地理、植被、野生生物的栖息地，城市、州、国家的边界，以及人们道路系统和定居方式。阅读地图可使我们准确地想像那些从未见过的场所，电影的和航空及地面的静止摄影增加了我们想像遥远地方的能力，尽管如此，对作为场所的空间的经历仍保持其个体性。

野　营

野营就是最生动地适应空间的体验，在最基本的形式上理解人类场所的构建。通过给自己提供所有的技术援助方式，如：由工业制造的人工纤维制成的暖和的衣服，良好的地形学地图，或者可能的手提电脑，具有卫星传输和弯曲的方向，精确的定位和直接的信息，偏僻地区的露营者称荒野(第一自然)为追溯足迹的一次场所体验。循着最初的荒野探险者作出标记，由马匹、牛群和已经行进的人们所走出的足迹产生的小径(图16.2)，每一个徒步旅行者谨慎地沿着这些道路行走，或者沿着溪流流经之地和太阳的位置开伐丛林，产生一条导向路线，是空间距离之外的个人场所体验。这样就形成了复杂的感官印象：松树树脂的刺激性气味，山顶雷雨云发出的隆隆声，覆盖有厚厚一层的落叶、苔藓、蕨类植物和菌类植物的荫凉，寒冷的森林，

图 16.2 俄勒冈州(Oregon)Crater Lake Trail, Crater Lake 国家公园的徒步旅行者。

点缀着摆动的野花和微风吹拂过的草地上一块太阳照射的温暖岩石上的野餐。如果我们是新闻记者，就可以将这些经历转成一连串的文字，因为叙述是场所构建的一个重要的从属物，甚至一个文盲露营者也会有自己的旅途故事。

然而，如果没有停留，旅行中就没有故事，如果没有休息就没有长途跋涉，短暂的停留是为了休息和睡觉。露营者，就像徒步旅行者寻找客栈过夜一样，必须在他或她编织的场所的线条上系一个结，通过选择一个临时休息所或者小屋，支起帐篷就可以休息，在裹进睡袋，盖着编织物易碎的壳子里，就可以开始夜间梦的航行。或者，配给帐篷代表的脆弱的房屋，露营者加入到史前祖先的行列，祖先们以神秘和神圣的观念控制他们的生活，研究头顶上明亮灯光的旋转移动，如果不是像他们一样惊奇，那么一直令人吃惊的是这些灯在黑暗的时刻中穿过天堂雄伟地行进在宇宙中。

对自然的令人愉快的探险，我们的第一个家，使我们的感觉更加敏锐，但是即使当露营者重新学习了古代的技能，仍然无法想像我们能够恢复荒野中史前人类生活的情景。只能从我们自身文化优势点上想像。头顶上空的飞机的蒸汽痕迹、当沿着预定的航线飞行时远处发动机的吼声及鸟的叫声，提醒我们，我们生活在越来越多的人工创建的世界中。然而，甚至从环境中运用工业技术获取的仍然是自然的一部分，必须服从自然规律，这是在这个拥挤的星球上"第一自然"的保留地上野营所得到的一个教训。

立体场所

最终，我们就是场所，由于我们直立行走，宇宙的轴线 mundi 嵌入到我们的无意识中；因为我们直立行走，穿过空间，通过运动创建场所。如果我们是女人，具有子宫，场所的最初图像作为媒介和母体，在我们中保留在洞中出生前的天堂，保护的庇护所。如果我们是男人，我们产生精子，有生殖能力的男性种子，与女性卵子受精，居住在子宫中。作为男人，我们代表潜力，代表暴雨风云和山峰；作为女人，我们象征地球的肥沃的山谷和隐藏的幽深处，在我们的子宫中和我们的臂弯里支持、拥抱生命。由于我们的运动和决定，女人和男人一起形成了空间并创建的场所。

解构空间就是直接地智力性地重组，因为我们的大脑的次序规则比我们顺从以无定型混乱空间的意愿要强大得多。感觉在海上，没有中心，在无区别的基本上无场所的空间的漂浮，就是为了体验一种无秩序的和混乱不堪的感觉，就像在密封的坟墓中或缺少空气的地牢中的黑暗和寂静的沉闷的重负一样。然而，甚至在这些令人毛骨悚然的环境中，只要我们意识到我们对空间的渴望，体会心跳加速、嘴唇干裂、汗湿双手的恐惧，那么我们就处于空间中，也可以说，是处于主体中。

定居点，尤其是城市，随着时间的推移积累内涵，尽管这种涵义处于经常的变化之中。在这些城市中，为数众多和重要的神圣空间越多，城市就越大，因为城市具有稠密建筑空间的结构，有时最神圣的空间是无建筑物的空间：集会广场、纪念性广场或者方形广场、公共公园。这些内容广泛地填补了都市空间连续区的空白。实际上，空间的概念一直受到限制，然而并没有超出母亲、家庭、院子和紧邻的邻居而扩展，公园和公园似的开放空间有时是场所的最有力的界定者，是远离早期孩童时代的每个居民的精神地理上的重要标记。人们带有特殊力量和有时尖刻的感觉，人类的耐力和持久性促使与自然相互作用在社区公园中产生满意的场所，形成了一个暂时占据空白城市土地的临时景观。社区的公园与认为城市居民不关心自然、预测公共空间将轻易毁灭的设想互相矛盾。在这些和其他的表面上的无关重要的经常处于边缘的空间可以被发现用来表达民族身份、精神上的成就和经济上的繁荣。

社区公园

随着美国在第二次世界大战后社会景观上的变化，内部的城市环境变得松散，人员的迁移产生了更加多人种的混合。房地产价格的下跌使得新来者可以支付这些地区的租金，同时也给予房东在维持他们的财产上以较少的刺激。随着二十世纪60年代的公民权利的运动，以及警察与那些要求种族平等的人员之间的对抗点燃了暴乱的火花，这些房主仅仅遗弃了他们毁坏的财产和已经破坏了的建筑。因为没有有效利用和保养设施，这些场地也被他们的房客遗弃了。最后，许多建筑被拆毁了，场地遗留下来，成为瓦砾满布的开放空间。没有附加在它们之上的应支付的税款，政府的房地产部门不得不收回了这些财产。

但是一直有人认为这些地区及周围环境不适宜作为住宅区。正如Sam Bass Warner, Jr指出的"今天的美国城市社区公园是新的政治和被弃置的城市土地的产物"。[13]这些公园中的部分空间成为装饰园艺及绿色安全地带的陈列场所，成为娱乐消遣的中心，在这里人们可以放松身心和参加社会活动(图16.3)。

不顾社区公园的受欢迎程度，许多公共官员认为城市拥有的土地的随机使用不是应有的最好使用方法，

图16.3 纽约市的克林顿社会公园。

他们认为应该用于建房目的，通过税收和出售房地产获取收益。那些通过投入创造力、时间和劳力将开放空间转变成绿色空间的人(获得了在过程中自己对场所的感觉)，面对的是由于具有所有权和调整它的用处的能力，那些拥有土地特权的人。权力源于一种价值体系，其中土地被看作一种可互换的商品和场所。然而，在波士顿、费城、芝加哥和西雅图，一个试图平衡绿色空间与住宅的需要及市政利益之间关系的新的道德规范出现了。这些美国城市中的政府发起的恢复经济发展的计划在基于特色地区的城市规划的前后联系中着手实施了。

不管公园位于城市还是郊区，也不管是我们自己创建的还是在专业设计师的帮助下建造的，它们都是个人的乐园。在那里，我们可以发现心灵的空间，梦境的场所，家庭生活、玩乐和朋友娱乐的空间。但这些并不仅仅是珍爱的景观。对一些人来说，中央公园或者巴黎的城市是心灵的家园，甚至比自己的躯体更有价值，场所差不多是任何心灵的一种状态。随着我们的主体和思想要求空间和生存场所，每个地方都可

能是理想的完美境界，这一点严格地讲是乌托邦，但是我们能够通过想像的行动和意愿的转化将其转化为自己理想中的某地。我们自己就是场所，但是我们也永远处于场所中。不管是运动还是休息，感觉与世界相联系，处于世界的中心，就是为了知道怎样才能找到我们的路，从空间方面指引我们并把自己安置在小而长久的中心——我们称之为家。因为我们生活在社会中，并不是孤立的，我们的决定和其他人的决定在社会分配方面不仅个人地而且团体地影响着场所的本质。我们创建场所的分配和利用，并制定关于景观设计的例证和规则。

我们穿过景观设计历史的旅程使我们看到人口主义在我们这个时代是优越的，尽管对于较强的经济力量来讲，景观是脆弱的，就像社会公园一样是文化和个体抱负的重要表达。当我们观看完全建成的景观时，就看到它是无数个人编织成的结构。术语"本地的"经常被用于景观来表示由普通人创建的场所。为了得到关于这种类型的人类景观的概括的判断，采用文化地理学家的分析方法是必需的。

II.文化地理：景观隐现

自从古希腊时代起，就有历史记载，景观不可避免地出现在对于战争场景和人类居住地的描述中。但是，正如在文艺复兴时期的绘画作品中发现的那样，历史著作中对景观的描述经常是作为人类活动场面的背景，小说家比历史学家更多地能够写出栩栩如生的散文，对当地景观与人类事件结合起来进行描述。但是，甚至在小说中，景观作为主角，其对中心主题的分析和揭示也是不够的，就是在这个领域，地理学家变成了人类文化的学者。

作为人类历史和日常生活教科书的景观

文化地理，用这个术语描述景观，作为自然和人类产品的更宽范围内的研究，是近来的一门受约束的研究学科。比科学更具哲学化和直觉性，方法上比传统地理更具折衷性，文化地理是这种趋势的一部分，这种趋势我们可以追溯到历史、自然史和艺术史，各自作为专业领域出现时的十九世纪，那时，对知识的追求越来越专业化。地理由最初的地图制作法发展而

来，成为地球科学和社会科学的联合，强调自然资源的经济潜能。然而，直到二十世纪20年代，法国的一群地理学家试图设计出一幅关于固定的地区乡村的完善的图画。由Paul Vidal de la Blache设计，Pierre Deffontaines编辑的，《世界地理》于1927～1948年作为一系列的专著出现了。作为期刊《人文地理和人类学》的编辑，Deffontaines继续就景观的外观与文化及人类占据土地的历史之间的联系进行研究。

威廉·G·霍斯金斯(William G.Hoskins, 1908～1992年)，另一个文化地理领域的创始人，出版了《英国景观的创建(1955)》，该书是从景观历史演变的角度对他的国家进行生动描述，方式是徒步或骑单车徜徉于乡村之中并仔细观察乡村的表面特征、植被类型、交通线路和建筑物。霍斯金斯使他的读者清楚地认识到景观可以像令人着迷的文献一样被阅读，是一个对其他时代和生活的形态学的记录。霍斯金斯珍视这些多个世纪以来人类持续地占用形成的发育不全的证据及他在长期形成的景观中发现的古代遗迹的风格。二

十世纪高度机械化、资本主义文化破坏了历史上著名的景观类型，对它提出大声警告。尽管他的作品很长时间才赢得广泛的读者，直到二十世纪70年代，他的学术邮件，以霍斯金斯和英国乡村为特色的一个电视系列剧和他引人注意的书籍的平装再版发行刺激了相当多人的兴趣投入到从英国和其他任何地方的文化历史的角度进行的景观分析中。

约翰·B·杰克逊(John Brinckerhoff Jackson，1910～1996年)采取了与霍斯金斯相关但很不同的态度。[14] 杰克逊的注意力集中在地域范围内的景观，结合艺术家的视角和建筑鉴赏，培养"读"景的兴趣。他运用一名情报人员在战时的欧洲所获得的经历来分析他采用的美国西南区域的景观，以及解释它的文化涵义的过程是怎样导致人类与自然的关系上的更宽阔视野的。《景观》，这本杂志初版在1951年，他开始每年出版3期，该杂志是他后来17年中的主要论坛。

像帕特里克·盖迪(Patrick Geddes)一样，杰克逊也热衷于利用航空的景观，作为解释人类定居点的手段，但是他不具备盖迪作一名城市规划师的动机。他仅仅想让读者认识和欣赏社会、经济和文化力量形成的过程："紧密的印第安(Indian)社区，栖息在岩石上俯瞰田野，英国的美国人城镇蔓延的浓荫覆盖的棋盘格结构，西班牙乡村沿着公路或溪流的带状结构，沙漠中高速公路的相交地带，蜷缩成一团的车站和游客球场"。[15] 另外，杰克逊将个人的房屋看作是文化的一种体现以及特定精神的和生物的、需求的表达。

公路，不停运动的象征和大陆的迁移手段，作为一个重要的图像驻留在美国人的印象中。杰克逊曾经多次骑摩托车穿过乡村，在他的工作中公路成了一个重要的重复出现的主题，不像对城市和乡村视觉阴影的批评家，他从来没有痛惜机动车对景观的影响(图16.4)。他将速度看作是令人愉快的感官刺激，同时他不否认"新的景观以一个迅速，有时甚至恐怖的速度来观赏"的抽象的美丽。[16] 对他来说，美国的高速公路是工业时代民间艺术的一个集体创作，他在旅馆、加油站、二手车市场和快餐特权形成的路边片状区域

图16.4 堪萨斯州(Kansas)Wichita 的高速公路商业。

里的下等酒馆，抱以同样冷静的态度，这使得他能将充满生锈的汽车和其他碍眼物品的路边院落看作是人们谋生的手段的证明。他的文章《陌生人的路》描写了从城市边缘的汽车站或者火车站到贫民窟、商业地区和市中心的路线的俗丽的生命力。他感兴趣于社会最低层的人们发现、适应和对景观中的场所产生感觉的能力。因此，景观对杰克逊来说从不是仅仅可以观看的东西，而是生活居住的场所。甚至当建筑师和规划师试图履行一个完全民主的议事日程时，从这个态度滋生出他对建筑和城市规划中现代主义的反感，他怀疑是否聪明的郊外景观设计也能够与农村地区的场所营建一样有效。如加勒特·艾克博(Garrett Eckbo)的设计，杰克逊批评他的书《生活景观》太深奥。

除了确认作为包括移动的家庭和蔓草的场地领域的景观研究外，杰克逊反对将自然与都市作为对应两极的二分法的态度。在他的统一性观点中，自然是到处渗透的，他煞费苦心地指出同样的力量：气候、地形和植物的生长，出现在没有建筑的乡村，同样也会起作用于建好的城市中。不像霍斯金斯希望捕捉景观的变化和表示当代人们越来越远离自然的、丑陋的机器时代的入侵，杰克逊着重强调景观的永远变化的特征的必然性。

杰克逊喜欢他的破坏常规的观点作为一种震撼惯常态度的手段，尤其由让·雅各布·卢梭(Jean-Jacques Rousseau)和后来的亨利·戴维(Herry David Thoreau)传播的对自然的浪漫态度，但是他从来没有发展为一种分解的方法论，也没有以任何计划性的方法来促成环境的改善，他的主要贡献就在于鼓励一种更加人性化的方式来看待景观。

结　论

正如我们从全书中看到的，人们已经尝试寻求在特定时间和场所关于空间和设计的场所表示的、抽象的、哲学的观点之间的一致性。Ur, knossos 和 Teotihuacán城市的建设者，根据宇宙曲线图将他们的建筑放置在景观空间的中心位置。在沃－勒－维孔特府邸和凡尔赛，笛卡儿的宇宙论和经验性空间之间形成一种牢固的关系。在空间和景观的哲学及科学概念上寻求一致性，这种愿望在当今时代可以看到，这一点在前一章讨论过的一些大地艺术作品中表现得就很明显。

但是，景观中对空间的抽象概念的基本训练仅仅是场所创建过程的一部分。历史力量作为空间设计的灵感仅在过去两百年有所增长。当人类文明开始Common Era的第三个千年时，历史和历史上著名场所的特征从来没有比现在更为明显。许多风格类型的前面都加以"新－"来证实这一点。远离纯粹的风格上的重复，历史作为一种对过去的挽救，有时是一个原来的复制品以及场所的重建，获得了国际遗产保护运动的契机和资源。随着场所危机感的产生，考古学上的场地和地标被保护起来以防变化。游客对历史的消费成为目前场所重建的强大的推动力，旧的市中心如战争蹂躏过的德里斯顿(Dresden)，被重新建设。历史上著名的乡村被保护为精美的遗迹，它们旧功能上的生活现在被替换为作为游客目的地的新作用。游客的食宿等安排必然改变业已稳定价格的空间，例如，通向Ida山上的Zeus神圣洞穴(见第一章)的路线最近被铺以沥青块石面路，方便到达和停车。

评价本地的景观就是证明难以置信的显著的主体规划，没有人能够预测其他人在基本功能上的需要，而且人类的需要既不是普遍的，也不是静止的。虽然一些土地利用的条例是出于对一起生活在一个社会中的所有人的共同利益的考虑，但随着生活的社会环境的变化，每天在这种空间的环境框架中被频繁地改变和重新创造，新技术带来了新的经济契机，产生了新的愿望(图16.5)。然而，在所有人类与自然之间正在发生的交互中，正是这种推动力阻止了场所的流动，保护了可贵的遗产，更新了旧的场所，作为一种可取价值的代表，被认为是居住在历史上某一特定时期，那段时期的涵义对同时代的人们来说是同任何事情一样一起经历着变化。

由于工业技术被用于残忍的、有效率的人口转移和空间结构灭绝中，二十世纪比其他任何时代都目睹了更多被迫的空间的撤空和空间涵义的破坏。这些工业技术体现在机枪、火炮、气弹、通向死亡集中营的铁路和其他极可憎的设施的运用之中。那个世纪中工业技术成为一种力量是显而易见的，这种力量能够为了短期的经济利益而有效地破坏自然环境，使不可恢复的生态系统变得赤贫，包括人类生态系统，以及在某些地方用野蛮的速度毁灭了全部的物种。但是技术

图 16.5 美国新墨西哥州(New Mexico)佩科斯河(Pecos)可移动的家和花园。

并不是天生就有害的，它同样也被用于改善人类生活条件和寿命，而环境科学是用来恢复退化的生态系统。以这种观点来看，场所即是行星地球，人类负有共同的责任。

在我们对城市、公园和花园的调查中，我们将景观视为成型空间和限定场所。在我们的旅行就要结束时，重要的一点是意识到场所的创建和抹杀是不变的过程，这正是空间的哲学概念。只要存在对空间的宇宙学涵义提出质疑和赋予场所集体的和个人的涵义的想法，只要有机械辅助与自然合作构建空间，人类和景观之间相互影响的活动就会持续下去。

注　释

1.Sam Bass Warner,Jr.,《住在园林里》(波士顿：东北大学出版社，1987)，7 页。

2.Maurice Merleau-Ponty,《感觉的现象学》Colin Smith 译(纽约：人类出版社，1962)，52～53页。

3.Gaston Bachelard,《空间的诗意》，Maria Jolas 译(波士顿：培根出版社，1969 年)，33 页。

4.Gaston Bachelard,《空间的诗意》，xxxi 页。

5.Foucault的观点是，他确认在 17世纪，即现代科学的黎明，"在表现理论和语言理论间，或自然秩序、财富和价值观间，""在整个传统时代，存在着关联性"，但这种观念在 19 世纪初被粉碎。在这种变化下，"作为所有可能的秩序的宇宙基础的表现理论消失了；语言作为自发的书板，是事物的主要框架，表达与事物间必需的连接，也因此消失了；深刻的史实渗透到事情内部，以它们自身的相关性进行隔离和限定，通过 时间的连续来暗示自己的秩序的形式；对交换和金钱的分析让位于对生产的研究，有机物在分类学研究中占据优势地位，总之，语言丧失了它的领先地位，变成了与它的辉煌过去相连的历史形式"。见 Michel Foucault,《事物的秩序》(纽约：Vintage 书店，1994年)，xxiii 页。约翰·迪克松·亨特对 Foucault 关于表现的解释的讨论，见《我的最爱》(费城：宾夕法尼亚大学出版社，1999年)，78～

80 页。亨特对历史景观设计的恢复和实践的呼吁，见《我的最爱》，第 8 章。

6.如 D.W. Meing 所指出的那样，"20世纪晚期景观的关键标志不是住宅而是高速路，社区也不是像沿着汽车轨迹散布的景观那样，四处分离的地区"。见 D.W. Meing "标志性景观：美国社区的理想"，《普通景观的解释》，D.W. Meing 编(纽约：牛津大学出版社，1979 年)，182 页。

7.见 John E. Pfeiffer，《创造性的发现：艺术与宗教起源探索》(纽约：Harper & Row，出版社，1982 年)，153～173 页。

8.见 M.J. Meggitt，《沙漠人类：澳大利亚中部 Walbiri 土著居民的研究》(芝加哥：芝加哥大学出版社，1962 年)，58～71 页。

9.根据 David Abram，"梦想时间——Jukurrpa，或Alcheringa——在澳大利亚土著居民神话中扮演着重要角色……是时间之外的时间，藏在事件之外或内部的时间，证明土地的存在，是一种存在于周围世界的魔力，首先根据互相间关系占据现有的方向，并因此获得确定的形状和形式，也就是我们所知道的。在世界完全苏醒前(这个时间仍然存在于清醒的表面下)——地下的祖先的图腾从睡眠中苏醒，在大地上歌唱，寻找食物、住所和伙伴"。见《感觉中的符咒》(纽约：万神殿书店，1996)，164 页。也见于 Bruce Chatwin《歌唱》(纽约：美国企鹅书店，1987 年)。

10.感谢 Indra Kagis McEwen，《苏格拉底的祖先：建筑起源的论文》(马萨诸塞，剑桥：麻省理工学院出版社，1993)的作者对"飘摇的城邦"的描述。见 op. cit.,80～93 页。

11.Edward Casey，《回到场地：对场所世界的重新理解》(Bloomington：印第安纳大学出版社，1993)，116 页。也见于 Casey 对单词"住所"语源学的解构，在现代通常指居住或集中注意力。古老的挪威同类词"dvlja"意指"逗留"、"等候"或"延迟"，而它的英语同类词"dwalde"意思是"迷途的"，"徘徊"或"走上歧途"。见 op.cit.,114 页。

12.劳伦斯·哈普林，《快速路》(纽约：Reinhold 出版公司，1966 年)，15 页。

13.Sam Bass Warner, Jr,,《住在园林里》，20 页。

14.为了对 Hoskins 和 Jackson 的作品进行比较和讨论，见 D.W. Meing，"阅读景观：欣赏 W.G. Hoskins 和 J.B. Jackson"，《普通景观的解释：地理散文》，D.W. Meing 编(纽约：牛津大学出版社，1979)，195～244 页。

15.J.B. Jackson，《景观1》第 1 号(1951 年春)。

16.J.B. Jackson，"飚车族的抽象世界"《景观7》(1957～1958年冬)：22。

BIBLIOGRAPHY

For a continually updated version of this bibliography, visit www.elizabethbarlowrogers.com

SURVEYS AND REFERENCE BOOKS

Ackerman, James S. *The Villa: Form and Ideology of Country Houses.* Princeton, N.J.: Princeton University Press, 1990.

Bazin, Germain. *Paradeisos.* Boston: Little, Brown & Co., 1990.

Birnbaum, Charles A. and Robin Karson. *Pioneers of American Landscape Design.* New York: McGraw-Hill, 2000.

Brown, Jane. *The Art and Architecture of English Gardens: Designs for the Garden from the Collection of the Royal Institute of British Architects 1609 to the Present Day.* New York: Rizzoli, 1989.

Clayton, Virginia Tuttle. *Gardens on Paper, Prints and Drawings, 1200-1900.* Washington, D.C.: National Gallery of Art, 1990; distributed by University of Pennsylvania Press.

Clifford, Derek. *A History of Garden Design.* New York: Praeger, 1966.

Fleming, John; Hugh Honour; and Nikolaus Pevsner. *The Penguin Dictionary of Architecture and Landscape Architecture.* 5th ed. London: Penguin Books, 1998.

Giedion, Sigfried. Space, *Time and Architecture.* Cambridge: Harvard University Press, 1967.

Gothein, Marie Luise. Translated by Mrs. Archer-Hind. *A History of Garden Art.* New York: E. P. Dutton, 1928.

Hall, Peter. *Cities in Civilization: The City as Cultural Crucible.* New York: Pantheon Books, 1998.

Hubbard, Henry Vincent, and Theodora Kimball. *An Introduction to the Study of Landscape Design.* New York: Macmillan, 1917.

Hunt, John Dixon. *Greater Perfections: The Practice of Garden Theory.* Philadelphia: University of Pennsylvania Press, 1999.

Hyams, Edward. *A History of Gardens and Gardening.* New York: Praeger, 1971.

Jellicoe, Geoffrey; Susan Jellicoe; Patrick Goode; and Michael Lancaster. *The Oxford Companion to Gardens.* Oxford: Oxford University Press, 1986.

Jellicoe, Geoffrey, and Susan Jellicoe. *The Landscape of Man.* 1975. Rev. ed. New York: Thames and Hudson, 1989.

Kostof, Spiro. *A History of Architecture: Settings and Rituals.* New York and Oxford: Oxford University Press, 1985.

——. *The City Assembled: The Elements of Urban Form Through History.* Boston: Little, Brown & Co., 1992.

——. *The City Shaped: Urban Patterns and Meanings Through History.* Boston: Little, Brown & Co., 1991.

Moore, Charles W.; William J Mitchell; and William Turnbull, Jr. *The Poetics of Gardens.* Cambridge: MIT Press, 1988.

Newton, Norman T. *Design on the Land: The Development of Landscape Architecture.* Cambridge: Harvard University Press, 1971.

Ross, Stephanie. *What Gardens Mean.* Chicago and London: University of Chicago Press, 1998.

Saudan, Michel, and Sylvia Saudan-Skira. *From Folly to Follies: Discovering the World of Gardens.* New York: Abbeville Press. 1988.

Schama, Simon. *Landscape and Memory.* New York: Alfred A. Knopf, 1995.

Scully, Vincent. *Architecture: The Natural and the Manmade.* New York: St. Martin's Press, 1991.

Thacker, Christopher. *The History of Gardens.* Berkeley and Los Angeles: University of California Press, 1979.

Torrance, Robert M., ed. *Encompassing Nature: A Sourcebook, Nature and Culture from Ancient Times to the Modern World.* Washington, D.C.: Counterpoint, 1998.

STUDIES IN COSMOLOGY, PHILOSOPHY, PSYCHOLOGY, AND PHENOMENOLOGY

Abram, David. *The Spell of the Sensuous: Perception and Language in a More-Than-Human World.* New York: Pantheon Books, 1996.

Bachelard, Gaston. *The Poetics of Space.* Translated by Maria Jolas. Boston: Beacon Press, 1969.

Barthes, Roland. *The Eiffel Tower and Other Mythologies.* Translated by Richard Howard. New York: Farrar, Straus and Giroux, 1979.

Berlin, Isaiah. *The Roots of Romanticism.* Edited by Henry Hardy. Princeton, N.J.: Princeton University Press, 1999.

Casey, Edward S. *Getting Back into Place: Toward a Renewed Understanding of the Place-World.* Bloomington: Indiana University Press, 1993.

——. *The Fate of Place: A Philosophical History.* Berkeley: University of California Press, 1997.

Deleuze, Gilles, and Félix Guattari. *A Thousand Plateaus: Capitalism and Schizophrenia.* Translated by Brian Massumi. Minneapolis: University of Minnesota Press, 1987.

Eliade, Mircea. *The Myth of the Eternal Return: Or, Cosmos and History.* Princeton, N.J.: Princeton University Press, 1954.

——. *Patterns in Comparative Religion.* Translated by Rosemary Sheed. Cleveland: Meridian Books, 1963.

Eisenberg, Evan. *The Ecology of Eden: Humans, Nature and Human Nature*. New York: Alfred A. Knopf, 1998.

Foucault, Michel. *The Order of Being: An Archaeology of the Human Sciences*. New York: Vintage Books, 1994. Originally published as *Les Mots et les choses* (Paris: Gallimard, 1966).

Harbison, Robert. *Eccentric Spaces*. Boston: David R. Godine, 1988.

Heidegger, Martin. *Being and Time (Sein und Zeit)*. Translated by Joan Stambaugh. Albany: State University of New York, 1996.

Hetherington, Norriss S., ed. *Cosmology: Historical, Literary, Philosophical, Religious, and Scientific Perspectives*. New York and London: Garland Publishing, 1993.

Hiss, Tony. *The Experience of Place*. New York: Random House, 1991.

Jacobi, Jolande. *The Psychology of C. G. Jung*. New Haven: Yale University Press, 1973.

Lefebvre, Henri. *The Production of Space*. Translated by Donald Nicholson-Smith. Oxford, England, and Cambridge, Mass.: Blackwell, 1991.

Merleau-Ponty, Maurice. *Phenomenology of Perception*. Translated by Colin Smith. New York: Humanities Press, 1962.

——. *The Primacy of Perception*. Edited, with an Introduction by James M. Edie. Chicago: Northwestern University Press, 1964.

Miller, James E. *Rousseau: Dreamer of Democracy*. New Haven: Yale University Press, 1984.

——. *The Passion of Michel Foucault*. New York: Simon & Schuster, 1993.

Nancy, Jean-Luc. *Community: The Inoperative Community*. Edited by Peter Connor. Translated by Peter Connor, Lisa Garbus, Michael Holland, and Simona Sawhney. Minneapolis: University of Minnesota Press, 1991.

Stegner, Wallace. *Where the Bluebird Sings to the Lemonade Springs: Living and Writing in the West*. New York: Random House, 1992.

Tarnas, Richard. *The Passion of the Western Mind: Understanding the Ideas That Have Shaped Our World View*. New York: Harmony Books, 1991.

Weiss, Allen S. *Unnatural Horizons: Paradox and Contradiction in Landscape Architecture*. New York: Princeton Architectural Press, 1998.

WORLD PREHISTORIC AND ETHNOLOGICAL LANDSCAPES

Aveni, A. F., ed. *World Archaeoastronomy*. Cambridge: Cambridge University Press, 1989.

Bafna, Sonit. "On the Idea of the Mandala as a Governing Device in Indian Architectural Tradition." *Journal of the Society of Architectural Historians* 59:1 (March 2000): 26-49.

Burl, Aubrey *Great Stone Circles*. New Haven: Yale University Press, 1999.

Chatwin, Bruce. *The Songlines*. Harmondsworth, England: Penguin, 1987.

Meggitt, M. J. *Desert People: A Study of the Walbiri Aborigines of Central Australia*. Chicago: University of Chicago Press, 1965.

Michell, George. *The Hindu Temple: An Introduction to Its Meaning and Forms*. Chicago: University of Chicago Press, 1977.

Millon, René; Bruce Drewitt; and George L. Cowgill. *The Teotihuacan Map*. Austin: University of Texas Press, 1973.

Mithen, Steven J. *Thoughtful Foragers: A Study of Prehistoric Decision Making*. Cambridge: Cambridge University Press, 1990.

Moctezuma, Eduardo Matos. *The Great Temple of the Aztecs: Treasures of Tenochtitlan*. London: Thames and Hudson, 1988.

Schafer, R. Murray. *The Tuning of the World*. Toronto: McClelland and Stewart, 1977.

EGYPTIAN AND MESOPOTAMIAN PREHISTORIC LANDSCAPES

Aldred, Cyril. *The Egyptians*. Rev. ed. London: Thames and Hudson, 1984.

Clayton, Peter A., and Martin J. Price. *The Seven Wonders of the Ancient World*. London: Routledge, 1988.

Ferry, David. *Gilgamesh: A New Rendering in English Verse*. New York: Farrar, Straus and Giroux, Noonday Press, 1992.

Frankfort, Henri. *The Birth of Civilization in the Near East*. Garden City, New York: Doubleday Anchor Books, 1956.

Grimal, Nicolas. *A History of Ancient Egypt*. Cambridge, Mass.: Blackwell, 1992.

Hawkes, Jacquetta. *The First Great Civilizations: Life in Mesopotamia, the Indus Valley, and Egypt*. New York: Alfred A. Knopf, 1973.

Lampl, Paul. *Cities and Planning in the Ancient Near East*. New York: George Braziller, 1968.

Saggs, H.W.F *Civilization Before Greece and Rome*. New Haven: Yale University Press, 1989.

Starr, Chester G. *A History of the Ancient World*. New York: Oxford University Press, 1991.

CRETAN AND MYCENAEAN PREHISTORIC LANDSCAPES

Castleden, Rodney. *The Knossos Labyrinth*. London and New York: Routledge, 1990.

——. *Minoans: Life in Bronze Age Crete*. London and New York: Routledge, 1990.

Scully, Vincent. *The Earth, the Temple, and the Gods: Greek Sacred Architecture*. Rev. ed. New Haven and London: Yale University Press, 1979.

Taylour, William. *The Mycenaeans*. Rev. ed. London: Thames and Hudson, 1983.

PREHISTORIC AND HISTORIC LANDSCAPES OF THE ANCIENT AMERICAS

Berrin, Kathleen, and Esther Pasztory. *Teotihuacan: Art from the City of the Gods*. New York: Thames and Hudson, 1993.

Brody, J. J. *The Anasazi: Ancient Indian People of the American Southwest.* New York: Rizzoli, 1990.

Coe, Michael D. *The Maya.* 5th ed. New York: Thames and Hudson, 1993.

——. *Mexico: From the Olmecs to the Aztecs.* 4th ed. New York: Thames and Hudson, 1994.

Day, Jane S. *Aztec: The World of Moctezuma.* Denver: Denver Museum of Natural History and Roberts Rinehart Publishers, 1992.

Heth, Charlotte, ed. *Native American Dance: Ceremonies and Social Traditions.* Golden, Colo.: National Museum of the American Indian, Smithsonian Institution, 1992.

Hemming, John, and Edward Ranney(photographer). *Monuments of the Incas.* Boston: Little, Brown & Co., 1982.

Kosok, Paul. *Life, Land and Water in Ancient Peru.* New York: Long Island University Press, 1965.

Kubler, George. *The Art and Architecture of Ancient America.* New Haven: Yale University Press, 1962.

Lekson, Stephen H. *The Chaco Meridian: Centers of Political Power in the Ancient Southwest.* Walnut Creek, Calif.: Altamira Press, 1999.

Lekson, Stephen H., and Rina Swentzell. *Ancient Land, Ancestral Places: Paul Logsdon in the Pueblo Southwest.* Santa Fe: Museum of New Mexico Press, 1993.

Lekson, Stephen H.; John R. Stein; and Simon J. Ortiz. *Chaco Canyon: A Center and Its World.* Santa Fe: Museum of New Mexico, 1994.

Malville, J. McKim and Claudia Putnam. *Prehistoric Astronomy in the Southwest.* Rev. ed. Boulder, Colo.: Johnson Books, 1993.

Ortiz, Alfonso. *The Tewa World: Space, Time, Being, and Becoming in a Pueblo Society.* Chicago: University of Chicago Press, 1969.

Pasztory, Esther. *Teotihuacan: An Experiment in Living.* Norman: University of Oklahoma Press, 1997.

Pauketat, Timothy R., and Thomas E. Emerson, eds. *Cahokia: Domination and Ideology in the Mississippian World.* Lincoln: University of Nebraska Press, 1997.

Plog, Stephen. *Ancient Peoples of the American Southwest.* London: Thames and Hudson, 1997.

Sculy, Vincent. *Pueblo: Mountain, Village, Dance.* New York: Viking, 1975.

Skele, Mikels. *The Great Knob: Interpretations of Monks Mound.* Springfield: Illinois Historic Preservation Agency, 1988.

Sharer, Robert J. *The Ancient Maya.* 5th ed. Stanford: Stanford University Press,

Stierlin, Henri. *The Maya: Palaces and Pyramids of the Rainforest.* Cologne: Taschen, 1997.

Thomas, David Hurst. *Exploring Native America: An Archaeological Guide.* New York: Macmillan, 1994.

Townsend, Richard F. The Aztecs. London: Thames and Hudson, 1992.

——, ed. *The Ancient Americas: Art from Sacred Landscapes.* Chicago: The Art Institute of Chicago, 1992.

ANCIENT GREEK AND ROMAN LANDSCAPES AND CITYSCAPES

Camp, John M. *The Athenian Agora: Excavations in the Heart of Classical Athens.* London: Thames and Hudson, 1986.

Clarke, John R. *The Houses of Roman Italy, 100 B.C.-A.D. 250: Ritual, Space, and Decoration.* Berkeley: University of California Press, 1991.

Columella. *On Agriculture* (The Loeb Classical Library). Vol. 1. Translated by Harrison Boyd Ash. Cambridge: Harvard University Press, 1941.

——. *On Agriculture* (The Loeb Classical Library). Vols. 2-3. Translated by E. S. Forster and Edward H. Heffner. Rev. ed. Cambridge: Harvard University Press, 1968.

Crouch, Dora P. *Water Management in Ancient Greek Cities.* New York: Oxford, 1993.

de la Ruffinière du Prey, Pierre. *The Villas of Pliny: From Antiquity to Posterity.* Chicago: University of Chicago Press, 1994.

de Polignac, François. *Cults, Territory, and the Origins of the Greek City-State.* Translated by Janet Lloyd. Chicago and London: University of Chicago Press, 1995.

Doxiadis, C. A. *Architectural Space in Ancient Greece.* Translated and edited by Jacqueline Tyrwhitt. Cambridge: MIT Press, 1972.

Dupont, Florence. *Daily Life in Ancient Rome.* Translated by Christopher Woodall. Oxford, England£¨and Cambridge, Mass.: Blackwell Publishers, 1992.

Favro, Diane. *The Urban Image of Augustan Rome.* Cambridge and New York: Cambridge University Press, 1996.

Frazer, James George. *The Golden Bough: A Study in Magic and Religion.* 1922. Reprint, New York: Macmillan, Collier Books, 1963.

Geldard, Richard G. *The Traveler's Key to Ancient Greece: A Guide to the Sacred Places of Ancient Greece.* New York: Alfred A. Knopf, 1989.

Grimal, Pierre. *Les Jardins Romaines.* Paris: Presses Universitaires de France, 1969.

Homer. "The Homeric Hymns." In *Hesiod, The Homeric Hymns and Homerica*(Loeb Classical Library). Translated by Hugh G. Evelyn-White. Cambridge: Harvard University Press, 1914.

——. *The Odyssey.* Translated by Robert Fitzgerald. New York: Vintage Books, 1990.

Hurwit, Jeffrey M. *The Athenian Acropolis: History, Mythology, and Archaeology from the Neolithic Era to the Present.* Cambridge: Cambridge University Press, 1999.

Jashemski, Wilhelmina F. *The Gardens of Pompeii.* New Rochelle, N.Y.: Caratzas Brothers, 1979.

Lawrence, A. W. Greek Architecture. Rev. ed. Harmondsworth, England: Penguin Books, 1983.

MacDougall, Elizabeth Blair, ed. *Ancient Roman Villa Gardens.* Washington, D.C.: Dumbarton Oaks, 1987.

MacDougall, Elizabeth Blair, and Wilhelmina F. Jashemski, eds. *Ancient Roman Gardens*. Washington, D.C.: Dumbarton Oaks, 1981.

McEwen, Indra Kagis. Socrates' Ancestor: *An Essay on Architectural Beginnings*. Cambridge: MIT Press, 1993.

Meier, Christian. *Athens: A Portrait of the City in Its Golden Age*. Translated by Robert and Rita Kimber. New York: Henry Holt Company, Metropolitan Books, 1998.

Ovid. *Fasti*. Translated by James George Frazer. Cambridge: Harvard University Press, 1976.

Percival, John. *The Roman Villa*. Berkeley and Los Angeles: University of California Press, 1976.

Pliny the Younger. *Letters* (Loeb Classical Library). 2 vols. Translated by Betty Radice. Cambridge: Harvard University Press, 1969.

Rykwert, Joseph. *The Idea of a Town: The Anthropology of Urban Form in Rome,Italy and the Ancient World*. Cambridge: MIT Press, 1988.

Travlos, John. *Pictorial Dictionary of Ancient Athens*. New York: Praeger, 1971.

Virgil. The Georgics. Harmondsworth, England: Penguin, 1987.

Wallace-Hadrill, Andrew. *House and Society in Pompeii and Herculaneum*. Princeton, N.J.: Princeton University Press, 1994.

Ward-Perkins, J. B. *Cities of Ancient Greece and Italy: Planning in Classical Antiquity*. New York: George Braziller, 1974.

Yourcenar, Marguerite. *Memoirs of Hadrian*. New York: Farrar, Straus and Young, 1954.

Zanker, Paul. *Pompeii: Public and Private Life*. Cambridge: Harvard University Press, 1998.

MEDIEVAL GARDENS

Boccaccio, G. *The Decameron*. Translated by Mark Musa and Peter Bondanella. New York: Norton, 1982.

Colvin, Howard."Royal Gardens in Medieval England." In *Essays in English Architectural History*. New Haven: Yale University Press, 1999.

Giamatti, A. Bartlett. *The Earthly Paradise and the Renaissance Epic*. Princeton, N.J.: Princeton University Press, 1966.

Huizinga, Johan. Translated by Rodney J. Payton and Ulrich Mammitzsch. *The Autumn of the Middle Ages*. Chicago: University of Chicago Press, 1996.

MacDougall, Elizabeth Blair, ed. *Medieval Gardens*, Washington, D.C.: Dumbarton Oaks, 1986.

Prest, John. *The Garden of Eden: The Botanic Garden and the Recreation of Paradise*. New Haven and London: Yale University Press, 1981.

PERSIAN AND ISLAMIC GARDENS

Brookes, John. *Gardens of Paradise: The History and Design of the Great Islamic Gardens*. New York: New Amsterdam Books, 1987.

Crowe, Sylvia; Sheila Haywood; Susan Jellicoe; and Gordon Patterson. *The Gardens of Mughul India*. London: Thames and Hudson, 1972.

Gothein, Marie Louise. *Indische Gärten*. Munich: Drei MaskenVerlag, 1926.

Grabar, Oleg. *The Alhambra*. Cambridge: Harvard University Press, 1978.

Khansari, Mehdi; M. Reza Moghtader; and Minouch Yavari. *The Persian Garden: Echoes of Paradise*. Washington, D.C.: Mage Publishers, 1998.

Koch, Ebba. *Mughal Architecture*. Munich: Prestel-Verlag, 1991.

Lehrman, Jonas. *Earthly Paradise:* Garden and Courtyard in Islam. Berkeley: University of California Press, 1980.

MacDougall, Elizabeth B., and Richard Ettinghausen, eds. *The Islamic Garden*. Washington, D.C: Dumbarton Oaks, 1976.

Moynihan, Elizabeth B. *Paradise as a Garden in Persia and Mughul India*. New York: George Braziller, 1979.

Nicipoglu, Günlru. *Architecture, Ceremonial, and Power: The Topkapi Palace in the Fifteenth and Sixteenth Centuries*. New York: The Architectural History Foundation, 1991.

Pope, Arthur Upham. *Persian Architecture*. New York: George Braziller, 1965.

Ruggles, D. Fairchild. *Gardens, Landscape, and Vision in the Palaces of Islamic Spain*. University Park: Pennsylvania State University Press, 2000.

Sackville-West, Vita."The Persian Garden." In *Legacy of Persia*. Edited by A.J. Arberry. Oxford: Clarendon Press, 1952.

Valdéz Ozores, Beatrice; María Valdéz Ozores; and Micaela Valdéz Ozores. *Spanish Gardens*. Woodbridge, Suffolk, England: Antique Collectors' Club, 1987.

Wescoat, James L., Jr., and Joachim Wolschke-Bulmahn. *Mughal Gardens: Sources, Places, Representations, and Prospects*. Washington, D. C.: Dumbarton Oaks Research Library and Collection, 1996.

Wilber, Donald Newton. *Persian Gardens and Garden Pavilions*. Washington, D.C.: Dumbarton Oaks, 1979.

——. *Persian Gardens and Pavilions*. Rutland: Charles E. Tuttle, 1962.

ITALIAN RENAISSANCE GARDENS

Ackerman, James S. *Palladio*. Harmondsworth, England: Penguin Books, 1966.

——. *Distant Points: Essays in Theory and Renaissance Art and Architecture*. Cambridge: MIT Press, 1991.

Acton, Harold. *The Villas of Tuscany*. 1973. Reprint, New York: Thames and Hudson, 1987.

Alberti, Leon Battista. *De Re Aedificatoria*. Translated by Joseph Rywert with Neil Leach and Robert Tavernor. Cambridge: MIT Press, 1988.

Barsali, Isa Belli. *Ville Di Roma*. 2nd ed. Milan: Rusconi, 1983.

Barsali, Isa Belli, and Maria Grazia Branchetti. *Ville Della Campagna Romana*. Milan: Rusconi, 1981.

Chatfield, Judith. *A Tour of Italian Gardens*. New York: Rizzoli, 1988.

Coffin, David R. *The Villa D'Este at Tivoli.* Princeton, N.J.: Princeton University Press, 1960.

——. *The Villa in the Life of Renaissance Rome.* Princeton, N.J.: Princeton University Press, 1979.

——. *Gardens and Gardening in Papal Rome.* Princeton, N.J.: Princeton University Press, 1991.

——. ed. *The Italian Garden.* Washington, D.C.: Dumbarton Oaks, 1972.

Colonna, Francesco. *Hypnerotomachia Poliphili:The Strife of Love in a Dream.* Translated by Joscelyn Godwin. New York: Thames and Hudson, 1999.

Constant, Caroline. *The Palladio Guide.* Princeton, N.J.: Princeton Architectural Press, 1985.

Cosgrove, Denis. *The Palladian Landscape.* University Park: Pennsylvania State Press, 1993.

Dewex, Guy. *Villa Madama: A Memoir Relating to Raphael's Project.* New York: Princeton Architectural Press, 1993.

Grafton, Anthony. *Leon Battista Alberti: Master Builder of the Renaissance.* New York: Farrar, Straus and Giroux (Hill and Wang), 2000.

Hunt, John Dixon, ed. *The Italian Garden: Art, Design and Culture.* Cambridge: Cambridge University Press, 1996.

Lazzaro, Claudia. *The Italian Renaissance Garden.* New Haven: Yale University Press, 1990.

MacDougall, Elizabeth B., ed. *Fons Sapientiae: Renaissance Garden Fountains.* Washington D.C.: Dumbarton Oaks, 1978.

Masson, Georgina. *Italian Gardens.* 1961. Rev. ed. Woodbridge, Suffolk, England: Antique Collectors' Club, 1987.

Platt, Charles A. *Italian Gardens.* Portland, Ore.: Sagapress/Timber Press, 1993.

Shepherd, J.C., and G.A. Jellicoe. *Italian Gardens of the Renaissance.* 1925. Rev. ed., Princeton, N.J.: Princeton Architectural Press, 1986.

Stewering, Roswitha. "Architectural Representations in the *Hypnerotomachia Poliphili*(Aldus Manutius, 1499)." *Journal of the Society of Architectural Historians* 59:1 (March 2000): 6-25.

Triggs, H. Inigo. *The Art of Garden Design in Italy.* London: Longmans, Green & Co., 1906.

van der Ree, Paul; Gerrit Smienk; and Clemens Steenbergen. *Italian Villas and Gardens.* Amsterdam: Thoth Publishers, 1992.

Wharton, Edith. *Italian Villas and Their Gardens.* New York: Da Capo, 1976.

Wölfflin, Heinrich. "The Villa and the Garden."In *Renaissance and Baroque.* Translated by Kathrine Simon. Ithaca: Cornell University Press, 1966.

French Renaissance and Seventeenth-Century Garden Design and City Planning

Adams, William Howard. *Atget's Gardens.* Garden City, N.Y.: Doubleday, 1979.

——.*The French Garden 1500-1800.* New York: George Braziller, 1979.

Ballon, Hilary. *The Paris of Henri IV: Architecture and Urbanism.* Cambridge: MIT Press, 1991.

Berger, Robert W. *In the Garden of the Sun King: Studies on the Park of Versailles Under Louis XIV.* Washington, D.C.: Dumbarton Oaks, 1985.

Dezallier d' Argenville, Antoine-Joseph. *La Théorie et la practique du jardinage.* Paris: Charles-Antoine Jombert, 1760.

de Ganey, Ernest. *Les Jardins de France.* Paris: Editions d' Histoire et d' Art, 1949.

——. *André Le Nostre 1613-1700.* Paris: Éditions Vincent, Fréal & Cie., n.d.

Hazlehurst, F. Hamilton. *Jacques Boyceau and the French Formal Garden.* Athens: University of Georgia Press, 1966.

——. *Gardens of Illusion: The Genius of André Le NÔtre.* Nashville: Vanderbilt University Press, 1980.

Jeannel, Bernard. *Le NÔtre.* Paris: Fernand Hazan, 1985.

Lablaude, Pierre-André. *The Gardens of Versailles.* London: Zwemmer Publishers Limited, 1995.

Le Dantec, Denise, and Jean-Pierre Le Dantec. *Reading the French Garden: Story and History.* Cambridge: MIT Press, 1990.

MacDougall, Elizabeth B., and F. William Hazlehurst, eds. "The French Formal Garden." In *Dumbarton Oaks Colloquium on the History of Landscape Architecture,* Vol. 3. Cambridge: Harvard University Press, 1974.

Mariage, Thierry. *The World of André Le NÔtre.* Translated by Graham Larkin. Philadelphia: University of Pennsylvania Press, 1999.

Palissy, Bernard. *A Delectable Garden.* Translated by Helen Morgenthau Fox. Falls Village, Conn.: The Herb Grower Press, 1965.

Walton, Guy. *Louis XIV's Versailles.* Chicago: University of Chicago Press, 1986.

Weiss, Allen S. *Mirrors of Infinity: The French Formal Garden and 17thCentury Metaphysics.* New York: Princeton Architectural Press, 1995.

Woodbridge, Kenneth. *Princely Gardens: The Origins and Development of the French Formal Style.* New York: Rizzo1i, 1986.

East Asian Gardens

Cao, Xuequin. *The Story of the Stone.* Vols. 1-3 translated by David Hawkes; vols. 4-5 translated by John Minford. Harmondsworth, England: Penguin, 1973-86.

Chan, Chairs. *Imperial China.* San Francisco: Chronicle Books, 1992.

China Architecture and Building Press, Liu Dun-zhen. *Chinese Classical Gardens of Suzhou.* New York: McGraw-Hill, 1993.

Danby, Hope. *The Garden of Perfect Brightness.* London: Williams and Norgate, 1950.

Greenbie, Barrie B. *Space and Spirit in Modern Japan.* New Haven: Yale University Press, 1988.

Harada, Jiro. The Gardens of Japan. New York: A. and C. Boni, 1982.

Hay, John. *Kernels of Energy, Bones of Earth: The Rock in Chinese Art.* New York: China Institute in America, 1985.

Hayakama, Masao. *The Garden Art of Japan. Vol.28 of The Heibonsha Survey of Japanese Art,* translated by Richard L. Gage. New York and Tokyo: Weatherhill/Heibonsha, 1973.

Hisamatsu, Shin'ichi. *Zen and the Fine Arts.* Translated by Gishin Tokiwa. Tokyo: Kodansha International, 1971.

Ito, Teiji. *The Japanese Garden: An Approach to Nature.* New Haven: Yale University Press, 1972.

Ji, Cheng. *The Craft of Gardens.* Translated by Alison Hardie. New Haven: Yale University Press, 1988.

Johnston, R. Stewart. *Scholar Gardens of China.* Cambridge: Cambridge University Press, 1991.

Keane, Marc P. *Japanese Garden Design.* Rutland: Charles E. Tuttle, 1996.

Keswick, Maggie. *The Chinese Garden: History, Art and Architecture.* New York: Rizzoli, 1978.

Kuck, Loraine. *The World of the Japanese Garden: From Chinese Origins to Modern Landscape Art.* New York: Weatherhill, 1968.

Laozi. *Tao-te ching: The Classic of the Way and Virtue.* As interpreted by Wang Bi. Translated by Richard John Lynn. New York: Columbia University Press, 1999.

Lip, Evelyn. *Chinese Geomancy.* Singapore: Times Books International, 1979.

Liu, Laurence G. *Chinese Architecture.* New York: Rizzoli, 1989.

Malone, Carroll Brown. "History of the Peking Summer Palaces Under the Ch'ing Dynasty." In *Illinois Studies in the Social Sciences,* vol. 19, nos. 1-2. Urbana: University of Illinois Press, 1934.

Mosher, Gouverneur. *Kyoto: A Contemplative Guide.* Rutland, Vt., and Tokyo, Japan: Charles E. Tuttle, 1964.

Murasaki Shikibu. *The Tale of Genji.* Translated by Edward G. Seidensticker. New York: Alfred A. Knopf, 1985.

Murck, Alfreda, and Wen Fong. *A Chinese Garden Court: The Astor Court at the Metropolitan Museum of Art.* New York: The Metropolitan Museum of Art, 1985.

Nishikawa, Takeshi, and Akira Naito. *Katsura: A Princely Retreat.* Tokyo, New York, London: Kodansha International, 1977.

Okakura Kakuzo. *The Book of Tea.* Rutland, Vt.: Charles E. Tuttle, 1956.

Rambach, Pierre, and Susan Rambach. *Gardens of Longevity in China and Japan: The Art of the Stone Raisers.* New York: Skira/Rizzoli, 1987.

Sirén, Osvald. *Gardens of China.* New York: Ronald Tree Press, 1949.

Siu, Victoria M. "China and Europe Intertwined: A New View of the European Sector of the Chang Chun Yuan." *Studies in the History of Gardens and Designed Landscapes,* 19:3/4(July-December 1999): 376-93.

Strassberg, Richard E., trans. *Inscribed Landscapes: Travel Writing from Imperial China.* Berkeley: University of California Press, 1994.

Tregear, Mary. *Chinese Art.* London: Thames and Hudson, 1980.

Treib, Marc, and Ron Herman. *A Guide to the Gardens of Kyoto.* Tokyo: Shufunotomo, 1980.

Yoshida, Tetsuro. *Gardens of Japan.* New York: Praeger, 1957.

SIXTEENTH-, SEVENTEENTH-, AND EIGHTEENTH-CENTURY ENGLISH LANDSCAPES

Ballantyne, Andrew. *Architecture, Landscape and Liberty: Richard Payne Knight and the Picturesque.* Cambridge and New York: Cambridge University Press, 1997.

Batey, Mavis. "The High Phase of English Landscape Gardening." *Eighteenth Century Life* 8:2(January 1983), 44-50.

Brewer, John. *The Pleasures of the Imagination: English Culture in the Eighteenth Century.* New York: Farrar, Straus, and Giroux, 1997.

Brownell, Morris R. *Alexander Pope and the Arts of Georgian England.* Oxford: Oxford University Press, 1978.

Burke, Edmund. *A Philosophical Enquiry into the Origin of Our Ideas of the Sublime and Beautiful.* 7th ed. London: J. Dodsley, 1773.

Gilpin, William. *Remarks on Forest Scenery and Other Woodland Views Relative Chiefly to Picturesque Beauty.* 3rd ed. London: T. Cadell and W. Davies, 1808.

——. *Practical Hints upon Landscape Gardening: With Some Remarks on Domestic Architecture as Connected with Scenery.* London: T. Cadell, 2nd ed., 1835.

Hoskins, W. G. *The Making of the English Landscape.* Harmondsworth, England: Penguin Books, 1955.

Hunt, John Dixon. *The Figure in the Landscape: Poetry, Painting, and Gardening during the Eighteenth Century.* Baltimore: Johns Hopkins University Press, 1976.

——. *Garden and Grove: The Italian Renaissance Garden in the English Imagination: 1600-1750.* Princeton, N J : Princeton University Press, 1986.

——. *William Kent: Landscape Garden Designer.* London: A. Zwemmer, 1987.

——. *Gardens and the Picturesque: Studies in the History of Landscape Design.* Cambridge: MIT Press, 1992.

Hunt, John Dixon, and Peter Willis, eds. *The Genius of the Place: The English Landscape Garden 1620-1820.* New York: Harper & Row, 1975.

Hyams, Edward. *Capability Brown and Humphrey Repton.* New York: Charles Scribner's Sons, 1971.

Hussey, Christopher. *The Picturesque. 1927.* Reprint. Hamdon, Conn.: Archon Books, 1967.

Jacques, David, and Arend Jan van der Horst. *The Gardens of William and Mary.* London: Christopher Helm, 1988.

Knight, Richard Payne. *An Analytical Inquiry into the Principles of Taste.* London: T. Payne and J. White, 1805.

Pevsner, Nikolaus, ed. "The Picturesque Garden and Its Influence Outside the British Isles." In *Dumbarton Oaks Colloquium on the History of Landscape Architecture*. Vol. 2. Washington, D.C.: Dumbarton Oaks Trustees for Harvard University, 1974.

Price, Sir Uvedale. *On the Picturesque. Edited by Sir Thomas Dick Lauder*. Edinburgh: Caldwell, Lloyd, & Co., 1842.

Shenstone, William. *The Works in Verse and Prose of William Shenstone, Esq*. London: R.& J. Dodsley, 1764.

Strong, Roy. *The Renaissance Garden in England*. London: Thames and Hudson, 1979 and 1998.

———. *Royal Gardens*. London: BBC Books/Conran Octopus, 1992.

Stroud, Dorothy. *Humphrey Repton*. London: Country Life, 1962.

Symes, Michael. "Nature as the Bride of Art: The Design and Structure of Painshill." *Eighteenth Century Life* 8:2 (January 1983): 65-83.

Templeman, William. *The Life and Work of William Gilpin(1724-1804): Master of the Picturesque*. Urbana: University of Illinois Press, 1939.

Thomson, James. *The Seasons*. 3rd ed. London: Longman, Brown, Green, and Longmans, 1852.

Turner, Roger. *Capability Brown and the Eighteenth Century English Landscape*.New York: Rizzoli, 1985.

Watkin, David. *The English Vision: The Picturesque in Architecture, Landscape and Garden Design*. New York: Harper & Row, 1982.

Whately, Thomas. *Observations on Modern Gardening*. London: T.Payne, 1770.

Woodbridge, Kenneth. *Landscape and Antiquity: Aspects of English Culture at Stourhead*. Oxford: Oxford University Press, 1970.

Wordsworth, Jonathan; Michael C. Jaye; and Robert Woof. *William Wordsworth and the Age of English Romanticism*. New Brunswick, N.J., and London: Rutgers University Press, 1987.

Wroth, Warwick. *The London Pleasure Gardens of the Eighteenth Century*. London: MacMillan and Co., 1896.

SIXTEENTH-, SEVENTEENTH-, AND EIGHTEENTH-CENTURY EUROPEAN GARDENS

Bowe, Patrick. *Gardens of Portugal*. New York: M. T. Train/Scala Books, 1989.

———. *Gardens in Central Europe*. New York: M. T. Train/Sclala Books, 1991.

Carita, Heder. *Portuguese Gardens*. Wappingers Falls, New York: Antique Collectors' Club, 1990.

Casa Valdés. *Spanish Gardens*. Wappingers Falls, N.Y.: Antique Collectors' Club, 1987.

Correcher, Consuelo, and Michael George(photographer). *The Gardens of Spain*. New York: Harry N. Abrams, 1993.

Etlin, Richard A. *Symbolic Space: French Enlightenment Architecture and Its Legacy*. Chicago: University of Chicago Press, 1994.

Hunt, John Dixon. "Style and Idea in Anglo-Dutch Gardens." *Antiques* (December 1988).

Hunt, John Dixon, and Erik de Jong, eds. "The Anglo-Dutch Garden in the Age of William and Mary/De Gouden Eeuw van de Hollandse Tuinkunst." *Journal of Garden History* 8:2 and 3 (AprilSeptember 1988).

Kennett, Victor, and Audrey Kennett. *The Palaces of Leningrad*. London: Thames and Hudson, 1973.

Le Camus de Mézières, Nicolas. *The Genius of Architecture; or, The Analogy of That Art With Our Sensations*. Translated by David Britt. Santa Monica, Calif.: The Getty Center Publication Programs, 1992.

Morel, Jean Marie. *Théorie des Jardins*. Paris: Chez Pissot, 1776.

Rousseau, Jean-Jacques. *Julie ou la Nouvelle Héloïse (Julie or the New Heloise)*. Translated by Judith H. McDowell. University Park: Pennsylvania University Press, 1968.

Taylor-Leduc, Susan. "Luxury in the Garden: *La Nouvelle Héloïse* Reconsidered." *Studies in the History of Gardens and Designed Landscapes* 19:1 (January-March 1999), 74-85.

Thacker, Christopher. "The Volcano: Culmination of the Landscape Garden." *Eighteenth Century Life* 8:2(January 1983), 74-83.

Wiebenson, Dora. *The Picturesque Garden in France*. Princeton, N.J.: Princeton University Press, 1978.

BOTANICAL GARDENS AND PLANT HUNTERS

Desmond, Ray. *Kew: The History of the Royal Botanic Gardens*. London: The Harvill Press, 1995.

———. *Sir Joseph Dalton Hooker: Traveler and Plant Collector*. Woodbridge, Suffolk, England: Antique Collectors' Club, 1999.

Prest, John. *The Garden of Eden: The Botanic Garden and the ReCreation of Paradise*. New Haven and London: Yale University Press, 1981.

Reveal, James L. Gentle Conquest: *The Botanical Discovery of America With Illustrations from the Library of Congress*. Washington, D.C.: Starwood Publishing, 1992.

Spongberg, Stephen A. *A Reunion of Trees: The Discovery of Exotic Plants and Their Introduction into North American and European Landscapes*. Cambridge: Harvard University Press, 1990.

Università degli studi di Padova. The Botanical Garden of Padua 1545-1995. Edited by Alessandro Minelli. Venice: Marsilio Editori, 1995.

AMERICAN COLONIAL AND FEDERAL PERIOD CITES AND GARDENS

Beiswanger, William. "The Temple in the Garden: Thomas Jefferson's Vision of the Monticello Landscape." *Eighteenth Century Life* 8:2 (January 1983), 170-88.

Boorstin, DanielJ. *The Lost Worlds of Thomas Jefferson*. Chicago: The University of Chicago Press, 1948.

Briggs, Loutrel W. *Charleston Gardens*. Columbia: University of South Carolina Press, 1951.

Brown, C. Allan. "Thomas Jefferson's Poplar Forest: The Mathematics of an Ideal Villa." *Journal of Garden History* 10:2 (1990): 117-39.

Chambers, S. Allen, Jr. Poplar Forest and Thomas Jefferson. Forest, Virginia: The Corporation for Jefferson's Poplar Forest, 1993.

Cothran, James R. *Gardens of Historic Charleston*. Columbia: University of South Carolina Press, 1995.

Conzen, Michael, ed. *The Making of the American Landscape*. Boston: Unwin Hyman, 1990.

Gasparini, Graziano. "The Law of the Indies: The Spanish-American Grid Plan, An Urban Bureaucratic Form." In *The New City*. Vol. 1, *Foundations*. Coral Gables, Fl.: University of Miami School of Architecture, 1991.

Griswold, Mac. *Washington's Garden at Mount Vernon*. Boston: Houghton Mifflin, 1999.

Hatch, Peter J. *The Gardens of Thomas Jefferson's Monticello*. Charlottesville: Thomas Jefferson Memorial Foundation, 1992.

Hernandez, Jorge L. "Williamsburg: The Genesis of a Republican Civic Order from Under the Shadow of the Catalpas." In *The New City*. Vol. 2, *The American City*. Coral Gables, Fl.: University of Miami School of Architecture, 1994.

Jefferson, Thomas. *Thomas Jefferson's Garden Book 1766-1824*. Edited by Edwin Morris Betts. Philadelphia: The American Philosophical Society, 1944.

Leighton, Ann. *American Gardens in the Eighteenth Century*. Boston: Houghton Mifflin, 1976.

Martin, Peter. *The Pleasure Gardens of Virginia*. Princeton, N.J.: Princeton University Press, 1991.

Nichols, Frederick Doveton, and Ralph E. Griswold. *Thomas Jefferson Landscape Architect*. Charlottesville: University Press of Virginia, 1978.

Peterson, Merrill D. *Thomas Jefferson and the New Nation*. London: Oxford University Press, 1970.

Reps, John W. *The Making of Urban America: A History of City Planning in the United States*. Princeton, N.J: Princeton University Press, 1965.

Stilgoe, John R. *Common Landscape of America, 1580 to 1845*. New Haven: Yale University Press, 1982.

NINETEENTH- AND TWENTIETH-CENTURY RURAL CEMETERIES, PUBLIC PARKS, AND CITY PLANNING

Alex, William, and George B. Tatum(Introduction). *Calvert Vaux Architect and Planner*. New York: Ink, Inc., 1994.

Baxter, Sylvester, and Charles Eliot. *Report to the Board of the Metropolitan Park Commissioners*. Commonwealth of Massachusetts: House No. 150, January, 1893.

Barlow, Elizabeth. *Frederick Law Olmsted's New York*. New York: Whitney Museum-Praeger, 1972.

——. with Vernon Gray, Roger Pasquier, and Lewis Sharp. *The Central Park Book*. New York: Central Park Task Force, 1977.

——. with Marianne Cramer, Judith Heinz, Bruce Kelly, and Philip Winslow. Edited by John Berendt. *Rebuilding Central Park: A Management and Restoration Plan*. Cambridge: MIT Press, 1987.

Beveridge, Charles E., and Paul Rocheleau(photographer). *Frederick Law Olmsted: Designing the American Landscape*. New York: Rizzoli, 1995.

Bogart, Michele H. *Public Sculpture and the Civic Ideal in New York City 1890-1920*. Chicago: University of Chicago Press, 1989.

Boyer, Paul. *Urban Masses and Moral Order in America 1820-1920*. Cambridge: Harvard University Press, 1982.

Caro, Robert. *The Power Broker Robert Moses and the Fall of New York*. New York: Vintage, 1975.

Carr, Ethan. *Wilderness by Design: Landscape Architecture and the National Park Service*. Lincoln: University of Nebraska Press, 1998.

Chadwick, George F. The Park and the Town: *Public Landscape in the 19th and 20th Centuries*. New York: Praeger, 1966.

Conway, Hazel. *People's Parks: The Design and Development of Victorian Parks in Britain*. Cambridge: Cambridge University Press, 1991.

Cook, Clarence C. *A Description of the New York Central Park*. New York: F.J. Huntington and Co., 1869.

Cranz, Galen. *The Politics of Park Design: A History of Urban Parks in America*. Cambridge: MIT Press, 1982.

Cutler, Phoebe. *The Public Landscape of the New Deal*. New Haven: Yale University Press, 1985.

Downing, Andrew Jackson. *Rural Essays*. Edited by George William Curtis. New York: Leavitt & Allen, 1856.

——. *A Treatise on the Theory and Practice of Landscape Gardening*. 6th ed. With a supplement by Henry Winthrop Sargent. New York: A. O. Moore & Co., 1859.

Eliot, Charles William. *Charles Eliot, Landscape Architect*. Boston: Houghton, Mifflin & Company, 1902.

Elliott, Brent. *Victorian Gardens*. Portland, Ore.: Timber Press, 1986.

Etlin, Richard A. *The Architecture of Death*. Cambridge: MIT Press, 1984.

Evenson, Norma. Paris: *A Century of Change, 1879-1978*. New Haven and London: Yale University Press, 1979.

Fein, Albert, ed. *Landscape into Cityscape: Frederick Law Olmsted's Plans for a Greater New York City*. Ithaca: Cornell University Press, 1967.

Gloag, John. *Mr. London's England*. Newcastle upon Tyne: Oriel Press, 1970.

Good, Albert H. *Park & Recreation Structures*. Boulder, Colo.: Graybooks, 1990.

Graff, M. M. *Central Park Prospect Park: A New Perspective*. New York: Greensward Foundation, 1985.

Hall, Lee. *Olmsted's America: An "Unpractical" Man and His Vision of Civilization*. Boston: Little, Brown & Co., 1995.

Herbert, Robert. *Impressionism: Art, Leisure and Parisian Society*. New Haven: Yale University Press, 1988.

Hines, Thomas S. *Burnham of Chicago: Architect and Planner*. Chicago: University of Chicago Press, 1979.

Huth, Hans. *Nature and the American: Three Centuries of Changing Attitudes*. Berkeley and London: University of California Press, 1957.

Irving, Robert Grant. *Indian Summer, Lutyens, Baker, and Imperial Delhi*. New Haven: Yale University Press, 1981.

Jackson, Kenneth T. and Camilo José Vergara. *Silent Cities: The Evolution of the American Cemetery.* New York: Princeton Architectural Press, 1989.

Jordan, David P. *Transforming Paris: The Life and Labors of Baron Haussmann.* New York: The Free Press, 1995.

Kelly, Bruce; Gail Travis Guillet; and Mary Ellen W. Hern. *Art of the Olmsted Landscape.* New York: New York City Landmarks Commission, 1981.

Kowsky, Francis R. *Country, Park and City: The Architecture and Life of Calvert Vaux.* New York and Oxford: Oxford University Press, 1998.

Lancaster, Clay. *Prospect Park Handbook.* New York: Greensward Foundation, 1967.

Lasdun, Susan. *The English Park: Royal, Private and Public.* New York: The Vendome Press, 1992.

Linden-Ward, Blanche. *Silent City on a Hill: Landscapes of Memory and Boston's Mount Auburn Cemetery.* Columbus: Ohio University Press, 1989.

Loudon, John Claudius. *An Encyclopaedia of Gardening.* London: Longman, Hurst, Rees, Orme, and Brown, 1822.

——. *The Villa Gardener.* 2nd ed. Edited by Mrs. Loudon. London: William S. Orr & Co., 1850.

——. ed. *Repton's Landscape Gardening and Landscape Architecture.* London: Longman & Co., 1840.

David Lowenthal. *George Perkins Marsh: Prophet of Conservation.* Seattle: University of Washington Press, 2000.

MacDougall, Elizabeth B., ed. "John Claudius Loudon and the Early Nineteenth Century in Great Britain." In *Dumbarton Oaks Colloquium on the History of Landscape Architecture.* Vol. 6. Washington, D.C.: Dumbarton Oaks Trustees for Harvard University, 1980.

Marsh, George Perkins. *Man and Nature: Or Physical Geography Modified by Human Action.* Edited by David Lowenthal. Cambridge: Harvard University Press, Belknap Press, 1965.

Marx, Leo. *The Machine in the Garden: Technology and the Pastoral Ideal in America.* New York: Oxford University Press, 1967.

McClelland, Linda Flint. *Building the National Parks: Historic Landscape Design and Construction.* Baltimore: Johns Hopkins University Press, 1998.

McLaughlin, Charles Capen, editor-in-chief, and Charles E. Beveridge, associate ed. *The Papers of Frederick Law Olmsted. Vol. 1, The Formative Years.* Baltimore: Johns Hopkins University Press, 1977.

McLaughlin, Charles Capen, editor-in-chief; Charles E. Beveridge and Charles Capen McLaughlin, eds.; and David Schuyler, associate ed. *The Papers of Frederick Law Olmsted. Vol. 2, Slavery and the South.* Baltimore: Johns Hopkins University Press, 1981.

McLaughlin, Charles Capen, editor-in-chief; Charles E. Beveridge, series ed.; and Charles E. Beveridge and David Schuyler, eds. *The Papers of Frederick Law Olmsted. Vol. 3, Creating Central Park.* Baltimore: Johns Hopkins University Press, 1983.

McLaughlin, Charles Capen, editor-in-chief; Charles E. Beveridge, series ed.; and Victoria Post Ranney, ed. The Papers of Frederick Law Olmsted. Vol. 5, *The California Frontier.* Baltimore: Johns Hopkins University Press, 1990.

McLaughlin, Charles Capen, editor-in-chief; Charles E. Beveridge, series ed.; David Schuyler and Jane Turner Censer, eds.; and Kenneth Hawkins, assistant ed. *The Papers of Frederick Law Olmsted. Vol. 6, The Years of Olmsted, Vaux and Company.* Baltimore: Johns Hopkins University Press, 1992.

Major, Judith K. *To Live in a New World: A. J. Downing and American Landscape Gardening.* Cambridge, Mass., and London: MIT Press, 1997.

Moody, Walter D. *Wacker's Manual of the Plan of Chicago.* Chicago: Auspices of Chicago Plan Commission, 1912.

Nash, Roderick. *Wilderness and the American Mind.* New Haven and London: Yale University Press, 1967.

New York City Parks Department. *30 Years of Progress: 1934-1964* (Report to the Mayor and Board of Estimate). New York: New York City Department of Parks, 1965.

Olmsted, Frederick Law. *Walks and Talks of an American Farmer in England.* New York: George P. Putnam, 1852.

——. *A Journey in the Seaboard Slave States.* New York: Dix, Edwards & Co., 1856.

——. *Journey Through Texas.* New York: Dix, Edwards & Co., 1857.

——. *A Journey in the Back Country.* New York: Mason Brothers, 1860.

Olmsted, Frederick Law, Jr., and Theodora Kimball, eds. *Forty Years of Landscape Architecture: Being the Professional Papers of Frederick Law Olmsted, Senior.* New York and London: G. P Putnam's Sons, 1928.

Olsen, Donald J. *The City as a Work of Art: London Paris Vienna.* New Haven: Yale University Press, 1986.

Parsons, Mabel, ed. *Memories of Samuel Parsons.* New York and London: G. P. Putnam's Sons, 1926.

Parsons, Samuel. *Landscape Gardening Studies.* New York: John Lane Company, 1910.

——. *The Art of Landscape Architecture.* New York and London: G. P. Putnam's Sons, 1915.

Phillips, Sandra S., and Linda Weintraub, eds. *Charmed Places: Hudson River Artists and Their Houses, Studios, and Vistas.* New York: Harry N. Abrams, 1988.

Porter, Roy. London: *A Social History.* Cambridge: Harvard University Press, 1995.

Pückler-Muskau, Hermann Ludwig Heinrich, Prince von. *Tour in England, Ireland, and France, in the Years 1828, and 1829.* Philadelphia: Carey, Lea & Blanchard, 1833.

——. *Hints on Landscape Gardening.* Translated by Bernhard Sikert. Edited by Samuel Parsons. Boston: Houghton Mifflin, 1917.

Ranney, Victoria Post. *Olmsted in Chicago.* Chicago: R. R. Donnelley & Sons, 1972.

Reed, Henry Hope and Duckworth, Sophia. *Central Park: A History and a Guide.* 2nd ed. New York: Clarkson N. Potter, 1972.

Robinson, William. *The Parks, Promenades & Gardens of Paris.* London: John Murray, 1869.

Roberts, Ann Rockefeller. *Mr. Rockefeller's Roads: The Untold Story of Acadia's Carriage Roads and Their Creator.* Camden, Maine: Down East Books, 1990.

Roper, Laura Wood. *FLO: A Biography of Frederick Law Olmsted.* Baltimore: Johns Hopkins University Press, 1973.

Rosenzweig, Roy, and Elizabeth Blackmar. *The Park and the People: A History of Central Park.* Ithaca and London: Cornell University Press, 1992.

Runte, Alfred. *National Parks: The American Experience.* Lincoln: University of Nebraska Press, 1979.

Russell, John. *Paris.* New York: Harry N. Abrams, 1983.

——. *London.*New York: Harry N. Abrams, 1994.

Rybczynski, Witold. *City Life:* Urban Expectations in a New World. New York: Scribner, 1995.

——. *A Clearing in the Distance: Frederick Law Olmsted and America in the Nineteenth Century.* New York: Scribner, 1999.

Scheper, George L. "The Reformist Vision of Frederick Law Olmsted and the Poetics of Park Design." *The New England Quarterly* 62:3 (September 1989): 369-402.

Schorske, Carl E. *Fin-de-Siècle Vienna: Politics and Culture.* New York: Alfred A. Knopf, 1980.

——. *Thinking with History: Explorations in the Passage to Modernism.* Princeton, N. j.: Princeton University Press, 1998.

Schuyler, David. *The New Urban Landscape: The Redefinition of City Form in Nineteenth Century America.* Baltimore: Johns Hopkins University Press, 1986.

——. *Apostle of Taste: Andrew Jackson Downing 1815-1852.* Baltimore and London: The Johns Hopkins University Press, 1996.

Sears, John F. *Sacred Places: American Tourist Attractions in the Nineteenth Century.* New York: Oxford University Press, 1989.

Simo, Melanie Louise. *Loudon and the Landscape: From Country Seat to Metropolis.* New Haven and London: Yale University Press, 1988.

Sitte, Camillo. *The Art of Building Cities.* Translated by Charles T. Stewart. New York: Reinhold Publishing Corporation, 1945.

Smillie, James, and Nehemiah Cleaveland. *Green-Wood Illustrated.* New York: R. Martin, 1847.

Smillie, James, and Cornelia W. Walter. *Mount Auburn Illustrated.* New York: R. Martin, 1851.

Stevenson, Elizabeth. *Park Maker: A Life of Frederick Law Olmsted.* New York: Macmillan, 1977.

Stilgoe, John R. *Borderland: Origins of the American Suburb 1820-1939.* Reprint, New Haven: Yale University Press, 1990.

Sutcliffe, Anthony. *Paris: An Architectural History.* New Haven and London: Yale University Press, 1993.

Tatum, George B., and Elizabeth Blair MacDougall, eds. *Prophet with Honor: The Career of Andrew Jackson Downing.* Washington, D. C.: Dumbarton Research Library and Collection, 1989.

Tishler, William, ed. *American Landscape Architecture: Designers and Places.* Washington, D.C.: Preservation Press, 1989.

Van Rensselaer, Mariana Griswold. *Accents as Well as Broad Effects: Writings on Architecture, Landscape, and the Environment, 1876-1925.* Edited by David Gebhard. Berkeley: University of California Press, 1996.

Van Zanten, David. *Building Paris: Architectural Institutions and the Transformation of the French Capital, 1830-1870.* Cambridge: Cambridge University Press, 1994.

Zeitzevsky, Cynthia. *Frederick Law Olmsted and the Boston Park System.* Cambridge: Harvard University Press, Belknap Press, 1982.

NINETEENTH- AND TWENTIETH-CENTURY GARDENS, VERNACULAR LANDSCAPES, AND LAND ART

Adams, William Howard. *Grounds for Change: Major Gardens of the Twentieth Century.* Boston: Little, Brown & Co., 1993.

——. *Roberto Burle Marx: The Unnatural Art of the Garden.* New York: The Museum of Modern Art, 1991.

Aslet, Clive. *The American Country House.* New Haven and London: Yale University Press, 1990.

Axelrod, Alan, ed. *The Colonial Revival in America.* New York and London: W. W. Norton, 1985.

Balmori, Diana; Diana Kostial McGuire; and Eleanor McPeck. *Beatrix Farrand's American Landscapes: Her Gardens and Campuses.* Sagaponack, N. Y.: Sagapress, 1985.

Beardsley, John. *Earthworks and Beyond: Contemporary Art in the Landscape.* 3rd ed. New York: Abbeville Press, 1984.

——. *Gardens of Revelation: Environments by Visionary Artists.* New York: Abbeville Press, 1995.

Blomfield, Reginald. *The Formal Garden in England.* Illustrated by F. Inigo Thomas. London: Macmillan, 1892.

Brown, Jane. *Gardens of a Golden Afternoon. The Story of a Partnership: Edwin Lutyens and Gertrude Jekyll.* Harmondsworth, England: Penguin Books, 1985.

——. *Vita's Other World: A Gardening Biography of Vita Sackville-West.* New York: Viking, 1985.

——. *The English Garden in Our Time: From Gertrude Jekyll to Geofrey Jellicoe.* Woodbridge, Suffolk, England: Antique Collectors' Club, 1986.

——. *Eminent Gardeners: Some People of Influence and Their Gardens 1880-1980.* New York: Viking, 1990.

——. *Beatrix: The Gardening Life of Beatrix Jones Farrand 1872-1959.* New York: Viking, 1995.

Clas, Soraia. *Roberto Burle Marx: Uma fotobiografia.* Rio de Janeiro: Sindicato Nacional dos Editores de Livros, RJ, 1995.

Caracciolo, Marella, and Giuppi Pietromarchi. *The Gardens of Ninfa*. Photographs by Marella Agnelli. Translated by Harriet Graham. Umberto Allemandi & C., n.d.

Church, Thomas. *Gardens Are for People*. New York: Reinhold Publishing Company, 1955.

——. *Your Private World: A Study of Intimate Gardens*. San Francisco: Chronicle Books, 1969.

Collins, Lester. *Innisfree: An American Garden*. New York: Sagapress/ Harry N. Abrams, 1994.

Cooper, Guy and Gordon Taylor. *Paradise Transformed: The Private Garden in the Twentieth Century*. New York: Monacelli Press, 1996.

——. *Gardens for the Future: Gestures Against the Wild*. New York: Monacelli Press, 2000.

Dwight, Eleanor. *Edith Wharton: An Extraordinary Life*. New York: Harry N. Abrams, 1994.

Eckbo, Garrett. *Landscape for Living*. F. W. Dodge Corporation: An Architectural Record Book with Duell, Sloan, & Pearce, 1950.

——. *The Landscape We See*. New York: McGraw-Hill, 1969.

Eggener, Keith. "Postwar Modernism in Mexico: Luis Barragán's Jardines del Pedregal and the International Discourse on Architecture and Place." *Journal of the Society of Architectural Historians* 58:2(June 1999): 122-45.

Elliott, Brent. *The Country House Garden: From the Archives of Country Life 1897-1939*. London: Mitchell Beazley, 1995.

Emmet, Alan. *So Fine a Prospect: Historic New England Gardens*. Hanover: University Press of New England, 1996.

Farrand, Beatrix. *The Bulletins of Reef Point Gardens*. Bar Harbor, Maine: The Island Foundation, 1997.

Festing, Sally. *Gertrude Jekyll*. New York: Viking, 1991.

Fraser, Valerie. "Cannibalizing Le Corbusier: The MES Gardens of Roberto Burle Marx." *Journal of the Society of Architectural Historians* 59:2 (June 2000), 180-93.

Griswold, Mac, and Eleanor Weller. *The Golden Age of American Gardens: Proud Owners, Private Estates, 1890-1940*. New York: Harry N. Abrams, 1991.

Hamerman, Conrad. "Roberto Burle Marx: The Last Interview." *The Journal of Decorative and Propaganda Arts* 21(1995), 157-79.

Hanson, A. E. *An Arcadian Landscape: The California Gardens of A. E. Hanson 1920-1932*. Edited by David Gebhard and Sheila Lynds. Los Angeles: Hennessey & Ingalls, 1985.

Hildebrand, Gary R. *The Miller Garden: Icon of Modernism*. Washington, D. C.: Spacemaker Press, 1999.

Hobhouse, Penelope, ed. *Gertrude Jekyll on Gardening*. Boston: David R. Godine, 1984.

Hunt, John Dixon, and Joachim Wolschke-Bulmahn, eds. *The Vernacular Garden*. Washington, D. C.: Dumbarton Oaks Research Library and Collection, 1993.

Hyams, Edward. *English Cottage Gardens*. Harmondsworth, England: Penguin Books, 1987.

Imbert, Dorothée. *The Modernist Garden in France*. New Haven: Yale University Press, 1993.

Jackson, John Brinckerhoff. *Landscapes*. Amherst: University of Massachusetts Press, 1970.

——. *The Necessity for Ruins*. Amherst: University of Massachusetts Press, 1980.

——. *Discovering the Vernacular Landscape*. New Haven: Yale University Press, 1984.

——. *Landscape in Sight: Looking at America*. Edited by Helen Lefkowitz Horowitz. New Haven: Yale University Press, 1997.

Jekyll, Gertrude. *Wood and Garden*. London: Longmans, Green, & Co., 1900.

——. *Wall and Water Gardens*. Covent Garden: Country Life, Ltd., 1901.

——. *Old West Surrey*. London: Longmans, Green, and Co., 1904.

——. *Children and Gardens*. London: Country Life, Ltd., 1908.

——. *Colour in the Flower Garden*. Covent Garden: Country Life, Ltd., 1908.

——. *Colour Schemes for the Flower Garden*. London: Country Life, Ltd., 1908. Reprint, Boston: Little, Brown & Co., 1988.

Jekyll, Gertrude and Lawrence Weaver. *Arts and Crafts Gardens*. London: Country Life, Ltd., 1912. Reprint, Woodbridge, Suffolk, England: Antique Collectors' Club, 1997.

Karson, Robin. *Fletcher Steele, Landscape Architect: An Account of the Gardenmaker's Life, 1885-1971*. New York: Harry N. Abrams/Sagapress, 1989.

——. *Masters of American Garden Design*. Vol. 3, *The Modern Garden in Europe and the United States*. Proceedings of the Garden Conservancy Symposium held March 12, 1993 at the Paine Webber Building in New York, New York. Cold Spring, N.Y.: The Garden Conservancy, 1994.

——. *Masters of American Garden Design*. Vol. 4, *Influences on American Garden Design: 1895 to 1940*. Proceedings of the Garden Conservancy Symposium held March 11, 1994 at the Paine Webber Building in New York, New York. Cold Spring, N. Y.: The Garden Conservancy, 1995.

——. *The Muses of Gwinn: Art and Nature in a Garden Designed by Warren H. Manning, Charles A. Olatt, & Ellen Biddle Shipman*. Sagaponack, N. Y.: Sagapress, 1995.

Kassler, Elizabeth B. *Modern Gardens and the Landscape*. New York: The Museum of Modern Art, 1964.

Mallet, Robert. *Rebirth of a Park/Renaissance d'Un Parc*. Varengeville-sur-Mer, France: Centre d'Art Floral, 1996.

Massingham, Betty. *Miss Jekyll: Portrait of a Great Gardener*. London: Country Life, 1966.

Mawson, Thomas H. *The Art and Craft of Garden Making*. London: B. T. Batsford, 1900.

McGuire, Diane Kostiel, and Lois Fern. "Beatrix Jones Farrand(1872-1959) Fifty Years of American Landscape Architecture." In *Dumbarton Oaks Colloquium on the History of Landscape Architecture.* Vol. 8. Washington, D. C.: Dumbarton Oaks Trustees for Harvard University, 1982.

Morgan, Keith N. *Charles A. Platt: The Artist as Architect.* Cambridge: MIT Press, 1985.

Ottewill, David. *The Edwardian Garden.* New Haven: Yale University Press, 1989.

Padilla, Victoria. *Southern California Gardens: An Illustrated History.* Santa Barbara, Calif.: Allen A. Knoll, 1994.

Power, Nancy Goslee, with Susan Heeger. Photographs by Mick Hales. *The Gardens of California: Four Centuries of Design from Mission to Modern.* New York: Clarkson Potter, 1995.

Prentice, Helaine Kaplan. Photographs by Melba Levick. *The Gardens of Southern California.* San Francisco: Chronicle Books, 1990.

Robinson, William. *The Wild Garden.* 5th ed. London: John Murray, 1895. Reprint, Portland, Ore.: Sagapress/Timber Press, 1994.

——. *Gravetye Manor.* London: John Murray, 1911.

——. *The English Flower Garden.* 15th ed. London: J. Murray, 1933. Reprint, New York: Amaryllis Press, 1984.

Rose, James. *Creative Gardens.* New York: Reinhold Publishing Corporation, 1958.

——. *The Heavenly Environment.* Hong Kong: New City Cultural Services Ltd., 1987.

Sackville-West, Vita. *A Joy of Gardening: A Selection for Americans.* Edited by Hermine I. Popper. New York: Harper & Row, 1958.

Saunders, William S., ed. *Daniel Urban Kiley.* New York: Princeton Architectural Press, 1999.

Sedding, John D. *Garden-Craft Old and New.* London: John Lane, 1902.

Shapiro, Gary. *Earthwards: Robert Smithson and Art after Babel.* Berkeley: University of California Press, 1995.

Shepheard, Peter. *Modern Gardens.* London: The Architectural Press, 1953.

Smithson, Robert. *Robert Smithson: The Collected Writings.* Edited by Jack Flam. Berkeley: University of California Press, 1996.

Southeastern Center for Contemporary Art. *Maya Lin: Topologies.* (Catalogue of exhibition organized by Jeff Fleming, with essays by Michael Brenson, Terri Dowell-Dennis, and Jeff Fleming). Winston-Salem, N. C.: Southeastern Center for Contemporary Art, 1998.

Steele, Fletcher. *Design in the Little Garden.* Boston: Atlantic Monthly Press, 1924.

Streatfield, David. *California Gardens: Creating a New Eden.* New York: Abbeville Press, 1994.

Tankard, Judith B. *The Gardens of Ellen Biddle Shipman.* Sagaponack, N. Y.: Sagapress, 1996.

Tankard, Judith B., and Michael R. VanValkenburgh. *Gertrude Jekyll: A Vision of Garden and Wood.* New York: Harry N. Abrams/Sagapress, 1989.

Thompson, Flora. *Lark Rise to Candleford: A Trilogy.* London: Oxford University Press, 1945.

Treib, Marc, and Dorothée Imbert. *Garrett Eckbo: Modern landscapes for Living.* Berkeley: University of California Press, 1997.

Treib, Marc, ed. *Modern Landscape Architecture: A Critical Review.* Cambridge: MIT Press, 1993.

——, ed. "Thomas Dolliver Church, Landscape Architect." *Studies in the History of Gardens and Designed Landscapes* 20:2(April-June 2000), 93-195.

Tunnard, Christopher. *Gardens in the Modern Landscape.* London: Architectural Press, 1938.

Vaccarino, Rossana. *Roberto Burle Marx: Landscapes Reflected.* New York: Princeton Architectural Press, 2000.

Walker, Peter, and Melanie Simo. *Invisible Gardens: The Search for Modernism in the American Landscape.* Cambridge: MIT Press, 1994.

Wolseley, Vicountess(Frances Garnet). *Gardens: Their Form and Design.* London: E. Arnold, 1919.

Wrede, Stuart, and William Howard Adams. *Denatured Visions: Landscape and Culture in the Twentieth Century.* New York: The Museum of Modern Art, 1991.

TWENTIETH- AND TWENTYFIRST-CENTURY CITY AND PARK PLANNING

Banham, Reyner. *Theory and Design in the Machine Age.* 2nd ed. New York: Praeger Publishers, 1967.

Beatley, Timothy. *Green Urbanism: Learning from European Cities.* Washington, D. C.: Island Press, 2000.

Belasco, Warren James. *Americans on the Road: From Autocamp to Motel, 1910-1945.* Cambridge: MIT Press, 1979.

Bletter, Rosemarie Haag; Morris Dickstein; Helen A. Harrison; Marc H. Miller; Sheldon J. Reaven; and Ileen Sheppard, *Remembering the Future: The New York World's Fair From 1939 to 1964.* Introduction by Robert Rosenblum. New York: The Queens Museum/ Rizzoli, 1989.

Buisseret, David, ed. *Envisioning the City: Six Studies in Urban Cartography.* Chicago: University of Chicago Press, 1998.

Choay, Françoise. *The Modern City: Planning in the 19th Century.* New York: George Braziller, 1969.

Congress for the New Urbanism. *Charter of the New Urbanism.* Edited by Michael Leccese and Kathleen McCormick. New York: McGraw-Hill, 2000.

Davis, Timothy. "Rock Creek and Potomac Parkway, Washington, D. C.: The Evolution of a Contested Landscape." *Studies in the History of Gardens and Designed Landscapes* 19:2 (April-June 1999): 123-237.

Derrida, Jacques, and Peter Eisenman. *Chora L Works.* Edited by Jeffrey Kipnis and Thomas Leeser. New York: Monacelli Press, 1997.

Donald, James. *Imagining the Modern City*. London: Athlone Press, 1999.

Duany, Andres, Elizabeth Plater-Zyberk, and Jeff Speck. *Suburban Nation: The Rise of Sprawl and the Decline of the American Dream*. New York: Farrar, Straus and Giroux, North Point Press, 2000.

Dunlop, Beth. *The Art of Disney Architecture*. New York: Harry N. Abrams, 1996.

Evenson, Norma. *Le Corbusier: The Machine and the Grand Design*. New York: George Braziller, 1969.

Findlay, John M. *Magic Lands: Western Cities and American Culture after 1940*. Berkeley: University of California Press, 1992.

Francis, Mark; Lisa Cashdan; and Lynn Paxson. *Community Open Spaces: Greening Neighborhoods Through Community Action and Land Conservation*. Washington, D. C.: Island Press, 1984.

Galantay, Ervin Y. *New Towns: Antiquity to the Present*. New York: George Braziller, 1975.

Gans, Herbert. *The Levittowners: How People Live and Politic in Suburbia*. New York: Pantheon Books, 1967.

Garnier, Tony. *Une Cité Industrielle*. Translated by Andrew Ellis (with reproduction of the plates of the 1932 edition). New York: Rizzoli, 1990.

Gelernter, David. *1939: The Lost World of the Fair*. New York: Avon, 1995.

Girling, Cynthia L., and Kenneth I. Helphand. *Yard, Street, Park: The Design of Suburban Open Space*. New York: John Wiley& Sons, 1994.

Girouard, Mark. *Cities and People*. New Haven: Yale University Press, 1985.

Grese, Robert F. *Jens Jensen: Maker of Parks and Gardens*. Baltimore: Johns Hopkins University Press, 1992.

Groth, Paul, and Todd W. Bressi, eds. *Understanding Ordinary Landscapes*. New Haven: Yale University Press, 1997.

Halprin, Lawrence. *Cities*. New York: Reinhold Publishing Corporation, 1963.

——. *Freeways*. New York: Reinhold Publishing Company, 1966.

——. *The RSVP Cycles: Creative Processes in the Human Environment*. New York: George Braziller, 1969.

Hancock, John. "John Nolen: New Towns in Florida (1922-1929)." In *The New City*. Vol. 1, *Foundations*. Coral Gables, Fl.: University of Miami School of Architecture, 1991.

Hayden, Dolores. *The Power of Place: Urban Landscapes as Public History*. Cambridge: MIT Press, 1995.

Howard, Ebenezer. *Garden Cities of To-Morrow*. London: Faber and Faber Ltd., 1946.

Horowitz, Helen Lefkowitz. *Culture and the City: Cultural Philanthropy in Chicago from the 1880s to 1917*. Chicago: University of Chicago Press, 1976.

Hynes, H. Patricia. *A Patch of Eden: America's Inner City Gardens*. White River Junction, Vt.: Chelsea Green Publishing, 1996.

Jackson, Kenneth. *Crabgrass Frontier: The Suburbanization of the United States*. New York: Oxford University Press, 1985.

Jacobs, Jane. *The Death and Lift of Great American Cities*. New York: Random House, 1961.

Jensen, Jens. *"Siftings,"* The Major Portion of *"The Clearing"* and Collected Writings. Chicago: Ralph Fletcher Seymour, 1956.

Johnson, David A. *Planning the Great Metropolis: The 1929 Regional Plan of New York and Its Environs*. London: E &FN Spon, an imprint of Chapman & Hall, 1996.

Jordon, David P. *Transforming Paris: The Life and Labors of Baron Haussmann*. New York: Free Press, 1995.

Katz, Peter. *The New Urbanism: Toward an Architecture of Community*. New York: McGraw-Hill, 1994.

Kelbaugh, Douglas. *Common Place: Toward Neighborhood and Regional Design*. Seattle: University of Washington Press, 1997.

Kelly, Barbara M. *Expanding the American Dream: Building and Rebuilding Levittown*. Albany: State University of New York Press, 1993.

Kent, Conrad, and Dennis Prindle. *Park Güell*. New York: Princeton Architectural Press, 1993.

Lee, Joseph. "Play as Landscape." *Charities and The Commons* 16:14 (July 7,1906).

Lejeune, Jean-Françcois. "Jean-Claude Nicolas Forestier: The City as Landscape." In *The New City*. VoL. 1, *Foundations*. Coral Gables, Fl.: University of Miami School of Architecture, 1991.

Longstreth, Richard. *City Center to Regional Mall: Architecture, the Automobile, and Retailing in Los Angles, 1920-1950*. Cambridge: MIT Press, 1997.

Lubove, Roy. *The Urban Community: Housing and Planning in the Progressive Era*. Englewood Cliffs, N.J.: Prentice-Hall, 1967.

Malmberg, Melody. *The Making of Disney's Animal Kingdom Theme Park*. New York: Hyperion, 1998.

Marling, Karal Ann, ed. *Designing Disney's Theme Parks: The Architecture of Reassurance*. Paris: Flammarion, 1997.

McHarg, Ian L. *Design with Nature*. 25th Anniversary ed. New York: John Wiley & Sons, 1992.

Meacham, Standish. *Regaining Paradise: Englishness and the Early Garden City Movement*. New Haven: Yale University Press, 1999.

Moore, Charles, ed. *The Improvement of the Park System of the District of Columbia*. Washington, D. C.: Government Printing Office, 1902.

Osborn, F. J. *Green-Belt Cities: The British Contribution*. London: Faber and Faber, 1946.

Reps, John W. *Monumental Washington: The Planning and Development of the Capital Center*. Princeton, N. J.: Princeton University Press, 1967.

Robinson, Charles Mulford. *Modern Civic Art, or The City Made Beautiful*. 2nd ed. New York: G. P Putnam's Sons, 1904.

Rowe, Peter G. *Making a Middle Landscape*. Cambridge: MIT Press, 1991.

Sexton, Richard. *Parallel Utopias: Sea Ranch, California, Seaside, Florida*. San Francisco: Chronicle Books, 1995.

Sies, Mary Corbin, and Christopher Silver, eds. *Planning the Twentieth-Century American City.* Baltimore: Johns Hopkins University Press, 1996.

Sniderman, Julia, and William W. Tippens. *A Breath of Fresh Air: Chicago's Neighborhood Parks of the Progressive Reform Era, 1900-1925.* Chicago: Special Collections Department, The Chicago Public Library, and the Chicago Park District, 1989.

Sorkin, Michael, ed. *Variations on a Theme Park: The New American City and the End of Public Space.* New York: The Noonday Press, 1992.

Spirn, Anne Whiston. *The Granite Garden: Urban Nature and Human Design.* New York: Basic Books, 1984.

Stein, Clarence. *Toward New Towns for America.* New York: Reinhold Publishing Corporation, 1957.

———. *The Writings of Clarence Stein.* Edited by Kermit Carlyle Parsons. Baltimore: Johns Hopkins University Press, 1998.

Stern, Robert A. M.; Gregory Gilmartin; and Thomas Mellins. *New York 1930: Architecture and Urbanism Between the Two World Wars.* New York: Rizzoli, 1987.

Triggs, H. Inigo. *Town Planning Past, Present and Possible.* London: Methuen & Co., 1909.

Tschumi, Bernard. *Cinégramme Folie: Le Parc de la Villette.* Princeton, N.J.: Princeton Architectural Press, 1987.

Tunnard, Christopher. *The City of Man.* New York: Charles Scribner's Sons, 1953.

———. *The Modern American City.* New York: Van Nostrand Reinhold Company, 1968.

Unwin, Raymond. *Town Planning in Practice.* 7th ed. London: Adelphi Terrace, 1920.

Venturi, Robert; Denise Scott Brown; and Steven Izenour. *Learning from Las Vegas: The Forgotten Symbolism of Architectural Form.* Rev. ed. Cambridge: MIT Press, 1977.

Waldie, Donald J. *Holy Land: A Suburban Memoir.* New York: W. W. Norton, 1996.

Warner, Sam Bass, Jr. *To Dwell Is to Garden.* Boston: Northeastern University Press, 1987.

Weimer, David R., ed. *City and Country in America.* New York: Appleton-Century-Crofts, 1962.

Wiebenson, Dora. *Tony Garnier: The Cité Industrielle.* New York: George Braziller, 1969.

Wojtowicz, Robert. *Lewis Mumford & American Modernism.* Cambridge: Cambridge University Press, 1996.

Zepp, Ira G. *The New Religious Image of Urban Amerca: The Shopping Mall as Ceremonial Center.* Niwot: University Press of Colorado, 1986.

Zukin, Sharon. *Landscapes of Power: From Detroit to Disney World.* Berkeley: University of California Press, 1991.

城市·环境·景观

景 观

世界景观设计 I	世界景观设计 II
湿地与景观	美国城市设计
植物景观设计	观赏草及其景观配置

绿 化

城市园林绿化规划设计	道路系统绿化美化
城市园林绿化植物应用指南(北方本)	居住区绿化美化
城市园林绿化植物应用指南(南方本)	城市园林绿化花木生产与管理
城市立体绿化	城市园林绿化工程概算与监理
公共庭园绿化美化	城市园林绿化植物养护与管理
度假村与酒店绿化美化	城市园林绿化建设与管理手册

绿 地

城市绿地规划设计	城市绿地植物虫害及其防治
城市绿地土壤及其管理	城市景观花卉
城市绿地植物配置及其造景	现代园林机械
城市绿地建设工程	城市绿地喷灌
城市绿地植物病害及其防治	城市林业

草 坪

草坪植物种植技术	草坪营养与施肥
草坪养护技术	草坪机械
草皮生产技术	草坪病害
草坪植物种子	草坪虫害
草坪草种及其品种	草坪杂草
绿地草坪	草坪建植与管理手册
运动场草坪	中国结缕草生态及其资源开发与应用
高尔夫球场草坪	冷季型草草坪建植与管理指南

环 境

环境生态学	环境行政管理学
环境法学	了解环境
环境刑法	治理环境
环境经济学	生活环境

中国林业出版社　　北京市西城区德内大街刘海胡同 7 号 (100009)
发行部　　(010)66513119(20/21/22)　　66176967